载人航天出版工程
总主编：周建平
总策划：邓宁丰

“十三五”国家重点出版物出版规划项目

载人航天任务分析与设计

Human Spaceflight Mission Analysis and Design

（上）

[美]拉尔森(Larson, W.J.)
[美]普兰克(Pranke, L.K.) 主编
邓宁丰 张海联 等 译

中国宇航出版社
·北京·

Wiley J. Larson and Linda K. Pranke
Human Spaceflight Mission Analysis and Design
978-0-07-236811-6

著作权合同登记号:图字:01-2015-8716

图书在版编目(CIP)数据

载人航天任务分析与设计 / (美) 拉尔森 (Larson, W.J.), (美) 普兰克 (Pranke, L.K.) 主编 ; 邓宁丰等译. -- 北京: 中国宇航出版社, 2016.1

书名原文: Human Spaceflight Mission Analysis and Design

ISBN 978-7-5159-1059-8

Ⅰ.①载… Ⅱ.①拉… ②普… ③邓… Ⅲ.①载人航天 Ⅳ.①V4

中国版本图书馆 CIP 数据核字(2015)第 310714 号

责任编辑　杨　洁　　**封面设计**　宇星文化

出版 发行　中国宇航出版社
社　址　北京市阜成路 8 号　　**邮　编**　100830
(010)60286808　　(010)68768548
网　址　www.caphbook.com
经　销　新华书店
发行部　(010)60286888　　(010)68371900
(010)60286887　　(010)60286804(传真)
零售店　读者服务部
(010)68371105
承　印　北京画中画印刷有限公司
版　次　2016 年 1 月第 1 版　　2016 年 1 月第 1 次印刷
规　格　880×1230　　**开　本**　1/32
印　张　38　　**字　数**　1023 千字
书　号　ISBN 978-7-5159-1059-8
定　价　238.00 元(上下册)

本书如有印装质量问题,可与发行部联系调换

《载人航天出版工程》总序

中国载人航天工程自1992年立项以来，已经走过了20多年的发展历程。经过载人航天工程全体研制人员的锐意创新、刻苦攻关、顽强拼搏，共发射了10艘神舟飞船和1个目标飞行器，完成了从无人飞行到载人飞行、从一人一天到多人多天、从舱内实验到出舱活动、从自动交会对接到人控交会对接、从单船飞行到组合体飞行等一系列技术跨越，拥有了可靠的载人天地往返运输的能力，实现了中华民族的千年飞天梦想，使中国成为世界上第三个独立掌握载人航天技术的国家。我国载人航天工程作为高科技领域最具代表性的科技实践活动之一，承载了中国人民期盼国家富强、民族复兴的伟大梦想，彰显了中华民族探索未知世界、发现科学真理的不懈追求，体现了不畏艰辛、大力协同的精神风貌。航天梦是中国梦的重要组成部分，载人航天事业的成就，充分展示了伟大的中国道路、中国精神、中国力量，坚定了全国各族人民实现中华民族伟大复兴中国梦的决心和信心。

载人航天工程是十分复杂的大系统工程，既有赖于国家的整体科学技术发展水平，也起到了影响、促进和推动着科学技术进步的重要作用。载人航天技术的发展，涉及系统工程管理，自动控制技术，计算机技术，动力技术，材料和结构技术，环控生保技术，通信、遥感及测控技术，以及天文学、物理学、化学、生命科学、力学、地球科学和空间科学等诸多科学技术领域。在我国综合国力不断增强的今天，载人航天工程对促进中国科学技术的发展起到了积极的推动作用，是中国建设创新型国家的标志性工程之一。

我国航天事业已经进入了承前启后、继往开来、加速发展的关键时期。我国载人航天工程已经完成了三步走战略的第一步和第二步第一阶段的研制和飞行任务，突破了载人天地往返、空间出舱和空间交会对接技术，建立了比较完善的载人航天研发技术体系，形成了完整配套的研制、生产、试验能力。现在，我们正在进行空间站工程的研制工作。2020年前后，我国将建造由20吨级舱段为基本模块构成的空间站，这将使我国载人航天工程进入一个新的发展阶段。建造具有中国特色和时代特征的中国空间站，和平开发和利用太空，为人类文明发展和进步做出新的贡献，是我们航天人肩负的责任和历史使命。要实现这一宏伟目标，无论是在科学技术方面，还是在工程组织方面，都对我们提出了新的挑战。

以图书为代表的文献资料既是载人航天工程的经验总结，也是后续任务研发的重要支撑。为了顺利实施这项国家重大科技工程，实现我国载人航天三步走的战略目标，我们必须充分总结实践成果，并充分借鉴国际同行的经验，形成具有系统性、前瞻性和实用性的，具有中国特色的理论与实践相结合的载人航天工程知识文献体系。

《载人航天出版工程》的编辑和出版就是要致力于建设这样的知识文献体系。书目的选择是在广泛听取参与我国载人航天工程的各专业领域的专家意见和建议的基础上确定的，其中专著内容涉及我国载人航天科研生产的最新技术成果，译著源于世界著名的出版机构，力图反映载人航天工程相关技术领域的当前水平和发展方向。

《载人航天出版工程》凝结了国内外载人航天专家学者的智慧和成果，具有较强的工程实用性和技术前瞻性，既可作为从事载人航天工程科研、生产、试验工作的参考用书，亦可供相关专业领域人员学习借鉴。期望这套丛书有助于载人航天工程的顺利实施，有利于中国航天事业的进一步发展，有益于航天科技领域的人才培养，为促进航天科技发展、建设创新型国家做出贡献。

2013年10月

译者前言

仰望璀璨星空，充满着人类心中的赞叹和敬畏。1961 年，苏联航天员加加林成为第一个进入太空的地球人；1969 年，美国航天员阿姆斯特朗在月球上迈出了“个人的一小步，人类的一大步”。载人航天将人类的活动范围从陆地、海洋、大气层内拓展到太空，不仅能够更广泛和更深入地认识整个宇宙、充分利用太空和载人航天器的特殊环境进行各种研究和试验活动、开发太空极其丰富的资源，同时也彰显了人类探索未知、自我实现的勇气和智慧。

1992 年 9 月 21 日，中国政府批准实施载人航天工程，并确定了三步走的发展战略。二十多年来，广大航天工作者牢记使命、顽强拼搏，攻坚克难、开拓进取，一次次圆满完成了无人飞行试验和载人航天飞行任务，突破了天地往返、出舱活动、交会对接等一系列重大关键技术，全面提升了我国航天领域技术水平，促进了航天产业的迅猛发展，培养造就了一大批科技领军人才，使我国成为世界上第三个独立掌握载人航天技术的国家。载人航天工程是一项极为复杂的系统工程，前人留下了宝贵的财富，后人站在巨人的肩上，不断创新，勇于挑战，持续突破。无论是国内还是国外发展历程的积累与总结，都是极为珍贵的知识宝库。目前，我国正逐步推进空间站工程研制建设，并开展了载人月球探测任务深化论证，充分借鉴国际上成熟做法和成功经验，对于完善切合我国实际的载人航天工程技术体系，推动我国载人航天事业的进步，都有极为重要的意义。

《载人航天任务分析与设计》一书就是这样一本几乎涵盖了载人航天任务和系统设计各个方面内容的参考书，涉及了大量的经验积累和翔实的数据总结。正如原著所述："本书是由来自美国、奥地利、加拿大、法国、德国、日本和俄罗斯等国家的67名专业工程师、管理者和教育者组成的团队共同编写，编写团队所有成员的工作经历年数累计超过了600年；历经4.5年的时间；从全球方案视角对设计经验进行了总结，分为25个主题，给出了800多条建议。"

本书由中国航天科技国际交流中心联合中国载人航天工程办公室载人航天总体研究论证中心、中国运载火箭技术研究院等单位共同翻译。由中国航天科技国际交流中心邓宁丰、载人航天总体研究论证中心张海联、中国运载火箭技术研究院李同玉对各自单位翻译内容进行了初审，邓宁丰和张海联对全书进行了统稿。具体翻译工作承担者如下：第1～2章，张海联译；第3～4章，李宏伟译；第5～6章，叶东明译；第7章，刘承兰译；第8章，李同玉译；第9章，杨科化译；第10章，尚辉译；第11章，张海联译；第12章，吕纪远译；第13章，彭祺擘译；第14章，龙威译；第15章，白国庆译；第16～17章，陈光译；第18～19章，李九人译；第20章，王璞译；第21章，武新峰译；第22章，王璞译；第23章，白国庆译，第24章，刘承兰译；第25章，惠兴晨译；第26章，王功波译；第27章～第29章，邓宁丰译；第30章，王帅译；第31章，武新峰译。

中国航天科技国际交流中心的马航、黄泽雯、段婷，载人航天总体研究论证中心的安梅岩、王慎泉、仲作阳，中国航天员科研训练中心的管春磊、李桢参与了部分内容校核工作。

由于本书内容极其丰富，译者水平有限，翻译过程中难免有不一致或疏漏失误之处，敬请读者批评指正。星辰大海的征途永无止境，如果本书能够在这一过程中发挥一点点效用，那将是我们最高兴的事情。

译　者

2016年1月

载人航天任务分析与设计

Wiley J. Larson，美国空军学院
Linda K. Pranke，LK 编辑服务公司

《载人航天任务分析与设计》这本书可以帮助你管理、设计和运营载人航天任务系统。本书呈现了涉及地球、月球和火星的载人航天系统的整个设计过程，如果你像其他许多人一样的话，这本书将会成为你书桌上一本常用的“折角”书。本书给出了 800 多条建议，将帮助你在设计初期便能明确关键问题和错误。

本书由来自工业部门、政府机构和学术界的 67 名专业工程师、管理者和教育者组成的团队共同编写而成，编写团队所有成员的工作时间累计超过了 600 年。来自美国、奥地利、加拿大、法国、德国、日本和俄罗斯组成的团队，历时四年半时间，借鉴工业部门及政府部门在载人航天任务中积累的最优秀的实践经验，从全球方案视角进行了总结。

《载人航天任务分析与设计》呈现一个迫切需要的客观视角，来帮助管理者、工程师和学生去整合载人航天相关的海量知识单元。包括了以下主题：

- 载人航天任务和系统的方案设计
- 地球、月球和火星的空间和表面环境
- 载人航天的生理、心理、人因和安全
- 地球、月球和火星轨道
- 行星际轨道
- 进入、下降、着陆和上升轨道设计

- 转移、进入、着陆和上升飞行器设计原则
- 行星表面基地的设计、部署、集成
- 星球车
- 月球和火星原位资源及其应用
- 环境控制与生命保障系统
- 热控制
- 航天员起居设备
- 姿态确定与控制
- 制导与导航
- 电源系统
- 结构
- 舱外活动系统
- 空间机器人
- 推进
- 载人航天任务的发射和转移飞行器
- 载人航天任务运营
- 指挥、控制和通信体系机构
- 航天后勤保障
- 评估航天任务成本
- 国际任务意义
- 两个详细例子——月球基地（Lunar Base）与火星任务（Mars Reference Mission）

编者名单

Carlton C. Allen. Principal Scientist, Lockheed Martin Space Operations Company, Houston, Texas. Ph. D. (Planetary Science) University of Arizona; M. S. (Astronomy) University of Arizona; B. A. (Chemical Physics) Rice University. Chapter 15—*In-situ Resources*.

Karen R. Altunin. Astronomer, AR Space Enterprises, Incline Village, Nevada. M. S. (Astronomy) University of Virginia; B. A. (Behavioral Sciences) University of California. Chapter 30—*International Crewed Missions*.

Valery I. Altunin. NASA/Deep Space Network, Tracking and Mission Support Manager, Jet Propulsion Laboratory, California Institute of Technology, Pasadena, California. Ph. D. (Radio Astronomy) Russian Space Research Institute; M. S. and B. S. (Physics) Gorky University, Russia. Chapter 30—*International Crewed Missions*.

Roger D. Arno. Mission Analyst, NASA-Ames Research Center, Moffett Field, California. M. S. (Engineering Mechanics) Santa Clara University; B. S. (Mechanical Engineering) San Jose State University. Chapter 14—*Planetary Surface Vehicles*.

Sheila G. Bailey. Senior Physicist, Nasa Glenn Research Center, Cleveland, Ohio. Ph. D. (Solid State Physics) University of Manchester, England; M. S. (Physics) University of North Carolina at Chapel Hill; B. S. (Physics) Duke University. Chapter 20—*Designing Power Systems*.

Werner R. Balogh. Associate Expert for Space Applications, Office for Outer Space Affairs, United Nations Office Vienna, Vienna, Austria. Ph. D. and Dipl. Ing. Techn. (Technical Physics) Vienna University of Technology. Chapter 2—*Designing Human Space Missions*.

Reinhold Bertrand. Project Manager "Micro-Robots for Scientific Applications on Mars," von Hoerner & Sulger Ginbtt, Schwetzingen, Germany. Engineering degree

(Dipl. - Ing.) Aerospace Technology, University of Stuttgart; Doctoral degree (Dr. - Ing.) Aerospace Department, University of Stuttgart. Chapter 11—*Designing and Sizing Space Elements*.

Daryl Boden. Associate Professor, Department of Aerospace Engineering, United States Naval Academy, Annapolis, Maryland. Ph. D. (Aeronautical and Astronautical Engineering) University of Illinois; M. S. (Astronautical Engineering) Air Force Institute of Technology; B. S. (Aerospace Engineering) University of Colorado. Chapter 9—*Orbit Selection and Astrodynamics*.

Robert L. Bond. Deputy Chief, Flight Crew Support Division, NASA Johnson Space Center, Houston, Texas. M. S. (Human Factors) University of Southern Mississippi; B. S. (Electrical Engineering) Louisiana State University. Chapter 6—*Human Factors of Crewed Spaceflight*.

Ramzy Boutros. Industrial Designer, Human Factors Engineering, Boeing Commercial Airplane Group, Seattle, Washington. B. A. (Industrial Design) Pratt Institute. Chapter 18—*Crew Accommodations*.

Robed G. Brown. Chief Thermal Branch, Structure and Mechanics Division, NASA Johnson Space Center, Houston, Texas. B. S. (Mechanical Engineering) University of Houston; B. S. (Mathematics) University of Houston. Chapter 16— *Thermal Control*.

Gary Comparetto. General Manager, Radio Dynamics Corporation, Bethesda, Maryland. M. S. (Electrical Engineering) Georgia Institute of Technology; M. S. (Nuclear Engineering) Pennsylvania State University; B. S. (Electrical Engineering) Bucknell University. Chapter 27—*Command, Control, and Communications Architecture*.

Gerald L. Condon. Senior Aerospace Engineer, Advanced Mission Design, NASA Johnson Space Center, Houston, Texas. M. S. and B. S. (Aerospace Engineering) University of Florida. Chapter 10—*Entry, Descent, Landing, and Ascent*.

Janis H. Connolly. Aerospace Architect, Flight Crew Support Division, NASA Johnson Space Center, Houston, Texas. Master of Architecture (Architecture) University of Wisconsin - Milwaukee; B. S. (Architectural Studies) University of Wisconsin - Milwaukee; B. S. (Family Resources and Consumer Sciences) University of Wisconsin – Madison. Chapter 18—*CrewAccommodations*.

John F. Connolly. Mission Designer, Exploration Office, NASA Johnson Space Center, Houston, Texas. M. E. (Engineering Management) University of Colorado; B. S. (Engineering) Pennsylvania State University. Chapter 31—*Mars Design Example*.

Gary R. Coulter. Professor of Microbiology, Colorado State University, Fort Collins, Colorado. Ph. D. (Microbiology) Colorado State University; M. A. (Biology) Loma Linda University; B. A. (Zoology) Kansas University. Chapter 5—*Physiology of Spaceflight*.

Manuel I. Cruz. Space Systems Consultant, Mission Hills, California. M. S. and B. S. (Aerospace Engineering) Texas A&M University. Chapter 10—*Entry, Descent, Landing, and Ascent*.

Donald M. Curry. Aerospace Engineer, NASA Johnson Space Center, Houston, Texas. Ph. D. (Mechanical Engineering) University of Houston; M. S. (Mechanical Engineering) University of Pittsburgh; B. S. (Mechanical Engineering) University of Oklahoma. Chapter 16—*Thermal Control*.

Susan Doll. Aerospace Consultant. On educational leave from Boeing, Huntsville, Alabama. ECLS Systems Engineer, Boeing, Huntsville, Alabama. Doctorial carldidate (Environrnental Health) Harvard School of Public Health; M. S. (Alternative Energy Engineering) University of Arizona; B. S. (Medical Technology) Michigan State. Chapter 17—*Environmental Control and Life Support Systems (ECLSS)*.

Peter Eckart. Assistant Professor, Division of Astronautics, Technische Universität München, Germany. Ph. D. (Space Engineering) Technische Universität München, Germany; M. E. (Aerospace Engineering) Technische Universität München, Germany. Chapter 13—*Designing, Sizing, and Integrating a Surface Base*. Chapter 17—*Environmental Control and Life Support Systems (ECLSS)*.

Michael K. Ewert. Thermal Control System Analyst, NASA Johnson Space Center, Houston, Texas. M. S. and B. S. (Mechanical Engineering) University of Texas. Chapter 16—*Thermal Control*.

Robert B. Giffen. Chief Operating Officer, Teaching Science and Technology, Inc., Colorado Springs, Colorado. Ph. D. (Celestial Mechanics) University of Heidelberg, Germany; B. S. (Astronautical Engineering) United States Air Force Academy. Chapter 1—*An Introduction to Human Spaceflight*.

John Glaese. Division Chief Scientist, Control Dynamics Division of bd Systems, Huntsville, Alabama. Ph. D., M. S., and B. S. (Physics) University of Missouri - Rolla. Chapter 19—*Attitude Determination and Control*.

Jean - Christophe Grenouilleau. Research Engineer, Laboratoire Productique - Logistique, Ecole Centrale Paris, Chatenay - Malabry, France. Ph. D. candidate (Industrial Engineering) Ecole Centrale Paris, France; Master of Space Studies (Engineering, Science and Management of Space Activities) Intemational Space University, France; M. S. (Industrial Engineering, Aircraft Maintenance and Operations) University of Bordeaux I, France; B. S. (Aircraft Maintenance and Operations) University of Lille, France. Chapter 28—*Space Logistics Support*.

Brand Norman Griffin. Aerospace Consultant (EVA & Crew Systems), Griffin Design, Huntsville, Alabama. Master of Architecture (Architecture) Rice University; Master of Fine Arts (Fine Arts) California Institute of the Arts; Bachelor of Architecture (Architecture) Washington State University. Chapter 22—*Extravehicular Activity (EVA) Systems*.

Lisa Guerra. Program Integration Manager, NASA Goddard Space Flight Center, Greenbelt, Maryland. B. S. (Aerospace Engineering and English) University of Notre Dame. Chapter 29—*Estimating the Cost of Crewed Space Systems*.

Richard P. Heydorn. Statistician, NASA Johnson Space Center, Houston, Texas. Ph. D. (Statistics) Ohio State University; M. A. (Mathematics) University of Akron; B. E. E. (Electrical Engineering) University of Akron. Chapter 8—*Safety of Crewed Spaceflight*.

Stephen J. Hoffman. Senior Systems Engineer, Science Applications Intemational Corporation, Houston, Texas. Ph. D., M. S., and B. S. (Aeronautical and Astronautical Engineering) University of Illinois; A. S. (General Engineering) Harper Junior College. Chapter 9—*Orbit Selection and Astrodynamics*.

Albert W. Holland. Chief, Psychology, NASA Johnson Space Center, Houston, Texas. Ph. D. and M. A. (Industrial/Organizational Psychology) Louisiana State University; M. A. (Clinical Psychology) Goddard College; B. A. (Psychology) Louisiana State University. Chapter 7—*Psychology of Spaceflight*.

Ronald W. Humble. Visiting Professor, United States Air Force Academy, Colorado Springs, Colorado. Ph. D. and M. S. (Aerospace Engineering) University of Texas; B. S. (Aeronautics and Astronautics) University of Washington. Chapter 24—*Propulsion Systems*. Chapter 25—*Selecting Launch and Transfer Vehicles*.

Yoji Ishikawa. Chief Research Engineer, Technical Research Institute, Obayashi Corporation, Tokyo, Japan. D. Eng., M. Eng., and B. Eng. (Aeronautical Engineering) University of Tokyo. Chapter 13—*Designing, Sizing, and Integrating a Surface Base*.

Kriss J. Kennedy. Space Architect, SE&I Lead, TransHab Project, NASA Johnson Space Center, Houston, Texas. Master of Architecture (Architecture) University of Houston; Bachelors of Professional Studies (Architecture) University of Buffalo; Associates of Applied Science (Architecture) State University of New York at Delhi. Chapter 13—*Designing, Sizing, and Integrating a Surface Base*.

Geoffrey A. Landis. Senior Research Scientist, Ohio Aerospace Institute, Brook Park, Ohio. Ph. D. (Physics) Brown University; M. S. (Engineering) Brown University; M. S. (Physics) Brown University; B. S. (Electrical Engineering) Massachusetts Institute of Technology; B. S. (Physics) Massachusetts Institute of Technology. Chapter 20—*Designing Power Systems*.

Wiley J. Larson. Visiting Professor, United States Air Force Academy, Colorado Springs, Colorado. D. E. (Spacecraft Design) Texas A&M University; M. S. and B. S. (Electrical Engineering) University of Michigan. Editor. Chapter 1—*An Introduction to Human Spaceflight*. Chapter 2—*Designing Human Space Missions*.

Chin H. Lin. Chief Thermal Systems & Engineering Support Branch, NASA Johnson Space Center, Houston, Texas. Ph. D. (Chemical Engineering) Rice University; B. S. (Chemical Engineering) National Taiwan University. Chapter 16—*Thermal Control*.

Barbara I. McKissock. Electrical Engineer/Power Systems Analysis, NASA Glenn

Research Center, Cleveland, Ohio. M. S. and B. S. (Aeronautics and Astronautics, Astronautical Engineering) University of Washington. Chapter 20—*Designing Power Systems*.

Wendell Mendell. Planetary Scientist, NASA Johnson Space Center, Houston, Texas. Ph. D. (Space Physics and Astronomy) Rice University; M. S. (Space Science) Rice University; M. S. (Physics) University of California at Los Angeles. B. S. (Physics) CalTech. Chapter 4—*Surface Environments*.

Ernst Messerschmid. Professor and Director Space Systems Institute, University of Stuttgart, Germany. Ph. D. (Physics) University of Freiburg; Degree (Physics) University of Bonn. Chapter 11—*Designing and Sizing Space Elements*.

Ed L. Pavelka, Jr. Consulting Engineer. Boeing, Houston, Texas. B. S. (Aerospace Engineering) University of Texas at Austin. Chapter 26—*Mission Operations for Crewed Spaceflight*.

Andrew J. Petro. Engineer, NASA Johnson Space Center, Houston, Texas. M. S. (Astronomy and Space Science) University of Houston; B. S. (Aerospace Engineering) University of Notre Dame. Chapter 12—*Transfer, Entry, Landing, and Ascent Vehicles*.

Jeffrey Plescia. Geologist, Astrogeology Program, U. S. Geological Survey, Flagstaff, Arizona. Ph. D. and M. S. (Geophysics) University of Southern California; B. S. (Geology[Major]/Physics[Minor]) University of Miami. Chapter 4—*Surface Environments*.

Linda K. Pranke. Owner, LK Editorial Services, Warrenton, Virginia. M. A. (International Affairs) The George Washington University; B. A. (French) Carleton College. *Editor*.

Jan W. Railsback. Aerospace Engineer, NASA Johnson Space Center, Houston, Texas. B. S. (Mechanical Engineering) University of Texas at Arlington. Chapter 8—*Safety of Crewed Spaceflight*.

Ronald D. Reed. Professor and Head of Biology, Department of Biology, United States Air Force Academy, Colorado Springs, Colorado. Ph. D. (Physiology) University of California; B. A. (Biology and Chemistry) Oklahoma City University.

Chapter 5—*Physiology of Spaceflight*.

Christian Sallaberger. Manager, Space Exploration, Canadian Space Agency, Montreal, Canada. Ph. D. (Aerospace Science and Engineering) University of Toronto; M. Sc. (Electrical Engineering and Computer Sciences) University of California at Berkeley; B. Sc. (Electrical Engineering) University of Waterloo. Chapter 23—*Space Robotics*.

Thomas P. Sarafin. Consultant/President, Instar Engineering and Consulting, Inc., Littleton, Colorado. B. S. (Civil Engineering) The Ohio State University. Chapter 21—*Structures*.

Robert Shishko. Senior Economist, Caltech/NASA Jet Propulsion Laboratory, Pasadena, California. Ph. D. and M. Phil (Economics) Yale University; S. B. (Economics) Massachusetts Institute of Technology. Chapter 29—*Estimating the Cost of Crewed Space Systems*.

Phil Spampinato. Program Manager, Space Products, ILC Dover, Frederica, Delaware. B. D. (Mechanical Engineering) University of Pittsburgh. Chapter 22—*Extravehicular Activity (EVA) Sytstems*.

Don Stilwell. Engineer, Space Human Factors Branch, Flight Crew Support Division, NASA Johnson Space Center, Houston, Texas. J. D. Bates College of Law, University of Houston; M. S. (Biomedical Instrumentation Engineering) University of Alabama in Birmingham; B. A. (President's Degree in Engineering) Southern Illinois University at Carbondale. Chapter 18—*Crew Accommodations*.

Malcolm J. Tagg. Senior Specialists, Structures, The Boeing Company, Huntsville, Alabama. B. S. (Aeronautics) Imperial College, London. Chapter 21—*Structures*.

Dale Thomas. Chief, Systems Test Division, NASA Marshall Space Flight Center, Huntsville, Alabama. Ph. D. (Systems Engineering) University of Alabama in Huntsville; M. S. (Industrial Engineering) North Carolina State University; B. S. (Engineering) University of Alabama in Huntsville. Chapter 11—*Designing and Sizing Space Elements*.

Michael A. Tigges. Senior Engineer/Advanced Mission Design, NASA Johnson Space Center, Houston, Texas. M. S. (Physics) Georgia Institute of Technology; B. S.

(Physics) University of Georgia. Chapter 10—*Entry, Descent, Landing, and Ascent*.

Alan C. Tribble. Space Environments and Effects Consultant, Intellectual Insights, Marion, Iowa. Ph. D. and M. S. (Physics) The University of Iowa; B. S. (Physics) University of Arkansas; B. S. (Mathematics) University of Arkansas. Chapter 3— *The Space Environment—Hazards and Effects*. Chapter 4—*Surface Environments*.

Richard C. Wilde. Hamilton Standard Space Systems International, Inc., Windsor Locks, Connecticut. M. S. (Engineering Science) Rensselaer Polytechnic Institute; M. S. (Mechanical Engineering) Rensselaer Polytechnic Institute; B. E. (Mecanical Engineering) Yale University. Chapter 22—*Extravehicular Activity (EVA) Systems*.

Barbara Woolford. Human Factors Research Manager, NASA Johnson Space Center, Houston, Texas. M. A. (Mathematics) Arizona State University; B. A. (Psychology) Arizona State University. Chapter 6—*Human Factors of Crewed Spaceflight*.

Robert Zubrin. President, Pioneer Astronautics, Lakewood, Colorado. Ph. D. (Nuclear Engineering) University of Washington; M. S. (Aeronautics and Astronautics) University of Washington; B. A. (Mathematics) University of Rochester. Chapter 15—*In-situ Resources*.

前　言

历史。仔细想想，我们已经为涉及空间的活动工作了 40 多年。目前，世界上有超过 500 个航天器在地球轨道上运行，同时一部分星际航天器已经在探索更远的地方。同时，我们全球已有 10 年的载人航天工作经验。航天员在近地轨道呆过很长的时间，在月球表面也呆过一段时间。目前，在轨运行的还有国际空间站的一部分，或者说是尚未完成的空间站和航天飞机。

在接下来短短的 10 年中，计划将有数量超过 3～4 倍的航天器在轨运行——即 1500 到 2000 个！同样在这 10 年中，我们将完成国际空间站的建设工作，扩展科学和工业活动的应用范围，并使我们人类在近地轨道的经历倍增。这听起来很令人振奋，但是才勉强接触到空间探索的表面！

再过几年就是刘易斯与克拉克远征 200 周年纪念日。之后再过几年，就到了沙克尔顿（英国南极探险家）、阿蒙森（挪威探险家）和斯科特领导探索南极洲 100 周年纪念。回顾 500 年前，1492—1506 年，哥伦布率领他的船队穿过大西洋探索新世界。其实再早 500 年前，也就是公元 1000 年左右，一个极轨道的现代成像卫星（如果有这样的一个技术存在的话），可能就已经能够指引埃里克森的小船勇敢地穿过北大西洋去格陵兰海岸探险。

与早期那些探险者能够得到的支援不一样，我们拥有现代技术来帮助那些想要进入太空的人努力实现梦想。如果托马斯·杰斐逊带领他的政党穿过落基山脉时，能够通过电话或电子邮件与梅里韦瑟·刘易斯进行日常交流的话，这可能会带来什么？要是哥伦布能够利用伊莎贝拉女王的一小部分现代物流能力，或利用全球定位系统的导航精度，哥伦布又将会完成什么？人类探索未知的愿望从未减弱，在前所未有的潮流中，现在的科学和工程知识能够帮助人类进行探索活动。

我们立志要把人送出近地轨道，到达月球或火星，并且保证能够安全地返回地球。美国人已经抵达了月球表面，尽管停留时间很短。如今我们寻求如何能够超越曾经的短暂月球访问，在月球或火星表面长期生存，这是一个更大、更为复杂的挑战。暂且不考虑航天飞行的复杂和困难，单单是想象你和你的家人到一个孤立的荒野进行一次两天、几个月或几年时间的露营，其间的差异就显而易见！另外，如果提前计划，我们可以在空间和行星表面建立一套基础设施，这可以支持进一步的探索。

希望。这本《载人航天任务分析与设计》由67名作者共同完成，期望这本书可以为近地轨道、月球或火星的载人航天任务方案设计提供帮助。更进一步，我们期望你能够利用这本书来开发一个更好的、完整的载人航天任务，学习开发和运营载人航天系统的各个方面。写这本书的过程对我们大多数人来说是一次震撼人心的经历，因为我们开始逐渐意识到为了使航天探索达到如此高度，前人做出了努力、大量工作和牺牲，这一切具有非凡的价值，我们是站在巨人肩膀上开展工作的。

我们一直尝试将载人航天历程编纂成册，提供一个知识基线——流程、工具和数据，从而可以继续解决未来面对的许多挑战。为了发展，必须采用已应用到任务中的真实流程、工具和数据，同时期望能够改进方法来满足新任务遇到的挑战——举几个例子来说，如长期航天飞行的生理和心理问题，离开“地面”生活，航天员和系统的自主能力，项目管理等。

本书希望帮助你从一组任务目标和一张“白纸”开始，从概念上设计一个风险可接受、成本效益好的载人航天任务。通过本书，能够充分地明确任务细节，确定系统需求和关键要求，这些对评价任务整体性能、规模、成本和风险是必要的。

《载人航天任务分析与设计》可供从事载人航天领域工作的科技人员参考，也可作为研究生和高年级本科生教材，为相关课程，如飞行器设计、空间站设计或任务运营等提供有价值的补充材料。对于有效载荷设计者和科学家来说，本书是一个重要工具可以帮助其了解更多载人航天任务，提出更为有效的需求、参数、实验和系统设计要求，最重要的是，希望本书能够为那些已经是、或者渴望成为载人航天系统设计和运营系统工程师的人提供帮助。

尽管大部分章节是独立的（需要的话可以参考本书的其他部分），我们期望读者能够连续阅读本书，经验丰富的专业人员也能够通过本书获得有用信息。

本书创作过程由 NASA 总部（Mike Mott）、NASA 约翰逊航天中心以及空军部门、AFMC/SMC 领导并提供资金和支持，给予了大量的项目指导。NASA 戈达德航天飞行中心和 NASA 艾姆斯研究中心也为本书提供了许多所需的支持和指导。

《载人航天任务分析与设计》是由 67 个来自全世界政府机构、工业部门和学术界的专家组成的特别小组历时 4 年的努力完成的。美国空军学院航天系为本书提供了坚定的支持。航天系主任 Michael DeLorenzo 为本书的成功提供了关键领导和持续支持。在本书大纲和第一次草稿的编写过程中，Bob Giffen、John Connolly 和 Brand Griffin 是不可缺少的编辑。尤其要感谢 John Connolly，在本书的资金支持方面提供了帮助。

我们需要单独列出 4 个人，感谢他们用责任心促成了本书的完成。Perry Luckett 进行了严格的语法审查，从而阻止了让我们证明为什么我们是工程师而不是作家。OAO 的 Anita Shute 花费了大量时间进行校正草稿、添加插图以及完成在出版各个方面的工作。Northern NEF，Inc. 的 Dave Nelson 给予了重要的项目管理支持。最后，来自 McGraw-Hill 的 Margaret Hollander 对书的格式编排给予了重要帮助。

Wiley J. Larson
Department of Astronautics
United States Air Forc Academy
Colorado Springs，Co 80840
Larson@rmi. net

Linda K. Pranke
LK Editorial Services
Warranton，VA 20187
FAX：(540) 341-4172
lpranke@citizen. infi. net

目　录

第1章　载人航天导论

Wiley J. Larson，Robert B. Giffen，美国空军学院
Roger Arno，NASA 艾姆斯研究中心

载人航天任务包括所有将人作为乘员，或人在航天器上主动参与控制、参加科学实验的空间任务。本书不可能囊括全部的载人航天任务概念或设计影响因素，也不可能详细罗列众多学者的不同研究素材而无视其研究方法和结论上的差异。然而，初学者会发现本书包含了一个完整的、适用于大多数地球轨道和行星载人航天任务的设计过程概述，而经验丰富的专业人员会发现丰富的、几乎涵盖任务和系统设计各个方面的参考数据资料。

载人航天任务分析与设计从一个宽泛的目标和相应的约束条件开始，然后是载人航天系统和能够有效满足目标需求的相关单元的概念设计。本章归纳了如何定义与再定义地球轨道和行星载人任务的目标、约束和需求，书中全面地介绍了相关细节。需要记住的是，用好本书和其中的各种流程图的关键在于反复迭代。为了取得设计成功，当概念设计在一个合理的成本范围内逐步推进和贴近目标的过程中，必须保持灵活和变通，允许想法、目标、需求甚至约束条件发生多次改变。

在这里我们不准备花时间回顾载人航天历史，但表1-1中列举

的航天飞行和航天员的成就彰显了我们所拥有的巨大财富——奠定了发展根基的巨大财富，众多来自不同信仰、不同组织、不同国籍的人为之贡献了力量。希望通过本书，使读者牢牢掌握并应用从先辈那里学到的知识精华，同时也提出了新的方法和技术，以开创崭新的载人航天任务。在空间探索的早期，先辈们在当时政治和公众支持的驱动下把人送入太空，但今天必须采取完全不同的模式——在安全圆满进入空间的同时，还要压缩成本。

表 1-1　载人航天飞行的众多“首次”▲

载人航天的“首次”——事件/参与者	任务	日期
载人飞行——尤里·加加林	东方 1 号	1961.04.12
出舱活动——阿里克谢·列昂诺夫	上升 2 号	1965.03.18
交会对接任务——弗兰克·波尔曼，詹姆斯·洛威尔与瓦尔特·施艾拉，托马斯·斯塔福德	双子星座 7 号和双子星座 6 号	1965.12.15
月球轨道——弗兰克·波尔曼，詹姆斯·洛威尔，威廉·安德斯	阿波罗 8 号	1968.12.24
月球登陆——尼尔·阿姆斯特朗，巴兹·阿尔德林	阿波罗 11 号	1969.07.20 20:17
月球出舱——尼尔·阿姆斯特朗		1969.07.21 02:56
乘组轮换——阿里克谢·耶里谢也夫，叶甫盖妮·赫鲁诺夫，弗拉提米尔·沙塔诺夫	联盟 5 号—联盟 4 号航天员	1969.01.16
国际交会对接	阿波罗—联盟号测试项目	1975.07.17 16:12
站间乘组转移——列奥尼德·基齐姆，弗拉提米尔·索洛维约夫	和平号/联盟 T-15 乘组至礼炮 7 号	1986.05.06
可重复使用载人航天器飞行——罗伯特·克里朋，约翰·杨	STS-1	1981.04.12
首个可重复使用空间研究实验室	天空实验室 SL-1	1983.11 *

* 译者注：原著为 1983.11，实际应为 1973 年。

续表

载人航天的“首次”——事件/参与者	任务	日期
航天飞机/和平号空间站交会	和平号/STS－63	1995.02.06 19:23
航天飞机/和平号空间站对接	和平号/STS－71	1995.06.29 13:00
时长之最		持续时间，日期
月球出舱——尤杰恩·塞南，哈里森·施密特	阿波罗 17 号	7 小时 37 分 * 1972.12.13，
轨道出舱——皮埃尔·祖特，理查德·黑波，托马斯·阿卡斯	STS—49	8 小时 29 分 * 1992.5.14，
航天飞机飞行——肯·考克利特，肯特·罗明哥，塔玛拉·哲尼干，托马斯·琼斯，斯特里·马斯格雷夫	STS－80	17 天 15 小时 53 分， 1996.11.19～ 1996.12.07
轨道飞行——瓦莱利·保利亚科夫	和平号	437 天 17 小时 59 分， 1994.01.08～ 1995.03.21
个人累计飞行时间——瓦莱利·保利亚科夫	联盟 TM－18/TM－20 (两次飞行)	678 天 76 小时 35 分

▲：1961 年以来，载人航天飞行出现了很多“首次”，很大程度上是来自不同国家的很多人的努力。数据截至 1997 年 6 月。

那么这些人是怎样取得如此巨大成就的？表 1－1 中列举的那些任务是如何设计并付诸实施的？需要克服的最大技术难题是什么？如何组织开发和运行这些任务？在使用本书进行载人航天任务分析与设计的过程中，将一一找到问题的答案。

1.1　人在太空

载人任务与无人任务之间的本质区别决定了我们对载人系统的设计、管理和资金运作方式。将人送入太空具有非常深远的意义，因为人的存在确实增加了无人任务所不可能具有的灵活性和适应性。

---

* 译者注：为持续时间。

同时，由于空间环境并不宜居，人需要生命保障系统的支持和保护。相比自动化程度较高的非载人航天系统，载人飞行器与居住舱必须更加安全和可靠。我们还必须为可能的任务中止与返回地面选好轨道和轨迹，这些附加因素会导致成本大幅度提高。对任何一个国家来说，独自投资这些任务通常都很困难，因此未来的载人航天计划将更加趋向于采用国际合作。尽管国际合作对于资助这些庞大的项目是必要的，但随之而来的合作低效、研发周期延长又可能令总成本大大增加，此外，复杂的组织机构、政治因素与成果获取的过程也需要得到特别关注。

与无人航天任务［Larson and Wertz，1992］相比，载人航天任务设计在四个方面更为复杂：

1）安全性与可靠性：只要有人参与任务，安全性就成为首要的关注焦点。这一点在确定如何发射、实现压力舱互联、应对辐射环境及空间碎片，以及设定出入路径等概念设计时尤为突出。这里仅探讨与总体构型相关的安全性问题，更多细节资料可在后续章节获取。

2）压力结构与专用分系统：载人任务必须有大的加压舱段和专用分系统，用于确保人获得生命支持和生存环境，能正常生存和有效工作。

3）人的因素：对于长期载人飞行任务，航天器必须是一个适宜的生活与工作空间，可有效解决社会、生理、心理、舒适及工效等问题。

4）后勤：长期载人飞行任务需要大量的后勤补给。乘组需要补充食品、饮水或空气，而任务本身也需要补给实验设备、推进剂、水和气体等。长期任务中，还需要维护与维修备件和工具。

表1-2中列举了载人航天任务设计的总体流程。本书提供的流程、工具和信息使开展地球轨道、月球或火星载人探测任务的概念设计变得更为简捷。理想情况下，重复这一流程数次后，可以得到合理的和费效比好的方案、架构和需求。事实上，时间和资金的短缺，以及巨大的政治压力都会对该流程造成影响。

表 1-2　载人航天任务设计▲

步骤	讨论章节
1. 定义宽泛的任务目标	第 2.1 节
2. 定义任务需求与约束	第 2.2 节
3. 开发任务备选方案和架构 任务层面和单元层面的架构 技术引入	第 2.3 节
4. 识别每个方案和架构的系统影响驱动因素和关键需求	第 2.4 节
5. 定义任务方案基线和架构 评估方案和架构 估算寿命周期费用和评估可靠性	第 2.5 节
6. 定义系统或分系统需求	第 1、2 章
7. 记录筛选与推理过程	第 1.1 节
8. 迭代与集成设计(从第一步开始) 重新评估任务说明、目标和需求 找到新途径以降低方案和架构的经费和复杂性	第 1.1 节

▲：本书改进了《航天任务分析与设计》[Larson and Wertz，1992] 中的流程。该流程看起来非常有序，但实际应用时可从其中任何一个步骤开始，多次重复迭代这个流程，可以得到效费比好的设计。如图 1-1 和图 1-2 所示，我们从理解把握任务描述开始这一流程。

本书提供了世界范围内的多个真实系统和任务案例。为了说明载人航天任务设计过程，选取了两个假定案例：设计一个到达月球南极基地的短期载人任务，以及去往火星的长期载人飞行任务。作为设计流程的起始，图 1-1 和图 1-2 给出了总体任务说明。

书中列举的方法对这些任务来说可能不是最好的，但具体案例有助于理解至关重要的流程、工具和信息。不同的假定、需求、约束和解决方案会导致完全不同的结果，月球基地、火星任务案例只是用于阐明设计流程。第 31 章提供了一个完整的火星任务设计案例，用于回顾从本书学到的知识。

任务描述是所有设计的起点。任务投资方想要做什么？例如，月球基地任务是探索能否在月球建立永久性的人类活动场所。这个环节一般不具备可协商性——任务是可实现的或不可实现的。按部就班地执行这个流程（表 1-2），就要仔细检查月球基地任务的每一个顶层设计步骤，并指定开发过程所需的信息。

月球南极（月球基地）任务描述

一些国家正在探索研究载人重返月球，以及最终建立永久性人类居所的可能性。尤其是探索月球南极，存在很多优势，在长期处于阴影区内的撞击坑山口中可能存有水和矿产资源，可以部分支持月球基地的运行。另外，极区的长久阳照区可支持产生连续的光电能，降低了电力储备或在长时间月夜寻求替代能源的需求。

我们想要派一个小组到月球南极，调查建立基地的可能性。小组到达那里后，应当能够评估月球资源，同时还能够采集样本送回地球以便进行更细致的分析。因为月球南极区域很大，小组应能够探索几个可能的位置。小组必须有能力做出科学评估，并在建议的月球基地上描绘“人类的远景”

图 1-1　假设的月球南极探索任务▲

▲：月球任务的细节在全书多个地方出现，以说明如何使用关键的流程、工具和信息。

火星任务描述

国际空间站成功建造后，空间站各成员国将目光转向了火星，并将其作为人类宇宙探索的下一个目标。这个任务的目的是派一个乘组到达火星表面进行探索，特别是要回答火星表面是否有生命，或在过去某个时间里曾经有过生命的问题。

任务设计将立足于火星原位资源利用，建立基础性设施支持可能的后续任务，制定一个可持续的载人火星探索计划。基于建造国际空间站所取得的技术和运行经验，任务预算要低于国际空间站项目的 1000 亿美元

图 1-2　火星设计参考任务▲

▲：该任务将在第 31 章详述

第一步：定义宽泛的任务目标。确定任务要达到什么目标，以及为什么是这一目标。这些信息很大程度上来自图 1-1 与图 1-2 中的任务描述。需要经常回顾任务目标，以确定当前的工作是否与开

始时准备做的事情一致。

第二步：定义任务需求与约束。这一步有所不同：要在给定的需求、适当的技术以及成本约束下，对实现任务目标的方式进行量化，以达到总体的性能指标。如此一来，当进行设计时，量化的需求和约束应能够进行权衡分析。在很多航天任务系统研制过程中，一个主要失误就是在相对较早的阶段就固化了需求。举例来说，月球任务可能要求采集 100 kg 水冰样本返回地球。100 kg 的需求初看起来是合理的，但与 10 kg 相比，将使系统研制成本增加数千万甚至数亿美元。资助方可能想要组建一个来自多个国家、至少 4 人的男女混合乘组，但也许只要一个 2 人乘组就能满足任务需要，从而节省数百万的研制成本，而这些资金可用于开发和配置更多的原位资源，或扩大搜索范围以发现月球上更好的水源，这些都会更有意义。投资方最终确定月球任务应达到的目标和成本，而航天任务分析与设计为其提供决策所需的量化数据。

第三步：开发任务备选方案与架构。任务方案是对任务如何实施的具体描述。航天任务架构是任务方案和图 1－4 中每个任务单元的定义。任务方案包括诸如可用的载人和无人资源、任务控制、任务时间线等问题。备选任务架构包括了在各个任务单元中方法完全不同的解决方案。例如用机械替代人的方式降低成本，则会得到相差悬殊的系统。第三步在任务设计中最为重要，因为这一步确定了系统“是什么”和“做什么”的具体细节。在这一步，要确定功耗、质量、消耗品数量，以及预期的速度变量，特别是需要从地面或在轨给予什么样的支持等（预算是指任意完整系统中各组成部分量化的参数清单。这样，航天器总质量预算就应包括分配至有效载荷、不同分系统、所需推进剂质量，以及典型的系统拓展裕度）。描绘任务特性是最费力的一步，因为这需要很多专业领域的知识和经验。研制过程中方案的逐步细化是令人欣慰的，但是如前所述——必须注意避免在描绘任务特性时过分关注细节。系统层面的需求和权衡必须保持在最初的关注焦点上。

第四步：识别每个方案和架构的系统驱动因素和关键需求。在所有实际系统中，往往只能控制相对较少的关键性参数，但它们显著影响着总体成本、性能和部组件的设计，这些关键性参数就是系统影响驱动因素。在这一步中，必须识别出每个备选任务方案中关系到系统主体成本和系统性能的系统影响驱动因素。对于载人航天飞行任务，系统影响驱动因素包括环控生保系统的闭合程度、飞行器的整体尺寸和质量，以及压力舱容积等等。通过识别系统影响驱动因素，能够把精力集中于对设计影响最大、也对任务成本影响最大的参数上。这种方法增加了在可行的预算范围内得出最佳设计的可能性。在此过程中，识别关键需求——对系统成本和复杂性影响最大的需求——也是非常重要的。在创建备选任务方案后，需回到初始的量化需求上，并识别其中的关键需求。对于阿波罗登月计划，最初的关键需求是肯尼迪总统强调的“在这个十年结束之前，我们要把一个人送上月球”。该需求在很大程度上决定了任务整体成本。乘组人数这个关键需求可能使生命支持成为系统决定性因素。因此对于任务分析与设计，必须花费大量精力理解某两者之间的定量关系，比如乘组人数与消耗品数量或压力舱容积。我们需要据此合理地设定需求（乘组人数）与系统参数（消耗品数量或压力舱容积）。对于月球基地，关键性需求可以是乘组人数和驻留时间，我们应聚焦在这些系统需求上，以确定其重要影响，以及将为此付出多大的成本才能达到目标。要记住，关键性需求与系统影响驱动因素在备选任务方案中可能会有差别。

第五步：选择任务基线方案和架构［Larson and Wertz，1992，第 3 章］。设计基线应满足任务全部或大部分目标，是唯一的和协调的系统定义。协调的系统定义是一套完整，且彼此一致的系统参数——例如，乘组人数及任务周期与航天器的大小、质量相对应。设计和定义一个航天系统意味着同时确定和改变众多参数。基线是考量工作进展的临时性里程碑，同时也限制了必须作出评价的可选方案的数量。与其关注轨道、弹道、飞行器和生命保障系统的所有可能组合，倒不如关注每一个参数变化对一个或两个设计基线的影响效果更为可行。随着系统设计逐渐成熟，设计基线也越来越固化并最终演变为系统设计。但需要强调的是，设计基线只是每一次迭代设计的起点，并非一成不变。

第六步：定义系统或分系统需求。在第二步，从任务描述中提取了任务顶层的需求。在这一步里，避免需求的发散是极端重要的，因为这会干扰设计过程。然而，一旦形成了一个方案并将其发展到某种程度时，就需要将其分解为一组用于下一设计阶段——系统与分系统相关的更多具体细节设计——的需求。编制需求时，需注意避免两个常见错误：过细描述问题和告知设计者“如何做”而不是“做什么”。初看起来，告诉设计师一系列非常明确的需求或确切地告知他们如何满足这些需求，是获得理想设计效果的最佳方式。然而，这种方法彻底扼杀了设计师的内在设计动机，因为这意味着他们不是产品的“主人”，存在抬高开发成本的可能性。过细描述还可能先入为主地否决或忽视一些原本很好的设计方案。

第七步：记录筛选与推理过程。载人航天系统开发和演进过程的时间跨度很长，不论是工程师还是科学家，都很少能从始至终地跟进一个项目，因此，必须认真仔细地记录我们设计过程中的所有路径选择和推理过程，以避免新的开发者不断地“重复性发明”。

第八步：迭代与集成设计（从第一步开始）。这一步是任务与系统费效平衡的关键，迭代允许我们在对一个方案着手详细设计之前，能够尽量多地探索各种可能的方案。

1.2　载人航天任务的寿命周期

NASA、ESA 和国防部用一些术语来描述航天任务的寿命周期，如图 1-3 所示。

初步分析——初始研究阶段，确定航天任务及其系统、实现途径的宽泛定义。

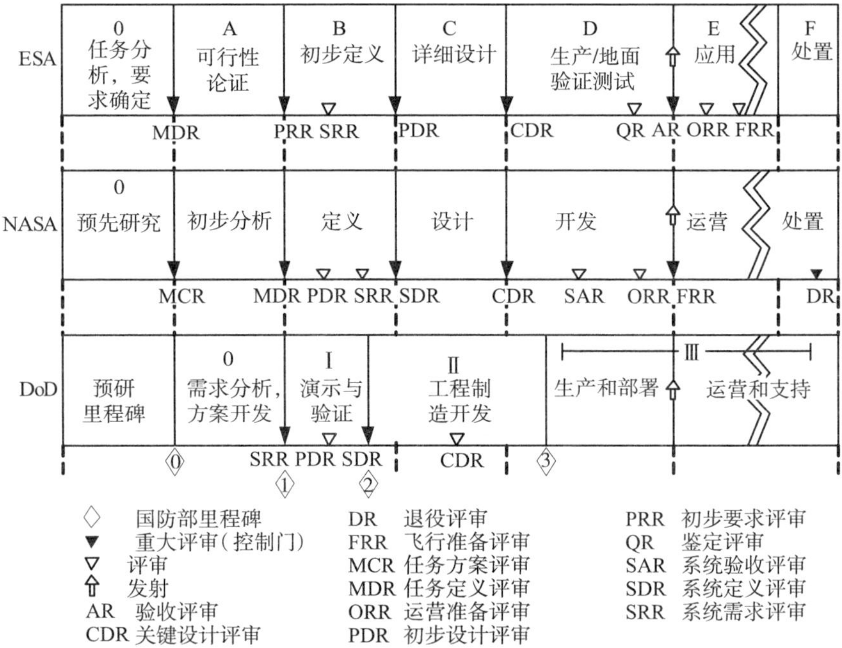

图 1-3 载人航天系统项目开发过程▲

▲：每个航天项目的推进均经过各个顶层设计环节，但可能不包含所有的子环节。完成项目的时间随项目范围而有差别。上图由 Reinhold Bertrand 博士、空间系统研究所和斯图加特大学提供

定义——形成一定水平的设计，需要支持初步设计评审。

设计——正式设计阶段，详细定义系统组成部件，并开发测试用的软、硬件，进行关键设计评审。

开发——构建必要的地基、天基系统用于发射和任务运行管理。

运营——地基和天基系统连续运行、维护、支持，以及后勤补给。

通过借助 NASA 的研发流程和术语，本书将提供大量载人航天任务和相关系统方案设计的程序、工具和信息，用于支持初始设计工作。所使用的系统工程方法和术语来源于军用标准 499 b 和

NASA 3000 标准 [1995]。

采购、运营的政策与程序随不同的任务管理组织机构而有所差别，但关键角色是相同的：资助方、运营方、终端用户、顾客、开发设计者。资助方通常给出任务描述，划定任务进度限期，以及可用的资金限额。运营方负责控制和维护空间与地面设施，通常是授权的工程管理机构。在任务控制中心的运营方负责在地面管理载人航天任务，航天员是太空中的运营方。终端用户——如科学家们——获取和使用航天任务的产品和服务。顾客，顾名思义，是为使用航天任务的产品（如遥感图像）付费的群体。

对于载人航天任务而言，产出并不总是可定量评估的。例如，阿波罗登月任务与和平号空间站任务的主要产出在于获取了科学知识，提升了国家荣誉和国际地位。航天飞机项目的主要贡献是获取了科学知识，构建了往返太空的运输系统，增加了在轨维修空间设施的机动灵活性。开发设计者是任务实现机构。对于载人航天任务，开发设计者如同一个由政府部门、商业机构联合组成的国际联盟，其中包括承包商、分承包商和政府管理机构，多方协同执行开发与测试。运营方和用户必须生成技术可行、财政允许的需求；开发者必须在多变的政治和资金约束下，及时提供所需的产品或服务。

初步分析阶段要开展三项基本活动。用户、顾客和运营方基于任务运营的整体方案，开发、协调一系列总体要求和性能指标。同时，开发者基于这些要求生成备选方案。另外，资助方制定长期规划，构建完整的项目组织，并估算达到用户、顾客、运营方和开发者各方面要求所需的经费预算和经费来源。上述五个关键群体，必须按各自分工紧密协同配合，才能成功构建并实施一个新的航天任务系统。

本书着重强调初步分析（确定任务早期的方案与架构开发）。初步分析的目标是评估一项航天任务的需求，开发可接受的备选方案以满足运营方、用户，以及顾客的需求。不同组织所采用的工作程序会有差别，但某种意义上说，新项目的启动是从一系列的任务目标、运营方案、寿命周期费用估计、预期进度等开始的，如果批准通过，项目可获得资金并进入定义阶段。

本书提供了多个用于开发设计航天任务所需的技术流程和相关信息。但是一个可能危及整个流程运行效果的不利因素是，很多案例中的用户与运营方，在分析必要性和构建任务需求时脱离了开发者的工作，且没有经过沟通协商。另外，开发者经常在未经运营方、用户和顾客认可情况下改变状态。这些自我封闭的行为导致了低绩效和高成本。

要想成功地完成方案的开发，资助方、运营方、用户、顾客和开发者必须消除彼此的隔阂，形成一个团队。

一个好的团队，能够统筹考虑任务目标、需求、运营的要求和现实可用的技术手段，以最低的寿命周期费用开发出最好的可行任务方案。

1.3 航天任务方案与架构

所有的航天任务都由一系列物理性与功能性单元组成，如图1－4所示。这些单元共同构成了航天任务的基础性架构。任务方案是架构规划的核心，以任务描述——达到任务目标的蓝图——作为输入。对于月球基地任务，任务方案包括可从国际空间站出发，然后进入环月极轨飞行数天以绘制月面地图，并寻找冰层聚集区，确定着陆地点等阶段。之后，乘组在月面着陆，花费数天时间收集冰样本、完成实验、操作原型设备就位。最后，飞船返回地球，以降落伞方式着陆（见第2章讨论）。

“人”是载人航天任务系统总体设计的主要特点和最重要的影响因素。航天器或居住舱必须保持乘组的生理和心理健康，在各个方面突显了安全性与可靠性要求。人需要一定的大气环境（混合气体成分、温度和压力），必须适应各种水平的重力（自由落体、微重力、行星上的重力，以及高加速度过载），需要辐射防护。由于要应

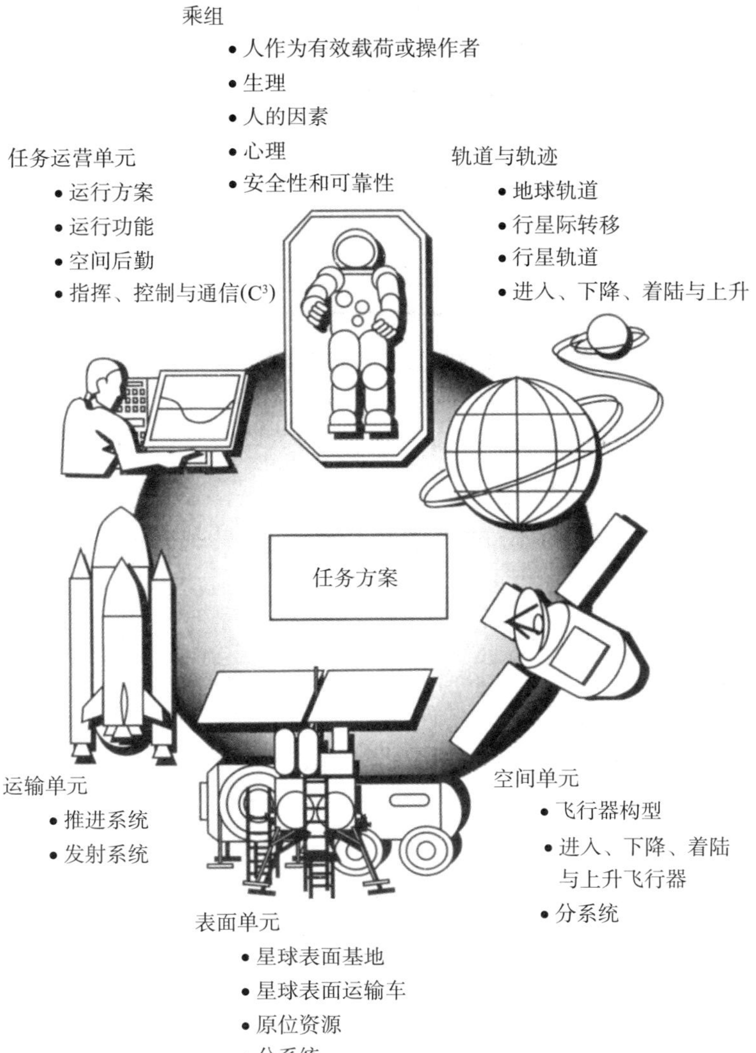

图 1－4　载人航天任务架构构成单元▲

▲：所有载人航天任务都在某种程度上包含这些基本单元，天基与地基运营者、终端用户、开发者和资助方对不同任务单元提出系统需求，任务方案将这些单元紧密地组合成一个整体

对人的生存问题，系统实现起来非常困难（这些问题的讨论见第 3 章～第 8 章）。

轨道是航天器运行的轨迹或路径。一个典型任务一般包含多个轨道：初始停泊轨道、转移轨道、到达停泊轨道、着陆轨道、上升轨道、返回初始停泊轨道、返回转移轨道、返回到达停泊轨道以及最终着陆轨道，还可能有寿命中止轨道、应急轨道。轨道与轨迹影响任务的各个单元，为任务架构提供了多种选择（第 9 章和第 10 章）。轨道决定了任务持续时间，并在很大程度上决定着飞行器和乘组所处的大气、引力和辐射环境。轨道与轨迹设计一般受任务中止和安全返回地球等约束。

空间单元包括轨道航天器，运输飞行器，进入、下降、着陆与上升飞行器。对于轨道空间站，该单元是为科学实验载荷和乘组提供支持的天基基础设施。对于月球或火星任务，它是将有效载荷和乘组运至星球表面并安全返回地球的手段。在这些任务中，可将空间单元与运输单元结合起来。由于这些系统取决于可能的乘组人数与任务持续时间，所以可能是折中权衡的结果。这个单元包括宇宙空间与星球表面的各个支持分系统：热控，生命支持与乘组保障，导航、制导与控制，电源，结构与机构，出舱活动与无人探测系统等。

本书讨论内容将从最小的载人飞行器（舱外航天服，EVA）到国际空间站及其后续发展展开，还将探讨一系列进展，从水星飞船、双子星座飞船到阿波罗飞船、联盟飞船，再到天空实验室、和平号空间站及其他（见第 11 章，第 12 章，第 16 章～第 24 章）。

表面单元包括用于在星球表面生存与开发利用原位资源所需的居住舱、结构和运输装置等。这些设备的设计同样取决于乘组人数、任务持续时间，并受多种权衡分析的影响（见第 13 章～第 15 章，第 16 章～第 24 章）。

运输单元包括发射设施、运载系统和推进系统，用于将航天器送入轨道，或着陆于星球表面，以及从星球表面返回。运输单元也包括安装接口、有效载荷整流罩、相关地面支持设施设备。运载系统的可用性和能力对任务设计方案构成严格约束（见第 14 章，第 24 章，第 25 章）。

最后，任务运营单元包括在地面和空间单元中工作的人员、任务运营方案与功能、相应的政策、程序与信息流。指挥、控制与通信（C^3）设施设备的布置与安排是一个重点考虑因素。C^3 的设置主要依据信息传递的数量和时间要求，同时也取决于空间与地面设施的数量、位置、可用性与通信能力。地面系统由分布于全球的固定或移动地面站组成，地面站之间通过各种数据链相连，使我们能够指挥和跟踪航天器，接收和处理遥测和任务数据，并将信息分发给运营方和用户。对于长期载人航天飞行，后勤补给系统对任务成败和乘组生存有着非常关键的作用（见第 26 章～第 28 章）。

任务方案与航天任务架构选择决定着系统的寿命周期费用（第 29 章）。载人航天任务的费用总额非常高，因而需要多个国际合作伙伴来分担系统开发和运营成本。国际合作是当前载人航天领域重要的运营方式，提供了很多的选择和灵活性，同时也带来了很多挑战（第 30 章）。

最简单的任务方案是乘组乘坐同一舱体发射升空，到达目的地后又返回地球（水星、双子星座、阿波罗飞船和航天飞机任务属于此类）。更加复杂的任务包括乘组在航天器间转移、先期运送和安置支持单元、延长的任务持续时间、重大的科学探测，以及大规模的出舱活动（例如天空实验室、和平号空间站、国际空间站，以及载人火星任务）。

从最基础的角度考虑，载人航天任务设计是非常直观的。除了发射质量、费用以外，在将乘组送往遥远的行星并安全返回过程中，为其提供充足的食物、充分的辐射防护，以及足够的推进剂方面几乎没有什么技术障碍。当然，在努力实现任务目标的过程中存在风险，所以适当的冗余和安全措施必须考虑在内。载人航天飞行真正现实的挑战是保证任务的安全、舒适、富有价值和经济可行。经济可行性无绝对的衡量标准，载人火星探测任务的预算建议曾定为低于 1000 亿美元。总体来看，建议主要采用两种方式保证任务的经济可行性：国际合作和降低总发射质量以减少发射费用。还存在其他减少经费的方式，如简化通信和数据传输速率（采用自主性更高的乘员操作）、更便宜的运载器、系统间硬件通用、空间站技术的应用等。国际空间站是航天领域国际伙伴合作最典型的例子。国际合作需满足这样一个假定：任何单个国家的投资缩减以及为人类带来的更广泛收益，能够抵消合作所导致的工程复杂度的增加。

质量减少能够通过若干方式达到。一种方式是利用原位资源（星球大气转换为火箭推进剂，星球土壤转化为建筑材料或可呼吸的气体，在小行星或彗星上挖矿用作原料，利用太阳能等）。对于长时间的载人任务，水、食物和大气供应对质量的影响非常大，因此任务中一个重要的权衡分析就是通过处理和循环利用人的废弃物以减少总质量。水循环具有最明显和直接的回报，其他减少质量的措施包括：发展更有效的能源产生系统，使用新颖的结构材料（如膨胀式居住舱），在火星和地球利用大气制动，使用具有更高比冲、效率更高的火箭发动机，以及攻克一系列空间、乘组支持系统设计和应用相关的难题（铺位、医疗设备、私人用品、热控制和数据存储等）。

运载器的可用性是一个关键问题。基于安全性和质心的考虑，航天飞机能够将直径 4 m、长度大于 10 m、质量 20 t 的有效载荷送入近地轨道。当然，完成一个简单的载人月球任务需要不止一次发射和在地球轨道组装。一个更大的运载工具能够减少发射和组装次数，但是研发费用可能会过高。另一个常常引起争论，与质量、安全性和舒适性均相关的权衡分析是采用更大的（或者，核推进或太阳能电推进）动力系统进行星际间转移，以减少飞行时间和补给质量。

图 1－5 描绘了一个相对简单的月球任务方案。与阿波罗任务非常相像，该任务需要运送一个独立的着陆器到月球表面。乘组和有效载荷通过一个单独的飞行器运送到月球轨道，通过另一个飞行器到达月球表面并返回月球轨道，再采用另一个推进系统返回地球。

为简化起见，可对部分或者所有的推进系统进行组合，但是需要进行推进系统的惯性质量权衡分析。对不同的推进系统分析表明，在任务早期采用氢氧推进剂更为简洁有效，但是后续使用将严重影响存储系统的质量，特别是对氢的存储。

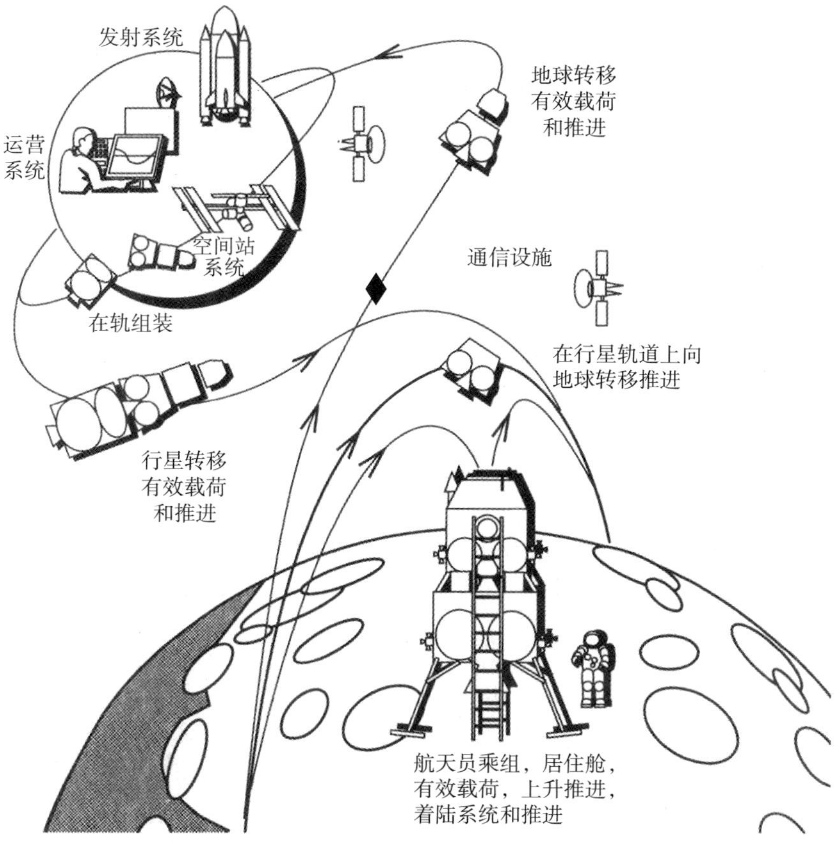

图 1－5　月球任务的方案和架构▲

▲：这样的图示在整个任务方案沟通时非常有用，本书通篇对这个任务方案的详细设计进行了介绍

图 1－6 描绘了一个载人火星任务方案，需要通过多次地球发射将若干个不同结构单元送到火星表面。在任务方案中，利用一个发射窗口将部分表面单元送到火星，剩下的在下一个发射窗口（大约 26 个月

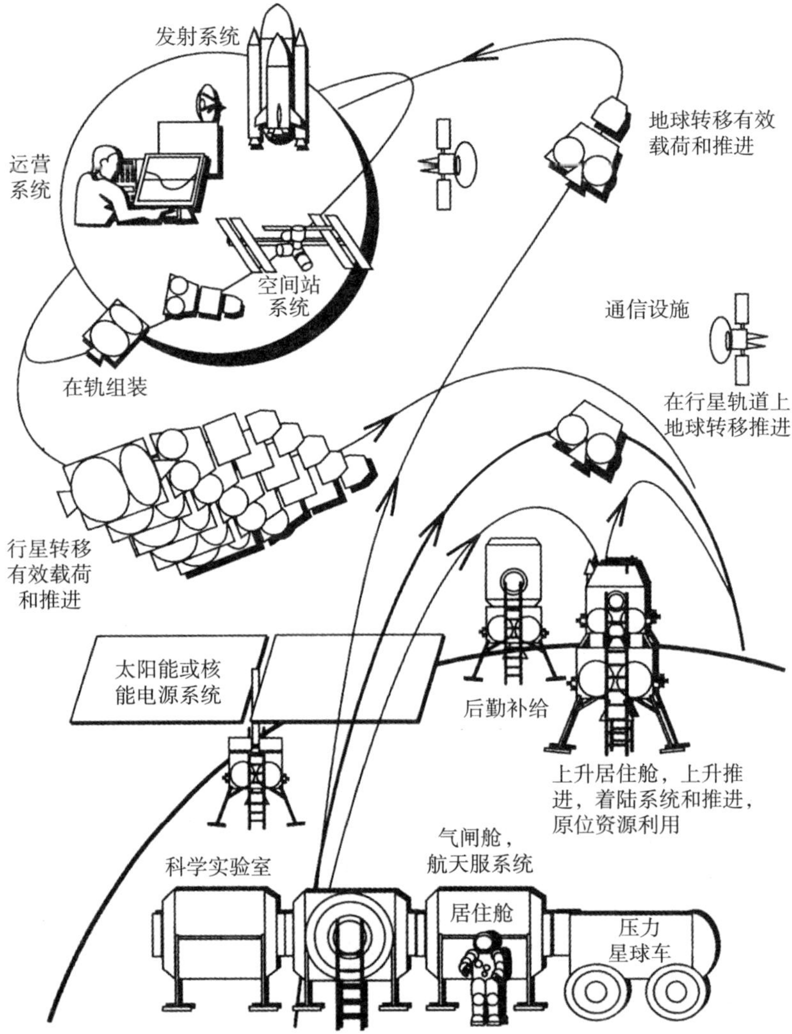

图 1-6　火星任务概念和架构▲

▲：第 31 章将详细描述这个任务概念

之后）进行运送。在间隔期内，早期着陆的表面单元利用火星大气层中的二氧化碳制造火星表面上升所需的推进剂，为后到达的载人舱段返回时所用（这被称为原位资源利用，即 ISRU）。在乘组离开地球前往火星前，将用遥测技术确认 ISRU 系统工作情况。由于能量需求（影响推进系统规模）取决于轨道力学和地球火星相对位置的要求，大多数任务会假设乘组将在火星表面停留一年或更多时间，这需要作出充分的准备，包括乘组、安全和舒适的居住环境、扩展的 EVA 能力以及充足的电能。表面单元的多样性（用于 ISRU、电能、居住、星体表面移动、补给、科学、通信等）将要求具有良好的表面移动性能、较为精准的着陆能力，以及整体移动能力。

1.4　面临的挑战

人类已经在近地轨道居住了大约 10 年。我们汲取了从天空实验室、礼炮号、和平号、双子星座、阿波罗，以及航天飞机任务中积累的经验教训，开始研发国际空间站。然而除了阿波罗计划外，人类没有其他近地轨道以远的载人飞行实践经验，也没有先驱者。未来火星及更远任务的第一个挑战将主要依靠以下建造能力：

1）一个安全基础设施；

2）自主运行策略和系统；

3）一个稳定的系统，能够处理各种意外；

4）多功能工具，以应对未有先例的不确定情况。

本书将对设计和运营一个载人航天任务的可用信息进行归纳总结——编纂我们的经验知识库。第二个挑战是在研发可操作的任务架构中发挥这些信息的最大效益，以整合集成：

1）安全性和可自主操作的系统；

2）功能冗余和离开地球的能力；

3）人在太空的生理适应性；

4）环境适应系统。

第三个挑战是在前行中须不断积累经验，并使之与未来远景——安全的和经济可行的空间探索活动——相适应！

参考文献

[1] Larson, Wiley, J. and James R. Wertz, eds. 1992 , 2nd ed. Space Mission Analysis and Design. Torrance, CA: Microcosm, Inc. and Dordrecht, Holland: Kluwer Academic Publishers.

第 2 章　载人航天任务设计

Wiley J. Larson，美国空军学院
Werner Balogh，联合国外空事务办公室

2.1　定义任务目标

2.2　定义任务需求与约束

2.3　开发任务备选方案和架构

2.4　识别系统影响驱动因素和关键需求

2.5　定义任务方案和架构基线

现在，为设计载人航天飞行任务——针对特定任务目标开发备选任务方案和必需的配套设施，让我们启动一个富有创造性的设计流程。本章的设计流程是载人航天任务设计的主要工具，目的是选择最好的全局方法去引导设计一个航天任务，并为决策者提供一个可理解的、能够追溯的理论依据。图 2－1 用图形化的方式描述了表 1－2 中提出的设计流程。

任务选项一般都很发散，可以在没有约束条件下设想人、轨道、运载系统、空间飞行器、表面设计和配套设施等所有可能的组合方式。任务设计时，一个主要的工作就是将大量发散选项减少到一个可控水平，但又不能因疏忽而漏掉具有重要价值的选项。例如，月球基地任务可能必须依靠现有的运载系统，这将严格限制空间飞行器的尺寸和质量。

识别了需求、约束和备选方案之后，必须在一定层次上定义可能的任务架构以进行有意义的比较。2.3 节中一些表格描述了概念设计的细节。如果不能在一些关键领域获得足够的细节，更进一步的

设计就会面临困难。另一方面，如果太过于关注细节，可能会过早地浪费关键资源。如图 2－1 所示，需要对图中表示的 A、B 两种不

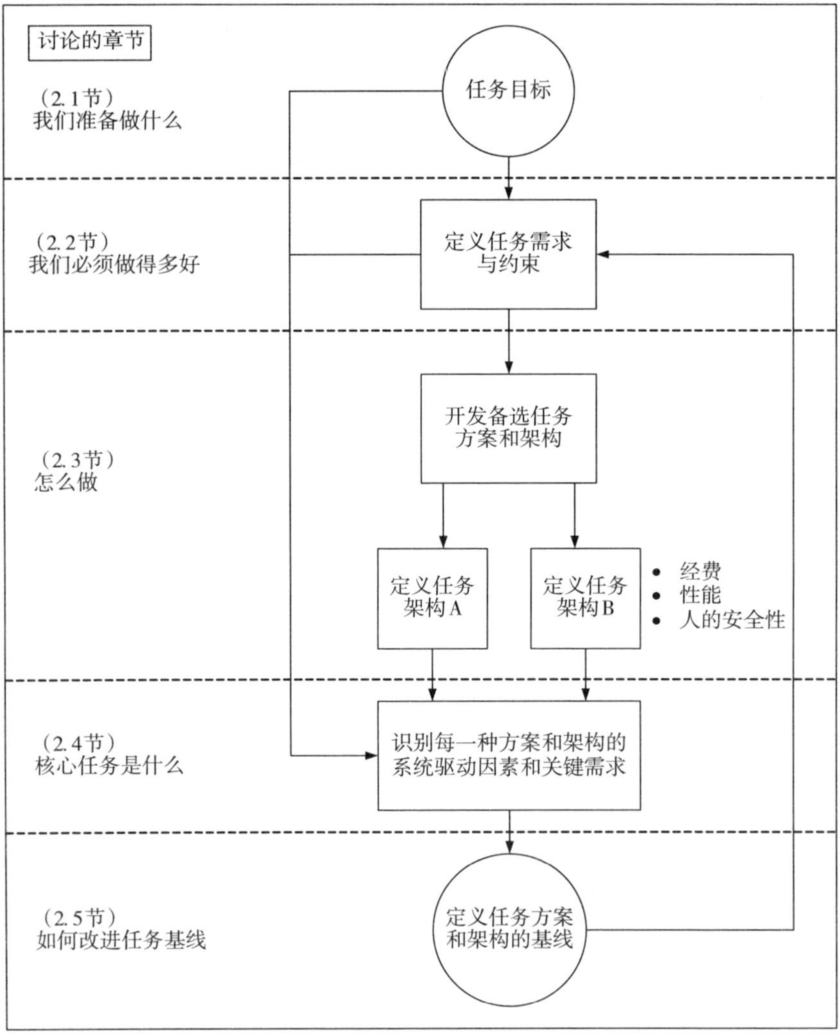

图 2－1　设计过程和概念开发流程▲（改编于［Larson and Wertz，1992］）

▲：可以通过多次迭代得到最优结果，必须把握机会去评审任务目标、需求和约束，如有必要可进行更改

同的备选方案分别进行设计细化。同时，需要采用第 29 章列出的技术来预估单元和系统的成本，这是一种大致数量级（ROM）的成本预计，可对不同选项的相对成本有一个大致的了解，以利于进一步的权衡和系统评估。

2.3 节讨论的任务方案是一个任务如何进行实际操作的概要说明，本书将经常提到的“概念开发”是探寻可行任务方案的过程。更详细的任务描述必须定义任务单元（1.2 节介绍），任务架构则定义为任务方案和各个主要任务单元的集合。

2.1　定义任务目标

航天任务分析和设计的第一步是定义任务目标：系统为满足某种需求必须达到的总体目标。图 2－2 展示了假想的月球基地和火星设计案例的目标。这些定性的任务目标主要从任务要求描述中获得，在后续设计过程中几乎不变。对于未来可成功运行的月球基地，必须要在月球上发现、收集和处理水冰。在概念开发过程中，权衡和评估系统各个单元必须要确保满足这些基本目标。

一般来说，航天任务有多重目标。有些是次要目标，可以由现有的资源实现；有些是附加目标，需要更多的资源。几乎所有的航天任务都带有某些非技术性附加目标组成的“幕后动机”，多为政治、社会、文化方面的，对任务来说是同等现实和重要的，必须满足。例如，月球基地的附加目标可能是让尽可能多的国家参与该项目，让世界联系得更加紧密，从而带来世界和平和稳定。如今，这类附加的政治目标不仅对于美国、俄罗斯重要，而且对于欧洲、日本和中国也非常重要。国际空间站提供了一个这样的案例，其附加目标对任务成本和复杂性产生了影响。要满足一个航天任务的所有目标，必须像识别主要目标一样辨识次要的非技术目标。

用同一个空间系统来满足不同要求时也会造成任务目标的多重性。例如，可能用月球基地的敏感器和探索能力去寻找其他有价值的月球资源，在这种情况下，次要目标可能会变得同主要目标一样重要。尽管主要目标通常是稳定的，但次要目标有时却会改变，以满足用户需求以及有可能重新定义的航天任务方案。

正常情况下，航天任务目标较好地集成了用户需求和所需要利用的空间能力，至少间接地体现了将要努力实现的航天任务的特性。载人航天任务的经济回报并不明确。如前所述，研发载人航天系统非常昂贵，将人送往太空主要是体现人的存在和探索宇宙，因此不应基于潜在的经济收益去评价花费。过去的40年已经证明开发和利用太空有多种目标，从最实用的通信、气象领域，到为了更好地理解宇宙所进行的科学观测，以及先进的军事应用，探索和开发月球及其他行星。

月球基地任务目标

主要目标：

- 将人送上月球并安全返回
- 定位月球上的水冰
- 原位处理水冰，判断是否能够支持人在月球生活
- 将月球水冰取样返回地球以进行详细分析

次要目标：

- 在靠近水冰的地方，识别适合未来建造月球前哨站的地点
- 验证后续任务需要的技术
- 国际合作

火星设计案例的任务目标

主要目标：

- 将航天员乘组送上火星并安全返回
- 执行原位科学研究，专注于：
  寻找有水的环境，以及过去和现在生命存在的迹象
  增加对于太阳系起源和历史的知识
- 火星材料取样返回地球以进行详细分析

次要目标：

- 持续增强国际空间站伙伴的合作
- 开始构建人在火星长期存在的基础设施

图 2-2　月球基地和火星设计案例的任务目标▲

▲：任务目标是系统必须具备功能的概要描述，在目标和以后将讨论的需求及约束之间存在很强的联系

载人航天的任务目标常常以直接或隐含的方式列举任务关键信息，任务目标与其目的地（月球、火星或低地球轨道）一样是任务的重要组成部分。预定发射或完成日期通常是确定的，这可能会影响任务所使用的运载系统或其他技术。此外，还将用到其他参数，如航天员乘组的数量及组成、经费预算（10 亿～1000 亿最大寿命周期费用）、可接受风险（人员安全返回可靠性 99%）、国际合作伙伴，甚至包括需使用的（从国际空间站部署）基础设施等。

当前许多任务利用了空间全球覆盖的特性——用于通信、气象、导航以及其他方面的地球监控任务。天基通信已经是一个成熟的重要工业领域，但微重力环境下进行材料加工和精密制造还处于萌芽阶段，在制药和半导体器件上可能取得重大进步，并将带来全新的工业产品。开发无穷无尽的空间资源是更为遥远的事情，从长远来看，空间无限的持续能源供应以及材料供应，可以在不破坏地球脆弱环境的情况下维持工业社会发展所需。相比通信、资源测绘及监视等成熟领域而言，确立此类目标需要更为宽广的视野。

我们刚刚开始开发利用宇宙空间某些独有的特性。尽管航天任务目前还处于萌芽阶段，并且经常受到进入空间高昂成本的阻碍，但可能会对人类的未来产生重要影响。因此，减少进入空间的成本是主要目的之一。

2.2　定义任务需求与约束

在定义了宽泛的任务总体目标之后，需要将其转化为对任务性能和操作的量化需求和约束条件。需求和约束条件在很大程度上确定了满足任务目标要求的运行方案。因此，必须发掘能够真实反映运营方和顾客任务目标的需求，并在详细定义航天系统时主动将其纳入权衡的过程。在任务目标和任务需求之间必然存在某些重叠，但是一般而言，任务需求可更为清晰地表示任务特征，据此能够开展更实际的分析，作出更好、更明智的决策。

将任务目标转换为需求应关注以下三个方面：

1）功能需求，定义了系统为达到目标必须具备的能力。

2）操作需求，确定了系统如何操作，以及用户如何与其交互以达到目标。

3）约束，限定了任务成本、执行日期，以及任务所采用的技术。表 2－1 给出了这些需求和约束的例子。

表 2－1　顶层任务需求和约束的案例▲

需求	讨论章节	影响需求的典型因素	月球基地案例
性能	第 6 章、第 9 章、第 13 章、第 14 章、第 23 章	主要目标，乘员数量，任务持续时间，目的地	定位水冰，运回水冰样品，水冰的现场处理，为未来月球前哨站选址
	第 3 章、第 4 章	操作环境	低重力，极端温度，真空，辐射，太阳粒子事件
	第 9 章、第 10 章	轨道转移，进入、下降、着陆和上升轨道	从国际空间站到近月轨道
	第 11～14 章	转移飞行器，居住舱，表面运输工具	独立上升/下降飞行器，参阅相关章节
	第 22 章、第 23 章	EVA 和自动系统	绘制月球表面地图，定位和研究月球其他资源
任务持续时间	第 11 章、第 12～15 章	飞行器和居住舱	在月球表面至少 20 天
	第 17 章	环境控制和生命支持系统	开式生命支持系统，来自于 ISS 国际空间站或航天飞机
	第 5 章、第 6 章、第 7 章	生理，心理，人因	乘员数量，压力舱容积，安全性
后勤	第 8 章、第 25 章、第 28 章	发射资产	受限于当前发射资产的数量
可存活性	第 8 章	安全性和可靠性，放弃任务的工况	必定是适用于人的系统

续表

需求	讨论章节	影响需求的典型因素	月球基地案例
任务操作	第 26 章	操作方案和功能	使复杂度和成本降至最低
指挥、控制与通信	第 27 章	数据传输速率，通信延迟时间，距离	地球和月球基地乘组之间的连续通信，月球坑到地球的通信链路
约束			
成本	第 29 章	任务持续时间，目的地，乘员人数	全寿命周期费用少于 10 亿美元
进度	第 1 章、第 2 章、第 26 章	任务实施方案，建造顺序	5 年内发射，5.5 年内完成任务
规章制度	第 30 章	国际法和政策	国际任务
政治	第 1 章、第 30 章	投资方，是否为国际项目	必须培养和保持公众支持
环境	第 3 章、第 4 章	表面和轨道环境	月球极端温度和辐射
界面	第 2 章、第 27 章	用户和操作基础设施的层次	通信中继，通过所有国际地面站的协同操作
发展约束	第 30 章	吸引投资方的过程	基于当前运载器发射，在数据分发节点无需单独的操作人员
人的能力	第 6 章、第 23 章	空间、表面和飞行器环境，生理和心理	在试验基地的短时间旅行

▲：大多数任务含有成百上千个需求，此处列出并识别影响任务经费和复杂度的关键需求。月球基地是一个假想的案例，但提供了典型的需求和约束。

需求和约束取决于任务本身和任务实现方式。需要考虑任务要求、所需条件的复杂程度及成本，因此建立顶层任务需求变得极为困难。与一般的做法不同，概念设计过程应当多次迭代和权衡以得到量化的需求。任务需求的初始评估必须依据任务目标，并结合对系统可行性的考量，避免出现固守陈旧和根本不恰当的系统要求。可从以前任务中获得信息，对当前任务需求进行迭代或轻微调整，从而避免不合适的需求。

建立初始任务需求的下一步是寻找“幕后动机”。动机包括投资方、开发方隐含的目的和约束，例如月球基地任务可能需要被视为成本效益较高的、长期的计划，因此研究和开发工作可能要延伸得非常广泛，以创建效益较高的月球基地。

正如将在第 30 章深入探讨的，必须承认载人航天任务的开发除了技术因素外，还取决于政治、法律、经济因素。因此，有可能让一个小国家参与任务，采用其生产的部件，或者在当地研制新部件，即使在其他国家研制生产耗费更低。在这种情况下，需要更多花费以满足政治约束：通过航天任务开发和提升国家工程能力。技术部门经常将非技术因素置之一旁，认为非技术因素限制与技术约束相比不甚重要或者不切实际，但是一个成功的任务设计必须满足所有的需求和约束。

对于月球基地任务，典型的顶层任务需求应包括以下方面：

1）土壤取样的数量、尺寸和深度；

2）土壤样品的表面位置和取样深度；

3）需要进行的测试及观测；

4）使用或需避免使用的技术。

最后，初步任务需求应服从于后续的权衡和修改过程，我们以地球轨道空间站设计寿命为例来着重说明。要实现人类在地球轨道长期驻留，必须设法开发某个系统以满足这一要求，并对该系统设定设计寿命，或许还包括补给方案。空间站设计寿命严重影响成本，决定着冗余水平、推进剂预算、后勤补给和其他关键系统参数。原则上，我们会得到空间站成本随寿命周期变化的关系图，据此计算针对不同设计寿命的预期总成本，以及空间站年最小投入成本。还可以对技术更新进行评估，即寻找合适时机，用更好的或更便宜的技术替代空间站系统。

2.3 开发任务备选方案和架构

任务方案是任务如何实施运行的最基本描述，即人和系统如何执行任务以达到任务目标和满足最终用户所需［Larson and Wertz, 1992］。基于此，必须构建多个任务备选方案和架构，提供足够细节以便在成本和效益上进行有意义的对比和评估。概念开发过程中的每一步均与航天任务单元相对应，表 2－2 是对表 1－2 第三步的细化，说明如何创建可靠的任务方案和架构。

表 2－2　开发任务备选方案和架构的过程▲

步骤	描述	章节
3. a*	创建可能的顶层任务方案；在任务单元和选项中权衡比较；寻找对方案有决定性影响的技术	第 1 章，第 2 章，第 31 章
3. b	确定任务主题的特性（月面水冰）	第 1 章，第 4 章，第 15 章［Larson and Wertz, 1992，第 9 章］
3. c	识别乘组关键事项、任务载荷性能和规模；关注乘员安全性和可靠性	第 1 章，第 2 章，第 5～8 章
3. d	设计和估计目的地设施的规模和性能；识别关键技术： 空间单元； 表面单元；	 第 3 章，第 11 章，第 12 章，第 16～24 章 第 4 章，第 13～15 章，第 16～24 章
3. e	定义进入轨道和轨道转移的方式	第 9 章，第 10 章
3. f	选择发射和轨道转移飞行器；识别关键技术	第 24 章，第 25 章
3. g	选择任务操作方法，在各阶段： 识别任务需要的操作功能； 创建顶层任务运营方案； 建立 C^3 架构； 定义初步的建造顺序； 定义支持任务的后勤方案	 第 26 章 第 26 章 第 27 章 第 1 章，第 2 章，第 11 章 第 28 章

续表

步骤	描述	章节
3.h	用3.a-3.g获得的信息,创建可能的任务架构	第2章
3.i	估计寿命周期费用,重新评估安全性和可靠性	第29章,第8章
3.j	评估方案和架构;根据需要形成报告和迭代	第2章

*这个流程是对表1-2"定义载人航天任务"第3步的细化,因而流程编写序号从3.a开始。

▲:在开始以下程序之前,应当完全理解任务描述和整个目标[Larson and Wertz,1992]。可以在任一步进入该程序,通过循环所有步骤得到一个新的方案和架构。

与表2-2所展现的组织结构不同,开发可靠的方案是一个多阶段的迭代过程,期望将任务定性或定量的收益最大化,同时使成本和其他负面影响最小化。任务设计过程可以从顶层宽泛的目标描述开始(如将人送上月球并安全返回),也可以从底层一项新技术的发展开始(如新的低成本可重复使用助推器的应用)。既然该过程是高度迭代的,开始点在某种程度上可以任意选择。任何情况下,该过程确实有一个具备输入、输出逻辑流的组织结构。简单地说,就是合理地识别期望的结果、提出不同的任务方案和方法、量化备选方案的成本和收益。

图2-3阐明了载人航天任务设计的全过程。顶层是整个任务目标的描述,尽管通常无法直接从顶层目标中获得执行任务的方式,但目标与技术能力、物理现实和可得到的预算是相匹配的。从目标可识别潜在的合作伙伴及其发挥的作用,也能够识别功能需求的细节(例如,在预定目标位置开展什么样的活动是合适的,完成任务所需的乘组人数,乘组居住要求,各系统的需求等)。同时,识别预算、需求在物理及技术上的约束条件也是非常重要的(例如可用的运载系统、轨道力学要求、人体工效的限制等)。

一旦确定了任务设计的基本边界，就可以描述任务备选方案。当知道总体任务目标（目的地，时间表等）后，就可以编制候选硬件单元的详细目录，这些单元应满足轨道、弹道和成本约束。备选方案可以包括主要变量（如是否运送乘组或无人探测器，是否采用核或太阳能推进）和次要变量（如采用备用电池方案，或内部配色方案等）。这些选项可以被集成到扩展的列表中，或者采用备选方案树进行描述。理想情况下，大的决策分支靠近树根，小的变量（能够轻易被更改的决定）位于末端。换言之，在还没有决定载人还是无人的情况下，考虑电池或配色毫无意义。

利用一个合理的备选方案矩阵，可以分析系统和分系统界面接口，进行权衡比较以识别主要的系统影响因素。例如，生命支持系统（如水循环）是如何影响任务单元的总质量，进一步影响发射需求，最终影响成本的？在下一个层次的分析中，可能需要了解水循环是如何影响乘员安全性、舒适度、士气以及工作效率的。必须对全部存在不同选项的系统和分系统进行同类型的权衡分析，这些系统包括能源、热控、星际转移推进、进入和着陆系统、结构、气压和成分控制、航天服和出舱方式、制导和导航系统、星表基地布局和舱段定位、表面移动方式、科学支持以及人的支持系统（睡眠、吃饭、运动、娱乐、卫生等）。我们也必须认真关注总体的任务运营（乘员活动时间表、任务时间序列和控制、备份和应急程序、维护和修复、科学活动、出舱活动、意外事故处理方式、通信方式和自动设备使用等）。

在流程的任一点（几乎可能在每一点），分析和权衡的结果可能导致反复或重新定义任务、删除一个任务方案、调整目标或需求，或者增加新的需求或约束。概念设计人员必须准备在任一点上接受新信息、调整设计方法。

权衡技术可能是复杂的和量化的，但经常并不是严格科学的。某些情况下，在不同选项之间选择是非常明确的。例如，在木星以远（或者就在木星）的任务中，太阳能系统的重量远远超过放射性同位素热电生成器。也并不是说这种选择不会被其他因素所影响

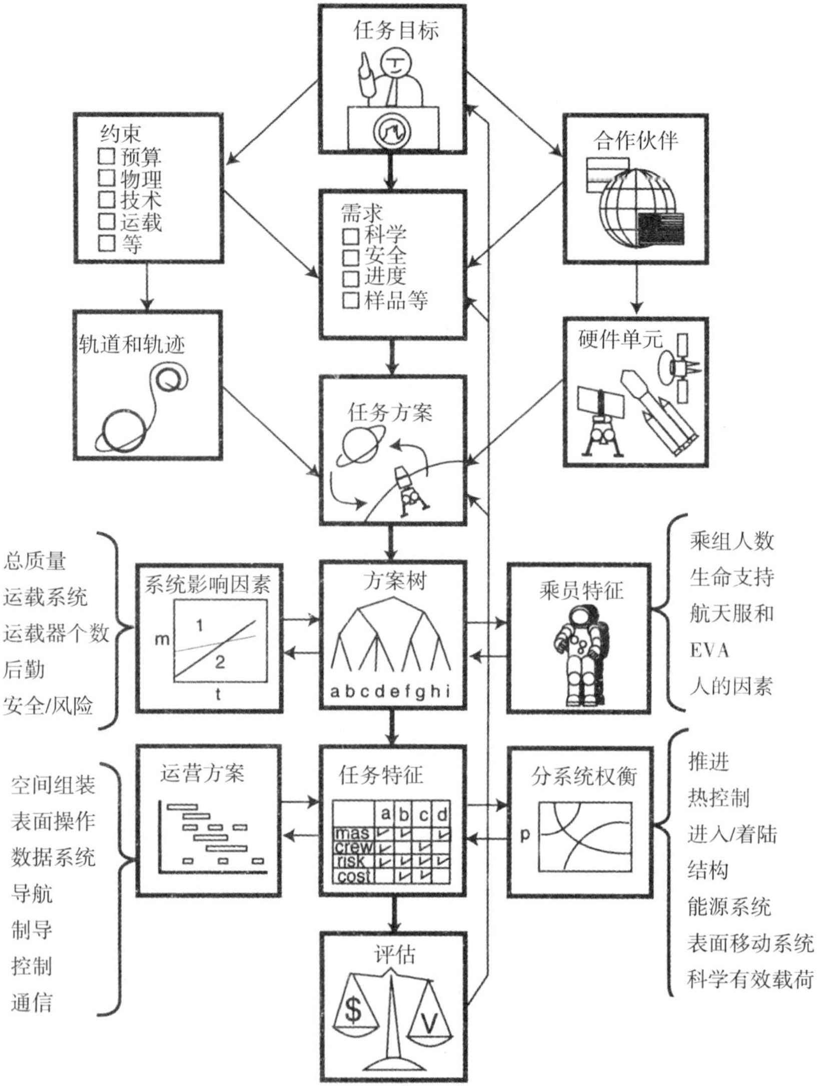

图 2-3　实际的任务设计过程▲

▲：开发一个新任务方案的整个过程经常像无组织和无序的，我们将设法在该过程中采用本书提出的一些组织方法（Roger Arno 提供，NASA/Ames）

（如放射性同位素的安全性），或无法采取其他方式有效地减少能源需求，进而考虑对某些任务采用电池供电的方式提供能源。

除考虑质量、成本等明显的因素外，权衡分析也应当考虑安全性和可靠性、寿命和故障失效率、可维护性、冗余，以及对其他系统的影响，如定位和稳定性、乘员舒适性、飞行时间、在目的地的时间（或整个目标时间），甚至美观因素等。政治、采购规则，甚至政府拨款等也会成为影响因素。尽管已经给出了建议方案，但对于如何组织所有的因素，进而对方案品质评价形成唯一的衡量标准，尚未达成一致意见。

基于同样的原因，系统和分系统权衡分析也会非常复杂，在具有抵触性的任务设计中可能难以选择。例如，对于评价可靠性和安全性总是存在不同意见，对于成本估计的准确性和完整性也总是存在争论，对于一个特定任务的价值及其科学性和政治目标也总是存在不确定性，没有绝对的方法可用于在备选任务中进行选择，甚至没有绝对的方法确定任务是否值得去做。

另一方面，比较不同的任务方案通常是从合理性和逻辑性角度出发的。例如，如果任务“A”比任务“B”能够传递更多数据，花费也更少，且两者具有相同的可靠性和政治回报，很明显任务“A”更有优势。如果两个任务经费大致相同，可以传递更多数据的方案占据优势。类似的，如果两个任务科学产出相同，经费需求少的任务占据优势。如果任务“A”消耗经费和科学产出均比任务“B”少，可能需要基于经费和科学，或者经费对科学的比率进行选择。选择往往取决于经费上限，从而自动排除了需要更多经费的选项。

一个复杂系统的设计，如载人航天任务，很可能变得非常无序和复杂，因此强烈建议在初始设计中应用该流程。尽管该流程看起来是连贯有序的，也会经常需要同时在多个环节和不同层次上处理各种细节问题。在需多次迭代的情况下，该流程可以用于保持设计正常进行的思路向导。随着每次迭代的进行，设计会越来越详细、越来越稳定。例如，在月球基地任务中，可用运载器很少，在此约束下最有可能专注于设计空间单元和表面单元。另一方面，如果可以自由采用新研发的具有更大有效载荷运载能力的运载器，就可以减少对运载能力限制的考虑。该流程允许对所有的关键因素做出解释说明，并形成一个各方认可的载人航天任务初步设计。

在开始此流程之前，应当回顾初步的需求和约束列表（也可参见第 1 章，以及［Larson and Wertz，1992］中的第 4 章）。通过了解任务描述、目标、顶层需求和约束，可以在一定程度上限定问题的范围，这是非常重要的。最关键的是要记住，目标、需求和约束在工程早期是灵活的，可以协商的，但必须尽早协商，否则就会失去协商的机会。

第 3.a 步：创建可能的顶层任务方案（也可参见第 1 章）

合理审视要做的工作，梳理清楚任务及其相关方案的规模和复杂性，这非常重要，因此推荐按照表 2－3 列出的项目进行评估。国际合作伙伴的数量、投资、计划进度等决策影响任务的总体参数，这些要素经常在概念设计过程中或之前就已确定，所以应当将其作为顶层选项。

表 2－3　任务方案的关键选项▲

任务选项所在领域	最常用的选项	月球基地任务的选项建议
国际合作伙伴数量	国家利益或安全问题支持开展国家任务； 经济或政治考虑，以及国际伙伴的独有技能支持开展国际任务	国家任务，或者有一个或多个伙伴的国际任务
国际合作伙伴预计贡献	取决于国际伙伴的经验和技能；可以包括提供经费换取技术，或者通过提供任务关键单元参与任务；可延伸至考虑哪些合作伙伴可参与的关键路径	国际伙伴提供月球基地经费以换取不同程度的参与（科学框架、航天员等）；或者提供任务关键单元（空间机器人技术、运载器、上面级、舱体结构等）
乘员安全性和系统可靠性	乘员生存和任务成功所需的概率；任务中止的设定和冗余	乘员返回成功概率按 99% 设计，自由或动力返回轨道

续表

任务选项所在领域	最常用的选项	月球基地任务的选项建议
按投资方向确定任务范围	投资模式(年度投资或长周期投资)影响选择短期任务或者长期任务,连续支持或者单次任务	短时间表面停留的"插旗帜和留脚印"任务,或者永久月球基地的长期方案
技术成熟度	采用已有的经过验证的技术;新的、未验证的技术,或者突破性技术	可能性:阿波罗、航天飞机和国际空间站可继承的已有的硬件,或者采取新技术
计划约束	要求更多的资源或时间进度区间(可能会有正面或负面含义)	早期有政治和财政支持,能够通过增加资源或调整任务设定至可接受的投资水平,以弥补计划进度约束,即使意味着不能满足计划进程
乘组人数和居住类型	从一人到多人,从"人在狭隘环境"到"人在豪华的自给自足的环境"	2～4人,取决于乘组任务定位和安全问题
转移飞行器和目的地设施的设计寿命	天,月,年,十年	25天,受到月面停留两周的支配
生命保障系统闭合度	开环系统意味着任务需携带所有资源以支持乘员所需,完全闭合系统意味着在空间循环使用资源以满足主要的乘员需求,决定消耗品质量和支持方式,高度依赖任务周期	开环方式,所有消耗品由乘员携带,类似于航天飞机或国际空间站
原位资源利用	无此能力,提供水、氧气、推进剂的能力,高度依赖任务周期以及为后续任务提供基础设施的决策	月球基地任务的目标是寻找水/冰,论证提取 H_2 和 O_2,为后续任务发展独立的原位资源利用设备
发射/转移系统	混合使用载人和无人运载系统,已有的或新研制的运载系统	设备或系统能够被运送到国际空间站,集成并被放置在月球轨道

续表

任务选项所在领域	最常用的选项	月球基地任务的选项建议
建造顺序	建造方式从预制舱段被送入空间并连接,到指定位置的详细建造过程	预制舱段在月面展开
维护方案	无维护,替换失效单元或者维修单元和部件	有选择性的冗余,乘员维护
任务分配、计划进度和控制	系统如何决定长期或短期内做什么; 长期或短期后勤规划; 关键选项:在目的地设施中的自动化水平,是以地球为中心的控制还是分布式控制,任务在人和机器之间的分工	维持月球基地的补给; 制定乘员活动的日常计划和周计划; 乘员自主操作或接受任务控制中心指令
通信架构	系统不同部分之间如何相互通信; 关键选项:数据传输速率,通信失效性	取决于任务阶段(在 LEO 采用 TDRSS,在转移阶段采用 DSN,在月面通信采用 L 波段,在月球轨道采用数据中继卫星),可采用已有的国际空间站设施
任务时间表	包括计划、建造、展开、操作、替换和任务末期的整个时间进度; 关键选项:补给和寿命末期选项; 展开策略和建造顺序; 时间灵活程度	执行的先驱任务; 计划展开月球基地; 预期的月球基地使用寿命; 从国际空间站发射预制舱段; 5 年内发射,5.5 年完成任务

▲:各个方面都会严重影响任务方案,我们已对月球基地案例中的各个选项作出了选择,尽管在某种程度上具有任意性,但可以帮助我们阐述该流程。

由于任务方案影响总成本和复杂程度,必须谨慎确定。不同任务方案需要不同的任务架构,可采用一个简单的例子来阐明这一点。假设任务目标只是简单地每天上下班,考虑几秒钟就能想到至少三个任务选项:开车上下班,走路上下班,以及在家里通过使用与工作单位连接的计算机终端远程工作。如果选择每天开车上下班，必须进行以下投资：适合预算的汽车、车库、维护保养、油费和保险等，在操作层面需要根据每天路上消耗时间选择路线；走路上下班是完全不同的任务架构：好鞋和适应不同天气的装备，在操作层面需要花费更多时间，可能需要选择不同的路线；如果选择远程办公，必须投资一个计算机系统、家庭办公室和网络宽带。每个任务方案在表面上看都是合理的，均有可估计的寿命周期费用，需要不同的任务架构，在操作层面差别也非常大。

对于载人航天任务，需要权衡考虑表 2－3 中列出的项目。如表所示，定义任务方案包括定义不同的选项和选择最合适的选项两部分，在选项中进行选择被称为系统权衡。本章后续将给出开展系统权衡的方法，要注意的是权衡的内容和在更宽泛的备选项下开展任务。表 2－3 中的几个要素需进一步进行讨论。

1）乘员安全性和系统可靠性。航天技术中有很多是用来确保乘员安全性和可靠性达到一个可接受的程度，包括任务中止、安全避难、乘员逃逸和终止飞行等，所设计的任务和系统必须具备这些能力。对于从地球到轨道的飞行器而言，需要关注设计上允许任务中止和乘员逃逸的高可靠性，主推进系统的可靠性限制了运载器的整体可靠性。对于执行长期飞行任务的空间站而言，需要关注乘员驻留和空间站平台的安全性，为乘员提供可靠逃逸救生的能力。对于地球轨道以远的飞行器而言，重点在于整体任务的可靠性分布、任务中止和乘员逃逸。这些任务需要独特的模式中止飞行和保障乘员生存能力，如采用动力返回、自由返回、预定位能力以及安全避难等。NASA/JSC［1998］规定乘员安全返回的概率必须大于 0.99。

2）技术成熟度。任务方案中各选项的可行性和有效性很大程度上取决于技术的发展。采用尚未经过完整测试或飞行验证的技术会使风险加大。但如果该项技术能够增加任务成功的概率，附加的风险可能是值得的。为评估技术成熟度，进行必要的权衡分析，可以对这些选项进行成熟度分级，以反映其技术成熟度水平。NASA 和美国支持的其他项目经常采用技术成熟度体系（TRLs），如表 2-4 所示。

表 2-4　技术成熟度水平（TRLs）▲

成熟度状态	成熟度水平	定义
基础技术研究	1	发现并报道了基本原理
基础技术研究；可行性研究	2	技术概念和/或应用产生
可行性研究；技术发展	3	用解析方法和试验手段验证了关键功能，和/或证明了技术方案的正确性
技术发展	4	部件和/或原理性样机在实验室环境中进行验证
技术发展；技术发展	5	部件和/或原理性样机在相关环境中进行验证
技术发展；系统/分系统发展	6	系统/分系统模型或样机在相关环境中（地面，空间）进行演示验证
系统/分系统发展	7	系统样机在空间环境中进行验证
系统/分系统发展；系统测试，发射和任务运营	8	完成真实系统，飞行资格通过测试和样机演示验证（地面或空间）
系统测试，发射和任务运营	9	真实系统通过成功的任务实施，完成飞行验证

▲：硬件技术成熟度从实验室验证到发射和任务运营的水平

3）生命支持系统的闭合度。生命支持系统的闭合度与乘员生活所需的物质质量直接相关。在一个完全开环系统中，所有提供给乘员的消耗品，通常随乘员携带或者预先送达。对于长期任务，飞行器上的系统提供空气和水。通过降低系统运行所需的消耗品数量，可以减少补给量或者采用更小的运载器。由于将有效载荷送入太空仍然是航天任务中成本最高的部分，生命支持系统的闭合度严重影响着任务全寿命周期费用。

4）任务分配、计划进度和控制。明显的，必须确定航天器上的航天员需要做什么，以及需要哪些硬件、软件和地面系统来支持这些任务。任务进度和航天器的整体控制日益受到重视。考虑到任务分配、计划进度和控制，航天员在空间或在星球表面必须意识到所有影响任务和安全性的因素。

如果减少航天员数量，通常会提高空间飞行器的自动化水平或者缩减所执行的任务范围。正像在当前的飞机上那样，自动化系统以多种方式支持机组人员，而机组人员仍需了解机上操作，他们必须能够干预和执行关乎安全的操作，在某些情况下以某些方式接管和控制自动化设备。为了安全性，航天员应当拥有一些实施不可逆操作的权力，如离轨、交会或对接。

另一个关键问题是，当来自于地面输入的信息无法获得或获得不完整时，或者当发生紧急乃至性命攸关的情况时，航天员乘组应当能够决策和自主地执行某些操作。

任务安排和控制通常需要大量时间并作出决策，因此我们应当强调决策过程，而不仅仅是数据和结果。任务和进度安排会面对短期或长期两种典型情况。短期任务安排主要关注空间飞行器和航天员在这个时间段应当做什么。月球基地系统或航天员乘组是否应当维护设备，发送数据到地面站，做试验或者准备晚餐？相对而言，长期任务规划建立了系统应该完成的广义任务。例如，月球基地系统或航天员乘组必须决定何时进行补给，何时做主要的维护工作（如更换光伏设备），何时进行航天员乘组轮换等。在概念开发阶段，不必准确了解如何作出这些决定，仅需要识别这些工作，大致知道其如何发生。

对于数据处理和分发，直接下行链路是可行的。我们可以在月球基地处理数据，同时利用一个高效费比系统将数据分发至地球上的不同用户。另一方面，直接的资源分布式控制会凸显任务安排、资源分配和责任分担等问题的严重程度。航天员乘组尤其想掌握控制权，这样就能够实际控制资源，达成任务目标。在月球上这意味着航天员乘组能够决定分配多少资源用于实验或者维护，这两个问题均是由空间和地理隔绝导致资源有限所引起的。例如，月球基地可能在能源或数据传输速率上受限，如果地球上的人员控制系统，可能会使用大多数或所有资源，极端情况下月球上的航天员乘组可能什么资源都没有。因此，如果没有规划、控制和按进程使用资源的计划，资源分布式控制可能会产生矛盾。

对大多数飞行器而言，一些集中控制可能是必要的，特别是决定如何在工作中分配资源的情况。但仍存在使用分布式决策的空间，如什么数据需要收集和分发，如何处理这些数据等。例如，地球上的研究人员具有类似权限控制月球基地上的试验，正如现在国际空间站上开展的遥操作试验一样。

随着天基自主处理能力的增加，载人航天任务可以建造完全自主的空间站。问题是，是应该这样做还是应该继续以地面为主来控制这些系统？

航天器控制包括控制载人环境、有效载荷（包括航天器姿态及其附属设备）和航天器轨道。自主航天器上的大多数有效载荷和总线系统除了改变模式或者处理异常情况外，不需要实时控制。但是，人在航天器上就增加了实时控制的需求。当然也有例外，如哈勃望远镜，由世界上不同研究人员操作执行一系列试验。在这种情况下，由运营方对有效载荷进行控制，但是也可采用一些自动操作，以节省经费、保护系统或者降低运营工作的难度。

现在几乎所有航天器及其附属物均采用自主控制。从地面控制姿态过于昂贵，风险太高。现在航天器上的姿态控制系统可以提供不同的控制模式，可以长期工作，几乎不需要地面或者航天员乘组干预。

地面控制主要用于轨道保持和轨道控制，地面发送指令，可以使所有的推力发动机点火来进行变轨。只要有火箭发动机用于轨道机动，这种地面控制就可能继续存在，但我们应当经常问问自己这到底是为什么。

5）通信架构。在航天器、地面不同操作人员和用户之间进行信息传递的结构被称为通信架构，将在第 27 章进行详细讨论。载人航天任务应在所有任务阶段保持通信联系，这值得特别考虑。更多的航天员自主操作将减少通信需求，减少对通信架构的强制性约束。

6）任务时间表。任务时间表是指从方案定义到生产、运营、补给和寿命结束整个时间进度安排，覆盖各个单独的任务单元，相关分系统和整个任务架构。表 2-5 给出了任务时间表的主要组成部分，以及本书中具体讨论的章节。两个看似不相关却具有潜在冲突的要求可能影响着任务规划和实施，一个要求是关于系统必须服从的特定的进程或时刻，如火星任务需要准时发射到达火星并在一定时间内返回地球；另一方面，预算要求投资能保证任务顺利推进。当然，投资约束比时间表对任务的影响更大，能够从根本上决定是否要实施该任务，以及确定任务的范围。

表 2-5　任务时间表的主要单元▲

单元(任务阶段)	典型驱动因素	讨论章节
规划和发展(A～C)	投资约束； 系统需求日期	第 1 章
生产(D)	投资约束； 技术发展； 系统需求日期	第 1 章
初始发射(E)	运载火箭及发射设施的可用性； 乘员准备； 系统需求日期	第 25 章
设施建造(在空间或者星体表面目的地)(E)	生产计划进度； 运载火箭及发射设施的可用性； 系统寿命周期； 在组装建造阶段需要提供稳定的和可运营的系统	第 11 章、第 13 章、第 25 章、第 28 章
正常任务运营(E)	规划的运营寿命； 系统寿命周期(计划或失效约束)	第 26～29 章
补给和后勤(E)	生产计划进度； 维护和补给方案，再补给频率； 运载火箭及发射设施的可用性； 系统寿命周期(计划或失效约束)	第 28 章
寿命末期处置(E)	法律和政治约束； 对未来任务的危险性	第 1 章

▲：时间表覆盖任务全寿命周期，参见 NASA 任务阶段(A～E)。

如果一个任务包括在轨建造空间站或者在其他星体表面建造设施，任务时间表的关键是要去组建设施，设施要能居住、使用和安全。在概念开发过程中，任务时间表有两个部分经常被忽视，即建造期和寿命末期的处理。

表 2-3 中任务时间表与任务方案的其他方面不同，它表示了任务的整个时间进度。我们必须决定是短期任务还是长期任务，是否应该优先考虑短期任务并制定更为详尽的计划？当然，这些必须要与任务资金相匹配——无论经费是立即到位还是在开始论证任务收益时到位。

第 3. b 步：确定任务主题的特性（第 3 章～第 6 章，[Larson and Wertz，1992]，第 9 章）

任务主题通常是明确的，即实施该任务的原因。例如，如果目的是研究人在空间的适应性，任务主题是人类（如同医学研究的主题是人类）。但是，如果任务的目的是从火星表面取样，主题就是火星表面土壤、岩石等。载人航天任务的主题会聚焦在航天员的活动上，月球基地任务的主题是人类必须收集、处理、贮存和运输的水冰，也可能考虑将一些科学设备或原位资源利用设备作为某些航天任务的主题。

第 3. c 步：识别乘组关键事项、任务有效载荷性能和规模（第 1 章、第 2 章、第 5 章～第 8 章、第 23 章）

很显然，如果规划一个载人航天任务，就必须为人提供居住条件。一个基本问题是，任务需要多少具备一定技能的航天员？需要多少机器人和其他自动操作支持乘组？乘组需要在多大程度上帮助建造和维护设施？乘组将具有多大的自主性？航天器整个设计寿命是空间站和星体表面基地设计的关键影响因素，乘组在其中的停留时间对乘组本身及其补给支持都有重要影响，航天飞机任务中乘组可停留几天或几周，国际空间站任务中乘组可停留几个月，星际间任务则有几年时间，月球基地则要求乘组在其中停留整 3 周。存在许多需要权衡的内容，将在后续章节中花费大量时间进行讨论。

一旦完成了一个特定任务的权衡分析，就能够理解和描述与任务乘组相关的关键特性，如表 2-6 所示。

表 2-6　乘组特性总结▲

特性和事项	讨论章节
乘组人数和需要技能组成，对应任务阶段	第 5～8 章，第 26 章
在转移点和目的地停留时间，对应任务阶段	第 7 章，第 9 章
完成工作量的能力和休息需求	第 5～8 章，第 22 章
支持乘组所需压力舱的规模、形状、体积和密度	第 5～8 章，第 11～15 章
生命支持系统需求	第 17 章，第 28 章，第 29 章
乘组的安全性考虑	所有章节
支持乘组和设施的后勤需求	第 11～15 章，第 28 章

▲：当进行任务设计时，估计或确定表中的项目，至少需要这些信息去支持后续的设计。

我们接下来利用前面讨论过的任务目标特性和轨道特性进行有效载荷的方案设计，有效载荷大致可分为六类：观测或感知，通信，导航，原位取样和观测，采样返回，乘员生命支持和运输。目前航天系统超过 90％的有效载荷为观测、感知或通信，导航载荷也基本上是通信载荷配上辅助数据处理和设备以提供基于稳定时间的导航信号。关于有效载荷的详细内容可参见［Larson and Wertz，1992］第 9 章和第 13 章。

第 3.d 步：目的地设施的特性（空间单元参见第 3 章、第 10～12 章；星体表面单元参见第 4 章、第 13～15 章）

目的地设施常常为乘员提供长期住处、基础设施和相关实验室。表 2-7 列出了目的地设施的关键选项。

表 2-7　目的地设施常用备选项▲

选项所在领域	最常用的选项	月球基地的案例
位置	空间站不同轨道； 表面基地不同选址	月球南极
生命保障系统闭合度	开环，不同程度的闭环； 从空气、水……食物开始	开环（携带或预先将消耗品送到基地）
结构和构型	空间站：单舱，基于压力容器或桁架，内部压力； 表面基地：单舱或多舱	单压力舱
能源和贮存	光伏，太阳动力，RTG或者核反应装置； 其他星体表面基地可能包括风、地热或水力发电	光伏
推进	空间站：化学推进（固体，液体，或混合型），电推进，太阳光压； 表面基地：不适用	为从月球表面起飞提供推进系统
姿态确定和控制	空间站：星体（地球）或惯性指向，无控，引力梯度，自旋，或三轴稳定	月球基地舱段需要足够的控制到达轨道并返回地球
原位资源利用	空间站：太阳能，大气成分； 表面基地：能源和推进剂生成方法，生产设备类型，表层利用	可能的小型原位资源利用验证
移动选项	空间站：出舱活动的次数和复杂性，乘员逃逸和返回飞行器； 表面基地：星球车——加压，不加压，推进，徒步，EVA	不加压月球车
组装顺序	选项包括单体设施（无需组装），从国际空间站组装或展开，预展开和自构造设施。当需要在空间或星体表面而不是地球上进行组装时，完成建造设施所需的稳定构型个数、发射、出舱活动次数均是经费和复杂性的关键标示	取决于结构类型：单舱或多舱，可能的充气设施，潜在的利用月壤进行基地建设

续表

选项所在领域	最常用的选项	月球基地的案例
后勤	维护方案:无维护供应,关键单元更换,维修能力; 补给概念:携带所有必要的东西,将补给物资预先送达,定期补给,补给发射次数	几乎不需维修能力,将补给物资预先送达

▲:载人航天任务的目的地通常包括在轨空间站和星体表面基地,下面给出了每一个的典型关键选项,也列出了为月球基地案例所做的选择。一些任务将轨道、转移和表面处理能力集中到一个设施中。RTG=放射性同位素热产生器,EVA=出舱活动。

空间单元与其分系统通过稳定飞行、供应能源、指挥和数据处理、环境控制等功能在轨为航天员和有效载荷提供支持。空间单元必须与任务运营方式和通信架构方案相匹配，它们同运载器一起决定了空间单元的设计，运载器一旦选定，其整流罩容积就对航天器外包络形成了约束。表 2-8 总结了在设计目的地设施（空间站和表面基地）时需要列入清单的项目，第 11 章描述定义、综合和规划空间站概念，第 13 章详细给出了表面基地设计。

表面单元不仅包括固定设施，也可能包括使用表面运输车和原位资源以提供重要能力。类似地，空间站方案可能包括应急逃逸飞行器，如国际空间站乘员返回飞行器。

表 2-8 空间单元（如空间站）和表面单元特性总结▲

特性	讨论章节
整体构型(简图,居住舱个数,停泊或对接口,电加热,整体规模,组装顺序和出舱活动需求)	第 11 章,第 13～15 章
各任务阶段的质量特性(整个系统质量,分系统和消耗品干质量,空间单元惯性矩),包含一个以上舱段的空间站可能需要在空间建造,每一个中间构型都必须稳定	第 11 章,第 13 章

续表

特性	讨论章节
可靠性和安全性(冗余方式,任务中止,乘员逃逸,返回地球和辐射剂量)	第 8 章
分系统特性总结(第 16～22 章)	
能源(可提供的平均和峰值功率,来源,存储——包括规模、位置和质量)	第 20 章
遥测和指挥(指挥/遥测模式,指挥和时间分辨率,遥测存储能力,不同类型通道个数)	第 27 章
计算机(速度和内存,数据总线架构)	
通信(通信架构,上行和下行数据传输速率,单个或整体带宽,时间延迟)	第 27 章
主结构(舱体或桁架,可展开,总加压容积,内部压力,空间单元:零重力或人工重力)	第 21 章
环境控制和生命保障系统(方式——开环或闭环,闭合程度,干质量和消耗品质量)	第 17 章
热控(热耗散量,辐射器面积和方向)	第 16 章
出舱活动(方式,居住环境压力,消耗品和质量)	第 22 章
空间单元:姿态控制(姿态确定和控制方式,指向,操作模式,敏感器和作动器特性)	第 19 章
空间单元:推进(技术类型,推进剂和干质量,推进器大小)	第 24 章,第 25 章
表面单元:移动系统(类型,能力)	第 14 章
系统参数	
任务周期和乘组人数	第 9 章,第 13～14 章,第 26 章
自动化程度(空间或地面控制,自动控制程度,后勤)	第 11 章,第 23 章
每年需要的发射次数,用于建造和维护	第 25 章
运营理念(通信和后勤方式)	第 26～28 章
未来扩展接口	第 11 章

续表

特性	讨论章节
空间单元:乘组轮换频率	第 9 章,第 26 章
表面单元:原位资源利用	第 15 章

▲:至少需要这些信息才能表现空间单元或表面单元的特性,并有足够细节支撑继续开展设计。如果有些信息尚不明确,可进行些合理假设,并用文档记录下来。

第 3.e 步:定义轨道、轨道转移和弹道(第 9 章,第 10 章)

任务轨道和弹道深刻地影响航天任务的开发和运营,轨道决定着运载系统的规模和成本。本书关心的载人航天任务涉及近地轨道(LEO)、月球轨道、月球下降着陆和上升、地火转移轨道、火星轨道、火星下降着陆和上升等。每条轨道或弹道有各自要求,考虑到进一步保证乘员安全及处理异常情况会变得更加复杂。表 2-9 列出了轨道和弹道的典型选项。

表 2-9　轨道、轨道转移和弹道特性总结▲

特性	月球基地任务
高度	约 100 km
轨道倾角	$i=90°$,月球极轨以到达月球南极区域
偏心率	$e=0$,圆轨道
轨道转移速度增量 Δv	从 389 km 高度、$i=51.6°$近地轨道国际空间站出发,到达高度 100 km、$i=90°$月球轨道; 出发(地月转移进入-LTI):$\Delta v=4.04$ km/s; 返回(月地转移进入-ETI):$\Delta v=4.04$ km/s,或者采用地球大气制动 $\Delta v=1.31$ km/s
上升和下降弹道速度增量 Δv	上升和下降 $\Delta v=1.87$ km/s
轨道维持速度增量 Δv	$h=100$ km 情况下 Δv 很小
进入、下降和上升弹道信息	没有直接到达月球表面的弹道能够满足到达月球南极的需求,因此选择进入月球极轨

续表

特性	月球基地任务
闭合轨道周期,双曲线轨道和抛物线轨道持续时间	从离开到返回国际空间站,取决于任务阶段:最小:15 天,最大:35 天(参见 9.3.2 节)
紧急任务中止和返回地球	动力返回弹道(参见图 9-18)
发射窗口和几何约束	国际空间站轨道每 9～11 天有窗口(参见 9.3.2 节)
轨道碎片策略(如果需要)	将工作完的转移飞行器子级送往太阳轨道

▲:必须理解任务所有阶段轨道的关键特性,所选择的轨道不仅影响速度增量及所需的推进剂质量,也会影响任务中止、逃逸、航天员返回等选项要求。第 9 章和第 10 章将讨论轨道主要参数。

大多数围绕地球、月球或火星的闭合轨道都可以用高度、轨道倾角和偏心率描述，这些轨道大多是圆轨道，倾角选择主要满足到达预定着陆点要求，高度选择取决于轨道周期、星体表面预定位置的重返周期、大气和太阳光照条件等。典型高度的地球轨道为低地球轨道（400～700 km）、中地球轨道（20000 km）和地球同步轨道（36000 km），典型倾角为 0°（赤道）、28.5°（对应肯尼迪航天中心纬度）、51°（和平号空间站轨道倾角）、90°（极轨）和 91°～100°（退行轨道，如太阳同步轨道）。

在载人航天任务中，月球或火星轨道的高度和倾角取决于任务目标和轨道环境。例如，月球轨道高度由于不考虑大气及其阻力影响可能会非常低，而火星轨道需考虑大气影响。轨道倾角则基于人类将访问地点的纬度进行选择，月球基地任务采用极轨以到达月球南极。

在完成表 2-9 中项目的权衡分析后，设计方案应该包括任务和转移轨道的参数，以及推进剂需求。

第 3.f 步：选择发射和轨道转移飞行器（第 12 章，第 24 章，第 25 章）

运载火箭及其上面级需要将航天器和乘组送入任务轨道或转移轨道，若进入转移轨道需要由航天器自身的推进系统工作到达任务轨道。运载系统能够将有效载荷送入转移节点（空间站），并由此开始后续任务。发射场由运载系统预先确定，可以提供射前处理、检查、有效载荷安装等，这通常在发射平台上进行。表 2-10 列出了关键备选项。

表 2-10　运输单元的特性总结▲

特性	注释	月球基地的案例
需要入轨的总质量，对应任务阶段	根据运载器运载能力确定发射次数； 根据将要运送的乘员和货物，考虑运载器数量及类型的选择策略	基于阿波罗任务数据估计大约 100 t
发射总次数，对应任务阶段	决定了全寿命周期费用：考虑载人及非载人发射次数	1 次载人发射，1 次或多次货运发射
成本，可靠性和可用性	获得更低成本的能力，载人发射服务更加困难，采用新方法的必要性	局限于采用航天飞机、质子号火箭和阿里安 5 火箭
对于每个运载系统和子级，须提供以下信息：		
送入轨道的质量，货物或载荷舱体的尺寸和形状	载人任务的限制特征	到达国际空间站的最大载荷为 20t，意味着需要 5 次发射
最大加速度	根据人的身体限制	2～7g
轴向或横向振动频率和振幅，声音频率和振幅	结构和机构的关键需求； 二级和三级结构需求，如太阳能电池的关键需求	15～30 Hz 轴向和横向频率，参见第 21 章、第 25 章
入轨精度	需要更多的推进剂来提高精度，通常采用多级火箭	参见第 24 章、第 25 章
发射场和飞行器接口		肯尼迪航天中心用于发射载人任务；参见第 25 章

▲：参见文中及第 25 章的讨论，注意到缺乏大型运载系统是一个对大多数载人航天任务的基本约束。

运载器及其上面级可以采用多种方式组合以满足有效载荷和任务轨道需求。第 25 章详细介绍了运载系统的特性及选择原则，选择运载系统需要考虑表 2-10 中讨论的航天器相关因素进行权衡折中。另外，必须确定是发射一个单独的航天器，还是发射两个或多个航天器并进行编组来完成任务。一般而言，多个航天器编组花费更少，但对时间进度限制较多。最终，需要在系统层面提出运载系统参数：飞行器类型，每次发射成本，发射场处理和射前活动准备时间等。表 2-10 列出了运输单元的特性。

运载和转移飞行器选择证明了航天任务设计重复迭代的特征。需知道送入轨道或目的地的总质量——例如月球基地——以建立发射序列清单，确定发射次数和运载工具类型。然而，此时尚不知将要送入轨道的不同任务单元的确切质量，因此对月球基地案例需做一些合理假设，需要理解的是，这些数字可能会改变。

作为出发点，可以参考阿波罗登月任务，总共将约 100t 的有效载荷送入了近地轨道，可以假设在相同质量限制下执行月球基地任务。

我们只能选择目前已经可以实际使用的运载工具，比如采用航天飞机运送有效载荷和航天员乘组到月球转移飞行器，采用一次性运载火箭如质子号或阿里安 5 号运送有效载荷和推进剂。这些运载器运载能力在 20 t 量级，完成任务可能需要 5 次发射。

将乘组从国际空间站轨道送入近月轨道需要转移飞行器，由于受到成本限制，不考虑研发新的转移飞行器，一个明显的选择是基于半人马座上面级（已在阿波罗任务中使用）研制转移飞行器。该上面级是可用的，改进后适合于月球基地任务。

载人发射将在肯尼迪航天中心进行，有效载荷将在库鲁（阿里安 5）和拜科努尔（质子号）发射场发射，这些也都是国际空间站任务的发射场。

最后应当确定发射和转移飞行器序列清单。例如，空间站任务将包括补给所需的发射次数和时间表，火星任务将需要根据轨道力学确定发射窗口，包括居住舱、转移飞行器的发射时间表。

对于假设的月球基地任务，假设在国际空间站组装地月转移飞行器并由此出发飞向月球，居住舱、有效载荷和乘组用一个整体飞行器转移。如果改进方案，可以采用所谓的任务拆分方式，居住舱和部分有效载荷预先送达月面，乘员通过单独的地月转移飞行器发射和飞行。在本书假设的月球基地任务中，需要 5 次发射将乘员和有效载荷送到国际空间站，组装形成一个独立的地月转移飞行器出发并执行任务。

第 3.g 步：分阶段选择任务运营方案（第 26～28 章）

下一步，选择和规划需要的单元以支持航天器与有效载荷的通信和控制，确定其规模大小。存在多种任务运营的选项，如表2－11所示。

表 2－11　任务运营和 C^3 架构的选项▲

选项所在领域	注释
功能	第 26 章识别了 14 项功能，但是必须确定多少项功能需要赋予任务。需求分析表明了任务所需的功能
作业分配	一旦定义了与任务目标相关的作业，就必须确定由系统的哪一部分来完成：乘组、地面操作、机器人或者计算机（在航天器上或者地面上完成）
自主程度	关键是如何在航天器或地面之间分配自主权以执行任务功能或作业，应注意正常操作、紧急情况、乘组环境识别、乘组生存等
自动操作程度	确定计算机或机器人做多少工作，目的是增加人的能力，减少花费
定义运营计划基线（BOP）	早期发展基础运营计划基线，聚焦于有争议的领域，如自主、自动化和乘员安全性——这些领域尚未被很好理解且对成本影响很大。项目早期运营计划基线的目的是识别设计和运营任务及系统的需求，以减少成本和运营复杂性。 确定人和系统一起工作完成重要功能的关键情景（例如，如何从月球南极发现、获得、测试和运输水冰），建立这些情景的时间表
指挥、控制和通信（C^3）架构	确定地基或天基设施的数量、位置和能力，包括需要的中继卫星、空间站等，估计所需的通信连接。选项包括已有或新建设能力的应用，覆盖专用的以及与其他任务共用的设施

续表

选项所在领域	注释
乘组及地面操作人员的数量	成本的关键驱动因素是乘组人员以及任务所需的地面操作人员数量，这里所做的决定严重影响任务成本

▲：参见第 26 章和第 27 章相关讨论内容。

通过通信架构将需要的信息从空间和星体表面传输到地球控制中心进行任务操作，另外必须将指令传回，并满足如加密等需求。在完成大多数有效载荷和轨道权衡比较后，需要选择任务控制系统的通信中继单元，典型情况是星际任务的深空网，或者用于载人航天任务的位于 NASA 约翰逊航天中心的任务控制中心。对于访问如火星等遥远星球的长期任务，需要更多采用自主的任务操作方式，飞行期间乘员应具有必要的工具和信息对任务进行控制。

后勤是指按照一定时间内补给物资，保证航天任务顺利进行的过程。历史上，多数任务的寿命周期费用在概念开发末期就敲定了，因此必须在概念开发期间评估运营和支持机构。规划人员经常忽视建造顺序和大型航天系统维护，而这些活动对于载人航天任务成功和乘员安全性是必需的。

第 3.h 步：通过集成第 3.a～3.g 步的信息，创建可能的任务架构

任务架构包括任务方案加上 1.2 节中定义的一系列任务单元。尽管定义和评价任务架构需涵盖所有单元，但某些单元在决定任务目标是否可实现上显得更为重要，典型的任务架构应指定任务方案以及主题、轨道、通信架构和地面系统等内容，为定义其他单元提供框架。另一方面，任务架构也可以通过指定任务操作的唯一方式，或者指定唯一的有效载荷进行定义，然后再确定其他单元。

最终目的是获得一系列可以开展进一步评价的备选架构。架构既要大到包括所有具备明显优势的途径，又要细微到可以开展更详细的定义和可操作的评价。

1）识别需权衡的任务单元。根据 2.2 节提出的需求和约束，首先检查基本任务方案和 8 个任务单元，这有利于确定单元中需要权衡的选项。本节表格列出了任务单元中关键的权衡项和问题。通常我们基于成本、质量、可靠性和后勤方案进行任务优化，更详细的分析表明，大多数的权衡分析可归结为一个问题："是否能够增加一定质量的额外有效载荷，来提升能力?"接下来，应当识别哪些单元有多个选项，这一步通常可显著减少可权衡单元的个数。月球基地任务具有多个选项，将影响成本、性能、灵活性和长期应用等，因此应当拟定几个不同的选项，从而让决策者能够理解任务的主要备选方案。

2）识别每个可权衡任务单元的主要选项。尽管理论上有几乎无限多的选项，但通常会从一个有限的集合中进行选取，如表 2-12。首先选择表中适用于任务的选项，接着考虑特殊情况，这样可以考虑选用未在表中列出的选项。

表 2-12　选择月球基地任务中可权衡的单元▲

任务架构中的单元	是否权衡	理由
任务方案	是	希望保持对备选方式的开放性
目标	否	希望得到月球表面的水冰
人与有效载荷	是	人和有效载荷的数量取决于任务目标和任务方案
空间单元	是	一般来说，从 A 点到 B 点存在多种选项
运输系统	是	对于载人发射，选择运载器使乘组安全性最高、花费最少； 对于非载人发射，选择运载器使得在花费最小的情况下有效载荷量最多
轨道和弹道	是	取决于允许的转移时间、任务执行日期和所选的推进系统类型
表面单元	是	取决于任务目标、任务概念、乘组所需的基础设施类别； 采用地球上已存在的或专用的设施
C^3 架构	是	取决于任务运营和地面系统
任务运营	是	可以调整自动控制水平

▲：参见文中的讨论。

3）构建和修剪由已有选项组成的权衡树。权衡树用最简单的方式列出了所有可能的任务选项组合，理论上也容易创建这样一个列表，但实际上该表对于大多数任务而言并不易操作。当我们创建权衡树时，需要找到方法来减少组合个数，且不能漏掉可能是很重要的备选对象。

减少选项的第一步是识别系统级主导因素（在 2.4 节讨论），将其置于权衡树的顶端。系统级主导因素是决定系统成本和性能的参数或特性，位于权衡树顶端是因为它们主导设计过程，决定其他单元的选择，从而大大减少任务选项。

第二步是寻找权衡项，它们至少在某种程度上与总体方案无关，或者由其他单元选择所决定。例如，月球基地任务中，需要的飞行次数和基地建设时间表直接取决于运载器，它决定了有效载荷最大允许尺寸和质量。

第三步采用修剪技术，即当我们在构建权衡树时就应进行检查，仅保留有意义且可行的组合。例如，可以估计一个航天员维持生命所需的资源（氧气、水、食物），了解能够提供的补给，从而确定乘组人员数量的上限。

通过修剪产生一个权衡树，如图 2－4 所示的月球基地案例。我们希望保留一些最重要的选项，可以开展更详细的定义。对于每一个方案，选择表 2－13 中大多数的任务单元（没有必要选择所有单元）进行分析，表 2－13 列出了选项 1 和 6 的相关内容。当然，随着系统方案的不断完善，应当随时重新评估权衡树。

4）寻找备选项。定义备选架构不能完全采用机械做法，几乎所有任务都可以找到新的和更好的方法来完成基本单元所能完成的事情。一个新的高效费比的转移运输系统可能极大地改变设计选项，任务对象或者用户采用方案的改变可能大大提高任务主要性能或大大降低成本。例如，新的可重复使用运载器能够降低发射有效载荷的成本到十分之一，这也使得在当前任务中可以把 10 倍质量的物品送到月球表面。备选项几乎永远存在，我们必须认真寻找，同时乐意接受对常规方案需求和约束的修正，以达到任务目标。

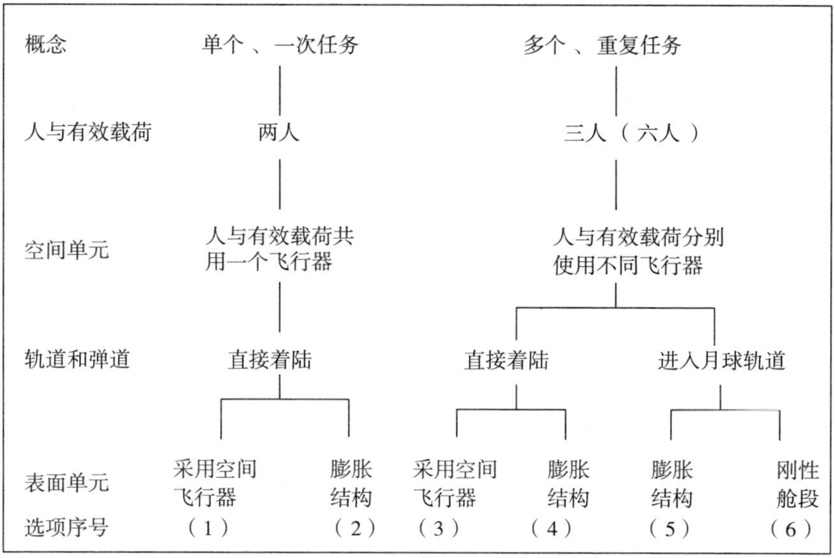

图 2-4　月球基地任务几种发射方案的权衡树▲

▲：其他任务单元独立于此权衡树，所有合理的任务架构至少应在初始阶段考虑。我们应当考虑包含任务其他部分——如可移动系统——的分支

表 2-13　月球基地任务中 6 个初始方案中的 2 个▲

单元	方案 1	方案 6
任务概念	单个、一次任务	重复任务
主题	水冰取样(10 kg)	水冰取样(100 kg)
人与有效载荷	2 人乘组	4 人乘组
空间单元	组合式月球转移、月面下降、上升飞行器和乘员舱	分别采用不同的乘员舱进行转移和月面停留
运载系统	航天飞机、质子号、阿里安 5，3 次发射	航天飞机、质子号、阿里安 5，5 次发射
轨道和弹道	从国际空间站停泊轨道出发； 采用霍曼转移到达月球附近； 直接着陆月面	从国际空间站停泊轨道出发； 采用霍曼转移到达月球附近； 进入月球轨道； 带控制的月面着陆器

续表

单元	方案 1	方案 6
表面单元	采用月面着陆器乘员舱作为月球基地,后续由膨胀结构舱段进行补充; 地球网络——NASA	预先布置国际空间站类型的舱段,由膨胀结构舱段作为补充; 地球网络——NASA
C^3 架构	直接下行到地面系统;在无线电阴影区不通信	直接联系,以返回地球级作为数据中继卫星使用
任务运营	单次任务验证快速从月面返回的能力,能够与航天飞机/国际空间站任务并行运营	在 NASA 任务控制中心需要额外的设施和资源以支持长期任务

▲:其他方案参见图 2-4 中的权衡树。

第 3.i 步:估计寿命周期费用,评估可靠性(第 1 章,第 2 章,第 29 章,[Larson and Wertz,1992] 第 4 章)

估计系统各个单元的费用对下面两个目标是至关重要的:找到最好的任务架构和在任务系统级层面进行比较。第 29 章描述了参数化法、类比法、自底向上法等经费估计方法。一般而言,由于此时尚未确定详细的设计方案,概念开发常采用前两种方法。在此阶段,也仅仅希望进行相对比较,而不是绝对估计,因此能够接受采用这些方法产生的较大的成本估算误差。

第 3.j 步:评估方案和架构;根据需要形成报告和迭代(第 1 章,第 2 章,[Larson and Wertz,1992] 第 4 章)

通过舍弃较差的任务方案和架构,权衡树选项可得到缩减。随着每次迭代,选项方案将变得更加详细,在一些点上甚至必须舍弃当前选项,需要重新找回以前放弃的选项。

现在要再退回一步,评估经过修剪保留下来的任务方案和架构,特别要关注不同选项之间关键的差别。在下一次迭代过程中,将考虑这些差别对任务的影响。如果陷入了僵局,可能需要通过返回迭代的第一步,重新评估任务描述和任务目标。

2.4 识别系统影响驱动因素和关键需求

系统影响驱动因素是指主要的任务参数或特性，它们影响着性能、成本、风险或者计划进度，用户或设计人员可以对这些参数加以“控制”。例如，决定派往参加任务的航天员乘组的人数，就是一个系统影响驱动因素，将极大地影响任务的各个方面，也是一个设计人员能够施加控制的参数。正确识别系统影响驱动因素是任务分析和设计的关键步骤，而错误识别系统影响驱动因素则是任务分析错误的常见原因。

表 2-14 列出了载人航天任务最常见的系统影响驱动因素，也给出了哪些因素能限制它们，它们能限制哪些因素，列出了所讨论的章节，确保不漏掉系统影响驱动因素。在辨识这些因素时，必须清楚地确定哪些是性能、成本、进度或可靠性的影响驱动因素，它们可能相同，也可能不同。为识别系统影响驱动因素，我们需要：

1）识别有意义的因素。

明确地识别有意义的领域——性能、成本、进度或可靠性。

2）识别能够度量有意义领域的参数。

定义能够度量有意义领域的参数数值（参见 [Larson and Wertz，1992] 3.4 节，关于有效性和性能参数度量方面的更多内容）。最重要的一点是找到能够真正度量任务目标的参数，而不是仅仅找到那些容易计算的参数。

3）发展一阶算法。

导出一个公式或者算法，对上述参数进行一阶近似估计——定义系统算法（[Larson and Wertz，1992] 3.1 节）或者对特殊参数的特殊算法。

4）检查算法中的因子。

检查公式或算法中的每一个因子，那些可调整以及对结果影响较大的就是系统关键影响驱动因素。

5）寻找可能的“隐藏”影响驱动因素。

检查每个一阶算法，寻找隐藏的变量或者影响多个特性的因素。例如，1990 年对自由号空间站的评估发现，维护空间站所需的出舱活动次数超过了航天员乘组可用时间，空间站维护是一个尚未得到足够重视的隐藏影响驱动因素。

表 2-14　常见的系统关键影响驱动因素▲

可能的系统影响驱动因素	限制影响驱动因素的项目	受影响驱动因素限制的项目	讨论章节
乘组人数	系统规模（容积，能源，环控生保支持）	乘组可用时间； 乘组活动安排	第 6 章，第 26 章
需要的发射次数	运载系统的可用性； 发射成本	后勤支持，有效载荷体积和质量	第 2 章，第 25 章
月面或星体表面需要的质量	运载单元的能力 空间单元的能力	表面单元的规模和能力； 后勤支持	第 11 章， 第 25 章 第 28 章
压力舱容积	有效载荷整流罩可提供的刚性容积； 在轨组装的能力	乘组人数； 任务持续时间； 针对不同活动可用的压力舱容积	第 6 章，第 11 章
规模尺寸	防护罩尺寸，可用的重量，气动阻力	有效载荷尺寸（常用舱段尺寸，上面级尺寸，天线直径）	第 11 章， 第 25 章
能源供应	存疑的核能源供应； 有效载荷传输能力（体积、重量）； 环境（尘埃、永久阴影、永久阳照）	系统规模； 乘组人数； 系统所处的物理位置； 乘组安全性； 系统单元的分布计划、控制和指挥； 系统寿命周期	第 20 章

续表

可能的系统影响驱动因素	限制影响驱动因素的项目	受影响驱动因素限制的项目	讨论章节
在轨质量	高度，倾角，运载器	载荷质量和生存能力；很大程度上决定设计和生产费用	第 11 章，第 25 章
数据率	存储，处理，天线尺寸，已有系统的限制	送达用户的信息，向飞行器传输处理、自主、乘员安全性的指令	第 27 章
通信	覆盖范围，地面站或中继卫星的可用性	覆盖范围，时间，指挥、自主、乘组安全性的能力	第 27 章
航天器数量（上面级、有效载荷或乘员转移飞行器、上升与下降舱段）	成本，系统规模，空间转移系统的后勤支持，任务控制，乘组人数	乘员安全性，有效载荷规模和质量，后勤支持	第 11 章，第 12 章
计划进程	活动时间表和运营，决策，通信	覆盖性，响应时间，任务效用，自主	第 26 章，第 28 章
运营	成本，乘组人数，通信	主要的费用驱动因素，误差源，需要自主运营的理由（也可拯救"已夭折"任务）	第 26 章

▲:我们经常通过检查表中参数来不断识别系统关键影响驱动因素。

特殊问题的定义方式或者可调整参数的列表，可能影响系统影响驱动因素列表。系统影响驱动因素的确定部分取决于问题的物理和技术性质，部分取决于任务分析约束条件。通常，我们希望这些约束更加明确，从而可以了解哪些变量可调整，哪些变量需要给定。

2.5　定义任务方案和架构基线

完成上述工作后，应回顾检查希望努力达到的总体目标，回顾检查前文提到的任务方案和架构信息，以及估算相关的寿命周期费用，确定什么任务方案和架构能够最好地满足目标和约束。

进一步将此任务方案作为基线，通常会再次重复迭代此过程，以改进并更好地设计任务方案，直到得到真正合理和有意义的结果为止。实际情况下，只有当时间和费用已耗尽，才停止进行迭代。

一旦对概念设计结果感到满意——包括构型、规模、质量、布局、能源、速度增量等有了初步描述——将开始详细设计，还将改进预算，最终基于所要生产的硬件，开始编写技术规范。

任务方案比较

任务选择过程并不容易定量化，许多选择标准是不明确的、主观的或者由政治干预的。如果任务目标和需求定义得足够明确，则在其有效性方面可达成一致意见。如果任务选项具有相同或相似的性能，则基于成本进行选择。成本并不总是预算准确，决策也经常基于质量进行。传统成本模型假定成本与质量成线性关系（取决于技术复杂程度）。更进一步，质量影响了发射能力和成本。在比较备选任务方案时，必须考虑安全性、可靠性和总体成功概率。由于不存在一个能够普遍接受的比较备选任务方案的公式，可以通过分析来进行方案比较。简单地说，一个任务的效益 M ，或者成本效益，正比于任务价值 V ，反比于成本 C

$$M = V/C = \text{价值} / \text{成本} \tag{2-1}$$

这里，我们应当考虑任务成功的概率 p，这是一个不易获得的数据。然而，它与任务复杂性（例如机动次数）、任务持续时间以及所用技术的可信度相关。给出确切的数值可能比较困难，但任务成功的相对概率能够进行估计，因此

$$M = p \times \mathrm{V}/\mathrm{C} \tag{2-2}$$

价值参数难以进行绝对精确的定义，但是有可能估计取样返回不同数量或者乘组人数、表面停留时间的相对价值。例如，如果任务 1 能够获得 100kg 岩石，任务 2 获得 10kg 岩石；任务 1 有 3 名航天员，任务 2 有 2 名航天员；并认为任务价值正比于任务载人时间

(生产能力的观点)，任务 1 耗费 100 亿美元，任务 2 耗费 50 亿美元；两者具有相同的任务成功概率，所以

$$M_1 = p_1 \times V_1 / C_1 = 2 \times 3 \times V / 10 = 0.6V$$
$$M_2 = p_2 \times V_2 / C_2 = 1 \times 2 \times V / 5 = 0.4V \tag{2-3}$$

因此，任务 1 是更好的选择。然而如果限制任务总成本为 70 亿美元，那么任务 2 将胜出。

参 考 文 献

[1] Larson, Wiley, J. and James R. Wertz, eds. 1992. Space Mission Analysis and Design. 2nd ed. Torrance, CA: Microcosm, Inc.; and Dordrecht, Holland: Kluwer Academic Publishers.

[2] NASA/JSC. 1998. Human Rating Requirements. Houston, TX: National Aeronautics and Space Administration, Johnson Space Center.

[3] NASA. 1992. Man-Systems Integration Standards. NASA STD-3000. Washington, DC: National Aeronautics and Space Administration.

[4] Wertz, James R. and Wiley J. Larson, eds. 1999. Space Mission Analysis and Design. 3rd ed. Torrance, CA: Microcosm, Inc.; and Dordrecht, Holland: Kluwer Academic Publishers.

第3章　空间环境：风险及影响

Alan C. Tribble，智力洞察公司

对以往卫星项目的研究表明，航天器故障的原因中约25%是由空间环境效应引起的［Anderson and Smith，1994］。本章讨论不同效应对分系统或飞行乘组安全的影响。表3-1给出了如何识别任务期间最大的环境影响因素及其效应。大部分结论从《空间环境——航天器设计中的问题》中总结归纳得出［Tribble，1995］，其余参考文献来自于Hastings and Garrett［1996］，James，Orton and Alexander［1994］，以及NASA空间环境及效应研究小组。

空间环境影响的范围极为广泛，在此不可能充分地讨论所有的主题。有些主题，例如航天器对局部环境的影响（由排水、空气净化等引起的类似问题），主要取决于航天器本身的设计，无需在此进行讨论。其他主题，如微重力与散热效应的影响等问题将会在后续章节（第5章和第16章）中讨论。还有些影响因素，例如真空和中性大气（非电离粒子）主要影响航天器的外表面，长时间作用后使其性能降低。由于这些因素不会伤害到乘组，所以这里只作简要说明。其余来自等离子体、辐射、微流星体以及轨道碎片等环境的影

响，可能会引起诸如电弧放电、单粒子反转以及压力舱穿孔等紧急重大的问题，此处将详细论述。

表 3-1　不同轨道的空间环境效应

<table>
<tr><th rowspan="3">环境</th><th rowspan="3">影响</th><th colspan="4">轨道类型</th></tr>
<tr><th colspan="2">近地轨道</th><th rowspan="2">同步轨道</th><th rowspan="2">行星际轨道</th></tr>
<tr><th>赤道轨道</th><th>极地轨道</th></tr>
<tr><td rowspan="2">真空</td><td>太阳紫外辐射材料降解</td><td colspan="4">能引起某些材料的损坏或质量损失；
总密度有一定比例的损失</td></tr>
<tr><td>污染</td><td colspan="4">影响热吸收或热辐射的比率，降低太阳电池阵的功率，或者降低光学性能</td></tr>
<tr><td rowspan="4">中性大气</td><td>阻力</td><td colspan="2">力及力矩随质量密度变化</td><td>N/A</td><td>N/A</td></tr>
<tr><td>溅射</td><td colspan="2">侵蚀率随质量密度不同而变化（由于冲击动能引起的质量损失）</td><td>N/A</td><td>N/A</td></tr>
<tr><td>原子氧剥蚀</td><td colspan="2">剥蚀率随氧原子数密度变化</td><td>N/A</td><td>N/A</td></tr>
<tr><td>辉光</td><td colspan="2">辉光现象是由于大气与航天器表面的化学反应引起的可见光辐射，随高度减弱</td><td>N/A</td><td>N/A</td></tr>
<tr><td>等离子体</td><td>充电</td><td>受控于航天器电源</td><td>航天器穿过两极时，主要由极区粒子流引起放电</td><td>在同步轨道电磁风暴期间放电严重</td><td>在太阳粒子事件期间放电严重</td></tr>
<tr><td rowspan="3">辐射</td><td>捕获带</td><td colspan="3">电子通量峰值在 2 到 5 个地球半径处；
质子通量峰值在 3 到 5 个地球半径处</td><td>N/A</td></tr>
<tr><td>太阳粒子事件</td><td colspan="4">在规模及周期上都是随机的，地球的磁场可以对某些赤道倾角上低高度范围进行保护</td></tr>
<tr><td>银河宇宙射线</td><td colspan="4">持续低水平背景辐射，地球的磁场可以对某些赤道倾角上低高度范围进行保护</td></tr>
<tr><td>微流星及轨道碎片</td><td>超高速碰撞</td><td colspan="4">地球会吸引接近的微流星体，但同时会提供某些屏蔽保护；
在一些常用的轨道中来自轨道碎片的威胁是最大的</td></tr>
</table>

分析空间环境影响时也需要考虑太阳 11 年的周期性爆发。虽然输出总能量的变化幅度低于 0.1%，但是紫外区的变化幅度达到 3 倍或更多，并可间接影响许多其他效应的大小。通过观测 10.7 cm 波长（F10.7）的辐射通量可以表征太阳爆发的水平。F10.7 的量度在许多空间环境模型中使用，单位为 10^{-22} W/（s · m^2）[Vaughan, Niehuss and Alexander, 1996]。

3.1　真空环境适应性

为控制航天器的温度，必须借助热辐射实现与空间的热交换，以及通过热传导作用转移到航天器的其他部分。暴露于太阳直射下的物体热平衡温度，取决于其本身对太阳能的吸收率 α_s，反射率 ε，以及单位面积内太阳辐射通量 S（W/m^2）。在地球大气外的一个天文单位（AU，地球到太阳的平均距离）处 S 的平均值为 1368 W/m^2。该值随地球与太阳距离的变化以 $1/R^2$ 的比例变化（见表 3－2），因此在地球围绕太阳运行的一个轨道周期内有 ±3.5% 的变化。一些过程能够改变材料的特性，典型例子是太阳紫外辐射导致的性能降级以及太空垃圾的分子或粒子污染。因此，保持航天器表面的热特性及光学特性对于提高航天器在轨运行的有效性是非常重要的。

表 3－2　影响空间航天器温度的行星特性▲

行星	到太阳的平均距离/10^6 km	平均太阳辐射通量/(W/m^2)	相对质量（地球＝1）	行星反照率
水星(Mercury)	57.9	9114	0.055	0.12
金星(Venus)	108	2619	0.815	0.59
地球(Earth)	150	1365	1.000	0.30
火星(Mars)	228	589	0.107	0.29
木星(Jupiter)	778	50	318.0	0.34

续表

行星	到太阳的平均距离/10^6 km	平均太阳辐射通量/(W/m^2)	相对质量(地球=1)	行星反照率
土星(Saturn)	1430	15	95.1	0.34
天王星(Uranus)	2870	3.7	14.5	0.34
海王星(Neptune)	4500	1.5	17.2	0.28
冥王星(Pluto)	5900	0.9	0.01	0.47

▲:地球质量=5.98×10^{24} kg。

3.1.1 太阳紫外辐照降解

地球大气吸收波长小于 0.3 μm（太阳紫外辐射）的电磁波，因此辐射无法到达地球表面。但是在轨航天器会遭遇这些光子，并且其能量足以切断许多类型的分子键。太阳紫外辐射可以改变很多材料的吸收/反射比（α_s/ε）。因此，在设计系统时必须选择耐用材料，这些材料长期暴露在太阳紫外辐射中时不会降解或仅仅在允许的范围内降解。通常，现代的航天材料在距离太阳一个天文单位的距离可以维持数年。为确认该指标，可以从供应商处获取在轨测试或地面测试数据。

3.1.2 污染物

污染物可以理解为任意外来的物质，通常可分为分子污染物和微粒污染物。在地面处理过程中，微粒从空气中降落到裸露的表面便形成了微粒污染物。分子污染物是由于暴露在真空中的物质释气造成的，也就是在材料中不稳定的化学品气化后释放到周围大气中（“新车异味”的来源就是这样）。这些污染物有时会达到一个分子的大小。通常关注的是这些分子污染物对航天器外表面光洁度的影响。对载人任务而言，必须确保舱内材料不会释放有害化学物质以及强烈异味。

0.1 μm 的分子污染物可能会导致许多表面问题。通常，紫外传感器是最容易受影响的，这是因为受到污染的薄膜很容易吸收紫外信号。太阳电池阵、热控表面、视觉传感器以及红外传感器的受影响程度依次降低。尽管公认红外传感器对于污染物非常敏感，但其敏感性是由于接近液氮温度的低温造成的。由于表面温度极低，分子污染物更易粘附（相比高温）。因此控制污染物对于紫外传感器和红外传感器是非常困难的。

微粒污染同样可以使表面材料性能退化，但是其更重要的危害在于微粒在光学表面形成一个独立的散射点，从而降低预期的目标信噪比。大部分微粒是在地面操作期间留在表面上的，并且在发射期间可能重新分布。机械臂或舱外活动在轨道上也可能产生微粒。漂浮在开放传感器附近的微粒可能引起遥感设备测量到错误的信号。光学设备对污染是最敏感的，其次是热控表面及太阳电池阵。

系统或表面所需洁净度水平的量化是一个长期的过程，《航天污染控制工程设计指导》[Tribble 等，1996] 详细地讨论了这个问题。MIL STD 1241 给出了表面洁净度标准。表 3－3 汇总了如何确定真空效应的敏感性。表 3－4 给出了如何控制太阳紫外辐照降解，以及应对来自微粒与分子污染物的建议。

表 3－3　如何量化真空效应影响

影响	步骤
太阳紫外辐照降解	预估外露表面的紫外辐照总量； 与制造商提供的数据进行对比，进一步确认是否会发生显著退化
光学传感器污染（紫外、可见光、红外）	从传感器性能角度考虑，量化该波段所需的信噪比； 从目标性能角度考虑，量化该波段的信号强度以及所需的透光度，并与分子污染要求相关联； 从几何关系决定噪声水平的角度考虑，包括与旋转轴心的距离（地球、月球、太阳）——建立噪声需求与粒子污染噪声的关系
热控系统表面污染物	对所需材料表面寿命末期的表面吸收度、挥发度以及未使用前的最大可能值进行量化
太阳电池阵污染物	量化寿命初期及末期所需功率，以及由于污染引起的退化（1%～2%），注意，分别加入辐照降解的因素； 建立允许的功率衰减与洁净度之间的关系

表 3-4 减少真空环境影响的设计

设计步骤	描述
选择材料	选择长期暴露于太阳紫外环境中能够保持性能稳定的材料或涂层，几乎不产生污染物
配置设备	探测器敏感表面的直接水冲洗、气体冲洗
确定余量	允许在轨运行航天器的热及光学等敏感表面有一定的退化
材料预处理	在航天器组装之前，设备生产期间需考虑在真空环境中对容易产生污染的材料进行处理
航天器及地面站操作	在运行初期需预留时间去除污染物，给低温表面升温去除气体污染膜，如果需要的话可以使用保护层

3.2 中性大气环境

较低高度的大气主要由原子氧构成（见图 3-1），650 km 以上主要成分为氦，2000 km 以上主要成分为氢（11 年的太阳周期决定了元素在特定高度分布的实际值）。因此，动态模型（例如质谱仪非相关散射模型［Hedin，1987］）要好于静态模型。很多模型可以从国家空间科学数据中心（NSSDC，http：//nssdc.gsfc.nasa.gov）或者 EnvireNet（http：//envnet.gsfc.gov）获得。原子氧的化学特性非常活跃，可以侵蚀轨道上的一些物质，从而引起材料性能的退化。许多材料表面的化学反应有可能产生可见光，但只对某些用于瞄准的光学敏感设备有影响［Garrett，Chutjian and Gabriel，1988］。

由于近地轨道航天器在轨速度大约为 8 km/s，大气分子的撞击会产生阻力作用，导致航天器减速并使其轨道衰减。在某些特定的情况下，材料也会因溅射作用降解——从材料表面开始受到物理腐蚀，但是与大气阻力相比这个问题并不严重。

3.2.1 原子氧对表面的侵蚀

设一定流量的原子氧在 $\mathrm{d}t$ 时间内作用于航天器表面，材料侵蚀率 $\mathrm{d}x/\mathrm{d}t$ 为

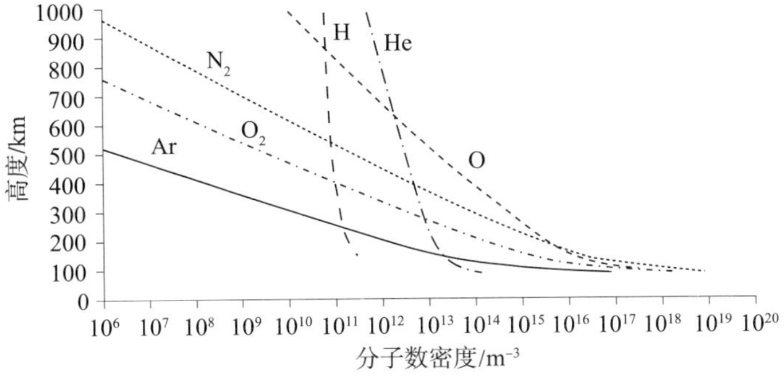

图 3-1　1000 km 以下的地球大气成分

$$dx/dt = RE\varphi \tag{3-1}$$

其中，φ（原子氧原子数/（cm^2s））为原子氧通量，与轨道速度及密度相关；RE（cm^3/氧原子数）为实验方法测定的比例常数，称为反应效率，如表 3-5 所示。氧原子可以完全侵蚀航天器外表面的某些材料，进而改变其热、光以及结构方面的特性［Leger and Visintine，1986；NASA，1991，1992］。如果认为原子氧腐蚀问题严重的话，就必须使用防护涂层或其他表面屏蔽措施。

表 3-5　原子氧与材料的反应效率

材质	反应效率（$\times 10^{-24}$ cm^3/atom）	
	范围	最佳值
铝	—	0.0
碳	0.9～1.7	—
环氧树脂	1.7～2.5	—
含氯聚合物		
- FEP Kapton	—	0.03
- Kapton F	—	<0.05
- Teflon,FEP	—	<0.05
- Teflon	0.03～0.05	—
金	—	0.0
铟锡氧化物		0.002

续表

材质	反应效率($\times10^{-24}cm^3/atom$)	
	范围	最佳值
聚脂薄膜	1.5～3.9	—
涂料		
-S13GLO	—	0.0
-YB71	—	0.0
-Z276	—	0.85
-Z302	—	4.50
-Z306	—	0.85
-Z853	—	0.75
聚酰亚胺		
-Kapton	1.4～2.5	-
-Kapton H	-	3.04
聚硅酮		
-RTV560	—	0.443
-RTV670	—	0.0
银	—	10.5
泰德拉		
-Clear	1.3～3.2	—
-White	0.05～0.6	—

3.2.2　阻力

中性大气作用于航天器的力可以用以下公式描述

$$F=0.5\rho v^2 C_d A_n \tag{3-2}$$

其中，ρ（kg/m^3）为当前大气质量密度；v（km/s）为航天器轨道速度；C_d 为阻力系数；A_n（m^2）为垂直于航天器飞行速度方向上的截面积。对于多数航天器而言，C_d 大约为 2.20，但是也存在低至 1.90 或者高到 2.60 的情况。也可以采用弹道系数（定义为：$\beta=m/A_nC_d$）描述物体的空气动力学特性，其中 m（kg）为航天器质量。如果没有反方向的作用力，阻力会使航天器轨道衰减并再入大气层，如图 3－2 所示［Walterscheid，1989］。

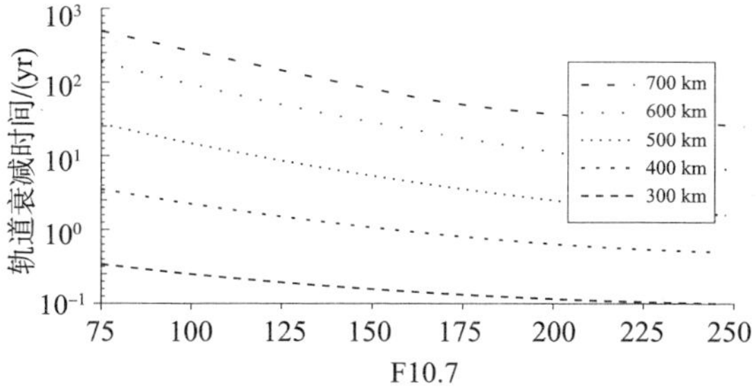

图 3－2　近地轨道衰减时间与高度以及太阳周期（F10.7）间的关系▲

▲：假设阻力系数为 2.1

航天器必须通过推进系统来抵消阻力。在调整推进系统大小以补偿阻力时，必须确定阻力大小，而它主要由大气质量密度决定。可以通过各种大气模型来获取其质量密度（与太阳活动周期有关），如图 3－3 所示（在 100 km 附近地球与火星大气的质量密度很接近，但限于一个很小的高度范围，在火星表面附近，大气质量密度小于地球表面的 1/100）。因此，尽管需要在所有的轨道航天器上都进行相应的设计来抵消阻力，但是通常仅对近地轨道（低于 1000 km）而言才是重要因素。如表 3－6、表 3－7 所示，可以通过选择合适的材料或结构来控制中性大气效应。

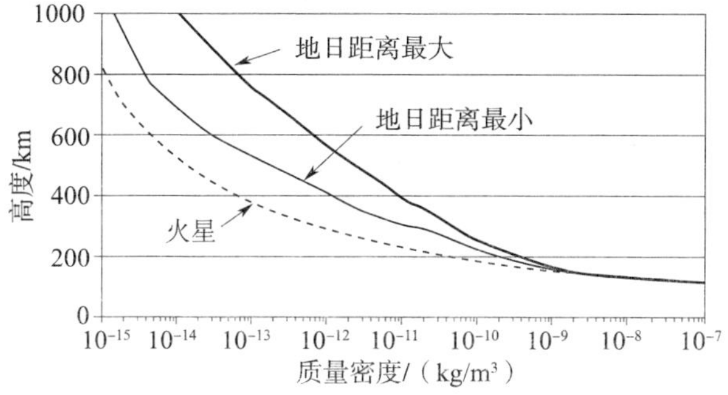

图 3－3　大气质量密度与高度关系

表 3-6 如何量化中性大气的影响

影响	步骤
空气动力学阻力	确定与空气质量密度、轨道速度以及阻力系数相关的阻力(假设 C_d 从 2.20 开始); 建立阻力与抵抗阻力所需的燃料质量间的关系。依赖于推进系统的 I_{sp}
溅射	确认是否不易受溅射作用影响
原子氧剥蚀	确定材料表面的原子氧总通量; 基于反应效率建立氧原子通量与材料腐蚀间的关系
航天器辉光	评估发光强度与轨道高度的关系; 如果可能,测量每个传感器噪声条件下的各项指标,并确定其影响

表 3-7 如何减少中性大气的影响

材料	选择抵抗原子氧腐蚀及喷溅的材料
配置	对敏感表面进行屏蔽设计,防止原子氧腐蚀和溅射。低轨道高度航天器设计时降低阻力系数以减少阻力
涂料	考虑在易受影响的表面使用保护涂料

3.3 等离子体环境——航天器充电

等离子体环境由带电粒子组成(电子、电离的原子或分子),其动能在 eV～keV 之间(尽管能量水平在 MeV～GeV 的粒子仍然能够使表面带电,但是通常将其归为辐射)。这一类粒子穿透能力较弱,主要是在表面沉积一些电荷。由于探测器表面材质具有不同的导电性,因此在处于相同带电粒子通量的情况下会处于不同的电位。如果通量足够大,则有可能引起表面电弧放电,尤其是在等离子体—绝缘体—导体结合点,或在带电粒子穿过绝缘体表面时。在太阳电池板滑轨(绝缘体)与附近接插头(导体)间的电弧放电可能会使接插头融化并且破坏太阳电池阵列。在载人飞船中,这样的故障对生命支持系统来说是致命的。类似的,一个带有高电位的绝缘保温材料也会逐渐“分解”，导致保温材料产生微米大小的管道状击穿孔。与粒子污染一样，随着时间的推移，介质击穿会导致热特性及光学特性整体性的变化。所有的电弧放电都可能引起对敏感电器设备电磁干扰，应设计相应系统对其进行防护，一旦发生放电也能够耐受 [Leach and Alexander，1995]。历史上看，地球同步轨道附近的航天器充电问题是最受关注的。由于载人航天器大多在近地轨道活动，因此，首先讨论近地轨道航天器充电问题。

3.3.1 近地轨道航天器充电

在 400 km 高度的轨道中，太阳紫外线使中性粒子（非电离原子及分子）发生电离，其比例为 1×10^{-4}，因而这个区域被称为“电离层”。热运动速度——中性粒子与其他粒子或区域接触时的传导作用——低于航天器速度，进而也低于电子的热运动速度。因此，除面向前进方向的航天器表面带有离子外，其余的航天器表面布满了电子。航天器由于电子的收集处于主导地位，因此航天器外导体通常带负电。一个物体在等离子环境中的平衡电势称为“浮动电势”。由燃料电池供电的近地轨道航天器的浮动电势典型值为 −1 V，例如航天飞机，该电势非常低且没有危害。

通过太阳能电池阵供电的航天器，如和平号空间站及国际空间站，以及绳系航天器，将电力表面暴露于环境中。这样，由于太阳电池阵或者拖曳绳（通常该结构为电接地）引起的电位差决定了航天器结构的电势。如图 3-4 所示，接地结构对于浮动电势的影响很大。负接地是将航天器的结构和太阳电池阵的末端连接在一起，相对于等离子体来说是浮动阴极。由于和半导体电流方向一致，因此在过去大部分航天器都采用这种负接地的结构。最坏的情况下（太阳帆板与速度方向垂直时），这种方式会使得太阳电池阵结构 90% 部位的浮动电势低于等离子体。实验表明，事实上所有的电池阵都可能处于相当低的门限（200 V），并将这个值作为近地轨道航天器能源系统典型的上限。因此，国际空间站使用负接地结构，160 V

电池阵（不考虑其他因素）的浮动电势约为－140 V。大部分人认为－140 V 的浮动电势在航天飞机与空间站对接期间不会产生电弧放电。但是当临界电压过高（通常为 10^4 V/cm）时，较薄的绝缘体便可能被击穿。实验表明，空间站结构上经过阳极化的薄铝合金涂层在 80 V 时会电弧放电。因此，国际空间站上使用一个等离子开关（一种低能量的等离子发生器），将浮动电势降到约－40 V，以避免电弧放电。如果使用较高电压的电池阵，则要通过地面测试或者使用等离子开关以确保在轨性能。

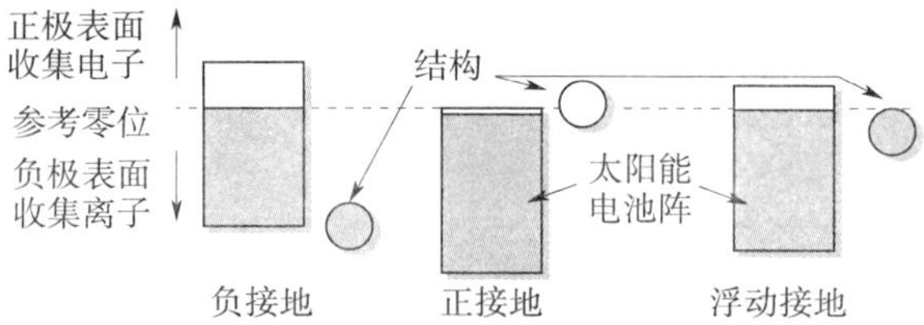

图 3－4　在低地球轨道中能源系统设计可以通过控制结构的浮动电势来减少航天器结构带电水平

3.3.2　高轨航天器充电

随着高度增加，等离子体密度降低，能量随之增加。在同步轨道，密度大约为 $1\times10^6\,m^{-3}$，等离子能量为 1000 eV，而近地轨道为 1 eV。这个高能的等离子将引起不同类型的充电效应。在高轨空间，如同步轨道或行星际空间，几乎 100％的粒子都是电离的。由于密度很低，地球的磁场控制了粒子的轨迹。因此，将高度在1500 km的等离子环境称为磁层。处于高地球赤道轨道的航天器便会频繁地遇到这种高能高磁的等离子体环境。低极地轨道的航天器会周期性地遇到这种等离子体，并且可能带有千伏量级的电势。

由于环境密度很低，一些在近地轨道中并不显著的因素却在高轨中起决定作用。当暴露于太阳紫外线中时，很多物质都会发生光电效应，这便避免航天器带负电。在很多情况下，还会导致同步轨道或者行星际航天器带上少量正电。然而太阳磁场的周期性波动

——通常伴随着能量粒子的喷发——将会压缩地球的磁场。这个压缩效应会引起地球非阳照区的高能等离子向地球一侧移动并进入同步轨道。洛伦兹力——大型结构如国际空间站或者绳系卫星中诱导电位的主要来源——引起电子从午夜面向上午 6 点面偏移，质子由午夜面向下午 6 点面偏移，如图 3－5 所示。质子比电子慢得多，因此，从下午 6 点到午夜，环境电子很容易便可以中和由质子“风暴”而带的电荷。但是，由于环境质子速度非常慢，在不存在光电电流的情况下，从午夜到上午 6 点无法中和电子“风暴”带来的负电荷，最多时可使航天器充电高达－20000 V。在这种情况下，电源系统的配置构型对于浮动电势的影响较小，主要取决于表面的导电性。在风暴期间，导电体与绝缘体之间可能存在 1000 V 左右的电势差，这很容易引起电弧放电［Davis and Duncan，1992］。

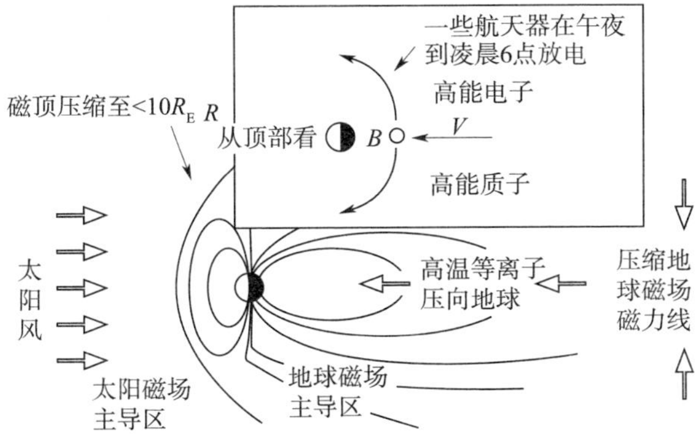

图 3－5　很多航天器的充放电现象都发生在地球的磁场被压缩，并且从地球阴影面进入热等离子体的情况下

磁场风暴对同步轨道等离子体的扰动每个月都会发生几次。甚至经过同步轨道的航天器都会在那里有很强的充电现象。即使脱离了同步轨道环境，由于太阳粒子事件的作用，行星际航天器仍会显著充电（详见 3.4.2 节）。如果配备了电推进系统，则可以有助于航天器放电（详见 24 章）。

表 3-8 和表 3-9 表明，可以降低因航天器充电而引发电弧危害的可能性。如果航天器仅仅是经过这些环境，则必须不受静电放电的影响。另外，不要忘记在 3.4 节中提到的辐射环境可能使航天器内部充电，并引起深处绝缘体放电 [Purvis 等，1984；NASA，1998；Herr and McCollum，1994]。

表 3-8　如何衡量等离子体环境的影响

影响	步骤
航天器接地浮动电位的漂移	求解电流平衡方程以确定表面电位； 近地轨道热电流，主要由轨道机动引起； 如果没有太阳电池阵，浮动电势可能约为 −1 V，但是要取决于汇集区的电子和离子； 如果有太阳电池阵，浮动电势将是电池阵列电压与接地方式的函数，负接地时浮动电势可能约为电池阵负电压的 90%，正接地以及浮动接地的情况下，浮动电势将会是在 0 到几伏之间； 同步轨道以二次电流（例如，光电发射，后向散射）为主； 浮动电势可能在负几千伏的水平，主要依赖于材质、导电性能以及等离子环境情况
电弧放电	电弧放电在局部电位差大于放电门限的任何时候都会发生； 气体电弧放电：在导体与绝缘体间存在较大电位差时可以发生； 介质击穿：穿过表面方向上存在较大的电位差时可以发生

表 3-9　减小等离子体环境影响的指导方针

统一表面导电性	使外表面导电性尽可能一致
对静电放电不敏感	使用统一的航天器接地、电磁屏蔽以及对所有的电子设备外壳进行滤波
主动的电流平衡	如果预见到由于电弧放电可能引起相应问题，可采用等离子开关或者利用等离子推进器实现

3.4　空间辐射效应

辐射环境主要包括粒子与光子，包括能量在 MeV 或更高量级的短波电磁辐射——电子、光子、中子、γ 射线、X 射线以及重离子。这些能量粒子可以将其能量沉积在乘组或者航天器的材料及分系统中，进而降低人员或者设备的性能。传统的辐射剂量单位是“辐射吸收剂量”或者是简单的“rad”（译者注：radiation absorbed dose 的缩写），表示每千克材料吸收 0.01 焦耳能量的辐射量。在国际单位制下的辐射剂量单位是 gray（Gy），定义为 1 J/kg。能量在材料中沉积的数量取决于辐射本身和材料。以硅为例，图 3-6 给出了典型的由通量到剂量的转换。表 3-10 给出了典型的辐射剂量敏感性。结构机构最不敏感，但是电子设备以及乘组都非常敏感。不同吸收剂量对生物的损害与等效剂量（国际单位为希沃特）以及相对生物效应因子有关（详见第 5 章）。

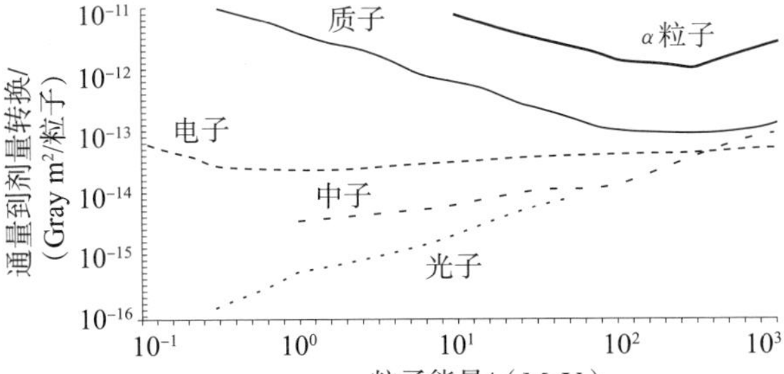

图 3-6　硅元素通量到辐射剂量的转换▲

▲：辐射剂量依赖于辐射本身、辐射能量以及材质对能量的吸收。为了计算高能粒子流的剂量，可以简单的把通量乘以适当的转换因子

表 3-10　典型的对辐射剂量的敏感性▲

元素	损伤极限
人及动物	$10^{-1}\sim10^{0}$
电子设备	$10^{0}\sim10^{4}$
润滑剂、液压机液体	$10^{3}\sim10^{5}$
陶制品、玻璃制品	$10^{4}\sim10^{6}$
聚合材料	$10^{5}\sim10^{7}$
结构材料	$10^{7}\sim10^{9}$

▲:航天员与电子设备对于辐射损伤最为敏感,因此需要辐射防护。

带电粒子（电子、质子以及重离子）主要通过库伦力产生相互的影响，并伴随着材料中的原子电子被辐射。因此，入射粒子会将部分能量转移到材料的原子电子中，通常这些原子电子已经电离。因此，带电粒子被称为电离辐射。更多的能量粒子将会进入材料的更深处。对于固定能量的粒子，电子的穿透能力要大于质子，这是由于电子更轻，并且具有更高的速度。为了能量及动量守恒，以光速运行的电子必须释放出 X 射线——称为轫致辐射。这种二次辐射（包括电离电子和轫致辐射）可能比初级辐射引起的危害更严重。

静电力不影响能量光子（γ 射线和 X 射线）。光子在与目标物质作用前都是沿直线运动的。因此，γ 射线或 X 射线的强度在任何吸收材料都是随质量密度以指数规律衰减的。航天器如果有足够的屏蔽措施便可以吸收 γ 射线和 X 射线，避免伤害到乘组，但是如果要做到完全屏蔽，则可能需要几米厚的屏蔽。

3.4.1　俘获辐射——范艾伦辐射带

地球磁场对附近的辐射环境有很大的影响。其本质上是一个两种条件混合的偶极子场：一是磁轴与旋转轴不重合，二是极区电离层电流与太阳磁场会在较高的高度上引起扰动。

北磁极相对于地理北极大约有 11.5°的偏差——北纬 78.5°，东经 291.1°。偶极子的磁场电势 V 为

$$V=\frac{M\cdot r}{r^{3}} \tag{3-3}$$

其中，r（m）是到磁场中心的距离；M（$T\cdot m^3$）是磁偶极矩。对于地球而言，M 大约为 $8\times10^{14}\ T\cdot m^3$。在球形坐标系内，$\theta$ 为偏离偶极子轴的角度（地磁余纬度），偶极磁场为 $B=\nabla V$，或者

$$B_r=\frac{\partial V}{\partial r}=\frac{2M}{r^3}\cos\theta \tag{3-4}$$

$$B_\theta=\frac{1}{r}\ \frac{\partial V}{\partial \theta}=\frac{M}{r^3}\sin\theta \tag{3-5}$$

$$B_\varphi=\frac{1}{r\sin\theta}\ \frac{\partial V}{\partial \varphi}=0 \tag{3-6}$$

偶极磁场的总强度为

$$B=\frac{M}{r^3}\ \left|3\cos^2\theta+1\right|^{1/2} \tag{3-7}$$

（有些作者以偶极子的纬度方向定义磁场，是从赤道向地磁的北极方向，与此处所用的转换相反）。在地球表面随之产生的磁场强度大约为赤道处 30 μT，两极 60 μT。除了磁场强度 B 外，另外一个重要的参数是一个积分常数 L，可以表示为

$$L=\frac{r}{R_E\ \sin^2\theta} \tag{3-8}$$

其中 R_E 为地球半径。带电粒子在偶极子磁场中磁力线（由常数 L 描述）周围呈螺旋状运动。因此，研究过程中经常使用的坐标系便是 $B-L$ 坐标系。

由于能量及动量守恒，进入磁场增强区域的带电粒子只能穿透到一定的深度，梯度力使其按原路返回。这种现象称为磁场镜，使带电粒子只能沿着地球磁力线方向运动，如图 3－7 所示。

被俘获的离子形成了辐射带或者范艾伦辐射带，后者命名来源于其主要的研究者。国家空间科学数据中心提供了大量的俘获辐射带的模型。AE－8 和 AP－9 是最新的电子和质子带版本。接近 2 倍和 5 倍地球半径处有内外两个电子峰值，学术上分别称为内外电子

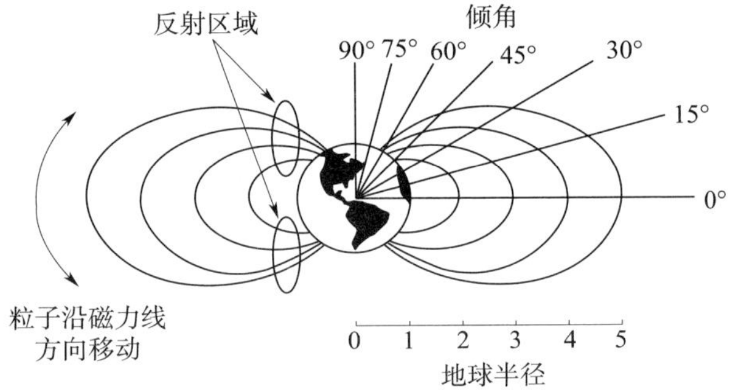

图 3-7　地球磁场使带电粒子沿着磁力线方向运动和返回，图中倾角等于纬度角

带。质子仅在 3.5 倍地球半径处有一个单峰。

如图 3-8 所示，尽管在特定轨道上的粒子通量有时是有用的，但是我们更希望简单地了解该轨道上的辐射剂量及带来的后果。很多商业或政府支持的软件都编写了包括航天器轨道和辐射屏蔽模型数据的辐射带模型。在星际空间，或者在没有磁场的地外天体，如月球或火星，那里没有俘获辐射带，因此也没有随之产生的辐射剂量。在有强磁场的行星，如木星，来自于俘获辐射带的辐射剂量更大。

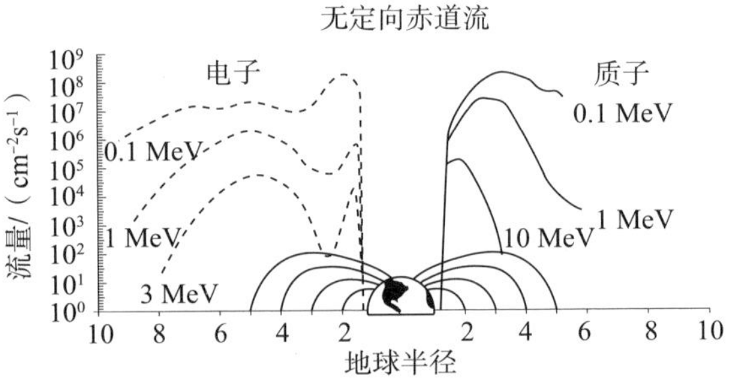

图 3-8　俘获辐射带

南大西洋异常区

如前所述，地球磁场不是一个完美的偶极子。因此，在低轨道航天器飞过南大西洋上空时，由于磁场的异常会受到更强的辐射。南大西洋上空的异常区带电粒子是该轨道其他地方平均值的 100 倍。由于辐射剂量太大，航天员在经过这个区域时通常要尽可能呆在舱内。

3.4.2　太阳粒子事件和银河宇宙射线

来自地球磁层以外的粒子也会对航天器及航天员产生影响。如果来自日冕喷发的高能粒子能够到达地球，则被称为太阳粒子事件（SPEs）［Feynman 等，1993］。另外，在这个周期性的辐射基础上，还有一个来自太阳系以外高能粒子的背景辐射，称为银河宇宙射线（GRs）。除了受到太阳辐射每 11 年变化周期的影响而有微小的变化，这个背景辐射非常稳定，核子通量（主要是质子）较低，能量在 MeV 或 GeV 的量级。另一方面，太阳粒子事件通量很高，且周期及强度也很难预测，图 3－9 粗略给出了强度的变化。粒子事件看似在太阳活动极大期发生，但是实际上可能会随时发生（图 3－10）。

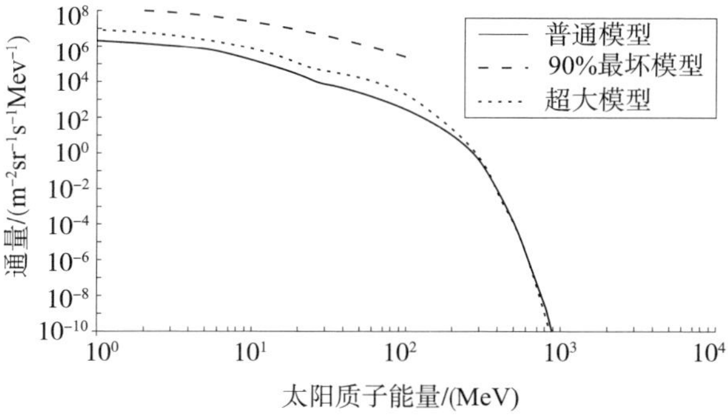

图 3－9　太阳粒子事件的强度变化很大，强事件不经常发生▲

▲：可以通过将通量转化为剂量的方式计算太阳粒子事件的辐射剂量，参考图 3－6 在粒子能量范围内积分

由于太阳粒子事件强度的变化太大，因此在航天器设计时无法考虑完全实现屏蔽其影响。在一个太阳周期内，普通水平的事件会发生几次，强度很高的事件很少发生。以 1972 年 8 月为例，当时发生的太阳粒子事件强度很大，如果月面上的航天员只在登月服的保护下，便会受到伤害（第 5 章）。为了保护航天员及航天器的安全，美国有一个预测空间天气的工程，希望可以预告太阳粒子事件，至

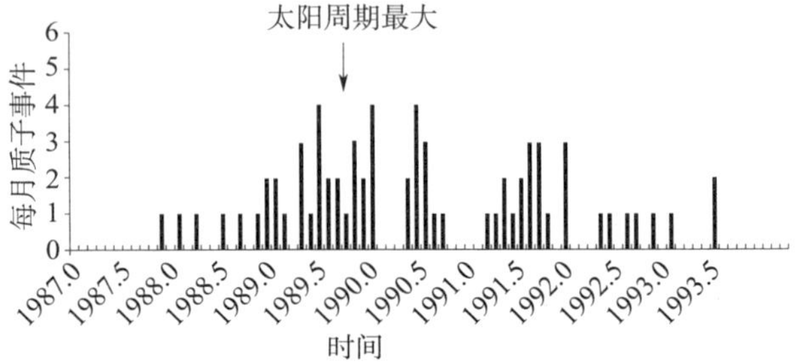

图 3-10　太阳活动 22 年周期内太阳粒子事件发生的频度

少可以对即将接近地球的高强度太阳粒子事件进行预警。预警时间为 30 分钟或更长时间。由于这些都是高能粒子，与俘获辐射带的粒子相比，屏蔽防护难度更大。为了计算航天器的辐射情况，必须判断飞行可能要经历的太阳粒子事件强度及频率。长期载人飞行与短期无人飞行相比要更多地考虑辐射，采用更为保守的设计。

银河宇宙射线每年产生辐射的计量大约占到总辐射量的十分之几。由于辐射能量太大，在空间航天器中对其进行防护非常难。有趣的是，地球的俘获辐射带在近地轨道能够帮助航天器防护太阳粒子事件及银河宇宙射线。任何接近地球的带电粒子都会受洛伦兹力的影响（如 3.3.2 节所述），洛伦兹力可以使任何能量更高的粒子改变方向。这个力在高地球轨道及行星际空间不起作用，此处可以假设粒子在球面空间内均匀分布。

表 3-11　来自异常大太阳粒子事件的辐射剂量

屏蔽厚度/(cm 铝)	剂量/Gy
0.5	4.68
1.0	1.95
1.5	1.02
2.0	0.59
2.5	0.37

3.4.3 总剂量效应

了解作用于航天器系统及航天员的辐射剂量对于任务生命周期的设计有帮助，辐射会使太阳电池阵及电子设备性能退化。对电子设备的典型总剂量限值为 $10\sim10^4$ Gy（制造商给出的实际值），而对乘员的典型限值为 1 Gy。

3.4.4 剂量率效应

尽管太阳粒子事件及银河宇宙射线会在航天器及航天员身上沉积一定剂量的辐射，但对于电子设备而言同时还要关心辐射剂量率。由于电子器件非常小（μm），单个能量粒子经过临界电子器件附近就可能引起问题。例如存储模块的临界尺寸为 10^3 μm。如果单个能量粒子穿过这一区域，则会使该粒子周围的原子电离，进而在电子设备中产生脉冲电流。在多数情况下，这是软问题，不会造成设备的损害，仅会引起状态位的变化——单粒子反转。另一种情况，则是硬问题，会引起元器件性能失效［Messenger and Ash，1992］。

在选择电子元器件时，应致力于保证系统能够在预期的辐射剂量率下工作。选择不产生单粒子反转的电子元器件（并不是任何时候都能做到的）或者进行问题监测及修正。测试每一个元器件是否会发生反转，使用线性能量转移，即元器件在仍能正常工作条件下可以吸收的能量。如图 3－11 所示，阈值取决于粒子事件的强度。可以通过屏蔽来减少到达元器件的粒子通量，但是同时也增加了很多重量。因此，辐射防护的设计裕量原则将直接影响任务的成本。

注意，线性能量转移的临界值定义了一个包括太阳粒子事件或银河宇宙射线等多种情况的粒子通量。粒子通量乘以元器件横截面积及粒子来向的立体角（通常为 4πsr）便可以得到每秒钟可以引起反转的粒子数量。需要通过单个器件的反转率来预测和评估系统的反转率。如果很低，则可以什么都不做。否则便参考表 3－12、表 3－13，综合利用辐射屏蔽、元器件选择以及系统设计等方式，为电子设备及航天员建立一个适宜的辐射剂量及辐射剂量率环境。

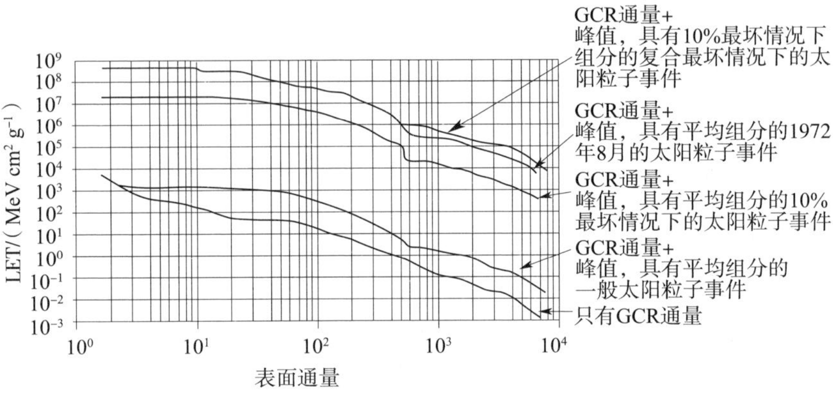

图 3-11　深空各种强度的太阳粒子事件的 LET 积分谱▲

▲：假设没有屏蔽衰减，LET＝线性能量转移

表 3-12　如何量化辐射环境的效应

影响	步骤
总剂量	生成辐射剂量随纵深变化的曲线，来自于官方（AP9、AE8、CRRESRAD……或者工业部门(空间辐射、空间环境分析……)； 基于设计提供的屏蔽防护水平，确定所有敏感因素(电子设备、航天员……)的总剂量； 确定总剂量的影响，判读是忽略不计还是需增加屏蔽
剂量率影响	利用规范评估在最坏环境情况下发生单粒子反转的概率(例如宇宙射线影响（CREME）或瞬间辐射影响（TREE))； 基于单个元器件推断系统的粒子反转率

表 3-13　降低辐射环境效应的设计

屏蔽	在航天员及敏感电子产品之间设计并安装结构，以使得总剂量及剂量率最小
设计或元器件选择	只使用对于总辐射剂量来说具有安全因素并能抵御单粒子反转的元器件
增加冗余	使用更大尺寸的太阳电池阵，并设计具有冗余的电子系统
检测或修正错误	安装能够监测单粒子反转错误并能够恢复系统功能的软件

3.5 微流星体及轨道碎片

通过检查长期暴露于太空并返回地球的航天器，发现它们通常都会被许多大小在 1 μm 或更大的碎片碰撞过。如果碎片来源于行星际空间，可能来自于小行星或者彗星，称之为微流星。如果碎片来自于其他航天器，则称为轨道碎片。两种碎片的碰撞速度都在10 km/s的水平，因此都会释放出大量的动能。直径在 1 mm 的微粒可以穿透舱外服的外层材料，直径在 1 cm 的微粒足以穿透航天器的结构体，可能穿透压力舱［Belk 等，1997］。微流星体在星际空间是非常常见的，但是当微流星体在行星轨道内运行时，重力及屏蔽作用会改变微流星体的运行状态。轨道碎片随轨道高度及轨道倾角不同而变化，在热门的轨道上碎片较多，图 3－12 给出了微流星体及轨道碎片的通量，该数据基于 NASA 1994 年的观测。

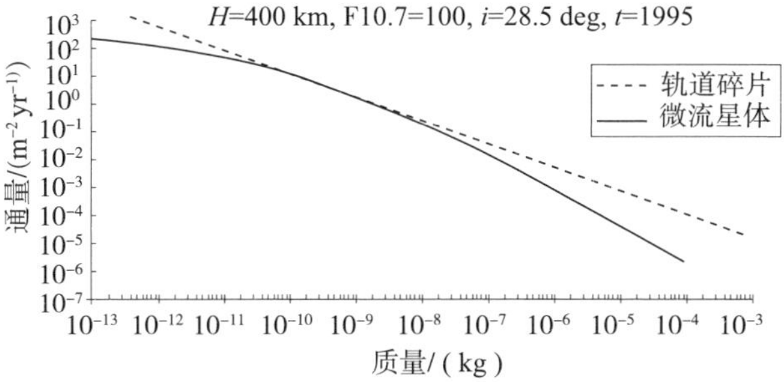

图 3－12 在低地球轨道内，大部分轨道倾角及高度上的碎片都比微流星体多

根据基本力学规律和统计数据可以分析物体发生碰撞的概率，在轨道上运行的时间越长，由于高速碰撞而失效的概率就越大（如表 3－14 所示）。对于这种威胁，除了增加屏蔽以外没有其他办法可用，而增加屏蔽带来的便是增加质量。有些时候，减少屏蔽反而在发生碰撞后减少碎片的产生，这样也许更好。如果可能的话，可以在碎片较少的高度及倾角上运行，同时将敏感面放在前进的反方向，这样可以减少碰撞的可能。

表 3-14 随着航天飞机在轨飞行时间增加，来自高速碰撞而引起的重大穿透伤害的可能性评估

7 天航天飞机近地轨道飞行任务	穿透的可能性		
	高通量	基本值	低通量
1	0.01	0.01	0.01
100	0.59	0.12	0.02
500	0.99	0.47	0.09

3.6 行星际空间

在多数情况下，设计行星际空间飞行时可以简单地将上述指标设置为最佳值。真空环境的影响（太阳紫外降解及污染）通常不依赖于轨道高度，但是对于长时间的行星际飞行任务来说便成为关键因素。中性粒子影响仅在低地轨道存在，因此当航天器飞行高度超过 1000 km 时便可以不考虑该影响。在行星际空间，航天器充放电作用仅仅由太阳粒子事件引起，与飞行轨道无关，充放电是一个不定时发生的事件。此时，银河宇宙射线辐射成为主要考虑的因素，但是太阳粒子事件仍会不时发生。由于没有了地球磁场的屏蔽，在行星际空间来自于太阳粒子事件及银河宇宙射线的总剂量及剂量率都比近地空间要强。在较低的轨道，磁场会增加一个来自于俘获辐射的较低能量的辐射剂量。轨道碎片仅存在于地球轨道中，而微流星则在近地轨道及行星际空间都存在。

3.7 设计案例：月球基地

在月球南极建立基地的设计便会用到上述讨论过的许多问题。在月球建立基地与 20 世纪 60 年代末至 70 年代初的阿波罗任务非常相似。航天器将会在近地轨道飞行几天，然后经过 3 天飞行到达月球轨道，大部分任务都是在月球表面完成。返回需要另外 3 天时间，并可能还需要在近地轨道停留几天（如果任务是从近地空间站或类

似的转移航天器上出发的，则在近地轨道中停留的时间会有所增加），经过再入飞行结束任务。从表 3－15 可以看到，有些空间环境因素对于本任务来说并不重要，而其他因素则是至关重要的。

表 3－15　空间环境对月球基地的影响▲

环境	影响	需要考虑的内容
真空	太阳紫外降解及污染	在近地轨道、轨道转移、月球基地以及返回过程中，选择能够抵御所有紫外辐射的材料； 在能源、热平衡以及光学系统中增加冗余设计，以应对月尘对太阳电磁阵及散热器的影响
中性大气	溅射； 阻力； 原子氧剥蚀； 辉光放电	无影响； 仅在近地轨道转移期间有影响； 仅在近地轨道转移期间有影响； 无影响
等离子体	航天器充放电	近地轨道转移——无影响； 对于飞出地球轨道的任务——在太阳粒子事件期间有短暂影响； 月球表面——无影响，可将月球表面看作是良好的接地
辐射	总剂量	俘获辐射带——如果通过过程仅是几天或更少的时间，则可以通过简单的屏蔽便可以解决； 太阳粒子事件——不定时发生，但不能忽略，月面可以利用月球风化层实现乘员防护； 银河系宇宙射线——经常性因素，但是总剂量较小
	剂量率	银河宇宙射线引起的单粒子反转很常见，因没有地球磁场的屏蔽，来自太阳粒子事件的单粒子反转也会偶尔发生
微流星体及轨道碎片	高速碰撞	除了在轨道转移期间外，都不需要考虑轨道碎片的影响，必须考虑微流星体的影响，但是即使是在 EVA 期间，也是一个可接受的小概率事件。辐射防护便可以应对这个影响

▲：注意到月球提供了对太阳粒子事件、银河宇宙射线以及微流星体约 2π 的角度屏蔽。

参考文献

[1] Anderson, B. J. and R. E. Smith, eds. 1994. Natural Orbital Environment Guidelines for Use in Aerospace Vehicle Development. NASA Technical Memorandum 1527. Washington, DC: National Aeronautics and Space Administration.

[2] Belk, C. A. et al. 1997. Meteoroids and Orbital Debris: Effects on Spacecraft. NASA Reference Publication 1408. Washington, DC: National Aeronautics and Space Administration.

[3] Davis, V. A., and L. W. Duncan. 1992. Spacecraft Surface Charging Handbook. Phillips Laboratory Test Report 92 - 2232. US Air Force Materiel Command.

[4] Feynman, J. et al. 1993. Interplanetary Proton Fluence: JPL 1991. J. Geophys. Res., 98: 281 - 94.

[5] Garrett, H. B., A. Chutjian, and S. Gabriel. 1988. Space Vehicle Glow and its Impact on Space Systems. J. Spacecraft. 25: 321 - 340.

[6] Hastings, D. and H. Garrett. 1996. Space - Environment Interactions. New York, NY: Cambridge University Press.

[7] Hedin, A. E. 1987. MSIS - 86 Thermospheric Model. J. Geophys. Res. 92: 4649 - 4662.

[8] Herr, J. L. and M. B. McCollum. 1994. Spacecraft Environments Interactions: Protecting Against the Effects of Spacecraft Charging. NASA Reference Publication 1354. Washington, DC: National Aeronautics and Space Administration.

[9] James, B. F., O. W. Orton, and M. B. Alexander, eds. 1994. The Natural Space Environment: Effects on Spacecraft. NASA Reference Publication 1350. Washington, DC: National Aeronautics and Space Administration.

[10] Johnson，N. L.，and D. S. McKnight. 1987. Artificial Space Debris. Malabar，FL：Orbit Book Co.

[11] Leach，R. D.，and M. B. Alexander，eds. 1995. Electronic System Failures and Anomalies Attributed to Electromagnetic Interference. NASA RP 1375. Huntsville，AL：National Aeronautics and Space Administration，Marshall Space Flight Center.

[12] Leger，L. J.，and J. T. Visentine. 1986. A Consideration of Atomic Oxygen Interactions with the Space Station. J. Spacecraft. 23：505 - 511.

[13] Messenger. G. C.，and M. S. Ash. 1992. The Effects of Radiation on Electronic Systems. 2d ed. New York，NY：Van Nostrand - Reinhold.

[14] NASA . 1991. LDEF - 69 Months in Space：First Post - Retrieval Symposium. Parts 1 - 3. NASA CP - 3134. Hampton，VA：National Aeronautics and Space Administration，Langley Research Center.

[15] NASA. 1992. LDEF - 69 Months in Space：Second Post - Retrieval Symposium. Parts 1 - 4. NASA CP - 3194. Hampton，VA：National Aeronautics and Space Administration，Langley Research Center.

[16] NASA. 1994. Space Station Program Natural Environment Definition for Design. NASA Document SSP 30425，Rev. B.，Space Station Program Office. Houston，TX：National Aeronautics and Space Administration，Johnson Space Flight Center.

[17] NASA. 1998. Avoiding Problems Caused by Spacecraft On - orbit Internal Charging Effects. Handbook 4002. Washington，OC：National Aeronautics and Space Administration.

[18] Purvis，C. et at. 1984. Design Guidelines for Assessing and Controlling Spacecraft Charging. NASA TP 2361. Huntsville，AL：National Aeronautics and Space Administration，Marshall Space Flight Center.

[19] Tribble，A. C. 1995. The Space Environment - Implicationsfor Spacecraft Design. Princeton，NJ：Princeton University Press.

[20] Tribble，A. C. et al. 1996. Contamination Control Engineering Design Guidelines for the Aerospace Community，NASA CR 4740. Greenbelt，MD：National Aeronautics and Space Administration，Goddard Space Flight Center.

[21] Vaughan, W. W., K. O. Niehuss, and M. B. Alexander. 1996. Spacecraft Environment Interactions: Solar Activity and Effects on Spacecraft. NASA Reference Publication 1396. Washington, DC: National Aeronautics and Space Administration.

[22] Walterscheid, R. L. 1989. Solar Cycle Effects on the Upper Atmosphere: Implications for Satellite Drag. J. Spacecraft. 26: 439 - 444.

第 4 章　表面环境

Wendell Mendell，NASA 约翰逊航天中心
Jeffrey Plescia，美国地质勘测局
Alan C. Tribble，智力洞察公司

航天器离开近地轨道后，飞向其他星球（如月球或火星）表面的过程可分为几个阶段：星际航行段，捕获并进入轨道，以及表面操作。如表 3-1 的统计情况所示，航天员和航天器星际航行时所经历并承受的空间环境因素主要包括：太阳粒子事件、银河宇宙射线以及微流星体。当接近星球时，空间飞行器可能会向星球表面释放着陆器，或者先进入环绕轨道，之后像阿波罗任务一样释放着陆器。

月球基本没有大气和磁场，因此航天器在环月轨道上时无需防护来自中性环境或者俘获辐射带的威胁。等离子体效应仅仅在太阳粒子事件引起明显充电，并且不考虑轨道碎片的情况下才予以考虑。

与月球不同，火星周围存在大气，其质量密度约为地球的 1%。如表 4-1 所示，二氧化碳是火星大气的主要成分，即使在饱和状态下大气中也几乎不含水。需要注意，表 4-2 中的许多参数随季节和位置的不同会有很大的变化。与月球相似，火星缺少全球性的磁场，但存在局部、高强度及磁异常现象。这些磁场异常现象最近由火星全球观测者号发现，但还未得到充分的分析和解释。因此，表 4-3 归纳了可能影响环月或环火航天器的环境参数，并与地球轨道航天器进行对比。

在航天器到达星球表面后，必须确认航天员和系统是安全的，

并能够完成相关任务（详见表 4－4）。

表 4－1　月球、火星以及地球的物理参数对比▲

参数	单位	月球	火星	地球
质量	kg	7.34×10^{22}	6.42×10^{23}	5.98×10^{24}
GM	km^3/s^2	4896.6	42828.3	398930.3
密度	kg/m^3	3340	3920	5520
赤道半径	kg	1737	3393	6378
体积	km^3	—	1.63×10^{11}	10.82×10^{11}
表面积	km^2	37.9×10^6	1.44×10^8	5.11×10^8
扁率 J_2	—	201.6×10^{-6}	1960.4×10^{-6}	1.0827×10^{-3}
转动惯量	—	0.395	0.345～0.365	0.332
赤道重力	m/s/s	1.62	3.71	9.83
逃逸速度	m/s	2.37′	5.03	11.19
表面磁场	G	$\leqslant2\times10^{-3}$	$<5\times10^{-4}$	0.31
平均温度	K	253	210	275
大气压力	Pa	$<10^{-7}$	560	100000 *
大气组成	%	—	CO_2－95.32 N_2－2.70 Ar－1.60 O_2－0.13 CO－0.08	N_2－78.08 O_2－20.95 Ar－0.93 Ne－0.002 He－0.001
大气含水总量	km^3	—	1～2	13000

▲:火星周围非常低的大气压使在其轨道上的航天器所受大气效应与地球相比差别很大。

表 4－2　月球、火星及地球轨道参数对比

参数	单位	月球	火星	地球
平均轨道周期	天		686.98	365.256
自转周期	天	27.3217	1.03	0.997
旋转轴与轨道面倾角	度	6.683	25.19	23.5

* 译者注：原著为 10000，应为 10^5。

续表

参数	单位	月球	火星	地球
轨道偏心率		0.055	0.0934	0.0167
轨道半长轴	10^6 千米	150	227.9	150
近日点高度	千米	—	2.065×10^6 ($250°L_s$)*	147.1×10^6
远日点高度	千米	—	2.491×10^8 ($70°L_s$)	152.1×10^6
轨道面与黄道面夹角	度	5.1500	1.8504	0.0000
旋转轴倾角	度	6.68	23.98	23.44
恒星日+	小时	—	24.6229	23.9345
平均太阳日**	小时	—	24.6600	24.0000
到地球的平均距离	10^6 千米	3.84	—	—
恒星月+	天	27.3217	—	—
朔望月++	天	29.5306	—	—
近点月***	天	27.5545	—	—
交点月+++	天	27.2122	—	—

*　L_s，火星相对于太阳的轨道火心点经度。Ls＝0°时是春分点（北半球的春天）

＋　恒星日，相对于某一恒星的旋转周期。

** 太阳日，在星球赤道上某一点观察连续两次日出的间隔时间。

＋＋ 朔望月，月相盈亏的平均周期。

*** 近点月，月球通过近地点的周期。

＋＋＋ 交点月，月球通过轨道升交点的周期。

4.1　月球

当前理论认为，月球是在上一次行星形成期间由大尺寸天体（火星大小）撞击地球后产生的大量碎片凝聚而成。后来，月球几乎全部融化（熔岩海），岩石结晶并漂浮到熔岩表面后形成了月面。克莱门汀号任务发现月球上最高处和最低处的高程差大约为

16 km。月球表面最近一次的火山喷发是在 2.5×10^6 年以前，此后月球表面的变化主要是由于各种尺寸的陨石、彗星的撞击、太阳风以及宇宙射线作用所引起的。表 4－1 与表 4－2 分别细述了月球物理及轨道参数。

表 4－3　空间环境对近月和近火轨道影响的对比（相对于近地轨道）

环境	影响	月球	火星
真空	太阳紫外辐射退化作用	相同	地球的 40%
	污染物	相同	相同
中性粒子	阻力	无可测影响	约近地轨道的 1%
	溅射作用	无可测影响	约近地轨道的 1%
	原子氧侵蚀	无可测影响	无可测影响
	辉光	无可测影响	无可测影响
等离子体	航天器充电	随太阳粒子事件偶尔发生	随太阳粒子事件偶尔发生
射线	捕获带	无可测影响	无可测影响
	太阳粒子事件	无磁场保护，情况更糟	无磁场保护，但辐射低 60%
	银河宇宙射线	无磁场保护，情况更糟	无磁场保护，情况更糟
微流星体/轨道碎片	超高速碰撞	无轨道碎片；微流星情况相同	无轨道碎片；微流星情况相同

4.1.1　月面

微观结构——月球土壤和岩石的特性

月球上所有肉眼可见或稍小的物体都是空间物体高速撞击月球表面后产生的，这与地球表面物体有所不同。就连电子显微镜下才能看见的月面颗粒也与地球土壤颗粒不同，它们都是带有棱角的，因为都是从其他物体上掉落下来的碎片。“风化层（regolith）”一词就是用于区分月球表面物质的特殊性。风化层中细小的颗粒称为月壤，与地球土壤不同之处在于月壤是由风化作用形成的。表 4－5 列举了月球土壤和岩石的主要特性，可以看出陨石坑边缘处的月壤要稍微稀疏一些。月壤密度 ρ（g /cm^3）与深度 z（cm）的经验方程为

$$\rho = 1.92\left(\frac{z + 12.2}{z + 18}\right) \tag{4-1}$$

月壤允许的静态承载能力 q_{all}(kPa)与沉降深度 d_{ace}(cm)成正比，关系如下

$$q_{\text{all}} = kd_{\text{ace}} \tag{4-2}$$

表 4－4　对于设计及安全性有影响的表面环境特性

月表容貌	特性	关注/问题
土壤	松软度	土壤能否支持着陆器、基地或巡视器； 是否需要利用锚定的方式抵御地震以及风的影响，或者该方式是否可行； 什么能有效防护辐射； 什么能有效防护微流星以及轨道碎片
	尘埃 *	对机械、电子或光学系统的物理和化学影响是什么
岩石	尺寸	在着陆点附近以及计划巡视范围内的尺寸分布是什么
电磁	充电特性	表面能否提供电磁接地
辐射	剂量	在着陆器或者其他栖息舱段内、在穿着航天服的情况下所有的辐射剂量是否容易控制； 利用表面材料进行屏蔽是否可行
	剂量率	辐射剂量率是否会引起电子设备失效或者乘员健康问题
热特性	热负荷	对于安装或者放置于月球表面的物体而言，其热负荷都是什么
自然资源	地质概况	地质或大气中是否包含可用数量的重要资源，如水和氧气

* 此处术语是基于地球上的通用定义，月球和火星表面的材料具有不同的名称。

其中平均状态下 $k=8$ kPa/cm，置信度为 95%的情况下 $k=2$ kPa/cm。该关系是通过分析航天员的脚印数据得到的，因此可应用于宽度为 0.5 m 或更小的立足点。例如，如果月面上安放的一个物体沉降不超过 1 cm，则每个立足点上的压力不超过 2 kPa（详细讨论见 Heiken，Vaniman and French［1991］）。粒状土壤的剪切力通常根据摩尔库伦（Mohr－Coulomb）方程 $\tau=c+\sigma\tan\phi$ ，其中 τ 为剪应力（kPa），σ 为法向应力，c 为内聚力，ϕ 为内摩擦角。由此可见，剪应力是由内聚力（独立于外加作用力）和摩擦力（正比于法向压力）组成。剪应力是非常重要的工程参数，直接影响最终的承载能力、斜面稳定性以及通行能力。因此，月壤的内聚力与内摩擦角的估值是非常重要的参数。事实上月壤具有足够的静态承载能力来支持所有的建筑物以及轮式或履带式星球车，不用再讨论着陆器或月面基地的稳定性问题，最终的动态承载能力要大于静态承载能力。身着航天服的乘员通过敲击或按压方式将某一物体插入月面的深度有限，例如阿波罗的航天员通过 50 次的敲击才将薄壁套管插入月面 70 cm。

表 4－5　月面物质性质，公式（4－3）和公式（4－4）给出了热参数

参数	符号	单位	土壤	岩石
密度	ρ	kg/m^3	1660	3200
内聚力	c	kPa	0.1～1.0	N/A
内摩擦角	p	°	30～50	N/A
热惯量	I	$J/(m^2.s^{1/2}\cdot K)$	30～50	840～1675
比热(340 K)	Cp	J/(kg·K)	795	795
热传导率	K	J/(s·m·K)	0.001～0.003	0.4～1.25
电传导率	P	S/m	10^{-14}	10^{-10}～10^{-11}

事实上，如果足够厚的话，任何物质材料都可以屏蔽辐射及微流星体，因此月球风化层是可以作为首选，只需知道如何堆积以及堆积多少。

厚约 0.5m 的月球风化层便足以帮助人类防护最严重的太阳粒子事件。来自银河宇宙射线的背景辐射更加难以防护，并且可能使风化层保护罩带有辐射性，产生次生热中子辐射危害。如果任务时间只持续几天或者几周，辐射的剂量是可接受的，但最终会对任务的周期产生限制。将风化层的厚度增加到几米可以防护热中子辐射，或者在驻留舱内用氢化材料（如水、塑胶、碳氢化合物）进行表面覆盖，也可以更有效地防护。在月面上无法直接测量月壤对微流星的防护作用，但在撞击点与下层结构之间考虑安置 0.5 m 厚的风化层土壤，应该是足够的。

采用月面物质，按图 4－1 设计方式建造的人工斜坡是稳定的，但是尚不清楚自然斜坡的稳定度。

同样，也没有月尘对机械和电子系统的长期影响数据。在阿波罗飞船着陆期间使用的月球车上，在几天操作期间没发现月尘有不良影响。另外，许多持续数年的月面试验都是因为能源中断而停止工作的。某些月面物质含有氧化物，但是由于这些物质不会轻易移动，因此可能也不会损害仪器表面。

宏观结构——陨石坑与主要地质单元

陨石坑规模涵盖了从岩石上的显微镜下才可见的小坑点到巨大的碗状盆地。虽然巨大的撞击效果显而易见，但是持续的微流星雨很少能在月球表面材料上留下可见的效果。撞击物以 16 km/s 或更大的速度撞击月球表面，会产生强烈的冲击波，并在目标物质内部传导。紧接着，溅出物被汽化、熔化或断裂，然后以溅射覆盖物的形式落在陨石坑里及其周边。

如果目标物质是分层的，各层按材质依次翻转在撞击坑边缘形成“翻转皮瓣”。大块岩石留在撞击坑边缘并且刚好处于外缘，溅射物的大小随径向距离减少。大型陨石坑形成明亮的条纹，呈向外放射状，在月球表面划出了一道道“线条”。

直径小于 15 km 的陨石坑通常都是圆底碗状的，一些具有小平底，很可能是坑壁上的物质滑落而成，坑边缘和坑壁都是光滑的。

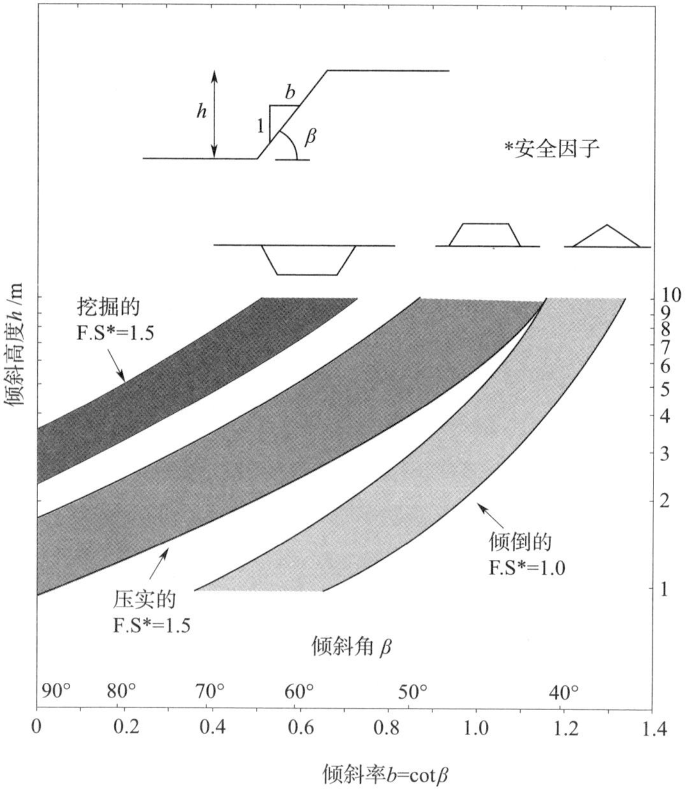

图 4-1　利用月球风化层土壤构建的人工斜坡的稳定性

直径约 15 km 的陨石坑形状变得复杂，边缘为带阶梯的圆齿状，坑壁相对较陡，底部平坦但具有中心峰或同心圆。大于 35 km 的陨石坑有中心峰。直径为 100 km 时，中心峰变为同心内环，且盆底中有多个同心内环。

月球上浅色的区域称为高地，或者拉丁语中的“土地”。高地是最原始表层，经历了约 400 万年前的猛烈撞击，已经被数千米深的沟壑割裂，只剩下了非常粗糙、凹凸不平的地形。

盆地是非常巨大的陨石坑，通常直径大于 300 km。在面向地球一面的月面大盆地中充满了玄武岩火山石，而其背面则不是这样。

克莱门汀号任务发现，之前猜测的南极艾特肯盆地宽 2500 km，深 12 km，是太阳系中最大最深的撞击盆地。

月震活动

阿波罗的被动月震仪连续 8 年监测月震活动，这些月震仪非常灵敏，能够测量到小于 1 nm 的月面运动。月球月震释放的能量比地球地震小 7 个数量级，很少发生大的月震。即使发生，也仅提高到比地球地震小 4 个数量级的水平。无论如何，在月球上没有必要为了应对月震而对结构进行加固。

电磁环境

月面物质的相对电介质介电常数大约为 $k' = 1.9^{\rho}$，其中 ρ (g/cm^3)为容积密度。介电常数与容积密度有关，与化学成分或者矿物成分无关，频率变化范围通常在 1 MHz 以上，温度在月球表面温度变化范围内变化。因此，月球风化层适合月面操作时作为电接地。

热环境——月面温度估计

月面温度取决于吸收的太阳辐射量和内部的热量。在月昼期间，辐射热输入 Q_{in} (W/m^2) 为

$$Q_{in} = [1 - A(\mu)]S\cos\theta \tag{4-3}$$

其中，S 为太阳常数(地月系统中为 1368 W/m^2 ±3.5%)；$A(u)$ 为定向半球反照率(反射率)；θ 为相对于表面法向的夹角。月球表面下的温度状况可以通过与周期边界条件相关的热传导率一维方程描述。表面温度为月昼夜的周期函数，一个月昼夜约为 29.53 地球日或者 709 小时，同时热波按指数衰减向月表下传播。月球周期性经过地影区时，面向地球的一面会有部分或全部处于阴影之中，从地球上看时即为月食。在面向地球的月球表面任意位置，地球完全遮挡太阳的时间约 2 小时 40 分，在全月食前后各有约 20 分钟的部分遮挡时间[Duffett - Smith，1981]。

假设表面物质具有稳定的温度特性，表面温度曲线则仅依赖于一个参数——热惯量 I[J/ (m^2 · s$^{1/2}$ · K)]。定义该参数如下

$$I = \sqrt{K\rho C_p} \tag{4-4}$$

其中，K[J/(s·m·K)]为导热系数；ρ (kg/m^3)为容积密度；C_p[J/(kg·K)]为比热容。当对一些典型值计算表面温度时，除了在月夜期间有一些小温度点的差别外，其余结果几乎没有区别(图4-2)。虽然表层热惯量随温度和深度的变化很大，但对于工程用户而言，即便考虑到了这种复杂程度也难以使温度模型更加精确。

月球热惯量非常低，致使月面日间温度始终与太阳的辐射处于热平衡状态。在赤道处，太阳直射点温度约为387 K。表面温度由太阳直射点开始逐步降低，降低幅度约为太阳入射方向和表面法向夹角余弦值的四次方根。黎明前赤道处的温度降低到约90 K，高纬度地区要更低些。阿波罗15号在月食期间进行了热流试验，测量了月表温度，从月食开始前到阴影结束，温度降低了216 K[Keihm等，1973]。

沿月面法向从一定距离(如，从环月轨道上)到月表进行了日下点辐射度测量，由于月球表面在各方向上的辐射不均匀，测量结果约为409 K [Mendell，1976]。对于热辐射，月球表面的半球辐射率的典型值约为0.95。

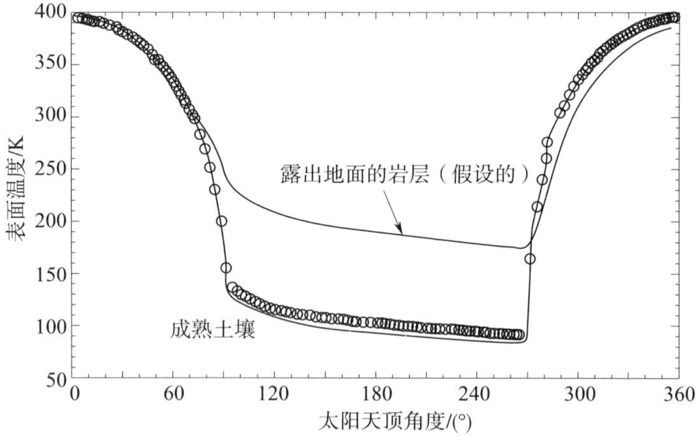

图4-2　月球表面温度计算值▲

▲:小圆圈代表典型月壤，下面的实线代表成熟期月壤，上面的实线表示大型岩石表层(大型岩石一般分布在新近形成的撞击坑周围)

月球表面反照率

月球表面反照率非常强,观察者如果直接沿太阳照射的方向看月球,将无法观察到月面细节,只能看到一片白色。Hapke 光度测定方程很好地对该反射光的方向进行了建模,它是一个关于三个角度的双向反射方程:太阳入射方向与月面法向夹角 i、反射光反射角 e、入射光与反射光间的相位角 g。由于方程的完整形式比较复杂,此处不再给出,详见 Hapke[1993]的详细说明。

月海是一个遍布黑暗玄武岩的大盆地,其中大部分暗玄武岩仅存在于面向地球的一面。月海标准的反照率为 6%~9%,亮色的高地区域通常反照率大于 10%。最亮的地方为年轻的陨石坑,反照率可以达到 20%。月球整体上的辐射反照率和行星类似,约为 13%。

4.1.2 月球资源

几乎所有的月球物质都能在地球上找到,尽管形式完全一样的非常稀少。蕴藏量最丰富的月球矿产包括辉石、斜长岩、橄榄石和钛铁矿。所有的月球矿产都不含 3 价铁离子和水。原生铁及陨石铁的微量存在表明月面矿物的构成正在急剧降低。玻璃体在月壤中也很丰富。太阳风彻底地贯穿风化层,显示埋在下层的月尘已经在月面存在一段时间。

所有地球上存在的化学元素都能在月球上找到,但是含量不同。关键不同在于:通过少量的采样发现,没有明显的证据表明月球内部含有水或者气态混合物。但是有可能在一些还未采样到的地方存在水。类似的,在克莱门汀号任务中也发现,仅南极地区可能存在水。结论是在高度还原条件下,所有的月球矿石,无论是月球内部还是月球表面的火山岩,都没有水存在。进一步说,月球(相对于地球而言)缺乏低挥发性元素。表 4-6 给出了主要元素的百分比。

表 4-6　月球上主要元素的百分比(估值)

	数量/%		质量/%	
元素	高地	月海	高地	月海
氧	60	60	45	45
硅	16.5	16.5	21	21
铝	10	5	13	5
钙	5	4.5	10	8
铁	2.5	6	6	15
镁	5	5	5.5	5.5
钛	<1	<1	<1	<1
钠	<1	<1	<1	<1

4.1.3　关于月球表面的相关问题汇总

与预期相同，现在需要回答关于月球方面的问题远比数据要多。大部分未解决的问题还只能称为“科学”，无法直接指导月球任务设计。但是表 4-7 强调了一些需要进一步深入研究的问题。尽管还是一些未给出解决方法的事项，但是已经从现有数据中得到了足够的结论，进而在月面环境方面提供许多设计指导方针，详见表 4-8。

表 4-7　月球尚未解决的重要事项

主题	未解决的事项
月面坐标系统	月球坐标系中位置的误差大约是：面向地球一面为 1 km，背对地球一面为 10 km
流动的月尘	一些来自航天器摄取的图像表明，月尘在日出后会自发的流动(很可能是静电的原因)。在轨航天员也观察到了细微的月尘“大气”从月球上升起。这些移动的月尘会影响光学系统、太阳能电池阵以及轴承类机械装置的设计
力学结构特性	工程师们非常关心月球表面几米内的力学结构特性，科学家们却很少关心这些特性，因此也很少撰写这方面的文献。关于覆盖月球表面风化层下部结构的变化情况也很少有相关勘测信息。月球的风化层大体上是未分类的碎石堆，这给力学工程师带来了不小的挑战

表 4-8　月面环境控制设计的指导方针

关注的问题	指导方针
月壤能否支持着陆器、基地及巡视器	可以——但未实际确认(实际中未关注)
为了提高月面抗震稳定性,能否在月壤中给建筑物固定	固定深度小于 1 m,不用考虑月震
防护辐射最有效的防护是什么	0.5～3 m 的风化层
防护微流星最有效的防护是什么	0.5 m 的风化层
月壤或月尘对机械及电子系统的物理影响?	长期影响未知,但是低风险
月壤或月尘对机械及电子系统的化学影响?	长期影响未知,但是低风险
着陆点附近岩石大小的分布	取决于具体地点,但可以通过选择来保证着陆器或巡视器的安全
月面是否可以提供电磁接地	可以
月面提供多少的热载荷(不依赖太阳照射)	白天——462 $W/(m^2 \cdot sr)$ 最大; 夜晚——1 $W/(m^2 \cdot sr)$ 最小
本地地质是否包含可用的关键资源,如水和氧	是——不存在水,但是大部分地区能够通过其他方式产生

4.1.4　设计案例:月球南极

月球的自转轴几乎与黄道面垂直，因此在极地区域的陨石坑内会包含一些永久的阴影区，可以作为挥发物的冷阱。月球基地的设计者们在寻找这些陨石坑，希望在其中找到以固体冰形态存在的水。阴影区的温度还未知，但可能低至 40 K。

由于自转轴不是严格的垂直（88°28′），在极地平原的平地上会发现太阳在一年之内有 6 个月的时间位于地平线以下，但仅在地平线以下不远处。因此理论上，如果有一个高峰，则它会永久处在阳光下。克莱门汀号航天器似乎在南极附近拍到了这样一个高点。根据推测，在这个地方建立一个太阳能电站便可以不间断地持续提供电能。

4.2 火星

在描述影响表面任务的火星环境时，主要依靠遥感数据。实际上只有海盗 1 号（Viking 1）、海盗 2 号（Viking 2）和火星探路者号（Pathfinder）登陆过火星表面。

火星被认为是类地行星，因为其表面为岩石且密度较高（与太阳系外围的木星相比）。表 4-1 给出了火星的主要特性，表 4-2 总结了火星轨道的特点。相比地球，火星轨道的偏心率较大，为 0.0934，远日点与近日点差别较大。这也导致火星的季节变化与地球相比无论在时间还是强度方面都有较大变化。火星北半球的春天有 194 个火星日，秋天有 143 个火星日，一个火星日的平均时长为 24 小时 39.6 分钟。火星年大约是地球年的两倍。

4.2.1 火星表面

尽管火星被认为是与地球最为相似的行星，实际上，火星比地球要小得多，密度也小很多。火星密度为 3933 kg/m^3（地球为 5520 kg/m^3），表明火星在化学组成和内部结构方面与地球有一些差别（如较小的铁质内核）。火星总表面积与地球陆地面积几乎相当。

火星表面重力加速度从两极的 3.758 m/s^2 到赤道的 3.711 m/s^2 变化（约为地球表面重力的 38%）。通过对不同轨道航天器的相对视加速度进行测算，可以对火星重力场进行球谐波分析，但此类模型缺少火星极地圆轨道的观测数据，但已经表明了火星重力场具有显著的变化。在 300～1000 km 的火星轨道高度，重力异常值从＋300 mGal 到－20 mGal [Sjogren，1979]。很多异常现象与火星特定的地形有关，比如奥林帕斯火山以及希腊盆地。

宏观结构——地形地貌和主要地质结构

火星地形起伏比地球或月球都大，其测量主要采用地基雷达、火星航天器掩星测量和立体图像测量。数据表明，在海拔高度方面的数据表现出很大的差异性，导致了绝对海拔高度在局部甚至存在高达数千米的误差。火星海拔高度［US Geological Suver，1991］变化范围从最高 27 km 的奥林帕斯火山到最低－4 km 的希腊盆地（以气压为 610 Pa 的水平面定义为 0 km 等高线）。火星南半球平均海拔 4 km，北半球平均海拔－2 km，平均海拔高度差为 6 km。火星全球观测者号航天器配备了激光测高仪，能够绘制出史上第一幅统一的、高精度和可分解的火星地形图［Zuber 等，1992］。

火星地质结构分为三类主要岩层构造：撞击火山、像塔尔西斯和埃律西昂那样的火山群以及低地平原［Tanaka，Scott and Greeley，1992］。高地主要出现在南半球，而年轻的低地占据着北半球。南半球的高地是由猛烈的火山喷发形成的，产生年代可追溯至强撞击时期（诺亚纪）。火山数量很多，同时还有很多撞击盆地，例如希腊盆地及阿尔日盆地。水流冲刷和其他侵蚀过程改变了火山高地的原貌，在这个区域遍布着火山岩、风化物以及沉积物，并且分散的河道网络表明液态水形成的河流长时间活跃并侵蚀着火星表面。高地表面地壳的组成还不确定，唯一的直接证据来源于 SNC 陨石 ALH84001。SNC 陨石是与玄武岩和超镁铁岩相类似的火成岩，其绝对年龄可分为四组：约 4.5 Ga、约 1.3 Ga、约 330 Ma、约 180 Ma［McSween，Treiman 1999；McSween，1994］。ALH84001 为斜方辉岩［Mittlefehldt，1994；McSween，1994］，是一类由辉石类氧化镁组成的镁铁岩。如果这是典型的火星外壳，那和月球表面便有很大的区别。

塔尔西斯和埃律西昂地区、以及山脊平原具有玄武岩火山的特征。山脊平原地区据推测存在大面积的冲刷玄武岩，与月球玛利亚高原及地球上的哥伦比亚高原类似；火山结构及其岩浆流动的特征表明似乎是和夏威夷岛类似的玄武岩盾状火山，不过火星上的要比地球上的大得多。火山类的地形年代跨度很广（从赫斯珀利亚纪到亚马逊纪），似乎是大部分火星 SNC 陨石的主要来源。

火星北部平原通常比火山高地海拔低且较年轻，以平坦的平原为主，也存在沉积、火山、以及风化现象。低洼地形的成因尚不明确，大规模冲刷构造提示曾有大量的水流入低洼区域，尤其是克里斯盆地。基于各类可能的证据，一些学者认为火星北部曾是巨大的海洋，但该观点仍有争议。

微观结构：火星岩石、土壤和漂浮物

海盗号（Viking）系列探测器的初衷是为了探寻火星是否有生命存在，但为了降低着陆风险，其着陆点（如表 4－9 所示）并不是最可能发现生命的地方，因此不可能代表火星的表面特性。反倒是火星探路者号降落在阿瑞斯峡谷，附近岩石种类较多。通过图像、化学分析实验、海盗号机械臂和旅居者号火星车提供了大量关于火星表面的数据信息。这些地点的数据可以作为不同火星轨道或地球观测数据的参考或“地面实况点”。

基于图像数据，可以将火星表面物质分为三类：岩石、土壤和漂浮物。根据物质的物理属性可以进行更详细的分类。岩石为固体硬质矿物，土壤（或者风化层）为表面松散物质（风化的或非风化的），漂浮物为可以被风吹起细小颗粒。

表 4－9 探测器着陆位置

	海盗 1 号	海盗 2 号	火星探路者号
纬度	22.48°N	47.97°N	19.17°N
经度	47.96°W	225.74°W	33.21°W
火心半径/km	3389.32	3381.86	3389.73
相对 610 Pa 的高度/km	－1.57	－2.44	－1.61
年均表面压强/Pa	780	870	875

土壤可能由当地破碎和风化的物质组成，或者通过其他方式转移到这里。土壤一个可能的定义是当前或曾经暴露于大气影响中的火星岩石表面由于风化或半风化作用形成的原始顶部松散层。这里的土壤意指在表面观测到的松散、非沙丘的物质，包括被称为“斑驳物质”、“土壳”或者“壳”的海盗号着陆点取样材料。由此可见，

火星土壤最可能来自岩石的化学或物理风化，而月球风化层主要来源于表面物质的毁灭性“破碎”。漂浮物为覆盖当地表面的细微物质，并形成沙丘。不同物质的物理特性如表4－10所示［Moore等，1987；Rover Team，1997］。

表4－10 火星表面物质的特性▲

参数	单位	VL—漂浮物	P—漂浮物	VL—土壤	P—土壤	岩石
规格	μm	0.1～10.0	<40 μm	0.1～10.0		0.1～10^4
密度	kg/m^3	1000±150	1200～1300	1400±200	1520	2600～2800
内聚力	kPa	1.6±1.2	0.53	1.1±0.8	0.12～0.356	10^3～10^4
粘附力	Pa	0.9～79		0.9～79		
内摩擦角	deg	18.0±2.4	26	34.5±4.7	32～41	40～60
热量	W/(m^2.$s^{1/2}$)	40～125		210～460		1650～2100
热容	J/(kg.K)	670～840		670～840		670～840
热传导	10^{-5}.J/(s.m.K)	10^{-3}～10^{-2}		0.04～0.23		1.25～2.51
电导率	S/m	10^{-14}		10^{-12}		10^{-9}

VL:海盗号;P:火星探路者号。

▲:大部分参数是不言而喻的。内聚力是指与粒间摩擦无关的岩石剪切力。粘附力是指接触面上分子的相互吸引力。内摩擦角是指造成岩石剪切断裂的切向力与法向力之间的夹角。

岩石遍布火星表面，包括单个的岩石和岩床。海盗1号着陆点周围的岩石覆盖率为8%，海盗2号着陆点为14%，火星探路者号着陆点为16%。岩石大小从0.04～1 m不等，海盗号着陆点周围没有小于0.04 m的岩石，而火星探路者号周围有0.005～0.04 m的卵石。

与地球类似，火星上产生松散石块的原因有很多。海盗号着陆点周围的石块可能来自陨石撞击或洪水，但最初的源头不明。从颜色及形态上看，海盗号两个着陆点周围的岩石是火山岩，且大部分未风化。火星探路者号周围的石块可能是来自阿瑞斯峡谷的洪水沉积而成。分布在火山口附近并且具有尖锐的形状，表明这部分岩石是由于火山喷发形成的。从形态学分析，火星探路者号周围的大部分石块可能是火山岩（玄武岩或安山岩），但也有学者表示部分为沉积岩（如砾岩）。

不同特性的类土壤物质占据了着陆区域 80%～90%的面积。土壤颗粒从 0.1 μm 到 1500 μm，密度适中且具有明显的粘性或淤泥性质。可能是由于含有硫化盐和氯化盐，部分土壤粘合成“硬壳”，个别土块极易破碎。火星探路者号着陆点周围的土壤与海盗 2 号周围的块状的土壤类似。

漂浮物颗粒从 0.1 μm 到 10 μm，具有渗透性，内聚力很低——与面粉类似。漂浮物一般出现在吹集而成的沙堆或沙丘处，有时出现在界面交叉的地方，这表明是可以随风而动的。漂浮物与其他火星物质的一样，介电常数小，热导率低。在火星探路者号着陆点对火星漫游车的轮迹观察显现出明显的反射特性，这表明土壤和漂浮物含有大量规格约为 40 μm 的细微颗粒。

化学组成

火星物质的化学组成数据来自于海盗号探测器的 X 射线光谱仪（可以检测原子数大于 12（Mg）的元素）、火星探路者号的 α-质子-X 射线光谱仪，并与 SNC 陨石进行了比较。Banin，Clark and Wanke [1992]，Clark and Baird [1973，1974] 分别论述了海盗号的实验设备；Reider 等 [1997a，b] 描述了火星探路者号进行的实验。海盗号的实验系统仅仅分析了从着陆点附近收集的细微、松散的物质。由于火星探路者号的光谱仪在旅居者号火星车上，从而可以检测不同位置的多种物质，包括岩石、土壤及漂浮物。火星物质的平均构成数据（表示为氧化物质量的百分比）取自海盗号和火星探路者号试验，如表 4-11 所示。

表 4-11 火星表面物质的化学特性

	* VL—1 表面土壤	VL—2 表面土壤[1]	P 表面土壤[2]	P 漂浮物[3]	P 岩石[4]	地球
SiO_2	43.0	43.0	47.9	50.2	62.0	50.7
FeO			17.3	17.1	12.0	9.9
Fe_2O_3	18.5	17.8				
Al_2O_3	7.3	7.0	8.7	8.4	10.6	15.6
SO_3	6.6	8.1	5.6	5.2	0.0	
MgO	6.0	6.0	7.5	7.3	2.0	7.7
CaO	5.9	5.7		6.0	7.3	11.4
Na_2O			2.8	1.3	2.6	
K_2O	<0.15	<0.15		0.5	0.7	0.17
TiO_2	0.68	0.56	0.9	1.3	0.7	1.5

* VL:海盗号;P:火星探路者号。

1. Banin，Clark and Wanke 在 1992 年发布的海盗号数据;Reider 等人 1997 年发布的火星探路者号数据。
2. 来自于 A-5 采样的土壤数据。
3. 紧邻美人鱼岩石的漂浮物数据。
4. 基于去除浮尘后计算的岩石数据。

大部分数据表明，3 个探测器着陆区的物质构成总体类似。特别是 2 个海盗号着陆点的土壤数据非常一致，火星探路者号着陆点附近的土壤的化学数据也是一致的。一般来说，海盗号附近土壤组成以玄武岩为主，还有些特殊矿物成分尚不清楚，但是科学家们建议为绿脱石、蒙脱石、硫镁矿、方解石、岩盐以及其他岩石成分。然而，数据表明应该包括铁镁质火成岩风化物成分。根据对火星探路者号着陆点的土壤元素进行比对，可以得到相似的结论。松散表面物质包含 1%～7%的磁性物质。从颜色看很可能是磁赤铁矿（如 Fe_2O_3），但是还未得到明确证实。同时对海盗 1 号着陆点周围的土块进行了分析，Banin，Clark and Wanke [1992]，Toulmin 等

[1997] 和其他人的研究表明，虽然其他成分类似，但硫和氯的含量较高。火星探路者号的数据显示，土壤中硫的含量要比岩石高。并且，岩石中硫的含量与其红色的程度成正比，这表明可观测到的硫应该大量存在于浮尘或者土壤中，而不是在岩石本身。

火星探路者号的岩石数据让人吃惊，二氧化硅含量比预期的玄武岩要高得多。根据对火山岩及 SNC 陨石的形态学分析，一般认为，火星上的火山岩中主要为玄武岩（二氧化硅含量为达到 45%～52%）。然而，包括 Rieder 等人提到的“自由土壤”岩石在内的许多岩石，二氧化硅含量都高于 55%，因此，这些岩石应该介于玄武质安山岩到安山石之间。火星岩石乃至岩石的风化表面可能隐藏着尚未确定的真正组成部分，数据表明在组成成分上仍有很大的变化。

如月球一样，火星表面的物质可以屏蔽辐射和微小陨石。由于受到太阳粒子事件作用的剂量较少，在火星上只需要少量物质即可起到防护的作用。尽管如此，由于银河系宇宙射线和微小陨石的作用是相同的，月球引用的防护值同样适用于火星（尤其是因为表面材料的密度相当）。因此，尽管设计者或许希望采用几米厚的表面物质以彻底阻止热中子效应的增加，但是 0.5m 的火星表面物质足以阻止太阳粒子事件的影响。

一些学者推测，对于轨道上的航天器，火星稀薄的大气层可能会增加表面的辐射剂量。由于火星大气层较为稀薄，无法像地球大气层那样吸收中等高能粒子，因此火星表面局部的辐射剂量可能更高一些。

化学反应

基于海盗号系列的生物学试验的结果可以判断，火星表面存在氧化物 [Klein，Horowitz，Bieman，1992；Arvidson，Gooding，Moore，1989]。海盗号探测器进行了 3 种探测生命的实验，实验数据可用来解释无机化合物的反应，结论证实了不存在有机化合物（低于百万分之几的水平，尽管从流星和彗星中好像看到了希望）。

在气体交换实验中有氧气产生，大约每立方厘米土壤可以释放 70～790 nmol 的氧气。在释放实验中，有 CO_2 缓慢释放。这些反应大概在加热到 90～175℃出现，并且受湿度的影响。表面和表面下的物质样品反应情况类似。上述反应现象的发生以及有机物的缺失是由于存在氧化物，例如 KO_2，ZnO_2，CaO_2，H_2O_2，Fe_2O_3，或者可能是因为碱、碱性物质、超氧化物或臭氧的存在。H_2O_2 的质量浓度为 10^{-9} 到 2%，如果表示为过氧化氢等价浓度的话，约为 10^{-9} 到百万分之几十。

火星表面环境对操作影响效应的一个有力参考是海盗号系列着陆器成功运行了数年。截止到 1982 年 11 月 20 日，海盗 1 号工作了 2252 个火星日；截止到 1979 年 12 月 20 日，着陆器 2 号工作了1215 个火星日。截止到 1997 年 9 月 27 日，火星探路者号工作了 83 个火星日，巡视器直到与着陆器失去联系时尚处于工作状态。总之，航天器的工作时间远远超过了预期寿命。因此，可以预期，如果系统设计合理，在火星表面并无长期化学退化影响。

地震活动

海盗号 1 号与 2 号着陆器携带了地震仪以测量火星的地震活动。海盗 2 号的地震仪工作了几年时间，仅记录到 1 次可能是由火星地震活动产生的信号。由于没有记录到当时的风力数据，尽管这个事件发生在风力通常很小的清晨，但仍还不能判断这是一次地震。海盗 1 号的地震仪释放失败，因此没有返回数据。

由于缺少直接的地震数据，因此无法评估火星的地震活动，但可以通过观测可见的火星表面断层来分析地震活动。Golombek 等［1992］通过测量断层的长度和整体滑移，评估了浅层地震活动，计算结果是火星 4.0 级以上地震的发生频率大约为 71 年。基于上述估算，地震危害不大。另外，由于年轻的断裂带大部分都集中在塔尔西斯区域，火星其他区域地震的破坏力有限。结果表明，火星存在地震，但大地震很少。如果乘组在远离年轻断裂带的区域设立基地，地震的威胁一般比较小，因此不用考虑加固结构。

大气属性

压力、温度和风速是影响火星表面探测系统最主要的大气属性[Zurek 等，1992]。火星均质大气高度为 10.8 km，大气密度随高度的变化曲线如第 3 章图 3－3 所示。

海盗 1 号、2 号以及火星探路者号探测器测量了火星北半球的大气压力。3 个探测器的数据表明，大气压力变化经历几个周期。一个火星日的压力变化为几个帕斯卡，数天内压力变化取决于传递的大气的流动（类似于地球中纬度地区的风暴）。最高压力出现在 Ls270°附近（北半球冬天的开始，如表 4－2 所示），振幅较低的第二高压出现在 Ls65°附近，最低压力出现在 Ls150°和 345°。大气中二氧化碳冬季凝华，夏季升华，导致压力随季节变化（约为 250 Pa）。海盗 2 号着陆点是持续探测最长的站点，由其观测到的压力最高值表明长周期的压力变化趋势与火星轨道偏心率有关。

通过轨道器、地球表面和火星表面的探测装置，获得了火星表面和大气的温度信息。每个季节、每个火星日的温度都是变化的，其变化方式和纬度有关。在海盗号着陆点周围，距离火星表面高约 1 m 的机械臂上，温度计测得的日间温度变化幅度为 20～60 K，沙尘暴期间只有 10 K。一天中的最低温度出现在黎明前。在海盗号着陆点，温度季节性地在夏天的 255 K 和冬天的 166 K 之间变化。火星探路者号着陆点附近的测量结果基本相似，但可能是由于较低的反射率和附近物质较高的热容量，白天与夜晚的温度都比海盗 1 号着陆点高约 10 K。在冬至，表面温度只有约 130 K，而在夏季热带地区最热的土壤温度可达 300 K。哈勃望远镜观测数据表明，火星平均温度比海盗号任务测得的低约 20 K。

辐射冷却是影响火星表面和低层大气温度的主要原因。因此，可以预期到低层大气温度的垂直递减率应与干绝热值递减率接近：约为 4.5 K/km。在 80 km 高度，温度衰减到 140 K。80 km 再往上直到热电离层底部（约 130 km），温度几乎保持不变。在全球沙尘暴期间，温度比平时较高（约为 200 K），直到 50～60 km 高度都保持基本稳定，之后会衰减到 130 K。

火星表面风速由着陆器测量，并通过轨道器观测云层移动和其他收集的数据推测得到。根据海盗号的测量数据，夏天风速最小（2～7 m/s），秋天和冬天风速较大（5～10 m/s）。沙尘暴期间风速可达 30 m/s。火星探路者号着陆点的风速一般约为 5～10 m/s，夜间风向为由南向北。在一个火星日内，风向变化不定，整个 360°都有可能。火星探路者号的数据表明，小型沙尘暴在火星比较普遍。尽管没有从表面观测到的图像数据，但从 50 微巴的压力极小值、温度和风的数据表明，每个火星日都会发生小型沙尘暴。在海盗号任务中拍摄到的成一条直线的云也表明了小型沙尘暴的发生。因此，这类小尘暴是火星表面长期维持沙尘背景的主要原因。

沙尘暴

在火星环境中全球性或区域性的沙尘暴是很普遍的［Kahn 等，1992］。局部沙尘暴可能一年四季都会发生，覆盖区域在 10^6 平方千米的量级。全球性的沙尘暴一般发生在南半球的春天和夏天，期间整个火星被沙尘覆盖（近日点 251°Ls，所有 90°Ls 以内范围）。这样的沙尘暴尚未在北半球的春天和夏天出现过。全球性的沙尘暴是不能自发产生的，而是由一个或多个中心的区域性沙尘暴发展扩张而成的。同时大部分区域性沙尘暴只是局限在某一个区域内而不会发展成全球性沙尘暴。能或不能发展为全球性沙尘暴的区域性沙尘暴在形态上没有显著区别。沙尘暴首先沿经度方向（由东到西）发展，之后沿纬度方向发展。有时沙尘暴在南部亚热带区域内发展，然后沿经线发展进而覆盖整个火星。典型的沙尘暴都是从南部热带地区开始，热惯量信息表明该区域表面覆盖了较大的颗粒物。通过着陆器上的光学仪器设备表明，波长 $\lambda=0.67\ \mu m$ 的大气特征光透度 $\tau\sim0.3\sim0.5$。但是全球沙尘暴能够将微米尺寸的沙粒带到 50 km 的高空，使得光学不透明性提高到 $\tau\sim4.0\sim5.0$。大气里的扬尘为红色，这可能是因为氧化铁的缘故（例如磁铁矿）。硅酸盐（例如蒙脱石类的粘土）很可能是其中主要的矿物质，大气中沙尘颗粒的平均尺寸约为 2 μm。

海盗号任务监测到两次全球性沙尘暴以及很多次区域性沙尘暴。基于航天器以及望远镜的观测，在 40 年之前沙尘暴可能发生的更加频繁。1982 年以来的报告显示仅有局部或地区性的沙尘暴发生。

风速分布是不均匀的，有时在低速区会有一个极值，并且在高速区存在变小的可能。可以用 Weibull 分布来描述这一现象，包括两个参数 [Lorenz，1996]：比例速度 c（m/s）和无量纲参数 k。速度 v（m/s）的分布情况可以用以下概率密度方程描述

$$f=\left(\frac{k}{c}\right)\left(\frac{v}{c}\right)^{k-1}\exp\left[-\left(\frac{v}{c}\right)^{k}\right] \tag{4-5}$$

累计概率如下

$$P(<v)=1-\exp\left[-\left(\frac{v}{c}\right)^{k}\right] \tag{4-6}$$

该方程可以用来预测遭遇高速风的可能性。海盗号着陆器的观测数据表明静风期比例速度 c 约为 2.6 m/s，k 值约为 1.6。有风情况下 c 约为 7.6 m/s，k 值约为 1.48。在 1050 个火星日期间 c 约为3.85 m/s，k 值约为 1.22。因此，有风情况下的大气压力约为 0.25 Pa。

电磁环境

通过地基雷达观测的方式已经对火星电磁特性进行了估计 [Simpson 等，1992；Christensen and Moore，1992]。火星看上去具有较小的均方根斜率，典型值范围在 2°～4°之间，表明火星比月球光滑。但是火星与月球相比存在更极端的峰值，范围由大流沙地区的 0.25°到塔尔西斯地区的 5°～10°。在一些区域，如塔尔西斯，雷达反射率较低，约为 0.03 到 0.04。火星介电常数是典型值 2.8，极值 4，很大程度依赖于物质密度。地球观测数据表明，在某些区域内，如叙利亚高原和西奈山，均方根表面及反射率（由 12.6 cm 雷达测量）是随季节变化的，曾有人提出浅层地下含水层是这种季节性变化的原因的观点。

4.2.2 火星资源

火星上的资源能够支持探测者维持生命并进行原位燃料开发。

基于需求和生产速度，可以使用各种储液器保存二氧化碳和水。对于辐射防护，火星土壤是另一种潜在的重要资源。太阳能虽然不是直接能源，但对于星面运行可能是非常重要的。

二氧化碳是火星大气的主要成分，因此在火星表面的任何地方都可以轻易获得。对于饮用和燃料，水是非常重要的，但在火星大气中含量很低。如果不需要较高的产生效率，通过简单的冷凝处理也可以得到足够的水。水还存在于表面物质和水合矿物结构中，对这些物质进行热处理可以释放大量的水，但是这需要大量基础条件和能量。为了更多、更快地获取水，航天员可能需要定位并利用表面以下的蓄水层。不幸的是，事实上我们还没有关于地下水的信息，甚至连是否存在都还是个疑问。从任何含水层中取水都需要航天员在特定的地点找到含水层，钻取并提取水，还有可能需要通过融化冰来得到水。

事实上，在火星表面随处可见松软的土壤和岩石。土壤和岩石的颗粒尺寸变化较大，但是还不了解其在表面以下的尺寸分布情况。在着陆点附近，风化层的厚度在几十厘米到几米的范围。尚不确定风化层的厚度是否可以像月球一样，为几米到几十米。测量风化层厚度和特性的最好方法是对着陆点附近进行浅层反射法勘探。基于局部地质学考虑，可以预计风化层的厚度是随位置变化的。

在火星上利用太阳能的优缺点都比月球上明显。一个优点是日夜轮换的周期短（约 24 小时，月球 708 小时），因此蓄电池不需要存储过多的能量。另外，火星上没有明显的日食，而月球上有。一个主要的缺点就是火星上的沙尘。全球及区域性的沙尘暴很大程度上增加了火星大气的不透明度，同时沙尘会沉降在太阳电池阵表面。

沙尘落在太阳电池阵单元上时，可能会以每天 0.25%覆盖面的速率聚集，因此会减少太阳电池阵的能量获取能力［Landis，1996］。火星探路者号任务中有一个试验（材料附着试验），通过测量光学透明度来观测沙尘的沉降速度［Rover Team，1997］。在起初的 30 天里，遮蔽情况以每天 0.28%的速率发展，如以质量描述则为每天 3 mg/cm^2。这一速率与巡视器的移动速率无关，表明沙尘来自于火星大气。当帆板倾斜时，太阳能电池阵上的遮蔽会降低2%，这表明有些物质可以很容易地移除，并不附着在表面。尽管海盗号着陆器监测到两次沙尘暴，但是在着陆器上并没有沙尘长期聚集。沙尘虽然落在着陆器上，但会被风吹走。同时，哈勃望远镜近期的观测表明沙尘浓度会随时间变化。水手9号任务期间火星大气从未保持过透明，同时在海盗号任务期间沙尘情况也比较严重，但现在，大气非常明朗。

4.2.3　总结

与月球一样，火星仍有许多尚待解决问题——尤其在远古气候和生命存在的可能性方面。并且，这些主要是科学问题而不是工程上需要考虑的因素。

由于着陆器仅在3个地点对火星表面进行了观测，且分析能力有限，因此无法获得所有表面物质的确切分析。只能推断会有哪些典型的矿物或岩石，只能通过轨道数据对地质单元进行基于形态学的绘制，而不是描述包含哪些类型的岩石（在地球上通常这样）。尽管如此，仍有足够的火星表面数据可用于推测在火星表面进行操作时所需遵循的工程设计原则（见表4-12）。

表4-12　处理火星表面环境的设计原则

考虑因素	设计原则
土壤能否支持着陆器、工作站以及巡视器	可以。支撑腿或轮子的尺寸必须根据载荷进行设计
能否在土壤中对结构进行固定以抵御地震、暴风等事件	风负荷相对较低(最大速度约30 m/s)。地震危害可能很小
如何有效地防护辐射	约0.5～3 m的风化层
如何有效地防护微流星及轨道碎片	约0.5 m的风化层
火星土壤及尘土对机械及电系统的物理影响	长期影响未发现。机械系统需要润滑或密封

续表

考虑因素	设计原则
火星土壤及尘埃对机械及电系统的化学影响	长期影响未发现。未知类型的氧化是存在的,可能会带来问题。氧化剂的类型及种类须确定
在着陆点附近岩石的尺寸分布如何	特定区域。该区域必须以适当的比例进行绘制,以确保无风险。或者设计必须适合当前的数据要求
火星表面是否可以用作电磁接地	可以
火星表面可以提供多少热载荷(区别于直接来自于太阳辐射的热量)	地面温度高度依赖于反射率及表面物质的热惯量。纬度及季节的影响也非常重要
本地地质物质是否包含有用的关键资源,如氧气、二氧化碳以及水	二氧化碳可以来自火星大气; 水也可以直接取自大气。是否需要其他可替代的水源取决于需求量及生产速率

基于当前对火星环境的理解，在将人类送上火星之前，仍有许多额外的实验需要进行。这些前期实验必须包含对表面化学性质、大气动力学以及表面物理与化学特性的评估。作为载人探火的先驱者，火星勘察者任务已经开始进行这些试验。有些试验已经在 2001 年之前的探测计划中安排，后续任务将安排更多。最后，在第一次载人任务前需要进行一次着陆点就位确认，对着陆点进行勘查，提供必要信息，确保安全着陆，并开展有成效的科学探测。

参考文献

[1] Arvidson, R. E., J. L. Gooding, and H. J. Moore. 1989. The Martian Surface as Images, Sampled, and Analyzed by the Viking Landers. Rev. Geophys. 27: 39 - 60.

[2] Banin, A., B. C. Clark, and H. Wanke. 1992. " Surface Chemistry and Mineralogy. " In Mars. Kieffer, H. H., B. M. Jakosky, C. W. Snyder, M. S. Matthews, eds. Tucson, AZ: University of Arizona Press.

[3] Christensen, P. R., and H. J. Moore. 1992. "The Martian Surface Layer" In Mars. Kieffer, H. H., B. M. Jakosky, C. W. Snyder, M. S. Matthews, eds. Tucson, AZ: University of Arizona Press.

[4] Clark, B. C., and A. K. Baird. 1973. Martian Regolith X - ray Analyzer: Test Results of Geochemical Performance. Geology. 1: 15 - 18.

[5] Clark, B. C., and A. K. Baird. 1974. Martian Regolith X - rayAnalyzer: Reply. Geology. 2: 23 - 24.

[6] Duffett - Smith, P. 1981. Practical Astronomy with Your Calculator. 2nd ed. Cambridge, England: Cambridge University Press.

[7] Golombek, M. P. et al. 1992. A Prediction of Mars Seismicity from Surface Faulting. Science. 258: 979 - 981.

[8] Heiken, G., D. Vaniman, and B. M. French. 1991. Lunar Sourcebook: A Users Guide to the Moon. Cambridge, England: Cambridge University Press.

[9] Kahn, R. A. et al. 1992. "The Martian Dust Cycle." In Mars. Kieffer, H. H., B. M. Jakosky. C. W. Snyder, M. S. Matthews, eds. Tucson, AZ: University of Arizona Press.

[10] Keihm, S. J. et al. 1973. "Apollo 15 Measurement of Lunar Surface Brightness Temperatures: Thermal Conductivity of the Upper 1. 5 Meters of Regolith." Earth and Planetary Science Letters. Vol. 19, pp. 337 - 351.

[11] Kieffer，H. H. et al. eds. 1992. Mars. Tucson，AZ：University of Arizona Press.

[12] Klein，H. P.，N. H. Horowitz，and K. Bieman. 1992. "The Search for Extant Life on Mars." In Mars. Kieffer，H. H.，B. M. Jakosky，C. W. Snyder，M. S. Matthews，eds. Tucson，AZ：University of Arizona Press.

[13] Landis，G. 1996. Dust Obscuration of Solar Arrays. Acta Astronautica. 38：885 - 891.

[14] Lorenz，R. D. 1996. Martian Surface Windspeeds Described by the Weibull Distribution. J. Spacecraft，33：754 - 756.

[15] McSween，H. Y.，and A. H. Treiman. "Martian Meteorites." Reviews of Mineralogy. Chapter6. Vol. 36，pp. 6 - 1 - 6 - 53.

[16] McSween，H. Y. 1994. What We Have Learned about Mars from SNC Meteorites. Meteoritics. 29：757 - 779.

[17] Mendell，W. W. 1976. The Apollo 17 Infrared Scanning Radiometer. Ph. D. Thesis. Houston，TX：Rice University.

[18] Mittlefehldt，D. W. 1994. ALH84001，A Cumulate Orthopyroxenite Member of the Martian Meteorite Clan. Meteoritics. 29：214 - 221.

[19] Moore，H. J. et al. 1987. Physical properties of the Surface Materials at the Viking Landing Sites on Mars. U. S. Geological Survey Professional Paper 1389. Washington，DC：U. S. Geological Survey.

[20] Rieder，R. et al. 1997a. Determination of the Chemical Composition of Martian Soil and Rocks：The Alpha Proton X ray Spectrometer. J. Geophys. Res . 102：4027 - 4044.

[21] Rieder，R. et al. 1997b. The Chemical Composition of Martian Soil and Rocks Returned by the Mobile Alpha Proton X - ray Spectrometer：Preliminary Results from the X - ray Mode. Science. 278：1771 - 1774.

[22] Rover Team. 1997. Characterization of the Martian Surface Deposits by the Mars Pathfinder Rover，Sojourner. Science. 278：1765 - 1768.

[23] Simpson，R. A. et al. 1992. "Radar Determination of Mars Surface Properties." In Mars. Kieffer，H. H.，B. M. Jakosky，C. W. Snyder，M. S. Matthews，eds. Tucson，AZ：University of Arizona Press.

[24] Sjogren，W. L. 1979. Mars Gravity High Resolution Results from Viking

Orbiter 2. Science. 203：1006－1110.

[25] Tanaka，K. L.，D. H. Scott，and R. Greeley. 1992. "Global Stratigraphy." In Mars. Kieffer，H. H.，B. M. Jakosky，C. W. Snyder，M. S. Matthews，eds. Tucson，AZ：University of Arizona Press.

[26] Toulmin，P. et al. 1977. Geochemical and Mineralogic Interpretations of the Viking Inorganic Chemical Results，J. Geophys. Res. 84：4625－4634.

[27] US Geological Survey. 1991. Topographic Maps of the Polar，Western，and Eastern Regions of Mars. Miscellaneous Investigation Series Map 1－2160，scale 1：15000000，3 sheets. Washington，DC：US Geological Survey.

[28] Zuber M. T. et al. 1992. The Mars Observer Laser Altimeter Investigation. J. Geophys. Res. 97：7781－7797.

[29] Zurek，R. W. et al. 1992. "Dynamics of the Atmosphere of Mars." In Mars. Kieifer，H. H.，B. M. Jakosky，C. W. Snyder，M. S. Matthews，eds. Tucson，AZ：University of Arizona Press.

第5章　航天飞行生理学

Ronald D. Reed，美国空军学院
Gary R. Coulter，科罗拉多州立大学

整个任务团队应当在任务分析、概念迭代以及任务设计过程中尽早考虑人的影响因素。往往会出现这样的情况，项目在做过了其他重要的决定之后，到人机系统研制时才考虑人的因素，这往往会不可避免地导致在任务实施和设计过程中出现问题。所以，当进行任务基本需求和约束条件设定后，可以用本章提供的环境、人体代谢及其他相关的实用信息支撑完成一个基于人的生存需要的初步任务设计。为了与全书保持一致，我们将设定一般情况下的环境参数、人体生理参数标准，以简化讨论，同时展示某些领域的研究资料。

对于人体生理学研究者来说，人的骨骼、肌肉、循环、神经系统如何对空间环境做出适应性的生理反应等问题，至今仍存在太多未知。本章引述的研究资料将使读者对这些生理反应的发生有更加深刻的认识，并进而理解这些生理反应对于空间探索任务系统的适人性设计产生的影响。但在不影响设计工作的前提下，不会详细讨论这些反应的生理机制。表5-1给出了设计需关注的基本生理术语。

在设计载人系统时，生理上的个体差异也是需要面对的非常重要的实际问题，即每个个体因基因结构、种族、文化背景、性别，后天环境塑造及生活习惯不同，所表现出的人与人的差别。尽管如此，这并不妨碍我们在设计中采用标准值进行初步评估。

表 5－1　设计需关注的基本生理术语

影响因素	定义
稳态	人体发挥生理调节机能，维持身体各项指标（体温、血氧、酸碱水平等）处于动态平衡的状态；在所有关系健康和生存的设计中都要体现这一因素
应激源	导致人体做出生理或心理反应的任何来自外部环境的改变
适应性	在一定阈值范围内的环境改变作用下，保持稳态的能力；在安全性、舒适性设计中体现为最低、最高、最适度环境改变阈限值
适应或相容	通过生理调节或变更系统设置后，人体对新环境的最终反应状态
再适应	人体进入先前环境的反应状态

即使处于人工控制的环境条件下，各类应激源仍将影响个体的适应性。例如剧烈的情绪波动、作息紧凑导致的疲劳会使个体对气温、重力变化，以及疾病的耐受性发生改变，同时受到影响的还包括食欲和氧耗量。对此的解决途径是给出一系列允许这些改变的耐受限值，但要满足这些特定要求，舱内环境和乘组管理的充分可调整性也是非常必要的。

最后，要为各种问题找到可行的解决方案。例如采取出舱活动前预呼吸纯氧的措施，可使舱外服内压与气闸舱舱压的压差允许范围适当放宽。当然，乘组对任务环境的适应性，以及返回地球后再适应的水平，主要取决于工程设计者构建的载人航天环境与地球表面环境的相似度。

5.1　设定环境参数

生存所需的首要环境条件是适宜的大气、辐射防护和温度。噪声、振动和光照虽然也会在很大程度上影响乘组的表现，但在重要性上相对弱些。地心引力与加速度对人体的综合效应，主要作用在飞行器发射过程中，随着飞行任务在不同的任务剖面间持续转换，又会在空间微重力环境，以及返回地球后再适应过程中作用于人体。上述某些环境因素的效应强度取决于持续时间。例如，一次短期的空间飞行（10～14天）相对于载人火星登陆任务，所引起的返回地球后的再适应问题就显得微不足道了。因为在某些设定的任务条件下，后者可能要经过约14个月的微重力环境（10^{-6} g）下的航行，继而承受登陆火星后星球表面的低重力（0.38 g），以及返回后再适应过程中地球重力（1 g）的交互作用。

5.1.1 大气

可以采用各主要成分的气体分压来描述大气的组成

$$PB = pO_2 + pN_2 + pH_2O + pCO_2 + pX_1 + pX_2 + \cdots + pX_n \tag{5-1}$$

式中，PB 表示整体大气压，N_2 是大气中的主要气体成分，pX 表示大气中的微量污染物或有害气体所占的气体分压。PB 与 pO_2 的比例在生理机制上起主要作用，后者与作为填充组分 pN_2 近似构成完整的 PB，即对干燥空气组分进行初步的近似计算时，其他气体成分经常可以忽略不计。因此，最为简化的氮气组分计算表示为：$pN_2 = PB - pO_2$。

一旦设定基本的空气组分，就要考虑到生理过程的产物（pCO_2）、水蒸气（pH_2O），以及微量的有害气体的含量（pX_{1-n}）。通常的做法是尽可能把 pCO_2 和微量有害气体含量降至最低。而 pH_2O（相对湿度或水蒸气）作为舒适性相关的指标，其耐受限值相对较为宽泛，可作为相对次要的关注因素。由于人体适应性的改变（乘组对短期飞行的气体环境变化较长期飞行表现出更好的耐受性），设计方案的选取也须进行相应的调整。表5-2给出了用于航天飞机、天空实验室、国际空间站和多项俄罗斯航天飞行任务设计的舱内大气环境控制指标。所有的指标都是围绕101.3 kPa（760mm Hg；14.7 psi）海平面标准大气压，以及约占21%的 O_2 和78%～79%的 N_2 展开的。这些设计指标基于地表气体环境条件，可实现舱体泄漏状态下的压力缓冲（须通过应急供氧补给）。

表 5-2 舱内大气环境设计指标参照和允许范围▲

条件	PB	pO_2	pCO_2	备注
海平面“标准”	101.3	21.3	0.04	一般 $pH_2O=0.4$
NASA，1995b	99.9～102.7	19.5～23.1	<0.4	25%～70%相对湿度（$pH_2O<3$，随温度变化）

▲：NASA 的长期居住大气环境标准（NASA 1995b）体现了趋近海平面气压水平，放宽了 pCO_2 与相对湿度最大允许值的取值范围。其他实例，基于任务实际，可适当偏离这一标准。压力的计算单位是 kPa，pN_2 计算简化为总压减去其他气体组分分压（主要是 pO_2）。

最简便——也是最广泛认可的——大气环境设计指标，是采用表 5-2 列出的“标准”氧—氮组合，以及各组分的允许范围。此标准可以成为初始的设计参照，但也要考虑到以下这些备受研究和设计部门关注和争议的权衡因素。

PB 与 pO_2 的总体权衡。尽管有惯例可循，但在航天飞行器上直接采用与地球海平面相当的大气环境条件（相对较高的压力），会造成诸多不利。相对高压将导致：

1）乘组出舱准备期间须花费更多时间用于排除体内的氮气（现行舱外航天服压力标准是服内余压 30～40 kPa，或更低）。否则，他们就可能因减压病而致身体受损，这一点将在后面讨论。

2）承压舱壁的厚度和强度要求更高，从而增加飞行器质量。

3）密闭舱内的气体漏率增加，或舱壁穿孔情况下舱内气体更快地散失。

相反的，如采用低于常压的压力制度，又会导致：

1）降低电子部件表面的通风量和散热效率，因而必须提高风扇的转速，进而提高了噪声水平。

2）一定距离下的语音交流受到影响。

3）为了代偿大气压不足导致的 O_2 不足，提高 O_2 浓度，增加了火灾的风险（将在后面讨论）。

4）导致在轨试验达不到地面试验的标准条件，降低了规范要求。

5）对于需经历再入过程的设备，为避免结构受损，复压过程在所难免 [NASA，1994]。

综合权衡以上因素，可以在保持 pO_2 处于适当水平的前提下，在一定范围内降低 PB。PB 的下限可以低至 25～26 kPa（相当于海拔高度 10400 m 或 34000 英尺的大气压）。低于这一限值的情况下，如果不通过特制的加压呼吸设备，即使氧气浓度达到 100%，也很难保持血氧处于适当水平 [DeHart，1996]。除了出舱活动以外，纯氧的供气方案存在风险，因而一般不被采用。有了以上认识，可以采取两种基本的降低 PB 的途径：

1）降低 PB，并维持 21% 的 O_2，如同从地表上升至更高的海拔高度上（这里不讨论这个技术问题的另一面：保持或降低总压的同时降低氧气含量，从而降低物质的可燃性）。

2）降低 PB，但提高 O_2 浓度，使 pO_2 接近或略高于海平面标准。

第一种途径会提高缺氧反应（一种氧气供给不足的情况）的发生率。按照当前的标准，非紧急情况下建议 pO_2 不低于 16 kPa，对于一些适应性差的人，甚至当 pO_2 低于 18～19 kPa 的情况下，也会导致发生诸如夜视能力降低等缺氧反应的早期症状 [DeHart，1996；Sulzman and Genin，1994；NASA，1995b]。一些设计者（第 18 章将提及）甚至将 pO_2 达到 18～19 kPa 作为确保工作绩效和行动能力水平的最低允许限值。另一些设计者建议将 PB 降低到海拔 3050 m（10000 英尺）高度水平，这一压力水平下乘组经过数周至数月的时间可逐步达到适应。这一高度下，PB 为 70 kPa，pO_2 = 14.7 kPa 。从积极的方面看，一定水平的缺氧反应可以增加血液中红细胞的数量，改善机体对突发减压的耐受性。表 5-3 中给出了一个更加保守的设定标准，海拔 1830 m（6000 英尺）水平，PB 为 81 kPa，pO_2 =17 kPa。作为初始设计，这一标准通过扩大安全阈限来确保避免工作能力受到影响。

表 5-3　部分 PB 与 pO_2 配比的方案（取值为近似估算，单位 kPa）

条件	PB	pO_2	备注
常规“标准”	99.9～102.7	19.5～23.1	如表 5-2 中，基于海平面高度
低总压、低氧分压	81	17	21%氧气，1830 m 海拔高度
低总压、补偿增氧	88	21.3	24%氧气，保持氧分压达到海平面水平
低总压、低氧分压	71	17	24%氧气，上面两种方案的结合

第二种途径增加了多氧血症和氧气中毒的可能性。美国在早期的任务中曾采用 PB=34.4 kPa（5 psi）的大气压，配以 100%氧气，或（在天空实验室）70%氧气；NASA 标准进一步提出应用 100%氧气的总压允许限值为 41 kPa。然而，对于飞行时间超过 30 天的任务，氧气水平上限经常被降至 24～26 kPa，还有很多设计者认为氧分压不应长时间超过 21～22 kPa。除去绝对氧分压升高以外，高浓度氧气使火灾、以及在较强电离辐射区域氧自由基对人体细胞造成损害的风险增加。基于火灾风险的原因，一些设计者建议氧分压通常不要超过 PB 的 24%；其他一些人提出在可控的条件下不超过 30%，这些概念是相同的 [NASA1994、1995；Sulzman and Genin，1994]。应用较高的氧浓度可使总压低至 40～41 kPa，进而使短期飞行条件下的快速出舱成为可能。但即使选择中等水平的氧浓度（24%），pO_2=21.3 kPa，仍可允许总压低至 88 kPa。尽管对于轻微调高氧浓度对于人体影响的远期效应所知还甚少，但这种考虑是值得研究的。

也可采用折中的方案，如表 5-3 中最后一条。总体来说，或许应该试图搞清总压 70～80 kPa 是如何影响初始设计（结构、功率）

和任务要求的（比如快速出舱的要求）。不然的话，海平面水平大气环境参数作为通用的规范将始终是设计的首选。

权衡出舱活动时的 PB 与 pO_2

这个问题涉及的技术将在第 22 章的 22.1.3 节中探讨，但基本上，针对不同的任务剖面使用的差异大气环境条件，或者不论何时乘组从一个相对高压的（O_2-N_2 混合气体）环境转移至一个相对低压的环境，都会增加其罹患减压病或相关的生理机能紊乱的可能。这种疾病的主要成因是气体 PB 的下降导致血液和组织中的 N_2 析出形成气泡。尤其对于任务规划者，必须解决好如何从居住舱向舱外航天服低压环境过渡这一重要问题。

对舱外航天服和居住舱采用相同的压力制度，可最大限度预防减压病的发生。但是，采用舱压水平的服压将导致舱外服的弯折受限，使乘员难以活动，而采用服压水平的舱压又会造成过高浓度的 O_2 在舱内积聚。作为一种折中，任务规划者已经构建了某种 PB 和 pO_2 的平衡，并在高压至低压环境转换前进行 O_2 的预呼吸。一定时间的预呼吸可通过一次次的呼气，逐步清除掉体内的 N_2，因而降低了产生氮气泡的风险。表 5-4 对比了当前美、俄所采用的工作模式。

表 5-4　美、俄乘员出舱准备期间的压力指标和预呼吸时程比较▲

	美	俄
舱压	101.3 kPa，21%O_2	101.3 kPa，21%O_2
舱外服内压	29.6 kPa	39.2 kPa
泄压和预呼吸时程	阶梯减压：舱压 101.3 kPa，100%O_2，1 h 舱压降至 70.3 kPa，100%O_2，12～24 h 服压 70.3 kPa，40 min； 单阶减压：服压 101.3 kPa，4.5h，100%O_2 一些研究表明人体处	服压 101.3 kPa，100%O_2，30 min

▲：EVA 过程采用 100%纯氧。俄罗斯采用较高的服装压力制度以缩短预呼吸时间。

也可以有另外的预呼吸方式，取决于相对压力和出现某些减压病症状风险的可承受性。为评估权衡结果的适用性，经常用 R 值（有时称曲率）来表示导致气泡形成和产生减压病的临界压差，R 值的计算是基于组织内 pN_2（居住舱）至最终 PB（服内）水平的变化率；较低的 R 值代表比较容易适应环境的改变（见图 5－1）。不同组织的 R 值会有所改变，而 $R>1.5\sim1.7$ 时普遍认为需要引起高度关注。可以开发多种压力设定方案，但一个标准的采用舱压 101.3 kPa 的居住舱，配以优化的预呼吸方式，总是优先的选择。之前也注意到一种设定舱压为 70～80 kPa 的方案，可以使出舱活动者缩短出舱前准备时间，而不会增加罹患减压病的风险（当任务设计者要求较长的舱外工作时间时）。例如，从 100 kPa 的居住舱进入 40 kPa 的试验服时需要 3 个小时的预呼吸时间；而从 80 kPa 的居住舱进入同样的试验服仅需要约 30 分钟。第 22 章也会探讨这种权衡结果，要记住，25～26 kPa 是一般的舱外航天服所能采用的基于防止缺氧发生的最低压力限度，更进一步要了解，超过 57 kPa 的服压，对于出舱活动者来说将面对的是一副僵硬的手套。

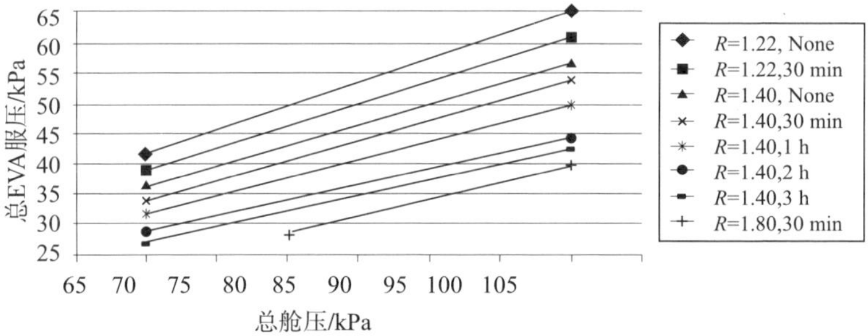

图 5－1　不同舱压、服压条件下的 R 值▲

（至最终 PB 时 pN_2 的变化率）与预呼吸时间

▲：当 $R=1.22$ 时，尽管临床可检测到 N_2 气泡存在血液中，但也不至罹患减压病。当 $R=1.40$ 时，可能会出现一些症状，但不影响操作。美国开展的出舱任务中，典型性的 R 值为 1.6～1.7；俄罗斯开展的任务中，R 值略高于 1.8。阶梯式的预呼吸模式也是可能的，且这里列举的数值比其他的数据来源更为保守

权衡大气损耗相关的 PB 与 pO_2

作为一个设计者，还必须考虑到居住舱或压力服存在微小穿孔和泄漏，甚至包括爆炸性减压的可能性，并估算不同大小穿孔情况下的减压速率。有了充分的估算，就可着手规划加压舱或压力服的压力制度、氧气水平（作为缓冲器），以及压力应急系统和氧气储备。

对于容积较大的密闭舱，爆炸性减压作用于乘员的初期效应是在外界压力急剧下降情况下，导致肺部的急性超压。紧接着就是缺氧。其他的危险因素还包括体内空腔脏器的胀气、减压病、低温、飞行碎片伤害、空气污染、心理紧张等。当 PB 低于 6 kPa 时，还可导致体液沸腾。总的效应情况很大程度上取决于居住舱与外界环境的压差。大气的成分相对居于次要。决定爆炸减压持续时间的主要因素是居住舱的容积以及导致气体泄漏的穿孔的孔径大小。很显然，紧急供氧与压力储备将会引起上述对应关系的动态改变。

各方研究人员指出，如肺内与外界大气瞬时压差超过7～13 kPa，即 $P_{初始}$ 与 $P_{最终}$ 的比值超过 2.3，或泄漏孔径与居住舱容积比值超过 0.005 m^2/m^3～0.01 m^2/m^3 时 [NASA，1995b；Sulzman and Genin，1994]，可导致肺损伤。紧急情况下，如 pO_2 降至 13～15 kPa 可导致人体严重受损，低至 11 kPa 时可发生永久性的意识丧失。

权衡填充气体

选择 N_2 作为填充气体与 O_2 混合组成大气是一种经典的选择。使用氦气作为填充气体是另一种可行的选择（表 5－5），但那一般用于深海潜水而不用于空间飞行。在有关深海潜水的相关手册中可以发现更多有关填充气体的信息。但不能把其中的一些研究内容与空间操作直接比较，因为它们还同时伴有总压之外的余压（相对于常压和负压）效应的影响。目前的推荐是，最好仍将 N_2 作为稀释填充气。

二氧化碳耐受性

二氧化碳是细胞代谢产生的废弃物（见 5.2.1 节），必须设法保持在低的水平。地球大气环境海平面的二氧化碳浓度约为 0.03%

(0.03～0.04 kPa)，一般意义上认为这一浓度即使长期超过 10 倍，也几乎不会对人体造成影响。一些研究表明人体处于 1%的 CO_2 浓度 30 天或 1.5%的 CO_2 浓度 45 天的条件下均能表现出适应且无明显的反应。然而，2%的 CO_2 浓度 30 天却可导致头痛和易疲劳。这些研究得出的意见是，对于持续数月的暴露接触工况，pCO_2 的水平应保持在 1 kPa 或更低。还有更宽泛的设计标准将 0.4 kPa（约为常压下 0.5%）作为有利操作行为的更佳阈限指标［NASA，1995b；Sulzman and Genin，1994］。这是一个较好的通用原则。

表 5－5　选取氦气替代氮气优劣比较▲

赞成使用氦气	反对使用氦气
在脂肪中的溶解度比氮气低 4 倍，且具有更高的扩散系数；可以缩短出舱准备时预呼吸纯氧的时间	导热性是氮气的 6 倍；致使身体更快的冷却低于适宜温度，乘员需要舱温提高 4～6 ℃
在大气中不会产生有害的副产品，因而对电离辐射具有更强对抗性	分子活性（分子运动速度）和流动性更强，致使气体漏率更大
密度是氮气的 1/7，可以减轻气体携带和储备的重量，通风风机的功率也可降低	使说话音高升高了约 0.7 倍，需要使用技术手段识别语音

▲：虽然并不常用，但氩气也可作为稀释填充气的备选方案［NASA，1995b；Sulzman and Genin，1994］。

湿度

NASA－STD－3000 中把相对湿度变化范围定义为 25%～70%。早期的任务中，相对湿度在 25%～85%范围变动，但相对集中保持在 30%～70%［NASA，1995b；Sulzman and Genin，1994］。如果相对湿度过低，乘员通常会感到鼻、咽，以及气道的其他部分干涩不适。如果过高（居住舱中更为经常出现的问题），乘员的汗液就不能有效为其散热，器物表面会凝结水雾，且会加速微生物的滋生。总体来看，在构建舒适的乘员居住环境这个问题上，湿度与温度呈现出既密不可分又彼此矛盾的关系。在环境温度较高时，就需要较低的相对湿度以促进蒸发散热，反之亦然。

通风与气流

微重力条件下，空气流动不够充分会导致许多问题。首先，缺少空气对流，影响了乘员的活力，容积有限的各舱段，污浊的空气及二氧化碳会在原地积聚增多。其次，缺少空气对流，使本来可通过过滤与净化系统减少的空气中的污染物，包括微尘，积聚增多。第三，缺少空气对流可减慢汗液的蒸发进而影响到乘员的舒适感。国际空间站的设计标准规定，在超过90天的飞行任务期间，一般情况下，舱内环境通风速度应保持在0.08～0.20 m/s。站内还在一些有人活动的特定区域装有局部风扇以避免通风“死角”，乘员无论何时进行身体锻炼，都可获得0.42 m/s或更大的通风速度［Sulzman and Genin，1994］。

空气中的污染物

空间环境对于提供安全洁净的空气提出了一些问题。空气中的颗粒物并不稳定。辐射可作用于空气中的某些化学物质产生有毒的副产品。如同在地球上一样，暴露在微量污染物中是持续的（除非彻底清除）而非间断的。最终，即使出现问题，可采取的医疗手段也很少［Sulzman and Genin，1994］。迄今为止，还没有发现空间飞行期间，人对微量污染物的基础易感性有所改变。这意味着在设计的初始阶段，可以应用地球环境的相关数据，包括工业卫生学方面的标准，以近似地估计相对的风险性。

航天器舱内的典型颗粒污染物包括涂料剥脱碎片、表皮细胞脱落、织物上的棉絮、灰尘，以及食物残屑；在进入空气过滤器前，它们可在空气中停留数小时。在两次航天飞机飞行任务的空气样本中，总的颗粒污染物水平是50～60 $\mu g/m^3$，而重力为1 g的家庭或办公环境中，这一数值是10 $\mu g/m^3$。这些颗粒污染物的大小可区分为两类，一类是直径2.5～10 μm的颗粒物，一类是直径>100 μm的颗粒物，其中较小的一类因为容易吸入，因而危害性更大。然而，两次飞行中的颗粒污染物水平均未接近推荐标准——飞行一周以上颗粒污染物最大允许值200 $\mu g/m^3$（或大于0.5 μm的颗粒物3.5×

10^6个/m^3)。航天飞机上的空气过滤器采用了一种孔径为 40～70 μm 的滤网，并且在飞行前对舱内进行了严格的预清洁，这些措施显著地降低了颗粒污染物的滋生。

作为设计师，还必须仔细考虑装载设备本身产生的微量污染物(如臭氧、润滑剂)，挥发性气体总量，以及化学品使用可能造成的污染。密闭环境中，非金属材料（尤其是有机物）产生的挥发性气体，可导致微量污染物达到不可接受的水平。这也是几乎所有参加空间飞行的备选材料在取得“飞行资格”前，必须通过严格的挥发性气体产量测试的原因。所有的化学制品（清洁剂、黏合剂、医用辅料等）也是潜在的微量污染源。目前已知的污染源包括胶黏剂产生的甲苯，皮肤消毒（血液检测前）或清洗设备的异丙醇，清洁手部时用到的湿纸巾上的酒精。

航天器污染物最大允许浓度如表 5－6 所示，该研究开始于 20 世纪 60 年代中期，最终在美国国家毒理学研究委员会的监督指导下完成。尽管一些浓度限值还没有获得官方认可或正处于观察回访阶段，但可作为评估设计和风险的一个起始点。关键在于，作为一个环境净化系统必须确保控制所有这些物质的浓度处于安全的阈值限度内。具有相同损伤效应的多种化合物的复合效应及允许的暴露限度，取决于其中每一种化合物相对其最大允许浓度的单一效应，及全部单一效应的总和［Sulzman and Genin，1994］。因此，在多种同类效应化合物同时出现的情况，空气净化就必须非常严格。清洁净化居住舱单元的时长取决于污染物的相对浓度与其正常允许浓度的比值，再加上诸如净化时的空气交换率与居住舱容积的比值等工程因素。使用一些活性吸收剂可以缩短这个时间。

表 5－6 航天器污染物最大允许浓度 (SMACs)▲ 单位：ppm

物质	SMAC	物质	SMAC
乙醛(刺激性)	2	甲烷(易爆)	5300
丙烯醛(刺激性)	0.015	甲醇(视觉障碍、头痛)	7

续表

物质	SMAC	物质	SMAC
氨(刺激性)	10	丁酮(刺激性)	10
1,3-丁二烯(精子基因毒性)	0.06	甲基肼(鼻损伤、肝脏、血红细胞)	0.002
一氧化碳 (中枢神经系统、心脏)	10	二氯甲烷 (中枢神经系统、心脏、肝脏)	3
二氯代乙炔 (中枢神经系统、肾脏、肝脏)	0.015	硝基甲烷(血红细胞)	5
1,2-二氯乙烷(胃肠道,致癌)	0.2	八甲级三硅氧烷(肝脏、肾脏、致命)	4
乙二醇乙醚(影响血红细胞)	0.07	2-丙醇 (中枢神经系统、刺激性、肝脏)	60
甲醛(刺激性)	0.04	甲苯(中枢神经系统、刺激性)	16
氟利昂(心脏)	50	三氯乙烯 (中枢神经系统、肾脏、肝脏、致癌)	2
肼(致命,肝脏)	0.004	三甲基硅醇(中枢神经系统)	10
氢(易爆)	4100	氯乙烯 (刺激性、头痛、中枢神经系统、 肝脏、睾丸)	1
吲哚(恶心、影响血红细胞、致命)	0.05	二甲苯(刺激性)	50
汞(中枢神经系统、呼吸系统、肾脏)	0.001		

▲:表中仅列举了一部分,隐含的暴露期限是 180 天。物质后面的圆括号中表明了损伤效应的类别,用以评估同时接触。当复合效应存在时,一种症状是否确切出现取决于接触的时间。

5.1.2　温度

舱内温度

前文已述及,温度与相对湿度(RH)的共同作用影响人的舒适感。空气流通也起到一定的作用。水星号、双子星座号、阿波罗飞船的舱内环境温度变化范围是 18～24 ℃,相对湿度为 30%～70%。航天飞机和计划中的国际空间站设计的温度变化范围是 19～27 ℃,可以增高 1 ℃。表 5-7 总结了一些热舒适性的设计准则和相应的大气条件变化范围。

接触温度

器物表面温度要防止水蒸气冷凝，同时还要避免引起乘员的不适或损伤。NASA－STD－3000 中规定的接触裸露皮肤的器物表面温度指标是不超过 40 ℃。持续接触的最高温度为 45 ℃，短时接触的最高温度为 46～49 ℃（需有警告标识）。即使在 45 ℃时也可能引起烫伤，这取决于接触的时间、表面光洁度和散热性，以及碰触力度和接触面积的大小等。天空实验室保持接触温度于 12.8～40 ℃（除非另有要求）以避免致伤 [Sulzman and Genin，1994]。裸露皮肤的最低（冷）允许接触温度为 4 ℃。

5.1.3 在通用、降额、应急条件下的环境参数改变

本章引用的绝大多数数据是适用于正常的、通用条件下的环境。然而，某些时段中的环境条件可能偏离至降额（低于正常）或应急水平。表 5－7 给出了一些实例。

表 5－7 国际空间站通用、降额与应急环境条件对比▲

因素	单位	通用条件	90 天降额条件	28 天应急条件
温度	℃	18.3～26.7	18.3～26.7	15.6～29.4
露点（饱和温度）	℃	5～16	1～21	1～21
空气流通率	m/s	0.08～0.2	0.05～0.5	0.05～1.0
大气总压	kPa	99.9～102.7	99.9～102.7	99.9～102.7
二氧化碳分压	kPa	0.40 max	1.01 max	1.60 max
氧分压	kPa	19.5～23.1	16.6～23.8	15.9～23.8

▲：对于初始设计的分析，不需要这样精确。应急条件可能适用于躲避辐射的“安全港”。通用的相对湿度为 25%～70%，降额或应急条件下，可升至 75%。

5.1.4 辐射暴露

正如第 3 章中提到的，空间电离辐射的主要来源是银河宇宙射

线（质子、α 粒子、重离子）；地磁捕获辐射带（质子、电子、其他离子）；太阳粒子事件（质子加上一些 α 粒子和重离子）。辐射射线和一些防护屏蔽的相互作用，可产生中子。即使吸收剂量相同，辐射所导致的效应也会有差别。国际辐射防护组织已对辐射相对生物学效应进行了研究，并指定了品质因数 Q（见表 5－8）。（文献资料中，多用 Q 值反映射线穿过人体组织时的线性能量传递或能量沉积率 keV/μm）。如果把吸收剂量（以 Gy 为单位表示 1 Gy＝100 rads＝1 J/kg）乘以 Q，其结果就是剂量当量（以 rem 或 Sv 为单位表示，1 Sv＝100 rem）。

表 5－8　辐射品质因子（Q）的近似取值▲

射线种类	Q	射线种类	Q	射线种类	Q
X 射线与 γ 射线	1	重离子	20	质子，0.1 Mev	10
β 粒子、电子，0.1 和 1.0 MeV	1	中子，能量达 10 keV	2～3	质子，1.0 Mev	8.5
α 粒子，1 MeV	20	中子，20 keV	5	质子，＞100 Mev	1～2
α 粒子，5 MeV	15	中子 0.1～20 MeV	7～11		

▲：典型的 Q 值是基于持续的低剂量辐射所产生的严重的、慢性效应。急性高照射率剂量条件下的 Q 值可能偏低，一些 Q 值可彼此修正［NASA，1995b；Nicogossian 等，1994］。

NASA 规定的剂量当量是基于飞行任务周期和首次辐射暴露的年龄。但是 NASA 也意识到作为航天员群体的职业病风险性，因此这些规定中附带着允许寿命期的癌症致死率提高 3%［Churchill，1997；NASA，1995b］。表 5－9 给出了这些现行的标准。

表 5－9　NASA 对近地轨道放射剂量当量限值的规定▲

暴露期	眼角膜（深度 0.3 cm）	皮肤（深度 0.01 cm）	造血器官（深度 5 cm）
30 天	1.0	1.5	0.25
1 年	2.0	3.0	0.50

续表

暴露期	眼角膜 （深度 0.3 cm）	皮肤 （深度 0.01 cm）	造血器官 （深度 5 cm）
寿命期，从 25 岁	4.0	6.0	1.5（男） 1.0（女）
寿命期，从 35 岁	4.0	6.0	2.5（男） 1.75（女）
寿命期，从 45 岁	4.0	6.0	3.2（男） 2.5（女）
寿命期，从 55 岁	4.0	6.0	4.0（男） 3.0（女）

▲：表中的最大允许剂量以 Sv 为单位表示，对造血器官的允许剂量限值最严。寿命期剂量限值对于青少年和妇女要严于成年男性［NASA，1995b］。

尽管执行常规飞行任务时的辐射强度处于一般水平，乘员仍随时需要特殊的防护，例如在太阳粒子事件期间。这类危险引出了在航天器或其他设施中构建具有严密防护能力的“安全港”的概念。例如，如果某个乘组在 1972 年 8 月遭遇那次太阳粒子事件，他们的身体内部器官将承受超过 1.3 Sv 的辐射剂量，足以对他们造成严重的损伤。一种在类似事件中提供“安全港”的设想是安置一个厚度 7.5 cm（密度 20 g/cm^2），直径 2 m 的铝制球罐，其质量约为 2.5 吨。如此大的质量使得应用航天器结构、轻质附属物（如聚乙烯）和现有物资（如水与推进剂）作为屏蔽防护措施的价值更为凸显出来［Churchill，1997；Stoker and Emmart，1996］。关于这些物质防护能力的比较，参见 Wilson［1997］及其他文献资料。

在短期登月任务中，太阳粒子事件的危险性更大。8 g/cm^2 的防护屏蔽可将银河宇宙射线的辐射剂量减至 0.25 Sv/年，而 50 g/cm^2 的防护屏蔽可使其进一步减半，同时避免很多重离子造成的较高的相对生物学效能（RBE）。月壤的密度为 1～2 g/cm^3（第 4.1.1 节中按照 1.66 g/cm^3 进行讨论），可用以提供防护。如果在历史上一次严重的太阳粒子事件中应用防护罩，8 g/cm^2 的铝制屏蔽可使人体深部器官的辐射剂量限制在只有 0.25 Sv（短于 30 天的任务），18 g/cm^2的防护屏蔽可使辐射剂量进一步降低至 0.1 Sv。用月壤构建 50 g/cm^2 的防护屏蔽的想法更为合理可行，基于相对保守的土质风化损失（1 g/cm³），这种防护屏蔽的厚度约需 0.5 m。一些学者建议对于某些任务，屏蔽厚度可提高至 3～5 m，这取决于风险评价，特别是当处于更长期的辐射暴露情况下，银河宇宙射线以及屏蔽物材料受辐射后产生二次辐射（见表 4-3 和第 22.1.2 节）的风险会大大增加。如果是一次漫长的火星任务，为在运输过程中满足辐射暴露的年度剂量限制，20～25 g/cm² 是对防护屏蔽厚度的最低要求。火星大气可以提供一定的屏蔽作用（例如，在 COSPAR 研究中是 16 g/cm² [见 Stoker and Emmart，1996]，会随着高度和气温的升高而降低），弥补一些因材质风化或自然地形造成的屏蔽损失。

5.1.5　加速度过载

在发射、入轨、变轨、登陆行星、返回地球，以及中止任务等过程中，设计者必须考虑各种可能的加速度过载因素。与人的耐受力相关的加速度过载包括线加速度、角加速度和冲击。表 5-10 列举了讨论加速度过载作用方向及其对人的影响的标准途径。

表 5-10　加速度过载坐标系 [DeHart，1996；NASA，1995b]▲

线加速度	作用力方向	反作用力方向	人体对应关系	角加速度	作用力方向	反作用力方向	人体对应关系
前	$+a_x$	$+g_x$	入眼球	右侧翻	$+p$ 或 $+\alpha_x$	$-R_x$	车轮转动
后	$-a_x$	$-g_x$	出眼球	左侧翻	$-p$ 或 $-\alpha_x$	$+R_x$	
上	$-a_z$	$+g_z$	眼球下	上仰	$+q$ 或 $+\alpha_y$	$-R_y$	翻筋斗
下	$+a_z$	$-g_z$	眼球上	俯仰	$-q$ 或 $-\alpha_y$	$+R_y$	
右侧	$+a_y$	$+g_y$	眼球左	向右旋转	$+r$ 或 $+\alpha_z$	$+R_z$	芭蕾旋转
左侧	$-a_y$	$-g_y$	眼球右	向左旋转	$-r$ 或 $-\alpha_z$	$-R_z$	

▲：符号 a、g、p、q、r、α 和 R 仅用于表示某一特定的作用力（如 g 代表重力过载）。

人体对 $+g_x$ 方向的加速度过载耐受力最强，因而几乎所有高 g 值系统设计都立足于使乘组尽量承受这个方向的加速度过载。航天飞机之前，对于充分训练且固定良好的航天员，系统可产生 1～6 $+g_x$ 过载，航天飞机产生的过载一般为 1～3 $+g_x$，除了在点火的瞬间可达

到 $4+g_x$ 峰值。对于典型任务历程及其中的出现频度，上述这些加速度过载一般是可以耐受的。NASA - STD - 3000 中建议应急返回时持续的加速度过载值不应超过 $\pm 4g_x$、$\pm 1g_y$ 或 $\pm 0.5g_z$。至于旋转（角）加速度，大部分未经训练的个体，可承受单一轴向或复合轴向高至 6 rpm 的过载，经过训练者可提高过载的耐受性，极端峰值过载可至约 60 rpm，持续时间可由数秒至数分钟不等。图 5 - 2 显示了人体对于某些过载的耐受性，表 5 - 11 给出了对于冲击过载的设计约束。

冲击过载的阈限取决于重力过载的峰值，以及达到峰值的过载增长率。表 5 - 11 提供了应对紧急条件下冲击过载的设计准则。

表 5 - 11　持续时间少于 1 秒的冲击过载设计约束条件

加速度过载方向	冲击过载限值	过载增长率
$\pm g_x$	$20g$	1000 g/s
$\pm g_y$	$20g$	1000 g/s
$\pm g_z$	$15g$	500 g/s
45°偏离轴向（任意轴向）	$20g$	1000 g/s

长期处于低重力环境导致的循环血量减少或体液丢失，可显著地降低人体对加速度过载的耐受性。第 5.3.2 节中会讨论这些效应和相应的对抗措施。

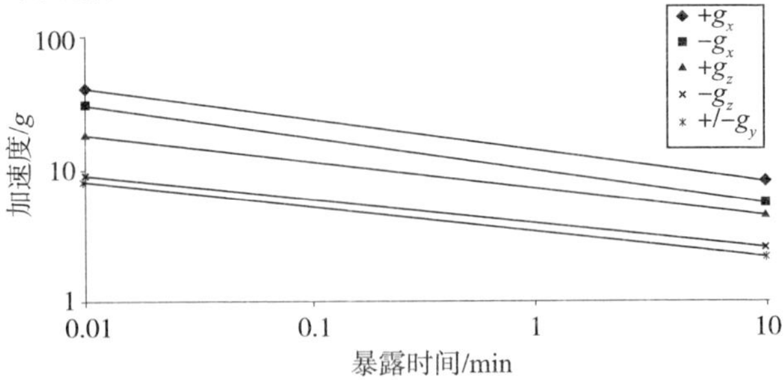

图 5 - 2　作用于无其他影响且束缚良好的航天员的线加速度过载限值［NASA，1995b］▲

▲：随着作用时间的增加，过载的耐受性降低。一些文献中区分“g”为反作用力（惯性力），而“G”为加速度过载。在此我们不这样区分

5.1.6 噪声

本节将偏重于相对较长的运行过程，而不是仅限于发射和返回再入等过程。稳态噪声的来源主要包括发动机、风机、泵、真空阀、调节器、变压器、振荡器及其他设备，也包括推进器点火。为保护乘员听力、改善居住舱环境（影响乘员舒适感、引起烦躁、睡眠、疲劳等）和便于沟通交流，必须对噪声进行限制。可采取的降低噪声的手段包括：控制声源的振动强度，在噪声传播过程中（在声源振动已产生前或之后）给予阻断隔绝或吸收，以及为乘员提供个性化的听力防护。第 21.3 节探讨降低噪声的途径。噪声的影响取决于振幅、频段和持续时间。一般人耳可感受到的声音频段为 15～20000 Hz，语音对话的声音频段为 200～6000 Hz，人耳感受性最好的声音频段为 500～4000 Hz。处于 22.4～11200 Hz 的宽频稳态噪声，以及突发的短时脉冲噪声需要特别引起关注［DeHart，1996；NASA，1995b］。

太空飞行显然无法改造人的基本听觉生理机能，可通过查询各种现有的标准规范获取更多技术细节的信息。因为人耳对声音的敏感度呈对数改变的特性，通常采用 dB 来表示相同强度水平的声音，0 dB 表示人耳能够勉强听到频率 1000 Hz 声音的强度，与 0 dB 相对应的标准压力单位是 20 μPa。为比较不同文献中的数据，可以用下式计算声压（dB）

$$P_{sdB}=20\log_{10}\left(\frac{P_s}{20}\right) \tag{5-2}$$

式中，P_s 为以 μPa 为单位的压力。

现行工业标准（美国职业安全与健康法）中规定，持续暴露 8 小时的噪声水平不得超过 90 dB，2 小时的噪声水平不得超过 100 dB，半小时的噪声水平不得超过 110 dB。NASA 规定的 8 小时噪声水平最高可达 84 dB，但规定必须同时有听力防护的情况下才能允许。短期航天飞行任务航天器内的噪声水平通常可允许 60～70

dB，但对于长期飞行，噪声水平的标准应更为保守。同时，任何时候都不能使乘员暴露在任何频段的 120 dB（或总声压 130 dB）稳态噪声环境中。脉冲噪声（1 秒内的声压改变超过 10 dB）的峰值不应超过 140 dB [DeHart，1996；NASA，1995a；NASA，1995b]。表 5 - 12 给出了一些附加的设计准则。

表 5 - 12　影响噪声控制的总体情况▲

状态或反应	噪声声压	评价
通信交流	40～50	超过 1～2 m 就必须放大声音；可引起烦躁
通信交流	50～60	1 m 以内就须放大声音；引起烦躁
睡眠干扰	50～65	脉冲噪声（即使较低声压）的影响
临时性听域偏离	65	宽频噪声 60 天；临时性听域偏离的结果是听觉灵敏度下降
某些工作的效率降低	75	背景噪声，10～30 天；对象为航天员
建议听力保护	85	宽频稳态噪声
关键性工作效率降低	90～100	宽频稳态噪声；警觉性高或需多重选择的任务需要连续做出反应
易怒及慢性疲劳	110	机械性混合噪声，8 小时
最高噪声允许水平	115	每 24 小时允许 2 分钟

▲：声压的单位为分贝（dB），见式（5.2） [DeHart，1996；NASA，1995a；NASA，1995b]。

在某些任务中，例如国际空间站或载人登陆火星，24 小时持续噪声暴露的环境条件属于常态。这种情况下，一般的工作环境标准并不适用，而是应当更严格。NASA - SPP - 41000 指明，85 dB 或更高水平的噪声环境中应配备听力防护手段，同时规定了限制设备噪声、噪声隔离设施等更多技术细节上的要求。

目前已知次声与超声均可对乘员形成干扰。规定的次声（1～16 Hz）水平是不可超过 120 dB，24 小时 [NASA，1995b]。表 5 - 13 是关于长期超声暴露的限制情况。

表 5-13 高频噪声与超声的限值▲

中心频率，kHz	噪声水平，dB
10，12.5，或 16	80
20	105
25	110
31.5 或 40	115

▲：数据采用 1/3 倍频（dB）[NASA，1995b]。

5.1.7 振动

根据作用身体部位的不同，通常将振动分为整体振动和局部振动。比较而言，持续的整体振动产生的生理效应最为明显。振动频率和持续时间的不同，会不同程度地引起循环系统、泌尿系统、骨骼肌肉系统，以及神经系统的临床改变。确切的影响结果不仅取决于振动的幅度，也取决于振动的频率与一个或多个身体系统的固有频率是否发生共振。需要进一步说明的是，整体振动可与噪声产生复合效应，加重乘员的应激、疲劳和工效降低反应。另外，加速度改变下人体结构的固有频率变化，可导致共振效应发生率的增加。

与噪声类似，振动也可通过振源、传导途径、航天员定位等环节加以控制。控制的手段包括改变设备的操作特性、选择不同的制造材料、润滑、加湿、航天员减振坐垫或适当束缚等。第 21 章将探讨其中一些技术。航天员的体位也非常重要。半卧位对于承受 x、y、z 各个轴向的振动都是最有利的，站姿对于 x、y 轴，以及坐姿对于 z 轴方向上的振动耐受是最不利的体位。

对于低频振动（0.1～1 Hz），处于 0.1～0.63 Hz 之间的振动尤其受到关注，因为这类振动易导致运动病的发生（见表 5-14）。沿 z 轴方向的，1 m/s^2，0.1～0.3 Hz 的振动，可导致 10%的受试者发生呕吐。除运动病外，这种 z 向振动如超过 1.75 m/s^2，会对精细的操作任务造成影响。关于各种轴向低频振动造成的影响还有很多研究资料，形成了很多明确的标准 [NASA，1995b；Sulzman and Genin，1994]。

表 5-14　0.1～0.63 Hz，z 轴方向整体振动过载限值▲

暴露时间	0.1～0.3 Hz 过载限值	0.3～0.63 Hz 过载限值
30 min	1.0 m/s^2	按指数关系线性增长至 3.15
2 h	0.5 m/s^2	按指数关系线性增长至 1.6
8 h（推断）	0.25 m/s^2	按指数关系线性增长至 0.8

▲：限值取自因运动病造成的主观上的“极度不适”。过载单位为 m/s^2。同时叠加其他的振动模式（特别是俯仰和滚转）可将限值降低 25%～33%；发射时的重力加速度可将限值降低 10%。对于横向的振动，则取限值的 30%［NASA，1995b］。

对于 1～80 Hz 的振动，国际标准化组织的《振动人体响应评价指南》（ISO 263）中提供了与安全、工效、舒适相关的振动条件设计准则。人体对于 1～30 Hz 的振动特别敏感，这个频率范围包含了人的整体和主要组成部分（头、躯干、腹腔脏器、脊髓等）的共振频率。3～11 Hz 或 22～30 Hz 的振动对降低视觉敏感度有特别的作用。人体感知各个轴向或方向上频率为 2～100 Hz 振动的最低阈限约为 0.01 m/s^2（均方根）。超过此阈限，不适感会随着振动的强度增加呈线性增长［NASA，1995b］。图 5-3 和图 5-4 显示了部分振动限值。

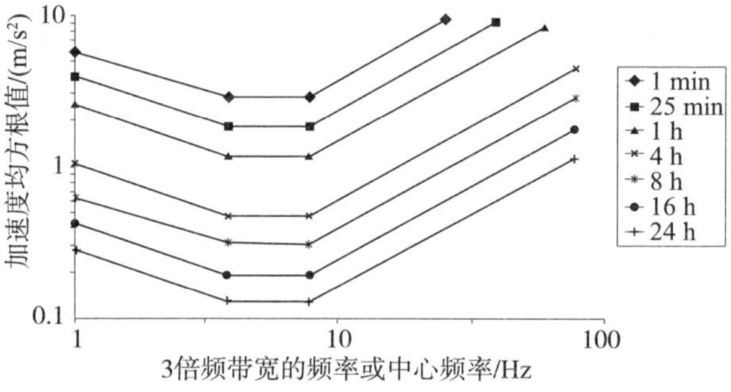

图 5-3　作用于整体和 z 轴向振动限值▲

▲：基于“疲劳减效”原则，对于“暴露限值”将过载值乘以 2（增大 6 dB）；对于“舒适降低”阈限，将过载值除以 3.15（减小 10 dB）。应用于轨道转移至行星际飞行，在轨期间，可升高至“暴露限值”。曲线在 4～8 Hz 之间时是平缓的［NASA，1995b］

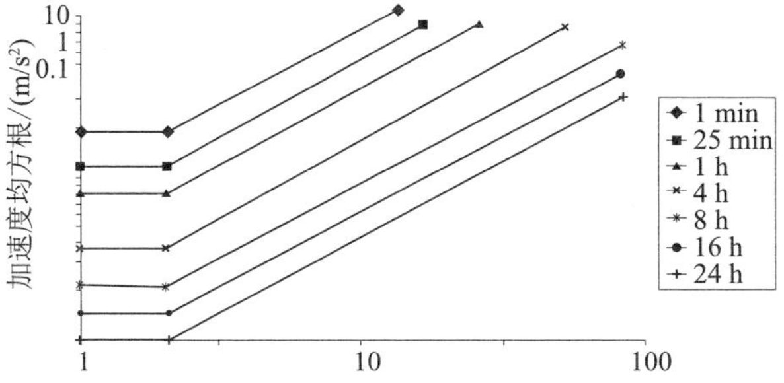

图 5-4　作用于整体的 x，y 轴向振动限值▲

▲：基于“疲劳减效”原则，对于“暴露限值”将过载值乘以 2（增大 6 dB）；对于“舒适降低”阈限，将过载值除以 3.15（减小 10 dB）。应用于轨道转移至行星际飞行，在轨期间，可升高 2 倍（增大 6 dB）。曲线在 1～2 Hz 之间时是平缓的［NASA，1995b］

关于人体耐受线性振动限值有关标准已经做了充分说明，而围绕某个旋转中心产生的角振动尽管也属振动环境因素，但迄今为止还没有建立相关的标准。

5.1.8　照明

座舱照明既影响到乘员的生理状态，也是开展日常活动所必须的辅助条件。通过人的因素分析（第 6 章），可对各种活动设定适当的水平。然而，模拟“太阳光”光谱特性和适当照度的光照条件，可在长期飞行任务中帮助维持航天员的昼夜生物钟和减少骨钙丢失。对于改善生理功能最为有利的光线波长范围在 270～1500 nm，最低照度为 2500 lux（1 lux 等于 1 流明/m²，波长 555 nm［接近人的视觉敏感度的最高值］，580 流明=1 瓦）。但可惜的是，高耗能的日光照明导致耗电过多且增加了质量。而且，高照度的照明对于某些任务来说并不受欢迎，照明的设计通常要确保各种不同的任务中得到最佳的活动和观察视野［NASA，1995b；Sulzman and Genin，1994］。更多信息见《照明工程协会手册》。表 5-15 给出总体的设计准则。表 22－6 给出了类似的照度值，和出舱活动期间的要求相关。

表 5－15 照明设计准则▲

任务	lux	备注
夜间照明	20	
应急照明	30	
通道，睡眠	55	
一般照明，储物区，梯子，舱门，住处	110	最小基本照度
起居室，厨房	215	
进餐，梳洗，沐浴，日常维护，急救	270	
食物准备，娱乐，在住处阅读，装配与修理	325	
在起居室或工作站阅读，锻炼，日常医疗	540	
外科、牙科处理	≥1080	需要时可高至 4000 lux

▲：全部的数值都是最低限值，取整后以 lux 为单位。一般照明采用白光，色温为 5000 K（荧光），高于 3800～4200 K（白炽灯）[NASA，1995b]。

5.2 代谢参数及摄入与排出

表 5－16 给出了一个简要的代谢平衡数据。对于一个身高处于平均水平，从事一般体力活动的人，其代谢水平需要的物质摄入是 5 kg/d，代谢废物排出 5 kg/d，该出入平衡不包括填充气体，如氮气。接下来将讨论代谢的变化。

表 5－16 典型的代谢平衡示例▲

摄　入		排　出（废弃物）	
固体，食物	0.62	固体	
		尿液中	0.06
		粪便中	0.03
		汗液中	0.02
液体（水），饮用	1.62	液体，尿液	1.50

续表

摄　入		排　出（废弃物）	
液体（水），食品复水	0.75	液体，汗液与呼出气体	2.28
液体（水），含水食品	1.15	液体，排泄物水	0.09
气体（氧）	0.84	气体（二氧化碳）	1.00
总计	4.98	总计	4.98

▲：假定一名航天员摄入食品热量为 11300 kJ/d（2700 kcal/d），产生热量为 137 W。数值单位为 kg/p-d，p-d 表示“人天”。对于初始设计，不需要太精确［NASA，1994；Sulzman and Genin，1994］。

乘组中的每名航天员每天需要约 3.5 kg 饮用水（饮料、食品复水、含水食品）。即使是降低标准或处于紧急情况下，也要准备至少 3 kg/p-d。对一些标准化的操作，如重体力活动、出舱活动等，对水的需求可能超过 5 kg/p-d。第 22 章专门讨论出舱活动的需求，显示的典型消耗量是：氧气 0.63 kg/p-d，水 3.5～5.4 kg/p-d（表 22-9），因费力的操作中更多的水随汗液流失。

对各种来源的食品重量的估算主要依据其预设的含水量。通常情况下，可用食品干重加上食品复水的重量，或者直接取复水后的食品总重量，不论何种方法（参见 18.4.1 节），最终的计算结果都是正常需要 2～3 kg/p-d 的食品，或饮用水与食品共计约 4.1～4.2 kg/p-d。而且（第 5.2.3 节和表 28-10 中注明），如果计算涵盖了饮用水与非饮用水，整体估算为 30 kg/p-d 更为合适。

5.2.1　气体代谢

氧消耗与二氧化碳产出

正常情况下，如没有出舱活动，氧气的消耗量为 0.84 kg/p-d，而随着活动水平的变化及安排出舱活动，氧耗量可在 0.5～1.3 kg/p-d之间有所变动，甚至更多。二氧化碳产出量为 0.65～1.5 kg/p-d，正常为 1.0 kg/p-d［NASA，1994；Sulzman and Genin，1994］。

微量气体产出

人及寄居人体的微生物可产出各种微量气体，且经常因进食改变而产出更多。航天器系统必须滤除和吸收这些微量有害气体（见表 5－6、表 5－17），使其不致达到无法接受的程度。

表 5－17 人体代谢产生的微量气体▲

污染物	产出率/（mg/p－d）	污染物	产出率/（mg/p－d）
乙醛	0.08	吲哚	25
丙酮	0.13	甲醇	1.4
氨	250	甲烷	600
丁醇	1.3	硫甲醇	0.8
一氧化碳	33	硫丙醇	0.8
辛酸	9.2	丙酮酸	210
乙醇	4	粪臭素	25
硫乙醇	0.8	戊醛	0.8
氢	50	戊酸	0.8
硫化氢	0.08		

▲：数值单位为 mg/p－d［Sulzman and Genin，1994］。

5.2.2 产热、热量需求与营养

人体产热

乘员的代谢产热率和能量总需求根据个体情况和工作量的大小（如出舱活动的次数等）而有较大差异。例如，一个体重 80 kg（176 lb）的人在地面闲适状态的热量需求是 400 kJ/h，产热 80～90 W，但处于活动状态时，例如从事一般性的工作，会导致热需求和产出的倍增。一个年龄和体重均处于平均水平的航天员，静止状态时的产热量一般为 105 W，表 18－3 给出的合理概算值是 100 W。在美国的出舱活动任务中，代谢产热率曾达到峰值 585 W，持续了 30 分钟，在其他诸如阿波罗、天空实验室及航天飞机任务中，报告显示的平均产热率分别为 271 W、267 W 和 228 W。俄罗斯的航天

飞行任务中报告的代谢产热率，依据活动的水平，在 180～550 W 之间，人工环境控制系统必须应对这些热负荷。现行的美国、俄罗斯舱外航天服一般工作水平下的散热标准分别为 290 W 和350 W，但在短时间内（15 分钟左右）可达到这些数值的两倍 [Sulzman and Genin，1994]。

热量需求与能耗

假定长时间内没有体重降低或增加，热量摄入与能量消耗及散热是平衡的。一般情况下，70～80 kg 的男性在睡眠或安静卧位时的能量消耗率为 300～340 kJ/h（4.2 kJ/kg-h）。航天飞机的能耗标准是 11300 kJ/p-d（等同于 2700 kcal，1 kcal＝4.186 kJ）

乘员的实际摄入是动态变化的，标准建议的摄入量可在 9650～13000 kJ/p-d 之间，或随着工作负荷的增加而变得更多。阿波罗 15 号任务中的出舱活动过程测试显示，航天员驾驶月球车时的能耗为 500～550 kJ/h，维护月球基地时的能耗为 960 kJ/h [Sulzman and Genin，1994]。此外，为了试图减缓空间肌肉萎缩的发生，俄罗斯计划提高摄入量至 13400 kJ/p-d，重点是增加蛋白质的摄入 [Churchill，1997]。除了储存食品的方法之外，这些约束为计算基本的食品供应总量提供了依据。

营养指导

即使在长达 1 年的空间飞行任务中，研究者们也没有发现航天员的营养需求在数量和类型上有明显的改变。由于没有证据表明对蛋白质、脂肪、碳水化合物、维生素或矿物质的需求存在较大的改变，因此可参考和应用地面的标准，例如美国国家研究委员会或类似机构的推荐膳食供应标准。但一些研究者仍认为，增加蛋白质的摄入可有助于减缓空间肌肉萎缩。一个航天员的基本蛋白质配给量可为蛋白质 0.8 g/d-kg、碳水化合物 350 g/d、，脂类77～103 g/d（脂类提供的热量低于总热量 30%）。上面曾提到，俄罗斯已经提高蛋白质的供给至 159 g/d [Churchill，1997；Sulzman and Genin，1994]。

食品储存与供应

研究表明，经过一段时间的适应后，志愿者可完全依靠脱水的食物生存一年甚至更长时期。但航天员均表示新鲜的、冷冻的或常温的食品更可口。因此，可能需要储存一些不可再生的食品，或取自密闭生态系统的食品，与新鲜的、冷冻的、冷藏的、加热的、微波烤的、部分或完全脱水的食品相互搭配。第 19.4.1 节包含食品储存和供应的更多设计考虑。

5.2.3　水的需求

人类需要水，饮用（表 5－16）、个人卫生、保健及清洁等都要用到水。实际上，日常生活中个人卫生、保健及清洁所用的水量要远远多于基础代谢水量。表 5－18 总结了一些用水量的概算结果，当然可在必要时大量减少洗涤用水。NASA 的任务策划中，降额条件下，这一数值降低至 8～9 kg/p－d，应急条件下，降低至 5～6 kg/p－d 或更低（只满足部分个人保健的需要）[NASA，1994 and 1995]。水还可以用于医疗和出舱活动（降温）过程，见表 18－5。

表 5－18　常规保健和洗涤的用水量▲

输入		输出	
个人保洁：手/脸；淋浴	7.0	个人保洁：手/脸；淋浴	7.0
个人保洁：小便后冲洗	0.5	个人保洁：小便后冲洗	0.5
衣物清洗	12.5	衣物清洗：液态水	11.9
		衣物清洗：潜在水	0.6
碗碟清洗	5.4	碗碟清洗	5.4
总计	25.4	总计	25.4

▲：表中列出了典型乘组（见表 5－16）的用水量需求，单位为 kg/p－d。作为初始设计，不需要特别精确。同时，注意某些输出物以水蒸气形式存在，这些需要加以控制，维持居住舱内的相对湿度 [NASA，1994；Sulzman and Genin，1994]。

水质

对于再生水和储存水的水质要求取决于其具体用途，但乘员必须要有洁净、安全的水以确保其健康和安全。表5-19总结了部分设计指标。标准水质指南对于设计细节及设计策略的选择是很好的参照标准。第18章探讨了一些测试水质的方法。

表5-19 再生水水质标准▲

参量	饮用水（美）	饮用水（俄）	卫生水（美）	卫生水（俄）
pH可接受范围	6.0～8.5	6.0～9.5	5.0～8.5	4.5～9.5
浑浊度	1	1.5	1	—
颜色，真色度（铂钴比色法）	15	20	15	—
味等级	2	2	—	—
嗅等级	3	2	3	3
微米级颗粒物	40	—	40	—
总硬度，mg-equiv/L	—	7	—	7
总固体量，mg/L	100	—	500	—
氨，mg/L	0.5	2	0.5	10
砷，mg/L	0.01	—	0.01	—
钡，mg/L	1.0	—	1.0	—
镉，mg/L	0.005	—	0.005	—
钙，mg/L	30	100	30	—
氯离子，mg/L	200	350	200	350
铬，mg/L	0.05	—	0.05	—
铜，mg/L	1.0	—	1.0	—
氟，mg/L	—	1.5	—	—
碘，mg/L	15	—	15	—
铁，mg/L	0.3	0.3	0.3	—
铅，mg/L	0.05	—	0.05	—
镁，mg/L	50	50	50	—

续表

参量	饮用水（美）	饮用水（俄）	卫生水（美）	卫生水（俄）
锰，mg/L	0.05	—	0.05	—
汞，mg/L	0.002	—	0.002	—
镍，mg/L	0.05	—	0.05	—
硝酸盐，mg/L	10	10	10	—
钾，mg/L	340	—	340	—
硒，mg/L	0.01	—	0.01	—
银，mg/L	0.05	0.5	0.05	2.0
硫酸盐，mg/L	250	500	250	—
硫化物，mg/L	0.05	—	0.05	—
锌，mg/L	5.0	—	5.0	—
总有机碳，mg/L	0.5	25	10	80
总有机酸，mg/L	0.5	—	0.5	—
总有机酚，mg/L	0.001	—	0.001	—
总有机醇，mg/L	0.5	—	0.5	—
氰化物，mg/L	0.2	—	0.2	—
阳离子或阴离子，mg/L	30	—	—	—
微生物疏漏，群落单位/100 mL	100	—	100	—
总细菌数量/100 mL	100	10000	100	100000
杀菌剂，残留碘，mg/L（最小～最大）	0.5～4.0	0	0.5～6.0	—

▲：如不注明，所给出的数值即是污染物的最大允许水平。在某些示例中没有包含俄罗斯的标准值，可能因为数据不能获取，或者其标准中已设定由于建筑材料的阻隔作用，使得该物质的存量得到有效的控制［NASA，1995a，1995b；Sulzman and Genin，1994］。

5.2.4　其他人体排泄物

在乘员居住环境中，除了前面已经提到的基础代谢过程产生的废物以外，另有几种排泄物也必须加以管理。与在地球表面的情况相比，这些排泄物并没有什么不同，有些还可以忽略不计（特别是短期飞行）；然而对于长期飞行，它们却是很重要的。表 5－20 给出了一些示例。

表 5－20　多种潜在的人体排泄物▲

排泄物	数量
头发生长，一般的	0.03（长度＝0.3～0.5 mm/d）
头发，洗脸，剃须（男性乘员）排出	0.3
指甲生长	0.01
皮肤上皮细胞脱落	3
月经（女性乘员）*	113，可变
食物残渣	50～150
胃肠产气	微量（体积＝2L/人·天）

▲：如无注明，数量以 g/p－d 为单位。其中不包括与人体生理机能无直接关系的废弃物（垃圾、实验或维修剩余物、包装材料等）。

* 约 26～34 天排出 1 次，每次持续 4～6 天［NASA，1995b；Sulzman and Genin，1994］。

5.3　其他生理影响因素

随着任务周期的延长，一些因素变得更加重要：

1）微生物和真菌污染，可能与人体免疫能力的降低联合发生作用。

2）心血管机能降低、肌肉萎缩，以及骨骼退行性改变。

3）医疗设备与空间的需求。

5.3.1　微生物与真菌污染

这类污染可能对乘组人员的健康危害性更大，因为与空间飞行联合作用的应激反应可减弱免疫系统的部分功能。现行的系统设计要求是，不论采用何种手段，都要努力确保空气中微生物与真菌的群落数量（CFUs）不超过 1000 CFU/m^3. 这个群落数量包含了细菌和直径 1～5 μm 的真菌孢子的总数。设计者还必须考虑表面消毒的方法，同时避免消毒剂污染空气。

5.3.2 心血管机能降低、肌肉萎缩，以及骨骼退行性改变

机能降低与对抗措施。微重力环境下，可导致心血管机能降低和体液散失，骨骼肌萎缩和肌肉质量丢失，骨骼退行性改变伴随骨质脱钙。这些改变在微重力环境下不会对人体造成损害，但当人返回至高重力环境（地球 1 *g* 或火星 0.38 *g*）时却可造成损伤。据美国的研究者报道，在微重力条件下 84 天的飞行任务中，即使有一些身体锻炼，躯干和下肢的肌力仍减退了 10%～20%，上肢肌力减退了 5%～10%。俄罗斯的长期飞行任务中也显示了肌力改变。重新暴露于重力环境的条件下，人体可持续数天存在站立和维持平衡障碍。这种效应在火星上的出舱，或应急返回地球的情况下更值得关注。特别需要指出的是，骨钙丢失导致的骨骼脆弱看来是渐进性的，很难察觉，我们不了解在空间飞行中何种水平的重力或锻炼（对承重骨施加压力刺激）可对抗这种效应。而且，如果这种弱化效应得不到控制，在微重力环境下生活 1～2 年的人，其骨骼可能会变得异常脆弱［Churchill，1997；Nicogossian 等，1994；Stoker and Emmart，1996］。

经验告诉我们，对于短期飞行，充分的锻炼可防止上述问题变化到非常严重的程度。但是对于长期飞行任务，如火星探测，并不清楚退行性改变所造成的后果到底有多严重，或者究竟有哪些改变是可以预防的。有部分设计者认为，提供 0.5～0.8 *g* 的人工重力就可以防止大部分退行性改变。然而，对于已经适应 1 *g* 重力环境的人体，如不能提供满 1 *g* 或接近 1 *g* 的重力环境，将不可避免地改变原有的适应性［Churchill，1997］。NASA－STD－3000 建议，对

于超过 10 天的微重力暴露，航天员应采取锻炼的方式对抗退行性改变。这种对抗措施不仅在微重力环境下需要，在月球或行星（如火星）的低重力环境中也同样需要。

标准的失能对抗措施会占据任务中的其他工作时间，但设计指南要求我们至少要考虑到锻炼时间与设备保障。

1）大肌肉群的低阻力、高频度锻炼，加强心血管系统运转（有氧测力计，跑步机，下体负压封闭训练）。

2）骨骼肌肉高阻力、低频度锻炼，加大其负荷（等压的和等速的）。

3）精神活动、有活力的游戏以增强神经肌肉的协调性。

这些措施的工程实施代价包括：质量、体积、功耗，同时还有噪声、振动以及对居住舱造成的有关影响［Churchill，1997；NASA，1995b］。第 18 章讨论了其中一些因素。

人工重力系统。使居住舱或其中一部分旋转起来，是一种获得人工重力（向心加速度，α_c 单位 m/s^2），从而对抗微重力条件下人体退行性改变的方式。在一个旋转构造中，向心加速度与角速度（ω，单位 rad/s）和半径（r，单位 m）的关系为

$$\alpha_c = \omega^2 r \tag{5-3}$$

这种关系表明，可通过增加旋转半径、角速度或同时增加两者的方式来提高加速度。很显然，增加半径的长度会使系统的造价和复杂性提高，但相对于过度增加角速度，这种方式会令环境更加适居（生理特性和心理特性）［Churchill，1997；DeHart，1996］。在权衡这种设计时，必须考虑重力梯度和科里奥利力（地球自转偏向力）。

从旋转结构的中心点到其外缘，重力梯度从 0～100%呈线性改变。描述这种关系的公式为

$$\Delta W/W = (R_b - R_a)/R_b \tag{5-4}$$

式中，W 代表重力，R_a 代表初始半径，R_b 代表最终半径。例如，在一个旋转结构中从 $R_a=19$ m 处沿阶梯行至 $R_b=20$ m 处，重力增加了 5%。半径 40 m 的结构中，相应的重力增加 2.5%。这种

改变在生理和心理感受上可能是微乎其微的。一种设计标准建议当目标物在居住舱的外缘移动一个身高单位长度时（平均身高者的眼到脚的距离），ΔW 不高于 20%。这意味着半径至少需要 7.5 m，旋转角速度约 11 rpm，以获得 1 g 的人工重力。然而这样的旋转速度是人体无法承受的。因此，人工重力系统设计中，通常建议半径超过 20～30 m，这里重力梯度不应成为制约因素［Churchill，1997］。

科里奥利力易致人眩晕。任何物体在旋转的人工重力系统中做线性运动时，都会受到与旋转轴方向不平行的力的作用。这种科里奥利力的大小计算如下

$$F_c = 2\omega v \tag{5-5}$$

式中，v 是移动物体的线速度。表 5-21 列出了 F_c 的各个方向。如前面的例子，如果一个航天员正在下一个梯子，他的角速度将下降。在旋转方向上的移动会增加角速度，因此会增加 F_g，反之将降低 F_g。

表 5-21 在旋转的居住舱中运动时的科里奥利力作用效果▲

作用条件	科里奥利力效果
向远离中心点方向移动	作用力朝向旋转方向的相反方向
向趋近中心点方向移动	作用力朝向旋转方向相同的方向
在外缘，与旋转方向同向运动	F_c 与 F_g 叠加
在外缘，与旋转方向反向运动	F_c 与 F_g 相抵

▲：［Churchill，1997］。

对一个半径 6～22 m，角速度可变的环境条件的研究表明，在更大的半径处行走，即人工重力约 0.2～0.3 g 时，是最舒适的。一个研究表明，在 0.6 g（半径 21 m，5 rpm）时行走的感觉如同在地面上行走一样，而在一次更小的 6 m 半径处测试移动，即使采用较低的角速度，产生约 0.2 g 的人工重力，感觉也是不稳定的。另一次 6 m 半径处的测试，旋转加速至产生 0.3～0.5 g 的人工重力，乘员的不适感持续增强［Churchill，1997］。

科里奥利力致人眩晕，是由于它影响全身运动或手眼协调的效果，

并且其影响会随 ω 的变化而呈线性增长。这种力还可作用于人的前庭系统，该系统用于维持人的平衡和方向感。半窥管（每个内耳中有三个充满液体的环状管）是专门感知围绕 x、y、z 轴的旋转运动的。转动头部时产生的角运动，其轴向与居住舱旋转的轴向之间出现夹角时，就会产生某种角加速度，而致眩晕错觉。一些研究表明，在超过 6～10 rpm的情况下，“科里奥利氏症”（运动病）会持续加重。低于这个水平，经过训练的人可以适应（适应性有明显的个体差异）。低于 2 rpm 时，很少出现症状，而低于 1 rpm 时，不产生任何症状。另一研究显示，如果选拔出对运动病不敏感的乘组，可以采用 0.4 g，4 rpm（半径 21～22 m）作为有效的工作平台。但是，并不清楚 0.4 g 的人工重力环境对预防各种类型的退行性改变有何益处。

为降低科里奥利力对乘组活动性的影响，NASA - STD - 3000 建议：1）生活和工作区域的设置应尽可能远离旋转轴心；2）合理安排各个舱体排布的朝向，使人员穿行的运动方向与旋转轴保持平行；3）合理安排工作平台的朝向，使乘员双耳方向的侧向轴（y 轴）与旋转轴平行。

作为一个设计者，你还可设想：

1）人工重力睡台。在一个半径 2 m 的台体上，设置 4 个或更多睡眠舱，在脚部水平产生 1 g 的人工重力（例如，对于一个身高 1.66 m 的人，角速度为 23.2 rpm）。这种方法与清醒时的锻炼相结合，用以对抗人体在微重力条件下的退行性改变［Churchill，1997］。

2）构建一个低于 1 g 的旋转居住舱环境，并与航天员固定路径的慢跑相结合。比如，在一个半径 20 m，角速度 4.73 rpm 的旋转通道形居住舱中，可以提供 0.5 g 的人工重力，当人沿着通道，以 4.1 m/s（9.3 mph）的速度，与旋转方向同向慢跑时，可叠加产生接近 1 g 的重力效果。

除上述方案之外，为应对长期的月球、火星探测，应该考虑类似的对抗措施。最后，对于如何权衡 rpm 和人体生理功能，还有很多问题需要研究，正如研究何种水平的人工重力（与锻炼相结合）

可防止退行性改变一样。

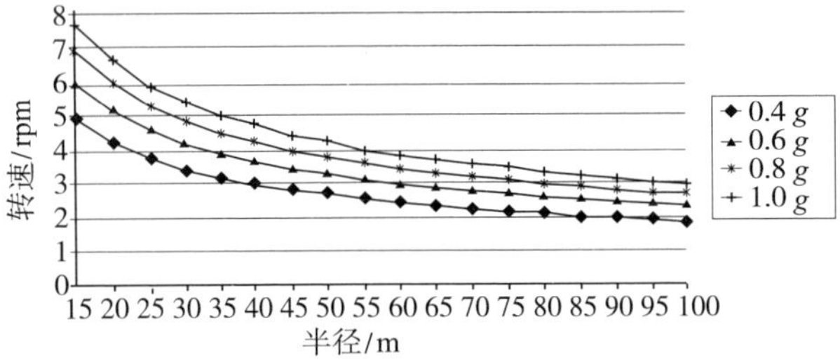

图 5-4　达到典型 g 值所需的旋转半径和转速关系▲

▲：降低转速至 1～2 rpm，对于生理、心理健康更有利。然而，2～4 rpm 在工程上更易实现，除非我们能建造非常大的舱体

5.3.3　医疗设备与空间

尽管医疗问题不是工程的根本性问题，其仍可从质量、体积、功耗等角度对工程设计带来影响。例如治疗减压病时，就需要具备将 100%的纯氧加压至 2.8～3.0 个大气压（高达 304 kPa）的能力。NASA 的设计指导中规定，要构建具有医疗支持能力的飞行器密封舱，使之能够参照最好的医疗实践经验开展预防、诊断和提供医学处置。可能需关注的范畴包括：医学通信、乘员环境与生理信息（心率、血压、代谢等）监控设备、高级生命支持、化学与影像诊断、微重力对抗措施、外科手术与麻醉、牙科保健、静脉输液、加压治疗、药物治疗［NASA，1994 and 1995］。第 19.4.5 节将提出更多关于医学保障和支持的设计考虑。

5.4　月球基地案例

在这个案例中假定有一个 3 人 30 天的月球任务，其中月面停留时间为 22 天。同时假定，任务转运途中和月面期间需要最低限度的出舱活动（7 小时/天）。最后，假定航天器的设计满足发射段和返回段人体耐受加速度和振动过载的极限值要求。基于上述假定，就可以重点关注其他的环境因素了。

可采用标准的氧—氮混合气，并参照表 5-2 和表 5-7 中给定的条件。然而，如果任务需要间断的或频繁的出舱活动，为节省出舱前的预呼吸时间，可将大气条件改变为总压 71～88 kPa，氧浓度 24％。这样的大气条件转换可在从地球至月球的飞行途中完成。

在合理设定大气条件的基础上，还必须按要求确保二氧化碳分压、水蒸气分压和大气污染物维持在安全阈限内。此外，满足舒适度的温度、通风量、光照、噪声等控制要求不能降低，同时还必须保证再生水的水质达标，并提供充裕的食品储备。任何环境保障系统都必须满足这些基本要求。

辐射防护计划应重点关注任务期间的太阳活动性预报，辐射剂量测定装置应从始至终监测航天员受到的实际辐射剂量。必要时，还需要发出警报，提醒航天员进入“安全港”躲避。

发射时确切的固体、液体质量取决于新鲜的和存储状态的食品、再生系统的类型，以及后面各章涉及的设备物资状态。供给 3 个普通成人 30 天（90 人天）的基本代谢需求如下：

1）固体食物＝0.62 kg×90＝56 kg 干重（表 5-16）。

2）饮用水＝3.52 kg×90＝317 kg（表 5-16）。

3）非饮用水＝25.4 kg×90＝2286 kg（表 5-18）。

4）氧气＝0.84 kg×90＝76 kg（表 5-16）。

食品还必须满足适当的营养配比原则（见第 5.2.2 节）。需要注意的是，这里提出的食谱在热量供应上较基本需求增加了 20％，相应的蛋白质的供给量也增加了。计划的出舱活动次数也会影响营养配比。第 5.2.2 节中已提到，出舱活动提高了产热（热控系统的产出）与代谢需求。如果出舱活动期间每小时耗能较基准高出 540 kJ，月球上 1 人每次 7 小时的出舱活动将多消耗 3800 kJ，需提供额外 33％的代谢需求，包括氧气和饮用水的需求增加。还必须能够调整代谢需求使其覆盖各种可预见的安全性问题，如气体泄漏、应急食品和饮水等。为达到目的，可针对这些偶然事件对上述各估算值进行加倍计算（除了非饮用水）。

各类人体排泄产物（表 5 - 20）对于本次任务并无严重影响。另外，认识到所有代谢输入的计算量增加都导致相应的代谢输出量的增加，主要的废弃物基准为：

1）固体，所有来源＝0.11 kg×90＝9.9 kg 干重（表 5 - 16）。

2）液体，所有来源＝3.87 kg×90＝348 kg（表 5 - 16）。

3）非饮用水，用于再生循环＝25.4 kg×90＝2286 kg（表 5 - 18）。

4）二氧化碳＝1 kg×90＝90 kg（表 5 - 16）。

最后，依据第 5.3 节的其他因素考虑，对于 30 天的任务，如乘组保持适当的清洁卫生，微生物和真菌的污染问题不会很严重。此外，心血管系统退行性改变不会严重到需要在月球建造大质量的离心设备的程度。月球基地仍然需要提供对抗机体退行性改变的设备和空间，以实施对抗性的锻炼措施，每天可能需要 1～2 小时，同时还要提供 5.3.2 节和 5.3.3 节中提到的医学支持。

参考文献

[1] Churchill, S. E., ed. 1997. Fundamentals of Space Life Sciences. Vol. 1. Melbourne, FL: Krieger Publishing Company.

[2] Dehart, R. L. 1996. Fundamentals of Aerospace Medicine. 2nd ed. Baltimore, MD: Williams and Wikins.

[3] Eckart, P. 1996. Spaceflight Life Support and Biospherics. Torrance, CA: Microcosm, Inc. and Dordrecht, The Netherlands: Kluwer Academic Publishers.

[4] NASA. 1994. Designing for Human Presence in Space: An Introduction to Environmental Control and Life Support Systems. NASA RP - 1324. Prepared by Paul O. Wieland. Marshall Space Flight Center, AL: National Aeronautics and Space Administration.

[5] NASA. 1995a. System Specifications for the International Space Station Alpha. SSP - 41000. Houston, TX: National Aeronautics and Space Administration, Johnson Space Center.

[6] NASA. 1995b. Man - Systems Integration Standards. NASA - STD - 3000, Vol. 1, Revision B. Houston, TX: National Aeronautics and Space Administration, Johnson Space Center.

[7] Nicogossian, A. E., C. L. Huntoon, and S. L. Pool, eds. 1994. Space Physiology and Medicine. 3rd ed. Philadelphia, PA: Lea Febiger.

[8] Stoker, C. R. and C. Emmart, eds. 1996. Strategies for Mars: A Guide to Human Exploration. Science and Technology Series. Vol. 86 (A supplement to Advances in the Astronautical Sciences). San Diego, CA: American Astronautical Society.

[9] Sulzman F. M. and A. M. Genin, eds. 1994. Space Biology and Medicine. Vol. II, Life Support and Habitability, a joint U. S. /Russian publication. Washington, DC: American Institute of Aeronautics and Astronautics and

Moscow：Nauka Press.

[10] Taylor，G. R.，ed. 1993. Effects of Spaceflight on Immune Mechanisms. Journal of Leucocyte Biology. 54（3）：179－268.

[11] Wilson，J. W. et al.，eds. 1997. Shielding Strategies for Human Space Exploration. NASA Conference Publication 3360. Washington，DC：National Aeronautics and Space Administration.

第 6 章　载人航天飞行中人的因素

Barbara Woolford，Robert L. Bond，NASA 约翰逊航天中心

6.1　明确人的因素在航天飞行任务中的作用

6.2　任务分析、功能分配和工作分派

6.3　人的能力与局限性

6.4　太空与星球表面元素分析

6.5　案例研究：月球基地

本章的核心问题是“飞行乘组的作用究竟是什么?”从前述各章中探讨的观点来看，乘组是某种需要给予容纳空间、安全性和其他各种支持条件的有效载荷。而另一种看待飞行乘组的方式是将其视为一个系统，与其他各种（硬件）系统类似。人体具有各种传感器（眼、耳、触觉）、机械运动部件（手指、上肢、下肢）、自驱力（行走），还装载了运算处理器（脑）。人体也需要维修保养（睡眠、清洁）、油料或能量（食物、水），以及一个特殊的运行环境（氧气、温度）。人能把一些事情做得很好，而做另一些事却会很糟糕。这一章里，试图识别航天员的能力和局限，以便在某项载人飞行任务设计时能够应对这些局限性。

人的因素涉及的规则与人的健康、生理（第 5 章）、心理（第 7 章）有关。第 18 章探讨另一类与人相关的因素——居住舱。人的因素把航天员与其所处环境、所操作的设备结合在一起。为了有助于理解其工作原理，需要考虑几个简单实例。5.1.5 节中描述了一个航天员对于持续时间长短各异的不同水平加速度过载的承受能力。人的因素将探讨航天员在这些过载下的操作能力，例如一个人在 3 g

过载下的操作可达域是怎样的，以及这种可达域对于安放关键操作装置的影响。第 7 章描述了航天员自主管理的重要性，以及航天员与地面控制团队之间存在的潜在不协调。人的因素通常在分析决策支持、工作安排、信息存储与使用，以及其他各个环节，使航天员能够更加独立自主地工作，同时不必花费过多的时间在一些常规的事务上。

任务要求与强制性约束限定了航天员乘组的规模以及乘员构成的原则。比如，预算可限制航天员的数量，因为更多的航天员需要更大的飞行器。政治因素可影响到谁能进入乘组——来自哪些国家。任务要求与强制的约束也可影响到设计的选择，诸如运载火箭的型号等。人因工程师与任务运营方，以及其他系统的管理者相结合，共同设计操作支持设备，更有利于确保飞行任务的成功。

6.1 明确人的因素在航天飞行任务中的作用

人的因素为我们提供了促进任务成功的各种能力有关的信息，还确保了人与其他系统——包括航天器和工具——之间接口的有效性和充分性。这一章将探讨人能为任务贡献什么，以及其他系统如何最有效地发挥人的能力。

6.1.1 人的因素对设计的影响

首先来看一看人的因素是如何对 8 个设计步骤中的 7 个施加影响的（见表 6－1）。这里略过了第 1 个步骤——任务描述——因为这个步骤是任务的发起者提出的，不容修改。

表 6－1 各个设计步骤中如何体现人的因素▲

步骤	影响这些步骤的人因问题
1.1 评估任务目标	人的能力与局限性的总体考虑，乘员每天、每周的有效工作时间

续表

步骤	影响这些步骤的人因问题
1.2 识别需求和约束	各类任务所需的时间、设备和培训，量化评估人的能力
1.3 构建备选方案	人的灵活性、适应性相关数据，超出这些能力限度的后果；人与机器的相对优势
1.4 识别系统影响因素	人保持工效状态的需求，质量、体积、功耗和特指“乘员”的需求
1.5 明确任务基线	回顾整体任务状态，识别各种隐含的航天员状态与需求的假设
1.6 记录筛选与推理过程	记录前面各步中给出的资料或设计权衡的数据
1.7 迭代和集成设计	优化人的因素，引入其他设计方案使人的作用得到更有效的发挥

▲:第 1 列的步骤对应第 1 章的表 1－2。

步骤 1.1

考虑任务描述中界定的环境里，乘组人员的可预期和不可预期表现分别是什么。基本的体力要求和限制，如力量与疲劳，确定航天员所能从事的体力劳动量，因为经过长时间的微重力环境，航天员的体力通常会下降。例如，航天员只能在有限的时长范围内集中注意力监视显示器。在考虑自动与人工如何协调配合时，这些因素必须充分考虑。

步骤 1.2

人一般从环境控制、居住舱和其他给养供给等环节对任务产生约束，还需要各种工具和设备以确保最佳的工作效率。航天员需要一定的居住空间（如图 6－2 所示），以及存放在可达区域的消耗性物品。这些需求影响到居住舱大小，因而也牵涉到发射的质量。类似漫游车或机器人这样的设备可以借助人的决策能力更快速更精确地完成任务，可有效降低其完成任务的时间，节省相应的消耗品储备。

步骤 1.3

人的灵活性和适应性允许设想很多不同的方案。备选方案必须考虑这些灵活性，设计良好的拓展性，以及一旦航天员被迫在超出安全操作阈限的情况下操作可能导致的后果。航天员可对特定的设备提供支持。假设我们设计了一个可自主运动或接受遥控的星球车，同时还在飞行器内安放了显示和操作设备。当漫游车的自主运行传感器或远距离通信系统不能工作时，航天员即可在航天器或基地内对其进行控制。在提供足够的工具、备件和辅助信息的情况下，航天员还可对设备进行维修，从而减少了该设备的冗余设计及制造费用。

步骤 1.4

乘组成为系统的影响因素或关键需求，需要确定其数量。乘组人数、任务时间、技能搭配都可影响任务设计。如果人数固定，怎么办？可能需要相应调整任务时间以及需要的技能匹配。乘组可以成为一个系统的影响因素或步骤 1.3 中需权衡的问题对象。一旦确定了乘组人数，就必须基于图 6 - 2 和第 18 章的表格确立航天器居住舱容积、消耗品的质量和体积。要是任务的成功必须依赖更高层次的技术——医药、地质学、卫星侦察、机器人或导航技术——该怎么办？可以通过增加乘组人员，在较低的技术水平下达成任务目标。在后一种情况下，可在飞行前对乘组进行特定训练，使其成为“万能”型的操作者。进入空间飞行后，他们可以依靠附加的地面辅助支持或航天器上的专家系统、数据资料系统开展工作。

步骤 1.5

回顾任务基线时考虑人的因素，确认没有在其中混入“潜在的假设”。一个贯穿始终的系统级定义是，既不能过度使用乘组的时间和能力，也不能忽视其对任务成功所做的贡献。为正确地估算，应建立一个粗略的时间线，估算操作所需的时间，以及完成这些操作所需的乘组数量。对于高效的工作，每个航天员每天可利用的时间约 10 小时，如果需要更多，就得考虑增加人数，延长任务时间或使更多工作自动完成。另一方面，如果想用更大程度的自动化系统降低航天员的工作时间和工作技能要求，则不可避免地要花费更多的资金来研发这种系统。这种情况下，应考虑降低自动化的水平而强化乘组的操作与控制作用。

步骤 1.6

空间飞行任务必须降低成本、体积和质量。但如果压缩了乘组的需求，就不能充分利用他们的时间和能力。必须记录假设、权衡、数据、推断等各种关于确定乘组角色的证据。这样，在任务设计日趋成熟，各分系统研发细节逐步确定的过程中，就能始终保持乘组的角色和需求处于最重要的地位。举例来说，假定最初计划使用大量自动化的、可遥控的设备，但任务要求突然改成需要更多次的出舱活动，这就不得不重新考虑乘组的技能搭配、人数、设计和工作站的大小，以及可用的乘组有效工作时间。航天员在这样的任务中容易疲劳，需要更多的休息时间，且可能要在出舱活动前后花费更多的时间用于维护舱外服和其他一些例行工作。所有这些，减少了他们的有效工作时间。再次强调，这正是确定乘组工作程序及工作方式过程中，必须详细记录各种筛选和推导过程的原因。

步骤 1.7

在反复的迭代和集成设计过程中持续考虑人的因素，可使设计不断完善，使任务基线方案开发更加有效。始终注意挖掘乘组作为问题解决者，以及设备操作者和维护者双重角色的潜力，将使任务的计划更具灵活性。飞行前与任务控制和地面支持人员进行共同的专项训练和团队协同训练，将使乘组的效能得以最大限度的利用。

6.1.2　人的能力简述

在创建和评估任务时，我们必须考虑到乘组的能力。如表 6－2 所示，除了每天 10 小时的有效工作时间以外，航天员的一天中还包括 14 小时的个人休整（睡眠、进食、个人清洁、娱乐、体能锻炼、私人通信等）。对于持续时间超过 10 天的任务，应当每 7～10 天安排 1 个休息日，因而对于给定周期的任务，航天员的工作量是受到限制的。如果不想延长任务或增加乘组人数，可以尝试将全部航天员分成两组轮流交替工作，那样将使每天的工作覆盖时间接近 24 小时，但由此带来的是对居住舱的更高要求：需给不参加值班的人提供隔声的、低光照的睡眠区，使其远离值班航天员的噪声等干扰。

表 6-2　3 次天空实验室任务中乘组的时间分配▲

飞行	时间（总时长）	个人休整		操作		有效载荷	
		人×小时	%	人×小时	%	人×小时	%
SL2	2019	1192	59	424.5	21	402.5	20
SL3	4281	2324	54	648	15	1309	31
SL4	6055	3605	59	781	13	1668	27
总计	12355	7121	58	1854	15	3379	27
日平均	24 人-时/乘员	14 h	58	3.5	15	6.5	27

▲:3 次天空实验室(SL2、SL3、SL4)任务(每次 3 名航天员)中,乘组用于个人休整、操作和有效载荷的全部时间。个人休整包括睡眠、进食、个人清洁、休闲娱乐、体能锻炼和私人通信。运营活动包括飞行操控、激活、钝化、堆装物资、系统维护、服务、出舱活动准备等。有效载荷活动包括实验任务和主要的任务目标(%是在整个工作时间中所占的比例)。

人的部分能力和需求在太空中并未发生改变。可能最重要的是：尚没有研究表明太空会影响到观察、思考与记忆，但确实需要考虑航天器上或其他宇宙天体上光照的差别。在近地轨道，来自太阳的光照在 90 分钟或 1 个轨道周期中的典型变化是：从完全的冷黑进入完全无散射的光照，而后又回到冷黑。从月球南极的探索情况来看，居住舱和处理设备安放的位置可处于持续的太阳光照中，而冰川处于永久的黑暗之中。必须提供正确的光照种类，这样航天员才可以在这种环境中保持视力。

由于感觉和认知能力未发生改变，可利用地面研究和试验基础上开发的相关标准，提供可显示在计算机屏幕、电视屏幕或控制面板上的各类信息。有一系列文件用于描述在显示屏上安排信息显示的最佳方式，以便于人理解。这些方式可在空间或其他行星基地上应用。另外，还必须考虑输入设备及太空环境的限制。地面条件下，当移动鼠标、触摸屏幕或操作游戏杆时，屏幕上的箭头可随之移动。

而在近地轨道做同样的动作，你自己也会同时移动。

人的体能在长时间的微重力环境下也会改变。第 5 章 5.3.2 节探讨了心血管系统功能降低、肌肉萎缩、骨骼退行性改变的相关内容。一般情况下，这些改变都是渐进性的，因而仅仅 3 天的微重力环境不足以造成明显变化。然而，对于超过数月的飞行任务，即使坚持经常锻炼，乘组返回后也很难在 1 g 的重力环境中自主保持站姿。

如第 5 章所述，人在宇宙空间里生存必须要有一个类似地球的环境。航天器或行星表面的居住舱、以及舱外航天服均能维持合适的大气条件。乘组可在较大范围内适应重力环境的改变，而仅在部分体能表现上发生变化。重力负荷的增加会限制操作能力和可达区域。重力的减少也会影响姿态的维持，进而影响运动和可达区域。

6.1.3　人—机接口设计的总原则

对用途相似的设备采用一致的设计和操作界面，可有效提高设备的可用性并降低研发与训练的成本。为有效工作，乘组需要各式各样的工具——从螺丝刀、餐具到精密的科学与工程设备——供他们在航天器或行星居住舱中操控整个系统。乘组的工作效率，甚至安全，都很大程度上依赖着这些工具的可用性。Branaghan [1997] 设计组将可用性好的工具描述为：

1）易学。设备被认识理解及学会操控的速度。经常用“直观”这个词来形容容易学习掌握的操作界面，例如，按钮或把手应该设计成旋转的，而不是像闸刀开关那样需要来回地推拉。

2）高效。显示与控制的安排模式，操作界面与需要执行的操作动作应协调。同一时间使用的操作项应集中安置。

3）易记。经过一定时间的生疏期，设备能够被再次正确使用的速度。这个特性与易学性相关，但对于飞行数月前训练过，而直到进入任务才需要应用的操作，这个特性很关键。

4）防止误操作。确保错误率低，且在错误的情况下易恢复，通过三个步骤：

a）防错设计。例如，在显示器上将给定工况下不需要设定的指令变成灰色，而将需要设定的指令用粗体显示。

b）使错误易于恢复。例如，提供报警提示，其中包含“取消”按键或“撤销”指令。

c）让发生严重错误的可能性降至最低。严重错误是指导致航天员或航天器损伤，威胁任务目标，或导致关键数据丢失等的情况。通过认真细致地分析、设计及可用性测试方可达到这一目标。

5）用户满意。使用者应该喜欢，或至少不讨厌。

6.2 任务分析、功能分配和工作分派

要做好任务分析与功能分配，首先要回到任务策划上。任务分析的问题是，为达成任务目标需要做什么。功能分配的问题是，如何使做这些工作的人和机器相互结合。有多种人机结合的模式，但从乘组的工作时间、安全性、可靠性、成本、质量与容积的角度看，各种模式的代价不同。

6.2.1 任务分析

一般从如何达成任务目标，以及识别完成所需工作的不同方式开始对任务进行初步分析。一般而言，可以利用的资源包括乘组、自动化程度不同的设备、地面支持人员——包括飞行控制团队、工程人员、设计设备的科学家，以及任务工作本身。表 6－3 显示了如何对矿藏探索这个实例进行任务分析。

表 6－3 月球基地任务分析与功能分配▲

工作项目	谁/什么来做？	需要做什么？
利用卫星确定位置	乘组	操作计算机硬件和软件；专家图像分析
	任务控制	同上

续表

工作项目	谁/什么来做?	需要做什么?
在月面探索各个场所	乘组	在月面导航和制图;土壤鉴别;操作月球车;黑暗中收集和分析标本;在航天器外工作(出舱活动)
	自主漫游车	在航天器内乘组的监视下,开展上述工作
	遥控漫游车	在视频及指令链的支配下,具有三维图象识别判断能力的基础上,开展上述工作;遥控工作站;持续保持在舱内操作
就地采矿过程 a)　设备展开	乘组	EVA;可能的遥控或自动控制
b)　收集物质	乘组	导航,在黑暗中探矿;EVA
	自主漫游车	自主开采和转运矿藏;探索
	遥控漫游车	舱内控制下开采、运输和探索
c)设备操作	乘组	维护、监控、提供原料;存放产品;EVA
	自主漫游车	监控、提供原料;处理提取物;维护需乘组 EVA
	遥控漫游车	乘组在居住舱或月球车中远程遥控操作设备;通过 EVA 维护
d)提取物分析	乘组	利用仪器进行化学分析;乘组或地面专家解释结果
样本取回	乘组	通过 EVA 或在舱内遥控操作获得处理前后取得的样本
识别后续可利用场所	乘组、漫游车	同定位采矿地点,但应在阳光下
技术验证	乘组	记录全部过程,包括时间、功耗、输入与输出质量等
	地面支持	分析数据记录
验算费效比	地面支持,分析	不是乘组的工作,除了保管好数据记录
装配和展开居住舱、漫游车	乘组	一次性工作;EVA 或远程遥控
维护乘组健康	乘组,任务控制	分配好进食、休息和清洁的时间
维护居住舱和设备	乘组	检查、清扫、维修与补给
返回地球	乘组,任务控制	维护返回飞行器并具备操作它的技能。轨道规划,回收

▲:通过总结归纳面向不同任务需求的可用方法,开始构建乘组的角色定位,以及使用自动化手段的模式和数量。

除了要做的工作，任务分析的结果还取决于很多变化的因素。本案例中的月球任务，地月通信延迟为几秒钟。这个程度的延迟对地面遥控是一个难题，但这个困难对于没有时限的功能要求——接受并处理月球轨道上传回的图像以识别可能的着陆点——影响不算大。但同样的任务发生在火星，则需要更多自主控制，因为地火通信延迟长达 20 分钟，而且当太阳居于地球和火星之间时，通信中断时间可长至数周。

6.2.2 功能分配

这一步权衡面向任务的地面支持、乘组及自动化设备的不同模式组合导致的成本变化及各自的优点。这里的成本包括乘组时间(航天飞机乘组成本约 150000 美元/小时)，乘组和任务面临的风险，研发新设备成本，以及基于质量和体积的发射成本。

总的看，今后数年中用于自动化设备的研发成本将逐步降低，而设备可靠性将逐步提高。第 23 章详细描述了空间机器人，表 23-3 归纳总结了其优势和劣势。人在一次性的任务中显示出更高效率，而机器人在重复性而缺少变化的工作中表现更好。可通过将人与自动化设备组合并取两者的中间状态，这种状态下就有人因相关的特殊问题。乘组必须保持对系统状态的准确了解，并在必要时能够灵活对其进行干预和操控。对机器人和其他所有的自动化系统——如用于监控和控制环境、供配电、通信等——都要这样。

如今，空间操作趋向于增加人与自动化设备的结合度。Malin [1991；1992] 通过逐步增加自动化的监控手段，使任务控制中心的工作效率大大提高，并以此为基础提出了人机结合的指导性原则。如同其他讲到这个问题的人们一样，着重强调要让使用者参与到系统研发过程中。Parasuraman and Riley [1997] 提出，几乎没有哪种技术能被很快接受，但是过度的信任会使操作者对自动化产生依赖，而意识不到其局限性。在很多实例中，如何分配功能对成本的影响非常大，如表 6-4 所示。

表 6-4　功能分配如何影响成本▲

功　能	成本影响因素
自动化	1. 技术状态(技术创新与突破无法预期,也不在预算内); 2. 使用频率与数量(通常对于一次性的或独特的任务没有费效比); 3. 可靠性(自主漫游车可能在乘组无法监控的情况下发生损坏,导致任务失败); 4. 安全性(在航天器、居住舱,或乘组附近的操作需要安全防护和其他辅助措施)
遥控或人机配合	1. 技术状态(发展越进步,越会比"纯自动"有更多的经验基础); 2. 通信链路(为远程操作而构建的控制与反馈信号通路,会产生额外的成本); 3. 乘组时间与技能(需要何种程度的训练? 单人,轮换,还是工作分担? 单个乘组的直接行动是否更快或更简单?); 4. 工作站(可视化显示、遥控显示、状态显示——都需要空间和体积、功耗,需要设计和制造过程); 5. 安全性(对乘组面临的风险是实质上降低了还是增加了?); 6. 可靠性(备用系统会增加成本、训练,以及用于维护维修的设备;系统失效会导致任务失败吗?)
乘组	1. 安全性(本次任务中是否需要特殊的支持或防护设备如 EMU? 任务存在固有风险吗?); 2. 体能和医疗能力(人是否足够敏捷和强壮以满足任务要求? 任务是否需要特殊技能——如图形识别或创作? 是否需要特殊的操作技能——如较高的体能或稳定监视大量数据资料的能力? 需要多少人和多长时间? 成本按 150000 美元/人·小时估算); 3. 训练(为本次任务设定的设备运行程序或人员训练有何难度? 某种操作技能是否易被遗忘? 操作错误是否容易纠正或是否会危及任务? 训练成本包括训练模拟器、训练程序研发成本、教练员与乘组的薪金)

▲:括号中的内容包含了决定成本的关键性问题——采用不同类型和不同水平的自动化技术。

6.2.3　工作负荷

工作负荷是用以衡量一个人做一项工作所要付出的努力的多少。它可以是精神的、体力的、感知觉的，或是综合的。工作负荷大小与工作中可利用的设备有一定关系。如果能利用机械设备移动大质量的物体或将乘组转运至指定地点，就可在很大程度上降低体力负荷。但同样是这些设备，会很大程度上增加感知与认知上的负荷。

长时间远程操作遥控器或遥控漫游车也会导致疲劳，因为监控与控制这些设备需要高度的视觉注意、持续的分析与判断，以及精确的身体运动。

工作负荷可以用时间曲线来定义——在一定时间内完成任务的活动量。很显然，活动量越大，工作负荷越高。过度的工作负荷导致疲劳、应激和注意力下降。但工作负荷过小也会导致厌烦、放松关注和戒备、士气降低，以及对偶然性的突发事件准备不足。不论哪种情况，都会导致错误和事故的发生率明显上升。

时间曲线必须指向任务的确定目标，如“定位冰矿”以及乘组任务中隐含的内容——从生理和心理上维持乘组的健康和适应性。在任务执行过程中，可利用问卷调查、乘组报告、压力分析，或其他地面评估手段来监控工作负荷情况。必要时，可通过省略一些既定工作、延长任务时间（如果其他约束允许），或在乘员间重新分配工作等方式来降低工作负荷。

然而，工作负荷不仅仅是单位时间内的工作量。对于应用高强度感知能力工作的人，也会因此而导致疲劳，但不一定需要通过完全不工作来恢复疲劳。有一类令多数肌肉群活动，而几乎不用思考的工作，如清洁表面灰尘和过滤器，或进行体育锻炼，也可使感知能力得到有效的恢复。

通过在模拟器训练时获取的数据，可在任务前就相对准确地预估工作负荷。在任务早期的策划中，可利用在宇宙空间或行星表面，或地表做类似工作的时间数据，粗略地预估工作负荷。对于地表的数据，在空间参考应用时必须根据环境差异和舱外航天服的使用次数，对结果进行一定比例的修正。

轮换制可使乘组在给定的任务周期中做更多的工作。但必须确保航天器和居住舱能够容纳相应的乘组数量；不值守的航天员需要睡眠、放松、卫生等活动空间。还必须做好工作计划以便乘组可以进行合理分工。

6.2.4 任务分析结果在确定乘组人数及乘组训练中的应用

任务目标、需求和约束决定了乘组所需掌握的技能类型：

1）一名有医疗资格的航天员具备处理医疗问题的能力。

2）如果乘组中有医疗能力的专家患病或受伤，交叉培训另一名航天员作为备份。

3）与其他工作相对应的特殊技能。

4）驾驶员，对应返回和着陆时计划采用人工控制的情况。

5）导航与地质学方面的专业知识，用于星球表面探索。

6）操作、维护与维修所有其他系统——供配电、生命支持、热控、出舱活动设备等——的能力。

可以选择已具备上述知识和技能的乘组，但可能需要在几年的时间里给予航天员专业的操作指导，以帮助他们完成任务准备。这种操作指导需要高精度的模拟器或真实设备的复制品，所以当估算成本和识别系统影响因素时，要考虑飞行前的训练时间及相应的设备。

还必须安排恢复性训练，因为某些技能可能在早期进行过训练，但到使用时已经间隔了一年或更长时间。一旦乘组进入太空，基于计算机的设备将很实用，因为不论有无潜在的系统模拟仿真，多媒体软件都可以展示文字、图标、视频和音频。这种训练在质量、体积和功耗上几乎是不需要投入成本的。虚拟现实训练有很大的应用潜力，但还不具备在航天器上开展训练的条件，而是在飞行前的高保真度和更为灵活的模拟器训练上可能具有增强的效果。

任务分析与功能分配也会对乘组人数和训练做出反馈。目前的任务操作规程规定，由于体力消耗过大，不允许一位航天员连续两天进行出舱活动。如果大多数工作需要人来操作，可安排 4 名而不是 3 名航天员，这样每天可有 1 组航天员在进行舱外工作。如此一来，出舱活动量加倍了，但生活空间、环控能力及消耗性物品的增加要求仅为 33%。

Tillman [1990] 给出了一个有限的火星任务目标和任务约束下，乘组人数与功能要求和任务分析的例子。他们指出，试图确定乘组人数非常困难，因为不论从技术的发展还是乘组训练方面，几乎没有任何可参考数据。

6.3 人的能力与局限性

此类信息的绝大部分必定都是属于高度抽象和高度概括的。关于人的能力、局限性和需求的详细资料，可以参看约翰逊空间中心编制的 NASA－STD－3000《人—系统集成化标准》。有一个专家团队对其中的每个条目进行了评审，并定期对其进行补充和修订。这个标准最初是一个关于国际空间站计划的需求、规程和概念设计方法的合集，但其中包含了来源广泛的信息数据，如 NASA 的文件记录和军方的技术说明等。

6.3.1 感觉与知觉

航天器微重力环境下的嗅觉与味觉的改变已经有所记载。改变的机理被认为是体液向上体转移，导致头部充血，感觉像是患了感冒，并造成对味觉、嗅觉的类似影响。这种改变令有饮食偏好的航天员发现，飞行前挑选的“美味”到了轨道上就变得淡而无味了。

视觉对人在大部分工作中的表现都非常关键，包括在空间中。微重力环境下的视觉改变已经引起了关注。俄罗斯已经报道了其可对地球上的目标进行非常细微的观测。由于没有大气的阻隔，在太空进行观察的视野非常清晰。不过，宇宙中的光线与大气环境下的光线是有差异的。明显的区别是，没有大气微小颗粒物对光线的散射作用，阴影区域变得非常黑暗。近地轨道上昼夜循环的时间约为 90 分钟，与地球上的 24 小时昼夜循环形成鲜明对比。对于月球任务的研究表明，月球基地始终处在阳照区，而发现冰的火山口局部区域则始终处于黑暗中。黑暗中人的操控需要可见光的照明。而机器设备可通过传感器感应外界的电磁波辐射，并整理成“伪彩色”的图像，供人监控和操作。

居住舱内的照明对于开展工作和维持正常的生物节律是很重要的。NASA - STD - 3000 中 8.13 节，及本书第 5 章已经列表对不同类型活动的光照要求进行了说明。光照水平用 lux 表示，以衡量单个物体上投射的光照强度。标准的办公室环境工作区和书写区光照强度为 530～900 lux。典型的家居环境光照强度，厨房操作间为 320 lux，起居室为 85～110 lux。

人的深度感知在很大程度上是双眼立体视觉的结果，因此，为提高远程遥控能力，可利用两台摄像机同时采集图像的方式为操作者提供视觉深度。还有一种深度知觉信号无法在真空环境中获得，其原因是颜色饱和度和一定距离下细节特征的可视性下降，这类改变在含水蒸气和颗粒物的大气环境中也会发生。深度知觉信号中的重迭（一个物体被另一个物体部分遮挡）现象在太空中与地球上相同。

在一些乘坐俄罗斯联盟号飞船、美国航天飞机飞行的任务中，部分航天员已经报告了暂时性的听力损伤，这主要是由于来自环境中的巨大噪声。除了听力损伤，噪声和振动还可导致烦躁和情绪波动、交流困难以及工作绩效下降，还影响睡眠，破坏乘组的健康和工作有效性。第 5 章探讨了多种情况下允许的噪声水平。

大气压力与其构成成分对噪声特性是有影响的。因为声音在真空中无法传播，所有轨道空间的噪声都是由于发动机或其他必须用风机来制冷（微重力下没有冷对流）的设备所引起的。表面基地或航天器中的大气，可影响声音品质，以及话音和其他声音信号的传播距离。

长期任务中，从维持人心理健康的角度出发需要适度的感觉刺激。例如给出一定的颜色或光线刺激视觉，录制音乐或其他悦耳的声音，提供张贴个人图片的区域等。

6.3.2　信息处理

信息是太空中有效工作的关键。信息的组织、显示、存取方式直接影响到乘组工作的有效性。总体而言，几乎还没有认知能力与认知表现会在太空中发生改变的证据［Schiflett，1995］。然而，空间运动病却可在大多数时候影响到工作绩效。在美国航天飞机任务中初次进入微重力环境的航天员，40％罹患过这种疾病。它一般在2～3天后就会消失［Reschke等，1994］。仅仅从月面返回轨道的航天员数据资料中没有任何空间运动病发生的记录，似乎在这个过程中航天员机体产生了某种对运动病的免疫力。然而，月面驻留只有几天的时间，还不能预计长期驻留的结果会怎样。如果航天员执行过一次以上飞行任务，在后续任务中再发运动病的几率大大降低，但在地球上多年后也并未表现出对运动病免疫。部分从微重力环境回到地面的航天员，也有可能罹患运动病。

6.3.3　指令、控制与乘组自主管理

任务的复杂性、通信带宽与潜在风险，数据资料的相对可获取性，决定了飞行乘组获取地面支持的有效性。为航天飞机提供24小时不间断的支持，需地面投入数百人，耗资巨大。更高性能的计算机、不受辐射干扰的海量数据存储器（如硬盘）、更先进的软件，对于乘组获取自主管理的必要信息更为实用。

随着航天员自主性程度的提高，在轨指令与控制越来越重要。必须在训练期间就定义好一个可接受的组织与管理层级结构。国际化的乘组通过政治、经济的影响、文化的关注（如节假日）、个性化因素（如饮食偏好）等对计划施加影响。并且，尽管美国的空间项目在对待男女性别问题上采取同等的态度，但另一些文化却并非如此。因此，如果我们在分派职责和工作时没有顾及性别因素，可能会招致一些外部的压力。

必须在训练中明确构建航天员之间，以及乘组与其支持团队之

间的沟通规则（正式或非正式的）。航空工业领域已经采用了一种称为“驾驶舱资源管理”的训练计划，在商业航空领域提升了安全性和内部配合。航天飞行乘组也可从类似的训练中获益（参见第 7 章）。

6.3.4　人体测量学与生物力学

自美国水星计划以来，飞行乘组的大量特征已经和正在发生改变。这个趋势包括一个涵盖更大范围的人体尺寸，国际空间站的设计指标既要求覆盖备选人群的 90%，仅尺寸最大的 5%与最小的 5%被排除在外。人群的选择深刻影响到设计的方方面面：尺寸、高度、设备安放位置、服装与特殊的个性化装备、设备的可调范围等。和平号空间站对于航天员和国外访问者的尺寸限制比航天飞机要严格得多，主要由于联盟号飞船座椅的设计——这是一个人适应机器的典型案例。

现在，世界上有越来越多的人能够适应空间飞行的要求，因为饮食、营养与健康维护等方面技术都取得了进步。在航天飞行的成本、政治等因素的影响下，任务的组织者更趋向于开展国际合作，因而应当具备将各个国家纳入任务项目的能力。NASA-STD-3000 第 3 章中为选拔进驻国际空间站的乘组，列举了人体测量学与生物力学的大量数据。在 3 卷本的《人体测量数据源手册》中，可以获取到收集自十多个国家的更为全面（但比较旧）的数据 [NASA RP-1024，1978]。

微重力环境中的中立体位与正常 1g 重力下的中立体位有很大区别，在进入轨道后的数秒时间里，这种区别就可显现出来。图 6-1 中显示的 6 个实例，是基于 Mount 等在航天飞机试验中收集的数据。放松状态的中立体位使眼球的几何参照点发生变化，进而影响到空间站的整体布局和设计。在 Mount 的研究以前，仅有的中立体位相关数据是对天空实验室上的 3 名男性受试者测试后得到的。这组早期数据所显示的惯性体位变化幅度，与 1994 年对 2 名女性和 4 名男性受试者的研究中得到的数据相比，要小得多。改变中立体位需要一定的肌力。图 6-1 中显示的各种体位都对特定设备的设计要求产生的影响。

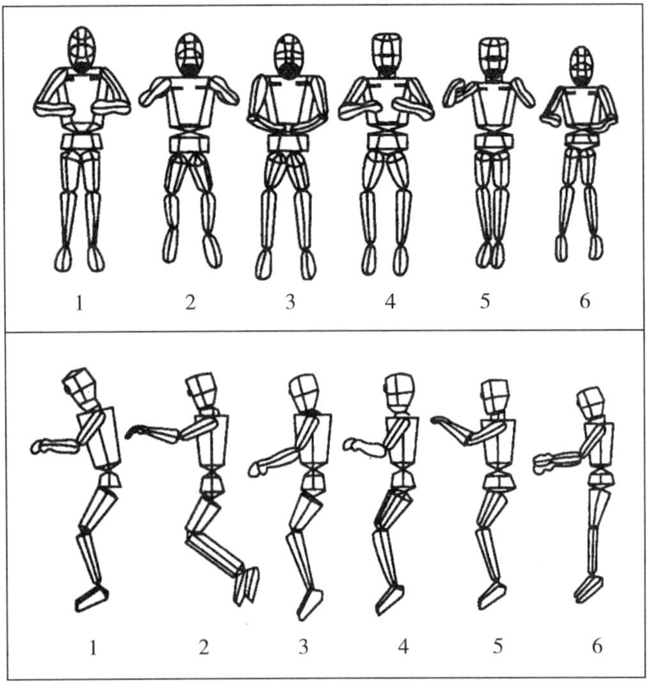

图 6-1　基于微重力下 6 个独立角度测量所得的中立体位▲

▲：微重力下的中立体位或放松状态体位与正常 1g 重力条件时明显不同。从上面 6 名受试者的不同表现来看，中立或放松时的关节角度在相同条件下也存在个体差异。工作台、服装与设备的设计必须与这些变化相适应，以避免航天员长时间从事某种需要持续用力维持某种身体姿势的工作时，从而受到压力或损伤［图片来自于 Mount 等在 1994 年做的实验］

微重力下脊柱伸长会很快发生（几天之内），这会影响到工作场所、服装适体性的设计，特别是压力服的设计。脊柱伸长是脊柱纵向压力降低以及随之而来的椎间组织生长导致的，其结果导致乘员的身高在飞行的最初两周中增加约 3%。

体液在微重力下流动速度很快。由于重力的缺失，体液（包括血液）朝向头部和上体重新分布，导致脸部肿胀，乘组看上去像一群“红脸”壮汉，嗓音也发生改变，有些人还出现手和上肢的肿胀。

随着微重力暴露时间的延长，肌肉萎缩和骨质脱钙导致力量下降［Jaweed，1994］。还不清楚部分重力是否对这种效应有所影响，是可以彻底防止、减缓还是完全没有作用。对抗措施包括每日长时间的锻炼，同时减少了乘组的有效工作时间。身体锻炼可能对航天器结构施加作用力，对要求精密的科学探索造成影响，进而影响时间进度。

表 6－5 是基于地面测试结果给出的，显示了国际空间站预备航天员所能达到的最大能力。在空间停留不同时长对能力的作用效果数据非常少，并且可信度不高，因此必须谨慎地评估乘组长期暴露在微重力或低重力条件下的能力改变。表 6－5 中的数据条件是：受试男性，直立背靠垂直于地面的墙壁上，在肩膀高度上推动测力计。以他们各自拇指尖可达距离为 1，对不同比例长度下的力的大小均进行了测量。表中给出了双手全力和优势手全力的平均值和标准差。

表 6－5　静止状态下的最大推力▲

拇指可达距离的%	力的大小/N			
	双手		优势手	
达到	平均值	标准差	平均值	标准差
50	583	142	262	67
60	667	160	298	71
70	983	271	360	98
80	1285	400	520	142
90	979	302	494	169
100	645	254	427	173

▲:测试状态下,男性受试者垂直站立,背靠墙壁,推动一个与肩同高的测力计。

6.4 太空与星球表面元素分析

设计航天器、太空和星球表面基地时，必须考虑质量、构型，及其与发射器、着陆器的关系。第 12 章和第 13 章将详细进行这方面的分析。此外，作为居住舱模块，还必须提供物资储存空间，存放食品、服装、医疗用品，以及保健用物品和设备。第 18 章将详细介绍这些要求。这一节，将研究太空与星球表面元素，它将影响乘组完成关键任务的绩效和能力。

6.4.1 总容积

最基本的要求是，在长达数月的飞行任务中，随着任务时间的延长，每名航天员所需的自由活动空间相应增加。一些观点认为，任务时间达到 6 个月或更长时间，每名航天员所需的空间容积将保持在一个稳定的水平不再增加。图 6-2 显示了时间与居住舱容积要求的关系。

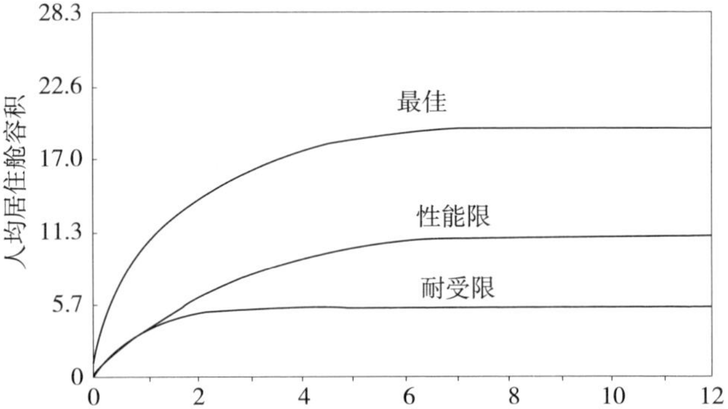

图 6-2 任务时间如何影响居住舱中每名航天员的空间容积需求▲

▲：可将最底端的“耐受限”曲线作为基础生存水平。中间的曲线有助于乘组提高工效

必须在任务初期设计中评估压力舱的总容积，因为这将直接影响到质量、发动机选取，以及其他与成本有关的因素。初期的压力舱总容积近似估算可基于已有的历史数据。图 12 - 4 以双对数模型给出了 11 个实际的和 1 个计划中的不同时长的任务中，航天员的压力舱平均容积数据，是给定任务时间的情况下，近似计算航天员压力舱平均容积需求的最佳参照。

这仅作为初期近似的估算，是基于几个原因。首先，很多数据都是来源于航天任务，特别是 10 天或更短的任务，任务中航天员往往被限制在座椅上，根本不能在航天器中自由移动。这些任务——水星号、上升号、东方号、双子星座号——都没有提供航天员试验操作、锻炼身体、准备餐饮的空间，或者决定在给定的时间里与何人共处（当然是在有其他人参与的情况下）。

其次，可能会质疑这个曲线的有效性，因为它只反映出航天员已经成功完成指定任务时的空间大小，而没有反映出他们在拥挤不堪的环境压力下导致的心理、生理受到的伤害。之前已经指出，人的适应能力是在航天任务中引入人工干预的最大优势，但是也必须明白，这种适应能力可能掩盖了对乘组提供支持的不充分性。拥挤和缺少空间，被认为是和平号空间站上导致乘组操作失误和任务困难增加的重要因素。

第三，当增长率快速升高到一定水平时，一个多项式的增长率曲线一般仅反映有限数值的变化。如图 6 - 2 所示，在某些任务期间时长与航天员平均容积需求的关系必然发生变化。不幸的是，至今尚未取得一个普遍接受的模型来反映这种关系，特别是对于长时间的飞行任务，如火星任务。

参考月球任务，任务时长不超过 1 个月，每个航天员所需要的转移舱和月面基地居住舱的平均容积需求可进行合理的估算。这样时长的任务已经实施了很多次。然而，对于长期飞行任务如 500 天的火星探索任务，只能粗略地猜测需要的居住舱空间大小。当然，一定要比和平号空间站的容积大。利用第 18 章和其他相关分系统章节的数据，以自下而上推导的方式可以得到所需空间大小的极小值。为进一步研究和确定保持乘组健康和工效的空间容积需求，还需要在地面和国际空间站上开展更多的研究工作。

另一个关于总容积设计的重要考虑因素是重力环境。微重力环境下，乘组活动空间可以覆盖全部居住舱容积，在各个方向上的难易程度是相同的。睡眠区可处于垂直位，因为物理意义上的上下约束差异已不再明显。然而，即使在月球表面的低重力环境中，在数值不是很大的情况下，面积和容积同样重要，此时睡眠区应置于水平位，比地面高出 8～9 英尺的空间可利用性不高，比较合适的空间大小数据在第 18 章表 18－3 中给出。

6.4.2　功能分配与居住舱容积

航天器与星球表面单元的设计取决于需要做什么工作。首先，必须提供维持乘组生存和健康的功能区及相关设备，用于餐饮准备和进食、保健、睡眠、锻炼、医学保障等。乘组支持单元的布局和安排立刻构成了约束，因为其中某些单元通常是彼此冲突的。睡眠区应安排在最安静的地方。如果乘组不采取轮换制工作，锻炼区可以设在睡眠区附近，但是厕所一定要置于相对远处，因为那里的活动是睡眠期间最大的噪声源。如果乘组采取两班倒轮流工作，锻炼区就必须尽可能远离睡眠区，因为那里可能是清醒时段最吵闹的区域。

一旦已满足基本需求，就可进一步审视其他任务活动之间的冲突性和共同性。由于计算机控制了更多的设备，工作台的布局就可以变得更加灵活。国际空间站上将采用便携式计算机，在任何舱段从一点或多点进入并控制诸如环境控制、供配电等管理系统。这种方式取消了专用工作台的配置，包括工作台上的显示和控制设备。然而，某些功能需要特殊的设备。一般情况下，通信操作需要手持控制装置或其他输入设备，需要多视角监控远程遥控设备及其运行环境。一些其他工作必须在密闭的环境中进行，例如操作箱中。

为设备及其操作界面定义功能和其他特殊需求时，必须考虑人机互动配合。同一时间发生的乘组操作活动，应该适当分开，以减少意外干扰的几率。内部设计时，要考虑为乘组提供活动路由标识，尤其是在设计的各个阶段，都必须关注乘组的紧急撤离路线不会被某个设备阻挡。

6.5　案例研究：月球基地

让我们在探索月球南极、寻找水冰位置、转运和处理冰样本并安全返回地球这个案例研究中，共同构想与人有关的因素。首先，我们极为倾向于 4 人组成的乘组，而不是相对更小的团队，这样当有 2 名航天员在舱外作业时，至少 1 名航天员可在舱内监控。较大规模的乘组还可以轮流从事工作以降低疲劳。如果需要的话，4 人乘组可以几乎每天都进行舱外工作，至少对于短期任务是这样的。工作计划中应包含每周至少 1 天的休息日。

着陆前，月面的有关数据将传至地球供专家处理和分析。任务控制团队可确定着陆点位置，并反聩着陆反冲发动机点火的指令。航天员键入同时从扬声器中听到和从屏幕上看到的数据，避免了人为失误。

着陆后，乘组的首要工作应当是展开和装配居住舱（如果居住舱同时到达），或检查已实现送达的居住舱，将尽可能让这项工作自动进行或通过遥操作实施，但这也是一次性的工作，所以出舱活动对于人可以完成的任何任务总是效费比最高的选择。由于乘组必须在着陆器中操作，需要有一个气闸舱到达月面，同时具有视觉的和物理的通道。一旦居住舱开始运转并证实安全，就需要出舱活动去展开、装配月球车及相关设备。

用遥控的月球车探索水冰位置是最佳选择，但在其前进至可能具有水冰的地点的过程中，必须持续保持通信联络。如果感到通信可能有问题，就必须使月球车能够搭载两名航天员并具备应急出舱的条件。当然，“可返回”原则要求航天员驾乘的月球车必须保持在距离居住舱较短的路程以内。月球车的显示器和控制器——无论在车上还是在基地中——使操作者可控制其速度和方向，并提供高度识别的地形图像以便决策操控。月球车还必须具备搜集和储存核心标本的设备，甚至需要立刻进行处理。

一旦月球车确定了水冰的位置并建立了通路，它还必须能多次往返取回水冰样本。这时，我们想要自动化操作的程度更高，因为月球车已经不是在进行探索而仅仅是执行已知动作的重复性操作了。乘组在此期间应能监视月球车，如果需要，可以考虑将通信转至更受关注的方面。

当月球车将水冰样本运至指定地点的处理装置时，乘组应能在基地居住舱中操控该设备。它们需要两个专用工作站，一个用于月球车，一个用于处理装置。当然，仍有可能需要出舱工作，维护设备或分析解决一些异常问题。

航天员每天大约花费 10 小时来按程序操作或监控月球车与设备，此外他们还必须监控和维护返回器、进行常规锻炼、每天准备并进食三餐、处理个人事物、与地球上的任务管理人员，也包括朋友和家人保持通信联络。航天员每天需要在私人隔间里睡眠 8 小时，还需要完成次要任务目标规定的各项工作，包括生物医学、天文学方面的，或探索性的试验。

最重要的，乘组必须能够及时解决问题，意味着他们必须时刻保持警觉和活动能力。体力和精神上的疲劳将大大降低他们获取和整合信息以解决问题的能力。

当所有的处理程序结束并且结果令人满意时，乘组要离开基地居住舱，回到航天器里准备离开了。从月面发射、轨道调整直至返回再入，地球着陆的全过程几乎都是自动实现。

参 考 文 献

[1] Bond, Robert L . 1997. Application of Skylab Workday Analysis to Future Programs. JSC Internal Note 77 - EW - 1, JSC - 12856. Houston, TX: NASA Johnson Space Center.

[2] Branaghan Design Group . 1997. What is Usability, Exactly? By Design. 2 (1) .

[3] Jaweed, M. M. 1994. " Muscle Structure and Function. " in Space Physiology and Medicine, 3rd Edition. A. E. Nicogossian, C. L. Huntoon, and S. L. Pool, eds. Philadelphia, PA: Lea and Febiger。

[4] Malin, J. T. et al. 1991. Making Intelligent Systems Team Players: Case Studies and Design Issues. NASA Technical Memorandum 104738. Houstion, TX: NASA Johnson Space Center.

[5] Malin, J. T. and D. L. Schreckenghost. 1992. Making Intelligent Systems Team Players: Overview for Designers. NASA Technical Memorandum 104751. Houston , TX: NASA Johnson Space Center.

[6] Mount, F. E. et al. 1994. Human Factors Assessments of the STS - 57 SpaceHAb - 1 Mission. NASA Technical Memorandum 104802. Houston, TX: NASA Johnson Space Center.

[7] National Aeronautics and Space Administration. 1978. Anthropometric Source Book (3vols.) . Edited by staff of Anthropology Research Project, Webb Associates. NASA Reference Publication 1024. Springfield , VA: National Technical Information Service.

[8] National Aeronautics and Space Administration. 1995. Man - Systems Integration Standards, (4vols.) NASA - STD - 3000. Houston, TX: NASA Johnson Space Center.

[9] Parasuraman, R. and V. Riley. 1997. Humans and Automation: Use, Misuse, Disuse, Abuse. Human Factors. 39 (2): 230 - 253.

[10] Reschke, M. F. et al. 1994. " Neurophysiologic Aspects: Space Motion Sickness. " in Space Physiology and Medicine, 3rd ed. A. E. Nicogossian, C. L. Huntoon, and S. L. Pool, eds. Philadelphia, PA: Lea & Febiger.

[11] Schiflett, S. G. 1995. Panel: "Microgravity and Fatigue Effects on Cognitive Performance of Space Shuttle Astronauts," in Proceedings of the Aerospace Medical Association 66th Annual Scientific Meeting, Anaheim, CA.

[12] Tillman, B. , and P. Tillman. 1990. Human Performance and Crew Size. Paper presented at the AIAA Space Programs and Technologies Conference, Sept. 25 - 28, 1990. AIAA - 90 - 3566, Washington DC: American Institute of Aeronautics and Astronautics.

[13] Wheelwright, C. D. , R. D. Lengel, Jr, and A. S. Koros. 1994, "Noise, Vibration, and Illumination", in Space Biology and Medicine: Joint U. S. /Russian Publication in Five Volumes, Vol. II: Life Support and Habitability. A. E. Nicogossian, S. R. Mohler, O. G. Gazenko, and A. I. Grigoryev, eds. Washington, DC: American Institute of Aeronautics and Astronautics.

第 7 章　航天飞行心理学

Albert W. Holland，NASA 约翰逊航天中心

7.1　基本观念

7.2　心理学角度的任务设计

7.3　融入设计

7.4　结论

将人送上太空所涉及的巨额费用和诸多约束，使人成为航天任务中最重要的“分系统”。来自世界各国的飞行经验表明，如果不能有效地保护这个具有决定性的“分系统”，并最大限度地发挥其作用，就可能影响任务目标，危及乘组安全，并导致任务中出现各种各样的不愉快和不必要的麻烦。目前，已具备识别心理问题并有效提升任务成功率的技术，本章将介绍在一次常规飞行任务中需要涉及的心理学基本概念和影响因素，但不描述一些程序方法上的细节，诸如心理选拔、心理训练、飞行过程心理支持、乘组行为监控等。

美国、俄罗斯和欧洲在航天飞行任务中积累了大量关于心理问题影响飞行任务的实际经验。俄罗斯曾报道了 3 次长期飞行任务提前结束，其中部分原因就是乘组中出现了心理困境［Goncharov，1994］。联盟 21（1976）原计划飞行 54 天，但在第 49 天中止，飞行中止前的乘组内部人际关系已逐渐难以维系。联盟 T－14（1985）在 216 天飞行任务的第 56 天中止，这一计划压缩是由任务期间乘组情绪、行为障碍与医疗问题综合导致的。联盟 TM－2（1987）是第一次和平号长期飞行任务，原计划 11 个月的任务却在 6 个月时被中止，其中人际关系的问题也起了一定的作用。天空实验室 III

(1974) 的乘组曾表示，与地面控制人员意见分歧和工作干扰导致了过量的工作负荷令其非常反感。美俄在和平号 18 第一次联合航天飞行（1995）中见证了大量心理反应，美国航天员曾表示，各种心理因素对长期飞行任务是最具影响力的因素。

所有这些外在的心理表现背后往往各有其动因。例如，美俄的 7 次和平号联合飞行任务过程中就经历了心理和心境的大幅改变，包括一位乘员的父母一方去世（丧偶）、乘员之间的彼此怨恨和关系僵化。混杂的文化和性别，加上俄语、英语表达能力上的差异，均加剧了紧张和不安。乘组还必须应对极度忙闲不均的工作负荷、睡眠减少、一次在轨失火、一次碰撞并导致部分舱体完全失压、长期持续的热流和大气控制故障，再加上一次推迟时间较长的返回。在诸多消极事件的影响下，出现了乘员之间、乘员与地面人员的口角、摩擦；地面团队中出现了忧虑、士气低下、内疚、恐惧与情绪失控；积极性下降，心律不齐和其他应激状态下的身体反应，导致短期记忆力下降，并在完成任务中出现会导致失败的重大失误。

在众多积极的心理活动中，我们能注意到一种极为强烈的个人实现与成就感，任务结果达到甚或超出技术与科学的预期，乘员之间、地面人员之间建立起坚固的友情，表现出幽默和亲密的伙伴关系，工作中自觉自愿地帮助他人，并乐意分享新鲜食物与家庭趣事等。在面临困难时，他们还表现出果断与彼此信任。并非每一个心理活动或情绪表现都会对任务结果造成重大影响，意义重大的事件和反应往往会影响目标达成、个体健康、动机、团队行为，以及完成任务后依然具有团队性。在设计阶段关注人们的内心，将在很大程度上减少消极的任务结果而增加积极的成分。

某个拓展性任务的全过程中，任务环境与活动的组织方式首先影响态度、行为、表现与健康。多源性的应激性刺激可以是显在的（来自事件）或潜在的（来自——举例来说，某种工作活动过于单调）。后者往往最难应对，因为通常只能依靠“尾流效应”才能发现它们的存在。而发现“尾流”的时候，船往往已经开过去了，因而目前的设计原则就是努力预防再次发生。有很多文章和综述专门介绍识别、检测应激的方法，以及应激对行为、团队协作与健康所造成的影响［Svenson and Maule，1993；O' Hare and Roscoe，1990］。

7.1 基本观念

对于工程系统，心理学设计的主要目的是用最有效的方式达成任务目标和应对环境要求。心理学设计自身的目标是达到健康、幸福感和高效方面的特定要求。成功的设计离不开以下几个重要的基本观念。

观念 1：与任务目标紧密关联

一旦构建了宽泛的任务方案，任务目标和目标特性就成为心理活动设计的影响因素。必须将对乘组的健康、幸福感和高效的需求与任务整体目标紧密关联在一起。这种关联必须在组织中达成显而易见的共识，以确保心理设计活动在全过程的艰难设计权衡中获得足够的支持并保留下来。如果这种关联仅对设计者是清晰的，而非其他所有人，心理学设计就必然失败。

目标实现模型（图 7－1）提出了一种考虑任务目标与心理学策略、手段如何相互关联的方法。这还不是个系统完备的模型，而只是用于呈现特定关联关系的概念架构。这个目标模型至少具有以下 4 点优势：

1）它符合任务导向机制下的目标驱动型环境。

2）它对于航天员和不同层次的运营管理人员直观易懂。

3）它将关注的重点指向心理活动与工具如何为任务成功做贡献。

4）可通过为每个“盒子”构建简化的度量标准和干预措施，达成对目标的影响，进而评估干预措施的有效性。

毋庸置疑，达到特定的目标需要特定的行为，以及策略、措施和最低层次心理需求相关干预活动，这些活动数量、类型各异。而且，这个模型还应该是一个很好的用于设计的简要模板。

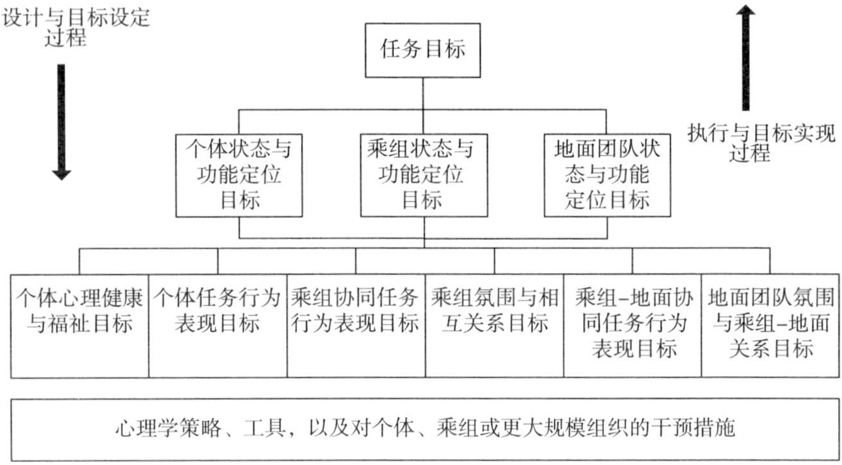

图 7-1　目标实现模型▲

▲：可利用基于目标的模型指导心理学过程设计、程序优化和措施干预执行。贯穿模型全过程的“目标”为有效性的评估提供了可操作的依据，并为理解流程与任务目标之间的关联关系提供了方法。心理学设计的流程始于任务目标，并沿树形结构向下执行，直至明确各个目标的实现手段。执行过程中，各种手段对任务成功有效性的促进通过对目标结果的干预自下而上地体现出来。

图 7-1 中，设计过程是自上向下进行，执行效果是自下向上逐渐显现。从上向下，密切关注整个任务的成功，诸如达到某个探索性的、科学研究的目的。这种成功有赖于乘组中的所有成员有效发挥其职能，乘组是一个整体，组成乘组的更广义的群体还包括，地面运营人员、任务指挥与管理人员。处于当前水平的（正式和非正式的）“职能有效性”基准，可以很明确，也可在某一组织中以模糊的、不确定的预期来体现。在此，目标以何种程度达到，须依靠很多具有一定优先次序的特定实据来表明：乘员个体的心理健康和幸福感、乘员们在何种程度上能够并愿意单独从事任务相关的工作、乘员们在何种程度上能够并愿意与其他乘员、地面人员协同开展工作，乘组内部、地面团队内部，以及乘组与地面团队之间的人际关

系和工作氛围等等，这些都是行为和表现的目标。这些目标本身决定着对其产生影响的特定策略和干预措施的选取、开发和调整（例如，选择程序、训练内容、任务中的支持方式等）。心理学设计过程的最终成果是形成各种策略和干预措施。

观念 2：预防与优化

心理学设计试图预防和避免乘员、整个乘组，以及地面团队中与任务运营联系最为密切的人群发生心理的、行为表现上的失调和紊乱。同时，心理学设计还试图使上述人群达到最佳的心理健康和幸福感水平。很多因素会影响到任务成功，但通过细致全面的心理学设计来避免各种问题发生，总是好过危机出现时再去解决它们。心理学家在任务开始前一般要完成他们自身工作的 80%。如能有效地开展心理设计并实施，任务进展过程中几乎不会出现问题，我们可以在飞行全过程在地面上袖手旁观。任务进行时，随着通信的减少，强力干预以及对影响任务成败的重大事件的控制都将减少。

观念 3：系统集成方法

按照图 7－1 中的模型显示，如果没有搞清普遍存在的机制性问题，就难以有效地影响各种任务目标。一种系统集成方法，不仅能关照到每一个航天员，而且能关照到航天员的家庭、乘组氛围，以及乘组与地面团队关系等影响因素。这种方法会形成一组特定的干预手段。关于心理学工作，有人可能会在内心构建这样一幅场景，一个白胡子心理分析专家面对一个躺在皮革躺椅中的航天员，试图对其心灵深处进行探究。除去陈旧过时的印象外，这种观念的形成还源于两个错误的假设：1）情绪、认知或行为表现上问题的根源是由于航天员自身有那些方面的心理障碍；2）因而预防或解决那些心理障碍的关键就是关注并尽可能改造航天员自身。对于这类心理障碍的传统的临床治疗手段又进一步强化了这种观念。因而，在航天飞行任务设计中，必须采用一种更宽广的视角。

每一个乘员的心理状态和作用发挥当然都很关键。但各种心理障碍往往来自于以下几点，或与其具有相关性：1）机制性问题，如糟糕的政策或决策、混乱而不连贯的程序，以及飞行开始前后的休息不够充分等；2）飞行的工作环境，如通信有限、设备和信息量的缺失；3）作为整体的乘组，如工作规范、领导者的风格，以及工作中的角色分配。要确保设计的有效性，这些系统性的影响因素必须予以考虑。

观念4：联系与熟知

心理小组要想规划和执行一次任务，就必须与一个异常庞大的任务相关技术群体，以及其他利益相关群体建立联系。他们识别和提出的心理学问题或解决方式，大都跨越了一个组织的多个管理界面，需要多个不同群体的积极参与和协同。例如，必须与航天员管理经理、任务规划经理、全体乘员及其家属、心理学研究人员、飞行训练负责人，以及通信、医疗和任务指挥控制等人员建立内部联系。必须安排专门的外部联系人，当新的研究发现近在眼前时，能够找到学术界的关键人物；当任务中的观察对象出现问题时，能够找到国内或军队机构中具备相关技术和经验的心理专家；或在其他具备相关经验的国际空间机构或航天员科研训练组织中，找到相类似的心理学受试者。

要取得好的设计，熟知指定任务的工作环境，以及哪些人将在其中居住和工作是关键。心理学家应当在与特定任务同等的条件下生活和工作一段时间，还应与其他机构中执行过类似任务运营的心理学家，或那些能够给予我们很多实用设计知识和技巧的人建立联系。这样，就能逐步了解掌握任务的实际情况、约束条件，以及可能的干预措施。如果可能，心理学家应与航天员共同分担一些任务，共处一个工作空间，或共同经过一段时间的交往等等。既然设计的目的是确保航天员在任务中取得成功，就必须了解和掌握他们的偏好和关心的事。只有当我们能够建立和维持信任，并能够提供各种实用的手段和信息以帮助乘组达到任务目标时，才能算是做出了一个好的设计。

7.2　心理学角度的任务设计

在心理学相关设计中，一般应从早期的任务方案就开始介入，并持续至心理学要求和干预措施、策略成为任务设计的组成部分（表 7－1）。在任务方案开发早期就能涵盖心理学设计的要求的特例见于 1995～1997 年［Holland and Curtis，1998］，NASA 约翰逊航天中心所开展的一系列地面密闭环境试验。而反面的例子则举不胜举。遗憾的是，心理学家通常在任务规划已经完成，或飞行过程中出现了某个心理学问题时才出现。

表 7－1　心理学设计流程▲

步骤	问题	关键要素	参阅章节
1. 首次审核	早期的任务方案对人是否合理？任务方案对保持健康是否可行？幸福感与行为方面呢	总体任务目标、持续时间、运载器与居住舱、乘组补给、全部的飞行准备期与任务期时间表、通信等	第 2 章、第 6 章 7.4.1 节、7.5 节
2. 确定任务要求	对任务目标达成最具影响力的任务驱动因素（任务前、中、后）的特定预期值是什么？能够造成最严重恐慌的可能事件或场景是什么？指定的任务已征询了哪些关于个体、乘组和家庭方面的特定心理学要求	持续时间（运输与到位）、人际密度；个性特征、作息特点、乘组自主性、飞行前后时间表、乘组经验、规划流程成熟度、全部场所的通信特点和约束、特定环境特点、关键场景	7.4.2 节、7.4.3 节、7.5 节
3. 使用知识库	以往在此领域做过什么和了解什么？对于指定任务和任务驱动因素来说，最重大的关切是什么？信息的可信度如何？还有什么是不知道的	既往的任务文档、训练专家、丰富的人事、科学与应用方面的文献	7.4.4 节、7.5 节

续表

步骤	问题	关键要素	参阅章节
4. 细化干预措施与策略	最大化的实现目标与维护健康、幸福感和行为需要的特定方法和性能指标是什么？必须采用什么样的手段和方法步骤对实现目标最有利？是什么因素制约了我们取得最理想的设计	高度特异性的活动和方法应指向： • 飞行前 • 飞行中 • 飞行后	7.4.6 节、7.5 节
5. 开发需求	何种条件和干预措施是关键的？组织对乘组时间和其他资源的需求是什么	为执行提供足够的细节（频率、功能）	7.1 节、7.2 节、7.3 节、7.4.5 节、7.5 节
6. 融入设计	什么样的局部活动是必须的，以确保设计已被充分应用	完整记录干预措施与需求、与应用群体持续交流信息	7.3 节、7.4.8 节、7.5 节

▲：设计的起点是详细了解指定任务和任务目标，随后选取干预措施。

7.2.1　首次审核

在早期的方案阶段，要面向推荐的任务方案给出和收集各主要组成部分的总体信息，诸如基本的任务目标、持续时间、乘组规模、运载器与居住舱、全部的飞行准备期与任务期时间表，以及核心任务与事件等。要尝试搞清任务的配置对人会有哪些影响：这个方案是可行的吗？哪些挑战具有激励意义？该方案包含了新的探索还是常规工作，航天员与地面支持人员如何感知？持续时间合理可行吗？乘组轮换的频次如何？乘组规模、人员组成切实可行吗？运载器和居住舱的内部空间设置合理吗？任务是否提供睡眠和储存私人物品的个人空间？航天员有不受监控的隐私吗？可预见的飞行器内外的环境条件是怎样的？如何获取医疗支持？在航天器和行星上的主要任务是什么？如何移动和改变位置？航天员可放弃任务自行返回吗？

决策的角色分配和层级关系是怎样的？任务前训练在哪里，持续多久？构建了哪些机制与方法，用于提供项目管理、地面控制与通信、训练、科学与技术等支持功能？以上都是这个阶段具有代表性的问题。

应当牢记，任务方案必然随着探讨的持续、约束与资源的逐步明确，以及任务配置的成熟而发生改变。心理学家掌握着各种任务条件下有关人的幸福感、行为表现的重要信息，能够有力地辅助任务早期规划。任务管理者通常会重视这些信息，因为他们必须借助于航天员行为、健康和绩效表现目标的实现，才能达成更大的任务目标。

7.2.2　确定任务要求

一旦任务方案趋于相对成熟，特定任务的特殊要求就成为所有应对心理问题活动深入开展的依据。这时，任务规划者开始将视线转向各种支持保障单元，如运营心理学要明确，在任务规划中必须构建哪些资源和需求，以确保任务目标的实现。必须对指定任务进行分析，然后再确定干预措施和策略，如选拔或训练程序，用以适应任何极端条件的心理要求，以及使乘组的幸福感、行为表现得到优化。通过分析任务要求，确定各种措施的心理学目标，使干预措施与任务目标实现绑定，构建贯穿选拔、训练、准备、任务分配、支持、监控和返回等全过程的主题。这样一来，所有的干预措施和手段就能相互紧密契合。否则，干预措施可能彼此孤立，漫无目的，只能偶尔应付近在眼前的任务。

探索过程本身形成一些非同寻常的心理要求，这是很自然的事——进入极端的环境，艰苦的居住条件，在接近人类极限的条件下工作。取得任务成功的约束来自环境——环境不会因为目标而改变，以及人掌控环境的能力具有局限性。当主观愿望逼近和超出了技术能力的限制时，那就是“挑战极限”，非比寻常的心理要求就会作用在探索者和任务团队身上。这些要求是探索本身不可或缺的部分，也可以说是探索取得的收获之一。没有哪一个探索者，会在这些要求所构成的面向个体或群体的挑战面前选择放弃。然而，当对外挑战极限的过程不断累积，这些要求也将逐步达到一个更高的水平，高到需要人限制行为和牺牲健康。正如硬件和机械系统在极限状态下使用会发生磨损，人的主观感受在极限状态下也会损耗。如同设备一样，航天员持续地被要求在其极限能力下行动，必然给其带来不可避免的主观感受上的损害。任务规划者总是试图跨在某个平衡点上，一方面让任务的收益最大，而另一方面又要人付出的代价最小。我们的职责就是提出某种手段以降低或控制人的心理磨损，这样一来挑战极限的范围就可以得到不断拓展。

为了控制和管理心理影响，需要更多关于特定任务关键组成部分的细节（表 7－1 和图 7－2）。最需引起重视的是那些深刻影响乘员、乘组、乘组—地面团队的心理状态和职能定位，并进而影响任务成败的状况和事件。图 7－2 中称这些状况和事件为“形成因子”，并说明了其影响任务的总体效果。为了控制无效因子和促进有效因子，必须对前者设计干预措施，而为后者提出相应策略。

这些因子中有些是针对特定任务的，需要一定的经验加以识别，而另一些是所有任务共有的，因而必须在每一步的任务分析中都要覆盖到。

预计的任务周期

是指在正常或非正常情况下为完成任务所计划的时间长度（日、月、年）。显然这个时间长度并不是确定的。探索过程中，设备失效、医疗问题，或者其他不可控事件的发生，均可导致任务周期缩短或延长。因为乘员们对于达成任务目标和出行的时间在心理上有所准备，超出预期的任务期延长和缩短必然对他们造成影响。我们不是先知，不可能预知这些情况，但在设计干预措施时仍需加以考虑。在常规的运营，或设计方法已知、硬件系统已试用、目的地和环境熟悉等情况下，预计的任务周期往往更加可靠。但面向上述情况之外的任务，要求我们在设计中要考虑任务周期窗口的开放性（裕量）。例如，对初次任务（诸如火星或月球站任务），可因缺乏经验适当延长或缩短任务周期。另一个例子是对于后勤补给控制力下降的情况，诸如美国—和平号联合任务，或国际空间站任务，其中政治上的相互制衡，以及更趋复杂的形势均可导致任务周期改变。

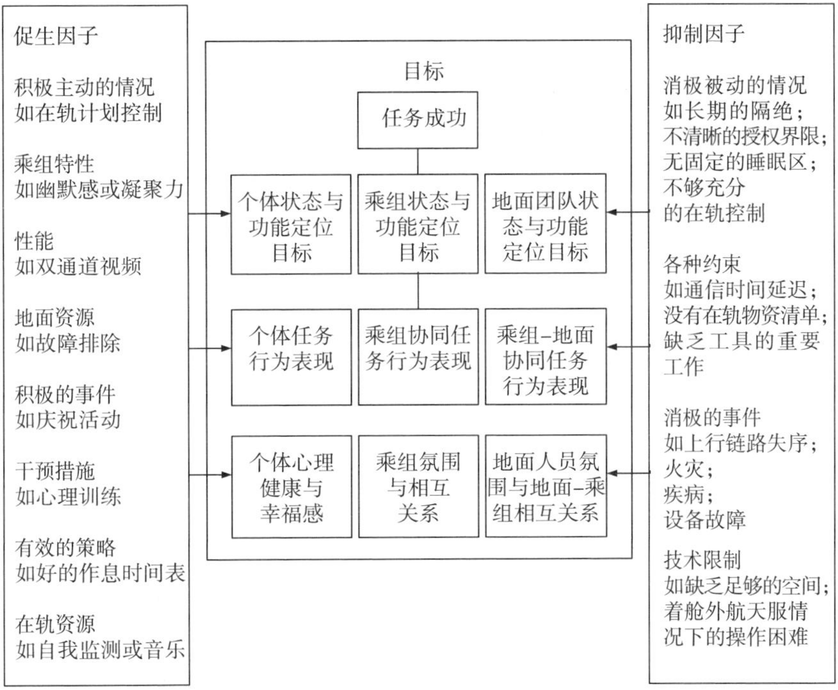

图 7－2　形成因子对任务目标的促进或抑制作用▲

▲：要认识到特定任务必须识别对任务目标有促进和阻碍作用的各种因素，还有对这些因素起效的干预手段和策略

容积

任务相关的飞行器、空间站、居住舱内加压部分的容积，可以粗略地表征为乘组提供的居住空间的大小。由于各种设备、储物柜、仪表显示面板、管路和其他设施占用了相当一部分空间，乘组不可能占据加压舱的全部容积。如将特定任务的容积与以往已知心理效应的任务做对比，加压舱容积仍是唯一可用的度量标准。

容积调节

尽管比较加压舱容积大小是必须的，但也可通过计算乘组人数及其在相应容积条件下的工作时间来进一步精确地做出评估。居住舱容积除以乘组人数可得到一个人际密度的理论值，或每名乘员可使用的容积大小。在一些总体性的评估中，心理适应性和工作、生活质量的好坏，可以按照过去相同乘组规模的任务为参照，通过比较容积差异来显现。类似的，如有过去相同容积的任务做参照，也可从乘组人数的差异出发进行评估。一些运营管理机构进一步将容积除以预计的任务周期，以得到一个粗略的限值。但必须当心不能把行为预期结果基于单一的变量，如容积，因为：

1）影响个体和乘组职能发挥的变量是很多的。

2）关于类似空间的任务间的比较性研究几乎没有有效的成果。

3）没有人能系统地提出与容积、乘组规模和任务周期相关的具有行为学意义的评价指标。

乘组特性

乘组的成员数量通常依据完成任务所需的人数、技能和角色分工来确定。如第 6 章、第 17 章和第 24 章所述，那些诸如发射质量、生命支持等因素也会成为乘员数量的决定因素。同时，还需要了解可能的性别组合、文化传统、角色分配、技术技能、指挥结构和相对经验水平等，因为这些都影响到乘组的行为。个体的性格特点、态度、工作习惯、领导类型和语言表达能力也很重要，但这些信息往往在进一步明确需求以后才能获取。一旦参加任务的乘员得以确定，就可以制定核心的干预措施与策略了。

物理环境

航天员将要工作和生活于其中的物理环境是怎样的？在此，应尽可能多地收集获取关于这些环境的细节。例如，必须考虑热控、照明、噪声、辐射，以及环境视觉感受方面的规范。要明确航天员自由活动的范围、在什么样的大气环境中生活，以及航天器、空间站外活动的时间等。还要考虑航天任务中乘组的组织、个体用于睡眠和存储个人用品的空间、视听隐私权、环境调节能力、健康与生存面临的风险类型和水平等各个方面。

作息特点

工作内容、工作负荷、休息和娱乐时间的改变，会影响乘员的情绪、态度、能量水平、未来预期、与他人关系的紧张度等等。例如，和平号空间站上的乘员在持续性的高负荷工作或持续性的低负荷工作下都会表现出紧张，尽管两种情况产生的反应有所差异。同样，对工作内容与任务目标的关联性认知，会对个体动机、乘组士气、乘组—地面关系造成强烈的影响。其他的重要因素还包括睡眠、娱乐和工作时间的分配；由于面临艰巨任务（如出舱活动），可预计的睡眠频度和深度会发生变化；单次或重复性的变换操作；对乘组使用统一的每日计划表；以及同类信息等。

要考虑任务规划者在这方面的经验。迄今为止，还没有哪个国家在长期飞行实践中找到成功的作息时间表执行途径。例如，在天空实验室和和平号任务中，分配给乘组用以完成各项工作的时间总是不够，因为关键材料定位、任务设定、任务执行和材料存放等方面的时间都远超预计。对于目标—导向的乘员来说，不停地面临无法按时完成预期工作的境况是令人沮丧的。对于地面的科学家和技术支持机构，不能按计划获取足够的数据和资料也是令人沮丧的。基于多种原因，这种情况在长期飞行中的发生概率远高于短期飞行。短周期的“冲刺”更需要服从于固定的时间节点；长周期的“马拉松”则需要一个较慢的工作节奏，以及与之相应的灵活度。一般而言，在长期飞行的进度安排上给予乘组更多控制权是更为可取的。

飞行前的准备时间长短，决定着可采用的远期的和集中的训练方式。飞行后恢复时间的长短可反映出乘员身体恢复、休息、心境康复的情况，以评估其具备重返工作岗位和飞行状态的水平。

自主性

必须结合任务总体指导性原则审视地面控制在任务中的角色预期，进而了解乘组在任务中所具备的自主性。需要知道谁在维持着飞行计划，谁可以改变它，以及在技术指导、补给、工作信息、异常事故决策等方面，乘组需要受到多少来自地面的制约。综上，任务期间的指挥与控制基线画在何处，在何种情况下可导致其改变？自主性受到通信与供给能力的巨大影响。例如，任务中明显存在通信延迟（例如火星任务）的情况下，就需要赋予乘组比登月任务更大的自主权。

通信

与自主性紧密联系的是连通性——乘员自主与地面控制人员或家庭成员取得联系的畅通性，以及通信的预期形式、质量和频度如何？已婚的乘员们更需要双通道视频通信，且通信的频度要求更高，尤其当家中有年幼的孩子时。是什么制约了从地面上行的新闻、电子邮件、程序、视频和参与远程分享的活动呢？通信信息可通过各种地面站、卫星、在轨计算机等多途径发送，因而保护隐私就变得非常困难。我们总希望个人通信尽可能保密和直接送达——编码保护并经过尽量少的转发。如果某些通信频道失效，备份的频道是什么？必须通过了解通信手段来设计支持策略。

异常与高心理负荷情况

应在任务前、中、后尽可能多地收集乘组活动的细节信息，以便识别心理负荷升高出现的次数。必须注意识别任何可能对一个或多个乘员造成影响的事件或状况。可能的例子情况包括在脱离母语的情况下从事一项艰巨的系统性试验，在位于国外的某个训练地点而无法与家人联系，乘员在疲惫状态下参加发射，或一些异常情况，诸如飞行器碰撞、极端的热工况、乘组的某个家庭成员去世等。其他还有延迟返回地球，或各种类型的乘组内部冲突，如角色混乱、个性、工作态度、文化差异导致误解、来自地面的指令自相矛盾、任务后沮丧抑郁等。其中一些情境对于特定任务是个例，但总能通过回顾既往经历对一些情境进行预测。用情境分析法来描述心理要求的特点，是对特定环境信息的一个重要补充，因为其可以发现其他需要预先识别的特殊技术和能力的相关要求。

归根结底，任务所处环境和各种事件会对乘组和地面团队构成心理压迫。不断积聚的潜在应激源会影响他们的健康、幸福感和行为表现。应激源包括过多的限制、与传统的社会支持隔绝、单调乏味、高人际密度、睡眠紊乱或失眠等。通信障碍、对失误的低容忍度、舒适性习惯的缺失也包括在内。但是，这些抑制因子均可通过采取保护和强化促生因子的干预措施、策略予以弱化。

掌握了关键任务要素和工况的第一手信息，就可开展任务要求分析了。确定某次任务的心理学要求可有多种途径［Holland and Vander Ark，1993］。图 7－3 就代表了其中一种途径，它识别了乘员的工作、生活状况和各种约束条件，识别了乘员必须做出有效应对的危急情况，识别了乘员必须熟知和掌握的内容，以及必须具备的能力和反应效能。

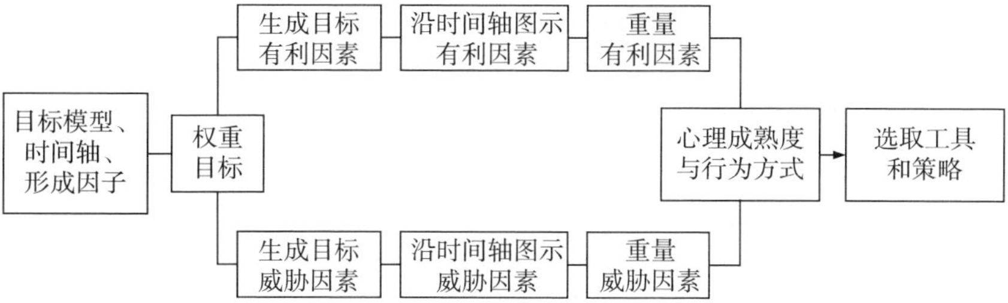

图 7－3　分析任务要求的一个流程

分析任务要求需要一个完整的任务目标达成模型。从任务目标开始，构建一连串促进心理和行为表现的目标（见图 7－1）。阐明我们构建任意目标模型的论据，比确定模型中目标的数量、分布、层级和关联要重要得多。随着航天任务有关的研究进展和经验积累，目标模型应不断完善，在内容和关联上体现最新的研究成果。分析开始前，需以图表的形式明确，有哪些已知的或预计的关键任务特征，诸如前面提到的 9 种一般的形成因子。还需要了解任务预期的进度，包括所有已知的重要事件和活动：

1）任务前事件，如系统性训练、新闻发布会、海外旅行。

2）任务期事件，如出舱活动、关键工作、变轨、再补给、科学应用任务。

3）任务后事件，如数据收集、总结报告、回家、庆祝活动。

目前，暂时将这些事件和活动不加心理干预地安排在时间轴上。

通过目标模型、一手的关键任务信息和计划安排信息，就可开始识别面向目标的各种威胁的性质和严重性。为取得最佳效果，可邀请各相关领域的专家参与分析：

1）参与过同类任务的有丰富经验的航天员。

2）在类似任务中近距离接触过航天员的航天心理专家、行为学专家或飞行医生。

3）参加并通过了类似任务的飞行前训练，但没有参加飞行的航天员，如乘组备份成员。

4）在类似任务中与某个航天员密切联系的关键地面支持机构，如指挥操控人员。

如果特定任务与任何以往任务都存在本质区别，通常可找那些部分具备特定任务一手经验的人，如飞行前训练方面，或其参与的任务具有1～2个相同的形成因子（如相同的容积、乘组规模或任务周期）等，以辅助特定任务要求分析。

一种交互式讨论和表决的流程是，决策团队从模型的顶端开始，依据各个目标框对其相邻上位目标框的关键性和贡献度，来为各个目标框分配权重。例如，会探讨“个体状态和功能定位”及其与任务实现的关系，然后给这个目标框分配一个权重。依次通过将每个目标框作为下位进行定位，将“个体心理健康与幸福感”的目标与上行位的三个目标框进行对比评价。然后结合这三个比值对“个体心理健康与幸福感”形成一个单独的权重。最终，为每一个目标框分配一个单独的与其关键性相对应的权重。有几款商业软件工具，可通过计算、整合权重值和这一流程的讨论结果，很好地辅助集体决策。

完成各目标的描述并为其分配权重之后，就要列出有助于达成目标的各种有利因素。要针对每个目标框分别进行深入思考，集中讨论事件、条件、能力、手段，以及对每个目标有益的要素。要为进入准备状态的家属和地面人员列举出组织的方针、策略、一般的选拔与训练程序等。要以达成目标为关注焦点，而不是对所有不利因素加以补救。一旦拿到一系列有利因素的表格草稿，就将它们标注在时间轴上，使之与事件和阶段关联起来。经常会发现更多的可与目标联系在一起的有利因素，并添加到最终的列表中。至此，基于 3 个评估指标为每一个有利因素分配权重：1）有助于达成目标的能力或潜力；2）实现上的可操作性；3）所关联目标的权重值。

接下来，要识别和描述可能导致目标受挫的诸多要素。再次关注任务的关键特性和时间轴，对每个目标框分别进行深入分析，集中讨论各种会对目标构成威胁的事件、条件和要素（单一的或组合的）。当条件或事件必须同时发生，或连带其他要素才会构成威胁时，通常将这个事件链视为一个单一的威胁。从团队经验、既往任务和研究发现中，可收集到重要的威胁等相关信息。同样的，可假定发生一些医学事件，各种硬件、软件的失效，以及重要的联系和供应渠道阻断等。

一旦拿到了各种威胁因素的表格草稿，就将它们标注在时间轴上，与各种有利因素一样，这种标注会为团队提供一个识别的时机，发现之前被忽略掉的时间相关或事件相关的威胁。例如，慢性的消极环境——长期的局限和隔绝，可改变情绪、动机或最终的社交环境。同样的，乘组或家庭成员的故去，经常紧接着一段时期的工作量改变。把这些因素与目标联系起来，并将他们添加到威胁列表中。生成威胁要素列表后，就可对每一种威胁因素进行探讨，并基于 3 个评估指标为每一威胁分配权重：1）阻碍目标进程的能力或潜力；2）发生的可能性；3）目标框的关键程度和权重值。对权重值很低的威胁可弃之不顾，除非其具有很大的潜在破坏性。然后，将留存下来的威胁因素再次标注到事件时间轴图上。

7.2.3 知识资源库

在完成需求分析和确定干预措施前，应当获取这些问题相关的所有可靠的知识。信息与经验的质量和适用性具有很大的不确定性，因而必须从头至尾认真仔细地收集和筛查相关知识。每年仅有数次载人飞行任务，因而航天员和乘组的数量也十分有限。这就意味着高质量的行为科学知识和直接的操作相关知识是非常有限的，特别对于长期载人飞行而言。这类缺陷无疑会随着时间的推移而得到改善，但从“糠皮中发现麦谷粒”的细心提取工作总是要做的。

科学理论和基于经验的信息对实现好的任务设计都是重要的。期刊上的科研文章有助于从理论上解释如何区分各种任务结构下的心理环境特点，以及乘员适应这些环境进而实现其任务目标的基本过程等基础性问题。严谨的科研过程获取的信息极为可靠，且对科学问题可得出权威的洞察性结论。这种探究方式对于在设计领域处理看似矛盾的多样化信息——如来自乘组某一个体的报告——也是极有价值的。

经验丰富的从业者，经历了技能开发和航天飞行任务实施的方法、技术和干预措施应用过程，可提供其实际任务环境中得到的经验和教训。这避免了既往错误的再度发生，为我们节省了大量的时间，也为项目经理解决了很多令人头痛的问题。但实践经验的多样性本质，要求必须慎重地对其加以应用。尽管经常很难获取，来自国内和国际宇航学会的技术报告也是重要的信息来源。如果不能从航天运营过程获取信息，来自非航天组织的文件——如极地、探险或防御组织执行了相似心理特性的任务——也是有参考价值的。

当然，还应咨询执行过类似任务的航天员，从这些有实际经历的群体中发现角度不同的心理学观点。在考虑他们的观点时，必须意识到航天员们在个性特征和适应能力上的差异。不要仅仅局限于一两个航天员的观点，即使同一乘组中的不同成员也可存在明显的体验和反应上的差别。相反的，要多收集不同来源的信息，从其差异性的语意线索中归纳出共同之处。

筛查这些信息资料时，很容易被诱导做出宽泛含糊的假定进而可能误导设计过程。例如，设想“经常发生在极地考察站的某类心理问题也将出现在空间站上”，会导致错误的训练。极地考察站与空间站相比，在心理环境的很多重要方面都有差异，如团队规模、任务准备期的团队训练、计划控制等。只有过往类似的航天飞行任务具有比较大的一致性。要当心一些表面上的相似点，在做出干预设计决策的设想之前，要对目标任务与类比对象之间的相似点和区别进行认真仔细的核查。

探寻过知识资料库后，可使初始任务需求分析更为精准和全面。以同样方式，可开始对威胁任务目标的各要素列举相应的对抗措施了。

7.2.4　干预手段与可行策略

由任务需求决定了如何选择干预措施和可行策略，诸如：

1）筛查和选拔航天员，包括标准、测试、面试、计分与报告步骤、资料存储、选拔阶段。

2）不同个体、指挥官、整个乘组的训练与准备，包括目标、熟练度、内容、步骤、时间、模拟、汇报与家庭成员参与。

3）飞行前、中、后的心理支持方法，包括沟通形式与总量、补给计划、在轨休闲娱乐用品、后勤补给步骤，以及对其他组织机构的认可、从属关系、需要的在轨软、硬件、亲情关系资源。

4）任务期间监控乘组的能力。应当考虑评估结果可靠性、需要的在轨硬件与软件、安全与保密问题、资料处理等诸如此类需求的数量、方式。

5）任务期间的干预能力，包括地面法规、任务准备期人际关系特性、沟通的安全性与保障性、乘组训练与自我照料技能、在轨医疗处理。

6）任务后返回，包括任务报告、着陆情况、频次、时长、出席人数、保密性、家庭成员访查、离队时间。

干预措施是指特定的活动或程序，用于对抗经识别可影响任务目标的各种威胁。它们对任务环境中潜在的弱化、动摇效应加以抵消，同时对积极的适应和高效的执行加以促进。有些干预措施作用于乘员个体，有些作用于整个乘组，其他还有的作用于地面支持团队或其与乘组间的分工接口。

可行的策略是指某些程序和组织的方针政策，用于确保具备高效工作，或一般行为优化以及高效执行所需的先决条件。一个提供工作所需先决条件的例子可能是某个既定的政策，用于规定分派在异国的乘员或地面工作人员所应享有的医疗、旅行方面的权益。另一个可能的例子是，让必须反复出国的乘员或地面团队人员获得可多次往返签证。优化的策略可包括使乘员更快的睡眠转换，改善天—地视频沟通、以及改进在轨训练方式等。

当然，并非所有的策略和干预措施都同等重要。任务目标与心理学目标在危急程度上的差异，对这些目标的威胁作用也有区别。这些不同之处提示我们要关注对任务成功更为重要的方面。

在此，要对乘员个体、乘组整体，以及地面组织为应对每个有权重的威胁所需采取的行动加以描述。要考虑他们的适应性、个体和团队的技能和熟练度，以及环境和行为。然后，对存在于每种威胁之中的行为、环境和技能熟练度，依照对其作用结果的评估进行衡量，并加以消除。就任务分析来说，可组成一个工作小组协助集中讨论。这一步工作，将各个目标威胁项转化成对载人系统的带有某种权重的需求——按照所需的行为、行为能力或状况进行表述。现在，将环境管理或其他一些明显受组织控制的部分，与熟练度和行为区分开来。例如，长期飞行任务中对未婚乘员家庭给予照顾的某个政策就是属于管理上可以控制的。然而，适应和突破限制的能力就属于熟练度和行为。接下来，要将这些组织政策与有利因素列表中相近似的要素结合，推送至需求提出阶段。接着是对可行策略采取类似的步骤，列举出任务期间实施或保护这些有利因素的行动。

现在，可利用赋予权重的行为和熟练度协助选取干预手段。这些手段将协助确保任务团队达到成功所需的精准度，在任务需要时采取关键的行动。在选取潜在的技术和步骤时仍需非常小心，必须持续遵循以下原则：

1）1 克的预防胜过 1 千克的治疗。最有价值的手段是能够防止困境发生，或者使乘组能够检测到和控制任何可能成为阻碍的威胁［Holland and Marsh，1993］。一旦航天器进入空间，地面的专家就不再能够有效地介入了，绝大多数飞行期间的行为或执行方面的问题都要在飞行前做到可预防。

2）为正确的工作选用正确的工具。即使有了某种心理学工具，也并不代表它就是合适的。很明显，要起开一个箱子，螺丝刀比锤子更合适。同样的，螺丝刀的型号有很多种，包括不同的尺寸、顶盖、末端、绝缘、动力等。修理一台短波电台需要一种很小的螺丝刀，带有一个小的尖端，类似于钟表匠的工具。修复一个外伤后的头盖骨就需要另一种特殊型号的。同样，心理学工作也需要各种工具。例如，为某些方案及其支持数据选定交互式的软件，以最佳的方式反映乘员情况。然而，若要掌控与方案相关联的技能，就需要模拟仿真。并且为了某种工具能够恰好适用，可能需要做出调整和增加一些条件。一定要认真核准心理学工具与定位的威胁因素是否对应。

3）不存在孤立的工具。每种心理活动都是总体设计的一个组成部分，或者属于飞行前——包括选拔、对组织的政策建议、乘组准备——或者延续至整个飞行中的乘组或更大的任务团队。我们试图创建一个各项活动紧密关联，彼此促进的系统，以确保任务成功。尽管某些工具必须单独考虑，也需要它们在紧密协同的情况下达成某种结果。一个好的总体设计应当涵盖普遍、关联的主题内容，从任务需求、选拔标准与训练内容，直至监控和支持途径的各个环节都可加以追溯。

4）好的源头很关键。要选择那些有应用记载或其构成备受关注的工具。一种工具的有效性体现在其对目标威胁项的定位上。有效性的形式包括预见性、一致性、内容与结构［Gatewood and Field，1990；Muchinsky，1993］。这些特定的表述可以向我们传达关于工具有效性的信息。有些工具能给出与威胁相关的统计学意义上的证据，有些能给出非统计学的证据，另一些仅能从问题表面或显而易见的关联上给出证明。同样的，各种与工具相关的可靠性描述可向我们传达关于这些工具效果稳定性的信息。一些工具——如同我这里所指的——不具有统计意义的效果，是由于其构成或应用的子样过少。在很多情况下，没有时间和资源用于对选用的工具进行完整的有效性研究。但可以仔细评审其来源、开发过程、其他应用案例，以及有效性的潜力，从而对其开发的源起产生信心。之后，我们可以借助有效性研究对工具加以改进和完善。因为对于有效性和可靠性的完整的探讨已经超出了本章的内容，更多细节请见 Cascio［1998］，Guion［1991］，以及 Landy and Kohler［1994］。

5）使用者必须接受所使用的工具才能确保其有效性。不考虑程序的有效性，如果航天员无视其用途——某种明显可改善在轨状况或提高工作、任务成功率——工具的应用就会失败。该工具还必须符合训练和飞行环境的实际和相关约束条件。因此，在设计流程初期，应该就如何看待工具征询有经验的航天员，进而做出必要的修改。如果富有经验的航天员成为我们工作小组的成员——如前所述——他们就能在工具的合理性上给予我们很好的指导。

6）不要把所有的鸡蛋放在同一个篮子里。对于一个重要的目标，要通过应用多种并行的途径加以明确。同样的，对于应对高权重的威胁，要在工具选用上考虑冗余。实施航天飞行期间，硬件和软件失效，计划推倒重来以应对不可预见的工作，诸如此类。所有这些事件都会对干预措施和可行策略产生影响。例如，如果过于借重乘员与其家人之间的沟通联络，就应该预先构建另一个或更多个通信信道——以备其出现故障——作为同步或备份手段。和平号空间站曾经历过一段时期主通信方式无法使用，其原因在于能源短缺、传输设备过热、与通信卫星无法校准，以及其他一些突发状况。因此，当主要的手段失效时，和平号利用非专业的收音机作为与家人联系和新闻上行的可靠的“后门”。同样的，如果乘员在飞行时插入某个磁盘对任务而言至关重要，就要考虑到运行那个磁盘的计算机在某一时刻可能会出现异常。飞行前，做好冗余备份是设计工作的一部分。

7）多数工具需要经过加工。航天员的个性、偏好、工作类型、重要性等存在很大的差异。乘组的工作方式、相互关系、社交氛围等也具有独立性。为了使工具和策略更为有效，要对其进行少量的修改以适应这些变数。但并非所有的工具都可进行个性化的加工，例如，对申请对象的选拔标准和程序就必须对所有的申请对象保持恒定不变。

8）构建非从属性。未来的航天飞行任务将包括对其他行星的探索，期间地面与航天器之间会出现显著的通信时延。同样的，一些任务会要求在月面或其他行星表面建立考察站或居住基地。这些任务将需要乘员具备更大的自主性。当乘组掌握了更多实施层面的责任和权力时，地面支持机构必须对自身角色、结构设计和程序规则进行深度的调整转换。同时，心理学工具将侧重于自我实现和满足方面的需求，而较少依赖基于地面的资源。

实际上，在如今的近地轨道空间站时代，如何平衡乘组对自身的计划、节奏加以掌控的需求，对基于地面系统的专业知识、信息资源、监控的需求，及其对以操作追溯与操作记录为代表的工作方式的需求，是个凸显的问题。当今航天硬件技术的局限性、推进能力、信息系统的能力等，使地面与乘组之间形成一种紧密的相互依赖关系。而这种相互依赖关系就成为乘组、地面团队遭受挫折和超负荷工作的源头。航天机构应当从现在开始，寻求稳妥有效地提升独立自主性的途径。朝着这个方向，应当构建一些使乘员减少对地面心理专家依赖性的工具。例如，乘组需要掌握更多在轨自我管理和健康、行为自我调节的技能和工具，进而替代很多地面的监控活动和指令上传。

9）重要资源是有限的。在乘组训练时间、资金、人力资源及其他稀缺资源上，心理学的实施必须与很多其他需求进行竞争。为了使工具尽可能产生最佳效果，必须在严格的约束条件下对其进行设计、选取和修改。在工具设计和选取过程中，要对这些约束进行精心细致的协调。可以设想需要充分的在轨光源来调节和转换乘员的睡眠和生理周期，但在轨的电能却非常有限。一种可能的解决方式是改变调节的幅度或在有光照的地方安排锻炼。或者假设心理学训练可能需要 96 小时而实际可利用的时间只有 48 小时。这种情况下，可能需要为争取更多时间而努力，要么重新设计训练方案，要么创建新的方法将各个训练片段提前至早期的基础训练或分散于任务过程中。还可能需要让内容适应其他形式——如基于计算机仿真或视频的训练、进行片段识别等——然而却会一次提升技术训练的负担。从积极的角度来看，是约束迫使我们开发出新的训练方式和行为，从而为各种技术问题找到解决途径。

10）识别文化对方案和工具的影响。跨国航天任务把多个文化和观念差异非常明显的国家集结到一起。国际空间站就反映出多元化文化组合的特点。某种情绪或想法在一个国家中可能被视为精神紊乱的亚临床早期表现，而对另一国而言可能根本不是问题。在巴西的社会和心理感受中非常重要的观念在加拿大可能不值一提。日本航天员可能将某种行为视为优秀领导力的体现，而从俄罗斯航天员的角度看却是无意义甚至很危险的。对于跨国任务，一定要对关键的文化差异进行分析，以便采用通用化的工具，为信息和行为附加一致的含义，并从高速的任务事件流中推出高效的协同行动。最低限度也要对传统的、推荐的工具所对应的文化设定进行审核，并与国际同行一道，对关键方案的确定达成认识上的统一［Holland and Looper，1990；Holland，1994，1997］。

11）对每种工具进行预先的规范资料处理并保密。心理学工作者经常要和个人信息打交道，且这些信息对于申请人、乘员、家属、任务经理等都是敏感的。这种敏感性也是心理学工具设计和使用过程的组成部分。在这一行能够赢得信任作为业务的支撑是极为难得的，为保持这种信任度，就必须仔细考虑与每一种工具相关的资料处理和保密问题。从一开始就要针对每种工具确定如何管理敏感信息——存储、对外传输、在重要场合或任务决策中使用等等。提供或使用敏感信息的人必须清楚地理解程序和基本规则。在这方面的投入经常可以得到非常显著的回报。

现在，知道了目标、威胁、有利因素以及措施手段使用的原则，接下来可以探讨一些特定的干预措施和策略。以下的章节里，将探讨飞行前、飞行中、飞行后各个时期的一些有代表性的工具（归纳于表7-2、表7-3和表7-4）。

飞行前的心理学工具

1）政策磋商。对执行任务的乘组造成最多心理困境的状况或事件，往往不是来源于任务环境，而是来自地面任务团队在不经意间所采取的某些程序、步骤，或某些不合时宜的临时性政策，这些程序和政策是与达成目标相违背的。因机构运转而造成的计划错乱、障碍增大、疏忽大意，以及错失良机等，可使乘员在训练或飞行中的职责履行受到干扰。干扰的情况反复出现，会使得机构保障及其管理能力，以及为乘员提供支持的能力受到质疑。有时可能倾向于把政策和程序问题放在一边不予理睬，但恰恰是这些关键的且往往是自上而下的问题直接影响到乘组的健康、绩效和幸福感。这里并非要重新制定政策，但需要识别适用政策的地方，辅助组织机构探讨这些需求点，提供对策措施，并为政策制定者提供决策所需的技术信息。

在设计前期得到的某些有利策略和威胁应对措施，是可以由成体制机制的政策和程序来处理的。这时，应当收集这些策略和措施，并将其与现有的规章、程序进行比较。从类似的运行过程中收集经验教训的信息，例如水下或极地任务。然后，就是与组织中那些具有这些经验的人，以及能够对所需改变给予支持的人一起工作。过去的政策磋商话题包括国外训练的时间长短、家人的旅行与探望、调度期间的通信、未婚乘员任务期的房屋照料、家庭保障办公室的建立、补给的频度和规模、地面人员队伍调整、飞行后离队人员的数量、乘组移交时间、睡眠转换等等。

2）宜居性磋商。人因与环境设计专家们具有通过物理环境设计来影响心理健康和行为表现的专业能力。第 6 章和第 18 章会详细探讨这个问题。任务主管经常要求心理学家参与到宜居性问题设计上，所以应尽早与那些主管运载器和居住舱建造的人员协调配合。务必确保心理学工具和有利的策略对舱室宜居性、乘组相容性及人因设计需求起到支撑作用。可以从类似的运行过程研究中取得实践经验。很多工程设计和设计评审中往往会忽视心理因素，最后不得不加入时，不是为时已晚就是应用的代价过大了。既往的宜居性探讨主题包括：在空间站上设计窗户的需求、噪声水平、本国与国外的食品、在轨冷藏设备、睡眠区的私密性等等。

3）审查与选拔。如同运动员或军人群体一样，以航天飞行为目的的审查和选拔活动总是在热门和冷落交替中持续进行。在机构的“入口”处，这类选拔活动常如疾风一般刮过，申请者满怀着成为航天员的期望走进来。这些活动的结果产生了一个大致符合要求的群体，使组织机构可以从中挑选航天员乘组。而心理学选拔还应延伸至基础训练和在特定任务中的个体分工中。不同的环节有不同的方法，但这一章我将只讲解“入口”的各种活动。

初步的选拔将一个巨大的求职群体缩减至一个较小的，并对其未来表现有几分信心的群体。从目标任务的要求出发，要采用一些工具，使目标群体的信心水平达到最高。时间通常都是“入口”方法的制约因素，但如果组织机构有远见，并将这一流程在训练与飞行操作过程持续贯彻，那么就有可能通过初始的审查就达到筛选和提升信心的目的。以有限的时间来应对十全十美的需求时，应考虑到目标任务的主旨，所评估要求的复杂性，后续训练与评价的充分性，以及资金和人力的投入需求。“入口”方法有其价值，因为通过这个方法，能够快速而合理地评判某一个体的能力素质强项和弱项。这种评价还只是得到一个初步的印象，这个印象必须通过被评价者进入组织并在训练和任务条件下受到观察考核后进行修正。

尽管实际的航天飞行只是航天员工作中相对较小的（但是很关键的）一部分，在“入口”方法中仍要考虑到全部的工作内容，包括基于地面的工作、训练任务，以及环境、公共关系、社区志愿服务（如果有的话）等。“入口”流程还常用于一些不同类别的任务选拔，因而需要处理的需求覆盖会很广泛。例如，NASA 的“入口”流程关注短期或长期任务。无论何种任务目标，都必须确保选拔的流程符合有效工具的使用原则，特别是那些相关的档案资料。

表 7－2　飞行前干预措施示例▲

类别	工具	备注
政策磋商	倡导最佳的惯例；利用从其他环节获取的信息	飞行后休养、国外训练时间的上限、旅行政策等
宜居性磋商	倡导最佳的惯例；利用从其他环节获取的信息	噪声、隐私、食品、储存等
筛选与选拔	淘汰：测验、结构化面试；反馈 入选：测验、结构化面试；有参照的结构化面试、基于经验的练习；基于计算机的练习；反馈	医学标准； 非医学标准：个体对工作的适应性和符合情况、迭代进行训练与任务准备
训练与任务准备	关注初期课程的学习情况，乘组—地面协同与配合、任务准备与适应的个体化策略、受限的团队运作、基于仿真和经验的场景、文化交叉与语言训练、领导素养、与地面团队的协同、家庭会议、先进的心理技术、电子化的方法	为乘组输出的改变提供个体、家人、乘组与地面人员集成化的基础性、后援性支持； 地面团队中的关键分工界面； 提升乘组的自主性
组建乘组	心理测试、基于经验的练习；社会测量	训练与任务准备交叉进行
配属支持	用音频与视频扩展通信能力、参与常规会议、休息与娱乐设施、家庭支持	弱化“我们—他们”的意识

▲：飞行前干预措施是最为重要且费效比最佳的一组工具，因为可以预防问题的发生。

总体上看，任何选拔系统都必须至少回答两个问题：①是否有临床特征或精神调节紊乱的证据，表明候选者的健康状况或行为表现不适宜特定的工作和任务。换句话说，候选者符合特定的医学标准吗？②申请者具备何种程度的心理素质或行为技能，以确保在工作或任务中表现良好？换句话说，候选者是否满足非医学的标准？第一个问题是属于考察申请者的一般精神病史或调节能力，以及他们在飞行前、飞行中、飞行后发展为临床病症的可能性。同样必须关注申请者是否倾向于变化成可能造成影响的亚临床病症或不适行为。处理这些临床问题的筛选程序由某个“淘汰”流程组成。第二个问题是识别申请者的一般个性特点、既往心理经历，以及其适应并在特定任务的心理学要求下工作的能力［Holland 等，1997］。这是一个适宜性的问题，或工作—人相互适应，以及为任务选出最适合人选的问题。同样要关注是否申请者可通过心理训练承受任何额外的心理负荷。这些选拔程序是“入选”流程的一部分。淘汰与入选流程辅助我们确定申请者是否能适应来自环境的挑战，诸如长期的活动限制、睡眠剥夺、拥挤。它们还能显示出，候选者是否有管理社交需求的倾向，包括组织团队、多元文化乘组、群体生活拓展，或与家人和家庭的分离等。

初始的心理学方法可以是任意类型，但具有代表性的做法是将各种传统的、定制的个性测试、自述与经历评价、临床或非临床的结构化面试，以及对模拟任务条件或场景的反应情况混杂在一起考量。设计这种混合方法是为了契合发现特定能力的目的，还包括获取最有力的工具，以及尽可能快速地做出评价。因为每种工具都有自身的强项和短处，混合使用工具可达到相互取长补短的目的。例如，使“客观”方法——如纸笔测验、计算机或 CD 软件、视频，以及电子或生化设备——与更多“主观”方法——如结构化面试、成熟人才的评价，以及专家在特定环境和条件下对行为表现的评价——保持平衡。客观方法已被高度量化，且易于评审以确定偏差和有效性。主观方法则经常在识别一些难以定义或量化的能力或品质上表现更佳。对于主观信息，聚焦于老练的航天员和行为学专家的观点，他们在受控程序下经受过实际训练，因而对于目标任务的要求有特殊的理解。从某种意义上说，客观信息给出了一个体现能力与弱点的“骨架”，面试增加了客观资料、解释和直观的面孔表征；工作经历可揭示申请者在特定条件或环境下的行为表现。然后，就找到了对于任务和组织而言的重要性标准的全部解决方法。

综合了所有的信息，就可向决策者提出建议。可以采取几种方式提出建议，但至少要确保有多位资深专家参与复核，以规避难免的人为偏差。在 NASA，每次结构化面试都有 6～10 名专家针对每名申请者的表现进行评审和讨论，还有 2 人列席会议。有临床意义的淘汰建议是“走/留”，并被转至航天员选拔委员会。委员会将该建议与其他全部临床规则进行综合，对每名申请者给出确定的“走/留”结论。非医学的适宜性的建议，由对短期和长期任务的评价组成。这些建议直接转至航天员选拔委员会。由于大部分申请者从未经历过如此繁琐的心理选拔程序，应留出时间向每名申请者简要报告其选拔结果。我们可对被拒而又有可能再次申请的候选者给予指导，为申请者编制报告，说明使用的程序和工具情况，并进一步向申请者说明对于个体和家人的心理学要求。

经历了“入口”的选拔流程，就进入到基础训练和任务准备。当申请者申请某项工作——尤其是某个他非常向往的工作——的时候，他们很自然的会在“入口”处“展示其最好的一面”。观察申请者在训练和工作分配中的表现是很重要的，便于真实地了解其心理素质和行为技巧。我们常把某些审查与选拔活动与候选者早期的心理训练结合在一起。对组织机构来说，这种方式相当于买瓜时“先拍拍”，而不是仅凭外观就付钱。

有效审查与选拔存在比较大的好处，对于个体、其他乘员、重要地面工作组，以及整个组织的影响是广泛而积极的。好的选拔对于达成任务目标将发挥有力的推动作用，并能经受任务前训练、任务实施，以及飞行后遣返等过程的考验。

4）训练与任务准备。心理学训练与任务准备的必要性，其本质在于选拔的有效性毕竟是有限的。训练工具可以部分抵消选拔缺陷，澄清任务的重要内涵，逐渐培养更先进和有用的心理技巧，这些技巧是大多数“入门”级的申请者所不具备的。如前所述（见表7-2），航天员个体和乘组，或乘组与关键的地面运营管理者之间，均存在能力和要求上的相互制约。训练设计要通过提升个体能力、技巧和行为策略来适应这些要求。

乘组训练与任务准备由3个主要阶段组成：基础训练、高级训练、任务专项训练。所有的新航天员都是通过基础训练来学习航天飞行硬件设施、着陆/溅射返回生存、飞行器系统、任务概要、生命科学研究、医学问题、基本心理学观念及其他各种科目。心理学观念包括领导风格、国际合作伙伴相关的跨文化信息、指定环境中的团队运营等。早期的个人及家人的任务准备也始于基础训练。候选者在调动积极性和控制不利于任务的个性特点方面，可获得个性化的信息和指导。这一阶段还需要构建重要的价值理念和态度，以巩固心理技巧和能力。

从航天飞机—和平号空间站项目之后，NASA目前有两种区别明显的任务类型：相对短期的航天飞机任务与相对长期的国际空间站任务。因为后者的心理学要求更多，两者的心理训练工具存在区别。因此，多任务环境下，应采用基础训练实现所有任务通用的核心能力，如特定条件下的群体生活与封闭环境下的领导、跨文化工作模式、构建有效团队等。

需要像关注选拔工具一样，关注训练与任务准备工具的选取。很多训练工具表面上很有效，但几乎没有实验证据证明其有效性。因此必须关注工具的形成过程、有效性和可靠性等因素。可尝试验证所有的训练干预措施，因为在流程中的多个环节均可测量训练的有效性，并依据标准评价新的工具。之前探讨的“客观”因素与“主观”方法，在训练上同样存在，这一点与选拔过程是相同的。同时，对于综合性的、多国别的训练与评价，一种基于行为的指示器可辅助建立不同文化之间的沟通桥梁。

高级训练定位于更复杂的能力，以及与特定任务或任务类型相关的技能。高级训练项目的典型例子可能是：非常精确的高负荷场景模拟仿真，例如对舱内减压或烟雾的反应。另一种可能的训练是体验高级的领导策略，如多国别的问题处理和磋商解决方案。第三种是类似环境下特有的团队协作运营，如在水下密闭舱中的作息制度体验。在反复体验任务要求、工况与环境后，才能在发射前达到所需的能力，并可反向推出需要通过何种知识结构和训练以满足这种能力要求。如上所述，已解决了一系列问题：如何确定一定环境和工况下必须用到的能力？什么样的证据或专业性指标可用来评价学生和训练工具？可提交的有效结果应当是什么？如果可能，应怎样应对高负荷的场景和工况？所生成的工具很可能由指示信息、计算机或其他电子化手段辅助、直接体验等混合构成。可从早期的心理测验中获取资料，辅助个性化的个人发展计划，以取长补短。

在高级训练阶段，可尝试让每个航天员完全掌握自我管理、乘组管理、处理与地面人员的关系等方面的应用技能。可采用先进技术构建模拟的、具有影响性的面向高负荷类似情绪与行为反应的模型，还可通过其他技术使人在长期恶劣环境下保持其积极性。应确保将任务要求摆在首位，以便使得训练中所冒的风险和投入与任务要求相适应。如果采用类似的高负荷环境和工况，必须确保其必要性。如果选取有表面有效但与任务目标相关性差的训练场景，就要冒训练偏离目标的风险，往往这些训练会被认为是不相干的，甚至有可能造成航天员不必要的应激反应甚至创伤。

当航天员被指派执行某个特定的乘组任务后，就进入任务专项训练阶段。受指派的航天员们在一起针对指定的任务进行一系列技术性工作训练。因为之前的训练已经赋予其应对已知任务要求的技能，因此要用尽量少的时间使这些技能作用于即将到来的实际飞行。重要的心理学活动包括协助乘员制定不利条件下的行动计划；建立团结紧密的乘组团队；与国外的航天员进行集同；使家庭成员互相了解并对与其相关的任务要求有所准备；使乘员熟悉指令长的风格。

基础训练后的任务全过程中，航天员用于心理训练和任务准备的时间在紧张（当被分配到某个任务）和宽松（完成某个任务后）之间交替变化。在分配某个新任务前，由于训练上时间压力较小，航天员可用这段时间发展新的技能和更新旧的技能。这段时间可用于练习管理技能，如特定任务——如长期的空间站驻留——中的跨文化领导。一旦被分配到某个任务，活动即变得多元化，心理学训练与任务准备必须用尽可能少的时间且必须使乘组聚焦于即将到来的任务。礼仪训练、摒弃自我中心的训练会一直持续，直到发射前3个月才停止。个体和家人的任务准备在任务分配期间会增大，并一直持续到发射前夕。一旦任务结束，乘员进入非任务状态，一个新的循环就又开始了。

乘组家人的教育和训练是设计的重要组成部分。当被告知其作用、异常的处理、飞行时的条件、飞行期间的通信、飞行后的问题处理等，家人就可更好地辅助任务。以往的跨文化观念和技能训练已使多国别乘组的家人更快地实现了融合，并因此促进和加深了乘组内部的融合。还必须确保地面团队接受天—地沟通技能训练，特别是汲取以往任务中的工作节奏与自我调节（如睡眠与休息、家人因素）和乘组应激源方面的经验教训。另一个需要关注的在过去任务中得到的实用技能可归纳为任务经理人在心理学方面取得的经验和教训。

5）组建乘组。任务经理用何种方式为航天员个体分配任务是任务设计中最少被研究和认识的领域之一。最初在专业技术上主要为短期任务组建乘组，而乘员相容性并未受到重视。任务经理们已惯于首先依靠对具有潜质的飞行员的理解和认识来选出任务指令长，并通过与指令长协商选出其他乘员。随着任务时间的延长，行为学方面的风险加大，因而心理因素很自然地要在更深层次和更大范围影响到对乘组组成的最终决策。当然，人们本应具备在拥挤沉闷的环境条件下，协调解决应激源增加的社交技能。假设通过选拔和训练措施已能确保候选者具备这些能力，又将如何选出相容性最佳的乘组呢？某一个体可能在技术上、心理上和社交上均符合特定的任务，但却有某种工作或行为的风格与至少 1 名其他候选者不相容。个体具有的社交偏好一般基于多种历史性原因，既往的事件、对最佳工作模式的个人观点、感觉舒适的区域或态度、社交习俗、对技能水平的信心等。这些偏好有时很清晰，有时又显得极度微妙。

为处理这些问题，应当对相容性方面最可靠的信息源——具有乘员潜质的群体本身——进行梳理。个体最善于识别其选择合作对象的意愿，尽管其原因往往难以精确表述。如果训练设计有一定的效用，那么有潜质的航天员将获得很多评估和被评估的机会。可将系列评价嵌入高级心理训练中，那样与有潜质的乘员会有多次机会评估相容性。因为参与高级训练的人数量很少，可让他们在小型团队中不断变换角色，时而当乘员，时而做领导者。更多的群体组合，可使更广泛的反应与行为相结合，以显示人们之间的相容性究竟如何。

有一个小的实例显现了类似的过程，历时 91 天的月球—火星生命保障试验项目的选拔与训练［Holland and Curtis，1998］过程中将候选者的规模压缩至 8 人，其中将选择 4 人将作为主乘组进舱。团队训练之后，对这个长期任务所需要的每个候选者与任意一名其他成员的相容性和组成的乘组偏好都进行了评估。这种行为学家和任务经理相结合的，带有私密性的观点对于组建一个高度相容的主乘组是很有价值的。当然，技术上的技巧和规范会对主乘组的相容程度构成约束，但乘员可以在这一过程中获得某些对其未来相当重要的影响和收益。

6）配属保障。大多政府机构和私营组织都认识到保持关键驻外人员积极性和身体健康的重要性。没有这方面的投入，组织和乘组积极性就将降低，因为乘员将花费过多的时间用以解决生活上的困难。其后果包括疲劳与烦躁不安、训练中注意力下降、适应性障碍、难以提取已有的经验，以及航天员或其家人不情愿履行所分配的职责等。此外，组织甚至可能在航天飞行启动前因乘员的疲惫不堪和灰心丧气而中止其参加发射。当然，对于分工明确的地面群体，上述观念同样适用。

要解决这一问题，必须对任务管理者和乘员灌输“任务从航天员被指派参加飞行之时就开始了”这一观念，分工训练的时间也是任务的一部分。还必须争取与被分派任务的乘员及其家人的心理要求相适应的政策或制度。通常情况下，这种需要在基地、家人和任务承担者之间构建起双向的沟通，提供家中的实时信息，并处理解决后勤问题，诸如家庭供给储备、家庭访问、娱乐读物或视频的购买提供等。还需要考虑离开家庭的时间、工作和休息的转换方式、回到家后保持工作联系的方式、休养生息等。组织和机构通常对这些问题很熟悉，但如果缺乏经验，就应尽快开始建立这些保障措施。之所以要早早开始的原因是，机构必须与国外的相关组织就最基本政策问题进行洽谈和协商。

配属保障的人和家庭组织总会在一定程度上存在彼此误解。因为在观念、偏好、约束（局限性）及可获取的信息方面存在差异，某种典型的“我们—他们”冲突很可能会发生。这种“失联”在任何远程遥控的组织模式下都存在，如在轨乘组与其他地面控制者、登山者与宿营地；潜艇船员与指挥舱的指挥者之间，还有其他类似的群体之间。除了通过训练来识别这种固有的差异造成的问题外，还可通过双通道视频和在各个环节实现关键管理人员的换位思考来减少误解带来的困境。

飞行期间的心理学措施

有了一个经过精心挑选和准备充分的乘组，就必须确保任务期间的干预手段能够为其提供各种支持心理健康和积极行为的资源。如果能够采用自主性团队的工作模式，乘组就可从这些资源中主动选取维持其幸福感和创造力的成分。特别是对于飞行期间的心理学措施，要记住之前探讨的关于支撑目标实现的多元化的、并行的路径。

表7-3 飞行期间心理干预措施示例▲

分类	措施	备注
训练与策略	复训、个体化的策略	提升乘组的自主性和自我管理
例行保障	在轨软件与设施、再补给包、音频、视频和电子通信、图书、音乐、锻炼	个性化、灵活的安排
实时跟踪	自身监控、地面监控、基于软件的情绪、睡眠、工作负荷、认知能力、音/视频会议、家人、电子邮件、天地带宽、声音提示分析	早期检测、自我监控
介入	直接的、间接的、电子邮件、视频、睡眠、工作负荷	屏蔽现存的关系
讨论	指令长、乘员、任务管理者、飞行保障医生、家人	既存的关系

▲:设计飞行期间心理干预措施的目的是提升乘组的自主性,以及提供一系列行为学方面的资源。

1）训练与策略。此类飞行期间干预措施包括所有电子的、软件的、硬盘上存储的用于心理训练和应对的策略。比如包括计算机上的文本、书籍、交互式多媒体，以及乘组可以通过点击方式回顾和持续学习的网页。内容可以是直接用于指令长处理领导问题；用于整体的乘组处理产出、人际关系或天—地协调问题；用于个体的乘员处理适应性、人际关系或家人问题。还可包括处理典型或非典型境况的不同策略、提供额外的参考资料、以及个人对其他乘组乘员内在感受和反应。任务期间的物资保障应与之前的训练及任务准备期紧密衔接。训练和任务期准备所用的多媒体必须与飞行期间的技术状态、操作特性相兼容，且便于在轨使用。要尽可能多地吸纳乘员在低重力条件下与容积、界面、设定简易性、使用及装载相关的需求。

某种非行为学的、持续的受教育能力——如地质学、光学等方面——也是可以提供的。可以包括更多有趣的领域，并确保他们与基于地面的专业指导保持联系。在超长的任务计划中，如某个延长的月球表面停留任务或火星任务，还可延展某些不重要的技术训练，直至其被安排进任务计划中。这相当于设定一个重要的活动储备库，作为工作不饱满情况下的心理支持手段。乘员可以视在轨情况增减工作量，甚至完全停止工作。

2）例行保障。此类干预措施包括确保家人与乘员之间的音/视频和电子通信，在轨提供成盒的音乐唱片和播放器、录音磁带、视频与视频播放器、书籍、娱乐软件、日历、来自家庭的照片，通过补给传送来自家庭的包裹，诸如此类［Kozerenko and Holland，待发表］。为确保这些保障性资源的适用性，要在任务前与乘员见面以了解他们的喜好。要尽可能准备更多类型的在轨资源，但要注重不同乘员的喜好不同，某个航天员可能喜欢观看动态视频，另一个可能偏爱阅读。

与大多数机械系统的差异在于，人是非常动态化的——其状态在任务期间经常发生变化。任务事件及其引发的约束经常令乘员的情绪状态，以及他们所希望得到的在轨心理支持类型发生改变。对多数人，似乎飞行前形成的稳固习惯和偏好都可在太空中得以延续，但对另一些人，一进入新环境其偏好就变了。由于任务的拓展总是有多样化的要求，因此不能因飞行前的某些强烈的偏好而放弃使用某种资源或能力。我们还提倡群体化的娱乐方式，如果看到其他乘员仍在忙于工作，一些乘员会觉得独自观看视频或玩游戏并不能带来精神上的愉快。为增加团队凝聚力，他们可能等上整整一天，直到所有乘员能聚集在一起观看视频或玩游戏为止。

来自家庭的新闻和信息使乘组与熟悉的人和地点联系在一起。国内和国际新闻可提供宏观的变化和趋势，但最好的新闻还是关于朋友、家人，以及乘员家乡或训练营的事件：街道的变化、房屋修整、婚礼、孩子、朋友的来访、宠物的萌态、音乐剧，以及对于未来发射任务准备，哪个航天员被指派到哪一项任务，谁说了什么等类似的花边新闻。可采取多种格式提供新闻和信息，如采自主流媒体的新闻摘要，通过某个互联网链接提供持续的追踪报道，地面控制朋友阅读的新闻综述，以及与家人、朋友和同事的每周闲谈。其他方式还有来自电视的视频片段，比如体育赛事或国际事务的视频摘要等等。乘组需要的不只是显而易见的事实，因为与社会处于隔绝状态，他们想听到主要的新闻机构报道任务相关事件，以及他们认识及尊重的人对这些事件的评述和反应。

其他的在轨支持可包括：音乐设备、某个视频剪辑得到的“家庭相册”、来自友人或家人的静态图片和音频短信、游戏软件、象棋棋盘、会唱歌的塑胶小鸟、巧克力、签名曲棍球、圣诞树和各种节日装饰物，以及所有其他你能想到的东西。某些最为珍爱的物件被用来给乘员制造惊喜，还有一些心理支持措施被保留在计划外情况时应用。最有效的心理支持是乘组内部的幽默感和同心同德，以及地面人员和乘员之间的某种特殊关系。允许并利用这种非正式的互动是极为重要的［Holland，Vander Ark and Curtis，1997］。

前面曾提到，硬件与软件失效的情况几乎是不可避免的，因而必须建立冗余措施。例如，可以为喜爱阅读的航天员同时在轨准备纸质书和电子书。同样的方法也适用于通信、音乐等等。针对在轨的技术缺陷开展的设计，利用多元化并行途径和模式，并假设技术问题、进度压力和能源短缺必然发生。发生在和平号空间站第 18 次任务的案例显示，当天—地通信的主要频段无法使用，且太阳能电池组的故障迫使能源储备仅用于关键系统时，心理支持小组通过普通业余爱好者使用的电台为美国乘员提供英语新闻和社交沟通。

目前所有可利用的心理支持中，最有力的措施是与地面的家人和朋友的沟通联络。电子邮件是一种极为有效和普遍的乘组与家庭的联络方式。随着技术的进步，还应能够通过使联系更加直接、减少中间环节而提高私密性，同时允许通过电话和短信进行联系，从总体上提高联系的灵活性。随之而来的是，乘员和家人就可以随时进行沟通，而不限于在被安排的时段。但还要为这种支持方式留有低技术含量的备份手段。

不同乘员个体通讯频度和模式的偏好有很大变数。频度应当是乘员和家人感觉最为适合的状态。通常，某些直观易懂的认识是基于过去的安排中起作用的部分，与孩子的年龄、需求等因素都有关系。有可能通信过度，也可能通信过少。过多通话可能让家人与乘员之间无话可说，更加沉默，对于试图适应隔绝环境的乘员还是一种打扰。被家庭活动过多影响的乘员，会在集中关注任务工作和在轨生活调节上出现问题。

多种类型的通讯还允许包容个体偏好。长/短信形式的电子邮件可以不受飞行时区和计划的约束，因此得到了普遍应用。家中有幼儿的航天员通常喜欢与家人的双通路视频沟通，那样他就能实时感受到孩子成长和改变的过程，并与家人保持紧密联系。业余级的电台对与家人沟通是非常适用的，因为它能够便捷地进行调制，信号强度高，还具备数据存储和视频功能，并且能通过地面上的任何一部电话来解决通话问题，只是它毫无私密性可言。通过多元化的途径，乘员与家人可在熟悉掌握上述各种方式的适用范围后采用其中的任何一种。

如果乘员清楚有人正在家中帮助其家人，就能更好地专注于任务。可以通过某个家属保障办公室、行为学专家团队、飞行期医监医生、未参加任务的航天员，以及配偶支持机构来设定飞行期间的乘组家人保障。所有这些保障渠道都是并行的，以确保乘组家人在隔离和探亲的过程中得到可靠的任务信息，保持与航天员的联系，并对心理调节问题有所认识。这些沟通还可预先告知家人即将发生的与其相关的事件，以保障其有准备的情况下维持正常的家庭生活。

3）实时跟踪。由于乘员的心理健康、幸福感和行为表现直接关系任务成败，要尽可能早期识别和阻止这些关键环节上出现的衰减和问题。每个人都有情绪和行为表现上的高峰期和低谷期，应该就此设计出工具以紧密跟踪任务相关的重要改变及其迹象。实时跟踪措施应成为乘员参与自我监控，以及健康与行为管理的方法步骤之一。对这些工具应给予一定的重视，同时要避免造成心理侵犯和隐私偷窥，并促使乘员自主性得到强化。过去已有的监控手段包括：与飞行医监医生的语音沟通、电子邮件交流、在轨基于软件的认知测试，以及睡眠、情绪、任务进展满意度、团队凝聚力等相关的问卷调查。俄罗斯还使用了声压分析和视频分析，进行嵌入式的行为测量与错误跟踪。

跟踪手段相关问题的初始来源与之前讨论的选拔与训练措施类似。敏感性与可靠性是关键，正如健康改变与工作效果之间的关系一样。仅仅能够稳定可靠地探测到工作负荷、情绪、睡眠、认知等方面的改变是不够的；还必须能够证明这些改变与任务或乘员的输出结果之间存在紧密联系。例如，对于某个任务指令长来说，在没有确凿的证据表明特异性的测值降低是如何对特定任务工作中的行为表现产生影响的情况下，得出睡眠剥夺的结果是降低了反应时间这一结论就是毫无意义的。应该严密地审视这一问题，并设计一些先导活动，诸如关键任务、场景分析，支撑某些工具的研究依据。对于与健康相关的输出结果，要确保飞行医监医生参与跟踪的实施和提供测试结果。情绪、工作负荷、睡眠、满意度等的改变可能在行为学、医学方面的功能紊乱之前或者同时出现。这些改变几乎总是多源性的，受时间和事件的影响[Wood and Holland，1993]。无论如何，要尽全力用最少和最简单的跟踪手段来达到目的，并尝试让相关乘员利用这种手段进行自我监控和自我管理。

在集成设计中，要对于飞行前选拔、训练和任务准备过程中已考虑到的问题和项目进行实时跟踪。或者说，通过实时跟踪获取的资料，应能够协助乘员处理在训练和任务准备期间逐渐熟知的同类情况。跟踪信息使他们了解潜在的不利因素，并学会应用一些策略，以应对这些情况和事件的发生。

4）介入。只有当用于选拔、组建乘组、训练、任务准备、保障支持、自我管理和团队管理的措施被证实效果不佳时，介入性措施才会被采用。介入就意味着需要实施一些程序和举措，用以改变某一乘员的心理状态或工作能力，或改变乘组内部或乘组与地面团队之间的氛围。介入者可能是一个行为学专家，一个亲近的朋友或家人，任务经理，飞行指挥，乘组医生等。在这一章无法述及全部的介入途径和问题，但某些能力是有利于提高介入措施效果的。主要的介入效果取决于乘员与介入者之间的私人关系。天地私密通话只有通过直接的、经加密的音频、音视频、遥控或电子邮件通道才有可能实现。过去这类渠道曾非常难以获取，但目前遥测遥控和通信技术的发展使之成为可能。尽管如此，仍要尽可能确保其真正意义上的隐私性。如果乘员对系统缺乏信任，就不会使用该系统或羞于在上面谈论敏感的问题。

其他类型的介入措施可能包括增加或降低乘员的工作负荷，比如出舱活动临近时；或辅助调节乘组各类活动的时间分配，比如科学研究与空间站工作管理。也可通过降低睡眠时间和转换频率等措施，可与整个乘组探讨大致的方案，调节睡眠和生物钟。

5）心理咨询。这种最后的干预通常意味着对乘组、家人或机构给予信息通报和建议。应经常充当任务经理、家人、指令长、地面群体和飞行医监医生的传声筒。有时，非正式的探讨与正式的会议或签署的文件同样重要。拓展的任务比短期任务需要更多的心理学信息。事件与变动，比如推迟返回时间，可能引发任务管理的问题。家人可能经历的生活事件，如祖辈去世，也可能对乘员造成影响。

飞行后的心理学措施

任务从发射开始至着陆结束的过程看上去很神奇。实际上，任务相关的心理反应始于乘组被分配任务的环节，同时对于长期飞行，要到着陆后几个月才终止。乘员、家人及地面团队必须对一些飞行后的心理要求作出反应。短暂的任务后，生理与心理上的要求相对轻松，并主要关注恢复正常生活的活动内容安排。长时间任务后，适应性问题更加突出和重要，并引起更多关注。因此，这里将主要探讨长期任务后的主要干预手段。

表 7－4　飞行后心理干预措施示例▲

类型	措施	备注
支持保障	回国与适应，乘员，家人，离队时间，重新恢复工作联系	任务要求持续
实时跟踪	正式和非正式	多方听取汇报和标识
咨询	乘员、家人和管理者	自我和他人的现实预期

▲：飞行后的心理干预应处理持续作用于乘员及其家人的心理反应。任务并非止于着陆。

尽管长期飞行结束时应该庆祝，但微妙的心理压力和心理障碍却在不知不觉间开始困扰乘组及其家人。例如，随着长期飞行的即将结束，乘员及其家人开始憧憬着陆后生活将会怎样；有时候，现实并不与其想象吻合。长期隔离期间，配偶承担着很多乘员不用做的工作，有时候配偶会在飞行后提出与乘员交换角色和家庭职责。乘员可能因此感到非常吃惊，并可能对这个角色应当怎样扮演产生完全不同的看法。乘员可能会感到自己在家中是多余的，或配偶感到不被需要或不被欣赏。有时某个有孩子的乘员会因发现需要花费一定的时间与孩子重建亲密关系而感到沮丧。一些家庭中，有时乘员可能因极度疲劳而不能承担某些家庭责任，而配偶却迫切期望乘员重新担起这些责任义务。另一些情况是，乘员和家人对飞行后的资料归集和公众活动占用乘员的时间甚至超出飞行任务期间的情况，感到惊讶和沮丧。这些只是飞行后心理压力的几个例子而已。

飞行后的干预措施包括对乘员进行 2 到 3 次正式的询问，总历时约 2 个月。着陆后我们一有机会——不会迟于 3 天——就进行询问。乘员在此期间还具有一定的心理开放性，并能清晰地表达情绪和敏感性问题，再晚些时候就会影响效果。接下来的另一次询问安排在着陆后的第 10～15 天，第三次询问安排在着陆后的第 30～40 天。这些讨论用于检查乘员的心理状态，对家庭、办公环境的适应作用，以及飞行后的工作负荷水平等等。还可以收集关于选拔、训练、支持保障方面的干预措施和策略有效性方面的建议。多数情况下，与配偶会谈也是有帮助的。

比正式会谈更具成效的是行为学专家、乘员及其家人之间的非正式的互动。大多数航天员和配偶对于福利待遇和帮助他们尽快恢复正常工作和生活的措施是感兴趣的。长期飞行后，乘员通常在恢复其生理功能（肌肉、平衡）方面要快于心理功能的恢复。尤其是，乘员可能在着陆后数月也不能恢复到正常的精力和情绪水平。乘员已在飞行期间耗尽了精力和情绪储备，并在飞行后工作和再适应过程中持续消耗着精力和情绪。他们和家人可能都对“再充能”的过程比预想的要漫长很多而感到诧异和无奈。

离队时长的现实政策也是对心理恢复非常有影响的干预措施。关于离队时长的最佳值没有确定的准则，因为每个人对于脱离工作休整的时长想法不一。但某个建议的规则是远离地球每增加 1 个月，假期应增加 10 天，同时在着陆后的 6 个月内休完假期。如果在程序安排上这一时间可行，乘员、家人和飞行医监医生就能确定离队的确切时间和总时长。

7.3 融入设计

要使得选拔、训练和其他干预措施得到应用，必须将设计转化为任务规划者的语言，并写入任务过程控制的文件中。目前来说，这意味着将干预措施细化转译为任务需求。任务需求是理论的基础性说明，用于表明对于计划的实施，这些干预措施是如何产生效力的。需求很少是关于“为什么”，而更多的是关于“是什么”和“怎么办”。包括流程、硬件、软件、在轨设施、乘组训练时间、通信，以及各种飞行前、飞行中、飞行后干预措施所需的资源。

这些细节必须正式体现在任务过程控制相关文件中。一些文件只体现简短的、大致的要求，诸如“某项心理学评估应成为乘组选拔的一部分”。其他文件则需要体现细节，诸如界定团队心理学训练所需的确切训练学时数、训练学时的分布模式，以及在飞行前训练的哪些环节必须要用这些学时。还必须规定学习科目、地点、所需的设施、完结的标准、结果的衡量方式、安全问题、组织中的其他成员应当怎么做等。

正如这本书的内容所示，有很多其他群体面向任务征集需求。这些需求经常是相互矛盾的，于是任务规划者必须衡量选择不同需求的价值和成本，或就解决问题的备选方案征询需求方的意见。作为需求方，面临的挑战是明确区别出哪些是硬性的需求，哪些是指导性原则。在不影响任务目标达成的前提下，有些需求是不可让步的，包括乘员的健康、幸福感或行为表现。指导性原则很重要，但在设计中的表述却是更为灵活的。某些情况下，可能不得不开发某种备份措施。例如，受到时间、容积或资金的限制，无法按照最初的想法实施。

任务控制需求分析与执行过程的文件记录，是众多行为群体之外的人认识和理解心理学设计的唯一途径。如果没有把设计的重要性写入这些文件，可能就如同这些方面的事件从未发生一样。另一方面，被写入这些文件最终版本的心理学措施和活动，便会成为后续任务计划中例行的、被采纳的措施和活动内容。因此，某次任务繁琐的文件编制工作，有时可引导组织对于行为资源的使用和总体看法发生长期的、积极的转变。

除了归纳需求之外，还必须与组织中开展其他辅助设计的机构建立联系。例如，遥测通信人员需要了解我们的需求，并理解他们在乘组—家人沟通过程中扮演的角色。当他们理解了干预措施背后的缘由，就能提出最为有效的流程和建议，使干预措施的效果得到显著提升。在航天飞机—和平号任务期间，遥测通信人员理解了其保障航天员幸福感的重要性，从而自始至终保持了通信的畅通。他们从多个方面强化了干预措施，包括为家人提供可带回家的通信交流过程的音视频磁带、远程抓拍熟悉的室外地点、视频特效使乘员能够更好地观看活泼的孩子和宠物、上传体育运动的视频，以及更多。

同样，对于跨国的项目，需要与国际合作伙伴平等合作，开展设计集成。如果在开发设计时已经构建了有效的工作关系，行为学设计者就能在识别需求时有效地相互配合与支持。通过国家间达成共同目标的协议，干预措施的流程顺畅程度、重要程度、资源满足程度等都会比在协会高声呼吁更有效。资源的差异或空间协会之间的行为风格偶尔会在飞行保障上产生差别，诸如发往乘员的电子邮件数量、他们可存取音频或视频的数量等。从乘组的和谐和平等的角度，所有国际合作伙伴都应在飞行期间提供同等的保障资源。只有当需求进入相应的文件并构建起落实需求的关系时，设计才算完成。

7.4 结论

这一章所阐述的规则是大多数航天飞行任务——不考虑任务周期——中普遍适用的“核心规则”。然而，从定性的角度看，长期任务与短期任务有着本质的区别。正如长达 6 个月的空间站任务在心理上的挑战明显高于短期的航天飞机任务一样，更长期的飞行任务——如载人探火——需要对任务要求和干预措施进行更加深入的探讨。现有的推力限制和通信技术对提高乘组的自主性形成了比较强大的制约条件。行星际探索时间的延长和月球殖民任务对工作与生活环境提出了内容更加繁多且更趋标准化的要求。对于设计者来说，构建某种环境，保障专业化分工和社会化生活的正常演进，满足更广泛的人类需求，使个体能够成功地适应更多的复杂性，是极为重要的。当然，以委托授命为主的管理方式仍将持续下去，并对心理健康、幸福感和行为表现起到促进作用。

为了能够成功过渡到长期任务，组织机构必须在任务规划早期倡导整体的人—系统理念。从乘组健康和任务圆满完成中学习这种理念，远比从严重的误操作、某个乘员出现严重临床问题，或提前中止的任务中学习，要轻松得多。

参考文献

[1] Cascio, W. F. 1998. Applied Psychology in Personnel Management. 4th ed. Reston. VA: Reston Publishing Company.

[2] Gatewood, R. D. and H. S. Field. 1990. Human Resource Selection. Chicago, IL: The Dryden Press.

[3] Goncharov, S. 1994. Personal communication.

[4] Guion, R. M. 1991. "Personnel Assessment, Selection, and Placement." (Chapter6) . In M. D. Dunnette &L. M. Hough, eds. Handbook of Industrial & Organizational Psychology. 2nd ed. Vol. II Palo Alto, CA: Consulting Psychologists Press.

[5] Holland, A. W. 1994. The Multinational, Multicultural Exploration of Space: Notes from the Front. Paper presented at the International Conference on Cultural Ergonomics, Stockholm, May.

[6] Holland, A. W. 1997. Culture, Gender and Mission Accomplishment: Operational Experience. Paper presented at the 12th Man in Space Symposium , Washington , D. C. , June 8 - 13.

[7] Holland, A. W. and A. L. Looper. 1990. Multinational Crew Factors Affecting Space Station Operations. Paper presented at the 15th Annual Technical Symposium of the American Institute of Aeronautics and Astronautics , May.

[8] Holland, A. W. and J. A. Wood. 1993. La Chalupa: A Testbed for Measures and Methods. Presented at the Symposium on Human Behavior in Space Simulation Studies . European Space Agency, Paris , France, December 2.

[9] Holland, A. W. and K. Curtis. 1998. "Operational Psychology Countermeasures During the Lunar - Mars Life Support Test Project." Life Support and Biosphere Science. Vol. 5, pp. 445 - 452.

[10] Holland, A. W. and R. Longoria. 1991. Confinement and Human Performance: Implications for Long - Duration Space Missions. Paper presented at the First

International Design for Extreme Enviroments Assembly , Houston, TX, November 12 - 15.

[11] Holland, A. W. and R. Marsh. 1993. "Psychological and Psychiatric Issues." In Nicogossian, A. , C. Huntoon, and S. Pool, eds. Space Physiology and Medicine. Philadelphia, PA: Lea & Febiger.

[12] Holland, A. W. and S. T. Vander Ark. 1993. Task Analysis of Shuttle Entry and Landing Actiovities . NASA Technical Memorandum #104761.

[13] Holland, A. W. , et al. 1997. An Improved Procedure for Selecting Astronauts for Extended Space Missions. Paper presented at the 12th Man in Space Symposium, Washington, DC, June 8 - 13.

[14] Holland, A, W. , S. T. Vander Ark, and K. C. Curtis. 1997. Psychological Support: The American Experience. Paper presented at the Conference of the Aerospace Medical Association, Chicago, IL.

[15] Holland, A. W. 1991. Psychological Training for Extended - Duration Space Crews. Paper presented at the First International Design for Extreme Environments Assembly, Houston, TX , November 12 - 15, 1991.

[16] Kozerenko, O. P. and A. W. Holland. (forthcoming.) " psychological Support for Crew Members. " Space Biology and Medicine, Vol. IV: Crew Health , Performance, and Safety. Nicogossian, A. ed.

[17] Landy, F. J. and S. S. Kohler. 1994. Personnel selection and placement. Annual Review of Psychology. 45: 261 - 296.

[18] Muchinsky, P. M. 1993. Psychology Applied to Work. 4th ed. Pacific Grove, CA: Brooks/Cole. O'Hare, D. and S. Roscoe. 1990. Flightdeck Performance: The Human Factor. Ames, IA: State University Press.

[19] Svenson, O. and J. A. Maule. 1993. Time Pressure and Stress in Human Judgment and Decision Making. New York, NY: Plenum Press.

[20] Wood, J. A. and A. W. Holland. 1993. Methodological Issues in Remote Data Collection. Paper presented at the Symposium on Human Behavior in Space Simulation Studies. European Space Agency, Paris , France, December 2.

第 8 章　载人航天飞行的安全性

Richard P. Heydorn，Jan W. Railsback，NASA 约翰逊航天中心

在设计一个航天任务时，通过权衡放弃一些要求，以得到一个可接受的设计方案，每个放弃的要求都可能威胁到任务安全，一个理想的设计应当是简洁的、并且由一系列安全的组件构成。但是，由于必须解决恶劣环境、高能系统、精确导航以及复杂计算等难题，如此理想的设计是很难实现的。通常，设计者会尝试增加某些特殊的功能和组件以使设计更加安全，然而这又会对系统其他部分提出额外的需求。例如，采用大量的冗余设计将会产生诸多维护需求、额外的能源需求、以及结构质量和体积等需求。如果从设计之初就考虑安全问题，便可有多种方式对系统配置进行重新考量，既能满足设计要求，又不过度增加其他设计单元的负担。

安全性设计需要一定的经验和技巧。如用喷气飞机等诸多被认为安全的飞行器，普遍采用反复试验的方式进行开发。还可以采用统计学方法来进行安全性检测，其他性能检测也可以对安全性测量进行评估。这些方法使得进行整体性设计更为简便，并且会达到一个更好地系统设计状态。

本章将对安全性设计的主要问题进行讨论，然后展示了一个用统计方法来进行乘员生还概率估计和不确定性估计的案例，并将对

这些方法进行定性总结，这些方法已经被 NASA 广泛应用于危险识别、失效模式和影响分析。这些方法综合了概率风险评估（PRA）和可靠性统计分析，是定性分析的一部分。需要注意，这些方法对初步的安全性设计非常有用，但对分析一个设计是否满足其安全性要求又不是必需的。

8.1 总体安全性设计

载人航天器可设计为一个可维修系统，通过乘组的及时维修降低部件故障的影响。因此，必须了解任一故障对航天器的影响方式以及故障后紧接着会发生的事件序列和发生时间。如果时间充足，对于好的设计，航天员有机会让航天器重新进入安全运行状态。此类设计必须是灵活的，允许一些系统灵活配置，使其在某些部件故障情况下还能正常运行。阿波罗 13 号就是一个著名的案例，航天员采用月球着陆模块（LEM）实现了重返地球。假如没有足够的反应时间，设计上必须提供可以快速更换的备用模块，比如火箭套管接头的备份 O 型圈。

这里考虑的危险是指危及航天员生命安全的事件。识别危险依赖于经验，每个系统都存在固有的危险——一些主要危险和许多诱发的危险。高能系统就是一个主要的潜在危险，比如月球任务的运载火箭毫无疑问需要一个高性能的推进系统，可以选择低能推进剂从而确保安全，而选择高性能却剧毒或强腐蚀推进剂的诱惑也是很大的，因此要进行必要的折中权衡。假如任务需要高性能的推进剂，危险控制将会严重影响任务成本和任务进程。此时的主要危险可能是涡轮运行时断裂导致的发动机爆炸，腐蚀性物质，如局部盐雾中的氯化物，可能会恶化危险情况，如发动机的污染等。腐蚀、强度降低、涡轮失速都是会加剧危险。工业、航空航天、空间飞行等领域适用的危险识别技术详见 US MIL - STD - 882C［NSTS 22254，1994］，［Hammer，1993］。

新的设计方法需要采用故障模式与影响分析方法进行初步危害分析。危害分析是一个“福尔摩斯”般的推论过程，会问“什么条件会导致这种情况发生?”分析人员检查设计，使用因果推理或故障树分析来识别潜在的危害发生条件和原因，分析故障模式、影响，归纳出原因。开始会给出一个列表清单，然后提问“如果这个部件发生了故障，会对整个系统产生什么影响?”理想情况下，这些危害分析应与故障模式及影响匹配。

对于载人航天器，NASA 还没有相关的标准要求，但约翰逊航天中心制定了载人航天等级要求 [NASA，JSC28354，June，1998] 和通用标准 [NASA JSC，1991]。表 8－1 给出了载人航天器的总体要求，多数情况下，这些标准只是简单给出了考虑备份功能设计后，航天器在设计上会出现什么结果。例如，冗余要求提出，系统中任何一个部件故障时，飞行硬件必须支持飞行器的安全和乘组安全，同时乘组也能够提供这种备份。安全设计工程师可以将这些标准作为检查列表，以确保最终设计考虑了所有重要的安全因素。

表 8－1　选自 JSC 28354 载人航天等级要求中的总体要求▲

要求
1. 航天器在设计、建造、检查、试验和认证过程中必须严格满足载人等级要求
2. 航天器设计、制造和试验应遵循 JSCM 8080.5[NASA JSC 1992]标准和军方应用标准。任何采用替代产品的地方，必须提供替代产品的认证报告，且替代产品必须满足甚至优于指标要求
3. 航天员环控生保系统设计时应遵循 NASA 3000 标准[NASA 1995]和 NASA 空间飞行健康要求[NASA JSC 1996]
4. 对于一个成功的综合飞行试验程序，必须完整地检查其数学模型，验证安全飞行边界，并在第一次实际载人飞行前提供性能数据库
5. 当一个航天器接近载人飞船或同载人飞船进行交会对接时，应当遵循联合飞行器操作要求，以确保不对任一航天器造成危害。在不与设计、操作要求冲突的情况下，应制定相应规则，允许任一飞行器停止、中断和分离。无人飞行器必须听从载人飞行器的安全性关键命令

▲：确保工程师按照这些总体要求开展设计和测试。

总体而言，在优先级顺序上设计如下：

1）最小风险设计。从一开始就在设计上消除危险，假如未能将风险降低到一个可接受的范围的话，选择其中最好的设计。

2）加入安全设施。如不能通过设计来消除可识别的危险或降低风险，尽量通过增加自动操作或其他设计或设施来降低风险。

3）提供报警装置。当设计和安全设施都无法减小风险时，使用设备检测环境并发出危险警报。设计警报信号以避免人员做出不正确的反应。

4）制定工作流程和培训。假如其他方法都无法降低风险，就改进流程并进行培训。制定标准化的警报，必要的话，对人员进行认证考核。

在进行安全性设计之前，首先介绍一下载人航天系统的一些基本概念。载人航天器设计上不能因单独一个故障而危害到航天员安全，任何设计都含有可能致命却不能消除的单点故障（如助推器发动机升空时失效或压力舱结构瓦解）。在载人系统设计时经常要求系统具备单点容错能力，这意味着航天器发生故障后，还可以按计划完成任务。类似的，双重容错则意味着，即使发生两个故障也不能对系统带来致命伤害。

设计一个具备容错能力的航天器是非常昂贵和困难的，它对设计提出了更高要求。简单地备份所有故障模式和使用物理冗余是不实际的，相反，采用多功能系统（功能冗余）是实现容错的更好方式。为理解故障冗余的概念，设想驾驶汽车下山，如不踩刹车，汽车速度就会过快。如果刹车失效，就需要使用发动机减档降速，或者使用紧急制动系统。这是 3 种系统——脚刹、发动机和紧急制动系统——都有自己的功能且可在必要时作为另一功能的替代。通常情况下，可以交叉功能冗余，通过重新功能配置，应对航天器故障，甚至允许多重故障，系统仅仅降低到一个稳定配置状态，但航天器仍然可以很好地完成任务的基本要求，这样的配置模式通常称为故障自预防。

载人飞行过程中，有一些故障不一定是灾难性的，但很可能威胁到航天员生命安全，因此中止任务可能是必要的，中止策略提供了故障自预防途径以使航天员返回地面或者进入下一阶段任务，保证航天员安全直至故障排除。例如，发射后发生故障时，由于航天器获取了太多能量从而不能立即返回地面，这时选择继续入轨，进入一个稳定状态可能更为合适。

设计双重出口是安全性设计的另一个关键概念。如果乘组继续停留在航天器是危险的（如发生火灾），简单增加一个脱离航天器的出口冗余就非常有用，出口的设计上应当位于航天器的相反两面，防止着陆时两个出口全被堵住，下面将给出如何使用这些概念来开发安全的任务和系统。

8.2　安全性设计步骤

表 8－2 给出了设计安全性概率估计的主要步骤。表 8－3 列出了所需的输入——大部分由资深设计工程师给出。该流程是依据 8.3.2 节和 8.4 节讨论的主逻辑图组织的。

表 8－2　安全性设计▲

步骤	主逻辑图级别	说明	参阅章节
找出主逻辑图的顶层事件	1	使用主逻辑图——故障树形式——组织逻辑布尔并计算乘组面对灾难性事件的生还概率。顶层事件是“任务中乘员无法生还”	图 8－1 给出了如何构建故障树。8.3.2 节和 8.4 节讨论了主逻辑图
将任务分配到各阶段	2	每个阶段都应有主要的、唯一的安全威胁项。将使用共同安全装置的阶段归为一组	见月球任务案例——表 8－9
定义每个阶段组的最小安全配置	3	每个阶段中乘员生还都需要依赖一些关键的系统	见月球任务案例——表 8－9

续表

步骤	主逻辑图级别	说明	参阅章节
定义最小配置的主要危险	4	类似系统的历史信息和失效模式与影响分析报告可能会提供一些潜在危害的线索。8.1 节简单讨论了如何识别危害	表 8-4 是失效模式与影响分析工作表单的一个算例；表 8-5 给出了典型故障模式的产生原因。表 8-6 列举了一些典型故障模式
设计各单元可靠性对每个危害发生的影响框图。	5	采用失效模式与影响分析报告找出每个危险的影响要素	参见表 8-6
预估单元故障概率	5	尽可能地基于故障数据进行估计。见 8.3.1 节一个单元的可靠性预估	使用表 8-7 来估计单元的可靠性和其安全边界
考虑乘员维修能力，调整单元可靠性	5	假如故障属于可被检测的，乘员有时间、且可以排除该故障，则设单元可靠性为 1。否则，不要调整其可靠性	
增加重新配置选项，计算系统可靠性	5	假如其他单元可以承担故障单元的功能，构建重新配置后的影响框图，并作为初始影响框图的备份。采用分解法计算系统可靠性，如果必要的话，考虑可重复单元	图 8-2 为应用分解法的一个算例
计算 2，3，4 级别的可靠性	2，3，4	如果出现重复单元，将第五步构建的可靠性图放到一个危害节点下，并且进行分解。第 8.3.2 节讨论确定“与门”和“或门”的可靠性	使用表 8-8 和图 8-2

续表

步骤	主逻辑图级别	说明	参阅章节
计算乘员生还概率	1	组合所有阶段的可靠性。假定开始阶段所有单元都正常工作，将各阶段的可靠性简单相乘，用 1 减去该值就是任务中乘员无法生还的概率	
如果需要，增加备份系统	5	如果乘员生还率的初步估计值太小，尝试通过增加冗余来使航天器具备自动防故障能力	
计算所有主逻辑图级别的不确定性	所有	采用蒙特卡洛法计算不确定间隔。参考表 8-7 和 8.3.3 节的讨论	

▲：建立主逻辑图（MLD）是该流程的一部分。图 8-3 给出了一个构建案例。MLD＝Master Logic Diagram；FMEA＝Failure Modes and Effects Analysis。

表 8-3　安全性设计的输入和输出▲

需要的输入	输出
任务目标	任务和任务阶段乘员生还概率
乘员生还需求概率	主要危害和发生概率
硬件配置图	为增强系统安全性而需要的系统重新配置选项描述
重新配置选项	需要的冗余列表
最少关键设备列表	系统单元故障率估计
关键设备故障模式影响分析	
故障检测能力	
主要故障修复时间估计	

▲：至少需要以下输入来开始安全性分析，输出是影响其他设计元素的最简列表。

当讨论一个系统的安全性和可靠性时，通常会涉及到一个“单元”。一个系统单元是指故障定位后，根据需要可以维修或更换的最小硬件部件。当估计一个单元的可靠性时，需要考虑该单元具有唯一故障模式的硬件部分（对比表 8－4，表 8－5 和表 8－6）。例如制导和导航系统中的一个单元可能是由陀螺仪、加速度计和电子元器件组成的惯性导航单元。

表 8－4　典型的故障模式和影响设备▲

故障模式	典型影响设备
天线发射模式错误	天线
天线带宽过宽或过窄	天线
轴校准的精准性/漂移/移动	陀螺,加速计
偏移出规定范围/漂移/移动	陀螺,加速计
粘结/堵塞	液压的、机电的或者机械的执行机构,阀门,校准器
气蚀现象	泵,压力器,流量测量元件和推进器
延时执行	信号发射器,点火线路,执行路径
漏电	电子元器件,连接器,电线,绝缘物,电容器线圈,二极管等
电子信噪比抑制力低/信号到信号	通信,电子元器件
输出不稳定	敏感器,检测器
输出错误	校准器,计算软件
外部泄漏	管子,阀门,配件,压力箱,密封物
中间传输故障	阀门,校准器,执行机构,机械连接部位
超出容许范围	敏感器,检测器
无法展开/收缩	执行机构,机械连接部件
无法打开/关闭	阀门,断路器,切换器
无法开启/停止	发动机,引擎,推力器
惯性平台定向(旋转)失败/错误	计算机,机电或液压执行机构
流量异常	泵,管子
漏执行	点火器,推力器
内部泄漏	阀门,校准器,热交换,密封
泄漏(电源)	电池,推进剂组元,太阳能帆板,电源系统

续表

故障模式	典型影响设备
输出损失	电子元器件，电力系统，电池，推进剂贮箱，太阳能帆板
外露，电阻过高，电压过高，电流过低	电子元器件，电力系统
不同位	发生器
输出错误	计算机，电子元器件
物理粘结/堵塞	液压，机电执行机构
过早切断	计算机，电子元器件
过早执行	点火器，推力器
液体流动受限	管子，管道，孔口
摩擦/磨损	机械连接器，执行机构
比例因子超出规定范围/漂移	陀螺仪，加速器
短路	电子元器件，电力系统，线路绝缘物，切换器，二极管
信号过高/低	通信
结构故障	翼梁，横梁，支柱，角板，机械支撑，连接处，支架，轴承
热防护损伤	绝缘物，烧蚀隔热
推力异常	火箭发动机，喷气发动机
扭矩过高/过低	执行机构，发动机，齿轮传动链，泵
视觉驻波比（VSWR）超限，阻抗不匹配，返回信号丢失	通信系统
波形偏置或频率不正确	通信系统

▲：这些故障模式在估计单元故障概率（8.3.1 节）和选择类似单元（表 8－7）时予以考虑。

8.3　安全性分析

现代安全性分析通常采用概率风险评价（PRA）方法。概率风险评价是一个自上而下的分析过程，首先追踪一个主要故障事故的所有可能原因，然后估计每个单元故障造成该主要故障的概率。期间使用了故障树、时间序列图和可靠性框图。本章不会介绍完整的概率风险评价方法，而主要关注创建一个安全性定量分析的途径，这对于初步设计中经常用到的数据类型已经足够了。

表 8-5 典型的故障原因▲

受到的应激环境	最有可能受到影响的阶段	潜在影响
振动	发射,下降	人员,设备,结构
加速度	发射,下降	人员
声音(噪声和振动)	发射,下降	人员,设备
过载(结构)	发射,下降	设备,结构
过载(电气)	操作	设备
化学反应	操作	人员,设备
真空压力差	出舱活动,空间居住舱操作,行星常驻操作	人员
热冲击	出舱活动,行星活动	人员
电离辐射	空间活动,行星活动	电子设备,人员
微流星体/轨道碎片	空间活动	设备,人员
电磁场	空间活动,行星活动	人员,设备
机械撞击	对接,着陆	设备,结构
温度梯度	空间活动,行星活动	设备
有毒物质	空间活动,行星活动	人员

▲:仔细考虑这些潜在的应激环境以帮助识别危险。

风险概率评价过程在一定程度上只关注威胁乘组生命安全或导致任务失败的危险，某些危险的生还概率依赖于产生该故障的组件发生故障的可能性，表 8-4 列出了一些典型故障，表 8-5 列出了更多常见的原因。在安全性详细分析中，将使用故障模式影响分析对每一个可能造成重大故障的各硬件故障模式进行整理，故障模式影响分析 FMEA 形式见表 8-6。

在初步安全性设计分析中，往往关注相关系统和单元最主要的原因和故障模式。假如设计时希望使用类似单元的历史故障数据，必须确保该单元具有相似的故障模式和运行环境。

表 8－6　故障模式影响分析格式说明，回路断路器案例▲

故障模式影响分析	说明	回路切断器案例
功能	该部件的作用	为氟利昂冷却剂按比例流动循环 1 圈提供单相 AC 电源，保护 AC 电源
故障模式	见表 8－4	无法打开，导电或者关闭
起因	会造成该组件产生这种故障模式的可能性条件	结构故障，电击，热压，振动，污染，处理异常
影响	该组件发生故障会对系统产生什么影响	载荷系统无法降温，多余的氟利昂冷却剂循环损失会对航天器和乘员都带来损害
处置方法和基本原则	用什么方式来确保组件按设计要求正常工作	回路切断器按规格设计；质量合格，经过认证，飞行前必须进行检测和测试；裕量控制值必须满足需求

▲：此表可作为故障模式影响分析的模板。

8.3.1　单元可靠性估计

若假定实际的可靠性为指数形式，则采用贝叶斯估计法进行可靠性估计，实际的可靠性为 $R(t)=e^{-\lambda t}$ ，其中 λ 为失效率，选择这种形式的原因是，即使在没有故障或仅仅给定执行时间的情况下也可以实现与历史故障数据的拟合，贝叶斯估计将 λ 作为一个随机变量，Martz and Waller ［1982］ 曾对贝叶斯估计进行了一般性讨论，关于表 8－7 中公式推导的讨论详见 Canavos ［1972］。假如可以得到精确的故障率 λ ，上述贝叶斯估计并非非用不可，此时，可以根据公式 $R(t)=e^{-\lambda t}$ 直接计算可靠性。当然，假定已知故障率情况下，可靠性就不存在不确定性，因此置信度评估（表 8－7 中讨论）方法是不适用的。例如 MIL－HDBK－217 手册 ［美国国防部］ 的电子部件部分和 NPRD－95 手册 ［美国空军 USAF 1995］ 中的非电子部分就可以作为故障率的来源。

表 8－7 第四列给出可靠性估计的最终形式。这张表总结了计算单元可靠性的贝叶斯估计方法，包括给定单元和类似单元故障数据或无数据等情况。类似单元是指与考虑单元具有相同故障分布的任一单元，比如要考虑的单元是一个泵——类似单元就是另外一个泵，具有相同或类似的形式（即具有类似的故障模式）——在运行和试验中具备相同的压力环境。表的最后一行给出了一种没有故障数据

表 8－7　确定可靠性和置信度*▲

单元故障史	先验信息	故障率估计	可靠性估计
在 S 个单位时间内，发生了 m 次故障	类似的单元，在 T 个单元时间内发生了 n 次故障	$\dfrac{n+m+1}{T+S}$	$\left(\dfrac{1}{1+\dfrac{t}{T+S}}\right)^{n+m+1}$
没有	类似的单元，在 T 个单元时间内发生了 n 次故障	$\dfrac{n+1}{T}$	$\left(\dfrac{1}{1+\dfrac{t}{T}}\right)^{n+1}$
在 S 个单位时间内，发生了 m 次故障	没有，假定故障率在 0 和 ∞ 之间均匀分布+	$\dfrac{m+1}{S}$	$\left(\dfrac{1}{1+\dfrac{t}{S}}\right)^{m+1}$
没有	没有类似单元的相关数据，最好的猜测是 T 时间单元不会发生 3 次以上故障，或者 T 时间单元只发生一次故障**	$\dfrac{1}{T}$	$\left(\dfrac{1}{1+\dfrac{t}{T}}\right)$

* 可以令等式 $\rho=\int_0^y \dfrac{\dfrac{1}{x}\left(\log\dfrac{1}{x}\right)^{n+m}\left(\dfrac{T+S}{t}\right)^{n+m+1} x^{\frac{T+S}{t}}}{(n+m)!}\mathrm{d}x$ 中 $\rho=0.05$ 来求解 y，得到可靠性估计不确定性边界下限为 0.05；如果令 $\rho=0.95$，可得到不确定性边界的上限为 0.95。

+ 假设导致 Bayesian 估计采用的故障率优先级退化。

** 假如期望的故障率为 $\dfrac{1}{T}$，95%的概率条件下，故障率不会超过 $\dfrac{3}{T}$。

▲：在故障率不确定时，此表给出了一个估计随机形式故障的可靠性和置信度的简单方法。

的情况，此时，就需依赖专家对故障行为的知识积累来形成一个可靠性预估形式。在一些情况下，可能会使用手册或其他信息来源来形成专家意见。

表8-7同时给出了故障率的贝叶斯估计，但不直接用其计算可靠性的贝叶斯估计值。该值仅仅是对可靠性值的一个简单检查，因为故障率能够直接通过单位时间的故障数表示出来。表的第一个脚注给出了计算可靠性对应的贝叶斯不确定性边界范围的方法。获取大概范围的一个简单方法是计算若干个 y 值的积分，然后简单挑选或者插值获取给定 ρ 对应的 y 值。

作为表8-7的一个应用实例，对惯性导航系统中的一个陀螺进行可靠性估计。假定有10个陀螺，每个都被测试了1000小时且没有观察到故障发生。进一步假设，任务中陀螺要使用168小时，将数据 $S=(10)(1000)=10000$，$t=168$，$m=0$ 代入表8-7的第三行，得到任务的可靠性估计值为0.9835。由于 $n=0$，$m=0$，$T=0$，根据表脚注中的不确定性公式得 $y^{s/t}=\rho$。依据 $\rho=0.05$ 和 $\rho=0.95$ 分别求解 y，可得这个陀螺的可靠性低于0.9509的概率为0.05，可靠性高于0.9991的概率也仅为0.05。确定性的术语表征为，陀螺可靠性在0.9509至0.9991之间的概率是0.9。

此外，制造商给出陀螺运行25000小时零故障的承诺，这一值可以作为先验信息。把制造商数据作为类似单元的测试数据，可得 $T=25000$，$n=0$。使用表8.7第二行的公式，得到任务可靠性的估计值为0.9952。将 $\rho=0.05$ 和 $\rho=0.95$ 分别代人公式 $y^{s/t}=\rho$ 求解 y，可得0.9857和0.9998。

值得注意的是，陀螺测试并不是一直到所有陀螺都失效才停止，换句话说，测试是定时截尾的。因此，单独采用这些数据，任何可靠性估计都是有偏差的。通过增加额外的制造商的数据，可以发现可靠性概率增加了。同时，这些额外的数据也会带来小量不确定性。现在可用（0.9857，0.9998）代替（0.9509，0.9991）。

8.3.2 乘组生还概率评估

乘员生还概率依赖于一系列威胁到乘员安全的故障事件，往往这些事件的组合会导致严重的危害乘员安全的事件发生，有些是功能失效（如制导）引起的，有些是元件故障（如O型圈）引起的，还有一些则和一些导致故障发生的事件相关（如阀门被污染物堵塞）。推断原因时，根据概率的层级来思考非常有效，通常会采用一种称为主逻辑图（MLD）的故障树形式。这种故障树不一定是唯一的，我们经常会通过好几种路径找到发生这种对重大失败有决定作用的故障事件。如图8－3所示，将故障树和可靠性框图组合起来分析，是初步设计的一个简单的好方法。

故障树被广泛应用于概率风险评价（PRA）中，而可靠性框图经常应用于纯可靠性研究。在限定条件内，这两个理论上是等价的，但是有时却是各有优劣。故障树擅长总体事件描述，可使用逻辑布尔操作“与”“或”来组合这些事件，实现对类似“乘员无法生还”等顶层事件的描述。图8－1描述了一个简单的故障树构建流程（详见Kumamoto and Henley［1995］和Hammer［1993］）。可靠性框图常用于表达用来确定系统故障结构的硬件配置。表8－8列出了一些可靠性框图常见的通用结构（详见Zacks［1992］和Martz and Waller［1982］）。因此，如果通过布尔方法可以把子事件合并成为顶事件时，我们就可以使用故障树进行描述。如无法通过这两个布尔操作描述（或很难描述）硬件故障，则采用可靠性框图。备用设备、交叉连接和n取k架构等单元故障就是更为常见的例子。

开始时，合理的做法是首先将任务分为几个阶段，然后找到决定各阶段任务成功的关键功能，确定哪些会对功能实现造成威胁（见表8－4和表8－5）。乘员无法生还的概率将依赖于故障树最低级别单元的故障发生概率。如图8－3所示，故障树中，将故障概率分配到导致危险发生的系统单元上，并建议使用可靠性框图来计算这些概率。

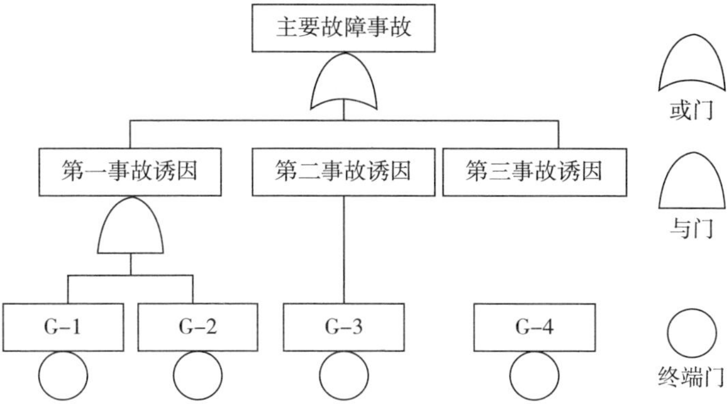

图 8－1　典型的故障树▲

▲：故障树是一个由各种不希望发生的故障事件并联和串联组成的图形模型

表 8－8　常用的可靠性结构▲

框图	公式	说明
	串联： $R(t)=R_A(t)R_B(t)$	A 单元和 B 单元都运行方可实现系统运行
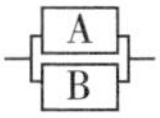	并联： $R(t)=1-(1-R_A(t))(1-R_B(t))$	只要 A 单元或 B 单元有一个运行即可实现系统运行
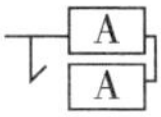	备用： $R(t)=R_A(t)+\int_0^t f_A(x)\ R_A(t-x)\mathrm{d}x$	当一个单元系统发生故障时，可以切换到另外一个单元来代替故障单元
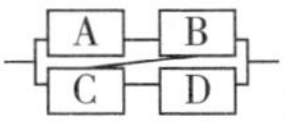	交叉连接： $R(t)=(R_B(t)+R_D(t)-R_B(t)R_D(t))R_C(t)+R_A(t)R_B(t)(1-R_C(t))$	假如 D 单元发生故障，B 单元可以代替，这样，执行序列就从正常情况下的 C 到 D 切换为 C 到 B
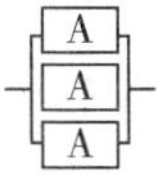	n 取 k 架构，比如 3 取 2： $R(t)=\sum_{i=2}^{3}\frac{3!}{i!\ (3-i)!}R_A(t)^i(1-R_A(t))^{3-i}$	系统由 3 个相同单元组成，其中任何一个单元发生故障，系统还可以继续运行

▲：分析实际系统时会用到这些基本结构组合。

对于单元故障，乘员可以通过维修来恢复正常，以减轻影响。此时，应当调整主逻辑图中最低级别单元系统故障的发生概率。为此，需要提出3个问题来确定乘员能否排除故障并恢复正常：1）故障能否被检测出来，并且准确定位。2）乘员是否有足够时间做出反应。3）是否具备排除故障并恢复正常的方法。如果这3个问题都能得到肯定回答，则单元的可靠性设为1；否则仍需要使用上面讨论过的可靠性估计方法。

乘员在排除一个故障的时候，可能还会带来其他方面的影响。比如，在排除该故障时对系统进行了重新配置。由于重新配置往往意味着一个单元具备多重功能，一个好的设计应该具备多种选择方式，这也意味着我们构建的可靠性框图时在很多地方都使用到同一个单元，后面将给出应用分解法来适应这种一个单元的多重应用，不管是乘员重新配置系统还是自动实现，都将严格依赖分解法计算其可靠性，如果涉及到乘员操作，要给出警告信息并且具备充分的反应时间（即使定位故障和排除故障的概率小于1）。因为重新配置应当是提前设计好并且可以快速实现的，故而认为这种简化是合理的。

现在，可以对乘员无法生还的概率进行估计，如果有各单元对危险影响的全部数据（包括专家猜测数据），就可以直接使用表8－7中的可靠性公式计算危险发生的概率，否则，就采用构建一个系统可靠性框图的方式来关联单元故障和危险相关的故障，表8－8中的结构对于这个练习很有用，当故障树中包含“或”门，使用可靠性比故障概率更为方便。

$$F(t)=1-\prod_{i=1}^{m}R_i(t) \tag{8-1}$$

值得注意的是，可靠性相乘意味着相应的系统间是串联的，一旦产品的可靠性概率比较小，就意味着危险可能发生。假定危险发生概率均由这种方法计算，就可采用类似的方法计算故障树中更高一级的发生概率，直到得到给定阶段乘员无法生还的概率。如果故

障树包含“与”门，而非“或”门，这个节点的故障概率计算公式如下

$$F(t)=\prod_{i=1}^{m}(1-R_i(t)) \tag{8-2}$$

其中 $R_i(t), i=1,2,\cdots,m$ 是支持该节点各要素的可靠性概率。

故障树中的层级划分依赖于不同时间发生的事件，为简化计算，假定所有单元在阶段开始时都处于新的运行状态，如此，可将该阶段故障视为全程独立事件，假设 $P_k, k=1,2,\cdots,K$ 为第 k 个阶段的乘员无法生还概率，式（8－3）给出了故障树中顶层事件的发生概率

$$P=1-(\prod_{k=1}^{K}(1-P_k)) \tag{8-3}$$

根据上述独立性假设，当遇到“与”节点时，可以采用故障的发生概率相乘或可靠性相乘来计算下一个节点的可靠性，但这种假设并不总是成立，尽管假定了所有的单元故障是相互独立的，然而当两种配置都包含同一单元时则是相互关联的，如图 8－2 的算例，一种配置包含单元 A、B、C，另一种配置包含单元 A、B 和 D，单元 A 和 B 在两种配置中会重复用到，假如希望通过分解的方法使这两种配置串联，首先选择其中一个重复单元为基本单元（如单元 A），假如已知基本单元正常运行，这样得到了一种可靠性单元配置，在图中第一个方括号中给出了该单元的可靠性表达式（单元 C 与 B 和 D 组成的并联结构进行串联）。如此，若单元 A 不正常工作，就采用一个替代配置（在下一个方括号中，单元 B，C，D 串联）。由于括号项中不包含重复单元，可以通过图中所示的乘以 R_A 和 $(1-R_A)$ 获得最终的可靠性。可以注意到的是，尽管单元 B 在图中是重复的，分解法在只有一个单元重复时使用。假如有一些括号项有重复单元，将在这些括号项内对单元进行分解。关于分解的进一步讨论，详见 Zacks [1992]。

同时还提出了其他方法，比如路径设置法和切断设置法，可以起到同样好的应用效果，只是稍微有些复杂，Zacks [1992] 对其也

进行了讨论。无论什么时候，采用更低级别节点的可靠性来计算故障树中某一节点的可靠性时，必须先检查是否有重复单元，如果有，则须采用分解法来计算该节点的可靠性。

8.3.3 不确定性边界的值

不确定性边界给出了故障树中顶层事件概率估计的确信程度。总体上，为获取故障树顶层级别的不确定性，必须从更低级别开始。表 8-6 的脚注中给出的不确定性计算公式被广泛应用于系统中的单元或故障树中可开始计算概率的最低级别。为了将不确定性计算传递到更高级别事件，则依赖于蒙特卡洛法。蒙特卡洛计算可采用商业软件来实现，如水晶球 Crystal Ball [Decisioneering, Inc. 1988-1996]。

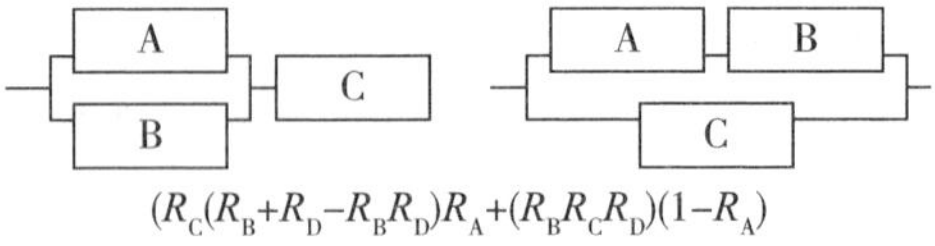

图 8-2 分解方法算例

不确定性边界同样可以指出什么情况下一个单元的可靠性大于另外一个单元的可靠性。比如，当我们计算了可靠性 $R_1(t)$ 和 $R_2(t)$ 的可靠性估计，并想知道是否 $R_1(t)<R_2(t)$，应首先计算这些可靠性的不确定性间隔。假如这些不确定性间隔相互重叠，则很有可能不等式出现反向情况。如果我们想要和一些给定的确定性级别对比，则应当找出附加故障数据，使得在这些可靠性值附近的分布方差更小。

8.4 月球基地案例

以第 2 章提出的月球基地任务为例，演示如何使用表 8-2 中的方法来进行安全性设计。先简要设计一个工作表，表 8-9 便是一个简要版本，工作表只是搜集和组织在主逻辑图中所需数据的一个简单办法。任务阶段、关键系统以及主要风险将构成主逻辑图中顶层事件的 3 个层次，恢复时间和恢复策略则简单地摘自专家说明，如使用各列中的这些信息，必须先确定恢复行为的类型和概率。

图 8－3 给出了如何使用表 8－9 中的数据来形成主逻辑图，这里只绘制了其中的一小部分。对可能有影响的系统配置进行了简化，这些系统配置决定了可以通过故障树向上传递的故障发生概率，如果可以很好地处理图中 G－3 和 G－4 显示的故障并排除故障路径，则将该系统单元的可靠性设为 1，这种情况下，主要故障会带来任务损失，但是乘员可以安全返回着陆，这些故障则不会威胁到乘员安全（这和主逻辑图的顶层事件相关）。

表 8-9 月球基地任务工作表▲

任务阶段	关键系统	主要危险	恢复时间	恢复策略
将所有组件和推进剂发射入轨	航天飞机 助推器； 主发动机； APUs； 飞行控制系统	推力损失； 液压动力损失； 电源损失；	助推器——无； 充足，如果主发动机开始故障； 充足，如果只有一个APU故障； 充足，如果只有一个燃料电池故障	无法排除助推器故障； 如果主发动机，APU或者燃料电池故障，返回着陆或中止入轨
在国际空间站组装	舱外航天服； 气闸； 拴绳	碰撞； 生命保障系统损失	时间充足，如果故障发生	返回至安全避难所
进入地月转移轨道	推进； 电源； 制导与导航； 热控系统； 结构和机构	推力损失； 电源损失； 生命保障系统损失； 飞行控制损失	时间充足，如果故障发生	重新配置； 使用备份； 返回地球
下降到月球表面	推进系统； 结构和机构	推力损失； 着陆受损	时间充足从推力损失中恢复； 时间充足，若着陆受损不严重	中止着陆，启动返回发动机； 修复着陆器

续表

任务阶段	关键系统	主要危险	恢复时间	恢复策略
完成月球科学任务	舱外航天服； 月面设施	生命保障系统损失； 航天服破损； 呼吸设备故障； 出舱期间人员受伤	恢复时间充足，但其依赖于航天服故障和故障发生地点； 依赖于人员受伤情况	返回至月球着陆器； 如果需要，返回地球
从月球表面上升并且与 LTV 对接	推进系统； 能源系统； 制导与导航； 结构系统	推力损失； 和 LTV 发生碰撞	没有时间，除非着陆器进入可恢复的轨道； 没有时间，如果着陆器与 LTV 发生碰撞	可能会被 LTV 营救，如果着陆器在一个可到达轨道； 无
返回至近地轨道	和进入地月转移轨道情况类似	和进入地月转移轨道情况类似	恢复时间充足，如果故障发生	依赖于备份； 对系统重新配置
通过降落伞下降	防热系统； 降落伞	热损害； 降落伞展展开失败	无恢复时间，如果防热系统故障 恢复时间充足，如果备伞可用	无，防热系统故障； 依赖于备份翼伞或降落伞

▲：此表是图 8－3 中主逻辑图的工作表算例。

APU：辅助电源单元，LTV：月球转移飞行器，EVA：舱外活动。

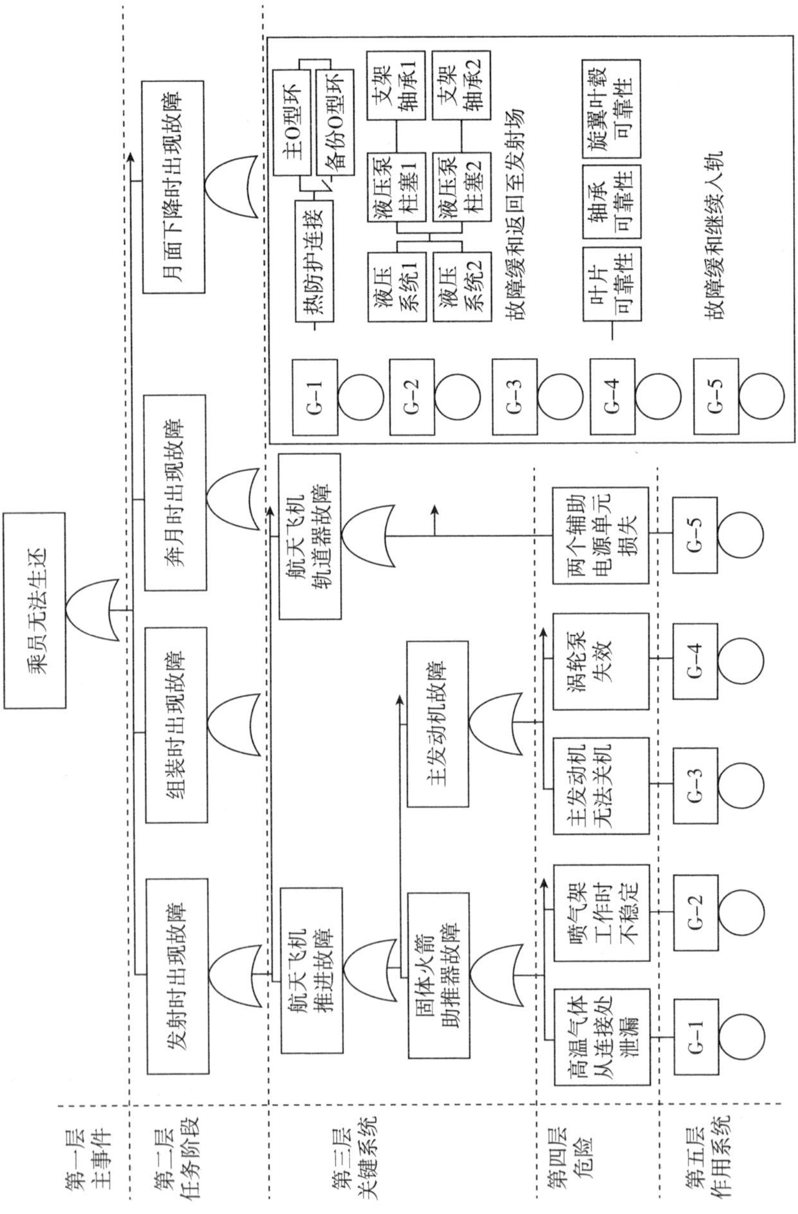

图 8－3　月球基地主逻辑图。该图说明了如何在概念性工作中考虑可靠性

参 考 文 献

[1] Canavos, G. C. 1972. A Bayesian Approach to Parameter and Reliability Estimation in the Poisson Distribution. IEEE Trans. on Reliability. R－72 (1)：52－56.

[2] Decisioneering, Inc. Crystal Ball. 1988－1996, Version 4. 0.

[3] Hammer, Willie. 1993. Product Safety Management and Engineering. 2nd ed. Des Plaines, IL：American Society of Safety Engineers.

[4] Kumamoto, H. , and E. J. Henley. 1995. Probabilistic Risk Assessment and Management for Engineers and Scientists. 2nd ed. New York, NY：Institute of Electrical and Electronics Engineers, Inc.

[5] Martz, H. F. and R. A. Waller. 1982. Bayesian Reliability Analysis. New York, NY：John Wiley and Sons.

[6] NASA 1992. Manned Space Craft Criteria and Standards. NSTS 8080－1. Houston, TX：NASA JSC.

[7] NASA 1993 Requirements for Preparation and Approval of Failure Modes and Effects Analysis (FMEA) and Critical Items List (CIL). NSTS 22206. Revision D. NASA.

[8] NASA. 1993. Methodology of Conduct for Space Shuttle Program Hazard Analysis. NSTS 22254, Houston, TX.

[9] NASA 1995. Man－Systems Integration Standards. NASA－STD－3000. Volume Ⅰ－Ⅵ, Rev B.

[10] NASA JSC. 1991. JSC Design and Procedural Standards Manual. JSCM 8080. Houston, TX：NASA JSC.

[11] NASA JSC. 1996. Space Flight Health Requirements Document. JSC 26882.

[12] NASA JSC. 1998. Human－Rating Requierments. JSC 28354. Houston, TX：NASA JSC.

[13] US Dept. of Defense. 1993. System Safety Program Requirements. U. S. MIL - STD - 882C.

[14] US Dept. of Defense. Reliability Prediction for Eletronic Systems. US MIL - HDBK - 217. Available from the National Technical Information Service, Springfield, VA.

[15] USAF. 1995. Non - electronic Parts Reliability Data. NPRD - 95. USAF Rome Air Development Center. Available from the National Technical Information Service, Springfield, VA.

[16] Zacks, S. 1992. Introduction to Reliability Analysis, Probability Models and Statistical Analysis. New York, NY: Springer - Verlag.

第 9 章　轨道设计与轨道动力学

Dary G. Boden，美国海军军官学院
Stephen J. Hoffman，科技应用国际公司

9.1　任务设计

本章讨论的主题是如何在载人绕地飞行、载人登月以及载人火星等任务中进行任务设计，这里所说的任务设计主要围绕轨道力学展开，但它与任务的其他方面紧密相连，如任务运营、系统性能以及任务目标等。任务设计也应用于任务中其他系统的设计，并为其设计提供参考和依据。

本章阐释了任务设计中一些关键的基本概念，并对近地和深空载人任务进行指导。这些基本概念包括任务设计步骤，轨道动力学，关键影响因素以及绕地、登月或登陆火星轨道相关数据。任务设计包含 6 个基本步骤，如表 9－1 所示。

表 9－1　任务设计的步骤▲

步骤	解释	参阅章节
1. 根据需求和约束定义权衡空间，例如乘组规模、任务周期、可选火箭类型、乘组安全要求和任务目标。(见表 9－2)	全过程任务需求识别和权衡研究	第 1～8 章，第 24 章，第 25 章，第 26 章，第 28 章，第 29 章和 9.1 节

续表

步骤	解释	参阅章节
2. 确定满足任务需求的轨道和运营场景	切实可行的方案	9.2 节和 9.3 节
3. 评价每条备选轨道方案	使用步骤 1 定义的权衡空间	9.2 节和 9.3 节
4. 判断轨道方案是否满足任务要求	如果没有满足任务要求的方案，则重新调整初始需求	9.2 节和 9.3 节
5. 迭代	对于复杂的任务需求、约束和硬件条件限制，这一步是非常必要的	9.2 节和 9.3 节
6. 记录结果	任务时间线（任务开始时间和任务周期）； Δv_s（每一飞行阶段的速度增量）； 影响代价方面数据（错过某个特别发射日期的结果影响）； 其他参数数据（由其他系统的标准要求决定，或在给定标准要求条件下，还存在多少个切实可行的方案）	9.2 节和 9.3 节

▲：设计一个任务时，必须知道其需求、活动范围、性能约束条件。

步骤 1：定义权衡空间。首先，收集表 9－2 中列出的基本任务需求、假设和约束条件，然后有针对性地进行任务设计。对每一个任务设计要求，列出所有需开展的分析和权衡研究项目清单，以解答由输入带来的问题，或设计一些参数，理清初始不确定性，并支持其他系统的权衡研究。团队负责人和团队所有成员应共同对问题清单进行评价，以确保设计者们所要开发的任务信息在类型上保持一致。

步骤 2：确定满足任务目标的轨道和运营场景。任务设计中通常存在多个满足任务基本要求的轨道、发射/返回时机、飞行剖面等，但设计人员必须选择同时满足该任务所有约束要求的轨道和运营场景。作为设计人员，可通过绘制完整的任务场景来记录这些方案，以便展开讨论。图 9－1 就是一个任务技术图解。

表 9-2　轨道选择须知

信息类型	描述
任务需求	确定具体任务目标（比如国际空间站，和平号空间站，登月，登陆火星）、访问序列、观测需求和着陆点位置等
任务活动范围	包含所需的发射日期（最早发射日期和范围）和窗口长度
运载火箭的性能	所有待考虑的发动机类型和比冲
乘组考虑因素	包含辐射暴露的允许值（峰值和累积量），失重，以及生命保障系统的要求
模式策略	所有任务模块作为一个飞行器整体发射还是先发射其中一部分？所有模块是否都瞄准同一着陆点？是否需要与乘组保持连续通信
任务评价标准	任务设计特征的优先级序列（或权重），如最大总任务周期、在星球表面最大停留周期、在空间最短飞行周期、发射时或离开地球时的最小质量等

步骤 3：评价每个备选轨道、运载火箭及转移飞行器。如果采用现有的运载火箭和转移飞行器，设计者就必须关注任务中超出其能力范围的轨道和飞行策略。

步骤 4：根据任务标准要求进行性能比对。通过比对通常会得出以下的某一种结果：

1）只有一个方案能满足所有任务要求，则该方案为任务的唯一选择。

2）有多个方案满足所有任务要求，则采用其他方法进行识别，或者调整标准和约束。

3）如果没有方案满足所有任务要求，则重新检查初始假设。

步骤 5：根据需要进行迭代。当其他系统的设计者使用我们的结果，并发现结果未能满足所有需求，此时需要做进一步分析。

步骤 6：记录结果。记录表 9-1 的步骤 6 中描述的所有信息。

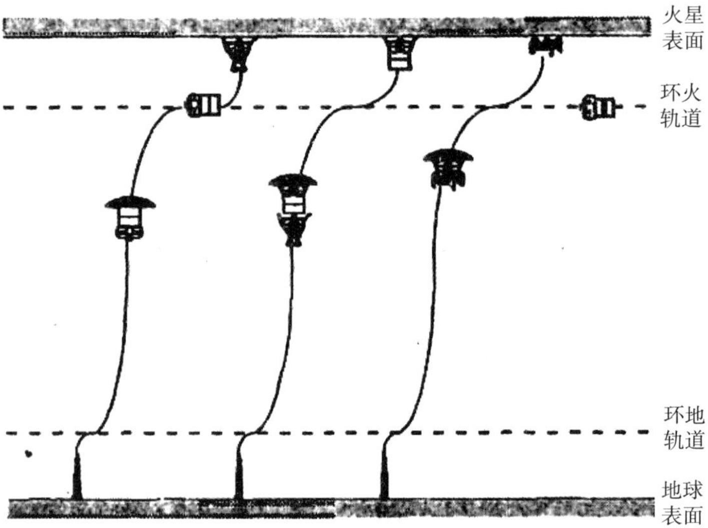

图 9-1　一个简单任务的图解▲

▲：本图描述了一个简单载人火星任务的关键要素和假设条件，如发射点（地球）、中间转移阶段点（近地轨道、近火星轨道）和目标（火星轨道和火星表面）。同时展示了飞行序列和各飞行模块

9.2　开普勒轨道

本节定义了一些术语，提供了一些方程，用来确定满足速度和时间要求的切实可行的轨道。

9.2.1　卫星运动方程

图 9-2 描述了椭圆轨道的关键参数。椭圆偏心率 e（图中没有显示）等于 c/a，表征椭圆的扁状程度。

艾萨克·牛顿用数学方法解释了为什么行星（或卫星）绕椭圆轨道运动。他将牛顿第二运动定律应用于恒定质量系统，并结合万有引力定律分析了卫星轨道的数学原理。众所周知，万有引力定律

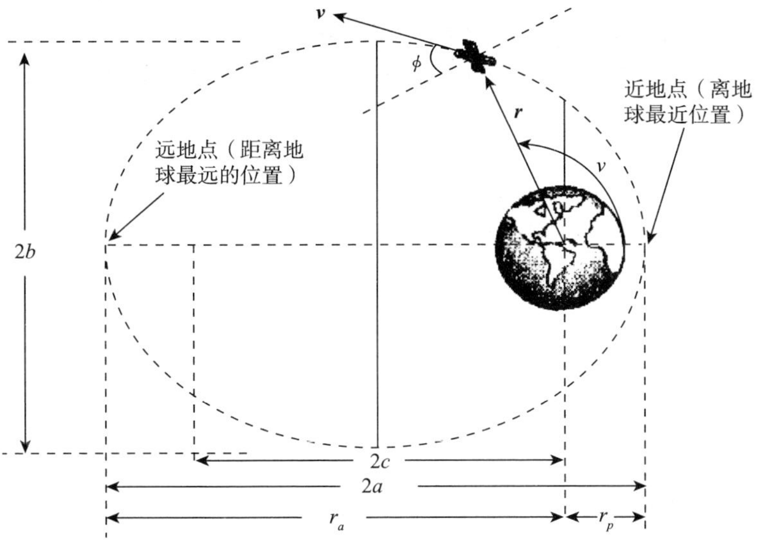

图 9－2　椭圆轨道参数几何描述▲

▲：ϕ = 飞行速度倾角，即速度矢量和位置矢量垂线之间的夹角；$\boldsymbol{r}$ = 卫星相对于地心的位置矢量；$\boldsymbol{v}$ = 卫星相对于地心的速度矢量；a = 椭圆的长半轴；b = 椭圆的短半轴；c = 椭圆中心到其焦点之间的距离；ν = 椭圆的极角（真近点角），按卫星的运动方向进行度量，从椭圆的近地点到卫星位置之间的夹角

阐明：任何两个物体之间的万有引力的大小与它们的质量成正比，与它们之间距离的平方成反比。引力方程为（F 为引力的大小）

$$F=\frac{GmM}{r^2}\equiv\frac{\mu m}{r^2} \tag{9-1}$$

其中，G 为万有引力常数，M 为地球的质量，m 为卫星的质量，r 为从地心到卫星的距离，$\mu = GM$，为地球引力常数，$\mu = 398600.5\ \mathrm{km^3/s^2}$。

根据牛顿第二定律和引力方程可得出卫星的加速度矢量计算公式

$$\ddot{\boldsymbol{r}}+\left(\frac{\mu}{\boldsymbol{r}^3}\right)\boldsymbol{r}=0 \tag{9-2}$$

方程（9－2）称为二体运动方程，描述了卫星绕地球飞行轨道的位置矢量关系方程，其中，假定卫星所受地球引力为唯一的外力，地球是一个均匀对称的球体，地球的质量远远大于卫星的质量，且地球和卫星是该系统中仅有的两个物体。

卫星绕地球飞行的二体运动方程的一个解法是建立圆锥曲线的极坐标方程。以下为在椭圆轨道中卫星位置相对地心的距离的描述方程

$$r=\frac{a(1-e^2)}{1+e\cos\nu} \tag{9-3}$$

其中，a 为轨道半长轴，e 为偏心率，ν 为轨道真近点角。

圆锥曲线可通过将平面穿过一个圆锥体形成的，分为圆形、椭圆形、抛物线和双曲线四种类型。式（9－3）可以根据偏心率大小来定义不同类型。这四种类型与轨道半长轴和机械能 ε 同样相关，表 9－3 描述了二次曲线轨道能量、偏心率和半长轴与圆锥曲线的类型之间的关系。

表 9－3　二次曲线▲

二次曲线类型	机械能 ε	半长轴 a	偏心率 e
圆	<0	$=$半径	$e=0$
椭圆	<0	>0	$0<e<1$
抛物线	0	无穷大	$e=1$
双曲线	>0	<0	$e>1$

▲：详见上文的讨论内容。

运动常数

通过二体运动方程，可以得出以下几个卫星轨道常数，第一个为

$$\varepsilon=\frac{v^2}{2}-\frac{\mu}{r} \tag{9-4}$$

ε 为总机械能，或者系统单位质量机械能，同时也是单位质量的总动能和总势能之和。式（9－4）称为能量公式。由于系统中所受力为保守力，所以系统能量为常数。势能项 $-\frac{\mu}{r}$，无穷远处势能为零，比无穷远小的任何半径上的势能都是负的。根据定义，我们发

现椭圆轨道的机械能永远为负值，随着机械能增加，椭圆越来越大，椭圆轨道会越来越接近抛物线轨道。根据能量公式（9－4）可得出，卫星在近地点速度最快，远地点速度最慢。

对于圆轨道来说，轨道半长轴等于圆半径，也是一常量，根据能量公式得出卫星在圆轨道上的飞行速度为

$$v_c = \sqrt{\frac{\mu}{r}} \tag{9-5}$$

其中，v_c 为圆周速度，r 为圆轨道的轨道半径。

从表 9－4 中看出，抛物线轨道的机械能为 0，抛物线轨道是逃离地球的最小能量轨道，因此我们可以通过让（9－4）能量公式取 0，求解卫星从任何位置 r 逃离地球所需的速度

$$v_{\text{esc}} = \sqrt{\frac{2\mu}{r}} \tag{9-6}$$

其中，v_{esc} 为逃逸速度。

表 9－4　经典轨道参数▲

符号	名称	方程	检验
a	半长轴	$a = -\frac{\mu}{2\varepsilon} = \frac{1}{2}(r_a + r_p)$	
e	偏心率	$e = \lvert \boldsymbol{e} \rvert = 1 - \mathrm{r_p/a} = \mathrm{r_a/a} - 1$	
i	倾角	$i = \cos^{-1}(h_z/h)$	
Ω	升交点赤经	$\Omega = \cos^{-1}(n_x/n)$	$(n_y > 0)$
w	近地点幅角	$w = \cos^{-1}[(\boldsymbol{n} \cdot \boldsymbol{e})/(ne)]$	$(e_z > 0)$
ν	真近点角	$\nu = \cos^{-1}[(\boldsymbol{e} \cdot \boldsymbol{r})/(er)]$	$(\boldsymbol{r} \cdot \boldsymbol{v} > 0)$
r_p	近地点地心距	$r_p = a(1-e)$	
r_a	远地点地心距	$r_a = a(1+e)$	
P	轨道周期	$P = 2\pi\sqrt{\frac{a^3}{\mu}}$	
n	平均角速度	$n = \sqrt{\frac{\mu}{a^3}}$	

▲：对于升交点赤经、近地点幅角和真近点角，当括号内的值为正时，采用角度计算；为负值时，采用 360°减去该角度计算。

另外一个卫星运动的常量是角动量 $\boldsymbol{h}$，为卫星总角动量除以其质量，等于卫星位置矢量和速度矢量的叉乘

$$\boldsymbol{h}=\boldsymbol{r}\times\boldsymbol{v} \tag{9-7}$$

根据开普勒第二定理，二体问题的轨道角动量的数值和方向为常量，因此，由位置矢量和速度矢量确定的轨道平面在惯性空间恒定。

经典轨道根数

求解二体运动方程需要六个积分常数（初始条件）。理论上，任意时刻的位置和速度矢量，可以通过其他任意时刻的位置和速度矢量来得出。或者可以通过五个常数和另外一个时变量来描述飞行轨道，图 9-3 定义了这些量，称为经典轨道根数。图中坐标系为地心惯性系（以下简称“GCI”）*，原点位于地心，x 轴在赤道面上指向春分点，z 轴平行于地球自转轴（指向北极），y 轴位于赤道面，和 x 轴与 z 轴成右手坐标系。

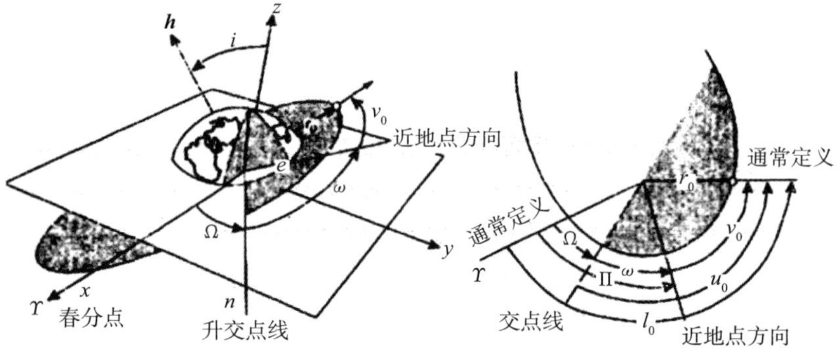

图 9-3　卫星飞行椭圆轨道的开普勒轨道根数定义▲

▲：轨道根数在地心惯性系下定义

经典轨道根数包括：

---

* 完全惯性坐标系被认为是一个对任务应用无加速度的框架，GCI 对绕地球运动的卫星来说满足要求，但对于行星际飞行任务而言则不满足，因为存在绕太阳运动的旋转加速度。

a —半长轴：描述椭圆的大小（图 9－2）。

e —偏心率：描述椭圆的形状（图 9－2）。

i —倾角：描述轨道角动量矢量和坐标系 z 轴单位矢量之间的夹角。

Ω —升交点赤经：春分点方向和升交点方向之间的夹角，升交点是卫星从南向北穿过赤道面时与赤道面的交点，通过绕 z 轴右手旋转确定。

w —近地点幅角：沿卫星运动方向由升交点到偏心率矢量之间的夹角，偏心率矢量大小为轨道偏心率，方向由地心指向近地点。

ν —真近点角：沿卫星运动方向，由偏心率矢量到卫星位置矢量之间的夹角，此外，也可以选用从近地点到卫星当前运动位置所经过的时间 T。

有了这些定义，已知卫星飞行的位置矢量和速度矢量时就可以求解轨道参数。根据公式（9－4）和（9－7）可以计算卫星飞行轨道机械能和角动量。节点矢量 n 指向升交点，可以通过以下公式计算

$$\boldsymbol{n}=\boldsymbol{z}\times\boldsymbol{h} \tag{9-8}$$

偏心率矢量的计算可以采用以下公式

$$\boldsymbol{e}=\left(\frac{1}{\mu}\right)\left[\left(v^2-\frac{\mu}{r}\right)\boldsymbol{r}-(\boldsymbol{r}\cdot\boldsymbol{v})\boldsymbol{v}\right] \tag{9-9}$$

表 9－4 列出了根据经典轨道根数和相关参数计算卫星飞行轨道的相关公式。

赤道轨道（$i=0$）和圆轨道（$e=0$）需要其他轨道参数替代经典轨道参数。对于赤道轨道，可以采用单个角度 Π 替代升交点赤经和近地点幅角，称为近地点的赤经，这个角度是升交点赤经 Ω 和近地点幅角 w 的代数和。当倾角接近于零时，Π 也接近于 x 轴和近地点的夹角。对于圆轨道（$e=0$），可以通过一个角 $u=w+\nu$ 来替换近地点幅角和真近点角，这个角也称为纬度幅角，等于节点矢量到卫星位置矢量的夹角。最后，当卫星轨道既是圆轨道又是赤道轨道（倾角和偏心率同时为零）时，可以采用卫星赤经 l 来表示 X 轴到卫

星位置矢量之间的夹角。

在椭圆轨道中的飞行时间

在分析 Brahe 的观测数据时，开普勒解决了飞行 $t-t_0$ 时间内，轨道上天体位置如何变化的问题，或者反过来，也可以解决轨道上一点到另一点需要多少时间的问题。为了解决这些问题，开普勒引入了平近点角 M，等于从近地点到天体位置所需飞行时间乘以平均轨道角速度，天体运行一个轨道周期，平近点角等于真近点角。定义为

$$M-M_0=n(t-t_0) \tag{9-10}$$

M_0 为 t_0 时刻的平近点角，n 为平均轨道角速度，由轨道半长轴确定

$$n=\sqrt{\frac{\mu}{a^3}} \tag{9-11}$$

这样就可以给出卫星的平均位置和速度，但卫星运行轨道为椭圆，其地心距实时变化。由于卫星的运行速度依赖于地心距，所以速度也是实时变化的。为了解决这个问题，对椭圆轨道，又定义了一个中间变量，称为偏近点角 E 。表 9-5 列出了飞行位置和飞行时间之间的相关公式。

表 9-5　椭圆轨道内的飞行时间，所有角度单位为弧度

变量	名称	方程
n	平均角速度	$n=\sqrt{\frac{\mu}{a^3}}$
E	偏近点角	$\cos E=(e+\cos v)/(1+e\cos v)$
M	平近点角	$M=E-e\sin E$（M ——单位为 rad） $M=M_0-n(t-t_0)$（M ——单位为 rad）
$t-t_0$	飞行时间	$t-t_0=(M-M_0)/n$（$t-t_0$ ——单位为 s）
v	真近点角	$v=M+2e\sin M+1.25e^2\sin(2M)$

例如，假设卫星飞行轨道半长轴为 7000 km，偏心率为 0.1，计算从近地点飞行 90 度所需的时间：

$v_0 = E_0 = M_0 = 0.0$ rad；$t_0 = 0.0$ s

$v = 1.5708$ rad；$E = 1.4706$ rad

$M = 1.3711$ rad；$n = 0.00108$ rad/s

$t = 1271.88$ s

求解轨道上的点经过指定时间到达的新位置是比较复杂的。对于该问题，可以使用飞行时间和平均角速度计算平近点角 M（式 9－10），然后使用表 9－5 中的方程级数展开计算真近点角 v。对于小偏心率轨道来说，这是一个较好的近似计算方式（误差约 e^3），但为了获取更加准确的值，必须求解表 9－5 中平近点角和偏近点角转换方程。这是一个超越方程，必须采用迭代法来计算偏近点角，然后就可以直接计算真近点角。

9.2.2　轨道机动

对大多数航天器而言，在其寿命期内的某些时刻，必须要改变其中一项或多项轨道参数。比如，要从初始停泊轨道转移到最终的任务轨道、与其他航天器交会对接、或者为了补偿摄动进行的轨道修正。大多数情况下，需要改变航天器轨道的高度或者轨道平面，或者两者都要改变。为了改变航天器的轨道，必须改变航天器飞行速度矢量的大小或者方向。相对于轨道周期，大多数推进系统的运行时间都只工作很短时间，所以可以将这些机动都视为速度脉冲控制，即只改变速度，位置保持不变。因此，对于所有改变航天器轨道的机动，控前轨道和控后轨道必须相交，如果两个轨道不相交，则必须选择和这两个轨道都相交的中间轨道，这种情况下，总的轨道机动包含至少两次脉冲点火。

大体上，从一个轨道机动到另外一个轨道所需速度增量的变化可以按如下公式计算

$$\Delta v = v_{\text{need}} - v_{\text{current}} \tag{9-12}$$

从当前轨道根数和目标轨道根数可以计算当前速度和目标速度。注意，当进行脉冲点火时，位置矢量几乎不变。

共面轨道转移

共面转移最常见的是改变轨道的大小和能量，通常从低高度停泊轨道到任务轨道，比如较高的地球同步轨道，因为初始轨道和目标轨道不相交，所以轨道机动需要一个转移轨道。图 9－4 显示了霍曼转移轨道，霍曼椭圆转移轨道和初始圆轨道以及目标圆轨道同时相切，切点分别为转移轨道的近地点和远地点。因为轨道相切，所以相切点速度矢量共线，霍曼转移轨道代表了两个共面圆轨道之间燃料最少的转移轨道。当航天器从低轨道转移到高轨道时，速度增量沿运动方向；当从高轨道转移到低轨道时，速度增量沿运动的反方向。

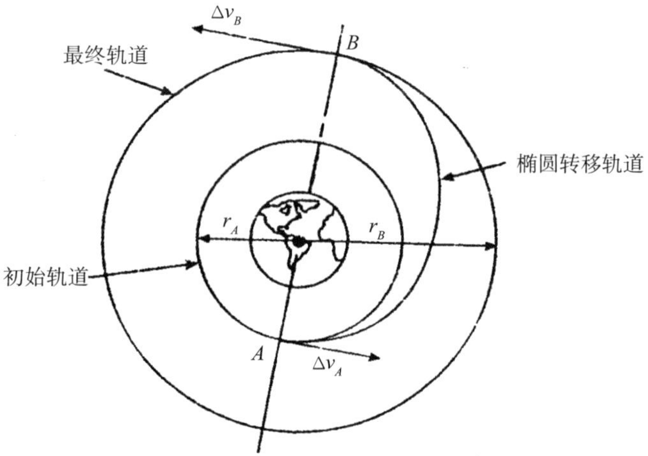

图 9－4　两个共面圆轨道之间的霍曼转移轨道▲

▲：在初始轨道 A 点进行脉冲点火，航天器沿着霍曼转移轨道飞行到 B 点，然后在 B 点进行第二次脉冲点火并进入目标轨道

转移轨道所需的总的速度增量是其近地点控制和远地点控制所需速度增量之和。由于每次控前和控后的速度矢量共线，所以速度增量仅为速度大小的差值。如果知道初始轨道和目标轨道的半长轴（r_A，r_B），就可以通过下面公式计算轨道转移能量变化，霍曼转移

轨道的半长轴 a_{tx}，以及总的速度增量（即在A点和B点所需的速度增量之和），下面以地球轨道为例，阐述这种方法：从半长轴为6567 km 的近地圆轨道转移到半长轴为 42160 km 的共面圆轨道

步骤	公式	举例
1	$a_{tx}=(r_A+r_B)/2$	24364 km
2	$v_{iA}=(\mu/r_A)^{1/2}$	7.79 km/s
3	$v_{fB}=(\mu/r_B)^{1/2}$	3.08 km/s
4	$v_{txA}=[\mu(2/r_A-1/a_{tx})]^{1/2}$	10.25 km/s
5	$v_{txB}=[\mu(2/r_B-1/a_{tx})]^{1/2}$	1.59 km/s
6	$\Delta v_A=\lvert v_{txA}-v_{iA}\rvert$	2.46 km/s
7	$\Delta v_B=\lvert v_{fB}-v_{txB}\rvert$	1.49 km/s
8	$\Delta v_{\text{total}}=\Delta v_A+\Delta v_B$	3.95 km/s
9	转移时间 $=P/2$	5 h 15 min

上述计算方法可以应用于任意共面霍曼转移轨道，在小量转移情况下（r_A 接近于 r_B），可以很方便地利用以下两个等式来近似求解

$$\Delta v=v_{iA}-v_{fB} \tag{9-13}$$

$$\Delta v\approx 0.5(\Delta r/r)v_{A/B} \tag{9-14}$$

其中

$$\Delta r\equiv r_B-r_A \tag{9-15}$$

并且

$$r\approx r_A\approx r_B \quad v_{A/B}\approx v_{iA}\approx v_{fB} \tag{9-16}$$

两次小脉冲点火大小几乎相同。

现实操作中，有时需要比霍曼转移更快的转移轨道。图 9-5 就是一个称为单切点火的更快的转移轨道。这类转移轨道和初始轨道相切但和目标轨道相交，且夹角为转移轨道在相交点的速度倾角，

此类转移轨道存在无数条，设计者可以根据轨道大小（半长轴）、转移段飞行角、转移时间来选择其中一条，这样就可以定义转移轨道并计算所需的速度增量。

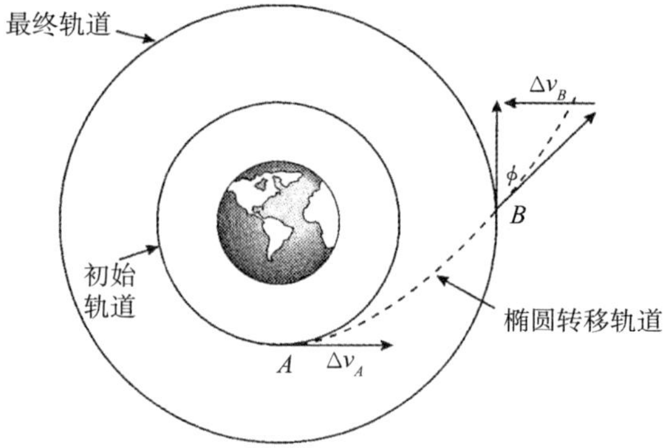

图 9-5　两个共面圆轨道之间的单切点火转移轨道

比如，设计时可以指定转移轨道的大小（半长轴），选择一条比霍曼转移轨道半长轴更大的转移轨道。一旦转移轨道的半长轴 a_{tx} 确定，就可以根据表 9-6 中的公式计算转移轨道偏心率、转移过程飞行角、转移过程速度增量以及所需时间。

表 9-6　使用单切点火计算地球轨道间的转移轨道▲

计算量	方程
偏心率	$e = 1 - r_A/a_{tx}$
第二次点火的真近点角	$v = \arccos^{-1}[(a(1-e^2/r_B - 1)/e]$
第二次点火的飞行速度倾角	$\varphi = \arctan^{-1}[e\sin v/(1+e\cos v)]$
初始轨道速度	$v_{iA} = (\mu/r_A)^{1/2}$
转移轨道上初始位置速度	$v_{txA} = [\mu(2/r_A - 1/a_{tx})]^{1/2}$
第一次点火速度增量	$\Delta v_A = \mid v_{txA} - v_{iA} \mid$
终点目标速度	$v_{fB} = (\mu/r_B)^{1/2}$
转移轨道上目标位置速度	$v_{txB} = [\mu(2/r_B - 1/a_{tx})]^{1/2}$
第二次点火速度增量	$\Delta v_B = (v_{fB}^2 + v_{txB}^2 - 2v_{fB}v_{txB}\cos\varphi)^{1/2}$

续表

计算量	方程
总速度增量	$\Delta v_t = \Delta v_A + \Delta v_B$
偏近点角	$E = \arctan^{-1}[(1-e^2)^{1/2}\sin v/(e+\cos v)]$
飞行时间（*TOF*）	$TOF = (a^3/\mu)^{1/2}(E - e\sin E)$（$E$ ——单位为 rad）

▲：如参见 Battin [1987] 和 Vallado [1997]。

表 9 - 7 对比了从近地停泊轨道到月球轨道分别采用霍曼转移和单切点火转移所需的速度增量和转移时间。

表 9 - 7　从近地轨道到月球轨道的共面转移轨道的比较

变量	霍曼转移轨道	单切点火转移轨道
r_A	6750 km	6750 km
r_B	382688 km	382688 km
a_{tx}	194629 km	218068 km
Δv_t	3.97 km/s	4.10 km/s
TOF	118.7h	83.0 h

改变轨道大小的另外一个选项是采用固定推力的小推力发动机点火，这样会产生一个螺旋转移轨道，可以采用以下公式近似计算小推力轨道转移所需速度增量

$$\Delta v = \left| v_2 - v_1 \right| \tag{9-17}$$

其中，v_1，v_2 分别为两个共面圆轨道的圆周速度。

轨道面改变

要改变卫星飞行轨道面方向（特别是倾角），必须改变卫星速度矢量的方向，这样的轨道机动需要 Δv 有一个垂直于轨道面的法向速度分量，因此也垂直于卫星的初始速度矢量。如果要求轨道大小保持不变，这样的轨道机动称为简单的平面控制（图 9 - 6a），可以通过三角函数计算所需速度增量。这种情况下，目标速度大小同初始速度大小相同，只改变速度方向，计算公式如下

$$\Delta v = 2v_i\sin\left(\frac{\theta}{2}\right) \tag{9-18}$$

其中，v_i 为点火前后速度大小，θ 为所需的速度方向变化角。

比如，要从低轨轨道（$h=185$ km，$i=28°$）转移到高度不变的赤道面轨道（$h=185$ km，$i=0°$）：

$r=6563$ km；$v_i=7.79$ km/s；$\Delta v=3.77$ km/s

从方程（9－18）可以看出，如角度改变 60°，则所需的速度增量等于目前的轨道速度。鉴于所需的速度增量和燃料消耗，轨道面改变是非常昂贵的。为了最大程度降低轨道平面控制所需的燃料消耗，需选择航天器速度最低点处改变轨道平面，对椭圆轨道来说，就是其远地点。在某些情况下，选择先抬高卫星轨道，再在远地点进行轨道面控制，然后降轨至初始轨道高度，往往消耗更小。

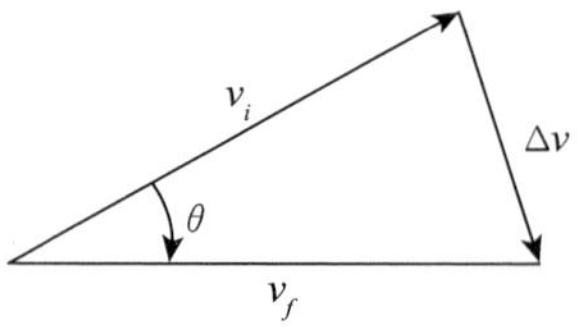

（a）简单轨道面变换

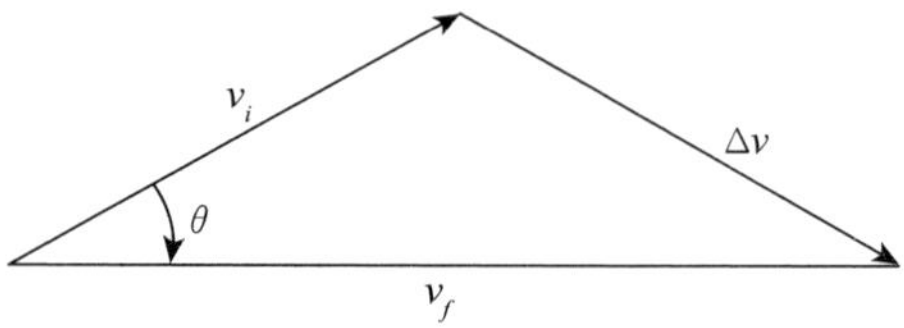

（b）复合轨道面变换

图 9－6　轨道面简单改变和联合改变的速度增量矢量▲

▲：对于简单平面改变，初始速度和目标速度大小相同

通常，轨道转移需要既改变轨道大小也改变轨道平面，比如从倾角不为零的近地停泊轨道转移至零倾角地球同步轨道。这种转移可以分为两步：通过霍曼转移改变轨道大小，再通过简单轨道面改变成为赤道轨道。一个更有效（速度增量更小）的方法是将霍曼转移第二次控制和倾角控制联合进行控制［图 9－6（b）］。由于速度大小和方向必须同时改变，可以选择余弦定理计算所需速度增量

$$\Delta v = \sqrt{v_i^2 + v_f^2 - 2v_iv_f\cos\theta} \tag{9-19}$$

其中，v_i 为初始轨道速度大小，v_f 为目标速度大小，θ 为角度变化量。

从式（9－19）可以看出，将小量平面控制（$\theta\approx0$）与能量控

制相结合，几乎不需要额外的速度增量或者燃料消耗。实际上，对于地球同步转移轨道来说，一般选择在近地点（对半长轴的控制更有效）进行小量平面控制，在远地点进行较大平面控制。

轨道交会对接

当与空间中另一个飞行目标进行交会对接或者拦截时，转移轨道的设计往往更为复杂：要求拦截器和目标飞行器在同一时间到达同一位置，这种高精度交会拦截需要一个调相轨道进行轨道机动，调相轨道在开始霍曼转移前起着这样的调整作用：它能使拦截器相对于目标器形成期望中的几何关系。假如初始轨道和最终轨道均为共面圆轨道，仅轨道高度不同，则调相轨道开始为拦截器的初始轨道（图 9－7）。拦截器保持在初始轨道上转动，直到拦截器和目标器的相对运动在某一点形成了期望中的几何关系，在这一点上，我们将拦截器送入霍曼转移轨道，拦截器在初始轨道的等待时间可按以下方程计算

$$\text{等待时间}=\frac{(\varphi_i-\varphi_f+2k\pi)}{\omega_{\text{int}}-\omega_{\text{tgt}}} \tag{9-20}$$

其中，φ_f 为交会对接所需的相位角（拦截器和目标器的相位角差），φ_i 为初始时刻相位角，k 为交会对接机会次数，ω_{int} 为拦截器初始轨道角速度，ω_{tgt} 为目标器轨道角速度，φ_f 等于 180°减去前向角 α_L，前向角可以通过目标器轨道角速度 ω_{tgt} 乘以霍曼转移时间来计算。

交会对接总时间等于式（9－20）计算的等待时间加上霍曼转移轨道飞行时间，式（9－20）分母表征了拦截器和目标器之间的相对运动。当拦截器轨道高度接近目标器轨道高度时，其相对运动接近于零，等待时间逼近于无穷；当初始轨道和目标轨道高度相同时，则拦截器必须进入新的调相轨道来和目标器交会（图 9－8）。这种情况下，交会对接开始于拦截器进入调相轨道，调相轨道的轨道周期等于目标器飞行到交会对接点所需要的时间。因而一旦调相轨道的轨道周期已知，就可以计算调相轨道的半长轴。两个轨道在其交会点相切，所以速度增量等于两个轨道相切点的速度数值大小的差值。

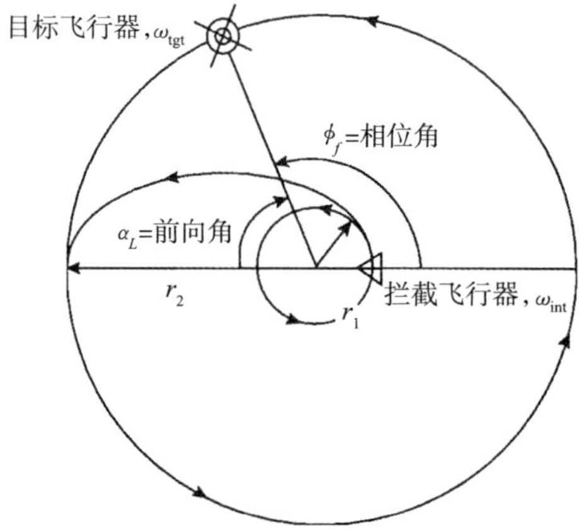

图 9-7　两个共面圆轨道飞行器之间交会对接的几何描述▲

▲：相位角是交会对接初始时刻拦截器和目标器之间的相位角差，前向角是目标器在从开始到交会发生这段时间中运行的角距离

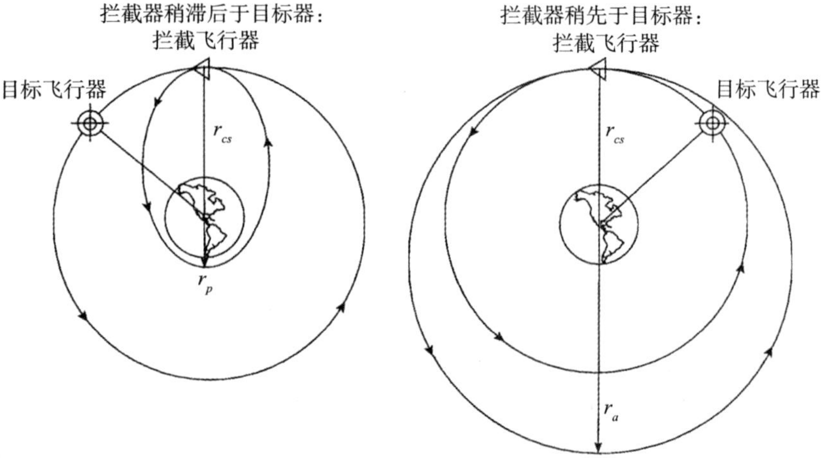

图 9-8　同一轨道前向交会对接和后向交会对接▲

▲：调相轨道周期等于目标器从交会对接开始时刻飞行至交会对接位置所需的时间

已知两个轨道的半长轴，就可以计算两个轨道的机械能，再根据能量公式（9－4）计算当前速度和所需速度。

对于同一轨道的两个航天器交会对接，必须调整他们之间的相位差，可以使追踪航天器相对于其初始轨道进行漂移，漂移率计算如下（度/圈）

$$\text{漂移率}=1080\Delta v/v \tag{9-21}$$

其中，v 为轨道速度，Δv 为开始或停止漂移所需的速度增量。

9.2.3　发射窗口

类似于交会对接问题，发射窗口是确定从星球表面发射至目标轨道的合适时间，由于轨道平面在惯性空间内恒定，当星球表面的发射点旋转运行到轨道面的时刻，即为最佳发射窗口。

假设存在发射窗口，则发射点必须经过发射平面。对于给定的发射场纬度 L ，目标轨道倾角 i 被严格限制。

1）对于 $L>i$ 的正行轨道和 $L>180°-i$ 的逆行轨道，没有发射窗口；

2）对于 $L=i$ 或 $L=180°-i$ 情况，一天只有一个发射窗口；

3）对于 $L<i$ 或 $L<180°-i$ ，一天有两个发射窗口。

发射方位角 az 是从发射场正北方向开始沿顺时针方向至发射速度方向绕过的角度，假如发射窗口存在的话，发射方位角由目标轨道倾角和发射场纬度计算

$$\sin az=\frac{\cos i}{\cos L} \tag{9-22}$$

用 δ 表示赤道面上从最近节点至发射场经度所在位置之间的夹角，δ 计算如下

$$\cos\delta=\frac{\cos az}{\sin i} \tag{9-23}$$

这里，δ 为正时，目标轨道为正向轨道；δ 为负时，目标轨道为逆向轨道。发射时当地恒星时角 LST 是指发射时刻从春分点至发射

位置经度差

$$LST = \Omega + \delta \text{（升轨发射）} \tag{9-24}$$

$$LST = \Omega + 180^\circ - \delta \text{（降轨发射）} \tag{9-25}$$

其中，Ω 为目标轨道的升交点赤经。

根据需要的目标轨道计算完发射方位角以后，就可以计算航天器从发射场到入轨所需的速度增量。为计算该速度增量，需要用到以地面点为中心的地平坐标系下的速度分量 v_s，v_E，v_z

$$v_s = -v_{b0}\cos\varphi\cos az_b \tag{9-26}$$

$$v_E = v_{b0}\cos\varphi\sin az_b - v_L \tag{9-27}$$

$$v_z = v_{b0}\sin\varphi \tag{9-28}$$

其中，v_{b0} 为入轨点的速度（通常为圆轨道上特定轨道高度的速度），φ 为入轨点的飞行速度倾角，az_b 为入轨点的发射方位角，v_L 为发射场速度，地球上某个纬度位置，v_L 计算如下

$$v_L = (464.5\ \text{m/s})\cos L \tag{9-29}$$

方程（9－26）至方程（9－28）并不包括由大气阻力和重力引起的火箭速度损失——从地球表面发射大概需要约 1500 m/s。另外，在（9－29）中假定发射方位角在发射和入轨时相同，而实际上火箭发射飞行过程中其经纬度的变化会带来分离条件计算的小量偏差。若已知发射目标轨道半长轴和入轨点的地心距，就可以根据能量公式计算入轨点所需的速度。

9.2.4 星际轨道

许多有趣的任务都需要航天器摆脱地球影响，飞向太阳系中其他天体（如其他行星、月球、彗星、小行星）。航天器可能会掠过、进入环绕轨道或者直接登陆其表面。由于涉及多天体，问题的复杂程度大大增加，无法通过分析的方法来解决。但是，可以通过将整个飞行轨道分为几个部分，找到太阳系中两个天体间航行所需速度增量以及任务耗时的近似解，这种方法称之为圆锥曲线拼接法。它将整个星际飞行轨道分为三个部分：飞离第一个天体的逃逸双曲轨

道、围绕太阳的椭圆转移轨道以及到达第二个天体时的双曲轨道。我们可以采用前面定义的二体运动方程来计算每一段飞行轨道，并且瞄准匹配下一段轨道的初始飞行状态。

对于绕地飞行的航天器，采用 GCI 坐标系来求解轨道方程，此时 GCI 坐标系是一个充分的惯性坐标系。对行星际飞行，则必须重新定义新的坐标系：日心黄道坐标系。坐标原点位于太阳质心，基本平面为黄道面——地球公转轨道面，主方向 I 从日心指向春分点；K 为主平面的法方向，J 位于黄道面内，满足右手法则。

拼接轨道

星际飞行任务中，假定航天器仅受地球、太阳和目标天体的引力作用，根据牛顿第二定律及万有引力定律，航天器的运动方程可以描述为

$$\boldsymbol{F}=\boldsymbol{F}_{\text{gravitySun}}+\boldsymbol{F}_{\text{gravityEarth}}+\boldsymbol{F}_{\text{gravityTarget}} \tag{9-30}$$

该问题无法直接求解，但可以根据飞行轨道将其分为独立的三个阶段，如图 9 - 9 所示。首先，定义影响球边界 SOI，作为航天器摆脱地球或目标天体引力影响区域进入太阳引力影响区域的边界点，反之亦然。在 SOI 内，只考虑相对于行星的两体运动；在 SOI 外，只考虑相对于太阳的两体运动。

首先，求解从地球到目标天体绕日飞行的椭圆转移轨道，需要几个假设条件，采用霍曼转移轨道来近似求解绕日飞行转移轨道的速度和飞行时间，由于目标天体和地球的公转轨道不是严格的圆轨道，也不是严格的共面轨道，因此只能采用近似方法，采用 9.2.3 节描述的方法近似求解航天器相对太阳的飞行速度。

v_{Earth} ：地球绕日飞行的圆轨道速度。

$v_{\text{transferatEarth}}$ ：航天器在转移轨道上接近地球时的速度。

$v_{\text{SOI-Earth}}$ ：航天器在地球影响球边界相对地球的速度。

v_{target} ：目标天体绕日运动圆轨道的速度。

$v_{\text{transferatTarget}}$ ：航天器在转移轨道上接近目标天体时的速度。

$v_{\text{SOI-Target}}$ ：航天器在目标天体影响球边界相对目标天体的速度。

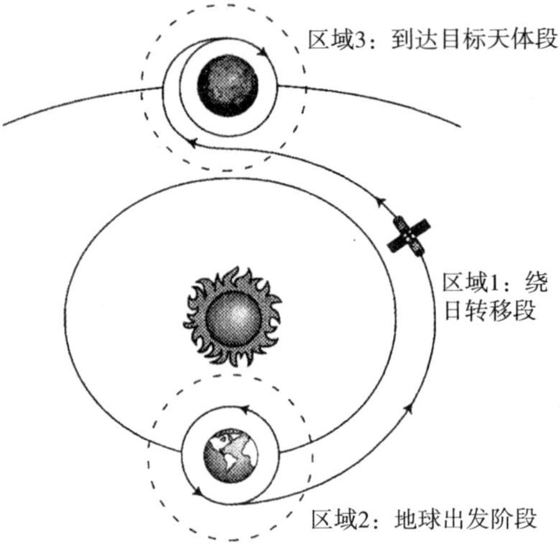

图 9－9　拼接近似轨道的三个阶段▲

▲：将整个飞行过程分为三个阶段，每个阶段都近似为绕一个中心天体飞行的二体问题

表 9－8 列出了太阳系中各行星轨道半径、圆形轨道速度和太阳系行星以及太阳的引力参数。

航天器相对于地球和目标天体的双曲线附加速度称为 v_∞ ，等于天体公转速度和航天器转移轨道飞行速度之差，我们将其与航天器在行星影响球边界处相对于行星的速度进行匹配，从而定义相对于行星的逃逸和抵达双曲线弹道。假设在 SOI 处相对于行星的轨道势能为零，双曲轨道机械能可以由动能定义为

$$\varepsilon_H = \frac{v_\infty^2}{2} \tag{9-31}$$

由于假定为二体运动，SOI 处的轨道能量规定了轨道大小和轨道半长轴。因此一旦轨道能量已知，就可以从能量公式求解轨道中任意一点相对行星的速度。

表 9-8　太阳系天体参数▲

行星/太阳	平均半径/(km)	圆轨道速度/(km/s)	引力参数/(km³/s²)
太阳	—	—	1.327×10^{11}
水星	57.9×10^{6}	47.87	2.232×10^{4}
金星	9.281×10^{7}	35.04	3.257×10^{5}
地球	14.95×10^{7}	29.79	3.986×10^{5}
火星	22.78×10^{7}	24.14	4.305×10^{4}
木星	77.8×10^{7}	13.06	1.268×10^{8}
土星	14.26×10^{8}	9.65	3.795×10^{7}
天王星	28.68×10^{8}	6.80	5.820×10^{6}
海王星	44.94×10^{8}	5.49	6.896×10^{6}
冥王星	58.96×10^{8}	4.74	3.587×10^{5}

▲:使用这些参数可以求解行星际飞行轨道速度变量。

$$v=\sqrt{2\left(\varepsilon_H+\frac{\mu_{\text{planet}}}{r}\right)} \tag{9-32}$$

式（9-32）定义了逃逸速度。假设航天器已位于某个停泊轨道，则可以计算轨道转移所需的速度增量（图 9-10）。

$$v_{bo}=\sqrt{2\left(\varepsilon_H+\frac{\mu_{\text{planet}}}{r_{\text{bo}}}\right)} \tag{9-33}$$

$$\Delta v=v_{\text{bo}}-v_{\text{parking}} \tag{9-34}$$

同样，也可以计算某个天体双曲进入轨道上任何一点相对于该天体的速度（图 9-11）

$$\varepsilon_H=\frac{v_\infty^2}{2} \tag{9-35}$$

$$v_{\text{retro}}=\sqrt{2\left(\varepsilon_H+\frac{\mu_{\text{planet}}}{r_{\text{retro}}}\right)} \tag{9-36}$$

$$\Delta v=v_{\text{parking}}-v_{\text{retro}} \tag{9-37}$$

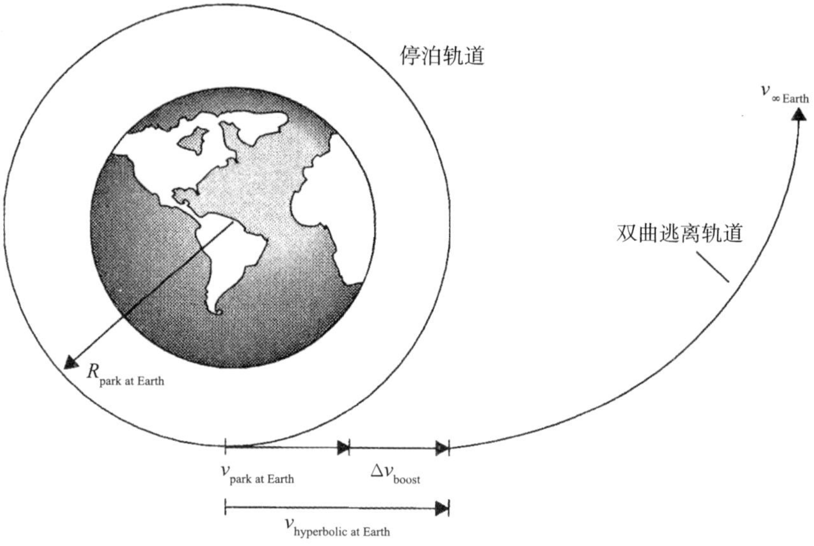

图 9－10　地球双曲逃离轨道▲

▲：采用以地球为中心的视角，需要航天器以 Δv_{boost} 加速［Sellers 1994］

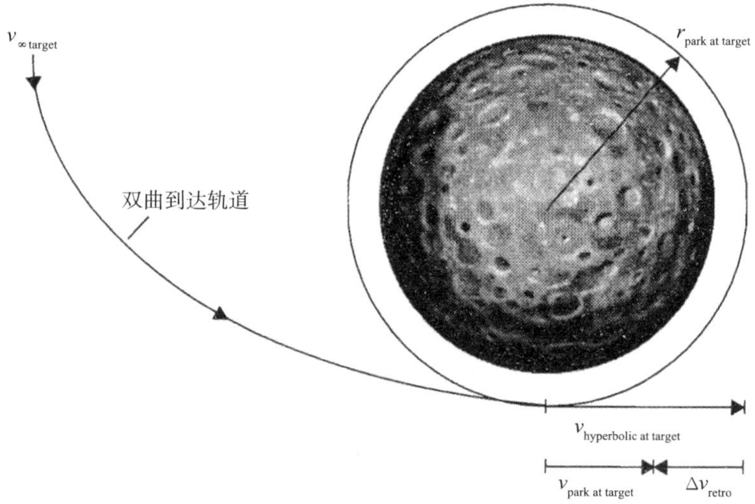

图 9－11　双曲轨道到达目标天体▲

▲：从目标天体视角，需要航天器减速 Δv_{retro} 进入环绕目标天体轨道［Sellers 1994］

假如希望目标天体捕获航天器，就需要在抵达目标天体时改变速度。如果不减速，航天器将继续沿着双曲轨道，并以进入目标天体的 SOI 时相同的速度离开目标天体。这两个速度增量近似估计了实现行星际间霍曼转移所需的速度预算。

假定采用霍曼转移，则飞行时间（TOF）是绕日椭圆转移轨道周期的一半。

$$TOF=\pi\sqrt{\frac{(r_{\text{Earth}}+r_{\text{target}})^{3}}{8\mu_{\text{sun}}}} \tag{9-38}$$

另外一个解决行星际间轨道转移问题的关键是确保航天器合适的相位，从而使其在到达目标天体轨道时恰好和目标天体相遇。这里采用在 9.2.3 节描述的交会对接方法来解决该问题。表 9-9 列出了行星际间霍曼转移各步的速度增量预算和飞行时间。

表 9-9　行星际间霍曼转移▲

步骤	采用公式、表格
1. 确定地球和目标天体的公转速度	表 9-9
2. 确定地球和目标天体间转移轨道的速度	公式(9-4)，使用太阳引力系数 μ
3. 求解地球和目标天体 SOI 速度 v_{SOI}	$v_{\text{SOI}}=\lvert v_{\text{transferorbit}}-v_{\text{planet}}\rvert$
4. 确定双曲逃离和到达速度	公式(9-31)
5. 计算 Δv_{bo} 和 Δv_{retro}	公式(9-33)和公式(9-36)
6. 计算飞行时间	公式(9-38)

▲：假定地球和目标天体公转轨道为共面的圆轨道，使用轨道拼接法解决该问题。

引力辅助

前面章节描述了如何应用行星际间霍曼转移轨道从一个行星飞行到另外一个行星。但是如果在目标天体附近没有选择点火控制来实现进入该天体的绕飞轨道或者在该天体上着陆，那么航天器将继续沿着双曲线轨道飞离该天体。相对于该天体，航天器在其影响球边界飞离时的速度和进入时的速度大小相同，只是飞行方向改变了。

注意图 9-12 中所描述的，通过从行星相对于太阳运动方向的后方或前方掠过的方法，可以分别增大或减少航天器相对于太阳的速度。这种机动方式称为引力辅助，因为它利用了行星引力来改变航天器相对于太阳的速度。这样的速度改变是“免费”的，因为它不需要消耗航天器的燃料。速度增量的大小依赖于达到时的速度和旋转角 δ ，而这些又取决于航天器最接近该行星时的距离。转移轨道确定了到达时的速度大小，这是无法改变的，所以唯一可以设计的参数是最近到达距离。可以通过以下公式计算旋转角

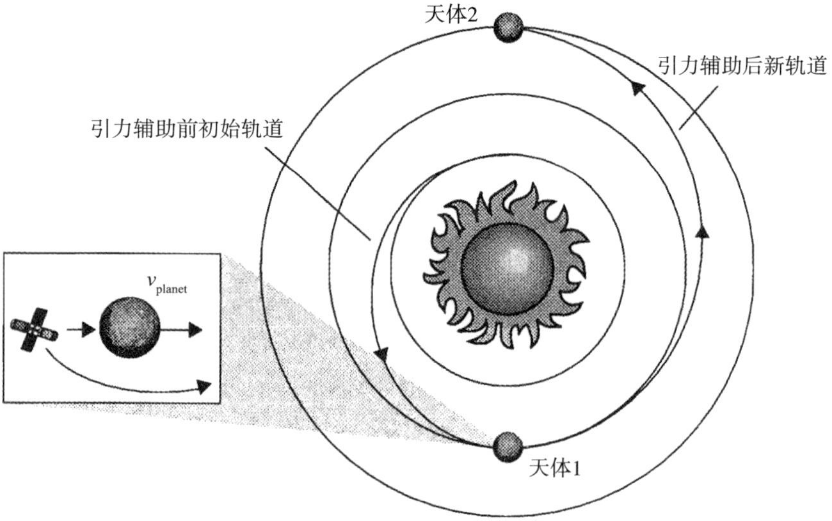

图 9－12　引力辅助▲

▲：引力辅助过程中，行星改变了航天器相对于太阳飞行轨道的速度，从而改变了航天器绕日飞行轨道。同时，行星的绕日飞行轨道也发生了改变，但改变量非常小［Sellers 1994］

$$e = 1 + \frac{r_p v_H^2}{\mu_{planet}} \tag{9-39}$$

其中，r_p 为与行星的最接近距离

$$\delta = 2\arcsin\left(\frac{1}{e}\right) \tag{9-40}$$

假设航天器从行星的前面掠过，则其相对于太阳的速度将会减

小，从而进入一个更小的绕日飞行轨道，但是如果航天器从行星的背后飞过，其相对太阳的速度会增加（图 9－13）。

利用引力辅助无需使用推进剂就可改变航天器相对于太阳的速度，通过这种方式，可减少星际旅行时所需的推进剂。伽利略飞行器从地球飞向木星过程中就使用了三次引力辅助（一次借助于金星，两次借助于地球）。

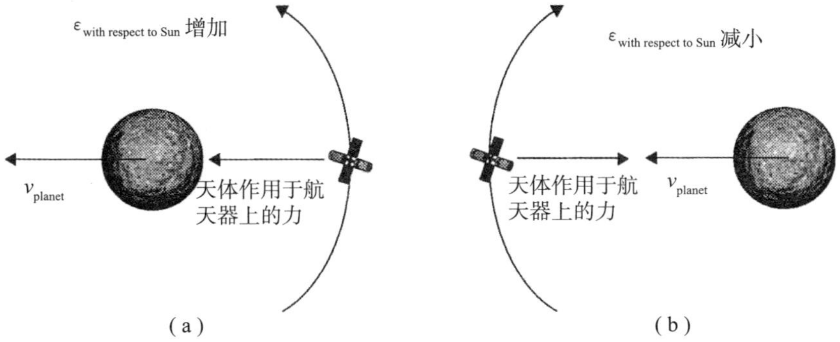

图 9－13　从背后和前方掠过天体时的引力辅助

（a）航天器从天体背后掠过，在引力辅助机动过程中，航天器相对于太阳的机械能增加

（b）航天器从天体前方掠过，在引力辅助机动过程中，航天器相对于太阳的机械能减小［Sellers 1994］

9.3　轨道方案

本节将讨论在典型载人飞行任务中已经使用过的或者计划要使用的轨道类型。各个小节分别介绍绕地飞行轨道、月球轨道和火星轨道，解释了轨道基本特征（特别需要和不需要的特点），列举用于分析评估任务的基本数据（如发射日期、飞行时间、速度增量 Δv_s）。

9.3.1　绕地飞行轨道

近地载人飞行任务通常是将乘组或者设备运送到近地轨道航天

器，比如俄罗斯和平号空间站任务、国际空间站任务，或者独立开展对地观测和深空观测任务。这些任务都使用了具有一定倾角的轨道，其轨道倾角由发射位置（9.2.3节讨论了发射位置和轨道倾角的关系，25.2.1节讨论了发射位置的相关数据）决定，并且轨道高度相对较低。目前，地球上有两个载人发射场：NASA的肯尼迪航天中心和俄罗斯的拜科努尔航天发射场（也叫秋拉塔姆，这是哈萨克斯坦共和国最接近该发射场的城市）。但很快这个列表会包含另外两个发射场：欧洲航天局的库鲁发射中心和日本宇宙开发事业团的竹崎发射场。

图9-14描述了肯尼迪航天中心可发射的轨道倾角。为了达到高于或低于发射范围的倾角，航天器必须进行在轨轨道机动（9.2.3节进行了详细描述）。

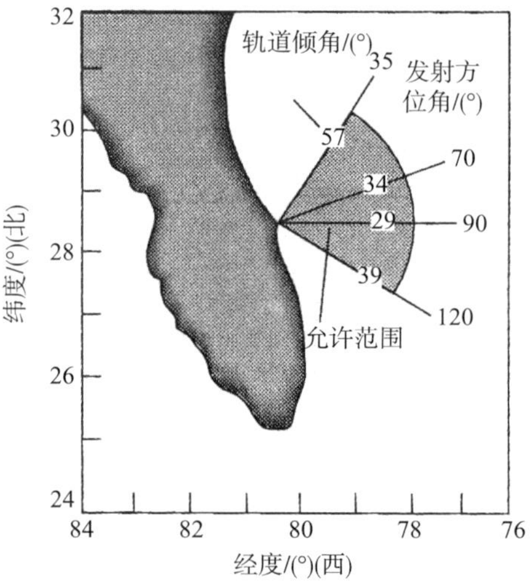

图9-14 肯尼迪航天中心可以发射的轨道倾角▲

▲：描述了允许发射的方位角和最终轨道倾角（9.2.3节中已讨论，公式(9-22)进行了定义）。考虑落区，其他发射场也有特有且严格的发射方位角限制

9.3.2　月球轨道

月球任务（以及在下一节讨论的火星任务）可认为是一个空间双交会对接问题。这里使用任务而非轨道，原因在于还需考虑两个天体的相对运动来确定实际的飞行日期以及各阶段实际轨道推迟。我们提供了一系列地月转移轨道可以实现各种任务要求，变量包括地球上的出发位置、需要的转移飞行时间、推进系统类型、各个中间停泊点、月面着陆位置、返回地球的着陆位置等。

任务阶段主要依赖于地球和月球的轨道力学。两个天体的相对运动以及轨道飞行类型共同确定了主要事件的日期和时刻（比如出发、停泊、返回），以及各阶段轨道等待时间，使地月几何关系调整到合适的状态。

地月飞行的中间停泊点

地月之间的最小能量转移轨道需要直接从地球表面出发并且直接着陆于月球表面，中间没有停泊点。阿波罗任务证明这种最小能量转移轨道并非航天器质量要求最小，实际上最小质量航天器往往更为有用。采用中途停泊对实际任务更有价值，但无法减少完成任务的能量消耗（Δv）。增加中途停泊点会增加任务的复杂度和总的速度增量(有时会增加很多)。因此增加中途停泊点必须经过论证，保证可以改进整个任务方案的其他因素。表9－10列出了月球任务中常用的中途停泊点。

表9－10　地月轨道间可能的中途停泊点▲

标识	名称	说明
LSE	地球上的发射位置	肯尼迪航天中心或者其他的发射场
LEO/S	近地轨道	倾角31.6度，高度472 km
LEO/E	赤道面近地轨道	倾角0度，高度约300 km
LEO/P	近地极轨道	倾角90度，高度约300 km
HEO/M	地球高轨道	地球同步轨道高度，同月球轨道面共面
GEO/E	地球同步轨道	地球同步轨道

续表

标识	名称	说明
LPN	L1 点	拉格朗日点 L1 附近的 Halo 轨道
LPF	L2 点	拉格朗日点 L2 附近的 Halo 轨道
LLO	环月低轨道	环月低轨道，高度约 100 km
LSB	月面基地	月面某个可行区域
LPE	L4 或 L5 点	拉格朗日点 L4 点或 L5 点
DSE	深空逃逸	从地月系统中逃逸，仅作比较

▲：本表定义了表 9－11 中列出的中间停泊点缩写，虽然并不完全，但是覆盖了地月转移飞行中可能会使用的停泊点[Little 1987]。

表 9－11 给出了任意两个停泊点间（从地面发射入轨段在其他章节讨论）所需的速度增量 Δv_s，单位为 km/s。这些速度增量 Δv 可以实现这些停泊点间的直接轨道转移，后续将列出并讨论其他轨道类型，同时讨论其他轨道类型中影响 Δv 大小的变量。

表 9－11　地月空间中各中转点间 Δv ▲

起始/目标	LEO/S	LEO/E	LEO/P	HEO/M	GEO/E	LPN	LPF	LLO	LSB	LPE	DSE
LEO/S		4.24	4.31	3.93	4.33	3.77	3.43	4.04	5.93	3.97	3.22
LEO/E	4.24		4.83	4.15	3.90	3.77	3.43	4.04	5.93	3.99	3.22
LEO/P	4.31	4.83		5.29	5.94	4.02	N/A	N/A	N/A	4.10	3.22
HEO/M	1.66	1.89	3.01		1.27	1.38	1.47	2.05	3.92	1.65	1.30
GEO/E	2.06	1.63	3.64	1.27		1.38	1.47	2.05	3.92	1.71	1.30
LPN	0.77	0.77	0.94	1.38	1.38		0.14	0.64	2.52	0.33	0.14
LPF	0.28	0.28	0.37	1.47	1.47	0.14		0.65	2.53	0.34	0.71
LLO	1.31	1.31	1.31	2.05	2.05	0.64	0.65		1.87	0.98	1.40
LSB	2.74	2.74	3.21	3.92	3.92	2.52	2.53	1.87		2.58	2.80
LPE	0.84	0.98	1.09	1.65	1.71	0.33	0.34	0.98	2.58		0.43

所有值单位均为 km/s。

▲：表右上部分的每一个数值表示了从该行左端停泊位置到达该列顶端停泊位置所需的总速度增量 Δv。左下部分同理，只是在转移过程中假定利用了地球的大气进行减速，这将节省一部分主动控制所需的速度增量。并且所有返回地球轨道（LEO，HEO，GEO）都需包含一个轨道圆化速度增量（对 LEO 大概需要 0.12

km/s)。因此这个表并不对称。

为了计算任务所需的总速度增量，只需将各个独立停泊点之间的 Δv 相加。上表中仅将两个独立的停泊点所需速度增量简单相加。地月之间“向上”的轨道行程和“向下”的轨道行程不同。“向上”为从地球到月球，使用航天器推进系统来实现，所需的速度增量均要消耗所携带推进剂；“向下”为从月球到地球，假定可以利用地球大气将航天器减速至地球低轨，而不需要航天器推进剂（但是需要隔热保护），所需的总速度增量包括脱离原停泊位置进入穿越地球大气层轨道所需的速度增量和轨道圆化所需的附加速度增量。

有几个停泊点需要详细说明。LEO/S 是从地球表面出发飞向月球并且返回至地球表面最好的停泊点，其高度和倾角允许发射场（只要纬度低于 31 度）每天发射，并且提供了通过共面转移轨道到达月球的最多发射机会。(注：和国际空间站轨道不同)。

拉格朗日点位于地月引力场间的平衡位置，因此，在没有其他摄动力影响情况下（例如没有太阳和其他天体的引力拖曳），其相对于地球和月球的位置保持恒定。在地月空间中存在 5 个这样的点(图 9 - 15)，其中，L1、L2、L3 属于不稳定点，需要推力器主动控制来进行位置保持，其他两个为稳定点，仅需要姿控推力器。即使用很小的位置保持控制也可使航天器位于该稳定点或其附近，因此选择它们作为中途停泊点极具吸引力。

地月轨道类型

在月球任务中，以下三种类型的轨道已经被采用或将会被采用：弹道式、小推力式和循环式。在以往月球任务中使用的是弹道式，小推力式和循环式目前已广泛研究但尚未在工程实际中应用。由于小推力式和循环式轨道的复杂性，本文仅对其进行定性讨论。

弹道式轨道

月球任务中的弹道轨道采用霍曼转移，且需考虑飞行时间、月球目标轨道等满足其他任务要求的变量参数。

最小能量霍曼转移需要 3.125 km/s 的 Δv 来脱离地球轨道，地

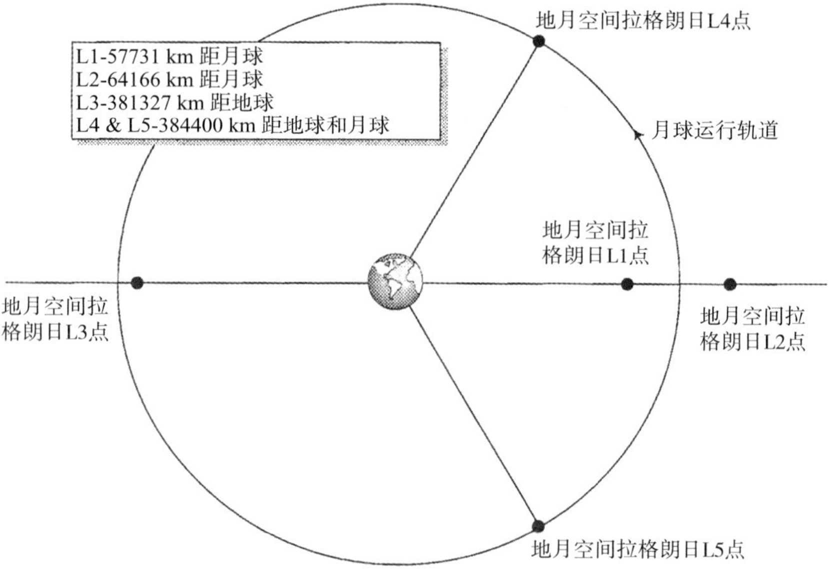

图 9-15　地月空间的拉格朗日点▲

▲：这些点所受地球和月球的引力相同，保持在这些位置仅需要很小的位置保持控制，因此对月球任务来说是很有吸引的中间停泊点

月飞行时间需要 5 天左右。但是小幅增加 Δv 可以大大缩短其飞行时间。实际上，阿波罗任务飞行时间从 5 天缩短为 4 天（稍微改变了月球在其轨道上的位置和着陆点），以允许中途任务中止。阿波罗 11 号轨道飞行时间范围为 66 小时至 76 小时，后来的阿波罗飞船飞行时间范围为 72 至 90 小时。

第二个特征变量是月球目标轨道类型，有四个可用选项：

1）直接到月面。

2）目标为地月间的一个平动点。

3）目标为环月轨道。

4）飞跃月球并直接返回。

20 世纪 60 年代，徘徊者号和勘测者号月球探测器使用直接弹道式到达月球表面。任务过程中，航天器飞离地球表面时直接瞄准月球。徘徊者探测器撞击到了月球表面；勘测者任务则包含一个制动系统，探测器进行了软着陆。此方案用于月表任务时，无需在降落前使用更多推进剂来把航天器送入停泊轨道。但是地月之间的运动几何关系限制了月面的着陆位置，只能在月球面向地球一侧的西部。要想到达东部、极地或者月球背面，只能进行附加的轨道机动，这就需要消耗额外的推进剂。

第二个轨道方式实际上是和前面提到的其中一个平动点的交会对接。到达 L1 或 L2 的最小能量路径是先飞到月球附近，在那里月球的重力场改变了轨道形状，也因此降低了所需的速度增量，但需要更多的飞行时间。当然也存在直接飞向这些平动点的直接转移轨道，但需要更多的速度增量。图 9－16 描述了这些最优轨道和所需的飞行时间。

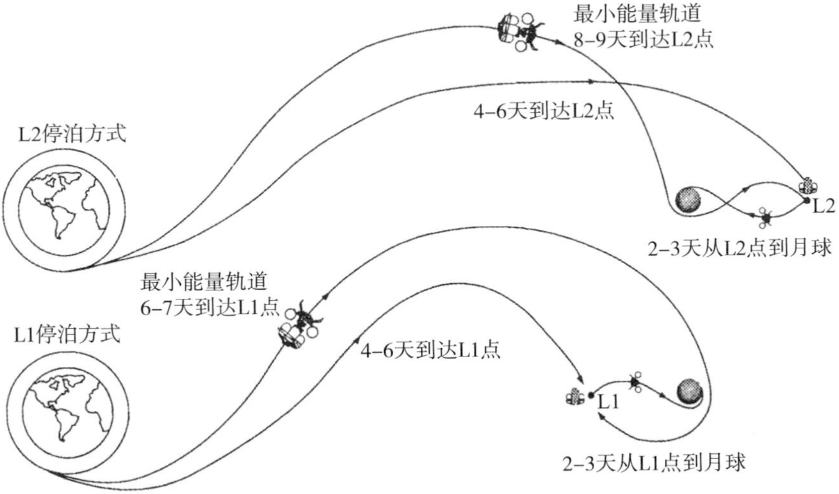

图 9－16　飞行 L1 和 L2 点的轨道▲

▲：本图描绘了到达这两点的两种方式：直接转移和最小能量转移轨道。后者可以减小总 Δv 消耗，但会增加一定的飞行时间。一旦到达任意一个平动点，不需要等待相位条件就能着陆到月面任何位置

从 L1 或者 L2 平动点出发，可以在任何时候、月球表面任何地

方进行着陆，且对初始相位和轨道几何关系没有限制。平动点具备低成本状态维持的优势，自然状况下航天器保持在L4、L5点，或保持在L1、L2点附近轨道运动，不需要或仅需要少量的位置保持控制。这种中间停泊点的缺点是需要更多的时间来到达月球和返回地球，以及需要额外的推进剂来进入或离开这些停泊，这些都会增加任务总 Δv 需求。

在近月附近，可以选择的第三种轨道类型就是环月轨道。一旦航天器从地球轨道出发，如果我们在其轨道早期做一点点瞄准机动，航天器就可以到达月球周围的赤道轨道、极地轨道或带倾角的任意环月轨道。可以参考发射地球轨道的技术和方式选择轨道倾角。

最后一种轨道类型是掠过月球并直接返回。作为任务终止方式，阿波罗任务对其进行了深入研究。由于月球具有相对大的质量，掠过月球并直接返回地球的方式是可行的。从月球返回方式上可以选择自由返回或机动返回。自由返回选择航天器飞跃月球，利用月球引力场改变速度方向，直接返回地球。机动返回和自由返回类似，但中间需要轨道机动来避免使月球引力场改变后轨道无法到达地球。图9－17显示了这两种类型。

这些轨道类型允许消耗少量甚至不消耗推进剂返回地球。阿波罗8号、10号、11号使用自由返回轨道，阿波罗12号、13号和14号（H任务，如图9－17）对自由返回进行了轻微改动。它们在与登月舱对接前的初期轨道与阿波罗11轨道相同，之后，任务规则允许在需要的时候使用的登月舱发动机点火以返回地球的轨道。阿波罗13号任务使用了这个选项，后面的阿波罗任务（15号、16号和17号，J任务（如图9－17））只采用有机动中止设计选项。

这类轨道的缺点是轨道几何关系严格限制了月面着陆位置。假定任务中止选项未被使用并且航天器实际进入月球轨道，那么自由返回轨道使得月球目标轨道和月球赤道面的夹角被限制在±5°左右。(阿波罗任务选择±40°的经度范围作为着陆点，确保登月过程和上升过程可从地球上跟踪到)。H任务和J任务允许在更高纬度

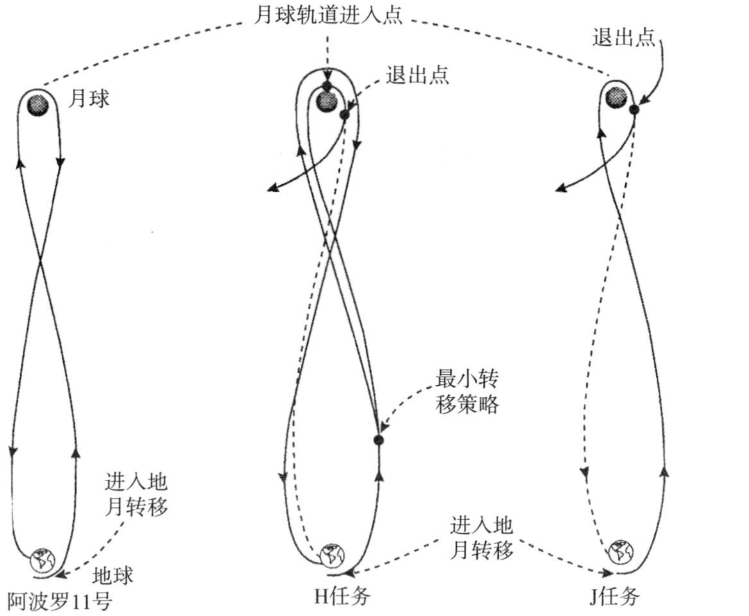

图 9－17　自由返回轨道和机动返回轨道［Cappellarl，1972］▲

▲：这张图显示了三种阿波罗任务中止方式。阿波罗 8 号、10 号和 11 号使用了第一种方式——使用月球引力，无需其他有动力机动实现自由返回轨道直接返回地球。后面的阿波罗任务在中止的情况下使用推进系统进行轨道机动，改变初始轨道以返回地球

（图 9－18，与图 9－17 采用同一参考系），但是如果不放弃自由或机动返回，这些轨道方案都不能到达月球极地位置。

小推力轨道

这类轨道使用小推力、长时间点火控制来改变位置。从总体飞行过程上看，其轨道形状像螺旋线。这种螺旋状的产生是由于附近行星引力场对低轨道航天器的拖曳作用。一旦航天器脱离行星引力场影响球或者经过一定速度累积后，又会进入类似弹道轨道。实际上，当发动机关闭后就将进入真正的弹道式滑行轨道。图 9－19 为这类型轨道的典型示例（此类轨道的分析需求详见 Herman and Conway［1998］）。

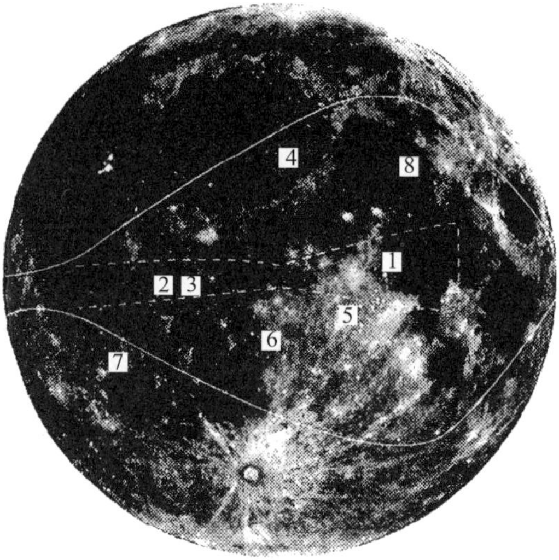

阿波罗号

1—阿波罗11号着陆点
2—阿波罗12号着陆点
3—阿波罗14号着陆点
4—阿波罗15号着陆点
5—阿波罗16号着陆点
6—Alphonsus
7—Gassendi
8—阿波罗17号着陆点

- - - - - 阿波罗11号　　———— 后续任务

图 9-18　使用自由返回轨道和机动返回在月面的可行着陆区▲

▲：虚线部分是采用自由返回轨道在赤道附近的可行着陆区，实线部分是采用机动返回轨道在月面的可行着陆区

这类轨道的优点来源于推进系统。与弹道式轨道所用的推进系统相比，小推力推进系统具有更高的比冲，消耗更少的推进剂（节省多少依赖于具体的推进系统）。

小推力轨道对月球任务来说有两个缺点。第一，在轨道的两端需要更长的飞行时间来“螺旋离开”和“螺旋进入”。更高的推力会缩短“螺旋”时间，但是需要更大质量和复杂度，有可能会抵消掉发动机效率提高所带来的好处；第二，航天器会在范艾伦辐射带上停留更长时间，近地螺旋会大大延长在辐射带的时间，这将对乘组带来伤害，这就需要增加更多防护设施，这同时又增加了飞行器的

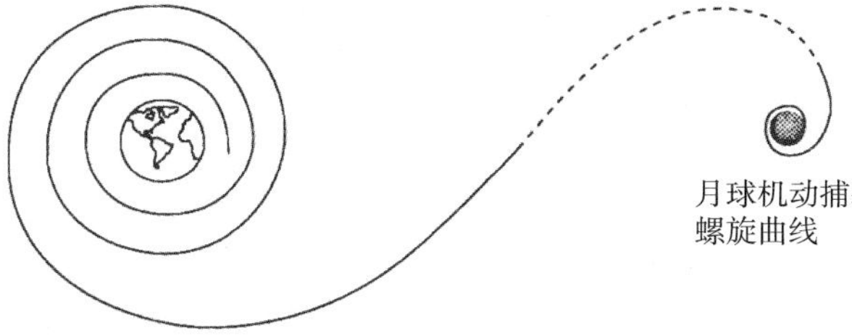

图 9－19　月球任务的典型小推力轨道▲

▲：本图描述了采用小推力推进方式从地球到月球的典型转移轨道。在地球和月球附近的飞行轨道均为螺旋曲线，中间转移轨道为无动力飞行轨道

质量，以及乘组在轨生活物品消耗量。由此看来，增加的质量抵消了推进系统效率的提升。不过，执行不载人货运任务时可以采用这类轨道方式。

月球任务的相位考虑

上面讨论的每个轨道类型，都必须考虑如何处理任务中的相位问题。这里将重点放在弹道式轨道，因为小推力和循环轨道尚未用于月球任务，而且可能直到技术进步或月球交通急剧增加前都不会使用。

这里讨论两种可能的地球出发和返回点：地球表面和在轨（例如从国际空间站出发）。假设从地面发射场出发，一天有两次发射机会把航天器送到与期望的月球转移轨道相交的停泊轨道上，如图 9－20 所示。

对于从在轨航天器出发的任务，比如从空间站出发，航天器必须等到转移轨道和空间站轨道近似相切，否则会给平面外或非切线推力器带来巨大压力（见 9.2.2 节）。月球沿顺行方向以约 13（°）/天的速度绕地球运动。由于地球的扁率，国际空间站所在的倾角 51.6（°）的轨道平面以约 5（°）/天的速度逆行。综合考虑这两种运动，约平均 9 天有一次发射机会，变化范围为 6 天至 11 天。每次发射机会的窗口长度不到 1 天。无论从地球表面发射到一个停泊轨道

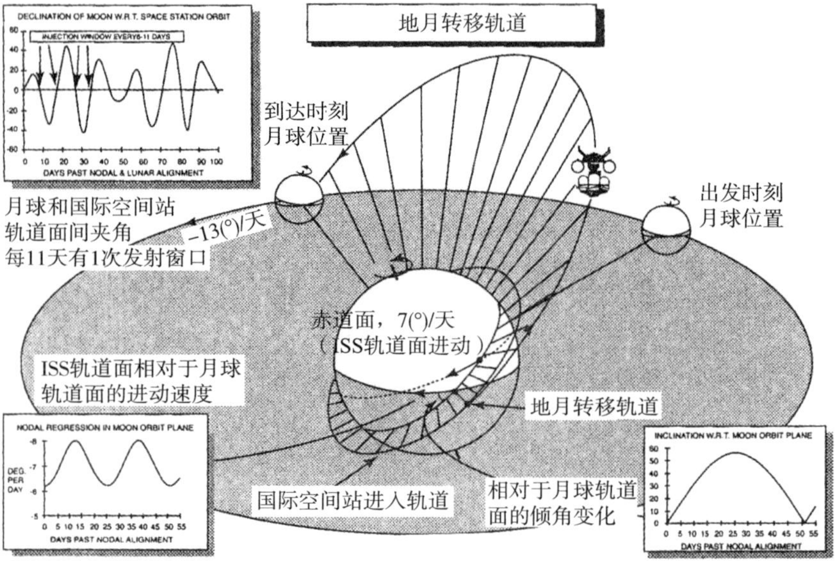

图 9－20　从地球飞向月球的出发条件▲

▲：本图描述了从地球飞向月球的典型弹道转移轨道，特别的，为了能够成功相遇，航天器在相位上必须领先于月球，并且转移轨道的轨道面不需要和月球轨道面共面。实际上，大多情况都不共面

还是从在轨空间站发射，都不会限制着陆点和近月飞行轨道类型，这点和前面提到的从地面到月面的直接转移轨道相同。

假如任务需要航天器进入一个环月轨道，地面测控条件要求或着陆位置会影响到环月轨道倾角的选择。对于一个由着陆点固定的任务，环月轨道倾角必须大于或等于着陆点纬度（图 9－21）。

一旦航天器进入环月轨道，就可以在一定的窗口机会下降到月球表面或者从月面起飞。航天器轨道平面保持惯性空间恒定，月面着陆点跟随月球自转，自转速度约 13（°）/天，或者 27 天一圈。对于接近于月球赤道附近（纬度 ±5°）的特殊着陆点，绕月飞行的航天器（假定倾角约为零的轨道）拥有几乎连续的着陆机会，并且间隔周期为轨道周期（图 9－22）。

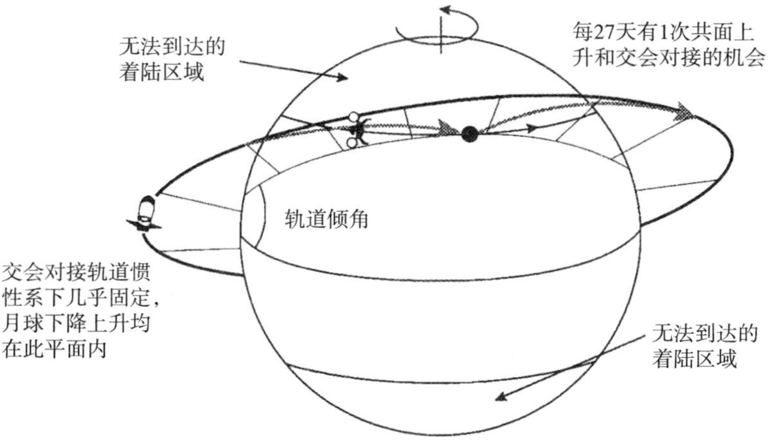

图 9－21　环月轨道和月面着陆点的关系图▲

▲：环月轨道倾角决定了哪些着陆点是可行的，月球的自转速度同样决定了月面起飞和交会对接之间的时间间隔

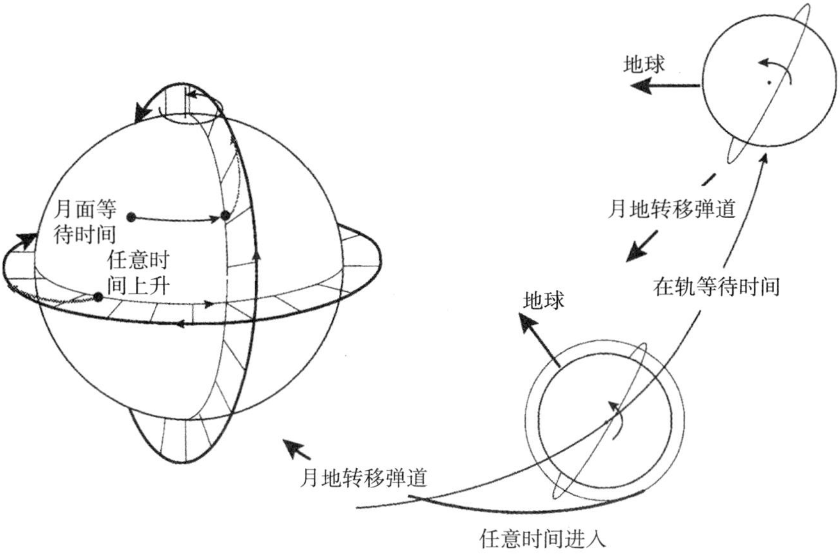

图 9－22　特别情况下的发射窗口机会▲

▲：航天器环月飞行轨道倾角同样决定了从月球返回地球的机会周期

另一种相反的极端情况是，极轨道航天器可以在月面任何一点着陆。在纬度大于 85°的南极或北极附近起飞的航天器具有连续飞向该轨道的机会。对于低纬度，着陆和发射机会每 14 天一次，这取决于航天器往南飞还是往北飞（图 9－22）。

对于倾角介于中间的轨道，月面上着陆或起飞位置的纬度等于轨道倾角，每 27 天有一次着陆和起飞的机会（图 9－21）；纬度低于轨道倾角的，每 27 天有两次着陆和起飞的机会。纬度为零的位置，两次机会间隔 14 天；纬度不为零，则两次机会间隔不为 14 天，即在周期内，先经过一个短时间，出现第一次机会，再经过一个较长时间，出现第二次机会，总时间和为 27 天，两次机会时间间隔由月面位置和绕月飞行轨道倾角决定。

返回地球的情形和离开月球类似，绕月飞行轨道必须瞄向月地转移轨道。在月球赤道附近绕飞的航天器（倾角不大于 15°）每圈都有一次飞向地球的机会，可以着陆在地球表面或进入绕地飞行轨道，但飞向地球的轨道不必与其飞离月球前的绕月飞行轨道共面。对于大倾角绕月飞行轨道，每 14 天有一次返回地球的机会，每次窗口持续 3 天。从绕月极轨道也同样可以返回地球，着陆在地面或者进入绕地飞行轨道，并非一定为国际空间站轨道。倾角为 15°至 90°的绕月飞行轨道返回地球同样周期为 14 天，但和从月球极轨返回具有相同的约束条件。假如要返回到倾角 28°的绕地飞行空间站，每 6 至 11 天有一次机会——和到月球的情形相同。这个机会频率和返回地球前绕月飞行轨道的倾角无关（图 9－23）。

当考虑从月面发射返回至某个绕地飞行目标设施的发射机会频率时，要把从月面至环月轨道（前面讨论过）和从环月轨道至绕地飞行轨道两个阶段联合起来，分析最不理想的情况：27 天有一次返回地球的机会，总任务时间为 35 天（4 天为进入出发轨道，27 天为等待下一次返回机会，4 天为返回过程耗时）。

还有一些和轨道几何无关的因素影响出发和返回机会。阿波罗任务需要考虑落点附近光线入射角，使乘组着陆的时候能看到月面

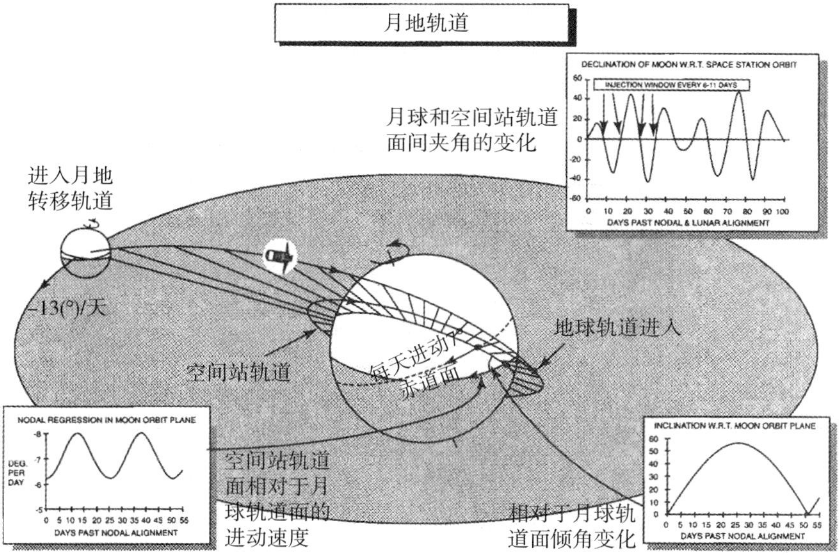

图 9－23　从月球返回地球的条件约束▲

▲：与离开地球前往月球的弹道相比，返回是有约束的。如果航天器要返回到在轨设施（如国际空间站），这些约束会更严苛

情况，从而避免一些障碍物（比如石块和环形山）。这样，飞向月球并着陆至指定位置的机会一个月一次。阿波罗任务还要求返回至地面的时候是白天，有利于地面回收人员顺利展开工作。阿波罗着陆在公海上，所以回收人员可以定位。将来的任务同样会限制着陆位置，所以返回时的光照条件依旧非常重要。

任务中止方案及其含义

任务中止方案通常是任务设计的一部分，作为强制措施来应对突发情况或系统障碍。阿波罗 13 号是一个极好的案例，幸运的是，也是到目前为止唯一一次使用这种故障应对措施的案例。任务中止方案取决于乘组避风港位置的选择。阿波罗任务设定这个避风港就是地球，所以选择了自由返回和机动返回轨道作为中止任务方案。在未来任务中，避风港可能是月面上的某个永久基地或者位于绕月飞行轨道或地月间某个平动点上的永久空间站。

关键问题是乘组在什么规则和条件下启动任务中止，阿波罗 11 号轨道、或任务 H 和任务 J（见图 9-17）说明了如何根据实际情况动态调整中止方案——这种情况下，阿波罗硬件系统的成熟和乘组更加熟练地操作也促使了任务的完成。对于每一个任务，必须充分考虑到各种异常情况来决定是否启用任务中止。

9.3.3 火星轨道

火星任务的全过程（离开地球、飞向火星、返回地球）在轨道力学上是个双交会对接问题。在选择第一次交会对接（出发到火星）时就必须要考虑其对第二次交会对接（返回至地球）的影响。地火之间的长时间旅行是一项很大的挑战，任务设计中有很多艰难的选择，但是可以构建一些有趣的任务场景来解决一些显而易见的问题。

需要考虑火星任务各飞行阶段的划分、各飞行阶段点的选择、地火往返的可行轨道，以及最后任务中止方案。

火星任务各停泊点

火星任务地火之间有几个中转点很有价值，都在近地或近火位置。近地有两个位置：近地轨道和地月系统 L1 或 L2 点。图 9-24 描述了这两种离开地球的前向飞行轨道分段方案。

最传统的方式是从近地圆轨道出发，在合适的时间（逃逸轨道的近地点处）进行脉冲点火，获取飞向火星所需的速度。另一方面，地月之间的 L1 点是火星任务中一个有意思的中转点，可以从地球或月球向该中转基地运送补给（未来可能在月球人工制造氧和氦气，其他的供给和航天员从地球运送）。今后向中转点运送的物资可分为两部分，一部分从月球运送，一部分从地球运送。飞离平动点进入飞向火星转移轨道仅需要小量脉冲控制，在近地点，航天器实施第二次脉冲控制，从而进入飞向火星的正确转移轨道，从地月平动点飞离比从传统的 LEO 飞离消耗更少的推进剂，但是从地球到达平动点却比到达 LEO 消耗更多推进剂，因而总体能量消耗会增加，但是地火转移消耗的能量会减少，这样火星航天器的规模和质量会减小。

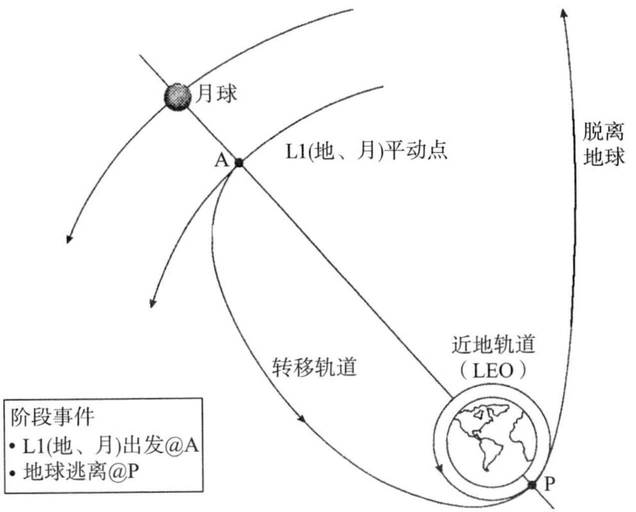

图 9-24 火星任务近地中转点▲ [Niehoff and Hoffman, 1996]

▲：由于所有的任务载荷都需要从地球发射，大部分火星任务都会从近地轨道开始飞向火星。假如将来月球资源开发变成现实，特别是氧气和燃料可以在月球开发的话，拉格朗日点将会是个非常有用的中间中转点

到目前为止，所有物资都需要从地球发射，所以火星任务的发射质量巨大（第 15 章讨论了在火星原位制造用于返回地球的推进剂）。但是假如可以利用近地轨道空间站，就可以构建和提供任务所需的航天器，而不需要开发重型运载火箭，那么重型运载火箭唯一的目的将是支持突发任务。在轨设施，比如国际空间站，也可以进行一定的支持工作*。必须注意，采用这种方案要求飞向火星的航天器必须在固定时刻朝固定方向出发，但是用来在轨组装的绕地飞行轨道却不一定满足出发要求。

将 L1 和 L2 点作为火星任务航天器的组装位置的原因有两个，第一，这两个平动点几乎不受地球引力影响，所以从这两个平动点往返

* 使用国际空间站来进行频繁的交会和储存大量推进剂有可能带来严重的安全和操作方面的问题。

火星所需要的速度增量 Δv 要比近地轨道少很多；第二，由于这两个平动点靠近月球，所以从月球到达 L1 或 L2 点所需的推进剂比从地球出发也将少很多，这样，对于火星任务的物资运输特别有吸引力，特别是液氧推进剂的运输。虽然从 L1 或 L2 点出发飞向火星所需 Δv 更小，但是任务所需的所有资源材料，包括推进剂（除了取自月球，这将在后面章节讨论）都需要从地球运送。运输资源材料往返这些平动点进行航天器组装，对运载的额外消耗要大于其飞向火星节省的部分。

在火星任务中，大多数场景都假定采用类似阿波罗任务的策略：火星着陆器携带足够的火星资源研究开发系统和返回绕火轨道的返回器，同时，在绕火轨道上保留一个用以返回地球的航天器。图 9-25 描述了两种情况：低轨圆轨道和高轨椭圆轨道。

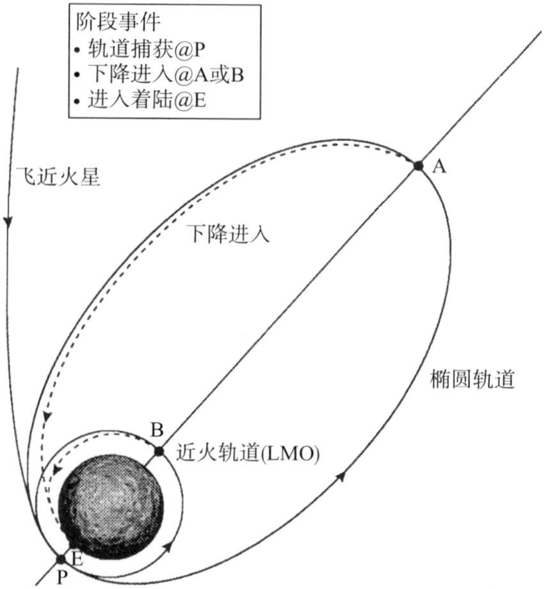

图 9-25　绕火飞行的低轨圆轨道和高轨椭圆轨道▲［Nieholf and Hoffman，1996］

▲：绕火低轨圆轨道对再入防热和从火星表面起飞返回所需 Δv 都有好处，但对从转移段进入轨道和从轨道进入飞向地球的转移轨道，又需要更多的 Δv，高轨椭圆轨道的优缺点正好相反。因而每个任务都需要研究其差异性，从而找出可行的权衡方案

高轨椭圆绕火轨道（类似于绕地飞行的莫尼亚轨道），将更多的负担放在了从火星起飞阶段，同时也减轻了飞离火星阶段的负担，如果位置合适，还可以通过在轨停留的返回地球航天器与地球通信。

其他中转位置还有火卫一，中转轨道如图 9－26 所示。首先，在近火点进行捕获控制，接着通过升轨控制进入火卫一轨道，第二次点火控制让航天器进入和火卫一交会的圆轨道。

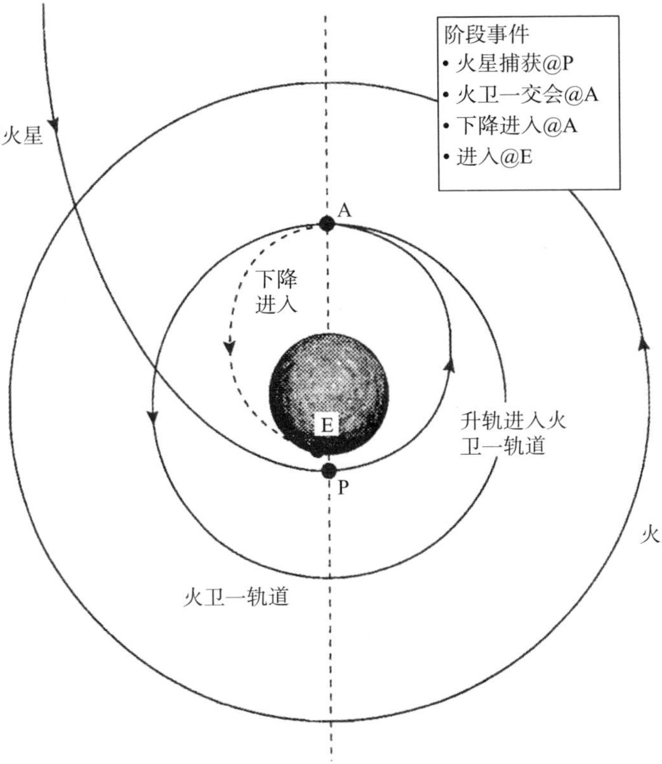

图 9－26　火卫一中转点▲［Niehoff and Hoffman，1996］

▲：火卫一作为资源获取地，已被广泛研究，特别是从这颗卫星上获取推进剂。这些资源是否存在还有待确定

就像地月之间的 L1 和 L2 平动点，在火星引力场系统中，火卫一的引力场比重很强，在执行往返任务中，进入和离开该中转点消耗较少。火卫一作为中转点的缺点是如果需要在火星表面着陆，则

着陆和返回火卫一都需要特别大的推进剂消耗。

地火间任务的相位问题

月球任务的轨道分析方法也可应用于火星任务，但相位问题更为突出，因为地球和火星都绕太阳飞行，其飞行的相对关系将影响从地球的出发日期和从火星的返回日期。接下来会讨论如何使用最小能量的类霍曼转移轨道来解决地火往返转移问题，以及其他所有类型的轨道。图 9－27 描述了这类转移轨道的重要参数。

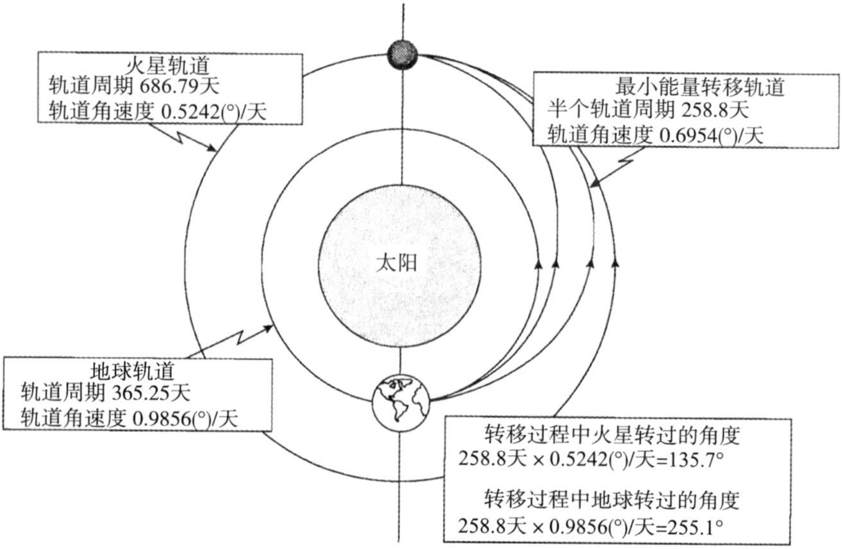

图 9－27　地火之间的最小能量转移▲

▲：本图描述了航天器沿最小能量转移所需的飞行时间。飞行时间和轨道角速度对确定地火的相对位置和往返转移轨道特别重要

地球绕太阳飞行一周需要约 365.25 天，其飞行角速度约 0.9856（°）/天。火星绕太阳飞行一周需要约 686.79 天，其飞行角速度约 0.5242（°）/天。霍曼转移轨道需要 258.8 天来完成 180°的转移，飞行平均轨道角速度约 0.6954（°）/天。通过计算这些平均的角速度，在从地球发射时，火星相位应超前地球相位

44.3°，并且航天器在 258.8 天后和火星交会（图 9－28 描述了第一次和第二次交会的结构图）。

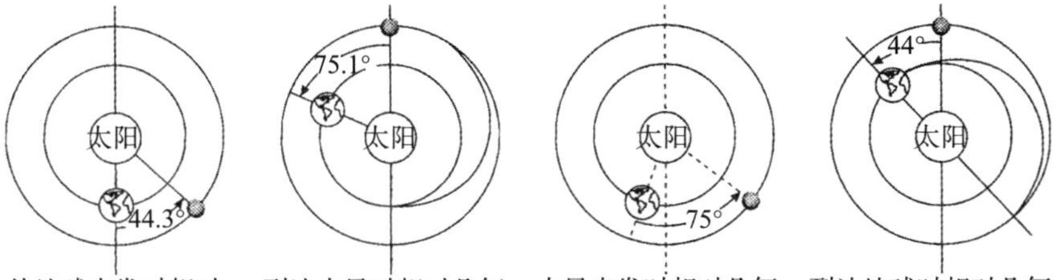

从地球出发时相对几何条件：相位角=44.3°

到达火星时相对几何条件：相位角=−75°　任务累积时间=259天

火星出发时相对几何条件：相位角=44.3°　任务累积时间=714天

到达地球时相对几何条件：相位角=−44°　任务累积时间=972天

图 9－28　最小能量转移轨道▲

▲：本图描述了地火往返飞行时地球和火星的相对位置以及沿最小能量转移轨道返回地球前在火星需要长时间停留等待的原因

沿用相同的算法，航天器从火星返回地球的时候，火星相位必须超前地球相位 75°。然而，当航天器第一次到达火星时，地球相位超前火星相位 75°，因此在火星轨道上调整等待合适返回相位还需要 455 天，再加上返回过程的 258.8 天，任务总时长需要 972 天。这就解释了一些轨道方案所需的中间等待期。另外一个问题是发射窗口的出现频率，绕同一中心天体飞行的两个天体，如果和中心天体共线，且在同一侧，则称这两个天体交会，两次交会时间间隔称为交会周期。图 9－29 描述了地球和火星的交会周期，约 780 天或 26 个月，因此两次飞向火星的发射窗口间隔约 780 天。

这张图也描述了从地球到火星第八个出发机会时，地球和火星在惯性空间的位置又重新回到 15 年前第一次出发时。利用这个结果进行总体研究时仅需研究连续七次出发轨道，之后进入下一个循环，因此理论上，后续不需要再进行研究分析。当然，在实际工程上，要对任何一个选择的任务轨道都认真研究。后面章节中，将对每一个描述的轨道类型利用其周期性的特点提供一个完整周期的轨道数据。

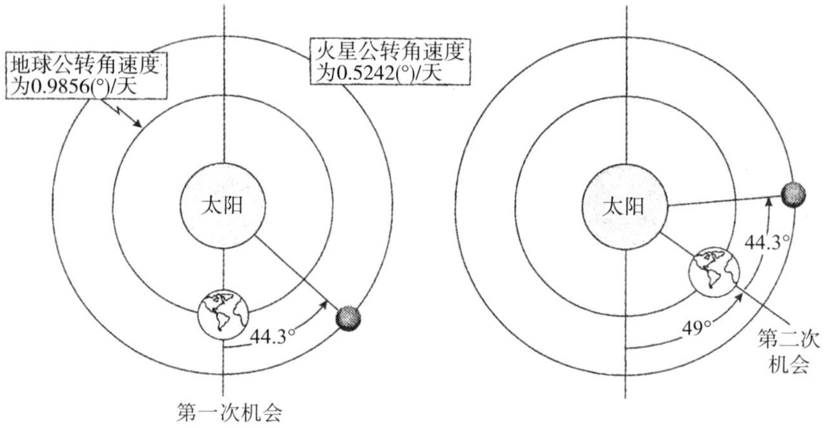

相同相位差重复间隔时间=780天

考虑到和太阳的关系，相对太阳回归一次总的出发机会次数=7次

图 9－29　地火之间相对相位关系循环变化情况▲

▲：本图描述了沿最小能量转移轨道从地球飞向火星两次机会间隔需约 26 个月的原因

地火之间的典型转移轨道

和月球任务一样，弹道式轨道、小推力轨道以及循环往返轨道同样适用于火星任务。由于弹道式轨道已经应用于具体任务，小推力和循环往返轨道任务还处于研究阶段，因此，这里主要讨论弹道式轨道，给出其优缺点，包括整个 15 年周期情况，对小推力和循环往返轨道仅作定性说明。

对于火星任务弹道式转移轨道大体上分为三类。第一类基于最小能量，属霍曼转移类轨道，称为合点类轨道或长周期类轨道，从这名字就能大概了解其主要特点。第二类为相对高能任务，通常被称为冲点类轨道或者短周期类轨道，同样，名字具有描述性，具体将在后面进行讨论。第三类是飞跃轨道，飞跃轨道通常是任务中止方案的一部分，曾有研究者采用这类轨道进行基本任务设计［Hoffman 等，1984］。三类轨道中，合点类轨道（图 9－30）可能是最为通用的方案，也是研究最为广泛的一种轨道。其特点是能量需求较小，在火星停留时间较长。

图 9－30 表明，到火星的转移轨道日心扫角约 180°。在到达火星时刻，地球和火星运行到合点关系（太阳和火星位于地球的同一侧），这类轨道称为合点类轨道。这时，两个行星的相位关系不满足最小能量返回地球的相位要求，下一次返回必须等待 1.5 年以上。当两个行星相位满足返回条件时，经过一个相对短的时间飞行，就可以返回地球。往返最小能量转移飞行时间加上在火星上的长时间等待，总耗时将近 2.8 年。表 9－12 给出了 21 世纪前期 15 年周期内合点类轨道重要的任务计划参数。

表 9－12　合点类轨道参数▲

发射日期	Δv TMI*	飞往火星时间/天	Δv MOI+	火星停留时间/天	Δv TEI	返回时间/天	总任务周期/天	总速度增量 Δv **
4/03/01	3639	200	2532	545	2108	205	950	8278
6/08/03	3574	204	2095	547	2647	192	943	8316
8/20/05	3963	217	2038	492	2703	214	923	8704
10/06/07	4199	248	2032	437	2278	262	947	8509
11/08/09	4035	278	1988	374	2064	270	922	8087
11/28/11	3672	252	2532	418	1989	259	929	8193
1/17/14	3832	224	2794	458	1941	237	919	8567
3/11/16	3739	204	2677	529	1983	212	945	8399
5/11/18	3530	204	2230	553	2466	190	946	8227
7/27/20	3807	207	2031	517	2746	203	927	8584
TMI 进入地火转移轨道 MOI 进入绕火轨道 TEI 进入火地转移轨道			* 从国际空间站轨道高度出发 ＋火星 500 km 高度圆轨道 ** 假如直接再入返回地面（总速度增量，单位：m/s）					

▲：提供了地火之间 15 年周期内合点类轨道的所需速度增量和飞行时间等关键数据。由于假定返回器可以利用地球大气减速以实现地球捕获并下降返回地面，因此未提供地球捕获所需的速度增量。

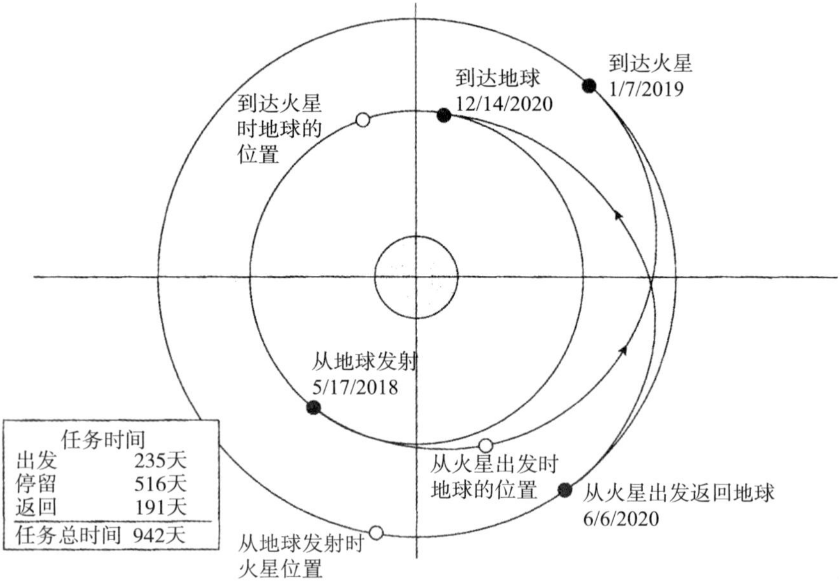

图 9－30　从地球飞向火星的典型合点类轨道▲

▲：本图显示了合点类轨道（最小能量，长任务周期）发射和到达日期以及地球和火星的相对位置关系

这类轨道的主要优点是速度增量 Δv 需求小，也就是指定推进系统情况下推进剂消耗最少。主要缺点是往返一次任务时间较长，是可接受的轨道类型里任务周期最长的一种。因此，为使乘组安全返回地球，需要加强任务各主要系统的可靠性和可修复性，这又会增加额外的费用。

合点类轨道的一个重要变体是“快速转移”轨道，图 9－31 展示了其中一个典型代表。表 9－13 提供了 21 世纪初 15 年多的周期内这类轨道的重要任务计划参数。

表 9-13　快速转移轨道类参数▲

发射日期	Δv TMI*	飞往火星时间/天	Δv MOI+	火星停留时间/天	Δv TEI	返回时间/天	总任务周期/天	总速度增量 Δv **
09/12/05	4850	120	4130	624	5010	120	864	13990
11/01/07	5706	120	5749	622	6392	120	862	17848
12/10/09	6141	120	6882	621	6 641	120	861	19664
01/16/12	6213	120	6998	618	5593	120	858	18804
02/24/14	5817	120	6157	614	3844	120	854	15818
04/11/16	4996	120	4649	624	2888	120	864	12533
06/12/18	4224	120	3345	639	3373	120	879	10942
08/20/20	4525	120	3559	624	4431	120	864	12515
10/14/22	5346	120	5192	624	5946	120	864	16485
11/25/24	6050	120	6509	621	6706	120	861	19270
TMI 进入地火转移轨道 MOI 进入绕火飞行轨道 TEI 进入火地转移轨道	* 从国际空间站轨道高度出发 ＋火星 500 km 高度圆轨道 ** 假如直接再入返回地面（总速度增量，单位：m/s）							

▲：这张表提供了地火之间 15 年周期内快速转移类轨道的所需速度增量和飞行时间等关键数据。根据美国现有返回地球轨道任务经验，选择飞行时间为 120 天。这里假定返回器可以利用地球大气减速以实现地球捕获并下降返回地面，因此未提供地球捕获所需的速度增量。

这类轨道的优点是到火星的往返飞行时间较短——因此称为“快速转移”。快速转移会缩短转移段失重飞行时间，利用这类轨道可以避免四分之一任务时间到底是选择失重飞行还是进行人工重力飞行的争论。这类轨道的主要缺点是需要在火星停留较长时间，这将增加任务总的速度增量预算。长期停留要求系统能满足 3 年的工作时间，相对于合点类轨道，这类轨道需要更大的速度增量预算，也就需要更多的推进剂消耗。

假如设计者希望更短的飞行时间，可以选择另一个极端，即冲点类轨道，如图 9-32。这类轨道类型比合点类轨道需要更多的 Δv

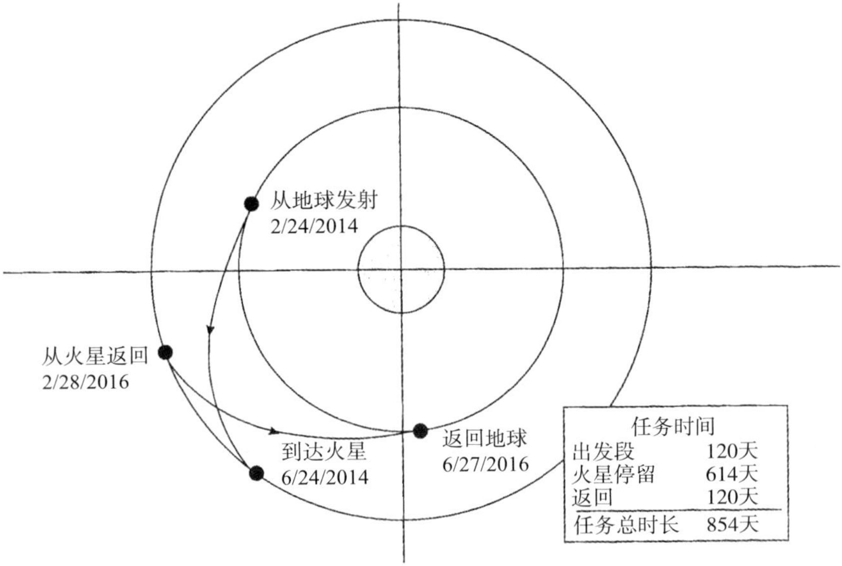

图 9－31　地火之间的典型快速转移轨道▲

▲：这张图描述了实际的发射和到达日期以及地球和火星的相对位置关系。相对于合点类轨道的变化需要消耗更多的推进剂来缩短往返飞行时间

预算和燃料消耗。冲点类轨道的名称来源基于航天器经过行星际飞行到达火星时，地球和火星间是冲点关系（太阳和火星位于地球的两侧）。这类轨道在火星停留时间较短——大概 20 天到 40 天——之后，航天器必须快速进入返回地球的轨道。为使航天器追赶上地球，其返回轨道必须要进入低于地球的运行轨道（比地球更靠近太阳）来获取比地球更大的轨道角速度，这样，返回器将以特别高的速度返回地球。为完成被地球捕获，就需要更多的减速控制，因此也就要消耗更多的推进剂。表 9－14 提供了在 21 世纪初 15 年周期内这类冲点类轨道的重要任务规划参数。

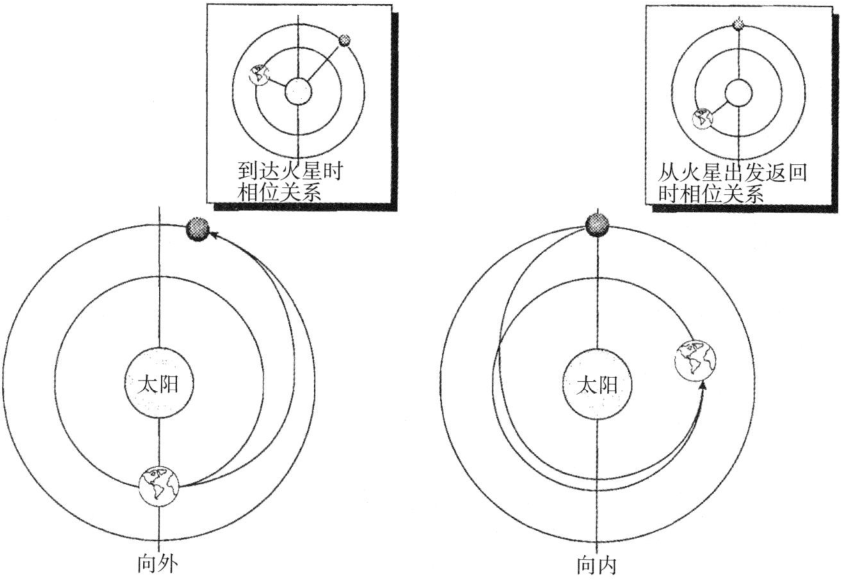

图 9-32　典型的地火冲点类轨道▲

▲：这张图描述了一个地火冲点类轨道地球和火星的相对位置关系。相对于合点类轨道，这种类型轨道的特点是更短的飞行时间，但总任务时间却更长，并且两端转移过程不相等。因此根据转移行程长短分为两个子类

表 9-14　冲点轨道参数▲

发射日期	Δv TMI*	飞往火星时间/天	Δv MOI⁺	火星停留时间/天	Δv TEI	返回时间/天	Δv RET	总任务周期/天	总速度增量 Δv **
08/27/00	7692	262	4437	40	5401	168	0	470	17531
10/05/02	7276	251	4595	40	4209	169	0	460	16079
11/06/04	7889	236	4899	40	3404	174	0	450	16192
12/13/06	9421	219	5352	40	3133	201	0	460	17907
01/19/09	11790	207	5795	40	2972	233	0	480	20557
03/27/11	13053	221	5217	40	4812	209	0	470	23081
06/06/13	11142	247	4757	40	6244	183	0	470	22143

续表

发射日期	Δv TMI *	飞往火星时间/天	Δv MOI +	火星停留时间/天	Δv TEI	返回时间/天	Δv RET	总任务周期/天	总速度增量 Δv **
07/31/15	8844	264	4467	40	5085	176	0	480	18398
09/15/17	7488	260	4454	40	4556	170	0	470	16498
10/24/19	7576	242	4781	40	3585	168	0	450	15943

TMI 进入地火转移轨道 MOI 进入绕火飞行轨道 TEI 进入火地转移轨道 RET 返回地球 Δv	* 从国际空间站轨道高度出发 ＋火星 500 km 高度圆轨道 ** 假如直接再入返回地面（总速度增量，单位：m/s）

▲：这张表提供了地火之间 15 年周期内冲点类轨道的所需速度增量和飞行时间等关键数据。这里假定返回器可以利用地球大气减速以实现地球捕获并下降返回地面，因此未提供地球捕获所需的速度增量。

这种高能量转移轨道的优点是总任务时间可以缩短至 1.6 年，约为合点类轨道任务周期的一半，见表 9-14。任务周期的缩短，可以减轻因长周期任务对系统可靠性的额外要求，但这类轨道也有明显的缺点。首先，比合点类轨道需要更多的总速度增量预算，消耗更多推进剂，因此从地球出发时航天器质量也将大大增加。其次，这类的轨道仅允许在火星表面停留 3～6 星期，对于早期火星探索和乘组安全停留来说是足够的，假如转移飞行过程乘组都处于失重状态，从人体生理学（第 5 章）角度出发，建议大部分任务时间乘组应当处于一定的重力环境中（尽管无法和在地面相比），如果任务时间更长，就会超出我们关于人体对失重反应的认知，因此如果没有人工重力，乘组将会经历更高的风险。人工重力将为乘员居住舱带来更多的质量，更多的质量意味着需要消耗更多的推进剂。

可以通过增加深空机动或利用金星引力辅助对冲点类轨道进行改进，一方面节省总能量消耗，另一方面缩短往返飞行时间，见图 9-33。这类轨道使用相同的出发转移轨道类型，并且乘组可以在火星停留时间达到 60 天（而不是 3 个星期），然后进入返回轨道。在返回轨道阶段，航天器可以利用金星引力辅助或深空轨道机动，两种方法都可修正轨道，从而获取所需的速度增量，并且还提供了一种与地球相切的返回飞行，因此减少了总的能量消耗。总的任务时间相对于 1.9 年略有增加（约 0.4 年），但是所需的速度增量预算大大减小，并且火星停留时间也更为理想。表 9 - 15 提供了这种变化的冲点轨道类型在 21 世纪初 15 年周期重要任务规划参数。

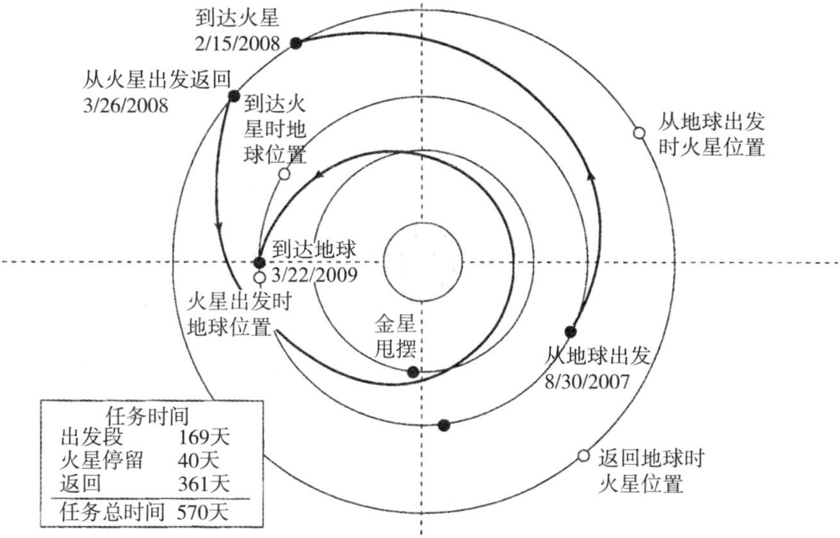

图 9 - 33　典型的增加金星引力甩摆的地火冲点转移轨道▲

▲：图 9 - 32 描述了一条转移轨道穿过地日轨道内部的情况。选择合适的相位，通过金星引力甩摆来改进飞行时间，降低速度增量预算。深空轨道机动也可以替代引力甩摆达到相同的效果

表 9 - 15　借用金星引力辅助或深空轨道机动的冲点类轨道飞行参数▲

发射日期	Δv TMI*	金星引力甩摆	飞往火星时间/天	Δv MOI⁺	火星停留时间/天	Δv TEI	返回时间/天	总任务周期/天	总速度增量 Δv **
04/01/01	3635	Inbound	201	2538	40	4248	345	586	10422
08/22/02	3820	Outbound	302	4744	40	3134	261	603	11704

续表

发射日期	Δv TMI*	金星引力甩摆	飞往火星时间/天	Δv MOI+	火星停留时间/天	Δv TEI	返回时间/天	总任务周期/天	总速度增量 Δv **
06/09/04	4131	Outbound	344	4429	40	2639	271	655	11198
08/27/07	4600	Inbound	188	4341	40	4030	340	568	12972
01/17/09	4208	In & Out	330	3339	40	3367	367	737	11342
11/28/10	4426	Outbound	330	3502	40	2494	303	673	10422
11/21/13	3692	Inbound	281	2464	40	4419	311	632	10575
10/26/15	4865	Inbound	279	3136	40	4810	261	560	12811
04/06/17	4181	Outbound	359	3780	40	2531	245	645	10502
06/09/20	4164	Inbound	190	2707	40	3961	364	594	10832

TMI 进入地火转移轨道	* 从国际空间站轨道高度出发
MOI 进入绕火飞行轨道	＋火星 500 km 高度圆轨道
TEI 进入火地转移轨道	** 假如直接再入返回地面（总速度增量，单位：m/s）

▲：这张表提供了地火之间 15 年周期内冲点类轨道的所需速度增量和飞行时间等关键数据。这里假定返回器可以利用地球大气减速以实现地球捕获并下降返回地面，因此未提供地球捕获所需的速度增量。

另一轨道类型为小推力轨道（见图 9－34）。这种任务采用完全不同的推进系统来为地球火星间的一部分飞行弧线提供推力。后面章节讨论了这种推进系统。然而，由于小推力轨道分析复杂，仅对其进行了定性讨论。

不同于弹道轨道，航天器沿着小推力轨道离开地球前，是一个长时间缓慢向外离开地球的螺旋轨道，并最终脱离地球引力场。推进系统连续点火直至发动机关机或者太阳帆不再逆向太阳风飞行，之后大部分时间航天器采用滑翔飞行，然后采用推进系统调整轨道使其飞向火星，当航天器接近火星时，又缓慢沿着螺旋轨道向内进入环绕火星的飞行轨道。

在火星的停留时间从 100 天至 200 天，图 9－34 给出了一个 100 天停留的示例。在任务完成后，又重复开始的过程，即首先沿螺旋向外轨道慢慢离开火星并进入返回地球轨道。典型的小推力任务周

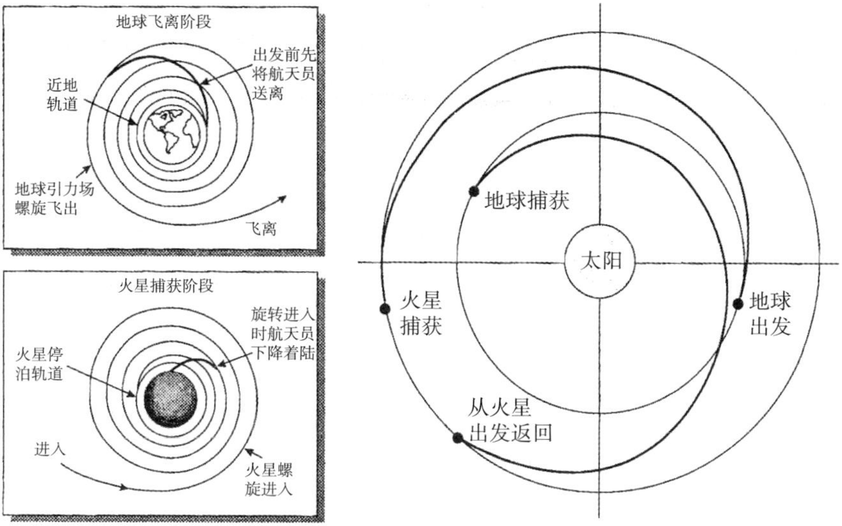

图 9－34　地火之间典型的小推力轨道▲

▲：这种轨道类型和之前讨论的地月之间小推力轨道类似，特点是离开和到达地球或者火星时为长时间的螺旋轨道

期大概需要 2.5 年左右，但是往返飞行时间依赖于小推力推进系统的特性。

小推力轨道的主要优点是飞行时间方面的改进和更低的推进剂消耗。比如图 9－34 中的示例，往返飞行时间比低能量消耗的弹道式轨道更短，并且，根据推进系统的性能，比低能量转移轨道在行星际间飞行过程中消耗推进剂更少。但是到现在为止，推进系统性能还需要大幅提高才能满足任务需求。

近来，重新开始思考使用更加革新的旧方案飞向火星并返回地球。方案之一就是“循环轨道方案”，这类轨道方案在地球和火星间循环往返飞行，因此航天器可以持续运送人员和供给到火星基地——选择行星际轨道而非地球轨道作为飞行器宇航基地。当飞行器宇航基地经过每个行星时，发射运输飞行器和它对接，运送物资供给和人员。飞行器宇航基地自身继续沿循环轨道飞行。下文将讨论其中两类循环轨道：VISIT 轨道和 Escalator 轨道。

图 9－35 描述了 VISIT（国际通用星际中转站）轨道的两种类型，最有吸引力的是 VISIT－1，其运行周期为 1.25 年。

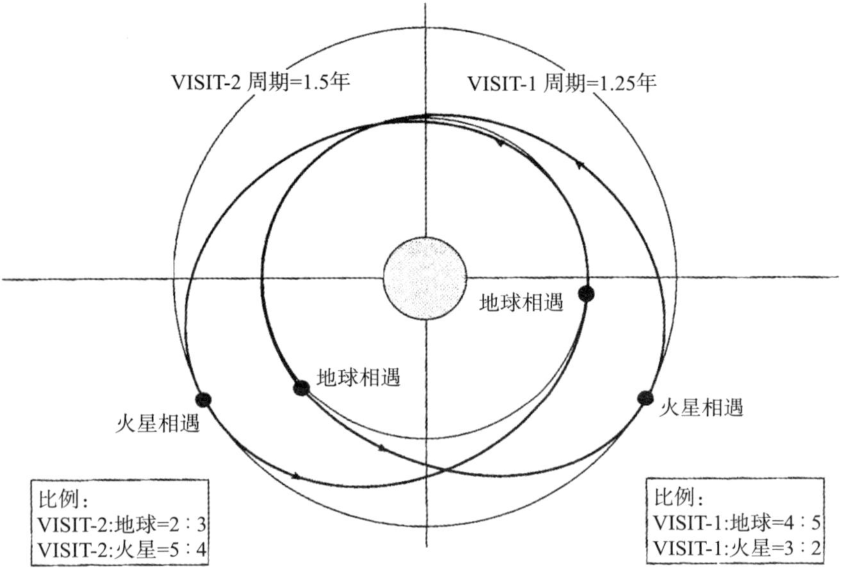

图 9－35　VISIT 轨道▲［Niehoff and Holfman，1995］

▲：VISIT 轨道是自然轨道，轨道周期和运动方向允许航天器在地球和火星间来回飞行，不需要轨道调整。但是两次相遇时间间隔非常长，比之前讨论的合点类轨道飞行时间还长

VISIT－1 轨道和地球轨道的比率为 4∶5，意思是航天器沿 VISIT－1 轨道绕太阳飞行 4 圈时地球会绕太阳飞行 5 圈，其结果是，航天器每 5 年和地球相会一次；相对于火星，其比率为 3∶2，航天器沿 VISIT－1 轨道绕太阳飞行 3 圈时火星绕太阳飞行 2 圈，航天器每 3.75 年和火星相遇一次。通过 VISIT 轨道和地球火星相遇的周期，可以得出其完整的访问过程也是周期性的，并且周期为 15 年。其轨道并不使用行星引力辅助，避免对轨道的影响，与星际航行不同，VISIT 选择自然轨道。为了有效利用 VISIT 轨道，必须安

排两到三个宇航基地在 VISIT 的不同轨道相位上。比起与地球 5 年一次与火星 3.75 年一次的相遇，这样的安排创造了更多的相遇机会。最后，可以使用这些轨道组成的网络，支持火星基地的建造与运营。

Buzz Aldrin 博士提出了另外一种循环轨道概念，见图 9－36，就是有名的上下自动扶梯轨道。

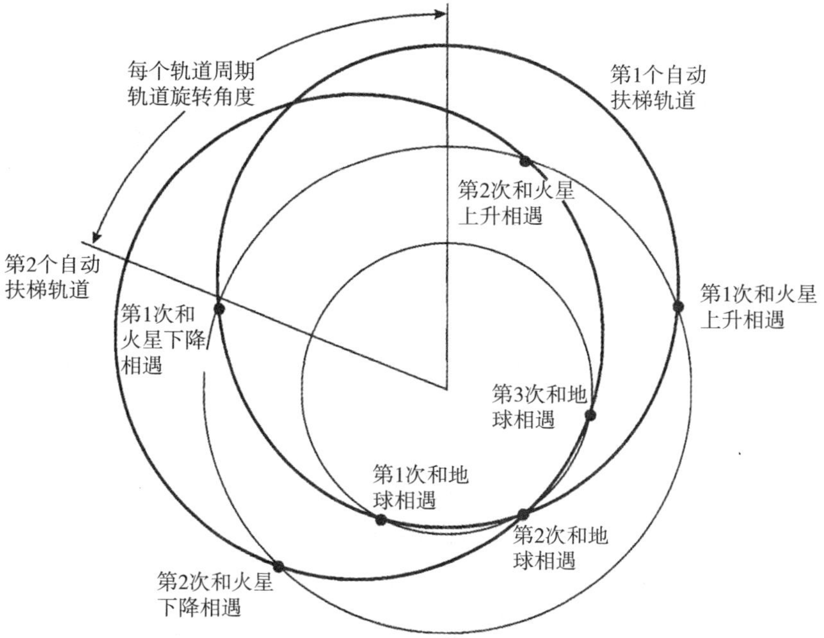

图 9－36　上升-下降自动扶梯轨道▲［Niehoff 和 Hoffman，1995］

▲：这类轨道也是自然轨道，每个周期内掠过地球和火星，但是依赖于引力辅助（主要是地球引力辅助）来旋转其轨道方向和保持飞行序列

自动扶梯轨道的向上部分从地球发射入轨开始，首先在地球轨道内部，然后向外和火星进行第一次相遇，本质上是一个短的“上行”飞向火星的转移轨道。紧接着经过火星和长时间的转移飞行，进入“下行”和地球进行第二次相会的轨道——自动扶梯轨道向下部分。在这个位置利用一个关键的地球引力辅助机动，旋转轨道长

轴，这让航天器进入新一次和火星相遇的轨道，之后返回并和地球相会（在下一次采用地球引力辅助之前）。实际上，使用地球引力甩摆的效果是为了使其产生进动并且保持地火运行方向（在两个连续相位之间，逆时针旋转轨道长轴约 50°），持续这样做是为了使其几何相位绕太阳运动。

可以通过改变火星相遇点来进一步改进，假设通过改变接近点（自动扶梯轨道上升部分）来改变火星相会时的几何关系，返回地球循环（自动扶梯轨道下降部分）时间就会变得更短——本质上使其变成上升部分的一个镜像。和 VISIT 轨道相比，自动扶梯轨道的缺点是与地球和火星相会时的速度非常高。当然，也会带来更多的相会机会（每两年），所以可以利用这类轨道中的一到两个建设航天基地，而不是 VISIT 轨道的三个或更多航天基地。自动扶梯轨道需要推进系统在指定时刻进行临时校准。整个 15 年周期，必须采用推进系统点火控制来修正因未校准而累积起来的约 2 km/s 的误差，从而使得自动扶梯轨道满足和地火之间的相对运动几何关系。

任务中止方案及其含义

火星任务的任务中止方案和航天飞机或阿波罗任务的中止方案有所不同，2～3 年的往返时间，即使能采取所谓的“自由返回中止”，生命保障系统也必须在这个时间里顺畅地运行（或者至少是良性失效，给乘组修复失效的机会）。这里暂不讨论这种所谓的“自由返回中止”轨道是否真的存在。研究表明，相对于正常任务来说，中止选项会造成捕获速度增量大大增加（导致推进剂及飞行质量的增加）。因此通过提升关键系统的可靠性级别和冗余度，比如生命保障系统和推进剂，比所谓的任务中止故障应对更有价值，在火星上或环绕火星轨道上建立“安全避风港”（这些也可作为整个任务的一部分），也可为乘组提供多种中止方案。

9.4　月球基地案例

第一步：在任务设计中，按表 9－1 中给出的，先定义权衡空间。对于月球基地任务（参看第 1 章任务描述），必须先收集任务目标、假设条件和限定条件。我们的目标是选择最好的轨道来使得载人飞船离开国际空间站，着陆在月球南极，并返回到地球。可通过任务研究得到一些假设和限定条件：

1）航天器只能从国际空间站出发飞向月球；

2）在着陆月球南极前可以在轨飞行 3 天；

3）乘组在返回地球前可以至少在月面停留 3 天；

4）乘组不必返回至国际空间站，但在进行任务设计时应包含这种情况。

载人飞行任务全程都属于案例研究，因此，除非有新的需求可以去掉案例研究的任务概念，否则不需要其他任务概念。但应该考虑其他两种情况：任务中止和任务拆分策略，前面讨论过的，航天器进入月球赤道附近以外的其他任何轨道，都无法通过自由返回地球轨道中止任务；本案例任务需要航天器到达一个绕月极轨道，这就意味着要么采用推进系统进行轨道机动，要么加强其他关键系统的安全可靠性，保证乘组安全的同时完成基本任务，这些都需要消耗额外的推进剂。

第二个重要的策略要求在乘组出发前，先使用机器人部署月面上会用到的大部分（如果不是全部的）系统。这种“任务拆分”策略并不改变轨道方案，但确实改变了任务实施过程，因为需要从国际空间站完成多次发射。在此，我们无法说明和所有一起发射的策略相比能否达到相同的载荷运输能力，实际上，如果要完成乘组在转移阶段和月面活动阶段全过程需要的系统运输，这种方式将需要更大的质量规模，当然也有其他操作上的优点。比如，可以使用已在轨的上面级来进行地月转移，因为送往月球的全部载荷现在被分成了若干更小的包裹；另外，预先部署在月面的设施可以为乘组提供一个安全的避风港，而不需要消耗大量推进剂返回地球。还可以为预先部署在月面的设施安装一套导航设备，乘组可以利用该导航设备精确着陆在之前着陆设施附近的安全区域。由于对着陆位置没有详尽的前期了解，预先着陆的系统会面临很多不确定性和风险，但这大大降低了后续载人着陆时面临的风险。

任务分析主要确定完成任务所需的速度增量、任务周期等信息，对于前面谈到的两种情况，先期货物运输部分是整个载人飞行任务的一部分，下面描述了采用平面外控制实现任务中止，但是我们涉及下降到月球表面和从月球表面上升，以及返回地球再入条件等相关内容。当然，对于总体分析来说，将不得不考虑这两部分轨道机动所需要的速度增量。

第二步：确定满足任务目标的轨道和飞行方案。9.3.2 节讨论了中间停泊点、速度增量预算 Δv 和任务的阶段划分，总结如下：

1）从国际空间站上出发的发射机会间隔，最小 6 天，最大 11 天（平均 9 天）；

2）从国际空间站出发最终被月球捕获，并进入高度 100 km 的环月极轨道所需的总速度增量为 4.04 km/s。这个 Δv 可通过两次脉冲控制完成，其中，进入地月转移轨道需要 2.73 km/s，进入环月轨道需要 1.31 km/s；

3）从国际空间站出发并进入环月轨道需要 4 天的飞行时间；

4）每个轨道周期乘组仅有一次机会下降并着陆到月球南极，但可以任意时间返回环月极轨道（交会对接情况除外）；

5）载人飞船必须在轨等待 14 天以将其轨道面调整到适合于返回地球。有两个例外情况，第一，返回地球所需要的所有推进剂可以被先期运送到月面，这样，乘组就可以改变发射方位角进入直接返回地球的轨道平面，这将需要更多的燃料消耗，要求先期着陆器也必须携带更多的燃料到月面。

第二个方式是携带足够的使环月轨道面改变达 90 °的推进剂。在 9.2.2 节讨论过，此类轨道机动所需的速度增量和燃料消耗是非常高的。所有这些情况，返回轨道都不能保证精确指向国际空间站，但是直接返回地面是可行的。对于从月面起飞并返回到国际空间站，从月面起飞到环月轨道以及从环月轨道转移至近地轨道，其出发机会都需要额外条件。最差情况下，乘组不得不等待 27 天才有机会返回地球，整个任务周期将达到 35 天（4 天地月转移轨道飞行，27 天等待时间，4 天返回时间）。

6）从环月极轨道返回地球并再入地球大气层需要大概 1.31 km/s 的速度增量。这种情况，载人飞船可以直接下降并着陆在地面，或者采用轨道机动和大气辅助捕获进入近地轨道。使航天器到达近地圆轨道仅需要一个小的 Δv ；当然，Δv 的大小依赖于目标轨道的高度。

7）从环月极轨道出发进入地球大气层需要 4 天左右的飞行时间。

第三步：对所有航天器和轨道转移飞行器的所有轨道和飞行方案进行评价。本书的后面章节将对本案例的轨道和其变异情况进行评价。

第四步：将任务设计方案和任务指标要求进行对比。只有一种轨道方案可行并且满足所有限定条件：从国际空间站出发到达环月极轨道，再返回到地球表面。执行变量（任务拆分策略和允许的任务中止选项）会影响选择，但又依赖于其他部分的设计，这在后面章节将会讨论，并进行差别比较。

第五步：当所有系统已经很好定义后，最后一步就是对这些结果进行迭代。后续章节将评估更多子系统，可以看到这些基本信息如何演进并满足任务要求。

这个案例研究仅描述了评估早期设计者应考虑的内容。随着任务的推进，设计者必须检查许多其他因素，本书未涉及太多。有兴趣的读者可以参考 J. O. Cappellari，Jr［1972］的文章“到达月球何处？一个阿波罗系统的工程问题”，文中描述了阿波罗任务从早期设计到实际飞行过程中遇到的各种能想象到的复杂性问题，从中可以看到阿波罗任务在任务设计和着陆点选择时都考虑了哪些因素。

参考文献

[1] Battin, Richard H. 1987. An Introduction to the Mathematics and Methods of Astrodynamics. New York, NY: AIAA Education Series.

[2] Cappellari, Jr., J. O., ed. 1972. Where on the Moon? An Apollo Systems Engineering Problem. The Bell System Technical Journal. 51: 955 - 1127.

[3] Herman, A. L. and B. A. Conway. 1998. Optimal, Low - Thrust, Earth - Moon Orbit Transfer. Journal of Guidance, Control, and Dynamics. 21: 141 - 147.

[4] Hoffman, S. J., et al. 1984. "Concepts for the Early Realization of Manned Mars Missions" The Case for Mars Ⅱ Conference. AAS Science and Technology Series, Vol. 62, Jul 10 - 14, 1984, Boulder, CO.

[5] Little, A. D., Inc. 1987. Final Report of the Advanced Space Transportation Systems (ASTS) Study. ADL Reference 54104.

[6] Niehoff, J. C. and S. J. Hoffman. 1996. "Strategies for Mars: A Guide to Human Exploration." Science and Technology Series, A Supplement to Advances in the Astronautical Sciences. Vol. 86, AAS95 - 478, ed. Carol Stoker and Carter Emmert. San Diego, CA: Univelt, Inc.

[7] Sellers, Jerry Jon. 1994. Understanding Space: An Introduction to Astronautics. New York, NY: McGraw - Hill.

[8] Vallado, David A. 1997. Fundamentals of Astrodynamics and Applications. New York, NY: McGraw - Hill.

第 10 章　进入、下降、着陆和上升

Gerald Condon，Michael Tigges，NASA 约翰逊航天中心
Manuel I. Cruz，航天系统顾问

本章定义和描述了载人登月、载人登火任务中包括返回地球在内的大气进入、下降、着陆和上升（entry，descent，landing and ascent，EDLA）过程，系统地阐述了进入、下降、着陆和上升设计过程中的备选任务权衡空间。恰当地选取任务权衡空间有助于获得任务和系统需求，以及性能评估。

大气进入是指航天器进入行星大气层，并利用大气阻力进行减速；大气捕获是指航天器利用行星大气，从双曲线接近轨道减速进入椭圆停泊轨道。一般情况下，大气捕获还需要另外施加一个小的推进速度增量以提升捕获时的近拱点高度，使航天器保持在合适的大气层外高度。对于火星任务而言，在给定转移轨道射入（TMI）质量的前提下，与推进捕获方案相比，大气捕获方案可以使更重的净载荷进入火星停泊轨道。气动外壳及相关结构和热防护系统（TPS）约占航天器质量的15%～20%，而在相同性能下，推进捕获方案中推进剂、贮箱、结构和发动机的质量却占到总质量的60%～80%。与推进方式相比，大气捕获能节省的质量大小取决于接近条

件（进入速度、轨道面机动），而接近条件又取决于任务时机和飞行时间等参数。通常，抵达火星的航天器规模越大，那么大气捕获所节省质量就越多。

大气制动是指使用大气阻力将航天器从椭圆停泊轨道减速到低能量的轨道（较小的半长轴）的过程。与必须依赖足够的大气减速才能使航天器从单一通道进入行星轨道的大气捕获不同，大气制动可以通过多种气动减速路径降低远拱点高度。

进入大气时，航天器利用行星大气层从双曲线接近轨道或椭圆停泊轨道上开始减速。不过，直接从双曲线轨道上进行减速进入只适用于有限的星体表面着陆和一些机器人空间探测任务，对于载人任务，尤其是降落到或者靠近预先指定的资源区，则不能提供足够的降落精度。对于椭圆轨道来说，首先进行降轨机动，然后经过滑行段和大气进入交接。降轨机动降低了进入大气的停泊轨道的近拱点高度，在经历了滑行段飞行之后，开始大气进入阶段。

下降和着陆的主要设计目标是降低航天器的水平速度和垂直速度。对于不同的目标行星，可能使用降落伞、动力下降，或者两者兼用。如果大气条件许可，在大气进入之后，降落伞可以提供附加减速，航天器就可以进一步节省推进剂质量。地球有厚实的大气层，因此可以全程使用降落伞。阿波罗的指令舱使用降落伞在海洋降落；而俄罗斯的联盟号飞船使用降落伞在地面着陆，在落地瞬间使用小型反推火箭来减速。但是对于火星稀薄的大气，仅仅依靠降落伞是不够的，还需要使用动力制动在着陆末段提供可控的软着陆。对于月球这类没有大气的行星，在下降和着陆的全程需要使用动力。

在上升段，航天器采用动力推进的方式从行星表面达到指定的目标状态（高度、速度、飞行航迹角、方位角、倾角等），从而进入椭圆停泊轨道或者星际双曲线轨道。一般情况下，将航天器从表面发射至低椭圆停泊轨道所需要消耗的推进剂，要远远大于从低停泊轨道转移到行星际飞行轨道所需的推进剂。在停泊轨道上与在轨转移航天器对接可以减少为来回星体表面所携带的推进剂。另外，若能在星体表面制造燃料，就可以节省为了上升飞行而带往星体表面的燃料。采用一个小型运载器将航天员从星体表面运送到留轨舱的转移方案可以减少最初在近地轨道的质量需求。

表 10－1 描述了进入、下降、着陆和上升的设计过程。对任务需求和约束条件进行初步权衡，作为设计输入；预设一套任务大纲和选择标准，通过迭代过程，收敛到可接受的航天器特征、飞行轨道剖面和性能；然后，对任务性能进行评价，并更新任务需求，直到得出包括飞行任务、飞行器和轨道的解决方案。

表 10－1　进入、下降、着陆和上升设计▲

步骤	输入	参阅章节	备注
1. 确定任务需求	着陆点、任务周期、自主、使用原位资源	第 1 章、第 2 章	定义主要的科学和技术目标
2. 基线环境	验证模型：大气、风、尘、星历	第 3 章、第 4 章	确定环境模型
3. 确定可能的权衡	任务、飞行器、轨道和系统选项	第 9 章、第 12 章	瞄准任务成功，定义相互独立的参数变量
4. 定义标称飞行器特性	气动、推进、姿态控制、质量属性、导航	第 12 章、第 13 章、第 19 章、第 24 章、第 25 章	获取可用于仿真的飞行器系统的精确特性
5. 施加约束	物理、通信和跟踪、热防护系统、光照	第 5 章、第 6 章、第 16 章、第 29 章	定义任务、乘组、飞行器约束
6. 初始化轨道	进入速度和高度、倾角、升交点	第 9 章	计算初始化轨道形状和进入速度
7. 定义飞行剖面和飞行走廊	时间线、Δv、推力约束、GNC、视场、着陆和发射的选项、过载、热载荷、着陆通道	10.2 节、10.3 节、10.4 节	确定标称飞行航道倾角、航程和横向航程能力、GNC、弹道和系统特性
8. 定义中止选项	中止的边界、中止的性能（盘旋、重新制定）、风险避免	10.3 节	定义可能的系统失效、定义最终着陆过程
9. 分析散布性能	着陆点、性能边缘、上升目标	10.2 节、10.3 节、10.4 节	量化系统、环境、飞行器不确定性及其对标称弹道的影响

续表

步骤	输入	参阅章节	备注
10. 迭代和存档	燃料贮箱和防护系统规模、推力载荷、发动机选择、轨道选择、舱段选择、弹道形状		采用设计指导方针和选择标准（成本、时间表、可靠性、适应性、性能等）进一步优化

▲：前 6 步是 EDLA 的输入，可在其他章节中找到，本章介绍后 4 步。

10.1　任务权衡和需求分析

图 10－1 描述了往返月球/火星任务中与进入、下降、着陆和上升相关的阶段和备选项。流程图中箭头连接的部分表示航天器飞行阶段所优先选择的任务选项，需要通过全面的权衡分析才能确定。这些权衡主要基于包括质量、可靠性、性能、风险、复杂度、相互影响以及成本等选择标准。对于不同的任务和航天器，需要权衡各要素间的关系。表 10－2 总结了各选项的典型性能参数（Δv、m_f/m_0——最终质量与初始质量之比），据此可对登陆月球或火星任务以及返回地球所用的航天器和运载器的性能进行估计。

表 10－2 可以用于地球往返月球/火星任务各个阶段航天器的规划。需要注意矢量的幅值 v_{inf} 为双曲线过剩速度需求，即为飞行器速度减去行星重力场的逃逸速度。对于火星任务而言，设计合适的速度增量 Δv 需要满足如下条件：2026 年所有的发射窗口下都能进入地火转移轨道，还能保证在尽可能短的时间内以 7.36 km/s 的速度进入火星，且是最小的速度增量。一般来说，不同的发射时机（通常是每 26 个月一次），所要求的发射和进入的 Δvs 也不同。但对于每个任务机会来说，轨道调整或降轨机动需要的 Δv 差别很小。通过技术改进（采用等离子电推技术等），可以提高燃料利用效率、采用容错轨道，从而改善星际飞行特性。例如，当比冲 I_{sp} 显著增加时，表 10－2 给出的质量系数将会有很大的不同。

例如，假设一个飞往月球任务只使用一个不分级的运载器且没

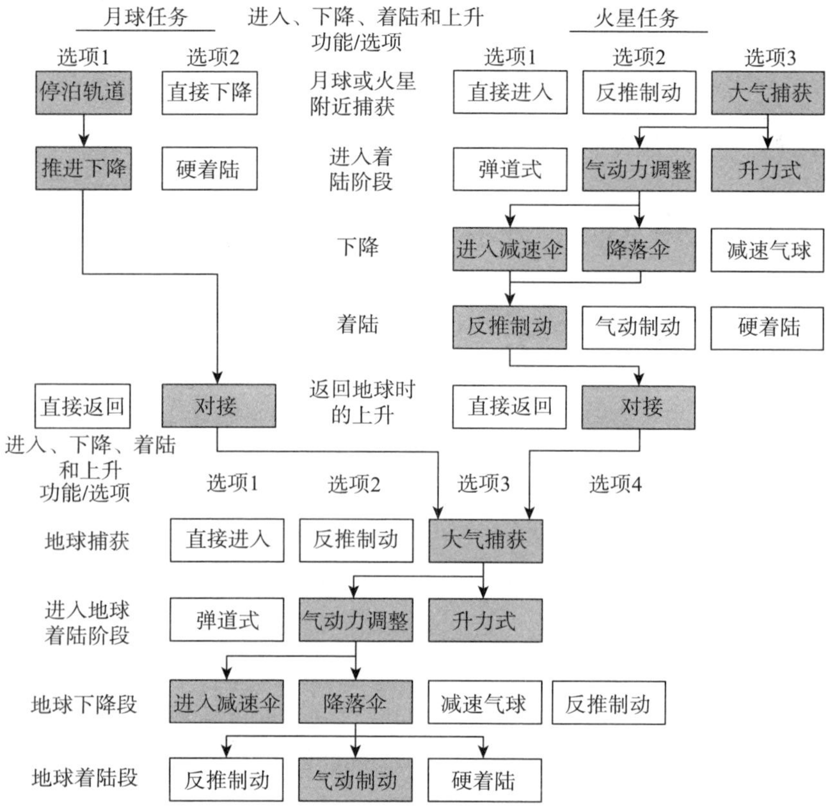

图 10－1　进入、下降、着陆和上升任务的权衡空间▲

▲：阴影部分是载人任务，特别是大气捕获时的通常选项。目前，无人和载人任务所使用的均为直接进入或者反推制动。阴影显示的大气捕获可以减少航天器总质量，同样被打上阴影的还有地球进入所使用的阻力和升力方式，表明载人任务需要施加更多的控制、较低的加速度以及精确的着陆轨道。在最后阶段选择降落伞可以减少着陆时所需的 Δv。可用来替换的方式还有翼伞这种空气动力学技术，它能够减少在地球着陆时的撞击载荷

有空间中转，要求返回地球表面的航天器干重为2000 kg（推进剂全部消耗掉）。首先计算运载器近地轨道所需要的初始质量，只需用地球返回航天器质量2000 kg除以从近地轨道出发（月球轨道进入）到地球进入的一系列的质量比 m_f/m_0 数值。假设一级运载器完成了所有的机动。通常情况下，将无用的空推进剂贮箱及其相关结构抛掉会得到一个更低的初始质量。对于一次直接进入、着陆然后返回地球的月球探测任务，近地轨道的初始质量为34642 kg；如果使用大气捕获的方法，质量将为35063 kg；而如果使用推力减速捕获，进入LEO再离轨下降着陆地面，则初始质量需要95505 kg。这种算法同样适用于火星任务。对于一个给定近地轨道运载能力的特定火箭，可以通过反算，得出到月球或者火星表面、以及返回地面的有效载荷质量。

表10-2 估计 Δv 需求▲

任务阶段	行星	速度增量 Δv /(km/s)	推进质量比 m_f/m_0 $\frac{m_f}{m_0}=e^{\frac{-\Delta v}{g\times I_{sp}}}$	注释
地球-月球任务				
地月转移轨道切入	地球	3.133	0.368	从200 km高的低地球圆轨道出发，出发 $v_{inf}=-1.4$ km/s，(需要注意离开轨道为椭圆轨道，即使飞行器是飞向月球，航行所需的能量仍然要小于地球逃逸速度，单程航行时间为74 h)。选择低 Δv 或自由返回轨道的航行时间，转移轨道相对于地月平面倾角为61.5°，月球处于近地点
中途修正	转移	0.050	0.984	地月转移之后约24～36 h
近月制动(LOI)	月球	0.920	0.746	100 km月球圆停泊轨道
月球轨道霍曼降轨(LDO)	月球	0.019	0.994	100 km×17.5 km月球转移下降轨道

续表

任务阶段	行星	速度增量 Δv /(km/s)	推进质量比 m_f/m_0 $\frac{m_f}{m_0}=e^{\frac{-\Delta v}{g\times I_{sp}}}$	注释
离开月球轨道和着陆	月球	1.862	0.552	阶段:动力下降段开始、制动、推力节流悬停、垂直下降至月面
月面上升/交会	月球	1.815	0.561	标称上升轨道目标:100 km×18.5 km 轨道
轨道圆化	月球	0.019	0.994	100 km 圆停泊轨道,与在轨飞行器交会
月地转移进入(TEI)	月球	0.879	0.756	从月球圆停泊轨道出发,v_{inf} = 0.988 km/s,飞行时间(最小 Δv) 102 h;转移轨道倾角 61.5°,月球处于近地点
中途修正	转移	0.050	0.984	月地转移出发后约 24 h
1)直接进入和着陆	地球	0.0	1.000	气动进入直接到地球表面。阿波罗类型的进入,在 122 km 高度进入速度为 11 km/s,到达 C_3 = −1.64 km^2/s^2
2)LEO 进入——大气捕获	地球	0.039	0.988	150 km×20 km 轨道,在 150 km 高度轨道的远地点进行轨道圆化
LEO 降轨、进入和着陆	地球	0.039	0.988	进入 150 km×20 km 下降轨道,大气制动,降落伞着陆
3)LEO 进入——推力减速	地球	3.124	0.369	进入 200 km 高度圆停泊轨道
LEO 降轨、进入和着陆	地球	0.054	0.983	进入 200 km×20 km 下降轨道
地球火星任务				
地火转移轨道切入(TMI)	地球	4.014	0.278	从 400 km 圆近地轨道离开,v_{inf} = 4.345 km/s,在 2026 年的窗口期转移时间不超过 206 天

续表

任务阶段	行星	速度增量 Δv /(km/s)	推进质量比 m_f/m_0 $\frac{m_f}{m_0}=e^{\frac{-\Delta v}{g\times I_{sp}}}$	注释
中途修正	转移	0.050	0.984	任务开始几个月后
1)火星轨道进入(MOI)——推力减速	火星	2.866	0.401	500 km 高度火星轨道，v_{inf} = 5.450 km/s
火星降轨(MDO)	火星	0.111	0.965	500 km×20 km 火星轨道
火星着陆(ML)	火星	0.000	1.000	气动力机动和降落伞着陆
火星最终触地(MTD)	火星	0.630	0.818	动力下降阶段，包括±4.5 km末端机动调整着陆点的能力
2)火星轨道进入(MOI)——大气捕获	火星	0.111	0.965	气动捕获至 500 km×20 km 火星轨道，v_{inf} = 5.450 km/s，500 km 高度进行轨道圆化
火星降轨(MDO)	火星	0.111	0.965	从 500 km 高度圆轨道降至 500 km×20 km 转移轨道
火星着陆(ML)	火星	0.000	1.000	气动制动+降落伞
火星触地(MTD)	火星	0.630	0.818	动力下降阶段，包括±4.5 km末端机动调整着陆点的能力
火星上升(MA)/交会	火星	4.140	0.267	与地球返回级进行交会，包括发射和圆化至 500 km 高度圆轨道的速度增量 Δvs
火地转移出发(TEI)	火星	3.821	0.296	从 500 km 高度停泊圆轨道出发，v_{inf} = 3850 km/s，156 天的返回航行
中途修正	转移	0.050	0.984	任务开始后的几个月

续表

任务阶段	行星	速度增量 Δv /(km/s)	推进质量比 m_f/m_0 $\frac{m_f}{m_0}=e^{\frac{-\Delta v}{g\times I_{sp}}}$	注释
1)直接进入和着陆	地球	0.0	1.000	气动进入直接到地球表面,到达 $v_{inf}=6.74$ km/s,在 122 km 高度进入速度为 13 km/s
2) LEO 射入——大气捕获	地球	0.039	0.988	大气捕获至 150 km × 20 km LEO,在 122 km 高度进入速度为 13 km/s,在 150 km 轨道远地点进行轨道圆化
LEO 降轨、进入和着陆	地球	0.039	0.988	进入 150 km×20 km 转移轨道,利用气动力进行机动,降落伞着陆
3) LEO 射入——推力减速	地球	5.130	0.195	进入 150 km 高度停泊圆轨道,到达 $v_{inf}=6.74$ km/s
LEO 降轨、进入和着陆	地球	0.039	0.988	进入 150 km×20 km 下降轨道,利用气动力进行机动,降落伞着陆

▲：此表格具体化了按照图 10 - 1 中所表述的概念，在传统性能参数下到达月球或者火星表面并返回地球的主要任务的阶段。速度增量 Δv 这一列展示了速度改变时的消耗。零速度增量 Δv 值意味着利用空气动力学进行速度改变。每个 Δv 值所对应的质量比 m_f/m_0（其中 m_f 为最终质量，m_0 为初始质量）表明飞行器初始质量取决于推进剂质量，在航天器估算时可以用到这一质量比。注意，在一些阶段（火星着陆和地球着陆）中提供了气动制动和反推制动两种选项。所有情况均假设推进系统使用可储存的二元推进剂，推进比冲 I_{sp} 为 320 s。

10.2　大气进入

所有的航天任务规划都始于一系列为实现任务目标所必须满足的需求，进入阶段也不例外。在大气进入阶段，必须平衡三个相互矛盾的需求：减速、加热和精度。

飞行器的结构和有效载荷限制了最大的减速能力。状态良好的航天员能在 12 g 的过载下坚持一小段时间，而状态稍差则只能承受 3.5～5 g 的过载。航天器进入时经历的最大减速必须足够低，以避免破坏或伤害其中过载承受能力最差的部分，这其中包括乘组。但是，设计时也必须考虑其他因素，例如过少的减速会导致严重的问题，航天器减速不足时就会像石头打水漂一样从大气层跳出并返回太空。

进入过程中的另一个约束是加热，气动加热是由高速飞行器和大气摩擦造成的。进入过程中，载人航天器所产生的数亿焦耳热量必须在短短的几分钟之内耗散掉。我们必须设计合理的进入轨道和航天器结构来耗散这些惊人的热量，因此，必须考虑进入过程中的总热量和峰值热量。

第三个任务需求是精度，通过地面控制和惯性导航引导航天器飞向目标需要精准的控制和太空定位技术。为了满足这个要求，需要不断地调整轨道和航天器的设计。

综合以上约束条件，进入飞行器就像在被挤入与弹出、冰与火、击中和丢失目标的环境中走“钢丝”。这个“钢丝”实际上是一个三维的进入走廊，如图 10－2 所示，在走廊中可以避免跳出大气或烧毁的情况。走廊的尺寸取决于三个互相矛盾的约束：减速、加热和精度。如果不够小心，这些互相矛盾的约束会造成进入走廊过窄，导航、制导和控制系统就无法控制飞行器实现进入。

鉴于以上三个约束条件限制了进入走廊的尺寸，因此航天器控制系统需具备控制航天器进入走廊的能力。本章专注于讨论哪些因素影响进入走廊的大小，而对进入控制系统的限制将在 19 章中介绍。

10.2.1　大气进入的解析解

本节首先给出行星探测中与低行星轨道大气制动或表面着陆气动减速有关的一些概念，这些概念用于描述航天器进入行星大气时

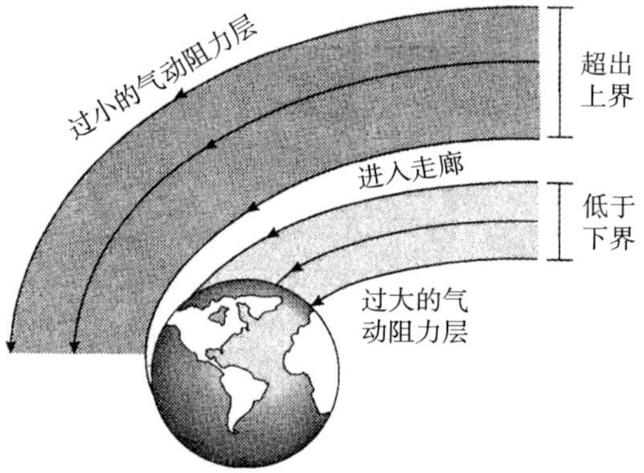

图 10-2 进入走廊示意图▲

▲：进入走廊是航天器必须穿过的狭窄区域，如果航天器飞越至走廊上限以上，则会跳出大气层；如果飞越至走廊下限以下，则会烧毁或产生乘员无法承受的巨大过载［Sellers，1994］

遭遇的自然力，本章所有的分析都采用美国标准大气（1976 地球大气模型），火星大气参数［Bourk 等，1991］使用由 1976 年海监号着陆器搜集的数据推出的 COSPAR 模型［Hansen 等，1978］。

下文动力学方程的解析解［Vinh，Busemann，Culp，1980；Duncan，1962；Barter，1994］可以对任务设计和航天器大气进入的初步需求进行快速粗略的估算，例如进入过程中的最大气动载荷或最大加热率。获得这些数据后，就能估计特定逼近轨道（双曲线或椭圆）的热防护系统和乘员过载容限需求，而轨道的数值积分仿真则有助于评估闭环制导控制和最优转移轨道。在此以火星进入为例，阐述该设计过程。相关参数有：

a ——轨道半长轴，单位 km。

S ——表面积，单位 km^2。

C_D ——高超声速阻力系数（球形或锥形为 0.6～0.8，双锥形为 0.4，有翼航天器为 0.2）。

ε ——轨道能量，单位 km^2/s^2，$\varepsilon=-\mu/a$ 为一般轨道，$\varepsilon=v_{inf}^2/2$

$=C3/2$ 为双曲线飞越，其中 $C3$ 是双曲型轨道过剩速度 v_{inf} 的平方。

e ——常值 2.71828。

g_e ——地球重力加速度（9.81 m/s^2）。

H_s ——行星大气密度比例高度，单位 km，可通过 $H_s=-(H_2-H_1)/\ln(\rho_2/\rho_1)$ 得到。

ln ——以 e 为底的自然对数。

L/D ——高超声速升阻比（球形或锥形为 0.3～0.6，双锥形为 1.0～1.5，有翼航天器为 2.0～3.0）。

R_n ——进入飞行器的鼻锥半径，单位 km。

v_{inf} ——双曲线过剩速度，km/s。

v_e ——在大气中飞行的相对速度，km/s。

β ——弹道系数（m/C_DS），单位 kg/ km^2，其中 m 为航天器质量。

γ_e ——进入倾角，单位 rad（飞行器速度方向相对于当地水平线的夹角）。

μ ——行星引力常数（地球为 3.98005×10^5 km^3/s^2，火星为 4.282828×10^4 km^3/s^2）。

10.2.2 地球与火星捕获的任务概念

图 10-3 示意了三种气动机动：大气捕获、大气制动和大气进入［Cruz and Ilgen，1990］。其中，大气捕获和大气制动在航天器经过大气层前后还需要使用化学推进剂进行近拱点高度的调整。对于双曲线星际接近轨道，采用闭环方式时只需要一个较小的机动（Δv 约为 10 m/s）修正近拱点高度，就可使飞行器进入飞行走廊中间。大气制动前后，以及大气捕获后的 Δvs 取决于初始轨道和目标轨道的近拱点高度。估算圆轨道转移始末所需的 Δv，可采用第 9 章的霍曼转移方程。

修正速度是为了将飞行器调整到飞行走廊的中央［Chapman，1960］。轨道调整速度 Δv 的量级和大气层内飞行器的空气动力控制

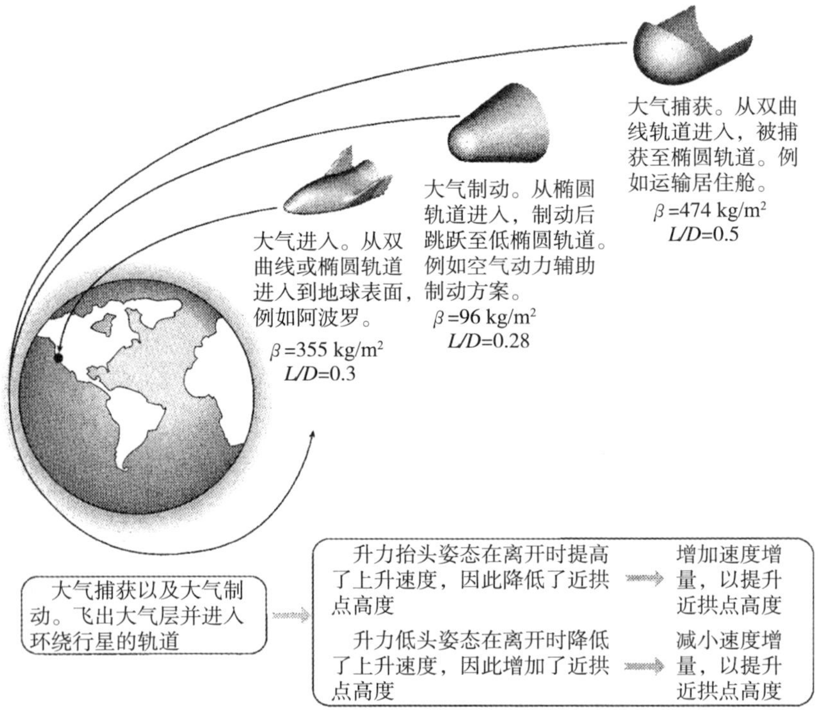

图 10-3　气动制动的三种机动方式▲

▲：大气捕获使飞船从双曲线接近轨道转移到椭圆停泊轨道；大气制动将飞船从初始的椭圆停泊轨道转移到一个低能量（较低远拱点）的椭圆停泊轨道。在大气制动/大气捕获进入的过程中，升力矢量的方向直接影响任务 Δv 的估算。图中已经列举出在任务的每一阶段升阻比和弹道系数。气动制动使航天器从一个双曲线或者椭圆接近轨道降落在行星表面

形式相关。升力抬头姿态飞离星体时会造成较低的近拱点高度和较高的 Δv ，而升力低头姿态飞近星体时会造成较高的近拱点高度和较低的 Δv 。

对于从双曲线轨道进入的航天器，大气捕获能够将它送入椭圆轨道。通过分析飞行走廊，可以得到过冲轨道和下冲轨道的边界[Ling，Baseggio and Fuhry，1991]。其中，理论上过冲轨道的边界

规定了使用升力低头姿态进行大气捕获的最浅飞行轨迹。升力低头姿态由航天器的升力矢量绕其相对速度矢量旋转造成的，会导致飞行器加速进入行星大气。理论上下冲轨道的边界规定了在使用最大上升姿态时不超出航天员和飞行器的载荷约束的最深飞行轨迹。这些边界主要取决于双曲线进入时的速度和航天器的气动特性（弹道系数 β 和升阻比 L/D）。通常来说，过冲边界给出了跳出大气层的条件，而下冲边界给出了最大热流和 g 过载的约束。

图 10－4 给出了中低数值升阻比的航天器在最小能量火星任务中典型的飞行走廊过冲和下冲边界。进入走廊的宽度给 GNC 系统提出了需求。对于返回地球的任务来说，地面提供的导航可以降低航天器导航系统的需求，但是对于火星任务来说，由于只有很少甚至没有地面导航设施，因此走廊宽度直接决定了航天器控制系统的需求。

航天器和乘组的约束条件（热防护系统的约束，人类的过载承受能力等）对飞行走廊宽度设计非常重要。图 10－4 和表 10－3 的解析方程可以用来计算击中轨道边界。通常情况下是在过冲边界和下冲边界的中央设定标称飞行倾角。在不超出边界约束的条件下，弹道允许一定的进入角偏差，为了应对导航误差，通过迭代修正飞行器的升阻比（L/D）和弹道系数（β）来确保存在导航误差情况下也能大气捕获。对于其他可能存在的误差，如来自大气、气动力、质量以及中心引力的偏差，会影响大气捕获时飞行走廊的宽度。可以采用统计学模型，使用蒙特卡洛法对航天器的设计（弹道系数和升阻比）进行校验。

对于大气捕获和大气制动而言，制导的目的是为了达到进入轨道的目标能量状态。可行的大气捕获制导方案必须在考虑偏差的条件下，使航天器成功地保持在飞行走廊中飞行，实现降轨。使用蒙特卡洛打靶或数值分析进行的制导系统仿真，同样可以验证导航和控制系统的需求。通常情况下，火星和地球的进入走廊宽度分别为 1.0°左右和小于 0.1°。

一旦确定了进入航天器的设计需求和乘员过载容限，就可以利用表 10－3 中的方程计算避免超出下冲限制的飞行进入角。

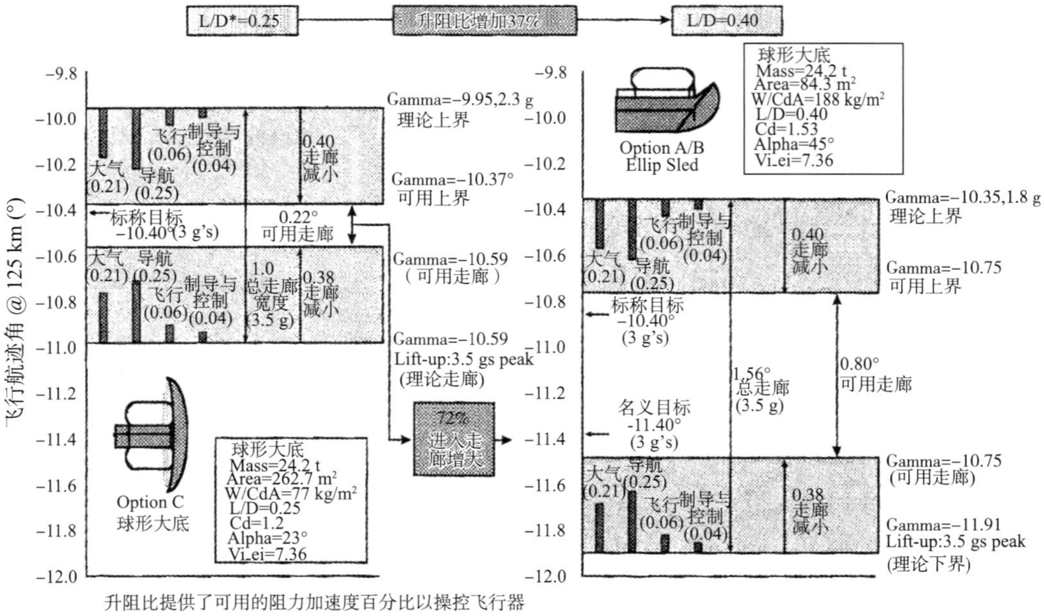

图 10－4　建立火星和地球气动捕获的进入走廊▲

▲：图示为低到中 L/D 的开环大气捕获走廊。理论过冲轨道边界给出了升降飞行进入目标轨道的最浅角度，任何偏差都可能导致偏离目标轨道。走廊下冲轨道边界的陡峭进入角是参照最大加速度边界给出的。使用 $3.5g$ 作为最大可承受过载。由于大气层、空气动力飞行以及导航、制导和控制都有可能有一定的偏差，因此可以依据这些分布来缩小再入走廊的宽度。需要注意的是如果图中进入走廊宽度提高 72％是由于 L/D 的增加

表10-3 弹道式进入动力学方程的的解析解▲

方程	火星示例
峰值气动过载(G_{max}),$g_e s$: $G_{max} = v_e^2 \cdot \sin(\gamma_e)/(2e \cdot g_e H_S)\{v = 0.607 v_e\}$ (10-1)	$-35.2 g_e s$ 这一过载对于载人任务而言过高
峰值对流驻点加热率(q_s),W/cm^2 $q_s = 7.011 \cdot v_e^3 \cdot \sqrt{\beta \cdot \sin\gamma_e} / \sqrt{R_n H_s}$ (10-2)	336.7 W/cm^2 这需要高性能的TPS烧蚀材料
给定面积的总热载荷(Q_s),kJ/cm^2 $Q_s = 0.0353 \cdot v_e^2 \cdot \sqrt{\beta \cdot H_s/(\sin\gamma_e \cdot R_n)}$ (10-3)	6.176 kJ/cm^2 相对短的热脉冲
进入速度(v_e),km/s $v_e = \sqrt{2\varepsilon + 2\mu/r_e}$ (10-4)	7.0 km/s 的能量 基于最小的地火转移速度,小于大气惯性速度(火星最大值为280 m/s,地球最大值为450 m/s)
升力式进入的修正	
弹道升力式进入的峰值气动载荷 $G_L/G_{max} = g_e e^{2\gamma_e/(L/D)}/(L/D)\ at\ v = v_e e^{2\gamma_e/(L/D)}$ (10-5)	升力改善了容许过载 $G_L = -5.5 g_e s$
弹道升力式进入的峰值对流驻点加热率(q_s),W/cm^2 $q_L/q_s = \gamma_e^{1/2} \sqrt{3e/(L/D)}$ (10-6)	需要一种低密度的TPS烧蚀材料 $q_L = 224.8\ W/cm^2$

▲:以火星为例,进入速度 $v_e = 7$ km/s,进入角 $\gamma_e = -15°$,弹道系数 $\beta = 5.0 \times 10^{-4}$ kg/ km²,鼻锥半径 $R_n = 0.001$ km,升阻比 $L/D = 1.0$,高度 $H_s = 6.6$ km。

10.2.3 进入地球与火星表面的下降段

飞行器的大量设计参数以及这些参数与飞行器性能之间千丝万缕的联系极大地增加了进入弹道设计的复杂性。本节阐述的重点是通过对飞行器的属性归类，以发现其对性能的直接影响，考虑如何得知弹道特性不变参数，以及如何适当地挑选飞行器的气动特征才能大幅简化进入设计。这些方法也使我们更能理解成本和弹道特征如何驱动设计。本节还将介绍进入飞行走廊和标称飞行剖面[Tigges，Bryant，1989；Ilgen，Manning and Cruz，1991；Tigges，Bryant，1990]。进入飞行走廊给出了轨道的约束，并给出了安全飞行的区域。飞行剖面定义了未发散的弹道设计，将飞行剖面放置在进入走廊中，以确保所有的（或一定数量的）偏差轨道都分布在飞行走廊内，从而不超出任务、乘组或航天器的约束条件。最后，构建简单的进入飞行走廊和标称飞行剖面。

如上所述，“弹道特征不变”参数可使设计者找到进入特征一致的弹道。前文将进入性能定义为峰值减速、峰值加热、着陆精度（距离和横向距离），以及进入走廊的尺寸等参数，而所有这些参数都反应在升阻比（C_L/C_D 或 L/D）和弹道系数（$\beta = m/C_DS$）两个参数上。

走廊宽度主要依赖于升阻比，受弹道系数影响较小［Chapman，1960；Ling，1991］。即使航天器质量、参考面积和升阻比等特征参数的差别很大，但是升阻比和弹道系数决定了弹道特征。例如，图 10－5 的每一个方块都代表了质量、参考面积、阻力系数和升力系数不同的航天器，但是由于每个方块的升阻比和弹道系数一致，航天器就会在大气捕获和大气进入时表现出相同的弹道特征。

我们已经讨论了升阻比和弹道系数的重要性，这两个参数的值都取决于升力和阻力系数，因此必须确定备选航天器的气动参数。这两个参数不仅影响了航天器的气动加热，而且影响了走廊的宽度、着陆点的范围以及出现进入时机的频率。

估算真实的升力和阻力系数需要使用风洞和计算流体力学等辅助手段，过程非常复杂。但对于高超声速飞行器，可以在表 10－6 中一系列简单形状飞行器的空气动力学曲线的基础上，考虑配平攻角 α 来确定飞行器的气动特性。这里的配平攻角是处于气动稳定状态的飞行器在某一配平位置气动面与相对速度矢量的夹角，决定了升力和阻力系数，以及 L/D。再把航天器的参考面积和质量考虑进来，就可以确定弹道系数并且确定航天器的性能了。

对于进入设计，C_D 和 L/D 之间的相互作用，以及它们对轨道形状的影响都是非常重要的，尤其当飞行器能够调节攻角时。保持其他参数不变，只改变 α 可以直接影响航天器的弹道系数和升阻比，进而影响飞行弹道。如果可以调节攻角 α，甚至调节飞行器重心，就

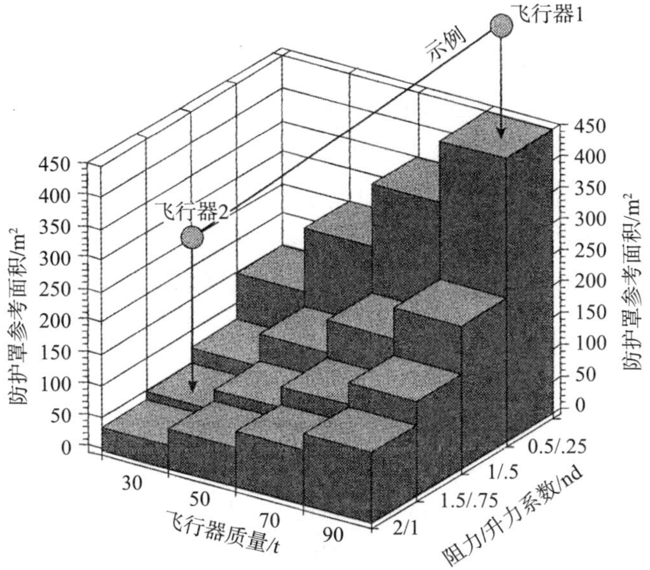

图 10－5　飞行器的弹道特征不变▲

▲：上图中每一个方块代表一种进入性能接近的航天器，其中升阻比为 0.5，弹道系数为 400 kg/m²。因此，每个方块表示相同的进入和大气捕获的性能。任何已给种类的航天器都可以在上图中找到对应位置。例如，1 号飞行器质量有 90t，C_D 为 0.5、C_L 为 0.25、阻力面积 450 m²；2 号飞行器仅有 30 t、C_D 为 1.5、C_L 为 0.75，阻力面积 50 m²。但两者具有同样的加热、航程和走廊宽度等弹道特性

必须搞清楚 α 对 L/D 和 β 的影响。

图 10－6 应用高超声速牛顿理论对高、中、低三类升阻比的航天器进行了分析。在低攻角飞行时，低 L/D 和高 L/D 航天器的阻力系数区别很大，而且最大的阻力系数与最大的升阻比分布在不同的 α 角度上。因此，为了得到最佳的空气动力性能，更好地在某一特定的飞行阶段得到预期响应，必须慎重选择合适的配平攻角。例如，在进入的早期高速阶段，$C_{D\max}$附近使用大攻角以最小化气动峰值热流，而在后期 $(L/D)_{\max}$附近使用小攻角以最大化航程和横向航程。

为了选择合适的进入姿态，必须了解气动阻力对飞行器弹道的重大影响。在图 10－6 中，对于中、高比例升阻比的飞行器，有“前向”和“后向”两种升阻比曲线。按前向飞意味着增加攻角就增加升阻比，大多数飞机就是按照这种模式飞行的，可以降低阻力，增大航程。按后向飞意味着增加攻角就增大阻力，减小升阻比。航天器在需要减少多余的动能时，往往选择后向飞行的模式，尽管纵向距离和横向距离的飞行性能较低。总之，选择合适的攻角，就可以：

1）最小化加热率和热载荷；

2）约束结构载荷和动压；

3）得出需要的纵向航程和横向航程；

4）提供一个航天器可实现的飞行走廊。

提高 L/D 可以提高飞行走廊的宽度，从而降低大气捕获或者进入时对导航精度的要求。表 10－4 从解析角度分析了如何选择合适的飞行器姿态和气动参数来控制加热率、峰值加速度、热负荷以及航程能力。

飞行器的升力矢量和攻角是航天器进行制导的两个主要控制参数。通过控制机构来控制升力矢量的方向，使航天器到达预期的着陆地点。图 10－7 演示了如何通过航天器绕相对速度矢量旋转而获得升力矢量控制。低头飞行的飞行器会加速进入大气层并增加阻力加速度；抬头飞行的飞行器会加速飞出大气层，阻力加速度也会下降。制导系统是使用攻角调整来快速改变阻力加速度的，而将攻角和航天器侧倾角的调整组合起来就可以控制航天器的耗散能量，到达预定的着陆点。

图 10－8 展示了 L/D 的增加如何影响飞行器的横向飞行能力。如果有更好的横向飞行能力，飞行器就可能在所期望的任何地方着陆，也能够更好地修正飞行偏差。但实际应用中，并未把所有飞行器都设计成最大升阻比。这是因为，尽管高 L/D 提升了进入的性能，但同时又降低了容积率，因为纵向的稳定需要压心在质心上或者在质心后。高 L/D 还增加了锐前缘的加热（这些位置很难进行热防护），增加了系统的复杂度，所有这些因素都将导致成本的增加。

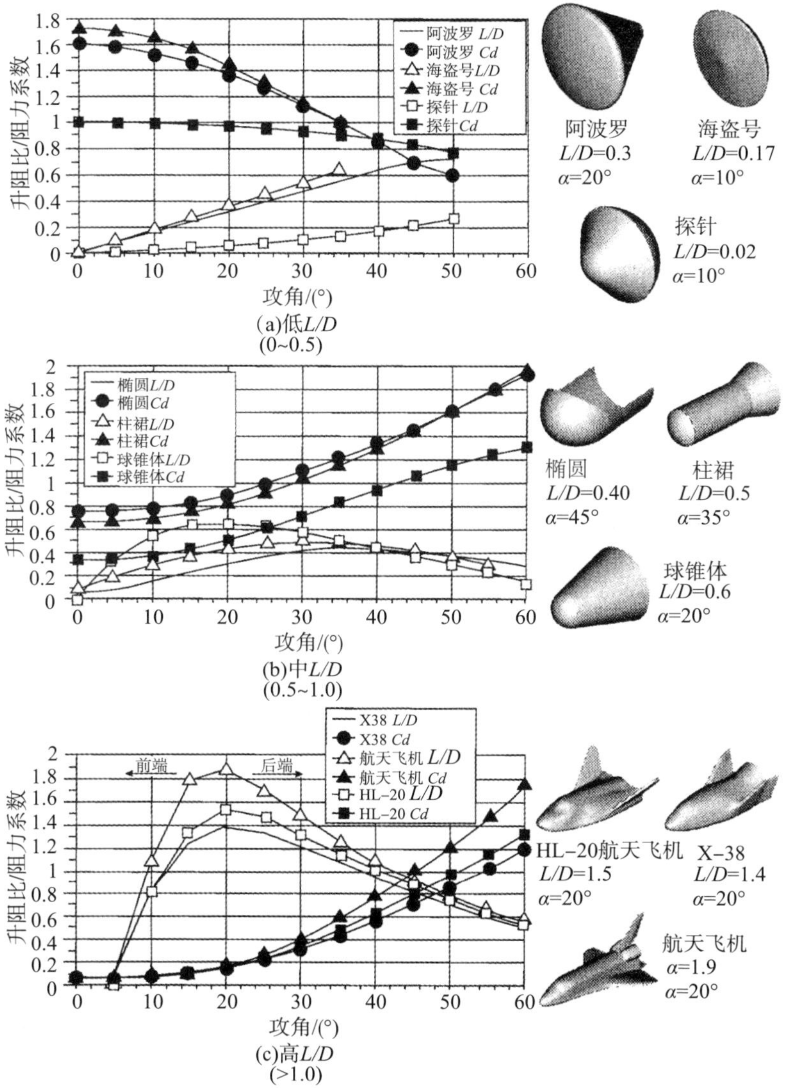

图 10-6　牛顿高超声速气动力学▲

▲：对于一些形状的飞行器而言，升阻比/阻力系数是攻角的函数。低 L/D 的攻角常用于如图所示的飞行器

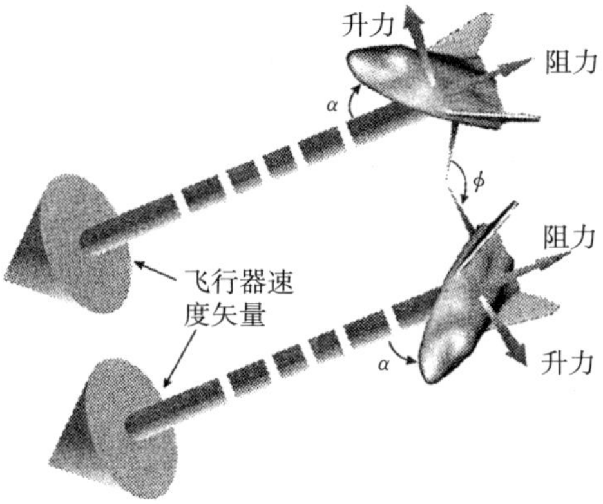

图 10－7　气动力倾侧机动▲

▲：在同样攻角的情况下，飞行器旋转其倾侧角。可以看出阻力仍然在同一方向，但是升力方向发生了改变。可以通过这一方式控制飞行器到达指定着陆点。如果能控制攻角，就可以更好地控制飞行器。但是这样的话需要攻角控制装置，需要增加成本和复杂性。不过，在超声速或跨声速飞行时，为了确保对飞行器的控制能力并着陆到预定地点，仍然需要控制攻角

飞行走廊的构建需要考虑以下因素：图 10－9 的正交阴影线所示即为进入走廊，它对任务中的乘组、航天器、航天器的最大和最小航程都进行了约束。只有落在走廊之内的飞行才是可接受并且满足约束条件的，走廊外的飞行就违反了已知的约束。约束曲线定义为阻力加速度与相对速度曲线，航天飞机与其他飞行器的载人任务中均需分析边界条件。

一般的进入走廊弹道可以通过以下四条边界来进行描述：上界约束（图 10－9 中的②、③、④）由载荷约束来确定，比如峰值表面加热率、峰值气动加速度、峰值动压或铰链力矩。下界约束（图 10－9 中的①）依照飞行器的平衡滑翔条件确定。一般平衡滑翔时航天器 L/D 大于 0.5，这种情况下，飞行器的航迹倾角基本不变，或者飞行高度变化率近似为 0，这样的阻力加速度剖面可以保证飞行器滑翔很长距离（平衡滑翔：飞行弹道倾角和弹道倾角变化率为 0）。

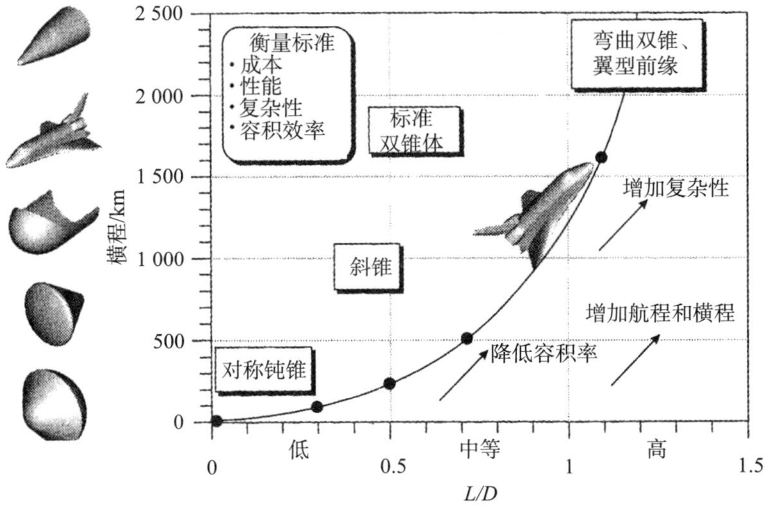

图 10－8　升阻比与横向航程的权衡空间▲

▲：随着曲线上升，横向和纵向航程均增加，但是容积率下降、飞行器复杂度上升

倾侧角为飞行器的滚转姿态角，0°倾侧角时，升力矢量方向远离行星（正向姿态）；180°倾侧角时，升力矢量方向向下，指向行星。0°平衡滑翔边界定义了飞行器远离地球的弹道，同时必须保证需要的阻力加速度。超过平衡滑翔边界会使飞行器不能跟踪阻力加速度剖面，因此飞行器阻力不能低于平衡滑翔边界飞行。如果阻力加速度误差累积到一定程度，就会引起导航指令的饱和，进而会影响进入制导指令，导致飞行器偏离预定的目标点。

实际上，约束曲线取决于如何定义飞行器（主要是 L/D 和 β）。一旦确定了飞行进入走廊的约束，设计者就可以精确地知道飞行器的安全飞行区域，并且可以给出飞行器的气动能力。下文将介绍如何构建每个约束边界。

采用表 10－4 中的方程可以定义阻力加速度参考剖面作为飞行走廊曲线，这是进入飞行器设计的关键步骤，因为航天器必须在约束边界范围内飞行，否则飞行剖面会发散。确定飞行走廊之后，按

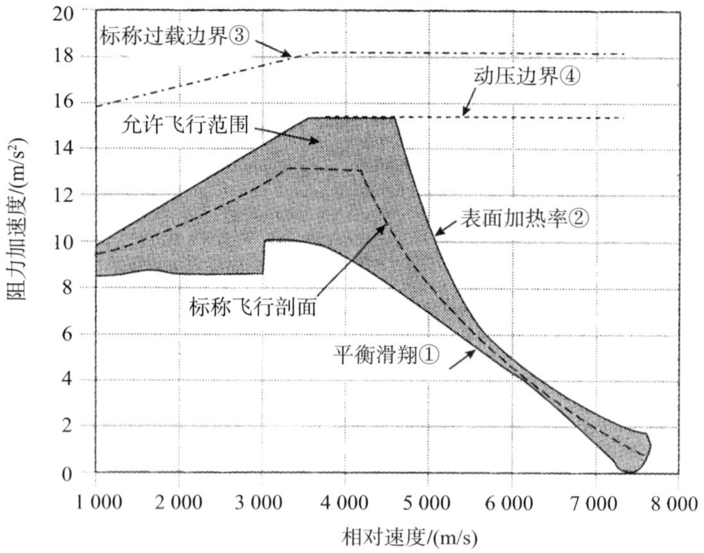

图 10－9　进入走廊的约束曲线▲

▲：进入飞行走廊可以由四个约束边界来定义。图中是 X－38 飞行器的真实飞行走廊，采用表 10－3 中的方程可以计算出约束边界：边界 1 是由平衡滑翔约束条件定义的，X－38 定义的平衡滑翔升力矢量方向的最小角理论值为 37°，阻力值低于该边界时无法实现平衡滑翔。边界 2 由最大加热率定义的约束边界，X－38最大加热率定义的边界为 125 W/cm^2。边界 3 和边界 4 分别由最大过载（X－38 是 2.5g）和最大动压（X－38 是 14.364 N/m^2）或者最大铰链力矩定义的约束边界

预定曲线飞行，就可以飞抵预定目标。

边界 1：平衡滑翔约束

当速度低于当地圆周运动速度（v_{sat}）时，可以定义一个阻力加速度参考曲线，并且以最小期望倾侧角（Φ_{min}）飞行。当飞行器低于最小倾侧角，低于阻力边界飞行时，就无法实现对飞行器的控制。图 10－9 中的边界 1 为平衡滑翔约束边界，当飞行器的航迹倾角较小时，就可以使用表 10－4 中的式（10－8b）计算该边界。在这个方程中需要将倾侧角设置为高速进入约束下的最小角度（Φ_{min}）。对于航天飞机和 X—38，当速度高于 3048 m/s 时，该值为 37°；当速

度低于 3048 m/s 时，该值为 20°。从式（10－8b）可以看出，飞行器的升阻比在分母项，表示在平衡滑翔条件下，升阻比越大，阻力越小。采用高升阻比可以实现长航程的滑翔，从而增加着陆飞行器的可用航程。计算整个速度范围对应的平衡滑翔阻力加速度就可以得到图 10－9 所示的平衡滑翔边界曲线。

对大于圆轨道速度的大气进入，式（10－8b）中的分子是负数，需要先把速度降下来再进行平衡滑翔。因此，对于大于圆轨道速度进入的航天器，负升力定义了一个跳跃的平衡滑翔边界。

边界 2：恒定气动加热约束

根据航天器和乘员的约束条件定义了图 10－9 中的其他三个约束边界。进入初期，由于是高速进入，虽然气动负荷较低，但是航天器外壳的热量会很高。在这一高超声速飞行阶段，最大加热速度主要取决于热防护措施。确定了大气密度（单位 kg/m^3）后，就可以计算出加热率的约束值（q_{Cons}，单位 W/cm^2），从而计算出加热率约束的边界条件（图 10－9 中的边界 2）。采用 Detra－Kemp－Riddell 加热方程 [Detra，Kemp and Riddell，1956] 可以计算出驻点加热率

$$q_{Cons}=q_{Const}\times(1/R_n)^{1/2}\times(\rho_d/\rho_0)^{1/2}\times(v/v_{sat})^{3.15} \quad (10-7)$$

其中，v 为相对速度；R_n（单位 m）为理论鼻锥半径，取辐射半径为 0.3048 m。其他约束参数如下：

地球：$q_{Const}=11030$，$\rho_0=1.2250\ kg/m^3$，$v_{sat}=7.925\ km/s$

火星：$q_{Const}=285.526$，$\rho_0=0.099468\ kg/m^3$，$v_{sat}=3.547\ km/s$

从上式可以看出，加热率约与速度的三次方成正比，其导数是二次方程式。同样，阻力加速度也是速度的二次项，因此可以采用曲线拟合计算其系数。这种曲线拟合尤其适用于常值加热率，表 10－4 中式（10－8a）为该系数的二次方程式。表 10－5 给出了期望常值加热率（q_{Cons}）的计算步骤。这里需要定义三个参数用于二次方程的曲线拟合。已知阻力加速度两个端点的斜率和一个固定的阻力加速度点就可求出二次方程的三个参数。需要注意到，曲线拟合基于航天器的弹道系数（表 10－5 中第三步的第二个方程）。采用上

表 10-4 进入剖面设计的考虑因素▲

参数	简化方程	地球和火星进入剖面应用举例
常值加热率的阻力剖面(D_{ref}) $\mathrm{d}q_s/\mathrm{d}t=0$； 平衡滑翔 v_{sat}：卫星圆周运动常值速度； 固定阻力 $G_{\max}$=视加速度约束； 线性能量 D_f，E_f=阻力和能量加速度目标值； 动压 $Q_{\max}$=动压约束	根据进入速度大小（采用飞行航迹角）定义阻力加速度参考剖面。下面给出了计算图 10-9 中的各种约束边界需要的公式方程： 边界 2：常值加热率 $D_{\mathrm{ref}}=\Gamma_1+\Gamma_2\cdot v+\Gamma_3\cdot v^2$ (10-8a) 边界 1：平衡滑翔 $D_{\mathrm{ref}}=\left(\dfrac{g_0\cdot\left(1.0-\dfrac{v^2}{v_{\mathrm{sat}}^2}\right)}{\dfrac{L}{D}\cdot\cos(\varphi_{\min})}\right)$ (10-8b) 边界 3：常值阻力加速度 $D_{\mathrm{ref}}=\Gamma_4=D_{\max}=\dfrac{G_{\max}}{\sqrt{1.0+\left(\dfrac{L}{D}\right)^2}}$ (10-8c) 边界 4：动压约束 $\dfrac{Q_{\max}}{\beta}$ 线性能量： $D_{\mathrm{ref}}=D_f+\Gamma_5\cdot(E-E_f)$ (10-8d)	平衡滑翔更需要固定的航迹角以降低航天员承受的空气动力负载。给定固定攻角后，阻力加速度参考剖面决定了速度和升阻比之间的关系； 采用左侧的方程可以建立图 10-9 所示的地球进入飞行走廊。假定一个类 X-38 飞行器，其超声速飞行时的升阻比 $L/D=0.9$，阻力系数为 0.56（图 10-6 中 40°攻角对应的阻力系数），最大加热率为 125 W/cm^2，最大动压为 14.3 kPa，最大过载约束为 2.5g。质量为 11340 kg 的飞行器，根据表 10-5 定义的计算流程，可以计算出边界 2 中的各项系数

续表

参数	简化方程	地球和火星进入剖面应用举例
航程 解析方程定义了空气动力航程，根据飞行器的气动特征可以计算出最大和最小航程。当以最小阻力加速度边界飞行时对应最大航程(图 10-9 中的边界 1)，采用式(10-9b)计算。当以边界 2、3、4 定义的约束边界飞行时对应最小航程，采用式(10-9a)、(10-9c)计算。按照表 10-5 介绍的计算流程可以计算出最大加热率系数。	对于小航迹角 $\gamma \sim 0$ $R = \int \frac{v}{D_{ref}} dv$ (10-9) 对于航迹角 $\gamma > -10°$ $R = -\int \frac{dE}{D_{ref}}$ (10-9') a)温度控制下的航程 定义：$Q = 4\Gamma_3\Gamma_1 - \Gamma_2^2$ 如果 $Q > 0$ $R_{Temp} = \frac{1}{2\Gamma_3}\ln\left[\frac{\Gamma_1 + \Gamma_2 v_f + \Gamma_2 v_f^2}{\Gamma_1 + \Gamma_2 v + \Gamma_2 v^2}\right] + \frac{\Gamma_2}{\Gamma_3\sqrt{Q}} \cdot \left[a\tan\left[\frac{2\Gamma_3 v_f + \Gamma_2}{\sqrt{Q}}\right] - a\tan\left[\frac{2\Gamma_3 + \Gamma_2}{\sqrt{Q}}\right]\right]$ (10-9a) 或者，如果 $Q < 0$ $R_{Temp} = \frac{1}{2\Gamma_3}\ln\left[\frac{\Gamma_1 + \Gamma_2 v_f + \Gamma_2 v_f^2}{\Gamma_1 + \Gamma_2 v + \Gamma_2 v^2}\right] + \frac{\Gamma_2}{\Gamma_3\sqrt{-Q}} \cdot \ln\left[\frac{\left(\frac{2\Gamma_3 v_f + \Gamma_2 - \sqrt{-Q}}{2\Gamma_3 v_f + \Gamma_2 + \sqrt{-Q}}\right)}{\left(\frac{2\Gamma_3 v + \Gamma_2 - \sqrt{-Q}}{2\Gamma_3 v + \Gamma_2 + \sqrt{-Q}}\right)}\right]$ (10-9a')	相对于速度定义的阻力加速度可以解析出航程。航程是阻力剖面 D_{ref} 和弹道系数的函数，因此航程也取决于升阻比 L/D、进入环境以及弹道偏差。将式(10-8a)～(10-8d)分别代入式(10-9)并进行积分计算，就可以得到相应的航程，积分结果为式(10-9a)～(10-9d)。给定飞行器的飞行条件，可以计算出速度和能量区间要求范围内的航程。式(10-9c)中的系数 Γ_4 在式(10-8c)中定义，取决于阻力剖面是常值过载还是常值动压描述。系数 Γ 由表 10-5 中的计算流程可以计算得到。v、D 和 E 分别代表选择的飞行段初始时刻的速度、阻力和能量；v_f、D_f、E_f 分别代表结束时的速度、阻力和能量； 以类 X-38 飞行器为例，m=11 340 kg，Q_{des}=125 W/cm², S=21.7 m², C_D=0.56(超声速)、0.34(亚声速)，常值阻力为 10.7 m/s²(结束阶段阻力为 8.8 m/s²)。根据给定的不同阶段的速度大小计算出不同阶段的飞行航程，如下所示：

续表

参数	简化方程	地球和火星进入剖面应用举例
	b)平衡滑翔确定的航程 $R_{\mathrm{EG}}=0.5\cdot\left[\left(\frac{v_f^2-v_s^2}{D}\right)\cdot\ln\left(\frac{v_f^2-v_s^2}{v^2-v_s^2}\right)\right]$ (10-9b) c)固定阻力或动压确定的航程 $R_{\mathrm{CD}}=\frac{v_f^2-v_s^2}{2\Gamma_4}$ (10-9c) d)线性能量确定的航程 $R_{\mathrm{LE}}=\frac{(E-E_f)}{D-D_f}\cdot\ln\left[\frac{D_f}{D}\right]$ (10-9d)	$R_{\mathrm{Temp}}=6850$ km $v=7620$ m/s $v_f=5790$ m/s $R_{\mathrm{EG}}=1350$ km $v=5790$ m/s $v_f=4145$ m/s $R_{\mathrm{CD}}=260$ km $v=4145$ m/s $v_f=3400$ m/s $R_{\mathrm{LE}}=590$ km $v=3400$ m/s $v_f=760$ m/s $R_{\mathrm{Total}}=9050$ km
气动加热	$\frac{\mathrm{d}q_s}{\mathrm{d}t}=\kappa\sqrt{\frac{2\beta}{R_n}}\cdot\sqrt{D_{\mathrm{ref}}}\cdot v^{2.15}$ (10-10) 其中，$\kappa=\frac{q_{\mathrm{cons}}}{v_{sat}^{3.15}}$，$\beta=\frac{m}{C_dS}$	进入过程中必须进行热防护控制以保证安全进入。防热材料性能决定了加热率，降低弹道系数(阻力剖面具有较大攻角)可以降低发热量。采用大的热辐射半径可以降低驻点发热量
气动热载荷	$\int\mathrm{d}q_s=\kappa\sqrt{\frac{2\beta}{R_n}}\int\frac{v^{2.15}}{D_{\mathrm{ref}}}\mathrm{d}v$ (10-11)	降低热载荷可以减小飞行器的热绝缘保护，并且需要以最大 D_{ref} 飞行。辐射半径和弹道系数与其成反比关系

续表

参数	简化方程	地球和火星进入剖面应用举例
当地平衡温度	$\frac{\mathrm{d}q_L}{\mathrm{d}t}=\sigma T_L^4$　(10-12) 式中，T_L 是驻点滞止温度，为传热系数，等于表面热辐射系数。 $T_L=\left[\frac{2\beta}{R_n}\left(\frac{\kappa}{\sigma}\cdot\frac{\mathrm{d}q_L}{\mathrm{d}q_s}\right)^2\cdot D_{\mathrm{ref}}v^{4.3}\right]^{1/8}$　(10-13)	假定当地表面温度和驻点加热率成反比，以高阻力系数(最小 β)飞行时，可以降低表面温度。降低表面温度需要减小热载荷积分并且增大加热率微分。热辐射半径相反，阻力参考和热传导效应同理

▲：给出了进入弹道的阻力加速度参考方程。定义了阻力加速度参考剖面对应的约束边界，以及气动加热环境、加速度和航程。

述步骤即可针对给定的飞行器结构计算出固定的常值加热率。升阻比是飞行器能否跟踪标准阻力加速度剖面的重要参数。

表 10－5　加热率二次方程系数计算流程▲

<table>
<tr><td>1. 初始化
$i = 1$
$v_f = v_{\text{high}}$
$\rho = 1.0^{-10}$</td><td rowspan="5">图 10－9 中的最大加热率边界 2 的二次方程系数举例如下。
D ：阻力加速度；
β ：弹道系数（29.0 kg/m²）；
$\Gamma_1 = 61.1$，$\Gamma_2 = -0.015$，$\Gamma_3 = 8.97^{-7}$ ，设定为给定的参考阻力加速度（ D_{ref} ）剖面的常值加热率二次方程系数；
q_{const} ：常值加热率；
$\boldsymbol{q}$ ：动压；
$\dot{Q}_C$ ：热交换率；
$\dot{Q}_{\text{des}}$ ：最大吸热率（125 W/cm²）；
ρ ：密度；
ρ_0：基本密度常值（平均值）；
R_{nose} ：热辐射半径（0.3048 m）；
tol ：常值加热率的热交换容限（通常为 $\dot{Q}_{\text{des}}$ 的 1%）；
v_{low} ：最小相对速度（5791 m/s）；
v_{high} ：最大相对速度（7620 m/s）；
v_f ：相对速度；
v_{sat} ：卫星圆轨道速度(7837 m/s)</td></tr>
<tr><td>2. 开始循环收敛计算
$v_{\text{ratio}} = \dfrac{v_r}{v_{\text{sat}}}$
$\rho_D = \dfrac{\rho}{\rho_0}$
$\dot{Q}_c = (q_{\text{const}} / \sqrt{R_{\text{nose}}}) \cdot \sqrt{\rho_D} \cdot v_{\text{ratio}}^{3.15}$
$\mathrm{d}\dot{Q}\mathrm{d}\rho = 0.5 \cdot \dot{Q}_c$
$\Delta \dot{Q} = \dot{Q}_c - \dot{Q}_{des}$
$\Delta \rho = \dfrac{\Delta \dot{Q}}{\mathrm{d}\dot{Q}\mathrm{d}\rho}$
$\rho = \rho - \Delta \rho$
循环计算，直到 $\Delta\dot{Q} < tol$ 时结束循环</td></tr>
<tr><td>3. 计算阻力加速度，更新速度
$\boldsymbol{q} = 0.5 \cdot \rho \cdot v_f \cdot v_f$
$D(i) = \dfrac{\boldsymbol{q}}{\beta}$
设置 $v_{\text{high}} - 40$，v_{low} ，$v_{\text{high}} + 40$ 以及 $(v_{\text{high}} - v_{\text{low}})/2$，保存每个状态对应的阻力加速度值（$D$（$i$））</td></tr>
<tr><td>4. 计算斜率
$\text{slop11} = \dfrac{(D(1) - D(2))}{(v_f(1) - v_f(2))}$
$\text{slop12} = \dfrac{(D(4) - D(5))}{(v_f(4) - v_f(5))}$</td></tr>
<tr><td>5. 计算二次方程的系数
$\Gamma_3 = 0.5 \cdot (\text{slop11} - \text{slop12})/(v_f(1) - v_f(2))$
$\Gamma_2 = (\text{slop12} \cdot v_f(1) - \text{slop11} \cdot v_f(5))/(v_f(1) - v_f(5))$
$\Gamma_1 = D(3) - \Gamma_2 \cdot v_f(3) - \Gamma_3 \cdot v_f(3) \cdot v_f(3)$</td></tr>
</table>

▲：这一过程给出了如何得到所需的二次曲线拟合系数，该系数可以用于得到恒定加热率下的参考阻力或用于计算飞行走廊内最大加热率的约束条件。一个按照此二次方程定义的拖曳速度飞行的飞行器会经历由 $\dot{Q}_{\text{des}}$ 定义的驻点热量。二次方程由两个斜率和一个阻力点得到，因此将下面的方程用恒定加热率上的五个阻力点和速度点计算了五次后整合在一起。用最初和最终的速度点定义斜率，并固定在由速度中间值点定义的阻力水平上。

不超出加热率边界飞行将确保航天器的热防护系统（TPS）的完整性。表 10－4 中式（10－10）、式（10－11）和式（10－12）给出了飞行器进入时传热、总热量和局部加热与其飞行阻力、弹道系数和鼻锥半径之间的关系。在设计进入轨道时，必须认真进行初步任务设计，确保参考条件不超出设计约束。这些方程给出了可能影响热防护系统设计的一些参数。需要注意的是，固定发热量的计算仅包含传导加热。由于在火星或地球进入过程中，辐射加热占整个加热过程中很大部分比重，因此该方法在火星或地球高速进入过程中并不适用。这些任务的设计中，加热率方程还需要包含辐射加热的内容［Rochelle 等，1990］。

图 10－10 给出了三种飞行器以不同的速度惯性进入时，对流加热的计算结果。进入地球的是一个弹道式飞行器，例如类阿波罗飞船（$L/D\sim0.3$）和类航天飞机（$L/D\sim1.0$）对火星原位资源取样后返回地球。需要对不同的飞行器在加热率与热载荷之间权衡：加热率$>$125 W/cm^2 的飞行器规定采用烧蚀材料用于热防护系统，加热率较小的航天器则可以采用一个可重复使用的系统用于热防护，例如航天飞机。

边界 3：常值总感应加速度约束

阻力加速度随着飞行器进入大气层时阻力的增加而增加，边界 2 曲线为阻力速度。某些时刻，加速度可能超过了结构、乘组、动压、过载或者铰链力矩的约束条件。边界 3 定义了感应加速度的约束，它等于升力加速度和阻力加速度平方和的平方根。设航天器采取一个固定的攻角（固定的 L/D），选定总感应加速度的最大值意味着选定了阻力加速度参考值，用表 10－4 中方程 10－8c 就可以计算出阻力加速度的约束边界。图 10－6 显示该阻力加速度约束边界跟 L/D 和阻力相关，并会随着航天器姿态而改变。

边界 4：动压约束

随着飞行器进入高度的降低，对应大气密度变大，气动力过载也随之增加，这会引起飞行器舵面额外的铰链力矩，有可能超出飞

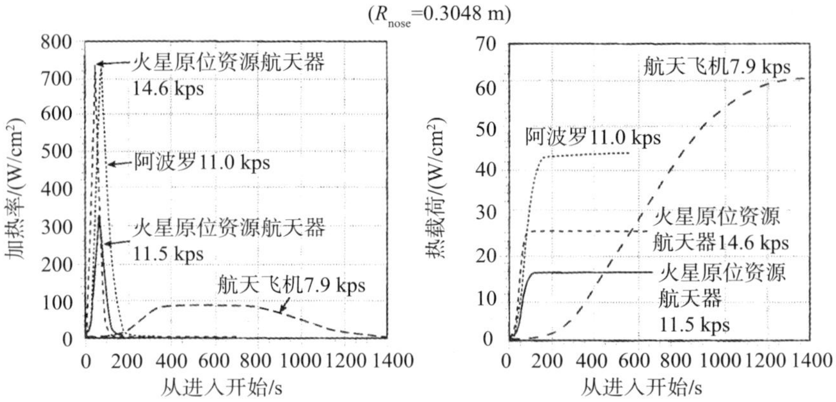

图 10－10 地球进入航天器的加热率比较▲

▲：图中给出了加热率与热载荷的权衡曲线。如果航天器的加热率小，就会有具有较大的热载荷。加热率决定了热防护形式，但是热载荷决定了所需的热防护层的总量。采用查普曼冷壁结构防热方程，以及 0.3048 的热辐射半径进行计算。

行器结构设计的约束条件。高动压对于采用降落伞着陆的模式会产生不良影响，在超声速和亚声速飞行区域也会影响飞行器的侧向控制稳定性。采用表 10－4 中的式（10－8d）可以计算出动压约束边界（图 10－9 中的边界 4），该方程计算依赖于弹道系数。根据与气动阻力的相关性，调整攻角可以影响动压约束。

综上，对于标称剖面设计，可以采用阻力加速度—速度剖面设计航天器的飞行边界，确定飞行走廊，过程中需要考虑飞行任务、航天员以及航天器的约束条件。根据进入飞行边界可以设计出标称飞行剖面（图 10－9 中的点线）。可以在飞行边界内设计标称飞行剖面，以保证飞行过程中的实际偏差弹道能够在飞行走廊内。经典的标称剖面设置在走廊的中间，主要取决于控制裕度（由 L/D 决定）。例如，为了减少峰值加热速度，可以将前往火星的高速直接进入轨道拉偏到斜率较浅的一侧。这种方法适用于升阻比足够大的飞行器，这样即使是偏离标准剖面，也会落在飞行走廊内。

根据标称飞行剖面可以估计出航天器设计过程中的标称环境参

数，例如，加热率、加速度和动压。在高速进入阶段，当气动加热峰值产生于航天器表面时，速度阻力的二次方程给出了标称裕度，这个标称阈值是由标称值和实际值之间的偏差得到的。表 10－4 中式（10－8a）的三个参数（Γ_1，Γ_2，Γ_3）提供了阻力加速度参考剖面，其中常值加热率采用标称剖面飞行，设定为 113.5 W/cm^2。表 10－5 给出了这些系数的简单计算流程。

如表 10－4 中式（10－8d）和图 10－9 所示，由于减小热载荷并不能降低加热率，因此使总的热载荷最小化十分复杂。标称飞行剖面的设计需要保持加热率和热载荷综合最低，同时还必须保证航天器在偏离弹道情况下不会飞出飞行走。

在固定发热量阶段之后，对于亚轨道速度，还必须设计一个飞行阶段使弹道转弯，连接阻力快速增加的固定发热量阶段和固定阻力阶段。这个中间过渡阶段的作用是使标准阻力加速度剖面偏离最大负载下的飞行边界，最大负载下如果跟踪固定发热量阻力加速度二次方程，飞行器可能会飞出边界。这种情况下，有两种方法可供参考，其一就是构造一个典型的平衡滑翔阶段（见表 10－4 中的式 10－8b 所描述的边界）。在这个飞行阶段，离心力和重力平衡，在亚轨道速度飞行时，通过气动转弯，使阻力－速度剖面满足要求。

在平衡滑翔阶段，飞行器总加速度增加，直到满足期望的标准加速度阈值。从这一位置开始，采用固定阻力加速度以满足过载约束。表 10－4 中的式（10－8c）设置了标称最大加速度值 G_{max}，为常值阻力加速度约束提供了参考。

随着速度的下降，航迹角不断增加，因此小近似值不再适用。这时，可以使用能量作为独立变量而非速度以简化高超声速方程 [harpold and Graves，1979]。当飞行器接近着陆点时，根据明确的航迹角关系式，简化航程计算方程的复杂性，给出指向目标的显性能量条件。给定最终的目标能量值为 E_f，初始和结束阻力值为 D_f、D_i，初始和结束速度为 v_f、v_i。表 10－6 给出了基于阻力加速度-能量分段线性化方法的参考阻力剖面设计流程。

表 10－6　确定阻力与能量线性关系▲

1. 计算初始和最终高度

$$h_{i,f}=h_0-h_s\cdot\ln\left(\frac{2.0\cdot D_{i,f}\cdot\beta_{i,f}}{v_{if}^2\cdot\rho_0}\right)$$

式中，$D_{i,f}$：初始和最终阻力加速度，ρ_0：相对标高 h_s 高度 h_0 处的大气密度，$v_i=3413$ m/s，$v_f=726$ m/s，$\beta_i=29$ kg/m^2，$\beta_f=47.8$ kg/m^2，$h_i=47287$ m，$h_f=23476$ m，$D_i=10.7$ mps^2，$D_f=8.8$ m/s^2

2. 计算初始和最终能量

$$E_i=g_i\cdot h_i+\frac{v_i^2}{2}$$

式中，E_i，g_i，h_i，v_i：分别为初始能量、重力、高度和速度，

$E_i=6.284^6$ m^2/s^2；

$$E_f=g_f\cdot h_f+\frac{v_{if}^2}{2}$$

式中 E_f，g_f，h_f，v_f：分别为最终能量、重力、高度和速度，

$E_f=5.194^5$ m^2/s^2

3. 计算能量变化率和边界

$$\Gamma_5=\frac{(D_i-D_f)}{(E_i-E_f)}=9.668^{-8}\text{m}^{-1}$$

4. 根据期望能量计算阻力参考值（表 10－4 中的式（10－8d））

$$D_{ref}=D_f+\Gamma_5\cdot(E-E_f)$$

▲：该方法根据初始和最终能量给出了计算阻力参考式，根据初始和最终的高度以及相对速度近似值计算能量值。初始速度为固定阻力加速度阶段结束时的速度，超声速飞行终点的速度为最终速度。根据 20°平衡滑翔的阻力加速度最终值可以计算出近似高度。（边界 1，式（10－8b））。

对于给定飞行器，标称再入飞行剖面定义了进入的标称纵向航程和横向航程。在给定每个飞行段的标称阻力值后，根据表 10－4 中的式（10－9）即可计算标称航程。通过调整标称剖面的设计航程，即可降低飞行器对加热和空气动力负载的需求。航行距离越远，加热速度和空气动力负载越低。面外的升力加速度可以增加飞行器的横向航程。为了使再入飞行器实现预期的横向航程，图 10－8 给出了典型的气动力要求。为了降低升阻比（L/D），需要评估飞行器跟踪期望阻力加速度飞行剖面的能力，并且保证横向机动能力最大。

标称飞行剖面给出了航天器飞行至着陆地点所需的能量状态。

如果在再入轨道设计时不考虑大气层、空气动力、导航系统以及质量的各种偏差修正，着陆器可能会偏离预定轨道，降落到距离预期着陆点很远的地方。着陆过程中必须进行阻力加速度剖面的修正以降低各种干扰对着陆精度的影响。降低再入早期的阻力会使航天器飞得更远，而提升阻力会飞得较近。通过本节介绍的方程与方法可以设计阻力加速度剖面。对于载人任务，由于航天器设计中采用中等 L/D、较浅的再入通道和严格的落点精度，因此合适的阻力剖面设计尤其重要。

10.3　下降和着陆

大气层影响着下降和着陆的设计。地球厚重的大气支持航天器使用气动控制进入，并可使用无动力的下降着陆。下降和着陆可以使用不同的减速机构，航天飞机是无动力滑翔，阿波罗和联盟号则是使用降落伞。航天飞机使用气动控制翼面进行姿态控制，通过能量管理来调整航程。在高超声速进入时，气动压力足以使控制翼面起效。这些翼面能够在超声速或亚声速下对航天飞机进行控制，最后完成无动力着陆。阿波罗和联盟号使用降落伞达到最后垂直方向上 9m/s 或 7m/s 的速度，在最后无动力下降时，阿波罗飞船溅落到水面以减轻冲击，而联盟号则是在落地前瞬间点燃小型固体发动机。大气密度模型的不确定性、导航误差或者风的因素，都会导致无机动飞行的航天器远离预定的着陆点，因此需要一个巨大的着陆场。X－38升力体就是为国际空间站应急返回而研发的，它在最后下降和着陆的时候使用翼伞。翼伞可以有效减小着陆场面积，还可以提供较小的着陆速度（约 5 m/s）。

典型的载人火星进入任务会包含这样几个阶段：大气进入、降落伞飞行、动力飞行至软着陆。火星大气层稀薄，只有不到地球大气 1%的大气压力以及约 10%的密度。不过，这依然可以为航天器的进入机动提供足够的气动力。降落伞可以将速度降到约 200 m/s，

进一步降低 Δv 就需要动力下降段。这一速度远大于地球着陆速度（7～9 m/s）。在降落伞减速下降阶段，火星的风也会将航天器吹离预定位置，因此对于在火星上有严格着陆精度要求的任务，必须用推力降落，以补偿风、大气散布和导航误差对软着陆位置的影响。

月球基本没有大气，因此进入的航天器在下降和着陆时不能使用气动阻力来减速。下降必须完全靠推进系统，所需的 Δv 也大，不过，不需要考虑大气散布的偏差。

10.3.1　月球下降和着陆的任务概念

本节讨论有人参与月球动力下降，内容包括：允许飞行任务中止的下降轨道剖面、到达指定地点的着陆轨道形状、航天员观察或传感器导航、有人参与或控制系统自动检测及避障。也会讨论在推进作用下降到月球表面的着陆器如何终止下降并返回环月轨道。

航天器下降始于月球停泊轨道，只需少量推力就可将其送入近月点很低的转移轨道，如图 10－11 所示。这是一个逆向着陆的过程，对于月球而言，由于其自转角速度很小，因此逆向着陆到赤道与同向着陆速度增量只差 10 m/s。在载人落月阶段，选取正的近月点高度可以在下降过程应急返回时保护乘组。离开停泊轨道后，着陆器经过滑行段到达动力下降起始点，如果发动机未能在动力下降段开始点（PDI）点火，正的近月点高度能够保护着陆器重新返回转移轨道。

动力下降的标称轨道包含三个基本阶段：制动、上仰和节流以及最终的垂直下降（如图 10－12 所示）。这样设计能有效地利用燃料在到达飞行剖面的相关约束（视场、误差，接近几何学）。载人月球任务的动力下降段需要发动机能够实现节流。着陆器在降轨转移椭圆轨道的近月点附近开始动力下降，用尽可能少的燃料使着陆器到达期望的位置、速度和高度，以便飞行器姿态上仰和发动机节流。制动段消除了大部分的水平速度和高度，发动机在正常推力下工作。考虑到误差和可能的中止，实现推力水平小于最大的推力。

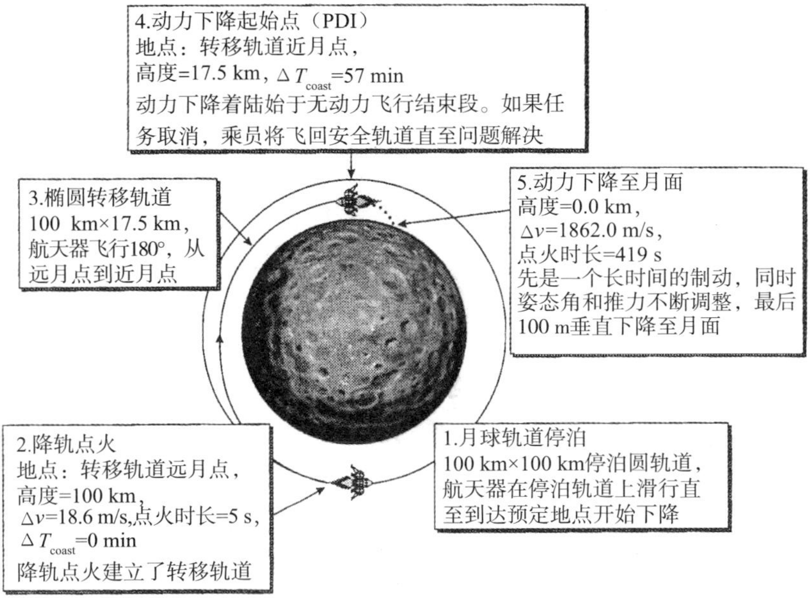

图 10－11　月球任务的降轨、滑行以及动力下降到月面▲

▲：下降制动将航天器从 100 km 圆停泊轨道变轨至 100 km×17.5 km 的转移轨道。航天器从 100 km 远月点飞行至 17.5 km 的近月点，在近月点处动力下降开始。动力下降阶段降低了航天器的速度和高度，同时调整姿态直至软着陆到月面。需要注意的是若动力下降发动机未点火，正近月点的位置应能确保航天器飞回安全轨道

制动段结束之后，航天器进入上仰和节流段以便其实现垂直姿态，并降低推力加速度，为最终垂直下降做准备。这一阶段，航天器通过调整姿态（上仰）角速度或推力加速度，实现更为高效的燃料利用。同时，较低的俯仰角速度提供了合理的逼近速度和更陡峭的着陆弹道。较慢的速度和较陡的弹道使乘员或着陆观察敏感器（视觉、红外、激光、雷达等）能够评估着陆点是否合适。阿波罗登月舱的下降段轨道实现了高效利用燃料的着陆，并能够充分适应当时未知的导航误差。观测约束要求航天器在着陆前 4 分钟实现上仰姿态，这样航天员可以从窗口向外观察，并勘测预定着陆点。如果未来任务中使用电子传感

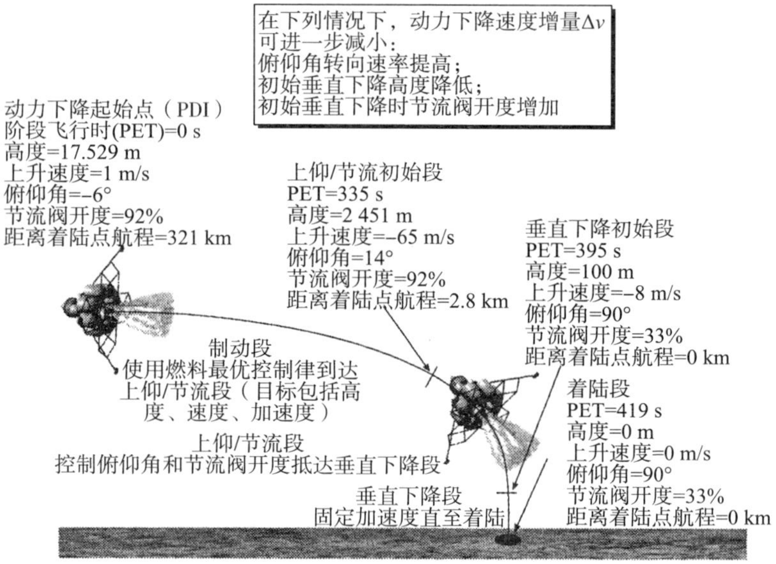

图 10－12　动力下降段的飞行阶段

器勘测着陆点，就能进一步降低着陆 Δv，并使用更为陡峭的着陆轨道。图 10－13 比较了两个飞行剖面，一个是阿波罗的，另一个是月球极地着陆器的。由于月球极地着陆器不需要像阿波罗那样通过窗口进行观测，因此可以使用较大的俯仰角速度。

在上仰和节流段之后，着陆器呈垂直姿态，自此开始垂直着陆。降低最终垂直下降高度可以减少所需的 Δv。增加最终垂直下降阶段的节流设置（加速度）也可以节省动力下降的 Δv。对于载人任务而言，在上仰和节流段结束时的一个合理高度（30～100 m），以及最终垂直下降段一个合理的推力加速度（约月球的 1.2 g）有利于航天员适应制导系统的导航误差并评估着陆点是否合适。

检查并避免危险——如果乘员或敏感器检测到预定着陆区有危险，例如有障碍物或者陡峭的斜坡，那么乘组可能要选择一个新的着陆点。阿波罗 11 号任务中，阿姆斯特朗在动力下降段的最后阶段看到预定着陆点位于一个大卵石区域的中央，因此他重新选择了着

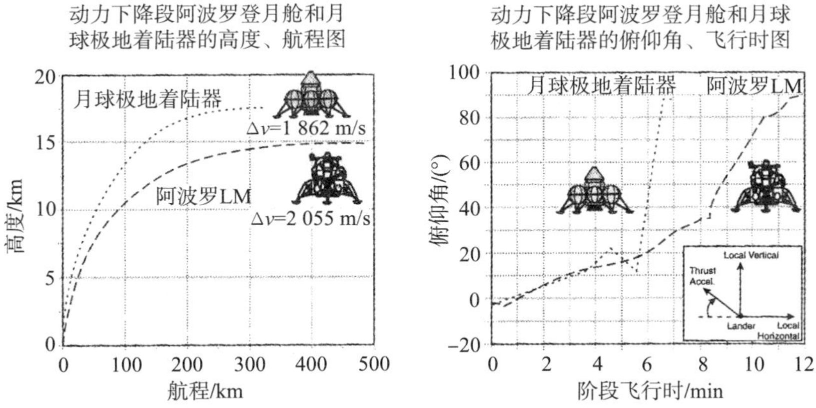

图 10－13 月球极地着陆器与阿波罗登月舱曲线对比▲

▲：左图表明月球极地着陆器的飞行剖面更陡，但是 Δ*v*（1862 m/s）比阿波罗号的（2055 m/s）更小。较陡峭的轨道具有更好的几何特性来评估着陆点是否合适。月球极地着陆器的轨道使得它有一个更高的旋转（上仰）速率。旋转开始于阶段飞行时的 335 秒，如右图所示

陆点。未来的任务中，将使用自动敏感器来代替或者配合乘组进行观察，确保着陆点合适。

如果重新选择着月点，那么需要额外的 Δ*v*。Δ*v* 的大小取决于下列因素：

1）重新选址机动的时机；

2）到达新着陆点的距离；

3）目标约束。

越早重新选址，动力下降段所需的 Δ*v* 越少。及早转向，下降段的航天器能够保持燃料消耗较低的近乎标称的着陆弹道（见图 10－14）。较晚转向意味着偏离飞行剖面更多，导致动力下降段所需的 Δ*v* 增加。

到达新着陆点的距离——在指定的时间里移动较少的距离（25～150 m）会消耗较少的 Δ*v*。但是如果在即将着陆时要移动较大距离，则需要消耗较多燃料，因为发动机推力需要平衡月球重力，以维持着陆器的速度或高度。

目标约束——最终垂直下降高度定为 100 m，确保了乘组和敏感器观察和评估着月点是否合适。更高的高度将需要更高的 Δv，而且 1.2 倍月球重力的推力加速度能使登月舱足够缓慢的下降以消除导航偏差。降低垂直着陆的推力加速度就增加了推进 Δv。

中止下降——动力下降段轨道的设计应尽可能地考虑任务突然中止的情况，当然中止策略也受到任务和飞行器设计的制约。例如，阿波罗的登月舱使用两舱结构，包括上升级和下降级。这种设计能比单一舱段设计质量更轻，而且一旦发动机在带动力下降阶段出现灾难性失效，舱内航天员可以放弃着陆，抛掉下降级，启动上升级返回环月轨道。

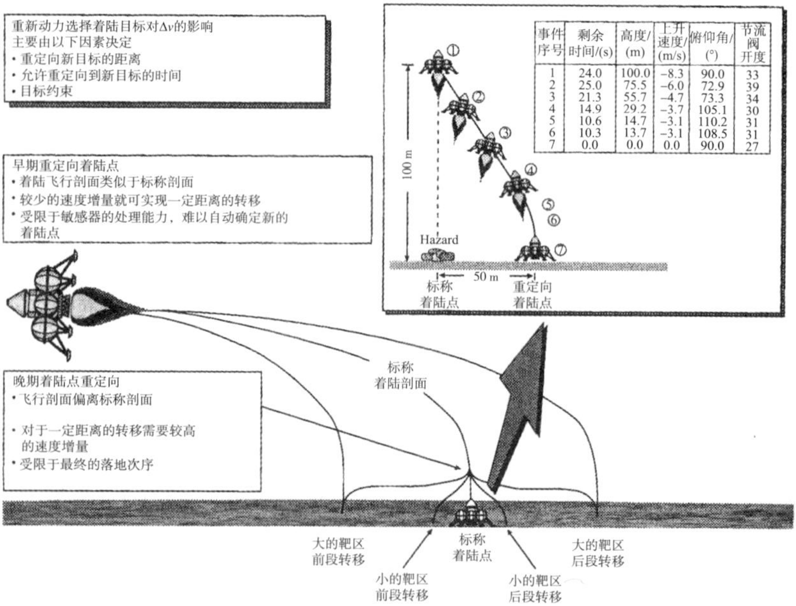

事件序号	剩余时间/(s)	高度/(m)	上升速度/(m/s)	俯仰角/(°)	节流阀开度
1	24.0	100.0	–8.3	90.0	33
2	25.0	75.5	–6.0	72.9	39
3	21.3	55.7	–4.7	73.3	34
4	14.9	29.2	–3.7	105.1	30
5	10.6	14.7	–3.1	110.2	31
6	10.3	13.7	–3.1	108.5	31
7	0.0	0.0	0.0	90.0	27

图 10－14　动力下降——重新选择着陆点▲

▲：可以通过在降落轨道中尽可能早的开始重新指定机动和减小转移距离来最小化速度增量需求 Δv。图中展示了在垂直降落阶段从 100 m 高处开始进行 50 m 转移的过程。减少这一高度会减少着陆 Δv，不过会导致相同转移距离下的速度增量 Δv 增加

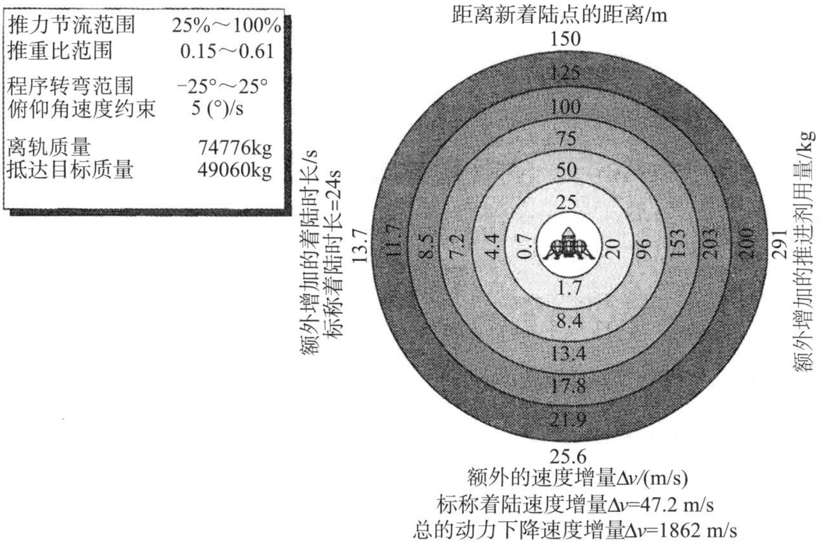

图 10－15　重新选址的距离与速度增量、着陆时间、增加的燃料之间的关系▲

▲：这里展示了一个典型的载人月球极点着陆器的数值。转移机动开始于在垂直降落阶段的开端，此时航天器高度为 100 m。由于没有水平方向上的速度分量，因此任意方向上的转移机动所需要的 Δv 是相同的

如果在上升级和下降级分别设计了多个发动机，那么乘组也可以中止着陆（如图 10－16）。例如，假设一个装有多台发动机的航天器在动力下降阶段，每台发动机都未使用最大推力进行正常工作，若其中一个发动机推力失效。那么剩余的发动机能提高推力以弥补失去的推力，航天器仍然可以着陆。如果机载计算机确定剩余的发动机不能提供足够的推力，那么就分离下降级，使用上升级点火入轨，并调整推力矢量，尽快从下降姿态转换为上升姿态，并返回环月轨道。

在动力下降段的制动段，中止任务所需的 Δv 随着时间的流逝而增加。因为在动力下降段早期，航天器有着巨大的前向速度，因此很少的速度增量就可以确保航天器入轨。而在飞行的末期，很有可能存在这样一段时间，就是中止任务入轨所需的 Δv 要大于正常的从地面入轨所所需的 Δv，例如当航天器高速下降而且基本上没有前向

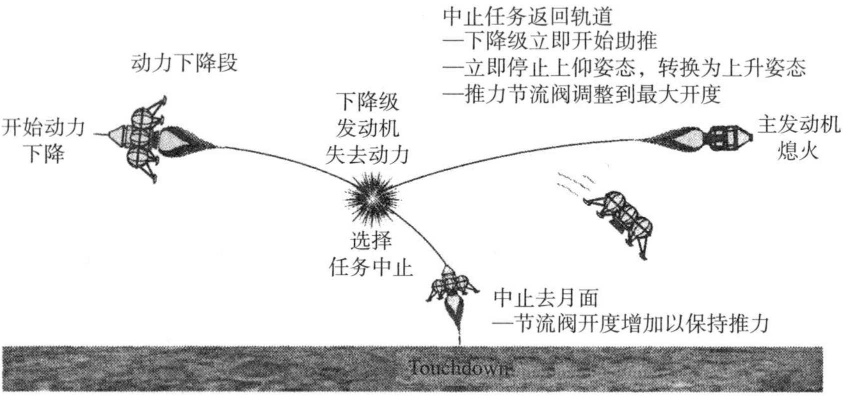

图 10-16　如果一个发动机失效，终止任务或到月球表面▲

▲：假设一个发动机失效，根据在多台（4 台）发动机状态下下降距离的不同，登陆器有两种可能的终止方式：1）停止下降，开始上升阶段，返回轨道；2）增加剩余发动力的功率，继续着陆到行星表面

速度的时候，需要用 Δv 阻止快速下降。有时候着陆器下降速度太快以至于上升发动机推力都不能让其停下来，最后撞向月球表面。但是如果选择合适的下降轨道，就可以最大化中止任务的能力。

航天器下降段飞行方案的设计应该包含任务中止的备选项，不光要计算出完成正常任务所需的性能（Δv），还要计算出执行任务中止所需的性能；多数情况下，选择中止任务会催生出附加性能要求，图 10-17 描绘了“中止一应急返回轨道”和“中止一着陆”两种选择，月球极地探测着陆器上采用了 4 台发动机，这与阿波罗登月舱的两级构型相类似。在动力下降开始时，登月舱的推重比为 0.4、比冲 444 s、正常的下降和着陆耗时 421 s、Δv 为 1862 m/s。如果我们要抛掉发生故障的下降级，上升级的推重比为 0.43、比冲为 320 s。

图中的曲线表示任务中止后将航天器提升到 100 km×18.5 km 轨道所需的速度增量 Δv。曲线的起点是上仰/节流阶段，在此之前，处于下降轨道的着陆器轨道高度和横向速度都较高，“中止-应急返回轨道”的 Δv 比从月面正常升到此轨道所需的 Δv 还小；但经过

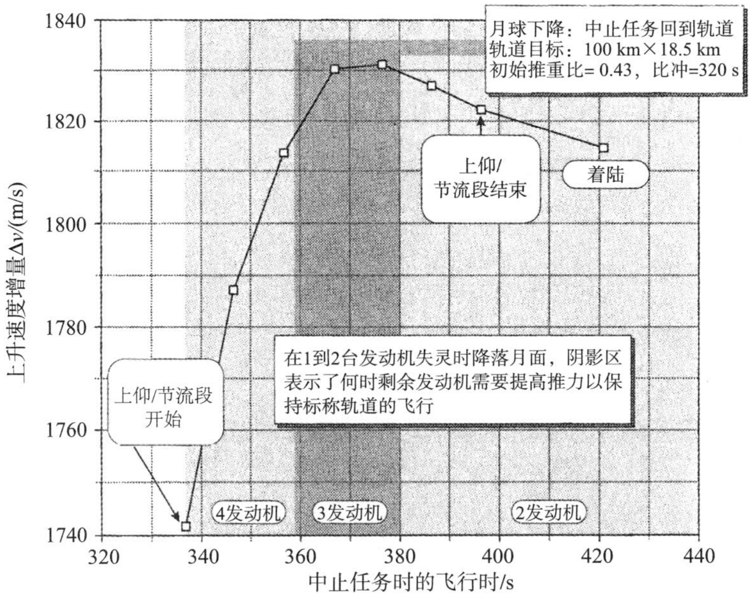

图 10－17　发动机失效时终止并入轨或落到行星表面▲

▲：如果一个有四台发动机的登陆器在动力下降的过程中出现一台或者多台发动机失效，登陆器可以中止任务返回到轨道上或者降落在行星表面。在设计下降飞行剖面时，应该能允许航天器在下降过程中的任何时间中止任务并返回轨道。假设下降阶段被终止然后开始上升机动，航天器将在下降的那段时间内消耗比从行星表面直接上升更多的推进剂。对于中止并落在行星表面，即使一个或两个发动机失效，但是假如仍然降落，登陆器就可能会恢复。根据下降过程中一个发动机失效的时机不同，可以选择增加剩余发动机的功率，产生与四个发动机在下降时相同的推力

20 s的横转/消旋后，“中止-应急返回轨道”的 Δv 就会大于从月面正常升到此轨道所需的 Δv（1815 m/s），所以就得增加推进剂的储备。图 10－17 中间的阴影部分表明，上仰/节流过程中一两台发动机失效，着陆器依然能降落到月面。一旦进入“中止-着陆”模式，正在工作的发动机就会调高工况，弥补失效的发动机推力实现着陆。在初步设计中，假设可以直接控制剩余发动机的推力矢量使其通过

航天器的重心位置。

10.3.2　地球下降和着陆的任务概念

进入地球并着陆地面可以选择多种不同的方式［Peterson，1992，1993］：水星、双子星和阿波罗飞行器使用降落伞并掉落在水中；联盟号使用降落伞和反推火箭到地面降落；最新的航天飞机使用水平着陆的跑道；更新的 X-38 使用翼伞着陆。本节重点关注翼伞着陆的方式，以从月球极地返回地球的任务为例进行介绍。

翼伞可以用于高 L/D 的航天器，来增强高超声速性能和侧向机动性能，同时降低进入的加速度和热载荷。同时，翼伞还避免了水平着陆的复杂性。带翼伞的航天器通过平衡滑翔轨道到达着陆场，其 L/D 与航天飞机相当，利用翼伞降低跑道降落时对精准着陆的要求。用这一技术设计的阿波罗级别的航天器不再需要水面溅落回收，通过使用翼伞系统，还可以减轻触地冲击载荷，而不必使用反推火箭。

下面利用简化方程估算带翼伞航天器的落点分布。假定飞行路径径向加速度小且变化慢，图 10-18 画出了不同 L/D 和起始高度下的纵向航程。这一分析结果为提出航天器制导、导航和控制的初步精度要求提供了基础

$$R = R_0 \times \frac{L}{D} \times \ln\left(\frac{1 + H_i/R_0}{1 + H_f/R_0}\right) \approx [H_i - H_f]\frac{L}{D} \quad (10-14)$$

式中　R_0——着陆区附近的行星半径；

　　ln——自然对数方程（以 e 为底）；

　　H_i，H_f——飞行器相对于地面的初始和最终高度。

预定着陆点需合理调整，以确保主副着陆场的可用性。尤其对于陆上着陆场，这一点尤为重要，因为副着陆场必须满足翼伞飞行的需求。预定着陆点决定了从进入点开始到着陆的飞行器的前向和横向航程。如 10-2 节所述，飞行器的升阻比进入界面情况，以及环境的偏差都会影响预定着陆点的大小。例如，阿波罗再入飞行器 $L/D=0.3$，着陆场长度为 1380～1670 km。但阿波罗轨迹中分析的

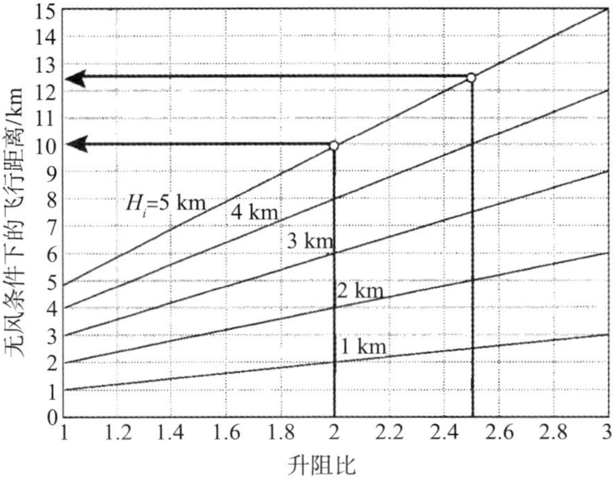

图 10-18　使用翼伞的情况下航程潜能（H_i 表示高度）▲

▲：图片展示了五种初始降落高度下无风条件时的飞行范围和翼伞的升阻比之间的关系。对于所展示的例子，从 5 km 高度下降，$L/D=2.0$ 的翼伞可以飞行约 10 km，$L/D=2.5$ 的翼伞可以飞行约 12.5 km。X-38 所用的翼伞 $L/D=2.5$，在 3.6 km 高度开始可控制的飞行。上图显示它在无风环境中飞行了 9.1 km

最大过载达到 $8g$。在火星和月球任务中乘组不能承受这样大的过载，因为乘组有长时间的微重力或无重力飞行，我们在后续讨论中还要对该轨迹进行讨论。

轨道星下点轨迹（从再入点起算到着陆点）决定了飞行器再入纵程能力。图 10-19 给出了阿波罗飞船再入轨迹和 2380 km 的再入纵程（从再入点 121.92 km 起算）着陆区示意图。再入星下点轨迹关于反垂点（地月连线反方向）轴对称，位于返回方位补角方向，返回方位补角方向是方位角的补角负值，等于 90°减方位角（120°方位角对应－30°方位补角）。离开月球时刻的地心方位角在地月平面内，离开时刻方位补角方向直接影响到达地球时刻的方位补角。测量值位于地球赤道平面示意图左侧半圆代表顺行和从两极到达（不考虑逆行到达，因为再入过程热载荷过高）。

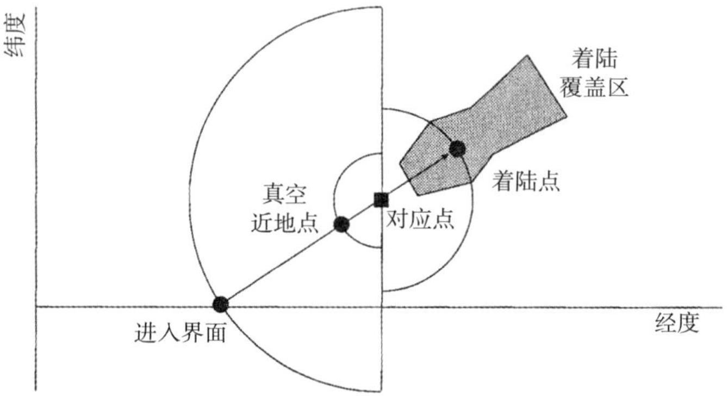

图 10－19　校准进入区域▲

▲：图中展示了顺行进入时进入界面、真空近地点和月球对映点三者之间的关系。可以将半球轨迹上的任何点定义为进入界面的位置，这一位置决定了到着陆点的方位角以及最终航天器从月球轨道回到地球时喷射燃烧的方向

对极点返回轨道可以实施纬度控制。最坏的情况是返回时从极点以 28.6°倾角返回，该数值来自于假设地球处于 0°倾斜角时，利用地球轨道的最大倾角发射进入极月轨道。最差的情况发生时，地球处于降交点，返回航天器由南向北降落。最差的情况同样也发生在地球处于升交点，返回航天器由北向南降落。对赤道返回轨道可以实施经度控制。最坏的返回倾角是 61.4°，该数值来自于用 90°减去地球的最大倾角，而此时地球处于 0°倾斜角。这一倾角在飞离月球时要求 38～48 m/s 的附加 Δv。

我们可以根据“足迹”的分布、方向、进入界面条件，沿着航线方向预设多个着陆场。图 10－20 给出了根据真空近地点测量得到的落点控制能力。极点返回南向或北向飞行，地球自转一周(360°)，地面跟踪扫过两条纬线之间的地带（地球转移轨道多花费 40 m/s 机动）。候选着陆场就在扫过的区域，1670 km 相当于地面 15°弧形面，两条纬线之间的宽度就是 30°。

月球的倾斜角随其绕地球的公转期间不断变化，所以月地连接映射矢量相对于地球赤道面也在变化，图 10－21 表明月球处于最小倾角时，月地连接映射矢量穿过±18.3°；在月球处于最大倾角时，月地连接映射矢量穿过±28.6°。

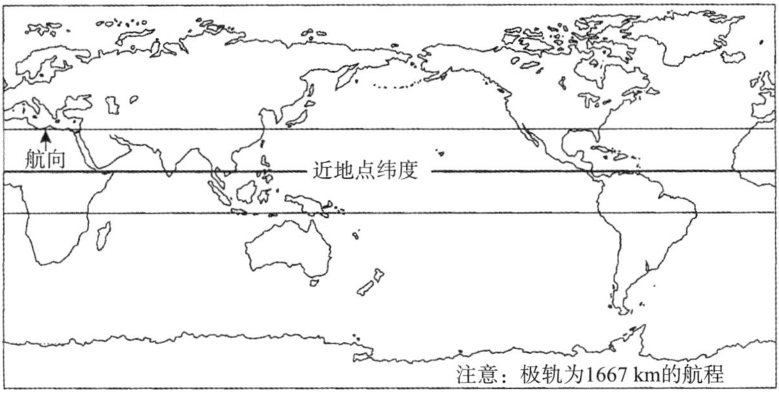

图 10－20　从真空近地点着陆的航程能力▲

▲：图中所示为可用降落点的范围，航程能力为 1670 km

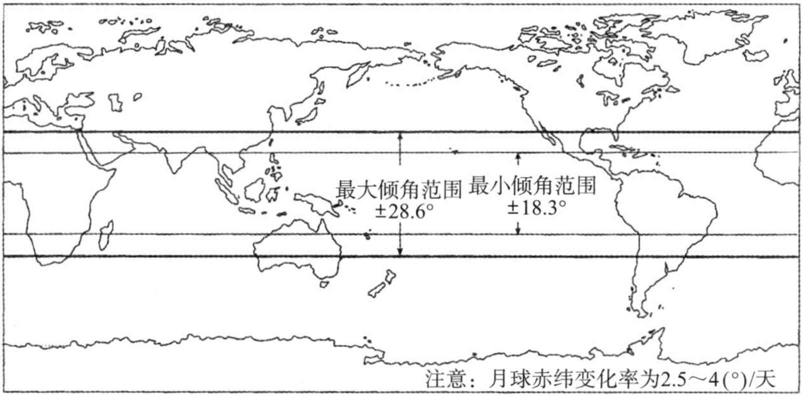

图 10－21　月球在地球的穿透矢量的投影▲

▲：从月球返回地球的着陆点总是在离开月球时的月球对应点（地球和月球之间的皮尔斯矢量）的位置附近。在最大倾角范围时为±28.6°，最小倾角范围时为±18.3°

把图 10－20 和图 10－21 结合起来就可以看出，两纬线之间的带状部分随月地连接映射矢量而移动，月地连接映射矢量受限于地球轨道的最大和最小倾斜角，本例中使用的到达纬度分布在 30°宽的范围内，只有在这一范围内降落的才是可以接受的。因为月球倾斜角的变化，以前的着陆场可能就不能用了，所以在不同的纬度设立数个着陆场。通常情况下，着陆场是否可用取决于轨迹的实际分布和月球的相对位置。如果要求阿波罗飞船能够在任何时间返回，需要两个着陆场分别位于－15°和＋15°，这两个着陆场还没有考虑天气原因的备份。如考虑天气备份，我们最少需要 11 个着陆场（每隔 6.25°部署一个）才能保证随时返回。

10.3.3　火星下降和着陆的任务概念

火星下降和着陆任务包括了五种气动和推力减速阶段：推力降轨机动、滑行至进入界面（高约 125 km）、气动进入段、降落伞减速段、动力下降着陆段。尽管火星大气不如地球大气稠密，但也能提供有效的气动减速。航天器在 500 km×500 km 高度的停泊轨道降轨之后，进入界面的速度为 3650 m/s，这一速度远小于典型的火星大气捕获速度（7360 m/s）。然而，火星进入依然要求着陆器自带热防护系统（比如用隔热瓦或烧蚀套），以便处理火星大气对着陆器的加热。研究表明，在大气进入之后使用降落伞来减速可以提高着陆器的性能。对于给定的有效载荷，可以在大气进入阶段使用降落伞来减少 Δv 及所携带的推进剂质量。

我们已经讨论了如何利用高 L/D 航天器的外形，使其进入大气层时更可控气动加热更慢、飞行过载更低以及落点精度更高。进一步而言，L/D 越高，大气捕获的管道越宽、乘员越安全、任务成功率越高。

大气进入大大降低了航天器速度，降落伞又进一步把速度降到发动机点火速度（例如，200 m/s），这样设计的下降过程中所需的燃料最少。如果是在地球上，降落伞将很快地将航天器带入垂直下降的阶段，但是在大气稀薄的火星表面，最终会达到$-25°$的飞行航迹角，剩余的水平速度在推进阶段消除。

对于正常的火星下降任务，先假定在气动阻力正好抵消火星引力的点有一个末速度要求，在此基础上确定降落伞的尺寸。由于在火星稀薄的大气中降落伞无法将着陆器减慢到末速度，这就需要用发动机动力来减速。依据末速度条件可以估算降落伞的尺寸量级，假设降落伞是圆形的，可以用下面的公式来得出降落伞的直径

$$Drag = \rho v^2/2 \cdot C_D \cdot A = m_L g \tag{10-15}$$

其中

$\rho = 9.28912 \times 10^{-3}\ \mathrm{kg/m^3}$——大气在约8.5 km高度的密度；

$v = 200\ \mathrm{m/s}$——最终速度；

$C_D = 0.55$——降落伞和飞行器总的阻力系数；

$m_L = 61275\ \mathrm{kg}$——着陆发动机点火时的质量；

$g = 3.72\ \mathrm{m/s^2}$——火星的重力加速度；

$\gamma = 25°$——着陆发动机点火时的航迹角；

$A = 2230.8\mathrm{m^2}$——求解出的减速伞面积；

$d = [4 \cdot A/\pi]^{1/2} = 53.3\ \mathrm{m}$——求解出的减速伞半径。

本例中，载人火星着陆器需要一个直径53.3 m的降落伞，以保证其在8.5 km高时速度降低到200 m/s。设计者可以像阿波罗那样使用多个稍小的降落伞来代替这个大降落伞，也可以放宽约束，允许着陆器带伞降到8.5 km以下再满足末速度条件来减少降落伞的面积。之所以选择8.5 km，是因为在这个高度上视觉条件好，传感器可以对落点进行安全勘察，如果预定的落点不可行，则可更换新的落点，同时这个高度更有利于着陆器适应导航误差，而不至于使用更多的推进剂（Δv）。

实际操作时考虑大气适应性和导航误差等因素，有时着陆器在到达末速度之前就开始动力下降。进入、下降和着陆时，如果大气的密度低于预期值，着陆器仍然可以通过发动机达到设定速度值，并且保持在允许的高度误差范围内，但是低密度大气中需要更大面

积的降落伞。

之前的任务（勘测者号，海盗号，阿波罗号）都已经安全着陆了。这些任务通过闭环控制算法来使着陆器按照预定的轨道飞行，这个预定的轨道较好地平衡了着陆器高度和速度之间的关系，并使燃料最优。通过提前装订好这些轨道参数，可预测动力下降大致需要的 Δv。像落月飞行一样，设计满足载人任务约束条件的下降轨道，在这个轨道运行可以使燃料消耗最低，并且增强了乘员的安全性和任务成功率。由于地形和视野的约束，需要在最后 200 m 将着陆器垂直下降到着陆点。在下降到表面的过程中，可以一直使用最大推力来减速，这样可以较好地节省燃料，但是这个方法不实际，因为该方案不能弥补飞行过程中的导航误差。在飞行剖面中设定俯仰和节流控制，可以使飞行性能最好（最小的 Δv），但是由于飞行误差大且变化快，“真实”任务不采用此方案。尽管飞行剖面中俯仰和节流的一次项或二次项不是最优，但依然能够提供良好的下降性能，并在载人航天任务中应用。

图 10－22 展示了火星下降的典型的飞行剖面，包括气动进入、降落伞减速和动力下降。气动进入开始于进入高度（125 km）并降低着陆器的速度。在这一阶段，外壳的升阻比可以对着陆器进行飞行控制。在合理的控制下，着陆器将在 11.5 km 处到达开伞条件。对于 L/D 较低（0.4 到 0.5）的着陆器，减速伞提供了足够的阻力加速度，可使着陆器按照 0°攻角飞行。这样的飞行姿态有利于通过主伞将着陆器从保护壳套中拉出。如前所述，若在达到 200 m/s 的目标速度时的条件超过了着陆器点火高度（8.5 km）和大气密度（9.28912×10^{-3} kg/m），着陆器依然具有足够的能力来适应大气和导航的偏差。在设计着陆器外形时，可以放大 Δv 以获得额外性能，这样乘组可以观测到降落点存在的危险，必要时调整着陆地点。

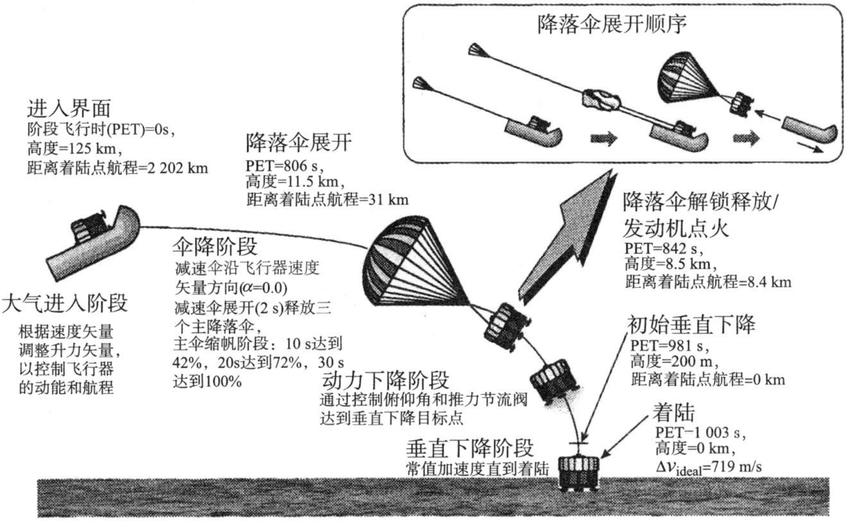

图 10－22　火星下降和着陆的各个阶段▲

▲：火星着陆以大气进入阶段为开始。利用外壳的升阻比来改变速度矢量中的升力分量，使得航天器达到降落伞展开的条件并保持在热载荷和重力载荷的约束条件内。在降落伞阶段航天器达到预定的终点速度，同时发动机点火并抛弃降落伞。下降发动机控制航天器按照一个平衡了最小燃料消耗与着陆和终止约束的轨迹飞行

10.4　上升

上升段的设计必须考虑上升航天器的质量、离地高度、载荷以及上升目标。项目的初期，与转移加速度相关的三自由度的模型就能够提供可接受的飞行剖面设计和性能。后期，随着航天器的结构和控制系统定义更加明确，需要研究六自由度动力学的影响，包括航天器的姿态、空气动力和推力扭矩。

上升段设计的一个主要的任务目标就是降低上升航天器的发射质量。通过降低月球或火星表面的发射质量，就能成倍地降低地球转移轨道射入以及地球发射的质量。从月球和火星表面上升时，每

节省一千克推进剂，就可以减少好几千克从地球发往近地轨道的质量。我们需要设计上升轨道，使燃料消耗最优，并使上升速度损失最小（见表 10－7）。当进行一个航天器的燃料预算时，要考虑由推力产生的速度改变 Δv_{ideal}，包括从起飞到发动机熄火所需要的速度变化 Δv_{req} 和由于重力、大气阻力、速度矢量偏斜和大气压力等因素造成的速度损失。

表 10－7　用于确定上升所需速度增量的方程

$v_f - v_i = \Delta v_{\text{req}} \cdot \Delta v_{\text{ideal}} - \Delta v_{\text{gravity}} - \Delta v_{\text{drag}} - \Delta v_{\text{TV}} - \Delta v_{\text{thrustatm}}$		
其中		
$v_{\text{ideal}} = \int \sum_{i=1}^{N_{\text{eng}}} \frac{T_{\text{vac}}}{m} \mathrm{d}t$	理想的总推力速度增量	N_{eng} ＝总的发动机数目； T_{vacj} ＝真空推力； m ＝飞行器质量
$\Delta v_{\text{gravity}} = \int g \sin\gamma \mathrm{d}t$	重力损耗	g ＝重力加速度； γ ＝航迹角
$\Delta v_{\text{drag}} = \int -(\frac{1}{m}\boldsymbol{F}_d \cdot \hat{\boldsymbol{i}}_v)\mathrm{d}t$	阻力损失	$\boldsymbol{F}_d$ ＝惯性空间的气动力矢量； $\hat{\boldsymbol{i}}_v$ ＝单位惯性空间速度矢量
$\Delta v_{\text{TV}} = \int \frac{1}{m}(\boldsymbol{T}_R - \boldsymbol{T}_R \cdot \hat{\boldsymbol{i}}_v)\mathrm{d}t$	推力偏心造成的推力损失	$\boldsymbol{T}_R$ ＝惯性空间的推力矢量
$\Delta v_{\text{thrustatm}} = \int \frac{P_{\text{atm}}}{m} \sum_{i=1}^{N_{\text{eng}}} AE_i \mathrm{d}t$	大气压造成的推力损失	P_{atm} ＝大气压； AE_i ＝发动机 i 的出口截面积

一般在早期的任务设计中，可以忽略推力矢量偏差和大气压力所造成的微量速度损失。相反的，将重点关注两个正交方向的推力矢量以减小重力损失和阻力损失的总和。我们也通过选择一个合适的初始推重比来将这些损失最小化。

对于地球厚重的大气，轨道越高，阻力损失和重力损失的总和越小。因为沿径向飞能最小化阻力损失，上升轨道中向上的分量需要更大。而在月球这样一个零大气的环境上升，就不再考虑阻力的损耗。不考虑地形学上的障碍（如突起物、山脉等），从月球起飞时沿水平方向可以尽可能多的节省燃料（见图 10－23），但实际需要设计一个垂直速度分量以避开月球表面的障碍物。而在火星任务中，尽管大气稀薄，但太平坦的轨道也会造成显著的阻力损失。例如，如果航天器在飞行过程中程序转弯过早，在低倾角飞行穿过浓密的大气时会造成阻力损失，在上升阶段需要消耗极高的速度 Δv。在火星和月球上起飞将一直使用发动机的最大推力。在地球上，为了避免最大动压造成的气动载荷过大，航天飞机会有短暂的推力下降。但是火星的动压非常小，因此可以直接对燃料进行优化而不必考虑气动载荷的影响。

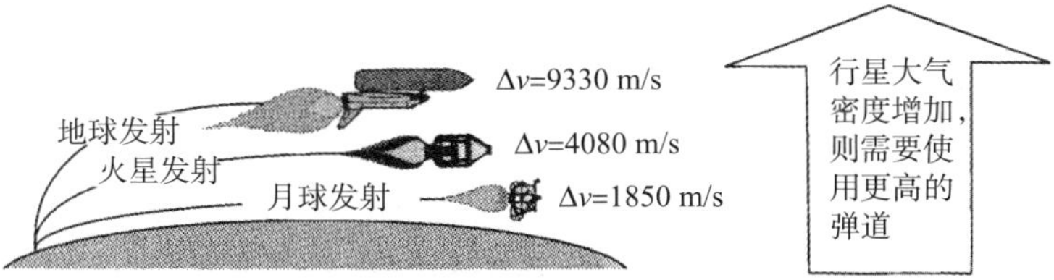

图 10－23　上升弹道的剖面随大气密度不同而变化

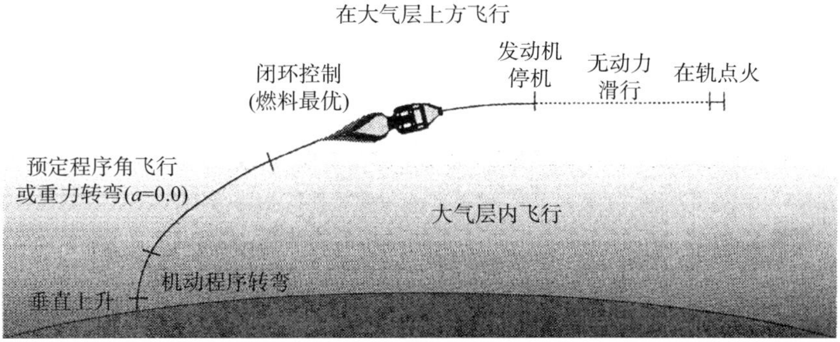

图 10－24　典型的上升飞行阶段

▲：一个典型的上升飞行剖面应该包含以下三个阶段：垂直上升、预定程序角飞行或重力转弯以及最终在大气层上方闭环操作使得发动机停机。对于在月球上升，重力转弯阶段从程序转弯后开始，到发动机停机为止，在这一阶段可以使用燃料的最佳性能，在火星上升也有不错的表现

在早期的任务计划中，我们设计了典型载人任务：从火星表面垂直起飞、程序转弯、按预定程序抬头飞行或者零攻角飞行、最终闭环控制飞出大气层。在某些情况下，分离之后还会有滑行和在轨机动。使用这个飞行剖面，可以估算所需要的推进剂总量，并设计一个闭环回路，引导航天器上升。

垂直上升能确保航天器远离地面干扰和发射场固定设施。之后飞行器进入预设好的程序转弯段，并沿着预定的航向飞行。推进系统关机后，轨道将依据航天器的发射方位角进行定向。程序转弯之后，航天器将进入一个程序化的飞行剖面或者一个重力转弯导引阶段，重力转弯或者零攻角飞行导引要求推力矢量指向航天器的速度方向。经验研究表明，对于一个从月球上升的单级航天器，在推进系统关机前用重力转弯飞行模式可以使燃料消耗接近最优。在抵达目的地前的飞行阶段都采用闭环控制算法使燃料得到充分应用。这个算法可以控制航天器在预设位置、速度和倾角满足时关闭推进系统，轨道倾角和真近点角也会用来判定推进系统工作完成时刻轨道的指向和位置。闭环控制算法一个很好的应用案例是航天飞机，它利用动力导航飞出大气层。

对于直接发射至转移轨道的上升任务而言，助推段包括动力上升。但是如果上升航天器的最终目的地是一个行星停泊轨道，那么还需要一个助推分离，然后滑行至在轨目标（例如指定的远地点）再进行机动。这一机动可以使轨道圆化或进入一个更大的椭圆轨道。如果使用这一方案，那么在设计飞行剖面时，就必须考虑相应的燃料消耗。

上升剖面的设计也有其他选择，例如，使用数值优化方法计算生成一个燃料消耗最优的飞行剖面。如果这一程序不是闭环制导，那么需要连接多个俯仰角的阶段来形成整个飞行剖面。

一个多级上升航天器能够更好地适应较大 Δv 的任务，但有时设计者选择单级航天器，因为它更简单可靠。对于单级航天器，给定一个有效载荷，上升的 Δv 直接与飞行器发射质量相关，因此可以定义一个满足轨道约束的最小 Δv，来使得单级火箭的质量最低。但多级飞行器则不然，研究显示，对于给定的有效载荷，一个两级航天器可以使用更低的起飞质量，特别是对于需要更大上升 Δv 的火星任务。具体可参看第 24 章和第 25 章或 Larson 和 Wertz 的著作（1992 年），生成 N 级火箭的算法。

10.4.1　月球直接上升返回或者与航天器交会对接后返回地球

从月球上升的飞行器可以选择飞至月球轨道或直接进入月地转移轨道。如果直接进入月地转移轨道，那么 Δv 的需求非常大，具体与着月点有关。一般情况下，上升轨道应该允许飞行器滑翔至最佳月地转移点再施加速度增量，在该点可以使用最少的燃料完成月地转移。

对于只有一个舱段的航天器，从月面发射上升进入环月轨道，发动机的比冲 I_{sp}对于助推阶段和圆轨道飞行阶段的 Δvs 几乎没有影响（图 10－25 所示）。假定给定发射时刻的推重比 T/W，上升阶段的 Δv 对最终圆轨道的轨道高度影响较大。采用固定推力时，月面上升阶段的 Δv 取决于初始发射时的 T/W。给定发动机比冲 I_{sp} 和最终的轨道高度，根据初始发射 T/W 可以计算出上升阶段最小的总 Δv。通过平衡助推和圆轨道阶段的 Δvs，可以计算出最小的 Δv。如果初始发射的 T/W 比采用最小上升 Δv 时需要的 T/W 大，那么助推阶段就可以使用较少的 Δv 到达目标远月点，但是滑行转移轨道的远月点比较低甚至可能是负高度，这种情况下，通过提升远月点高度到预定量值所需的 Δv 会比较大，造成上升段总 Δv 很大。另一方面，假定发射时的 T/W 比采用最小上升 Δv 时需要的 T/W 小，这种情况下近月点较高，较小的 Δv 就可以实现圆轨道飞行，但需要在助推阶段采用很大的 Δv 到达远月点。对于单一舱段的航天器，给定有效载荷后，最小化 Δv 就可以实现最小化发射质量。

由于月球没有大气，根据抵消重力影响需要的速度，可以估计

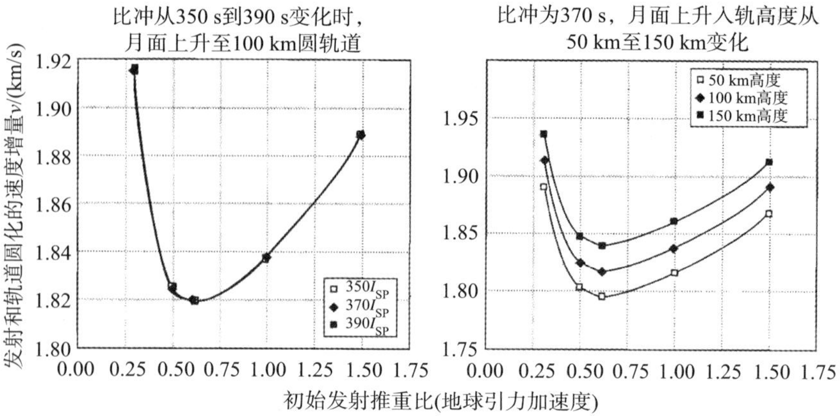

图 10－25　月球返回上升助推段以及轨道圆化所需的 Δv▲

▲：给定返回上升火箭的初始推重比（T/W），单一舱段月球返回航天器与发动机的比冲相关性较小。但和圆轨道的高度相关性较大。上两个图都表明，上升段所需的 Δv 与推重比 T/W 的关系。通过上图可以看出找出最佳的推重比（T/W），使上升段以及轨道圆化所需的 Δv 总和最小

出上升阶段的 Δv。$v_f - v_i = \Delta v_{\text{req}} = v_{\text{ideal}} - \Delta v_{\text{gravity}}$。经验研究表明，对于单一舱段的航天器月球上升段，在垂直上升和程序转弯之后，采用垂直上升和重力转弯机动可以实现接近燃料最省的 Δv 上升飞行。

图 10－26 所示的上升飞行段可以用推力控制来简单模拟。垂直上升阶段（约 5 s）的推力矢量指向瞬时位置矢量方向或径向。垂直上升结束后，航天器倾斜转弯飞行约 10 s，在此过程中，推力矢量方向相对于单位矢径方向转过 θ 角度。航天器绕俯仰轴旋转，该旋转由航天器的发射方位决定，i_{pitch}是从行星中心指向北极的单位矢量。倾斜转弯结束后，航天器进行重力转弯或者零攻角飞行阶段，此时推力矢量指向相对速度方向。通过运动学方程可以数值积分计算位置、速度和航天器质量。所受的加速度由推力和重力加速度组成。简单仿真上升段的目标是控制远月点的高度。助推段结束后，航天器滑行至远月点，在远地点可以机动抬高近月点，或者进行轨道圆化。对于载人航天任

务，如果航天器在进行轨道圆化之前需要绕行星飞行至少一圈，就需要在助推阶段结束时实现正的近地点高度。

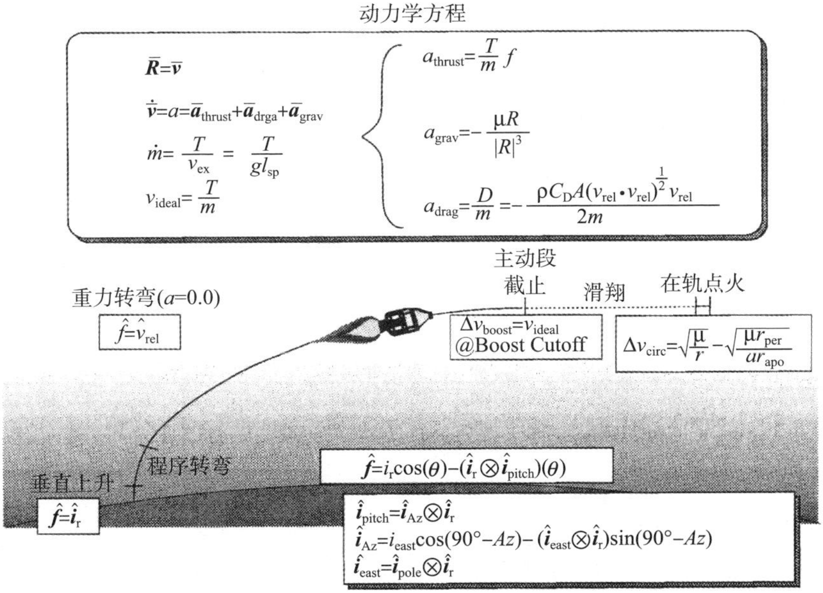

图 10－26　月球返回上升各飞行段的制导控制参数▲

▲：给出了垂直上升段、倾斜转弯、闭环控制以及直到发动机关机点的推力矢量方向。助推段关机点对远月点的影响较大，通过仿真计算可以得到动力飞行助推所需的 Δv。圆化轨道所需的 Δv 要和上升段的 Δv 综合考虑

表 10－8 描述了一个模拟月球上升的框架，对一条简单的轨道进行数值分析，得出到达远月点并实现轨道圆化所需要的 Δv。数学仿真是根据发射时的初始状态参数（速度、位置），在惯性参考坐标系下积分计算的，包含三个飞行阶段：垂直上升、程序转弯和重力转弯，且每个阶段推力矢量都具有独特的指向要求，如图 10－26。

表 10－8　月球返回上升仿真▲

序号	飞行段	参数注释
1	初始化参数 输入：T，I_{sp}，$\bar{\boldsymbol{\omega}}$，$\Delta t$，$\mu$	m：航天器初始质量； T：发动机推力时长(固定值)； I_{sp}：发动机比冲； $\bar{\boldsymbol{\omega}} = \omega \cdot \hat{\boldsymbol{i}}_{pole}$，其中 ω 月球自转角速率，$\hat{\boldsymbol{i}}_{pole} = [0,0,1]$ 为指向行星北极的矢量； Δt：积分步长(1s)； μ：为月球引力常数，$\mu = 4902\ km^3/s^2$
2	初始化惯性状态参数：$\bar{\boldsymbol{R}}$，$\bar{\boldsymbol{v}}$	$\bar{\boldsymbol{R}} = \begin{bmatrix} R\cos(lat)\cos(lon) \\ R\cos(lat)\sin(lon) \\ R\sin(lat) \end{bmatrix}$ 是发射时的初始半径幅值(行星半径加高度) lat：发射点纬度； lon：发射点经度。 $\bar{\boldsymbol{v}} = \bar{\boldsymbol{\omega}} \otimes \bar{\boldsymbol{R}}$，发射时的惯性初始速度
3	数值积分计算： 每个积分周期内，根据不同飞行阶段(步骤 4－6)对应的推力矢量计算出加速度，进行运动方程的积分。 每个积分周期内，更新运动方程的各状态参数，计算出新状态参数用于下一周期的计算。 $\bar{\boldsymbol{R}}_{new} = \bar{\boldsymbol{R}}_{prev} + \bar{\boldsymbol{v}}\Delta t$ $\bar{\boldsymbol{a}}_{new} = \bar{\boldsymbol{a}}_{prev} + \dot{\bar{\boldsymbol{v}}}\Delta t$ $m_{new} = m_{prev} + \dot{m}\Delta t$ $\dot{v}_{ideal\ new} = v_{ideal\ prev} + \dot{m}_{ideal\ \Delta}t$ 月球返回上升时，阻力加速度为 0。方程计算时，仍然采用完整的状态方程，其中阻力设置为 0，这样方程就可以拓展至其他有大气层的行星(例如火星)	运动方程： 速度：$\dot{\bar{\boldsymbol{R}}} = \bar{\boldsymbol{v}}$ 加速度：$\dot{\bar{\boldsymbol{v}}} = \bar{\boldsymbol{a}} = \bar{\boldsymbol{a}}_{thrust} + \bar{\boldsymbol{a}}_{drag} + \bar{\boldsymbol{a}}_{grav}$ 其中，推力加速度：$\bar{\boldsymbol{a}}_{thrust} = \frac{T}{m}\hat{\boldsymbol{f}}$ 重力加速度：$\bar{\boldsymbol{a}}_{grav} = -\frac{\mu\bar{\boldsymbol{R}}}{\|\bar{\boldsymbol{R}}\|^3}$ 阻力加速度： $\bar{\boldsymbol{a}}_{drag} = \frac{\bar{\boldsymbol{D}}}{m} = -\frac{\rho C_D A(\bar{\boldsymbol{v}}_{rel} \cdot \bar{\boldsymbol{v}}_{rel})^{1/2}\bar{\boldsymbol{v}}_{rel}}{2m}$ 上式中，ρ 为飞行高度处的大气密度，C_D 为阻力系数，A 为航天器的迎风面积。 秒流量：$\dot{m} = \frac{T}{v_{ex}} = \frac{T}{gI_{sp}}$ 理论推力：$\dot{v}_{ideal} = \frac{T}{m}$ 全推力状态下的速度

续表

序号	飞行段	参数注释
4	垂直上升段(5s),单位推力矢量 $\hat{\boldsymbol{f}} = \hat{\boldsymbol{i}}_r$	$\hat{\boldsymbol{f}}$ 是单位推力矢量; $\hat{\boldsymbol{i}}_r = \mathrm{unit}(\bar{\boldsymbol{R}})$ 是单位位置矢量;
5	倾斜转弯(10s),单位推力矢量 $\hat{\boldsymbol{f}} = (\hat{\boldsymbol{i}}_r\cos\theta - \hat{\boldsymbol{i}}_r \otimes \hat{\boldsymbol{i}}_{\mathrm{pitch}})\sin\theta$ 倾斜转弯阶段,航天器绕俯仰轴旋转给定的角度。一旦仿真结束,就可以计算出上升所需的总 Δv 。需要更新倾斜转弯结束角,并且根据给定的 T/W 和发动机比冲,计算出上升段所需的最小 Δv	θ 为相对于垂直面的俯仰角度; $\hat{\boldsymbol{i}}_{\mathrm{pitch}} = \hat{\boldsymbol{i}}_{Az} \otimes \hat{\boldsymbol{i}}_r$ 是俯仰轴; $\hat{\boldsymbol{i}}_{Az} = \hat{\boldsymbol{i}}_{\mathrm{east}}\cos(90^\circ - Az) + (-\hat{\boldsymbol{i}}_{\mathrm{east}} \otimes \hat{\boldsymbol{i}_r})\sin(90^\circ - Az)$ 是方位角方向的单位矢量,Az 是发射方位角。可以采用下述方程近似实现所需的俯仰方位角度,$\cos(i) = \cos(lat)\sin(Az)$ 。 对于月球航天器来说,可以采用上述方程很好地近似计算方位角度。对于地球和火星探测,需要对该方法进行行星自转角速率的修正。 $\hat{\boldsymbol{i}}_{\mathrm{east}} = \hat{\boldsymbol{i}}_{\mathrm{pole}} \otimes \hat{\boldsymbol{i}}_r$:东向单位矢量
6	重力转弯,单位推力矢量 $\hat{\boldsymbol{f}} = \hat{\boldsymbol{v}}_{\mathrm{rel}}$	$\hat{\boldsymbol{v}}_{\mathrm{rel}} = \mathrm{unit}(\bar{\boldsymbol{v}}_{\mathrm{rel}})$:相对速度单位矢量; 其中:$\bar{\boldsymbol{v}}_{\mathrm{rel}} = \bar{\boldsymbol{v}} - (\bar{\boldsymbol{\omega}} \otimes \bar{\boldsymbol{R}})$
7	助推 Δv	助推关机点的 $\Delta v = v_{\mathrm{ideal}}$:助推关机点累计的理论速度
8	轨道圆化 Δv 。总的上升所需的 Δv 包含了助推段的 Δv 和轨道圆化所需的 Δv 。轨道圆化主要是在远月点调整圆轨道与转移轨道之间的差值	$\Delta v_{\mathrm{circ}} = \sqrt{\dfrac{\mu}{r}} - \sqrt{\dfrac{\mu r_{\mathrm{per}}}{a r_{\mathrm{apo}}}}$ 是远月点圆化轨道所需的 Δv ,其中 a 是轨道的半长轴,r_{per} 是近月点轨道半径,r_{apo} 是远月点轨道半径
9	更新倾斜转弯角后,重新进行仿真计算。选择新的俯仰角度重新进行仿真计算,直到得到最小的上升段 Δv 。改变垂直上升段和倾斜转弯段的飞行时间也可以改变 Δv	

▲:月球返回上升仿真步骤,采用数值积分方法,简要介绍采用数值积分方法的月球返回上升仿真——包括建议时间、垂直上升远月点、程序转弯和重力转弯。

10.4.2 火星直接上升返回或者与航天器交会对接后返回地球

实现火星上升，乘组才能从星体表面返回地球，有几种可能的任务过程：

1）发射上升后直接进入火地转移轨道（TEI）；

2）在进入火地转移轨道前先进入一个过渡的火星停泊轨道；

3）上升至火星停泊轨道，与在轨航天器（例如：地球返回航天器）交会对接。

为了降低地球发射质量，可以设计一个在近地轨道最小初始质量轨道剖面。通常通过交会对接实现上述目标，阿波罗任务就是这样。航天器必须使携带质量最小化，如仅携带航天员及其装备等，并使降落到火星和从火星表面上升的质量最小。否则，航天器越重，实现下降和发射上升就需要越多的推进剂质量。如果采用原位资源，推进剂和氧化剂可以在火星表面制造。推进剂制造设备可以用氢将二氧化碳转换为氧气（氧化剂）或者甲烷等燃料。这种情况下，航天器不需要将返回上升段的推进剂携带到火星表面。如果实现从火星表面上升的航天器与预留在火星高轨道的地球返回航天器对接，相比火地转移轨道或者通过中间停留轨道到地火转移轨道，可以减少近地轨道发射总质量。通过提升较小上升器的 Δv，减少了大型航天器往返对 Δv 的总需求。

火星返回上升的飞行剖面与月面上升类似，分为垂直上升、程序转弯和闭环控制阶段，闭环控制可以实现精确到达目标点。如果只是为了实现上升阶段的基本性能，可以采用开环控制代替闭环控制，比如重力转弯或者程序转弯。发动机关机后，航天器滑行一段时间到达远火点，在远火点实现轨道机动，通过机动可以抬高椭圆轨道的近火点高度，或者圆化停泊轨道，或者实现更大椭圆轨道。程序转弯控制参数包含俯仰角和俯仰角速率，实现上升阶段与最终闭环控制飞行段的无缝连接。闭环控制可以实现一个燃料最优的上升段以抵消重力和大气阻力的影响。根据已知的大气模型，采用闭环控制实现火星表面至火星轨道的飞行，所使用的 Δv 接近燃料最优。理论研究表明，为了建立上升剖面并计算 Δv，采用零攻角（重力转弯）可以接近燃料最省。

如前文所描述的，单一舱段的航天器，给定有效载荷质量后，降低上升段的 Δv 可以直接降低航天器的发射质量。但是对于含有两个舱段的航天器，有时较大起飞质量却更具优势。整个上升阶段需要的总 Δv，需要根据第一个舱段和第二个舱段所需的 Δv 进行确定。一些情况下，航天器所配置的 Δv 较高，则发射质量相对较低。这种情况下，Δv 无法说明所有问题，就需要迭代计算航天器规模。对于一个包含两舱段返回上升航天器的设计，给定有效载荷质量后，设计中必须包含飞行轨道的 Δv，以获得最有效的燃料或者质量配置。

将表 10－8 和图 10－26 所描述的月球返回上升的仿真应用到火星返回上升中，可以得出上升段初步合理的 Δv。考虑是在火星表面返回，上升飞行剖面应该在约束范围内采用尽可能小的 Δv。图 10－27 最后一幅描述了返回上升至 500 km 轨道高度和圆化火星的停泊轨道所需要的总 Δv，它是发射时初始推重比相关的函数。图示结果表明，发射推重比 T/W 对上升所需的 Δv 影响很大。当推重比约为 0.85（地球 g）时，可以得到最小的上升 Δv。但是由于鲁棒性初步设计允许任务中止或者航天器质量的增加，一旦确定了航天器的发动机（推力性能），航天器质量的增加就会降低发射推重比 T/W。这个例子中，航天器的推重比 $T/W=1.1$ 时允许质量增加，但是 Δv 仅（相比推重比为 0.85 时）增加 1%。对于包含三个发动机的航天器，推重比 T/W 可以允许发射时有一个发动机出现不影响性能的失败（假设其余的发动机推力指向航天器的重心）。曲线显示了当一台发动机不工作时，Δv 与 T/W 的对应关系。

推进剂的选项有常温和低温两种。在飞行剖面设计中，可以采用比冲 I_{sp} 来识别。如图 10－27 左上图所示，一个低温推进剂（例如液氢作燃料、液氧为氧化剂（LOX/H_2））的比冲为 $I_{sp}=460$，对上升段性能的提高没有太多助益。储存性好的推进剂（$I_{sp}=365$）因为

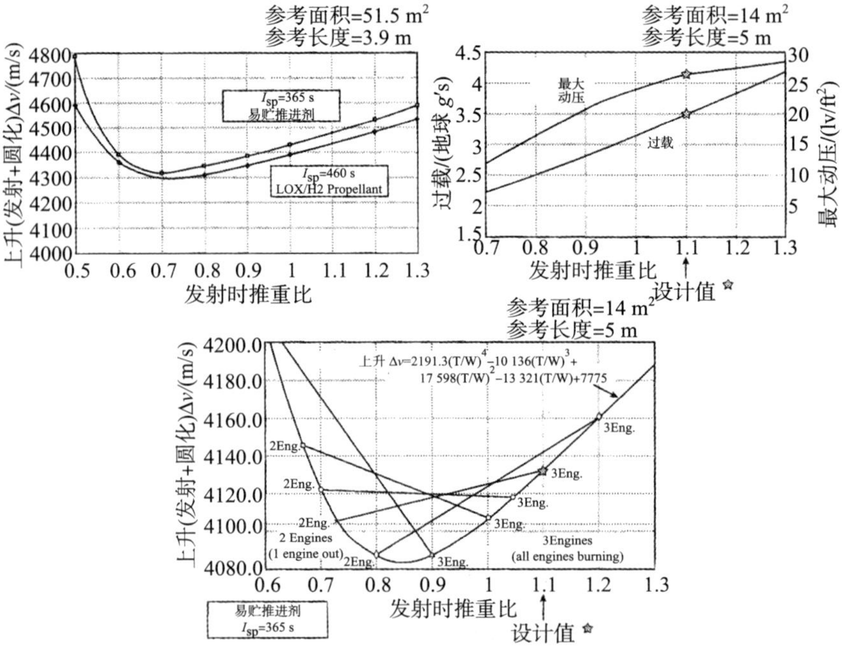

图 10－27　火星返回上升段的飞行剖面设计▲

▲：下图为推重比 $T/W=1.1$ 的飞行剖面示例。该推重比允许航天器的质量增加，也允许航天器中的一个发动机失效。可以看出发动机上升段或者一个发动机失效情况下的 Δv 值变化情况。左上图给出了不同推重比下，储存性好的推进剂与低温制冷推进剂所对应的上升段 Δv 变化情况，从图中可以看出两种推进剂对应的上升段性能区别不大（月面上升也有类似情况），但是采用储存性好的推进剂，其燃料贮箱的体积可以更小，储存温度可以相对较高（降低制冷所需的能量）。右上图给出了推重比 $T/W=1.1$ 时，上升段航天员身上的过载限制为 $3.5g$（g 为地球重力），并且能够使最大空气动压较低（航天飞机的最大空气动压约为 720 lb/ft²），这种形式可以降低上升飞行段的热防护系统质量

密度较高，使用的燃料储箱体积小，因此较小的上升火箭往往采用该种燃料。低温推进剂有沸点低易挥发的缺点，需要用采取主动降温手段保持低温使用环境。

上升段飞行剖面是在最大 $3.5g$ 的过载限制下设计较好的飞行性

能，并使乘组所受的过载最小。飞行过程中的动压要尽可能小以降低热防护系统（TPS）的质量。图 10－27 中的右上图中可以看出，推重比 $T/W=1.1$ 时上升段的最大过载为 $3.5g$。设计时，轨道必须尽可能的降低最大空气动压，以降低热防护系统的质量（TPS）。

图 10－28 给出了具有单级舱段的火星上升返回航天器的飞行剖面，上升段包含几个飞行段：2s 的垂直上升段、20s 的程序转弯、40s 的线性俯仰角控制阶段，以及零攻角控制阶段（重力转弯）飞行至发动机关机点（500 km 高度的远火点）。助推阶段结束后，航天器滑行至远火点。在远火点进行机动以提高近火点的高度，建立一个 500 km 高度的停泊轨道。一旦进入这个稳定的圆轨道，火星上升级会执行一系列的机动来实现与在轨的地球返回航天器交会对接，也有可能让地球返回飞行器进行主动对接，或者用从火星上升的航天器上升到一个较低高度的圆轨道，之后再执行一系列对接机动，乘组可以从上升的航天器转移到返回器中然后返回地球。

进入到绕火星的圆形停泊轨道后，返回航天器机动到一个飞往地球的日心轨道。地球转移轨道机动所需的 Δv 由所需的双曲线轨道剩余速度 $C3$ 决定，这是经过一定时间，完成从火星到达地球的飞行并以指定速度再入所需的能量。下面方程给出了计算所需 Δv 的公式

$$\begin{aligned}\Delta v_{\mathrm{TEI}} &= v_{\mathrm{req}} - v_{\mathrm{current}} = v_{\mathrm{req}} - v_{\mathrm{circular}} \\ &= [C3 + 2\mu/(r_p + h)]^{1/2} - [\mu/(r_p + h)]^{1/2} \\ &= 2751\mathrm{m/s}\end{aligned}$$

式中　$C3$——双曲线轨道剩余速度，单位为 $\mathrm{km^2/m^3}$；

μ ——火星引力常数（42828.28 $\mathrm{km^2/s^2}$）；

r_p ——火星半径（3398 km）；

h ——当前轨道高度（500 km）。

$C3$ 取 14.82 $\mathrm{km^2/s^2}$，在整个 2028 年可以实现地球最小能量的返回，限制任务时间约 200 天，也可以更少，而且地球进入速度约 13 km/s 或者更低。鉴于此，地球返回航天器在 2028 年的任意返回窗口都可以从火星的 500 km 高度圆轨道返回至地球。

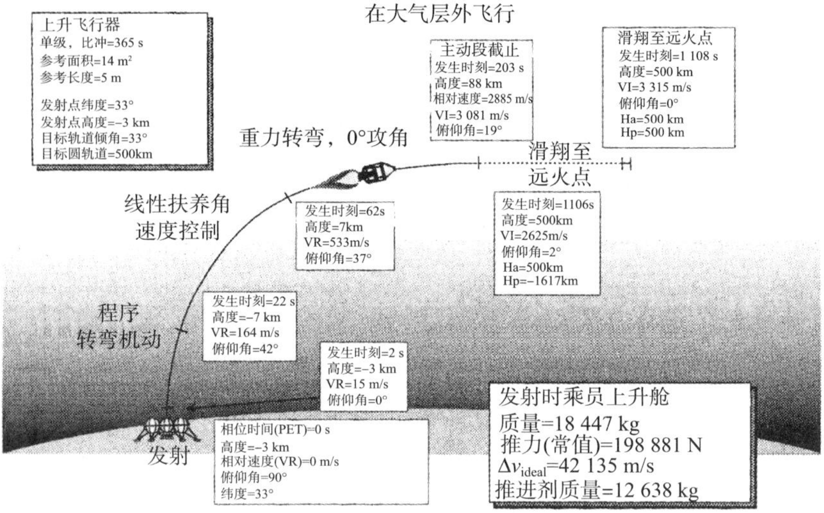

图 10－28　火星返回上升的飞行阶段▲

▲：典型的火星返回上升飞行阶段，航天器只有一级，包含垂直上升、倾斜转弯、线性俯仰角速率控制以及重力转弯控制阶段，直到助推关机点。用线性俯仰角速率控制代替重力转弯，以实现最优返回上升控制（对应最优的上升 Δv）。助推结束后，航天器滑翔至 500 km 远火点，在远火点实现轨道圆化。整个上升阶段包括轨道圆化，所需的 Δv 为 4135 m/s。固定推力上升段的过载控制限制为 3.5 g/s（其中，g 为地球重力）

10.5　月球基地案例

本节例举了一个月球南极探险的飞行任务在飞行过程中各项重要参数的设计过程。假定在高能量椭圆转移轨道（$0 > v_{\text{inf}} > -1.4$ km/s）用大约 3 天的时间飞往月球（自由返回轨道），之后用大约 3 天的时间沿双曲轨道飞离月球返回地球。注意，返回轨道对于月球是双曲线，而到达地球时对于地球是椭圆轨道。表 10－9 总结了这个任务中的一些重要参数。

表 10-9　月球基地任务中的进入、下降、着陆以及返回上升参数

任务阶段	关键参数	备注	参考章节
地月转移轨道(TLI)	Δv=3133 m/s； Δv_{MCC}=50 m/s(中途修正)	从 200 km×200 km 高度的地球轨道离开，v_{inf}=-1.4 km/s(椭圆轨道)，到达地月转移轨道的转移轨道倾角为 61.5°； 飞行时间为 74 小时(采用最小 Δv 或者是自由返回轨道)； 月球在近地点	10.1 节
环月轨道进入(LOI)	Δv =920 m/s	进入 100 km 高度近月圆轨道	
从近月轨道(LLO)降轨	Δv =18.6m/s； 点火时长 5s	从 100 km 初始近月圆轨道下降，建立 100 km×17.5 km 的下降转移轨道	10.3.1 节
月球动力下降段	Δv =1862m/s； 点火时长 419s； 5:1 节流控制； T/W = 0.4； LOX/H_2:I_{sp}=444s	下降段； 制动阶段采用全节流； 节流下降段采用 33%的节流； 最终垂直下降段的的推力加速度为 1.2 g/s(g 为月球重力)	10.3.1 节
月球返回上升段	Δv_{boost}=1815 m/s； Δv_{circ}=19 m/s； Δv_{total}=1834 m/s； 点火时长 328 s； 固定推力——全节流； $T/W_{liftoff}$=0.42； T/W = 0.4 Bi-prop:I_{sp}=310 s	单级飞行器上升至近月轨道，与下降段类似； 助推至 100 km×18.5 km 轨道； 在 100 km 轨道高度进行轨道圆化	10.4.1 节
月地转移轨道(TEI)	Δv =879 m/s； Δv_{MCC}=50 m/s(中途修正)	从 100 km×100 km 的月球轨道离开，v_{inf}=0.986 km/s(双曲线轨道)，到达地月转移轨道的转移轨道倾角为 61.5°； 102 小时飞行(最小能量)； 月球在近地点	10.1 节

续表

任务阶段	关键参数	备注	参考章节
地球进入	$v_{entry}<11.5$ km/s； 理论进入 γ_{entry} 为 $-5.5°$； $q_s<100$ w/cm^2； $g_{load}<10$ g$_e$ s； $L/D<1$； $\beta<100$ kg/m^2	高能量椭圆轨道； 直接进入和着陆； 进入过程中进行过载限制	10.3.2 节

▲:典型的月球载人航天任务中从进入地月转移到返回地球再入的关键参数。

参考文献

[1] Barter, N. te al. 1994. TRW Space Data Book. 4th ed. Redondo Beach, CA: TRW Space & Technology Group.

[2] Bourke, R. et al. 1991. Report of the Mars Atmospheric Knowledge Requirements Workding Group. JPL D-8465. Pasadena, CA: NASA Jet Propulsion Laboratory.

[3] Chapman, D. 1960. An Analysis of the Corridor and Guidance Requirements For Super Circular Entry into Planetary Atmospheres. NASA Technical Report R-55. Washington, DC: National Aeronautics and Space Administration.

[4] Cruz, M. I. 1979. The Aerocapture Vehicle Mission Design Concept - Aerodynamically Controlled Orbit Capture. AIAA paper 79 - 0893. Washington, DC: American Institute of Aeronautics and Astronautics.

[5] Cuthbert, P., M. Tigges, and L. Bryant. 1990. Lunar / Mars Earth Return Aerocapture Heating Constraint. AIAA paper 90 - 2936. Washington, DC: American Institute of Aeronautics and Astronautics.

[6] Detra, R. W., N. H. Kemp, and F. R. Riddell. 1956. Heat Transfer to Satellite Vehicles Reentering the Atmosphere. Paper presented at the ARS 11th Annual Meeting, New York, NY: American Rocket Society.

[7] Duncan, R. 1962. Dynamics of Atmospheric Entry. New York, NY: McGraw-Hill Book Company, Inc.

[8] Hansen, W. et al. 1978. The Mars Reference Atmosphere. Innsbruck: Committee on Space Research (COSPAR) and Pasadena, CA: NASA Jet Propulsion Laboratory.

[9] Harpold, J. and C. Graves. 1979. Shuttle Entry Guidance. Journal of the Astronautical Sciences. 27: 239-268.

[10] Ilgen, M., R. Manning, and M. Cruz. 1991. Mars Entry-to-Landing Trajectory Optimization and Closed Loop Guidance. AAS/AIAA paper

91 - 501. Washington, DC: American Astronautical Society.

[11] Ling, L. , F. Baseggio, and D. Fuhry. 1991. Parametric Entry Corridors For Lunar/Mars Aerocapture Missions. NASA Technical Memorandum 102178. Washington, DC: National Aeronautics and Space Administration.

[12] Peterson, W. et al. 1992. Earth - Space - Land Landing Analysis for the First Lunar Outpost Mission: Apollo Configuration. NASA Report JSC - 25895. Houston, TX: NASA Johnson Space Center.

[13] Peterson, W. et al. 1993. Earth landing and Recovery Option for the First Lunar Outpost. NASA Report JSC - 26130. Houston, TX: NASA Johnson Space Center.

[14] Rochelle, W. C. et al. 1990. Aerothermodynamic Environments For Mars Entry, Mars Return, and Lunar Return Aerobraking Missions. Paper presented at the AIAA/ASME 5th Joint Thermophysics Conference, AIAA 90 - 1701. Washington, DC: American Institute of Aeronautics and Astronautics.

[15] Tigges, M. A. , and L. Ling 1989. A Predictive Guidance Algorithm for Mars Entry. AIAA paper 89 - 0632. Washington, DC: American Institute of Aeronautics and Astronautics.

[16] Tigges, M. A. , and L. Bryant. 1989. Lunar/Mars Common Vehicle Study. NASA Report JSC - 23894. Houston, TX: NASA Johnson Space Center.

[17] Vinh, Nguyen X. , Adolf Busemann, and Robert D. Culp. 1980. Hypersonic and Planetary Entry Flight Mechanics. Ann Arbor, MI: The University of Michigan Press.

第 11 章　设计与规划空间单元

Reinhold Bertrand，Ernst Messerschmid，斯图加特大学航天学院
Dale Thomas，NASA 马歇尔航天飞行中心

空间单元通常分为两种：载人轨道航天器或空间站，以及用于往返星际间、在行星上着陆和起飞的转移飞行器。转移飞行器通常为专门处理一个特定任务而设计，而空间站通常须能够执行多项工作和处理多个任务。因此，诸如视场、微重力水平、电能等需求大体上决定了空间站架构，图 11－1 给出了组成空间站架构的所有分系统。由于空间站规模较大，姿态和轨道稳定性也影响其设计。

转移飞行器的设计首先取决于任务要求，若需要进入大气层，还取决于机动时的结构载荷和热载荷。转移飞行器从结构上来说既可设计为用于星际间航行的“移动空间站”，如用于行星间运输；也可设计为高度集成的舱段或航天飞机，能够进入具有大气层的行星。表 11－1 列出了这些飞行器的不同之处。

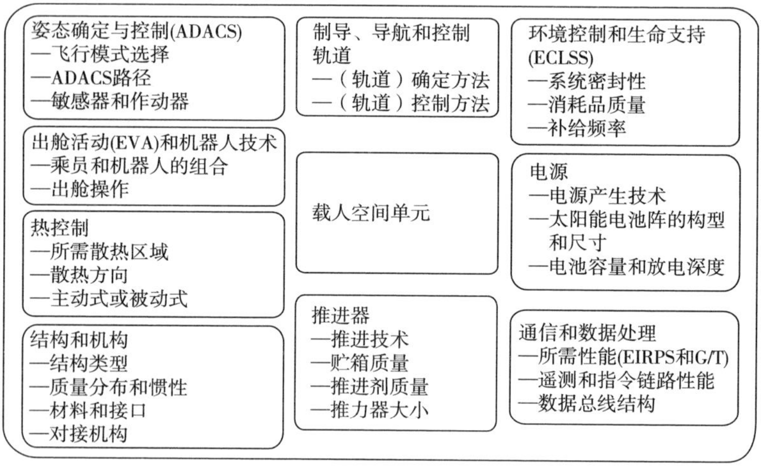

图 11-1　空间单元分系统▲

▲：空间单元的每一部分都由这些分系统的子集组成

表 11-1　载人空间单元的特点▲

名称	空间单元/空间站	转移飞行器
任务	多任务/折中任务剖面：一定范围的应用和用户规则	特定/专用任务剖面：对一个特定任务的最优设计（例如，自动转移或探索任务）
规模/质量	相对较大，以适用于不同任务，模块化设计	相对较小，以限制推进剂需求，模块化或集成设计
寿命周期	一年到几十年	几个月到几年
补给	经常	一次，从地球或目标星球
架构布局影响因素	飞行模式（星球定向或惯性）； 轨道环境相互作用（重力梯度和残余大气）； 自由落体设计，微重力水平； 能量供应； 载荷调节和视场； 飞行器接近路径和停泊位置； 诱导环境和污染情况	载荷和乘组适应以及安全性； 大气穿越（气动力辅助，再入）； 自由落体或者人工重力设计； 能量供应； 操作（姿态和轨道机动）
结构设计影响因素	压力、辐射屏蔽、热循环	结构载荷（发射，再入），如果穿越大气需热防护系统
组装	在轨	地面或在轨

▲：尽管空间站和转移飞行器不同，但同一设计过程适用于这两种类型的航天器。本章侧重于载人轨道航天器，转移飞行器在第 12 章中详细讨论。

本章重点讨论设计和规划在轨空间站。

11.1　设计空间单元

在设计空间单元之前，需要审阅任务设计（第 1 章、第 2 章）的内容，其中已经包含了许多设计要点、需求和约束条件。如表 11－2所示，空间单元设计的第 1 步是评审第 1 章、第 2 章所讨论的设计过程。

表 11－2　设计空间单元▲

步骤	描述	相关章节
1	评审任务描述和任务目标	第 1 章,第 2 章,11.2 节
2	明确初步需求和约束条件	11.3 节
3	创建空间站初步方案	11.4 节
4	选择轨道和轨道控制方法	11.5 节,第 19 章
5	选择飞行模式	11.6 节
6	分系统关键项选择	11.7 节,第 16 章～第 24 章
7	开发备选构型 定义构型； 规划构型； 开发拓扑结构(形状、位置、指向)	11.8 节
8	评估备选方案	11.9 节
9	选择空间单元基线方案	11.10 节

▲:遵循上述流程,并利用全书中的信息和方法进行设计。

第 2 步，需考虑整个任务的需求和约束。我们能够找出轨道、转移以及行星部分的直接需求和约束，然后在描述任务的主要特点如轨道和飞行模式之前，可以开始规划和构造空间单元。

第 3 步至第 7 步是空间单元设计中具有创造性的核心部分，因为要根据其用途以确定姿态和轨道动力学、能源供应和热控、操作和安全等相关因素，从而确定所有部件的形状、位置和指向，并可评估如大小、质量、能源和热需求等关键参数。遗憾的是，构型不能从详细设计中产生，必须利用直觉和创造性去设计和集成所有约束、需求和设计要点。

第 8 步，评价空间单元方案的可用性，然后在第 9 步选择基线和开始分系统设计。

11.2　任务描述和任务目标评审

与汽车、航空器、计算机或者其他系统一样，任务决定系统架构，尽早清楚地描述任务可以更加有效地研发和运行系统。例如，利用微重力的空间站和用来组装建造星际飞行器的空间站构型不同，建造同时拥有这两种能力的空间站需更多花费，操作起来也需要消耗更多资源。因此，尽早明确空间站未来的用途，将会对研发人员和用户都有益。

表 11-3　空间站任务如何利用可操作的特征去支持用户要求▲

空间站							
利用如下特征	支持某些应用					支持某些任务	
	微重力 物理和材料科学 生命科学	空间科学	地球观测	空间工程和技术	电信	服务	转移节点
无重力效应	×	×		×		×	×
真空		×	×	×			
辐射环境(粒子、热、电磁、地球磁场)	×	×	×	×			
无扰动的宇宙观察		×		×			
长期的地球和大气层观察			×	×	×		
乘组存在	×	×	×	×		×	×
轨道设施	×	×	×	×	×	×	×
后勤和返回能力	×	×		×		×	×
操作支持	×	×	×	×		×	×

▲:表格显示了一些空间站特征可以增强任务的可实现性。

一般的空间站任务采用近地轨道、行星轨道或空间站本身的特性去满足典型的空间应用和使用需求。

我们必须本着空间站能力与任务目标相匹配的原则研究出一个明确的方案以确保空间站高效运行。多个任务目标之间经常会有所冲突，例如，转移和服务操作可能影响微重力环境，因此需要基于敏感因素影响程度来权衡和安排操作的时间。

要特别注意到的是，开始设计时，目标的定义可能是非常不明确的——关注点可能会放在和其他国家在一个高技术项目合作中的收益，一个可能的发射机会，或者管理一个科学、技术或商业任务的需要。这些零散的目标会随时变化，对工作的安排也会相应改变，并会推迟、降低甚至阻碍设计的开展。考虑表 11－4 中不同空间站构型的相对价值，不同任务目标会决定不同的空间站构型。例如，概念开发小组的三角构型对组装星际航天器最为合适，而自由号空间站的构型则更适合于微重力研究。

表 11－4　空间站架构▲

概念	特点
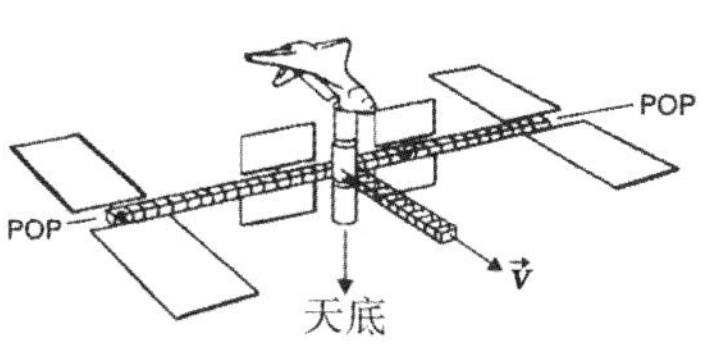	CDG ——平面方案 ＋主动太阳跟踪，桁架顶端不旋转（α－跟踪）和太阳能电池阵绕纵轴旋转（β—跟踪）； ＋压力舱段部分处于引力梯度姿态； －压力舱安排在最低点方向，不适于微重力； －有限的扩展潜力
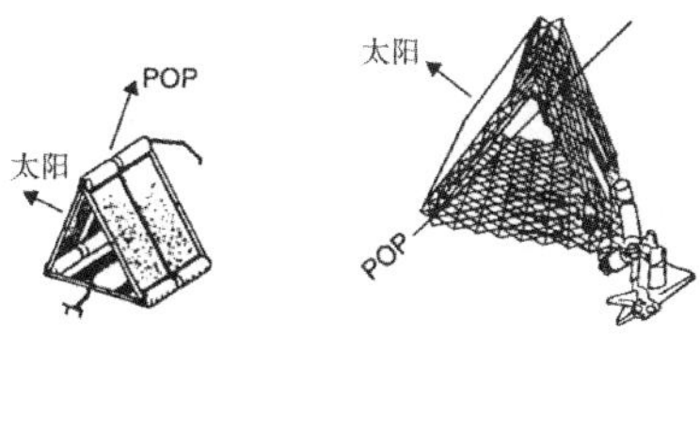	CDG——三角形方案 ＋高结构刚度； ＋早期的对称构型，适于惯性飞行模式和固定太阳能电池阵； ＋在三角形内部可用来建造自然“机库”，提供服务等； －压力舱在边上（远离质心）； －有限的扩展潜力； －随规模增长，出现各舱成簇的问题，导致姿态稳定困难

续表

概念	特点
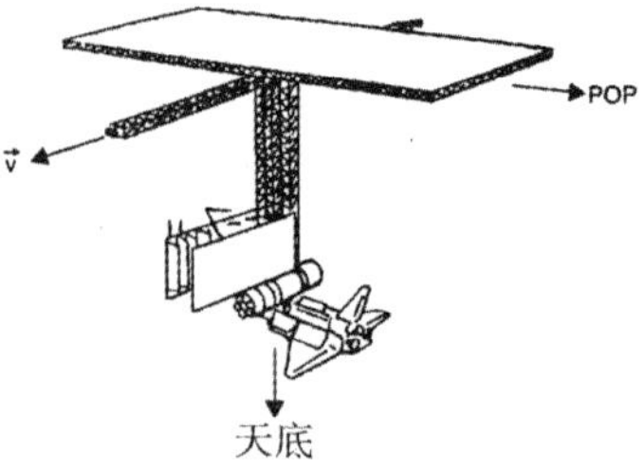	CDG——大 T 形方案 +引力梯度稳定的飞行模式； +固定太阳能电池阵，无气动力影响区域； —无跟踪导致收集器面积较大（和 α/β—跟踪相比，因子为 2.5）； —压力舱远离质心； —对空间的视场有限
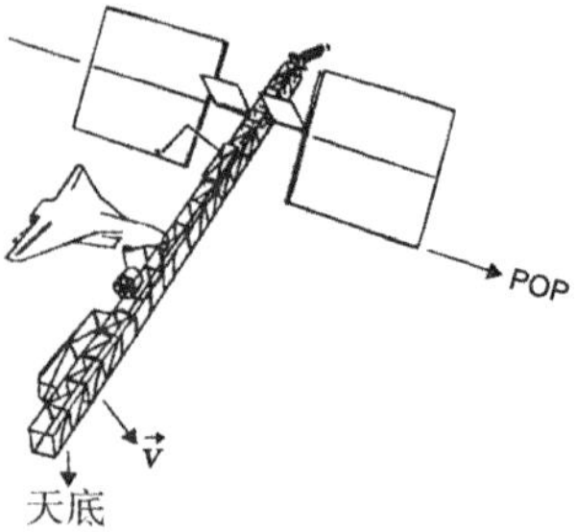	CDG—能量塔方案 +引力梯度飞行模式； +主动太阳能电池阵跟踪； +压力舱位置允许 TEA； +好的扩展潜力； +对地和对空间观测有效载荷互相协调； —压力舱部分远离质心； —太阳能电池阵跟踪导致 TEA 振荡
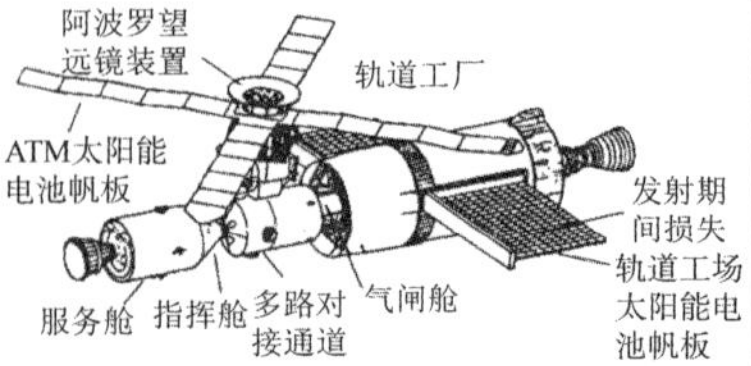	天空实验室 +单次运载发射； +大的压力容积； +经过阿波罗飞行验证的硬件重大再利用，低费用和低风险设计； —无重新补加的能力； —有限的可运营寿命周期（<1 年）； —单次有效载荷补充（和天空实验室一起发射）
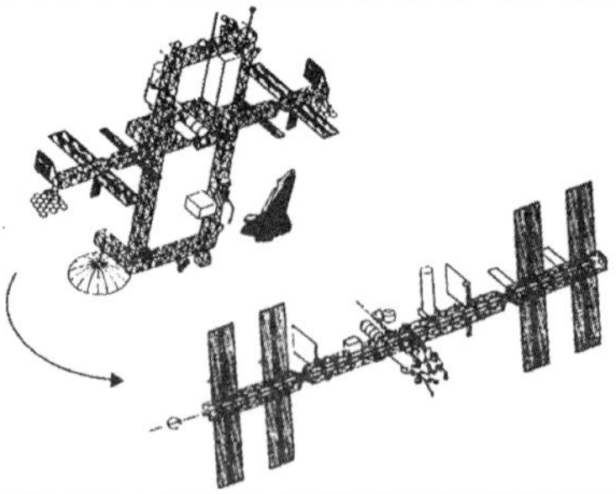	自由号空间站的“双龙骨”方案 +引力梯度飞行模式； +太阳能电池阵主动 α/β—跟踪； +非常好的外部载荷适配； +压力舱接近质心； +太阳能电池阵压心接近质心； +好的扩展潜力； +压力舱在航线方向上（双出口/冗余通路）； —在硬件和出舱活动上具有挑战性

续表

概念	特点
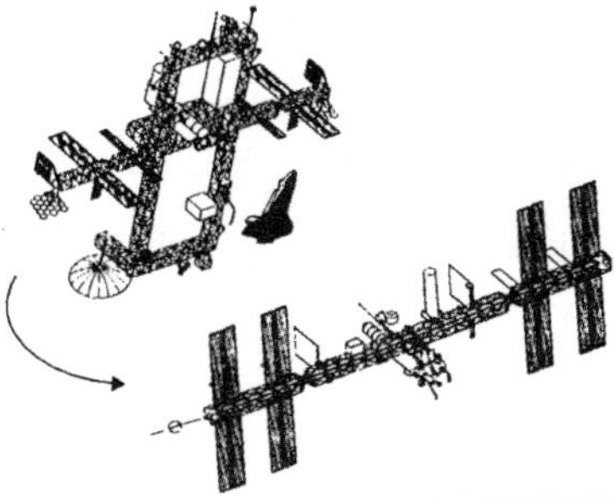	自由号空间站的"改进基线"方案 ＋和"双龙骨"相同，除了： －无重力梯度飞行模式； －缺少空间用于外部载荷； －仅对美国舱有双出口/冗余通路
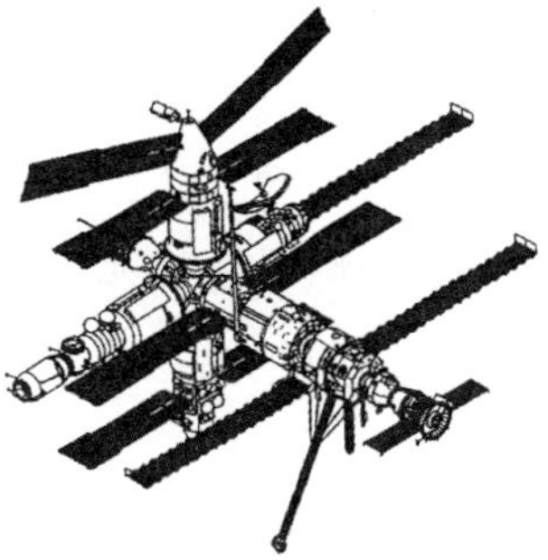	和平号空间站 ＋构型上高度灵活； ＋结构紧凑，允许不同飞行模式，包括引力梯度； ＋好的扩展潜力； －能源受限（躯干上安装收集器）； －有限空间用于外部载荷
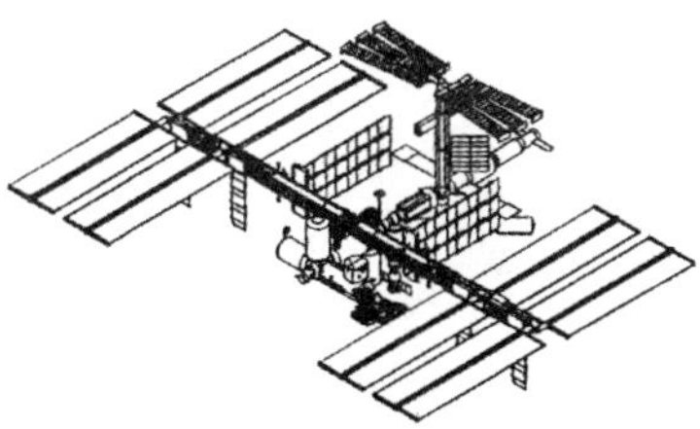	国际空间站 ＋压力舱骨干结构保证了早期运营能力； ＋美国在轨桁架骨干结构允许高能源和热损耗； ＋俄罗斯和美国在轨部分操作互为冗余； ＋许多压力舱排列于飞行路径方向（微重力）； ＋部分俄罗斯和美国舱段具有双出口和冗余通路； －无重力梯度稳定； －质量分布导致俯仰偏离当地水平较大； －太阳能电池阵位置导致周期气动力扭矩

▲：一些团队已经设计并部分建造了不同空间站，部分方案已经是不断改进设计的一部分，不能单独存在，如 CDG 的平面、三角形和大 T 形方案已经是 NASA 概念开发小组研究的一部分，这导致了 NASA 的能量塔方案被双龙骨构型直接取代。CDG＝概念开发小组，PM＝压力舱，CM＝质心，TEA＝力矩平衡姿态，POP＝垂直于轨道面。

紧急和发生变化的任务目标改变了自由号空间站和国际空间站构型，增加了成本且延缓了计划的实施。在设计过程中需要不断精炼目标，因为改变就意味着重复工作，所以项目的领导者应当坚持让工作朝着平稳而精确的目标方向开展，其实明确目标的过程就相当于使目标不断地、尽可能地接近客户和设计人员的需要。

不过，在概念设计开始阶段目标不明确也是正常的。当和客户讨论力图明晰目标的过程中经常会遇到这样的反应："告诉我它都能干什么，我再想想我要什么?"当然，为了答复客户，就不得不给出一些假想的答案——一些是正确的，一些则是错误的，然后就开始进行概念设计了。所以，与其事前强求一个所谓的明确目标，还不如谨慎地构思出系统架构，从而尽量减少在追求明确目标过程中的无用功和重复性劳动。表 11－5 列出了关于空间站和总体结构的模糊目标，以及如何弱化模糊目标的影响。表中的例子虽然无法适合具体的个案，但起码说明了如何选择架构，从而能够抑制架构变化所造成的影响。

表 11－5　例子：不明确的目标及可减少其影响所采用的体系架构▲

模糊目标	为减少其影响所采用的体系架构
多个国家参与	不同国家建造单元之间要简化接口——物理的和功能的，在不能完全估计电接口的地方要尽可能简化
载荷应用	为有效载荷提供应用服务母线（能源、资料等）
乘组人数	按比例规划分系统结构——例如，增加或减少能源需求不应该引起 DC 到 AC 供电的变化
任务持续时间	规划分系统使之能处理任务持续时间内可能出现的最坏情况
科技发展	新技术和成熟技术尽可能匹配，在研制过程中可减少改变
扩展	沿飞行器对接走廊扩展；过分增加会损害制导、导航和控制，以及应用（能源，热）服务母线；主结构有设计裕量冗余，保证潜在增长构型有足够的结构特性（刚度，模态频率等）
自动化技术和机器人技术	为人和机器人操纵使用普通硬节点和爪钩技术；减少使用机械开关和作动器，使用电子作动器更容易自动化

▲：正如文中所讨论的，许多目标并不明确，这些例子为分系统、工艺、技术方面提供了减少影响的相应策略。

11.3　初步需求与约束条件

在对目标进行分级列举之后，开始系统地找出空间单元相关的约束条件并将宽泛的目标转化成初步需求。

对于空间站来说，最常见的约束条件是发射限制（如质量、大小、轨道等）、模块设计和部件组装、乘组、出舱活动（EVA）时间和硬件的重复使用，这些约束条件和需求均会对空间单元的设计产生影响（图 11 - 2）。表 11 - 6 给出了一些约束条件和需求，以及其他值得关注的信息。

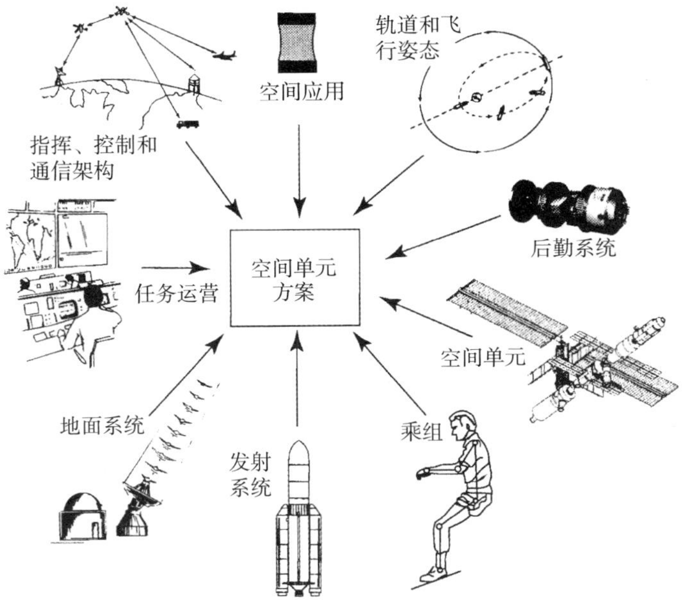

图 11 - 2　载人航天任务单元▲

▲：整个任务方案影响了空间站的设计，各个单元的选择构成了整体设计

表 11－6　空间站主要需求和约束条件▲

考虑的方面/系统单元	需要的信息
任务	
剖面	应用:微重力,视场,阴影,指向
运营	试验,操作周期,重新配置
运营方案	类型,任务方法
航天器寿命和可靠性	任务持续时间,成功标准
通信架构	C^3(指挥、控制、通信)方法
与规划相关的约束	费用和进度剖面
乘组	
乘组人数	数量,性别和技能配置,安全性和适居标准
平均驻留时间	类型,任务方法
载荷	
物理参数	大小,重量,形状和功率
操作	占空因子,数据传输速率,视场
指向和快速定向	参考,精确性,稳定性
快速定向	大小,频率
环境	最高和最低温度,洁净度
轨道	
定义参数	高度,倾角,偏心率
星蚀	最长持续时间,频率
光照条件	太阳角度和视场条件
机动	大小,频率
环境	
辐射剂量	平均值,峰值
微粒和流星体	大小,密度
空间碎片	密度,碰撞概率
恶劣环境	类型,威胁程度
发射	
发射策略	单次,两次;专用,分享;上面级应用
发射重量	发射能力
包络	大小,形状
环境	加速度,振动,噪声,温度
接口	电和机械
发射地点	位置,允许发射方位角

续表

考虑的方面/系统单元	需要的信息
地面部分/后勤/基础设施	
自主程度	要求的自动化操作,应用机器人技术
地面站	数量,位置,性能
后勤	补给频率,维护策略
空间链路	空间—空间链路,性能

▲:设计空间站至少要考虑上述方面。

在明确某一约束条件或需求前，必须要清楚它将如何对设计产生影响。比如，采用一个给定的运载系统可能会限制任务或系统的其他要素，如可达轨道（半长轴和轨道倾角）。质量和体积也直接限制了空间单元的设计，发射频率会左右工程任务的实施计划以及影响系统运行所需的后勤补给。这些个别的案例说明了任务和系统要素都是整个关系网络中的一部分。

干涉矩阵是用来说明和分析这类关系网络问题的有效工具（见图 11－3)。图中横行和竖列标出了任务和系统要素，各要素之间的关系归结到矩阵节点中。我们可以根据这个矩阵来找出相应的约束条件，如选择“发射”会发现对节点里包含了针对此要素的约束条件——如发射频率对任务进度要求的影响（第 1 列：“任务/应用”），或者发射系统特点限制了对轨道的选择约束（第 2 列：“轨道/环境”）。

通过矩阵分析，可以看出客户或顶层任务方案如何影响空间单元设计。干涉矩阵还有助于将宽泛的目标转化为初步需求。这种情况下，通过行列寻找约束就是将一个值或多个值与矩阵节点中的相互关系联系起来，这个过程将帮助我们建立一个包含了约束条件和初步需求的清单，如表 11－25 所示。

	1 任务应用	2 轨道/环境	3 姿态飞行模式	4 发射	5 乘组	6 空间单元 构型，操作	6 空间单元 分系统	7 地面单元，后勤，基础设施	8 进度，成本，风险，管理
1 任务应用	-任务目标，应用 -有效载荷P/L，硬件需求 -任务约束	-轨道/构型需求 -轨道机动 -环境需求	-姿态，飞行模式需求 -姿态机动 -可视性，微重力，EPS	-P/L能力 -发射载荷 -进度，发射频率 -安全性，可靠性	-乘组强度 -生命科学 -乘组任务	-构型，体系架构，P/L，H/W要求 -重新配置 -操作要求	-特殊S/S要求，AOCS，EPS，ECLS，TTC，TCS	-操作时间段 -设计寿命 -任务控制 -C^3结构	-目标任务日期/持续时间 -发射窗口 -成本包络 -政治/工业约束
2 轨道/环境	-环境扰动 -可见性，星座 -轨道演进		-姿态扰动 -飞行姿态获取和控制	-运载器性能（在轨质量） -发射限制 -发射窗口	-对乘组的影响 -辐射，空间碎片	-安全策略 -可见性 -C^3结构 -自主程度	-退化 -星蚀时间 -热载荷 -S/S设计	-链接时间 -可见性 -推迟时间 -链接距离 -后勤用ΔV -维护	-发射窗口 -在轨寿命 -技术选项
3 姿态飞行模式	-任务/飞行模式引起的应用约束 -微重力场 -视场	-姿态扰动 -原子，氧 -空间碎片		-分离条件/操作	-心理学（EVA） -光照条件	-构型/质量分布 -AOCS机动 -R&D过程	-环境载荷	-TTC系统操作和设计 -R&D过程	-AOCS工作与成本
4 发射	-发射操作 -发射（后）限制	-可到达轨道 -发射环境 -轨道获取	-运载器分离过程 -姿态获取		-乘组承受的发射载荷 -运载器的安全性和可靠性	-发射过程和构型 -部署 -运载器接口	-运载能力 -运载器接口 -发射时的S/S控制	-地面操作 -系统展开	-可利用运载器 -发射窗口 -特殊交易
5 乘组	-人员容量和对任务的限制 -乘组诱发扰动	-辐射 -安全需求 -再入时间	-飞行模式需求 -EVA	-发射器选择（安全性） -过载限制		-自主、自动化 -维护/修理 -机器人技术 -后勤需求	-S/S设计 -安全性限制 -生理学/代谢限制 -自主	-乘组后勤保障 -可用性 -乘组训练 -C^3结构	-教育/训练 -乘组带来的费用和风险
6 空间单元 构形，操作	-构型影响 -操作影响	-轨道协调性（退化，星蚀，环境，AOCS，EPS，可视性，…）	-特殊姿态要求 -机动 -引入的扰动	-IOC需求 -组装/展开 -发射前、中的操作	-乘组用于组装、操作、后勤、维护、修理的时间		-协同联合 -S/S操作需求	-TTC链接时间要求 -自主程度 -货物能力	-研究发展能力 -组装、操作费用
6 空间单元 分系统	-可用资源：EPS，TCS，TTC，AOCS -特殊约束	-特殊要求轨道 -协调性 -S/S设计需求	-特殊飞行模式要求 -EPS，AOCS，TCS性能	-协调 -发射之前和过程中的操作	-乘组用于组装、操作、后勤、维护、修理的时间	-系统工程 -协同联合		-技术约束：频率，功率 -后勤需求 -自主	-S/S发展，生产费用 -制造或购买 -协作
7 地面单元，后勤，基础设施	-限制 -可用性	-和预计轨道兼容 -推进剂需求	-姿态性能需求 -推进剂需求	-发射前、中操作需求 -职责	-可用性 -C^3结构 -后勤能力	-服务、维护、修理策略 -自主程度	-自主程度 -协同设计 -封闭程度		-操作、后勤、基础设施费用 -合作
8 进度，成本，风险，管理	-进度协调 -政治/工业约束 -地理返回	-进度，在轨设计寿命 -费用/风险VS.星座	-飞行模式/姿态	-进度 -发射窗口 -发射频率和限制 -运载器利用	-乘组选择和训练 -可用性 -个人费用	-进度，可用性，发展程序 -竞争，试验 -联合，响应 -工业/政治约束 -技术转移		-操作能力，基础设施 -合作 -操作成本	-财政 -管理结构 -人力资源

→ 约束列表 → 初步需求列表

表11-3　系统单元干涉矩阵▲

▲:这是一个N^2资料图表例子，表示任务不同方面和空间站设计怎样影响其他系统

11.4　创建空间站初步概念

无人航天系统的任务主要与数据的采集、传输和处理有关，而载人系统的任务输出可以是一些样本、实验设备或空间站本身、一次服务或者甚至是活物。因此，空间单元概念将会告诉我们如何通过系统和任务单元的选择来获得所需要的任务输出。比如，微重力材料测试，其任务输出选项可能是一个小的载人轨道实验室、具有在轨电站的转移飞行器、国际空间站的附加舱段、国际空间站的无人共轨平台等，因此应该扩大备选的范围，在这个阶段就将设计限制在某一特定概念范畴还为时过早。

如表 11－7 所示，可以把任务及其空间单元分成 3 类：单一单元、以压力舱为骨干的组合单元、以桁架为骨干的组合单元。

最初的空间站，如礼炮 1 号（1971）或天空实验室（1973）是属于单一单元构型，包含所有分系统，支持航天员生活在一个（或很少几个）压力舱内。到了和平号空间站，扩展 6 个主舱体。采用压力舱构成空间站结构骨干的优点是从开始就有一个完全可操作的空间站，后续还可以不断地对其进行改建或追加，而同时又可以保持整个组合体的刚度和完整性。但是问题在于，需要在各舱段都安装有效载荷、连接器、散热器等，这样和桁架式骨干构型相比，其有效载荷配置、电源系统、散热系统等将受到更多限制，所以舱段组合构型比较适合完成对能源要求不高，但对机动灵活性要求较高的任务。

另一种典型的组合单元采用桁架式骨干结构，组合在桁架上的各舱段共享集中供电、温控、环境控制以及其他分系统，各舱段能够发挥更高的工作效能，同时载荷也因为桁架而获得更多的安置空间，不必担心相互干扰。因此这类构型可以根据需要承担多种类型的任务，适用于不同应用以及对电源和热排放要求较高的情况。

表 11－7　在轨单元分类▲

在轨单元类型	特点	案例
单一单元	一个自包容单元 ＋需要一次发射用于配置和操作； ＋低费用和低风险； －无扩展潜力； 特别适于： 1 至 3 名乘组人员； 低电源要求和热排放； 几年寿命； 特殊任务剖面； 国家项目	礼炮 1～7 号，天空实验室 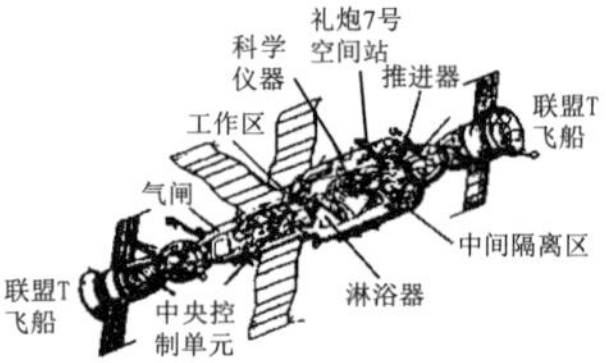
以压力舱为骨干的组合单元	在每个具有很大自主性的压力舱进行分系统集成 ＋结构具有较高刚度； ＋多冗余； ＋连续和灵活的扩展潜力； ＋过载高频跳动； ＋在舱段水平上重新配置灵活； －多次发射进行配置和操作； －有限的功率密度支持收集器和辐射器； －有限的外部载荷适配； －舱内重新配置更困难 特别适于： · 中等规模构型； · 3 人或更多乘组人数； · 小于 10 年寿命； · 清晰的任务剖面； · 高度灵活构型； · 中等电源要求和热排放； · 高微重力要求； · 国际项目	和平号空间站 

续表

在轨单元类型	特点	案例
以桁架为骨干的组合单元	集中式分系统间相互作用 ＋多外部载荷适配用于多任务想定； ＋设计上分隔功能区域（能源生成、居住、实验室、热控制等）和在轨替换单元（ORUs）； ＋高能量密度； ＋集中式分系统可节省质量； ＋在一个给定的载荷舱内有更高的可用容积； －多次发射进行配置和操作； －过载低频跳动； －分布资源更费劲（能源，热，数据）	CDG－概念，自由号空间站，组装完成后的国际空间站 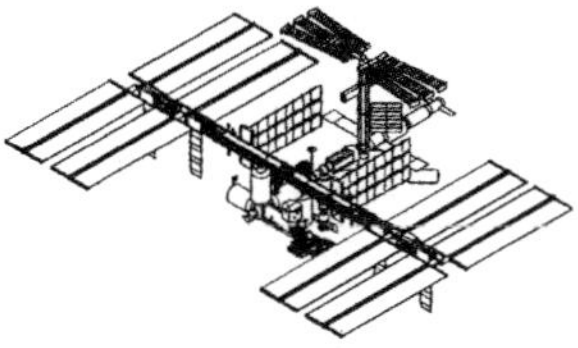
	特别适于： · 变化的任务剖面； · 高电源要求和热排放； · 3 人或更多乘组人数； · 大于 10 年寿命； · 多国合作项目	

▲：这有利于评估载人空间任务的规模、范围及其在轨单元。

国际空间站初始在轨阶段完全依赖俄罗斯多功能货舱（后称为曙光号）和服务舱，其骨干由压力舱组成。之后，美国（和俄罗斯）的空间单元将陆续安装具有集中式分系统的桁架，以充分利用两种架构类型的优势。

根据表 11－7 的顺序查看任务构型，单一单元构型在建造和配置方面更有优势，可以在地面经完全测试和检验合格后发射，一次发射即可展开部署完毕。最后，可以完全集成分系统，且在操作过程中消耗很少资源。

如果因发射质量和舱体形状而无法采用单一单元构型，则可以考虑多舱段构型。尽管后者可能会因为遮挡太阳能电池阵和无法大量散热而影响能源生成，但比起最后一种选择——多单元、组合式构型来说，其建造和部署还算相对简单。由于采用了集中供配电等方式，舱段桁架式骨干构型操作起来几乎和单一单元构型一样有效，但是飞行单元相互依赖，组装变化多，建造和部署就更为困难。在组装的各个阶段，它也必须是一个稳定的空间飞行器，在下一个组装阶段之前要能够在轨运行，这个挑战在初始阶段显得非常关键。

所以，我们只需获得乘员数量和任务持续时间等信息，就可以从表 11－7 中的三种构型进行选择。如果设计准则并不明确或者是相互重叠，那么只有从工程的角度来进行判断了。在后续设计过程中，可以更准确地定义构型，如单元个数及其几何外形等。

下一个设计步骤是根据约束条件、要求和所选择的方案来确定关键参数。首先，要确定轨道、飞行模式、粗略的系统布局以及构型等。空间单元评估（第 9 章）中必须说明是否和如何满足设计的目标和要求。接下来要持续对参数进行描述和评估空间单元，直至找到合理的设计概念，然后开始进入分系统设计阶段。

11.5 选择轨道与轨道控制方法

选择空间站轨道很大程度上取决于安全性和用途。安全性是指使航天器处于一个避免因大气阻力引发再入，减少辐射和轨道碎片的影响。转移和服务功能则要求能够访问目标飞行器和目标轨道。最有利于运载器、大气阻力影响的轨道高度和安全性要求之间的关系将在 28.4.2 节* 中详细讨论。地球观测的可视性以及无线电通信要求轨道有一定的倾角、高度或偏心率，轨道也决定了运载器的运载能力。表 11－8 列出了选择轨道的标准。

表 11－8 评估空间站轨道▲

标准	结果	数值/参考
可访问目标和转移飞行器	推进剂需求，任务操作，相位问题	参见第 9 章（轨道）
通信性能	地面站和卫星覆盖，链接持续时间，数据传输速率	参见第 27 章（C^3 结构）

* 译者注：原书此处应为错误引用，不对应。

续表

标准	结果	数值/参考
对地观测性能	全球覆盖，分辨率	大倾角，高轨
星下点轨迹	地球观测性能（接触频率，视角等）	参见第 27 章（C^3 结构）
空气阻力	高度下降和振荡，气动扭矩，微重力水平（准静态）	$h>200$ km（依赖于太阳活动），参见第 3 章
运载系统的有效载荷性能	建造和补给系统的质量限制，给定运载器飞行频率限制	依赖于运载器，参见第 25 章（选择运载和转移飞行器）
范艾伦辐射带的辐射屏蔽	乘组和设备的辐射剂量	$i<65°$，$h<1000$ km，参见第 3 章（空间环境）

▲：选择空间站轨道时至少需考虑这些因素。

11.6　选择飞行模式

对于地球轨道系统来说，飞行模式可以是对地定向或是惯性模式，选择时必须对安全性、操作和应用等进行综合考虑。质量分布和布局很大程度上影响设计的选择，所以需要把各种类似的因素作为发展构型概念的一部分。为了详细说明飞行模式，我们将采用下述标准术语和缩写语：

垂直于轨道面（POP）；轨道面内（IOP）；沿着太阳光线（ASL）；垂直于太阳光线（PSL）；当地水平（面）（LH）；当地垂线（天底）（LV）。

图 11-4 解释了这些缩略语在描述飞行模式中的应用。

在选择飞行模式时，必须要考虑下列重要问题：

1）任务要求——地球观测和无线通信通常需要选择对地定向模式。这种飞行模式也适用于微重力任务，这是因为潮汐引力干扰是稳定的，在速度矢量方向不敏感（详见表 11-19 和图 11-10）。天文有效载荷通常采用惯性定向模式，惯性飞行模式会大大简化设备的指向性和操作。航天器需要能够精确定向的转向装置来调整姿态或者避免过度指向变化，这样空间站系统可以用来控制姿态和轨道。

2）交会对接——典型交会对接采用的是沿径向或轨道速度矢量

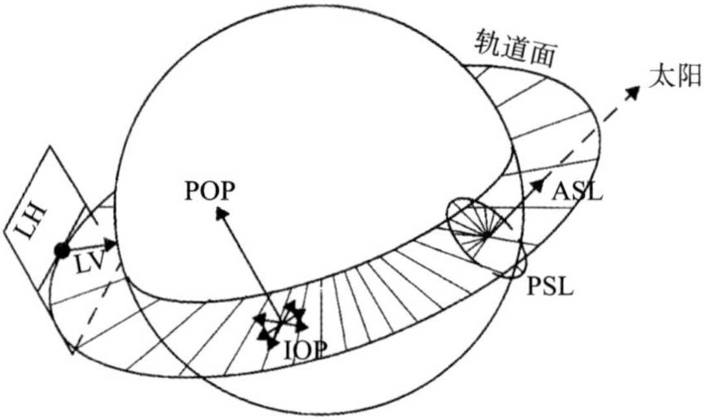

图 11－4　利用普通缩写术语说明飞行模式▲

▲：该图表明如何阐述飞行模式，从而理解空间站布局、整个任务和系统几何构型、轨道衰减和空间碎片影响

对接走廊的方法。在对地定向飞行模式中这两个方向为参考轴，两种方式都不需要空间单元进行特殊姿态机动以使对接适配器处于准确位置。

3）减少气动阻力——为了减少阻力，应该尽量使飞行器在速度矢量方向的面积保持最小。理想状态下，大多数压力舱段的纵向轴应与速度矢量方向平行，太阳能电池阵和散热器的法向垂直于速度方向。但是无法始终保持这种理想状态，并且同时使太阳能电池阵指向太阳。空间站姿态应允许质心和压心之间的偏移量，以抵消任何残余气动力矩。

4）重力梯度的影响——重力梯度可以在对地定向的飞行模式下使空间站保持稳定（详见 11.9.4 节），因此必须将具有最小惯性力矩的轴朝向地球。在惯性飞行模式下，重力梯度对姿态形成摄动。如果能够将两个惯性主轴定位在轨道平面上，那么重力梯度只会造成周期性摄动力矩，这种力矩只需用控制力矩陀螺或动量轮就可以得到平衡，而不必消耗推进剂。如果把一个惯性主轴指向地球，另一个使其垂直于轨道平面，那么就可以使重力梯度力矩完全消失。

5）太阳能电池阵跟踪——如果对地定向飞行器跟踪太阳，需要对两个转动自由度进行补偿：轨道绕地转动（α－跟踪）和由于黄道面倾角导致的太阳入射角的季节性变化（β -跟踪）（参见图 11－5）。太阳能电池阵需要两个转动关节以防止太阳入射角不垂直而造成能量损失。如果能使航天器一个轴定向指向太阳（如，Y－APSL），那么只需用太阳能电池阵的一个转动关节就可以达到完美的跟踪效果。这种情况下，航天器会通过偏航得到第二个跟踪转动自由度。虽然飞行不再是是完全的对地定向，但重力梯度还是可以保持航天器稳定的。惯性飞行模式甚至可以采用固定的太阳能电池阵而无需跟踪。

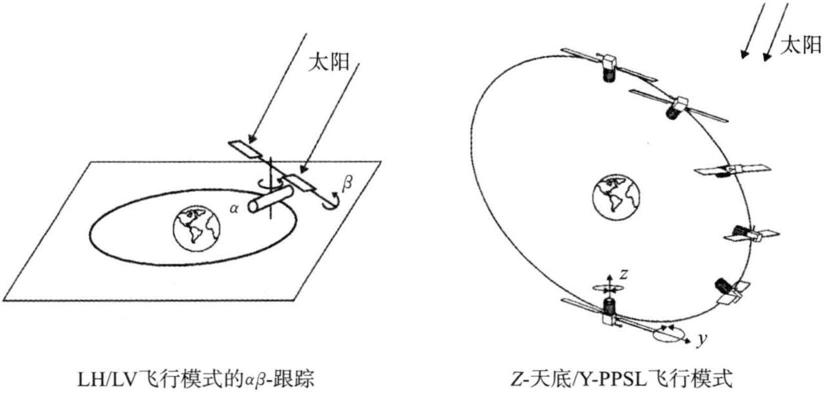

图 11－5　对地定向飞行模式中的太阳能电池阵跟踪▲

▲：需要能够绕两个轴（α，β）转动的太阳能电池阵，可以通过围绕两个关节（LH/LV 飞行模式）转动太阳能电池阵，或者通过航天器自身转动以及围绕一个关节转动太阳能电池阵达到目标

6）乘组心理——对于站外作业或对接机动工作来说，通常为了恒定的视觉参考优选对地（行星）定向。另一方面，惯性姿态可以给予乘组恒定的照明。

表 11－9 总结了对地和惯性两种飞行模式的特点。具有均匀质量分布的小型空间站能够采用这两种飞行模式，对于规模较大的空间站，稳定姿态和控制变得更加重要。而像和平号空间站或国际空间站这样的超大系统需要不断地耗费大量的推进剂来抵消重力梯度或气动力矩，从而保持其空间姿态。这类系统通常需要以力矩平衡姿态（TEA）对地定向飞行，也就是说航天器公转一周的过程中姿

控系统不会产生动量累积。

表 11－9　对地定向和惯性飞行模式的特点▲

对地定向	惯性飞行
＋适合对地观测和无线通信；	＋适宜天文学应用（持久观测要求）；
＋允许利用重力梯度稳定姿态（TEA）；	＋简单的收集器和散热器（甚至没有跟踪也可得到最好的性能）；
＋微重力试验更加灵活（潮汐摄动场）；	＋不变的照明条件（EVA）；
＋地球是为乘组指引方向的（EVA）参考	＋不变的热控制条件；
＋交会对接更加容易；	－重力梯度始终是干扰；
＋对于组装和扩展空间单元，有更灵活的质量分布；	－在组装和空间单元增长时，难以保持最好的质量分布
－需要太阳能电池阵和散热器跟踪得到最好的性能；	
－变化的照明条件	

▲：这两种不同飞行模式适合不同任务。

一般说来，一种飞行模式不可能满足所有的标准，因此需要对于特定任务找到一个折中方法。对上述设计准则的讨论可以有助于梳理出一些符合系统概念的设计要求（参见 11.8 节）。

11.7　分系统关键项选择

对于诸如能量生成、热排放、或者推进等的分系统的选择会极大地影响空间单元的总体构型。这些系统的功能部件，如收集器、散热器等，有可能是空间单元上最大的，或是组装中有特殊要求的部件。空间站最重要的分系统选择包括：

1）生成电能；

2）姿态和轨道控制；

3）温度控制；

4）环境控制和生命保障系统；

5）分系统耦合得到最好的协同配合。

第 20 章图 20－2 从能量水平和任务持续时间方面概括了能量生

成原则，总结了基于发电量和任务时长的发电原则。阿波罗或美国航天飞机等系统依赖燃料电池执行飞行任务，那么任务持续时间只能控制在几周内，其能源要求必须控制在千瓦量级。系统如果需要更多能源维持较长时间的任务，可利用太阳能或核反应堆提供能量。核反应堆仍然存在安全性和公众是否接受的问题，因此必须考虑只利用光伏或者太阳动力系统为空间站提供能量。光伏是成熟技术，太阳动力系统目前还没有真正应用。不过由于在输出相同电量的情况下，太阳动力系统的体积可以比光伏电池小 2～4 倍，因此它在高耗能领域具有很大的发展前途。必须先确定采用哪种发电方法，然后才能确定适用于总体构型的集电模块。当然，发电方法和系统参数之间还需要作出权衡，比如，虽然从性能上更倾向选择太阳动力系统，但是在预算上却需要考虑光伏系统。

空间单元，如空间站，需要分系统进行轨道控制来补偿大气阻力，这个极为重要的功能要求消耗大量推进剂和人力操作。设计阶段需要选择用于姿态和轨道控制的推进技术，表 11 - 10 列出了可能的选项。

表 11 - 10　空间站姿态和轨道控制系统的选项▲

技术	轨道维持和机动	姿态控制	性能（I_{sp}）*
推进：			
冷气		×	30～70
液体单组元推进剂 肼		×	230
液体双组元推进剂			
肼 N_2O_4	×	×	285
O_2/H_2（气体）	×	×	380
LO_x/LH_2	×	×	450
电			
电离式推进器	×	×	280～800
电弧推进器	×	×	450～1200
非推进：			

* 译者注：单位应为 s。

续表

技术	轨道维持和机动	姿态控制	性能（I_{sp}）*
磁扭矩		×	
动量轮		×	
控制力矩陀螺		×	
绳			
机械		×	
电动力学	×	×	

▲：该表列出了部分选项及选项的特别适用性。

最常用的轨道推进技术采用肼/NTO双组元推进剂。另一个令人关注的选项是气体 H_2/O_2，可以利用协同分系统耦合在轨生成（参见本节关于协同的段落）。采用电离或电弧方式的电推进系统也可以很好地与其他分系统相匹配，如利用从环境控制和生命保障系统（ECLSS）中生成的废液作为推进剂。但是由于电推进利用相当数量的电能仅能产生1～5 N的推力，因此还需要其他推进策略（持久推力机动，而不是脉冲机动）。依靠磁场和电场的磁—等离子动力学（MPD）推进器和离子推进器分别由于过度的能量需求或过低的推力水平而不受人们欢迎。

推进概念对于系统整体规划有一些影响。电推进概念意味着需要更多电能，其结果是太阳能电池的表面积要非常大，而表面积的增大则会造成大气阻力增加，因此将陷入一个循环设计关系中：更大太阳能电池阵面积→更多阻力→更高推力要求→更高电能需要→更大太阳能电池阵面积。这种情况下较好的方式是规划太阳能电池阵时先不考虑电推进，为太阳能电池阵面积增加10%的设计裕量。在评估阶段，估计所需要的推力和由此产生的电力需求，这样就可进行大致的量级比较。

当然，姿态和轨道控制最有效的作动器是航天器构型本身。一旦确定了质量分布和气动力特性，基本上就知道了维持轨道和姿态的推进剂需求量。

热控制也能影响到整体构型。由于功率密度和温度要求，载人系统总是需要主动热控制，但是也应尽可能地采用被动热控制。需确定是否（和建造多少）在结构中建造外部散热器作为外部主动热控制系统的一部分。如果航天器主体上的散热器足够，热控制仅轻微影响整体构型。但是如果增加专门的散热模块，就需要谨慎考虑了。

附着在航天器主体上的散热器，如俄罗斯的空间站，散热能力属于中等水平。通常，散热板可以覆盖 50%～70%的压力舱体外壳，每平方米耗散 30 W 至 40 W 的热能。因此，曙光号散热能力为3 kW 至5 kW 热能，这可能对一个提供基本在轨功能（如姿态和轨道控制系统（AOCS）、电能系统（EPS）和热控制系统）的资源舱已经足够。然而，空间站上专门的压力舱——如国际空间站上美国的实验室——需要每舱消耗多达 20 kW 的能量，这样就必须有专门的散热模块。因此需要大致估计预期的能量要求，以确定专门热控制模块是否应当为设计的一部分。

环境控制和生命保障系统（ECLSS）也能影响到构型。如果采用物理-化学过程，可以沿用传统设计：已存在的或设计好的系统如和平号、空间实验室或者国际空间站。长期或者远距离的任务，以及乘组人数较多的任务，需要生物再生部件（混合系统）或者甚至完整的生物再生系统。特别的，在后一种情况下，由于这些系统仍然处于基础研究和发展阶段，设计和规划比较困难。但是也不得不对生物再生系统专用部件的体积、质量、电源和热需求进行估算，并把这些相关模块加入最终的总体结构中。

协同耦合：空间单元是各分系统相互联结的网络结构。一方面，这种结构使得系统设计复杂化；另一方面，互相联系的分系统提高了系统的性能、灵活性和可靠性。这种原则常称为协同。当应用于专用系统，特别是空间站时，协同意味着通过对分系统（如电力、空气等）某种程度的合并来达到超越分系统功能总和的目的。比如：

1）通过冗余提高可靠性；

2）更广泛的系统安全；

3）减少系统质量和供给；

4）操作的灵活性；

5）简化后勤（降低多样性）；

6）降低建造费用。

协同分系统设计是一个典型的系统问题，在概念设计阶段就需要考虑。系统结构一旦确定，再想要融合分系统功能或者重新分配功能就非常困难。虽然协同设计趋向于增加研制费用，但是在系统寿命周期内会带来巨大利益。在自由号空间站的早期研发过程中有这样一个实例：设计人员认为基于 GH_2/GO_2 和电离式推进器的推进系统是最划算的解决途径，这种系统利用环控生保系统的电解水作为推进剂。但是为了减少研制费用和风险，最终不得不采用了常规的肼类推进系统。这个实例表明协同设计必须贯彻于整个概念设计阶段。

另外，一个系统寻找潜在协同关系的好方式是矩阵，如图11－6所示。图中已将分系统置为行和列索引，在矩阵右边列出了分系统关系的例子。

	能源系统	热控制	姿态控制	轨道控制	结构	生命保障
能源系统		*	*	*		*
热控制					o	
姿态控制				*	o	*
轨道控制						*
结构						
生命保障						

能源系统－热系统：从废热中提取热能

能源系统－姿态控制：从RFC中电解 H_2/O_2 作为推进剂

能源系统－轨道控制：从反作用系统燃料箱生成 H_2/O_2 供燃料电池

能源系统－生命保障：在处理水时，RFC用作最后污染物过滤器

热系统－结构：外层结构表面散发热

姿态控制－轨道控制：共用发动机，燃料箱和推进剂

姿态控制－结构：适应重力梯度稳定

轨道控制－生命保障：废气作为电离式发动机的推进剂

姿态控制－生命保障：肼类供应 N_2

图 11－6　用于协同耦合的分系统矩阵▲

▲：许多分系统可以部分重叠和支持不止一种功能。RFC＝再生燃料电池，RCS＝反作用控制系统，＊＝强耦合，o＝弱耦合

协同设计主要影响系统规模。例如，如果倾向于利用环控生保系统生成的废液来生成燃料用于电推进轨道控制系统，那就必须提高电源系统性能。采用协同方法因增加初始在轨质量（和开发成本）而会使成本大幅增加，但是同时又极大地减少了补给质量，从而降低了寿命周期费用。表 11－11 列出了部分最可能成功的协同概念。

表 11－11　设计协同分系统最有可能成功的选项▲

协同	原理说明	潜在设计影响
再生燃料电池	星蚀期间用于能量储存和暂时高功率要求； 氧气生成； 准备推进剂； 灵活的，基于水的多流体储存； 生成非常干净的水	较高的 TCS 热载荷； 改变 EPS 要求； 分系统适应变化（ECLSS，AOCS，TCS）； 改变后勤模式
电推进 （电离或电弧方式）	利用 ECLSS 液体作为推进剂； 提高安全性和灵活性； 减少对普通推进剂的需求	较高能量要求或者能量分配上发生变化； 适应轨道提升策略； 较高 TCS 热载荷； 改变后勤模式
（电动力）系绳	紧急情况能量供应； 无推进剂的轨道控制； 稳定对地定向空间单元； 不消耗推进剂的离轨机动（摆动系绳）	飞行模式限制； 改变 EPS 布局和要求； 改变后勤和操作模式； 可能改变空间单元构型或质量分布

▲：至少有三个最可能成功的技术允许我们合并分系统和（或许）简化设计。TCS＝热控制系统；EPS＝电能系统；ECLSS＝环境控制和生命保障系统；AOCS＝姿态和轨道控制系统。

11.8　开发备选构型

在开始描绘第一张系统架构图之前，必须列出所有整合到体系架构中的部件，并对所有舱段的大致尺寸做到心中有数。表 11－12 列出了典型舱段及其应用例子，包括部件在某次任务中的使用，如实验室、暴露设施、对接和处置区域等。接着，将考虑所有分系统部件，保证系统在轨正常工作。

表 11-12 空间站典型架构部件▲

部件	参考信息可参见 表	参考信息可参见 条目
居住舱	11-13 11-14 11-15 11-17	和平号基本模块； US-hab(国际空间站上的美国居住舱)； FGB(功能货舱的俄罗斯缩写语，现命名为曙光号)； SM(服务舱-国际空间站上的俄罗斯舱段)； OWS(空间实验室上的轨道工作室—结合了居住舱和实验室)
实验室或工作区域	11-13 11-14 11-16 11-17	Kvant,Kvant—2,Kristall,Spektr,Priroda； US-lab,JEM-lab(国际空间站上的日本实验舱),COF(国际空间站上的哥伦比亚轨道设备)； Lab； OWS(结合了居住舱和实验室)
连接单元	11-13 11-14	和平号基本模块(集成了多个对接适配器)； 节点 1
气闸舱	11-14	气闸
外部有效载荷设施	11-14	JEM-EF(JEM 暴露设施-ISS 上非压力试验平台)
光伏能源舱	11-14 11-15 11-16 11-17	S5 PV-segment(光伏能源舱)； SPP(科学能源平台—ISS 上的俄罗斯能源拖车)； RM(集成的资源舱)； ATM(空间实验室上的阿波罗望远镜),OWS
热控制舱	11-14	S 3/4 舱段

▲:质量、容积和能量要求严重依赖于部件类型,我们可通过集成下面所列的部分关键部件进行空间站概念设计,部件的关键参数在对应表中提供。

11.8.1 规划构型中的部件

下一步开始量化舱段规模。压力舱规模可直接从任务目标得到，例如一系列要求确定了乘组进行试验或任务操作的空间容积，6.4.1 节给出了每个乘员在任务过程中确定空间方向所需要的容积。很有可能的是，这些数字难以在短期内得到，需要进行估计。由于发射系统限制了舱段的质量和尺寸，新设计应接近俄罗斯和美国项目中已有的方案。

为了评估压力舱的尺寸、质量和能源需求，可以将其与已存在的或构想的类似系统相比较。表 11－13 至表 11－17 列出了在构想中或已建造的不同舱段。构型（采用一个舱段、压力舱段组合体或桁架组合体）一旦确定，就可以容易地根据最相似系统的资料估计出尺寸和质量，当然也需注意舱段的特殊性。例如日本实验舱，由于它是国际空间站桁架骨干结构的一部分，因此只有一个功能有限的环境控制与生命保障系统，没有姿态与轨道控制系统。对于典型的以压力舱为骨干的组合单元，由于其舱体上附加太阳能电池阵的缘故，生成的电能和散发出去的热量都相对较少。只有设计要求与之相符时，参考设计中的参数才能为你所用。

正如前面所提到的，空间实验室与和平号空间站分别代表了单舱结构和压力舱组合体结构，国际空间站上的美国、欧洲和日本空间单元（表 11－14 列出）可作为桁架组合体构型的参考。

表 11－13　规模估计的参考资料：和平号空间站▲

舱段	特点	几何参数	电源/热	参数设计资料
和平号基本模块	完整的空间站模块； PM 骨干类型； 乘组：3 人常住； 完整集成的 S/S：ECLSS，AOCS，TC，GNC，EPS，TTC，R&D； 2 个主动、4 个被动对接适配器； 外部要求：无	m ＝21000 kg； V ＝95 m^3； L ＝13.13 m； D ＜4.15 m	3 PV 阵： A_{sa} ＝2×38 m^2＋1×24 m^2； P_{sa} ＜10 kW	m/L＝1600 kg/m（单位长度）； m/V ＝221 kg/m^3； P_{sa}/A_{sa} ＝160 W/m^2
KVANT	和平号空间站附加舱段用作科学（天体物理学）实验和维护工作； PM 骨干类型； ECLSS：空气再生和新生，电解剂； 2 个主动对接适配器集成 S/S：ECLS； 外部要求：EPS	m ＝20600 kg（站 M：11000 kg，FSM：9600 kg）； V ＝40 m^3； L ＝5.8 m； D ＜4.15 m	1 PV 阵： P_{sa} ≈2 kW	站 M： m/L ＝1896 kg/m； m/V ＝275 kg/m^3

续表

舱段	特点	几何参数	电源/热	参数设计资料
KVANT -2	遥感,生命保障,EVA 气闸	m =19600 kg; V =61.3 m^3; L =13.73 m; D <4.35 m	2 PV 阵: A_{sa} =2×26.5 m^2 P_{sa} <7 kW	m/L=1427 kg/m (单位长度); m/V =320 kg/m^3; P_{sa}/A_{sa} =132 W/m^2
Kristall	材料生产,遥感,对接节点	m =19640 kg; V =60.8 m^3; L =13.73 m; D <4.15 m	2 PV 阵: A_{sa} =2×35 m^2 P_{sa} <8.4 kW	m/L=1430 kg/m (单位长度); m/V =323 kg/m^3; P_{sa}/A_{sa} =120 W/m^2
SPEKTR	地球物理科学,遥感,美国有效载荷	m =19640 kg; V = 61.9 m^3; L =12 m; D <4.35 m	4 PV 阵: A_{sa} =35 m^2 P_{sa} <6.9 kW	m/L =1640 kg/m (单位长度); m/V =317 kg/m^3; P_{sa}/A_{sa} =197 W/m^2
PRIRODA	遥感,地球科学,无太阳能电池阵	m =19700 kg; V =66 m^3; L =12 m; D <4.35 m	——	m/L =1640 kg/m (单位长度); m/V =298 kg/m^3

▲:关心的关键参数为:质量(m),容积(V),线性尺寸(L),直径(D),太阳能电池阵生成功率(P_{sa}),太阳能电池阵面积(A_{sa})。

表 11-14 规模估计的参考资料:ISS USOS,EOS,JOS▲

舱段	特点	几何参数	电源/热	参数设计资料
US-lab		m =20230 kg; V ≈160 m^3; L =12.8 m		m/L =1580 kg/m (单位长度); m/V =126 kg/m^3
US-hab		m =20230 kg; V ≈160 m^3; L =12.8 m		m/L =1580 kg/m (单位长度); m/V =126 kg/m^3
Node 1 Unity		m =11060 kg; V ≈60 m^3; L =6.1 m		m/L =1640 kg/m (单位长度); m/V =184 kg/m^3
JEM-lab	材料科学,生命科学	m =19880 kg; V ≈163 m^3; L =11.8 m		m/L =1684 kg/m (单位长度); m/V =122 kg/m^3

续表

舱段	特点	几何参数	电源/热	参数设计资料
JEM－RM	压力研究舱段	$m=5000$ kg； $V\approx 54$ m^3； $L=3.9$ m		$m/L=1282$ kg/m（单位长度）； $m/V=93$ kg/m^3
JEM－EF	暴露设施	$m=4100$ kg； $L=5.2$ m		
COF	通用停泊机构和舱口微重力材料科学，地球观测，空间科学	$m=10000$ kg； $V\approx 55$ m^3； $L=6.7$ m		$m/L=1492$ kg/m（单位长度）； $m/V=182$ kg/m^3
S5 PV－segment	SiOX － Kapton SA，桁架部分，IEA 电池，PV 隔板，MT 轨道，BG 分布，IEA 散热器	$m=12417$ kg	2 PV 阵： $A_{sa}=767.7$ m^2； $P_{sa}\approx 47.1$ kW	

▲：关心的关键参数为：质量（m），容积（V），线性尺寸（L），直径（D），太阳能电池阵生成功率（P_{sa}），太阳能电池阵面积（A_{sa}）。表中还提供了其他导出参数。

表 11－15　规模估计的参考资料：国际空间站上的俄罗斯在轨单元▲

舱段	特点	几何	电源/热	参数设计资料
FGB	俄罗斯的第一个工作货舱，提供对接功能	$m=19300$ kg； $V=60$ m^3； $L=12.63$ m	2 PV 阵： $A_{sa}=56$ m^2； $P_{sa}<3$ kW	$m/L=1507$ kg/m（单位长度）； $m/V=321$ kg/m^3； $P_{sa}/A_{sa}=53$ W/m^2
SM	服务舱	$m=22520$ kg； $V=82$ m^3； $L=12.63$ m	2 PV 阵： $A_{sa}=2\times 6.75$ m^2	$m/L=1783$ kg/m（单位长度）； $m/V=275$ kg/m^3
UDM	通用对接舱段	$m=19340$ kg； $L=8.4$ m		$m/L=2302$ kg/m（单位长度）
SPP	科学能源平台		PV 阵： $A_{sa}=252$ m^2； $P_{sa}<18$ kW	$P_{sa}/A_{sa}=197$ W/m^2

▲：关心的关键参数为：质量（m），容积（V），线性尺寸（L），直径（D），太阳能电池阵生成功率（P_{sa}），太阳能电池阵面积（A_{sa}）。表中还提供了其他导出参数。

哥伦布自由飞行实验室（表 11-16）是一个有意思的"最小概念"载人研究实验室，欧空局在 20 世纪 80 年代 COLUMBUS 计划中对其进行了研究。它看起来像具有压力舱组合构型的太空飞船，由标准的研究实验室组成——就像在自由号空间站上的一样——从小的资源舱得到能源、热控制、姿态控制等资源。

电源的基本选择在 11.7 节给出。空间站常常利用太阳能系统：太阳动力或光伏。太阳能收集器的规模取决于空间单元的整体功率要求。对于整个空间站来说，空间单元的质量与装机功率相关，如图 11-7 所示，可利用这种关系估计装机功率的一阶数值。另一种估计能源的方式是计算压力舱功率需求的总和（参见表 11-13 至表 11-17 的参考信息）。在一阶估计中，太阳能收集器须产生的总功率应为分系统（日常维护）与有效载荷（计划开展的应用）消耗功率总和的两倍。在估计了太阳能收集器总功率要求后，其面积可由功率-性能参数计算得到——150 W/m^2 对应硅光电收集器，180 W/m^2 对应砷化钾光电收集器。太阳能动力系统正常情况下只需要 1/3 的收集器面积就可产生相同的能量。

表 11-16 规模估计的参考资料：COLUMBUS-CFFL▲

舱段	特点	几何	电源/热	参数设计资料
Lab	标准有效载荷支架集中式结构； 包含躯干附着 TCS 散热器； 包含 ECLS，但是没有居住功能	m =8813 kg （包括 1000 kg P/L）； V =90 m^3； L =6.7 m	P/L 功率：4 kW 分系统：4.3 kW	m/L=1296 kg/m（单位长度）； m/V =98 kg/m^3
RM	提供 TCS，AOCS，EPS，对 Lab 舱的通信和控制功能	m =9000 kg	2 PV 阵： A_{sa} =162 m^2 P_{sa} ≈19 kW(EOL)	P_{sa}/A_{sa} = 117.28 W/m^2

▲：关心的关键参数为：质量（m），容积（V），线性尺寸（L），直径（D），太阳能电池阵生成功率（P_{sa}），太阳能电池阵面积（A_{sa}）。表中还提供了其他导出参数。

表 11－17　规模估计的参考资料：Skylab/APOLLO▲

舱段	特点	几何	电源/热	参数设计资料
MDA	多个对接适配器	m =6260 kg； V =32 m^3； L =5.2 m		m/L=1.2 kg/m（单位长度）； m/V =196 kg/m^3
ATM	阿波罗望远镜（非压力部分，包含科学有效载荷和姿态控制部件）	m =11092 kg； L =4.4 m	4 PV 阵： A_{sa} =142 m^2 P_{sa} <10.5 kW	P_{sa}/A_{sa} =74 W/m^2
Airlock	气闸	m =22226 kg； V =17.4 m^3； L =5.3 m		m/L=4.2 kg/m（单位长度）； m/V =1277 kg/m^3
OWS	轨道工作室	m =35380 kg； V =292 m^3； L =15 m	2 PV 阵： A_{sa} =158 m^2 P_{sa} <12.4 kW	m/L = 2359 kg/m（单位长度）； m/V =121 kg/m^3； P_{sa}/A_{sa} =79 W/m^2

▲：关心的关键参数为：质量（m），容积（V），线性尺寸（L），直径（D），太阳能电池阵生成功率（P_{sa}），太阳能电池阵面积（A_{sa}）。表中还提供了其他导出参数。

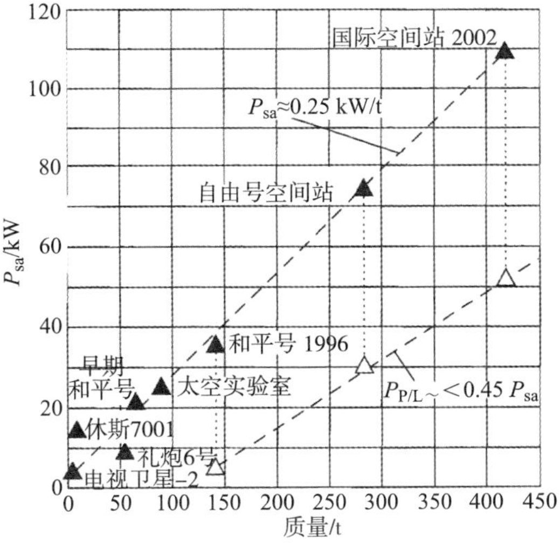

图 11－7　空间站装机设备和载荷功率与在轨质量关系▲[Messerschmid，1999]

▲：可以利用这些数据估计所需功率水平

可以采用相似的方法对散热器进行概念设计。如前所述，仅有外部散热板（如集中系统的散热模块）在构型设计中是需要考虑的，在黑箱模型中躯干上附加的散热器被视为舱段的一部分。

首先，假设辐射到空间的功率等于装机设备功率，得到要求的散热面积

$$S_{Rad}=\frac{P_{PV}}{n\phi_{Rad}} \tag{11-1}$$

参数 ϕ_{Rad} 表示每个板面的大致热排放（W/m^2），n 表示散热器工作面的数目，如表 11－18。散热板的大致质量为

$$m_{Rad}=\frac{1}{n}\rho_{Rad}S_{Rad} \tag{11-2}$$

式中 n ——散热板工作面的数量；

ρ_{Rad}——散热器的质量密度（kg/m^2）（参见表 11－18）；

S_{Rad}——散热器面积（m^2）。

这只是构型开发阶段所采用的粗略估计，准确的热排放取决于轨道、飞行模式、季节以及散热器和热控制循环的设计，在第 16 章将更全面地讨论这些因素。

表 11－18 估计 LEO 上热控制散热器规模的参考资料▲

类别	散热板工作面数量	ϕ_{Rad} 热排放/（W/m^2）*	ρ_{Rad} 散热器质量密度/（kg/m^2）+
被动（协同） 航天器外部结构	1		n. a.
主动，躯干上附加（固定） 和平号类型	1	30～40	
主动，展开散热板			
固定，单面（氨）	2	180	5～8
跟踪，单面（氨）	2		43.3
固定，双面	2		7～15
跟踪，双面	2		

* 每平方米辐射表面

+ 每平方米散热板

▲：从这些资料可以导出近似散热器质量。

11.8.2　开发拓扑结构

尽管有无穷多种体系架构解决方案，但是可采用一些通用设计规则作为研究和评估的检验点。表 11－19 列出了不同设计方面的指导原则，前面在讨论选择飞行模式时已提到。“重要性等级”一列标明了设计指导方针的重要级别。

表 11－19　体系架构设计准则▲

方面	对地定向飞行	惯性飞行	重要性等级
姿态稳定与可控性	分布质量保证重力梯度稳定（I_{xx}，$I_{yy}>I_{zz}$）； 相对轨道面（I_{xy}，俯仰稳定）以及速度向量方向垂直平面（I_{yz}，滚动稳定）对称分布质量	分布质量保证惯性张量球对称（重力梯度力矩最小化）； 分布质量保证两个惯性主轴位于轨道平面内（无长期扭矩）	A
气动阻力	最小化气动力影响面积（PM 定向，收集器，散热器）		B
	平衡选择平均气动力影响面积（气动力中心），使重力梯度和气动力矩总和达到 TEA； 保持移动表面的气动力中心位于质心附近	保持气动力中心接近质心，使长期气动扭矩最小化	A
扩展潜力和构型改变	分析姿态稳定性和可控性以及所有在轨阶段的重力梯度影响； 适应经常变化的模块（后勤飞行器），注意不改变气动力兼容性（压心，参见气动阻力方面）		A
准静态微重力水平	在靠近平行于飞行方向且通过质心一线附近集成微重力设备	在靠近质心附近集成微重力设备	A*
瞬态微重力水平	避免长柔性结构		A*

续表

<table>
<tr><th>方面</th><th>对地定向飞行</th><th>惯性飞行</th><th>重要性等级</th></tr>
<tr><td rowspan="2">交会对接</td><td colspan="2">在具有足够空间的径向或者轨道切线方向设置接近走廊；
最少两个对接口</td><td>A</td></tr>
<tr><td>避免专门对接方向与标称方向不同</td><td></td><td>C</td></tr>
<tr><td>压力舱构型</td><td colspan="2">双龙骨，冗余通路；
最小化气动力和碎片影响面积</td><td>C</td></tr>
<tr><td>太阳能收集器</td><td>需要跟踪（α 和 β）得到最好性能；
保持收集器的压心接近空间站质心，避免 TEA 改变；
最好位置应使遮挡最小化：垂直于轨道面方向的较远位置</td><td>无跟踪要求</td><td>B</td></tr>
<tr><td rowspan="2">散热板</td><td colspan="2">最小化流体供应线路和接头处的流体通过；
检查有效载荷和传感器视场；
检查交会对接与推进器羽流干扰</td><td>A</td></tr>
<tr><td>需要跟踪以得到最好性能（无太阳影响）；
如果散热板法向垂直于飞行方向，没有阻力</td><td>散热板法向向量 PSL</td><td>C</td></tr>
<tr><td>AOCS 推进器</td><td colspan="2">检查污染物、安全性和干扰；
自包容 ORU 或者分布/补给燃料设计；
避免推进剂供应线路过长；
轨道控制：推力线平行于飞行方向，接近于质心；
姿态控制：离质心最远，减少推进剂消耗</td><td>A</td></tr>
<tr><td rowspan="2">观测与通信有效载荷</td><td colspan="2">检查视场和遮挡；
可能需要跟踪和操纵；
可能对污染物敏感（推进器等）</td><td>A*</td></tr>
<tr><td>天文学有效载荷需要 α 跟踪</td><td>对地定向有效载荷需要跟踪</td><td>A*</td></tr>
</table>

* 取决于该方面在应用上的重要性。

▲：任何一种设计应当满足“类别 A”，“类别 B”尽管重要，但是在部分情况下可能会被忽略。如果“类别 C”不与“A”、“B”冲突，设计时也应当满足。TEA＝力矩平衡姿态；PSL＝垂直于太阳光线；POP＝垂直于轨道面；ORU＝轨道可替换单元；CM＝质心；P/L＝有效载荷。

质量分布：首先，质量分布应获得最稳定的姿态和最好的控制。在对地定向飞行模式中，更倾向于沿当地垂直线排列分布质量，使在指向地球的方向具有最小转动惯量，从而地球重力梯度可稳定飞行姿态。同时，必须相对于轨道面对称分布质量，否则惯性积 I_{yz} 和 I_{xz} 会分别导致滚转和俯仰转矩（参见图 11－8）。对于惯性飞行模式，可通过分布质量使重力梯度力矩最小化，因此惯性张量基本为球对称（$I_{xx}=I_{yy}=I_{zz}$，$I_{xy}=I_{xz}=I_{yz}=0$）。另外一种选择是适当安排质量使得两个主轴位于轨道平面内，仅产生周期变化的重力梯度力矩。

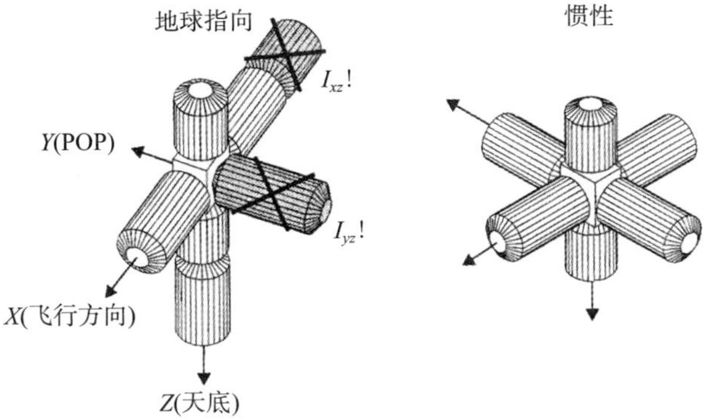

图 11－8　关于重力梯度的质量分布▲

▲：希望惯性固定飞行器的所有惯性积接近于零，对地定向飞行器在保持对称构型（$I_{xy}=I_{xz}=I_{yz}=0$）时，大部分质量要位于最低点方向（$I_{xx}>I_{zz}$，$I_{yy}>I_{zz}$），$I_{yz}=\int_m = yz\,\mathrm{d}m$，$I_{xz}=\int_m = xz\,\mathrm{d}m$

气动阻力：为了降低阻力，应该尽量减小垂直于飞行速度矢量入射面的大小。同时，还应该通过力矩平衡来达到使用最少燃料获得最佳姿态效果的目的，所以，可通过调整气动入射面来抵消姿态摄动。图 11－9 表示了重力梯度力矩 T_{gg} 和气动力矩 T_{aer} 互相抵消的例子。具有变化入射面的较大面积的物体，如太阳能电池阵，要避免引起额外的气动力矩，因此其压心必须靠近系统质心。

质量分布和气动阻力在系统寿命期内是永恒的关注点，无论系统构型如何变化，应该始终考虑其重要性，因为随着正常运营（任务或后勤飞行器）或扩展，这些问题可能随时出现。

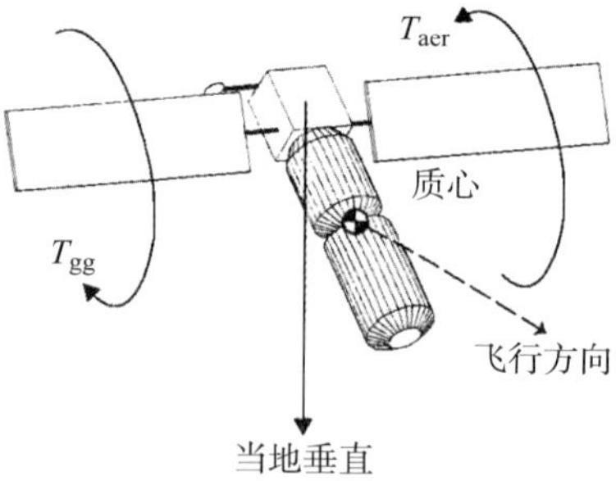

图 11-9 气动力和重力梯度力矩▲

▲：图中，质量分布使舱段处于当地垂直位置，但是气动力使飞行器指向飞行方向，从而达到一种平衡。其中，$T_{gg}=T_{aer}$（T_{gg}＝重力梯度力矩，T_{aer}＝气动力扭矩）

微重力：空间站的大多数用户需要利用重力减弱效应，因此必须考虑微重力环境中的摄动，其中部分摄动（阻力，潮汐力，过载跳动，机动，乘组活动）受整体构型影响。气动阻力减速是系统的外部干扰，必须减少其影响以提高轨道和姿态控制以及微重力应用性能。和阻力减速不同，潮汐引力随空间单元的位置而改变。采用线性理论，对地定向（公式 11－3）和惯性飞行（公式 11－4）模式中的潮汐引力加速度为

$$\ddot{r}=-\omega^2\begin{bmatrix}0 & 0 & 0\\0 & 1 & 0\\0 & 0 & -3\end{bmatrix}r' \tag{11-3}$$

$$\ddot{r}=-\omega^2\begin{bmatrix}1-3\sin^2\omega t & 0 & -\frac{3}{2}\sin2\omega t\\0 & 1 & 0\\-\frac{3}{2}\sin2\omega t & 0 & 1-3\cos^2\omega t\end{bmatrix}r' \tag{11-4}$$

式中　ω ——轨道角速度（rad/s）$=\sqrt{\mu/R^3}$；

r'——距离飞行器质心的位置；

$\ddot{r}$——体坐标系中的潮汐引力（m/s）；

μ——引力参数（$3.984\times10^{14}\ \mathrm{m^3/s^2}$）；

R——从引力体中心至飞行器的距离（m）。

图 11－10 绘出了两种飞行模式的潮汐微重力摄动等值线。在对地定向系统中，潮汐摄动场为具有椭圆截面的柱状，因此潮汐影响在轨道速度方向不敏感（x_0 轴）。一个好的体系架构设计，应将微重力应用舱段安排在尽可能靠近过空间站质心且平行于飞行方向的一条线上。400 km 轨道高度时，空间站质心偏离飞行方向 1 米，在轨道法向（y_o）的潮汐摄动为 0.128 μg，在轨道径向（z_0）的潮汐摄动是0.384 μg。对于惯性飞行，摄动场为瞬时椭圆体。由于无法选

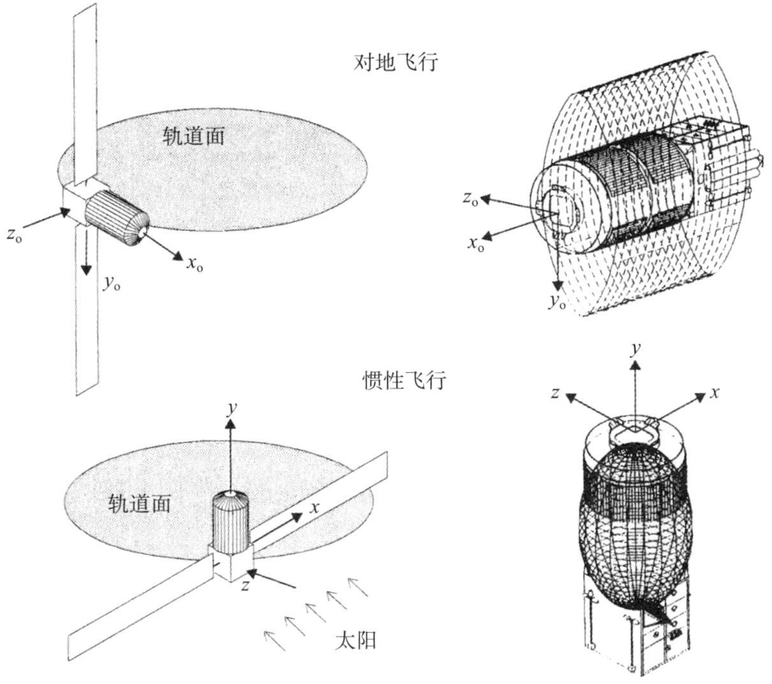

图 11－10　潮汐微重力摄动等值线▲

▲：参见文中等值线的解释

择一个更为有利的方向集成安装易受微重力影响的载荷，所以应使载荷尽可能靠近质心。在轨道面内偏离质心（x，z）将引起小于 0.256 $\mu g/m$ 的瞬时摄动，而在轨道面法向上偏离质心产生 0.128 $\mu g/m$ 的常值加速度。

过载跳动：无庸置疑，对微重力最复杂的干扰是过载跳动。所有内部脉冲——如控制机动，乘组活动，泵或者作动器——均可以激励空间站结构的特征频率。微重力试验的最关键频率为从 0.1 至几赫兹的低频率范围，通常这些频率可由一簇舱段、太阳能电池阵、压力舱、或者航天飞机轨道器振动引起。对过载跳动的分析很复杂，需要高度精确的结构模型，而这些在概念设计时常常难以得到。需要记住，细长结构会对低频结构振动更敏感，所以如果任务中主要应用微重力条件，就要尽量避免这类结构。

交会对接：通常交会对接操作要求接近和离开走廊呈放射状或与轨道飞行方向相切，并要具有足够的空间。可以集成设计对接和停泊接口，这样就不必在对接前调整空间站的姿态。

与空间碎片碰撞的风险：尽管微流星体可能从各个方向撞击空间站的概率都相等，但几乎所有碎片都是从和轨道相切的平面内接近航天器的（图 11－11，xy），这个平面称为空间碎片平面。在空

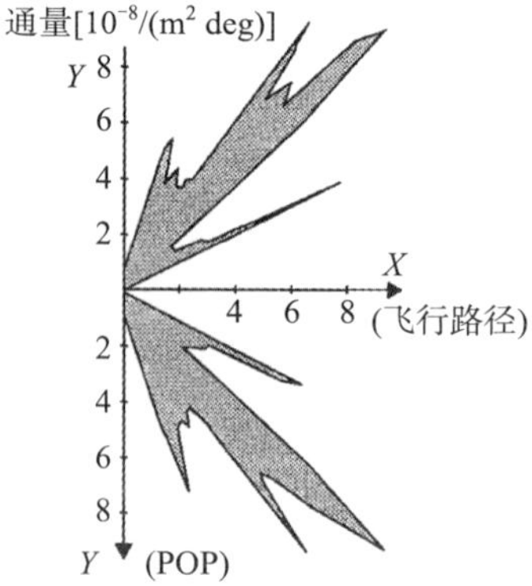

图 11－11　空间碎片平面物体流量随碰撞角变化的函数▲［Richard and Rex，1990］

▲：碎片碰撞空间站最可能的方向是±45°和±75°

间碎片平面内，碎片流量也与方向有关，分别在飞行方向的 45°至 75°之间以及－45°至－75°之间。

这样，空间碎片撞击圆柱状压力舱的可能性随着舱体的方向而变化，当圆柱体轴线垂直于轨道面（纵向安排）时，碎片流量最低。表 11－20 给出了在轨道定义坐标方向上的相对碎片物体流量，这是根据直径 4.0 m、长度 12.7 m 的标准压力舱计算得到表中资料。

表 11－20　圆柱状压力舱三个方向的碎片流量▲

[Eichler and Rex，1990]（直径＝4 m，长度＝12.7 m）

	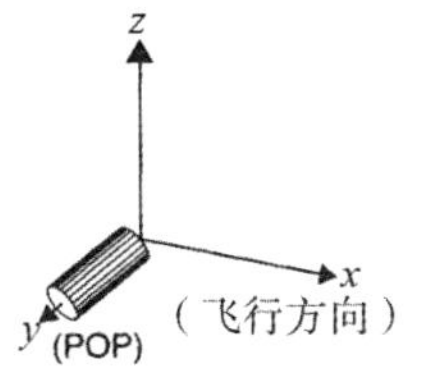	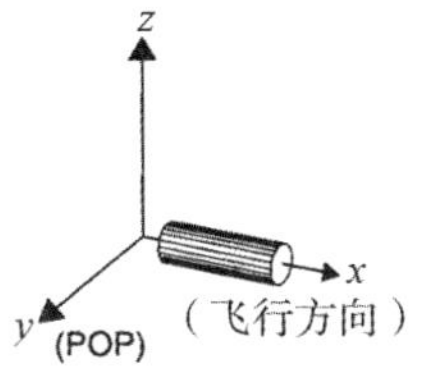	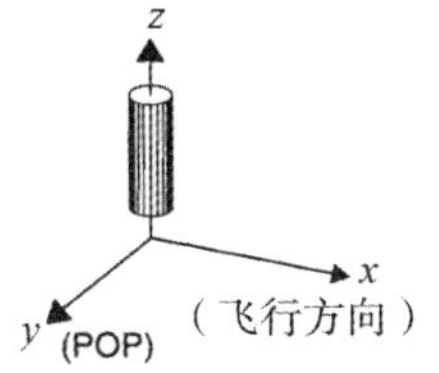
碎片通量/(10^{-4}/年)	1.55	1.88	2.03
%	100	121	131

▲:考虑高度 500 km、倾角 28.5°轨道上超过 1 cm 的空间颗粒。

除了单独舱段可能碰到碎片流之外，一簇舱段应该利用相互遮蔽使碎片流通量最低。最好的构型应当是将舱段在飞行方向上进行排列，轴线方向垂直于轨道面（POP）。如果舱段在径向上排列，舱的轴线指向地球，会出现最高的碎片流量情况（图 11－12）。

舱段连接模式：图 11－13 按照波音公司 80 年代早期的分析给出了一些基本连接模式。压力舱段连接方式涉及到前面提到的整个系统的姿态稳定性和气动阻力等方面的问题。安全性也非常重要，应包括从一个舱段（双出口）的两条逃逸路径以及在相邻舱段失效情况下使用的冗余访问路径。在结构规模较大时，舱段的平面排列如果不在重力梯度方向，姿态控制可能存在严重问题。另一方面，其指向可能要使 LEO 空间碎片碰撞空间站的可能性最小（舱段平面垂直于轨道面，圆柱体舱段的轴线垂直于飞行方向）。由于舱段没有被其他舱段遮挡，平面排列或分支排列布局的热控制要比紧凑布局

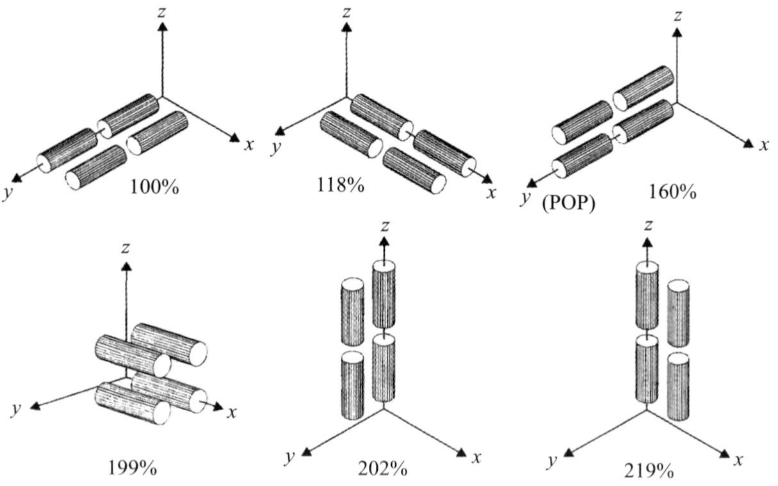

图 11－12　具有不同方向的舱段簇的相对碎片流量

[Eichler and Rex，1990]（4 舱段，直径＝4m，长度 12.7m）

中的舱段简单得多。但是对于桁架组合结构，热控制通常不成问题。分支和平面排列布局更易于扩展，但是达到一定规模后会出现姿态控制的问题。准球形紧凑布局或者四面体布局则不同，不会出现姿控问题，更适宜于惯性飞行。可以构思不同的舱段布局方式，如四面体布局有转移路径短、结构强度高、质量分布平衡等优点。平面布局可演变成一种双层结构，可提供更多的冗余访问路径，以及交换内部舱段的可能性。

另外一种相互连接的方式是采用专门的连接单元（节点）或者集成对接适配器到舱段本身。连接节点增加了必须建造的部件的数目和复杂性，但是会使压力舱更加简单和标准，容积使用率更高。还有一个缺点就是，系统的质量可能比较高，乘组转移时间较长，例如木排式布局仅在舱段末端才有出口和节点。规划人员通常认为整个空间站一致的“上”和“下”方向支撑着乘组的视觉方向，这种要求在分支、紧凑或者四面体布局中难以满足。关于内部舱段的构型，可以从 Messerschmid [1999] 或 Woodcock [1986] 获得更多内容。

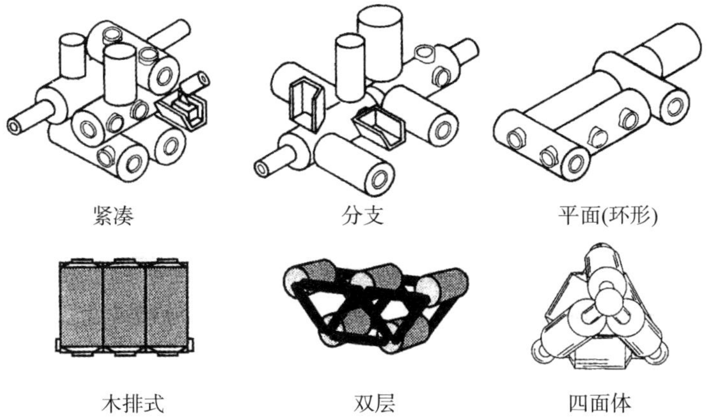

图 11 - 13　压力舱段互连方式▲

▲：每种方式在安全性、强度等方面各具特点，可参看相关讨论内容

太阳能收集器：上文已经讨论了太阳能电池阵跟踪的相关内容，由于转动收集器可能导致周期气动力矩，因此希望气动力中心靠近系统质心。对地定向飞行时，一个有效减少空间站遮挡问题的策略是使压力舱段主要分布在轨道面上，在垂直于轨道面一定距离上安装太阳能收集器。

散热板：为达到最好的散热性能，需要进行太阳跟踪，以避免太阳直接照射散热板，这可以通过使用一个旋转轴对准飞行路径矢量的转动铰来实现，这种方式下也不必担心散热板承受气动阻力。

姿态与轨道控制系统发动机（AOCS）：为了获得最好性能，轨道控制发动机安装时推力线应通过空间单元质心。对于轨道提升发动机来说，推力线必须和轨道速度矢量一致，这种要求也适用于需进行轨道提升机动操作的航天器。相比而言，姿态控制发动机应当尽量远离质心，从而用给定的推力产生最大力矩。必须考虑推进剂贮箱和供应管线的合理要求，使这些功能达到平衡。此外，发动机系统能严重干扰整个航天器系统，羽流可能会污染舱外设备和有效载荷，甚至可能对易损单元（如太阳能电池阵）造成机械损伤。因此，干涉和兼容检查对确保系统的完整性和性能是至关重要的。另外一个方面是与后勤补给、维护和维修有关。由于推进系统经常需要补充燃料和维护，因此需考虑将推进系统分布到整个空间单元还是集中在一个轨道可替换单元（ORUs）内。轨道可替换单元为自包容舱段，这样能够减少系统的复杂性，简化自动维护，但可能会增加后勤补给的质量。分布推进系统能够减少后勤支持，增加协同，但是集成推进剂贮箱和输送线路，以及维护、维修都比较复杂。

观测与通信有效载荷：根据系统飞行模式的不同，可能需要跟踪和操控，至少需要开阔的视场，并防止它被发动机或开口管路所污染。

一个设计不可能同时满足所有上述指导原则，例如最小阻力和最小碎片流量的要求是矛盾的，这就意味着我们必须做出优先选择，找出折衷方案。

11.9 评估空间单元概念

在对空间单元有了明确概念后，必须对其评估以形成系统设计的闭环。需要找到量化标准，与用户的目标、约束、初始要求等进行比较，其评价将对设计迭代以及用户“做或不做”的决定产生影响，也能生成分系统设计者所需要的设计参数。

第一步是为有意义的系统参数进行预算，为协同、权衡研究以及最终决定系统概念的需求分析提供信息。其中的关键步骤是分析任务用途，本书中空间单元是整个方案的一部分，因此在最高层次对其应用进行评价（参见第1章）。

进行系统预算时，利用重要参数或标准对各选项进行定量评估。在概念设计之前，应该先确定合理的准则以方便计算和估值。这些准则要涵盖系统性能和成本的主要方面。本章开始已经提到，概念设计阶段特别缺少信息，因此在设计早期需要利用简单的计算、分析和估计值，甚至是有意义的假设和猜想。表11-21列出了下一节将要评估的内容。

表 11－21　评估空间单元概念的参数和目标▲

参数	结果	需要
空间单元质量	空间单元的质量预算	比较与选择空间概念； 为 AOCS 设计数据，计划运输，估计费用
惯量	惯性张量	为 AOCS 设计数据（干扰力矩）； 评价与优化构型（质量分布）
轨道控制	轨道提升模式和周期； 推力水平； 推进剂需求	设计 AOCS ； 后勤计划； 分系统、应用和操作计划
姿态控制	干扰力矩； 累积动量； 推进剂需求； 力矩平衡姿态（TEA）	设计 AOCS； 后勤计划； 评价与优化构型
电源和热排放	总的主要装机功率； 功率分配	设计 EPS 和 TCS； 分系统、应用和操作计划； 验证构型
消耗品	消耗品预算	后勤计划
组装	组装顺序	发射计划与操作
乘组时间	乘组时间分配	设计分系统； 分系统应用与操作计划

▲：评估一个特定概念时至少需要考虑这些参数。

基于不确定性和系统内在的扩展因素，需要考虑不可预见费用。表 11－22 给出了典型的质量和功率不可预见费用的百分率，可应用于航天器的质量、设计以及分类等。

表 11-22 最小标准质量和功率的或有费用（百分比）▲

［ANSI/AIAA-G-020-1992］

航天器种类		设计阶段											
		Bid			CoDR			PDR			CDR		
		类			类			类			类		
		1	2	3	1	2	3	1	2	3	1	2	3
类别 A 0～50 kg	质量	50	30	4	35	25	3	25	20	2	15	12	1
	功率	90	40	13	75	25	12	45	20	9	20	15	7
类别 B 50～500 kg	质量	35	25	4	30	20	3	20	15	2	10	10	1
	功率	80	35	13	65	22	12	40	15	9	15	10	7
类别 C 500～2500 kg	质量	30	20	2	25	15	1	20	10	0.9	10	5	0.5
	功率	70	30	13	60	20	12	30	15	9	15	10	7
类别 D 2500 kg 及以上	质量	28	18	1	22	12	0.8	15	10	0.6	10	5	0.5
	功率	40	25	13	35	20	11	20	15	9	10	7	7

类 1：某一种类型或第一代设备的新设计。

类 2：根据成熟概念进行的新设计，在一个已建立的设计包络内增加复杂性和能力，包括采用新硬件以满足新需求。

类 3：基于一个已有设计进行的产品层面研究，已有设计中已规划了多个单元以及采用了大量的标准化。

CoDR：概念设计评审。

PDR：初始设计评审。

CDR：关键设计评审。

▲：考虑发展中的增长费用，应当增加质量和功率估计的百分比。

11.9.1 空间单元质量

为了对空间单元质量进行预算，可以回顾在描述单元特性时已经建立的部件和舱段表格，试着给每个部件一个并不准确的大致质量。利用同样的假设，估计所有空间单元概念的总质量准确度约50%，过于精确估计各个部分的质量是在浪费时间。

在描述单元特性的步骤（参见 11-8 节和表 11-13 至表 11-17）中进行过部分质量估计，这里可采用相同方法。设计过程中，逐渐用分系统设计或成熟部件中的数据替代粗略估计值。

11.9.2 惯量

惯性张量是系统关于姿态动力学和所有相关分系统的重要特性。尽管之前已经对质量进行了定性分配，但是现在必须进行定量估计或预算。如果可以采用 CAD 工具制作三维实体，计算惯量就比较容易，当然也可以利用纸和计算器粗略估计。

利用几何原型，如圆柱体、箱体、球体、或者圆锥体等可以描述大多数空间结构，从这些几何形状的已知惯性特性可计算总的惯性张量。在累加这些惯量之后，需要考虑由质量远离质心引起的旋转加速度的附加阻力，可根据 Steiner 定律进行计算。注意到空间站等大型结构，一个单独部件的“Steiner 惯量”可轻易占主导地位。

附录 A 介绍了怎样计算惯量和质量特性，列出了部分几何体的惯量计算公式。应该为每种备选构型估算惯性张量。

11.9.3 轨道控制

由于近地轨道的残余大气阻力影响，空间站高度通常会不断衰减。为了保证空间站处于一个安全高度，具有足够的裕量避免意外再入大气层，需要定期或连续地进行抬升轨道机动，消耗大量的推进剂。由于连续推进策略的推力可调节且较小（>1～2 N），因此特别适合电推进系统与协同推进概念。但“常用的”策略是周期性推进，在自由下降一段时间之后，利用脉冲推力使航天器恢复轨道高度，这要求具有相对高的推力水平（通常大约 100 N）。

第三章介绍了大气阻力的基本方程［式（3-2）］

$$\overline{F}_D=\frac{1}{2}\cdot\overline{C}_d\cdot\overline{A}\cdot\rho(h)\cdot v^2(h) \qquad (11-5)$$

ρ 和 v 取决于轨道高度 h，C_d 和 A 为在轨道上的平均值。利用轨道动力学方程（9-5 式）可得到速度，但是大气密度受太阳活动影响较大（图 3.5）。如果大气阻力影响能够被连续推力作用抵消（例

如采用电推进），保持轨道高度的推进剂质量流量为

$$\dot{m}_p = \frac{F_D}{I_{sp} g_0} \tag{11-6}$$

I_{sp} 为推进系统比冲（参见表 11－10），g_0 为9.81 m/s²。对于脉冲轨道控制，根据标准霍曼转移进行计算（参见 9.2.2 节）。对于轨道高度增加较小（$\Delta r \ll r_1$，$\Delta r = r_2 - r_1$，$v = (\mu / r_1)^{1/2}$ 为轨道速度）的情况，公式可简化为

$$\Delta v \approx v \cdot \frac{\Delta r}{2 \cdot r_1} \tag{11-7}$$

此速度增量所需的推进剂质量（m_p）为

$$m_p = m_0 \cdot (1 - e^{-\Delta v / I_{sp} g_0}) \tag{11-8}$$

其中，m_0 为轨道机动前的空间站质量。

为了计算推进剂质量，必须固定轨道半径 r_1 和 r_2。目标轨道是设计轨道，可描述为固定轨道。最小轨道高度 r_1 决定了两次机动之间自由飞行的持续时间。机动周期对于后勤和乘组转移也是重要的，因为后勤补给和乘员转移飞行器一般在最低飞行高度对接以便使运载能力达到最大。另一关注点是防止再入大气的安全性。最小轨道高度应当总是满足至少一次补给调相要求，因此在空间单元到达能够意外再入的临界高度之前，自由飞行最多是可用自由飞行时间的一半。

11.9.4 姿态控制

体系架构设计章节表明，姿态稳定性影响大型在轨结构的设计，因此必须分析姿态动力学进行系统预算。不借助计算机模拟技术进行时变动力学分析是非常困难的，但是能够估计所选择飞行姿态的姿态力矩，从而能够避免质量分布和气体动力学平衡中的设计错误，能够大致估算重力梯度和气动力矩。

计算重力梯度力矩（T_{GG}）的一般公式为

$$T_{GG} = \frac{3\mu}{R^3} [\hat{\boldsymbol{R}} \times \overline{\boldsymbol{I}} \cdot \hat{\boldsymbol{R}}] \tag{11-9}$$

其中，μ 是地球引力参数，$\boldsymbol{R}$ 和 $\hat{\boldsymbol{R}}$ 分别表示从地球中心至航天器质心的向量和相应的单位向量，$\bar{\boldsymbol{I}}$ 是航天器的惯性矩阵（参见附录 A）。对于对地定向飞行可简化为

$$\boldsymbol{T}_{GG}=\frac{3\cdot\mu}{R^{3}}\begin{bmatrix}-I_{xz}\\ I_{yz}\\ 0\end{bmatrix} \tag{11-10}$$

这里采用局部轨道坐标系，x 轴指向飞行方向，z 轴指向地球，y 轴垂直于轨道面（POP）构成右手坐标系（参见图 11-10）。因此，惯性积 I_{xz} 和 I_{yz} 能够产生滚转和俯仰力矩。

对于惯性飞行姿态，假设 y 轴垂直于轨道面，公式为

$$\boldsymbol{T}_{GG}=\frac{3\cdot\mu}{R^{3}}\begin{bmatrix}-I_{xy}\cdot\sin\Theta\cdot\cos\Theta & + & I_{yz}\cdot\cos^{2}\Theta\\ (I_{zz}-I_{xx})\cdot\sin\Theta\cdot\cos\Theta & + & I_{xz}\cdot(\sin^{2}\Theta-\cos^{2}\Theta)\\ \underbrace{I_{yz}\cdot\sin\Theta\cdot\cos\Theta}_{\text{周期项}} & + & \underbrace{-I_{xy}\cdot\sin^{2}\Theta}_{\text{长久项}}\end{bmatrix} \tag{11-11}$$

其中，Θ 表示航天器在轨道面的角度（近点角）。

重力梯度可引起两类扰动。如果动量贮存装置（例如动量轮或控制力矩陀螺）可用，周期力矩（$\sin\Theta\cos\Theta$）可在轨道转动时抵消，其量值仅影响姿态控制作动器的尺寸。长期扰动（$\sin^{2}\Theta$ 和 $\cos^{2}\Theta$）积累角动量，需要用推进器或磁力矩等主动力矩消除饱和。但是请注意，如果能够将惯性张量的两个主轴锁定在轨道面上，就可以消除长期扰动。

为了估算气动力矩，首先需要知道压心（也叫做气动力中心）的大致位置，因此要在飞行方向对入射面积进行投影，投影面积是几何概念，必须位于残余大气流动经过的表面气动力中心。对于旋转表面，如跟踪太阳的太阳能电池阵，只需要计算投射面积的 63.7%就可以模拟该表面造成的力矩偏差的平均值。已知所有的入射面积 A_j 和过相应气动力中心的坐标轴 x_{AC}，y_{AC}，z_{AC}，可以得到

总的气动力中心和阻力

$$\boldsymbol{r}_{AC}=\frac{1}{\sum_j A_j}\begin{bmatrix}\sum_j A_j x_{AC,j}\\ \sum_j A_j y_{AC,j}\\ \sum_j A_j z_{AC,j}\end{bmatrix} \tag{11-12}$$

$$\boldsymbol{D}=\frac{1}{2}\rho C_d\sum_j A_j v^2\hat{\boldsymbol{v}} \tag{11-13}$$

其中，ρ 表示残余大气的密度（参见第 3 章），C_d 为平均阻力系数（估计可用式（2-2）-式（2-5），v 表示轨道速度，$\hat{\boldsymbol{v}}$ 为速度方向单位矢量。在系统的质心坐标系 r_{CM}，已得到计算气动力矩 $\boldsymbol{T}_{aer}$ 的全部信息，对于参考飞行模式

$$\boldsymbol{T}_{aer}=(\boldsymbol{r}_{AC}-\boldsymbol{r}_{CM})\times\boldsymbol{D} \tag{11-14}$$

飞行模式对姿态控制带来的差异并不大。尽管如此，在对地定向模式中，希望特定飞行姿态尽可能地接近力矩平衡，惯性飞行模式中长期重力梯度力矩应最低，从而能够限制推进剂需求。首先，可以认为以惯性姿态飞行时的气动力矩可作为一个周期力矩，而对地定向飞行中气动力矩不间断地作用在航天器上。

对于对地定向航天器的力矩平衡姿态（TEA），重力梯度力矩和气动力矩关于航天器 y 轴（POP）的平衡条件为

$$\underbrace{\frac{3\mu}{R^3}[(I_{zz}-I_{xx})\sin\varphi\cos\varphi+I_{xz}(\sin^2\varphi-\cos^2\varphi)]}_{T_{gg,y}}+\underbrace{|F_D|\cdot(-r_z\cos\varphi-r_x\sin\varphi)}_{T_{aer}}=0$$

其中，φ 表示对地定向航天器的俯仰角偏量，r_x 和 r_z 表示从质心到气动力中心向量的坐标

$$\begin{bmatrix}r_x\\ r_y\\ r_z\end{bmatrix}=\boldsymbol{r}_{AC}-\boldsymbol{r}_{CM} \tag{11-16}$$

假设力矩平衡姿态位于参考姿态的附近小区间内（$|\Delta\phi|<10°$），气动力总面积为 A_{inc}，并且气动力中心的位置对于 φ 的微小

变化改变不大，可利用方程估计力矩平衡姿态俯仰角（弧度）

$$\phi_{1/2} = -i + a \cdot r_x \pm \sqrt{(i - a \cdot r_x)^2 + \frac{1}{2} + 2 \cdot a \cdot r_z} \tag{11-17}$$

其中，i 和 a 表示缩写的质量分布和气动力参数

$$i = \frac{I_{zz} - I_{xx}}{4 \cdot I_{xz}}$$

$$a = \frac{R^3 \rho v^2 C_D A_{\text{inc}}}{24 \mu I_{xz}} \tag{11-18}$$

其中，R 为轨道弧度，ρ 为残余大气的密度，C_D 为阻力系数，μ 为地球引力参数。由于进行了线性化处理，这个公式仅适用于小的俯仰角偏差。精确计算力矩平衡姿态比较复杂，除了大气密度的变化之外，还需要考虑总入射面积和气动力中心位置随俯仰角的变化。对于复杂结构来说，由于舱段相互遮挡和航天器移动单元（如太阳能电池阵）的影响，使力矩平衡姿态的计算尤为复杂，因此更加精确的估计力矩平衡姿态需要 CAD 和仿真工具。无论如何，可以利用上面所介绍的角度计算来验证特定飞行姿态角是否位于力矩平衡姿态附近，从而能够更好地分布质量和平衡气动力表面积。

表 11－23 总结了如何确定飞行姿态可控。为了评价设计，可以对推进剂消耗进行检查。因此，需计算在给定的操作时间 t_{op} 内，如轨道旋转、机动周期、或者一年时间内，姿态控制系统累积动量之和。对于对地定向飞行，俯仰轴对于姿态控制是最重要的。如果得出的推进剂需求量过大，就必须调整构型方案。对于对地定向设计，意味着飞行姿态必须接近于力矩平衡姿态。对于具有过度长期扰动的惯性构型，也需要进行调整。

表 11－23　评价姿态可控性▲

<table>
<tr><th>对地定向飞行</th><th>惯性飞行</th></tr>
<tr><td>1a. 估计 POP 累积动量
$$H_{acc}=t_{op}(T_{ggy}-T_{aer,y})\tag{11-19}$$</td><td>1b. 估计累积长期动量
$$H_{acc}=3\omega\begin{bmatrix}\pi I_{yz}\\0\\-\pi I_{yz}\end{bmatrix}\frac{t_{op}}{T}\tag{11-20}$$
ω 和 T 分别表示轨道角频率和周期</td></tr>
<tr><td colspan="2">2. 计算推进剂需求
$$\Delta m_i=\frac{H_i}{I_{sp}g_0d}\tag{11-21}$$
I_{sp} [s] 为推进系统的比冲，d [m] 是产生力矩的一对推力之间的有效距离，g_0 [m/s^2] 是地球重力加速度。</td></tr>
<tr><td colspan="2">3. 推进剂需求可接受吗？
是：提供文档，继续能量评估；
否：继续 4a 或者 4b</td></tr>
<tr><td>4a. 为 TEA 计算俯仰角偏差
[式（11－17）]</td><td>4b. 改变构型
降低关于轨道面的非对称性</td></tr>
<tr><td>5a. 改变构型
质量分布或者气动力表面</td><td>5b. 继续第 6 步</td></tr>
<tr><td>6. 重新计算质量和惯量数据，返回第一步</td><td></td></tr>
</table>

▲：可计算累积角动量 H_{acc}，以及用给定时间（t_{op}）和推进剂质量（Δm_i）来克服累积角动量。POP＝垂直于轨道面，TEA＝力矩平衡姿态。

11.9.5　电源

目前已经采用类推方式为用户和有效载荷估计了主要装机功率，随着设计深入，电源系统性能和相关的质量估计将变得更加精确，因此利用第 20 章的功效和技术因子可以粗略地规划电源分系统。

11.9.6　热控制

首先应该检查关键假设，特别是装机功率必须要保持热控系统平衡能力以耗散热量。随着设计深入，应该对热控制进行更详细的分析。如第 16 章所述，必须评估热和冷的情况，做一些简单的热平衡计算。之后，再回到总体构型设计，确定或者改变热控制概念，为系统质量预算提供输入。

11.9.7　消耗品（环境控制和生命保障）

乘组需要空气、食物和水，这意味着需要储藏——包括容器、支撑结构的体积和发射质量，以及冰箱、冷冻装置或其他主动储藏设备（如能源、热、资料等）。显然，我们希望减少储藏的消耗品，但是必须考虑：

1）乘组人数；

2）任务持续时间；

3）环控生保分系统闭合程度；

4）后勤补给的频率。

乘组人数和任务持续时间是典型约束，消耗品对其影响不大，但却对环控生保系统的闭合程度和后勤补给频率影响巨大。

目前的空气和水再生技术可以保障空气密封和水的循环，但食物却无法形成循环。第 17 章环控生保分系统包括了设计理念及对水和食物闭环所作的权衡，至少必须为乘组储存足够两次补给间隔期的食物。如果不能为乘组进行补给，如阿波罗登月任务，航天器就必须携带整个任务所需的足够食物。

第 5 章给出了乘组的空气、水和食物正常消耗量，但是为了确定消耗品的总预算必须考虑其他方面的消耗。一般说来，空气损失是空气和水的主要额外消耗，干燥空气和水蒸气从压力舱中泄漏、气闸舱循环使用中的空气排出或者航天器对接设备的卸压与复压等都是额外消耗。每个气闸舱循环大约消耗 10％空气。压力舱的漏率是恒定的，压力循环中的空气损失可在每个循环进行补充，换句话说，大气的额外消耗源自气闸舱的使用和航天器对接操作的频率。

通常，为了安全起见，乘组必须有足够的消耗品能够在错过一次补给时维持一段时间，这种“跳周期”就需要增加额定和额外用途的储存。

11.9.8 组装顺序

建造空间站最富有挑战性的任务之一是在轨组装——不仅是选择运载器或者按照给定的发射频率发射，更因为要把功能、安全性和冗余等多种复杂因素考虑在内。

1）分系统的基本功能：空间单元必须保持姿态和轨道控制、电源、热控制、通信、遥测、遥控等必需的系统全天候工作。如果有乘组存在，空间单元需要环控生保与居住功能。

2）构型方面：空间单元本身运行在所有轨道阶段，需要对构型进行分析，如表 11－7 所示，以适应其工作生命周期。姿态稳定性和可控性、交会对接、太阳能电池阵、散热器以及推进系统都将对构型产生主要约束。

3）发射系统约束：如上文已经提到的，发射系统对有效载荷质量和体积、运载量和发射频率都有限制，组装顺序的要求必须服从这些约束条件。

4）偶发性因素：由于空间发射系统总是有风险的，发射时间会推迟，甚至有可能损失整个发射载荷。对按顺序组装而言，应确保上述风险都不构成影响空间单元部署的要素。需要建立故障模式分析和应急预案来应对每个构型项目的损失。

因此，按顺序组装是一个多学科任务，最终的组装顺序必须列出包括应急预案在内的指定发射时间表。无论何时，都要尽可能将所有空间单元集成后一次性发射，而不是将各单元发射上去后再组装。

11.9.9 乘组时间和出舱活动

乘组时间在载人任务中是待分配资源，如同质量和能源。通常，乘组时间分为任务应用、站务管理、个人和娱乐活动时间。任务应用包括操作科学有效载荷、建造航天器或其他任务活动，站务管理包括准备食物、维护航天器和其他任务支持的活动，个人和娱乐活动包括锻炼、休闲、卫生、睡觉和其他保持乘组生理和心理健康的活动。一个乘员每天通常需要 12～16 小时用于个人和娱乐活动，这与任务持续时间、任务强度以及其他因素有关（参见第 6 章更多详细内容）。乘组每天还有 8～12 小时（每周 5～6 天）用于任务和站务管理活动。

乘组可以在舱内或舱外工作。组装和维护航天器必须在舱外作业，但是由于执行相同作业舱外时间是舱内的 2 倍，所以一般尽量避免舱外作业。舱外航天服的工作气压是大气压的 1/3，这要求乘组在出舱前预先吸氧。第 5 章讨论了预先吸氧的要求，以及如何限制乘组舱外活动的频率。

总之，随着舱外活动频率的上升，遥控机器人操作的优点也就显现出来了，对于如国际空间站要求有大量舱外活动的航天器更是如此。第 23 章讨论了使用航天器搭载机器人进行舱外活动。遥控机器人进行在轨更换单元操作时，甚至比对乘员有更苛刻的可视信号和处理规定要求，所以在设计阶段就应该对这类可更换部件给予充分考虑，避免造成昂贵的浪费和返工。

实际上，与乘组相关的技术和安全考虑推高了整体设计要求和成本。尽管本书是关于载人系统设计的，设计者对任何有人参与的任务都必须给出正当理由。

11.10　选择基准构型

在确定了整体构型后，应该形成成套设计文件并将信息发送给各分系统的设计人员。设计文件中应涵盖系统全部相关事宜，包括任务剖面、乘员配置以及分系统的初步定义，如电源系统、热控系统和姿态控制设计的大概量级等。我们需要详细信息来描述空间单元以便开展分系统的工作，即使无法详尽也要给出假设和文字说明。

这些信息变成了分系统设计准则的关键，它也能帮助任务设计团队检验空间单元的定义是否符合任务要求。如果已经考虑了几种任务架构，那么设计人员要考虑研究折衷方案。根据分系统准则开展分系统设计工作时必须同时与其他分系统相匹配，沟通是成功的关键。分系统准则要告知高层规划人员，使其能够更新系统预算，验证性能。表 11－24 概括了分系统的接口，可以看到本书每一章都会单独介绍一个分系统。表中还列出主要相关问题和折衷方案，另一列包括了从分系统章节到空间单元章节的反馈。表中“分系统反馈”意味着所有分系统设计人员都必须上传的信息：

1）验证和纠正资源需求和分配（质量、电源、热排放、乘组时间、出舱活动、消耗品、后勤、安全性）；

2）确认或改变设计概念；

3）定义分系统设计和分解结构；

4）为性能和系统资源建立预算（质量、电源、热排放、乘组时间、EVA、消耗品、后勤、安全性）。

表 11－24　分系统设计如何与顶层设计相联系▲

系统/分系统	条目/权衡	空间单元设计要求的反馈	参考章节
总体系统设计	总体任务目标和架构的协调性； 总体系统层次概念权衡研究； 整个寿命周期的系统预算； 国际分工； 乘组特性	确定空间单元概念、要求和约束； 建议增强、重新定位设计； （重新）分配资源和功能	第 2 章、第 30 章
人的因素	检查可居住条件（规模和构型）； 乘组特性（任务，组成，旋转等）	确定概念 建议构型加强 确认或者改变乘组特性	第 6 章、第 7 章
安全性和可靠性	构型继承安全性风险； 关键最小构型； 安全性策略； 安全性分析，FMEA	设计确认或改变； 重新设计构型的选项； 安全性预算	第 8 章
轨道动力学	检查轨道访问和相位调整	确认或改变轨道构型概念	第 9 章
转移飞行器	功能确认，轨道与转移部分之间的操作； 指定/核实转移飞行器的支持功能； 生成和设计飞行器概念	确认或建议改变 由上升、下降和转移引起的空间单元的系统预算和要求； 分系统反馈	第 10 章、第 12 章

续表

系统/分系统	条目/权衡	空间单元设计要求的反馈	参考章节
热控制	分系统构型权衡； 热和冷情况的评估； 主动和被动 TCS； 内部和外部 TCS； 集中和分布 TCS	分系统反馈； 改变总体构型	第 16 章
环控生保	分系统构型权衡； 闭合程度； 评估和其他分系统的协同耦合	分系统反馈； 建议协同耦合	第 17 章
乘组居住	内部容积和布局概念； 乘组相关的后勤	分系统反馈； 改变总体构型	第 18 章
导航、制导与控制，姿态确定与控制	分系统构型权衡； 作动器与传感器概念	分系统反馈； 姿态性能与推进剂需求	第 19 章、第 24 章
电源系统	分系统构型权衡 能源权衡； 收集器集成与跟踪条目	分系统反馈； 改变总体构型	第 20 章
结构与力学	设计结构概念	分系统反馈	第 21 章
EVA	EVA 要求和集成评估； 人与机器人操作	分系统反馈； 初始 EVA 计划	第 22 章
机器人技术	人与机器权衡	分系统反馈	第 23 章
推进、姿态与轨道控制	分系统构型权衡； 轨道提升与轨道控制策略； 协同推进概念权衡	分系统反馈	第 13 章、第 24 章
发射、展开与组装	运载器选择； 在轨操作	发射与后勤飞行器想定	第 25 章
任务运营(MO)	MO 功能辨识与分配； MO 概念权衡	MO 概念	第 26 章

续表

系统/分系统	条目/权衡	空间单元设计要求的反馈	参考章节
C^3 结构	通信系统概念与结构； 链接预算； C^3 架构权衡； 可见度，链接持续时间； 地面跟踪	分系统反馈； 可操作的通信要求	第 27 章
后勤	后勤概念； 后勤周期、飞行器概念； 维护、补给，再补给和返回概念	后勤概念； 构型改变	第 28 章
费用	生命周期费用； 分阶段费用与系统单元	费用预算； 费用缩减建议	第 29 章

▲：一旦有了顶层设计，必须进行各个分系统设计以改进顶层设计。FMEA＝失效模式和影响分析，TCS＝热控制系统，EVA＝出舱活动，MO＝任务操作。

11.11 设计案例：最小扩展空间站

本节将演示一个在轨空间单元的典型设计阶段和设计结果。尽管在几页纸中不可能展示完整的设计流程，但仍可以看到如何利用方法和工具来一步步确定空间单元，最后形成构型方案、初始关键参数以及预算。

这个案例中，任务描述要求是：

- 一个最小空间站概念设计，包括近地轨道上用于直接和永久微重力研究的载人实验室（MS1）
- 材料科学和工程科学为主要应用领域（MS2）
- 具有扩展可能性的最小构型，主要利用 ISS 和其他已有的硬件（MS3）
- 日本和欧洲联合完成的项目（MS4）

我们从表 11 - 2 的第 2 步开始。上面已经对任务进行了描述，根据系统单元矩阵（图 11－3）可以得到一系列初步要求和约束条件，表 11－25 给出了“乘组”和“空间单元”的任务要求。

表 11－25　初步要求和约束的例子▲

#	约束/要求	主题/值	权衡(y/n)	原因
单元 1：乘组				
1	乘组工作强度	乘组照料	y	MS1：载人空间站； MS2：任务没必要总有人，有时载人甚至是不利因素（微重力干扰）
2	乘组组成	主要为科学家	y	MS1：研究性空间站
3	乘组任务	科学，组装，维护，维修	y	MS3：扩展潜力，设计寿命时间
4	乘组国别	JP/Eu 混合	n	MS4
5	乘组人数	最少 2 人	n	工作量，安全性
单元 2：空间单元				
1	舱段组成	压力舱和外部区域	y	MS2：材料与工程科学，应用领域要求具有外部暴露区域
2	电源/热排放性能	相当舒适	y	MS2：材料与工程科学
3	IOC 压力部分	多用户舱段	y	MS3：最小构型
4	构型	多个对接/停泊口	n	MS3：扩展潜力
5	S/S 设计	可扩展 S/S	n	MS3：扩展潜力
6	候选硬件	EU：COF，ATV，CTV，ERA，SL 组成； JP：JEM，RM，Lab，EF	y	MS3＋4，利用已有硬件
7	运载器约束	H 2： $m<10.5$ t； 4.6 m×3.2 m 阿里安 5： $m<18$ t； 4.57 m×10.3 m	n	优先选用日本和欧洲运载器

续表

#	约束/要求	主题/值	权衡(y/n)	原因
8	EVA/外部操作装置和气闸舱能力	至少两者之一	n	服务外部有效载荷和子系统
9	操作	需要自动控制和机器人技术	y	受限的乘组时间和外部有效载荷安装

▲：Eu：欧洲，JP：日本，MS：任务描述，S/S：分系统

下一步为空间站定义初步方案（表 11－2 的第 3 步）。本例将采用最小空间站或者“有人照料的自由飞行器”（MTFF）概念，这是 20 世纪 80 年代欧洲设计的，作为哥伦布项目的一个部分。它包括一个单独的压力试验舱段，可以接收来自一个独立的资源舱的所有系统资源（如能源、热控、环境控制等）。表 11－26 给出了该方案的关键特性。为了适应任务需要和目前现有的空间站硬件，进行了许多设计调整（表 11－27 中列出），产生了“最小扩展空间站”(Minimum Growth Space Station，MGSS）概念。

表 11－26　有人照料的自由飞行器系统特性（MTFF 90）

构型	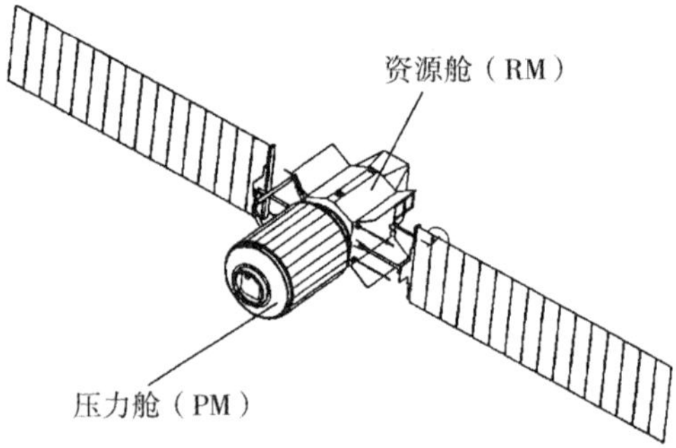
任务	提供具有良好微重力性能（$<10^{-5}g_0$）的压力舱实验室，用于开展物理科学、材料科学、生命科学实验
乘组	乘组照料：每 180 天需要 3 名航天员工作 7 天

续表

操作	实验主要采用自动控制； 每 180 天由赫尔墨斯号航天飞机服务； 每 5 年有 SSF 服务
轨道	圆轨道，高度 360～495 km，额定 470 km； 每 180 天抬高轨道一次； 和 SSF 轨道同面
飞行模式	名义上（微重力时段）：对日飞行（X－ASL）； 对接和轨道转移操作：对地定向
质量	PM：8813 kg（包括 1000 kg P/L）； RM：9000 kg（包括 2760 kg 推进剂）； 总共：17820 kg（IOC）； 22860 kg（最大运营）
电源	PV 装机 EOL：19 kW； P/L 平均 EOL：4 kW； S/S 平均 EOL：4.3 kW
热排放	PM：0.4 kW； RM：6.5 kW
姿态与轨道控制	MMH/NTO 推进系统用于抬高轨道和姿态控制； 利用动量轮和磁力矩器的非推进姿态控制
设计寿命	PM：30 年； RM：5 年

选择了倾角 30.2°的圆轨道（表 11－2 第 4 步），目的是应用日本 H2 和欧洲阿里安 5 火箭的最大运载能力。495 km 轨道高度使得抬高轨道周期为 180 天，和国际空间站轨道控制相比节省 49.3%的推进剂。

表 11－27　最小扩展空间站的概念设计调整

定义	合理性
使用 MTFF 作为 IOC（初始运行状态）	单一单元构型，地面组装和检验； 利用 MTFF 设计结果
利用 IOC－MTFF 资源舱隧道形式	基于安全理由和有效的乘组操作，IOC 需要两个对接口
增加一个外部有效载荷设备	预期应用领域明确需要外部有效载荷平台
增加一个连接单元（ICE）	ICE 保证空间站可实现冗余通道访问； ICE 是构型灵活扩展的条件； ICE 能适应基本的可居住性和 EVA 分系统； ICE 可用作气闸舱； ICE 能适应在中心位置的远程操作系统
通过标准普通停泊适配器连接所有空间站舱段	构型灵活性高； 标准化节省费用； ATV 可用于转移所有舱段，执行自动对接操作
改变 IOC 飞行模式为“沿着太阳光线在轨道面的投影方向”（IOP－APSL）	允许 TEA（无离面姿态），没有角动量积累； 没有压力舱遮挡太阳能电池阵； 允许最好的太阳跟踪
在构型扩展时，正常飞行模式从 IOP－APSL 变换至对地定向 LVLH	利用重力梯度进行姿态稳定； 执行“被动安全性”用于飞行姿态； 调整微重力敏感舱沿飞行路径方向以得到最好性能的微重力水平
后勤补给飞行器保持对接在轨道组合体上，直到下一个飞行器到达	利用后勤补给飞行器（ATV，资源舱）平衡质量分布
从 MTFF 资源舱改变为集中式分系统舱段	增加电源和热排放性能； 增加构型灵活性和适应性； 最小化遮挡影响

对于飞行模式（表 11－2 第 5 步），最小扩展空间站开始建造时采用轨道面内、沿太阳光线方向的惯性飞行模式（图 11－14）。该模式允许同时有力矩平衡飞行姿态和仅利用一个跟踪铰进行最优太阳

光线跟踪。随着构型扩展，飞行模式将切换到当地垂直一当地水平模式，可用重力梯度维持姿态稳定。最小扩展空间站概念将采用经典的分系统技术（表 11-2 第 6 步）——光伏发电、外置散热板、物化环境控制和生命保障分系统。

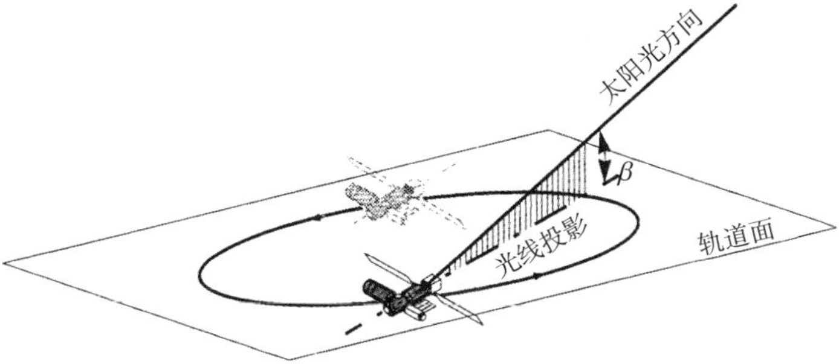

图 11-14　最小扩展空间站飞行模式 IOP-APSL
（在轨道面，沿太阳光线投影方向）

表 11-28 总结了构型的发展过程（表 11-2 第 7 步）。在第一阶段，类似 MTFF 的飞行器将利用阿里安 5 火箭发射升空，这是通过单次发射入轨的可操纵空间站。资源舱节点具有隧道结构，这意味着第二个飞行器可以对接在资源舱尾部。随后的阶段将增加一个连接单元、舱外机器人系统（第 2 阶段）、外部有效载荷与资源舱（EPRM，第 3 阶段），以增强分系统功能和为外置载荷提供空间。

表 11-28　最小扩展空间站概念的在轨组装阶段

阶段	构型	参数/改变
1	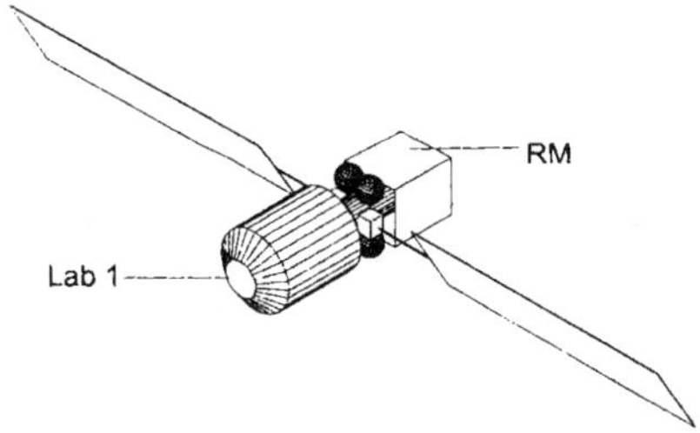	MTFF(IOC) 具有隧道资源舱(RM)和实验舱(Lab1)的标准 MTFF； 飞行模式：IOP-APSL； 质量：17821 kg； PV 装机功率：21 kW 寿命初始(BOL)

续表

<table>
<tr><th>阶段</th><th>构型</th><th>参数/改变</th></tr>
<tr><td>2</td><td>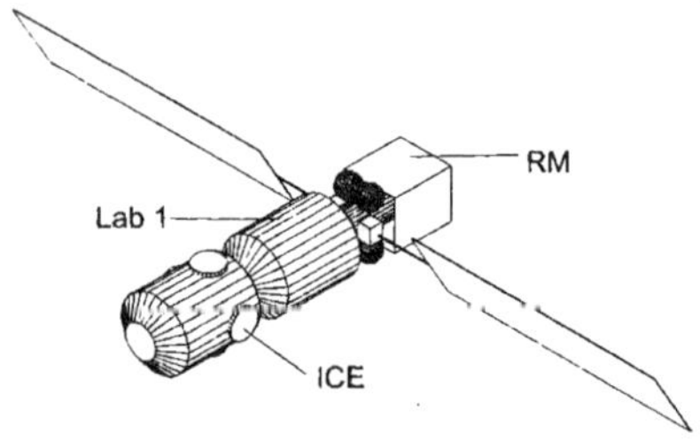
</td><td>MTFF－ICE
增加：具有6个对接适配器的连接单元(ICE)；
增加：在ICE上的外部操作设备系统(图中没有显示)；
飞行模式：IOP－APSL；
质量：28825 kg；
PV装机功率：21 kW(BOL)</td></tr>
<tr><td>3</td><td>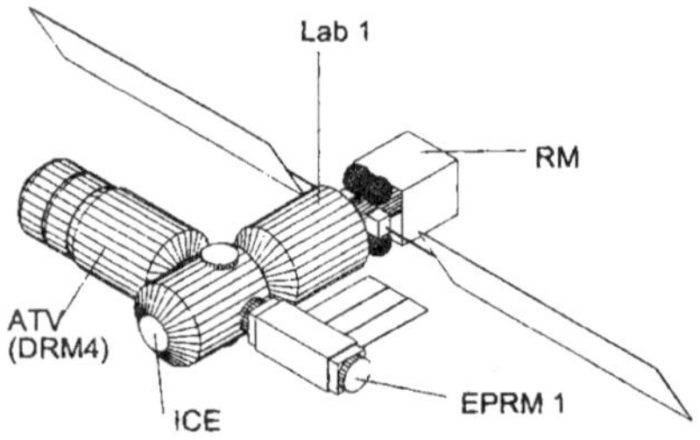
</td><td>MAC(最小组装完成)
增加：外部有效载荷与资源舱(EPRM1)；
对接：ATV后勤补给飞行器(DRM4构型)；
飞行模式：IOP－APSL；
质量：52350 kg；
PV装机功率：21 kW(BOL)</td></tr>
<tr><td>8</td><td>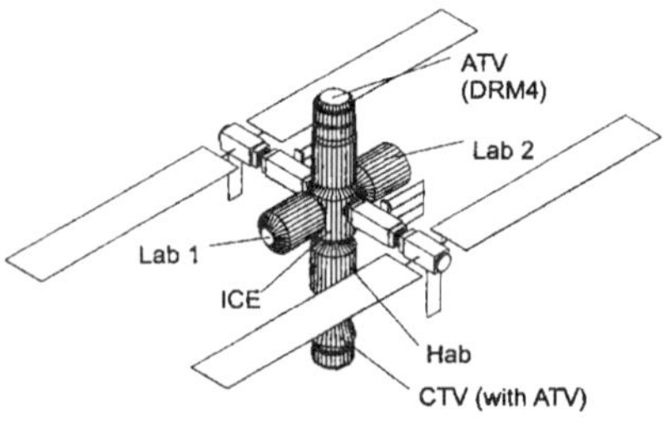
</td><td>GAC(扩展组装完成)
增加：实验舱段(Lab2)；
对接：ATV后勤补给飞行器(DRM4构型)CTV(具有另一个ATV舱段)；
飞行模式：LVLH；
质量：97653 kg(不包含CTV时为78438 kg)；
PV装机功率：61 kW(BOL)</td></tr>
</table>

第3阶段完成最小组装（MAC）。为了给该组装系统提供后期扩展的可能性，在这个阶段MGSS逐渐从一个压力舱组合构型变化为多舱段桁架组合构型。在第4阶段，一个光伏能源舱（PVPM1）将利用转移飞行器对接在EPRM1上，从而增加了装机功率和质量（50 kW，58703 kg）。在外部有效载荷与资源舱EPRM2到达并在与EPRM1（第5阶段：50715 kg）相对的对接口进行对接前，弃用了一个补给货运飞船（混合货物运输飞船DRM4）。

第6阶段首先将PVPM2与EPRM2对接，弃用了最初的资源舱

RM。至此，所有分系统功能由 PVRM 和 ERPM 舱段接管。为保持与 ATV/DRM4 补给舱的质量平衡，Lab1 实验室舱段被转移到飞行方向的对接口上，与 ATV/DRM4 对接口相对。本阶段飞行模式变换为 LVLH（62 kW，60855 kg）。第 7 阶段增加一个居住舱，和 ICE 对接。为平衡质量分布，ATV 飞船将被转移到另一个 ICE 对接口上，和居住舱 Hab、连接单元 ICE 连成一条线（69624 kg）。最后一个阶段（扩展组装完成）在 ICE 上增加第 2 个实验舱段 Lab2，和 Lab1 连成一条线，最后增加一个载人转移飞行器 CTV。在任何组装阶段，后勤补给飞行器都被用来平衡质量分布，以得到最好的姿态稳定性和力矩平衡姿态。

表 11－29 概括了系统评估和预算（表 11－2 第 8 步）。为了进行比较，表中也给出了初始 MTMF 概念和国际空间站的相关数据。

表 11－29　空间站概念应用特征对照表

	MTMF	ISS（仅 USOS）	MGSS	
			第 3 阶段	第 8 阶段
电源				
PV 装机功率/kW	19.0(EOL)	183.4(EOL)	25.0	61.0
有效载荷功率/kW	4.0	≈40	5.0	13.0
热排放				
总功率/kW	12.1	102.0	14.9	41.9
有效载荷功率/kW	4.0	30.0	5.0	13.0
压力舱段				
容积/m^3	90.0	1140.0	180.0	360.0
可用有效载荷容积[等价 ISPRs]	8	US－Lab:13 COF:10 JEM:10	12	22
外部支持				
可附加面积/m^2	≈12 个 ORU 中的 2 个	PAS:4×6.4 JEM－EF:20.0	EPRM:2×6.4	EPRM:4×6.4

续表

	MTMF	ISS (仅 USOS)	MGSS	
			第 3 阶段	第 8 阶段
乘组工作强度				
乘组	每 180 天需要 2 人 7 天	6 人常驻	每 180 天需要 2 人 2 周	2 人常驻
每年多少小时	672	52452	1344	18828

≈：估计值；　JEM-EF：日本实验舱段暴露设备；
PAS：有效载荷附加结构；　EPRM：外部有效载荷与资源舱；
ISPR：国际标准有效载荷支架。

由于精细的质量分布考虑了控制力矩陀螺饱和的因素，微重力不受组装阶段的限制，即使在最坏条件下，任何组装阶段的准静态微重力环境也总是好于 $1.6\times10^{-6}g$ 的。姿态和轨道控制所消耗的推进剂量估计为 1188 kg（等价于每千克质量在轨年消耗推进剂 0.0122 kg），其中包括 50%裕量。而在相当的条件下，每公斤在轨质量消耗推进剂为 0.022 kg。

当然，本节只是针对概念设计结果的一个大致总结概括，详细设计案例参见 [Bertrand，1999]。

参考文献

[1] American Institute of Aeroautics and Astronautics. 1992. Guide for Estimating and Budgeting Weight and Power Contingencies for Spaceraft Systems. ANSI/AIAA G - 020 - 1992. Washington, DC: American Institute of Aeronautics and Astronautics.

[2] Bertrand, R. 1999. Conceptual Design and Flight Simulation of Space Stations. Munich, Germany: Herbert Uta Verlag.

[3] Eichler, P. and D. Rex. 1990. The Risk of Collision between Manned Space Vehicles and Orbital Debris—Analysis and Basic Conclusions. Zeitschrift fuer Flugwissenschaften und Weltraumforschung, 14: 145 - 154.

[4] Messerschmid, E. , and R. Bertrand. 1999. Space Stations—Systems and Utilization. New York, NY; Tokyo, Japan; Springer - Verlag, Berlin.

[5] Woodcock, G. R. 1986. Space Stations and Platforms. Malabar, FL: Orbit Book Company.

第 12 章 转移、进入、着陆和上升飞行器

Andrew Petro，NASA 约翰逊航天中心

本章主要基于第 1、2 章中关于飞行器概念设计的内容对进入、着陆、上升以及行星转移轨道飞行器进行介绍。概念设计需要包含足够的细节，以便项目管理者确定整个系统的架构和飞行器尺寸及质量。使用第 29 章介绍的概念设计以及相关工具可以估计成本。表 12－1 对第 1 章的飞行器设计流程进行了适应性修正，以便进行飞行器设计。

表 12－1 飞行器设计流程

步骤	说明	参考章节
1. 定义需求和约束	定义系统的功能，确定需要考虑的选项范围，输入条件来自于第 1 章，第 2 章，第 5 章，第 6 章，第 9 章，第 10 章，第 18 章	12.1 节
2. 提出飞行器概念	提出并审视一系列满足任务需求的飞行器概念	12.2 节
3. 确定长远发展的选项	选择一个或者一些最具可行性的概念设计，开展支持决策的权衡研究	12.3 节
4. 选项的概念设计	进行详细的设计以评估可行性和成本。概念设计包含安排架构、预估尺寸和质量以及定义分系统	12.4 节
5. 概念设计评估和确定基线	比较概念设计对需求和约束的满足情况，根据需求进行迭代设计，为长远发展选择一条基线	12.5 节

12.1 定义需求和约束

整个航天任务的目标、需求和约束已在第 1、2 章中介绍。如表 12-2 所示，这里将给出飞行器各单元的需求和约束。

表 12-2　飞行器设计需求和约束的清单▲

需求和约束	需要的信息	参考章节	月球任务案例
时间框架	项目开始、发射、项目结束 现有技术	第 1 章，第 2 章	2002 年发射
发射模式	运载火箭的类型和能力、发射环境、发射场	第 25 章	已经应用的运载火箭（航天飞机、大力神号、质子号等）
主要机动	机动次数、速度增量需求	第 9 章，第 10 章	地月转移、月球进入、月球下降、着陆以及月面上升、月球返回、再入地球等
出发阶段	使用空间站还是停泊轨道、持续时间	第 1 章，第 2 章，第 9 章，第 10 章	近地轨道空间站
抵达目标阶段	使用空间站停泊轨道以及持续时间	第 9 章，第 10 章	月球极轨道
着陆场	着陆点、光照和其他条件	第 1 章，第 2 章，第 4 章，第 13 章	靠近月球南极
全部乘组	数量，尺寸	第 1 章，第 2 章，第 6 章，第 7 章，第 26 章	3 人
登陆表面的乘组	数量，尺寸	第 1 章，第 2 章，第 6 章，第 7 章，第 26 章	3 人
表面停留时间	白天、晚上和持续时间	第 1 章，第 2 章，第 13 章，第 26 章	20 天
有效载荷	尺寸、质量、增压与否、目的地	第 1 章，第 2 章，第 13 章，第 14 章，第 15 章，第 22 章，第 26 章	登月设备和工具、月球样本返回地球

续表

需求和约束	需要的信息	参考章节	月球任务案例
表面操作	乘组活动及活动需求	第 1 章，第 2 章，第 4 章，第 13 章，第 14 章，第 15 章，第 22 章，第 26 章	月球采样收集带回、操作登陆设备
整个任务持续时间	转移时间、任务活动及轨道力学的约束条件	第 9 章，第 10 章，第 27 章	4 天出发、20 天在月球，4 天返回，共计 28 天
返回模式	使用空间站或者停泊轨道、再入条件、地球着陆点	第 9 章，第 10 章	直接再入
项目约束	可能影响设计的政治和经济因素	第 1 章，第 2 章，第 29 章，第 30 章	目标：最低成本，采用成熟技术和产品

▲：本章中将以月球任务案例的需求为例进行说明。

12.2 建立飞行器概念

提出选项方案是设计过程中最有创造性的一步，是可以应用“头脑风暴”的阶段。考虑如何采用分离的单元或者单元组合实现所需的功能，可以暂时忽略约束来鼓励创新。调研航天领域之外的设计概念，并从自然界寻找可借鉴的应用，同时要熟悉历史上相关设计问题的解决途径。

表 12－3 概述了任务阶段的关键设计影响因素。后续段落将给出概念设计的其他关键因素。

表 12－3　各个任务阶段的设计影响因素

阶段和持续时间	设计影响因素
地球发射起飞 几分钟至数小时	与运载火箭的接口； 乘员对加速度的反应； 运载火箭发射失败后的救生或逃逸模式，包括转移、进入和着陆； 返回地面的快速出舱口； 对接准备

续表

阶段和持续时间	设计影响因素
转移轨道 几天（地球轨道和月球轨道）； 几个月（火星等行星轨道）	阶段选择； 推进系统整合； 任务持续时间、乘员舱和居住舱体积； 重力影响； 防辐射； 航天器的热控、发电和通信选择； 必要时气动减速； 对接和舱外活动的规定
下降和上升（月球和火星等） 几小时	阶段选择； 推进系统整合； 对接规定； 舱外活动及月球表面活动出口； 失重环境下的可居住性； 着陆点的位置和环境； 有效载荷的集成和布置； 热控制； 防辐射； 灰尘控制； 热控制、空气动力稳定、再入控制（不适用于月球）
再入地球 几分钟至几小时	离轨机动； 热防护； 空气动力稳定控制； 着陆模式以及着陆场选择； 成员对加速度的适应； 着陆精度； 着陆后的稳定性

时间线发展和预算考虑

设计目标既要有创新性，又要基于预算可实现，同时需要考虑时间进度的约束。如果准备提出一个要用好几年才能完成的概念设计，并且预算充足，可以考虑采用非常规的技术和新颖的方法。如果提出的概念设计开发时间较短，并且预算相对有限，可以考虑采用相对较为成熟的技术。

本书介绍的月球探测器案例中，开发时间较短，并且预算非常有限，因此需要考虑采用相对较为成熟的技术。

飞行器功能单元的分离和集成

设计一个飞行器，可以采用分离的单元完成各项功能，也可以将所有功能整合到一个集成系统中。剖分功能单元可以简化开发过程，发射时进行封装，并且允许简单更改、替换，以及额外的系统改进。而另一方面，采用单一的集成系统可以减小整个系统的质量和体积、减少分离部件的数量以及各系统之间的接口。航天飞机就是高度集成的例子。

空间运输系统设计时，有时需要为每个任务阶段设计单独的飞行器单元；而有时一个飞行器单元可以完成多个或所有阶段的任务。比如，阿波罗任务在地球发射段、月地转移和地球返回再入段采用一个乘员舱，在月球下降和月面返回上升段则采用另外一个登月舱。

分级运输

分级运输是提高运载火箭性能的一个经典方法。同样，该方法也可以应用于轨道转移飞行器和着陆飞行器。可以将一个飞行器分成多个舱段，或者当不需要时抛掉不再使用的推进剂贮箱、发动机或者其他组件，以提高飞行器的推重比。分级运输的缺点是若不进行回收则这类消耗性的单元只能使用一次，消耗性单元若坠入地球会产生危险，若留在轨道上则会成为空间碎片。同时，分舱段设计后，需要双倍的系统和分离接口。图 12－1 给出了登月任务中几种舱段的选择模式。

满足乘员需求

载人航天任务中乘员是非常关键的一部分，在概念设计过程中必须将乘员放在首要的位置进行考虑。第 18 章中讲述了如何进行乘员需求设计。

以月球探测任务为例，对于乘员的居住问题可以考虑三种概念设计方案：

1）单一的乘员舱用于从近地轨道（LEO）到月球表面，并且返回地球；

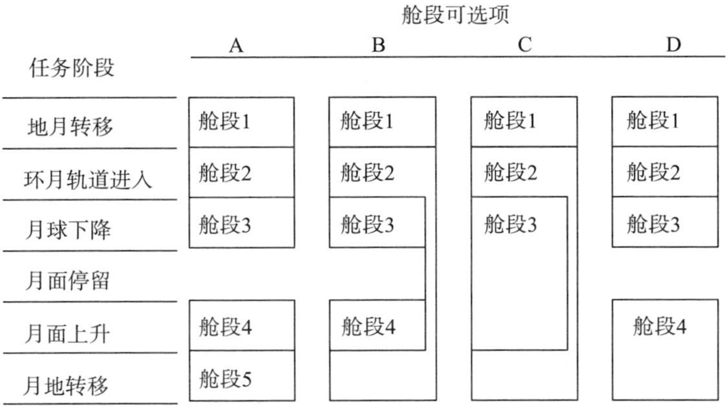

图 12-1　登月任务案例中的分舱段模式▲

▲：其中，选项 A：每次任务机动均采用不同的舱段；选项 B：第 2 个舱段包含了月球轨道以及乘组地球返回再入轨道，类似于阿波罗飞船方案，采用分离的舱段分别用于月球下降段和月面返回上升段；选项 C 与选项 B 类似，区别在于月球下降段和月球返回上升段采用同一个舱段；选项 D：月球返回上升段和地球再入段采用同一个舱段

2）一个乘员舱用于从地球轨道起飞出发以及返回，第二个舱用于月球轨道以及月面着陆；

3）一个乘员舱用于月面探测，一个用于航天器转移轨道，1 个非加压的驾驶舱用于着陆。

我们的目标是为飞行乘组提供足够大的加压空间，同时降低系统的质量和成本。单一的乘员舱虽然会降低结构质量，但两个乘员舱可以在生命保障系统出现泄露问题或失效时为乘员提供某些安全冗余。地月转移轨道失重与部分重力环境下的乘员舱设计是不同的。乘员舱设计的选择同样与飞行器推进系统的数量相关。

对于火星探测任务，乘员舱可能需要为乘员提供一年或者更长时间的支持。此时，就需要更大压力的空间，因而考虑压力空间和生命保障系统的冗余就变得至关重要。

推进系统

飞行器推进系统及所需推进剂占有的质量和体积通常是最多的。第 24 章和第 25 章描述了推进系统方案的诸多选择。以短期登月任务计划为例，需要设计者选用成熟的化学推进剂方案，可以采用下述的推进剂：

1）液氢和液氧——非常高能，但是难以长时间储存，尤其是液氢；

2）液氧和碳氢化合物——相对高能，比液氢储存相对容易；

3）自燃液体燃料——低能但可靠，可以长期储存。

如果飞行器的推进剂舱段多于一个，不同的舱段可以根据系统需求采用不同的推进剂组合。在火星探测任务中，需要重点考虑可以替代化学推进剂的推进系统，如核推进和电推进。

大气制动

如第 10 章所述，航天器在接近行星轨道上飞行时，需要降低速度。可以采用发动机动力制动实现减速，如果所着陆的行星有大气层时，也可以采用大气制动进行减速。

由于飞行器进入大气层后会遇到阻力，因此大气制动会降低速度。飞行器进行大气制动机动时会产生高热量，因此需要防热罩。飞行器及其防热罩的外形决定了其气动特性，下节讨论的再入飞行气动外形可以用于大气制动。

为了考虑大气制动，可以采用下列经验公式估算防热罩和支撑结构的质量：

$$\text{大气制动系统质量}=0.15\times\text{制动时飞行器的质量}$$

大多数情况下，节省的推进剂质量大于补偿大气制动系统的质量，因此它是很有吸引力的一个选项。

空气动力学

只有在接近真空环境中的飞行器才不需要采用气动流线型设计。但是如果飞行器需要在行星大气层内进行大气制动、下降或着陆时，就必须进行气动外形设计。经过大气层时的高速飞行会使飞行器外表温度升高，因此还需要采取防热措施。

外形是空气动力学设计的一个基本特征。表 12－4 给出了几种气动进入外形图及其气动特征。

表 12－4　进入飞行器外形及其气动特征

图示	描述	图示	描述
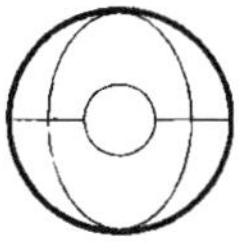	球形 升阻比＝0； 没有机动能力； 中等容积率； 示例：苏联东方号	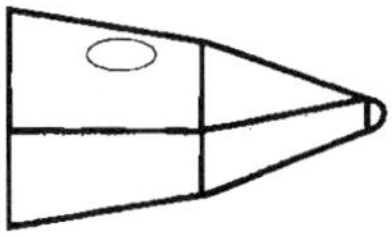	双锥体 升阻比＝0.5～0.7； 中等机动能力； 极好的容积率； 示例：火星着陆概念设计
 联盟号 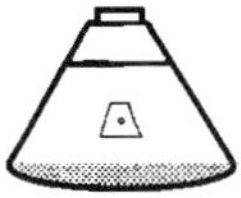 阿波罗	钝锥形 升阻比＝0.2～0.4； 极小的机动能力； 较好的容积率； 示例：阿波罗号、双子星号、水星号、联盟号	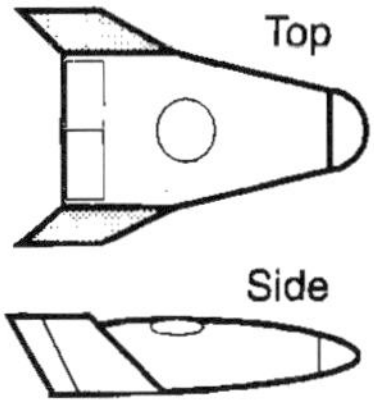 	升力体 升阻比＝1.0～1.4； 很强的机动能力； 中等容积率； 示例：X－24，HL－10
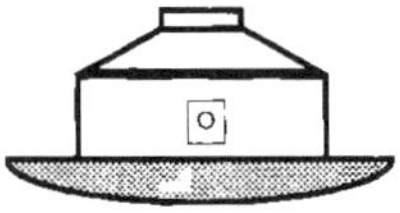	带有热防护罩的返回舱 升阻比＝0.2～0.4； 极小的机动能力； 较好的容积率； 示例：海盗号火星探测器	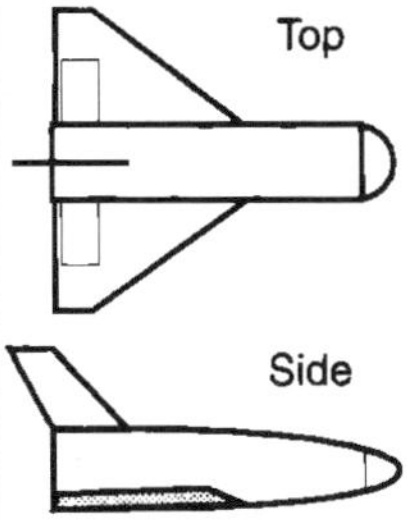 	有翼航天器 升阻比＝1.4； 很强的机动能力； 很高的容积率； 示例：航天飞机

以月球探测任务为例，外太空飞行段以及月球表面着陆段不需要考虑空气动力影响。但在任务结束，乘员需要返回地球时，居住舱的设计则需要考虑空气动力的影响。

升阻比（L/D）可以有效地描述飞行器在大气层内的机动能力。假定飞行器可以自己进行姿态控制，那么就可以改变其升力方向。飞行器的质心位置对其控制能力很重要，设计时需要考虑质量分布。

升阻比同时也表征再入过程中的减速力和热负荷。低升阻比飞行器以近弹道式飞行，并且会产生高减速力和相对高的加热峰值。高升阻比飞行器具有很好的纵向和横向控制能力，可以使进入过程中的减速最小化，同时也可以提高横向机动能力，增加横向航程，并且可以控制其弹道以降低峰值热流，但是可能会增加大气层内的飞行时间，总热负荷仍然会比较高。同样，高升阻比飞行器趋向于有翼外形，这种外形比钝头的总加热量更大。

空气动力对于火星探测器设计非常重要，因为火星具有一个稀薄的大气层。飞行器在接近火星时可以利用大气层进行大气制动以实现轨道进入。火星着陆器可以使用降落伞或者其他空气动力设备，或者采用推进系统实现火星下降。但是火星表面的大气密度还不够稠密，无法实现只用升力进行的减速着陆。

选择着陆模式

表 12－5 中给出了几种着陆模式。着陆模式与飞行器的气动外形相关，钝头航天器无法产生足够的升力以实现着陆场着陆，但是可以采用翼伞实现滑翔着陆。有翼飞行器可以配置降落伞或者翼伞，但是该方法效率较低，会影响飞行器本身的滑翔能力。

表 12－5　进入飞行器着陆模式和特性示例▲

着陆模式选择	特点	机动能力	可适应的着陆点	减轻撞击的选项
反向推力方式	垂直下降	中等	空地或停机坪	支撑杆、缓冲器
弹道降落伞	垂直下降但是有一定的风漂移	无	空地或水面	缓冲器、气囊或反推火箭
升力降落伞	具有一定方向控制的滑翔	小	空地或水面	缓冲器、气囊或反推火箭
滑翔翼伞	滑翔，并能进行方向控制	中等	空地或水面	空气动力翼、缓冲器、气囊或反推火箭
可展开翼飞行器	滑翔，并能进行方向控制	中到高	跑道	空气动力翼、轮子、缓冲器
升力体	滑翔，并能进行方向控制	高	跑道	空气动力翼、轮子、缓冲器

续表

着陆模式选择	特点	机动能力	可适应的着陆点	减轻撞击的选项
有翼飞行器	滑翔，并能进行方向控制	高	跑道	空气动力翼、轮子、缓冲器

▲：飞行器的尺寸、形状、着陆点的情况、精度需求以及所能承受的冲击载荷等都会影响着陆方式选择。

12.3　确定可进一步开发的选项

在项目之初就开发所有的概念设计选项通常是不现实的。也许我们会选择一个或几个进一步开发的选项，但是必须对所有的选项进行论证，并记录选出最佳方案的完整过程。当选择的方案遇到未考虑到的问题，或系统需求有改变时，可能需要回顾和反思。对方案设计的选择需要进行充分的论证和说明，这样可以避免项目进展过程中的设计反复。

评估所选方案是否优于其他方案的第一步是确定判断标准。如果只有一个标准，评估就比较简单，但是通常需要考虑更多的评价因素。定量的标准比较容易对比，但是通常也采用定性的标准来进行衡量。对于一些标准，需要权衡相关数据来进行选项比较。但是不同的评估标准可能有不同的重要性，因此可以分配不同的权值进行加权评价。

示例

以登月任务中如何选择一个返回飞行器的外形为例，介绍一个简单的评估过程。降低开发成本是一个最重要的客观目标，因此必须将开发成本作为一个主要的约束条件。由于必须使返回飞行器到达月球并返回，因此降低飞行器的质量也是一个很重要的目标。对于给定的飞行器，评价质量最优的一个很好的标准是容积利用率。第三个目标就是限制作用于乘员身上的最大减速过载。需要确定进入过程中一个健康且状态良好的乘员可以接受的减速过载，同时也要看到更低的减速过载可以降低风险，也可以降低对乘员生理对抗措施的要求。综上所述，可以定义三个标准：最小开发成本、容积率和再入减速过载峰值。

接下来的任务就是确定这些标准之间的相对重要性或者是权重因子。最好的方法是对这些标准进行排序，并且对各项标准分配不同的权重值。这些权重因子反映了整个任务中各个标准的重要性。设计研究中所有参与者都可以参与设定分配的权重因子，本例中采用下面的权重因子分配标准：

最小开发成本：　　0.5

容积效率：　　0.3

减速过载峰值：　　0.2

总值：　　1.0

可以对成本、质量、体积、减速过载等进行定量分析，也可以采用主观判断对选项进行比较。图 12－2 和表 12－6 说明了如何比较这些选项，图 12－3 给出了定量比较的结果。

	最低开发成本						容积效率						进入减速					
次选 / 首选	联盟号飞船	阿波罗飞船	防热后体	双锥形体	升力体	得分	联盟号飞船	阿波罗飞船	防热后体	双锥形体	升力体	得分	联盟号飞船	阿波罗飞船	带有热防护罩的返回舱	双锥形体	升力体	得分
联盟号飞船		0	0	1	1	2		0	1	−1	1	1		−1	−1	−1	−1	−4
阿波罗飞船	0		0	1	1	2	0		1	−1	1	1	1		0	−1	−1	−1
防热后体	0	0		1	1	2	−1	−1		−1	1	−2	1	0		−1	−1	−1
双锥形体	1	−1	−1		1	−2	1	1	1		1	4	1	1	1		−1	2
升力体	−1	−1	−1	−1		−4	−1	−1	−1	−1		−4	1	1	1	1		4

图 12－2　比较不同进入飞行器外形的选项▲

▲：如果首选项比备选项好，则置 1，否则置－1；如果无法比较，则置 0

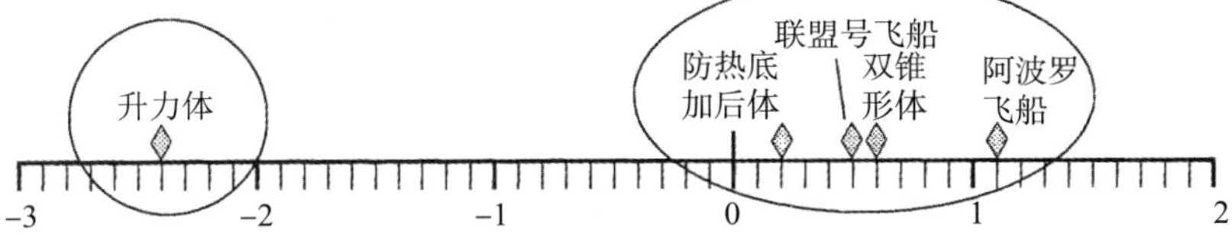

图 12－3　进入飞行器选项的比较标尺▲

▲：从数轴上可以看出不同飞行器的得分，大致可分为 2 组

表 12－6　采用全部标准对比的进入飞行器的外形选项▲

飞行器外形	最低开发成本（0.5 权重）得分×权重	标准容积效率（0.3 权重）得分×权重	进入减速力峰值（0.2 权重）得分×权重	合计	排序
联盟号飞船	2×0.5＝1	1×0.3＝0.3	−4×0.2＝−0.8	0.5	3
阿波罗飞船	2×0.5＝1	1×0.3＝0.3	−1×0.2＝−0.2	1.1	1
防热底加后体	2×0.5＝1	−2×0.3＝−0.6	−1×0.2＝−0.2	0.2	4
双锥形体	−2×0.5＝−1	4×0.3＝1.2	2×0.2＝0.4	0.6	2
升力体	−4×0.5＝−2	−4×0.3＝−1.2	4×0.2＝0.8	−2.4	5

▲:将表 12－5 的每一列乘以不同的权重,各列的得分相加,得到飞行器的总得分。

在本章之前的部分中，讨论了从球形到有翼飞行器等 7 种空气动力学外形。对于地球再入飞行器，可以参考先前的经验从而减少选项。如果采用弹道式返回的球形飞行器，人体可能承受不了这么高的减速过载。对于月球返回再入而言，有翼飞行器可能很难进行热防护。类似这些，可以通过经验或者主观判断来减少一些选项。

对于月球任务案例，地球再入飞行器将采用阿波罗返回舱的形状。对飞行器的每一个单元都可以进行类似考虑，然后选择一个概念设计方案作为开发对象，也可以将这一过程应用到分系统设计的决策中，例如为特定的飞行器选择特定的推进系统或能源系统。

可以采用更复杂的评分系统来进行更加精确的对比。当掌握了选项的许多定量信息后，复杂的对比方法更加有用，尤其是在大型项目的后期。但是在项目的最初阶段，即便是采用在此处建议的最简单流程也比武断决策效果要好得多。

12.4 对选项进行概念设计

概念设计将一个想法转化为物理实现方案，以便项目管理者评估其可行性和成本。本节将讨论概念设计的步骤，前两步应用于载人飞行器。对于简单的推进飞行器可以直接从第三步开始。

1）估计乘员所需的压力容积；

2）估计飞行器的初始质量；

3）采用理想火箭方程估计推进剂质量；

4）细化飞行器预估质量；

5）创建飞行器初始草图；

6）定义分系统；

7）确定质量特性；

8）估计能量需求；

9）整合设计；

10）成本估计。

1. 估计乘员所需的压力容积

对于载人飞行器，人是最重要的有效载荷，因此在设计时需要将乘员作为首要因素考虑。有时，某些约束会强迫对乘员舱的设计做出妥协，例如，水星号安装在一个细长的弹道导弹前端，因此该飞行器尺寸很小。

如图 12－4 所示，可以采用历史数据来估计乘员所需的压力舱容积。图中表示全部的压力舱容积，而不是自由活动空间。大多数飞行器中，压力容积还包括一些仪器设备和乘员供给物资。

2. 估计飞行器的初始质量

一旦知道了乘员舱的容积，就看可以采用下列方程初步估计飞行器的质量，该方程是基于乘员舱的历史试验数据得到的［NASA，1994］。该数据表示所有机动完成时刻的质量，可以称之为燃尽质量，即 m_{bo}

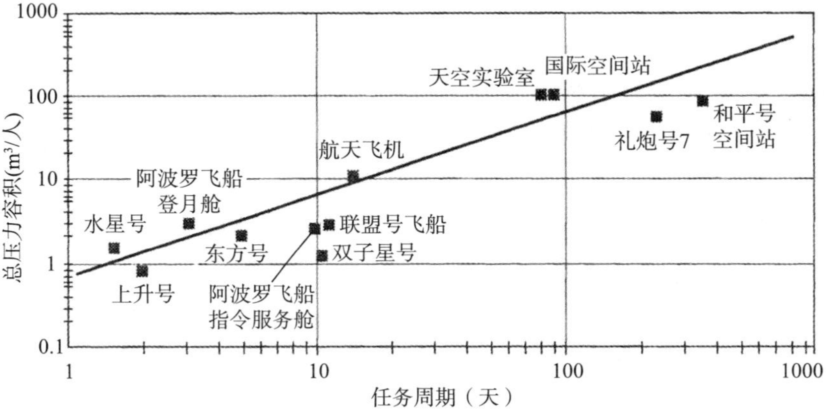

图 12－4　历史参考任务中不同任务持续时间所需的压力容积▲

▲：以登月任务为例，登月舱的任务持续时间为 8 天，包含乘员的出舱和返回。要求每个乘员都有 5 m^3 的压力容积用于维持生存，3 个乘员就需要15 m^3 的压力容积。这个容积相当于直径 3.6 m，高 1.5 m 的圆柱体

$$m_{bo} = 592 \times (\text{乘员数量} \times \text{任务周期}[\text{天}] \times \text{压力容积}[m^3])^{0.346} \tag{12-1}$$

将该方程应用到登月任务案例中，若乘组为 3 人，任务持续时间为 8 天，需要的压力容积为 15 m^3，则计算得到质量为 4537 kg。这种 m_{bo} 的初始估算适用于一般的乘员舱，并不包括特定任务需要的一些系统。而推进系统、推进剂、推进剂贮箱等与任务密切相关，将在后文进行估算。这里再介绍一个考虑大气再入和地球着陆的质量估算。假设防热大底和着陆系统的质量相当于舱段干重的 15%，即约 681 kg，则总质量为 5218 kg。作为对比，具有类似需求的阿波罗的指令舱干重约为 6000 kg。

3. 采用理想火箭方程估算推进剂质量

许多空间飞行器中，质量最大的部分是推进剂。推进剂依赖于飞行器的质量、推进系统的效率（比冲）和推进机动能力的大小，体现在速度增量上。为了确定推进剂的质量 m_{prop}，需采用飞行器的近似质量 m_{bo}、需要的速度增量 ΔV 和推进剂的比冲 I_{sp} 来估算。将

上述参数代入到理想火箭方程：

$$m_{prop}=m_{bo}(e^{(\Delta v/I_{sp}\cdot g)}-1) \tag{12-2}$$

其中，g 为重力加速度（9.8 m/s^2 或 32.2 ft/s^2）。

若要计算飞行器一系列机动所需的推进剂质量，可采用式（12-2）分别计算每次机动所需的推进剂，从最后一次机动开始计算，然后向前反推至第一次机动。通过向前推算每一次机动所需的推进剂质量，最终可得到任务所需的推进剂总量。如果任务策略中包括了将一个返回舱及其推进剂留在月球轨道，那么就需要修正推进剂计算值。

飞行器设计过程中，通常将式（12-2）或者其他形式的理想火箭方程放入到一个表格或者计算程序。采用此类计算工具，就能快速得到一系列设计工况的参数。例如估计月地转移轨道中推进剂的质量，第 9 章得到机动所需的速度增量 Δv 约为 1310 m/s。如果采用耐储藏的液体推进剂，比冲约为 310 s，对于第 2 步中质量 m_{bo} 为 5218 kg的飞行器，由式（12-2）可以得到

$$\begin{aligned}m_{prop}&=5218(e^{(1310/310\cdot 9.8)}-1)\\m_{prop}&=2813\ \text{kg}\end{aligned} \tag{12-3}$$

4. 细化飞行器预估质量

细化飞行器质量预估时，需要包含推进剂系统的净质量。在概念设计阶段，一个比较普遍的规律是，推进剂贮箱、管路、发动机以及其他支撑结构的质量约为整个推进系统质量的 15%。将该部分系统质量增加到式（12-2）早期计算得出的 m_{bo} 中，可以计算得到新的推进剂质量。一般需要迭代计算，但在最初设计阶段，迭代一两次即可满足精度要求。

第 3 步给出推进系统的质量为 2813 kg，采用经验公式增加 15% 的质量，即 422 kg，因此飞行器的初始质量 m_{bo} 从 5218 kg 增加为 5640 kg。采用（12-2）迭代计算推进剂质量如下：

$$m_{prop}=5640(e^{(1310/310\cdot 9.8)}-1)$$

$$m_{prop}=3041\ \text{kg} \tag{12-4}$$

重新估计得到的飞行器月地转移前总质量（包含航天器质量和推进剂质量）为：5640＋3041＝8681 kg。在 24.3.5 节给出了一个备用的方法来计算推进剂以及推进剂系统的质量。

5. 创建飞行器初始草图

检查预估结果是否合理的一个较好的方法是绘制一个包含推进剂贮箱以及乘员舱在内的飞行器简化缩比图（如图 12－5 所示）。在第 1 步中已经确定了乘员舱的尺寸，那么采用下列步骤来确定贮箱的尺寸。

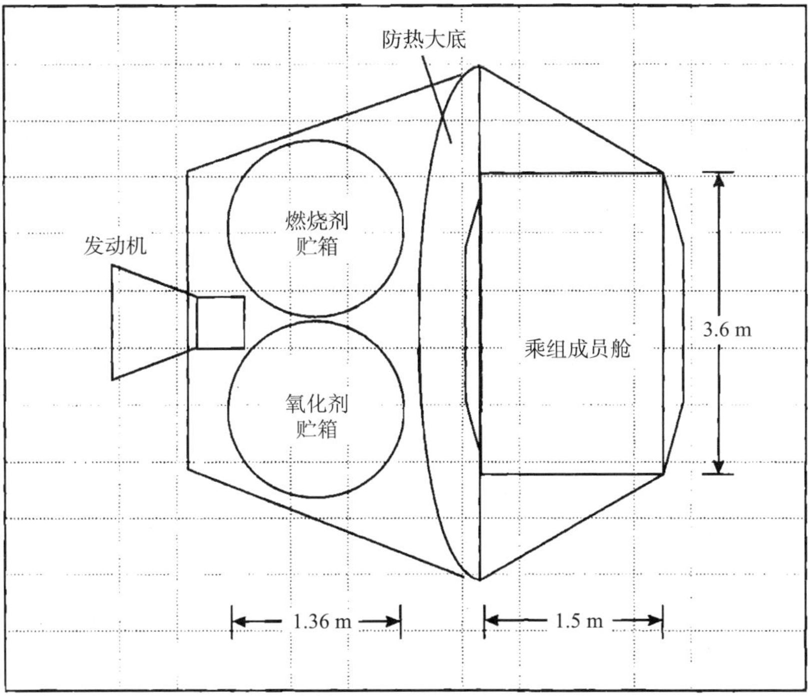

图 12－5　对推进剂质量和乘员舱体积的初始估算▲

▲：本图为草图，最终的概念设计结果可能与该图差别很大

1）根据推进剂组合中氧化剂与燃烧剂的混合比，将推进剂质量分为氧化剂和燃烧剂两部分。比如混合比例为 1.6∶1，则代表氧化

剂质量占 62%，燃烧剂占 38%

$$氧化剂:3041\times0.61=1885\ \text{kg}$$

$$燃烧剂:3041\times0.38=1156\ \text{kg}$$

2）利用推进剂密度分别计算氧化剂和燃烧剂体积

$$氧化剂(四氧化二氮)密度=1434\ \text{kg/m}^3$$

$$1885\ \text{kg}/1434\ \text{kg/m}^3=1.3\ \text{m}^3$$

$$燃烧剂(甲基肼)密度:870\ \text{kg/m}^3$$

$$1156\ \text{kg}/870\ \text{kg/m}^3=1.3\ \text{m}^3$$

这种情况下，氧化剂和燃烧剂需要相同的体积，均为 1.3 m^3。通常，为了方便会选用这种氧化剂与燃烧剂的质量比，以采用相同尺寸的贮箱。

3）假设采用球形贮箱，就可以根据球形体积公式计算贮箱直径（$\text{volume}=\frac{4}{3}\pi r^3$）

$$半径=0.68\ \text{m}$$

$$直径=1.36\ \text{m}$$

球形贮箱一般是液体存储最为有效的形状，但是为了满足航天器的约束条件也可能采取其他形状，甚至可以根据需要将推进剂分装到多个小贮箱中。

6. 定义分系统

确定了飞行器基本尺寸后，就可以开始定义分系统。一般情况下，每个分系统均有相应的专业设计人员。在本书的其他章节中介绍了各分系统的详细设计，本节只概述影响设计集成的因素。

结构——通过绘制初始结构框架将乘员舱、推进剂贮箱、发动机以及其他主要部件连接起来。可以采用计算机画图工具、计算机三维建模系统或者是简单的纸和笔实现结构草图的绘制。

热防护——如果飞行器将要高速进入大气层，那么其暴露的表面就需要进行热防护。飞行器布局时，应尽量避免将门或其他机械装置暴露于最高热载荷的外表面上。

推进和姿态控制——在第 3、4 步中根据主要机动需求确定了推进系统的尺寸。但是，这一系统还包括着许多用于三维姿态控制和平移的小推力器。有时，姿态控制系统（也称为反作用控制）是独立于主推进系统的。但是如果两个系统采用相同的推进剂组合，就可以将它们整合成一个系统，共用贮箱和相关部件。

在设计的初始阶段就需要确定姿控发动机的数量和位置，这是因为姿控发动机的位置和推力方向与飞行器的质心相关，严重影响着飞行器布局。必须将姿控发动机放置在能提供有效推力同时不会喷到自身结构的位置上。姿控系统的设计非常关键，采用冗余设计，一般在每个方向上有不止一个发动机，当一个发动机失效的情况下，其他发动机仍然能够正常工作。

理想情况下，姿控发动机与飞行器的坐标轴正交安装，可以产生单纯绕质心的转动。但是很多飞行器不允许这样的安装布局，因此通常采用倾斜安装的方式，有些飞行器的发动机全部或者部分暴露在外部。从航天飞机结构的前向图上可以看到姿态控制发动机在曲面上的安装布局。

能源——电池组是相对容易实现集成设计的，然而需要特殊关注的是其密度会严重影响飞行器的质量分布。如果选择太阳能电池阵，则必须安装于飞行器的外表面。如果载人飞行器中使用核能发电，则需要进行特殊防护。

电子设备和控制——在设计电子设备和控制分系统时，必须了解飞行器的操作流程和所需要的电子设备功能，需要包括以下部分甚至全部单元：

1）控制执行机构，例如发动机伺服控制、喷管反应控制、力矩陀螺控制或者是气动舵面控制等。

2）敏感器系统，包含导航制导控制系统需要的导航敏感器和计算机算法控制。

3）舱内人工控制的显示和控制设备；

4）与远程站点通信的遥测系统和跟踪通信网络。

生命保障以及乘员舱系统——载人飞行器需要提供维持飞行乘员生命的氧气，去除二氧化碳和其他污染物，并且控制内部压力、湿度以及温度。还必须包含有维持生命的水和食物，以及收集和处理废物的系统。

其他需要考虑的因素还包括：如果要承受较大加速度，在乘员舱内布局方面需要考虑航天员睡椅或座椅设计；进入舱的舱口、舷窗或者其他系统用于观察着陆；气闸和压力服用于舱外活动；飞行器显示系统和控制、通信系统。

热控制——为了控制载人飞行器舱内的温度，必须设计一个系统用于收集、转移乘员身上和系统组件上的热量，并将热量转移或排放到太空或者大气层中。这个系统通常包含一组用于转移热量的热交换器、冷却板、风扇以及液体冷却循环回路，也可采用散热片和其他装置，例如水蒸发器。热排放和被动热控制会影响飞行器的外部结构。

降落伞和翼伞——大气层内的再入和着陆可以采用降落伞和翼伞。图 12－6 和图 12－7 提供了一种用于估计飞行器着陆地球的降落伞和翼伞质量的方法。

采用降落伞系统的飞行器可以在大气层内以一个稳定的速率垂直下降，并且在当地风速下横向漂移。降落伞的面积与飞行器的质量成正比，但是和所需下降速度的平方成反比。一个采用降落伞的典型飞行器的下降速度约为 7.5 m/s。如果需要一个更低的下降速度，降落伞的面积就会明显增加。

由于采用一个超大的降落伞会带来很复杂的设计，因此大质量飞行器一般采用一群小的降落伞。经验数据表明，奇数数量的降落伞组比偶数数量的降落伞更稳定。阿波罗返回舱采用了 3 个降落伞，并且考虑了冗余。根据所能接受的下降速度确定降落伞的尺寸，3 个降落伞中如果有 2 个正常工作就可以保证飞行器的正常返回。携带一个降落伞的飞行器通常携带一个单独的备份降落伞，如果主伞打开失败，备份伞工作。

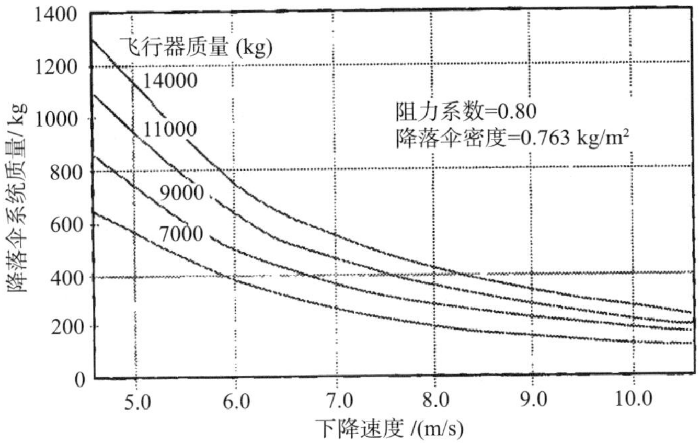

图 12－6　估计降落伞质量的指导▲

▲：根据期望的下降速度和飞行器质量来估计降落伞的质量。［美国空军，1978］

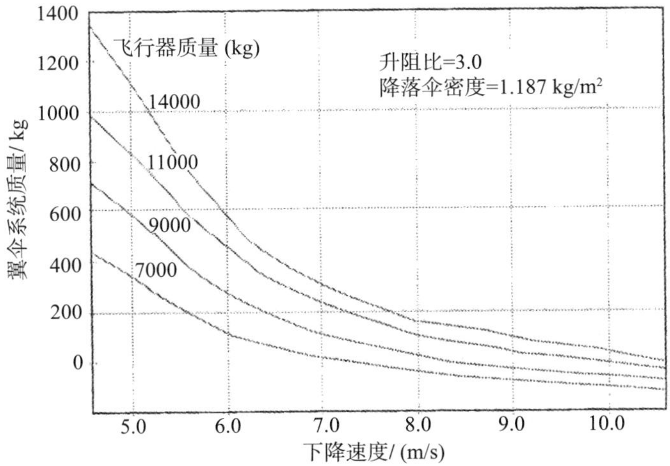

图 12－7　估计翼伞质量的指导▲

▲：根据期望的下降速度和飞行器质量来估计翼伞的质量。［美国空军，1978］

翼伞展开也类似于一个降落伞，可以滑翔转向目标着陆点，类似于飞机机翼，依靠其外形产生一定的升力和阻力。特定尺寸和外形的翼伞具备一个稳定的下降速度，但由于随风转动，其降落时相对于地面的水平速度与着陆点的风速和风向有关。翼伞可以在着陆时刻利用空气动力来降低水平速度。

7. 确定质量特性（和第 6 步平行）

质量预算　项目管理团队通常想要降低飞行器的质量并且控制质量的增长，这可以通过给分系统设定质量预算目标来实现。从第 2 步中初步估计飞行器质量可以计算出初始的质量预算目标。表 12－7 给出了建立质量预算目标的指导方针。

表 12－7　质量预算指导方针▲

要素	描述	参考章节	建议的规则	实例/kg
结构	主体结构、二级结构、舷窗		22%干重*	1540
机械装置	舱口、门、对接机构、天线、太阳能帆板		8%干重*	560
热控制	隔热板、防热罩	第 16 章	9%干重*	630
推进系统	发动机、贮箱、阀门、主发动机电缆	第 24 章	推进剂质量的 15%	488
姿态控制	推进系统的一部分	第 19 章	2%干重*	140
能源	发电、蓄电、变压和配电装置	第 20 章	15%干重*	1050
电子设备和控制	计算机、数管系统、导航、制导与控制系统、通信仪表、控制着陆的传感器等	第 19 章	10%干重*	700
环控生保系统	增压、供氧、控制和过滤空气、主动热控制	第 16 章，第 17 章	8%干重*	560
乘员住宿和饮食	桌椅、床、仪表盘、食物、卫生和储存	第 18 章	8%干重*	560
着陆系统	翼、降落伞、起落架、安全气囊、反推火箭、漂浮设备	第 12 章，第 21 章	18%干重*	1260

续表

要素	描述	参考章节	建议的规则	实例/kg
其他	飞行器其他固定组成部分	第 12 章	考虑在增长裕量里	0
除了推进系统的干重	在不考虑推进剂和推进系统的前提下估计飞行器质量	第 12 章		7000
干重	飞行器固定组成部分的质量，包括推进系统的质量	第 12 章	从第 2 步到第 4 步	7488
增长裕度	设计和发展中的质量	第 12 章	25%干重*	1872
包含增长裕度的质量	飞行器最终干重的最佳估计	第 12 章	干重＋增长量	9360
乘员（含航天服）	乘员的最大质量，包括衣服、降落伞等	第 6 章、第 22 章	每人 110 kg	330
货舱	设备、有效载荷	第 15 章		0
惰性质量	飞行器质量、乘员、载荷	第 12 章		9690
主推进剂	所有负载的推进剂	第 12 章，第 24 章	从第 4 步	3254
姿态控制所需推进剂	除了上一条之外的所有推进剂	第 12 章，第 19 章	3%干重	280
非推进剂的消耗品	所有其他消耗品（燃料电池反应物、氧、氮、水、食物等）	第 16 章，第 17 章，第 18 章，第 20 章，第 24 章	8kg/天人	336
总质量估计	所有的惰性质量以及消耗品质量	第 12 章		13560

▲：以本表为指导方针建立各分系统质量预算目标，各个飞行器都不一样，案例中基于 7000 kg 的质量控制目标，这是在第 2 步中以载人登月任务为例建立起来的。

* 从 NASA[1994]的数据推算得到。

质量清单——细化估算每个分系统的质量，编制质量清单，包含表 12－7 中所有的要素。

质量特性——随着质量估计更加成熟，可以计算质心和转动惯量等所有质量特性参数，并据此重新设计飞行器。为了保持在机动和空气动力滑翔过程中控制飞行器，必须适当确定其质心。利用转动惯量可评估飞行器姿态控制和气动舵面控制的有效性。

质量增长——由于需求更改以及设计过程中的不确定性，在质量清单中还应该包含一个质量增加项。图 12－8 给出了飞行器设计过程中的质量增长趋势。在概念设计阶段，一般需要预留 25％的质量增加。通常，如果飞行器的需求和分系统设计比较确定，就可以预留较低的增长因子。

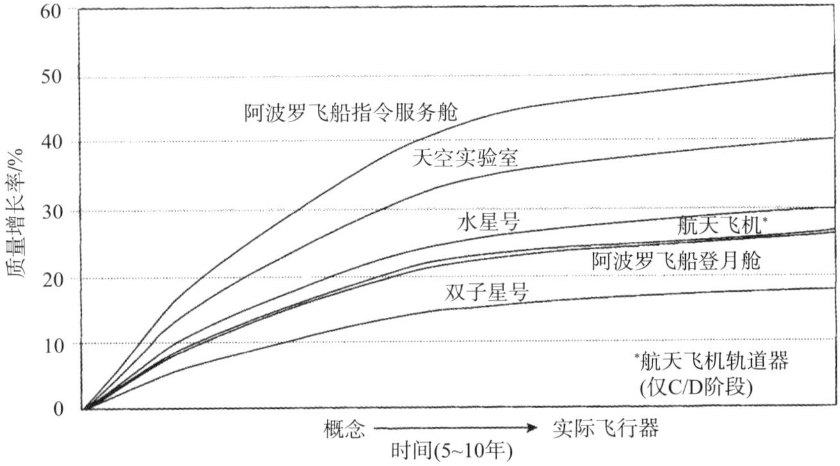

图 12－8　质量增长预估

8. 估计功率需求（与第六步平行）

功率预算——飞行器的功率预算很大程度上取决于功能需求。各分系统在设计中会提出其自身的功率需求，但能源分系统和热控制的工程规模需先假定一个功率预算。采用如下的经验公式可以粗略估算飞行器所需的能量。

$$平均功率需求=1000\ W+500\ W\times(乘员数量)$$

$$功率需求峰值=平均功率\times 1.75$$

功率分布——随着分系统和功率需求的逐渐成形，分系统设计者也需要重新计算各组件的能量占空比。占空比代表的是在飞行器飞行阶段各组件的用电时间。精确确定各组件的占空比很复杂，但是在概念设计阶段只需要对能量需求进行粗略的估算，也可以满足设计需要。如果不能确定占空比，需要提高对功率需求的估算。

可以在一个功率分布清单上梳理和确定功率需求。通过引入占空比和任务阶段的持续时间可以计算所有的功率消耗和峰值功率水平。表 12-8 给出了分系统的功率分布清单示例，其包含了登月飞行器在 3 个阶段对功率的不同需求。上升和下降阶段时间较短，但几乎所有系统都有功率需求。在月球表面阶段，占空比最低但持续时间最长。

表 12-8　登月舱的功率剖面举例▲

任务阶段 持续时间/h			阶段 1 下降 2	阶段 2 表面活动 72	阶段 3 上升 2	合计 76
	组元数量	使用功率	占空比	占空比	占空比	单位/（W·h）
计算机	3	200	1	0.1	1	6720
转换器	4	150	1	0.1	1	6720
功率控制器	2	100	1	1	1	15200
异频雷达收发机	2	150	1	0.5	1	12000
导航系统	3	200	1	0	1	2400
功率放大器	2	180	1	0.5	1	14400
推进器驱动器	2	90	1	0	1	720
推进器阀门	16	50	0.25	0	0.25	800
燃料加热器	4	75	0	0.25	0	5400
舱内风扇	2	250	1	1	1	3800
电子设备风扇	2	200	1	0.2	1	7360
冷却液泵	2	120	1	1	1	18240
舱内照明	4	60	1	0.5	1	9600
语音通信	2	100	1	0.5	1	8000
交会雷达	2	100	0	0	0.25	100

续表

任务阶段 持续时间/h			阶段 1 下降 2	阶段 2 表面活动 72	阶段 3 上升 2	合计 76
峰值功率/w			5220	3940	5420	
平均功率/w			4620	1765	4670	1917
总能量/W·h			9240	127080	9340	145660

▲：在这张表中列出了飞行器各组成部分在各个阶段的能源消耗情况，并不是所有的组成部分都会一直消耗能源。本表阐述了能源消耗的多种不同情况，能源使用的峰值和总值是选择的最主要参考要素。

热分布——与能量分布相关，必须定义飞行器的发热和散热分布。获得热分布的特性有助于被动热防护和主动热控制的设计。可以根据用能源分布来估计飞行器系统的热分布。此外，热环境也会强烈影响热流量和飞行器的散热能力。

9. 集成设计

结构布置——设计团队中至少有一名设计师从事设计集成工作，采用最好的方法将所有的分系统安装于飞行器上，并且连接各分系统使之满足所有需求。为了进行飞行器设计集成，必须对设计进行配置，管理相应的需求和约束，并与分系统设计进行协调和沟通。

定义与其他设备之间的接口——飞行器需设计与运载火箭、空间站、其他飞行器、地面保障系统、出舱航天员以及其他系统之间的接口。在设计的最初阶段就梳理并明确这些接口关系至关重要。

制图和建模——通常需要将结构布局以利于分析和评估的方式(也可以是画图和建模)提供给他人。在设计初始阶段，可以采用简单的草图进行描述，后续设计阶段就需要使用 3D 以及等比例图来阐明设计布局和尺寸安排。

通常，从概念设计的初始阶段使用计算机制图工具可以方便后续直接进行设计集成。三维计算机制图软件不仅可以有效地检视安装结构和接口的兼容性，而且可以生成设计过程的相关图纸、三维空间模型以及设计图表等。计算机模型还可以自动规划并检视概念设计的质量特性。同样,计算机模型也可以支持其他工程任务,例如结构分析、热分析以及空气动力载荷分析等。计算机模型可以根据程序自动生成一个类似于 3D 打印的实体比例模型。

采用计算机制图工具可以加快设计工作,并且能够在最初的设计阶段进行详细分析,但是也不能低估简单草图和手工制作模型的价值。

10. 成本估计

在概念设计的最初阶段,可以采用不同的方法进行成本估计,如自下而上或自上而下的方式。第 29 章介绍了成本估计的内容。通常情况下,可以使用"按成本设计"技术,即从开始时便估计成本,并贯穿始终,而非仅在最后阶段才进行评估。

12.5　评估概念设计并确定发展基线

当针对某一个特定选项完成了相应的设计时,需要考察其是否满足最初的约束和需求。如果不满足,那么需要检查约束和需求的正确性,考虑更改约束和需求、或更改设计方案,继续进行设计和评估,直到获得一个可接受的方案。如果进行了多个概念设计,采用 12.3 节介绍的评价程序对各个方案进行比较,选择出最优方案后确定发展基线并进一步开发。

12.6　以载人月球探测任务为例阐述飞行器的设计

12.4 节的第 1 步至第 5 步介绍了载人月球探测任务中一个飞行器的设计流程。图 12－1 给出了飞行器的选择范围。为了简化,假设选定 C 方案为最佳的登月任务方案。

在方案 C 中,由第一级完成地月转移,随后将其抛掉。此次机动所需的速度增量 Δv 非常大,由于液氢液氧组合在传统化学推进燃料中性能最优，因此选择该组合。同时第一级在任务初期工作，因此液氢也无需储存太长时间。

第二级将飞行器送入环月轨道，然后在停泊轨道等待，它将用于返程时的月地转移。由于肼和四氧化氮推进剂具有较好的储存性，并且相应的发动机较为成熟、具有很好的性能，可以选其作为该阶段推进剂。这里将第二级作为月球轨道进入/月地转移级（LOI/TEI），该过程中需要一个压力舱来确保飞行乘组在月球和地球轨道之间安全飞行。

第三级是一个独立的着陆飞行器，用于降落月面和上升，同样选择肼和四氧化氮作为该飞行器的推进剂。着陆飞行器包含一个单独的乘员舱，用于月球停留期间飞行乘组的生命保障。选用两个单独的乘员舱（1 个用于月球轨道进入/月地转移，一个用于着陆）是非常重要的决定，在本案例之后，我们会对单乘员舱方案进行尺寸计算和影响分析。同时，研究在月面下降段和上升段采用不同舱段，并与单个着陆器进行对比，分析其影响。

飞行乘组通过直接再入大气并着陆的方式返回地球。这些阶段除了轨道修正和姿态控制外，不需要用于机动飞行的推进剂。返回地球飞行器的再入质量包括防热大底和着陆系统。

为了确定飞行器的整体规模，需要确定每次机动所需的各舱段的规模。从最后一次机动开始，反向计算各级规模，表 12－9 总结了计算结果。

表 12－9　登月任务中各阶段质量估计结果▲

估算各阶段质量	月地转移	月面上升	月面下降	月球轨道进入	地月转移
步骤 2					
初始质量 m_{bo} /kg	5218	2404	5965	22367	34229
速度增量 Δv /(m/s)	1310	2100	2100	1100	3100
推进系统比冲 I_{sp}	310	310	310	310	450
步骤 3					

续表

估算各阶段质量	月地转移	月面上升	月面下降	月球轨道进入	地月转移
利用式 12.2 计算 m_{prop} 的质量/kg	2813	2395	5942	9759	34903
步骤 4					
估算贮箱质量 tank = m_{prop} ×15%	422	359	891	1464	5235
计算新的初始质量 m_{bo}(m_{bo}+tank)	5640	2763	6856	23831	39464
利用式(12-2)更新 m_{prop} 的质量	3041	2752	6830	10398	40241
总质量 (m_{bo} + m_{prop})	8681	5515	13686	34229	79705

▲：本表给出了方案 C 中第 2、3、4 步的计算结果。

月地转移——月球轨道进入/月地转移级完成这一机动，但这里只考虑月地转移机动所需的推进剂质量和飞行器规模，并已在 12.4 节中的第 1～5 步完成计算，参见表 12-9 中第一列。

月面上升——当乘员在月面的停留时间超过 20 天时，需要一个单独的居住舱用于月球表面的活动。登月舱需要一个压力舱以完成月球轨道到月面的生命保障，共持续 2～3 天。

第一步：参考图 12-4 确定乘组 3 天所需的压力容积。从图中可以看出每个乘员所需的体积约为 $2m^3$，三个乘员需要 $6m^3$。

第二步：采用式(12-1)初步估计耗尽质量 m_{bo}。3 人，3 天，6 m^3 压力容积的乘积为 54

$$m_{bo}=592(54)^{0.346}$$

$$m_{bo}=2354\ \text{kg}$$

对于总质量 2404 kg，还需要增加 50 kg 的有效载荷返回质量。12.4 节中列举的第 3、4 步的计算结果在表 12-9 的第二列中给出。

月面下降——月面下降需要的速度增量为 2100 m/s。下降和上升使用同一着陆器，因此可使用月球探测器的上升质量 m_{bo} 作为下一步计算的初始值，但是需要增加额外 500 kg 的有效载荷，并减去返回携带的 50 kg 有效载荷

$$m_{bo}=5515+500-50=5965\ \text{kg}$$

推进剂和舱段质量在表 12 - 9 的第三列中进行了说明。

12.4 节中的第 5 步介绍了推进剂体积和贮箱尺寸的计算方法。该阶段所涉及的参数在表 12 - 10 第一列中已列出。此例中，氧化剂和燃烧剂需要相同的体积，均为 4.1 m^3。此时，采用两组贮箱的方案优于采用一个对称的贮箱方案。如此，就可以将贮箱分为两个部分

$$体积 / 贮箱 = 4.1\ m^3/2 = 2.05\ m^3$$

$$贮箱直径 = 1.6\ m$$

共需 4 个贮箱（2 个储存氧化剂、2 个储存燃烧剂），每个贮箱的直径为 1.6 m。

表 12 - 10　载人登月任务中推进剂体积的估算结果

估算推进剂体积	月面下降与上升	月地转移和环月轨道射入	地月转移
总推进剂质量/kg	9582	13439	40241
氧化剂占比	1.6∶1	1.6∶1	6∶1
氧化剂质量/kg	5941	8332	37894
燃烧剂质量/kg	3641	5107	5749
氧化剂密度/(kg/m^3)	1434	1434	1141
燃烧剂密度/(kg/m^3)	870	870	70.8
氧化剂体积/m^3	4.1	5.8	33.2
燃烧剂体积/m^3	4.1	5.8	81.2

前面提到，月球上升段估计的乘员舱体积为 6 m^3。假设乘员舱为一个高 2 m 的圆柱体，则底面积为 3 m^3，对应的直径约为 2 m。可以画出登月舱的示意图如图 12 - 9 所示。

环月轨道射入——由于采用相同的舱段完成月地转移（TEI）和环月轨道射入（LOI），因此可以参考月地转移级的规模，并增加相应的推进剂质量和飞行器干重。环月轨道射入需要将整个着陆舱作为有效载荷，因此可以采用月地转移阶段的质量和着陆舱的推进剂质量作为初始 m_{bo}。

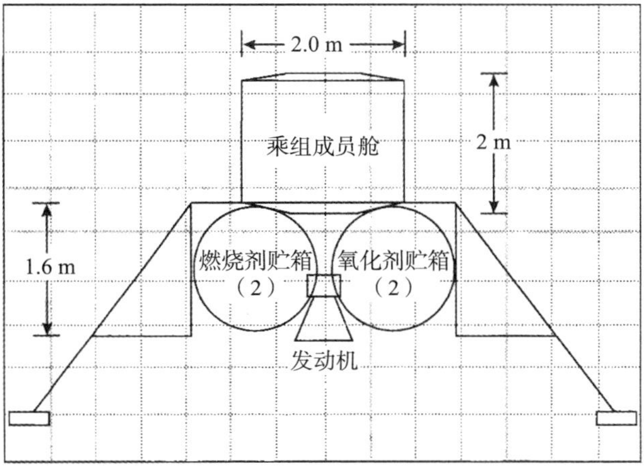

图 12－9　登月舱初步草图▲

▲：草图展示了一些细节，发动机数量和起落装置等需在后续阶段进行详细设计

$$m_{bo} = \text{TEI 舱段质量} + \text{着陆舱质量}$$
$$= 8681 + 13686$$
$$= 22367 \text{ kg}$$

该部分的计算结果在表 12－9 中的第 4 列。假定环月轨道射入和月地转移阶段的推进剂可以组合使用一组贮箱，则：

LOI/TEI 阶段的推进剂质量＝3041＋10398＝13439 kg

推进剂体积计算结果在表 12－10 中的第 8 列，采用一组燃料贮箱

体积＝5.8 m^3

直径＝2.2 m

需要一个氧化剂贮箱和一个燃烧剂贮箱，每个贮箱直径为 2.2 m。

地月转移（TLI）——地月转移阶段处于地球轨道和月球轨道射入之间。综合利用环月轨道射入和月地转移段的质量和着陆段质量的来初步估算燃料消耗 m_{bo}，计算结果在表 12－9 的第 5 列中，推进剂计算结果在表 12－10 的第 3 列中。其中液氧和液氢的质量比与

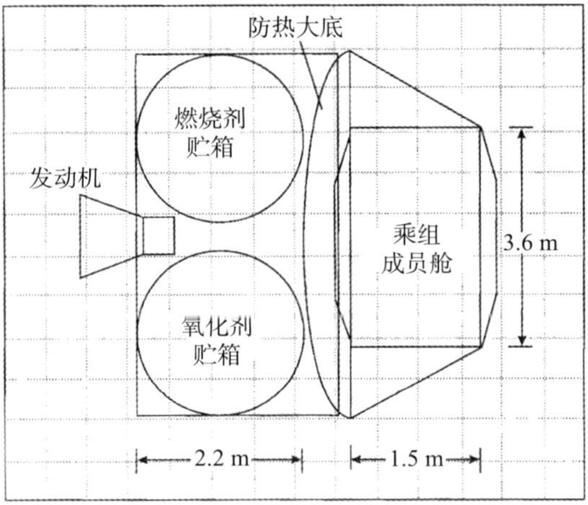

图 12－10　月球轨道射入和月地转移的舱段草图▲

▲：与图 12－5 类似，区别在于需要加大贮箱以保证足够的燃料实现月球轨道射入和月地转移的机动

其他推进剂不同，其具体尺寸为

液氧贮箱：体积＝33.2 m^3

直径＝4.0 m

液氢贮箱：体积＝81.2 m^3

直径＝5.4 m

图 12－11 给出了贮箱的草图。

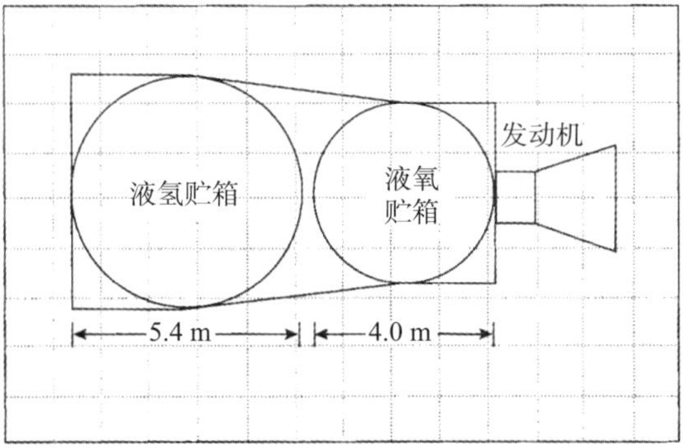

图 12－11　地月转移出发级的初步草图

案例总结

登月飞行器的总质量＝TLI 舱段＋LOI/TEI 舱段＋着陆舱

＝45476＋20543＋13686＝79705 kg

与阿波罗飞船及其地球出发级比较，其总质量约为 100000 kg，其中地月转移级的质量与上面的案例相似。

参 考 文 献

[1] NASA. 1995. Man - Systems Integration Standards. NASA STD - 3000. Houston, TX: NASA Johnson Space Center.

[2] NASA. 1994. Mass Estimating and Forecasting for Aerospace Vehicles. Houston, TX: NASA Johnson Space Center, Systems Definition Branch.

[3] Air Force Flight Dynamics Laboratory. 1978. Recovery Systems Design Guide. AFFDL - TR - 151. Wright - Patterson Air Force Base, OH: US Air Force Flight Dynamics Laboratory.

第 13 章　地外基地设计、规划和集成

Peter Eckart，德国慕尼黑工业大学
Yoji Ishikawa，Obayashi 研究小组
Kriss J. Kennedy，NASA 约翰逊航天中心

为确保月球和火星探测者的安全，需要各种不同的硬件设施以支持探测者的生存，并帮助其实现任务目标。这些设施构成航天员工作和生活的地外基地。地外基地特性类似于在轨航天器，例如都有生命支持系统、电源及热控系统等。但有许多其他特征是地外运营所特有的，如：部分的重力场、地外活动需求以及原位资源可用性等。本章描述了如何设计、规划、集成地外基地。表 13－1 概括了设计过程，表中将任务目标转化成具体设计要点，帮助评估成本、复杂性及风险。接下来通过修改或改变方案，直到形成一个经济上可以承受，风险上可以接受，且达到任务目标的方案。如果成本或风险的估计值都高到无法接受，则需要更改任务目标。月球和火星基地是一个非常复杂的系统，因此必须详细地记录所有设计方案，以避免不必要的重复工作，同时留下满足任务的选项。根据任务目标确定任务需求，最终转化为经费和可靠性需求，同时对最为主要

的要求提出意见建议，如果无法找到解决方法，则可考虑删除或更改任务目标。本章只讨论月球和火星基地，因为在可以预见的未来，不太可能在其他星球建立基地。

表 13-1　基地设计步骤▲

设计阶段	具体步骤	参考章节
确定任务目标	定义需求，确定相关约束、假设以及可用资源	13.1
概述发展规划	明确基地各组成单元所需的能力，得到发展规划	13.2
选址	确定地址备选区、对备选区进行优先级排序，选择基地最佳建设地点	13.3
设计基地	形成基地大致布局，检验建设条件	13.3
规划与集成基地单元	初步设计各组成单元或舱段，形成整合方案及详细的进度表	13.4
评估成本和复杂性	成本评估，风险量化，操作要求确定	13.5
记录与迭代	记录所有结果，必要时重复检查方案以得到最好的设计	13.6

▲：表中给出了本章所描述的地外基地设计的具体步骤。

13.1　确定任务目标

地外基地的设计主要取决于月球和火星的表面环境及相关任务需求。任务特性决定了目标：为什么建基地，航天员准备在那里做什么，航天员如何完成目标等。环境包括所有的当地特性，比如尘埃、辐射、重力、热条件等，所有这些环境特性都与基地选址有关。任务目标一般都很宽泛，比如：通过探索星球并将其占领，从而将人类文明拓展到太阳系。这一目标虽然有远见，但它并不能明确告诉我们为什么建设基地。第 1 章中概括了如何将任务目标转化为特定目标。

13.1.1　环境对基地设计的影响

为了探讨开发地外基地的基本原则，必须考虑月球和火星的表面环境（见第 4 章）。月球和火星具有相对较低的重力水平（月球约为地球的 16.5%，火星约 38%），火星表面存在稀薄大气（560 Pa），月球表面无大气（工程上是这样考虑的）。月面一昼夜为 29.53 地球日，除极区附近外，月昼和月夜各占一半，月昼温度很高，月夜温度很低，因此月面的热控问题极具挑战，应对月昼的极热和月夜的极冷非常困难，比如要利用太阳能，就需要在月球基地布置大量的储能装置。火星自转周期与地球接近，但太阳辐射比地球小得多（600～700 W/m^2），而火星上提供太阳能、储存能量及控制温度的难度仍要小于月球。

表面环境的另外一个重要部分是关于月球和火星表面的电磁辐射和陨石溅落。执行长时间任务的人员必须要对太阳耀斑和宇宙辐射进行防护，可以将基地建立在星球地下的隧道中以利用自然防护。例如，一些科学家建议地下的熔岩管是月球基地的理想建设地点，因为它可以提供稳定的温度和对辐射、陨石的自然防护。但这样的熔岩管是否存在还不清楚，因此也需要寻找其他途径。比如早期的基地可以由类似于空间站的预制舱段或地球上建造的可充气结构构成［NASA，1991；Kennedy，1992a，1994，1996］，也可以通过简单地在舱段外层堆积土壤来实现居住舱防护。

表 13－2 总结了月球和火星表面环境的基本方面，及其对基地设计和安装的影响［Kennedy，1992b；NASA，1991；NASA，1992］。第 4 章对月球和火星的环境问题进行了详细介绍（同时可参考 Heiken 等［1991］；Katzan and Edward［1991］；Mendell［1985］；Mendell［1992］；Simonsen and Nealy［1991］）。

表 13－2　月球或火星表面环境▲

环境因素	对基地设计安装的影响	参考章节
局部重力	改变了如何进行设备建设； 影响了所有的流体力学过程	第 13 章，第 14 章
真空与低气压	需要对压力单元之间进行严格密封连接； 调整居住舱以及舱外服等的压力水平	第 5 章，第 13 章，第 21 章，第 22 章

续表

环境因素	对基地设计安装的影响	参考章节
热环境	控制温度和保护所有的舱段、设备； 月球上需要进行能量存储以应对月夜	第 4 章，第 16 章，第 20 章
昼夜循环； 表面光照	某些工作可能需要人工光照	第 26 章
尘土环境； 沙尘暴（仅火星）	限制尘土穿透或堆积在设备表面； 影响太阳能的使用效率	第 4 章
电离辐射； 陨石环境	保护乘员和敏感设备免受辐射； 将陨石撞击的风险和影响最小化	第 3 章，第 4 章，第 5 章
表面资源	影响了大气和土壤的可利用性，有可能利用这些成分生成推进剂、消耗品或其他有用的资源	第 15 章
表面特征； 表面粗糙度	影响地点的选择和准备； 影响表面运输系统的设计	第 4 章，第 14 章

▲：月球或火星表面的环境特性强烈影响着表面基地的设计与安装。

13.1.2　任务需求对基地设计的影响

根据任务目标可明确基地建设的两方面需求：一是达到任务目标，二是支持航天员在地外的生存。为达到上述任务目标需考虑的因素包括舱外和舱内活动（EVA 和 IVA）、任务时间跨度、通信与数据传输、科学技术研究及生产设备（如观测、实验、资源利用等设备）。支持地外生存的因素包括可居住性、尺寸（体积）、电源需求、安全可靠性、生命支持设备等。表 13－3 概述了最重要的任务因素及相应的设计考虑。

表 13－3　影响设计的主要因素▲

任务方面	设计考虑因素
任务目标	科学活动所需的辅助的设备（实验舱、表面移动工具等）、开发原位资源所需的基础设施、电源、车间或设备等
目的地	基地位于月球还是火星 月球：距离地球较近，人类已经登陆过，环境特性资料掌握较多； 火星：距离地球较远，航行时间长。环境特性掌握较少，风险高

续表

任务方面	设计考虑因素
乘组人数	压力舱容积、消耗品需求、人员健康，对基地质量、电源、热控的影响
任务周期	压力舱容积需求、系统冗余、备件和消耗需求、生命保障系统类型和防护需求、乘员健康及医疗支持、乘员轮换周期
运载火箭，后勤基础设施，运输工具	航天器尺寸和质量，编队数量、航天器发射频率和周转次数等方面的限制
任务风险	所需的乘员安全性，乘员、系统和设备防护等级，系统冗余，所需备份，操作失误和安全设计、系统可靠性
基地设计	设计扩展性
任务成本	应用传统技术与开发新技术的比较，设计、开发、测试与评价的生命周期；乘员的轮换周期

▲：无论何时设计载人月球或火星任务，都需要考虑任务的这些方面。

13.1.3　其他任务需求和约束对基地设计的影响

由于地外基地有许多共同的基本特征，因此任务目标会对如何设计产生重要影响。为了确定基地建设方案，必须明确规定任务和基地的需求、假设、目标、约束和技术评估。表 13－4 给出了基地设计的一些其他需求和约束［Eckart，1996a；Eckart，1999；NASA，1989］。

表 13－4　基地设计的主要需求和约束▲

需求和约束	需求信息	参考章节
任务		
安全及可靠性	任务周期，成功标准	第 8 章，第 11 章
纲领性约束条件	经费、国际合作伙伴	第 29 章，第 30 章
任务周期	发射窗口、乘员轮换周期	第 9 章，第 26 章
后勤计划和时间规划	发射窗口、物资需求	第 9 章，第 28 章
乘员		13.3.5 节，13.4.2 节
乘员健康	辐射限制、生理和心理需求及应对措施	第 5 章，第 6 章，第 7 章
乘员生命支持	大气、食物和水的需求	第 17 章，第 18 章

续表

需求和约束	需求信息	参考章节
乘员安全性	风险来源、任务周期	第 8 章
物理参数	居住舱形状、质量、能源、体积需求	第 6 章，第 18 章，第 21 章
乘员居住	可居住性、人的因素需求	第 6 章，第 18 章
舱外活动	如何设计、维护舱外服及便携式环控生保系统	第 22 章
有效载荷		
运行	运行周期、数据传输速率、场景	第 2 章，第 26 章
安全与可靠性	任务周期，成功标准	第 2 章，第 8 章
物理参数	形状、质量、电源、体积需求	第 2 章
环境	最低和最高温度、操作环境特性	第 4 章
发射场和着陆场		13.3.4 节，13.4.1 节
发射和着陆设施	运载器特性、有效载荷包络、航天器总装和维护需求	第 25 章
下降上升弹道	飞行时间、进入月球和火星大气的特性(过载、大气热流)、导航需求	第 9 章，第 10 章，第 16 章，第 19 章
着陆	进入、下降、着陆、上升策略，发射窗口	第 10 章
返回燃料	燃料补给可用性、推进剂及原位资源利用	第 15 章
运行		
运行概念	任务类型、任务周期	第 9 章，第 26 章
电子设备	指令、控制、通信方式	第 27 章
通信结构	数据率和数据链接需求	第 27 章
物资保障	补给、冗余、维修需求	第 28 章
表面移动	漫游车、装卸设备及基础设施	第 14 章，第 23 章

▲：从贯穿本书的不同任务单元的特性（见参考章节）中，可以得到地表基地的主要需求和约束。

13.2 地外基地开发

月球和火星基地将支持三项主要功能。一是科学家们将运用基地探测月球、火星及其环境，并利用其特性开展相关研究；二是开发原位资源；最后也或许是最有兴趣的一点，即随着技术的发展实现基地独立运行，自给自足。综合这些功能，需要通过研究、开发、讨论等过程迭代。潜在的技术或政治因素有可能导致研制过程减慢，以及关于某些关键事件是否去做，什么时候做及如何做等严重问题都可能会在各个研制阶段完成后出现。

要建立基地，首先必须充分了解在第 4 章提到的月球和火星环境，并决定是否能够利用其资源。确定是否要在基地进行天文和天体物理学方面的研究。例如，月球具备巨大的天文学研究的优势，其没有大气层、没有电离层、没有风、几乎没有腐蚀效应、几乎没有次级宇宙射线，同时，月面可提供一种位置和运动状态已知的空间姿态，加上极低的自转速率，为长期观测创造了条件。此外，可以在地球视距外（月球背面）选定一个基地位置，使我们能够不受噪声干扰地使用射电望远镜。

一旦有了如何利用月球或火星资源的想法，就可以通过 5 个主要阶段来规划月球或火星基地，如表 13－5 所示。

表 13－5　月球或火星基地开发的 5 个阶段▲

阶段	基地类型	典型元素	备选活动和基地特性
1	探测准备	月球或火星轨道器，机器人表面巡视器	绘制地形地貌； 选择地址； 评估资源； 收集地表数据； 绘制重力场分布； 收集地震数据； 利用机器人勘测表面及进行选址准备； 取样返回； 明确实验内容； 确认相关仪器； 研制空间运输系统

续表

阶段	基地类型	典型元素	备选活动和基地特性
2	研究前哨站	月球或火星着陆者，乘员人数：＜10	临时住在小型基地中； 考察准备基地地址； 建立和设置有限的科研设施； 准备表面开采试验的成套设备； 准备产生氧气和其他推进剂的成套设备； 安置仪器的防护装置； 开展短程的表面运输任务
3	可运营基地	扩展基地规模，乘员人数：＞10	永久性使用基地； 延伸科学实验； 扩大开采； 建立生产氧气和其他推进剂的成套设备； 开展更远距离的表面运输任务
4	定居	大规模基地开发，乘员人数：＞100	建设先进的实验室； 开展大规模开采； 生产更多的氧气和其他推进剂； 建立卫星前哨； 开展大范围的表面探测
5	自给自足殖民	基地部分需求实现，就位资源利用，乘员人数：＞1000	输出氧气（仅月球基地）； 生产基地的结构与设备； 开展工业研究； 大量减小地球补给； 支持其他探测任务； 扩大基地生活人数

▲：随着表面基地按照这 5 个步骤进行开发，乘员也将逐渐增加。潜在特性和活动同样包含在表中。

第一阶段，首先通过相对较高分辨率的成像和遥感测量，绘制月球和火星表面地图，从而确定其土壤的化学特性。然后根据这一特性整理出运用原位资源所需要的技术。可能需要使用机器人进行表面探测以获取可能的基地位置的更多数据。第一阶段的目标是确定地外基地的位置及其可能的支持活动。为完成上述任务，需要空间运输设备（运载火箭和转移飞行器）来支持这一活动。

第二阶段包括阿波罗任务型的着陆探测器。但是，由于有效载荷有限，着陆器通常都很小，所以只能在月球表面上停留几天或者几周［Kennedy，1994；Kennedy，1996］。但在火星上，即使是在如此小的一个着陆器内，乘组仍需要在火星表面上待几个月，直到下一个离开火星的发射窗口到来才能离开。同时，建立一个永久基地需要足够的人员和时间保证，而且大多数时候都是舱外活动。为了解决这一问题，设计者们也许会考虑使用供最初的乘组居住几周的“小屋”。“小屋”可以是一个很小的、独立的、适合居住的结构，而且能够存于星体表面，易于活动［Kennedy，1994］。这会是地外基地建设的首要因素，加上早期的科学结构和成套实验设备，这些“小屋”主要能够支持舱外活动以便进行科学活动和基地建设。“小屋”同样可作为科学营地，从而实现跨越表面更大范围的探索。最后，它们也可能会成为基地乘组的“救生舱”。

第三阶段，建立一个长期有乘组驻留的，可运行的地外基地，将形成一个从事限定的科学实验、材料加工和地外运营等工作的实验室［NASA，1990；Kennedy，1992］。根据任务优先的方面不同，将专注于不同的活动。例如，如果任务专注于科学和天文学，那么乘组就应探索当地的地质情况，建立小型的天文台，并安置自动化仪器；如果任务专注于生产，那么就应建立成套设备来实现对当地资源的利用；如果任务专注于自给自足，那么这个阶段的重点则是农业实验研究，可采用月球或是火星的土壤作为介质来进行水、氧气和二氧化碳循环使用的农业实验。

第四阶段，可能想通过密集的研究和开发，来进一步拓展地外基地。这个阶段可能会需要更为充分的能源、更为机动灵活地进入和离开基地的能力和更为多样的科学研究。当然，长远发展的优先项仍将决定所专注活动的变化。例如，一个以科学为导向的基地也许会强调探索更多的表面用于科学研究或是用更好的望远镜扩大观测范围；一个以生产为导向的基地则会专注于开发高度自动化的系统以生产和运输液氧或其他用于运输系统的推进剂，以及大部分（或许不是所有）的基地生活的必需品。

第五阶段，地外基地将会发展成为一个自给自足的定居地——一个拥有成百上千人员、且不一定需要依靠于地球的地方［Johnson，1996；Koelle，1991；Mendell，1985；Mendell，1992；NASA，1989；NASA，1990］。

13.3　基地选址及布局

13.3.1　选址

为进行基地选址，必须平衡各种可能相互竞争的利害关系，如科学研究、原位资源利用以及运行约束等，同时仍要利用和探索月球和火星。表 13－6 概括了一些重要的选址准则。首先，基地要具有可以保证航天器着陆与发射的安全区域，因此基地不能太靠近表面裂缝或断层的地方。此外，还需靠近资源高度集中的区域，以备开采和利用。现实中很难找到特别理想的场址，但通过考虑这些需求，可以根据任务目标对备选地址进行排序。再考虑所关心的其他因素，如相对成本或发展潜力，便可形成最优备选方案。例如，我们会对选址的海拔及其周围地面平坦性给予特别的权重，因其能够实现在月球或火星表面的安全运输（见第 14 章）［Eckart，1999］。

表 13－6　选址准则▲

准则	设计考虑因素	设计原则
位置	入轨和离轨	能够直接降落、发射窗口尽可能大； 航天器轨道应当规避其他基地或可能的地貌危险
	与在轨航天器、地球以及其他基地的通信	对地球的观察程度应尽量最大化（特别是对于月球基地）
	光照条件	最好是有永久、直接的太阳光照，特别是用于太阳能发电，但需要考虑热辐射的防护
	热环境	希望有合适的温度
	接近其他基地或感兴趣的地理位置	能够很容易到达感兴趣的地理位置

续表

准则	设计考虑因素	设计原则
场址特性	地形学	为便于在表面移动及建设或进行舱段安装，场址必须光照条件良好，很少有巨石、撞击坑等危险因素
	原位资源利用可能性	水、冰、含氧矿物质等资源利用
	取样分析和返回	能够直接到达，无需开采
	科学或商业目的	发现生命迹象、地下水冰、古代河床、碳酸盐、氦 3（月球）的可能性探测
	高度	较低高度以获取较高的大气压力（火星）

▲：本表列出了在建立月球或火星基地时所必须考虑的事项。

13.3.2　地外基地设施

基地需要有很多设施和系统协同工作来承担任务、人员生存及科学实验活动。随着任务变化，用于支持乘员和任务目标的系统也会发生变化，但至少需要一个核心基础设施来支持月球和火星上乘员。它包括居住舱、可能还有实验舱、防辐射装置、气闸舱、舱外活动系统、生命保障系统、电源系统、热控系统和通信系统。还有可能拥有更为复杂的实验舱、额外的气闸舱、后勤保障系统、表面运输系统、基地建设装备、矿物开采和原位资源使用设备等。表 13－7 概况了这些系统（可参考 Eckart [1996b]；Ewert 等 [1990]；Galloway and Lokaj [1994]；Galloway and Lokaj [1998]；Johnson and Wetzel [1988]；Johnson and Wetzel [1990]；Johnson [1996]；Mendell [1985]；Mendell [1992]；Sadeh，Sture，and Miller [1992]；Simonsen 等 [1992]，Ishikawa，Ohkita，and Amemiya [1990]）。

表 13－7　基地系统设施▲

基地设施	设计考虑因素	参考章节
居住舱**	早期短时间的表面任务，可利用加压的巡视器作为一个移动居住舱，以及与着陆器一体的气闸舱、实验舱，也可以利用放置在表面的一些独立单元	第 4 章，第 6 章，第 7 章，第 13 章，第 16 章，第 17 章，第 18 章，第 21 章，第 22 章

续表

基地设施	设计考虑因素	参考章节
实验舱、科学设备	早期短时间的表面任务，可利用加压的巡视器作为一个移动实验舱，以及与着陆器一体的气闸舱，也可以利用放置在表面的一些独立单元	第 4 章，第 6 章，第 7 章，第 13 章，第 16 章，第 17 章，第 18 章，第 21 章，第 22 章
舱外活动、气闸舱**	舱外服类型（软、硬、混合）、尘土控制、服装备用零件和维护保养	第 3 章，第 4 章，第 5 章，第 6 章，第 22 章
生命保障**	根据任务目标和需求确定生命保障系统等级	第 17 章
供电**	早期短时间的月球基地，可与居住舱/着陆器一体化设计，也可以利用放置在表面的一些独立单元	第 20 章
热控**	早期短时间的月球基地，可与居住舱/着陆器一体化设计，也可以利用放置在表面的一些独立单元	第 16 章
通信导航**	考虑视线，权衡中继通信与直接通信，考虑时延	第 27 章
表面运输建设	考虑采用加压或非加压的巡视器，卸载大型或重型有效载荷；跨表面移动大型/重型有效载荷；采矿或建设等活动	第 14 章，第 23 章
原位资源利用**	考虑开采和大块材料运输活动，资源生产、运输、存储，装卸、移动大型/重型有效载荷	第 15 章
后勤补给	补给品的存储与运输，装卸、移动大型/重型有效载荷	第 28 章

▲：表中列出了月球或火星需要的生命支持设备和系统。

** 表示核心设施。

13.3.3 基地布局

下面，将要形成基地布局设计，然后用其确定各硬件单元间的接口设计，最后由任务目标确定硬件需求。首先，将居住舱放在基地中央，以便人们访问基地的其他区域——如果没有其他目的，则用于维护。另外，设计方案还必须支持安全发射和着陆，以及发电、科学实验、原位资源利用、制造能力等。图 13－1 给出了一个可能的“区域”设计方案［Kennedy，1990；Kennedy，1992］。

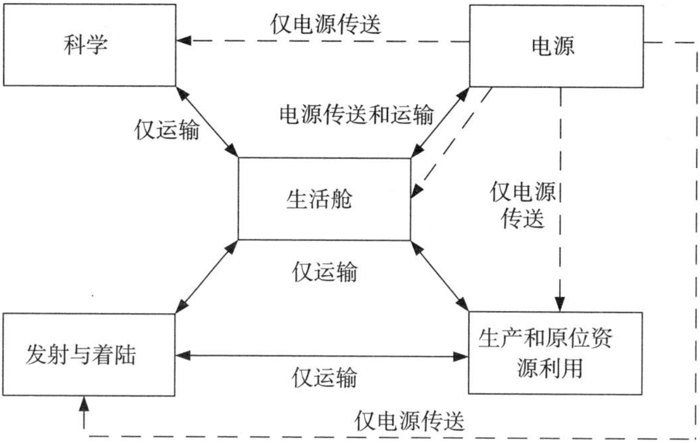

图 13－1　对基地进行组织与布局

根据功能规划对基地的各个部分进行物理分布。

根据现有的顶层设计概念，必须开始将其细化到具体可行的设计方案。如表 13－8 所示，大部分的细化工作是根据所选基地位置的地形地貌，从各种区域识别相对合适的基地位置。表中同时明确了个别设施必须要满足相关区域设置的需求。关于各具体功能区域的特点在下面进一步讨论［Eckart，1999；Kennedy，1992；NASA，1990］。

表 13－8　基地各功能区域位置及设计

区域	设施	需求的位置	举例
发射和着陆	发射和着陆场	由于发射碎片影响，需离其他区域至少 1～5 km	需要一个硬化的区域，例如通过铺装，以减少发射吹起的碎片的影响
	燃料补加仓库		需要特殊的设备能够从着陆器或向着陆器接收、存储和释放推进剂（如液氧、液氢、甲烷）
	导航设备、信标		开发一种对着陆器进行制导导航控制的合适方案

续表

区域	设施	需求的位置	举例
居住	居住舱	集中于中心的	居住舱类型、构型和防护设计
	气闸舱		集成在生活舱上或安排单独舱段
	实验舱		科学设备和目标
	通信设备		天线和中继设备
	航天器维修设备	尽可能靠近生活区	加压或非加压设计
	热控系统的散热装置	尽可能靠近居住舱，远离发射着陆区域，或者利用防护装置与之隔离	散热装置的类型，有可能利用热抽气式，集成在生活舱上或安排单独舱段
发电	太阳能资源	尽可能远离发射着陆区域，靠近其他功能区域	避免在太阳能发电装置附近进行会导致尘埃产生的活动
	核能资源	距离其他设施保持一定的安全距离	注意核发电机区域周围的辐射等级
	能量贮存单元	尽可能接近用户	能量贮存方式（如再生燃料电池、普通蓄电池）
	电源管理和分配	与需要用电的其他区域和设施相连	电压标准、传输方式、中继站、变压器、集中或分布式布置
科学	外部科学站	远离发射、着陆区域、靠近生活舱和发电区域	远程供电能力；尘埃防护措施
原位资源利用	矿物开采区域	尽可能接近生产设施、发电设施、生活区；尽可能远离散热设施、太阳能发电站和科学设备	设计土壤挖掘、处理、利用设备
	氧气、推进剂和其他用于资源加工的设备	在生活区和发射着陆区之间，相对更靠近发射着陆区	设计生产、贮存和传输设备；电供应

13.3.4　发射和着陆区域选址

最初，发射和着陆区域只要是一块水平区域即可，或者可能在其表面安装一定的导航辅助设施。后续阶段，则需要更多复杂的基础设施，可能包括更复杂的导航辅助设施、爆炸防护设施、加压的载人车辆、电源、装载和卸载补给的系统、推进剂存储、燃料补加车、稳定的发射和着陆平台、地表公路等。

发射和着陆区域的选择，首先需要考虑基地地形和着陆飞行路径。着陆和起飞的轨迹不能经过居住舱所在区域，同时应尽可能避开电源、科学、工业或原位资源利用等区域。理想的着陆表面应该是自然硬化的，通常期望是一块分布岩石而非尘土的区域，从而减少着陆和起飞时喷起的沙尘的影响。但是，自然的硬化经常存在于粗糙的表面，因此不得不选择平坦的区域，然后通过路面铺装或其他防护措施将其硬化［NASA，1988］。

13.3.5　生活区域选址

生活区位于基地的焦点区域。除非有需要位于别处的理由，否则，生活区应当在焦点区域，尤其是居住舱、实验舱、维护设施、存放表面运输巡视器和实验设备的机库等均在这一区域。早期任务中，居住舱、发射区和着陆区可以放在同一区域，但是，人们在居住舱生活之后，为了实现更多次着陆，应当将其中一个区隔离出去，否则，当一次着陆失误就有可能对生活区及乘员造成损害。生活区和航天器的着陆能力是密切相关的。因为生活区的设备均来自于发射区和着陆区，因此它们在设计上既相互独立、又能够集成一致。如果这些设施各自都具备生命保障功能，那么某个部分发生增压故障时，都不会威胁到乘员的生命安全［Kennedy，1992；Kennedy，1994］。

13.3.6　电能产生区域选址

发电设备应尽量靠近其他区域以减少传输损失。但必须要小心以避免太阳能阵列和核辐射污染。核材料必须至少距离生活舱几百米，太阳能阵列也必须距离足够远，从而不会受到其他区域漂来的尘埃的影响。一旦受到干扰，由于月球的低重力和火星的表面风，尘土很容易移动，从而影响发电设备［Kennedy，1992b；Hickman 等，1990；Mason 等，1991；NASA，1986，NASA，1992］。

13.3.7 科学实验区域选址

为了避免受到其他活动产生的污染，科学试验区域应该将重点放在地质学或其他科学活动上［Mendell，1985；Mendell，1992］。

13.3.8 工业生产和原位资源加工区域选址

在这一区域设备的使用取决于可以探测到的原位资源，包括开采什么、加工什么、存储什么。由于这些操作往往会产生尘土，因此这一区域应与其他区域保持一定距离，或者利用地形地貌特征来进行相关防护［Kohout，1989；McKay 等，1992；Waldron，1988］。

13.4 规划集成基地区域及相关单元

在早期着陆次数较少时，表面基地和相关系统较为简单，且可与着陆器集成。这将减少初始基地建设及部署的工作量，从而缩短建立基地的时间。但货物和基础设施开始运送，必须要考虑如何卸载、移动、运输大型及重型载荷。同时，必须要评估如何筹备基地建设，进行公路与发射着陆平台的准备、支持原位资源利用及相关基地活动。

13.4.1 发射和着陆平台的规划设计与建设

在这一区域，主要关注着陆器发动机排气吹起的土壤尘埃，以及来自火箭羽流的化学污染，这些都将影响到基地的布局。必须设计并安置好基地附近的建筑及设施，以保证它们不受冲击影响。但是被吹起的土壤的轨迹及其产生的效应很复杂，很难通过建模进行规划和模拟。最有可能的是，早期的基地将使用未经准备的着陆平台。乘组应着陆在距基地尽可能近的地点（约 500 米以内），以便步行到达基地。

当具备一个永久基地和可靠的表面运输能力后，则可以建设远离基地的永久性着陆平台，大约距基地 1～5 km。平台必须水平且稳固，面积大约有 200 m^2，具体取决于着陆器的尺寸。平台稳固有利于减少两次着陆间的整修工作，降低或消除燃料喷出物的影响，并为更便捷地运输提供持久和固定的路线。基地和发射、着陆地点之间以及其他建筑之间固定的路线能够进一步减轻运输压力。

可以有多种途径来使得表面稳固。对于发射、着陆平台来说，发动机的冲击情况决定了平台是否需要铺设砖瓦、砂砾，或是简单的压紧即可。铺设砖瓦可以提供最平整的表面，但是实施难度较大。砂砾同样可以提供良好的平台表面，而且可以通过自然筛选或本地资源加工的副产品得到。简单的表面压紧容易实施，但提供的平台表面质量最一般，而且需要更多的维护。

另外，需要建立防护装置来保护实验设备，以免受着陆冲击的影响——或者是靠近发射台的永久防护装置结构，或者是能够保护含有单个设备小片区域的临时性小结构。可移动的不透明防护层或外层可替换的双层玻璃防护层能够保护玻璃表面。可以使用毛毯覆盖或垂直防护装置，从而保护形状复杂的实验设备。或者，在一些情况下，简单地通过设备的放置方向，从而使其敏感的表面不再正对着陆点。

在着陆器降落过程中，制导导航系统需要实时更新其位置信息，在着陆的最后阶段，必须能以米的量级搜寻到着陆器的相对位置和速度。导航系统作为基地着陆设施的一部分，可能是具有已知地点的相对简易的雷达收发器。随后，需在平台上放置着陆标记。表 13－9 概述了规划设计发射着陆区时需要考虑的因素。

表 13－9　规划发射和着陆区▲

组成部分	需要考虑的因素	设计需求
区域面积	着陆器尺寸及发动机特性	必须能适应发动机羽流，喷射产生的力不能使表面发生变形

续表

组成部分	需要考虑的因素	设计需求
表面构成	使用频率	每次着陆对表面的轻微侵蚀
	使用的推进方式	排气与表面地质产生的化学反应
	表面特性	下表面可能从地下获得支撑或收到侵蚀
导航系统	进入轨道、表面地形	安装导航支持设备、信标、着陆指引标志
燃料补加设备	接近发射着陆区	发动机羽流不能损坏燃料补加设备
	推进剂贮存系统设计	推进剂贮箱能够经受住碎片撞击，补加方便，挥发损失最小

▲：表中总结了设计和规划发射与着陆区时所必须考虑的事项。

低温推进剂，特别是液氧和液氢，在月球或火星表面长期存贮时会有一定程度的挥发。因此，必须要对温度做出控制，以避免这些损失。将贮箱存放在土壤下方是可能的，但难度较大。如果使用多层绝缘层的球形贮箱，则每贮存 1 kg 液氧需要 1.5 kg 的绝缘层，每贮存 1 kg 液氢需要的 13.5 kg 的绝缘层，每贮存 1 kg 水需要 0.02 kg的绝缘层。非常好的贮箱设计可以使液氧挥发率为每年 0.01%，液氢挥发率为每年 0.1%，水挥发则基本可以忽略不计[Kohout，1989；NASA，1988]。

13.4.2　居住舱区域规划设计

在早期的月球和火星任务中，居住舱实质上就是基地，因此它必须支持乘员居住、活动等所有任务需求。如表 13－10 阐述的，所有这些需求都可以转化为对容积、质量和电能的要求。对于早期的基地和短时间的停留，生命保障系统可以是开环的，例如，消耗品是随着乘员舱尺寸和任务周期线性增长的。对于后期的基地或者是更长周期的任务，必须考虑心理因素，需要能够支持更多的居住人数，而且有更大的空间和更多的变化来维持乘员的状态(见第 17 章)。

表 13-10 基地单元规模的一阶参数估计▲

基地设施		任务周期		
		短 <28 天	中 28～180 天	长 >180 天
居住舱	每个乘员的加压舱容积需求	<10 m^3	20～50 m^3	>50 m^3
	每个乘员的质量需求	<750 kg	1500～5000 kg	>5000 kg
	每个乘员的能源需求	<5 kW	5～10 kW	>10 kW
实验舱	每个乘员的加压舱容积需求	<5 m^3	5～10 m^3	>10 m^3
	每个乘员的质量需求	<750 kg	1500～5000 kg	>5000 kg
	每个乘员的能源需求	<5 kW	5～15 kW	>15 kW
气闸舱	每个单元的加压舱容积需求	<5 m^3	5～10 m^3	>10 m^3
	每个单元的质量需求	<500 kg	500～1500 kg	>15000 kg
	每个单元的能源需求	<2 kW	2～10 kW	>10 kW

▲：只要尚未进行分析，就可以采用表中的数据进行表面基地设计的初步估计，可与第 6 和第 8 章的预估结果进行对比。

13.4.3 能源生产区域规划设计

一旦估计了能源需求之后，就可以对设计做出权衡，识别最优的能源生产和存储技术，并形成预期规模估计，进而确定能源生产区域。表 13-11 给出了影响发电系统规模的主要因素。对于很多技术，例如光伏，其电能产生量是和系统规模成线性正比的，但是，电能损失与辐射衰减、污染、电能传输并不是成线性关系[Hickman 等，1990；Mason 等，1991；NASA，1986]。

表 13-11 规划电能产生区▲

设施	因素	影响
电能产生	峰值电功率	电源规模和存储需求
	平均电功率	电源必须在任务最后仍能达到平均电能水平
	生存电功率	发生故障后，系统必须提供的最小电能
	由于辐射和尘埃污染导致的发电量下降（仅太阳能电池）	辐射和微流星体影响导致的电能损失主要取决于表面环境和防护措施

续表

设施	因素	影响
能量存储	充电和放电效率	明确规定电源、能量存储单元和用户之间的损耗
电能管理和分配	传输损失	明确规定传输损失

▲：表中所列因素影响电能产生区的设计与规划。

13.4.4　科学实验区域规划设计

在许多情况下，科学实验区域的规模与任务目标关系最为密切——或许是最直接相关的。但是，随着对其他区域设计的迭代进行，以不断对更新的信息作出反应，这一区域的规模会随着其他区域的变化增加或减小。例如，实验设备的维护会影响基地活动，因为乘员需要从生活区移动至实验区，所以，实验区不能距离生活区太远。如果以原古表面环境的地质调查任务为焦点，则科学区应当与发射区和着陆区保持安全距离。这样一个地质学上的“国家公园”一般会覆盖数平方千米的面积。如果以天文学观测或其他测量任务为焦点，这类科学区面积只需几平方米。对于通信，我们希望减少能源产生区和通信站点间的传输损耗，并且在接触点之间增加视线通信［Mendell，1985；Mendell，1992］。

13.4.5　工业和原位资源利用区域规划设计

对该区进行规划以满足任务目标，需要考虑很多因素。比如，原位资源的生产效率取决于任务规模及周期。所需资源则取决于需要支持的发射次数、乘员人数和居住时间。其他需求同样受更为复杂的因素影响。比如，从月球土壤、火星上面的冰、以及火星大气中提取任意数量的氧气，都需要一定的设备质量及电能（参考第15章）。同时，这些资源的提取进度、储存设备的可用性以及储存寿命周期同样影响着预期的生产效率。开采工具的规模取决于月球或火星土壤和大气层中的某种元素的含量，以及加工设备的效率。元素含量越高，加工效率越高，需要采集的土壤及需要压缩的空气越少[Kohout，1989；Waldron，1988]。

13.4.6　设计集成

完成地外基地的实际设计仅仅是挑战的一半，另一半则是如何对所有系统进行集成和安装。如第 23 章和第 28 章所述，完成这一任务需要制定实际的发射和着陆顺序、总装进度和维修计划。虽然前几次任务可能只是放置一些设备和资源，以备后续任务使用，但是这些设备必须建在前文讨论过的 5 个表面任务区域中的某一个。为了对设计进行集成，首先需要制定一个顶层的总装计划，这一计划基于我们在基地需要什么（参考 13.2 节）、基地场址特征（参考 13.3 节）以及想要如何设计基地（参考 13.3 节）等问题。有了这样一份顶层计划后，则可以在此基础上增加、删除或改变一些阶段性设计，以适应特定的任务体系。最后，当人员到位时，应当制定集成进度安排。

13.5　成本和复杂性评估

如果设计的基地不能满足成本和风险要求，即使再完整的集成设计也只不过是幻想。正如 29 章所讨论的，标准算法能够计算大部分常规航天系统的成本。但遗憾的是，载人航天系统绝非常规任务，并且我们也没有在地外星球上建立基地的经验。各个任务的独特性和其对可靠性极高的要求使其成本与无人的商业或者科学研究系统大为不同。因此，为评估地外基地的成本而建立的模型还不是很可靠，但是仍然可以用各系统类别中成本估算的相似性，来形成现实的成本数据估算，如表 13－12 所示。

表 13－12　影响地表基地设计成本和复杂性的因素▲

影响因素	制约关系	目标
乘员人数	基地总质量通常与人数成线性比例	早期任务尽可能使人数最少
工作周期	更短的工作周期需要更多的任务和乘员轮换	尽可能延长工作周期以减少乘员任务交替频率
能源需求	发电和储电设备的质量通常与能源需求成线性比例	减少基地能源需求以降低发电和储电系统的质量
热负荷	热控系统实验设备质量通常与热负荷成线性比例	减少基地的热负荷以减轻热控系统质量
生命保障系统的闭合程度	高闭合度需要更大质量和更多能源，但需要的补给较少	选择最合适的闭合程度以减少整个后勤补给需求，但要满足任务周期和任务目标的要求
通信基础设施	月球或火星表面的高曲率会限制视线通信能力，且距离地球越远则通信时延越长	为基地选择最好的通信体系结构，同时需考虑中继系统或卫星需求、时延、电能需求、质量、成本等因素
质量规模	大质量需要更大的运载能力和更多的发射次数	减小基地质量规模以减小发射和运输成本
可靠性	高可靠性需要对工艺更为严格的控制水平，及更为昂贵的系统	可靠性分配尽可能要符合实际 在部件可靠性与系统可靠性之间权衡
新技术	新技术会增加开发风险和成本	仅在为达到任务目标非常必要时选择新技术，以减小任务风险和成本
任务安排	短时任务安排需要在关键事项上同时有两条发展路线	允许足够的时间发展

▲：标准列出和解释了影响成本和复杂度的主要因素，并给出降低影响的建议。

如 29 章中所提到的那样，复杂度在很大程度上取决于技术开发的需要。如果必须在很紧的时间内设计、开发、验证一些核心技术，那么成本就会很高而且可靠性会降低；但是如果能够利用现成的商业设备，设计的复杂度和成本便会降低，而且具有很高的可靠性。

13.6　记录和迭代

即使在有了一个满意的设计之后，仍然有一些显著的问题需要一再检验、修正，那就意味着需要不断迭代以达到更好的结果。例如，某一任务设想是采用 4 人驻留 6 个月，但如果采用 6 人驻留 4 个月，完成效果会更好。在每一次迭代中，必须充分地记录各类结果，从而理清各类参数的关系。可以用这些关系得到更加精确的成本或规模计算模型，以便能够迅速地权衡各种备选的任务方案。

13.7　案例研究：月球南极基地

表 13－13 给出了如何将任务目标转化为顶层设计或要点设计需求，这一过程是受技术可行性、成本、风险、人类因素、地表设施等条件限制的。

表 13－13　任务目标、设计约束和可用技术如何影响月球南极基地设计

影响源	示例	对任务设计的影响
任务目标	返回月球，并科学调查南极附近的水冰	确定所需要的最少乘员配置、最短月面活动时间、以及前哨站的位置设置
技术需求	系统可靠性，在月尘和极端温度环境下的耐久性	确定系统选择及设计冗余度
可用技术	运载工具：航天飞机、质子号、阿里安 5； 表面居住舱：刚性模块、可充气模块	决定未装配单元的最大规模； 确定能够装配的装备组成
任务约束	乘员安全性； 可用预算	冗余度和可靠性对运输系统的需求； 限制了发射频率和基地尺寸

如表 13－14 所总结的，月球南极满足了很多表 13－6 中列举的设计中所要考虑的因素。要注意的是月球南极包含了两个关键特征：一是可能在表面或是接近表面存在冰，这些冰长期存在于阴影区或被遮蔽的陨石坑中；另一种可能是在一些陨石坑边缘存在永久光照区，在月球上再没有其他位置能够同时具备这两点要求。

表 13－14　月球南极可满足基地设计标准▲

标准	设计考虑因素	结果
位置	进入轨道的难易程度	月球极轨容易到达，参考第 9 章，第 10 章
	通信子系统可见性	一年中基地与轨道、地球需要有足够的可见性
	光照条件	全年可能有永久光照区
	表面移动	表面移动可步行或利用星球车
	放置和建设相关设备单元	预计的崎岖地形，满足靠近陨石坑的需求
场址特性	可利用原位资源	克莱门汀号和月球勘探者号任务表明南极表面下可能存在水冰
	具有科学或商业价值的位置	有科学价值的水冰，且对月球基地建设和补给非常重要

▲：本表以表 13－6 中设计准则的结论作为基础。

正如第 1 章所述，本书中提到的月球南极任务是一个 3 人乘组的单次访问任务，因此它只需要一个月球着陆舱而不是一个地外基地（如图 13－2）。可以为乘员和货物建造一个着陆器，也可以为二者分别建造着陆器；着陆器可以直接到达月球南极，也可以先进入极轨后再下降着陆［月球轨道入射（LOI）情况］。无论哪种选择，都必须要在乘员到达后才能开展基地相关设施的部署和安装。

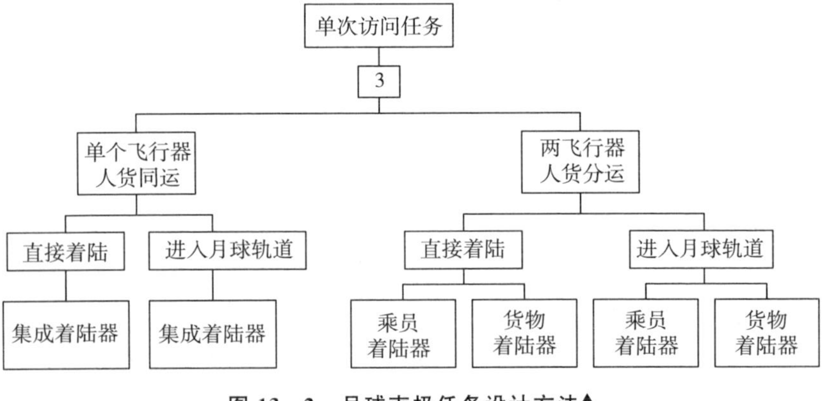

图 13－2　月球南极任务设计方法▲

▲：对安装临时基地的两种主要方案分别是：人货分别利用两个着陆器还是利用一个集成式着陆器

根据第 14～18 章和第 20～24 章的结果，一个能够在月球南极附近着陆的完全集成式着陆器应具备的质量及其他特性，如表 13-15 所归纳。

表 13-15　3 人到月球南极表面着陆的着陆器质量及特性▲

着陆器单元及系统	质量估计	单元和系统特性	参考章节和文献
居住舱结构	11000 kg	主体为圆柱形舱体，辅助结构为铝，支架结构为复合材料	第 21 章
防护装置	0	短期任务不需要专门的防护装置	第 4 章
乘员住所	2237 kg	具体内容见参考文献	第 18 章
环控生保系统	819 kg	氢氧化锂，水和食物（13 kg/人/天），具体内容见参考文献	第 17 章
电源	4568 kg	最小电源需求 29.4 kW，具体内容见参考文献	第 20 章
热控	3967 kg	具体内容见参考文献	第 16 章
通信设备	500 kg	包括音频、视频设备，数据管理系统和天线	Eckart，1996b
气闸舱	500 kg	单独的气闸舱	本章 13.4 节
舱外活动设备	702 kg	3 套舱外服和便携式生命保障系统，包括 42 次舱外活动的消耗品	第 22 章
月球车	250 kg 6075 kg	阿波罗型的非加压式月球车； 加压式月球车	Eckart，1996b 第 14 章
科考设备	500 kg	包括设备包及相关工具	
原位资源利用设备	500 kg	试验设备	
下降级（干重）	6856 kg	用于将航天员和着陆器送到月球表面（干重部分参考阿波罗月球着陆器）	第 12 章 Ruppe，1982
上升级（湿重）	5515 kg	用于将航天员从月球表面返回（采用月球轨道交会策略，质量参考阿波罗任务）	第 12 章 Ruppe，1982
各单元和系统总质量	32893 kg	除上述质量外，下降级还需要推进剂质量。推进剂质量取决于推进系统比冲，参考阿波罗任务着陆器下降级比冲（I_{sp} = 311 s），大约需要 9582 kg 的推进剂	第 12 章 Ruppe，1982
月面着陆器总质量	≤50000 kg		

▲：基于其他章节的内容，本表估计了着陆单元和系统的总质量。

参 考 文 献

[1] Eckart, P. 1996a. Spaceflight Life Support and Biospherics. Dordrecht, Netherlands: Kluwer Academic Publishers, and Torrance, CA: Microcosm Inc.

[2] Eckart, P. 1996b. Parametric Model of a Lunar Base for Mass and Cost Estimates. Munich, Germany: Herbert Utz Publishers.

[3] Eckart, P. 1999. The Lunar Base Handbook. Space Technology Series. McGraw - Hill. (forthcoming).

[4] Ewert, M. et al. 1990. Active Thermal Control Systems for Lunar and Martian Exploration. SAE Paper No. 901243. Warrendale, PA: Society of Automotive Engineers.

[5] Galloway, R. and S. Lokaj, eds. 1994. SPACE94 - Proceedings of the Conference on Engineering, Construction, and Operations in Space Ⅳ. Reston, VA: American Society of Civil Engineers.

[6] Galloway, R. and S. Lokaj, eds. 1998. SPACE98 - Proceedings of the Conference on Engineering, Construction, and Operations in Space Ⅵ. Reston, VA: American Society of Civil Engineers.

[7] Heiken, G. et al. 1991. Lunar Sourcebook, A Users Guide to the Moon. Cambridge, UK: Cambridge University Press.

[8] Hickman, M. et al. 1990. Design Considerations for Lunar Base Photovoltaic Systems. NASA TM - 103642. Washington, DC: National Aeronautics and Space Administration.

[9] Ishikawa, Y., T. Ohkita, and Y. Amemiya. 1990. Mars Habitation 2057: Concept Design of a Mars Settlement in the Year 2057. Journal of the British Interplanetary Society. 43: 505 - 512.

[10] Johnson, R. 1966. Planning and Development of Lunar Bases. Astronautica Acta. 12 (5 - 6).

[11] Johnson, S. W. and J. P. Wetzel, eds. 1988. SPACE 88 - Proceedings of the Conference on Engineering, Construction, and Operations in Space. Reston, VA: American Society of Civil Engineers.

[12] Johnson, S. W. and J. P. Wetzel, eds. 1990. SPACE 90 - Proceedings of the Conference on Engineering, Construction, and Operations in SpaceII. Reston, VA: American Society of Civil Engineers.

[13] Johnson, S. W. , ed. 1996. SPACE 96 - Proceedings of the Conference on Engineering, Construction, and Operations in Space V. Reston, VA: American Society of Civil Engineers.

[14] Katzan, C. and J. Edward. 1991. Lunar Dust Transport and Potential Interactions with Power System Components. NASA CR - 4404. Washington, DC: National Aeronautics and Space Administration.

[15] Kennedy, K. 1992a. "Dust Control Research for SEI. " In SPACE 92: Engineering, Construction, and Operations in Space Ⅲ Conference. Reston, VA: American Society of Civil Engineers.

[16] Kennedy, K. 1992b. "A Horizontal Inflatable Habital for SEI. " in SPACE 92: Engineering, Construction, and Operations in Space Conference. Sadeh W. Z. , S. Sture, and R. J. Miller, eds. Reston, VA: American Society of Civil Engineers.

[17] Kennedy, K. 1994. "Alternative Habitat Concepts for the First Lunar Outpost. " in SPACE94: Engineering, Construction, and Operations in space Conference. Reston, VA: American Society of Civil Engineers.

[18] Kennedy K. 1996. "Inflatable Habitat option for a Human Lunar Return Mission. " in SPACE 96: Engineering, Construction, and Operations in Space V Conference. Reston, VA: American Society of Civil Engineers.

[19] Koelle, H. H. 1990. The Case for an International Lunar Base. Paris: International Academy of Astronautics.

[20] Koelle, H. H. 1986. Comparison of Alternative Strategies of "Return - to - the - Moon. " Journal of the British Interplanetary Society. 39: 243 - 255.

[21] Koelle, H. H. 1991. Lunar Base Initiative 1992. Acta Astronautica. 25 (8/9): 595 - 603.

[22] Kohout, L. 1989. Cryogenic Reactant Storage for Lunar Base Regenerative Fuel

Cells. NASA TM – 101980. Washington, DC: National Aeronautics and Space Administration.

[23] Mason, L. et al. 1989. SP – 100 Power System Conceptual Design for Lunar Base Applications. NASA TM – 102090. Washington, DC: National Aeronautics and Space Administration.

[24] Mckay, D. et al. 1992. Space Resources. NASA SP – 509. Washington, DC: National Aeronautics and Space Administration.

[25] Mendell, W., ed. 1992. Lunar Bases and Space Activities of the 21st Century. NASA CP – 3166. Washington, DC: National Aeronautics and Space Administration.

[26] Mendell, W., ed. 1985. 2nd Conference on Lunar Bases and Space Activities of the 21st Century. Houston, TX: Lunar and Planetary Institute.

[27] NASA. 1988. Lunar Base Launch and Landing Facility Conceptual Design. CR – 172049. Washington, DC: National Aeronautics and Space Administration.

[28] NASA. 1989. Lunar Outpost. Johnson Space Center, Houston, TX: National Aeronautics and Space Administration.

[29] NASA. 1986. Lunar Power Systems. CR – 171956. Washington, DC: National Aeronautics and Space Administration.

[30] NASA. 1990. Habitation and Human Systems for the 90 – Day Study. JSC – 24398. Johnson Space Center, Houston, TX: National Aeronautics and Space Administration.

[31] NASA. 1991. Airlocks – A Study of Previous Use, Technology, and Planet Surface Systems Requirements. LESC – 29461, Lockheed Engineering and Science Company for NASA Johnson Space Center, Houston, TX.

[32] NASA. 1992. Dust Control & Protection for Planetary Exploration. LESC –30095, JSC – 25975. Lockheed Engineering and Science Company for NASA Johnson Space Center, Houston, TX.

[33] Ruppe, H. O. 1982. Raumfahrt – Die grenzenlose Dimension (in German). Duesseldorf, Germany: ECON Verlag.

[34]　Sadeh，W. Z.，S. Sture，and R. J. Miller.，eds. 1992. SPACE92 - Proceedings of the Conference on Engineering，Construction，and Operations in Space Ⅲ. Reston，VA：American Society of Civil Engineers.

[35]　Simonsen，L. and J. Nealy. 1991. Radiation Protection for Human Missions to the Moon and Mars. NASA TP - 3079. Washington，DC：National Aeronautics and Space Administration.

[36]　Simonsen，L. et al. 1992. "A Lunar Base Thermal Control System." in 2nd Conference on Lunar Bases and Space Activities. W. Mendell，ed. NASA CP - 3166. Vol. 2. Washington，DC：National Aeronautics and Space Administration.

[37]　Waldron，R. D. 1988. Lunar Manufacturing：A Survey of Products and Processing. Acta Astronautica. 17（7）：675 - 708.

第 14 章　行星表面巡视器

Roger Arno，NASA 艾姆斯研究中心

14.1　移动系统的概念和原理

14.2　移动系统设计

14.3　月球基地巡视器设计案例

1996 年 12 月发射的火星探路者号使停滞了近四分之一个世纪的行星表面巡视活动有了新的进展。第一种地外表面巡视器是苏联的月球步行者号（Lunakhod，见图 14－1），分别于 1970 年和 1973 年着陆月球［Burkhalter and Sharpe，1995；Burnham，1995］。美国乘组在阿波罗 15 号（1971）、16 号和 17 号任务中操作了第二种月球巡视器（图 14－2）。这两种巡视器的设计都很好地支持了探测任务，证明了巡视器在未来的月球、火星和其他行星的载人探测任务中也有很高的价值。移动系统能够以多种方式为技术、科学和其他任务提供服务和支撑——从探测到基地建设以及乘组运输等。

本章讨论了火星和月球表面机动巡视系统的任务运行和设计原理，并重点强调了由人操作的、能提供无需穿着航天服的环境的巡视器。对机器人自动系统的讨论可以参考第 23 章。本章以一个月面巡视器设计的例子结尾。当然，给出的设计流程只是初步的设计，一个完整的月面巡视器设计必须考虑整个任务的科学、技术、流程等方面，如本书其他章节中所介绍的。

移动性要求会导致多种概念和潜在解决方案的产生。没有哪种设计方案是明显最优的，亦如在地球上没有任何一种运输工具能够成为所有运输要求的最佳选择。要在任务优先级与预算、政治关系等多重顾虑之间权衡。在关注对乘员、装备和任务产生影响的环境

因素和其他间接因素方面，知识和积累总是显得不足。移动系统设计者面临的挑战是，要确定最小、最轻、最安全、最经济的系统设计方案，在科技能力、国家声誉和其他方面都要满足要求。

图 14-1　月球步行者号▲

▲：苏联在 1970 和 1973 年的任务中使用，引自 Arno [c. 1976]

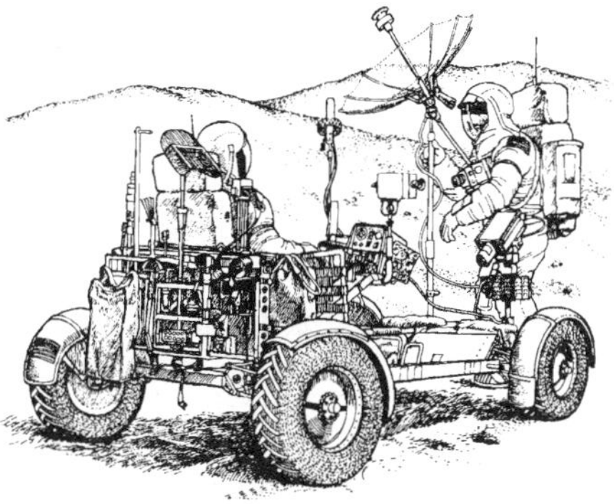

图 14-2　月球巡视器▲

▲：美国在阿波罗 15、16 和 17 号任务中使用

本章总结了开发一个能够在行星表面移动的巡视器所需的组件、项目单元和设计流程，表 14-1 展示了设计一个巡视器所需的 8 个步骤。

表 14-1 行星表面巡视器的设计流程

步骤	输入	相关章节	注解
1）定义和理解项目目标和背景	预算、进度、任务目标、风险可接受性、政策	第 1 章，第 2 章，第 29 章，第 30 章	很大程度上依赖当时的政策和观念
2）建立性能需求	出动次数、距离、持续时间、科学活动、工作任务	第 1 章，第 2 章，第 22 章，第 23 章，第 26 章	最终的决定依赖于成本和技术的权衡
3）建立任务设计问题和单元交互	运载器和着陆器的参数、基地资源和接口、乘员的规模和能力、任务持续时间	第 1 章，第 2 章，第 22 章，第 23 章，第 25 章	移动系统设计受任务中其他因素的影响（如舱口尺寸、能源、通信能力等）
4）确定物理环境	大气参数、辐射和太阳辐射通量、地形、重力水平	第 3 章，第 4 章，第 13 章	月球和火星的环境恶劣，存在低重力、微重力，大气稀薄或无大气，不同的日夜周期等
5）评估分系统技术性能，系统和分系统的成熟度	电源系统、结构材料、自动化系统、敏感器、控制、生命保障等系统的参数	第 5 章，第 10 章～第 14 章，第 16 章～第 29 章	要注意在高性能新技术与已有系统和方法之间的折中平衡
6）建立设计参数，并进行权衡	在不同类型航天器、移动系统、出舱活动、生保系统、电源系统之间权衡	14.2 节	通过理解不同系统的优点和设计方法来进行权衡
7）建立一个设计基础	任务问题、系统特性、技术成熟度、操作环境、权衡空间	14.3 节（举例）	产品包括配置、封装程序、总质量、容积、电源需求、数据速率、成本等
8）评估设计，如果需要进行迭代	巡视器系统的科学能力、质量、成本、可靠性、和其他任务单元的兼容性	第 1 章，第 2 章，第 5 章，第 7 章～第 14 章，第 16 章～第 29 章	实际任务可能和本书中给出的设计案例不同（可能不兼容）

14.1 移动系统的概念和原理

巡视器可以实现土壤样本采集、行星地质地图绘制、建立和维护基地、挖掘、采矿、运送人员和材料等。它们将在未来的月球或火星长期探测任务中担当重要角色。对乘员来说，它们是从事以下工作的唯一实用方法：

1）前往居住舱，或从另一个着陆舱中取回存储的补给；

2）部署电源系统、铺设电缆，或竖立天线、散热器和光伏电板；

3）挖掘土壤用以屏蔽辐射；

4）为后续有效载荷着陆清理场地；

5）掩埋放射性废料或生物废料；

6）到达重要的地点或应急避难所。

巡视器可以采用多种多样的构型，可能的构型包括：1）自动、自主、能决策的机器人，配备有传感器和人工智能，可以指导它们穿过复杂的地形去选取、采集土壤样本，并将样本或数据送回基地；2）远程控制系统，由操作人员引导至预先选定的地点或在行动过程中临时选定的地点；3）人员操作的非加压运输车；4）加压且具有自我维持能力的运输车，可以用于长途旅行或人类扩展活动。任一或所有的这些巡视器都可以进行科学研究或作业任务。表 14－2 展示了不同类型巡视器的基本特性。

表 14－2　典型行星表面巡视器的构型和特性▲

系统	特征
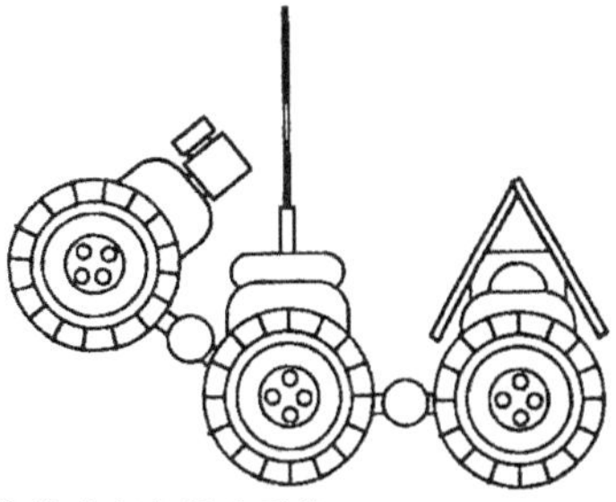 铰接式底盘机动系统 举例：苏联火星车（原理样机）	底盘：长 1～5 m，铰接式框架； 移动系统：6 轮电动机驱动； 操作：遥控； 电源：电池，放射性同位素，或太阳能电池； 行程：几千米，根据能源而定； 速度：中等，在平原地区受功率限制； 能源效率：在平缓地形中等； 拖拽：不推荐； 复杂度：中等； 寿命：几天到几个月； 载荷：受尺寸和结合点的限制； 地形：良好的攀爬能力； 用途：岩石地形

续表

系统	特征
 螺旋驱动移动系统 举例：雪上摩托	底盘：长 3～5 m，刚性框架； 移动系统：反向旋转螺旋； 操作：有人驾驶； 电源：电池，燃料电池，涡轮机，内燃机； 行程：几千米，根据能源而定； 速度：中等，善于雪地或软土上行驶； 能源效率：在平缓地形中等;； 拖拽：在合适的地形上非常好； 复杂度：中等； 寿命：在有燃料和维护的情况下不受限制； 载荷：在松软的地形上良好； 地形：软表面，雪地，沼泽； 用途：基地区域，或特殊用途
 沙漠越野车/高尔夫球车 举例：月面巡视器	底盘：长 3～5 m，刚性框架； 移动系统：四轮电动机驱动； 操作：有人驾驶； 电源：电池，燃料电池，内燃机； 行程：几千米，根据能源而定； 速度：中等到高； 能源效率：在平缓地形高； 拖拽：不推荐； 复杂度：中等； 寿命：在有燃料和维护的情况下不受限制； 载荷：低到高，根据巡视器而定； 地形：所有行星表面，受轮子尺寸限制； 用途：基地区域，短途旅行
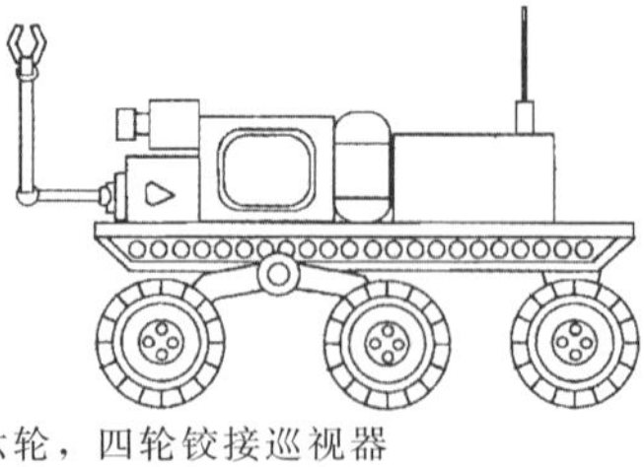 六轮，四轮铰接巡视器 举例：火星探路者岩石巡视器	底盘：长 0.1～1 m，刚性框架； 移动系统：六轮，四铰接； 操作：自动，或有人驾驶； 电源：电池，燃料电池，涡轮机，放射性同位素热电式发电机，内燃机； 行程：根据巡视器尺寸和储存的能源而定； 速度：好到极好，受能源限制； 能源效率：在平缓地形好； 拖拽：不推荐； 复杂度：中等； 寿命：受能源和维护限制； 载荷：好，根据巡视器尺寸而定； 地形：平缓或高低不平的表面； 用途：探测不可预知的地形

续表

系统	特征
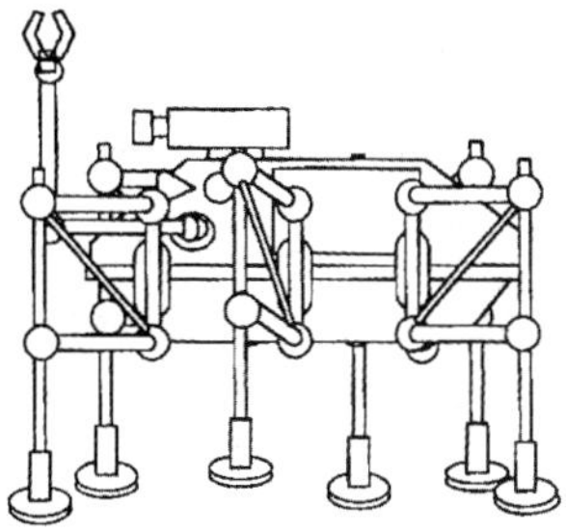 步行移动系统 举例：Dante	底盘：长 1～5 m，刚性框架或主体； 移动系统：计算机控制支腿； 操作：遥控； 电源：电池，燃料电池，太阳能电池； 行程：几千米，根据能源而定； 速度：低； 能源效率：低，因为需要垂直移动； 拖拽：不推荐； 复杂度：非常高，尚未研发好； 寿命：高昂的维修系统； 载荷：低，因为地面压力高； 地形：坚硬、高低不平、块状但无裂缝； 用途：在陡峭、危险的地区最好
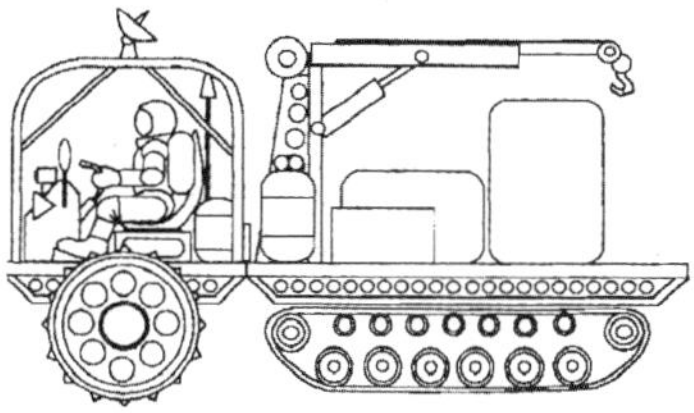 平板挂车，驾驶开放式多功能车	底盘：长 5～10 m，刚性或转动框架； 移动系统：轮式和/或履带； 操作：有人驾驶； 电源：电池，燃料电池，涡轮机，内燃机； 行程：最多 100 km，根据能源而定； 速度：中等到好； 能源效率：使用履带时中等； 拖拽：极好，尤其是使用履带时； 复杂度：中等； 寿命：在有燃料和维护的情况下不受限制； 载荷：较高的载荷比； 地形：平缓或中等的高低不平的表面； 用途：举起和搬运重载荷
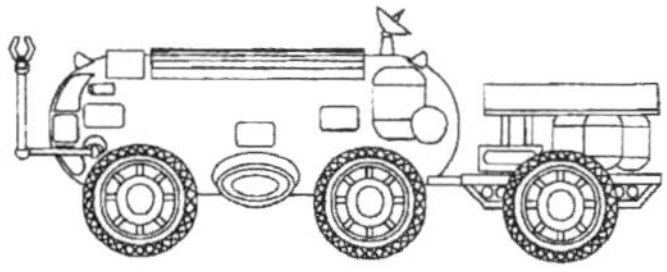 长距离、增压行星巡视器（图中显示的是带有可选能源系统的拖车）	底盘：长 5～10 m，增压壳体； 移动系统：四轮电动机驱动； 操作：有人驾驶； 电源：燃料电池，放射性同位素热电式发电机或涡轮机，内燃机； 行程：1000 km，根据能源而定； 速度：在平缓地形好，受能源限制； 能源效率：在平缓地形好； 拖拽：在合适的表面非常好； 复杂度：高（有生保系统）； 寿命：在有燃料和维护的情况下不受限制； 载荷：2～4 名乘员，重要的科学载荷； 地形：中等的高低不平的表面，中等坡度； 用途：长时间探测

续表

系统	特征
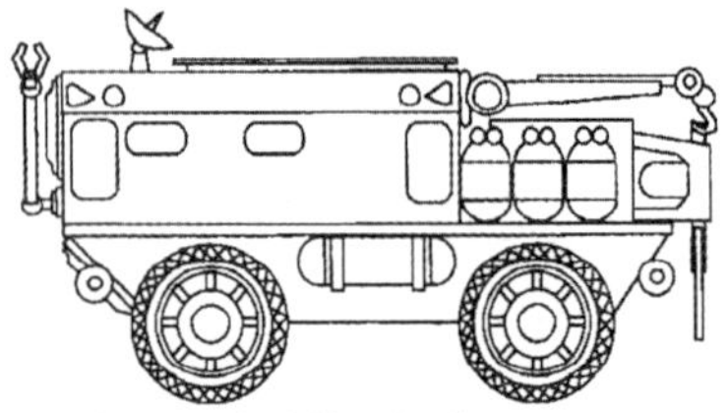 全目标增压多功能巡视器 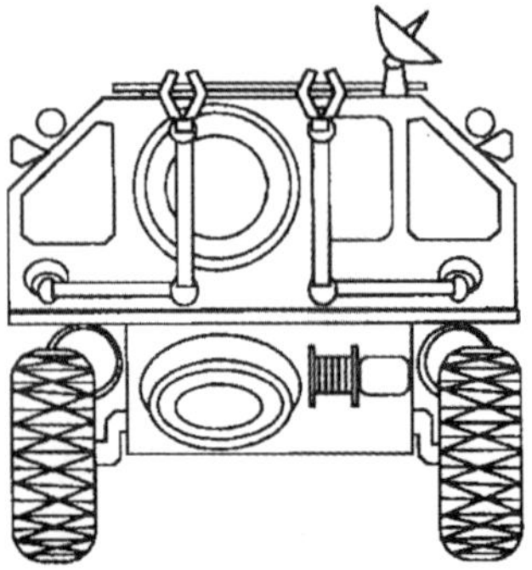 前视图	底盘：长 5～10 m，增压壳体； 移动系统：四轮电动机驱动； 操作：有人驾驶； 电源：电池，燃料电池，涡轮机，内燃机； 行程：200 km，根据能源而定； 速度：在平缓地形好，受能源限制； 能源效率：在平缓地形好； 拖拽：在合适的表面非常好； 复杂度：高（有生保系统）； 寿命：在有燃料和维护的情况下不受限制； 载荷：2～3 名乘员，货物，适度的科学载荷； 地形：中等高低不平的表面，中等坡度； 用途：搬运，人员运输，建设； 特殊特性：前视图中显示了对接口，可用于和其他着陆舱或基地单元对接

▲：需要注意设计上的显著区别。

14.2 移动系统设计

图 14－3 显示了移动系统的设计步骤、部件和相互之间的关系。这一设计流程是迭代的而不是串行的，而且还包含了需求、技术限制、项目约束之间的权衡。首先应从任务约束（质量约束、预算、安全裕度、能源供应等）中评估需求。第一个设计决策是巡视器的类型（有人还是无人驾驶，增压还是非增压）。一些任务规划者和系统设计者喜欢在没有约束限制的情况下进行设计，得到最好的设计后再争取或配合预算和安全裕度。另一些人则更喜欢从所有可能的假定约束开始，为最差情况进行设计，而不去冒险挑战资源和设计裕度的严苛约束。

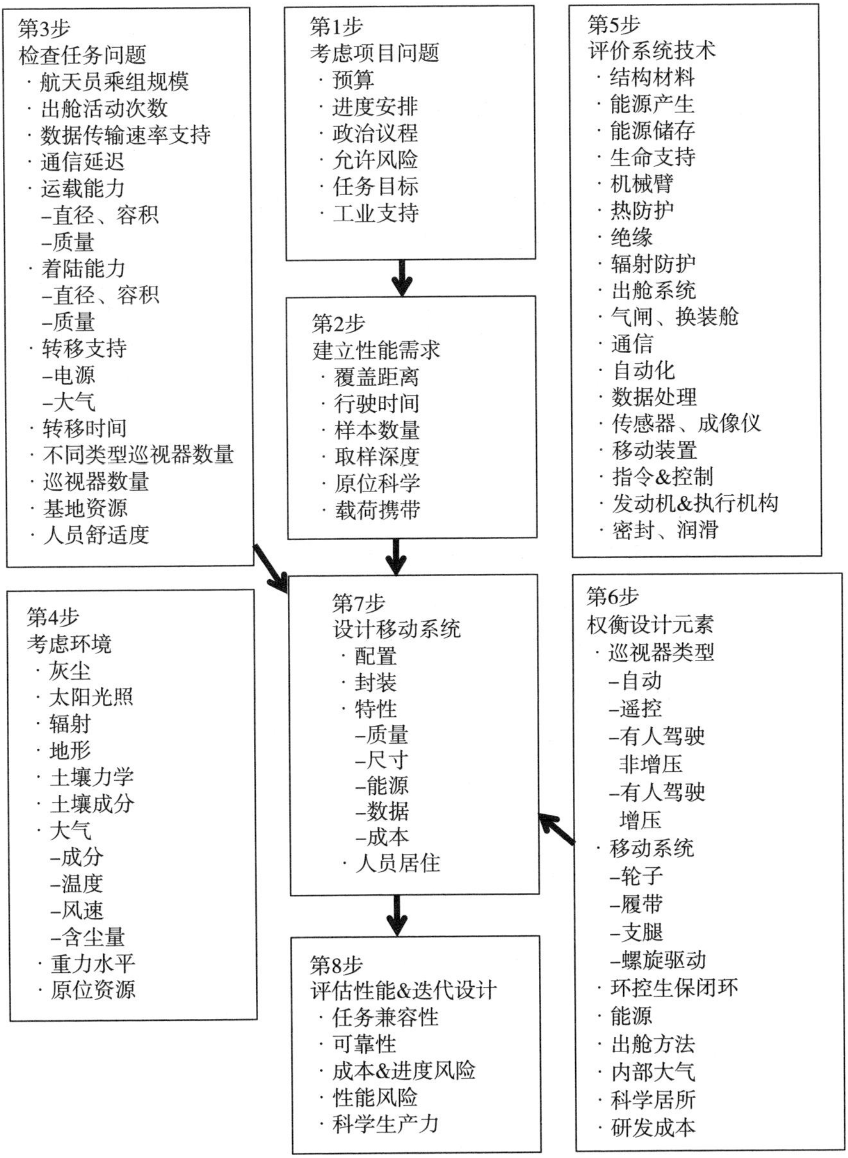

图 14-3　探测巡视器设计流程▲

▲：指出了流程中每一步的关键问题。这些步骤是迭代的，不必按顺序进行或独立进行。可以用图中的各个步骤的内容作为一个核对检查表

14.2.1 巡视器轮子、履带和其他移动装置

移动装置包括轮子、履带、螺旋装置、支腿、火箭、飞机和气球，最后两个在月球上不合适。火箭弹道式跳跃（弹道式跳跃）在一些任务中可能是有优势的，但是超出了本章的研究范围。轮子对月面巡视器来说是一个非常实用的选择，苏联的月球步行者和美国的月面巡视器都使用轮子。除了拖曳大载荷的情况，根据坡度和土壤情况数据，轮子是一个较好的选择。根据土壤的紧实程度、粘性程度和轮胎花纹的设计，轮式巡视器可以拉（或推）相当于自身一半重量的载荷。履带式巡视器可以拉相当于自身重量的载荷，对于空间连接型履带可以拉两倍于自身重量的载荷。在这里没有考虑行走的方式，因为其速度慢，步态不平衡，在移动时要举起和放下基本载荷、消耗能量高，而且对脚下的土壤压强过高。虽然行走式在穿过特定的崎岖路面时较为有利，但是在参差不齐的岩石上也容易滑倒并卡在裂缝里。机械步行装置需要复杂的控制和传感器来观察和感受路面，并控制其移动。

为了设计一个移动系统，必须考虑轮迹和路面压力、路面清理（岩石、脊状物、隆起物等）、跨越裂缝的能力、斜坡牵引力、陷入裂缝的敏感性、牵引能力、驾驶平稳性、能量消耗，对灰尘、泥土、真空和极限温度的敏感性，以及可靠性、可维修性、甚至美学特性等。对于月球探测，必须限制土壤压强在大约 7 kN/m^2，相当于 4000 kg/m^2。月面巡视器的平均压强是 4.2 kN/m^2，阿波罗任务中的航天员和月面下降级的平均压强是 7 kN/m^2，他们的轮迹压入月球表面的深度从小于 1 厘米到几厘米不等［Eagle Engineering，1988］。

在阿波罗 15、16 和 17 号任务期间，月面巡视器满载（708 kg）的能量消耗分别为每千米 60 W · h、100 W · h 和 80 W · h［Eagle Engineering，1988］，所以，每千克的移动能量需求为每千米 0.05 W · h 到 0.15 W · h 不等。

在进行电动机、传动机构、操纵机构、减震器、车轮轴承、泵、风扇、机械臂关节、起重机、升降机等装置的设计时，必须考虑高真空、灰尘、极端温度的影响，这些情况导致了润滑油的挥发和钙皂或钠皂的残留。低温会使半流体状的润滑油粘度变低和变硬，同时也会使橡胶制的密封圈和垫片变硬，而它们是用来阻止灰尘进入和防止润滑油溢出的。干膜润滑油的寿命短，并且对灰尘和泥土更敏感。复合材料如聚四氟乙烯性能更为优异，还需要进一步研究。对灰尘问题的进一步讨论可以参考第 13 章。

14.2.2　巡视器结构和增压壳体

巡视器结构与地球车辆相似，包括驾驶舱、底盘、载货区、悬挂系统等，其结构质量在火星和月球的低重力水平下通常可以更轻。地球车辆和行星巡视器最显著的差别在于后者需要增压壳体和气闸来保护车内人员。航天飞机和阿波罗飞船使用了内部增压的铝合金壳体，该壳体具有由纵桁和加强筋构成的焊接框架。为了载人，航天器通常使用外部壳体来防护微流星体并进行热防护。这种外壳体的材料可能包括铝、不锈钢、钛、碳/石墨或其他复合材料。考虑质量、耐久性、花费、机械加工性能，铝和碳/石墨环氧树脂是比较好的材料，这两种材料在导弹、飞机、航天器上都已经得到了成功应用。

增压舱可以是任意形状。但是，球体、椭球体以及两端为球形或椭球形的圆柱体的每单位体积要比立方体或其他以平面为端面的壳体轻。虽然矩形立方体外壳必须加厚或用加强筋加固，但它们有时候能提供非常有效的外部或内部的包裹作用。巡视器内部工作压力可以是三分之一个到一个地球大气压，具体数量要由基本情况和任务策略决定。航天服内部压强将在很大程度上影响这一数值。但无论如何，巡视器内大气压强不应超过 101 kN/m^2（1 个标准大气压），这也是国际空间站规划的工作压力。举个例子，一个直径为 4.3 米、壁厚为 0.4 厘米的圆柱形铝合金容器，可以安全承受

400 kN/m²的内部压力（安全系数为 4 情况下的 1 个标准大气压或 101 kN/m²）。端面为球形的舱体在理论上可以将壁厚减半［Eagle Engineering，1988］。这里没有考虑加固设备、附属装置和加强筋。简单压力容器计算方法得到的最小壁厚不是完全精确的，因为计算壁厚时还应考虑气闸、舱口和观察窗周围的应力点，设备附件，车轮、拖车、抓取装置、推土装置和搬运装置的支持与悬挂系统，地形造成的弯曲应力以及碰撞、翻车等意外情况带来的集中载荷等因素。

对辐射的屏蔽取决于行动和任务的持续时间，但是 10g/cm² 的结构质量通常是可以满足要求的。增压壳体自身通常是不能达到这一要求的，所以必须审慎地安装设备、水供应系统和散热器等。这种安排还提示得在巡视器内安置一个紧急避难所——一个类似气闸舱的区域，周围布置附加结构和装填物。

14.2.3　巡视器通信、导航与控制

对于任何巡视器，知晓其任意时刻的位置和状态十分重要。自动的和有人操作的巡视器都无一例外的需要尽可能地与表面基地和地球保持联系，一是为了安全，二是为了反馈任务的实时信息、对任务进展进行科学评估和确定下一步工作方向。对于短期任务，固定天线就可以处理通信问题。长期任务则要求至少有一颗通信卫星运行在被探索星球的轨道上。通常来讲，通信系统只会占用巡视器一小部分总质量和功耗，但传输大量的视频数据需要更大功率、可转动的窄波束天线。

14.2.4　巡视器能源系统

虽然相对简单，但太阳能系统仍需要指向太阳的大面积太阳电池阵，同时到了晚上太阳电池阵会失效，因此通常还需要为夜间操作增加巨大的能量存储装置。核电系统目前还不可用，而且对其使用具有政治敏感性。尽管如此，大型的行星基地将来仍最可能依靠核能源。无论是燃料还是氧化剂，在月球、火星以及其他行星表面

都不容易获取，因此，燃料电池、内燃机系统、涡轮机等都依赖从地球的运送。一些任务设计者计划用火星大气中的二氧化碳以及从地球运送过去的氢和萨巴蒂尔反应器生成甲烷、氧气和水。这种方案需要电源系统，但是该方案在月球上不适用。以电池作为能量来源的巡视器的功耗要求估算可以参见第 20 章。

表 14－3 给出了一些化学反应物的特定能量，以及利用气态氧的发电系统输出的电能量级［Clark，1996］。这些数据基于如下假设：在机械能转换为电能的效率为 94％的条件下，发电机效率在使用酒精时为 50％，使用甲烷和氢气时为 45％，使用其他化学物质时为 40％。能量处理（存储、调节以及分配）的效率假设为 80％。表 14－4 给出了一些可供巡视器选择的能源系统所能达到的性能要求［依据 Eagle Engineering，1988］，不包含调节和分配所损失的能量。

表 14－3　一些可以用于能源系统规模估计和权衡的物质的产电能力

与氧气反应的燃料	燃烧时释放的热量/［(kW·h)/kg－反应物］	电能输出/［(kW_e·h)/kg－反应物］	单位输出所需质量/kg/(kw·h)
一氧化碳	1.78	0.54	1.85
乙醇	2.41	0.91	1.1
氢气	3.73	1.26	0.79
甲烷	2.78	1.05	0.95
甲醇	2.23	0.84	1.19
甲醇(相当于一氧化碳和氢气)	2.66	1.00	1.00

表 14－4　备选能源系统的基本属性▲

能源系统	属性值
镍氢电池	25～30 kg/（kW·h）
硫化锂电池	8～10 kg/（kW·h）
砷化镓太阳能电池阵	4～5 m^2/kW； 35～40 kg/kW

续表

能源系统	属性值
氢氧燃料电池（不可再生的）	0.4～0.75 kg/kW · h；
—氧和氢的质量消耗比	8∶1；
—液氢密度	59.3 kg/m^3；
—液氧密度	692 kg/m^3；
—液氢储罐（约 50 kg［100 磅］H）	2.4 kg/kg H；
—液氧储罐（约 400 kg［900 磅］O）	0.25 kg/kg O；
—燃料电池机械结构（约 10kW 量级）	20 kg/kW

▲：注意，能源系统的选择还取决于总体任务架构以及其他任务应用所需分系统选择。

14.2.5　巡视器热控制

设备在月球表面将直接暴露在－235 ℃到＋130 ℃（40～400 K）的温度下，因此必须考虑如何让设备和航天员在一个可以接受的温度、压力和湿度环境下工作。内部的温度一定要合理且一致（比如，不能有令人不适的散热或者有导致水蒸气凝结的低温表面），这通常意味着在内部、外部或者在结构壳板之间需要有隔热层。

内部隔热也会自失效，原因在于系统（有时是精密复杂的系统）必须排出内部产生的热量（来自航天员和仪器设备）。热控系统有时可为被动式，如利用保温材料、绝热材料、具有吸收和辐射特性的涂层、散热片、热管或日光屏等维持温度。主动式的热控系统可利用风扇、吹风机、液体冷却循环装置、马达、水泵、加热器或散热器等控制温度。一些装置（如电子或红外探测器）需要用制冷机来保持低或极低的工作温度。制冷机可能需要利用冷却剂循环、热电冷却板甚至低温蒸发器。

航天飞机的热控系统是以氟利昂为工质的单相回路构成的，该回路循环经过冷板网络、热交换器和三个散热器（水箱、闪蒸器和一个氨锅炉），详见第 16 章。在月球上，闭环式系统毫无疑问是更适用的，除非探测器找到某个充裕且容易获取的水源。不建议将含有有毒流体的热交换器用于舱内。

排出舱体或仪器设备的热量多少取决于产生了多少电热（或化学热或核热）及生物热、热量如何使用以及在何处使用、舱体的隔热特性等。通常，需用主动式或被动式的冷却方法排出半数以上产生的热能和电能的附加热能。可供参考的数值是，在 290 K 的工作温度下，空间散热器的散热效率大约是 0.09～0.12 kW/m^3，但是散热器效率对尘埃十分敏感，可详见第 16 章中的表 16－4。

14.2.6　巡视器乘员舱

乘员居住舱包括座位、床铺、卫生系统、水及储存装置、食物及储存装置、食物准备装置、废物处理系统、照明系统、控制手柄、仪表、操纵装置、窗户、衣物以及其他设备。表 14－5 给出了航天员生活所需的一系列用品［第 5 章、18 章以及 Gonzales 等，1996］。需要说明的是，表中所提到的用于淋浴和洗衣的卫生用水的需求量，只适用于那些最大、性能最佳的巡视器。吃、睡、坐、驾驶、工作、科学研究、卫生等所需的质量和体积计算是相当标准的，但会随舒适性和生产效率的需求变化而变化。显然，狭小的空间不能让人心情愉悦或者高效工作，所以必须在能源、质量和构型等约束与航天员舒适性、积极性、幸福感和安全性之间进行权衡。每个乘员至少应该拥有 2 m^3 的自由空间，加上厕所和一些预留空间，再加上 5 到 6 m^3 的生活空间用于拓展行动。

表 14－5　支持一名乘员新陈代谢所需的消耗以及生命支持系统所需的补给量

消费品	需求/（kg/人·天）
饮用水（包括食物消耗品）	1.6～3.6
卫生用水（厕所、淋浴、洗衣）	5～25
氧气	0.6～1
缓冲气体泄漏	0.5～2
二氧化碳产生量	0.7～3
舱外活动所需的冷却用水	3.5～5.5kg/人·小时
食物（包括 2/3 的水合物）	1.5～2

14.2.7 巡视器生命支持需求与系统

一个增压的月球或火星载人巡视器应该能够提供含氧气的可呼吸大气，消除产生的二氧化碳和水蒸气。从地球运送氧气将会消耗大量的物力和财力，所以要将二氧化碳和水回收利用。但另一方面，回收需要的能源消耗和机械质量将大大超过每次出动或完成整项任务所储存的消耗品的质量。对于一个拥有 4 名乘员的巡视器，一天为一名乘员再生 1kg 氮气和氧气的设备将超过 1000 kg。闭环生命保障系统的质量很可能超过几千千克，每名乘员的耗电功率将达到或超过一千瓦［Wydeven，1988］。因此，必须仔细考虑如何基于行动次数和持续时间、发射和后勤成本、巡视器和基地上能源的可获取性以及可靠性、维修性和任务总体的安全性，建造一个封闭的生命保障系统。

14.2.8 巡视器出舱活动系统

在很多任务场景中，航天员能够看见、到达或执行很多自动或机器人系统不能轻易做到的事情。对于载人航天任务，出舱活动的工作效率将大大提高。对于很多活动，例如表面平整和表面取样，乘员可能不需要出舱活动，但是任何增压载人巡视器都应该允许乘员进出——以防发生紧急情况、需要修理或需要在增压居住舱与巡视器之间转移。因此，这种类型的巡视器必须拥有气闸舱、航天服舱以及舱门、泵、阀门、电子器件、储罐、大气供应系统、控制器、显示器、灯光、脐带（也许）、扶手、维修设备、通信系统以及外部活动所需的能源。

应用于诸多航天器中最简单的出舱活动技术，是对整个航天器进行减压。如果使用这一技术，那么要求乘员在进出巡视器和出舱活动期间都穿着航天服。第二种方法是在内部与外部环境之间提供一个独立的、带有压力舱门的舱体，也就是一个气闸舱。这个气闸舱能够容纳一名或更多航天员，并提供足够的空间穿脱航天服。气闸舱还应该具有允许航天员在舱内不穿航天服，以及减少舱内大气损失的功能。另一种方法是仅提供一个小舱体——仅仅能容纳一名身穿航天服的航天员。这种舱体可以减少空气的损失，但它没有足够的空间让航天员检查和维修自己的航天服。在紧急情况下，这种舱体还可以成为一个高压氧舱。任务的安全性可能要求巡视器同时具有两个这种小舱体，以便舱外的航天员向另一名遇到困难的航天员提供帮助并依然能返回巡视器内。

还有一种方案是在航天服的躯干背部设计进出口［Cohen，1995］。这种航天服挂在巡视器的外壁上，将航天服背部的进出口朝向密封舱门。航天员从巡视器内部进入航天服。另一名航天员从巡视器内部将航天服背部进出口和第二道防漏气舱门密封上，然后将身着航天服的航天员从巡视器外壁上放下。舱外活动结束后，航天员回到舱门处，进入舱内的步骤与出舱步骤正好相反。这种技术不仅减小了用于气闸舱和航天服储存的体积，还减少了出舱时的空气损失。但另一方面，这种技术会导致航天服的维护和修理变得更加困难，而且还要采取措施保护挂在巡视器外部的航天服。这种方法还要求配备另一个大型的气闸舱用于材料的转移传输，这一个大气闸舱同时也用于紧急情况下航天员的进出。

如上所述，气闸舱体积要求大概在 5～6 m^3（大约 200 立方英尺）范围内，而更大的气闸舱体积就没有必要了。这个空间除了用于气闸舱主要功能外，还用于收纳工具、装备、床位以及其他材料。

进出巡视器时的空气损失量取决于舱内压力、气闸舱尺寸以及航天员是否在打开舱门前抽干气闸舱内的空气。一立方米的空气在 101 kN/m^2 压强（一个标准大气压）下的质量约为 1.2 kg。据此，国际空间站将用带有 4 个中央冷却器的 4 级涡轮泵，将气闸舱内的气压降低到正常水平的 6%。该系统的质量大概是 45 kg，5 分钟内的耗电功率大概是 5 kW。

101 kN/m^2 的舱内压强可允许航天服内压在没有预先充气的情况下达到 57 kN/m^2；如果舱内压是 69 kN/m^2，则允许服内压降至

26 kN/m^2。舱压越低，空气损失越少，而且在更低的舱压下，航天服活动会更加灵活。国际空间站内的气压是标准的海平面水平，月球和火星基地的舱压可能也是同样的。

14.2.9 工作、探测、科学研究以及其他设备

自动及有人操作的巡视器都需要装备各种仪器设备。科学仪器设备和航天员所使用的工具在长短不等的任务周期中可重达成百上千千克、消耗成百上千瓦的能量。目前，机械臂（或机械臂组）是几乎所有巡视器都被用到的较为复杂的科学研究系统，可用于挖掘或拾取土壤样本并储存起来。机械装置还可用于擦拭舷窗和散热器、整理外部的仪器设备、检查外部构造（用摄像机配合）、拍照、进行有限的维修工作、连接电缆和展开设备等。机械臂甚至还能为遇到麻烦的航天员提供救援，或者翻转一个倾覆的巡视器（如果机械臂够大）。

其他一些备选的仪器设备包括钻头、起重机、铲子、吊车、推土铲、绞盘、灯以及摄像机、设备和土壤样品的装载器等。各种设备的尺寸和质量取决于所做的工作，但可能达到几立方米的体积和几千千克的质量。必须综合考虑巡视器的活动范围、行进速度、工作时间、乘员数量、动力水平、燃料供应、尺寸限制、包装约束以及成本等因素选取各种仪器设备。

14.2.10 安全性及操作

下列一些常识性规则被应用于大多数设计和操作：

1）操作非加压巡视器只能到达允许乘员徒步返回或通过其他方式获救的距离。

2）如果任务过程中需要救援的距离超过基地救援的范围，在条件允许的情况下最好派出两辆具有互救能力的巡视器。

3）如果实用且经济可行，可通过建立简单的系统以保持高可靠性，且对系统所有部分采取冗余设计和鲁棒性设计。

4）尽可能考虑使用通用部件和程序，以减少备用零件、工具、训练内容、困惑和成本。

5）尽可能使用具有多功能的系统。对于不同的应用需求，研发多种不同轮子尺寸的巡视器并不现实。

6）安全性和救援需要提供冗余（如氧气供应和气闸舱）。

7）对于加压型巡视器，当驶离基地的距离超过步行可达距离时，至少要使用两名乘员（也就是所谓的“伙伴系统”）。

8）对于超长距离和多次出舱的巡视器操作，至少需要 3 名乘员。这个乘组规模可组成一个外部的“伙伴系统”，同时还能对舱外活动和巡视器内部系统进行监测。

9）巡视器的操作应该是明确的、可理解的以及易于实施的。

10）巡视器要舒适并尽可能保持平稳，如果任务安排超过一定的天数，应该提供休息场所和私人空间。

11）考虑噪音和振动对乘员的影响（见第 5 章和第 6 章关于乘员生理学和人机工程的讨论）。

12）确保设计是能允许身着航天服的航天员在恶劣环境中运用有限工具进行修理和维护的。

13）为乘员或自动巡视器与基地之间提供不间断的通信。

14）提供足够多的巡视器以保证其中一个不可用或故障的情况下任务能够持续。

15）在发射前对巡视器进行装配并进行充分测试。

14.3　月球基地巡视器设计案例

设计案例考虑了以下任务目标：

1）确定水冰的位置和浓度（最有可能存在于月球两极的永久阴影区里）；

2）为月球基地采集几百千克的土壤样品用于测试和分析，并将几千克样品带回地球，用于进一步分析。

假设一个基线任务。在该任务中，在一个位于月球南极永久阴影区、直径达 20 km 的陨石坑中发现了水（冰）。任务的目标意味着要在多个、甚至是成百上千个疑似存在水冰的地点进行地震探测、提取核心样本。先前的在轨探测任务可以帮助确定候选地点。同时假设使用同样的巡视器在基地之间运送航天员和基本材料、铺设电缆、部署电力系统、疏通道路、建造和维护建筑物并实施其他科研任务。

甚至在陨石坑外面，漫长而恶劣的阴影仍然会比光照更占优势。当巡视器从光照区驶入阴影区，极端的冷热条件会导致太阳能电源要么充满要么不可用。当巡视器进入陨石坑将面对各种挑战，如低光照与能见度、导航的精确性、爬坡及穿越松散的月表、温度控制以及能量储存等。良好的在轨探测任务和着陆器应该在载人或无人的巡视器开始工作之前就提供月表信息。理想的情况是，将基地安置在一个使陨石坑内的巡视器能够在相对没有挑战性的地形上移动，并能与地球进行直接和持续的通信的地点。

带着这些假设，就能对月球巡视器做一个初步设计，设计步骤如表 14－1 和图 14－3 所示。

确定和理解项目存在的问题以及背景（步骤 1）

正如第 30 章所讨论的，必须认识到发展人类的空间探测任务取决于政治因素、法律法规、经济状况以及科技水平。任务和任务单元的设计者们必须理解并描绘项目的政治和实际约束因素，例如财政预算、风险认知、法律敏感性以及政治家、记者和公众对预算超支和突发事件的态度等。

由于缺乏进一步的指导，可以假设：

1）受限的预算和对成本增加的高度敏感性。

2）公众对成功或失败的高度关注。

3）在不损失安全性的前提下，追求以最少的费用和人员投入，实现最优的性能和可靠性（这些目标具有典型性、普遍性和矛盾性，通常难以调和，但对所有载人航天任务都非常重要）。

4）研发时间不超过 5 年。

5）对于一个为期 2 年的任务总可靠性要达到 0.99，同时日常维护需求最低。

6）设计、研制和测试第一个可移动单元的成本不超过 5 亿美元。

7）后续制造每个巡视器的成本不超过 1 亿美元。

建立移动系统的性能要求（步骤 2）

假设有以下的性能要求：

1）最短往返运输距离达到 50 km，最短工作时间达到 12 小时。

2）最长往返运输距离达到 500 km，最长工作时间达到 400 小时。

3）在配备必需的食品、水、空气、能源和生命保障系统的情况下，额定的设计基线为往返距离能够达到 100 km，工作时间达到 150 小时。

4）能够运载 500 kg 到 2000 kg 的货物。

5）能够钻取 25 个深 10 m，直径为 10 cm 的土壤样品。

6）能够运载 500 kg 的清障、挖掘和钻探设备。

7）能够运载 100 kg 的科学设备，周期性耗电功率达到 100 W（不包括钻探和挖掘设备）。

8）水平表面的推拉能力达到 5 kN。

9）至少能为 3 名乘员提供舒适、安静且不需要穿航天服的环境。

10）拥有一个完整、智能的导航显示器，用于显示巡视器的位置以及当地的地形特征。

11）能够前进和后退，转弯半径小于等于两倍的巡视器长度。

12）能够在白天和夜晚连续操作的能力。

13）具有良好的驾驶员前进方向可视性，合理的对两侧和后方的可视性。

14）要对山脊或其他障碍物进行照明和录像，使用操纵臂、装载样品或开展其他活动时也一样。

15）对巡视器外部的录像要清晰。

16）能够在航天员不出舱的情况下采集和存储外部的土壤和岩石样品。

17）机械臂能够举起 50 kg 的物体，并且具有合理的可视性、操纵性和录像系统。

18）在航天员不出舱的情况下，能够释放或安置仪器设备，如无线电信标、激光反射器等。

19）在航天员不出舱的情况下，能够放置实验组件。

20）允许携带清障和钻探设备的相关附件以及配套设备。

21）能够让两名航天员每天进行两次出舱活动（每天 4 人次出舱）。

建立任务设计问题和单元间的交互作用（步骤 3）

假设该任务有以下指导方针和限制因素：

1）巡视器乘组需 3 名航天员以确保出舱活动安全。

2）出于安全和最大负载的考虑，要携带一个 20 kW · h 的备用电池。

3）能够支持 3 名航天员一个月的生存需求，同时保持静止（充当一个居住地或避难所）。

4）可由一人操控。

5）在航天员不出舱的情况下，能够与其他任务单元对接并转移乘员。

6）能够在前倾、后倾或侧倾 30°的坚实土壤地形上导航。

7）能够在倾斜 20°的松散土壤地形上导航。

8）能够跨越直径在 0.5 m 以内的岩石。

9）能够跨越 1 m 宽的裂隙。

10）能够向上或向下跨越高达 0.5 m 的岩层。

11）地面接触压强不能超过 7 kN/m^2（1/6g 下的 4000 kg/m^2）。

12）采用标准的大气压强和大气成分，或由与其他任务组件的兼容性需求决定。

13）出于安全性考虑，进出舱时间要达到最短（预先充气的时间取决于舱内大气和航天服类型）。

14）驾驶员和月球基地乘组所在位置 500 m 以内的信息要精确了解。

15）巡视器发射时不超过 18000 kg（从地球发射的最大运载能力）。

16）发射时，巡视器外包装包络尺寸为长 10 m，直径 4 m。

17）月面着陆系统所能承载的有效载荷是 8000 kg，直径 8 m。

18）要有备用的进出舱口以防巡视器故障或翻车。

19）每名乘员至少拥有一套航天服。

20）每次出动的可靠性至少要达到 0.999，航天员的安全风险要降到最低。

21）拥有足够的备件和工具保证任务的可靠性和安全性标准。

22）尽可能使用自动防故障系统（误用或过度使用巡视器系统时不会导致破坏或严重损坏，或者是危及乘员安全）。

23）巡视器和月球基地的能源连接系统要相互兼容（电力类型与额度、燃料类型与可获得量、电力与流体电路等），在这种情况下可假设基地系统支持氢氧燃料电池

描绘月球环境特性（步骤 4）

月球的环境状况包括：

1）大气组成——无。

2）大气压力——真空。

3）大气温度——不适用。

4）月表温度范围——－235 到＋130 ℃。

5）风速——不适用。

6）尘埃环境——硅酸盐矿物碎片和玻璃带来的分散的、细颗粒粉尘。

7）太阳辐射通量——1.4 kW/ m^2。

8）自转周期——27.3 地球日或 655.7 小时（一月昼 328 小时）。

9）辐射——太阳辐射、太阳耀斑、宇宙射线。

10）重力水平——0.166 倍地球重力。

11）土壤力学特性——以固体为底的粉尘表面，能承载的最大压强是 7 kN/m^2 或 4000 kg/m^2。

12）月壤组成——惰性的，无腐蚀性的，不含有机物。

13）月球资源——太阳能、月壤中的矿物、永久阴影区陨石坑中可能存在的水资源。

评估系统性能与技术成熟度（步骤 5）

系统与分系统的规模和性能都是基于本书和参考文献里的技术评估，下面已经列出了系统和组件的假定特性参数。需要说明的是，这个案例中没有使用高风险或者是突破性的技术。

1）氢氧燃料电池：20 kg/kW。

2）燃料电池反应物：1.5 kg/kW · h。

3）功率配置：20 kg/kW。

4）电池储能装置：20kg/kW · h。

5）LiOH 对二氧化碳的吸收量：2 kg/人/天，0.01～0.02/人/天

6）散热器性能：0.09～0.12 kW/m^2。

建立设计参数与权衡分析（步骤 6）

1）以上所假设的要求和约束仅仅针对一个搭载一名航天员的加压巡视器。如果该巡视器具有气闸舱、对接口、货物区、起重机、机械臂以及支持三名乘员长达几百小时的生命保障系统，就能满足很多任务要求。但并不意味着这种构型就是总体最佳方案，仍然允许同时使用其他类型的巡视器进行基地与当地间的运输、探测和研究，自动巡视器和远程控制系统依然是探索遥远和危险区域最有效的选择。对任务的详细分析将决定最合适的巡视器方案。

2）机动方式选择四轮驱动，原因在于其简单、常见且容易操作。轮子同样能提供较好的速度和能源利用率。

3）因为探索距离较短，已经选择了一个开环生命保障系统。每次完整出动都能提供足够的食品、水、氧气和氮气，同时还有冗余备份。氢氧化锂储罐能够从空气中排除二氧化碳。

4）内部空气具有标准的海平面气压和成分。

5）出舱活动将通过一个大到能容纳两名航天员的气闸舱，该气闸舱能允许两名航天员穿上和脱掉航天服。它还能提供设备和空间来清洁和储存航天服。在每次出舱活动时从气闸舱抽气可以节约多达 94%的空气，但还得进行权衡分析，比较气闸抽气泵、阀门、储气罐、控制系统等的代价，以及在没有上述设备弥补舱外活动空气损失所需的成本。这种权衡比较在很大程度上取决于出舱活动的次数。

6）电源系统使用氢氧燃料电池。这很好理解，它们很可靠，还能产生饮用水，是可再生资源。从主基地获取能源和其他燃料的可行性可能会导致对该选择的重新考量。

为移动系统建立一个基线设计（步骤 7）

1）给巡视器的各组成部分列一个清单（见表 14 - 6，另外图 14 - 4 的系统概要图示意了结构、系统、部件、乘员和设备存储室等内容）。

2）估计各个部件的尺寸、质量以及对能源或能量的要求。由于巡视器的总质量和电源系统的质量还未知，必须通过迭代的方式估计和改进移动所需的能量或电源系统的质量。悬挂系统和车轮的情况也类似，二者取决于簧下质量。可以通过一组适当的联立方程式或应用具有自迭代功能的计算机试算来求取巡视器的总质量。

3）绘制一个包含各个部分的巡视器草图（见图 14 - 4），确保轮子、操纵机构、气闸舱、多个舱门、舷窗、装载物、生命保障系统、工作和生活区域、散热器等都有合适的空间。确定巡视器的重心位置和倾覆角度。

4）假设具有可供居住和运输至少两名、最好是三名航天员的能力。

5）假设巡视器是有人驾驶的、加压的（在内部可不穿航天服）。

6）假设外壳为 0.6 cm（0.25 英寸）、具有加筋结构的铝壳，质量与 1 cm 厚铝板相同。

7）假设四轮或所有轮都是驱动轮，轮直径 1.5 m、宽度 0.5 m。在这种配置下，巡视器应该能够翻越直径为 1 m 的岩石。

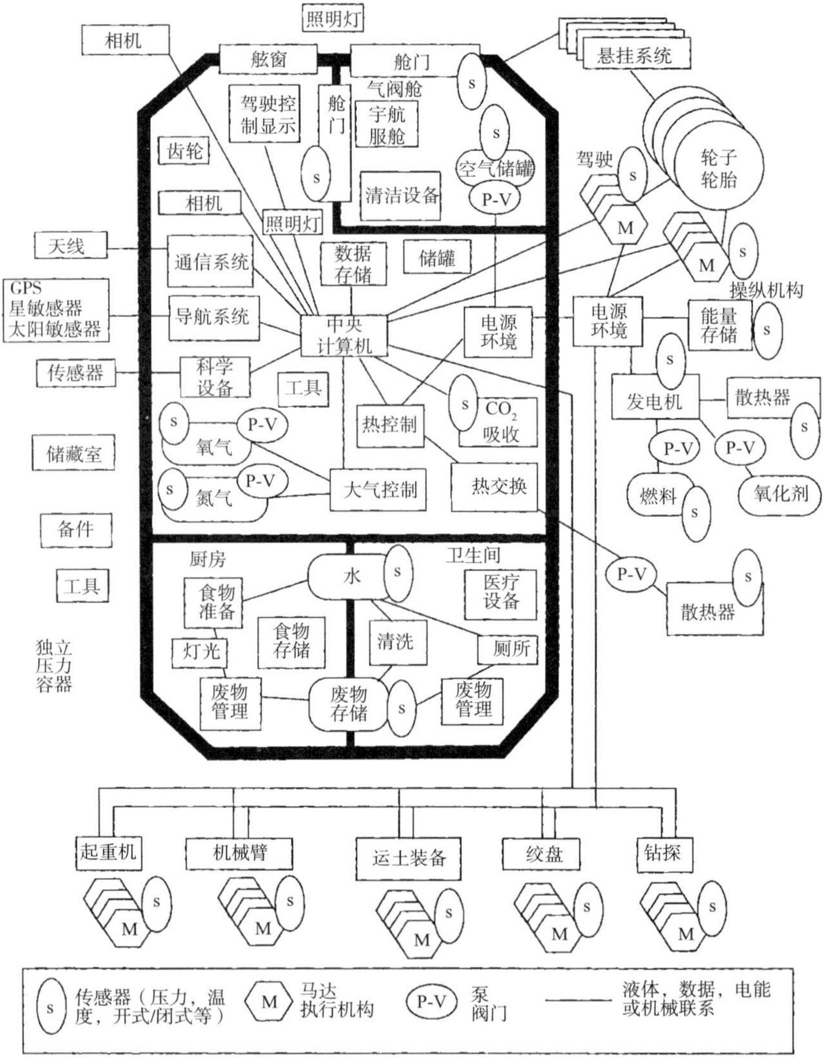

图 14－4 月球移动系统简单图解▲

▲：一个移动系统包括很多分系统，这些分系统通常是由一个小空间站和移动部件组成的。上面的图解可当作一个典型加压巡视器的分系统和部件的检查表

8）假设全轮转向（轮轴转动 12°时的转弯半径为 10 m，转动 22°时的转弯半径为 5 m）。

9）假设至少具有一个气闸舱，气闸舱的舱门与基地的居住舱以及其他巡视器是兼容的。

10）假设移动系统的电能消耗量与阿波罗月面巡视器类似——巡视器每千克行驶每千米耗能是 0.1 W·h。

11）假设每名乘员的床位和活动空间占 4 m^3，再加上 4 m^3 的气闸舱空间。

12）假设每名乘员每天需要 6 kg 水，2 kg 食品，1 kg 氧气，1 kg 氮气以及 2 kg 其他供应品。

13）假设工作设备的质量为 200 kg（包括钻探设备）；这些设备将占用 1 m^3 空间，最多工作 10 小时，用电功率为 1 kW。

14）假设抽气泵、阀门和储罐质量 100 kg，执行每次舱外活动任务时需工作 15 分钟，功率为 1 kW。

按要求评估移动系统的设计并按照需要迭代（步骤 8）

1）各组成部件的尺寸、质量、功率和能量估算是否合理？

2）将巡视器的总体质量施加在四个直径 1.5 m，宽 0.5 m 的轮子上，月表接触压力是否合理？基于合理的轮子密度，该尺寸下轮子的质量是否正确？

3）轮子是否足够大，是否有足够的离地高度跨越岩石和裂缝？

4）电源系统的规格是否合理？

5）散热器是否合适？是否需要更加缜密地分析能量要求、热源和导热路径，以决定使用多少散热片？

6）检查总体构型与发射质量和包装空间的限制是否兼容。

7）乘员是否有足够的自由空间用于工作和休息？

8）评估技术成熟度、设计中的不确定度、设计问题和成本。

9）通过评估技术成熟度和考查现成部件，优化系统和分系统的选择、性能、质量和功耗估计值。

10）判断是否可以更多地使用通用部件取代特殊部件。

11）与其他任务元素开发者协作，重新评估任务要求和设计假设，并确定新的改变是否会显著影响巡视器的尺寸、质量、可靠性和总体任务成本，或者是否能提高任务效率。

12）以满足任务目标为前提，评估总成本和使用多辆相同（或不同）巡视器的方案可能存在的好处。

13）重复设计步骤（重新评估步骤 1 到步骤 5，再重复步骤 6 到步骤 8）。评估项目进度表（可用于巡视器改进工作的时间）。

14）评估项目预算（可用于开发巡视器的资金）。

15）评估项目资源（技术、通用设备、发射服务、后勤保障等）。

图 14－5 和图 14－6 展示了一个与上述分析相匹配的巡视器构型。当然，实际的巡视器设计会用实物模型去评估系统接口、总体适配性和人为因素。

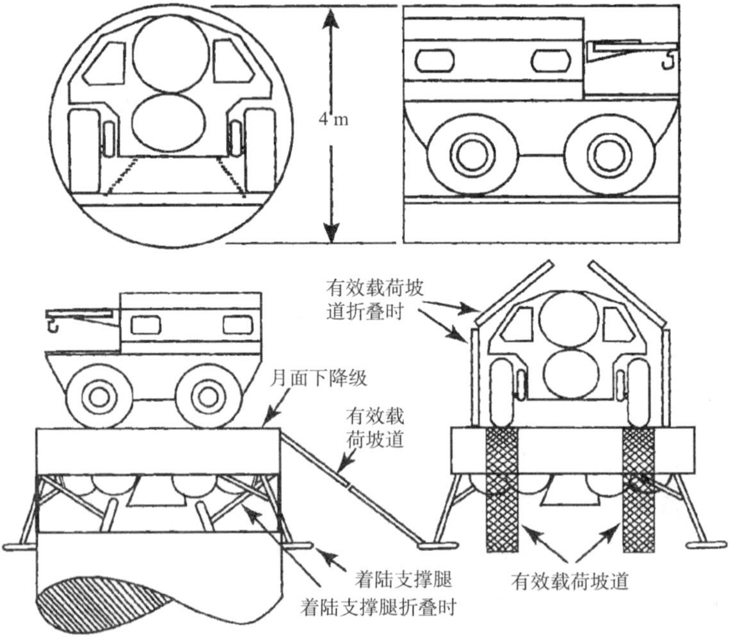

图 14－5　月面巡视器构型与发射和移动部件▲

▲：移动系统设计的挑战在于要同时满足包装（例如发射和着陆）约束和性能要求

图 14－6　四轮驱动增压月面巡视器设计案例▲

▲：注意用于与居住舱连接的上部舱门，以及用于访问行星表面的下部舱门

任务时间、能量和功率要求分析：一次 150 小时的巡视工作大约需用 6 个地球日。如果假设一次任务需要行驶 100 km，加上转弯、掉头和躲避障碍物等因素，平均行程为每天 15 到 20 千米。除在最糟糕的情况下，巡视器大概可以在 1 小时左右行驶完这段路程(阿波罗月面巡视器的最大速度是 13 km/h)。因为能量的消耗量不会改变太多，可用 3 小时代替 1 小时完成给定行程，这样功率就可以从 9 kW 下降到 3 kW，发电机的质量也可以成比例减小。如果假设 3 小时用于行驶，那么还剩下 21 小时用于其他活动，这 21 小时可以分配如下：睡眠——8 小时，个人卫生、私人事务、穿衣等——1 小时，进餐、准备食品、打扫卫生，家务等——2 小时，休息与娱乐——1 小时，规划任务、通信等——1 小时，出舱、进舱、穿航天服、脱航天服、清洁航天服等——2 小时，维护、修理、检查——1 小时，包括舱外活动、收集样品、钻探等的科学活动——5 小时。任务时间安排合理，可以考虑行驶更远的距离，这就要求在有效载荷

和燃料负载之间做出权衡。

成本的进一步说明：表 14－6 中对月面巡视器成本的粗略估计中没有包括很多项目成本。开发成本通常涉及详细的设计、制造和第一个样机的测试。预先的调查、研究和分析可能需要另外 10%到 20%的成本。用于测试、验证和训练的地面支持设备可能没有包含在内。在月球表面上会需要工具、备件和其他设备（之前提到的巡视器携带的设备），还未涉及巡视器对主基地的诸如能源和通信系统的影响。地面发射和月面着陆系统的费用也要加进去，还有地勤人员、后勤保障等等，都需要费用。因此，实际费用很可能是表 14－6 中估计的好几倍，同时还取决于制造和使用巡视器的数量。一项研究［Eagle Engineering，1988］曾进行过估计，开发 4 个原理样机和 1 个生产型号需要 6580 万美元（1988 年，相当于 1998 年的 1 亿美元）。按照 1998 年的汇率，开发、生产 4 辆阿波罗月面巡视器和 4 辆原理样机大概花费了 2.75 亿美元。

表 14-6 增压巡视器的设计经验和特征数据

元素	设计经验 说明:“天”指 24 小时	体积/m^3	壁面或结构的面积/m^2	质量/kg	功率/W 能量/(kW·h)	开发成本经验值/k$/kg	参考章节
乘员规模	3 人	—	—	—	—	—	—
乘员自由空间	2～5 m^3/人	12	—	—	—	—	5, 11, 13,18
气闸舱,泵,储罐,航天服储存室,清洁设备	2～5 m^3/气闸舱; 1 kW·h/EVA; 30 kg/m^2; 50 kg/舱	4	3	300	24 kW·h	20	5,22,28
床铺	10 kg/人; 0.1 m^2/人	0.3	3	30	—	20	18,29
卫生(厕所,清洗,废物收集)	1～2 m^3 隔间; 50～100 kg; 1 kW·h /人天	2	2	75	20 kW·h	20	5,17, 18,28
厨房设备	1～2 m^3 隔间; 100～500 kg; 1 kW·h /人天	1	2	100	20 kW·h	20	18,28
灭火器材	10～25 kg; 0.01～0.1 m^3	0.1	—	25	0.02 kW	20	17
指挥、控制、通讯设备	25～100 kg; 0.1～0.2 m^3	0.2	—	50	0.2 kW	100	27,28

续表

元素	设计经验 说明："天"指 24 小时	体积/m^3	壁面或结构的面积/m^2	质量/kg	功率/W 能量/(kW·h)	开发成本经验值/k$/kg	参考章节
操纵，系统控制	1～1.5 m^3 结构； 50～150 kg	1	1	100	0.2 kW	100	—
内部照明	50～200 W	0.01	—	5	0.1 kW	20	—
食物	2～2.5 kg/人天； 500 kg/m^3	0.1	—	40	—	—	5,17, Eng. 18
水，水箱、阀门等	0.01～0.1 kg 水箱/kg 水； 5～10 kg/出舱活动； 1.1 m^3/ m^3 水	0.3	—	250	—	20	5,17,18 [Eagle Eng. 1988]
氧气，储罐	1 kg/人·天； 1～2 kg 储罐/kg 氧气； 0.01 m^3/kg，@100 大气压	0.4	—	40	—	20	[Eagle Eng. 1988]
氮气，储罐	1 kg/人·天； 1～2kg 储罐/kg 氧气； 0.01 m^3/kg，@100 大气压	0.4	—	40	—	20	[Eagle Eng. 1988]
二氧化碳吸收	2 kg/人·天； 0.01 ～0.02 m^3/人·天	0.5	—	40	0.1 kW	20	[Eagle Eng. 1988]
个人用品	1～2 kg/人·天	0.1	—	50	—	—	18
备件	10 kg～5%； 0.01～0.1 m^3	0.1	—	15	—	25	—

续表

元素	设计经验 说明:"天"指 24 小时	体积/m^3	壁面或结构的面积/m^2	质量/kg	功率/W 能量/(kW·h)	开发成本经验值/k$/kg	参考章节
工具	10 kg; 0.02 m^3	0.02	—	10	—	20	—
科学设备	100 kg; 0.5 m^3	0.2	—	100	100	2	
热控制	质量:4%~5%; 体积:1%~2%	0.3	—	250	1 kW	50	11,16
支架等	10 kg/m^2 铝	包括上述	10	100	—	20	21
内部总计	23	21	1 630	2 kW 平均	—	—	
压力壳体(包括气闸、舷窗)	球的表面积$=\pi/(6V/\pi)^{2/3}$; 质量:30 kg/m^2; 立方体表面积$=6V^{2/3}$; 质量:40 kg/m^2	球 0.37 @ 1cm; 立方体 0.46@1cm	球 37; 立方体 46	球 1 100; 立方体 1 800	—	20	21,29
外部照明	0~1 kW	0.02	—	10	0.2kW	10	—
科学设备	0.1~2 m^3; 10~1 000 kg	0.5	—	100	10 kW·h	100	2
起重机	0.1~0.5m^3; 10~1 000 kg	0.5	—	200	1~10 kW·h	30	—

续表

元素	设计经验 说明:“天”指 24 小时	体积/m^3	壁面或结构的面积/m^2	质量/kg	功率/W 能量/(kW·h)	开发成本经验值/k$/kg	参考章节
机械臂	0.02～0.2m^3; 10～100 kg	0.1	—	100	0.5～10 kW·h	100	—
相机	0.02～0.2 m^3; 0.01～0.1 kW	—	—	10	0.1 kW	50	—
犁	1～2 m^3; 10～100 kg	—	—	—	1～10 kW·h	20	—
电钻	0.5～2 m^3; 10～100 kg	1	—	200	10 kW·h	50	—
天线	0.1～1 m^3; 10～50 kg	0.5	—	20	—	25	—
绞盘	0.02～0.1 m^3; 5～15 kg	0.1	—	10	1 kW·h	25	—
装载物	0.2～1 m^3; 10～1 000 kg	0.5	—	100	—	20	—
备件	0.1～2 m^3; 10～1 000 kg	0.5	—	100	—	20	—
工具	0.01～0.5 m^3 10～50 kg	0.02	—	20	—	20	—

续表

元素	设计经验 说明:“天”指 24 小时	体积/m^3	壁面或结构的面积/m^2	质量/kg	功率/W 能量/(kW·h)	开发成本经验值/k$/kg	参考章节
驱动功率要求	0.1 W·h/kg·km(考虑电源和移动系统的质量后要增加 25%)	—	—	—	40 kW·h + 25% = 50 kW·h = 3kW @ 3h/天	—	—
总计(排除电源和移动系统)	—	28 排除电源和移动系统	—	4 000 排除电源和移动系统	总计 400 kW·h 平均 = 2.5 kW 峰值 = 4～6 kW	—	—
燃料电池(反应物,储罐,阀门)	1.5 kg/ kW·h	—	—	600	—	30	20,29
燃料电池机构	20 kg/kW	—	—	100@5 kW	—	100	20,29
配电系统	20 kg/kW	—	—	100	—	40	20,29
备用电池	20 kg/ kW·h; 0.015 m^3/ kW·h	0.3	—	400 (20 kW·h)	—	40	20,29
航天员代谢热载荷	2 kW·h/人每天	—	—	—	0.25 kW	—	[Eagle Eng.1988]
散热器和辐射表面	0.09～0.12 kW/m^2; 5～10 kg/m^2	—	23(内部功率为 2.3 kW,包括巡视器的大部分表面积)	50(5 m^2 的主动式散热器)	—	35	16,29

续表

元素	设计经验 说明:“天”指 24 小时	体积/m^3	壁面或结构的面积/m^2	质量/kg	功率/W 能量/(kW·h)	开发成本经验值/k$/kg	参考章节
外部总计	—	—	1 250	—	—	—	
悬挂系统总计	—	—	5250	—	—	—	
悬架,方向盘	质量:悬挂系统的 5%	—	—	250	—	35	—
轮子	质量:悬挂系统的 10%	—	—	525	—	30	—
轮胎	质量:悬挂系统的 15%	—	—	—	—	30	—
驱动电机	10 kg/kW	—	—	50	—	50	—
总计	—	—	6075	—	1.75 亿美元	—	

参 考 文 献

[1] Arno，Roger. c. 1976. The Story of Space and Rockets. Santa Barbara，CA：Bellerophon Press.

[2] Burkhalter，Bettye B. and Mitchell R. Sharpe. 1995. Lunar Roving Vehicle：Historrical Origins，Development，and Deployment. Journal of British Interplanetary Society. 48：199 - 212. （Contains numerous relevant reference citations. ）

[3] Burnham，D. L. 1995 Mobile Explorers and Beats of Burden：A History of NASA's Prospector and Lunar Logistics Vehicle Projects. Journal of the British Interplanetary Society. 48：213 - 228.

[4] Eagle Engineering，Inc. 1998. Lunar Surface Transportation Systems Conceptual Design，Lunar Base Systems Study Task 5. 2. Prepared under contract NAS9 - 17878 for the Advanced Program Office，Engineering Directorate，NASA Johnson Space Center；Houston，TX. EEI Contract TO - 87 - 57. EEI Report 88 - 188. （Contains numerous relevant reference citations. ）

[5] Clark，Benton C. 1996. "Mars Rovers" in Strategies for Mars：A Guide to Human Exploration. Carol R. Stoker and Carter Emmart，eds. Volume 86，Science and Technology Series. Washington，DC：American Astronautical Society.

[6] Cohen，M. 1995. The Suitport's Progress. NASA Ames Research Center. AIAA paper AIAA - 95 - 1062；Life Sciences and Space Medicine Conference；April 3 - 5.

[7] Gonzales，Andrew，Lynn D. Harper，Elizabeth Cantwell - Dunsky，and Barney B. Roberts，1993. A Life Support System Architecture for the Mars Surface Mission. （unpublished input to the Mars Reference Mission document，Johnson Space Center；1996） See AIAA paper AIAA 93 - 4212；Mars Exploration Strategies：A Reference Program Comparison of

Alternative Architectures; AIAA Space Programs and Technologies conference and Exhibit; Huntsville, AL; September 21 - 23.

[8] NASA. no date. Mars Pathfinder Project Web Page at http://nssdc.gsfc.nasa.gov/planetary/mesur.html

[9] Wydeven, Theodore. 1988. A Survey of Some Regenerative Physico - Chemical Life Support Technology NASA Technical Memorandum 101004. National Aeronautical and Space Administration.

第15章 原位资源

Carlton C. Allen，美国洛克希德·马丁公司
Robert Zubrin，前航天员

原位资源是环境中、大气中、行星表面或卫星上的资源。迄今为止，人类进军太空完全依赖于从地球上携带的设备和物资。这种策略适用于在地球轨道上运行，或在月球表面停留几天。但是，人类若想在月球和行星上长期生活，那么高效地利用本地资源生存的能力是至关重要的。利用原位资源的好处是可以显著地节省质量和成本。目前，对于开发原位资源的担忧包括许多过程的技术成熟度，及其安全性、可靠性、对任务设计的某些严重影响等。

表15-1列出了月球与火星上已知的主要潜在资源。这些资源的实用性，许多已经在飞行任务、或在实验室中得到了验证，其他的还有待飞行任务进一步去证实。最新一代的无人航天器正在使用表15-1中所列举的一些资源，如利用太阳能供电和利用火星大气进行制动。下面详细讨论的提取氧气，是一个使用原位资源的重要案例，可以直接支持人类在月球和火星的早期生存。而诸如用于屏蔽辐射的本地土壤等资源，将是人类长期生存的重要保障。还有一些，特别是从月球输送氦-3到地球进行聚变反应，可能需要更长的时间来开发。

表15-2概述了将如何设计以确定是否在载人任务中利用原位

资源，以及相关系统规划方面的考虑和约束。

表 15－1　月球与火星上的原位资源及用途▲

月球资源			火星资源		
位置	资源	用途	位置	资源	用途
环境	太阳辐射	能源	环境	太阳辐射	能源
	真空	材料加工		微重力（1/3 *g*）	材料加工
	微重力（1/6 *g*）	材料加工		近似真空	材料加工
	冷阱	挥发物			
大气	无		大气	大气	飞行制动
				二氧化碳组成部分（O_2，CO）	推进剂；生命保障；塑料制品
				N_2，Ar	生命保障
表面	土壤	辐射防护	表面	土壤	辐射防护
	熔融、熔结的土壤	建造材料		熔融、熔结的土壤	建造材料
	熔岩	热防护		金属	建造
	金属	建造材料		冰块（冻土）	推进剂；生命保障
	非金属	太阳能电池		液态地表水（可能有）	推进剂；生命保障
	氧气	推进剂；生命保障			
	冰块	推进剂；生命保障			
	氢	推进剂			
	氦-3	核电			

▲：由 McKay 等人［1992］年修改。

表 15－2　设计利用火星与月球上的原位资源

步骤	具体内容	讨论章节
1. 明确对特定资源的需求	燃料、氧气； 水、食物； 金属； 能源	第 5 章，第 18 章，第 25 章； 第 5 章，第 6 章，第 18 章； 第 5 章，第 6 章，第 19 章； 第 17 章，第 19 章
2. 定位并评估资源	找到资源并确定其价值	第 15.1.1、15.1.2、15.2.2 节
3. 选定开采方法	火星： 燃料、氧气； 水、食物； 金属； 能源； 月球： 氧气	 第 15.1.3 节； 第 15.1.4 节； 第 15.1.4 节； 第 15.1.5 节 第 15.2.3 节，第 15.2.4 节，第 15.2.5 节
4. 选定处理条件	火星： 燃料、氧气； 水、食物； 金属； 能源 月球： 氧气	 第 15.1.3 节； 第 15.1.4 节； 第 15.1.4 节； 第 15.1.5 节 第 15.2.4 节，第 15.2.5 节
5. 选定处理时间	火星： 燃料、氧气； 水、食物； 金属； 能源 月球： 氧气	 第 15.1.3 节； 第 15.1.4 节； 第 15.1.4 节； 第 15.1.5 节 第 15.2.4 节，第 15.2.5 节
6. 确定产量	火星： 燃料、氧气； 水、食物； 材料； 能源 月球： 氧气	 第 15.1.3 节； 第 15.1.4 节； 第 15.1.4 节； 第 15.1.5 节 第 15.2.4 节，第 15.2.5 节，第 15.2.6 节

续表

步骤	具体内容	讨论章节
7. 确定系统需求	火星： 燃料、氧气； 水、食物； 金属； 能源 月球： 氧气	 第 15.1.3 节； 第 15.1.4 节； 第 15.1.4 节； 第 15.1.5 节 第 15.2.5 节
8. 精细权衡	火星： 燃料、氧气； 水、食物； 金属； 能源 月球： 氧气	 第 15.1.3 节； 第 15.1.4 节； 第 15.1.4 节； 第 15.1.5 节 第 15.2.6 节

15.1 火星上的资源

在所有即将探索的行星中，火星是迄今为止蕴含资源最多的。与其他行星不同，火星拥有支持生命和科技文明所需要的全部资源。火星有大面积由水冻结而成的永久冻土带，以及数量庞大的碳、氮、氢、氧，且这些元素所存在的形式比较容易获取和利用。火星与地球同样经历了火山喷发与水文地质过程，并且形成了矿物质。事实上，每一个令工业界着迷的元素均存在于这个红色星球。因其具有 24 小时的昼夜周期，加上可以大大减轻太阳耀斑影响的大气层，火星成为了除地球之外唯一可以大规模建设温室、并用自然光照明的行星，因此我们可以定居火星。对于我们这一代及其后代，火星是一个崭新的家园。

火星远离地球，所以自给自足和利用当地的资源对于设计移民是十分重要的。无论如何，由于可以化学处理大气层中的气体和冷冻水，在火星上利用当地的资源相对容易。出于这个原因，短期内利用当地资源探索火星的计划已经具备足够的经济效益和吸引力。这与之前“人类轻装简行，利用新土地资源探索新大陆”的理念是完全一致的。

15.1.1　用于支持早期飞行任务的资源

为了获得原位资源的全部价值，火星任务必须尽早开始利用它们，特别是生产推进剂。由于运输系统在载人探索火星计划中处于首要地位，原位生产推进剂可以大大减小任务规模。从一开始就可以设计小型航天器，这样能够避免研发大型航天器和在轨组装基础设施的巨额开支。开发生产原位推进剂技术可以获得许多倍的收益，甚至在第一次飞行任务之前即可如此。

基于安全考虑，用于火星上升段或返回地球的原位推进剂必须在乘组离开地球之前就完成生产并可供使用。否则，生产过程中的失败会使得乘组无法返航。因此，早期的系统必须完全自动化，能自动从大气中提取有用的资源生产推进剂。

如第 4 章所述（表 4－1），火星大气大约 95％的成分是二氧化碳。因此，它是生产推进剂和生命保障所需氧气的来源，也是碳的丰富来源，大多数烃类燃料 75％或者更多的成分都是碳，剩余的部分是氢，氢理论上可以从火星大气所含的水蒸汽中、土壤所含的冻土中、或者极地冠岩表面的冰中提取。但提取需要大量的能源，冻土挖掘对于短期的机器人任务来讲更加困难，同时冰仅大量存在于火星北极的附近。幸运的是，碳氢化合物/氧气推进剂需要至多 5％重量的氢。因此，在火星任务中，生产推进剂最好的方法可能是采用二氧化碳中的碳和氧，并从地球上带去所需的氢原料。如若不然，建议使用无需氢的推进剂组合，如一氧化碳和氧气。

二氧化碳中的氧与从地球携带的氢结合可以用于生产水，这种方式可以以 9∶1 的比例节约质量。此外，航天员乘组在到达火星后可以从永久冻土或冰中提取水。这些水可用于补充设计中基础需求之外的部分。在乘组到达之前也可以从大气中提取氮和氩，并将其作为大气成分的缓冲气体。

15.1.2 支持永久基地的资源

拥有一个永久基地，人们将能够长期使用各种工具获得来自火星的丰富产品。除了可以支持人类初期探索的燃料、氧、水和缓冲气体外，火星基地可以利用原位资源生产玻璃、陶瓷、塑料和金属等多种产品。此外，火星有丰富的水、二氧化碳、氮的补给，再加上 24 小时昼夜循环和可以大大降低太阳耀斑影响的大气层，这些特性使得人们能够在自然光照射的薄壁温室中种植作物，从而能够提供食品、制衣的植物纤维和木材。研究人员认为火星可能存在钻机即可挖掘到的地热能量，从而能够为火星基地提供充沛的能量和液态水。

15.1.3 在火星生产燃料和氧气的方法

迄今为止，燃料和氧气的生产是目前火星无人采样任务以及早期载人任务中原位资源利用最重要的目标与研究方向，针对潜在技术的研究和分析已经比较丰富。到目前为止，相关实验已经涉及三种技术：首先，“氧化锆电解”法（ZE）直接将二氧化碳气体电解为一氧化碳和氧气；第二，“萨巴蒂尔电解”法（SE）能够分两步将氢与二氧化碳反应，产生甲烷和氧气；第三，水煤气逆转化（RWGS）法。当然，每种技术都有优缺点。

氧化锆电解

电解氧化锆，由 Robert Ash 博士于 20 世纪 70 年代中期在喷气推进实验室首次提出［Ash 等，1978］，这种方法概念上非常简单。二氧化碳气体被加热到约 1000 ℃时能够部分地分解成一氧化碳和氧气。该混合气体通过只允许氧气渗透的薄壁氧化锆管，管内壁和外壁之间的电化学电势导致的氧分子越管迁移，使得纯氧气能够在电势周围的区域收集。留在管内的废气是二氧化碳（多数）和一氧化碳（少数）的混合物。有些早期文献［French，1984；Clapp and

Scardera，1984］提出了将废气充分再循环，足以使一氧化碳提纯，直到从废气流中分离出大量纯一氧化碳，此过程之后，一氧化碳可在有氧条件下液化并燃烧。这项计划将使我们能够利用火星大气的主要成分作为原料生产出完整的推进剂成分。但是，一氧化碳/氧气火箭发动机在技术上是非常困难的，发动机要承受极高的工作温度，而其比冲仅仅 270s。因此，生产这种仅用于火星升空这一小段时间使用的推进剂类似于幻想，同时使用这种方法必须先进行昂贵的发动机研发。这种技术还需要大量的能量来生产一氧化碳，所以它可能是不切实际的。基于以上原因，近年来有的建议是电解二氧化锆只用于生产氧气，一些高性能的燃料，如甲烷可以从地球运送到火星［Ramohali，1991］。因为对于采用甲烷/氧气作为燃料的火箭来说，甲烷约占所用推进剂质量的 22%，氧化锆电解产生氧气对任务仍然大有裨益。

即便如此，氧化锆电解的几个显著缺点让任务规划者们至今都将其排除在考虑之外。首先，每根氧化锆管只能产生少量氧气，从火星采样返回的任务需要数百根管来生产足够的推进剂，而载人火星任务则将需要数万根。这些管将组成多管群，并且如果群内的一个单管龟裂或密封泄漏，那么对于系统来说整个管群将失效。这些故障是很有可能的，因为管是由易碎的陶瓷制造而成，并且要求密封，这样才能够在高温下长时间持续工作（上百天内每天采用太阳能电源执行开关机）。更糟的是，对于大多数用途来说，利用这些系统生产氧气所需的资源高得难以接受。亚利桑那大学的研究人员正在尝试采用氧化锆板或其他替换装置是否可以解决这些问题。随着对氧化锆电解的持续研究，一个改进版本的小型化装置将作为一个实验载荷在 2001 年与火星着陆器一起飞往火星。

萨巴蒂尔电解

另一种利用原位资源生产推进剂的方法是萨巴蒂尔电解（SE）法，其分系统源于煤气灯时代的化学工程。随着在 20 世纪 60 年代空军载人轨道实验室的发展，以及 NASA 目前的国际空间站计划，这些分系统已经在空间得到了一段时间的应用。萨巴蒂尔电解听起来比电解氧化锆更为复杂，但在许多方面更易于开展。首先，它的反应是采用氢和火星大气中的二氧化碳：

$$4H_2 + CO_2 \Rightarrow CH_4 + 2H_2O \quad \Delta H_2 = -40\ \text{kacl/mol} \tag{15-1}$$

公式（15－1）是一个多世纪以来被熟知的“萨巴蒂尔反应”，该反应高度放热并且具有大的平衡常数（$\sim 10^9$）能够驱动反应向右进行。当温度高于250℃，并且镍或钌（镍价格便宜，钌效果更好）中任何一种作为催化剂时，该反应会自然发生。由于高的平衡常数和适当催化剂下的高反应速率，即使是非常小的反应器也很容易产生超过90％的转化率。由洛克希德·马丁公司建造的反应器在理论混合比时转化率达到了96％，而在某些特殊混合比率时转化率可达99.9％［Zubrin等，1995］。

通过式（15－1）反应得到的甲烷与水混合在一个冷凝器中，可以很容易地进行分离。甲烷随后液化并储存，而水被电解成为氧气和氢气。如此产生的氧气液化并储存，氢再循环到萨巴蒂尔反应器中以产生更多的甲烷和水。

电解反应所产生的4个氢原子中仅有2个再循环回到反应(15－1)中，所以该系统需要另外两个氢原子来维持运行。原则上，可以通过一个相对简单的自动系统将火星上的大气冷凝获得氢［Meyer and McKay，1981；Williams等，1995］。或者，可以在矿工或者先进的自动化挖掘系统的帮助下，从火星的永久冻土中开采。当然，也可以从地球携带氢，这更适用于早期任务。这种情况下，在火星上每千克氢通过化学反应后将产生12千克的甲烷/氧气双组元推进剂。

萨巴蒂尔电解的主要优点是简单，以及较高的鲁棒性、可扩展性和能效。萨巴蒂尔反应器本质上是一个含催化剂床的简单钢管，可以很容易地确定其尺寸以支持任何任务。例如，洛克希德·马丁的研究小组表明，一个小萨巴蒂尔反应器（0.1 L的容积）将足以为从火星采样返回任务每天生产1千克推进剂。基于这些结果，生产一个载人任务所需的所有推进剂将需要 3 个 10 L 的反应器管。这样的反应器在 400℃左右工作，采用一个过滤器隔绝火星灰尘以防止催化剂污染，并且能够“防弹”，由于它们的小尺寸使得分系统可以在任何级别都做到冗余。现有的水电解单元采用固体高分子电解质，由于已经应用于可抗深水炸弹的核潜艇设计，故该过程是高效（>90%）和鲁棒的。表 15-3 将洛克希德·马丁公司萨巴蒂尔电解性能与亚利桑那大学氧化锆电解的最好结果进行了对比，表明了萨巴蒂尔电解的能量优势。氧化锆系统将比萨巴蒂尔系统需要大约多 4 倍的能量来获取气体，因为氧化锆系统只从每个已反应的二氧化碳去除一个氧原子，并与大约 46%的输入二氧化碳发生反应。萨巴蒂尔电解从每个二氧化碳中去除两个氧原子，具有超过 95%的效率。

表 15-3　萨巴蒂尔电解与氧化锆电解结果对比

参数	萨巴蒂尔电解	氧化锆电解
操作者	洛克希德·马丁	亚利桑那大学
氧气产品	0.48 kg/d	0.15 kg/d
甲烷产品	0.24 kg/d	0
电能	120 W	250 W
电能/推进剂	166 W-d/kg	1562 W-d/kg

萨巴蒂尔电解的主要缺点是需要氢的输入。这一要求对于小型无人任务来说尤为棘手，因为使用小贮箱会增大贮箱表面积与体积的比例，从而会有更多的热泄漏和沸腾蒸发过程，导致难以携带所需的氢飞往火星。萨巴蒂尔电解在独立进行时，每千克甲烷能够生产 2 千克氧。但一个火箭发动机内氧气/甲烷最好的混合比不是 2 比 1，而约为 3.5 比 1，此时比冲高达 380 秒。如果萨巴蒂尔电解独立进行，要达到这个配比的唯一办法是舍弃一些生产的甲烷。这一损失将系统的净推进剂生产比例从 12∶1 的理论值（生产的推进剂与输入的氢之比）降到了 10.3∶1 的实际值。此外，用于生产 10.3 倍

于其质量的氧气/甲烷推进剂的氢所占据的体积与约 14 倍质量的氧气/甲烷推进剂所占体积相当。最后，在发射时至少还需要 20%以上的氢，以补充飞行到火星途中蒸发带来的损失。因此，如果用它来运送所需的氢原料就必须大幅增加氧气/甲烷贮箱的尺寸。大尺寸的储罐满足这一要求的同时又增加了重量，从而增大了对推进剂的净需求，这样导致任务效能大大降低。

因此，简单的萨巴蒂尔电解在火星上不能产生足够的原位推进剂。但是，可以让这个方法更有效率，通过增加氧气而不是舍弃甲烷的方式以达到 3.5∶1 的比例。在这种情况下，推进剂生产比例将上升到 18∶1。由于这种比例比氧气/甲烷双组元推进剂与氢气原料的密度比大得多，运载器可以在推进剂贮箱中携带氢原料到火星。近两倍的收益使得萨巴蒂尔电解更加具有吸引力，而为了生产额外的氧气，则需要进行氧化锆电解或逆向水煤气变换。

逆向水煤气变换产生氧气

自 19 世纪中叶，这种反应已为人所知。1991 年，Zubrin 和其他人讨论将其作为火星上制造推进剂的一种技术，但直到 1997 年都未能通过试验证明其可行性 [Zubrin，Kito and Frankie，1997]。该反应可表示为

$$CO_2 + H_2 \Rightarrow CO + H_2O \quad \Delta H = +9\ \text{kcal/mol} \qquad (15-2)$$

该反应是温和吸热的，且在 400 ℃或更高的温度下，有铁－铬催化剂时反应会迅速发生。不幸的是，在 400 ℃的平衡常数——驱动反应向右侧进行的 $K_{P'}$ 仅约为 0.1，甚至在高得多的温度下，$K_{P'}$ 依然维持在低于 1.0。因此，驱动反应完成是困难的。

假设可以控制式（15－2）所示的反应向右进行，那么即可通过简单地与水电解反应相结合，从而得到一台“无限制氧”系统。也就是说，舍弃了反应（15－2）产生的 CO，并且电解水产生氧气（净产品）和氢气。然后，可以回收所有的氢，以消耗更多的二氧化碳。如无泄漏损失，这个过程可以一直持续下去，系统可以尽可能多地生产所需的氧气。唯一的输入是少量可以无限循环的水。

采用带有电解水的逆向水煤气变换具有许多优点，并且和一个萨巴蒂尔系统具有很多相同的部分。反应器是一个简单的填充了催化剂（铜氧化铝）的钢管，很像萨巴蒂尔反应器。系统采用了类似的冷凝器和同样的水电解设备。反应仅轻度吸热（9 千卡/摩尔用于反应和 57 千卡/摩尔用于电解水）。电解水需要系统中大部分的能量，但技术是高效的。此外，可以使用一个萨巴蒂尔反应器，以产生需要用来驱动水煤气变换（反应器在接近的温度下工作）的热量。假设在以一个单位速率反应（15－1）的萨巴蒂尔反应器旁边放置一个以两个单位速率反应（15－2）的水煤气反应器，并使它们有直接的热接触。合并系统产生的净反应为

$$3CO_2 + 6H_2 \Rightarrow CH_4 + 4H_2O + 2CO \quad \Delta H = -22\ \mathrm{kcal/mol} \tag{15-3}$$

因为（15－3）是放热反应，不要求输入能量来维持反应。当与电解反应同时运行时，每千克氢气的输入可以产生 4 千克甲烷和 16 千克氧气。净推进剂的比例因此为 20∶1，而氧气/甲烷混合比例为 4∶1，使用具有萨巴蒂尔电解的逆向水煤气变换系统的能量效率与简单萨巴蒂尔系统基本上相同。这种在火星上生产推进剂的方法非常高效。

逆向水煤气反应器生产乙烯

假设对逆向水煤气反应器进行操时使用过量的氢。作为简化的例子，假定氢气和二氧化碳的输入比为 3∶1，同时二氧化碳的转化率接近 100%。如果是这样，就有 3 个单位的氢气和 1 个单位的二氧化碳进入反应器，在冷凝器中会收集到 1 个单位的水，同时 1 个单位的一氧化碳和两个单位的氢气离开反应器。将水进行电解为推进剂贮箱生产氧，同时生产的氢气再循环到水煤气反应器中。然后将一氧化碳和氢气的混合物送入乙烯（C_2H_4）反应器，在费托催化剂存在的条件下，其反应为

$$2CO + 4H_2 \Rightarrow C_2H_4 + 2H_2O \quad \Delta H = -49.4\ \mathrm{kcal/mol} \tag{15-4}$$

反应（15－4）是强放热的，所以可以用它来为吸热的逆向水煤气变换提供能量。

虽然这个系统是一个与萨巴蒂尔反应器类似的热源，但它具有超乎寻常的优点。首先，乙烯中每个碳原子只有两个氢原子，而甲烷有四个。使用乙烯代替甲烷作为燃料，意味着只需要输入一半的氢。再者，从逆向水煤气变换和乙烯反应器中得到的推进剂将近两倍于该变换与萨巴蒂尔的组合，而其本身效率又几乎两倍于萨巴蒂尔电解。事实上，若能够通过该系统得到足够多的推进剂，或许无需耗费多少能量就可以从火星大气的水蒸汽中获得所需要的氢。如果是这样，就可以解决氢气输入问题。第二，乙烯的沸点是－104℃（在一个大气压下），远高于甲烷－183℃的沸点。事实上，在数个大气压下，乙烯可以在火星上的平均环境温度中存储，而甲烷的临界温度低于火星夜间温度的一般值。因此，乙烯能够在火星上不使用低温冷冻进行液化，而甲烷却不能。其结果是，考虑到制冷所需能量，使用水煤气变换和乙烯反应器的系统消耗的能量约为基于萨巴蒂尔电解和甲烷系统的一半。乙烯燃料箱也需要更少的绝缘处理。液态乙烯的密度比液态甲烷高50%，因此火星上升飞行器可以使用更小、更轻的贮箱。地面工作的探测器也可以使用乙烯代替甲烷作为燃料。乙烯/氧气火箭发动机比甲烷/氧气火箭发动机［Rocketdyne，1990］的比冲高约2秒，从而可以略微提高总体任务性能。最后，乙烯除了作为火箭、探测器，或焊接的燃料，还有其他的用途。例如，它是一种麻醉剂。它也可以催熟水果或减少种子的休眠时间。这些特性对于实现在火星上建设基地，实现资源自给的目标是非常有用的。

除了上述优点，乙烯是生产聚乙烯和许多其他塑料的有用原料。这些塑料可以形成薄膜或纤维来制造大型充气结构，或者制造衣服、箱包、绝缘材料和轮胎等。致密坚硬的塑料可以用于制造瓶子和其他水密容器、餐具以及其他小物体、盒子和刚性结构，它们可以是透明或不透明的。这个近乎无限可能的产品清单还包括润滑剂、密封剂、粘合剂和胶带。总之，乙烯已被定性为自 20 世纪 50 年代起彻底改变现代生活的塑料工业的基础。在火星上开发它会开辟出探索和居住在这个红色星球的各种可能性及能力。

需要注意的是，如果不谨慎地选择反应（15－4）的催化剂，则将有副反应产生，包括甲醇（CH_3OH）和丙烯（C_3H_6）。后者是没有问题的，因为丙烯作为燃料和作为塑料原料（以产生聚丙烯）优于乙烯。少量的甲醇产生也是可接受的，因为甲醇可以溶于乙烯和丙烯，三者的混合物仍然是良好的、可储存的火箭燃料。但是，过多的甲醇产生可能是一个问题，因为甲醇分子每个碳原子配有四个氢原子。因此，如果反应（15－4）只生产甲醇（作为极端的情况下），则净推进剂比例生产将是约 16∶1，并且使用它的火箭发动机将具有约 340 秒的比冲。但是实验表明，如果适当地催化，反应（15－4）中的甲醇产率可以低至 2%（质量比）。

逆向水煤气反应生产甲醇

除了上面提到的甲醇的缺点，它还具有两个优点。首先，使用甲醇燃料大大降低燃烧温度，从而使火箭发动机的设计变得简单。其次更重要的是，通过使用富含甲醇燃料的发动机，由于需要更少的氧气，就可以用更少的能量来现场生产推进剂。甲醇/氧气推进剂火箭只需要 50%的氧气，而甲烷/氧气推进剂火箭需要 78%的氧气。通过减少推进剂中氧气的成分，可以使用较少的能量电解水，而这些能量正是生产原位推进剂的主要能量需求。

低温制冷以保存推进剂所需的能量在能量需求中排在第二位。甲醇不需要低温保持流体状态，所以它不需要能量来制冷液化。因此，在混合推进剂中甲醇含量越高，制冷所需要的能量越少。通过这两个优点，一个富甲醇/氧气系统使用的能量是萨巴蒂尔电解的一半，不到氧化锆电解系统的十分之一。

在表 15－4 中，比较了采用逆向水煤气变换、萨巴蒂尔电解和氧化锆电解等方法每天生产 1 千克推进剂所消耗的能量。这种生产效率是高度相关的，因为从火星采样返回任务在典型情况下需要在火星表面停留 1.5 年，其间需要在火星上生产返回使用的推进剂。表 15－4 中的数据是基于洛克希德·马丁公司制造和运行的萨巴蒂尔电解体系和亚利桑那大学研制的氧化锆电解系统。在任何情况下，假设使用吸附泵从火星的大气收集 CO_2，可以用化学处理单元的余热来为这些泵提供能量，就像洛克希德·马丁公司的集成单元展示的那样。

表 15－4 原位推进剂生产（ISPP）系统（1 kg/d 的产品）能量需求对比▲

系统	燃料/天	O_2/天	使用液氢制冷	生产能量	制冷能量	总能量
甲醇/逆向水煤气变换	0.5 kg	0.5kg	否	120 W	80 W	200 W
甲醇/逆向水煤气变换	0.5 kg	0.5kg	是	120 W	0	120 W
萨巴蒂尔	0.22 kg	0.78 kg	否	187 W	240 W	427 W
萨巴蒂尔	0.22 kg	0.78 kg	是	187 W	120 W	307 W
氧化锆电解	0.0 kg	1.0 kg	N/A	1560 W	160 W	1710 W

▲：甲醇/逆向水煤气变换和萨巴蒂尔系统在两种条件下的情况，其区别在于这个过程中需要的液态氢原料是否被用来制冷使得推进剂保持液化。在此表中，生产能量是使得一个给定系统产生化学反应必需的能量值，而制冷能量是用以使得推进剂保持液化所需要的能量。

注意，使用甲醇和逆向水煤气变换系统的功率比萨巴蒂尔电解节约了两倍多，比氧化锆电解节约了十倍多。当然，与萨巴蒂尔电解相比，甲醇/逆向水煤气变换系统也需要更多的推进剂，因为甲醇的比冲比甲烷低。然而，对于一个速度为 4 km/s，从火星表面进入轨道的单级航天器，需要双组元的甲醇/氧气推进剂（334 秒比冲）的量仅比使用双组元甲烷/氧气推进剂（374 秒比冲）多 20%。如果一个两级飞行器直接从火星表面飞回地球（速度为 6.4 km/s），它需要的甲醇/氧气推进剂比甲烷/氧气推进剂多出 40%。因此，尽管甲醇的比冲较低，但对于同一任务来说，它仍然会节省很多能量。

15.1.4　在火星基地上生产其他用品

如果火星上有一个永久基地，我们可以制造一系列更为广泛的实用产品。这里将讨论如何提取当地的水和利用当地资源生产食品、陶瓷、玻璃、塑料、金属和发电。更全面的处理方法见 Zubrin [1996]。

提取天然水

制造火箭燃料、巡游器燃料、氧气；生产塑料制品、砖、砂浆和陶器；种谷物；用人工冻土来密封泄漏物和硬化土壤——所有这些人类探索和定居火星的活动都依赖于水。虽然运水到火星几乎是不可能的，对于前几个任务，我们有能力生产水，需要把从地球上带来的氢（水的 11%）与火星大气层里二氧化碳的氧气相结合。但一旦定居者们开始在火星上建造基地，他们需要太多的水，不能再从地球上携带氢。为了生产更多推进剂，维持土木和化学工程的增长，满足建筑和定居所需的农业生产，水将是必需品。

所以，我们应该明智地把基地建立在有可能找到水源的区域附近。在火星上，这个位置可能在北半球。如果现在观测火星，将会看到在几乎没有陨石坑的火星北极里有一大片凹陷区域。一些科学家认为，在火星的早期，这个巨大的凹陷区域充满了水，在火星的第一个十亿年里保护了火星的这块表面免受流星和陨石的撞击。这个古老北方海洋的最后遗迹是北极冠，由水冰组成（按照目前的估计有 200 万立方千米 [Lewis，1993]）。此外，可以从轨道上拍摄的火星图片看到，火星北部比南部拥有更多的干涸河床和河道。很可能水在这些河道中的某处留下了冰和永久冻土的沉积物。这些沉积物可能一直存在，被一层灰尘隐藏起来了。从轨道上测量的大气湿度无疑表明北半球比南半球更湿润，而一年中最湿润的时候就是北半球的春天。北半球历史中大量水的存在对于未来的火星移民具有重要意义的另一个原因是：水文活跃是形成许多矿石的关键。

有许多方法可以从火星上得到水。首先，可以简单地去找水。火星上可能存在地下水，甚至温泉。航天员可以在短波探地雷达的帮助下在火星表面以下一千米范围内探测到这样的水源。轨道上的低分辨雷达或者星载探测仪能够提前识别出相对较好的探测区域。如果找到了这样的一个水源并开始钻取，高温高压的水就像德克萨斯油田中的喷油井一样从地面喷出。一旦碰到低压、低温的空气，水温会降低。根据喷射速度，可能会冻结成冰晶，并在喷出高度在 100 米之内，随后落回地面，立刻形成一个雪火山，这个雪火山可能体积很大。然而以这样一种令人惊讶的方式获得水是十分浪费的，因为水里含的热也是一种重要的能量来源。总之找到地下水资源并在附近建立一个热承压井和基地，是最好的获得水资源的方法。

当然，情况也许并非那么理想。在钻孔范围内可能找不到地表下方的液体水，还有一种比较好的可能是找到了盐水。饱和盐水在温度低至－55℃时仍然能保持液态。因此，即使没有地热，这种被适量土壤层或冰层保护而没有蒸发的液体盐水，能够存在于非常接近火星表面的地方。盐水除了是水的良好来源，还可能包含生命。目前没有证据表明火星表面存在盐水，但是肯定有盐的存在。一些科学家认为，在火星图像上环绕某些盆地的浅色特征很可能是大量的盐沉积物，这些沉积物是火星海洋消失后留下的海岸线遗迹。

除了盐水之外，下一个水源研究兴趣点是冰。在火星的北极冠上有大量的水冰，但是不太可能选择这样的一个地方作为首批火星基地。在北纬 75 度以南，没有发现有大量的冰存在，但是理论研究显示，在北纬 40 度，地下冰在地表一米的范围内应该能够稳定存在，这是一种反常的现象，即在一些寒冷的裂缝、岩溶洞里或者一些山坡背阴的洞穴里，极有可能发现水冰。也可能在星际气候模型认为不可能存在的地方找到水冰。然而为了找到它，需要做好艰苦工作的准备。以火星的温度来说，冰是一种很硬的物质，但是在远离极地的地区，纯冰块比较罕见。在火星上更容易遇到的是冻土（冻土泥）。冻土是非常硬的，可能是火星上理想的建造材料。一块冻土砖比一块烧热过的红粘土砖硬度高很多，生产过程中无需加热，使用过程中也无需用粘结剂。对于一些岩石，仅仅加水就能制造砖。开采的过程中应该考虑携带爆破器材。

火星土壤含有一定的水分，我们知道这个事实，因为在两个海盗号着陆点，随机从地表 10 cm 挖取土壤样本，当加热到 500 ℃时会损失 1%的重量，损失的是水的重量。这个结果还是不错的，但事实上由于表层土壤是含水量最少的部分，同时测试可能会出现偏差，这种方法的前景还需要进一步验证。样本仅仅加热了 30 秒并且在测试的前几天放在 15℃的密闭容器中。因为 15 ℃比火星的平均温度高多了，测试前样本中大量的水以气体形式逸失的概率也是非常大的。基于海盗号的测量结果，可以推测火星土壤的平均含水量至少在 3%。但是一些土壤的含水量可能比这个平均值更高。例如，火星上一些土壤富含水合物，其水分含量会达到 10%。火星上常见的粘土也能很好地吸收水。例如，在来自火星的陨石中发现了蒙脱石粘土。蒙脱石粘土被称为“膨胀土”，因为它能吸收水而膨胀，整体重量增加百分之几十。在许多火星陨石里也发现了石膏，极有可能石膏在火星上是常见的，因为在两个海盗号着陆点测得的硫和钙的浓度比地球土壤的平均浓度高得多（分别是 40 倍和 3 倍）。按重量计算，石膏中水的比重超过 20%。

无论土壤中的含水量为 3%或者 20%，都可以通过把土壤放进加热器或者加热器放在土壤上加热得到水。例如，一辆卡车把一些相对潮湿的土壤卸在传送带上，传送带将土壤传送至烤炉中，烤炉把土壤加热到 500 ℃左右，土壤中吸收的水汽化。这样产生的蒸汽收集在冷凝器中，将脱水污物抛弃。由此产生的“渣堆”会带来一些不方便，但是这个系统的热力学性能还不错。如果使用含水量为 3%的土壤为原料，每生产一千克水时系统运行所需的能量约为 3.5 kW · h [Lewis，1993]。按照这个速度，如果电流一直驱动加热器，一个 100 kWe 的反应堆每天可以生产 700 千克的水，如果反应堆的余热能够再利用，甚至能每天生产 14000 kg 的水（现在太空中使用核动力源的热电发动机只有 5%的效率）。

如果不希望去除所有的残渣，可以直接把加热器放在地上。例如，Clark [1990] 曾建议使用一个带有轮子的移动加热器，随着加热器的移动，自动吸入土壤，进行加热，冷凝蒸汽，然后在移动时排出干燥的土壤。这样的系统可以由一个放射性同位素热电发电机供电。一个标准发电机可以输出 300 We 电能，足以驱动运输车，连同产生的 6 千瓦余热，可以从含 3%水的原料土壤中每天产生 42 千克水。这样一个单元系统对于在该区域操作的乘员或早期的航天员是便捷的，因为在一次为期 500 天的火星停留中每天产生 42 千克水，总和就是 21000 千克的水。但该单元将不能够支持一个大的、发展中的火星基地。当然，可以通过操作多个单元来产生足够的水，但这样会很昂贵。此外，仍然需要去除许多的会磨损设备的残渣、卵石以及岩石。

一个更温和的方式是使用一个微波装置加热运输车下面的土壤。这会导致土壤中的水分汽化和蒸发，运输车可以携带一个穹顶，并在四周安装软刷用以收集水蒸气。这个软刷将为水蒸气保持提供一个良好的条件，直到大部分水蒸气在盖子上冷凝，之后可以收集并使用。该方案不需要挖掘，可以通过调整微波，使得大部分能量用于加热水分子，而不是不加区分地加热水以及土壤而导致能源的浪费。不幸的是，水蒸气的上升过程仍然会将热量传递到土壤中，很多的热量最终也要浪费掉（虽然并不如一个纯粹的热加热系统浪费的多）。但问题是，产生微波的能量必须是电能，而不是热能。放射性同位素发电机产生的 6000 W 余热不能用于这个系统，只有输出的 300 W 电能可以用来产生微波。因此，在使土壤中的水分蒸发时，即使 1 瓦特微波的产生效率是同样功率热能的两倍，仍然只能得到十分之一的产出，因为能产生的热能多达 20 倍。但假设水的位置非常集中，同时地面十分坚硬难以挖掘（如在冻土层的情况下）。如果是这样，这个系统可能比移动挖掘机更好，虽然它的输出仍然是相当低的。例如，假设在具有 30%重量的水的冻土层上运行此系统，一个乐观的估计是每提取 1 千克水大约需要 1 kW_e · h 的能量。所以，在一个火星周期中（24.6 地球小时），由一个 300 瓦的放射性同位素发生器驱动的微波车可以提取约 7.4 千克水。提高这种性能的唯一方法是采用更大的功率，或许是使用一根很长的电缆连到基地里的核反应堆，提供 100 kW_e 的能量。在这种情况下，每天可以产生 2200 千克水，但这样会影响机动性能。

一个更好的解决方案可能是用一个透明的帐幕罩住一片选定的火星区域，并利用自然发生的温室效应来进行加热。通过在帐篷周围放置大型的轻质反射材料，并跟随太阳移动以获得最多的太阳能，这样就可以加大这种温室效应。在温室大棚中，土壤不会热至 500 ℃，但也远高于平均气温。这将导致土壤中吸收的一部分水汽化，并且释放的水汽可以被捕捉到温室大棚的液体收集盘中。要了解这个系统的有效性，首先考虑到火星上的平均太阳光入射率为 500 W/m^2。如果温室大棚的半球直径达到 25 m，温室效应加上反射增加的额外 200 W/m^2，系统的总有效功率是 98 kW。这个功率足以在为期 8 小时的一天日照情况下从含水量 3%的土壤中释放出 224 千克的水。这些水存在于温室大棚内最表层的半厘米土壤中。温室大棚是由 0.1 毫米的聚乙烯制成的，质量只有 100 千克（在火星上重 38 公斤），所以航天员可以每天将它携带到一个新的位置。在温室大棚移走以后，这块曾提取过水的土壤会自然地重新产生水分，从而使得在一片地表反复取水成为可能。

另一个完全不同的方法是从火星大气中提取水。但问题是，火星上的空气非常干燥，在通常情况下，不得不处理百万立方米的空气才能获取 1 千克水。在一篇经典论文中，Tom Meyer 和 Chris Mckay 在 1981 年提出了一种机械压缩机，可以做到这一点。研究人员发现，产生 1 千克水需要大约 103 kW · h 电能。将这一结果与上述的基于土壤提取水的数据来比较（每千克需要约 3.5 kW · h 热能)，显然效率很低，虽然压缩机系统会同时从大气中产生大量有用的氩和氮，为基地的生命提供支持。然而，在华盛顿大学最近的研究中，研究人员只是采用风扇对着沸石吸附床吹动［Williams，1995］。沸石是一种强干燥剂，可以从十亿分之一水分含量的气体中吸收水分，这远低于火星大气的湿度。在火星的温度条件下，沸石会吸附其重量的20％的水。一旦沸石吸水饱和，可以在每千克沸石消耗2 kW·h热能的情况下将水加热析出，在这之后沸石可以再次重复使用。这种方法不需要压缩大气，风扇需要的能量比Meyer和McKay系统要少得多，也许每千克水仅需要2 kW·h电能。能源成本与从土壤中提取水的系统相差无几。但是，从火星上空气中提取足够的水将需要大型的系统。例如，一个10平方米截面积的吸气管道和可产生100米/秒（接近200英里）的风扇系统每天仅可以产生90千克的水。由于装置无需移动，整个系统可以由基地提供能量驱动风机运转，大约是8 kW_e。从大气中提取水可能会很具有吸引力，因为有现成的能源、不用挖掘和勘探、完全自动化操作，以及无限可再生的原料（空气）。

生产食物

鉴于星际运输的成本，大量居住者必须学会利用原位资源生产食物。在这方面，火星与月球以及其他所有已知的外星体相比，具有巨大优势。食物中四种主要元素——有机氢、碳、氮、氧在火星上都存在。此外，火星24.6h自转周期导致的昼夜交替和地球基本相同，能提供植物生长所需的阳光。例如，在地球上一平方千米的农田在正午接收的阳光照射功率约为1000 MW，这相当于一个拥有百万人口的城市电力负荷。

火星的大气层足够密集，能够保护庄稼不被太阳耀斑灼伤。在火星上，可以快速创建穹顶温室大棚，如果能够保护作物生长免受灰尘侵蚀和紫外线辐射，那么就能创建出适合作物生长的环境。火星的太阳光强度为地球的43％，这是完全能够进行光合作用的，可以通过在穹顶中充满比地球浓度高的二氧化碳来加速光合作用。

1 毫米厚的增强型甲芳纶穹顶就可以支撑直径 50 米、压力 35 千帕的温室大棚（从而在其中复制大气环境）。植物需要的仅仅是 5 千帕，或 50 毫巴的大气压力，由 20 毫巴的氮、20 毫巴的氧、6 毫巴水蒸汽和小于 1 毫巴的二氧化碳组成。可以用 0.2 毫米的织物薄膜覆盖 50 米的穹顶温室大棚。这样的穹顶可以封闭约 2000 m^2（半英亩）的土地，质量约为 1 吨，同时有机玻璃的质量将达到 4 吨。这种有机玻璃护罩的质量可以减小近一半，比如将穹顶的上半球设计为凹面，而不是传统的半球。透镜造型的上半球也将使保护罩建设更容易，因为它不会那么高。同时，这将大大减少穹顶内大气充氧的时间。

虽然植物可以承受 5 千帕，但人类不能，使用这种低压穹顶会使在里面工作的人必须身着航天服。将温室大棚压力提高到 17.5 千帕就不需要航天服了。除非基地极度缺少耕地，可能更明智的做法是使温室大棚内与居住基地环境一样保持 35 千帕的压力以适应操作。这样一来，可以建设隧道，从而允许人们穿着衬衫在基地和温室之间自由行动，而不必经受加压和减压操作。此外，相同的结构单元将使大规模生产更容易，如果人口激增，人类也可以进入温室大棚生存。

居住基地和温室大棚之间的主要区别在于二氧化碳分压。居住基地将限制二氧化碳压力至地面的标准水平，大约 0.4 毫巴。但温室大棚将使用更大的二氧化碳含量分压（在火星环境中约 7 毫巴）以大大提高作物产量。正如所看到的，一些技术可以为温室大棚提供大量的水。因此，可以携带一些基本的种植工具便可以登陆火星进行农业生产，那里光照充足、土地可灌溉。

很难说火星土壤有多么肥沃，但就目前所知，可证明其是有利于作物生长的。表 15－5 中，比较了地球和火星上土壤中作物所需要的元素。火星土壤数据主要基于对海盗号探测结果和对陨石的分析［Lewis，1993］。

表 15-5　地球与火星土壤中植物营养元素对比

元素	地球土壤（平均值）	火星土壤（东部平均值）
氮	0.14%	未知
磷	0.06%	0.30%
钾	0.83%	0.08%
钙	1.37%	4.10%
镁	0.50%	3.60%
硫	0.07%	2.90%
铁	3.80%	15.00%
锰	0.06%	0.40%
锌	50×10^{-6}	72×10^{-6}
铜	30×10^{-6}	40×10^{-6}
硼	10×10^{-6}	未知
钼	2×10^{-6}	0.4×10^{-6}

从表 15-5 可知，对于大多数元素，火星土壤的含量比地球更为丰富。主要问题在于氮，海盗号的探测仪没有探测到。火星大气中存在大量的氮气，因此，如果土壤中硝酸盐含量很少，就可以用大气中的氮气合成氨或其他氮肥。事实上，如果使用氮和氢作为原料，用于生产甲烷燃料的萨巴蒂尔反应同时可以生产出氨。这种反应在地球上被大量用于生产氮肥。然而，从我们所了解的行星形成机理看，火星应该有与地球具有大致相同比例的氮。大部分氮在土壤中以硝酸盐的形式存在。在火星上应该能探测到天然硝酸盐床，通过挖掘可提供大量基础肥料。火星土壤中，其他稀缺的典型植物营养元素是钾，但可能存在于火星上古老的水体中，即可在现已干涸的海岸盐床中找到高浓度的沉积。

火星土壤的物理性质利于植物生长，因为全球分布的几乎都是稀疏的、渗透性好的并且能很好地适应植物生长的土壤层。如之前所讨论的，火星土壤含有蒙脱石粘土。这对于未来的火星农民是好消息，因为在微酸范围内，蒙脱石对于缓冲和稳定土壤的 pH 值是非常有效的。同时由于具有较高的交换能力，还能确保土壤中储备大量的可交换金属离子。

如前所述，火星温室气压大约是 35 千帕（340 毫巴），约为地球海平面气压的三分之一。因为火星引力是地球的三分之一，因此在这种空气密度下昆虫是能够飞行的，蜜蜂可以为植物授粉。最初的温室只是简单地将火星大气（95%二氧化碳）灌入，同时混合几毫巴的人工生成氧气，使植物的呼吸作用成为可能。因此火星植物能够在富含二氧化碳的温室环境中快速生长，光合作用会更加高效。地球上二氧化碳含量较低，植物将太阳光转化成化学键能只有约 1%的效率（森林或野生草原净生态效率要低得多，也许只有 0.1%，这是因为死了的植物也可以分解二氧化碳）。光合作用在大量二氧化碳条件下比较理想的效率是 3%左右。如果假定 50 米直径的温室穹顶是一个真正的半球，并将植物覆盖地板，在此高效工作约 310 天，几乎所有的二氧化碳都将转化成氧气。但是，如果使用凹面形状的上部穹顶（50 米而不是 25 米曲率半径），仅仅需要 8 天。海盗号在火星土壤中检测到的氧化剂并没有影响，因为它能分解成微小的材料，以及与水接触生成游离氧。温暖的大棚是一个潮湿的环境，随着水气循环，会迅速使温室土壤释放出氧。

生产砖、陶瓷和玻璃

地球上最早的城市是用砖建造的，基于同样的原因，砖可能是我们在火星上第一座城市的基础。为了制造砖，需要简单地细磨土壤，加水使它变得潮湿，把它放在一个模具轻微地压缩，干燥，然后烘烤。高温条件并不是必需的，许多地方仍然使用太阳烤砖。在 300℃的烘箱温度下可产生不错的砖，特别是将一些废料如碎裂的降落伞布混入泥浆中，将使得砖更容易凝聚。利用一个太阳能反射炉或基地核反应器中的废热，能够在火星上获得 900℃的砖窑洞温度，这样就可以容易地做出一流的现代砖。诚然，在此过程中需要水，但如果正确地构建了烤炉，几乎所有需要的水都可以从 200℃的干燥过程中产生的蒸汽回收出来。

优良的造砖原料在火星上几乎无处不在，它是一种颗粒很细、富含铁元素的粘土状尘埃，覆盖了火星大部分表面，且深度至少为几十厘米。与水混合后，这些尘埃成为砂浆，能使砖牢牢地粘在一起。20 世纪 80 年代末在马丁·玛丽埃塔公司完成的模拟火星土壤试验中，Robert Boyd 和同事［1989］证明，通过简单的湿润和烘干土壤，能实现一种名为“duricrete”的建筑材料，其强度超过地球上混凝土的一半。海盗号的探测结果表明，火星土壤中含有大量的钙（约 5%）和硫（2.9%）。通过对一些陨石分析得知，这些元素以石膏（$CaSO_4 \cdot 2H_2O$）的形式存在。在地球上，石膏是用于制造石灰的原料。石膏烘烤后变成石灰，加入到砂浆后可以生产常规的硅酸盐水泥，以获得更高的抗拉强度。

在火星表面土壤中，粘土型矿物无处不在，可以直接用于制造陶瓷、陶器和类似用途的器具。海盗号着陆器测得最常见的材料是二氧化硅（SiO_2）。海盗 1 号和海盗 2 号实验中二氧化硅含量占土壤样品重量的 40%，二氧化硅是玻璃的基本组成部分。因此，在火星上可以使用类似于地球上一直使用的热熔砂法很容易地生产玻璃。不幸的是，火星土壤中第二常见的化合物是氧化铁（Fe_2O_3，海盗号探测的样品中含量约 17%）。它成为一个难题，主要是由于为了保证玻璃的光学质量，原料中几乎不能含铁，而这样的原料可能很难在火星上找到。因此，为了在火星上制造光学玻璃，必须先清除杂质氧化铁。一种方法是通过与基地反应中产生的废弃一氧化碳（如逆向水煤气变换）反应，生成单质铁和二氧化碳。然后，可以用磁铁除去铁。与此同时，在许多重要的玻璃产品中并不需要透光性，比如玻璃纤维，它是构建各种结构的优良材料。

生产塑料

在现代生活中塑料制品非常重要。由于火星与地球一样，有很多天然的碳和氢元素，因此也可以在火星上发展塑料工业。

火星上制造塑料的关键是生产合成乙烯，这在 15.1.3 节中已讨论过。乙烯是制造聚乙烯、聚丙烯、以及许多其他塑料的基本原料。

这些塑料可制成薄膜或织物，用于构建大型充气结构（包括居住舱的穹顶），也可以制造衣服、箱包、隔热材料和轮胎等。致密、坚硬的塑料可以做成瓶和其他或大或小的水密容器、餐具、工具、农具、医疗齿轮等物品，以及箱体和刚性结构，透明或不透明玻璃等。如果加上润滑剂、密封剂、粘合剂和胶带，那几乎可以生产任何产品。

生产金属

任何科技文明的标志是能够制造金属，并且火星有很多支持生产金属的资源，甚至在某些方面超过了地球。

钢铁。铁是目前为止在火星上发现的最容易获得的金属。在地球上，最为常见的铁矿石是赤铁矿（Fe_2O_3）。在火星上，这种金属矿石的含量是如此丰富，以至于正如它的名字——赤铁矿一样，将整个火星表面渲染成了红色。从赤铁矿中提取铁是很简单的事情，对于火星的条件，至少有两种方式是可取的。第一种，是如前文讨论的一样，通过逆向水煤气变换，利用基地反应堆产生的一氧化碳废气［RWGS—反应（15－2），上文］

$$Fe_2O_3 + 3CO \Rightarrow 2Fe + 3CO_2 \qquad (15-5)$$

另一种反应则需要利用电解水产生的氢气

$$Fe_2O_3 + 3H_2 \Rightarrow 2Fe + 3H_2O \qquad (15-6)$$

反应（15－5）是放热的，反应（15－6）则是很温和地吸热，因此在将反应器加热到启动状态之后，这个系统将不再需要外界的能量输入即可维持运转。对于反应（15－6），能够利用电解废弃水的反应制取，因此这个系统唯一需要的外部输入即是赤铁矿。碳、锰、磷和硅等 4 种元素对炼钢来说是十分必要的，且在火星上同样储量丰富，其他几种元素如铬、镍和钒等在火星上同样具有一定的储量。因此一旦提取铁的工作完成，就能够将铁和任何比例的其他金属混合，从而生产所需要的任意类型碳钢或者不锈钢。

铝。地球上应用第二广泛的金属材料是铝。铝在火星上同样十分常见，火星表面物质质量大约 4％是铝。然而不幸的是，火星上的铝通常是以非常难处理的氧化铝（Al_2O_3）形式存在。在地球上，为了制取铝，需要在 1000 ℃条件下将氧化铝熔解到熔融状态的冰晶石中，然后用石墨电极电解。该反应会使石墨电极逐渐耗尽，但是不会消耗冰晶石。在火星上，石墨电极可以通过基地萨巴蒂尔反应器热解甲烷获取。而氧化铝的还原反应则按照如下的反应式进行

$$Al_2O_3 + 3C \Rightarrow 2Al + 3CO \tag{15-7}$$

除了过程复杂之外，该反应还需要吸收大量的热。利用该反应生产一千克铝大约需要耗电 20 kW·h。这也是为什么地球上的铝产地通常是电力非常廉价的地区，例如西北太平洋地区。在火星上，在基地建设阶段，通常电力是不会非常廉价的。若按照 20 kW.h 每千克计算，那么一台 100 kW 的核反应堆每天大约仅能生产123 kg铝。因此钢将成为生产高强度结构的主要材料，而火星低重力环境下钢的重量与铝在地球上的重量相当。

硅。在现代社会，硅几乎已经成为了继铁和铝之后第三重要的金属，它是电子元器件的主要组成元素。在火星上，硅将会变得更加重要，因为有了硅，就能够生产太阳能电池板，从而逐步提升火星基地的能源供应。用来生产硅的原料二氧化硅（SiO_2），占火星地壳质量约 45%。为了获取硅，需要将二氧化硅和碳混合后放在电炉中加热，该反应具体过程如下

$$SiO_2 + 2C \Rightarrow Si + 2CO \tag{15-8}$$

再次看到，该反应中所需的还原剂碳是火星基地推进剂生产系统的一个副产物。同样，反应（15－8）是大量吸热的，但远不如氧化铝还原反应所需要的那么大。

对于某些目标来说，反应（15－8）已经能够满足需求。例如，可以用该反应来制取碳化硅，这是一种非常好的绝热材料。不过，这个反应会吸收反应器中存在的所有金属杂质。因此如果需要制取用于生产电脑芯片或者太阳能电池板的超高纯度硅，那么就需要一个额外的步骤。首先，需要将不纯的硅浸入氢气中，让硅与氢气反应产生硅烷（SiH_4），在室温或以上温度时硅烷是一种气体，因此能够很容易地将硅烷和其他的金属氢化物固体分离。接下来，如果希

望继续生产纯硅，只需要将硅烷送到另一个反应器中加热分解，从而产生纯硅，并释放用于产生新硅烷的氢气。之后可以将纯硅和一些特定的元素如磷混合，从而产生需要的特定硅化合物。

铜。作为最后的例子，铜是另一个能够在火星基地生产的关键工业用金属。火星陨石中的铜含量和地球土壤中的铜含量大致相同：约为百万分之五十。为了能够获取铜，需要找到一个天然的铜矿石富集地。在地球上，最重要的商业用铜矿石资源是铜的硫化物。正如所看到的，硫在火星上比在地球上更加丰富，因此铜将可能以硫化物的形式从火星熔岩的沉淀中获取。一旦找到铜矿石，人们就能够通过冶炼或者浸取的方式获得铜，亦如人们自古以来在地球上做的那样。

铜的例子实际上告诉我们，在火星上获得地球上的微量元素的唯一方式是挖掘局部富集区的高品质矿石。然而，通常情况下能够找到矿石的地方都属于火山和水文活动密集，且能够产生沉积的地方。地球和火星都经历过这样的过程，因此几乎能够找到任何一种稀有或非稀有金属，从而满足在火星上建设一个现代文明的需求。

15.1.5 生产能源

大量的热能和电能是在火星上建立一个大型基地的关键需求。到目前为止，基地建设初期最好的能源供给方式是将地球上制造的核反应堆运上火星。地球文明上的能量供给源主要是水力发电、化石和木材燃烧产生的能源以及核反应堆。地热能也提供了一小部分的能量来源，此后更小部分的是由太阳能和风能提供。然而，在火星上无法使用水力发电或者燃烧化石能源产生能量，因此必须首先采用核能。假设需要一个能够持续工作 10 年，每 24 小时产生 100 千瓦电力和 2000 千瓦热力的核反应堆。这个反应堆约 4000 kg，质量不大，能够满足从地球送上火星的需求。与此相对的，产生相同量级电力（只有热力输出的二十分之一）且相同寿命的太阳能电池阵将重达 27000 kg，并且需要覆盖大约 6 600 m^2 的面积（约三分之二个足球场面积)。假设需要同样的热力供应(以生产砖块和水),那么太阳能电池阵将重达 54 万千克,并且至少覆盖 12 个足球场的面积,这显然太大了,无法从地球上运输。因此,使用核能开发火星的优势是巨大且显而易见的。

因此,一个核反应堆将会为火星基地提供初始能源。当这个基地建设完善时,能源的获取方式将可能发生变化,例如可以采用火星上的资源生产太阳能发电系统。获取数百吨的原位材料很可能会比从地球运送 4 吨材料更加容易。

利用太阳能和风能

可以在火星上制造两种太阳能利用系统:太阳能热动力系统和太阳能光伏发电系统。太阳能热动力系统技术含量较低,需要使用抛物面镜将太阳光聚集到锅炉上,锅炉内液体加热后流动,进而推动发电机涡轮。该系统具有约 25%的能源转换效率。直到今天为止,这种系统很少用于航天工程,因为系统内存在着移动的部件,故具有潜在的不可靠性。不过这个缺点在火星环境下将不再重要,因为人们会在现场进行系统维护,并更换系统中的失效部件。如果零部件是可获得的,那么就能够很容易地在火星上将系统中需要的镜面、齿轮和加热器组装起来。

太阳能热动力系统的循环需要晴朗的天空,这样抛物面镜就能够直接地接收和反射太阳光。系统不能从火星上大量的太阳散射光中获取能源。根据海盗号得到的数据,火星上只有在北半球的春季和夏季能够满足天空晴朗的条件,太阳能热动力系统能够发挥作用。在剩下的半年时间中,太阳能聚光器只能获得很少的能源。这样一种季节性的能源供应对于金属生产或类似过程来说是可以接受的,但是若要成为基地的主要能源供应,必须更加持续和稳定。

光伏电池板或许会成为解决这一问题的有效选择。正如我们看到的,生产光伏电池板的纯硅能够从火星上获取,同样,制作导线的铝和铜,以及制造导线绝缘材料的塑料都能够在火星上生产。令人惊奇的是,即使在沙尘天气下,火星上的太阳能电池板仍旧能和平常一样正常工作［Geels 等，1989；Haberle 等，1993］。除非特大的沙尘暴天气，一般火星上秋冬季节的沙尘会对大部分的太阳光有散射作用，但只能对其中很少的一部分完全遮蔽。不像太阳能热动力系统中的反射器，光伏电池板能够从任何一个方向接收太阳能。因此，在火星上的任何一个季节，都能够以几乎相同的效率工作。虽然光伏系统只能够做到约 12％的能源转换效率，但系统除了输出电力和自身发热之外几乎不产生额外的热能。如果尘埃直接降落在面板上，也会降低太阳能电池板的工作效率，可以由人用小刷子对太阳能电池板进行清洁，或者在太阳能电池板上增加自动的刷子。

风能可以作为基地能源的补充。风车已经在地球上出现了几百年，其结构简单，在火星上也有良好的应用前景。当然，大的沙尘暴是间歇性的，因此以其作为一个真正的动力源价值有限。此外，火星的大气厚度是地球的大气层的 1％，并且海盗号测量到的地面风速只有约 5 米/秒（10 英里/小时），这意味着潜在的风能很小。然而，在高海拔地区测得的风速约为 30 米/秒，这将得到与在地球上 6 米/秒（12 英里/每小时）风相同的风机功率，这是一个可观的数量。因此，必须把风车建造在高海拔地区，以使其更加实用。目前我们不知道具体的风车建造位置，但可以利用火星上 38％的引力场来将风车建得很高。

利用地热能

在地球上，地热发电是自火力发电、水力发电和核能发电之后的第四大电力来源。它提供了世界上约 0.1％的电力，甚至冰岛的电力大部分来自于地热（超过 500 兆瓦）。地球上一个单纯的地热发电通常会产生 1～10 兆瓦的电——相对地球的标准来说很小，但对于火星基地来说却是很大。在地球上，这样的地热发电站从钻井启动到运行需 6 个月。记录的运转时间可以达到 97％，仅次于水力发电。除了提供大量的电力，地热电站还可以为火星基地提供另一种同等重要的东西——大量的水。在地球上，地热发电有一个很大的缺点：地热发电站只能在特定的地方。因为城市的位置是已经固定的，这种限制往往成为一个问题。然而火星上城市尚未建立，鉴于对电力和水的供应价值，这种资源可能会决定火星基地的位置。

火星上存在巨大的火山地貌，例如形成不到200万年的塔尔西斯火山。地质学家研究火星时考虑将约4%的星球表面（约500万平方千米）归类为“亚马逊上层”。这种归类主要适用于伊雷泽姆、阿卡迪亚和亚马逊古陆的北部地区，以及赤道地区的塔尔西斯地区。亚马逊上层意味着这些地区过去5亿年内发生过火山活动或洪水，导致地表重建。从地质学的角度来说，200万年前就是一瞬间。如果火山曾经活跃的话，它们现在同样可能是“活”的。此外，正如我们所见，火星有大量水可供应，至少在一些地方的地下一千米之内存在液态水。如果一个区域最近是地热活跃的，这种水的热量足够作为实际能源。

这里考虑只将亚马逊上层地区考虑为合适的候选区，这片区域都是近5亿年内形成的。我们进一步发现，10%或50万平方公里，具有大概不到5千万年的历史；1%（5万平方千米）具有大概不到500万年的历史；以及0.1%（5000平方千米）可能在过去50万年之内是活跃的。

我们不需要从活火山区域提取地热资源，在地质活动平息后地面仍能保持长时间的热量。在Martyn Fogg［1996］关于地热能的开创性论文中，得到了火山喷发后火星地表温度和热能随时间变化的模型，表15-6总结了他的研究结果。

表15-6　火星地热能参数表

	活跃时间/百万年					
	0.5	5	10	20	50	>150
0 ℃等温线深度/km	0.29	0.65	0.91	1.29	2.04	3.53
60 ℃等温线深度/km	0.62	1.38	1.95	2.76	4.35	7.53
100 ℃等温线深度/km	0.84	1.87	2.64	3.73	5.88	−10
200 ℃等温线深度/km	1.38	3.09	4.36	6.17	9.73	−17

续表

	活跃时间/百万年					
300 ℃等温线深度/km	1.92	4.30	6.09	8.61	—13	—24
6 km 以上的能量/（GW-yr/km^2）	190	63	34	16	2.5	0
10 km 以上的能量/（GW-yr/km^2）	578	219	135	77	30	3.3
可能可用的土地/（1000 km^2）	5	50	100	200	500	充足

作为参考，目前钻井技术水平能够钻探约 10 千米的深度。火星引力小，挤压土壤的力度相对更轻，应该容易钻到更深。对于过去 500 万年已有地热活动的大片区域，钻井时只需几千米就可以得到温度非常高的水。一旦带到表面，就可以利用水瞬间变成蒸汽的能量驱动涡轮发电。在火星上这个过程将比在地球上更有效，因为低气压能使蒸汽在凝结之前扩散得到更多的能量。该过程中产生的“废”水可以完全满足基地需求，剩余部分将重新回到地下，补充地表下的含水层。

15.2　月球资源开发

月球岩石和土壤中含有大量的资源，可以用于未来基地，支持研究或深空发射任务。讨论的焦点是氧，它最可能被用于推进，进而用于生命保障。人类每天呼吸只需要几千克的氧气，但月球基地需要大量氧化剂来作为火箭的燃料。对于氢氧火箭而言，液氧约占推进剂质量的 86%。迄今为止，原位生产火箭推进所用的氧是月球资源中最有价值和最省质量的部分［Joosten and Guerra, 1993］。

可以采用多种方式对所提及新技术和常规技术的效益进行比较。例如，可以直接将月球生产的氧气质量和从地球携带的氧气质量进行对比。Joosten and Guerra［1993］估计采用火箭将航天员从月球表面运送到地球需要 10000 千克的液氧。他们设计了一个每年能从月球岩石中提取 20000 千克氧的生产装置，最终这个装置质量约为 20000 千克（加上支持设备）。然后需要 2 艘运力为 10000 千克的货运飞船，将这些质量运送到月球表面。同种情况下，“常规”技术是使用相同的运载火箭来运送液氧并存贮在月球上。这种比较表明，如果每年有超过两次的飞行任务去同一个位置，则第二次飞行任务后，月球生产的氧会实现一个净质量效益增值。一旦设备到位并且成功运转，效益会随着以后的每次成功飞行而增加。

15.2.1　月球制氧设计

表 15－7 概述了如何使用表 15－2 中列出的原理设计一个月球制氧设备，用于生命保障和推进的氧气需求取决于制备方法和制备环境。该分析估计了工厂的产量、功耗和成本。工厂设计详见鹰工程［1988］研究，Joosten 和 Guerra［1993］进行了总结。

15.2.2　资源评估

所有的开采作业必须进行资源评估，遥感技术可以帮助确定月球表面提取氧气的潜力。

在 6 次阿波罗任务和其他 3 次月球任务带回的样品中，并不含有游离的氧、水、冰或含水矿物质。但是，无论月球岩石还是土壤中确实含有质量分数约 45%的氧，包括金属或非金属形式的氧化物。如果采用热能、电能或化学能来打破化学键，则氧是可以被提取出来的。如表 15－8 所示，已经有超过 20 种不同的方法可用于月球提取氧气。

还原技术，特别是那些用氢作为还原剂的，是最成熟的技术。该技术已被广泛研究，并被实际的月球样品所验证［Gibson 等，1994；Allen 等，1994，1996a，b］。

表 15－7　月球制氧设计

步骤	选项	参阅章节
1. 确定氧的需求量	生命保障； 航天器推进	第 5，18 章； 第 24 章
2. 定位和评估潜在的制氧资源	富含铁的土层或永久无光照极地中的冰	第 15.2.2 节
3. 选择提取氧的方法	氢还原，冷凝，水电解； 冰提取，溶解，水电解	第 15.2.4 节； 第 15.2.5 节
4. 选择加工温度	氢还原：900～1050 ℃； 冰提取：50℃	第 15.2.4 节； 第 15.2.5 节
5. 选择加工时间	氢还原：1～3 小时； 冰提取：1～3 小时	第 15.2.4 节 第 15.2.5 节
6. 确定氧的产量	氢还原：2%～5%，取决于土壤成分； 冰：只限在两极，0.3%～1.0%(质量)	第 15.2.4 节，15.2.6 节； 第 15.2.5 节

表 15－8　月球提取氧的推荐方法▲

还原钛铁矿（H_2，CO/CO_2，CH_4，H_2S，Li，Na）
还原月壤、月岩和松脂石（H_2）
碳热还原法
月壤中提取法（F_2）
碳氯化法
融化电解法
流动融化电解法
月壤等离子体电解法
等离子体还原钛铁矿法
溶解与电解法（HF，HCl，H_2SO_4）

▲：源自：Taylor and Carrier [1992]，Joosten and Guerra [1993]。

如下所述，仅凭土壤中的铁含量就能够预测氢还原过程中产生的氧量。因此，只需要知道土壤中的铁元素含量，就可以评估月球上任何位置的氧产能。在全月球范围内，近地表面的铁含量已由航天器带回的数据估算出。铁是阿波罗 15 号和 16 号执行任务期间在轨测量的几种元素之一，该测量采用了伽马射线测定法［Davis，1980］。这些数据涵盖了约 20%的月球表面，空间分辨率大约为 100 千米。月球勘探者号航天器携带的仪器提供了较高空间分辨率下整个月球表面的铁含量信息［Lawrence 等，1998］。

1995 年，Lucey 等人开发了一种基于在轨多光谱成像技术的铁含量评估方法，将铁含量与 750 和 900 纳米自反射率值的参数关联起来。作者使用克莱门汀号航天器的数据对几乎整个月球表面的铁含量图像进行绘制。最初研究的空间分辨率为 35 千米，但克莱门汀号航天器收集的数据可以支持 100～300 米分辨率的月球任意地点的铁含量图像绘制。从数据上看，克莱门汀号探测器计算的铁含量数据与月球勘探者号获得的数据能够很好地吻合在一起［Lawrence 等，1998］。

Arnlod［1979］对月球可能含有挥发物（包括水冰）的永久阴影极地陨石坑冷阱进行了建模，遥感数据证实了这些预测到的冰的存在。来自克莱门汀号航天器的图像显示，月球两极附近存在着永久无光照的撞击坑。根据克莱门汀号航天器与地球雷达数据，已初步确定其中一些撞击坑中存在水冰［Nozette 等，1996］。

月球勘探者号航天器分别在月球两极地区发现了储量约 30 亿吨的水冰。这些水冰全部被 40 厘米厚的干燥月壤所覆盖，并存在于永久无光照陨石坑内［Feldman 等，1998］。

15.2.3　制氧需求

在月球表面生产能够作为推进剂组分的液氧要求比较严苛。两种生产方式（氢还原和冰处理）既具有相同点也具有不同点，如图 15－1 所示。

这些单元中许多要素涉及到的技术在地球上是很常见的。例如，水的净化和电解，氧和氢的低温存储与传输，以及高温蒸汽冷凝和冰的融化等。阿波罗登月计划证明了我们能够精确着陆，并在月球表面

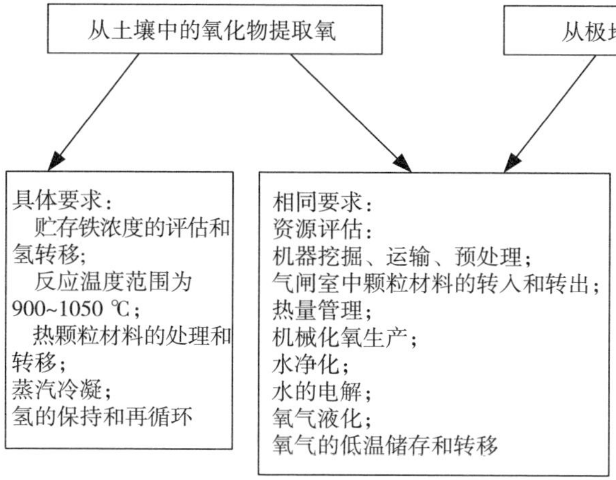

图 15－1　月球上制氧方法

移动。而其他的一些要素需要进行持续的研究和发展，如对数以吨级的细小月壤进行挖掘、移动、处理和传输。另外，在永久阴影陨石坑的黑暗和寒冷环境中采矿作业也将会是十分艰巨的任务。

15.2.4　用氢还原钛铁矿、岩石、土壤和松脂石

在找不到水冰的地区，可以通过氢气还原反应的方法提取氧：将含有铁的月球矿物质和玻璃加热到 900℃以上，使其暴露于氢气中，让铁得到还原。基本方程是

$$FeO + H_2 \rightarrow Fe + H_2O \qquad (15-9)$$

氧元素含在反应生成的水蒸气中。将混合气体中的氢气及其他杂质去除后，将其电解成氧气和氢气，将氧气冷凝为液体并存储，然后回收氢至反应器中。采用月球钛铁矿、岩石、土壤和松脂石样品的实验已经验证了所需的条件和该过程的有效性。

钛铁矿

月球资源利用的大量工作都集中在用钛铁矿（$FeTiO_3$）生产氧气上［Chambers 等，1995］。这种矿物容易还原，而且 8%～10%的产氧率（单位钛铁矿质量中生产的氧气质量）也是可以实现的。在

一些月球玄武岩中钛铁矿所占质量百分比高达 25%。以单位质量岩石生产的氧量计算，采用岩石产氧率范围可达 2%至 2.5%之间。

使用钛铁矿的月球制氧方案极大地依赖于对矿物进行分离处理，处理后需要加热的原料大大减少，从而节约大量热能。处理包括尺寸筛选和磁性分离，但在处理前必须先对月岩进行粉碎。所以，在月球上仅用钛铁矿生产氧气意味着必须在原料预处理上投入大量的能源。

月岩

第一个制氧实验使用的是富含钛铁矿的月球玄武岩样品，实验中样品被粉碎，但没有再经过其他处理方式 [Gibson 等，1994]。在 1050℃下对这个样本使用氢还原的方法制造了样本重量 2.93%的氧气。在月球玄武岩矿物质制造氧气过程中，大部分氧气来自钛铁矿，少量来自橄榄石和辉石。

土壤

制造氧气的原料还包括分布广泛且未经处理的月壤，即使是包含很少或不含钛铁矿的月壤，都可以用来制备氧气 [Allen 等，1994，1996a，b]。图 15 - 2 给出了四种月球土壤在 1050 ℃氢气环境下的氧气生成量。在最初的 30～60 分钟氧提取速率最快，但直到 3 小时之后原料中的氧元素还能够被继续提取。月壤中氧气产量与最初铁元素含量表现出明显的正比关系（如图 15 - 3）。月球土壤中的主要含铁物是钛铁矿、橄榄石、辉石、玻璃石等，每种物质都是一种氧气来源。钛铁矿和富含铁的玻璃石的化学反应最为迅速和彻底，橄榄石的反应活跃性较差，辉石是在月球土壤中反应活跃性最差的。

月球制氧的最佳原料应该是松脂石 [Hawke 等，1990]。在阿波罗样品中发现至少 25 个不同的松脂石产区。其中富铁物质具有特别高的氧气产出率。由阿波罗 17 号带回的沉积物样本（图 15 - 4）拥有均匀细密的纹理且易碎，制氧反应迅速，同时之前几乎不需要进行预处理。

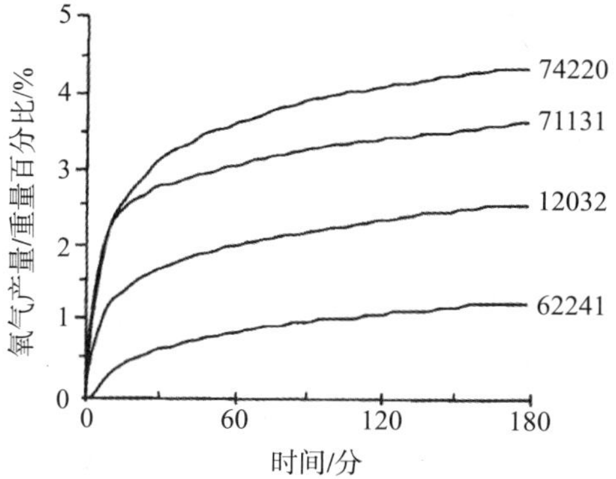

图 15－2　在反应温度为 1050 ℃的氢气环境中，月球样本 74220（松脂石）、71131（母马土壤）、12032（母马土壤）和 62241（高地土壤）随时间变化的氧气释放量［由 Allen 等修正，1996b］

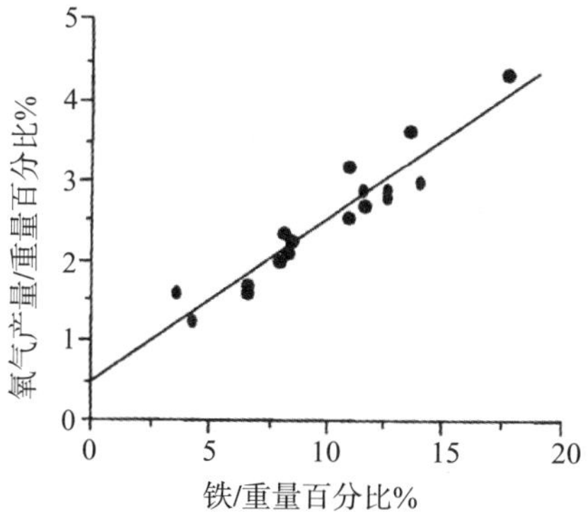

图 15－3　在反应温度为 1050℃的氢气环境中，氧气产量与月壤铁含量的函数关系［由 Allen 等修正，1996a］

总结——来自于氢还原的氧

图 15－3 表明可以在 1050℃下使用氢还原方法从月壤中提取氧气，产率在 1%～5%之间，这取决于土壤成分。通过增加氢气流速和反应时间可以略微提高产量，但温度过高会使得土壤融化或烧结，因此很难通过提高温度来提升产量。超过 1050℃发生的烧结现象使

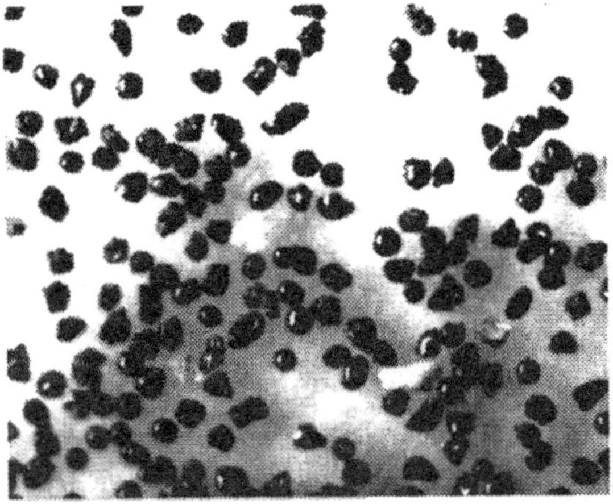

图 15-4 由阿波罗 17 号航天员带回的富铁松脂石样本的显微图像▲

▲：微粒的平均大小为 40 微米。完全还原这种富铁松脂石所含的氧化铁产生将近总重的 5%的氧气［Allen 等，1996］。在 1050℃的温度下，能够在 3 小时后获得 80%以上的氧（图 15-2）。［Johnson 空间中心图像 S73－15085］

得固体颗粒变为很难控制的多孔结构，氢气的还原反应是气体与固体之间的反应，需要固体颗粒具有相对较大的表面积，而熔化和烧结都会大大降低表面积，从而使得反应速度降低［Allen 等，1994］。

15.2.5 从极地冷阱的冰中提取氧

月球上的沉积冰是一个潜在的重要资源，若要进行利用，首先要对其进行开采并提纯。需要在完全黑暗的低温环境中进行挖掘并将冰（混合土）通过运输系统带到处理基地。处理过程需要将冰融化 1～3 个小时，分离纯水和杂质，再将水电解，最后把氧气液化并储存。

月球水冰制氧应该是比还原土壤消耗能量更少、复杂度更低的过程。冰/土壤混合物只需要加热到约 50 ℃之后，就会产生水，冰和土壤分离，而氢还原需要达到近 1000 ℃的温度，因此将节省大量的能量。当冰融化后得到了液态水，就可以立即电解产生氧气。与此相反，氢还原的产物是高温蒸汽，它必须在电解之前冷却和冷凝成液体。冰融化不需要其他反应物，但氢还原需要添加氢气。这两个过程都需要相同能量电解水产生氧气和氢气，并将氧气液化。但是冰融化法的电解水产物中的氢气可以作为额外资源，而从电解还原反应中产生的氢气必须被有效地回收到反应器中再度进入反应循环。

小结——从月球冰中提取氧气

月球冰储存在两极附近很小的区域。阿波罗任务和月球号任务带回的样品分析表明其他的月球土壤和岩石是干燥的。只有在极地撞击坑中的永久阴影区才有可能存在地下冰。克莱门汀号发回的图像和月球勘探者号取得的数据表明，只在不到月球表面百分之一的几个极地撞击坑内存在冰［Nozette 等，1996；Feldman 等，1998］。

来自月球沉积冰产生水进而制备氧气的量还不能确定。月球勘探者号获得的数据显示冰也可能集中存在于干燥的月球土壤之下。微小陨石会撞击任何月球的裸露表面，月球土壤的研究表明撞击将小颗粒溅射到几十到几百千米之外［Mckay 等，1991］。这些颗粒也将覆盖住冷凝的沉积物或与之混合在一起。因为不知道进入撞击坑的溅射物的量，所以无法预测冰沉积物可能的纯度。轨道观测数据表明存在一些含有大量冰沉积物的地点，但还要在月球上进行分析，判断其中可作为氧气制备原料的冰的含量。

15.2.6　月球制氧设备参数

目前已有一个模型能够估计月球土壤制氧设备的质量、功耗和成本。该模型来源于“鹰工程”［1988］的早期工作，并基于月壤在实验室内的结果进行了修正［Allen 等，1994，1996 a，b］。

Joosten 和 Guerra［1993］采用这个模型估算了从月球玄武岩钛铁矿中提取氧气的设备，每年能实现 2 万千克的产量。他们得出设备质量为 7300 kg，飞行器质量为 7700 kg，核能装置质量为 5000 kg，能量峰值为 60 kWe，开发成本按 1993 年财政年度计算为

34 亿美元，这些数字可作为衡量要求或过程变化的基础。

鹰工程模型［1988］对氧气生产率很敏感。因此，如果将年需求量减少至 1 万千克，则计算出的质量、功耗与成本将减半。该模型的结果与所用岩石或土壤单位质量的氧气产出率也是负相关的。原料从高钛铁矿土壤（最大产率按重量的 2.5%计）改变为富铁松脂石（最大产率按重量的 5%计），制氧设备质量、功耗、以及成本可以再次减半。

$$质量 = 20000 \times (rate/20000) \times (2.5/yield) \quad (15-10)$$

$$能量 = 60 \times (rate/20000) \times (2.5/yield) \quad (15-11)$$

$$成本 = 3.4 \times (rate/20000) \times (2.5/yield) \quad (15-12)$$

式中 质量——生产设备，运输设备和能源设备的总质量（千克）；

rate（生产率）——氧气生产率（千克/年）；

yield（产出率）——从原料中提取的氧气质量（百分比）；

能量——能量峰值（千瓦，功率）；

成本——建设花费（以 1993 财年为例，十亿美元为单位）。

15.3 月球基地案例

在此考虑一个原位资源利用案例，假设将在靠近月球南极的地方建立一个小基地。已知极地中永久阴影区的撞击坑内存在冰，所以设计载人航天飞行任务以调查这种潜在资源的可用性。这次任务将包括定量验证从月球撞击坑外的土壤和冰的样品中生产氧气的设计。

15.3.1 从土壤中提取氧气

依据初步研究，采用表 15－7 中设计的流程，根据每年 1 万千克氧气的生产需求来估算设备参数。基于已发现富铁月壤沉积情况设计氢还原反应。小规模试验表明，该土壤在 1050 ℃下进行 3 小时还原反应，会得到单位重量 3.5%的氧气。该制氧设备的参数可由 15.2.6 节中的方程计算得出：

$$总质量=7143\ \text{kg}$$
$$能量峰值=21\ \text{kW}_e$$
$$花费=12\ 亿美元$$

15.3.2　从冰中制取氧气

一旦制氧设备开始运行，就可以对水冰资源进行评估。这是一个具有挑战性的任务，因为在撞击坑底部发现的冰，都是在低温和完全黑暗环境下存在的。一个小型自动月球车将考察多个冷阱，通过使用低温钻机，提取可能与月壤混合的冰样，然后将其带回基地分析。便携式风化层逸出气体分析仪［McKay and Allen，1996］将与阶梯式加热质谱分析相结合，在基地进行样本分析研究。样本的一部分会在冰点以下的温度保存，可能将其带回到地球进行更详细的分析。

称重后的冰/土壤混合物样品将被加热以监控冰的融点，并测量其纯度。进一步加热会将水和其他挥发性物质汽化，再使用质谱仪进行量化。这些分析将量化冰/土壤的混合比以及其他可能影响氧提取的挥发性物质的存在。

如果实验室的化学实验表明存在有价值的冰沉积物，可以使用这种材料作为制氧工厂的原料。冰可以融化并在低温下从土壤中分离（约 50 ℃），然后水可以被电解产生氧气。对于一定质量的液态氧，从冰/土壤混合物中生产的总能量需求更低，成本也比通过高温氢气还原土壤生产低得多。但实际上的节省会与挖掘和运输富含冰物质的难度，以及制氧设备在月球两极附近选址的巨大限制相抵消。

参考文献

[1] Allen, C. C., R. V. Morris, and D. S. McKay. 1996a. Oxygen Extraction from Lunar Soils and Pyroclastic Glass. J. Geophys. Res. 101: 26, 085 - 26, 095.

[2] Allen, C. C., J. M. Woodell, and D. S. McKay. 1996b. Volcanic Glass - Oxygen Ore on the Moon, in Engineering, Construction, and Operations in Space V. New York, NY: American Society of Civil Engineers.

[3] Allen, C. C., R. V. Morris, and D. S. McKay. 1994. Experimental Reduction of Lunar Mare Soil and Volcanic Glass. J. Geophys. Res. 99: 23, 173 - 23, 185.

[4] Arnold, J. 1979. Ice in the Lunar Polar Regions. J. Geophys. Res. 84: 5659 -5668.

[5] Ash, R., W. Dowler, and G. Varsi. 1978. Feasibility of Rocket Propellant Production on Mars, Acta Astronautica. 5: 705 - 724.

[6] Boyd, R., P. Thompson, and B. Clark. 1989. "Duricrete and Composites Construction on Mars." AAS 87 - 213 in C. Stoker, ed., The Case for Mars, III. Vol. 75 of the Science and Technology Series of the AAS. San Diego, CA: Univelt.

[7] Chambers, J. G. et al. 1995. Quantitative Mineralogical Characterization of Lunar High - Ti Mare Basalts and Soils for Oxygen Production. J. Geophys. Res. 100: 14, 391 - 14, 401.

[8] Clapp, M. and M. Scardera. 1984. "Applications of In - Situ Carbon Monoxide/ Oxygen Propellant at Mars." AAS 87 - 212 in Proceedings of The Second Case for Mars Conference. Boulder, CO. See also papers by Clark, Petit, Ash, Giudici, and Zubrin and the same proceedings.

[9] Davis, P. A. Jr. 1980. Iron and Titanium Distribution on the Moon from Orbital Gamma Ray Spectrometry with Implications for Crustal Evolutionary Models. J. Ceophys. Res., 85: 3209 - 3224.

[10] Eagle Engineering. 1988. Conceptual Design of a Lunar Oxygen Pilot Plant. NASA Contract Number NAS9 - 17878 EEI Report 88 - 182. Houston, TX: NASA Johnson Space Center.

[11] Feldman, W. C. et al. 1998. Fluxes of Fast and Epithermal Neutrons from Lunar Prospector: Evidence for Water Ice at the Lunar Poles. Science. 281: 1489 - 1493.

[12] Fogg, M. 1996. Geothermal Power on Mars. Journal of the British Interplanetary Society.

[13] French, J. 1984. "The Impact of Martian Propellant Manufacturing on Early Manned Exploration." AAS 84 - 178 in Proceedings of The Second Case for Mars Conference. Boulder, CO. See also papers by Clark, Clapp, and Cordell and the same proceedings.

[14] Geels, S., J. Miller, and B. Clark. 1989. "Feasibility of Using Solar Power on Mars: Effects of Dust Storms on Incident Solar Radiation." AAS 87 - 266 in Stoker, C., ed., The Case for Mars, III. Vol. 75 of the Science and Technology Series of the AAS. San Diego, CA: Univelt.

[15] Gibson, M. A. et al. 1994. Reduction of lunar basalt 70035: Oxygen Yield and Reaction Product Analysis. J. Geophys. Res., 99: 10, 887 - 10, 897.

[16] Haberle, R. et al. 1993. "Atmospheric Effects on the Utility of Solar Power on Mars." In Lewis, J., ed. Resources of Near - Earth Space. Tucson, AZ: University of Arizona Press.

[17] Hawke, B. R., C. R. Coombs, and B. Clark. 1990. Ilmenite - Rich Pyroclastic Deposits: An Ideal Lunar Resource. Proc. Lunar Planet. Sci. Conf., 20: 249 -258.

[18] Joosten, B. K., and L. A. Guerra. 1993. Early Lunar Resource Utilization: A Key to Human Exploration. Paper No. AIAA 93 - 4784 presented to the AIAA Space Programs and Technologies Conference. Huntsville, AL, Sept. 21 - 23.

[19] Lawrence, D. J. et al. 1998. Global Elemental Maps of the Moon: The Lunar Prospector Gamma - Ray Spectrometer. Science. 281: 1484 - 1489.

[20] Lewis, J., ed. 1993. Resources of Near - Earth Space. Tucson, AZ: University of Arizona Press.

[21] Lowell, Percival. 1895. Mars. Boston, MA: Houghton Mifflin.

[22] Lucey, P. G. , G. J. Taylor, and E. Malaret 1995. Abundance and Distribution of Iron on the Moon. Science, 268: 1150 – 1153.

[23] McKay, M. F. , D. S. McKay, and M. B. Duke. 1992. Space Resources. SP – 509. Washington, DC: National Aeronautics, and Space Administration.

[24] McKay, D. S. et al. 1991. "The Lunar Regolith" in Lunar Sourcebook (G. Heiken, D. T. Vaniman, and B. M. French, eds.), Cambridge, NY.

[25] McKay, D. S. and C. C. Allen. 1996. "REGA (Regolith Evolved Gas Analyzer)," in Engineering, Construction, and Operations in Space V. New York, NY: American Society of Civil Engineers.

[26] Meyer, T. and C. McKay. 1981. "The Atmosphere of Mars – Resources for the Exploration and Settlement of Mars" in Proceedings of The Case for Mars Conference. Boulder, CO.

[27] Nozette, S. et al. 1996. The Clementine Bistatic Radar Experiment. Science, 274: 1495 – 1498.

[28] Ramohali, K. 1991. Technologies of ISRU/ISMU. Paper presented at the 42nd Congress of the International Astronautical Federation, Montreal, Canada.

[29] Taylor, L. A. , and W. D. Carrier III. 1992. "The Feasibility of Processes for the Production of Oxygen on the Moon," in Engineering, Construction and Operations in Space Ⅲ. New York, NY: American Society of Civil Engineers.

[30] Rocketdyne Chemical and Materials Technology Division. 1990. Theoretical Performance of Rocket Propellant Combinations. Canoga Park, CA: Rocketdyne Chemical and Materials Technology Division.

[31] Williams, J. , S. Coons, A. Bruckner. 1995. Design of a Water Vapor Adsorption Reactor for Martian In – Situ Resource Utilization. Journal of the British Interplanetary Society. Aug. 1995.

[32] Zubrin, R. , T. Kito, and B. Frankie. 1997. Report on the Construction and Operation of a Mars Methanol In Situ Propellant Production Unit. Final Report on NASA Contract NAS9 – 97082, Presented to NASA Johnson Space Center, September 15.

[33] Zubrin, R. et al. 1995. Mars Sample Return with In – Situ Resource Utilization:

An End to End Demonstration of a Full Scale Mars In – Situ Propellant Production Unit. Martin Marietta Final Report on Contract NAS 9 – 19145. Presented to NASA JSC Jan. 13，1995.

[34] Zubrin，R. 1996. The Case for Mars. New York，NY：The Free Press.

第 16 章　热控制

Michael K. Ewert，Dr. Donald M. Curry，美国 NASA 约翰逊航天中心
Dr. Chin H. Lin，Robert G. Brown，美国 NASA 约翰逊航天中心

16.1　热控制系统概念设计
16.2　热控制的基本原理
16.3　热控制硬件
16.4　热环境
16.5　热分析工具
16.6　热防护系统
16.7　被动热控制
16.8　主动热控制
16.9　案例：月球南极任务

热控制系统必须为居住在载人舱的乘组人员提供舒适的温度，为所有其他系统和设备提供适宜的工作温度。本书第 5 章描述了大部分人感觉舒适的大气条件范围。为了从舱内大气中去除足够的湿度和热量，通常需要 6 ℃左右的冷却温度。一些设备同样要求有较窄的温度变化范围，如电池和推进剂贮箱等。其他如太阳能帆板或结构件等设备，则可以在一个较大的温度变化范围内工作。

航天器一般可以通过主动式或被动式系统来进行热控制，许多小型卫星使用被动热控制。航天器通过热传导和表面热辐射可以排放热量并使产热设备的温度下降，太阳加热保持航天器其他部分不会变得太冷。细致的几何学设计和布局以及绝缘、加热器、热管、排气孔等都属于通用的被动热控技术，能够将航天器所有部分的温度维持在可接受的程度。

载人航天器要求较高的功率水平以及对人类适宜的温度，必须给这些被动系统增加主动控制。主动控制则意味着实现质量、信息或能量的流动，通常利用某种回路使流体（如液体、气体或液气二相）循环，通过对流热传递来增大传导和辐射作用。大型航天器上的主动热控制使用内部和外部系统，分别具有运行于压力舱内部和外部的泵驱动流体回路。航天器或居住舱的电源系统常用独立的流体回路实现热控制，但是其部分的或全部的冷却来自内部或外部系统。图 16－1 展示了航天飞机系统实例。

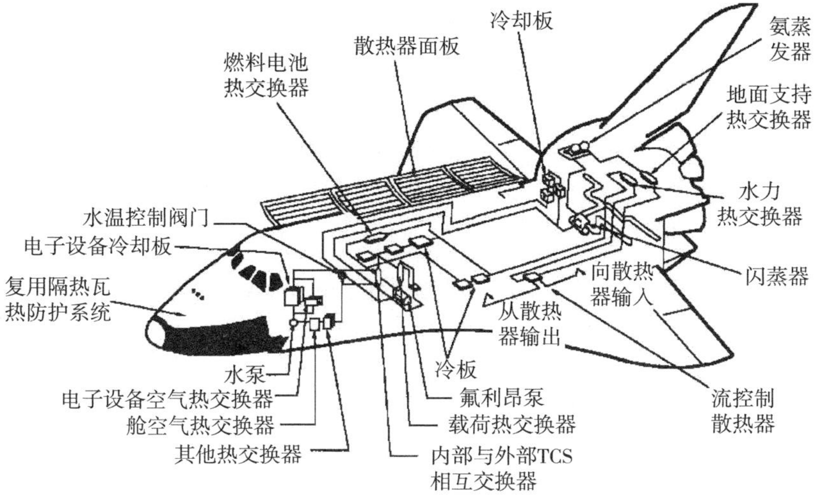

图 16－1　航天飞机的热控制系统▲

▲：该系统综合了主、被动单元以在轨道飞行和短期再入过程中保护航天飞机

热防护系统将航天器与诸如太阳、深空、尤其是再入大气产生的热量等极端热源和热沉屏蔽开来，为整个航天器提供第一道防护线。外防护用于驱散热量的进入，可以采用的技术如第 16.6 节阐述的辐射、吸收或者两者相结合。舱体和有效载荷舱内的液体冷却回路从不同的热源提取热量并通过若干设备将其排放掉。在轨排放热量时，热辐射器面板将热量辐射到深空中去，这些面板是一些大而薄且附着液体流动管的镀铝薄片。

我们必须把上述的热控制系统（TCS）各个方面进行集成，不仅将其各部分集成，而且与航天器其他系统集成。热控系统与电源系统联系最紧密，源自事实上航天器上产生的所有电能最终都会转化废热，由热控制系统排放掉。

16.1 热控制系统概念设计

表 16-1 总结了概念设计过程。首先确定总任务需求，例如任务周期和目的地，这些需求确定了热环境，并且是选择热沉的关键因素。热沉可以是金属组片或者流体回路，用于吸收热量并将热量携带至可将其辐射到太空中的地方，也可以通过使液体沸腾并将其排放到太空来散热。在飞往目的地的途中航天器常会经受大幅的热环境变化，所以必须对所有的任务阶段进行检查（参见表 16-2）。

表 16-1 热控制系统的概念设计▲

步骤	注释	讨论章节
1. 定义任务需求	概要：持续时间、目的地、任务阶段	表 16-2
为任务每个阶段计算热载荷总和（电子设备、新陈代谢、舱壁及其他热源）	假定全部内部电子载荷和外部载荷 100% 需要主动冷却（电池、具有窄温度带宽的储箱等）； 忽略除再入阶段外的舱壁热泄漏或热增益	第 16.1 节； 第 16.8.3 节； 估算再入过程舱壁热增益的公式（16-9）
确定乘组和设备温度需求	“用户”对热控制系统的需求	第 5 章，第 18 章，第 20 章
确定航天器或行星基地的热环境	每一任务阶段	第 15.4 节，第 16.5 节
2. 选择热防护系统	确定材料	第 16.6 节
3. 确定哪些设备使用被动控制	利用绝缘、加热器等	第 16.7 节

续表

步骤	注释	讨论章节
4. 在确定热控制的内部和外部设定点温度后，估算热交换循环和热沉（消耗性热沉、热容或散热器）规模大小	必须覆盖每一任务阶段，基于任务周期选择热沉。如果结果近似，就需要进行分析。将散热器温度估计为热控制系统外部设置温度减去 3 ℃或者低于内部热控制系统最低所需温度 6 ℃	参见表 16－3 和第 16.8.1 节，决定是否利用易耗热沉或热容。参见第 16.2 节和表16－4 来估算散热器的规模
5. 确定将所有主动冷却热源连接到热沉的热控制系统结构	选择采用内部、外部或单独的电源系统热控制系统回路，选择采用单阶段或是双阶段，或者其他设备要求	第 16.8.2 节～第 16.8.5 节考虑冗余如何影响安全和可靠性
6. 计算其他部分的大概尺寸和容积	加热器、泵、热交换器、波导管	第 16.2 节，第 16.3 节
7. 估计质量、功率、体积和指向需求	完成热控制系统概念设计	表 16－7
8. 必要时进行迭代并将决策形成文档记录	改进设计	第 2 章

▲：依照该过程可以估计热控制系统所需的热容、质量、功率和体积。

表 16－2　不同任务阶段典型的热需求▲

任务阶段	典型需求	约束条件
发射前	大部分飞行器系统加电，需要冷却	如果不能接入地面支持冷却循环回路，那么选择短期热沉
上升段	短暂的（几分钟），飞行器电容通常充足	振动、地球引力
近地轨道	避免太阳与地球正对散热器。可能包括与另一航天器对接	航天器空间视野妨碍、姿态约束、微重力
再入地球大气层	大量通过舱壁的热增益	对于蒸发器或者升华器在低于30 km后处于非真空，高的地球引力
着陆后	在地面支持到达前 0.5～1 小时	非真空、环境空气可能较热、需要规避有毒热沉污染地区

续表

任务阶段	典型需求	约束条件
飞向月球	3天	可能会遇到极冷环境，微重力
月面（低纬度）	停留数天到永久停留	由于表面和太阳原因中午左右处于炎热环境，晚上寒冷环境，热控制系统表面积累灰尘
月面（高纬度）	停留数天到永久停留	寒冷环境，热控制系统表面积累灰尘
飞向火星转移	3～12个月	环境可能变得非常寒冷，可能的微重力
火星表面	停留数天到永久停留	热控制系统表面积累灰尘，以及大气、风、大气压力对消耗性热沉的限制

▲：必须检查所有任务阶段的需求和约束。

我们通过计算所有航天器上的热载荷来决定热系统规模，这些热载荷包括来自乘员新陈代谢、舱壁吸收（或泄漏）、化学反应的热量等。当然，最大的贡献来自电子设备，典型而言，产生的热量占总热量的50%（转移飞行器）到99%（永久前哨战）。从热力学定律可知，航天器上产生的所有电能会最终转化为热能，所以本阶段能够容易和准确地假定热控制的全部热载荷等于电源系统容量。

下一步，研究全体乘员和设备对温度的需求。第5章给出了乘员有效工作所需的舒适温度，其他系统的设计者为其设备确定了温度极限。在压力舱内，空气在乘员和低功耗设备之间传递热量，具有高热量传递系数的液体回路可以对功率更大的设备进行冷却。外部条件可能会变化，如果外部设备温度必须维持在－50℃～＋50℃之间时，通常需要进行主动热控制。

现在通常可通过建立热力学数学模型来确定每个任务阶段的热环境。16.4节描述了自然条件以及诱导条件下的热环境。16.5节讨论了一些常见的有助于进行分析的手段，16.6节叙述了当飞行器进入大气层时如何选择热防护系统，16.7节给出了仅需被动热控制的设备。

一旦知道了需要排放的热量和环境，就能够分析能量平衡（热输入＝热排放）、进行初步规模估计以及硬件选择。任务周期和热环境的影响很大，决定着应利用短期热沉还是应通过辐射直接将热散到环境里去。短期热沉设备包括从航天器排出消耗性液体的装置，以及能在被处理前或任务结束前简单存储热量的热容。表 16－3（或图 16－2）和 16.8.1 节能够有助于进行选项分析以确定热量排放的最佳方式。对于可以使用消耗性热沉或热容的短期任务或任务阶段，热环境不会被作为设计的关键判断依据。16.8.1 节说明了如何确定此类系统的规模。

表 16－3　利用热沉代替散热器的一般指南▲

任务类型	如果持续时间低于以下值则使用易消耗性热沉
近地轨道	3 天
绕月轨道	1 天
月面（低纬度）	2 天或 3 天
月面（近极点）	1 天
绕飞火星	从不
火星表面	1.5 天

▲：对于极短期任务应使用消耗性热沉。

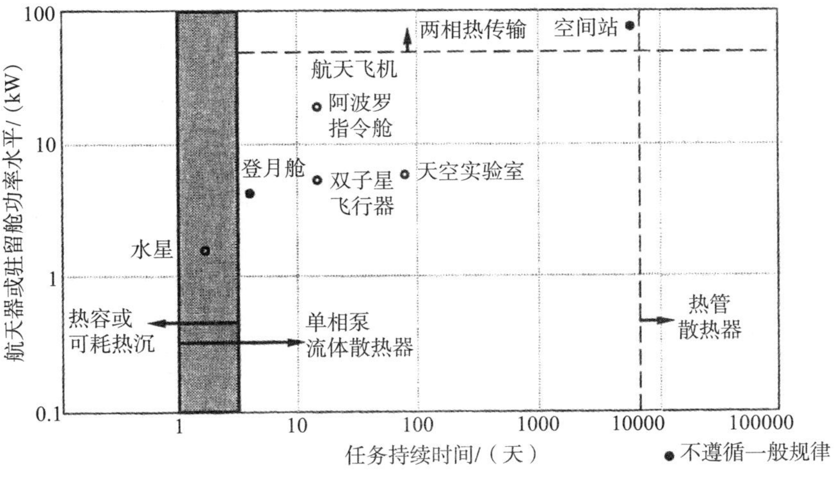

图 16－2　通过历史比较得出的主动热控制系统各类技术选择的一般范围▲

▲：设计主要基于任务持续时间和热排放量

对于散热器，可利用公式（16－4）或表16－4计算表面积A，该面积就是初步设计中近似的散热器性能。如果不使用热泵，散热器的平均温度应当接近最低制冷温度或外部热控系统设定点温度。所以通过预期的设定点温度可确定单位面积散热量的近似值。因此，所需的散热器面积可简单地定义为需要被排放的热载荷Q与表格中单位面积热辐射量的比值。

表16－4　空间散热器（初始设计）热排放量的典型值▲

散热器应用和类型	散热器平均温度/K	热排放量近似值*/（W/m²）
近地轨道—固定散热器	270 290	50 131
近地轨道—跟踪散热器	270 290	104 185
月球—低纬度（相对表面垂直）	270 290	＋ ＋
月球—低纬度（相对表面水平）	270 290	106** 187**
月球—轨道或者近极点（垂直或水平）	270 290	171 251
火星—表面（垂直或水平）	270 290	81 162
火星—转移	270 290	171 251

* 单位散热面积，通常包括形成散热面积的一个散热器的两侧，可能会在基于散热器温度所给出的两个数值之间。

＋热泵或所需的遮蔽（参见第16.8.5节）。

** 随着时间推移将会出现较大的退化，对于长期任务不具有可行性。

▲：利用这些数值，将要排放的热载荷除以热排放量近似值可以得到散热器的初步尺寸。

不同的任务阶段通常需要不同的设备来排放热量，估计不同选项的规模将有助于选择热控制系统的架构。在这一点上，可以决定是否使用内部加外部的热控制系统，以及确定基于质量、功率及体积最小值的电源系统冷却方法。也可以确定系统必需的安全性裕度、可靠性和冗余，选择更好的设备例如热泵、传递热量的两相系统以及在第 16.8.5 节中详细描述的热管散热器等。

一旦建立了系统架构，就能确定诸如加热器、泵、热交换器和波导管等其他组件的大致规模或容积。最后，通过资源估计（质量、功率、体积与姿态需求）完成热控制概念设计。表 16 – 5 总结了这一过程的输出。

表 16 – 5　热控制系统概念设计流程▲

输出	描述
质量特性	主要组件的质量
功率需求	系统需要的平均功率和峰值功率（光照与非光照）
体积	主要组件的装载体积
所需的散热器面积	所配置的、具有面向太空的良好视野的散热器表面积
指向需求	姿态或跟踪需求（如果有）
冗余	独立流体循环回路的数量
材料	为热控制系统选择的材料
系统框图	展示流体管路、温度、热源和热沉的图画

▲：热控制系统概念设计应该包括这些信息。

16.2　热控制的基本原理

可以通过传导、对流和辐射实现不同温度物体之间的热量传递。传导意味着通过没有流体运动的物质来传递热能，对流意味着流动的液体与固体界面之间的热能传递，辐射则通过电磁波来传递能量。在太空的真空环境里，辐射是建立航天器平衡温度的主要途径，因此外表面材料和光学特性非常重要。因为通常借助于流体来传输热量，因此流体动力学特性，如压力差、风扇和泵的性能等，对于估计泵、风扇、管路和导管尺寸大小也是重要的参考因素。

在直角坐标系中一维热传导基本方程为

$$Q = (kA/\Delta x)(T_1 - T_2) \tag{16-1}$$

其中，Q 是以瓦特为单位的能量传输速率，T_1 和 T_2 是固体上两个点的温度（单位为 K），k 是以 W/（m · K）为单位的热传导系数，Δx 是以 m 为单位的热传递长度，A 是以 m^2 为单位的热传递方向上的横截面积。

对流热传递来源于伴随大量流体运动的随机分子运动。当流体以不同温度流经固体时，速率与热边界层同步扩展。边界层的温度梯度与流体和固体的特性相关，可能或大或小。如果存在风扇、泵或其他外力作用，将会产生强制热对流。由于密度差异使重力场中流体产生的浮力，会导致自然或自由的对流。当使用风扇和泵时，自然对流相对强制对流可以忽略不计。因为自然对流需依靠重力才能产生，所以在微重力环境下自然对流也不复存在。

两种特殊的热对流是沸腾和冷凝，而且其中包含复杂的流体相变（液变气或气变液）。通常，对流的基本方程表述如下

$$Q = hA(T_s - T_f) \tag{16-2}$$

其中 Q 是以 W 为单位的热能传输速率，h 是以 W/（m^2 · K）为单位的热传递系数，A 是与 h 定义一致的对流表面积，T_s 是固体的表面温度，T_f 是自由流体温度。典型的对流热传递系数在表 16－6 中给出，实际数值可能变化很大。

表 16－6　典型的对流热传递系数

对流热传递类型	典型的热传递系数 h/［W/（m^2 · K）］
自由对流	5～25
强制对流，气体； 液体	10～250 250～10000
航天器舱，舱壁到空气（无重力）； 舱壁到空气（有重力）	2； 10
沸腾或冷凝	3000～100000

传导与对流需要传递热量的媒介，辐射则不需要。所有物质都

辐射电磁场能量，单位时间内总的辐射能量 Q 由下面公式给出

$$Q=\varepsilon\sigma AT^4 \tag{16-3}$$

其中 σ 是斯蒂芬—玻尔兹曼常数［（5.67×10^{-8} W/（$m^2\cdot K^4$））］，A 是以 m^2 为单位的表面积，T 是以 K 为单位的绝对温度，ε 是辐射系数，为在 0 和 1 之间的无量纲常数。辐射系数是物质的辐射能量与在同一温度下理想辐射体或者说黑体辐射能量的比值。某些黑色涂料有非常接近于 1 的辐射系数，抛光的金或银表面有非常低的辐射系数（0.03 左右）。

当辐射到达一个表面时，它会被反射、吸收或传递。辐射被吸收的百分比被定义为吸收率 α，被反射的百分比被定义为反射率 ρ，被传递的百分比被定义为传递率 τ，以上系数总和始终等于 1。

在某给定波长上，吸收率等于辐射系数。为了方便，可定义 α 为太阳能波长范围（0～25 μm）的表面吸收率（或辐射系数），定义 ε 为常温下反射波长范围（>25 μm）的表面吸收率（或辐射系数）。白色涂料因其具有较高的 ε 值和较低的 α 值而成为一种良好的辐射体表面。典型的 ε 和 α 值在参考文献［Larson and Wertz，1992］中给出，本章将在第 16.7 节中进一步讨论这个主题。

为了得出在给定温度下通过辐射排放给定总热量所需要的表面积 A（例如估计一个散热器的规模），可使用公式（16-4）：

$$A=Q/[\sigma\varepsilon\eta(T_r^4-T_e^4)] \tag{16-4}$$

式中，Q 是主动热控制系统必需排放的总热量；σ 是斯蒂芬—玻尔兹曼常数［（5.67×10^{-8}W/（$m^2\cdot K^4$））］；ε 是散热器辐射系数（通常为 0.9）；η 是散热器的叶片效率（通常为 0.8～0.9）；T_r 是散热器温度，T_e 是热环境的有效温度，两者单位均为 K。

16.3　热控制硬件

热控制系统包括绝热体、加热器、泵及热交换器，也包括如热管、散热器和冷凝器等更多专用设备。表 16-7 列出了一些组件质

量、功率及体积的典型数值。但是这些数值仅仅为近似值，因为组件的实际特性取决于不同的设计因素。

表 16-7　热控制系统（TCS）的典型组件及其特性▲

	质量/kg	功率/W	体积/m^3
主动热控制硬件			
热量拾取			
热交换器（>5 kW）	17＋0.25×容量，单位 kW	0	0.016＋0.0012×容量，单位 kW
散热板	12×容量，单位 kW	0	0.028×容量，单位 kW
热量传输			
带压缩机的泵	4.8×回路容量，单位 kW	23×回路容量，单位 kW	0.017×回路容量，单位 kW
波导管 & 电子管	对于主动热控制系统，增加 15%	忽略	
工具 & 控制器	对于主动热控制系统，增加 5%	忽略	忽略
液体（除消耗外）	对于主动热控制系统，增加 5%		
热泵	8×容量，单位 kW	（参见 Hanford and Ewert [1996]; Ewert [1993]）	
热量耗散		忽略	
散热器（展开）	8.5（或 17）/ m^2，对应于双侧（或单侧）辐射		0.06（或 0.12）/ m^2
散热器（固定）	5.3（或 10.6）/ m^2，对应于双侧（或单侧）辐射		0.02（或 0.04）/ m^2
沸腾器（水，氨等）	参见第 16.8 节		
升华器	参见第 16.8 节		
闪蒸器	参见第 16.8 节		

续表

	质量/kg	功率/W	体积/m^3
被动热控制硬件			
多层绝热（MLI）	1～3/m^2	0	0.01/m^2
加热器	0.7/kW	通过分析	忽略
透气窗	8～29/m^2	忽略	0.064～0.127/m^2
热管	0.000294×容量（W×m^2）	0	2.03×10^{-7}容量（W×m^2）
热防护系统硬件	0		
辐射类型	8～10/m^2 表面积		
吸收类型	20/m^2 表面积		

▲：大部分数值都是基于容量（传递每 kW 热量）计算的。如果需要一个完全冗余的系统，则质量与体积要加倍。冷板是用于“液体冷却”电子设备和其他设备的热交换器；设备可以直接固定在这些内部带有流体流动管路的金属板上。散热器是最为常见的用于真空环境中的热排放装置。在一种最简单的散热器中，传热流体在导管中循环流动，这些导管与大量薄且具有良好面向深空的金属板接触在一起。热量通过流体传导到散热器表面，再通过高反射率涂层辐射到太空中。散热器的质量和体积是假设两侧都排放热量的前提下，以 m^2 为单位的辐射面积数值给出。如果仅一侧辐射，数值加倍。多层绝热体利用太空真空和多层低辐射系数的涂层可显著减少热传递量。透气窗是遮光器，在开启时允许太阳照射表面，关闭时把表面与环境隔离开。

16.4　热环境

航天器外的热环境从深空极寒条件到再入时的高温灼烧，在各个任务阶段是不同的。航天器每一部分的热环境都与自然环境及周围硬件的影响有关联。在近地轨道，自然热环境主要特征包括直接太阳辐射、地球反射太阳辐射（反照）、地球发射长波辐射和深空辐射等。诱发热环境则由航天器不同部分之间的传导和辐射交换产生。自然热环境参数因轨道倾角、全球气候特点和时间间隔而改变，在文献［Anderson and Smith，1994］中阐述了这些内容。基于能量守恒分析，可通过计算航天器不同部分之间的传导和辐射交换，来确定诱发热环境。一般而言，必须使用复杂的热分析程序来进行，例如在第 16.5 节中描述的程序。

在太空中，航天器内部大部分是通过舱壁上的多层绝热体与外部热环境隔离。然而，为了排放热量，系统的散热器面板必须暴露在外部环境中。因此，应设法将其放置在远离太阳的方向，并远离太阳能帆板之类的热表面。因为散热器的热环境极大地影响着面板的尺寸大小，所以散热器的位置可能会成为系统级的权衡分析项目。

在再入大气层过程中，热防护系统为航天器遮蔽热环境。一旦载人航天器着陆，外界温度状况会变好，但是由于再入过程中内部热载荷和热沉浸等因素，仍然需要冷却。一些临时性冷却系统在外界温度和压力的作用条件下工作，这些系统使用消耗性热沉或热容，直到接通地面冷却系统为止。

长月昼（14.75 地球日）期间，月球赤道是炎热的，但是在长月夜（14.75 地球日）和月极点附近将非常寒冷。由于没有大气层保护，月面温度在 100 K 到将近 400 K 的范围内变化。所以，受制于位置、方向和一天中的时刻，月球上热控制系统散热器的有效环境温度可能低至 3K（面对深空时）或高至 325 K（中午位于赤道上的直射散热器）。表 16－4 列出了散热器排放热量的典型数值。

受太阳辐射和深空环境影响，行星间热环境通常是寒冷的。在这种环境下，背向太阳的简单散热器是非常有效的。

辐射热交换决定着火星热环境，但是稀薄的 CO_2 大气有助于通过传导和对流传递热量。事实上，这种大气能够严重地降低传统多层绝缘的性能。更值得注意的是，高速（但是低强度）的风会引起阻碍热辐射的巨大沙尘暴 [Hanford，1998]。（火星）表面温度可以在 130～300 K 范围内变化 [Smith and West，1982]。如第 4 章所述，太阳辐射以 24.7 小时的昼夜周期出现。

16.5 热分析工具

热工程师可以利用包括计算机软件在内的工具进行分析、设计和操作热控制系统。在表 16－8 中列出了三种通用类工具，可以协助处理不同类型的工程数据以设计、测试和支持载人航天任务的运行。

表 16－8 热分析工具

工具类型	目的	方法	实例
分析热环境	构建航天器的几何数学模型，用来估计空间环境与外表面之间的辐射热交换	计算外部热通量，包括外表面环境所施加的太阳能和红外辐射。也能计算表面将多少热量辐射到太空中	热辐射分析系统(TRASYS)； 热综合分析系统(TSS)
分析热与流体网路	构建热系统或流体网络的热数学模型，用来计算热能流量或者网路中的流体质量	通过利用模拟电阻—电容电路解释热网路问题来计算系统的温度	综合系统 数字的； 差分的； 分析器/流体； 综合器（SINDA/FLUINT)
分析综合热控制系统和生命保障系统的性能	分析主动热控制系统和生命保障系统如何一起运转	迭代计算热传递、化学反应、流体力学以及综合系统中每种“组件”的质量/能量平衡	G189A； CASE/A； EASY 5； EcoSim

16.6 热防护系统

进入行星大气层过程中，航天器将动能转化为热量消耗掉。这种能量的小部分通过对流和辐射转移到航天器表面，但是大部分被直接排放到大气中。进入过程中，热防护系统（TPS）保护航天器结构和内部，特别是乘员舱免受对流和热辐射的影响。在特定的温度限制内（典型地，对于铝低于 177 ℃），在维持载荷结构的同时，热防护系统可阻止、吸收或者辐射热量。

辐射和吸收系统是用于耗散进入大气所产生热量（参见图 16－3）的两种基本外部类型系统。辐射系统通常通过从合适的高温表面消耗大约 80％～90％热量，吸收系统通过热沉、烧蚀或者蒸发吸收热量。烧蚀是热量和质量的自调节转换，烧蚀时材料吸收（进入大气层时产生的）热量后降解。蒸发意味着通过向边界层注入流体使之流经航天器外表面从而提供冷却。一般而言，热防护系统是辐射系统和吸收系统的综合，具体情况取决于总热量、热过程以及设计限定。

辐射热防护系统是一种简单和可靠的热防护方法，但是其材料工作温度极限大约在 1370℃。这种系统是被动的，通常不包括质量损失或形状变化，如图 16－3 所示。其材料的工作温度极限和辐射系数的极小提高都可以快速提升最大加热率（参见图 16－4）。例如，航天飞机轨道器热防护系统浅层表面的黑瓦具有高的辐射系数，从而具有很高的加热效率。

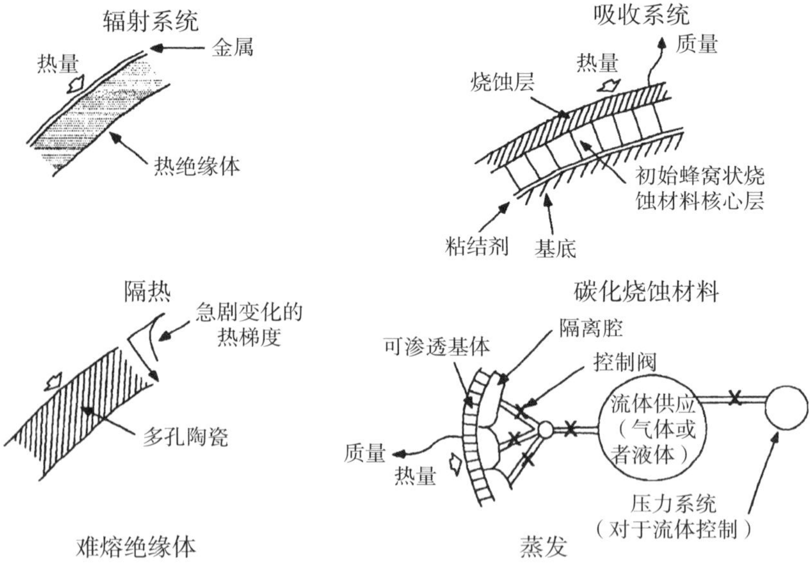

图 16－3　热防护系统方案

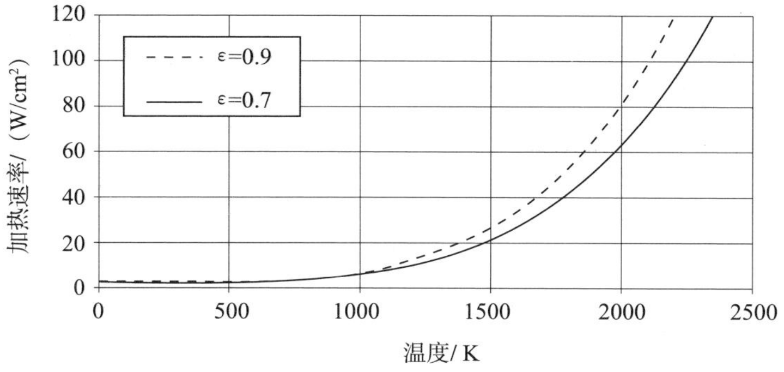

图 16－4　材料温度极限对热防护系统最大加热速率的影响

吸收系统通过相变、化学变化、温度升高、对流或蒸发冷却来吸收热量，如图 16－3 所示。这些系统通常比辐射系统要复杂和重一些，一旦材料烧蚀则不可重复使用。然而，吸收系统可以用于处理星际旅行或导弹再入的较高速度导致的较高加热率。

对于特定的再入应用，通常可以基于任务，以相对小的代价选择最适当的方法排放热量。再入速度在 6 ～14 km/s 之间变化，最大加热率和温度随着速度的增加而增加，可通过使用下列方程解算表面温度来选择热防护材料

$$T_{\omega} = (q_s/\sigma\varepsilon)^{1/4} \tag{16-5}$$

其中 T_{ω} 是由公式（10－7）得到的给定热率（q_s，单位为 W/m^2）的辐射平衡温度或最大表面温度（单位 K），σ 是斯蒂芬—玻尔兹曼常数，ε 是表面辐射系数。图 16－4 给出了最大加热速率与材料温度极限之间的关系，因此可以基于可重复使用的单任务应用的温度极限（参见表 16－9），使用平衡表面温度来选择材料

表 16－9　备选热防护系统材料▲

		耐用极限	
	密度/（g/cm^3）	q_{max}/（g/cm^3）	温度/K
金属			
Rene 41	8.249	9	1145

续表

		耐用极限	
	密度/（g/cm^3）	q_{max}/（g/cm^3）	温度/K
L-605/Haynes-25	9.130	13	1256
涂铌层	8.670	33	1589
钽	16.723	69	1922
多层钛	0.192	3.4	922
烧蚀材料			
硅树脂人造橡胶	0.240～0.577	69	<1922
Avco 5026-39（阿波罗）	0.512	432	3033
酚醛塑料尼龙	1.201	432～1109	3033～3839
碳化酚醛塑料	1.458	>1109	>3839
碳—碳	1.568	69～108	1922～2061
可重复使用的表面绝缘材料			
刚性	0.144～0.352	28～45	1533～1744
柔性	0.096～0.160	0.88～12	644～1256

▲：注意 q_{max}（最大加热速率）是使用 $\varepsilon=0.9$ 计算得到的。

为了利用最小质量来设计有效、低成本的热防护，必须综合各种技术方法并理解运行需求。因此，需要大大超越本节对热防护系统设计过程的概要介绍，可以从学习 Dotts，Curry，Tillian［1983］及 Williams，Curry，Bouslog，Rochelle［1995］等参考资料开始。

16.7　被动热控制

为了减少复杂度和质量，就需要尽可能采用被动方式控制更多装备的温度，但是载人航天器有很多温度敏感组件——反应控制发动机、推进剂输送线、压力乘员舱、消耗品存储箱、水路管、液压管、结构件、电子设备等等。对于初始设计，如果可能的话，通常将每种组件设计为应对最恶劣的冷、热条件以及不确定的周期。这种方法可以使得对任务的热限制达到最小化。

航天器在轨运行时必须经受主要来自太阳和行星的辐射热，以及来自结构和内部热耗散的传导热。如第 16.2 节所述，来自太阳和行星的辐射能量到达航天器表面，所辐射能量与其温度的 4 次幂成比例。这些辐射作用发生在两个不同的波段：来自太阳的短波和来自行星或航天器表面的长波。假设内部无热量产生，描述航天器表面平衡条件的方程由下式给出

$$\alpha_s Q_s + \alpha_{IR} Q_p = \sigma \varepsilon_{IR} T_\omega^4 \tag{16-6}$$

其中 Q_s 是到达太空中某点的单位面积太阳短波热能量，α_s 称为太阳能吸收系数的表面特性，Q_p 是入射到行星表面的单位面积的热能量常数（例如，地球发射长波辐射单位为 W/m^2），α_{IR} 是称为红外吸收系数的表面特性，ε_{IR} 是表面红外辐射系数，T_w 是表面温度，单位为 K，σ 是斯蒂芬—玻尔兹曼常数。求解公式（16－6），得

$$T_\omega = \sqrt[4]{\frac{Q_S}{\sigma}\frac{\alpha_s}{\varepsilon_{IR}} + \frac{Q_P}{\sigma}\frac{\alpha_{IR}}{\varepsilon_{IR}}} \tag{16-7}$$

对于不透明表面，α_{IR} 和 ε_{IR} 在远红外波段是相等的，公式（16－7）变为

$$T_\omega = \sqrt[4]{\frac{Q_S}{\sigma}\frac{\alpha_s}{\varepsilon_{IR}} + \frac{Q_P}{\sigma}} \tag{16-8}$$

对于表面特性比值 $\alpha_{IR}/\varepsilon_{IR}$，典型的抛光金属为 5，黑涂料为 1，白涂料为 0.2。所以，式（16－8）表明可以通过选择合适的表面涂覆物来被动地控制表面温度。通常使用冷偏差方法来处理热表面，通过增加加热器（补充功率）来处理冷表面。

也可以使用涂覆来控制外壳与内部组件之间的内部辐射热交换。改变材料可控制传递途径。对于金属来说，典型的热传递范围为 7～430 W/(m·K)，对于塑料制品为 0.017～0.28 W/(m·K)，对于绝缘材料为 0.00002～0.085 W/(m·K)。多层绝热体（MLI）能够获得更好的绝热效果，它由很多被真空隔离的薄反射层组成。最后，可使用电加热器来加热航天器，或者通过主动冷却回路来排放热量。

如果不能控制所有热量，可以通过增加热容以减轻其影响，这意味着为设计增加了质量。较大的热沉会导致时间滞后并降低温度峰值。使用相变材料的热容通过材料熔解时发生的相变（通常由固体变为液体）排放更多热量。

假设结构温度为 177 ℃（参见 16.6 节），内部温度为 24℃，绝缘体传导系数为 0.11 W/（m^2·K），就可以估计再入过程中舱内获得多少热量。于是有

$$\begin{aligned}\text{再入热增益} &= (177-24)\ ℃ \times 0.11\ \mathrm{W/(m^2 \cdot K)} \\ &= 16.8\ \mathrm{W/m^2} \times \text{表面积}\end{aligned} \tag{16-9}$$

文献 Gilmore［1994］详细地论述了被动热控制，该手册的章节涉及系统概述、热环境、设计、硬件、分析、集成、热导管、低温系统及测试等内容。

16.8　主动热控制

16.8.1　短期任务的热沉

对于短期任务，热容或消耗性热沉可能需要的质量增加最小。这类最简单的系统可以是被动的，但绝大多数是主动的。如水或氨等一些液体从液体变为气体（蒸发）或从固体变为气体（升华）而改变相态时，吸收了巨大的热量。可以利用太空的真空环境使几乎所有的流体在低温和一定的压强条件下蒸发或升华，以利用相变的潜热，这种蒸汽从航天器排出时带走大量的热能。表 16－10 列出了一些备选流体及其潜热值。

表 16－10　不同流体气化潜热

流体	在 0 ℃的气化潜热（kJ/kg）［ASHRAE，1989］
水	2500
氨	1263

续表

流体	在 0 ℃的气化潜热 (kJ/kg) [ASHRAE, 1989]
二氧化碳	232
$R-134a$	197

可从下式计算任务阶段所需的消耗性热沉的近似质量

$$M_e = Q_D / h_{fg} \tag{16-10}$$

其中 M_e 是热沉质量，单位为 kg；Q 是所需的热损耗率，单位为 kW（即 kJ/s）；D 是任务持续时间，单位为 s；h_{fg} 是气化潜热，单位为 kJ/kg。沸腾器、闪蒸器、升华器仅仅是通过利用特定过程将液体制冷剂（常常为水）转变为蒸汽来从热控制系统吸取热量的三类设备，不必在概念设计阶段选择确切的设备及其设计。表16－3 给出了关于何时使用消耗性热沉要优于散热器时的一般规则，但是其他因素，例如从燃料电池得到额外的水，可能会影响这种决策。

诸如氨或氟利昂之类的制冷剂能够处理再入热负载，是因为它们即使在一个大气压下也能够沸腾。航天飞机使用一种质量仅为 72 kg 的氨沸腾器（包括 44 kg 氨）能在着陆过程前、中、后的较短时期内排放高达 33 kW 的热能。必须确认所排出的流体不能污染航天器的其他部分以及太空中或地面上的人员。

热容是另一种短期热沉，只是它们不使用消耗性资源。在某些情况下，可以使用航天器自身的敏感热容或流体。航天飞机在关闭有效载荷隔离舱、准备再入之前温度很低。由于利用这种冷却能力时具有不需增加质量的优势，因而这种技术是有效的。可使用下式来估计这种方法带来的好处

$$E = QD = [\sum (Mc_p)](T_{max} - T_{min}) \tag{16-11}$$

这里 E 是单位为 kJ 的总热量排放能力；$\sum (Mc_p)$ 是热传递流体本身及任何与流体相接触的金属（波导管、热交换器、散热器等）的质量（单位 kg）与比热的乘积之和；T_{max} 和 T_{min} 分别是主动热控制系统回路在热容“充热”和“放热”过程中能够经受住的最高温

度和最低温度（单位为℃）。实际上，该问题包括了短时热传递，因此必须考虑任务时间表，并允许热容有足够的时间充热和放热。评估这种系统需要进行相对复杂的分析。

如果需要更多的热容，可以使用热容特定部分的相变物质熔解所产生的潜热，如同阿波罗月球车那样。所面临的挑战包括将热量快速向这些物质传入和传出，以及相变时的膨胀和收缩，这些因素可能导致容纳它们的容器变得非常重。表 16-11 给出了一些备选的相变物质。可以利用下式计算所需相变材料的质量

$$M_{PCM} = QD/h_f \tag{16-12}$$

其中 M_{PCM} 是材料的质量，单位 kg；Q 是额定的热排放率，单位 kW（即 kJ/s）；D 是任务时间，单位为 s；h_f 是材料的熔解潜热，单位为 kJ/kg。

表 16-11　热容的备选相变物质

物质	熔解潜热/（kJ/kg）	相变温度/（℃）[Hale D. V. 等，1971]
水	333	0.0
碳十四烷	226	5.5
十六烷	237	16.7
十八烷	243	28.0
硝酸锂三水化物	296	29.9

16.8.2　内部热控系统

内部热控制系统汇集来自压力舱或登月舱内所有热源的热载荷，包括通过热交换器和冷板直接收集来的热量，以及排放到大气中的热量。一般而言，最好尽可能直接将废热从其热源转移到内部热控制系统的流体中，而不用加热舱内空气。通常使用一条单独的强制通风回路冷却电子设备，并通过空气—水热交换器将其热量传输到内部热控制系统。内部热控制系统必须冷却舱内空气热交换器以控制温度和湿度（参见第 17 章：环境控制与生命保障）。传统意义上，冷凝热交换器已经可以从空气中除湿，这意味着内部热控制系统必

须供应4～10 ℃的冷却剂。这一温度常常限制了内部系统的设定点温度（以及外部系统的设定点温度），因此它最终成为影响热辐射器尺寸大小的一个因素。

如果冷却剂会泄漏到生活区，那么内部系统选择冷却剂的一个重要考虑因素就是乘员安全。就效率而言，希望冷却剂具有高比热、低粘度的特点，这是因为它们降低了驱动流体循环所需的泵的功率。大部分美国的航天任务都选择水作为冷却剂，因为水是比热值最高的物质之一，且没有毒性。当然，必须保持水不结冰，因为内部热控制系统工作温度仅为高于0 ℃以上的几度，并且液体需要流出压力舱而将热传递给外部热控制系统。因此有时需要选择一种具有足够低凝固温度和低毒性的流体，从而将内部和外部的热控制系统结合而去掉表面热交换器。

另一个重要的考虑因素是在航天器舱内表面冷凝的湿气。所以，必须对可能工作在低于舱内空气露点温度下的波导管、冷却板以及其他表面进行隔离。

16.8.3 能源系统温度控制

因为常常需要从转换、储存和产生能量的设备排放大量的热量，所以热控制对于能源系统至关重要。对于加压密封的组件，例如开关和稳压器，热量可能直接被排放到内部热控制系统。通常位于压力舱外的电池和燃料电池，可能将废热（由于无用）直接或通过中介流体回路排放到外部热控制系统。这种方法增加了热控制系统的总热载荷（在第16.1节中定义）。另一方面，在规划主动热控制系统的大小时，不需要将在航天器外使用或被动散热的电源计算在内。

当利用太阳能光伏电池阵列产生能源时，不需要将其与主动热控制系统连接，原因在于它们展开至足够大的面积后能被动冷却。但是核能源或太阳能动力发动机会在热动力循环中产生大量热量，这些必须被主动排放。第20章将更细致地描述这些系统。尽管这些能源系统排放了大量热量，但因其能在更高的温度下工作，其散热器通常小于主动热控制系统其他部分的散热器。因此，它们通常使用独立的热控制循环回路。本章中大部分原则也适用于能源系统的独立热控制系统。

16.8.4 外部热控系统

外部热控制系统可从内部热控制系统、外部热源，也可能是能源系统的热控制系统中获得热量。外部热控制系统必须通过流体回路将废热传送到热排放设备上，传送距离取决于航天器或居住舱的尺寸大小以及热排放设备的位置。

外部热控制系统通常在系统某处维持对设定点温度的控制，为内部热控制系统和连接到外部热控制系统的其他回路提供稳定的界面温度。若要在系统热载荷变化时保持设定点温度，必须控制好热排放设备。例如，对于水沸腾器和闪蒸器，可利用闭合回路控制器调控其消耗性液体的供应。

对于中期或者长期任务，热排放设备主要是通过辐射将热排放到深空中的某类散热器。这里，通过调整辐射器周围的旁路流量来控制温度（参见图 16－5）。近地轨道航天器在轨运行期间，或是月球、火星表面居住舱运行的一天中，散热器排放热量的能力变化相当大。尽管使用可操控散热器可降低其上的太阳辐射热量，但是在很多情况下给相关系统增加了复杂度，使得这种做法价值不大。如果航天器或居住舱表面积足够大的话，可将散热器与结构件或微流星防护罩集成在一起，成为嵌入舱体的散热器。

为外部热控制系统选择流体时，应将它们的热力学特性、兼容性和所承受的温度范围计算在内。如果热环境温度低于外部热控制系统的液体或部件之一的冰点时，散热器冻结将成为一个值得关注的问题。例如当散热器温度低于－62 ℃时，航天飞机使用的氟利昂 21 中的少量水（15 ppm）将“冻住”并可能导致问题发生。

16.8.5 高级热控系统

在某些情况下，简单的热控制系统流动回路（热交换器、泵及

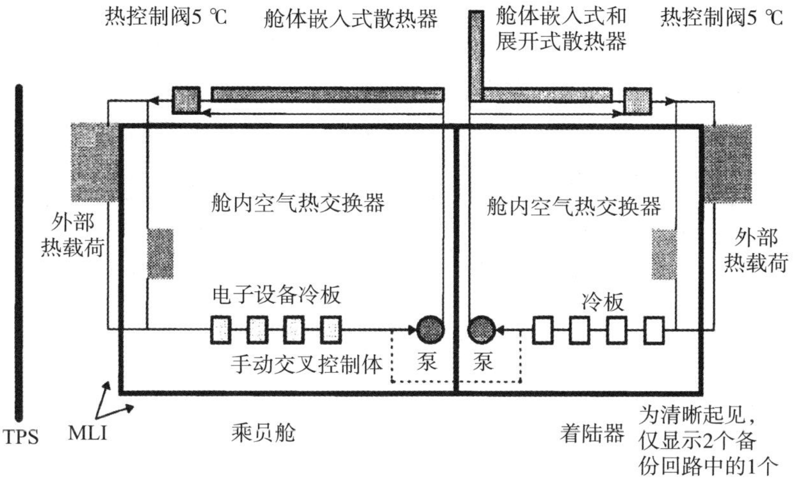

图 16－5　前往月球南极点任务的航天器热控制系统的概念设计

散热器）不是最佳的任务解决方案［Hanford and Ewert，1996］。事实上，在月球赤道之类的一些热环境中，这种配置是不够的［Ewert，1993］。在这种情况下，就需要一个热泵或散热器防护罩使得主动将热量从散热器排放出去成为可能。热泵是使用额外能量将热量从较冷的区域“抽”到较热区域的设备，能提高散热器的温度，从而更有效地将热量辐射到周围环境中。散热器防护罩是一种阻止或者“遮蔽”散热器遭受突发热通量而降低环境有效温度，以排放更多热量的一种设备。

两相（液/汽）系统通过沸腾和冷凝液体来吸收和排放热量，从而利用相变流体的潜热。这种技术减少了液体流速，降低了泵动力需求，同时使得冷却回路的多个用户在同一温度工作。毛细抽吸两相循环回路利用了毛细力来驱动液体在回路中流动，从而可替代泵的作用。然而，因为毛细抽吸力很小，这种循环回路仅仅工作在具有中等热载荷（<25 kW）和相当短传输距离（<10 m）的系统中［Cullimore，1993］。对于具有较长传输距离的非常大型的系统，泵、两相设计是最适用的。这些系统可能使用两相泵，或使用单相泵，

配合不同相的一些其他用途。

由于散热器是热防护系统较大的组成部分，因此降低其质量或面积是非常有效益的。基于此原因，很多研究工作都集中在通过使用较轻的非金属材料来改善散热器系统上。在严峻的微流星和空间碎片环境中，热管散热器可能是最适用的。热管是自成一体的，使用两相液体和毛细作用来沿着其长度方向传送热量。热管散热器的优点是可以被大量使用，每个热管可以运送散热器总热载的一小部分。同时，一旦一个热管被破坏，仅仅损失一个热管的能力，而不会引起整个回路失效。

16.9 案例：月球南极任务

前往月球南极的任务对于保护在极端寒冷温度下乘员的热控制系统将是一个挑战。另一方面，寒冷的外部热环境要求传统散热器面板的换热效率非常高，从而使得热控制系统可以变得简单、轻质。成功的关键在于选择恰当的材料和热传递流体。

可以根据表 16－1 所示的设计流程进行热控制系统的概念设计。

1）任务要求 20 天之内从地球轨道到月球南极、返回并着陆地球。乘员居住舱和着陆器要求进行主动冷却，当乘员到达月面时这两舱将分离。为了近似计算最大热排放需求，可以认为其等于能源系统的能力 29.4 kW（参见第 20 章）。基于峰值功率可能不得不提高估计值，但是可以在检查峰值功率对热控制系统的瞬时影响后再确定该估计值。可以对太阳能电池阵列/燃料电池系统中与充/放电相关的任何废热进行分别处理，原因在于电池系统远离登陆舱。乘员舱温度必须保持在 18～24 ℃之间（第 5 章），设备应维持在低于 40 ℃。对于大多数任务阶段，航天器外的热环境将是寒冷的。

2）对于单一用途的飞行器，将使用组合的辐射/吸收热防护系统。基于其单位面积质量平均值为 15 kg/m^2（表 16－7）以及乘员舱表面积为 55 m^2，估计其质量为 825 kg。

3）再生燃料电池产生的热量可以采用被动热控制的方法，原因在于它处于环形山阴影区。在月球表面，舱壁温度可通过使用多层绝热体进行被动控制。推进剂贮箱可能需要加热器，在后面再确定其尺寸大小。从（16－9）式，估计返回舱地球再入阶段的热增益是 16.8 $W/m^2 \times 55\ m^2 = 924\ W$。

4）利用表 16－3 和任务时间，可确定任务需要巨大的热容和消耗性热沉，所以将使用散热器。通过判断上面给出的主动冷却负载的温度要求，散热器将在大约 270K 的最高温度下运行。热控制阀将对散热器流体和旁路流体进行混合，使其为航天器座舱提供恒定的 5℃环境。利用表 16－4，将总热载荷除以散热器热排放单位面积，就能估计出散热器的尺寸大小。

$$\text{散热器面积} = (29400\ W)/171\ W/m^2 = 172\ m^2 \quad (16-13)$$

估算出的乘员舱和着陆器表面积近似值为 100 m^2，所以舱体嵌入式散热器做不到。散热器位于多层绝缘体外面，可隔离航天器，在登陆月球后可局部展开。

5）由于系统相对紧凑，主动热控制系统将通过集成的内部/外部冷却回路进行内部热控制。尽可能多地将电子设备（大约为热载荷的 40%）与舱内冷板相连接。单相（液体）乙烯乙二醇/水混合液用于制造热传递液体，以防止在大多数情况下产生冻结。然而，还需要将所有外部热控制系统导管隔离，并设计可以经受冻结压力的散热器。由于任务时间相对较短，因此乙二醇毒性为可承受的风险。乘员舱和着陆器分别具有冗余热控制系统回路，并有紧急手动阀在冗余回路间交叉连接。为了在再入过程中处理额外的热载荷，应在轨“冷浸”和冻结散热器。当它们熔解，可为乘员舱提供冷却。主动热控制系统在着陆后继续工作，依靠热容进行冷却，直至舱门开启。

6）对于货舱，计划用两个 10 kW 的空气加热器，加上 10 个 1 kW的冷板。当真实的设备被设计为通过空气或者液体回路冷却时，可能需要改进这些假设。

7）从表 16－7，能够估算出热控制系统主要组件的质量、功率消耗和体积等。除了热防护系统、散热器质量和热控制系统功率外，对这些数值加倍，就可以得到完全冗余备份的系统。表 16－12 给出了计算结果。峰值功率消耗通常与热控制系统平均值大致相同，除非在寒冷情况下使用大量加热器。对于本次任务，配置了水平方向的固定散热器和垂直方向的展开式散热器以应对最冷的环境。不要求任何组件具有主动跟踪能力。热控制系统概念设计至此完成，其框图参见图 16－5。

表 16－12　案例研究热控制系统的估计质量、功率和体积

主要组件	质量/kg	功率/W	体积/m^3
热交换器（2×10 kW，冗余）	78		0.11
冷却板（10×1 kW，冗余）	240		0.56
泵（29.4 kW，冗余）	282	676	1.00
液体	114		
备用的波导管、真空管和配件	342		
散热器（固定式单侧 100 m^2，展开式双侧 72 m^2）	1672		8.32
调节器	114		
多层绝缘（150 m^2）	300		1.5
热防护系统（55 m^2）	825		
热控制系统总计	3967	676	11.5

参考文献

[1] Anderson, B. J. and R. E. Smith. 1994. Natural Orbital Environment Guidelines for Use in Aerospace Vehicle Development. NASA TM 4527. Washington, DC: National Aeronautics and Space Administration.

[2] ASHRAE. 1989. ASHRAE Handbook: Fundamentals. American Society of Heating Refrigerating and Air Conditioning Engineers, Inc.

[3] Cullimore, B. A., 1993. Capillary Pumped Loop Application Guide. SAE paper number 932156 presented at the 23rd ICES. Warrendale, PA: Society of Automotive Engineers.

[4] Dotts, R. L, D. M. Curry, and D. J. Tillian. 1983. Orbiter Thermal Protection System. Paper presented at the Space Shuttle Technical Conference, NASA CP 2342. NASA Johnson Space Center: National Aeronautics and Space Administration.

[5] Ewert, M. K. 1993. Investigation of Lunar Base Thermal Control System Options. SAE paper number 932112 presented at the 23rd ICES. Warrendale, PA: Society of Automotive Engineers.

[6] Gilmore, David G., ed. 1994. Satellite Thermal Control Handbook. El Segundo, CA: The Aerospace Corporation Press.

[7] Hale, D. V., et. al. 1971. Phase Change Materials Handbook, NASA CR-61363. Washington, DC: National Aeronautics and Space Administration.

[8] Hanford, A. J, 1998. Power-Mass Penalties and Radiator Sink Temperatures on Luna and Mars for Advanced Life Support System Parametric Studies. Report No. LMSMSS-32749. Houston, TX: Lockheed Martin Company.

[9] Hanford, A. J. and M. K. Ewert. 1996. Advanced Active Thermal Control Systems Architecture Study. NASA TM # 104822, NASA Johnson Space Center: National Aeronautics and Space Administration.

[10] Larson, W. J. and J. R. Wertz. 1992. Space Mission Analysis and Design, 2nd

载人航天出版工程
总主编：周建平
总策划：邓宁丰

“十三五”国家重点出版物出版规划项目

载人航天任务分析与设计

Human Spaceflight Mission Analysis and Design

（下）

［美］拉尔森（Larson，W. J.）
［美］普兰克（Pranke，L. K.）主编
邓宁丰　张海联　等　译

中国宇航出版社
·北京·

第 17 章　环境控制与生命保障系统

Susan Doll，航空航天顾问
Peter Eckart，德国慕尼黑工业大学

尽管航天器的所有分系统都是为确保任务成功而设计的，但只有环境控制和生命保障系统（ECLSS）是为确保航天员生存而存在的——即为航天器、空间站或行星基地提供一个航天员生理上可接受的环境。地球大气的成分包括：主要气体（79%为氮气，20%为氧气），以及水汽、二氧化碳、微量污染物（包括气体和微粒）等其他微量成分（占比为 0～1%）。地球海平面的平均大气压是 101 kPa（14.7 psia），人类居住区域的平均温度约为 10～20 ℃（50～90 ℉）。无论何时，当设计太空居住舱时，都应从基本接近真空的外部环境入手，这要求航天器为人提供需要的一切环境。因此，必须理解地球上哪些环境条件是人类生存所必不可少的，了解在何种环境条件范围内人类可以卓有成效地工作，并理解所选条件会如何影响航天器的设计［Eckart，1996］。

当一个加压航天器或太空舱的环境具有合适的温度、压力、大气之后，下一步挑战就是控制来自生物体、特别是人员所产生的扰动。从热动力学的角度来说，人是一个开放的系统——同所处的环境进行物质和能量的交换。人消耗物质为生物合成提供基础材料，

为驱动其生物“引擎”提供所需的燃料和氧化剂。“引擎”会生成供人体系统成长、活动和维持的能量。这一“燃烧”过程会产生热量和化学副产品。人所需要的“物质”主要是食物、水和氧气，人的排放物主要是热量以及诸如汗液、尿液、排泄物和二氧化碳等新陈代谢产物。一个环境控制生命保障系统必须提供人所需资源，处理人体排放物，同时是一个可被人接受的环境。

过去（大多数）短期飞行任务的生命保障系统通过航天器从地球携带氧气、食物和水，废物被储存并送返地球。这种依赖外部资源供应的系统称为开环系统，物质持续地从中流入和流出。开环系统简单、可靠性高，但是最大的缺点是任务所需资源将随着驻留周期和乘组规模的增大而线性增加。因此，开环系统的费效比不仅取决于居住舱设计（第 25 章），还取决于运输成本和航天器储存空间的大小（第 11 章）。

另一种生命保障的方法是首先从地球携带一定的资源，然后处理废物并回收有用的物质。这种系统称为闭环系统，原因在于其重复循环利用物质而非从外部直接获取物质。生命保障系统的闭合程度指循环所提供的物质在总资源量中的占比。更高闭合程度意味着更少的补给量，而全闭合意味着系统完全自主运行。对于长期飞行任务而言，闭环系统只需携带硬件处理装置和初始资源到轨道或行星表面，仅需间或补充不可回收的物质损失或处理装置消耗品。其主要不足在于较高的技术开发成本、能耗需求和热负荷 [Doll and Case，1990；Eckart，1996]。由于再生系统通常更复杂，因此必须考虑其可靠性、可维护性。

本章将给出生命保障系统的需求并明确如何建立设计的初始概念，包括怎样将系统与特定任务相匹配。表 17－1 给出了开发、阐述和用以分析案例任务的各个过程。

表 17－1　生命保障系统的设计过程▲

步骤	说明	讨论章节
1. 生命保障系统开发需求		
环境	人体生理学是主要驱动因素； 居住舱设计和出舱活动对气压设计影响显著	第 17.1 节； 第 5 章，第 11～14 章，第 22 章
人体代谢	包括水、氧气，以及所需食物和产生的废物； 取决于乘员代谢和活动的水平； 总量取决于乘组人数和任务持续时间	第 17.1 节； 第 5 章
乘员活动	包括乘员活动、舱外活动、医疗所需的水、氧气和氮气； 参数取决于任务参数和操作； 卫生用水使用是关键	第 17.1 节； 第 5 章，第 17 章，第 18 章，第 22 章； 第 5 章
2. 确定所选择的技术		
物理化学技术	当前航天器设计中所使用的； 可靠、成熟； 可以减少氧气和水的补给，但是不能减少食物或氮气的补给	第 17.2.1 节
生物再生技术	经常跨越功能边界； 需要大量的支持系统； 可以减少食物补给	第 17.2.2 节
3. 定义候选项配置		
经验法则	以同一基线比较所有配置项； 任务周期是一个关键参数	第 17.3.1 节
4. 确定系统特性		
物理参数	质量、功率、体积、热载荷	第 17.3.2 节
5. 评估候选项配置		
等效质量	需要功率、热控和体积的转换因子	第 17.3.2 节； 第 11～14 章，第 17 章，第 20 章，第 22 章

▲：本表给出了开发生命保障系统初始设计概念的步骤。

17.1 生命保障系统的需求

步骤1：确定生命保障系统的需求

首先，生命保障系统必须满足乘员需求，并为他们的卫生、医疗和科学试验等活动提供所需资源。乘员需求包括新陈代谢和环境需求（详见第5章）。本章将人视为需要特定运行环境的资源消耗者和废物生产者。主要的消耗品是水、氧气和食物。医疗资源包括饮用水、氧气和氮气，在轨实验可能对资源提出了更为严格的质量要求，产生的废物则有可能包含对人有毒性的化合物。因此，在本章仅需要环控生保系统对从试验台排放的舱内大气进行补充。航天员舱外活动（见22章）的各阶段也有赖于环控生保系统进行保障。航天员出舱前的预呼吸要求有特定的氧分压和总压。气闸舱操作需要提供氧气和氮气。舱外活动航天员需要满足新陈代谢所需的消耗品。当舱外活动完成后，废物还必须进行处理，消耗品也要进行补充。

为满足上述需求，生命保障系统必须对大气、水、废物和食物等资源和物质进行管理。表17－2对这4个功能域进行了定义，后面章节将进行详细讨论。图17－1画出了管理大气、水、废物和食物的4个主要分系统的流程图，并给出了它们如何同乘员产生联系。由于泄漏和处理过程总是会使一些回路不闭合，所以我们还是期望从外部资源持续地获取所需输入。然而，通过合理的废物处理程序，可以实现氮气、氧气和水循环的几近闭合，从而使再补给量最小。

表17－2　定义生命保障系统的功能

生命保障系统管理	包括下列任务
大气	控制气压、温度和湿度；去除二氧化碳和微量污染物；通风，提供补充气体（O_2/ N_2），并监测大气成分
水	提供饮用水和卫生用水，监测水质，存储并将水分发给使用者，收集和处理废水

续表

生命保障系统管理	包括下列任务
废物	收集、处理和储存人体产生的废物和垃圾
食物	提供、储存和准备食物

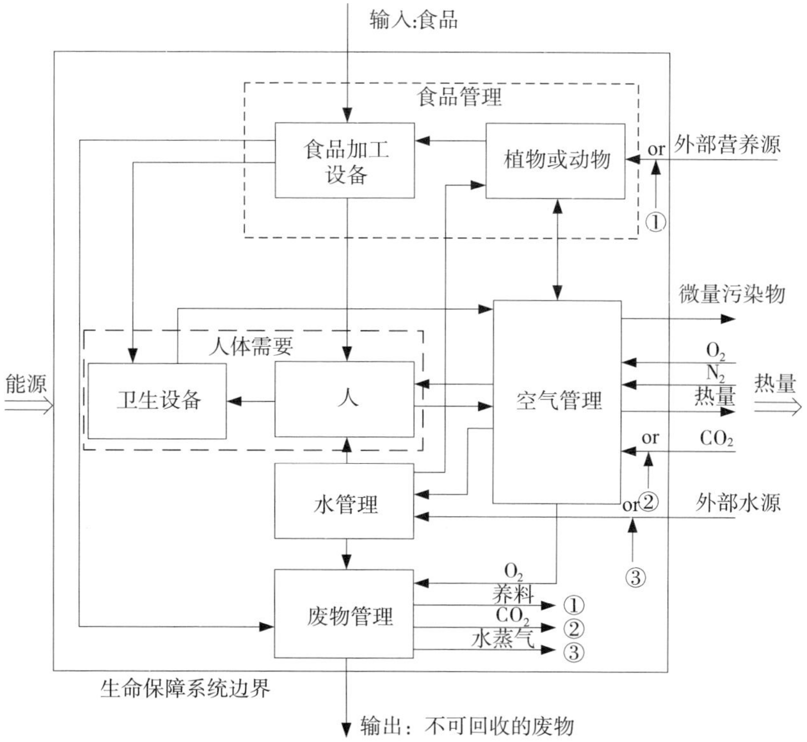

图 17－1　生命保障系统物质能量流动图［Doll and Case，1990］▲

▲：图中箭头表示物质流如何在四种主要的生命保障系统功能间流动，以及如何穿越系统边界（方框外）

界面间的接口，即图中所示的输入和输出的单向箭头，代表通过各功能边界的物质流。这些接口相对来说是可以预计的。大气管理和其他各功能模块都有接口。水蒸气和可溶性污染物会通过温湿度控制系统的冷凝水收集过程，从大气进入水回路。废物散发的气态产物最终进入到大气中。如果通过种植植物制造食物，大气成份也能够最终进入食物回路。水与大气的接口包括用水制氧和湿度控制。废物中回收的水最终进入水循环回路，而水可用来支持食物准备和种植植物以获取食物。不能食用的植物成分和无法消化的食物会从食物回路进入废物回路，然后可能通过水或者大气返回食物循环。在这一节将以人的需要作为驱动分析这些输入和输出。

17.1.1 大气管理

环控生保系统的大气管理功能是指对空间居住舱进行持续监测和控制，从而维持大气分压、总压、座舱温度和湿度（因此乘员能保持健康而卓有成效地工作），同时把污染物控制在安全水平之内，并提供足够的通风。

压力控制

早期美国航天器的舱内充入的是100%的氧气，以避免使用两种气体系统而导致的复杂性。直到阿波罗1号的电火花引燃氧气产生爆炸，导致3名航天员丧生的悲剧性事故发生后，美国航天器才开始采用氮气与氧气的混合气体。俄罗斯航天器一直使用氮氧混合气体。氧分压（pO_2）需求被设定在可满足航天员生理需求（见第5章）且安全的范围内。为使人在预计的活动水平内保持高效和舒适，所需的pO_2/氧分压大致在19 kPa，尽管人也可以承受更低一些的压力水平。2小时紧急状态的设定值为13.4 kPa。为了使材料可燃性降低，大气中氧气的含量不能超过30%，而地面正常条件下氧含量远低于这一水平。但这给我们在维持航天员呼吸所需的氧分压的同时，对航天器舱内总压的降低程度设置了限制。人对氮分压的生理需求（一般默认地定义为氧分压和大气总压之差）尚不完全明确。需求很大程度上取决于系统设计、安全性以及操作层面的考虑[Churchill，1997；Diamant and Humphries；Eckart，1996]。

为确定航天器舱内总压，必须综合考虑其效应。较高的总压会加大泄漏所致的舱内大气损失，需要更多的结构质量来承受舱内外的压力差，并（可能）使与舱外服压力相关的出舱前准备活动变得复杂（见第 22 章）。较低的总压则会增加材料的释气量，并会降低相同体积空气的热交换效率。

温湿度

在地球标准大气压和重力水平下让人舒适的温度和湿度范围可以被很好的建立起来，但在太空环境下则不太一样。太空居住舱内的湿度控制特别重要，这是因为冷凝水一旦在电子部件表面结露将会影响其性能甚至使其不安全。水汽聚集还将形成利于微生物繁殖的环境。增加或减少显热和潜热（汽化潜热）将对舱内的温湿度产生影响。主要的显热负荷来源是人新陈代谢热量和功率设备产生的热量，潜热负荷的主要贡献者则是乘组的新陈代谢和卫生清洁活动。表 17－3 给出了代表性活动产生的显热与潜热负荷的平均值。由于产生了热能，显热负荷以瓦特为单位。潜热负荷代表需要从空气中凝结出的水蒸汽的质量，因此通常以单位时间内生成的质量为单位。可通过计算单位时间内冷凝水所需的能量值（即去除空气中潜热负荷），将水蒸气质量转换为瓦特数。

表 17－3　大气管理的输入：显热和潜热的平均负荷▲

热载荷	显性［W/p］	潜性［kg/p－d］	参考文献
人体代谢（呼吸/排汗）	100	2.3（65 W/p）	［Eckart，1996］
卫生			
淋浴和洗手	N/A	0.4（11 W/p）	［Churchill，1997；Eckart，1996］
洗衣	N/A	0.6（17 W/p）	
洗碗	N/A	0.3（8 W/p）	
食物准备	N/A	0.04（1 W/p）	［Eckart，1996］
功率设备（空气传播热载荷）	约为功率输入的 10%	N/A	

▲：本表给出了必须从航天器大气中排出以将温度和湿度维持在接受水平的显热（热能）和潜热（水蒸汽）载荷的主要来源。显热单位是 W/p（瓦特/人），潜热 kg/p－d（千克/人天）。

通风

航天器居住舱内具有充足的通风是十分重要的。重力降低会极大地影响热量对流和空气浮力。它会降低甚至消除空气运动的密度梯度，并对热传输系数产生影响。航天员在微重力条件下处于通风条件差的区域时，头部周围会形成二氧化碳“气泡”。因此，通风系统必须防止空气阻滞并均匀混合舱段间和舱段内部的气体以保证乘组的安全和舒适。理想的通风系统可以降低舱内热梯度，以及舱内局部污染物的累积。而且一些依靠空气浮力进行工作的传感器，例如烟火检测传感器和氢气探测传感器，也需要空气的流通。

污染物去除

航天器系统需要去除的最重要的污染物就是舱内大气中乘组排出的二氧化碳。由于航天器舱容和特定区域内的乘组规模，二氧化碳聚集水平可在非常短的时间内升至较高水平。对于所有可能的设计驱动因素来说，二氧化碳的最大可容许水平不尽相同。既可将需求设定在人所能承受的最高水平（见第 5 章），也可根据其他考虑，将二氧化碳水平设置在地球正常水平（通常至少比人的耐受标准低一个数量级）。

其他必须被去除的以空气传播的污染物包括由人、仪器设备、压力居住舱内部材料产生的有害气体和微量污染物。系统还必须去除偶发事故产生的污染，如有毒物质的泄漏和火灾。舱内携带的化学物质和灭火剂材料必须同选用的生命保障技术兼容。由于大的微粒在低重力环境中并不会沉淀，因此低重力环境中微粒的颗粒大小应予以考虑。这些微粒将在大气中不断循环，直到被其他方法去除。乘组产生的微粒，如服装纤维、皮肤、毛发、食物残渣将会在他们周围漂浮然后沾附在各种表面，可能会影响设备的正常工作。舱内大气中污染物的累积程度取决于污染源的强度和去除率。微量污染物允许水平取决于任务时间长度。《航天器微量污染物允许浓度水平（SMAC）》（见第 5 章）这一标准是经常会进行修订的。

大气监测

大气环境监测系统主要提供当前舱内温度、湿度、总压、氧分压，以及微量污染物、微生物污染水平。乘组监测这些参数，这些参数也会反馈至生命保障系统中进行处理和性能调控的控制环路。监测微量气体的装置应可持续检测和显示一氧化碳、二氧化碳和总碳氢化合物的水平。该装置还可以将信息传递给污染物控制分系统，或提示乘组启用手动控制系统。

提供补充气体

在航天器居住舱内，乘组的新陈代谢或其他如利用氧化反应从废物中提取有用的资源等过程都会消耗氧气。舱内的气体会通过泄漏、气闸舱操作、试验使用、湿化垃圾处理消耗以及二氧化碳排放等途径散逸到太空中。可通过降低舱体泄漏率、复用气闸舱气体以及实验气体尽可能循环利用来减少气体损失。由于用户需要，开展座舱复压至正常条件、气闸舱操作、高压氧治疗乘员以及舱外活动后补气等活动时，氧气和氮气的排气压力将会有非常大的差异。由于用户需要不同的温度、压力、气体纯度，补充气体的气源和调节装置也不相同。

医疗过程也会消耗氮气和氧气。实际上，治疗病重乘员的应急需求是十分高的。同时，如果在航天器内配置治疗减压病的高压舱，将会使用更多的氮气和氧气。一些医疗设备也会需要额外的氮气。

大气管理需求小结

表 17-4 总结了标称的国际空间站大气需求，更详细的具体值可参见表 5-4。表 17-4 里的数值表明规划者主要聚焦于如何提供一个接近于地面的环境，从而允许科学家在空间站上进行实验，并利用地面控制研究微重力的影响。

表 17-4　大气管理要求 [Eckart，1996]▲

大气管理要求	国际空间站标称值
总压	99.9～102.7 kPa

续表

大气管理要求	国际空间站标称值
氧气，分压（pO_2）	19.5～23.1 kPa
氮气，分压（pN_2）	79 kPa
二氧化碳，分压（pCO_2）	0.4 kPa
温度	18.3 ℃～23.9 ℃
相对湿度	30%～70%
微量气体浓度	＜SMAC 水平
通风（速度）	0.08～0.2 m/s

▲：这些管理航天器大气的环境参数的标称值代表了国际空间站的设计要求，与和平号空间站的值非常接近。

17.1.2　水管理

水管理系统为乘组提供水，用于饮用、卫生用水、开展其他活动以及处理废水。系统在对水进行存储和向用户分配的同时，必须监测与维持水质。

供水

太空居住舱内不同用水需求对水质的要求相差很大。饮用水的要求最高，而卫生用水的有机碳和微生物数量的指标就相对宽松很多。卫生用水用于清洗餐具、洗浴、洗手、冲便、洗衣等（见第 18 章）。一次任务的水需求量取决于任务时间和有关卫生的文化偏好。长期任务中，卫生水问题很可能会影响到和环控生保系统规模相关的设计决策。

乘组活动对水需求也取决于任务——尤其对于舱外活动（见第 22 章），其需求根据舱外服的设计有很大变化。用于配制溶液、医治重病乘员以及其他医疗用途的水需要进行额外的过滤处置。表 17 - 5 给出了国际空间站环控生保系统所需的饮用水和卫生用水的标称值。

表 17－5　水管理的输出：饮用水和卫生水的一般要求▲

水要求	饮用水/（kg/p－d）	卫生水/（kg/p－d）	参考文献
人体水需求			[Eckart，1996]
饮用水	1.6	N/A	
食物准备	0.75		
食物中的水（估计）	1.15		
卫生用水			[Eckart，1996]
淋浴		2.7	
洗手		4.1	
家务用水	N/A		
洗衣		12.5	
洗碗		5.5	
便池冲洗		0.5	
乘员活动			[Eckart，1996；ISU，1993；NASA，1992]
医疗	5 kg/每次		
试验	取决于任务		
EVA-冷却	7.3/EVA*		

* 最大值：取决于便携式生命保障系统的类型。

▲：必须提供的水总量应是满足该表所示的各种用途所需的饮用水和卫生水的总和

水质监测

分系统监测水中的 pH 值、氨含量、总有机碳含量、电导率和微生物含量以保证其达到设定标准。大部分指标可以使用商业传感器测量。不常进行监测的参数包括颜色、气味、浑浊度、泡沫量和重金属含量。水中的微生物含量则可以通过测量水中的碘和银含量间接检测，以确保生物杀灭剂长期存在。传统技术一般通过测量单位体积水中的集落生成单元（colony－forming unit，CFU）数来量化微生物群体［Wydeven，1988］。

水存储与分配

由于重力水平很低，水的存储和分配在太空中会很复杂。微重力条件下，水气分离是一个重大的挑战。同时，系统还必须长期维持水质。由于微重力环境下不会产生气泡，检测水泄漏又是一个挑战。环控生保系统负责将水资源分配到需要使用的地方，但使用终端项必须控制诸如所需温度等各项参数。举例来说，当乘组需要洗热水澡时，是由淋浴设备而非环控生保系统来提供所需的温度水平。

水收集与处理

废水主要包括座舱内收集的冷凝水，卫生废水（含尿液）以及乘组活动产生的其他废水。废水通常在产生地点进行收集。根据所使用的方法，既可将废水现场存储，也可输送至可集中清理和处理的中心场所。由于废水一般具有生物活性，因此必须进行处理以控制微生物繁殖。

17.1.3　废物管理

表 17－6 列出了必须进行管理的废物的种类，包括半固体、固体或混合体。水资源管理系统的废弃物（本质上已被转化为浓缩物）来自于大气管理系统（本质上已被转化为浓缩的饱和气体和微粒）。

表 17－6　废物类别和类型▲

废物类别	废物类型
生物可分解的，液体	卫生水，代谢水，呼吸/排汗水，粪便（液体部分），尿液
生物可分解的，固体	粪便（固体部分），结合水的废物，从尿、汗水和卫生水中得到的固体，衣服
代谢，气体	CO_2，微量气体，甲烷
不可回收的，液体	试验产品，药品
不可回收的，固体	备件，塑料，金属

▲：航天器上产生的废弃物类别取决于它们的相态和资源回收潜力。

废物的处理方法主要取决于其本身的特性和任务情况。短期任务不需要进行废物的循环利用。废物被简单收集，必要时进行固化，以及压缩后储存。中期任务和近地任务除了通过水相变技术从废物中回收一部分水之外，也不需要太多的废物循环再利用。但长期任务中，由于相应的质量和体积成本过高，在轨废弃物存储是不可能的。另一方面由于生物或化学降解，废物也会污染居住舱。为了更好地建造，行星基地和行星际飞行中所有消耗品应为直接可再生的，或者是适于在水和食物回路中进行再循环。

当任务开始在太空种植作物来制造食物后，环控生保系统需要处理大量不可食用植物材料以及其他固体废弃物，为植物生长舱提供二氧化碳与矿物肥料。因此，作物收获指数——可食用生物量与总生物量的比值（理想值为 1），必须尽可能高，以降低生物量转化过程中的废物和损失量。通常，素食的作物收获指数约为 0.5，意味着产生的植物材料中有 50%将变成固体废物。

17.1.4　食品管理

食品管理是指提供和准备可供食用的食物。食物既可来自于从地面发射后在轨储存，也可以在太空居住舱内进行生产（并存储）。由于食物重量的大部分是水，任务中一般使用脱水食物，将其复水后食用，然后再处理并再利用水。未来的生命保障系统将会在轨生产藻类或其他植物，这对于特定的任务周期是可行的，也将比再补给需要更少的质量。这些系统将会需要更大的空间和更多的设备来种植和处理可食作物。关于在太空的食物制备如何实现仍然有很多问题需要解答，同时，食物管理系统的质量、体积、功耗和维护保障需求等也是需要优化的技术问题。

食物生产

人们每天根据自身的新陈代谢和运动量需要补充大量的食物，他们所吃食物种类对氧气和水的消耗量以及废物产生量非常关键。一个人的食物预算额度取决于他的身高、体重、年龄和性别——成年男性平均约 4.2 kJ/kg. h，而成年女性比成年男性低 10%。表 17 - 7 列出了成年男性的能量需求。

表 17-7 一个成年男性的日能量预算 [Eckart, 1996]▲

活动水平	能量消耗 [kJ/d]
一般预算	7140
休息	8400
休闲	9660
工作	10080～20160

▲：日能量预算最终决定任务所需食物量，表明了能量消耗和活动水平的相互关系。

食物处理

食品可归类为不需要或仅需要少量处理、需要初步处理以及需要二次处理或提取等三类。第一类由可以自然形态食用的食物构成，例如新鲜水果和某些蔬菜。少量处理包括清洗、去皮或切削，基本不需要使用辅助设备。第二类由需要使用辅助设备的食物构成，辅助设备包括榨汁、榨油、研磨、烹煮和烘焙等用具。这一类设备必须满足严格的功耗、质量、体积约束。第三类由含有不可以在未加工或初步加工状态下直接食用，但包含潜在可消化营养食物的生物产品构成，例如纤维素可以转化为葡萄糖。冷藏食物可使用几种方法，包括使用太空散热器的直接冷却剂回路等。如果在太空中直接使用为地面研制的冷却器，必须考虑微重力条件带来的影响，以及如何处理雾化产物，如液滴和微粒等。

17.2 技术选项

生命保障系统的技术选项有 2 种：物理化学技术与生物再生技术。物理化学技术利用风扇、过滤器、物理或化学分离、浓缩反应等，生物再生技术利用植物或微生物等有机体。传统意义上，任务通常采用物理化学反应，这是由于它已被深刻理解，相对紧凑，易于维护，响应时间快，但是物理化学技术并不能补充食物储备。生物反应相对而言不易于理解、所需的工作空间更大、需要更多能耗和维护、反应时间较慢，但可以提供食物并实现废物循环。包含物理化学和生物反应的系统被称为混合生命保障系统［Doll and Case，1990］。

步骤 2：为生命保障系统各功能确定技术选项

表 17－8 列出了生命保障系统的需求以及如何通过物理化学技术和生物再生技术加以满足。如果只有一种技术可实现某种特定功能，则无需进行权衡分析。如表中所示，每种物理化学技术只能满足系统的某一项需求，而生物再生技术则能满足多于一项需求。因此，主要通过对物理化学技术的需求和生物再生技术的生物体分析来讨论技术选项。

表 17－8　环控生保系统的技术方案▲

要求	物理—化学方案	生物再生方案	注释
大气管理			
压力控制	阀门	*	必须由物理—化学技术提供
温度、湿度控制	冷凝热交换器（CHX）	*	需要物理—化学技术提供特定温度和相对湿度
通风	风扇	*	必须由物理—化学技术提供
污染物去除			
二氧化碳	LiOH4 基分子筛床（4BMS）	植物； 藻类； 细菌	生物再生可能导致其他的污染源； 植物、藻类等生物对污染的生物耐受性可能与人的不一样
微量气体	木炭； 氧化	植物； 细菌	
颗粒物	过滤器	*	
监测	传感器，质谱仪	*	必须由物理—化学技术提供
气体补充			
氧气	储存； 电解； CO_2 还原	植物； 藻类	
氮气	储存		

续表

要求	物理—化学方案	生物再生方案	注释
水管理			
水供应	储存； 水处理； 尿液处理	生物反应器； 植物根系	
输送	管道	*	必须由物理—化学技术提供
废物管理			
有机固体	储存； 氧化	真菌； 细菌	
无机固体	储存	*	
食物管理			
食物供应	储存	高株植物； 藻类/真菌	
处理	改良地球生长植物	*	通常仅当植物生长时需要

* 功能不能通过生物再生系统提供。

▲：本表给出了一些有代表性的物理—化学和生物再生技术方案，可以满足四大生命保障功能的要求。

17.2.1 物理化学技术

使用 17.1 节的分类方式，可以对可用的物理化学技术进行概括性描述，并对其中一些应用在当前飞行硬件中的技术，包括适当的开环和闭环技术，进行详细说明［Eckart，1996；Wydeven，1988］。在这一部分还将识别对哪些功能域需要进行权衡分析。一般来说，权衡研究的目的主要是通过比较功耗、质量、体积、热负荷需求以及适用于特定任务的技术选项的技术成熟度，来对备选的技术进行评估。

大气管理

通过选择一些成熟技术和选项来说明在后续必须进行的设计权衡。对于其他技术的信息，可参见 Eckart［1996］。

压力控制。压力控制主要使用阀门、调压器、加热器等装置通过控制算法以及压力传感器和大气监测系统所提供的数据来控制气压。在评估初始设计方案时，可以忽略该部分硬件。

温度和湿度控制。热控制主要通过将内部热负荷和外部热流转移到水冷却回路来实现。乘组、电子设备和其他热源产生的热量通过空气循环进入单回路或双回路冷却回路。当为使得质量和体积最小化给定一个合理的压降范围时，采用多通路、交叉逆流、板翅冷凝热交换器是最为有效的。乘组和二氧化碳控制单元产生的湿气，可通过将空气温度降低到露点以下，以及将冷凝水从空气中分离来去除。将从冷凝热交换器（CHX）释放的空气流经半透膜反应器或者亲水膜，可将空气中的冷凝水膜去除。冷凝水从空气进入半透膜反应器上的孔，在这些孔中受负压作用排出。空气流中能够分离的水和空气的量主要取决于半透膜反应器上孔的大小和数量。

通风。通风所需要的设备包括风机、管道和截止阀等。选项间的主要差别在于风机类型——尤其是其功耗、噪声和振动。管道与截止阀对于所有任务应用是基本相同的。对于包含几个舱段的居住舱，通风对于空气在临近舱段和中央处理器之间的流通来说是十分重要的。对于长期任务的初步设计方案评估而言，可以忽略该部分硬件。

污染物去除。必须控制太空居住舱内的二氧化碳浓度，以防止其致毒。二氧化碳去除技术的选择主要应基于是否从浓缩的二氧化碳中回收氧。目前存在一个重要问题是：当入口二氧化碳浓度降低时，大多数方法的去除效率会出现非线性下降。

二氧化碳化学吸附技术，例如氢氧化锂吸附，通常具有低功耗和高可靠性。但是这些技术使用了必须进行定期补给的消耗性材料。舱内大气中二氧化碳的物理或化学去除技术，例如分子筛和固态胺水解析（SAWD）技术，则不需要频繁进行大量补给。这些技术的性能和排除的二氧化碳的纯度会受到入口气流成分的影响，该成分取决于吸收二氧化碳之外的其他化合物的能力。这些技术在解析循环中也会消耗大量的能量。

早期的航天器设计使用氢氧化锂罐来吸收二氧化碳，该过程的化学反应方程如下

$$2LiOH + CO_2 \longrightarrow Li_2CO_3 + H_2O \qquad (17-1)$$

消耗掉的氢氧化锂不能再生，反应罐必须进行处理或返回地球重新装填新的吸附剂。约 2kg 的氢氧化锂（含包装）可去除一个人平均一天呼出的二氧化碳，这一技术只适合于短期的飞行任务。在长期飞行任务中，其质量代价是不可接受的 [Eckart，1996]。

美国的空间实验室使用了二氧化碳分子筛技术并计划应用到国际空间站中。他们使用合成沸石或铝—硅金属离子作为基本的二氧化碳收集材料，该收集材料可以再生和再次使用。四床分子筛（4-BMS）包括两个吸附床，一个干燥床用以去除水蒸气，一个沸石分子筛收集二氧化碳，上述部件与两个单独的解吸床并行工作。当吸附床达到二氧化碳吸附容量极限时，并行工作的两个解吸床与之交换功能。表 17-9 给出了四床分子筛的主要特点。其他去除二氧化碳的方法还有固态胺水解析、两床分子筛（2-BMS）、电化学去极性浓缩（EDC）等。

表 17-9　大气管理中物理化学技术的设计特点 [Eckart，1997]▲

	物理—化学方法					
参数	LiOH	4BMS*	TCCS+	O_2 储存	O_2 产生**	Sabatier*
质量	7k g/4p-d（一个装药罐）	30 kg/p	20 kg/p	1 kg/p - d × pdg. 1.9 因子	35 kg/p	38 kg/p
体积	0.005 m^3/罐	0.15 m^3/p	0.15 m^3/p	0.0033 m^3/kg	0.03 m^3/p	0.07 m^3/p
功率需求	12 W（风扇）	0.3 kW/p	0.05 kW/p	—	0.35 kW/p	0.02 kW/p
产生热量	忽略	0.3 kW/p	0.05 kW/p	—	0.1 kW/p	0.16 kW/p
工作温度	同外界环境	环境/480 K	720 K	同环境	同环境	473～673 K
工作压力	同外界环境	680 kPa（最大）	100 kPa	25.3 MPa（最大）	同环境	—
工作模式	连续	连续	连续	如需要	连续	连续

续表

	物理—化学方法					
技术成熟度水平	8	6	5	8	8	7

* 基于 3 人乘组；

** 基于 4 人乘组；

\+ 基于 6 人乘组。

▲：这些技术去除二氧化碳（LiOH，4 床分子筛），控制微量污染物，提供氧气（氧气储存，氧气产生，萨巴蒂尔装置）。这些技术的成熟度水平意味着特定技术的发展水平和相关风险——成熟度为 8 意味着全面运行能力和低风险。（参见第 2 章）

大气中的有机物（包括微生物）和无机微粒主要由设置在回风口的装置从大气中去除。目前所有航天器均使用过滤器，美国的航天飞机和国际空间站使用 HEPA 过滤器去除小至 0.2μm 的微粒和细菌。由于过滤器收集微粒后会造成两边的静压差降低，因此最终必须对过滤器进行更换。

美国和俄罗斯最常用的控制微量气体污染物的系统采用活性炭和氧化催化反应。美国的系统使用消耗性炭床和高温催化剂。俄罗斯的系统在使用一个消耗性炭过滤装置去除大分子化合物后，再使用可再生炭过滤装置去除小分子化合物，使用常温催化剂去除一氧化碳和氢气。运用加热和真空对可再生过滤装置进行解吸再生。采用可再生式过滤装置可降低补给量。表 17-9 列出了这些系统的设计特点。

采用什么样的去除系统主要取决于对污染物种类和含量的预期。权衡主要集中于过滤材料的去除效率、所需消耗品、是否易发生催化剂中毒等等。可选择高温或低温催化剂。在更高的工作温度，催化剂会使用更多功耗并产生某些有毒副产物，但可处理更多的有害物质。低温催化剂具有更易达到的工作条件，但只能处理较少的化合物。

大气成分监测。大气成分监测只需使用类似气相色谱法、质谱法和红外线等比较传统的测量手段。技术原理基本类似，所以需要的权衡非常少。短期载人航天任务依赖简单的装置，而长期载人航天任务需要更加全面和更为复杂的手段。对于评估初始设计方案而言，可以忽略这部分设备。

提供补充气体。需要对因泄漏、气闸舱操作、实验所致的氮气损耗进行补充。截至目前，航天器一般使用存储的空气或纯氮来进行补充。能否从原位资源或燃料电池副产品获取氧气或水（氧气的潜在来源）将影响技术选择。闭环技术最关键的问题是功耗、包括温度和压力在内的工作环境以及类似于氢氧化钾等的危险物质的存在。由于技术都不成熟，因此最主要的权衡是要明确多高的闭合程度对特定的任务最有意义。

美国空间站的设计在早期使用低温储存气体，但流体处理和调节的困难使这种方案最终被放弃。低温储存氮气存在蒸发损失，由气瓶质量加上每公斤回收氮气所致损耗的 0.5 千克额外质量增加 [Eckart，1996]。

开环、部分闭环或完全闭环技术能够为乘组新陈代谢和大气补充提供氧气。开环方案包括高压或低温储存，以及使用化学方法将氧气结合于高氯酸盐氧烛中。当到访乘组驻留空间站时，俄罗斯和平号空间站结合再补给和氧烛两种方法来提供冗余和峰值阶段氧气供应。1 千克高氯酸钾氧烛可以提供 0.46 千克氧气。美国的航天飞机只使用储存氧气，国际空间站早期阶段也使用储存氧气，后来才开始利用闭环技术从回收资源中制造氧气。

如果地球补给的食物中含有水分，或者航天器使用了燃料电池进行能源供应，就可以获得额外的水以用来制造氧气。这部分水流入系统，但是并不作为废水排出，因此该部分水处于半闭环资源回路。水电解制氧技术在 1989 年 12 月投入和平号空间站运用，该技术使用循环的氢氧化钾电解液来产氧。国际空间站在后期阶段也配备了相同的氧气制造系统 [Eckart，1996；Wydeven，1988]。电解制氧的基本化学反应方程式为

$$2H_2O \longrightarrow 2H_2 + O_2 \tag{17-2}$$

在部分闭环系统，制氧产出的氢气被排放到舱外。表 17－9 列出了俄罗斯制氧装置（OGA）的设计规格说明。

闭环系统从乘组呼吸排出的二氧化碳中回收氧气。为了回收氧气，我们可以通过让氢气与浓缩二氧化碳（来自二氧化碳去除系统）进行反应产生水来还原二氧化碳，然后对水进行电解后获得氢气与氧气，氢气又返回到系统中参加反应。

用于二氧化碳还原的技术主要方法是萨巴蒂尔（Sabatier）反应过程，其全部反应为

$$CO_2 + 4H_2 \longrightarrow CH_4 + 2H_2O + \text{热量} \tag{17-3}$$

二氧化碳与氢气在高温（450～800 K）下受颗粒基质上的钌催化剂催化作用进行反应。萨巴蒂尔反应器中的水蒸气可以冷凝并储存供乘组使用，既可用于输入电解制氧单元以产生供呼吸的氧气，也可用于满足其他用水需求。甲烷可被用作推进剂（例如用于控制空间站姿态的电离式发动机），也可排放到舱外或分解产生氢气。萨巴蒂尔反应过程中并非所有二氧化碳被转换回成氧气，一些 C 和 H 原子也以甲烷的形式损失掉了。不太成熟的技术使得二氧化碳再生较为复杂，因此设计者更喜欢将它们用于长期太空任务。为进行基本的权衡分析，我们选用萨巴蒂尔技术，因为该技术是目前可获得的唯一可行技术。表 17－9 列出了萨巴蒂尔反应器的技术特点。其他用于二氧化碳还原的技术还包含 Bosch 技术和二氧化碳电解技术等。

水管理

水主要来自以下几个来源：地面补给、燃料电池副产品以及湿气中的冷凝水。来自于燃料电池和冷凝热交换器（CHXs）的水在使用前需要去除化学成分和进行微生物的处理。尽管相对简单，在储存处于微重力状态下的液体会对设计产生限制。航天器使用软式水箱或囊式水箱储存水，两者都通过扩张和压缩来分别使水流进和排出。大量传感器被用于监测储存装置的物理形态和更换需求。由于这些装置对重力非常敏感，因此在空间重力环境中对其进行性能监测就成了一个难题。一般把水箱质量设计为所存储

水质量的 1.2 倍。

闭环的水处理对于有人参与的长期任务来说十分关键，因为要为乘组提供大量高纯度水。水处理的基本方法有两种：一是通过过滤器和反向渗透来物理分离污染物，二是通过使用空气蒸发、蒸汽压缩蒸馏（VCD）技术和热集成膜蒸发系统（TIMES）技术来通过相变去除污染物。前者依赖于消耗性的过滤器和膜，后者所需功耗更大、也更复杂。在水的平衡分析中，水回收率、食物含水量、因泄漏及舱外活动所致的不可回收损失量都是重要的因素。水中污染物的种类和浓度对于技术选择也有一定作用。

水回收流程选择主要是由废水的来源和任务所需水质决定的。未来长期太空任务会利用两个分系统来回收和储存水。一个分系统处理杂质浓度较高的输入液体，如尿液和冲洗水；另一个分系统处理杂质浓度较低的输入液体，如洗衣和淋浴后的废水。一般通过水的相变来回收饮用水，而通过过滤回收得到较低品质的水［Eckart，1996］。

水处理。当前和平号空间站和计划应用于国际空间站的闭环技术都使用多重过滤器来处理水。冷凝水回收系统从 1975 年开始在礼炮 4 号～礼炮 7 号空间站和和平号空间站工作，可向航天员提供洗浴、食物准备所需的热水和冷水。废水流经过滤器和一连串过滤柱。系统通过提供压力以帮助废水克服过滤器和填充层中的微小压差来维持水流流动。多重过滤（MF）装置相对比较简单，可以直接应用于太空，几乎不需要进一步研发。不过这种方法需要用于再生离子交换床的消耗性材料，以及一个合适的活性炭再生方案。化学处理（通过微生物检测阀加碘）可以控制处理后水中的微生物。表 17-10 列出了供 4 人乘组使用的水处理系统的主要技术特点［Eckart，1996］。

表 17－10　物理化学方法水、废物管理技术的设计参数 [Eckart，1997]▲

	物理化学方法			
参数	水储存	多层过滤（MF）	蒸气压缩蒸馏（VCD）	超临界水氧化（SCWO）*
质量	30 kg/p－day+ ×p－kg，因子为 1.02	10 kg/p	25 kg/p	150 kg/p
体积	0.001 m^3/kg	0.04 m^3/kg	0.1m^3/kg	0.5 m^3/kg
功率需求	N/A	0.04 kW/p	0.03 kW/p	0.36 kW/p
产生热量	N/A	0.04 kW/p	0.03 kW/p	0.09 kW/p
工作温度	环境	环境	环境	923 K（标准）
工作压力	环境	环境	5 kPa	25000 kPa（标准）
工作模式	如需要	连续	连续或批次	连续
TRL（成熟度水平）	8	8	5	3

*　SCWO 也可以用于其他废弃材料（见后文）。

\+　采用开环物理—化学环控生保系统和几个月的任务周期的近似值（参见表 17－5）。

▲：本表中所列的物理化学方法选择主要用于进行供水产生和管理，分别为执行回收（MF、VCD、SCWO—数值基于 4 人乘组）以及不回收（储存水）的方案。

尿处理。尿在开环系统中能被收集和储存直至被处理，在闭环系统中则被处理以回收水。由于尿液含有高盐成分以及观感上的考虑，对其应采用不同的技术并与其他废水分开进行处理。目前俄罗斯的尿处理系统采用蒸发膜和多重过滤精制单元。美国使用相变技术——蒸汽压缩蒸馏（VCD），将液体蒸馏后将馏份经过多层过滤单元进行最终处理。蒸汽压缩蒸馏流程中蒸发器、冷凝器和冷凝收集器都是旋转的，以利用离心力对不同相态进行分离。这一技术已经发展到可以回收尿液中 96％以上的水，并将尿残液浓缩至含有 50％以上的固形物。尿回收水的水质取决于尿中会随水一同冷凝的不稳定有机物和氨的含量。使用酸性或其他物质来进行废水输入预处理对于稳定尿素、防止其分解出氨很有必要。蒸汽压缩蒸馏最终产出水的再处理对于其再使用也是十分必要的。表 17－10 列出了该系统设计的参数［Eckart，1996；Wydeven，1988］。

固体废物管理

过去的载人航天任务中，所有固体废物一般在收集后被压缩并储存在储罐中。一旦储罐装满后就被抛弃于太空或带回地球处理，因此规划者必须为整个任务准备充足的空废物储存罐。一个可能的改进就是采用能处理废物并回收其有用成分的废物管理系统，该系统有助于建立一个闭环的环控生保系统。物理化学方法能将废弃物中的有机成分氧化生成二氧化碳，这些二氧化碳可被用于植物光合作用或进行进一步还原。源自植物或二氧化碳还原系统产生的氧气再循环至氧化反应流程。氧化过程产生的矿物质可能成为植物的营养成分，但是必须在被滤除废气和有害颗粒物之后。幸运的是，物理化学反应系统能几乎彻底地氧化废物，且易于控制。除了对标准参数进行估值之外，我们还需要评估某项废物处理技术的最终产物满足资源可利用的要求且能确保安全性的能力。诸如燃烧或氧化的过程需要高温和高压，但相对宽松的反应条件则可能产生对航天员有害的不完全氧化副产品［Doll and Case，1990；Eckart，1996］。

研究人员对一种被称为超临界废水氧化（SCWO）的处理过程进行了研究。这一过程利用临界状态的水——高于 647K、2.15×10^7 Pa，改变了水的性状使之成为溶剂。在常温常压下不溶于水的有机化合物，可以和氧气一样溶于这种临界状态的水。如果有足够的氧气和足够高的反应温度与压力（高于 922K 和 2.53×10^7 Pa），有机化合物将同过程气体和微量污染物气体一道彻底被氧化，生成二氧化碳、氢气和氮气。无机盐仅微溶于超临界水，因此其可通过在溶液中沉淀而使其从水中分离出来。适当的温度和分子密度可以有助于迅速和彻底地完成氧化反应。一般而言，超临界废水氧化技术可以用来氧化各种航天器废水、冷凝水、洗漱用水、尿液和冲洗水，可从各种废水中生成可饮用的水。这种技术在投入实际应用前必须解决由高压高温带来的安全性考虑、材料腐蚀问题以及为去除一些有毒生成气体进行后处理的需求。表 17－10 列出了为 4 人供应用水的超临界废水氧化实验电路板设计参数［Eckart，1996；Wydeven，1988］。

食品管理

目前虽没有能够从废物中回收食物切实可行的物理化学再生技术，但具有大量用于食品保存和包装的非再生式技术。因此，较短的太空飞行能有大量新鲜、预先包装好的食品。这些食品可能是新鲜的或经脱水处理的（例如汤和蔬菜），具有适中水分的（水果）、热稳定的（如肉和奶酪）或是保持天然状态的（坚果）。在月球前哨站或火星任务中会使用生物再生技术，食物的多样性将变得十分重要。生物再生技术将供应主要的营养成分，但还是需要从地球带去调味品、航天员喜爱的特殊调料和香料等。

17.2.2　生物技术

太空飞行任务将需要生物系统来制造食物并使碳循环回路闭合。生物再生技术将在 4 个主要功能上对环控生保系统做出贡献，如表 17－11 所示。

表 17－11　生物再生技术有助于环控生保系统▲

环控生保系统功能	生物再生技术作用
大气管理	高株植物可以去除二氧化碳，并根据一般光合作用原理产生氧气。微生物可以生长在许多低质量、不稳定的有机化合物中，这些有机化合物会污染狭小、封闭的居住空间。这些化合物主要来自人体的新陈代谢、设备尾气、冷却液回路泄漏、消防设备和其他过程
水管理	消除使水不能饮用或不卫生的化合物——主要是微生物（细菌、病毒、原生动物、酵母）、有机化合物。从植物叶子蒸发的水可以通过冷凝再生制成饮用水。也可以改进在地球上使用的常见生物处理方法来再生水
废物管理	生物过程可以降低可生物降解废物的质量和体积。这些过程可以产生有益的产品，如二氧化碳和氮，但也会生成一些不太受欢迎的产物，如氢和硫化氢
食物管理	高株植物能为乘员提供食用熟悉的食物产品。藻类和真菌也能产生可食用的物质，但一般不太可口和不易消化

▲：此表展示了生物再生技术中各类生物体如何在环控生保系统的 4 个主要功能上发挥作用。

藻类

藻类大量生长于水陆环境并且易于种植。它们能将二氧化碳转化为氧气，同时富含维生素和蛋白质。例如，蛋白核小球藻含有40%～60%的蛋白质，20%的碳水化合物，10%～20%的脂肪和5%～10%的其他物质。但营养学家建议人摄入藻类不宜超过摄入食物总量的20%。而且，在较长时间周期内维护和收获藻类也是比较困难的。已有一些用以实现大气再生的试验性藻类反应装置［Eckart，1996］。

高株植物

在长期和大规模载人空间任务中使用高株植物来制造食物和氧气，将可以极大地降低开放式系统的食品储存和补给成本。通过植物生长活跃的光合作用，二氧化碳将被固化为有机碳，氧气将被释放以供乘员呼吸。高株植物还可以在光照和黑暗周期内释放水，其数量级可以预估出来。蒸发出的水可以增加植物生长区域或航天器其他区间的湿度，一部分水还可以冷凝后供饮用。

为了能够保证充足营养和多样性，对可种植植物的类型可以进行笼统地预估。表17－12给出了利用高等植物为1名航天员提供食物所需的种植面积。

表17－12 高株植物生长的面积需求［Eckart，1996］▲

消耗品	每人需要的面积
水	3～5 m^2
氧气	6～10 m^2
食物	15～20 m^2

▲：本表给出了供应一名乘员所需的水、氧气和食物分别所需种植面积的数值区间。

许多在地面影响植物生长的因素在太空环境中也会影响其生长。但必须在太空中对它们进行工程化设计以得到最好的收成。一旦选定了一种特定的作物，就必须给它创造一个最好的生长环境。

最影响作物产出率的生长参数是施肥、光照强度、光照质量和持续时间，以及空气流速、湿度、温度、二氧化碳浓度、植株密度以及植株间距。施肥方式取决于植物的生长介质和是否存在重力作用。在考虑能量需求和热负荷的同时，需要为合适的植物生长提供最理想的光照条件。恒定的大气循环应能够提供足够的二氧化碳并去除氧气、植物蒸腾产生的水分以及植物产生的有毒有机气体。二氧化碳水平应控制在 350 ppm 到 2000 ppm 之间。对于在阳照和黑暗期间内从 15 ℃到 30 ℃的温度范围内，倾向于采用 70%的相对湿度水平以利于植物生长。为了维持食物和氧气的稳定供应，还必须为植物提供适于播种和收割的空间，并将它们以适合的间隔种植。每种作物在不同的生长阶段以及白天或黑夜所需要的温度都是不同的。表 17－13 列出了一些基本的植物需求［Eckart，1996］。

表 17－13　植物需求的值［Eckart，1996］▲

参数	量值
CO_2	40 ～300 g/m²/d
水	5 ～10 kg/m²/d
矿物	10 ～100 g/m²
光照时间	8～24 h
光照功率	13 ～170 W/m²

▲：本表表明植物的需求可以有数量级的变化，且其数值取决于植物类型及所需的生长特性。

微生物

微生物以单细胞或细胞簇的形式存在，它包括细菌、藻类、原生动物、病毒和某些真菌。除了病毒，一个单独的微生物细胞基本上都可以执行包含生长、能量制造和不依赖于其他细胞繁殖的生命过程。在生物再生式生命保障系统中，微生物系统可以用来制造食物、再生大气并处理废物。微生物的优势在于它们的高生长率和高收获指数。众所周知它们也是单细胞蛋白质的来源。但是微生物也含有核酸，该物质人体每日摄入的建议上限值为从所有来源中不高于 4 g，或从非常规来源中不高于 2 g。由于核酸站微生物干重的 10%，因此一个乘员每日摄入的微生物干重不能超过 50 g。

动物和鱼类

如果在太空以动物和鱼类作为食物来源，必须考虑饲料转换为食物的转化效率、收获指数、能量、质量和空间需求、动物的生长率和繁殖率、人是否喜欢食用以及乘员准备食物所需的时间。但是，目前由于技术等原因，在航天器的设计中不会考虑用动物或鱼生成食物，这是因为在太空养殖它们的技术并不成熟，还有很多技术问题没有得到解决。

17.3　生命保障系统方案构建

选择什么样的生命保障技术主要取决于诸如乘组人数、任务持续时间以及任务位置之类的特征。对于特定的任务而言没有完全理想的生命保障系统。所以必须评估系统的能耗、重量、体积的相对消耗量，以及原位资源和补给的可获得性。表 17 - 14 总结了一些任务特征对设计生命保障系统的影响 [Doll and Case，1990；Eckart，1996]。

表 17 - 14　任务的特点及其对生命保障系统的影响▲

[Doll and Case，1990；Eckart，1996]

任务特征参数	对生命保障系统设计的影响
乘组规模	乘员越多需要的消耗越大
任务时间	任务时间越长，需要的消耗越大、可靠性越高
舱体泄漏	舱体泄漏越多，意味着补给越多
补给能力	补给越困难，耗材储存的要求越高、可靠性要求越高
能源可用性	能源可用性的限制驱使我们采用被动或低能耗系统
容积可用性	空间的限制驱使采用更高容积效率的系统
运输成本	更高的运输成本推动采用质量更小的系统和补给
重力	选定的过程必须能在预计的重力水平下工作
污染源	污染需要对策和更鲁棒的系统
原位资源利用	降低补给的需求量

▲：本表列出了开发和评估生命保障系统设计概念时必须加以考虑的任务特征参数。

设计师最关心的问题是如何以最佳的方式来满足特定目标，同时平衡系统质量与任务质量的低比值需求，以及能耗、体积、补给、储存需求，与安全性、维修性需求间的关系。

步骤 3：定义生命保障系统的备选配置方案。

17.3.1　设计的经验法则

为了给生命保障系统的备选配置挑选合适的技术，我们可以有一些经验法则：

1）相同的系统能为一个任意时长的任务提供控制温度、湿度、大气压力和监测大气成分的非再生功能；

2）持续时间在几周以上的任务应使用再生技术来去除二氧化碳；

3）根据水的使用率（尤其是卫生用水的使用率），持续时间在几周以上的任务应使用再生式水处理技术；

4）仅仅在预期会存在大量的水损失，例如升华冷却舱外服和电解制氧要使用大量水时，系统才必须从尿液中回收水；

5）取决于能量可用性，一般情况长达几个月的任务时间需要使用氧气再生技术；

6）只有当有可用的多余的水时才使用电解来制氧，例如，多余的水可源自所储存的、充分含水的食物，该类食物中的水绝大部分能从航天员的新陈代谢产物中回收；

7）如果系统必须保持水平衡，那么氧气的再生系统方案必须能去除二氧化碳；

8）仅当系统可以使用回收资源时，才进行废物的循环利用，例如，仅当种植植物后，才会考虑从固体废物中回收碳和营养成分。

如何选择针对特定任务所需的最佳技术组合，主要取决于技术组合的性能与预设的技术基准的对比情况。对于生命保障系统而言，技术基准就是使用所有开环技术，包括储存水、氧气和食物，以及使用氢氧化锂去除二氧化碳。通过应用上述经验原则，可将技术进行不同的组合以得到不同的系统配置。

步骤 4：确定生命保障系统的特征参数。

17.3.2 系统配置方案比较

当确定了各备选系统的配置方案后，必须首先为单个分系统、进而为整个环控生保系统确定系统的物理特征参数和运行特征参数。物理特征参数主要包括质量和体积。质量值包括系统初始质量和随时间变化的质量，如式（17-4）所示，初始质量包括分系统硬件质量 M_{hw1} 和初始资源装载质量 M_{chg1}，例如水箱中水的质量。随时间变化的质量包括消耗品质量 M_{cons1}，不重复使用的过程质量 M_{exp} 和备件质量 M_{spare1}。可将实现每项功能的系统质量相加得到环控生保系统的总质量，如式（17-5）所示

$$M_{sys1} = M_{hw1} + M_{chg1} + [(M_{cons1} + M_{exp} + M_{spare1}) \times 任务周期] \tag{17-4}$$

$$M_{ECLSS} = M_{sys1} + M_{sys2} + \cdots + M_{sysN} \tag{17-5}$$

硬件质量 M_{hw1} 由几部分组成：处理器单元质量 M_{proc1}，初始装载的储存质量 M_{accum1}，诸如管路管道类的输送硬件质量 M_{distr1}。美国与俄罗斯对于是采用集中控制系统还是分布式系统具有完全不同理念。俄罗斯倾向于将处理硬件和终端用户硬件放在一起，而美国则将处理硬件集中在一起，并将处理的结果分发到散布的各个终端用户。例如俄罗斯和平号空间站上，采用一个处理器处理洗浴与卫生水，尿液和尿液处理器集中放在一起。因此，和平号不需要长的延伸输送管路系统。式（17-6）列出了计算硬件装置质量的组成公式

$$M_{hw1} = M_{proc1} + M_{accum1} + M_{distr1} \tag{17-6}$$

计算开环质量时，式（17-4）中的所有变量除消耗资源质量 M_{cons1} 外均为 0。资源消耗值一般以 kg/人天为单位，因此该值主要取决于乘组规模和任务周期。包装所需质量也应计算在内。闭环质量的计算过程中已经内在地在分系统硬件质量 M_{hw1}、初始资源质量 M_{chg1}、过程消耗品质量 M_{exp} 和维修备件质量 M_{spare1} 中考虑了乘组规

模，这是由于上述各类质量必须使得各分系统规模与乘组规模相匹配。本章讨论的技术主要针对 3 人和 4 人乘组。尽管按更多的乘组人数进行成比例扩大是可以节约一些资源的，我们可以通过对表 17-10 和表 17-11 中的数据进行线性外推来得到一个相对合理的初步估算。消耗性资源质量是由部分闭环系统或者回收效率低于 100% 引起的。一般以 kg/天为单位，其数值来表示对所设计系统差额资源的补充

$$V_{sys1}=V_{hw1}+[(V_{cons1}+V_{exp}+V_{spare1})\times \text{再补给时间间隔}] \tag{17-7}$$

$$V_{hw1}=V_{proc1}+V_{accum1}+V_{distr1} \tag{17-8}$$

$$V_{ECLSS}=V_{sys1}+V_{sys2}+\cdots+V_{sysN} \tag{17-9}$$

体积计算与质量计算相似，但不存在与首次装载质量相对应的量 M_{chg1}。消耗品储存、过程消耗品以及维修备件的体积都取决于再补给时间间隔而非任务周期，如式（17-7）、式（17-8）和式（17-9）所示。当然，对于类似于去火星这样的任务无法进行再补给，因此再补给间隔就是任务周期。

工作特征参数主要包括单位为 kW_e 的功耗 P_{ECLSS}、单位为 kW_{th} 的热负荷 THL_{ECLSS} 和单位为 h 的乘员进行操作和维护的总小时数 CT_{ECLSS}。各项指标计算按照式（17-10）、式（17-11）和式（17-12）进行

$$P_{ECLSS}=P_{sys1}+P_{sys2}+\cdots+P_{sysN} \tag{17-10}$$

$$THL_{ECLSS}=THL_{sys1}+THL_{sys2}+\cdots+THL_{sysN} \tag{17-11}$$

$$CT_{ECLSS}=(CT_{sys1}+CT_{sys2}+\cdots+CT_{sysN})\times \text{任务周期} \tag{17-12}$$

步骤 5：对生命保障系统备选配置方案进行评估

一旦系统特征参数都已确定，就可以使用合适的因子将上述指标转化为等效质量。由于分别以 kg、kW_e、kW_{th} 以及 m^3 等为单位的指标值之间难以进行相互比较，因此用等效质量这一概念将质量作为一个系统主要特征参数的通用单位。这个想法是为了确定环控

生保系统中需要运行诸如能源、热控制等何种支持系统。例如，需要 50 kW 电源系统中的 10 kW，那么电源系统 20%的质量应计入环控生保系统作为等效质量。每个任务都有特定的转换因子，该因子取决于功率转换因子（CF_{PWR}）、热控系统转换因子（CF_{TCS}）以及居住舱体积转换因子（CF_{VOL}）。其单位分别是 kg/kW_e、kg/kW_{th}和 kg/m^3。公式（17－13）表示了如何计算等效质量

$$M_{ECLSSequiv}=M_{ECLSS}+[P_{ECLSS}\times CF_{PWR}]+[THL_{ECLSS}\times CF_{TCS}]+[V_{ECLSS}\times CF_{VOL}] \tag{17-13}$$

在计算了各种生命保障系统备选配置方案的等效质量后，就可以绘制出各方案等效质量随任务周期变化的曲线。这些曲线的交点就是各备选配置方案的最佳总质量。等效质量计算还能够揭示出硬件质量、体积、功耗和热负荷之间相对重要关系。最后，也指出了需要进行技术改进的地方，例如选择减少质量还是降低能源使用。

图 17－2 的样图列出了环控生保系统的四种方式，分别是非再生物理化学式（P/C）、再生物理化学式、物理化学与生物混合式以及完全生物式（受控生态生命保障系统 CELSS）。这四种方式在由质量的完全开环到水、氧气和食物的闭环这个范围内逐渐变换。每种系统在图左侧 y 轴上的截距代表了相对初始质量。随着任务时间的延长，再补给需求会使累计质量增加。线条间的交点被称为盈亏平衡点，表明对于更长任务时间，较高的系统闭合程度将需要更少的再补给需求。为了更加准确地确定这些盈亏平衡点的位置，必须理解各备选技术、确保技术的高成熟度并仔细定义任务场景和假设条件。根据最近的研究［Eckart，1997］，再生物理化学式系统、物理化学与生物混合式系统与受控生态生命保障系统之间不可能存在盈亏平衡点，食物的闭环循环并不能减少航天器质量，这是因为在维持用于植物生长操作的硬件系统时需要更多的补给质量，而通过生产食物仅能节省非常有限的质量。

关于等效质量还有一个值得注意的问题，即在系统任务规划的

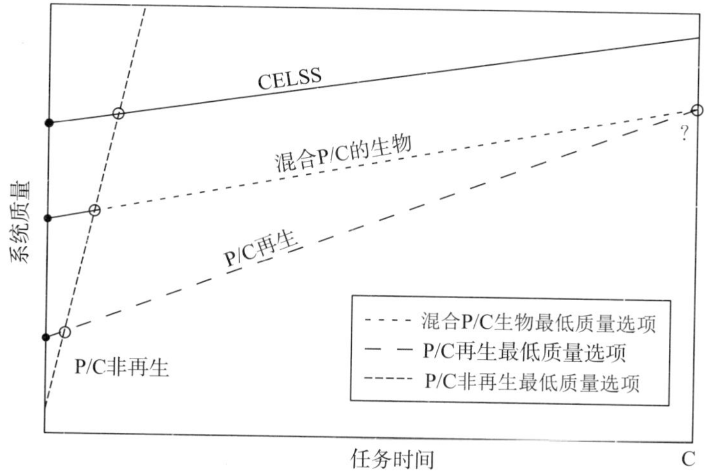

图 17－2　任务时间相对累积质量的示例盈亏图▲

▲：本图定性地对 4 种类型生命保障系统的累积质量相对任务时间的变化情况进行了比较。对每类系统，使用了相对初始质量（y 轴截距）和再补给（斜率）要求。两线相交点称为盈亏平衡点，是由于在此点上两个选择的累积质量是相同的，并且之后随着任务时间推移此前“较重”的选择将变为较轻的选择

最初期它只能提供粗略的数量级估算来进行生命保障系统配置方案的比较。在实际系统设计进入下一阶段后还必须考虑许多其他问题。等效质量方法不能计算诸如可靠性和以备件数和乘员工作时间需求表征的维修性之类的重要特征参数。乘组时间是一个需要评估的最重要指标之一，这和任务直接相关。等效质量的概念也忽略了系统如何消耗资源、产生废物和处理物质等因素。如前所述，实际项目的一个主要考虑应为技术成熟度。无论一个技术想法多么高效、低费效比或先进，如果没能在开发、测试、集成、获取资格以及发射等方面及时准备就绪，就不能真正发挥作用。

等效质量的概念也忽略了整个风险领域，整体风险决定了所有航天器系统的冗余和安全性需求。由于所提供的特殊功能，生命保障系统各部分基于其故障对乘员健康、安全以及任务成败的影响而具有相应的重要程度等级。通常，等效质量计算假定硬件设备为串

联结构（无冗余备份）。上述假定赋予闭环系统一个相对于开环系统的、不公平的优势，原因在于处理硬件相对于存储补给更易于发生失效，因而需要更多的备件和更高级别的冗余设计。

任何一个简单提及的任务需求对环控生保系统的最终设计与开发都起着重要的作用。硬件设备必须在特定的重力条件下工作，可以通过在一个相似的环境条件下进行测试来验证其性能。国际空间站将提供一个进行硬件装置性能评估的必要测试平台。原位资源的存在也极大地影响了环控生保系统的设计。举例来说，原位资源中氧气的存在就可以减少氧气补给和从二氧化碳中回收氧气的需要。尽管与其他空间居住舱系统相比，环控生保系统的硬件装置质量不算大，但用于回收原位氧气的处理装置质量相当大。研究显示，环控生保系统对使用原位资源产生氧气的需求并不强烈［Eckart，1997］。

17.4　任务设计案例

前面章节已经阐述了概念开发过程和一定的背景支撑信息，本节将再给出一个设计案例。前述章节给出了用于评估生命保障系统所需的大量信息。环控生保系统对于载人探索任务每一个其他方面的分析与设计都是必不可少的。

在每个航天器和供航天员居住的舱段中都需要生命保障系统。将任务分成不同的阶段有助于明确各个阶段生命保障系统的需求。对于设计参考任务而言，与环控生保系统有关的阶段主要有地月转移运输段、月球轨道段、月面段。表 17－15 列出了前述章节总结出的每一阶段的相关任务参数。

一般将一个航天器或居住舱用于地月转移运输和低月球轨道（LLO）操作，而将另一个航天器或居住舱用于月面。对于这一系列任务参数中，两个居住舱总的人天数基本相当（分别为 32 人天和 28 人天）。任务参数中的主要差别与舱外活动时间以及是否使用燃料电池生产水相关。由于两个航天器的生命保障需求本质上是一样的，因此可以在应用相同的系统设计。下面将计算基于两者中人天数更高的一种情况——地月转移运输和低月球轨道的 32 人天。

表 17－15　设计参考任务的参数▲

任务参数	地月转移运输	近月轨道	月球表面任务
乘员数量	3	1	2
持续时间	2×3 天＝6 天	14 天（1 月昼）	14 天（1 月昼）
EVA 数	0	0	1 次/天（2 名乘员）
气闸舱空气循环	N/A	N/A	无
气闸舱容积	N/A	N/A	$2m^3$
能源系统（可获取 H_2O）	燃料电池（0.36 kg/kWh）	燃料电池（0.36 kg/kWh）	太阳能光伏发电（N/A）
居住舱容积	100 m^3	100 m^3	100 m^3
居住舱泄露	0.5 kg/d	0.5 kg/d	0.5 kg/d

▲：本表总结了在本书中其他章节提出的重要任务参数，这些参数是确定生命保障系统需求所需要的。

17.4.1　建立任务需求

生命保障系统各项需求的标准值和工作范围在前述章节中进行了说明。现就本书其他章节中建立各项需求针对设计案例进行一个综合。关于补充气体和水的需求值在居住舱、乘员系统、人类心理学、出舱活动、人因以及任务操作等相关章节可以找到。除了总压和水的指标，设计案例的大部分需求与国际空间站是相似的。

这些值主要取决于航天任务操作的设计，例如舱外活动的频率、降低向月面和从月面运输的质量等等。其他任务需求和系统设计也会影响生命保障系统的设计。例如，如果其他系统需要消耗某种资源，如燃料电池需要使用氧气，则要考虑使用通用的供气源或处理装置。或者如果其他系统能生成可被生命保障系统利用的资源（例如燃料电池产生的水），就能够极大地降低对生命保障系统的需求。因此，应以前述章节中介绍的生命保障系统需求作为出发点，根据每个任务中生命保障系统与其他系统协同情况来对其进行调整。

17.4.2 案例任务的技术选项评估

某些上述列出的需求明确了技术以及其他需求——如资源和热负荷——的性能标准，从而影响了系统规划。对于任何工程过程，应从寻找合理的简化条件和假设着手。首先，可识别出各生命保障功能中哪些一般仅使用一种标准的物理化学式技术即可实现，因此对这些功能就不需要进行权衡分析。根据表 17－8，可发现这种简化思路可应用于供气调压、温湿度控制、通风净化、环境监测、氮气补充、水分配和食品处理等功能。表 17－9 列出了二氧化碳去除的技术选择包括 LiOH 方法以及 4BMS 方法，氧气补充的技术选择则包括氧气存储/氧气再生装置（OGA）以及萨巴蒂尔法。表 17－10 给出了各种水处理的技术途径。

使用 17.3.1 节给出的经验规则，能够进一步缩小备选技术选项的数量。基于较短的任务周期以及系统功率、体积限制，可以完全不用考虑生物再生技术。这些限制条件将去除微量有害气体的技术选项减少到一种。当不再需要进行食物生产，从废物中回收资源的需求也随之消失，这些限制条件也消除了对食物存储温度进行控制的需求。基于上述假设，需要进行权衡分析的功能减少至 3 项：二氧化碳去除、提供氧气补充和水处理。17.2 节中的表 17－16 总结了这些技术的相关信息。

17.4.3 确定案例任务的备选配置

首先以开环系统作为技术基线配置，使用氢氧化锂进行二氧化碳去除，使用存储的氧气、水和食物。由于前面假设已经将生物再生式技术排除在外，所有的配置方案均采用储备食物，因此在这一点上不用考虑系统权衡。如果利用 17.3.1 节的经验规则进行分析，则还有两种其他系统配置可供选择：一种是使用分子筛进行二氧化碳去除，另一种是水回收（采用蒸馏方式）。由于任务时间不足一个月，因此没有必要进行氧气的回收。在各种配置方案中都使用储存的氧气，并在分析中不再考虑这一项。

表 17－16　环控生保系统各功能及其需要权衡分析的技术选择▲

环控生保系统功能需求	物理化学技术	特点	注释
空气管理			
去除 CO_2	LiOH	质量：忽略； 消耗：1.75 kg/p－d； 功耗：3 W/p； 容积：$1.23\times10^{-3}m^3/p-d$	基于现有硬件估计； LiOH 密度：1430 kg/m^3
	4BMS	硬件质量：30 kg/p－d； 功耗：300 W/p（平均）； 容积：0.15 m^3/p； 耗损率：9 kg/p－yr	基于现有硬件估计
补充氧气	储存	质量（箱）：$0.9\times O_2$质量； 容积：7.722×10^{-2} m^3/kg O_2	在 1 MPa、297 K 下高压储存
	电解	硬件质量：20 kg/p； 功耗：300 W/p； 容积：0.02 m^3/p； 耗损率：4 kg/p－yr	基于现有硬件估计（固体水电解，SFWE）
	CO_2还原	硬件质量：15 kg/p； 功耗：5 W/p； 容积：0.02 m^3/p； 耗损率：4 kg/p－yr	基于 HW 的发展预测（Sabatier 反应器）
水管理			
水供应	储存	质量（箱）：$0.02\times H_2O$ 质量； 容积：1000 kg/m^3	假设 32 天储存； 10 kg/p/d（由于任务持续时间短，比较表 17－5）
	过滤	硬件质量：10 kg/p； 功耗：40 W/p； 容积：0.04 m^3/p； 耗损率：3 kg/p－yr	基于现有硬件估计（多层过滤，MF）

续表

环控生保系统功能需求	物理化学技术	特点	注释
	蒸馏	硬件质量：25 kg/p； 功耗：30 W/p； 容积：0.1 m^3/p； 耗损率：8 kg/p－yr	基于正在开发的硬件预计（蒸气压缩蒸馏，VCD）

▲：应用设计经验法可将适用于参考任务的技术选择范围缩减至如本表所示的 3 个领域（CO_2 去除、氧气补充、水供应）需要进行权衡分析以确定哪些候选技术是最合适的。

17.4.4 评估案例任务的备选配置

可以通过计算三种备选配置的等效质量来评估哪一种配置更适合于案例任务。根据 17.3 节所述，可以使用下述公式进行计算

$$M_{\mathrm{sys1}} = M_{\mathrm{hw1}} + M_{\mathrm{chg1}} + [(M_{\mathrm{cons1}} + M_{\mathrm{exp}} + M_{\mathrm{spare1}}) \times \text{任务周期}] \tag{17-4}$$

$$M_{\mathrm{ECLSSequiv}} = M_{\mathrm{ECLSS}} + [P_{\mathrm{ECLSS}} \times CF_{\mathrm{PWR}}] + [THL_{\mathrm{ECLSS}} \times CF_{\mathrm{TCS}}] + [V_{\mathrm{ECLSS}} \times CF_{\mathrm{VOL}}] \tag{17-13}$$

前述章节推导出的功率、温度和体积的转换因子分别为：192 kg/kWe，135 kg/kW_{th}和 129 kg/m^3。还可以通过假设热排放需求大致与功耗需求相当来进一步简化问题。假设任务持续 32 人天，水的需求是 10 kg/天——基于表 17－5 中假设的最少卫生用水量和确保每日一次出舱活动，其中出舱活动冷却用水（7.3 kg/EVA）在水需求中占主要部分。表 17－17 列出了对各种技术选择的评估计算。对于这个简单的设计案例，分析结果和前期的假设都说明最适合本次任务的系统应采用氢氧化锂去除二氧化碳、采用蒸馏处理方式回收水、使用储存的氧气和食物。

表 17－17　等效质量计算▲

选择	等效质量计算
CO_2 去除	
LiOH	$M_{sys}=M_{hw}+M_{chg}+[(M_{cons}+M_{exp}+M_{spare})\times \text{mission duration}]$； $M_{sys}=0+0+[(0+1.75\ \text{kg/p-}d+0)\times 32\ \text{p-d}]=\underline{\underline{56\ \text{kg}}}$； $V_{sys}=(0.005\ \text{m}^3/\text{cartridge})\times(1\ \text{cartridge}/4\ \text{p-day})\times(32\ \text{p-d})=\underline{\underline{0.04\ \text{m}^3}}$； $M_{equiv}=M_{sys}+[P_{sys}\times CF_{PWR}]+[THL_{sys}\times CF_{TCS}]+[V_{sys}\times CF_{VOL}]$； $M_{equiv}=56\ \text{kg}+[0.012\ \text{kW}_e\times 192\ \text{kg/kW}_e]+[0.012\ \text{kW}_{th}\times 192\ \text{kg/kW}_{th}]+[0.04\ \text{m}^3\times 129\ \text{kg/m}^3]=\underline{\underline{65.1\ \text{kg}}}$
4BMS	$M_{sys}=M_{hw}+M_{chg}+[(M_{cons}+M_{exp}+M_{spare})\times \text{mission duration}]$； $M_{sys}=90\ \text{kg}+0+[(0+9\ \text{kg/p-yr}+9\ \text{kg/p-yr})\times 32\ \text{p-d}]=\underline{\underline{91.6\ \text{kg}}}$； $M_{equiv}=M_{sys}+[P_{sys}\times CF_{PWR}]+[THL_{sys}\times CF_{TCS}]+[V_{sys}\times CF_{VOL}]$； $M_{equiv}=91.6\ \text{kg}+[0.9\ \text{kW}_e\times 192\ \text{kg/kW}_e]+[0.9\ \text{kW}_{th}\times 135\ \text{kg/kW}_{th}]+[0.45\ \text{m}^3\times 129\ \text{kg/m}^3]=\underline{\underline{444.0\ \text{kg}}}$
水供应	
储存水	$M_{sys}=M_{hw}+M_{chg}+[(M_{cons}+M_{exp}+M_{spare})\times \text{mission duration}]$； $M_{sys}=0+0+[(10\ \text{kg/p-d}+0+0)\times 32\ \text{p-d}]=320\ \text{kg}\times 1.02\ \text{pkgfactor}=\underline{\underline{326.4\text{kg}}}$； $V_{sys}=(0.001\ \text{m}^3/\text{kg})\times 320\ \text{kg}=\underline{\underline{0.32\ \text{m}^3}}$； $M_{equiv}=M_{sys}+[P_{sys}\times CF_{PWR}]+[THL_{sys}\times CF_{TCS}]+[V_{sys}\times CF_{VOL}]$； $M_{equiv}=326.4\ \text{kg}+[0\times 192\ \text{kg/kW}_e]+[0\ \text{kW}_{th}\times 135\ \text{kg/kW}_{th}]+[0.32\ \text{m}^3\times 129\ \text{kg/m}^3]=\underline{\underline{376.7\ \text{kg}}}$
水回收（基于 VCD）	$M_{sys}=M_{hw}+M_{chg}+[(M_{cons}+M_{exp}+M_{spare})\times \text{mission duration}]$； $M_{sys}=75\ \text{kg}+90\ \text{kg}^*+[(0+8\ \text{kg/p-yr}+7.5\ \text{kg/p-yr})\times 32\ \text{p-d}]=\underline{\underline{166.4\ \text{kg}}}$； $M_{equiv}=M_{sys}+[P_{sys}\times CF_{PWR}]+[THL_{sys}\times CF_{TCS}]+[V_{sys}\times CF_{VOL}]$； $M_{equiv}=166.4\ \text{kg}+[0.09\ \text{kW}\times 192\ \text{kg/kW}_e]+[0.09\ \text{kW}_{th}\times 135\ \text{kg/kW}_{th}]+[0.3\ \text{m}^3\times 129\ \text{kg/m}^3]=\underline{\underline{234.5\ \text{kg}}}$

* 假设 3 天水供给的初始装载量＝3 day×10 kg/p－d×3 person＝90 kg。

▲：本表中的等效质量计算使用了 17.3.2 节中推导出的公式，任务参数和技术特点分别从表 17－9，表 17－10，表 17－15 和表 17－16 中得到。假设每年硬件质量的 10％是用于冗余备份。

17.4.5　关于案例任务的其他考虑

还要考虑关于这一任务的某些其他问题，包括原位储存资源的可用性等。对于这一任务而言，水的潜在可用性可以降低开环系统的质量，但由于不清楚水质情况，因此不能假设其用途。然而，一个建设用于开采水或氧气的永久性月球基地能减少对资源储备以及相关处理设备的需求。存储水资源所使用的循环系统是一个单向的输出系统。真正的航天任务设计必须在风险分析的基础上进行冗余设计，由于开环系统中各个部分相互独立且失效的可能性很低，所以在开环系统中往往无需进行备份。

参 考 文 献

[1] Churchill, S., ed. 1997. Fundamentals of Space Life Sciences. Vols. I & II, Malabar, FL: Krieger Publishing, Orbit Books.

[2] Diamant, B. and W. Humphries. 1990. Past and Present Environmental Control and Life Support Systems on Manned Spacecraft. SAE Technical Paper 901210 presented at the 20th Intersociety Conference on Environmental Systems.

[3] Doll, S. and C. Case. 1990. Life Support Functions and Technology Analysis for Future Missions. SAE Technical Paper 901216 presented at the 20th Intersociety Conference on Environmental Systems.

[4] Eckart, P. 1996. Spaceflight Life Support & Biospherics. Dordrecht, The Netherlands: Kluwer Academic Publishers and Torrance, CA: Microcosm Inc.

[5] Eckart, P. 1997. Parametric Model of a Lunar Base for Mass and Cost Estimates. Dissertation, Technische Universität München, Germany, Herbert Utz Verlag, Munich, Germany.

[6] ESA. 1983. Environmental & Thermal Control Systems for Space Vehicles. ESA Report No. SP-200.

[7] ESA 1988. Space Thermal Control and Life Support Systems. ESA Report No. SP-288.

[8] ESA. 1989. Life Sciences Research in Space. ESA Report No. SP-1105.

[9] ESA. 1989. Columbus Human Factors Engineering Requirements. ESA Report No. COLRQ-ESA-013.

[10] ESA. 1990. Life Science Research in Space. ESA Report No. SP-307.

[11] ESA. 1991. Space Thermal Control and Life Support Systems. ESA Report No. SP-324.

[12] Henninger, D. and D. Ling, eds. 1989. Lunar Base Agriculture: Soils for

Plant Growth. American Society of Agriculture.

[13] ICLSBS. 1992. International Conference on Life Support and Biospherics. Proceedings. .

[14] ISU. 1993. International Lunar Far - Side Observatory and Science Station (ILFOSS) International Space University, Design Project Report.

[15] NASA. 1992. Man - Systems Integration Standards. NASA STD - 3000. Washington, DC: National Aeronautics and Space Administration.

[16] Salisbury, F. 1992. Some Challenges in Designing a Lunar, Martian, or Microgravity CEISS. Acta Astronautica. 27: 211 - 217.

[17] Wieland, P. 1994. Designing for Human Presence in Space: An Introduction to Environmental Control and Lye Support Systems. NASA RP - 1324. Washington, DC: National Aeronautics and Space Administration.

[18] Wydeven, T. 1988. A Survey of Some Regenerative Physico - Chemical Life Support Technology. NASA TM - 101004. Washington, DC: National Aeronautics and Space Administration.

第 18 章　乘员起居设备

Don Stilwell，NASA 约翰逊航天中心
Ramzy Boutros，波音公司
Janis H. Connolly，NASA 约翰逊航天中心

从广义上讲，乘员起居设备包括直接服务于乘员需求的单元，诸如任务硬件、软件、甚至是飞行程序等。从字面意思理解，乘员起居设备就是那些乘员的使能项目，该类项目可将载人航天和无人任务区分开来。实际上，通常将那些服务于乘员需求，但应属于诸如舱外活动（EVA）、环境控制生命保障（ECLSS）、热控制等其他系统的硬件排除在乘员起居设备范畴之外。因此，本章将讨论一个硬件和供应品的集合，该集合服务于在航天器和行星表面居住舱内的乘组，包括食品和衣物、卫生和家务补给品、工作站和维护硬件、睡眠和娱乐设备等。虽然这些项目大部分看起来简单普通，但这只是一种错觉，某些项目的失效可能会危害到任务，甚至威胁乘员的生命。

18.1　航天任务乘员起居设备设计

特定航天任务乘员起居设备的设计或者选择，是由航天任务的

预期功能、活动、持续时间，以及乘员的身体、心理及生理素质决定的。例如，对于仅持续 4 小时的短期航天飞行任务，并不需要睡眠方面的考虑，但对于一项持续几个月的飞行任务，则需要一个安静、黑暗并且舒适的睡眠环境以确保乘组能在工作时间内保持高效和清醒。再如，工作台的设计必须能与在其上实施的功能相适应，同时也能与人员操作能力、可达区域、舒适的身体姿势，以及其他非常人性化的要求相适应。空间环境，特别是微重力环境也会影响乘员起居设备的设计和选择。由于缺乏强重力环境，某些如刷牙等非常普通的活动，在太空中都会呈现出新的表现形态。如何在将牙膏吐出口腔的时候，避免将其排放到船舱中？如何在用牙线清理口腔的时候，避免将有害细菌排散到空中？如何在微重力环境下储存、烹饪和享用食物？上述问题以及其他很多设计问题都是由独特的空间环境引起。最终，将质量、体积和能源这些任务资源约束也需要考虑到设计衡量的计算中。以至于乘员起居设备必须经常处于充足状态，具有合理舒适度，既不会豪华，也不像看上去那么随心所欲。

本章中提出了一种近地轨道的乘员起居设备基本构图，并规划了其如何转向未来的月球、火星以及更远的探测任务。我们建立用于粗略估算乘员起居设备的质量、体积、功率数值的方法，并实际应用，将上述数值能作为整体任务规划的输入量。在任何可能情况下，都需要突出那些航天乘员起居设备的截然不同的特征、问题和需求（相对于地面）。由于传统的判断正误的标准不再适合，因此应从之前的工程经验中寻求指导。

任何任务的乘员起居设备规划都是始于收集任务需求和数据，而结束于将这些输入转换成切实的规范、资源预算和概念设计。

18.2　任务需求和设计流程

任务要求提出时，通常不能清晰地识别和描述出乘员所需的起居设备。功能配置分析确定了所需的功能，然后通过乘员起居设备设计来实现这些功能。第 6 章“人的因素”阐述了如何在一项任务中分析配置功能与任务的匹配关系。表 18－1 描述了设计中的主要活动，表 18－2 则给出了在设计乘员起居设备子系统过程中的输入和输出。本章的后续将给出该系统的具体设计开发内容。

表 18－1　设计和开发乘员起居设备▲

序号	步骤	说明	参考章节
1	为主要功能准备任务时间表	帮助确定所需的资源和特定资源的重要性	第 1 章
2	分析配置的功能	确定乘员起居系统将提供什么功能	第 6 章
3	分析任务	推导出详细设计的要求。需要针对乘员起居系统中各个主要元素开展	第 6 章
4	得出资源要求	指定每个系统的质量，体积和能量要求	表 18－3 和表 18－4
5	系统集成	协调和协商乘员起居系统服务在整个居住舱内载荷的相关关系	第 18 章
6	进行权衡研究和分析	选择首选的设计概念	第 18 章
7	进行详细设计	生成首选设计的详细硬件配置	第 18 章
8	迭代和文档		

▲：在任务设计开发过程中，将对系统设计步骤进行多次迭代。一个关键的权衡将在减少资源需求（比如质量，体积，能源和飞行时间）与减少系统功能之间展开。不能对食物和其他必须品的基本需求进行权衡，除非能找到更好的方法来提供它们。

从任务要求到乘员起居系统的设计，并不只有一种途径。乘员起居系统的需求能够且经常改变整个任务的需求。例如，具有最小质量和体积的初始任务需求通常不能支撑所有必需的乘员起居设备。我们习惯于考虑飞行器质量、推进剂质量等较大的项目，而容易忽视那些用于支持航天员的设备的质量和体积。如果缺乏一个用于预估资源的合适而精确的方法，则问题会一直被忽视，直到在功能分配分析时推导出乘员起居设备需求，甚至更晚。如果乘员起居设备需要在飞行中增加额外的体积或质量，那么整个任务需求都需要被重新设计。

表 18-2　乘员起居设备设计的输入与输出▲

乘员起居设备子系统	输入	输出
厨房、食物系统和起居室；18.4.1 节	1. 任务时间； 2. 航天员体型大小； 3. 人类营养需求； 4. 航天员的口味和喜好； 5. 预期的工作负载和热量需求； 6. 突发状况给养的要求； 7. 库存维护的要求； 8. 再补给的可能； 9. 可用的装载空间； 10. 日程表	1. 食物清单，物资和厨房设备； 2. 食物，物资和设备的质量和体积； 3. 厨房设备的能源消耗和工作周期； 4. 厨房食物子系统的规格和概念设计； 5. 如果需要的话，睡眠处的规格
睡眠设备和航天员的个人空间；18.4.2 节	1. 任务时间； 2. 航天员体型大小； 3. 日程表； 4. 可用的生活空间； 5. 隐私需求	1. 床上用品及固定设备的质量和体积； 2. 睡眠设备的规格和概念设计
个人卫生；18.4.3 节	1. 航天员体型大小； 2. 任务时间； 3. 其他的环境因素（例如月尘，工作量，舱外活动）； 4. 再补给的可能	1. 卫生物资和设备的清单； 2. 物资和设备的质量和体积； 3. 设备的能源消耗和工作周期； 4. 私人卫生的概念设计
衣物；18.4.4 节	1. 航天员体型大小； 2. 任务持续时间； 3. 特殊衣物的需求； 4. 航天员的喜好； 5. 再补给的可能； 6. 开环或闭环供水； 7. 水的回收系统和环境控制生命保障系统的装载； 8. 可用的能源； 9. 热耗散速度； 10. 可用的装载空间	1. 决定洗不洗衣物； 2. 衣物的清单； 3. 衣物的数量； 4. 储存的方法； 5. 质量，体积； 6. 如果有的话，洗衣服的能源消耗和工作周期； 7. 衣物系统的概念设计

续表

乘员起居设备子系统	输入	输出
航天员健康保健；18.4.5 节	1. 航天员体型大小； 2. 任务时间； 3. 存在着健康风险的活动； 4. 可能的健康问题； 5. 再补给的可能； 6. 航天员的医术； 7. 紧急情况返回地球选项	1. 硬件和物资的清单； 2. 质量，体积； 3. 设备的能源消耗和工作周期； 4. 系统的概念设计； 5. 航天员医术要求； 6. 航天员营救准备
突发情况处理措施；18.4.6 节	1. 可能的突发情况； 2. 航天员的体型大小； 3. 名义上的任务时间； 4. 最大可能的任务时间； 5. 再补给的可能	1. 突发情况处理设备清单； 2. 质量和体积； 3. 能源消耗和工作周期
娱乐设备；18.4.7 节	1. 任务时间； 2. 航天员体型大小； 3. 航天员喜好； 4. 预期的空闲时间； 5. 可用于私人项目的资源； 6. 再补给的可能； 7. 可用的空间	1. 共享的娱乐设备清单； 2. 所需资源的质量、体积和能源； 3. 概念设计； 4. 用于个人项目资源的详细说明
乘员舱维护；18.4.8 节	1. 任务时间； 2. 航天员体型大小； 3. 可能的故障和故障导致的结果； 4. 可用于存放备用品和物资的空间； 5. 任务可靠性方法和备用品； 6. 再补给的可能； 7. 可访问性和可维护性； 8. 航天员技能	1. 维护系统和备用品的概念设计； 2. 需要的质量体积； 3. 设备的能源消耗和工作周期； 4. 冗余的需求； 5. 设备和物资的清单
内务整理和垃圾处理；18.4.9 节	1. 任务时间； 2. 航天员体型大小； 3. 再补给的可能； 4. 可用的储存空间； 5. 废物处理哲学	1. 设备和物资的清单； 2. 质量和体积； 3. 所需资源：能源，水等； 4. 废物处理方法

续表

乘员起居设备子系统	输入	输出
固定设备和助行器；18.4.10节	1. 航天员体型大小； 2. 需要执行的任务； 3. 工作站的地点； 4. 移动形式	1. 固定设备和助行器的清单； 2. 质量和体积； 3. 布局
摄影拍照设备；18.4.11节	1. 公众了解的需求； 2. 任务的新奇性； 3. 任务时间； 4. 科学和任务的需求	1. 拍照摄影设备物资的清单； 2. 质量、体积和能源需求； 3. 系统的概念设计

▲:乘员起居设备设计过程的输入决定了各个子系统所采用工作方式。输出则是任务设计和分析过程的产物,例如硬件列表、规格说明、所需资源预算和概念设计。这个过程是一个典型的迭代过程,所以在设计过程中需要经常对输入和输出进行更新。

航天员的体型尺寸以及任务的持续时间很大程度上影响了所需的可居住体积。该体积反过来也在很大程度上决定着航天器和推进系统的大小。第 11 章讨论了历史上航天器压力舱体积与任务时间的函数关系。作为一个普遍规律，对于持续几天或者几个星期的任务，其内部空间可以小一些。航天员可通过轮班来共享个人空间的做法，这也叫作“热铺”，航天飞机任务中为开展一项太空实验室科学任务而必须搭载更多航天员时也应用了这一方法。对于那些时间长达甚至超过两个星期的任务，航天员需要拥有私有的睡眠和个人娱乐活动（比如阅读和与家人交流）空间，以及更多的用于洗漱和个人卫生的空间。对于那些时间非常长（6 个月甚至更多）的任务，航天员需要拥有几乎所有家中的舒适生活用品及充足的个人空间。

18.3　乘员起居设备的资源模型

航天任务规划要求必须在第一轮工程图样发布之前就估计出乘员起居设备的质量、体积和功耗等。在这一阶段，资源预估非常难，也无法获取将会在后续步骤中出现的预估可信度。尽管有这种不确定性，但仍然必须尽早地开展做出合理估计这一最佳工作。从电子设备、热控子系统到能源子系统、环控生保等子系统的开发者需要来自乘员起居设备的早期输入来规划和确定相关系统的大小和规格。受到资源稀缺的限制，乘员起居设备的大小和质量经常会使航天器及居住舱设计者和乘员起居设备设计者产生冲突。除了在此处讨论的航天员所需能源之外，生命保障、空气循环、除湿、净化、通信、照明和电子操作等系统也需要能源。

表 18-3 和表 18-4 包含了能用于任务前期对所需资源进行粗略估算的功率、质量和体积值。但需要注意，不存在用于估算的通用公式。任何任务都有其独特性，所以必须针对其特定的应用来定制表格，采用基于任务需求和过往知识积累的良好的工程判断能力来选择到底应包含、排除或更改哪一条项目。例如，相对于周期长的登陆火星任务，周期短的登月任务需要的乘员起居设备和食物要少得多。相对于月球返回飞行器等短周期任务，像国际空间站等长寿命空间平台需要使用更多更耐用的乘员起居设备。太空基地可能需要具备衣服和餐具清洗能力、多个厕所和淋浴设施、储存了足够速冻食物的厨房及乘员私人住所等，而小型航天员救生飞行器则不需要这些。在后续对乘员起居设备子系统的讨论过程中，将描述如何得出这些表格中的预估值，以及如何将其调整以适用于登月、登火星及近地轨道等任务。

表 18-3　火星表面驻留 6 人、500 天任务的乘员起居设备质量和体积资源模型▲

乘员数量 6 天数　500	质量	质量小计/kg	体积	体积小计/m^3
厨房和食物系统				
食物	2.3 kg/p/d	6800	0.008 m^3/p/d	24.00
冰柜	400 kg(空)	400	200 m^3	2.00
传统烤箱	50 kg	50	0.25 m^3	0.25
微波炉(2/p.)	70 kg	70	0.30 m^3	0.30

续表

乘员数量 6 天数 500	质量	质量小计/kg	体积	体积小计/m^3
厨房/灶的清洁用品(液体、海绵等)	0.25 kg/d	125	0.0018 m^3/d	0.90
水化食品水龙头 & 饮用水	15 kg	15	0.0135 m^3	0.01
洗碗机	40 kg	40	0.56 m^3	0.56
烹饪/饮食用具(平底锅、塑料盘,板凳)	5 kg/p	30	0.0014 m^3/p	0.08
废弃物收集系统				
废弃物收集系统(2 个厕所)	90 kg	90	4.36 m^3	4.36
厕所供应品(厕纸、清洁用品、滤网等)	0.05 kg/p/d	150	0.0013 m^3/d	3.90
粪便及尿液应急收集手套/袋子	0.23 kg/p/d	20	0.0008 m^3/d	0.07
个人卫生用品				
淋浴	75 kg	75	1.41 m^3	1.41
洗手/刷牙水龙头	8 kg	8	0.01 m^3	0.01
个人卫生包	1.8 kg/p	10.8	0.005 m^3/p	0.03
卫生补给品(消耗品)	0.075 kg/p/d	225	0.0015 m^3/d	4.50
服装				
服装	99 kg/p	594	0.336 m^3/p	2.02
洗衣机	100 kg	100	0.75 m^3	0.75
干衣机	60 kg	60	0.75 m^3	0.75
娱乐设备和个人物品				
个人物品/封闭空间	50 kg/p	300	0.75 m^3/p	4.50
内务管理				
真空(主份+2 备份)	13 kg/p	13	0.07 m^3/p	0.07
打扫卫生一次性湿巾	0.3 kg/p/d	0	0.002 m^3/p/d	0
垃圾压缩机/垃圾存储装置	150 kg	150	0.3 m^3	0.3

续表

乘员数量 6 天数　500	质量	质量小计/kg	体积	体积小计/m^3
垃圾袋	0.05 kg/p/d	150	0.001 m^3/p/d	3.0
操作物品和固定设备				
操作物品(磁盘,自封袋,磁带)	20 kg/p	120	0.002 m^3/p	0.24
固定设备和机动援助	100 kg	100	0.54 m^3	0.54
维护:居住区维修				
手持工具及附件	300 kg	300	1.00 m^3	1.00
备用设备和消耗品	—	—	—	—
测试设备(示波器,测量装置等)	500 kg	500	1.50 m^3	1.50
夹具、大型机床、手套箱等	1000 kg	1000	5.0 m^3	5.0
摄影				
设备(照相机、摄像机、镜头等)	120 kg	120	0.5 m^3	0.5
电影(假设都是数字设备)	0 kg	0	0 m^3	0.0
睡眠装置				
睡袋(睡眠固定作用)	9 kg/p	54	0.1 m^3/p	0.6
乘员健康维护				
锻炼装置	145 kg	145	0.19 m^3	0.19
医疗/外科/牙科套件	1000 kg	1000	4.0 m^3	4.0
医疗/外科/牙科消耗品	500 kg	500	2.5 m^3	2.5
	合计/kg	13814.8	合计/m^3	72.16

▲:该模型不能直接使用,需根据本节所提出的原则进行相应改进,使其适应于不同任务。本节后面的表 18-5 给出了质量和体积的倍乘因子,通过修改可应用于火星、月球、类航天飞机或类空间站的航天器实例。如果某个元素不适用于某个特定任务时,就应当去掉它,就好像当采用可清洗抹布时则需要去掉一次性湿巾。该模型没有涵盖硬件集成所需的质量和体积,如托架或支架等。考虑到集成,质量需要增加 25%,体积需增加 50%。

表 18-4　火星表面 6 人、500 天任务居住舱电子设备的功耗▲

天数　500	平均功率/kW	功耗比例/每天百分比	功耗/kW-h
厨房和食物系统			
食物	1.4	100.0	16800.0
传统烤箱(2 个同时工作)	2.5	12.0	3600.0
微波炉(2 个工作)	1.8	6.0	1298.0
洗碗机	1.2	8.0	1152.0
废弃物收集系统			
系统(2 个厕所)	0.09	2.5	27.0
个人卫生用品			
淋浴	1	8.0	960.0
服装			
洗衣机	1.5	8.0	1440.0
干衣机	2.5	8.0	2400.0
娱乐设备和个人物品			
个人物品/封闭空间	0.7	4.0	336.0
内务管理			
真空	0.4	1.0	48.0
垃圾压缩机/垃圾锁	0.85	1.0	102.0
维护:居住区维修			
测试设备(示波器,测量装置等)	1	0.1	12.0
夹具、大型机床、手套箱等	1	0.1	12.0
摄影			
设备(照相机、摄像机、镜头等)	0.4	8.0	384.0
乘员健康维护			
锻炼装置	0.145	50.0	870.0

续表

天数　500	平均功率/kW	功耗比例/每天百分比	功耗/kW－h
医疗/外科/牙科套件	1.5	1.0	180.0
	总能量(kW－h)		29619.0

▲:本表给出了火星表面居住舱实例中电子设备的功耗和工作周期。乘员起居设备的总功率有助于确定所需能源设备的大小。如同在表 18－3 中一样,用户需要调整本功率表以适应于自己的任务和需求。乘员数量在公式中没有体现,原因在于仅在极少情况下是与乘员数量相关的,可以通过平均功率计算来得到结论。

可以从表 18－3 中排除几个项目。第 5 章和第 17 章讨论了用于饮用、洗浴、清洗以及其他活动的水量。如果采用闭环系统对水进行循环利用，则仅需要有足够的蓄水装置来确保即使在最大可能的泄漏率下水箱里的水也足够用。在开环系统中用过的水被排出舱外，导致长周期任务需要用大量的水。另外，表 18－3 的模型没有包含安放乘组所需设施的质量和体积，如货架和储物柜。对居住舱架构确定后就不能再进行扩充或者其他改动，否则难以将这些改动置入乘员舱的估值中。如果需要对集成设备（系统与航天器或居住舱间连接的基础设备以及接口硬件）进行单独估计，则取值为乘员起居设备中体积的 50％和质量的 25％。这个模型也不包含备件和替代硬件所需的资源，原因在于子系统的设计者必须基于可靠性和对其系统的需求来作出决策。对于火星任务或者其他远距离任务，备件、维修物品和替换系统硬件需占用很大的体积和质量，但其预估难度将使乐观的任务规划者在初始阶段忽视或低估其数值。该模型并没有显示应急供应品的数量，原因在于其数量取决于对可能的任务失败的分析。如果想为在火星任务中可能的立即终止、返回地球提供足够的紧急物资，例如，当由于某个故障导致火星着陆失败时，需要携带足够的食物和其他物资来维持足够长时间，直到实现飞跃火星并紧急返回地球。可在第 9 章了解往返时间估计值。

我们假定所有的装备都使用最新的技术（如轻型的混合材料或

最新的电子元件）和非常智能的节能设计。然而，在整个开发过程中，对于最终设计质量的增加比例，我们并不能对其很好地进行预估。

18.4　乘员起居子系统

18.4.1　厨房、食物系统和起居室

厨房和食物系统提供了准备、享用、贮存、盘点食物，以及用餐之后进行清洁的工具和设施。通常我们会将拥有高品质食物视为理所当然。每次超市采购都能获得大量高品质、新鲜的食物，所以餐食既包括即食食物，也包括利用大量丰富原材料制作的食物。在现代，地面上的厨具可使烹饪变得十分便捷。但在航天飞行过程中，提供食物变得困难多了。在微重力的环境下，沸腾、传热、混合、搅拌、煎、炸等技术都会遇到问题，而且某些技术如对流加热甚至是不可能的。溅出物不会停留在地板或者或桌面上，这些粉末碎片或残渣将会分散在空气中，在任何时候都有可能进入最近人体的肺部或眼睛里。没有温室和种植食物的地方，在去火星和其他行星的遥远旅途中，获得新鲜食物无疑是奢求。因此，设计厨房和食物系统是一项具有挑战性的特殊任务，这不是仅仅简单复制地球上厨房所能实现的。

在任何食物系统中，准备、食用和贮存食物的工具和方法都取决于所选择食物的类型。从最低要求上讲，这些食物必须要能够补充航天员在日常活动中消耗的能量，并且能够提供所有基本营养，这些营养是不能由身体合成或者事先充足制备的。当然，食物也必须味道良好，甚至需要足够的味道变化来保持航天员的食欲，并满足任务的贮存约束。尽管想使食物及其附属设施的质量和体积最小化，但在这方面也仅能进行小部分的节省。优秀的任务设计会在最大化地满足航天员在食物、水及相关配套设施等方面的要求，以及在最小化质量和空间之间找到理想的平衡点。

人需要消耗大量的食物和水。例如，6人乘组在500天的飞行任务中，需要消耗体积24 m^3、质量高达6900 kg的食物。可以利用脱水技术来减少一些食物的含水量，但是为了弥补食物缺水，要么需要增加食物复水用水，要么需要增加饮用水供应量，或者两者都需要。乍看之下，似乎并不能节省任何质量。但通过循环用水，实际上可以实现大量节省。大部分短周期任务都会带上全部的水并将废水排出舱外。但在长周期任务中，特别是再补给非常困难甚至不可能的情况下，将每升质量达1千克的水直接排出舱外无疑是代价高昂的行为。例如，俄罗斯和平号空间站循环使用了大部分水。所以可期待未来的火星或其他行星任务中水资源亦能循环使用。经费、任务周期和科技水平决定了水循环系统的闭合程度。就目前的技术而言，已经能够较轻易地做到非常高闭合程度，近乎达到完全闭合（阅读第17章以了解水的循环）。设计者也想到了另外一些方法来减少水的质量。例如，燃料电池能扮演双重角色，该电池能使氢气和氧气产生化合作用以提供能源和饮用水。尽管脱水食物能够节省相当多质量，但其对口感的影响以及航天员的接受程度限制了其使用。

航天任务食物系统贮存食物的形式从完全脱水到完全富水都可以包含。其他目前可用的贮存手段包括：罐装、热稳定处理、辐照以及冷冻。一般而言，食物中所含的水量越高，其口感越好，并且航天员越能接受。图18－1显示了食物中水所占的比例与1个航天员1天消耗的水量之间的关系。其中上升斜线描述了1个航天员在1天内消耗的食物和饮料总量。大约有0.5 kg是食物和水混合在一起，0.7 kg为干燥食物，且有0～2.3 kg的水包含在食物和饮料中。如果每天纯粹供给脱水食物的话需要1.3 kg。如果是富含水食物的话，则需要3.5 kg。对于去往近地轨道空间站、火星或其他行星的一项长周期任务来说，具有像国际空间站食物相同含水程度的食物，即斜线上的C点（表18－3中的每人每天2.3 kg），将会是非常舒适的饮食。

用于火星或其他行星探测任务的食物还会遇到另一个问题：食物保存。之前的人类活动从来没有像这些任务一样，需要完全脱离地球的食物产生机制。一些军事食物都是以一种“即食的”（meals-ready-to eat，MREs）形式来贮存的，这些食物能够保存达5年甚至更久，足以满足去火星的需求。但是即食食物只是为了暂时的使用。在美国只食用即食食物的测试中，在两周甚至更短的时间内就发生了身体和心理素质的严重下降［美国陆军，1987］。如果在食物保存领域没有显著的提升工作，火星之旅是不切实际的，原因在于目前的技术仅能支持不到1年的利用制备好的食物提供营养上可接受的食物提供。因为工厂和军队主要依赖接近于地球的食物来源，他们并没有太多的主动性去投入精力解决诸如火星任务这样的困难问题。因此需要研究单独或联合使用诸如超声波、电磁脉冲、高压、化学添加剂、生物技术、微生物添加剂、强脉冲光、低温冻干等技术的食物储存方法。究竟使用何种方法取决于试图保存的不同食物。

推荐给任何任务的食物量一般应在航天飞机食物水平1.8 kg/人天（大约4 lb）到国际空间站食物水平2.3 kg/人天（大约5 lb）之间。前一个食物质量水平比较适合去往低地球轨道或者月球等的短周期任务，而后一个食物质量水平则应用于去往火星的长周期任务或者长期月球表面停留。国际空间站食物要求的空间标准为0.008 m^3/人天。假定一个恒定的食物包装体积使得可以利用该值来进行任何计算，而不管食物中水含量如何。而期望将食物进一步脱水以使食物质量降低到1.8 kg/人天是不现实的。

所选的食物组合将会因任务的持续时间和任务环境的不同而改变。用于储存和准备食物的设备包括烤箱、热水器、冰水机、用于准备食物和进食的设备、冰箱、冷冻机、废料桶、垃圾压缩机、库存管理设备以及餐盘和餐具清洗机。在选择这些设备的时候，必须考虑到所预期的食物并对其准备时间、所需动作，以及对航天员、系统能量、占用空间、水量消耗等影响等进行功能性分析。

可以预先对食物及其相关设备，以及有着特定质量和体积的厨

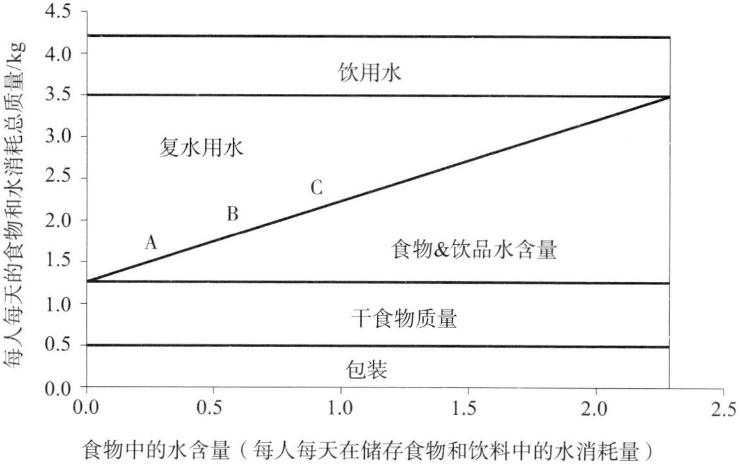

图 18-1　每人每天消耗的食物和饮料中的水与食物中水含量的关系▲

▲：A 点表示食物为完全脱水状态，B 点表示航天飞机上的食物，C 点表示类似国际空间站的食物（外加额外的 0.9 kg 的饮用水，如果每天有 2 小时的锻炼或类似的运动过程）[Bourland，1991]

房进行设定，并根据特定任务进行调整。设备包括烤箱和药剂分配器。随着任务时间和乘组数量的增加，对空间和质量的要求会迅速变大。在这种条件下，也许可以考虑采用周期性的再补给，以限制总食物供应给主航天器带来的质量和体积负担。

在 19 世纪早期海军的习惯用语中，军官进食的地方被称为起居室（wardroom），在两个世纪后的航天飞行中情况依然如此。起居室是一片集中的进餐区域，同样也可用作休息室、会议室，甚至是娱乐区域。“室”这个字在这里其实有些用词不当，因为它更通常表示的是一片邻近厨房的开放空间，该空间是以一张可折叠桌子和某种束缚设施为中心的。额外的便利设施，如临时垃圾桶、可向外观测的窗户、书写用品，以及语音视频双向交流硬件，也经常能出现在起居室的规划设计中。起居室也会提供娱乐设备的存储空间（在之后会详细讨论），比如书籍和杂志、录音和播放器、录像和播放器以及游戏控制器。在图 18-2 中给出的国际空间站起居室的一种方案设计，也展示了这些项目及其特点。桌子、桌子脚束缚物以及结构件（如货架）加在一起总共有 48 千克。头顶上的工作灯仅有 30 W，并且折叠桌和束缚物的体积也可被忽略。在具有更宽走廊的航天器上，也许可提出不同的对策。

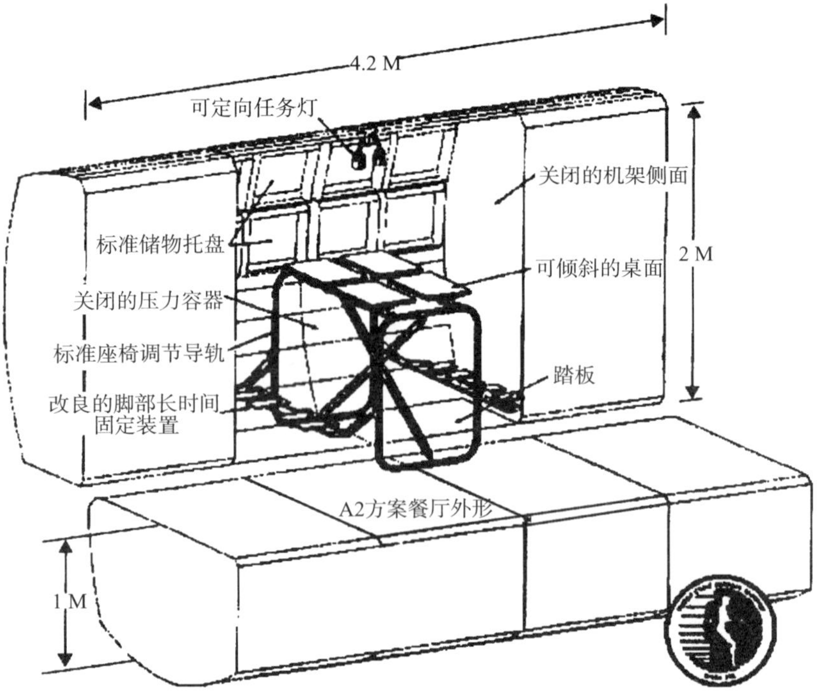

图 18-2 国际空间站起居室的一种方案设计▲

▲：起居室取代了美国居住舱中的两个货架，能搭载 4 名航天员，并能装载大量的娱乐设备。[图片来源于波音，1994]

18.4.2 乘员睡眠及宿舍

充足的睡眠可以保证航天员工作时身体舒适、意识清醒及状态良好。睡眠使航天员能够更好地适应飞行环境，并提高团体的和谐度和效率。短期低质量、不足的睡眠尚可忍受，但持续的睡眠不足则会影响工作时间，使航天员精力不集中、思维混乱和动作迟缓。数小时或数天的飞行任务，不需要特殊的设计或特别的硬件，仅需要能够固定的简单睡袋（见图 18－3）。但对于中期或长期飞行任务，睡眠会极大地影响航天员的生活质量，因此需要个人睡眠空间及最好的睡眠准备，并控制光照、空气流通、声音及气味。由于好的睡眠对人的工作效率有非常明显的促进作用，因此设计良好且宽敞的睡眠场所将为适度的资源投入带来较高回报。

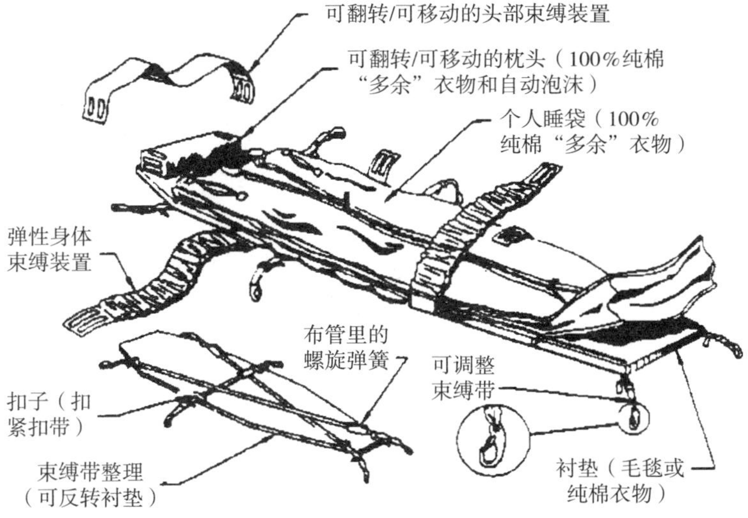

图 18－3　航天飞机睡眠固定装置▲

▲：航天飞机睡眠固定装置是装配有带子、扣子，将睡眠者固定在指定位置的睡袋。该装置被优化以能被简便地部署和装载在航天飞机行李舱中部的狭小空间内。在长期飞行任务中，如果需要更好的私密性和舒适度，则可以选择许多其他方式。[图片来自 sulzman 等，1994]

NASA－STD－3000，人因系统集成标准（MSIS）[NASA，1995] 建议为每个乘员至少应提供 1.5 m^3 的睡眠空间以及 0.63 m^3

的操作及个人物品收纳空间。人因系统集成标准同时附加指出了（但并未规定）应该保留在住所放置一张桌子、一台电脑和通信系统所需的空间、个人梳洗空间以及其他空间等，大约为 1.5 m^3。在太空停留超过一年使得所需的乘员住所空间需翻倍，但对于 2 周以内的简单飞行任务则将所需资源减少至仅为睡眠束缚装置所占的质量和空间，根据历史数据，每人大约为 4.5 kg 及 0.017 m^3。对于中期飞行任务，例如 90 天的国际空间站旅程，国际空间站 1.5 m^3 的解决方案较为充足，但对于前往火星及其他遥远天体的长期飞行任务，则需要更大的乘员住所空间。

18.4.3 个人卫生

对于长期飞行任务，个人卫生对乘员的健康和幸福感尤为重要。个人卫生包括清洗身体的全部或部分、梳妆、口腔卫生及废弃物管理。除了增加乘员的舒适感及幸福感，良好的个人卫生能够防止疾病传播、改进居住舱内居住环境。从皮肤上脱落的死细胞、汗液，以及油脂寄生细菌的日积月累，都能够通过湿巾或全身洗浴最有效地清除。对于短期或中期飞行任务，一次性湿巾是最为常用的选择，但长期驻留则采用可清洗、可重复使用的毛巾更佳，该毛巾可供乘员在使用前用水浸湿并进行清洗。这类毛巾需采用柔软、不掉毛、可吸水的布料制作，可以用洗衣机清洗。每位乘员需要配置一个包含各种小物件的独立卫生箱。为防止牙菌斑及维护口腔微生物健康，任意飞行任务都需要配备牙膏、牙刷和漱口水，同时，剃须盒、梳子、毛刷、指甲剪、剪发刀、润唇膏、除臭剂、卫生棉条、隐形眼镜盒等也很重要。

对于短期飞行任务，采用湿巾进行身体局部清理也许就足够了，但在长期飞行任务中，航天员必须进行全身清理。俄罗斯和平号空间站上的淋浴装置通过在使用人员周围布置水密性刚性墙，以防止洗浴水进入舱内其他空间。航天员每次洗浴需要 10 升水，这些水进入水净化系统进行处理和重复使用。空气—水分离装置对空气与水混合物进行分离，以获取干净的水。航天飞机乘员采用湿巾进行全身清洗。美国天空实验室上配置了软墙、可折叠的淋浴装置，但由于难以使用和清理，航天员很少使用。

18.4.4　服装

服装主要用于满足人的隐私保护、保暖及接触隔离等需求。不同的个人喜好及需求导致多种类型的服装需要，包括质量很小的衬衫及很大的工作服。我们需要确定服装放置所需的空间。从分析乘组任务入手，分析进行锻炼的时间和频率，以及全身洗浴的时间间隔等，确定这些工作需要穿着的服装。然后，需要考虑服装的洗涤方式。洗衣机/干衣机的合理性选择需要考虑任务的时长及乘员数量。例如，如果乘员需要每 5 天更换一次衣服，则洗衣机/干衣机、洗涤剂及其他用品，加上乘员服装总量远小于：（任务时长）×（乘员数量）×（2.3/5.0 kg/人天），则采用洗衣机/干衣机更为经济。电源及热源的可使用性，也会影响是否进行衣物清洗的决定。

在设计洗衣方式时，不能局限于考虑通常的家用洗衣机和烘干机。洗衣方式的选择包括酶催化或干洗，而不是传统用水或洗涤剂洗涤。我们可以通过有机溶剂的回收与再处理来实现重复使用，从而节省较多的质量和体积。类似地，我们可以从水洗系统回收和利用水。如果水不能回收利用，那么采用水洗/烘干的方式将不可行。

根据 Bourland 等［1991］的结论，一次彻底的服装替换需要的最佳质量为 2.3 kg/人、最佳体积为 0.008 m^3。因此，计算月球基地每人 21 次更衣，质量估计为 48.3 kg/人。对于长期飞行任务，一个完整的洗衣房能够极大地减少衣服存储体积。行星表面任务也可允许使用洗衣机/干衣机。例如，在月面真空环境下，月面灰尘会导致乘员舱外航天服产生静电吸附，当回到大气环境时，灰尘从服装上飘落，像沙子一样。火星表面也会遇到类似的灰尘处理难题。

18.4.5 乘员健康系统：医疗保健和健康维护

乘员健康系统（CHS）在空间任务中用于实现三个主要目的：1）诊断和治疗乘员的疾病；2）维护健康乘员的最佳健康状态——例如通过锻炼方式；3）通过环境监测对乘员暴露于有关身体的危险情况进行预警，如电离辐射或空气及水中的有害化学物质。根据任务时长及表 18－2 中的其他因素，这些功能可以通过便携式医疗设备提供，或通过耗费资源较少的小型医院提供。

对乘员健康系统的定义及设计取决于乘员数量、年龄和健康状况、任务时长、任务活动规划及地面医疗支持情况。在设计这种系统时，必须确保所有常见或部分不常见的医疗问题能够得到处理，包括所有会造成永久性伤害的问题。要处理好每件医疗紧急情况或条件不是很现实。可能出现的医疗紧急情况与计划进行的活动相关。例如，如果规划了挖掘活动，则乘员健康系统应该能够处理挖掘事故可能造成的伤害。任务时长同样也会影响到乘员健康系统的设计。如果航天器飞行距离不超出低地球轨道或月球，扭伤治疗则只需将病人固定，而后让其返回地面做进一步治疗。但对于火星以远的飞行任务，则需要更为彻底的治疗手段，能够同时提供应急或长期治疗，包括主要的外科治疗能力。由于火星与地球之间的通信延迟，不能实时地获得地面支持，火星航天器需要比低地球轨道或月球航天器具备更加智能和自主的医疗系统。

阿波罗 16 号上携带了质量为 7 kg 的医学/急救盒，包含一些药物、一支辐射剂量计、心电图地面监测放大器以及一些其他相关供应品。航天飞机上具有更为完整的医疗包，质量大约为阿波罗医学/急救盒的两倍，体积约为 0.15 m^3。天空实验室乘员健康系统的质量为 45 kg，体积为 0.22 m^3。1992 年的一项自由时代贸易研究估计了空间站乘员健康系统的质量为 460 kg，体积为 1.7 m^3，其中 260 kg 及 1.1 m^3 为消耗品。对于火星以远的长期探测任务，每个居住舱内的乘员健康系统质量至少需要 1000 kg，所占体积为 6.5 m^3，其中

500 kg 为消耗品。这看起来很大，需要考虑的是火星乘员健康系统不能获得地球支持：存在辐射损伤、创伤、感染、牙科保健、癌症、环境污染或中毒、心血管障碍、皮肤病、腰酸背痛、头疼、减压、阑尾炎、精神问题、失眠等许多问题风险。实际上，火星任务的乘员健康系统必须是名副其实的太空医院，包括通风支持、流体管理、外科工具及供应品、麻醉、药物、牙科工具及供应品、救援及救援支持、伤口包扎、纱布、棉签、塑形材料、夹板、实验室装置及供应品、生物废弃物存储及处理装置等。在确定设备及供应品的实际总量时，需要平衡资源冲突情况。NASA 的一些未来火星任务研究估计，其乘员健康系统资源的质量要超过 2000 kg，体积为 10 m^3。尽管有一些研究试图确定不同体型乘员及任务类型的医疗风险，但必须确定如何保证这些风险是可接受的。如果要降低风险，则必须携带更多的医疗设备和供应品。

运动设备：尽管存在较强的证据显示，运动和其他方法能够有助于抵御长期失重环境对身体机能的负面影响，但无法确认哪种方法是最佳的。除了正在进行的研究，有许多问题有待进一步的回答，尤其对于那些火星以远的长周期行星探测任务。例如，我们无法确切估计长期失重对身体的影响，如 1 /6 g 月球引力及 3/8 g 火星引力场。小于 1g 的引力场会刺激我们的身体，使得长时间 0 重力影响所造成的伤害缓解或翻转，且生活在低引力场环境对生理的影响与引力场强度可能成反比。除短期飞行任务外，运动设备非常重要。乘员通过运动设备进行娱乐、促进健康和抵抗生理功能衰退。运动设备的资源需求不会很大——航天飞机上的跑步机及其辅助设备的质量约为 106 kg，体积约为 0.1 m^3；航天飞机上的划船机质量约为 34 kg，体积约为 0.04 m^3。我们需要对不同运动项目的机器进行分类。乘员每天必须严格保证 2 小时的运动时间，且计划要包含对不同部位肌肉组织的锻炼。需要注意的是，由于难以保证连续的 2 小时运动时间，因此每天可将 2 小时运动分为多个更短的时间。

18.4.6　紧急供应品

在处于火灾、环境污染、压力泄漏、有毒物质泄漏或任务终止等危险情况下，紧急供应品能够维持航天员的生命。只有当紧急供应品能够应对上述所有危险，才能确保航天员的生命安全。在早期设计过程，任务规划团队花费大量时间和精力去识别主要的故障模式及其紧急应对措施。这些措施中有许多会影响乘员起居设备的设计，进而影响其质量、体积和功率的估计。例如，对于任意故障或任务终止，如果导致航天员停留在航天器内时间更长，则需要更多的消耗品，如食物、内务及个人卫生用品等。在表 18－3 和表 18－4 中，我们给出了航天器内停留时间延长的应急供应品应对模型。例如，进行火星任务规划时，应该设计充足的补给品，以防止硬件故障而不能着陆到火星表面、需要紧急从火星轨道返回的情况。不能根据固定的航天器质量百分比来计算乘员起居设备质量，而应根据乘员在航天器中停留的最长时间进行计算。

应对某些类型的故障需要额外的硬件设备。例如，在减压或有毒气体泄漏情况下，为使航天员能够生存，国际空间站需要配备便携式呼吸盒，每个呼吸盒包括一个面具、一根软管和一罐压缩气体。呼吸盒分布在空间站各个位置，以保证在任意危险情况下航天员能够取到。每个存储位置配置了充足的呼吸盒，保证航天员数量最多情况下呼吸盒数量足够。呼吸盒总质量约 40 kg，体积为 0.19 m^3。同样，对于冰箱或厕所失效等情况，虽然这些故障发生在乘员起居设备子系统内，但是会影响到整个任务。在乘员起居设备设计中，需要包括对这些故障的识别和应对措施。

18.4.7　娱乐设施

就像不能长期忍受在所有清醒时间都要工作，同样也不能期望乘组完成一般人所不能完成的工作。这些飞行任务的压力，包括隔离、幽闭的环境及其内在的危险，意味着航天员需要更多的娱乐和休息时间。人每天都需要一些时间去放松身心、从事兴趣爱好、浏览书籍、看电影或发呆。飞行任务时间越长、距离越遥远，娱乐活动的重要性越明显。例如，在飞往火星的途中，当地球逐渐缩小为一个蓝色的小点时，缓解乘员思乡情绪的最佳途径是看视频、书、杂志和其他娱乐活动。这些项目对于他们来说非常重要。对于一个被限制在火星航天器中的航天员，通过一个宽视角、三维的虚拟现实系统显示地球上宽敞美丽的自然环境，并配备一辆锻炼自行车，可以找到在大山中骑行的娱乐动感。我们还可以设计其他一些娱乐项目，建立乘员与地球和人类社会的美好联系。

根据 30 名航天员的反应，以及天空实验室及航天飞机乘员的报告，可以识别出透过航天器舷窗看地球是最受欢迎的娱乐活动，紧接着依次是听磁带、CD、体育锻炼、阅读、与家人实时通信和看电视。对于火星旅途或长时间月面停留等任务，非任务设备所占的质量和体积规模总体较大。由于用于娱乐的地面数据链路带宽十分有限，所以每周从地面更新电影、电子书、报纸和杂志不现实。因此，对于中长期飞行任务，需要增加一个供乘员挑选图书和电影的图书馆。尽管能够在一张 CD 中存储大量的书籍及杂志，并在不断改进的播放器上显示，但乘员仍需要一定数量的纸质书。对于 3 至 6 人的长期飞行任务，需要 50 kg 的纸质书和50 kg的音频、视频和 CD 数据光盘等资源。

18.4.8　乘员舱维护系统

对于长期飞行任务，或者是可重复使用航天器和居住舱，其系统需要维护。实际上，由于长期火星任务的重要硬件设备出现故障的可能性很大，因此乘员生存将取决于航天器主要系统的维护和维修。在过去的飞行任务中，系统维护需要各种各样的工具和极强的故障诊断能力。在国际空间站上，维修的原则是“移除并送回地面维修。”因此，乘员必须识别出设备故障，将其在在轨更换单元（ORU）上进行隔离，并进行移除和更换。相对于火星任务维护系统，国际空间站所需的工具箱和人工智能要少得多。如果我们提供一个在轨维修设施，则需要一个工作台、一个手套箱、通用工具、照明设备、存储、能源、污染防治装置等，同时还需要一个操作环境仿真界面，以便在维修后进行元器件测试。不管采用什么方法，内置测试设备（BITE）是硬件整体的一部分，能够快速识别失效元器件。不幸的是，由于当前注重节约成本，大量依赖于商业的现货供应（COTS）硬件，使得为设备配置检测装置难以实现，然而作为一种刚性需求，这将迫使传统设计做出调整，从而增加成本。然而，由于商业航空电子常用内置测试设备，某些情况下使用现货供应硬件也具有一定优势。

根据航天飞机上的工具箱推算，30 天任务航天器工具箱的合理估计值是：质量约为 38 kg，体积约为 0.2 m^3。该工具箱包括基本的手持工具，包括少量的电线、水龙头、软管和一些其他快速维修设施。长时间飞行任务需要更大的工具箱，因为当航天员远离地球时，可能需要进行临时性的维修活动。国际空间站需要携带维护工具箱，其质量为 145 kg，体积为 0.45 m^3，其中，18.2 kg 和 0.14 m^3 为消耗品。对于火星任务维护系统，最乐观情况下，需要 300 kg 手持工具、500 kg 测试设备、以及 1000 kg 大型机械工具。这些估计不包括备用件和可更换子系统部件。对于飞往火星的任务，这种备用件会占用许多质量和体积资源。由于备用件和备用系统的大小尺寸最好由子系统设计团队来设计，并不属于乘员起居设备的一部分，因此在乘员起居设备的模型中没有包含。该模型也不包括用于出舱的工具和外部维修用品。

18.4.9 内务和垃圾管理

内务和垃圾管理活动的目标是维持一个没有疾病和污染的安全的居住环境。航天器空间相对较小，封闭拥挤的环境容易滋生微生物，从而容易造成乘员之间的疾病传播。微重力环境对该问题也有影响，因为颗粒状废弃物及微生物在空气中循环传播，能够通过通风系统滤网，进入眼睛、鼻子和肺等适宜生存的地方并产生影响。一些证据也表明，在长期的飞行任务中，人的免疫系统会发生变化，使乘员更容易受到致病微生物的感染。甚至是人体的一些正常菌种都可能在一定条件下突然爆发产生感染。因此，仔细地对太空居住环境进行卫生清理和垃圾处理对乘员的健康及整个任务的成功十分有益。环境控制与生命保障系统（见第 17 章）会通过过滤器清除污染物，但我们必须提供一种可以清除表面附着污染物的方法——可以是空气流通经过的任何情况，例如设备运行的地方。同时，我们的设计也必须考虑到食物和化学溢出等情况。

尽管卫生清理令人厌烦而且容易忘记，但不能忽视或低估这项工作的重要性。对于长期飞行任务，在垃圾处理方面所需的清理液、湿巾及其他供应品的质量和体积将会大大增加。通过估计国际空间站居住舱及实验舱的湿巾需求总量，设计师假设航天员每天在室内清洁上要消耗 3 条擦拭湿巾、3 条冲洗湿巾、4 条洗涤湿巾、1 瓶消毒剂及 8 条干纸巾，这大概是 0.15 kg/人天，以及 0.001 m^3/人天。对于短期任务的小型飞行器，如月球转移飞行器，所需湿巾质量和体积总量非常小，在早期的规划阶段可以忽略不计。但对于长期飞行任务的居住舱，如火星转移飞行器或火星表面居住舱，或是在月面或火星表面等高灰尘污染环境下，会对室内卫生清理所需的物品供应提出更高要求。同样，对于例如火星或其他行星探测等不能进行补给的任务，在这种情况下，所需的卫生清理供应品的干、湿质量和体积，是国际空间站居住舱和实验舱的 2 倍——或者采用保证每天最低消耗量的数据——0.3 kg/人天和 0.002 m^3/人天，然后再考虑一些冗余。

短期飞行任务的垃圾管理相对简单。尽管一个体积足够大的密封罐即可满足垃圾管理要求，但甚至在短期飞行任务中，也可能需要提供垃圾锁紧或垃圾压缩装置。在近地轨道，采用垃圾锁不够理想，因为这可能大大增加空间碎片的数量，给未来的航天任务造成危险。高速在轨运行的情况下，油漆点大的颗粒都可能给航天飞机舷窗造成较大损坏，更大空间碎片的高速撞击更具毁灭性。垃圾一般都会比先前的包装占据更大的体积，垃圾压缩机能够混合处理生物、化学及无危险性垃圾，这将给垃圾存储提供方便。垃圾压缩程度的需求取决于可用于存储垃圾的体积，以及垃圾压缩机的功率和存放容器的坚固程度。废弃物的处理、除臭及消毒方法包括使用化学杀菌物质、真空冻结、采用离心机进行固液分离等。

18.4.10　固定及机动助行设施

在微重力环境下，人能不采用双腿来进行移动，而是依靠手把、架子等在开放空间内运动（见图 18－4）。当乘员需要固定在一个给定位置时，如在工位工作或进行空间维修，需要扣住脚环或通过其他约束来固定。通过交通模式分析，可以确定航天员在那些位置需要辅助设施来进行移动。我们通过布置辅助设施，使航天员能够从一个辅助设施位置移动到下一个，并使他们能够在空间站保持身体竖直。固定及机动助行设施应可以移动，使乘员在需要的情况下，能够调整这些设施的位置。

在国际空间站中，美国实验室及居住舱的固定及机动助行装置（R&MAs）质量为 83 kg，其中不包括睡眠固定装置。它们的合计体积约为 0.54m^3。这些装置包括长期及短期使用的脚部固定装置、扶手、安装在过道上的拉钩和系绳等。在火星或月球表面的居住舱，由于存在一定的引力作用，所需的这类装置大大减少。一个大型的行星际航天器则需要很多。终端使用者的判断是最好的建立资源模型的工具。

18.4.11　摄影器材

在任何载人任务中，摄影和摄像设备都发挥了重要的作用，原因在于它们让公众感受到了探索的乐趣和意义。实际上，传递或返回视频、电影和图片到地球是公众在投资太空计划后得到的最显而易见的回报。如果第一个火星探险者没有携带像 IMAX 这样的高速、

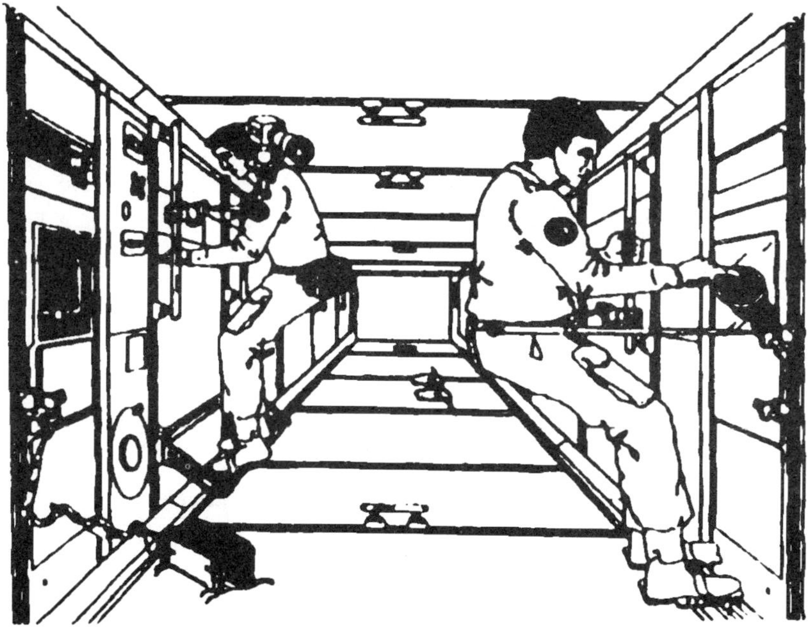

图 18－4　固定及机动助行设施▲

▲：固定及机动助行设施包括大量可移动的附件，这与商用飞机地板上的座椅轨道类似。座椅轨道安置在架子之间，有一连串的孔洞，乘员可将连接装置伸进各个孔洞进行位置固定。图中左侧，前方是系留设备，一个长期的脚固定装置可以使工作中的航天员保持固定。航天员前面的相机系在一个铰接臂上。图中右侧，航天员利用另一种不同的装置进行脚部固定，同时使用了一个系绳系在腰上。他用左手抓住一个可移动的扶手环。[Grumman，1992]

高分辨率摄像机，对于公众来说将会是一个巨大的损失。因为需要传送的最高质量的视频，未来火星探险任务可以携带当时具有最高速度和性能的高速、高分辨率、大幅面的全数字摄像机。通过高效的数据压缩技术进行发送，这些视频信息可以传送至地球，或将其转换成在大屏幕上播放的高清电影，或是转换成用于新闻或教育的标准格式。

从今天的标准看，阿波罗时期的实时影像无疑画质低劣，噪声很多，但在当时，将航天员的冒险和成就传送到了地面上的千家万户。如今，数码相机、数码摄像机、数据存储、数据压缩等方面相比传统的胶片相机优势巨大，因此，在未来探测任务中，将能够获得更多的航天员日常生活影像。

例如，国际空间站将使用摄影设备进行科学、工程和记录等工作，其摄影设备包括多种商业成品，如 35 mm 和 70 mm 等不同尺寸的镜头、相机及其他附件等。

18.5　航天飞机、国际空间站、月球和火星任务模型修正

基于本章给出的乘员起居设备模型，对不同任务生成概要设计以及所需的质量、体积、功率等资源清单将变得相对容易。对这类资源进行估算，其核心是明确满足任务的各种项目的质量、体积、功率等参数。这需要进行适当的思考和合理估计，但最终结果应很好地满足任务需求。不能过高或过低估算这些资源需求，过高估算会导致成本增加，过低估算会导致相关设备及补给品不足。最好是尽可能精确估算，然后增加明确的必备应急资源（通常是全部质量、体积、功率的 20%）。需要注意的是，本章计算模型中不含应急资源。

为说明可能的范围，表 18－5 描述了火星、月球以及未来“类航天飞机”、“类空间站”等任务的可能质量及体积需求。乘组人数及在轨天数是整个模型的倍乘因子，在大多数情况下并不影响表18－5 中的参数。其中，“类航天飞机”及“类空间站”不是指当前的航天飞机和国际空间站系统，而表示类似的尚未设计的新飞行器。由于整个模型需要考虑低成本设计方法，因此建模过程中不能完全依赖历史数据。使用新技术可以降低未来乘员起居设备的质量、体积和功率等消耗。

表 18－5　不同任务乘员起居设备的质量和体积因子▲

	质量/kg	体积/m³
	火星基地　月球基地　类航天飞机　类空间站　单位	火星基地　月球基地　类航天飞机　类空间站　单位
厨房和食物系统		
食物	2.3　2.3　2.3　2.3 kg/pd	0.008　0.008　0.008　0.008 m³/pd
冰柜(质量 & 体积,不含食物)	400　100　0　0　kg	2.0　0.5　0　0　m³
传统烤箱	50　50　50　50　kg	0.25　0.25　0.25　0.25　m³
微波炉	70　70　70　70　kg	0.30　0.30　0.30　0.30　m³
厨房/灶的清洁用品	0.25　0.25　0.25　0.25 kgd	0.0018　0.0018　0.0018　0.0018　m³d
水合食物和饮用水所需的水龙头 & 水槽	15　15　15　15　kg	0.0035　0.0035　0.0035　0.0035 m³
洗碗机	40　40　0　0　kg	0.56　0.56　0　0　m³
烹饪/饮食用具	5　2　0.5　0.5　kg/p	0.014　0.0056　0.0014　0.0014　m³/p
废弃物收集系统		
系统(火星任务 2 个厕所,其他任务 1 个)	90　45　45　45　kg	4.36　2.15　2.18　2.18　m³
厕所供应品	0.05　0.05　0.05　0.05　kg/d	0.0013　0.0013　0.0013　0.0013 m³/pd
粪便及尿液应急收集手套/袋子	0.23　0.23　0.23　0.23　kg/d	0.0008　0.0008　0.0008　0.0008 m³/pd
个人卫生用品		
淋浴	75　75　0　75　kg	1.41　1.41　0　1.41　m³
洗手/刷牙水龙头	8　8　8　8　kg	0.01　0.01　0.01　0.001 m³
个人卫生包	1.8　1.8　1.8　1.8　kg/p	0.005　0.005　0.005　0.005 m³/p
卫生补给品(消耗品)	0.075　0.075　0.075　0.075　kg/pd	0.0015　0.0015　0.0015　0.0015 m³/pd
服装		

续表

	质量/kg	体积/m^3
服装(4 wk=69 kg;6 wk=99 kg;90 d=214 kg)	90 90 90 90 kg/p	0.336 0.224 0.224 0.720 m^3/p
洗衣机	100 100 0 0 kg	0.75 0.75 0 0 m^3
干衣机	60 60 0 0 kg	0.75 0.75 0 0 m^3
娱乐设备 & 个人收藏		
个人收藏	50 25 10 25 kg/p	0.75 0.38 0.19 0.38 m^3
内务整理		
真空吸尘器(1 主+2 备)	13 13 13 13 kg	0.07 0.07 0.07 0.07 m^3
清洁用一次性湿巾	0 0 0.15 0.30 kg/pd	00 0.001 0.002 m^3/pd
垃圾压缩机/垃圾存储装置	150 150 0 150 kg	0.3 0.3 00.3 m^3
垃圾袋	0.05 0.05 0.05 0.05 kg/pd	0.001 0.001 0.001 0.001 m^3/pd
操作物品 & 固定设备		
操作物品(磁盘,自封袋,磁带)	20 20 10 20 kg/p	0.002 0.002 0.001 0.002 m^3/p
固定设备	100 50 25 83 kg	0.54 0.27 0.136 0.54 m^3/ kg
维护:居住区维修		
手持工具及附件	300 200 100 200 kg	1.00 0.56 0.33 0.65 m^3
备用设备 & 消耗品	— — — —	— — — —
检测设备(示波器,测量装置等)	500 300 50 100 kg	1.50 0.9 0.15 0.3 m^3
夹具、大型设备、手套箱等	1000 600 50 50 kg	5.00 3.00 0.25 0.25 m^3
摄影		
设备(照相机 & 摄像机,镜头等)	120 120 120 120 kg	0.5 0.5 0.5 0.5 m^3

续表

	质量/kg	体积/m^3
电影(假设都是数字设备)	0 0 0 0 kg	0 0 0 0 m^3
睡眠装置		
睡袋(睡眠固定作用)	9.0 9.0 9.0 9.0 kg/p	0.1 0.1 0.1 0.1 m^3/p
乘员健康维护		
锻炼装置	145 145 145 145 kg	0.19 0.19 0.19 0.19 m^3
医疗/外科/牙科套件	1000 500 15 250 kg	4.0 2.0 0.25 1.0 m^3
医疗/外科/牙科消耗品	500 250 — 125 kg	2.5 1.3 — 0.64 m^3

▲:这些因子假设条件为航天飞机(2～3 星期),空间站(90 天),火星基地(180～700 天),月球基地(6 月～1 年),给出了不同应用条件下的模型描述方法。电源消耗及工作周期不需要给出,因为电源消耗可以根据质量进行计算,而工作周期对于任务来说是固定的。“ kg/pd”表示“千克/人天”。

月球基地案例

在案例研究中，为计算在月球南极的用水量，假设需要使用几种不同的航天器，将对每一种航天器进行模拟计算。假设 3 名航天员将乘坐航天飞机与位于低地球轨道的等待乘员舱和月球转移飞行器对接。航天员进入乘员舱后，耗时 3 天进行地月转移，当到达月球极轨后，利用月面着陆器下降至月面着陆区及月球基地附近。假如月球基地能够容纳 3 名航天员生活 21 天，在这段时间内，航天员可以对地形进行探测，并将探测机器人送达永远黑暗、几乎绝对零度环境的陨石坑附近。航天员能够利用探测设备对陨石坑进行电磁波的发射和接收，以获取陨石坑环境的相关数据。在航天员到达之前，基地周围还部署了一个月面巡视器，可作为航天员紧急情况下的栖息地，同时可以提前利用这个巡视器在基地附近进行探测选址工作。在航天员完成探测后，月面着陆/上升飞行器返回至月球轨道的乘员舱，而后返回至低地球轨道与国际空间站对接。下面我们分析 3 人 6 天、3 人 21 天两种情况下的月球基地。月面着陆/上升飞行器、月面巡视器的分析则更为简单。

显然，表 18－5 中的月球基地数据是月球表面居住地资源模型的最佳估算值。但是，由于上述数据适用范围为 6 月至 1 年，需要将其修改为 21 天情况。例如，每个航天员最多需要更换 21 次服装，这将减轻洗衣机/干衣机的压力。尽管要确切估计月球高尘环境下的室内清理湿巾用量很难，但可将质量设为 0.6 千克/人天、体积为 0.004 m^3，这是一个较好的初始估计值。时间较短，意味着可以减少模型中的医疗套件、维护系统、冷藏冰箱等相关参数。表 18－6 给出了合计质量为 2273 kg、体积为 15.39 m^3 的乘员起居设备配置。第 6 章从结构的角度讨论了乘员自由生活所需的体积空间情况。如果将航天器上乘员起居设备相关的结构支撑物、支架、存储器、硬件及界面接口的质量和体积比例设置为 25%，则总质量、体积约为 2800 kg、19 m^3。考虑到应急情况，如果需要延长 21 天任务时间则可将上述参数据乘以 2，如果延长 42 天则乘以 3，但倍乘后的数据需要进行适当调整。图 18－5 描述了这类居住舱内乘员起居设备的可能布局。

表 18－6　月球表面 3 人，21 天任务的起居设备质量和体积模型▲

乘员数量 3 天数　21	质量	质量小计/kg	体积	体积小计/m^3
厨房和食物系统				
食物	2.3 kg/pd	144.9	0.006 m^3/pd	0.50
冰柜	0 kg(empty)	0	0.00 m^3	0.00
传统烤箱	50 kg	50	0.25 m^3	0.25
微波炉(2 个/人)	70 kg	70	0.30 m^3	0.30
厨房/灶的清洁用品(液体、海绵等)	0.25 kg/d	5.25	0.0016 m^3/d	0.04
水合食物和饮用水所需的水龙头 & 水槽	15 kg	15	0.0135 m^3	0.01

续表

乘员数量 3 天数　21	质量	质量小计/kg	体积	体积小计/m^3
洗碗机	40 kg	40	0.56 m^3	0.56
烹饪/饮食用具(平底锅、塑料盘,板凳)	2 kg/p	6	0.0140 m^3/p	0.04
废弃物收集系统				
系统(1 个厕所)	45 kg	45	2.15 m^3	2.15
厕所供应品(厕纸、清洁用品、滤网等)	0.05 kg/p/d	3.15	0.0013 m^3/d	0.06
粪便及尿液应急收集手套/袋子	0.23 kg/p/d	14.49	0.0006 m^3/d	0.05
个人卫生用品				
淋浴	75 kg	75	1.41 m^3	1.41
洗手/刷牙水龙头	8 kg	8	0.01 m^3	0.01
个人卫生包	1.5 kg/p	5.4	0.005 m^3/p	0.02
卫生补给品(消耗品)	0.075 kg/p/d	4.7	0.0015 m^3/d	0.09
服装				
服装	48 kg/p	144	0.157 m^3/p	0.47
洗衣机	0 kg	0	0 m^3	0.0
干衣机	0 kg	0	0 m^3	0.0
娱乐设备 & 个人收藏				
个人收藏/封闭空间	25 kg/p	75	0.38 m^3/p	1.13
内务管理				
真空吸尘器(1 主+2 备)	13 kg/p	13	0.07 m^3/p	0.07
打扫卫生一次性湿巾	0.6 kg/p/d	37.8	0.004 m^3/p/d	0.252
垃圾压缩机/垃圾存储装置	150 kg	150	0.3 m^3	0.3
垃圾袋	0.05 kg/p/d	3.15	0.001 m^3/p/d	0.06
操作物品 & 固定设备				

续表

乘员数量 3 天数　21	质量	质量小计/kg	体积	体积小计/m^3
操作物品（磁盘，自封袋，磁带）	20 kg/p	60	0.002 m^3/p	0.12
固定设备 & 助行器	50 kg	50	0.27 m^3	0.27
维护：居住区维修				
手持工具及附件	100 kg	100	0.66 m^3	0.66
备用设备 & 消耗品	—	—	—	—
检测设备（示波器，测量装置等）	150 kg	150	0.9 m^3	0.9
夹具、大型设备、手套箱等	300 kg	300	3.0 m^3	3.0
摄影				
设备（照相机，摄像机，镜头等）	120 kg	120	0.5 m^3	0.5
电影（假设都是数字设备）	0 kg	0	0 m^3	0.0
睡眠装置				
睡袋（睡眠固定作用）	9 kg/p	27	0.1 m^3/p	0.3
乘员健康维护				
锻炼装置	145 kg	145	0.19 m^3	0.19
医疗/外科/牙科套件	250 kg	250	1.0 m^3	1.0
医疗/外科/牙科消耗品	125 kg	125	0.65 m^3	0.65
	合计/kg	2236.9	合计/m^3	15.39

▲：对表 18－5 中的因子进行稍微修改，将其应用于 21 天的访问任务，该案例中对在月面寻找水的需求要更加具体。对于这个短时间驻留任务，更衣次数建议为每人 21 次，室内卫生清理时使用一次性湿巾，而不采用可洗抹布，因为这比携带洗衣机/干衣机更为实用。由于驻留时间较短，因此可以减少医疗和维护系统的用量，而且相对于 6 月至 1 年的月面驻留任务，可以不使用冰箱。

可以通过很多途径减小月表居住舱的质量。例如，可以将淋浴更换为用海绵洗浴，但在月球尘土环境下，使用淋浴是更好和更适合的选择。维护系统的质量和体积可大大缩减，以增加月表科

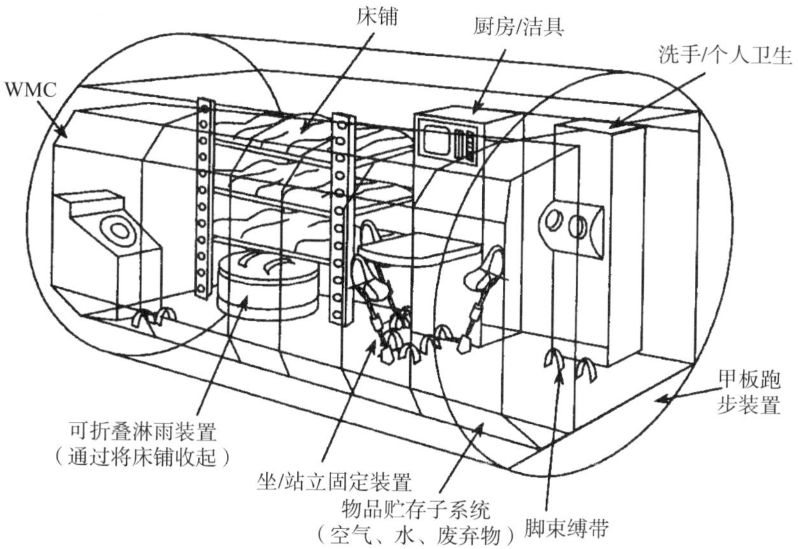

图 18－5　乘员起居设备可能的布局设计示例▲

▲：需要注意的是，舷窗在圆柱体的底部，大小和质量均为 NSTS 型。为节约质量，窗段没有其他的舷窗

学仪器设备。

由于对于短期旅行（3 天）航天员仅在乘员舱内停留 2 次，因此，可以从乘员舱里去除掉许多月球表面居住舱用到的便利设施。表 18－7 给出了乘员舱相关模型，该舱没有冰柜、烤箱、厨房清洁用品、洗碗机、厨具等。厨房仅需少量的刀叉、刀叉清理湿巾和简单的食物加热设备。每位乘员采用小卫生盒进行个人卫生保障。乘员可采用个人湿巾包进行全身清洗。考虑到航天飞行过程中只需要更换 2 次衣服，使用洗衣机或干衣机显得过于浪费质量和空间。航天员需要很小的个人收藏空间，在几天飞行期间，可以采用湿巾进行室内卫生清洁。乘员仅需携带少量的任务使用物品（如笔、纸、自封袋等），以及用于维护维修任务的小工具箱。即便在这种短期的飞行任务中，也需要为大量摄影设备及物品预留空间。睡眠舱很简单，睡袋利用绑带固定在墙壁上。对于这类短

期飞行任务，可以不配置运动设备，只需要配备类似于航天飞机上的简单医疗包。

表 18－7　月球表面 3 人，6 天任务的起居设备质量和体积模型（月球乘员舱）▲

乘员数量 3 天数　6	质量	质量小计/kg	体积	体积小计/m^3
厨房和食物系统				
食物	2.3 kg/p/d	41.4	0.006 m^3/p/d	0.14
冰柜	0 kg(empty)	0	0.00 m^3	0.00
传统烤箱	5 kg	5	0.03 m^3	0.03
微波炉(2 个/人)	0 kg	0	0.0 m^3	0.0
厨房/灶的清洁用品(液体、海绵等)	0.25 kg/d	1.5	0.0018 m^3/d	0.011
水合食物和饮用水所需的水龙头 & 水槽	15 kg	15	0.0135 m^3	0.0135
洗碗机	0 kg	0	0.0 m^3	0.0
烹饪/饮食用具(平底锅、塑料盘，板凳)	0.5 kg/p	1.5	0.0014 m^3/p	0.0042
废弃物收集系统				
系统(1 个厕所)	45 kg	45	2.18 m^3	2.18
厕所供应品(厕纸、清洁用品、滤网等)	0.05 kg/p/d	0.9	0.0013 m^3/d	0.02
粪便及尿液应急收集手套/袋子	0.23 kg/p/d	4.14	0.0006 m^3/d	0.01
个人卫生用品				
淋浴	0 kg	0	0 m^3	0
洗手/刷牙水龙头	8 kg	8	0.01 m^3	0.01
个人卫生包	1.8 kg/p	—	0.005 m^3/p	—
卫生补给品(消耗品)	0.075 kg/p/d	1.35	0.0015 m^3/d	0.03
服装				

续表

乘员数量 3 天数　6	质量	质量小计/kg	体积	体积小计/m^3
服装	4.8 kg/p	13.8	0.032 m^3/p	0.1
洗衣机	0 kg	0	0 m^3	0.0
干衣机	0 kg	0	0 m^3	0.0
娱乐设备 & 个人收藏				
个人收藏/封闭空间	10 kg/p	30	0.02 m^3/p	0.06
内务管理				
真空吸尘器(1 主+2 备)	13 kg/p	13	0.07 m^3/p	0.07
打扫卫生一次性湿巾	0.15 kg/p/d	2.7	0.001 m^3/p/d	0.018
垃圾压缩机/垃圾存储装置	0 kg	0	0 m^3	0
垃圾袋	0.05 kg/p/d	0.9	0.001 m^3/p/d	0.02
操作物品 & 固定设备				
操作物品(磁盘,自封袋,磁带)	10 kg/p	30	0.001 m^3/p	0.03
固定设备 & 助行器	25 kg	25	0.135 m^3	0.14
维护:居住区维修				
手持工具及附件	100 kg	100	0.33 m^3	0.33
备用设备 & 消耗品	—	—	—	—
检测设备(示波器,测量装置等)	50 kg	50	0.15 m^3	0.15
夹具、大型设备、手套箱等	50 kg	50	0.25 m^3	0.25
摄影				
设备(照相机、摄像机、镜头等)	120 kg	120	0.5 m^3	0.5
电影(假设都是数字设备)	0 kg	0	0 m^3	0.0
睡眠装置				
睡袋(睡眠固定作用)	9 kg/p	27	0.1 m^3/p	0.3
乘员健康维护				
锻炼装置	0 kg	0	0m^3	0

续表

乘员数量 3 天数　6	质量	质量小计/kg	体积	体积小计/m^3
医疗/外科/牙科套件	15 kg	15	0.25m^3	0.25
医疗/外科/牙科消耗品	— kg	—	—m^3	—
	合计/kg	601.2	/m^3	4.66

▲:由于往返月球的航程很短,通过修改部分类航天飞机参数来适应最短时长。同样,还去除了运动设备,并将更衣次数减少为 2 次/人。

火星任务案例

未来登陆火星及其他行星任务的乘员起居设备的概要设计中，将会遇到过去的空间任务从未遇到的新问题。实际上，过去的人类活动从未对起居及居住提出过如此高的需求（与火星任务所需相比）。对于一个典型的火星任务，人类需要在深空中旅行 6～8 个月：由于距离地球很远，其无线电通信的单程传递时间都需 20 分钟——这还是在太阳没有阻挡住通信信号传播路线的情况下。在到达火星后，航天员将在 0.38g 的火星引力场内停留 1～2 个月或 1.5 年，这两个时间段之间没有其他选择的可能。只有停留完上述两个周期中的一个后，航天员才能再经过漫长的旅程返回地球。同样是因为轨道动力学原因，使得每 2 年才能获得一次乘员和货物的发射窗口，从而规划任务以外的返回或补给都是不能实施的。因此，乘员需要的每样物品、居住环境、每种生命支持功能都必须确保可靠。当地球在火星的夜空成为一个蓝色的小星球时，人类生活环境下的所有生命支持条件都将消失，生命保障系统将承担一切功能，因此必须能够提供与地球上相似的生活环境。表 18 - 8 和表18 - 3是火星任务设计前的乘员起居设备的最佳估算模型，但通过改进可进一步减小质量。

表 18－8　火星 6 人，180 天单程任务的起居设备质量和体积模型▲

乘员数量 6 天数　180	质量	质量小计/kg	体积	体积小计/m^3
厨房和食物系统				
食物	2.3 kg/p/d	2484	0.008 m^3/p/d	8.64
冰柜	0 kg(empty)	0	0.00 m^3	0.00
传统烤箱	50 kg	50	0.25 m^3	0.25
微波炉(2 个/人)	70 kg	70	0.30 m^3	0.30
厨房/灶的清洁用品(液体、海绵等)	0.25 kg/d	45	0.0018 m^3/d	0.324
水合食物和饮用水所需的水龙头 & 水槽	15 kg	15	0.0135 m^3	0.0135
洗碗机	40 kg	40	0.56 m^3	0.56
烹饪/饮食用具(平底锅、塑料盘,板凳)	5 kg/p	30	0.014 m^3/p	0.0640
废弃物收集系统				
系统(1 个厕所)	90 kg	90	4.36 m^3	4.36
厕所供应品(厕纸、清洁用品、滤网等)	0.05 kg/p/d	54	0.0013 m^3/d	1.4
粪便及尿液应急收集手套/袋子	0.23 kg/p/d	248.4	0.0008 m^3/d	056
个人卫生用品				
淋浴	75 kg	75	1.41 m^3	1.41
洗手/刷牙水龙头	8 kg	8	0.01 m^3	0.01
个人卫生包	1.8 kg/p	—	0.005 m^3/p	—
卫生补给品(消耗品)	0.075 kg/p/d	81	0.0015 m^3/d	1.62
服装				
服装	99 kg/p	594	0.336 m^3/p	2.02
洗衣机	100 kg	100	0.75 m^3	0.75
干衣机	60 kg	60	0.75 m^3	0.75

续表

乘员数量 6 天数 180	质量	质量小计/kg	体积	体积小计/m^3
娱乐设备 & 个人收藏				
个人收藏/封闭空间	50 kg/p	300	0.75 m^3/p	4.5
内务管理				
真空吸尘器(1 主+2 备)	13 kg/p	13	0.07 m^3/p	0.07
打扫卫生一次性湿巾	0.0 kg/p/d	0	0.002 m^3/p/d	2.16
垃圾压缩机/垃圾存储装置	150 kg	150	0.3m^3	0.3
垃圾袋	0.05 kg/p/d	54	0.001 m^3/p/d	1.08
操作物品 & 固定设备				
操作物品(磁盘,自封袋,磁带)	20 kg/p	120	0.002 m^3/p	0.24
固定设备 & 助行器	100 kg	100	0.54 m^3	0.54
维护:居住区维修				
手持工具及附件	300 kg	300	1.00 m^3	1.00
备用设备 & 消耗品	—	—	—	—
检测设备(示波器,测量装置等)	500 kg	500	1.5 m^3	1.5
夹具、大型设备、手套箱等	1000 kg	1000	5.0 m^3	5.0
摄影				
设备(照相机,摄像机,镜头等)	120 kg	120	0.5 m^3	0.5
电影(假设都是数字设备)	0 kg	0	0 m^3	0.0
睡眠装置				
睡袋(睡眠固定作用)	9 kg/p	54	0.1 m^3/p	0.6
乘员健康维护				
锻炼装置	145 kg	145	0.19 m^3	0.19
医疗/外科/牙科套件	1000 kg	1000	4.0 m^3	4.0
医疗/外科/牙科消耗品	250 kg	250	1.25 m^3	1.25

续表

乘员数量 6 天数　180	质量	质量小计/kg	体积	体积小计/m^3
	合计/kg	8150.4	合计/m^3	46.28

▲:本表给出了地球返回转移舱的质量和体积模型。在回程中没有携带冰箱。同时,我们将一个 500 天的火星表面驻留舱中医疗消耗品的 50%作为 180 天任务的估算值。NASA 近期的一些研究表明,180 天火星返回舱也将在火星着陆,同时作为表面基地使用。在这种情况下,消耗性资源(食物、卫生用品等)就应该是 180 天返回舱及 500 天表面驻留舱的消耗品资源之和。同样的设备不用计算两次,如厨房硬件设备、废弃物收集系统等。

行星探测需要全新的设计、技术和工艺。必须设计新的居住系统，包括新的乘员起居设备和补给品，要在可靠性、通用性和自主性方面超越先前所有系统，必须有更小的质量、体积和功率消耗，以适应严格的任务资源预算。在创建该任务方法之前，必须回答一些问题，如表 18－9 所示。

表 18－9　在火星、月球等长时间飞行任务中，乘员起居设备设计面临的关键技术问题▲

如何保存食物时间超过 5 年,以为探测任务提供充足、可口、营养丰富的饮食	如何提供失重或微重力环境下(例如火星 3/8 g、月球 1/6 g 引力场环境)正常工作的食物准备及食物服务设备,包括冰箱、微波炉、器具、洗碗机等
在不污染外部或内部环境前提下,如何进行家务和垃圾管理	在行星表面,如何控制居住舱内灰尘?是否能够设计出那种环境下的空间净化器
在稳定、压缩和处理垃圾方面需要使用什么技术	什么技术和硬件能够最好地适应失重或微重力环境下的卫生清洁
在失重或微重力环境下,使用什么工具或设备进行空间维修?包括手套箱、水暖工具、拆焊、铣、锯、小部件加工和其他维修活动	需要开发什么样的娱乐硬件设备及活动,使航天员的精神和情绪与地球社会文化一致——尤其是能够在深空环境熟悉地球追求、兴趣和经验的方法和技术
如何最好地利用虚拟现实、虚拟环境、增强现实及相似技术来辅助进行维持、训练及娱乐	如何提供舱内维持系统,使关键系统能够在需要的时候正常运行?专家系统及其他技术能够何种程度地支持维修

续表

在乘员居住舱内,采用什么方法能够最好地降低噪音?采用主动式还是被动式消噪声技术	如何建立失重或微重力环境下的洗衣机/干衣机
为满足未来深空探测科学、娱乐及公共事务需求,是否能够开发数据图像的捕获、压缩和发送技术?	是否能够在飞行中循环利用材料(如塑料、溶剂等),以节约任务质量?例如,在外太空飞行过程中,是否能够将数吨的食物包装塑料袋熔化制作成太空使用的模块化桌子、架子等

▲:对于火星、月球等长时间飞行任务,需要解决许多先前没有碰到的问题。例如,对于火星任务,航天员距离地面非常遥远,难以获得补给,信号时延超过20分钟,而且,当太阳处于地球和火星之间,通信将无法进行。乘员起居设备任何关键部位失效,都意味着航天员可能回不到地球。

尽管存在挑战和问题,火星任务的乘员起居设备提供了大幅减少任务的质量和费用的可能性。请记住,无人行星探测任务的费用要低一个数量级,原因在于载荷质量更少,而不是研制出了全新的推进系统。类似地,减少乘员起居设备的质量,能够更大幅度地降低航天器的质量和任务费用。大多数这类新技术关注乘员起居设备的3R设计:减少、重复使用、循环(reduce,reuse,recycle)。例如,当前航天任务中使用独立塑料包装的食物,这种方式产生的固体垃圾占每位乘员产生垃圾总量的50%(食物包装垃圾约0.5 kg/人天),每位乘员每天还会产生另外0.5 kg的固体垃圾,主要来自于其他居住系统和补给,而且这类垃圾中的塑料也占到非常高的百分比。对于1000天的6人火星任务,产生固体垃圾的总质量为6吨。通常假设航天器结构与有效载荷质量比为10∶1,那么这些垃圾需要航天器及推进剂的60吨初始轨道质量(IMLEO)。通过垃圾回收,可以将火星航天器的初始轨道质量减少45吨(按照NASA近期火星任务425吨的质量估算结果比照,则大概占航天器总质量的10%)。即使假设1.5吨垃圾不可回收,或认为垃圾回收设备、模具等会占一定质量,结果依然可以减轻总质量。例如,可以在去往目标星的旅途中用模具将其重塑,可应用于原本应该在地表装载的器具(如桌、椅、架、样品容器、空气过滤器、可更换部件等)。火星表面产生的垃圾能够以相同方式循环使用（如椅、内部结构、样品容器、样品存储支持设备等)。在航天器设计前，通过仔细选择材料，可以做到最大程度循环。还通过催化剂，或者是通过增加或者减少增塑剂或其他物质，利用催化或聚合化学反应，以改变塑料循环过程中的强度和韧性。

类似地，目前航天任务将脏衣服带回地面清洗。对于火星任务，如果每 7 天更换一次衣服，则每人每天需要 2.3/7.0＝0.3286 kg 干净衣服，或是总共需大约 2000 kg 衣服。按照航天器与载荷为 10∶1 的比例计算，通过研制失重或部分重力条件的洗衣机/干衣机，可以很容易地节约 20 吨航天器质量。如果利用洗衣机/干衣机清洗室内清洁用的抹布则可节约更多航天器质量，因为航天任务中目前是采用湿巾进行室内卫生清理的。假设在 500 天的火星任务飞行中，室内卫生清理需消耗湿巾质量为 0.15 kg/人天，而在火星表面生活 500 天的湿巾消耗量会翻倍。如果这样，能够节约 1350 kg 的湿巾和密封袋。同样，航天器与载荷质量比通常假设为 10∶1，火星航天器在近地轨道的初始轨道质量可以减少 13500 kg，从而节约了很多质量和费用。实际上，NASA 最近估计的 425 吨近地轨道火星航天器质量，已经考虑了衣服及清洁抹布在清洗、烘干后可重复使用，因此，仅仅依靠该方法，可以大约降低 33500 kg 质量。

同样的杠杆原理可以用于降低乘员系统的质量，例如，厨房、维护系统及休闲娱乐设备，尽管模型表明乘员消耗品及其他高质量项目的质量降低会带来更大的缩减。舱内维护系统（IMS）也许是个例外，其节约量很难建模和测量。我们知道，生命维持对于火星任务来说十分关键。火星航天器非常复杂，飞行时间很长，设备很可能失效，通信延迟超过 20 分钟，以及没有补给的可能，所有这些因素，决定了生命维持系统是火星任务最关键的要素。

关键问题是，一旦航天员按下离开地球轨道奔向火星的红色启动按钮后，6～8 个月之内无法返回。同样，航天员一旦在火星表面停留超过 30 天，那么返回地球的唯一机会就是再停留 470 天，这是由行星间相对位置的轨道动力学所决定的。维修很关键，因为没有硬件储备，除非通过补给重新送过来。因此，可以采用新兴技术设计完整的舱内生命维持系统，以减少质量和体积。例如，通过开发和使用超声固化修补材料、粘合剂等，可以节约管材、面板及其他需要存储的替代品。在任务过程中生产的一些部件也能够减少质量和费用。利用专家系统能够指导用户解决问题和进行维修，从而节约纸质的手册和打印程序。我们还可以想象出许多其他的质量节约技术和工艺。

舱内维护系统远比其第一眼看上去的规模更大和更重要，但它到底有多大规模是非常难以把握的。包括工具、部件、软管、电线、连接器、补给品、可编程大型集成电路、决策及专家系统、问题信息数据（图像、程序及其他电子存储）等等。在想要设计一个小的舱内维护系统之前，需进行对维护系统的相关学习，包括可靠性方法、通用系统、关键部件及其他许多因素等。可以肯定地说，对于未来的火星任务，我们可以节约更多的费用及质量。

总之，采用新方法进行乘员起居设备设计，能够极大程度地减小航天器尺寸及任务质量。数千万美元的早期投资能够节约后续数十亿美元的费用，但在任务及航天器设计之前，新技术必须得到充分验证。设计师都非常谨慎，不会仅仅寄希望于开发出新的质量节约技术并取得成功，就设计一个过小的航天器。

参 考 文 献

[1] Boeing Missiles & Space Divesion, Defense &Space Group. 1994. Flight Crew Support Architecture Description Document. Vol. 1. "Flight Crew Integration, Flight Crew Equipment": D684 - 10505 - 1. Houston, Tx.

[2] Bourland, C. , and M. Smith. 1991. Selection of Human Consumables for Future Space Missions. Waste Management &Research. 9: 339 - 344.

[3] Bourland, C. T. 1993. The Development of Food Systems for Space. Trends in Food Science&Technology. 4: 271 - 276.

[4] Grumman Electronics Systems Division. 1992. Restrains&Mobility Aids Utilization Scenarios for Man - Tended Capability. Document WPI - DR - 252 - 01 - RMA - MTC - UTY.

[5] NASA. 1995. Man — Systems Integration Standards. NASA STD 3000 Vol. 1. Revision B. Houston, TX: National Aeronautics and Space Administration.

[6] Sulzman, F. M. , and A. M. Genin. (eds) . 1994. Space Biology and Medicine: Vol. ll, Life Support and Habitability. Washington, DC: American Institute of Aeronautics and Astronautics.

[7] US Army Research Institute for Environmental Medicine. March 1987. Nutritional Status and Physical and Mental Performance of Special Operations Soldiers Consuming the Ration, Lightweight, or the Meal, Ready - to - Eat Military Field Ration During a 30 - day Field Training Exercise. Report no. T7 - 87, Natick, MA.

Estimates for resources and other data were provided by the following NASA Johnson Space Center personnel:

[8] Phyllis Grounds, Charles Bourland, Glen Branch, Vickie Kloeris, and Debbie Bourland.

第 19 章　姿态确定与控制

John Glaese，动力学控制部门，BD 系统公司
节选自《姿态确定与控制》，Larson and Wertz，1992，
John S. Eterno，鲍尔航天系统公司
Robert O. Zermuehlen，Harold F. Zimbelman，
马丁·玛丽埃塔宇航公司

19.1　设计姿态确定与控制分系统

姿态确定与控制分系统（ADCS）能够使航天器在飞行过程中不受干扰力矩作用的影响，保持稳定并指向所需方向。姿态确定与控制分系统通过敏感器进行航天器姿态确定并采用执行机构进行姿态控制。该分系统通常与航天器上其他分系统紧密耦合，尤其是推进、导航等分系统。更多关于姿态确定与控制信息可参见 Wertz [1978]，Kaplan [1976]，Agrawal [1986]，Hughes [1986]，Griffin 和 French [1990]，Chobotov [1991]，和 Fortescue and Stark [1992] 等文献。

下面首先讨论几个有用的概念和定义，包括质量特性、干扰力矩、角动量和姿态参考向量等。质量特性数据包括航天器质量、质

心位置矢量、转动惯量矩阵（对称）。通常在航天器本体坐标系中描述其质心位置矢量和转动惯量矩阵（这些矩阵示例可参见表19-11）。对于任意表示转动惯量的对角矩阵，都存在一种特殊的参考坐标系，使其下对角元素（负惯量积）均为零。这种特殊的坐标系称为主坐标系，在该坐标系中姿态运动学方程的表述形式更为简单，故而更受关注。对于许多航天器，由于飞行过程中会消耗推进剂或排放废物及其他物质，质量特性均会随时间发生变化。航天器的附加物——甚至乘员——在航天器内部移动，同样会导致质心位置和转动惯量发生变化。最后，火箭级间分离或航天器对接与分离，也都会影响航天器的质量特性。

太空中的航天器都会受到来自空间环境及机载设备的干扰力矩的作用。如果在一个轨道上受到的均值力矩为零，则该干扰力矩具有周期性，其他干扰力矩则具有长期性。如果不采用姿态确定与控制分系统等适当的姿态维持手段，干扰力矩会使航天器偏离预定的姿态指向。控制可以是被动的（没有运动部件），例如，利用航天器的惯性或重力梯度力矩及磁力矩等产生的干扰。也可以是主动的，例如测量姿态位移并施加控制力矩进行反向控制。

通过角动量矢量，可以很容易地理解航天器姿态或旋转运动。根据牛顿运动定律，航天器旋转运动时，假定作用于航天器的净力矩为零，那么它的角动量保持不变。一个非零有效力矩可改变航天器的角动量，且角动量变化率等于有效力矩，该力矩必须在惯性坐标系（非加速）中描述。例如，在无外力矩环境下，航天器能够在其本体坐标系中绕主轴持续旋转，这个主轴将在惯性空间保持不变。在这种情况下，角动量矢量与旋转主轴方向平行。这种无力矩绕坐标轴自由旋转在空间任务中非常有用，角动量矢量与航天器旋转速率成正比，该比例系数与航天器转动惯量矩阵相对应。这样，航天器旋转速率越快，则外力矩越难以改变航天器的角动量矢量方向。

该特性定义为陀螺仪的刚度，对于构建角度探测器非常有用。一个应用实例是框架平台上应用陀螺仪，由高速旋转的转子和万向节构成。在航天器旋转过程中，由于在旋转方向的力矩几乎为零，可以使陀螺保持空间中的旋转方向。采用两个或多个旋转轴不平行的陀螺仪，能够提供完备的姿态参考信息。通过测量陀螺仪相对航天器本体的指向，来确定航天器在惯性空间中的姿态。这种万向陀螺仪并不适用于全部的航天器姿态，因为可能出现自锁的现象。

当航天器指向迫使陀螺仪支撑结构的外框架与陀螺旋转轴一致时，是一种特异性条件，会导致自锁。捷联式陀螺仪能够解决该问题，但该陀螺仪更为复杂。捷联式陀螺仪通过测量航天器的角速率，而后采用数值积分的方式确定航天器的姿态。姿态确定与控制分系统也采用这种角速率测量装置，需要通过已知的姿态角对这些陀螺仪分别进行初始化。同样，由于陀螺仪受到微小的不确定性力矩干扰，会导致出现小的漂移误差，需要采用其他独立的外部参照物定期对其进行更新修正。这些外部参照物包括太阳、红外地平仪、当地磁场方向和星空等。

通常，姿态确定与控制分系统在进行姿态维持时，必须对航天器进行定向调整。当调整目标、天线指向或太阳帆板指向时，进行姿态旋转或姿态机动是必需的。相对于仅进行姿态扰动修正，进行姿态机动会大大地增加执行机构的规模，尤其在容许的姿态机动时间很短的情况下更是如此。为了调整航天器的姿态，必须采用姿态传感器。

表 19－1 列出了航天器姿态确定与控制分系统设计的步骤，这里主要讨论载人航天器。天空实验室（见图 19－1 和图 19－2）是单次发射的最大载人航天器，这里以它为例讨论如何设计大型航天器的姿态确定与控制分系统，见表 19－2。该设计过程需要与任务要求和航天器质量特性进行反复迭代，这些因素与姿态确定与控制分系统的设计紧密相关。在选择控制模式（第 2 步）前，必须粗略地估计航天器的干扰力矩，即使控制模式有助于确定真实的干扰环境（第 3 步）。采用三个双框架控制力矩陀螺（CMG）进行姿态和机动控制，图 19－3 描述了其安装情况。作为一种可切换的控制系统，控制力矩陀螺能够具备连续的角动量输出、姿态控制和姿态机动能

力，图 19－4 是发动机姿态控制系统（TACS）示意图。

表 19－1 控制系统的设计流程▲

步骤	输入	输出
1a）定义控制模式； 1b）定义或分析控制模式的系统级需求	任务需求，任务剖面，航天器发射入轨方式	任务不同控制模式列表（见表 19－3）； 需求及约束（见表 19－4）
2）根据姿态控制模式选择航天器控制方式	有效载荷，热控和能源需求 轨道，姿态指向； 环境干扰	怎样进行姿态稳定和控制：三轴稳定、旋转稳定或重力梯度稳定
3）量化环境干扰	航天器几何构型，轨道，太阳/磁场模式，任务剖面	重力梯度，磁场强度数值； 大气阻力，太阳光压，内部扰动，飞行控制产生的影响（质心、消耗、羽流）
4）选择和规划姿态确定与控制分系统	航天器几何构型，姿态指向精度，轨道条件，任务需求，寿命，轨道，姿态指向，旋转速率	敏感器：地球、太阳、惯性或其他敏感器设备； 控制机构：反作用飞轮，发动机或磁力矩器； 数据处理电子设备，其他分系统或地面计算机数据处理需求；
5）定义姿态确定与控制算法	上述所有参数	算法、参数，以及每种姿态确定及控制的逻辑
6）迭代和文档记录	上述所有参数	需求及设计提炼； 分系统详细设计

▲：该表格覆盖了进行控制系统设计的主要步骤，以及每个步骤的输入和输出。

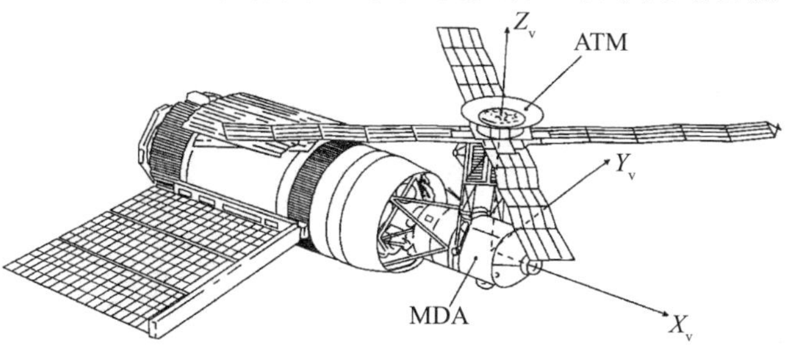

图 19－1　无人状态下的天空实验室示意图▲

▲：该图描述了无人的天空实验室几何构型，与对接阿波罗飞船的情况有所区别

表 19－2 天空实验室控制系统设计示例

步骤	天空实验室示例
1a) 定义控制模式；1b) 定义或分析控制模式的系统级需求	入轨：运载火箭（土星 5）控制； 待命：姿态敏感器，无控制； 对日定向（SI）：航天器 Z 轴指向太阳，Z 轴处于轨道平面内（指向前面），X 及 Y 轴指向误差为 $6'$，Z 轴指向误差为 $10'$，对日定向为主要的长期控制模式。 指向试验：利用阿波罗太空望远镜进行对日定向试验； 姿态保持（陀螺仪）：通过控制力矩陀螺进行任意姿态维持。姿态需求与对日定向模式一致； 姿态保持（推力器）：使用推力器姿态控制系统维持任意姿态。对于 X、Y、Z 各轴，姿态必需控制在 $\pm 2°$内； 当地垂直（交会）：航天器 $-Z$ 轴指向地心，$+X$ 轴指向后方。姿态需求与对日定向模式一致； 当地垂直（地球资源）：航天器 $-Z$ 轴指向地心，$+X$ 轴指向前方。姿态需求与对日定向模式一致； 机动：不同姿态模式之间机动及控制
2）根据姿态控制模式选择航天器控制方式	对日定向：控制力矩陀螺控制为主份，发动机姿态控制系统控制为备份。采用精、粗太阳敏感器、星敏感器及捷联陀螺仪进行姿态角速率测量。在轨道阴影区采用重力梯度机动进行动量管理（控制）。如果控制力矩陀螺姿态控制误差超过 20°，则采用发动机姿态控制系统控制手段对角动量进行校正。控制系统必须能够应对奇异情况； 指向试验：与对日定向姿态控制一致。 姿态保持（控制力矩陀螺）：与对日定向一致，但不包括动量管理。姿态保持采用捷联参考系； 姿态保持（发动机姿态控制系统）：采用冷氮气发动机进行控制。姿态保持采用捷联参考系； 当地垂直（交会）：采用控制力矩陀螺控制，发动机姿态控制系统作为备份对角动量进行校正。姿态控制采用捷联参考系； 当地垂直（地球资源）：采用控制力矩陀螺控制，发动机姿态控制系统作为备份对角动量进行校正。姿态控制采用捷联参考系； 机动：采用控制力矩陀螺进行姿态机动，发动机姿态控制系统作为备份对角动量进行校正。采用捷联参考系进行机动控制误差估计

续表

步骤	天空实验室示例
3）量化环境干扰	重力梯度力矩：天空实验室载人的 X，Y，Z 三轴的转动主惯量约为 665800；4376700；4311500 kg · m^2；无人的三轴主惯量为 793300；3768000；3598000 kg · m^2。航天器主轴安装角度误差小于 10°。该安装误差会产生正弦曲线力矩，是轨道角速率的两倍，幅度为 6 N · m，在对日定向模式下，主要集中在 Y-Z 平面，长期力矩主要在 X 方向，为 0.15 N · m。在任意姿态下，Y 和 Z 方向的最大重力梯度力矩为 6 N · m，X 方向最大重力梯度力矩为 0.15 N · m。 气动力矩：小于重力梯度力矩的 10%； 磁场：相对于重力梯度，可以忽略； 太阳：相对于重力梯度，可以忽略
4）选择和规划姿态确定与控制分系统	控制力矩陀螺系统：三个双框架控制力矩陀螺。陀螺的标称转速为 3000 N · m · s，具有垂直安装的内外两个框架（见图 19－3）。每个控制力矩陀螺质量为 190 kg。单个控制力矩陀螺产生的最大力矩为 240 N · m。这种安装方式是必要的，因为外部框架的停滞会大大增加转向规律的复杂性。近期双框架设计更多采用滑动环，以避免外部框架停滞，这种情况的转动规律及逻辑更为简单，与外部框架的轴向并排安装； 发动机姿态控制系统：航天器－X 轴上安装了 6 个冷氮气发动机（见图 19－4）。这是一种喷气系统，初始推力为 463N，当推进剂储箱氮气压力下降时，推力会下降至 60 N，其初始脉冲宽度为 50 ms，可以调整到 40 ns 的最短时间脉冲。 高精度太阳敏感器； 低精度太阳敏感器； 全向星敏感器 速率陀螺
5）定义姿态确定与控制算法	姿态确定：捷联陀螺仪姿态测量需要根据速率陀螺信号，并定期根据低精度太阳敏感器进行测量数据更新。无偏航星敏感器根据角动量变化情况进行估计，是一种备份手段； 姿态控制：采用比例微分控制算法进行三轴控制。用控制力矩陀螺和重力梯度进行角动量控制，必要时采用发动机控制（应避免长时间开机）
6）迭代和文档记录	

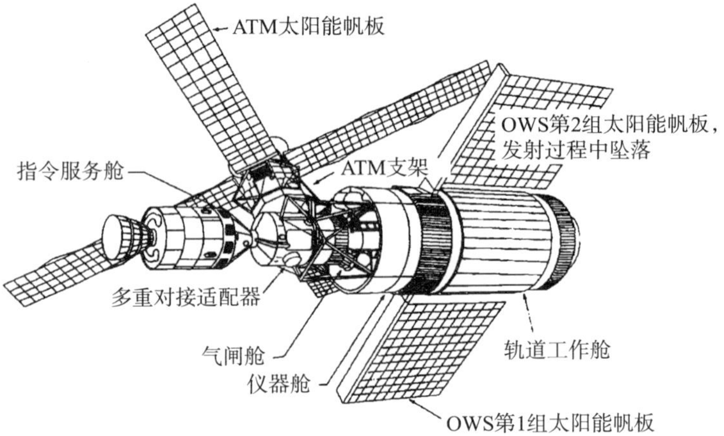

图 19-2 载人天空实验室示意图▲

▲：注意，此时已与阿波罗飞船对接，展现了天空实验室的载人构型

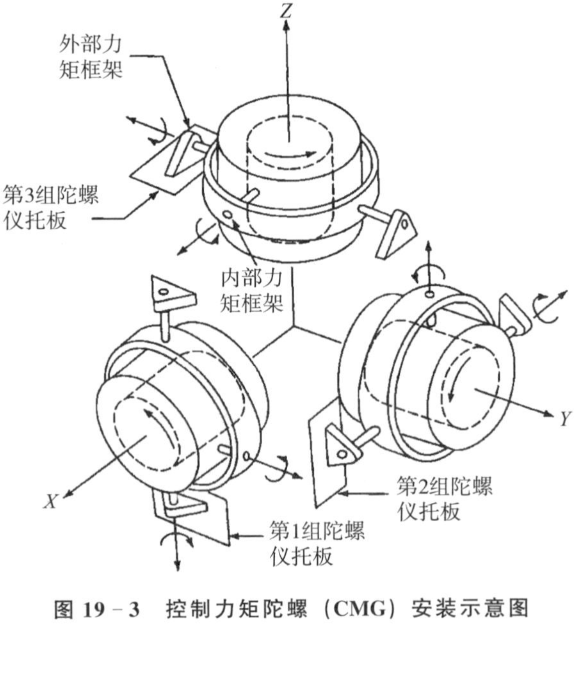

图 19-3 控制力矩陀螺（CMG）安装示意图

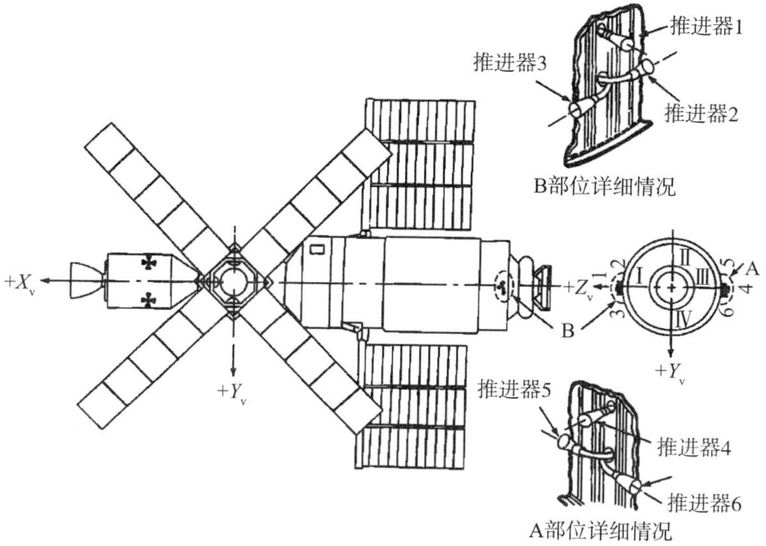

图 19－4　发动机姿态控制系统的推力器配置示意图▲

▲：天空实验室的 TACS 有 6 个推进器，分别安装在对接口的两侧。天空实验室的发动机姿态控制系统配置了 6 个推力器，安装在背向对接口的一端

19.2　确定控制模式和需求

表 19－3 和 19－4 描述了航天器的主要控制模式和需求。姿态确定与控制分系统需求与航天器任务及其他分系统特性紧密相关，如图 19－5 所示。这些需求会随着任务阶段和模式的不同而变化，从而很难设计出一种能够满足不同目标的硬件系统。

表 19－3　典型的姿态控制模式▲

步骤	描述
入轨	在航天器进入最终目标轨道过程中，助推及助推后的一段时期。控制选项包括：不进行航天器控制、固体火箭发动机简单的旋转稳定，以及采用液体推进系统进行航天器控制
捕获	航天器初始姿态估计和稳定，也可应用于从动力故障或紧急情况下的恢复

续表

步骤	描述
正常运行	应用于大多数任务，该模式的需求决定了系统设计
回转	在需要的时候，对航天器进行重定向
意外事故或安全性	应用于常规模式失效或故障等紧急情况。通过消耗更少能源或减少正常操作，以满足能源或热控系统的约束
特殊情况	特殊目的或时间阶段的需求不同，如日蚀

▲：设计时需考虑所有已选择的操作模式。

对于许多航天器，在大型液体或固体火箭发动机点火工作的入轨或变轨期间，姿态确定与控制分系统必须对航天器姿态进行控制。大型发动机会产生很大的干扰力矩，这比正常在轨运行期间需要更大的姿态控制执行机构。

航天器在轨正常运行期间，其有效载荷指向需求通常起决定作用。这种情况下，可能需要对地定向、惯性空间或视场旋转的姿态模式。另外，需要确定姿态回转机动的需求及频率，以实现以下目标：

1）有效载荷敏感器系统指向目标；

2）使姿态控制系统敏感器机动，以实现目标姿态确定；

3）跟踪静止或运动目标；

4）使航天器在初始化或故障后，到达要求的姿态。

表 19-4　姿态确定与控制的典型性能需求▲

领域	定义	示例/注释
姿态确定精度	航天器在绝对坐标系中的指向精度如何	X，Y 方向精度为 $6'$，Z 方向精度为 $10'$（1σ）
范围	必须确定角度机动范围	任意短时间姿态机动，对日定向
控制精度	在航天器不同坐标轴方向的姿态控制精度	X，Y 方向精度为 $6'$，Z 方向精度为 $10'$，太阳或地球固联坐标系
范围	控制系统的角速度适应范围需要满足要求	短周期（小于轨道周期）姿态模式，对日定向姿态模式的不确定性
抖动	在短期、高频率角速率运动的详细情况	每分钟 $10''$，频率为 5 Hz，通过模糊的敏感器数据维持航天器运动

续表

领域	定义	示例/注释
漂移	航天器低速、低频运动，通常可表述为一定时间内的角度运动情况	30″/h，更新期间航天器姿态维持
设定时间	说明机动或翻转情况下的允许修复时间	观测视场角模糊时间小于 3 分钟

▲：必须说明每种模式的需求。该表列出了最常使用性能的领域。

上述定义会随实现和设计主体不同而变化，尤其是细节方面（例如，是 1σ 或 3σ ，平均或最大允许量），应根据需求进行定义。

在大多数情况下，不需要航天器进行快速旋转，但从一种姿态到另一种姿态机动时则对时间要求较为严格。采用的执行机构类型，决定了姿态机动的最短时间。对于推力器姿态机动，最短机动时间是一侧的推力器全推力工作一段时间，而后反向推力器再全推力工作一段时间。这样，所需的时间取决于推力及力矩大小。对于反作用飞轮，姿态机动时间取决于飞轮的力矩和最大速度（角动量）。所以，小角度姿态机动，力矩占主导作用；大角度姿态机动，最大飞轮转速占主导作用。这些关系也适用于控制力矩陀螺，控制力矩陀螺所产生的最大力矩要大于反作用飞轮，但很容易出现角动量饱和现象。这样，控制力矩陀螺的角动量大小是姿态机动时间的最大限制因素。

单框架和双框架控制力矩陀螺各有优劣，单框架控制力矩陀螺能够产生很大的力矩，因为框架电机只需克服控制力矩陀螺自身的惯性动量，而不需通过力矩改变控制力矩陀螺的角动量，框架很难产生改变控制力矩陀螺角动量的力矩。当控制力矩陀螺接近饱和且与安装方向一致时，能够产生一个力矩分量。由于外框架通常需要克服内框架的一部分力矩，同时需要转动外框架，因此其输出力矩比较有限。单框架控制力矩陀螺不能实现对任意方向的指向，这是单框架控制力矩陀螺相对于双框架控制力矩陀螺的主要劣势。双框架控制力矩陀螺能够指向任意方向，除非受到结构锁定限制。这也是设计师避免出现结构锁定的原因。由于指向特定方向能力受限，

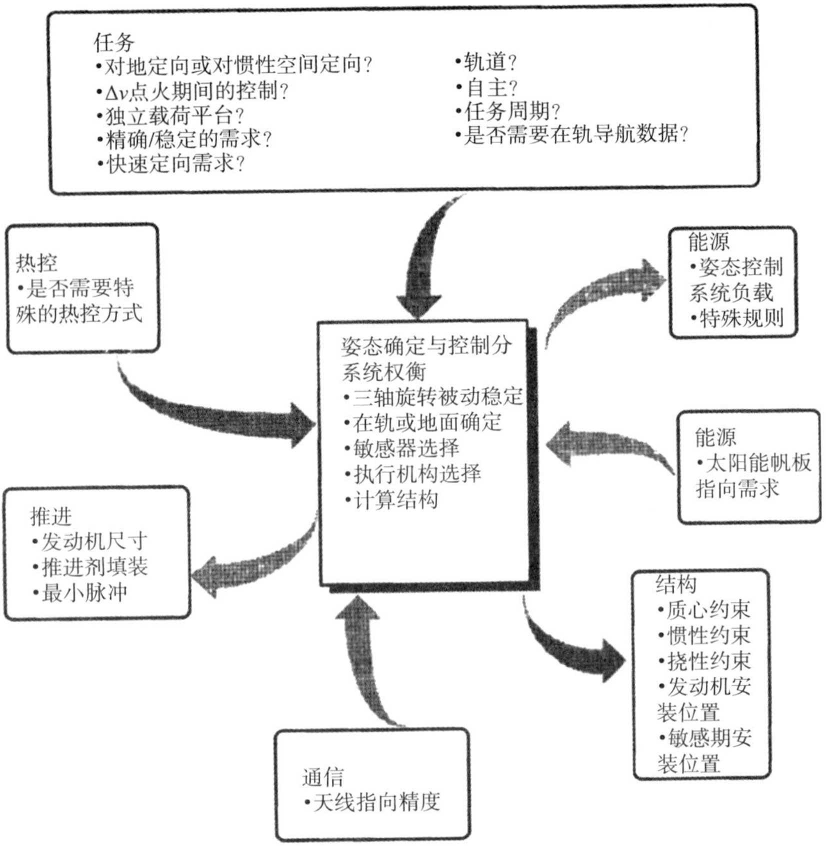

图 19－5　任务需求及其他分系统对航天器姿态确定及控制分系统的影响▲

▲：箭头方向显示了各分系统之间的需求关系

这导致控制力矩陀螺在应用中的复杂性增加，需要通过设计软件逻辑控制操作规律加以解决。根据不同情况下的特异性条件，控制软件将控制力矩的指令转换成控制力矩陀螺框架的指令。当所有控制力矩陀螺均处于一个确定的几何方向时，则控制力矩陀螺达到饱和。对于双框架控制力矩陀螺，所有动量轮轴线是平行的，而单框架控制力矩陀螺的情况更为复杂。例如，在一种特异性条件下，两个或更多的控制力矩陀螺非平行，当系统转动速度小于饱和速度时，将造成一定程度角动量损失。这是双框架控制力矩陀螺的主要特点，但可以通过好的规避逻辑处理这种情况。但结构锁定的规避逻辑更为复杂，因此更倾向于避免外框架锁定。单框架控制力矩陀螺需要更为复杂的规避逻辑，或严格的角动量范围限制。

对于天空实验室，运载火箭将其发射进入目标轨道，而后进行人工控制。3 名航天员组成的乘组克服了一个太阳能帆板以及流星/热防护罩在发射过程中脱落的困难，并成功完成所有任务，使该任务成为一个从事故灾难逆转为任务成功完成的典型案例。按照设计状态，天空实验室入轨后应尽快转入对日定向姿态模式，在航天员到达之前不采用发动机进行姿态控制。但缺乏热控系统保护，这样做会导致动量轮、能源系统及舱内环境过热。第一个乘员撑开防热太阳罩，到航天器外部将剩余的太阳能帆板修复。要了解天空实验室整个任务过程，可参阅 Skylab，Our First Space Station [NASA 1977]。

一旦定义该分系统需求后，就准备选择一种航天器姿态控制方法。表 19-5 列出了几种控制方法及其典型特性。

表 19-5　姿态控制方法及其相应能力▲

类型	指向选择	姿态机动能力	典型精度	寿命限制
重力梯度	地球当地垂直方向	非常有限	±5°（两轴）	无
重力梯度 & 偏置动量轮	地球当地垂直方向	非常有限	±5°（三轴）	动量轮轴承寿命
被动磁铁	南极/北极	非常有限	±5°（两轴）	无
自旋稳定	任意惯性空间方向，需要通过机动改变方向	改变很小的角动量方向需消耗大量推进剂	在两轴上为±0.1°至±1°（与旋转速度成正比）	发动机推进剂
双自旋稳定	仅受消旋平台限制	角动量方向与上栏一致，消旋平台受其自身几何构型约束	旋转部分与上栏一致	发动机推进剂* 消旋轴承寿命
偏动量轮	最适合当地垂直指向	角动量方向一般指向轨道面法相，以限制偏航机动	±0.1°至±1°	推进剂*，敏感器及动量轮轴承寿命

续表

类型	指向选择	姿态机动能力	典型精度	寿命限制
仅推力器	无约束	无限制； 尽可能高速	±0.1°至±5°	推进剂*
动量交换(RW)	无约束	无姿态限制； 受动量轮及最小力矩限制	±0.001°至±1°	推进剂*； 轴承寿命； 电机
动量交换(控制力矩陀螺)	无约束	无约束； 受动量轮及最小力矩限制； 双框架控制力矩陀螺的力矩有限	±0.001°至±1°	推进剂*； 轴承寿命； 电机

▲：本表列出了控制方法、指向选择、典型精度及该方法对任务寿命的限制。

* 对于任意姿态下的快速定向及动量释放，推力器控制非常有效。磁力矩器适用高度范围从低地球轨道至地球同步轨道。

19.2.1　被动控制技术

重力梯度控制利用航天器的惯性特性来使其指向地球。通过将航天器最小惯量主轴指向地心，最大惯量主轴指向轨道面法向，实现姿态控制。该力矩会随轨道半径的减小而降低。对于长细型的圆柱形航天器，一般将其长轴指向垂直方向，但对称的几何构型会导致对称轴上的力矩为零。对于这种情况，也需要采用相应的方法使航天器指向地心，重力梯度使其中一端指向地心以维持稳定。这类航天器一般会设计一个长长的吊杆以破坏圆柱形的对称性，从而确定重力梯度方向。

在重力梯度控制下的刚性或近似刚性航天器也需要通过被动阻尼来消除干扰引起的振动振幅放大。航天器在重力梯度控制情况下，当航天器进出地球阴影区时，对长杆上的热冲击振动非常敏感。

通过最简单模式的重力梯度控制仅能控制两个方向轴，不能约束对地方向。对于第三个坐标轴的控制，通常在俯仰坐标轴上附加一个恒速转动的小动量轮，该坐标轴与对地坐标轴垂直。安装在轨道面法向的偏航飞轮是稳定的，上面的小型机械装置仅消耗较少能量。因此，航天器采用最小能量，并无须主动控制，便能够实现其方向稳定。

第三类纯被动控制是在航天器上安装永磁铁，使其指向地球磁场方向。该方法对于地球赤道附近轨道尤为有效，因为在这种情况下，磁场方向对于一个地球指向的航天器来说基本不会变化。

19.2.2　自旋控制技术

自旋稳定是一种被动控制技术，该技术使整个航天器处于旋转状态，因此其角动量矢量在惯性空间基本保持不变。自旋稳定航天器（或旋转器）采用前面讨论的陀螺稳定原理来被动抵御两个坐标轴方向的干扰力矩影响。如果航天器绕着最大转动惯量坐标轴旋转，那么这种自旋状态（处于最低能量状态）是稳定的。在无控情况下，航天器上燃料晃动或结构阻尼等会造成能量耗散，最终使航天器处于这种最低能量旋转状态。因此，碟状自旋是被动稳定的，而笔状自旋航天器不能保持稳定。自旋航天器较为简单，能够在无照料情况下长时间生存，能够为航天器元器件提供较好的热控环境，并通过运动帮助敏感器进行观测扫描。自旋稳定有两个主要缺点：第一，必须控制航天器的质量特性，以维持需要的旋转方向并保证旋转的稳定性。第二，角动量矢量方向的重定向要比没有净角动量的航天器需要消耗更多的推进剂，从而降低了该技术对于必须经常进行有效载荷重定向的航天器的适用性。

对自旋航天器进行重定向需要消耗很多推进剂，这是因为自旋陀螺的刚度也使得其能够抵抗外部干扰。对一个角动量为 h 的旋转体进行重定向，采用垂直于 h 的固定力矩 T，所产生的角速率 $w=T/h$，且 w 与 h 和 T 垂直。T 必须保证与 h 垂直，以保持这种状态。显然，当储存的角动量 h 越大，则需要施加更大的力矩 T 来得到特定的角速率 w。当需要进行角度为 θ 的机动时，则进行机动所需的旋转脉冲或力矩与时间乘积为常数 $h\theta$ 。然而，对于没有角速度的非自旋航天器，使用很小的旋转脉冲就可以使其旋转起来，并采用反方向的旋转脉冲使其停止旋转。旋转脉冲大小与所需的推进剂成正比。如果能够接受进行慢速的角度机动，则使用少量的推进剂能实现任意条件下的角度机动。

自旋控制的一种有用改进就是双旋稳定，该技术中航天器具有两个绕相同转轴以不同速度旋转的部件。通常情况下，一个部件——转子快速旋转提供角动量，另一个部件——定子或平台——通过反向旋转使航天器一轴指向地球或太阳。

通过在同一航天器上提供惯性定向和旋转稳定，双自旋模式可以使简单的航天器搭载各种有效载荷。同样，通过在航天器平台上增加能量耗散装置，可以使自旋转轴沿最小转动惯量主轴，保持双自旋航天器的被动稳定状态。该方式使得笔形航天器得到更多应用，笔形航天器更有利于发射。双自旋稳定的劣势是增加了航天器平台转轴和滑环之间的复杂性，相对于简单的自旋稳定，该方式会增加费用且降低可靠性。

对于单自旋或双自旋航天器，存在几种截然不同的运动模式，同时也容易混淆。进动是角动量矢量受发动机点火等外部力矩干扰而产生的变化。摇摆是指当航天器绕沿着与某参考轴有偏离的惯性主轴方向的角动量旋转时，其自身明显的运动。比如说有一个预期的转轴，看起来就像是预期的转轴以旋转速率绕着角动量旋转。

章动现象是指当航天器角动量矢量方向与惯量主轴方向不严格一致时，航天器不受外力矩作用下的机动。对于杆状物体，该运动表现为旋转轴绕角动量的慢速旋转（相对于物体的旋转速度）。如果物体绕最小惯量轴旋转，那么能量耗费越多，则章动越明显。对于绕最大惯量轴旋转的碟状物体，章动表现形式为高速的抖动，这种情况下，能量耗散会减小章动，如采用章动阻尼等，可以获得更为稳定的旋转。

章动是由干扰引起的，如推力器推力干扰等，可以将其视为惯性物体上内外部传感器的信号变化。不平衡会导致摇摆，表现为传感器上的常值偏移。如果不采用多个传感器，这种常值偏移难以测量。

旋转稳定性通常需要主动控制，例如使用工质喷溅或磁力矩器，定期校正航天器姿态和旋转速率，以抵御外部扰动力矩。此外，还需要减小外部干扰导致的章动、进动或推进剂晃动。结构变形会使章动变得更为严重，这些现象在所有航天器上都会发生，只是程度不同而已。一旦干扰停止，由于这些因素会导致能量耗散，从而使得章动减弱。但是，这种自然衰减过程可能持续数小时。可以采用章动阻尼，在几分钟内就可以消除这些误差，也可以通过增大旋转速度来减小章动，从而提高旋转航天器的稳定性。当转速达到 20 rpm 时，章动角度大小为 3°，当转速为 60 rpm 时，章动角度也会相应地减小到 1/3。由于航天器离心力过大会影响结构设计和质量，因此，很少设计航天器转速超过 90 rpm。在发动机控制及定向应用中，当转速低于 20 rpm 时，会导致章动角很大，因此很少使用。然而，对于一些如热控等非关键性应用，对章动不敏感，允许低速旋转。

三轴稳定。目前，航天器采用三轴稳定比采用旋转稳定、重力梯度稳定更为普遍。三轴稳定航天器采用敏感器和执行机构，并通过机动实现精确指向，因此更为昂贵和复杂，而且潜在的可靠性更低。三轴稳定控制系统的控制力矩可以来自动量轮、反作用飞轮、控制力矩陀螺、发动机或磁力矩器等。动量轮、反作用飞轮、控制力矩陀螺可以统称为动量存储装置，广义上，这些系统有两种形式：一种是通过将动量轮安装在俯仰轴实现动量偏置；另一种不采用动量偏置，而是采用反作用飞轮使系统的角动量保持在零附近，这称为零动量系统。对于这两种情况，通常需要采用发动机或磁力矩器和飞轮来控制角动量。将系统的总角动量控制在存储装置的允许范围内，称为角动量卸载和角动量管理。

对于零动量系统，干扰力矩会导致控制系统误差不断累积。姿态或指向敏感器能够探测出这些误差，而后通过控制法则将其转换成角动量存储装置的控制指令，该指令能改变角动量存储量。例如，当反作用飞轮对航天器施加力矩时，航天器则会给反作用飞轮施加反方向力矩，从而导致飞轮转速增加。反作用飞轮同时起到动力存储调节器或者进行姿态控制的作用。在惯性姿态下，角动量存储控制器的角动量积累速率等于航天器上的干扰力矩。周期性干扰力矩可能不会导致角动量饱和，但长期干扰力矩影响较大。因此，必须通过发动机或磁力矩器进行卸载。通过角动量管理，可以抵抗这些干扰力矩，使系统总角动量回归至零，动量管理可以采用自动控制方式或地面控制方式。

反作用飞轮产生的力矩相对较小，能够存储的角动量也较小。如果需要产生更大的力矩或存储更多的角动量，则可采用控制力矩陀螺。如果仅仅是产生力矩，最好选择双框架控制力矩陀螺。如果主要为存储角动量，最好选择单框架控制力矩陀螺。

当需要较大的力矩且控制操作时间较短，则可以采用全推力器系统，如采用火箭发动机产生较大的过程速度增量。在其他任务模式下，这些推力器可以应用于其他场合，如进行动量卸载。

采用动量偏置的系统通常只有一个飞轮，且该飞轮旋转轴与俯仰轴一致，垂直于轨道平面。飞轮以几乎恒定的高速度旋转，为航天器提供旋转刚度，像旋转稳定中类似的章动动力学一样。尽管是安装在俯仰轴方向，航天器可以通过对飞轮施加力矩、少量的减缓或增加转速来实现姿态调整。需要定期性对飞轮进行卸载，如同采用推力器或磁力矩器实现系统的零动量一样。

对地定向的航天器动力学采用偏置动量方法，滚转—偏航轴是耦合的。为了考虑这一点，假设一个在惯性系内的角动量矢量，该矢量与轨道面存在一定角度。如果该角度在转动存在正向滚转偏差，则在 1/4 轨道周期后会出现负向偏航误差。随着航天器在轨道上持续运行，在重新回到正向滚转之前，该角度在负向滚转与正向偏航间变化。出现这种组合是由于地球的视运动造成的，可以利用该特性，仅仅利用一个滚转敏感器，在 1/4 轨道周期时刻同时对滚转和偏航进行控制。

19.2.3　需求对控制模式的影响

根据上述控制模式知识，可以选择一种最适合任务需求的姿态控制模式。表19－6至表19－8描述了入轨、载荷定向、载荷旋转等需求对姿态控制模式选择影响。

表19－6　轨道转移机动及其对姿态确定与控制系统的影响

需求	对航天器的影响	对姿态确定与控制系统的影响
完成入轨的大推力脉冲（数千 m/s）	大型的固体火箭或液体火箭发动机； 点火期间采用大推力器、转动发动机或自旋稳定进行姿态控制	采用惯性测量单元进行参考位置和速度测量； 发射阶段使用不同推力器、敏感器、控制律； 导航和制导的需求
在轨运行期间轨道面调整，以适应载荷或航天器操作需求（数百 m/s）	更多的推力器，但在滑行段采用推力器的话是足够的	点火时的控制律； 误差干扰修正时的执行机构尺寸； 推力控制阶段的参考姿态
进行轨道维持的定期轨道机动（<100 m/s）	一组推力器	推力器控制律； 在轨参考姿态

表19－7　有效载荷定向对姿态确定与控制系统的影响

需求	对航天器的影响	对姿态确定与控制系统的影响
地球固定/对地定向	重力梯度干扰； 角动量存储量对持续时间的限制； 太阳指向等需求	通过控制力矩陀螺控制； 没有重力梯度卸载，无角动量卸载对持续时间的限制。同样，可采用磁力矩器或推力器进行角动量卸载； 消耗性物质对推力器及持续时间的限制
太阳/惯性空间 太阳； 空间； 其他目标	重力梯度干扰； 在轨道阴影区进行角动量卸载； 可以在无推进剂消耗情况下进行无限期保持	控制力矩陀螺控制； 无任务状态下定期采用重力梯度卸载。可行情况下采用推力器或磁力矩器卸载

表19－8　快速定向需求对控制执行机构选择的影响

需求	对航天器的影响	对姿态确定与控制系统的影响
无	航天器限制于一种姿态模式下——可能性很大	通过设计可将动量存储装置缩小； 中小型航天器采用磁力矩器进行角动量卸载，可以不使用推力器

续表

需求	对航天器的影响	对姿态确定与控制系统的影响
正常速率 0.05 (°) /s（保持当地垂直）至 0.5 (°) /s	最小	很可能需要采用推力器； 仅在少数情况下出现角动量饱和
高速率>0.5 (°) /s	附加物对结构的影响； 重量和费用增加	很可能采用大的角动量存储装置，或采用两套不同推力的发动机，一种用于姿态保持，另一种用于快速机动

在发射入轨过程中常用的姿态控制方法是航天器入轨发动机的短时间自旋稳定。航天器一旦入轨则分离该发动机，通过喷气控制、yo－yo 装置或其他方式使航天器消旋。

有效载荷定向对控制方法、敏感器类型和执行机构的种类和数量产生影响。定向精度要求有时会非常苛刻，从而需要独立的、链接的平台，该平台的对准比航天器整体要简单得多，因此能够为航天器提供更为精确和稳定的测量数据。

在定向需求分析方面必须权衡航天器定向、姿态确定和轨迹计算的精度，必须识别出其中最高的要求。表 19－9 梳理了航天器姿态确定与控制精度需求的影响。

表 19－9　敏感器选择及姿态确定与控制系统设计对控制精度的影响▲

所需精度（3σ）	对航天器的影响	对姿态确定与控制系统的影响
>5°	可节约大量经费； 为节约费用，可采用重力梯度稳定	无需姿态确定： 重力梯度稳定无需敏感器； 仅需要发动机、重力梯度装置、偏置动量轮 需进行姿态确定： 当姿态确定允许误差>2°时，太阳敏感器、磁场仪足够； 星敏感器及地平仪可获得更高精度的测量数据
1°～5°	不能使用重力梯度控制； 抖动时可采用自旋稳定和惯性坐标系姿态； 自旋体需要配置消旋平台； 三轴稳定可行	对于自旋体，需要太阳敏感器和地平仪； 三轴稳定控制能够达到 RCS 死区控制精度，但从长远来看，反作用飞轮能够节约推进剂 自旋体采用推力器和阻尼器等

续表

所需精度（3σ）	对航天器的影响	对姿态确定与控制系统的影响
0.1°～1°	三轴稳定、偏置动量稳定可行； 双旋稳定可行	星敏感器、地平仪、陀螺仪能够提供精确的参考姿态； 反作用飞轮主要用于动量卸载和粗控制； 磁力矩器用于小型航天器（同时需要磁场仪），大型航天器需要重力梯度装置和其他技术需求
<0.1°	需要三轴稳定 敏感器需要精确的摆动隔离平台	与 0.1°～1°情况一致，但需要星敏感器和更好的陀螺仪； 控制律和计算需求更为复杂； 柔性体的性能非常重要

▲：航天任务所需的控制精度会显著影响航天器及其姿态确定与控制系统的设计。本表梳理了这个过程需要考虑的因素。

19.2.4　天空实验室控制系统选择

天空实验室主要姿态控制采用了 3 个双框架控制力矩陀螺系统，以一个由 6 个冷氮气推力器构成的推力器姿态控制系统为备份手段。入轨段的姿态控制由运载器进行，因此该阶段的需求不会影响控制模式的选择。在正常情况下动量管理采用重力梯度进行控制，当特殊干扰导致角动量累积过大时则采用推力器控制。推力器姿态控制系统也可用于动量卸载，但有限的推进剂限制了该模式不能经常使用。由于天空实验室的主要任务是将其太阳望远镜对准太阳，因此仅需要在阳照区进行精确指向控制，在阴影区可实施轨道机动。这样，就允许航天器姿态进行微调，从而可利用重力梯度力矩进行角动量卸载。通过进行细致的机动规划以减少推进剂消耗。航天员锻炼会产生一种有趣的非正常干扰力矩，比如航天员在工作区内部来回慢跑。这种运动会导致控制力矩陀螺角动量混乱，从而会引起数次推力器开机。因此，并不鼓励航天员反复进行这种活动。

地球资源试验包（EREP）要求天空实验室处于对地垂直姿态，称为 Z-LV 姿态。Z-LV 姿态将航天器 $-Z$ 轴指向地心，$+Y$ 轴垂直于轨道面，$+X$ 轴指向速度方向。地球资源试验包的姿态模式不允许使用重力梯度进行动量卸载，操作人员需要利用进入或退出地球资源试验包模式的时机，以及控制力矩陀螺的动量偏置，来减少推力器姿态控制系统的点火，使得机动控制在控制力矩陀螺控制模式下进行。在第二、第三载人阶段之间，若控制力矩陀螺＃1出现故障，机动程序需要调整以将推进剂消耗减少至可接受的范围。在不同的实验情况下还需要其他姿态，如进行 Comet Kohoutek 实验，这些实验按照需求开展。认真规划将减少推进剂消耗，但不包括利用重力梯度进行动量管理，因此，航天器在该姿态模式下的持续时间非常有限。

19.3 量化扰动环境

在这一步，分析姿态确定与控制系统必须承受的外部力矩的大小。对于典型的低地球轨道航天器，只需要考虑4种外部力矩，分别是重力梯度力矩、地球磁力矩、太阳光压力矩和大气阻力力矩（低轨）。第3章详细介绍了地球空间环境，Singer［1964］介绍了航天器受到的干扰情况。表19－10和表19－11梳理了4种主要的干扰，给出了干扰估算公式及最差情况，并以天空实验室为例进行了相关数值计算。

表19－10 极限干扰力矩的简化估算公式▲

干扰	类型	主要影响源	公式
重力梯度	对于对地定向航天器为常值，对于惯性空间定向航天器为周期性变化值	航天器惯量；轨道高度	$T_g = \frac{3}{2}\frac{\mu}{R^3}(I_z - I_x)\sin 2\theta$ 其中，T_g 为最大重力梯度力矩，μ 为地球引力常数（3.988×10^{14} m^3/s^2）；R 为轨道半径（m），θ 为 Z 轴偏离当地垂线的最大角度，I_z 和 I_y 分别是 Z 轴和 Y 轴的惯量（X 轴较小），单位为 kg·m^2

续表

干扰	类型	主要影响源	公式
太阳辐射	对于对地定向航天器为周期性变化值，对于惯性空间定向航天器为常值	航天器几何构型； 航天器受辐射面积； 航天器对称性及 c_g 位置	太阳辐射压力，T_{sp} 主要取决于航天器受辐射表面特性情况。航天器表面包括透明、吸收、反射等三种类型，但大多数表面都同时兼具上述三种特性。反射包括散射和镜面反射，通常情况下，太阳能帆板为吸收体，航天器本体为反射体，太阳辐射产生力矩最严情况表达式如下 $T_{sp}=F(c_{ps}-c_g)$ 其中，$F=\frac{F_S}{c}A_S(1+q)\cos i$ F_S 为太阳常数，1358 W/m^2，c 为光速，3×10^8 m/s，A_s 为表面积，c_{ps} 为太阳光压中心，c_g 为重心，q 为反射系数（取值范围为 0 至 1，使用 0.5），i 为当前入射角
磁场	周期性变化	轨道高度； 航天器磁偶极子残余量； 轨道倾角	$T_m=DB$ 其中，T_m 为航天器上的磁力矩，D 为航天器残余的磁极强度（$A\cdot m^2$），B 为地球磁场强度，对于极地轨道，B 可近似为 $2M/R^3$，M 为地球磁力矩，$7.96\times10^{15}\,T\cdot m^3$，$R$ 为地球磁场中心至航天器的距离
气动力	对于对地定向航天器为常值，对于惯性空间定向航天器为周期性变化值	轨道高度； 航天器对称性及执行位置	对于低轨航天器，大气密度受太阳活动影响很大 $T_a=F(c_{pa}-c_g)$ 其中，$F=0.5[\rho C_d A v^2]$；F 为大气阻力；C_d 为大气阻力系数（通常在 2 至 2.5 之间）；ρ 为大气密度；A 为阻力面积；v 为航天器速度；c_{pa} 为大气压心；c_g 为重心，见式（11-12）。 在低地球轨道高度，大气密度受太阳辐射影响可能会增加，其范围与每天太阳辐射量相关

▲：仅使用这些公式进行相对大小估计。

这些干扰与航天器的指向、质量特性、几何（外形）构型和对称性相关。对于天空实验室，重力梯度力矩为最主要的干扰力矩，接着是气动力矩，而磁力矩和太阳光压力矩相对较小。一定轨道高度的重力梯度力矩取决于航天器的姿态和各惯量主轴。太阳惯性姿态主要是维持天空实验室的 X 轴位于轨道面内，减少重力梯度力矩平面内的分量累积。由于航天器 Z 轴必须指向太阳，一些长期积累难以避免，需要在轨道阴影区采用重力梯度力矩进行抵消。

对控制系统的其他干扰存在于航天器内部，例如旋转机械机构、排气孔、磁材料、能源系统的电线圈、实验、液体晃动、乘员活动等产生的干扰。在航天器设计、实验、乘员活动时，可以通过设置约束条件来减小这些内部干扰。主要技术包括反转机械结构，使用成对的线圈等方式，同时还可以通过设置航天器质心位置、惯量、总质量、太阳帆板面积等约束。这些约束条件会增加航天器设计的复杂性和费用，因此必须对其进行权衡。表 19－12 对这些内部干扰进行了梳理。

表 19－11 天空实验室极限干扰力矩情况示例

干扰	天空实验室示例
重力梯度	$T_g = \frac{3}{2}\frac{\mu}{R^3}(I_z - I_x)\sin 2\theta$ 其中，T_g 为最大重力梯度力矩；μ 为地球引力常数，$3.988\times10^5\ \mathrm{km^3/s^2}$；$R$ 是轨道半径（km）；θ 是 X 轴偏离当地垂线的最大角度（全姿态航天器取 45°）。对于天空实验室，Y 轴和 Z 轴的惯量基本一致，并远大于 X 轴惯量。x、y、z 轴分别标记为 x_v、y_v 和 z_v。航天器在其几何坐标系（V）及主轴坐标系（P）中的转动惯量分别如下，其中，x_p、y_p 和 z_p 和 x_v、y_v z_v 很接近。 $I_V = \begin{bmatrix} 8.9(10^5) & -6.3(10^4) & -5.3(10^5) \\ & 3.8(10^6) & -2.7(10^4) \\ & & 3.7(10^6) \end{bmatrix}\mathrm{kg\cdot m^2}$； $I_P = \begin{bmatrix} 7.93(10^5) & & \\ & 3.77(10^6) & \\ & & 3.69(10^6) \end{bmatrix}\mathrm{kg\cdot m^2}$； $T_g = 6\ \mathrm{N\cdot m}$ 为最大重力梯度力矩
气动力	天空实验室的最大面积约为 $80\ \mathrm{m^2}$； $V = 7.7\ \mathrm{km/s}$； 大气阻力系数，$C_d = 2.0$； 动压，$\frac{1}{2}\rho v^2 = 3.0(10^{-5})\ \mathrm{N/m}$； F_{max} =（动压）×（阻力系数）×（迎风面积）= $(3.0\times10^{-5}\ \mathrm{N/m^2})\times(2.0)\times(80\ \mathrm{m^2}) = 4.8\times10^{-3}\ \mathrm{N}$； 最大力臂约为 20 m； 最大力矩 $T_{aero.max} \leqslant 20\times4.8\times10^{-3} = 0.048$ 小于重力梯度力矩，但不能忽略

表 19－12　主要的外部干扰力矩▲

干扰	对航天器的影响	典型数值
质心的不确定性/cm	两发动机开机时产生的非平衡力矩； 转移开机时产生的多余力矩	1～3 cm
发动机安装误差	与质心不确定性相同	0.1°～0.5°
发动机推力偏差	与质心不确定性类似	±5%
机构旋转影响	对稳定性和精度产生干扰的力矩	取决于航天器设计； 可以通过反旋转体抵消
液体晃动	航天器质心运动和液体晃动产生的力矩	取决于特殊设计； 可以通过囊状物或隔离物控制
柔性体动力学	弯曲振动频率，控制输出宽度限制	取决于航天器结构
变形体的热冲击	进出阴影区的姿态干扰	取决于航天器结构； 不利于长期惯性状态下的重力梯度系统

▲：航天器设计人员能够控制外部干扰。

19.4　选择和规划 ADCS 硬件

下面将对姿态确定与控制系统各部件进行评估和选择。

执行机构。表 19－13 总结了对执行机构的讨论，该讨论自反作用飞轮开始。反作用飞轮是具有较大惯性的旋转体，能够提供基本的力矩。反作用飞轮能够沿着两个方向旋转，每个飞轮能够提供一个轴向的控制。动量轮是具有恒定转速的反作用飞轮，能够提供几乎恒定的角动量。该动量能产生两个轴向的陀螺稳定效应，通过力矩控制，可以使电机力矩精确地指向第三轴。控制力矩陀螺（CMG）通过一个力矩电机改变飞轮旋转轴而产生力矩输出。控制力矩陀螺的角动量来自于高速旋转，其转动惯量相对较小。因此，可以将控制力矩陀螺近似为可运动的角动量矢量，其方向可以通过一个或两个转向机构进行控制。由于需要力矩改变角动量状态，旋转控制力矩陀螺会在航天器上产生一个反作用力矩。旋转框架的旋转速度能够控制力矩大小。因此，单框架控制力矩陀螺能够控制 1 个轴向，双框架控制力矩陀螺能够控制 2 个轴向。控制力矩陀螺的力矩输出垂直于控制力矩陀螺的角动量方向，该输出力矩会随时间发生变化，因此需要设计其转向控制律，该控制律根据航天器控制力矩指令进行计算，最后获得控制力矩陀螺的框架转动速率控制指令。

使用角动量存储装置控制系统的规模主要取决于对周期性角动量的存储需求，需要采用动量管理手段（重力梯度、磁力矩或推力器控制）应对这类周期性力矩，否则饱和将不可避免，从而出现失控现象。因此，动量管理系统的确定和设计主要应考虑周期性力矩。

采用动量存储控制系统的力矩需求主要取决于应对干扰力矩的安全系数范围。

对于三轴控制，至少需要 3 个旋转轴不共面的反作用飞轮。如果采用控制力矩陀螺，至少需要 3 个单框架或 2 个双框架转向机构。通常，这些系统会有一个冗余单元。这将影响每个飞轮尺寸限制要求，由于冗余系统硬件设备安装的对称性较差，这将会增大飞轮和力矩需求。为补偿这种问题，需要增大飞轮的尺寸和输出力矩需求。

对于旋转稳定或动量偏置系统，周期性力矩会产生周期性速率，其中，长期力矩会导致逐渐偏离。在设计角动量存储时，一般通过将旋转体的转速和惯量设计得足够大，使航天器在没有主动控制情况下能够克服周期性干扰力矩的影响。然而，仍然需要定期施加力矩以克服长期性力矩的干扰。航天器的角动量越大，则抵抗外部干扰力矩的能力越强。对于角动量存储上限，如果存在的话，可以由角动量处理过程的燃料消耗决定。

航天器也可采用磁力矩器作为驱动设施。这些磁力矩器通过磁线圈或电磁铁来产生绕磁极的磁角动量。磁力矩能够对航天器的残余磁场进行补偿，或对微小干扰力矩造成的姿态漂移进行修正。由于磁力矩在任意情况下只能产生与当地磁场成比例的力矩，因此磁力矩器不能精确地进行三轴姿态控制。如前面所讨论的，磁力矩器也可用于动量管理，由于这方面的操作通常是连续的，因此，它们可以抵消作用在航天器上的长期力矩。电磁铁只需要一个磁感应器和线圈，因此有无需运动部件的优势。由于处于地球磁场，因此在高轨情况下反应较弱。可以简单地采用 $A \cdot m^2$ 描述电磁铁磁场强度，从而可以为不同情况应用进行适当设计。表 19 - 13 描述了飞轮和磁力矩器的规模估计原则。

表 19 - 13　控制力矩陀螺、反作用飞轮、动量轮和磁力矩器的规模估计简化公式▲

参数	简化公式	天空实验室应用实例
抗干扰力矩	控制力矩必须大于或等于最大干扰力矩与安全门限的乘积 $T_{con} = (T_d)(1 + 门限因素)$	$T_{cyclic\ max} = 19.5\ N \cdot m$； $T_{sec\ ularmax} = 10\ N \cdot m$； $T_{vent\ max}(LBNP) = 3.5 \times (力臂) N \cdot m$； $T_{crew} = -100(力臂) N \cdot m$(脉冲)
旋转力矩	最大旋转加速度 $\frac{\theta}{2} = (\frac{1}{2})(\frac{T}{l})(\frac{t}{2})^2$ 最大旋转速率：$\theta = \frac{H}{l}t$	没有特殊的旋转需求，控制力矩陀螺在 13 秒之间可完成卸载。控制力矩陀螺最大力矩为 366 N · m；最小旋转速率为 0.08（°）/s（3 控制力矩陀螺）。采用偏置和其他技术可增加旋转速率并减少发动机控制
动量存储	通过在 1 至 2 个轨道周期内，确定周期性动量最大累积情况，这是一种估计角动量 H 的方法。如果干扰为重力梯度力矩，则周期性干扰累积的最大值发生在 1/4 轨道周期。该干扰的简化表达式为 $H_{cyclic} = T_{cyclic}/2\omega_{orbit}$	对于上述干扰力矩，当轨道高度为 426 km、轨道周期为 91 分钟时，天空实验室采用 3 个双平衡架控制力矩陀螺，每个动量存储能力为 3000 N · m · s。该选择主要为应对最大周期性干扰力矩（8478 = 19.5/2/0.00115）。该系统在一个控制力矩陀螺故障情况仍能正常工作。必要情况下需采用一定的动量偏置来抵抗最大周期性干扰力矩。最小长期干扰力矩积累主要来自对日定向姿态
动量轮动量存储	滚转及偏航控制精度主要取决于飞轮的动量和外部干扰力矩。飞轮尺寸估计的主要原则如下 $T \times \frac{P}{4} = H\theta_a$ 其中，T 为力矩，H 为角动量，θ_a 为角度范围，P 为轨道周期	不允许

续表

参数	简化公式	天空实验室应用实例
旋转体动量存储	动量轮旋转速率 $\omega_s = \dfrac{H}{l}$	不允许
磁力矩器力矩	磁力矩器采用地球磁场 B，并通过加电产生磁场（D），航天器产生的力矩为 $D = \dfrac{T}{B}$ 用于动量卸载的磁力矩必须等于扰动峰值加阈值，以补偿方向控制的不完备性	不允许

▲：动量轮主要根据需求下限进行设计。反作用飞轮按照 30°旋转需求进行设计。天空实验室干扰力矩包括周期性、长期性、喷气嘴、乘员在航天器内部运动、出舱活动，以及阿波罗飞船对接等形式。存在一些喷气设计，其中最大的是身体下部负压设计，乘员防止血液涌向四肢。出舱活动的服装排气还会产生其他力矩。

喷气嘴或推力器通过排出工质产生力矩，同时不受动量存储相关装置的限制。当采用化学物质反应产生能量时，可认为它们是热—气系统（无论是双组元推进剂还是单组元推进剂）。当能量来自相变潜热或是压缩工作时，它们为冷推进系统。冷推进系统通常应用于小型航天器及低脉冲需求情况下，或者是诸如天空实验室之类必须将推力器废气污染物排放减小到最低程度的应用。

推力器产生力矩和力，主要目的如下：

1）控制姿态。

2）航天器大角度机动。

3）调整轨道。

4）动量存储系统额外动量卸载。

5）控制旋转速率。

6）控制章动。

不幸的是，其控制羽流也会对航天器产生影响，对航天器表面产生污染。同时，推力器也需要消耗性推进剂，这些推进剂决定着航天器寿命。其优势是它们能够在任意轨道位置提供较大的瞬时力矩。

必须确定是否需要使用推力器，需要多少，以及安装位置。对于需要采用推力器提供较好控制的应用，还必须确定单推力脉冲的最小冲量，通常为 20 ms 或更大。除非需要采用双推力或变推力，通常采用单推力水平。

天空实验室采用推力器进行动量卸载，并作为姿态控制、控制力矩陀螺重置及其他功能的备份手段。通过增加推力器及总脉冲（开机时间）的功能需求，以支持飞行任务。表 19 - 14 给出了飞行程序和简化公式，可以用于确定推力器规模。推进分系统的详细讨论可参见第 24 章。

表 19 - 14　推力器系统初始规模简化方案测算

简化公式	应用于天空实验室实例
克服外部干扰的推力器推力水平 $F = T_D/L$ 其中，F 为发动机推力，T_D 为最大干扰力矩，L 发动机旋转力臂	为减少推力器气流对航天器外部光学设备的污染，采用 6 个氮气推力器。该推力器在任务开始时的推力大小为 463 N，在最后人工阶段的推力为 42 N。最小脉冲宽度为 50 ms，任务中维持最小脉冲为 40 N · s
通过推力大小设计来满足旋转速率要求（选择零动量系统）： 确定任务中所需的最大旋转速率。通过任务设计将航天器旋转速率控制到该状态。通过 α 值计算推力器推力；$T = FL = I\alpha$ 求解 F	无应用
通过确定推力器推力来确定其动量偏置情况：采用的力矩 T 为 $T = FLd = H\omega$ 其中：F 为推力器平均推力，L 为力臂，d 为推力器工作周期（最小控制周期），H 为角动量，ω 为旋转速率	无应用

续表

简化公式	应用于天空实验室实例
推力器脉冲时间长度： 根据任务事件序列进行详细机动设计，而后设计控制的次数和时间长度	天空实验室推力器系统用于备份控制、控制力矩陀螺重置和动量卸载等。假设任务周期为1年，其中载人阶段持续时间为4个月。按照每天1次重置消耗4 MIBs估计，且人工阶段失控1次消耗20 MIBs。航天器初始机动消耗200 MIBs，动量卸载消耗1000 MIBs。总共消耗2000 MIBs。假定每次MBI为单脉冲，这将远低于20000至50000次推力器脉冲控制次数
动量卸载的推力器推力水平： $H = n \times MIB \times L$ 其中，H 为动量存储（飞轮能力或干扰力矩×时间），L 为力臂，n 为 MIBs 数量	动量卸载和重置点火时给予MIB规模及推力器控制力臂进行设计。推力器规模选择主要根据硬件情况确定，由于天空实验室采用冷气推力器，推力水平下降程度与氮气压力水平下降程度一致。一个控制周期的平均推力能够通过不同的控制脉冲宽度进行调节，或实时调整推力器推力比例
推进剂： 通过确定总脉冲、$n \times MIB$ 或推力器推力乘以总时间，并结合推力器比冲（I_{sp}）和 g，进行推进剂质量估算 总脉冲 $= n \times MIB$ 总脉冲 $= t \times F$ $M_{\rho} = \text{impulse}/(gI_{sp})$	天空实验室任务推力器总脉冲为376968 N·s。假设冷氮气推力器比冲为50 s，上述推力器脉冲等于 376966/50/9.81 = 768 kg·N_2·gas

敏感器。通过选择控制系统所需的敏感器来实现这一硬件单元。表19-15给出了典型设备及其性能和物理特性。然而需要注意的是，由于敏感器技术进步很快，需要为未来航天器配置精度更高、质量更小的敏感器。

惯性测量单元（IMU），由测量旋转及平动的敏感器构成。陀螺仪可以测量角速率，加速度计可以测量线运动加速度。航天器除需要进行线运动速度测量、导航与制导或发动机关机判断等任务外，一般不需要线加速度测量敏感器。早期的设计中通常将其安装在可旋转平台上，并将其维持在一个确定的惯性空间指向。这些设备很准确且直接，但其机械结构笨重复杂，捷联惯组没有转向机构，因而耗电量更低，应用日益广泛。捷联惯组采用高性能求解软件计算体坐标系下敏感器的输出，将其转换为惯性系下的姿态。利用如今的计算机技术，捷联惯组的精度与转台相当，可靠性更高。惯性测量单元会产生陀螺漂移和偏差，因此，每隔数小时就需要对惯性测量单元的信息进行更新。对于姿态方面，可采用太阳、星空、地球和 GPS 等外部参照物进行更新。采用最新的固态集成技术，可以制造出更小更便宜的惯性测量单元设备，包括一些惯性测量单元/GPS 设备。

表 19－15　姿态确定与控制系统典型敏感器

敏感器	典型精度范围	质量范围（kg）	功耗（W）
惯性测量单元（陀螺仪和加速度计）	陀螺漂移速率＝0.003（°）/h～1（°）/h； 线加速度＝1～5×10^{-6}g 或 g^2，大于 20～60g 时取 g^2	3～25	10～200
太阳敏感器	精度＝0.005°～3°	0.5～2	0～3
星敏感器（扫描仪和星空地图仪）	姿态精度＝1 角秒～1 角分，0.0003°～0.01°	3～7	5～20
地平仪； 扫描仪； 固定	姿态精度： 0.1°～1°（LEO）； 小于 0.1°～0.25°	2～5； 2.5～3.5	5～10； 0.3～5
磁场仪	姿态精度＝0.5°～3°	0.6～1.2	<1

太阳敏感器为可见光探测器，它测量其安装基底与入射阳光之间 1 至 2 个角度。这类敏感器应用普遍、精确、可靠，但需要清晰的视场。它们可被作为正常姿态确定系统的一部分，初始捕获或故障恢复系统的一部分，或独立的太阳帆板指向系统的一部分。由于大多数低地球轨道都包括阴影区，基于太阳敏感器的姿态确定系统必须提供一些克服数据缺失的手段，以避免指向受限。太阳敏感器具有很高的精度（<0.01°），但该优势总是无法被利用。通常将太阳敏感器安装在航天器的尾部，以获取更为开阔的视场。这样，大

型航天器结构弯曲将会导致太阳敏感器测量精度降低。旋转航天器采用特殊设计的太阳敏感器，以测量航天器各旋转轴的太阳角度。这些测量数据可以发送到地面进行处理，或发送至航天器自身的闭环控制系统进行处理。

星敏感器包括扫描仪、跟踪仪或星图仪。自旋航天器通过扫描仪观测星视场内多条缝隙的星体。通过几颗星体，就可以确定航天器的姿态。三轴稳定航天器采用跟踪仪和星图仪，星跟踪仪采用宽视场相机，通过扫描仪不断进行电子扫描，直到定位和跟踪到一颗亮度足够的星。任意航天器的运动都会引起视场星空图像的明显移动，这种误差信号可应用于航天器在惯性空间保持。星图仪与星跟踪仪类似，但工作过程中，其视场中同时有很多颗星，而星跟踪仪仅跟踪一颗星。星图仪通过寻找视场中的一颗星，记录其位置，再转入寻找下一颗星。而后，可以根据存储的恒星数据来确定航天器在惯性空间的指向。根据两个以上具有一定夹角的恒星矢量，可以确定三轴的姿态角。

地平仪是红外测量装置，它检测深空寒冷和地球热大气（地球表面约 40 km）的差别。简单头部固定类型的敏感器视场较窄（称为瞄准式或地平穿越式敏感器）用在自旋航天器上测量地球相位和弦角，弦角与轨道和安装几何特性一起可以定义地球（天地点）矢量的两个角度。扫描地平仪利用旋转镜片或镜头来替代航天器本体旋转。为改进性能和可靠性，通常成对进行使用。一些天底指向的航天器会装有一个广角固定探头或边界跟踪传感器，后者有振动检测器，会将地球看成一个圆盘，且将航天器位于其中心位置。

地平仪为对地定向航天器直接提供相对于地球的测量信息。该方式能够简化航天器上处理过程。扫描型地平仪需要清晰的视场角（半角一般为 45°，60°或 90°）。采用地平仪系统的精度一般为 0.1°至 0.25°，某些情况能够达到 0.03°。为使地球低轨条件下达最高测量精度，必须修正地球扁率及季节性偏差的影响。

磁场仪是简单、可靠和轻质的敏感器，能够同时测量地球磁场的方向和强度。通过与已知的地球场相比较，其输出能够有助于建立航天器姿态。但是，磁场仪的测量精度不如星敏感器或地平仪高。地球磁场会随时间发生漂移，而且不能从一开始就被精确计算。为提高精度，通常将其数据与太阳敏感器或地平仪一起使用。当一个采用磁力矩器的航天器轨道逆向穿越磁场时，可以采用磁场仪对磁力矩器的输出极性进行控制。当磁场仪进行采样时，为避免测量失效，磁力矩器必须处于关闭状态。

敏感器选择。敏感器选择大部分直接依赖于航天器所需的指向（对地或惯性定向）及精度。其他影响包括冗余、误差容错、视场和数据率等需求。通常，应首先确定多个备选敏感器，而后进行权衡确定最有效和费效比最优的敏感器。在该决策过程中，元器件和软件有时会严重影响结果。这节将简单阐述敏感器选择的原则。

即便能够采用惯性平台或航天器角动量（通过自旋或动量轮）在外部测量时进行姿态保持，全面了解三轴姿态至少需要测量两个外部矢量。在一些情况下，如果能够在一个轨道周期中某个时间段内获取姿态测量信息，则外部测量矢量（地球或磁场）应保持足够长时间，以保证能够提供有效的测量信息。

对于对地定向航天器，地平仪能够直接测量俯仰和滚转参数，但仍需要增加偏航测量数据。按照需要的测量精度，太阳敏感器、磁场仪或基于滚转偏航的偏置动量轮能够提供第三个自由度的测量数据。对于惯性定向航天器，星敏感器和太阳敏感器能够提供最直接的测量数据，与惯性平台是理想配合。通常在理想的坐标系（地球或惯性）进行一次测量，因此需要航天器轨道参数进行二次测量转换，或作为磁场模型的输入参数。这些参数通常采用航天器地面跟踪方式获取，但对于自主导航系统，已有建议在航天器上完成这些过程。

天空实验室敏感器。天空实验室需要敏感器来进行各种控制和科学应用。太阳敏感器能够使其太阳帆板指向太阳，并为阿波罗太阳望远镜提供指向误差信息。星敏感器能够提供姿态和指向信息。捷联速率陀螺能够帮助航天器进行姿态稳定和机动。

在完成硬件选择后，需要对其进行描述，以供其他系统和分系统设计人员使用，包括如下内容。

1）说明每种组合的功耗和质量。

2）建立与外界的电子接口。

3）描述安装、校正、加热、制冷方面的需求。

4）确定必须进行处理的遥测数据。

5）用文档记录支持运动方程的软件数量。

19.5　定义控制算法

最后，必须将所有控制组件集成为一个紧密结合的系统。让我们从一个单轴控制系统的模块图（见图 19－6）开始讨论。为改进设计，应增加或修改角速率和姿态数据的反馈回路，定义增益和约束，并调整运动学方程。进行这些处理，需要对整个系统，包括内部和外部干扰进行精确的数值仿真。控制系统的动力学通常采用具有常系数的线性微分方程进行描述，该方程允许采用基于线性控制理论的高度成熟工具对控制系统的性能进行分析。同样利用这些工具，可以方便地进行线性补偿以满足特定的性能指标。

线性理论通常应用于系统初步分析和设计阶段。随着设计的成熟，非线性影响的重要性逐渐显现，其影响可能是内在的，或者是为了改进系统性能而有意引入的。基于控制信号的反馈控制系统，可以分为两类。当信息流连续不中断时，是连续数据系统；当采用等间隔时间采样时，为采样数据系统。现代航天器绝大多数都采用数字计算机进行数据处理，因此其控制系统为采样数据系统。

尽管提供反馈控制系统的详细设计指导超出了本书范畴，但系统设计人员必须认清姿控系统回路增益、对干扰的补偿能力、姿态控制精度以及控制系统带宽等因素之间的交互影响。

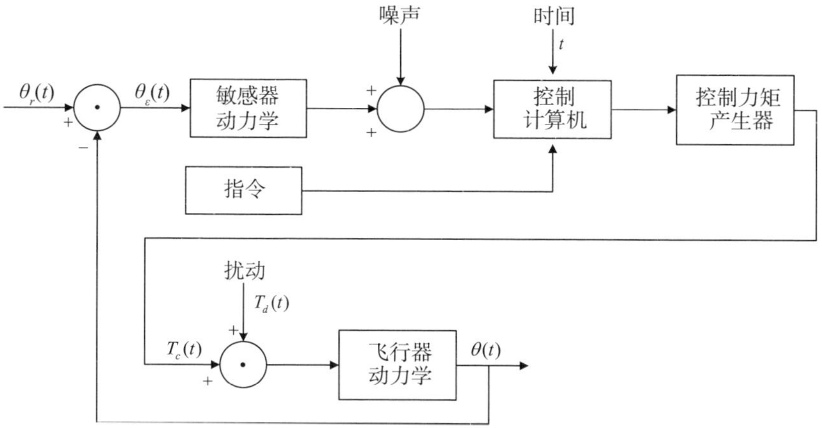

图 19－6　典型的单轴姿态控制系统流程图

三轴稳定。不同的主动控制系统具有不同的关键参数和算法。通常，可以将三轴控制的设计和分析解耦为三个独立的轴。每个轴最基本的设计参数为位置增益 K_p。可以在 S 域将航天器的姿态控制系统（以其最为简单的形式）以 $1/S^2$ 表示，而后采用比例微分法对其进行控制，其中 $T_c = K_p\theta_c + K_r\omega_c$ 。位置增益 K_p 控制系统的带宽，而速率增益控制阻尼。位置增益表示控制力矩的大小，根据单元的姿态误差进行计算，可以表示为 N・m/°或 N・m/rad。设计人员通过选择设计使其足够大，能够在当前干扰下提供足够的姿态控制精度。这意味着 $k_p \geqslant T_d/\theta_c$ ，其中，T_d 为干扰力矩峰值，θ_c 为允许的姿态误差。

位置增益的数值也决定着姿态控制系统的带宽和反馈速度。带宽可以表示为 $\omega_n = (K_p/I)^{1/2}$ ，其中 I 为航天器转动惯量。带宽定义了控制权消失的频率。姿态控制和干扰消除的频率范围从 0 至带宽值。反馈速率近似为带宽的倒数。需要注意的是，位置增益与容许误差成反比，带宽与位置增益平方根成正比。因此，高精度意味着需要高位置增益和高带宽。然而，高带宽可能会导致弯曲共振，进而影响控制系统的性能。

根据上述确定关系，可以从对干扰力矩和精度的要求中估算出所需的位置增益，而后利用该值进一步估算控制系统的带宽。可以据此确定最小弯曲频率，这将在后面讨论。

在进行控制系统算法定义时，还必须考虑航天器本体是否具有使其自身不稳定的弹性影响。航天器的天线、吊杆、太阳电池板等附件可能具有足够低的振动频率而对性能造成影响，或者导致航天器不稳定。控制力矩和外部干扰力矩会引起结构变形，某些情况下处于控制系统带宽范围内。当形变部件的最低固有频率至少需要比刚体频率高一个数量级，才能够忽略形变影响。

姿态确定。对姿态确定算法进行详细论述可参见专门的文献，如 Wertz [1978]。在这里仅介绍一些基本概念。

姿态确定基本算法取决于所选取的坐标系（例如敏感器坐标系、当地垂直坐标系或地心惯性坐标系等），在该坐标系上叠加欧拉角参数（如滚转、俯仰和偏航）或采用四元数法（4 个参数，旋转非奇异参考系）。惯性平台和星敏感器数据通常能够很好地适应惯性四元数，其中，对地定向航天器通常采用当地垂直欧拉角，这类似于航空飞行器。

简单的航天器可以直接采用敏感器读数进行控制。更复杂航天器或精度需求更高情况下，需采用类似取平均数、卡尔曼滤波等方法对数据进行处理。具体算法取决于航天器特性、轨道和所使用的敏感器类型等。

天空实验室算法。天空实验室姿态控制主要采用控制力矩陀螺来保持太阳电池板和阿波罗望远镜指向太阳。还采用了一个单独的执行机构，即高精度太阳敏感器和高精度指向控制算法，使航天器姿态控制系统以更高的精度指向太阳上确定位置。无论何时，当天空实验室进入轨道阴影区不能看见太阳时，控制器进行机动以卸载动量。控制力矩陀螺采用专门的动量管理算法将其动量维持在安全范围。通过为姿态控制系统设计可选择使用的控制算法，作为姿态控制、初始化、控制力矩陀螺角动量重置、动量管理和机动的备份手段。

天空实验室的站上导航系统采用捷联惯性测量单元和四元数。这是载人航天器使用这种参考系的先驱代表。由于天空实验室需要全姿态指向和机动，所以选择捷联参考系，排除了对平衡架平台固有的姿态奇异情况的顾虑，系统表现良好。

天空实验室补充说明。天空实验室在 1974 年结束了载人飞行。当最后的乘组离开后，天空实验室所有系统包括电源系统都断电，采用稳定的重力梯度姿态模式，其未来状态是不确定的。有些人希望它会在某天被唤醒——也许在航天飞机（当时处于早期研制阶段）研制成功之后。它可以作为未来空间站建设的一个基站。同时，那时正值航天飞机研制攻坚阶段，没有时间去过多关心天空实验室，仅仅采用地基和天基遥测平台对其不断跟踪。

天空实验室贮存数年后，在 1977 年和 1978 年初，天空实验室明显偏离其稳定重力梯度姿态。早期研究曾指出这种可能性，原因在于太阳电池板的不对称性。这种配置会使航天器出现不稳定，并导致其旋转，但不能预测何时出现该情况。研究人员对此还进行了更为细致的观测和仿真。人们担心天空实验室运动和加速旋转会影响其使用，同时，由于太阳活动增加导致大气密度上升，使天空实验室轨道衰减速度要大于预期。航天飞机研制进展速度比预期更慢，因此，相关研究人员决定尝试重新启动天空实验室。

首先，团队需要证明天空实验室能够被重启且没有发生严重退化。他们逐渐将天空实验室电源系统恢复至正常状态，并仔细对电池充电，最终确认天空实验室处于可操作状态且其条件几乎不会发生变化。同时，工程师为天空实验室控制力矩陀螺设计了一种称为一端瞄准速度矢量（EOVV）的新的控制模式，并将该算法上传至天空实验室计算机软件。这是一种对地定向姿态，航天器长轴指向轨道速度矢量方向，太阳电池板法向垂直于轨道面，指向太阳。这样，太阳能帆板在每个轨道周期都能直接接受太阳光照，通过仔细管理获得足够的能量。这种新的姿态模式可以使天空实验室处于低大气阻力姿态，因此能够飞行更长时间。

天空实验室主动控制在 1978 年 6 月 9 日以对日惯性定向的模式进行了恢复。在 6 月 11 日早间转变为一端瞄准速度矢量模式，该模式大幅（几乎是瞬间）减小了轨道衰减速率。除了一些小的故障，一端瞄准速度矢量基本按照预期工作。不幸的是，当天空实验室遇到很小阻力时就不能无限期保持这种姿态。研究人员探讨使用各种手段，包括考虑采用航天飞机运送可重复起控航天器对天空实验室进行姿态调整等，但最后由于航天飞机研制进度落后，使该计划无法实施。研究人员采用各种手段确保天空实验室启动同时可以安全再入大气层的尝试都没有成功。天空实验室在 1979 年 1 月 25 日重新回到对日定向姿态。

研究人员的考虑已经转向如何降低天空实验室再入大气层危险。研究人员寻求多种途径来减轻航天器大气阻力。当轨道高度降低时，大气密度升高，导致大气阻力和力矩增加。天空实验室仅剩余少量的推进剂，其控制力矩陀螺在不断增大的气动力矩环境下，不能保持正常的姿态控制。唯一的姿态控制途径是采用力矩平衡姿态（TEAs）。通过对天空实验室力矩环境进行分析，确定了 12 个力矩平衡姿态。但由于所接受的太阳光照甚至不足以维持电池能量处于最低水平，大多数力矩平衡姿态都不得不被舍弃。幸运的是，最后找到了 3 个可以保证阳光充足的力矩平衡姿态，其中 2 个大气阻力较高，另 1 个阻力较低。他们最后选择了一个阻力较高的力矩平衡姿态，当再入过程出现危险时，可以选择采用低阻力力矩平衡姿态。利用较小的姿态摄动设计了一种动量管理程序，并将其植入到天空实验室计算机中。动量偏置校正能够调整力矩平衡姿态的光照条件，使太阳帆板跟踪阳光。1979 年 6 月 20 日，天空实验室由对日定向姿态转换为高阻力的力矩平衡姿态。控制器在轨道高度大于 148 km 情况下维持天空实验室姿态，这种高度维持可以一直到 130 km。由于再入的位置被设计为人口相对稀少的区域，通过翻转航天器并有效降低其阻力，可以在一个人口更为稀少的区域着陆。数小时后，再入发生，时间是 1979 年 7 月 11 日。尽管天空实验室部分残骸在澳大利亚内陆地区被找到，但其碎片没有造成任何人员伤害和财产损失。

天空实验室重启任务是在复杂环境下实施的，预算少且参与工作人员少。但该任务实现了预定目标，并快速开发、验证和实施了 2 种新的控制模式。天空实验室控制器采用动量轮实现了一种力矩平衡姿态，通过对该模式进行改进，现在已成功应用于国际空间站。天空实验室重启工作的详细情况可参见 NASA [1980]。

参考文献

[1] Agrawal, Brij N. 1986. Design of Geosynchronous Spacecraft. Englewood Cliffs, NJ: Prentice - Hall, Inc.

[2] Chobotov, Vladimir, ed. 1991. Orbital Mechanics. Washington, DC: AIAA.

[3] Fortescue, Peter and john Stark. 1995. Spacecraft Systems Engineering. 2nd Edition. New York, NY: John Wiley&Sons.

[4] Griffin, Michael D. and James R. French. 1991. Space Vehicle Design. Washington, DC: AIAA.

[5] Kaplan, Marshall H. 1976. Modern Spacecraft Dynamics and Control. New York, NY: John Wiley&Sons.

[6] NASA. 1977. Skylab, Our First Space Station. NASA SP - 400. 20. 1. 2. George C. Marshall Space Flight Center: National Aeronautics and Space Administration.

[7] NASA. 1980. Skylab Reactivation Mission Report. NASA TM - 78267. Systems Analysis and Integration Laboratory, Science and Engineering Directorate, George C. Marshall Space Flight Center: National Aeronautics and Space Administration.

[8] Singer, Fred S. 1964. Torques and Attitude Sensing in Earth Satellites. New York, NY: Academic Press.

[9] Wertz, James R. , ed. 1978. Spacecraft Attitude Determination and Control. Dordrecht, Holland: D. Reidel Publishing Company.

第 20 章　电源系统设计

Geoffrey A. Landis，俄亥俄航空航天学院
Barbara I. McKissock，Sheila G. Bailey，NASA 刘易斯研究中心

电能是生命保障分系统（通信、控制、数据接收与处理等）和有效载荷能源所不可或缺的。电源系统必须安全、可靠，并且是稳定与可调控的能源。

从概念上讲，将电源系统划分为主电源、电源管理与分配以及存储三大组成部分。图 20－1 展示了三者之间关系，表 20－1 展示了电源系统的初步设计信息，表 20－2 展示了其设计过程。

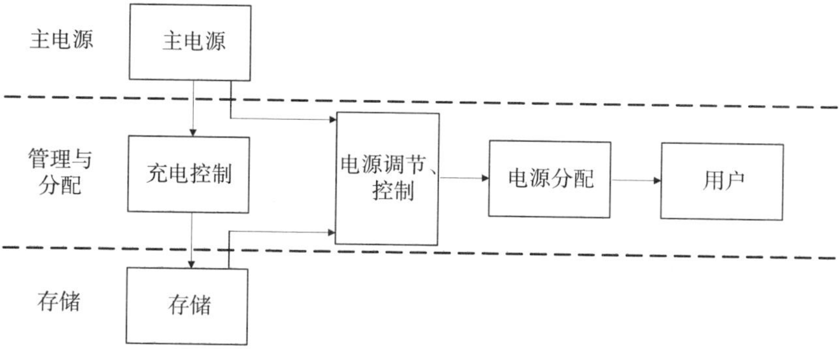

图 20－1　电源系统功能单元

表 20-1　电源系统设计输出

序号	输出	描述
1	电源系统质量	主电源、存储、管理与分配、可更换组件
2	电源系统面积	太阳能收集器和热辐射器的面积
3	电源系统体积	主电源、存储、管理与分配、可更换组件
4	航天器约束	指向、最大加速度、运行约束
5	热控需求	热辐射器必须排放的热能
6	维修性要求	蓄电池更换和太阳能电池阵的维修
7	安装序列	航天员用时需求
8	安全性和故障分析	系统的载人性能，系统安全性记录归档

表 20-2　电源系统初步设计流程

步骤	所需信息	需求	讨论章节
1. 评估功率需求	功率需求的时间函数	基线、峰值和在线负载	第 11～14 章，20.1.1 节
2. 识别设计准则	成本、质量、体积、面积约束	设计目标与约束	第 11～14 章
3. 识别设计环境	阴影周期、温度和衰减因子	电源需求，包括衰减	第 3 章，第 4 章，第 9 章，20.1.2 节
4. 选择主电源	1-3 步的设计结果	配置、质量、体积、安装、维护、更换要求	20.2 节
5. 选择存储系统	阴影周期和峰值电源需求	容量、质量、体积、更换安排表	20.3 节
6. 识别系统接口和需求	用户、热、电磁接口标准和需求	电源系统详细设计约束	第 11～14 章
7. 选择管理和分配系统	用户调节电源和热控的需求	电压、调节、控制、导线	20.4 节
8. 安全性和故障分析	可靠性和人的安全需求	保险丝、防电涌保护、电源切断开关、备份系统	第 8 章，20.4.2 节

20.1　电源系统概述

20.1.1　功率需求

功率会因电源性能下降或其他因素而随时间衰减，因此需要估计航天器寿命终止时所需的功率。除此功率负荷剖面外，还有许多其他因素影响电源系统的设计，例如轨道与太阳的距离，以及其他参数——特别是遮挡（阳照/阴影）周期——都是非常重要的。其他的考虑因素还包括飞行器寿命、运行环境、安全性要求和航天器与电源系统交互带来的约束。

航天器需要持续不断的电源维持运行，并支持制导、导航、姿态控制、遥测下行、主动热控（如果使用的话）、计算机系统、乘员需求——空气流通、照明和舱体加热等提供支持。典型的功率需求例子如下：

1）阿波罗指令舱：略小于 2 kW。

2）天空实验室：约 4 kW。

3）国际空间站：设计值 36 kW。

在任务期间，电源的使用划分为基线功率（持续供电）和峰值功率（短时期供电）。可以通过调度，让峰值功率在电能最大时使用，任务计划允许在紧急情况下直接满负荷使用全部电源。当处于长期无人值守时，同样让电源系统进入休眠状态，仅仅让航天器处于“存活”状态。最后，还必须提供持续时间小于 1 秒的瞬时功率，如在电动发动机启动时。NASA 对火星任务的研究表明：转移飞行器的基线功率是 30～50 kW，火星表面居住舱是 25～100 kW（资源处理时增大到 160 kW），有人驾驶的漫游车为 10 kW。

20.1.2　任务约束

电源系统设计的难度在于不同任务地点和运行环境的差异非常大。

地球轨道。地球（或月球）轨道对电源系统设计而言是一个挑战。必须为轨道阴影周期为35分钟的近地椭圆轨道，或者轨道高度更高且周期更长的轨道设计电源。电源系统必须能够经得起热周期性变化的考验，同时，若使用太阳能，也必须考虑能量的存储。设计时还必须考虑近地轨道的原子氧暴露问题和高轨道的地球辐射带问题，第3章对此进行了讨论。

月球表面。电源设计的最大难题是绝大部分月面有长达354小时的月夜，其他还包括月面操作扬起的月尘、1/6g重力条件下的结构支撑与太阳能电池阵部署，以及白天高达100摄氏度高温。月球两极环境也带来一系列挑战，这点将在设计示例中讨论。

火星。火星的电源设计需要应对12.3小时的夜晚、随着季节与纬度变化的日夜交替，以及晚上和冬季的低温。另外一个设计约束是大气尘埃，它们会减少太阳能［Haberle等，1993］，并停留在太阳能电池阵的表面和散热器上。火星任务中长期运行的太阳能电池阵需要进行除尘，如Landis［1997］所述。

外行星。在火星之外的飞行任务中，环境变得更冷，获得的太阳能更少。这种条件下，倾向于使用核能或同位素能源。尽管太阳能电池单元在低温下效率更高，但某些类型的电池在低温和低强度下会退化。在木星上，电源设计还需要考虑极端的辐射带问题。

内行星。面向金星和水星的任务与外行星相比面临截然相反的问题——剧烈的太阳照射和更高的温度。通常，电源系统的设计需要考虑过度阳光照射的防护问题，这样可以避免过高的运行温度降低工作效率和缩短运行寿命。

20.2　主电源

20.2.1　主电源的种类

对于主电源，可以使用太阳能、核能和电池系统。绝大多数长期任务都使用太阳能电池阵。表20-3给出了每种系统的主要考虑参数和局限性，图 20－2 展示了可选系统的重叠关系。

表 20－3　主电源系统设计参数（改编自 Larson and Wertz［1993］）

设计参数	光伏式	太阳热动力式	核反应堆	放射性同位素
功率范围/（kW）	0.1～300	10～300	100～10000	0.1～10
功率系数/（W/kg）	25～250	9～15	2～40	5～20
成本系数/（MYM/W）	700～2500	1000～2000	400～700	16000～200000
辐射强度	中低	高	极强	极强
稳定性和灵活性	低	中	强	强
低轨阻力	高	高	中等	低
存储介质	电池	集成热控	无	无
阴影敏感度	高	高	无	无
视线受阻强度	高	高	中	低
安全性报告	最低	最低	高	中
系统实用性	6～12 月	未商业应用	未商业应用	定制

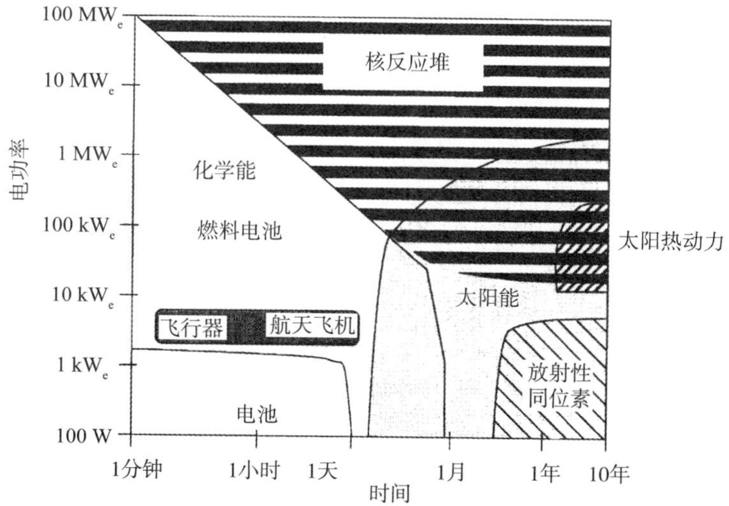

图 20－2　不同电源系统的应用范围▲

▲：对电源系统的选择取决于任务的周期和所需电量

20.2.2 太阳能光伏

太阳能光伏阵列（PV）是太阳系内自动飞行任务电源系统中最有效率的，同样也用于长期载人航天器和日益增多的空间站。如果空间中阳光不强或者不可用，其作用就难以发挥。Rauschenbach [1980] 给出了太阳能光伏阵列设计的更多细节。太阳能光伏电池阵包括太阳能电池（表面覆盖了透明的辐射防护层）、电池间的电连接器、旁路二极管、感光底层、桁架、展开机构和定向机构等。电池阵列也可以直接安装于飞行器本体，无需释放与定向机构。这种安装方式限制了阵列的区域，也可能损害航天器的某些特性，例如热控系统。

太阳能电池技术提供了多种选择，单晶硅用于空间任务达数十年，目前更有效的砷化镓技术已经取代了单晶硅。一系列新兴的技术有着更高的效率，详见 Landis，Bailey and Piszczor [1996] 以及 Bailey，Landis and Flood [1998] 所述，表 20－4 概括了这些新技术。

表 20－4 光伏技术概况

类型	描述
硅	在航天器有着 40 多年应用，单体产生效率达到 14%～17.5%，新的单体可超过 20%（未获太空准入）。地球上有广泛应用
砷化镓	比硅单体效率高，温度相关度低，在用的晶体效率为 17%
磷化铟	新单体更能抗辐射，尚未投入商业应用
多带隙宽度（双结）	多层电池能够提高光谱利用效率。双结电池试用产品效率为 22.5%，未来的效率将达 25%，自 1997 年开始投入使用
聚能阵	棱镜或反射镜将太阳光聚集到一片小区域，高效的太阳能电池，需要精确光线跟踪，正在开展针对航天的应用测试
薄膜	非结晶硅、碲化镉、硒铟化铜技术正在研究，成本较低，但效率较低，未获太空准入

可以根据能量转换效率计算给定面积太阳能电池阵的能量

$$P = \varphi_{\text{sun}} \eta F_p A \cos(\theta) \tag{20-1}$$

φ_{sun} 是轨道上太阳光通量，η 是转换效率，F_p 是覆盖系数（安装电池单元部分的百分比），A 是太阳能电池阵面积，θ 是阵列与太阳法向角，对于多数太阳电池阵设计而言，覆盖系数通常是典型的 85%～90%，φ_{sun} 可以通过下式计算，其中 d 是与太阳的距离（以天文学单位计量）

$$\varphi_{sun} = [1368/d^2]\ W/m^2 \tag{20-2}$$

转换效率通常基于标准温度 25℃ 给出，工程师必须根据运行环境进行修正。太阳能电池阵的输出功率随工作温度的升高而降低。对于典型工作环境，可以在标准转换效率 η_0 基础上，乘以温度差与归一化温度系数的积 T_c，即可计算所达到的转换效率 η

$$\eta = \eta_0(1 + T_c[T - T_0]) \tag{20-3}$$

表 20-5　太阳能电池电性能参数▲

太阳晶体类型	晶体效率 η_0/%	最大电压 P_{max}/V	标准温度与 Tc 相关系数/($\times 10^{-3}$/℃)	实验室最佳效率/%
产品				
硅	14.8	0.5	−4.5	20.8
砷化镓	18.5	0.85	−2.2	21.8
聚能器	20.5*	2.2	−1.9	27
磷铟化镓	22.5	2.1	−2.0	26.9
三结	25	2.3	−2.3	26.6
研制中				
磷化铟	18	0.75	−2.6	19.9
硅薄膜	8	1.0	−1 到 −2	12.0
CiS 薄膜	11	0.5	−6	13

* 包括 15%的光学损失。

▲:此效率是太阳能电池效率，而非太阳电池阵效率，电池阵效率比电池效率低 25%。

典型的温度相关参数见表 20-5，Landis [1994] 给出了已有的空间电池列表。对于更详细的分析，可使用电压电流温度相关性分析。温度的变化并不是线性的，因此需要通过试验来测量不同源头造成的退化效率，例如污染物、辐射污染等。功率是工作电压和工作电流的乘积，太阳能电池提供的电流随着工作电压非线性变化，如图 20－3 所示，给出了不同电池类型电流电压变化关系图。可以在曲线变化的拐角选出最大的功率，电流与电池面积和太阳光强度成正比，电压与电池面积无关，仅与太阳光强度弱相关。

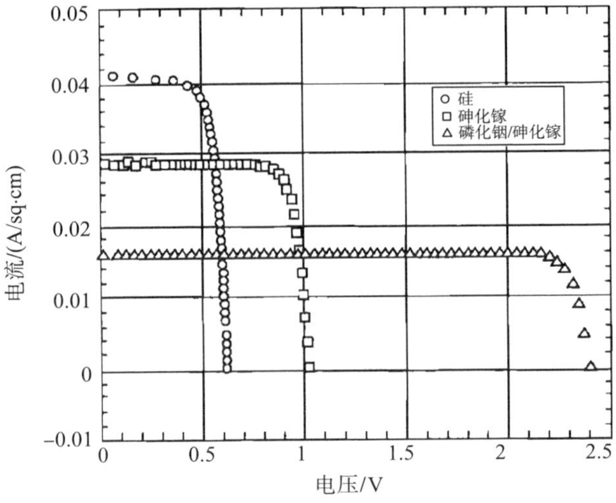

图 20－3　不同类型电池的电流与电压曲线▲

▲：大气质量为零，太阳光照度为 1，温度为 25°时，可提供的功率就是每点的电压和电流的乘积

为达到所需的工作电压，将电池单元进行串联。例如，28 V 的母线电压需要 33 个砷化镓单体，每个单体最大工作电压为 0.85 V（记作 P_m）。电路从首端到尾端依次连接，组成一串。同时，它们之间的连接必须能够承受热胀冷缩效应，通常在连接处有一个可弯曲的部分。电池连接处通过多点焊接以增加冗余。为了产生所需的电能，再将串联的单体进行并联。如果其中某个单元被遮挡了，太阳能电池阵可以通过二极管对遮挡单元进行旁路。希望通过设计航天器，使太阳能电池阵列永远都不会被其遮挡，如果阵列全部被遮

挡，可以通过反向二极管对电池进行隔离，使其不再充电。

接下来，测量标准条件下，包含太阳能电池阵与用户之间所有降低效率或减小功率的因素情况下的太阳电池效率，并以此计算输出功率。其中，测量标准条件是大气质量为 0（AM0），温度为25 ℃时的照度。衰减因子取决于所采用的技术、环境和阵列的太阳光照/阴影周期。辐射会造成大量的功能退化，特别是地球的范阿伦带对电子和质子的捕获，还包括太阳粒子事件的高能质子。辐射取决于轨道，如图 20－4 所示，辐射为 1 MeV（兆电子伏）等效电子。是被质子损坏，还是被电子损坏，取决于电池类型。电池的衰减取决于电池和防护措施，如图 20－5 所示。计算辐射危害的参考文献见 Tada 等［1982］和 Anspaugh［1996］。

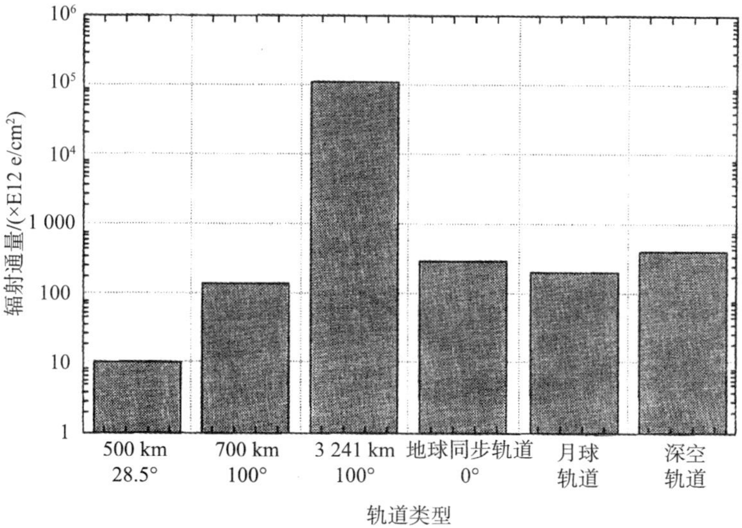

图 20－4　不同轨道的等效辐射通量（硅电池表面有 1.25 μm 盖片）

表 20－6 展示了一个近地轨道的硅太阳阵列的计算示例。假设太阳能电池阵在轨期间仅受到 60％的太阳照射（最坏条件下），阵列可产生用户所需功率的 5.06 倍。

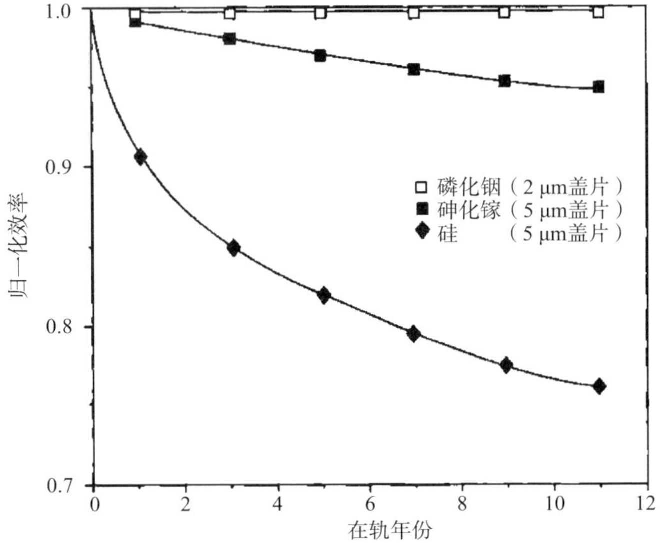

图 20-5　辐射对电池的退化影响（暴露于 700 km 轨道，100 摄氏度下的退化函数）

表 20-6　光伏太阳能参数，给出了标准效率和实际输送能源之间的差异▲

太阳能电池阵修正参数
最差轨道条件(远日点 1.017 AU)：96.7%；
单体包装因子：85%；
跟踪余弦值损耗(±5 度误差范围)：99.6%；
55 摄氏度温度修正：85%；
阴影损耗：100%(假定没有天线和帆板遮挡阵列)；
辐射损耗：85%(运行 4 年)；
紫外线损耗：98%(运行 4 年)；
微流星体损伤：96%(运行 4 年)；
污染物和灰尘损伤：98%(运行 4 年)；
太阳能电池阵列电阻和二极管损耗：95.8%
电源管理和分配系统修正参数
分配电阻损耗：98%；

续表

直流到交流转换和调节损耗：93.3%；
电源分配和管理损耗：91.7%
存储系统损耗
电池周期存储效率（74.7%，阴影周期仅为轨道总周期的 40%）：89.9%；
电池放电和充电单元效率（82.4%，阴影周期仅为轨道总周期的 40%）：93%；
电源自放电损耗：99.9%
其他修正参数
意外损耗：90%
总损耗
负载输出在正常光照条件下是太阳能电池阵列输出的 33%

▲：参数来源于国际空间站的光伏电池模块，近地轨道中采用了硅电池光伏阵列。不同阵列的值取决于设计参数、任务和寿命。太阳能电池的效率是在大气质量为 0、25 ℃照度的情况下测量，值为 14.5%。结果基于电源系统设计，实际上只有 33%的电源产能提供给负载。阵列发电时间仅为在轨时间的 60%。

太阳能电池自身并不占用多少太阳能电池阵列的重量。覆盖层质量是指太阳能电池单元的质量，它包括覆盖玻璃层（盖片）、连接组件和安装电池单元的底层，但不包括结构桁架、电池阵转向电机、展开组件和包装组件的质量。典型的硅材料覆盖层单位面积质量是 1.7 kg/m^2，GaAs 是 2.05 kg/m^2，薄膜是 0.6 kg/m^2。覆盖层质量占到太阳电池阵总质量的 55%，结构组件占到剩余的 45%，对于跟踪型太阳电池阵，驱动机构质量估算与电池阵总质量的函数关系是

$$m_{\text{drive}} = (-0.014 m_{\text{array}} + 20.6) m_{\text{array}} / 100 \tag{20-4}$$

表 20－7 展示了太阳能电池阵的组成关系，这个例子中，太阳能电池占到太阳电池阵质量的 25%。

表 20－7 太阳能电池阵的质量分解（国际空间站电源模块功率为 28 kW）▲

组件	质量/kg	百分比
光伏覆盖层	890	24
桅杆	330	8.8
万向接头	540	14.5
电力设备	610	16.6
热控制	730	19.6
系统集成	610	16.5
总计（不包括电池、充放电单元）	3710	100

▲：光伏电池占了系统质量的 25%，阵列和结构共占了系统质量的一半。

阵列的安装支架包括：本体、固定展开部件、固定转动部件、刚性跟踪部件和柔性跟踪部件。释放展开技术需要机械装置，跟踪技术需要控制和驱动电机。对于无跟踪系统，发电量取决于太阳电池阵与太阳夹角的余弦值，例如，对于自转卫星，其旋转轴与太阳方向垂直，其平均功率就是太阳阵产生电能的 31.8%。

电源所需的发射体积取决于所选用的技术和包装方式，基于先进的光伏太阳能阵列技术，可以根据阵列的总面积以及每平方米 0.05 m^3 包装体积来粗略地估算出所需总的包装体积。

20.2.3 太阳能光伏系统替代品

太阳能动力和核电系统

热能系统利用太阳能和核能的热量来发电。太阳热能系统（也称之为太阳热动力系统）对于高功率应用（>100 kWe）而言，被认为是具有较低的比质量和费用。核能更适合诸如大型月球基地的长期飞行任务、无需持续充电的短期任务（漫游车）和无法获得太阳光的任务。研究人员将热能系统分为静态和动态两类。静态系统包括热电、热离子和碱金属热电转换产生器；动态系统包括布雷顿、斯蒂林和兰金发生器。EI－Genk［1994］给出了各种转换技术的细节。所有的热转换系统需要辐射器排放废热，这些辐射器将会占用系统的较多质量和位置。

在太阳能动力转换系统中，棱镜和反射镜将太阳光聚焦到接收器上，接收器将热传到热转换单元。太阳能动力系统可以实现热存储，且可以不用电池。它的存储周期与接收器的热面积成正比，同时只有很少的热损失到太空中。对于需要更高电能的飞行任务，太阳能动力系统应该具有较低的质量密度、诱导阻力和全周期费用，但它与光伏系统相比，需要有更严格的定向要求。

到目前为止，太阳能动力系统已经在空间任务中得到应用，在空间条件下进行的系统仿真测试表明其转换效率为 17%，Shaltens 和 Boyle [1995] 详细给出了结果。表 20－8 给出了系统模块的一般特性，设计细节见 NASA [1993]。

表 20－8　太阳能动力系统的特性▲

系统特性	测量结果
分配给系统的平均功率	30 kW_e
组件质量	6 552 kg
聚能器	1573 kg
接收器	1752 kg
布雷顿转换单元	790 kg
接口结构	602 kg
贝塔万向节	191 kg
电气设备	288 kg
散热器	1356 kg
阳照/阴影时间	55/26 min
从接收器接收到的电能	740 ℃时，96 kW_{th}
接收器效率	0.85
电能转换单元效率	0.31
聚能器定向需求	$\pm 0.1^0$
辐射器热负载	－9 ℃到 177 ℃之间时，66 kW_{th}
辐射区域	15.3 m^2

▲：这些特性反映了一个模拟空间环境下的连续试验，下标“th”和“e”分别表示热能（转换系统的输入）和电能（转换系统的输出）。

核电系统利用放射性同位素源的核衰变或者核反应堆的核链式反应来产生热。到目前为止，所有太空中的核能系统都使用热电转换器。当前设计的同位素热电产生器模块可在寿命初期提供 285 瓦的电能，其质量为 55 kg，直径为 46 cm，长度为 115 cm。伽利略、尤利西斯和卡西尼航天器都使用了类似的模块。

伴随着人类空间探索计划的搁置，反应堆能量系统的研究已经终止了。目前，没有核反应堆在太空中应用。表 20－9 列举了反应堆的部分特性，EI－Genk [1994] 讨论了设计细节。

表 20－9　使用核反应堆的电能系统的设计比较

反应堆类型	基础 TOPAZII	基础 SP－100	改进型 TOPAZII	改进型 SP－100
电能/kW_e	5	100	50	825
功率系数/（W_e/kg）	2.2	30	8.5	41
寿命（年）	1	7	3	7
转换类型	热离子式	热电式	热离子式	布雷顿式

在某些情况下，保护乘员和有效载荷远离核能系统辐射的措施将占用电源系统相当多的质量 [McKissock and Bloomfield，1990]。可以将反应堆远离乘员，采用遮蔽防护仅能够防护一小部分区域。也可以从地球运输屏蔽物或者就地取材，例如使用月球的土壤去建造。360 度全角度的防护将会使 30 天内、距离反应堆一千米的核剂量低于 0.05 Sv，其质量为 11000 kg。反应堆系统只有在激活之后才具有强烈的辐射性，因此可以在其不产生辐射的时候将其发射到太空。安全性检查、获得许可和环境准备给核能带来了额外的经济和时间成本，因此在制定项目时间表时必须考虑这些额外时间开销。Brandhorst [1992] 在第 51 至 55 页讨论了这一过程。

定向能量系统

一种可替代的全能量系统是将能量通过微波和激光束的方式传输到航天器，可以选择的能量束包括微波、毫米波和激光。由于衍射作用，距离发射机 d 的地方，能量为

$$r_{spot} = 0.61 d\lambda / r_{lens}$$

其中 λ 是波长，r_{lens} 是发射机的半径，采用微波的方式效率最高，技术发展最好，但它需要大半径发射机。激光需要小孔径，但效率也就低得多［Walker and Montgomery，1994］。

20.3　电能存储

需要存储电能的四种主要情况是：

1）需要短期电源，例如在无法充电的发射段；

2）光电式电源系统的光照具有周期性；

3）峰值功率需求超出主电源能产生的功率；

4）有需要利用主电源进行频繁充电的移动设备。

当地球和在轨结构遮挡航天器时，在轨系统就需要储备电能。轨道遮挡率 f_e 跟角度 β（轨道面与太阳夹角）有关。对于周期性轨道，有如下公式

$$f_e = \frac{1}{\pi}\sin^{-1}\left[\frac{\sqrt{\left(\frac{R}{R+h}\right)^2 - \sin^2\beta}}{\cos\beta}\right] \tag{20-6}$$

其中，R 为天体半径，h 为轨道高度。阴影周期等于遮挡率乘以轨道周期，β 随着轨道变化而改变，当 $\beta = 0$ 时遮挡最大，当 β 最大时（轨道面垂直太阳），上式无解，此时没有形成遮挡。

如果在飞行过程中不进行充电，它就是主电源；如果要充电，它就是蓄电池。主电源比蓄电池相对简单，稳定性更好，往往比相同功率的蓄电池质量更轻。

主电源可以采用氢氧燃料电池，它是由氢气和氧气反应产生电能和水。由于燃料电池单位质量可产生更多的电能，载人航天任务可采用该电池。但燃料电池也有一个弊端：需要存储氢气和氧气，这使得其结构不够紧凑，也更为复杂。电池质量与需要的电能成正比，反应物的质量与能量成正比。例如航天飞机有三个主化学电池，

可提供 14 kW 电能，峰值可以提供 36 kW。每个电池单元质量是 91 kg，三个电池每天消耗 150 kg 的氢气和氧气。

对于更长期的任务，主电源采用可充电系统来储存电能。可充电系统包括镍镉、镍氢电池和再生式化学电池。表 20－10 对这些进行了比较。

表 20－10　几种电池的特性比较

特性	NiCd	NiH_2	NiMH	Li－ion	NaS
蓄电池比能/[(W·h)/kg]（100%放电深度下）	35	49 IPV 60 CPV	60	85～175	132
电池能量密度/[(W·h)/L]（100%放电深度下）	45	25 IPV 40 CPV	86	160	165
电池比能/[(W·h)/kg]	39	60～80	—	100～200	110
电池能量密度/[(W·h)/L]	137	64	—	260	200
工作温度限制/℃	－40，＋70	－5，＋20	－5，＋20	－40，＋70	300
每月放电比例(20℃)	10%～25%	60%	60%	0.167%	0
充电电压/V	1.3	1.4	1.4	4.1	2.08
放电电压/V	1.2	1.2～1.3	1.2～1.3	3.7	1.76
热电电压/V	1.48	1.51	1.51		2.12

电池性能随着工作温度和放电速度的不同而变化。低温会显著降低电池的容量。在高放电速度下，电池的电压和容量也会降低。如表 20－10 所示的自放电电池，在充电间隔时间很长且需要存储的实际应用中非常重要，如跨月夜的操作。

电池充放电次数等于任务时间除以白天和黑夜的周期。电池寿命与放电深度（电池可用容量的比例）有关。由于随着放电深度增加，电池使用次数急剧降低，因此可以仅使用其额定容量的一小部分来进行放电，详细内容参见 Thaller and Lim [1987]。对于 NiH_2 电池，寿命可以采用近似公式

$$\text{寿命(周期)} = 777.10^{[2.545(1-\mathrm{DOD})]} \tag{20-7}$$

一旦选择了容许放电深度，能量存储系统的容量 E 等于

$$E = P_{out} t_{discharge} / \text{放电深度} \tag{20-8}$$

其中，P_{out} 是需电池提供的功率，$t_{discharge}$ 是电池耗电的持续时间。

由于电源系统的存储效率并非 100%，因此必须考虑损耗来估计用于再充电主电源的规模。一个完整周期的效率等于放电电压除以充电电压。电池充电的功率 P_{in} 等于

$$P_{in} = P_{out} [t_{discharge} / t_{charge}] [V_{charge} / V_{discharge}] \tag{20-9}$$

其中，t_{charge} 是通过主电源系统对电池充电的时间，$V_{discharge}$ 是放电电压，V_{charge} 是充电电压。

电池在充放电过程中会排热，通常，最大废热排除在放电过程中出现。

$$P_{thermal} = P(V_{tn} / V_{discharge} - 1) \tag{20-10}$$

不同的电池工具书［如 Tuck，1991］给出了电池的性能细节，由于技术更新很快，我们需要及时获得最新的参数信息。

可再生化学电池同样可用于备用电源存储［Kohout，1989］。采用化学电池提供电能和通过收集的水来电解进行充电，同样还需要储存反应物和水的容器。这个循环的效率是 63%，比能是700（W·h/kg）。可再生化学电池必须在限定温度范围内的液体中工作。

最后，有一些新技术正在研究用于进行能量存储，其中最有希望实现的包括超导和磁能存储。商业中应用的储能轮的比能是 10—50（W·h/kg），正在研究中的储能轮比能可达到 100（W·h/kg）。在轨航天器的轨道动量也可以通过线缆储能［Cosmo 和 Lorenzini，1997］。

20.4　电源管理与分配

20.4.1　电源管理与分配系统设计

电源管理和分配（PMAD）系统连接电源（发电端）和负载两端。它包括调节器、转换器、电荷控制器和能够传输电压到负载的金属线等设备。该系统称为航天器总线，同样也实现了对故障的隔

离，使得单点故障不会造成电能损失，以致使得航天器处于危险的境地。它确保了负载能够获得满足要求的电压和电流。发电端和负载会随着时间变化而变化，因此电源管理与分配系统的设计必须很精准，通常占电源系统总重的20％～30％。不包括分配系统的导线，调节系统对用户的比质量是11.4kg/kW_e，非调节系统要轻得多，但绝大多数载人任务仍然使用调节电源系统。

有两种控制电源系统以防止其过充或过热的方法：峰值功率追踪（peak power tracking，PPT）和直接能量传递（direct energy power，DET）方式。PPT方式控制太阳能电池阵的电压，使其仅产生航天器所需要的电能，它通过使用安放在太阳能电池阵上DC到DC的转换模块，大约会消耗5％的电能。PPT方式主要用于任务后期需要较少电能的短期任务，使用DET方式的系统以固定电压输出，超出的电能由电阻进行分流。通常选择在寿命末期最大电压作为固定电压，这种方式在长期任务的末期有着更高的效率。

对电源系统应进行调节，以应对电池充放电或电源系统退化时电压的变化。对于非调节母线，负载的电压和电池的一样，将会导致约20％的电压浮动。对于准调节母线系统，在充电过程中通过充电器进行电压控制，因此总线电压比电池电压要高。对于全调节母线，使用控制调节器用于在充放电过程中给负载提供稳定电压。从非调节母线到全调节母线，系统部件更多，系统越复杂，效率也越低，但调节母线使得航天器使用更高的电压，它同样使得负载的设计更为容易，更为规范，将不再需要处理不确定电压。全调节电源系统在高电压需求中更为常见，因为高电压分配过程中由电阻导致的损耗相对较少。

电源系统的总线或是直流或是交流方式。尽管DC分配的方式有些过时，但从AC总线到DC负载的转换比较容易，效率也更高。同样在高电压时，它也比AC总线更简单。

可以通过导线的电阻来计算电阻损失。由于用户的功率等于电流和电压的乘积，因此电阻损失部分等于

$$\frac{P_r}{P}=\frac{IR}{V}=\frac{PR}{V^2} \tag{20-11}$$

电缆电阻 R 的数值可以在工具书中查到，或者可以直接计算单位长度的电阻，即材料电阻 ρ 除以电缆横截面积得到，从上式中看出工作电压越高，电阻损失越小。由于空间的等离子环境，对于近地轨道，等离子密度很大，电压超过 50V 时放电则比较危险（参阅 3.3.2 节）。

20.4.2　电源管理系统故障防护

故障防护对所有电源系统来说都是必不可少的，任何故障都不能给电源系统或航天器带来毁灭性的损坏。总体而言，载人任务的故障防护要比无人任务的要求更高。组件故障可能是开路或者短路，必须考虑到每个组件的故障情况。最简单的防护措施包括限流电阻，为了防止分系统出现短路，只允许所设定的电流通过。更复杂的故障防护还包括电路断流器、保险丝、浪涌电压保护器和隔离开关。对于长期任务，必须能切断任何分系统电源，这样乘员就可以对部件进行更换。

生产加工、测试和展开部署的各个阶段都要重视乘员的安全问题。系统的不可达部件也会在测试和生产加工的各个时间点都处于高电压。例如，分系统测试期间电池阵上覆盖可移除的罩子，可以避免周围环境光线产生电能。航天员在展开太阳能电池阵时，如果设计上有任何处于高电压的裸露部件，则必须在适当的位置进行包裹。

电源管理系统还必须能处理瞬时的开关接通，如电动发动机启动所需短暂的高电流。它必须提供附加电流（如使用电容器作为电流缓冲），还必须确保这种短暂的高电流现象不会流经系统而给其他系统电源带来损坏。

如果电源限流供应，电源管理系统还必须按照优先级分配，这样可以避免短缺。对于载人任务，乘员可以处理这种任务，有些设备也可以在电源短缺时进入休眠模式，电源仅提供给必备的设备单元使用。

20.5 设计案例

任务的每一个功能部件都会有电源需求，估算电源需求可以基于过去类似的任务。例如可以从航天飞机和空间站历史数据中估算站务管理所需的电源消耗。

月球极地基地需要利用电能完成原位资源取样任务、为出舱活动进行照明（因为月球极地处太阳入射角度很低，月面的绝大部分都位于阴影区）、为漫游车电池充电。假定漫游车平均消耗 6 kW（8 马力）电能，做出这样的假设是基于漫游车平均每天工作 6 小时，充电 18 小时计算电源需求，在一个周期内电池的充电效率为 75%，发动机效率为 89%。

表 20 - 11 给出了月球极地基地电源功率估值。

表 20 - 11　月球基地功率消耗的初始估算

基线功率	峰值功率	遥控功率
站务管理：5 kW	乘员自由支配时间：17 kW	科学仪器：1 kW
居住照明：0.5 kW	出舱活动照明：2 kW	
生命保障：16 kW	漫游车充电：3 kW	
通信：1 kW	ISRU 测试	
科学仪器：2 kW		
居住加热：0		
总基线功率：24.5 kW	总峰值功率：32 kW	总遥控功率：1 kW

运用工程裕量的方法考虑电源系统不可预见的增长——20%，最终考虑裕量的电源需求估算为：

1）基线功率：29.4 kW；

2）峰值功率：38.4 kW；

3）遥控功率：1.2 kW。

对电源系统做出了能够在 50%的时间里可提供峰值功率这样一

个保守的假设，这样总的电源需求为 50 kW。总体而言，已经分析了电源系统的多种选择，然后从中权衡选取最能满足任务的电源设计。电源系统最主要的准则是重量尽可能少，但仍能够满足载人任务的可靠性要求。第二重要的准则就是打包状态的体积。由于安装地点拥有足够的太阳能，采用太阳能电池阵（太阳光伏电池）作为主电源。

月极基地的某些特性非常重要。如在极地处，可以获取 95%的太阳光，在每个月球日内会有 35 小时的黑暗。考虑到 10%的余量，电源必须能够最少存储供 40 小时使用的电能。此外，有时太阳会在水平面下，使得太阳无法完全照射到太阳帆板上。如果太阳电池阵列在月面上，一些不平整的表面（如岩石）也会对它形成遮挡。基于这些原因，太阳电池阵必须距离月面提升一定高度。在初步估算时，假定在太阳阵列位置处，月面不平整处的高度小于 1 m，因此把阵列的最低高度假定为 1 m。

阳光照射的月面温度为 220 K，局部阴影温度为 40 K。热分析表明朝向太阳的太阳能电池阵工作温度为 310 K，因此，阵列在每一个月球日热循环温度为 270 K，对于寿命为一年的任务，阵列必须经受 13 个循环周期。

月球在地球辐射带之外，因此唯一会产生的辐射损伤就是太阳粒子事件，月球巨大的体积挡住了一半质子的辐射。如图 20－4 所示，辐射损坏的期望值是每年低于 1%。月球位于近地轨道原子氧环境之外，可以忽略原子氧侵蚀。乘员活动、漫游车操作和着陆器将会带来月尘，因此必须对太阳能电池阵构建一个防护环境，提升阵列高度，或对月尘进行周期性的清除。

对于位于极地的月球基地，单轴太阳跟踪系统仅需要绕垂直的轴旋转，这种方式比常用的二轴太阳跟踪系统相对简单，因此我们选用单轴太阳跟踪系统。

此次任务最理想的太阳能电池单元是砷化镓。考虑了太阳阵列在效率衰减后的因素后（表 20－6），得到效率值为 54.7%，因此太

阳电池阵的面积为

$$A=\left(\frac{50\ \mathrm{kW}}{(1.37\ \mathrm{kW/m^2})0.185}\right)/0.547=361\ \mathrm{m^2}$$

如果表面覆盖层的比质量是 2.05 kg/m²，需要覆盖层的质量为 221 kg，如果这个值占到阵列总质量的 55%，则其总质量为 403 kg。驱动机构质量为 60 kg（是国际空间站单翼质量的三分之一）。如果使用砷化镓电池单元为 8 cm×8 cm，则需要 17 000 个单元，安放在两块 4.4 m 宽、12.3 m 长的基板上。

类似计算可用在遥控仪表的电源系统设计中。在本例中，采用由航天员人工展开太阳能阵列，而非自动展开。这种方式会降低设备质量，因为它不需要安装展开电机，但是会消耗两小时安装时间（2 名乘员）。经过垂直安装好太阳电池阵列，并使其距离月面1 m 高，乘员操作阵列约束较少。居住舱和乘员操作时不能遮挡阵列，着陆器的排气羽流不能对其形成冲击。为满足这些约束，应安装在距离居住舱 500 米以外（随后分析会表明，这个安装区域使得着陆器的排气羽流已不会吹到阵列上）。

由于决定采用光伏阵列作为主电源，必须选择存储设备以保证在一个月球日里存储 40 小时的电能以应对阴影情况。阴影处 40 K 的温度表明使用低温存储的氧气和氢气可再生化学电池尤为具有吸引力［Kohout，1989］。为分析 40 小时的存储需求，必须重新考虑总质量。对于 29.4 kW 的大小，再生电池的质量将达到 2000 kg，满足 20 小时运行要求的反应物和贮箱质量为 550 kg，因此存储系统总质量为 2550 kg，考虑 63%的存储效率，同时假定 40 K 的持续阴影，意味着我们无需为液化反应物提供动力。在这些条件下，存储系统将需要小于 2000 kW·h 的输入电能，因此，需要 2.8 kW 的存储电能。

接下来就是设计管理和分配电能的部件了，由于将阵列置于山顶，保障持续不断地提供照明，居住舱不会紧邻太阳能电池阵列，同时位于阴暗凹地处的低温存储设备也远离了阵列。在咨询居住舱和任务设计工程师后得出：电源系统（包括太阳能阵列）距离居住舱 500 米，存储系统在另一方向上也是 500 米，约需 2 km 长的导线。

电源系统需要一个母线电压，我们选择 120 V，这个电压比目前航天器标准的 28 V 电压要高，但考虑到月球上的低压环境，这个电压也低到足以避免等离子间的相互作用。由于铝具有质量轻、导电性良好的特点，选择铝线作为导线。通过标准查表可知，在假设的表面温度下，其电阻值是 2 $\mu\Omega/cm^2$，取具有代表性的 1 cm^2 截面积，则每千米的电阻是 2 Ω，铝线的总质量为 1000 kg。根据公式 20 - 11，在 120 V 电压下，超过 1 km 的铝线传输，电阻需要消耗阵列产生电能的 14%，这个值足以表明应该考虑采用更高电压传输。此外，电源管理和分配系统质量是 555 kg，相当于提供给用户的比质量时 11.1 kg/kW_e。

为了理解系统各部分的质量大小，本案例已经给出了足够的信息，让我们能够重点关注对系统质量影响最关键的参数。当然，可以根据不同的选项重做这个设计案例。

设计的最后阶段是分析故障和评估安全。在故障分析时，对每个组件进行检查，验证任何分系统的短路和开路都不会不可预知地损害电源系统和航天器。在安全评估时，必须确保在人能够接触到的地方采取绝缘措施，同时对电源系统的维护和紧急维修可以在系统不加电的条件下进行。

参考文献

[1] Anspaugh, B. 1996. GaAs Solar Cell Radiation Handbook. JPL Publication 96-9. Pasadena, CA: Jet Propulsion Laboratory.

[2] Bailey, S., G. Landis, and D. Flood. 1998. Photovoltaic Space Power: Status and Future. Paper AIAA-98-1053 presented at the 36th Aerospace Sciences Meeting & Exhibit, Reno, NV.

[3] Brandhorst, H. Jr. 1992. "Technologies," in Space Resources, Volume 2: Energy, Power, Transport, NASA SP-509. Washington, DC: National Aeronautics and Space Administration.

[4] Cosmo, M. L., and E. C. Lorenzini. 1997. Tethers in Space. 3rd ed. Marshall Space Flight Center: National Aeronautics and Space Administration.

[5] El-Genk, M. ed. 1994. A Critical Review of Space Nuclear Power and Propulsion, 1984-1993. Woodbury, NY: AIP Press.

[6] Haberle, R. et al. 1993. "Atmospheric Effects on the Utility of Solar Power on Mars," in Resources of Near-Earth Space. Tucson, AZ: University of Arizona Press.

[7] Kohout, L. 1989. Cryogenic Reactant Storage for Lunar Base Regenerative Fuel Cells. IAF-ICOSP89-3-8. NASA Technical Memorandum 101980. Washington, DC: National Aeronautics and Space Administration.

[8] Landis, G. 1994. "Review of Solar Cell Temperature Coefficients for Space." in Proc. XIII Space Photovoltaic Research and Technology Conference. NASA CP-3278. Washington, DC: National Aeronautics and Space Administration.

[9] Landis, G. 1997. "Mars Dust Removal Technology." IECEC-97345 in Proc. 32nd Intersociety Energy Conversion Engineering Conference, Vol. 1. Also in J. Propulsion and Power. (forthcoming)

[10] Landis, G., S. Bailey and M. Piszczor. 1996. Recent Advances in Solar Cell

Technology. AIAA - 95 - 0027. J. Propulsion and Power. 12：835 - 841.

[11] McKissock，B. and H. Bloomfield. 1990. Space Nuclear Reactor Shields for Manned and Unmanned Applications. Space Power：Resources，Manufacturing and Development，Vol. 9，No. 1，(Sunsat Energy Council). Also NASA Technical Memorandum TM - 102064 (1989). Washington，DC：National Aeronautics and Space Administration.

[12] NASA. 1993. Solar Dynamic Power System Development for Space Station Freedom. NASA Reference Publication 1310. Washington，DC：National Aeronautics and Space Administration.

[13] Rauschenbach，H. 1980. Solar Cell Array Design Handbook. New York，NY：Van Nostrand Reinhold.

[14] Shaltens，R. and R. Boyle. 1995. Initial Results from the Solar Dynamic (SD) Ground Test Demonstration (GTD) Project at NASA Lewis. IECEC - 95 - 421. NASA Technical Memorandum 107004. Washington，DC：National Aeronautics and Space Administration.

[15] Tada，H.，J. Carter，Jr.，B. Anspaugh and R. Downing，1982. Solar Cell Radiation Handbook，JPL Publication 82 - 69. Pasadena，CA：Jet Propulsion Laboratory.

[16] Thaller，L. H. and H. S. Lim. 1987. A Prediction Model of the Depth -of - Discharge Effect on the Cycle Life of a Storage Cell，Paper 879080 presented at the 22nd Intersociety Energy Conversion Engineering Conference.

[17] Tuck，C. ed. 1991. Modern Battery Technology. Chichester，UK：Ellis Horwood Limited.

[18] Walker，J. V.，and E. E. Montgomery IV，eds. 1994. "Laser Power Beaming." in SPIE Proceedings. Vol. 2121. Bellingham，WA：Society of Photo - Optical Instrumentation Engineers.

第 21 章　结构

Thomas P. Sarafin，Instar 工程咨询公司
J. Malcolm Tagg，波音公司

一个航天任务需要用到许多不同种类的结构，这些结构可保持载人压力舱的完整性，保护乘组，为航天器设备提供支撑，使设备能够承受发射、有效载荷（航天器）分离、在轨运行、再入和着陆等过程中因加速度产生的各种载荷。结构可使传感器、天线、望远镜及其驱动机构保持在固定位置，某些结构还可以保护敏感部件免受力学环境的影响，比如在外部扰动作用下结构会产生冲击和振动响应，通过能量耗散或振动转化等方式可减小其危害。

航天器和运载火箭的结构可以分为三类：

1）主体结构——骨架或主要承载结构；

2）二级结构——附件，如桁架、太阳能帆板和直接连于主体结构上的仪器支架；

3）三级结构——小型结构，如支座、箱子、印制电路板。

这种分类并不是要引入相对重要性，而仅仅是一个通过功能和环境来区分结构的简便方法。在设计中，主体结构和二级结构是最具挑战性和影响力的，因此要最先关注。

本章介绍如何进行载人航天任务结构的初步设计。表 21－1 定义了 21.1 节至 21.5 节讨论的过程，21.6 节重点讨论了本书案例研究中涉及本章的相关内容。

表 21－1　航天器结构初步设计过程▲

步骤	说明	相关章节
1. 配置航天器	航天器组件布局和结构构型选择，通常开发多种可选的构型方案用于分系统规划和航天器设计权衡	第 11 章～第 14 章，第 21.6 节
2. 确定任务环境	发射段（振动、过载、压力和热载荷），空间运行段（爆炸冲击、真空、内压、热循环），返回段（气动热、着陆载荷）	第 3 章，第 25 章，第 21.1 节
3. 确定结构设计要求	预估最大的载荷和加载周期，分配刚度和稳定性要求；确保达到和考虑人的因素	第 21.1 节和第 21.3 节
4. 确定设计和验证标准（通常与第 2、3 步同时进行）	这些标准要能够保证乘员安全和任务顺利，包括安全系数、载荷和材料强度级别、试验参数和取值范围、断裂控制等	第 21.2 节和第 21.3 节
5. 选择材料、组合方式和连接方法	为了满足设计要求，权衡参数包括重量、成本（原料、过程开发、人力）和风险，下述第 6—8 步也需要可供对比的选项	第 21.4 节
6. 选择验证方法，在设计要求中增加试验环境要求	地面试验能够为航天器提供最为恶劣的环境，因此需要提前确定。如果没有试验，则需要提高安全系数	第 21.2 节
7. 根据第 4 步的标准进行结构组件配置和设计	提供安装组件与支撑附件之间的传力路径，找出结构刚度最大（如果需要的话）和质量最小的结构配置方案，确定满足刚度和强度要求的结构尺寸	第 21.5 节
8. 预估质量、成本和风险	采用这些参数，在第 5 步得到的备选方案中进行选择。	第 21.1 节，第 21.4 节，第 21.5 节
9. 迭代	辨识结构设计中导致最大风险或成本的方面，将其反馈到飞行器层面的设计权衡（配置、重量分配、分系统相互作用），同时确定每一种可以降低结构预期载荷的设计特征，确定和规划全任务周期的所有事件，在结构设计要求中增加相关的环境因素，并进行综合评估	第 21.1 节和第 21.4 节

▲：权衡分析有助于找到结构乃至整个航天器费效比最佳的设计，权衡分析需要考虑寿命周期费用，包括生产、验证和风险费用。进行验证时，清晰地定义需求和建立一个完整的过程是获得费效佳、可靠性高的结构的关键步骤。

21.1 空间结构的要求

在确定结构要求之前，首先需要清晰地理解常用的结构特征类型。表 21-2 对这些特征进行了总结。强度是所有结构都必备的特征，也是初始设计时最先考虑的参数。刚度、质量，或者固有频率对于某些结构是同等重要的。柔度（刚度的逆）在某些时候是有要求的。结构寿命，在某种程度上对所有结构都是有要求的，它决定了初始设计中材料的选择，但是相对而言它对细节设计的影响更大一些。

表 21-2　航天器需要的关键特征参数（引自 Sarafin［1995］）

特征参数	定义	典型来源
强度	在不产生断裂、塌陷或变形过大的情况下，结构能够承受的总载荷（力、力矩或加速度）	基本的结构要求是保护乘员和确保任务成功
结构寿命	在出现因裂纹扩展导致的局部断裂前，结构所承受的循环载荷的数量，或者结构在恒定载荷作用下出现材料断裂（应力腐蚀开裂）或蠕变过大（在高温环境中恒定载荷作用下的永久变形）的时间	对所有结构的另一个要求；保护乘员和确保任务成功
固有频率	结构振动时与某一振型相对应的频率，单位 Hz。基频是结构最低的固有频率	避免干扰飞行器控制系统或者避免产生过高的结构载荷
位置稳定性	保持传感器、光学仪器和天线某一相互对准关系的能力	源于系统性能的要求
刚度	产生单位变形所需要的载荷，单位是N/m，或者 Nm/rad	通常分配到子结构用于控制或限制变形，满足大型组合体结构基频要求，或者为传感器、光学仪器和天线提供必要的位置稳定性
阻尼	振动能量的耗散，限制振动的幅值和持续时间（运动和结构载荷）	控制载荷，或者在不降低性能或影响控制系统前提下确保振动衰减
质量特性	质量、质心、质量惯性矩和惯性积	受运载能力限制，并且分配到有效载荷和分系统中，也可以受制于在轨性能和航天器控制系统

一旦识别了某个结构必须具备的特征，就应确定需达到的具体特征参数。强度和寿命通常是最难处理的，因此在最后进行讨论。

刚度

固有频率通常必须高于某一给定值或者在某一个频率范围之外。大多数运载火箭用户手册规定了有效载荷横向基频的下限，有时也会规定轴向基频的下限。一旦有效载荷（航天器）安装到运载火箭上，航天器和运载火箭的振动模态将组合成固有频率更低的耦合模态。有效载荷频率的限制是要确保耦合基频高于运载火箭控制系统的带宽，从而保证控制系统不会产生共振。航天器控制系统对固有频率有类似的约束条件。有些运载火箭在某些频段会产生较高的载荷，保持固有频率值在这些频段范围之外，能够在适当的限值内更好地控制响应载荷。

动态包络

它是由运载火箭引入的约束，与结构刚度有关。它是一个物理空间，有效载荷在火箭力作用下产生变形时，必须在该空间内部，从而确保不与整流罩或有效载荷舱壁发生接触。对于初始设计，通常定义一个较小的静态包络，由动态包络半径减去一个预估的结构变形容差而得到。通过耦合载荷分析（结构组合体的耦合动力学分析）计算得到相对变形，从而验证有效载荷和运载火箭不会发生碰撞。

位置稳定性

传感器或光学仪器需要保持相互之间的对准关系，位置稳定性就是要满足这一要求。尽管直接暴露在运载火箭载荷和振动中会使结构连接件产生滑移和材料屈服，不断变化的空间热环境会导致材料膨胀和收缩，位置稳定性仍须保证这种对准关系。如果对准位置处于临界，并且没有空中校准的方法，要补偿组装过程中因重力加速度产生的载荷是非常具有挑战性的。

质量

所有航天器的质量都受到运载火箭和预定轨道的约束。基于初始设计，能够预估航天器有效载荷和分系统的质量或重量。在预估总质量基础上增加约 25%，以考虑一些不可避免的质量增长，并保留一些预估裕量（在一项对 18 个航天器的研究中显示，从提出方案到初样过程中，总重量平均增加约为 25% [Hawkins，1988]）。图 21 - 1 给出了质量增长和范围，重量设计常作为计算结构载荷的基础，在本节的后面会进行讨论。

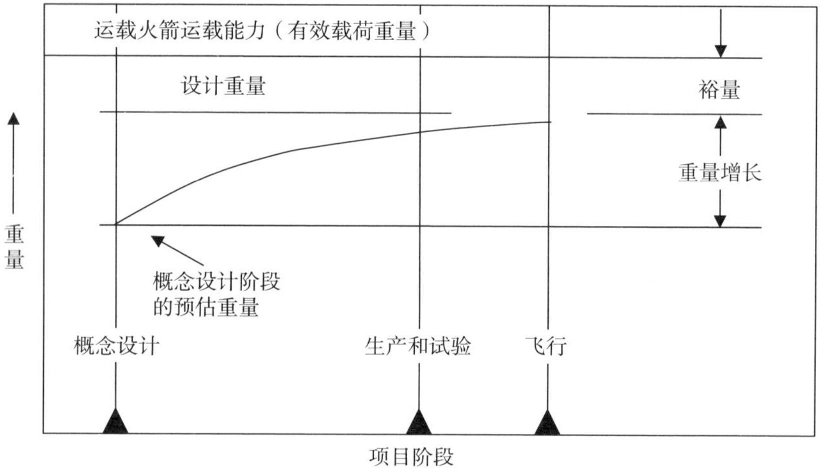

图 21 - 1　重量增长和裕量

在概念设计阶段，从历史平均值可以预估空间结构的初始质量和分配。为了对比可选方案，采用分析和低成本研发试验来粗略地设计结构，详述见 21.5 节。在分配结构和机构系统的质量时，通常计算所有主结构和部分二级、三级结构的质量。太阳能帆板通常包含在电力分系统中，并且安装电子器件结构（箱体）的质量也归属于电子器件。

Larson and Wertz [1992] 研究表明，结构和机构系统的质量平均占航天器干重的 21%。对于载人航天器结构而言，必须保持内部压力用于生命保障系统，因此这个比例通常更高一些。在完成整个构型设计和分系统规划之前，航天器质量预估是困难的。以天空实验室的数据为例，其在轨载人运行（而非起飞和着陆）时，考虑内部支撑结构时的结构质量占总质量的 27%。

强度和结构寿命

为了制定结构的强度要求，必须确定两件事情：在结构寿命周期内的最大预期载荷和确保不会出现某些失效的安全等级。为了确定结构寿命，同时需要预估载荷谱，或者在预期载荷峰值的各个百分比下的最大预期载荷周期。在讨论航天器载荷环境和如何预估载荷之前，首先看一下结构的失效形式。

由定义可知，结构不能满足要求即为失效。如果航天器主体结构在飞行过程中破损，或者压力舱断裂并泄压，那么结构显然已经失效。在极限失效中，无论是破损还是断裂结构都不能继续承受额定载荷。对于载人任务，安全是最重要的，必须尽最大努力来设计结构，避免结构失效危及乘组安全。例如，载人压力舱一般通过泄压来避免可能发生的爆炸。一些极限失效即使发生也不会伤害乘组。例如电子仪器箱的一个固定螺栓发生了破坏，只要剩余固定件能够承受载荷，并且损坏的螺栓依然固定不动或者螺栓足够小，即便脱落碰撞到舱内其他仪器也不会造成破坏，那么这种失效就不会威胁到乘组的安全。捕获器和空气通道中的过滤器会收集这些多余物。

在各种载荷作用下，多数结构在破坏和断裂之前会以不同的失效形式危及飞行任务，但并不威胁乘组的安全。屈服失效作为其中一种形式，是指结构产生了危及任务的永久变形。精密机械仪器可能不再可控，或者光学仪器产生了永久性的失准。屈服一词是指延性材料在高应力（应力是力除以面积，或是作用在单位面积材料或结构上的合力）情况下发生塑性、永久变形的倾向。如果固定连接件产生了有害的滑移，那么可以将其等同视为屈服失效。如 21.2 节所述，极限失效和屈服失效的设计标准是不同的。

在振动和空间热循环产生的交变载荷作用下，材料有两种失效形式。疲劳失效是由初始裂纹和随后的裂纹扩展导致的破坏。断裂失效是已有裂纹的扩展导致的破坏。

环境

在空间结构设计中，任何导致结构载荷、变形或者材料降解的环境都是需要考虑的。无论施加恒力还是时变力（振动），都会产生载荷和变形。同样，热环境改变时结构的材料膨胀或收缩，物理特性也随之改变。盐、水、加工废料和颗粒污染物可以使不相容的材料之间建立联系，可能使材料降解。

为了确定影响空间结构的环境因素，需要熟悉结构从生产到任务结束的整个周期。在设计早期，不可能对整个寿命周期有全面的认识，因此在整个过程中都必须随着计划的推进反复斟酌设计方案。表21－3列出了一些影响结构设计的环境因素。

表 21－3　空间结构潜在的恶劣环境和载荷（引自 Larson and Wertz［1992］）▲

事件	环境或其影响
制造	制造和部件组装产生的应力（如配合、焊接）
吊装和运输	固定连接或支撑位置的集中载荷； 运输环境（汽车、火车、飞机）
地面试验	能够包络其他所有载荷的总载荷； 试验产生的载荷，如固定界面位置的载荷
所有地面事件	重力载荷（与其他载荷的组合）； 化学污染，导致腐蚀； 湿度：一些高分子聚合物吸收水份并在空间中释放，导致表面翘曲、污染、强度降低
准备发射	支撑、地面风和飞前检测产生的载荷
飞行	稳态加速度和空气阻力； 起飞和超声速阶段声学激起的振动； 点火脉冲、推力改变、火箭机动、空气湍流、阵风、液体晃动和分离等事件中产生的瞬态载荷； 发动机压力振荡引起的振动； 压力； 火工分离产生的冲击振动

续表

事件	环境或其影响
任务运行	热力学环境； 辐射环境； 稳态加速度； 姿态控制执行机构和对接事件产生的瞬态载荷； 内部压力； 火工分离产生的冲击振动； 原子氧(导致腐蚀)； 微流星和轨道碎片的碰撞； 乘组引起的载荷
再入和着陆	气动热； 再入机动载荷； 风和着陆产生的瞬态载荷

▲:通常设计地面支撑设备(并研发保护措施)以保证制造和地面吊装不会产生超过任务预期载荷的情况。将一些制造过程产生的残余应力合并到任务载荷之中。

飞行（起飞和上升）和降落（如果采用的话）产生的载荷对于多数航天器结构都是最大的。飞行和再入环境是复杂的，混合了稳态加速度、瞬态载荷和噪声等，其中每一种载荷都可能在不同的时间达到峰值，在降落和着陆过程中也会面临相似的问题。由于随机因素的存在，每一个运载火箭的环境都是不同的，并且每一次飞行与下一次也是不同的。有效载荷也会严重影响这些环境，有效载荷的质量特性和结构特征参数影响组合结构体对瞬态载荷的响应，而它的外形和体积则影响声学环境。

在火箭一级的恒定推力作用下，随着推进剂的消耗和总质量的减小，加速度逐渐增大。在发动机关机、一级分离和二级点火时会产生瞬态载荷，导致结构产生振动。瞬态载荷的其他来源包括起飞过程中的超压（时变的气压不均）、气动颤振和阵风。

对于大多数的小型部件，随机振动是最为严峻的力学环境，它是由直接的噪声冲击和发动机扰动产生的。那些面积大、重量小的结构（如太阳能帆板）是最容易产生声学响应的。主体结构将随机振动传递到附近的部件。运载火箭结构不但传递发动机的振动，而且产生声振响应，会导致临近的航天器和安装在器箭连接面的部件产生最大的随机振动。

载人的空间结构需要一个内在的大气环境，通常接近海平面气压。在火箭上面级飞行和在轨机动时，外部环境压力接近为零，因此这个压力会使舱体结构产生较高的应力。这些应力会和其他载荷产生的应力进行叠加。即使是发射前、起飞和着陆段，压力导致的应力也是非常明显的。作为一个封闭系统，航天器需要通过减压阀调节正（内部）负（外部）压力来限制压力波动。通常的减压极限为0.5 psi（3450 Pa），即便是如此小量级的压差，也能使一个薄壳失稳。

需要指出的是，一个航天器结构需要一个好的验证方案，使其在地面试验中经受最大的载荷。结构试验和环境试验的目的就是使结构经受比预期任务更大的载荷。根据试验类型，需要通过提高试验等级来增加裕量。由于希望设计的结构能够承受全寿命周期内的所有载荷（包括试验），因此需要提前确定试验方案。21.2 节将讨论验证方案。

确定飞行时的设计载荷

前面已经讨论了可以给出的载荷，实际上对于大多数动力学环境，载荷更多取决于结构的响应。而结构特征参数（如固有频率、振型和阻尼）则影响结构的响应，如果载荷依赖于设计，那么如何来进行结构设计？显然，结构设计是一个迭代的过程，但从何入手呢？

绝大多数的运载火箭用户手册都定义了一个极限载荷系数，用以主体结构的初始设计。极限意味着出现最大预期载荷的概率，如99%。载荷系数是 g（地球表面重力加速度）的倍数，表示作用于结构的惯性力，其正负号与加速度的方向相反。载荷系数通常施加于整个目标（如航天器），相当于一个均布加速度。航天器结构重量（不是质量）乘以这个载荷系数就能得到作用于结构的合力。

用户手册中的载荷系数不仅仅用于初始设计。对于航天器主体结构，这些系数通常是保守的——高于需求。对于二级结构，这些系数就不适合了。虽然一些手册制表区分了二级结构和试验的载荷系数，但是仍然漏掉了一些类型的结构。如太阳帆板，对声学激励的响应强烈，均布加速度则不能准确地反应出随机振动响应和应力状态。Sarafin［1995］给出了一种预示声学响应的近似方法。

喷气推进实验室绘制了一条经验曲线，它能够包络航天飞机或空间运输系统（STS）中相对紧凑的分系统和部件在飞行过程中产生的载荷。这条曲线仅用于初步设计，采用数学模型计算的载荷更加精确。提出该曲线的报告［Trubert，1989］同时给出了航天器结构设计载荷的建立方法。

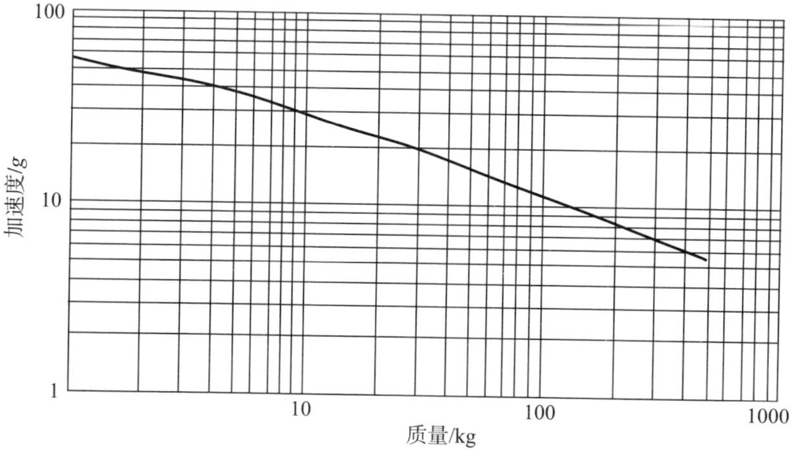

图 21－2　含上面级的空间运输系统（STS）中紧凑分系统和部件的初始设计载荷▲

▲：该曲线适用于任意可以简化为小于 500 kg 的集中质量的分系统。如果机械连接面是超静定的，则不予考虑连接结构产生的扭转载荷。加速度可作用于任意方向，另需在 STS 轴向增加一个沿稳态推力方向、大小为 1.5 g 的加速度（Trubert［1989］）

一旦选择了航天器结构的最佳方案（21.4 节），就可以基于初步设计（21.5 节）和成本与风险预估开始进行载荷循环迭代，直到完成最终设计。载荷循环由以下步骤构成：

1）形成或建立一个能够从数学角度描述结构特征的有限元

模型；

2）计算设计环境条件下的载荷；

3）评估结构的强度和寿命；

4）确定设计更改决策或必要性。

载荷循环迭代设计的一个重要部分是耦合载荷分析，通过组合航天器和运载火箭的有限元模型可以计算得到飞行瞬态的加速度、位移和内载。通常，运载火箭部门来进行耦合载荷分析，但某些航天器设计程序已经开发了更为快捷的迭代设计方法，通过运载火箭模型和力函数即可计算出载荷。

为了建立航天器部件设计和试验所需的随机振动环境，需要采用航天器模型进行声振响应分析。对于火工品的爆炸冲击，NAS5－15208［1970］给出了预估冲击谱的经验方法，Sarafin［1995］着重介绍了如何使用该方法。当没有可供使用的相似航天器的数据时，就需要尽可能建立能够替代的硬件，并进行探索性试验来确定冲击和随机振动的预估环境。

21.2　建立验证试验方案

验证意味着要使设计者或其他人确信产品能够满足要求。需要指出的是验证并不是证据，为了确保航天任务经济可行，必须接受一定的风险。为了减少验证的主观性，客户和承包商需在某个空间任务早期就共同讲清需要做哪些事。

我们通过分析和试验来验证结构是否符合要求。一般情况下，试验越多，减少对分析的依赖，则风险越低。为了保护乘员，通常进行主体结构强度试验。另一方面，分析对于可靠性设计和避免下游问题是非常重要的。当直接试验验证存在困难或不可能进行的情况下，试验也可以提供验证数学工具和模型的数据，进而通过分析来预示环境和响应。NASA［1993a］给出了航天飞机上有效载荷的验证要求。

在初始设计阶段就担心验证问题貌似有些不合时宜，但这是必须要做的，主要基于以下几点重要原因：

1）在确定结构要求前，必须确保每个要求都可以在发射前进行验证。

2）验证工作要消耗项目较大部分的成本和进度，因此可能仅因为某个设计方案相对更容易验证而被选择。

3）试验环境可能决定一个部件的结构设计，尤其是对随机振动较为敏感的部件。图 21－3 给出了一个常见的示例，其中试验环境不可避免地比任务环境更加恶劣。

4）设计安全系数是通过提高极限载荷来降低失效的可能性，通常依赖于结构试验的程度。

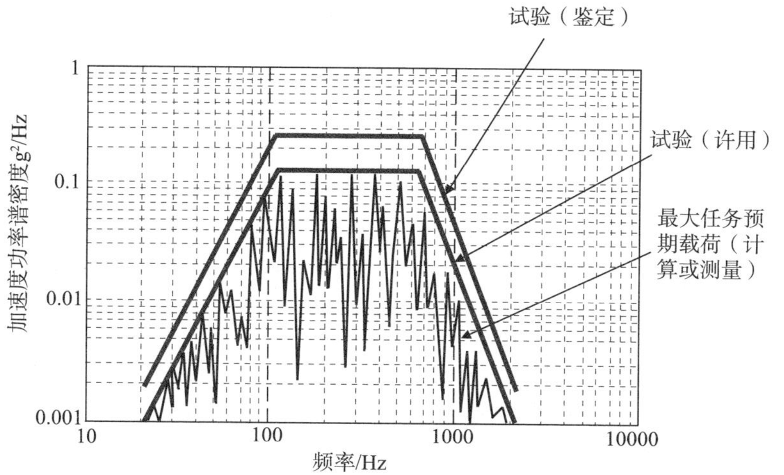

图 21－3　试验环境比任务环境更为恶劣的随机振动示例▲

▲：为了控制试验时的随机振动环境，需要对加速度功率谱密度曲线进行平滑处理，并给出振动频率范围。因此，许用的环境总能量会更大一些，如功率谱密度曲线所示。为了避免大型部件和结构过度试验，在空间项目试验中，要么降低测试部件的功率谱密度，要么限制输入力的大小。在鉴定试验中，要考虑加载的变化，均匀地增加功率谱密度，如 3 dB（图示）或 6 dB，这取决于优先项和客户

结构和环境试验可以分为几类。原理试验，早期针对低成本的样件，主要验证设计构思和得到需要的信息。鉴定试验是一个传统的专用环节，通过与飞行设计对比来说明设计方案满足要求。试验采用比任务额定载荷更高、持续时间更长的试验载荷，从而证明设计裕量。由于一个真正的验证样件从不参与飞行，且按照试验程序进行功能测试，因此它可以验证飞行单元的耐疲劳性或者寿命。验收试验是每一个飞行器都必须做的，尤其需要进行最大预期载荷试验来验证结构工艺和过程控制能力。

如果每一样东西（部件、分系统和系统）都进行了全面的鉴定级试验和验收试验，就可以对航天器经受任务环境考验的能力信心十足（尽管仍有可能失败）。但不幸的是，绝大多数航天项目负担不起这样奢侈的方式。有一个低成本、有效的方法可供选择，即将首个飞行单元（飞行样机）的鉴定级试验和验收试验组合起来一同进行。这种方法在非载人航天器的硬件试验中非常流行。飞行样机试验时，采用比任务预期载荷高、但比鉴定级试验低且持续时间短的载荷进行试验。是否验收每一个参飞单元，主要取决于对其加工过程的控制能力。飞行样机试验并不能验证结构寿命，因为在试验后样机仍有全面的任务，所以需要补充样机的寿命分析或者样件试验。

对于一些难以分析的情况，比如电子仪器在随机振动下的疲劳寿命分析，样机飞行方法是有风险的。因此，当不只一个飞行单元需要通过样机飞行试验时，如前所述，对于严重威胁安全的部件，该方法一般是不允许的。当进行载人试验时，飞行试验样机（飞行试验单元）通常要预留给一个昂贵的项目或者组合体的一次性试验任务。这种情况下，飞行之前需要严格检查和评估试验安全性报告。但即便如此，也要接受比传统验证方法更多的风险。

关于建立环境试验程序的手册，可见 DOD［1994b］和 NASA［1990］。

为了验证大型结构的强度，通常组合进行多个类型的试验。表

21-4 定义了强度验证分析时采用的术语，注意其中的概率。考虑到许多变量是不可控的，最终目的是在合理成本范围内确保高的成功概率。100%的可靠性是不可能的，即使乘员的安全存在威胁，也不必苛求。

表 21-4　强度分析项目（提炼于 Sarafin［1995］）

术语	定义
极限载荷（或设计极限载荷）	在所选设计标准定义的统计学概率下（通常 99%或 99.87%），任务或给定事件中的最大预期加速度、力或力矩
许用载荷或应力（屈服和极限）	统计概率（通常 99%）下结构或材料不发生屈服或极限失效的最大力或应力
安全系数（屈服和极限）	为了降低屈服或极限失效概率，在极限载荷上乘以的系数
设计载荷（屈服或极限）	极限载荷乘以屈服或极限安全系数，必须不大于相应的许用载荷
设计应力（屈服或极限）	设计载荷产生的预估应力，必须小于相应的许用应力
安全裕度（屈服和极限）	残余强度的度量：MS＝许用载荷（应力）/设计载荷（应力）$-1\geqslant 0$（满足设计标准）

最常见的非环境结构试验是缓慢加载的静力试验，典型的是采用固定负载或液压千斤顶，因此不会产生动力学响应。离心试验，通过长时间旋转使结构获得准静态惯性载荷。压力试验，对压力舱（包括载人舱）至关重要，给密封结构施加均布压力。循环载荷试验，通过施加可控的循环载荷来验证疲劳寿命。

表 21-5 列出了 NASA 项目验证金属和复合材料强度的两种选项。需要注意的是，在每一种工况中，强度验证都要综合使用分析和试验。在一些项目中，非试验方法（即仅采用分析手段）通过选用较大的安全系数取得了成功。但必须慎用这种方法，尤其是乘员生命处于危险中的情况。强度分析有两个最为关键的步骤：识别潜在的失效模式和确定合适、相应的许用载荷。虽然有限元分析可以计算出许多重要的应力云图，但对这两个关键步骤也无能为力。即

使最有经验的工程师也会惊讶于各种不同的结构失效形式，因此只有载荷传递路径简单和失效模式清晰的结构才能使用非试验方法。Sarafin［1995］列出了航天领域试验和安全系数的其他组合形式，并给出了安全系数的选项和应用指南。

表 21-5 NASA 项目的安全系数和试验参数（来源：NASA［1996b］）▲

结构类型和验证方法	安全系数		
	屈服	极限	备注
金属结构			
样件试验；	1.0	1.4	试验结构采用 1.4 倍极限
样机飞行和验收级	1.25	1.4	飞行结构(验证试验)采用 1.2 倍极限
复合/粘合材料			
样件试验；	—	2.0	试验结构采用 1.4 倍极限，且飞行结构采用 1.05 倍极限
样机飞行和验收级	—	2.0	飞行结构采用 1.2 倍极限

▲：附加标准适用于紧固件和玻璃结构。表中复合材料的安全系数适用于连接及其他不连续的区域。对于非均匀复合材料，样件试验和样机飞行试验的极限载荷安全系数分别取 1.4 和 1.5。除非能够确定性证明制造过程中严密控制了强度，否则每一个复合材料结构和粘结都要经过验证试验。

安全系数、加载概率水平和许用应力都是设计标准或验证标准的例子。这些标准是地面准则，如果满足的话，则能够提供足够的证据来证明产品满足要求（充足验证）。每个项目都应形成一个文档，详细说明结构设计标准，其中大部分是验证计划（Sarafin［1995］）。在签订最终合同之前，客户应当确认验证计划和标准。如果不这么做，将导致无休止的争论，承包商和客户通常对后续验证有着不同的观点。

断裂控制是避免裂纹扩展导致结构失效的过程，其裂纹通常是由加工处理过程引起的。所有由航天飞机发射的有效载荷都必须满足 NASA［1996］（取代 NASA［1988］）提出的断裂控制要求。这些要求指出，如果结构失效部分可能会威胁到乘员的安全，必须分析说明存在初始裂纹的部分不会失效。基于断裂力学理论和断裂扩展经验数据，安全寿命分析预估存在初始裂纹的部分是否能够承受预期寿命周期内的载荷。分析时，基于无损评价（NDE）方法假设初始裂纹在扩展方向上尺寸最大。

如果没有从事过航天飞机有效载荷的研发，就会对 NASA 约翰逊航天中心提出的断裂控制要求，以及为达到要求所需付出的时间和努力感到震惊。富有经验的承包商会综合技术、实践和工具来简化工作。如 NASA/FLAGRO [JSC-22267，1989] 就是这样的一个计算机软件，它存储了大量的材料断裂特性数据，可以基于用户定义进行安全寿命分析。Rolfe and Barsom [1977] 和 Sarafin [1995] 介绍了更多的断裂力学和断裂控制信息。

结构自动失效保护会降低无损评价、分析和特殊操作的必要。在不危及乘员安全的前提下，这种结构能够承受任何位置的断裂。换句话说，必须证明（通常采用分析手段）剩余结构仍然具有足够的强度来承受极限载荷和足够的寿命以完成任务。多数承受极限载荷的多点固定连接就采用自动失效保护：允许任意固定件损坏，并能够承受极限载荷。自动失效保护结构的需求与保持设计简单相冲突，多数情况下使简单设计复杂化将导致可靠性下降，即使分析表明它能够实现自动失效保护。

尽管试验是规划好的，结构验证程序仍很大程度上依赖于载荷分析。载荷循环迭代（21.1 节中已讨论）不仅用于设计和分析，也可用于试验。随机振动环境通常来源于声学响应分析，通过测量系统级声学试验中部件表面的加速度来确定，但是该试验在项目后期才能完成。我们通过设计静力试验得到耦合载荷分析的载荷包络，如果分析是错误的，那么试验也是错误的。寿命验证大部分需要进行分析（如断裂力学），取决于载荷预估和载荷循环的精度。

为了降低风险，要进行载荷循环验证，包括基于有限元模型的耦合载荷分析，其中有限元模型是经过模态试验和刚度试验结果修正的。同时，基于热平衡试验对航天器热模型进行修正，以提高温度预估精度。但这些活动都是在任务后期发生的，因此大部分还要依靠早期分析的完整性。为了及早降低风险，要确保完整记录所有的重要分析——实践证明借助这一规则有助于避免错误——并且保证这些文档经过专门的评审。

显然，可追溯的分析和试验文档是非常重要的，它能够向客户表明航天器结构和部件是满足要求的，也能对环境和载荷改变做出快速反应。环境和载荷改变贯穿于整个研发过程，尤其是新型的运载火箭。好的记录文档也有助于评估硬件对未来任务的适应能力。重复使用经过验证的产品是降低任务成本的有效途径，清晰的分析和试验记录大大简化了现有硬件对构型、环境和载荷改变适应能力的评估程序。在 Sarafin [1995] 附录中建议了有效分析报告和试验报告的条目及内容。

21.3 载人空间结构的特殊考虑

载人对航天器结构设计的影响非常大。安全是至关重要的，但是考虑到飞行环境的不确定性，危险是不能消除的。即便如此，通常为了使风险降到可以忽略的水平，也愿意接受降低风险所带来的重量和成本代价。例如，通常确定一个较高的极限载荷概率，如 99.87% [即在正态分布中均值乘以三倍标准差 (3σ)]，意味着出现实际飞行载荷高于极限载荷的概率仅有 0.13%。在无人的航天任务中，极限载荷均值乘以 2σ，意味着至少从静力学理论看，实际载荷有 2%的概率大于极限载荷。同样，当乘员有风险时，选取较高的安全系数。

NASA 已经制定了详尽、有效的控制措施来保证其乘员的安全。前面章节已经讨论了一些标准，比如安全系数 [NASA，1996b] 和断裂控制 [NASA，1998]。安全规范和标准适用于那些若失效将危及乘员安全的所有结构，包括黑匣子、存储箱、乘员座椅的框架和底座等。

设计人员必须完全明白硬件在安全标准方面的要求。如果按照标准设计，安全方面的成本几乎是可以忽略的。如果在硬件建造之后再去满足安全标准，即便是通过创造性的分析、深入的试验和局部加强，也是非常昂贵的。

搁置安全标准的请求需要接受最严密的审查，并须尽力驳回。目前仍然没有足够的经费来消除风险，当项目后期出现问题时，采用 Sarafin［1995］的方法来量化风险，可以做出明智的决定。可以向飞行安全委员会出示一两个案例，表明满足安全标准的失效对乘员产生的风险可以忽略。

除安全之外，许多有关人的因素也会影响结构设计，如呼吸空气、食物储存、废物处理需求和舒适的加速度、噪声和振动量级。表21－6 总结了不同人的因素对结构的影响。

表 21－6　人对航天器结构设计的影响

因素	对结构设计的影响
呼吸空气	结构必须密封和加压，带有加减压的预防措施。生命保障系统需要支撑结构。在特定轨道，薄壁压力舱需要微流星体防护罩
空间和舒适	决定了压力壳尺寸和内部结构构型
食物储存	结构提供储藏空间，需要控制冷冻系统的噪声和振动
废物处理	压力壳局部加强以防止泄漏
适宜温度	材料选择，大气环境系统的支持结构，多层隔离的支持结构
适宜噪声和振动	需要选择特殊材料、挡板和装备来吸收声音和振动。在飞行过程中结构和推进剂通常会将结构传递的振动减弱到一定量级，载人舱的材料就进一步吸收振动。虽然可能会用到吸音材料，但这很少影响结构设计； 可听到的噪声通常来源于舱内设备，如泵和风扇，会使乘员非常难受。这里需要安装全音域削弱噪声的设备，包括改变结构。另一个需要注意的是振动，它也会产生噪声。振动控制时，橡胶隔振器（偶尔是金属）因其良好的阻尼特性成为一个常用的选择； 试验也会产生噪音，但是由于持续时间短，且在人类可接受的频段内，因此允许在飞行中进行
出入舱	必须提供航天舱段和外界间的转移
观察舱外的能力	观察口的结构要保证承压壳不出现局部压力过大，在设计和验证过程中对玻璃有特殊的要求［NASA，1996］
其他	材料必须是无毒的，不易燃烧的，具有许用的除气性。乘员可能遇到的外来物直径至少为 3 mm。结构构型必须能够容纳多余的安全仪器，还需要扶手，固定脚和系绳的附加装置

21.4　设计选项

为了在初始结构设计中达到表 21－2 中的关键特征参数要求，必须选择或确定以下内容：

1）结构类型（如桁架、梁、板、壳）；

2）材料；

3）构型或结构组合方式；

4）加工方式和组件形状；

5）组件连接方式；

6）组件尺寸。

本节介绍结构类型、材料、构型和连接方式，21.5 节讨论构型和尺寸。为了简化设计的权衡分析，要努力避免限于细节设计，如最终尺寸、误差和紧固件模式及尺寸。

结构类型和构造方式

表 21－7 描述和对比了不同类型结构的典型特征。需要注意载人的主体结构必须封闭以保持压力，因此通常制造成单壳体式或整体加工成型，由加强壳焊接而成。入舱、观察和地面进入等要求决定了一些特征，如环状龙骨和可活动的舱盖等。

表 21－7　常用结构类型▲

结构类型	描述和用途	构造形式	典型材料	连接方法
桁架 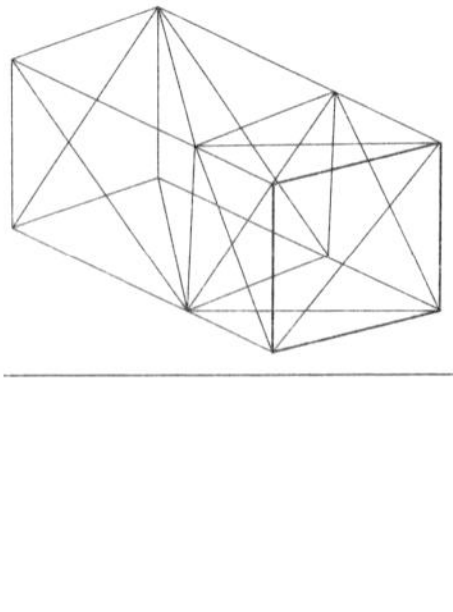	高效的框架结构，杆件承受轴向力，用于支撑部件	组件由压制成型的管件、层合板复合材料管、压制或机加工成型的金属薄片等构成	铝、镁、钛合金，碳/环氧树脂复合材料	机械固定，焊接，或粘接，取决于材料

续表

结构类型	描述和用途	构造形式	典型材料	连接方法
硬壳式圆筒 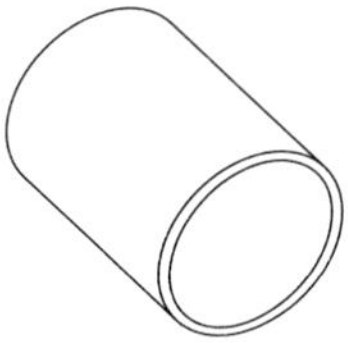	没有加强筋和加强环的轴对称壳，用于火箭、航天器和承压密封舱段	金属薄片或各向同性栅格、三明治板构成，通常两个或更多的部分拼接在一起构成圆柱	铝、镁、钛合金；碳/环氧树脂复合材料用于三明治板的上下层板	机械固定，焊接，或粘接，取决于材料或要求（压力密封舱需要焊接或密封连接）
表面加强 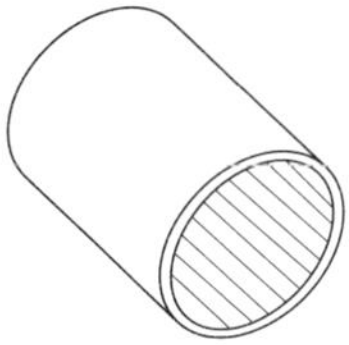	带轻质、封闭空间加强筋的薄壳，增加屈曲刚度，用于舱内结构	在弯曲成型之前将加强筋整体加工到板上	铝合金	铆接，螺接或焊接
表面加强环 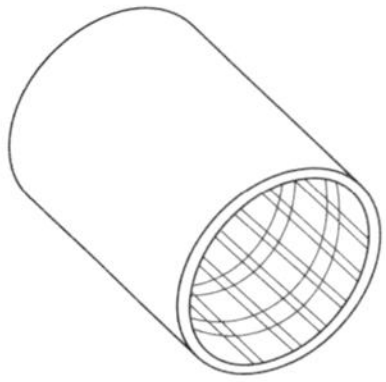	带有加强筋和加强环组合的薄壳，用于运载火箭和航天器	加强筋由压制成型、机加工或金属薄片成型；加强环由环锻造而成，表皮由金属薄片制成	铝、镁合金	铆接或螺接
梁 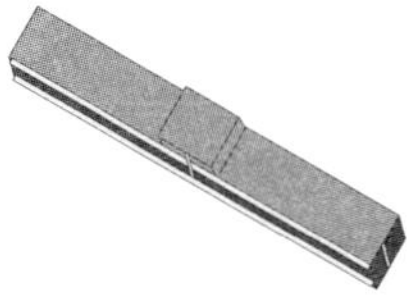	承受轴向、剪切、弯曲和扭转载荷的一维结构，用于安装部件	压制、机加工或金属薄片成型，复合材料铺层管	铝，碳/环氧树脂复合材料	机械固定，焊接，或粘接，取决于材料
板 	具有横向强度的平板，用于平台或安装部件	实体平板，三明治板，各向同性栅格板	铝、镁、钛合金；碳/环氧树脂复合材料用于三明治板的上下层板	机械固定，焊接，或粘接，取决于材料或成型要求

▲：绝大多数的载人航天器和表面基地都采用了表中的大部分结构。

由于板结构的刚度和强度与其重量成正比，因此通常使用“三明治”板或各向同性栅格结构，如图 21－4 所示。三明治结构包括两层薄板，中间是轻质蜂窝结构。栅格结构是将金属板加工成等腰三角形肋板，蒙皮可以是任意的。等腰三角形保证结构是各向同向的，即在平面内的各方向具有相同的刚度。大多数三明治板也是各向同性的，各向异性（图中未给出）与各向同性栅格类似，但它是四边形结构。

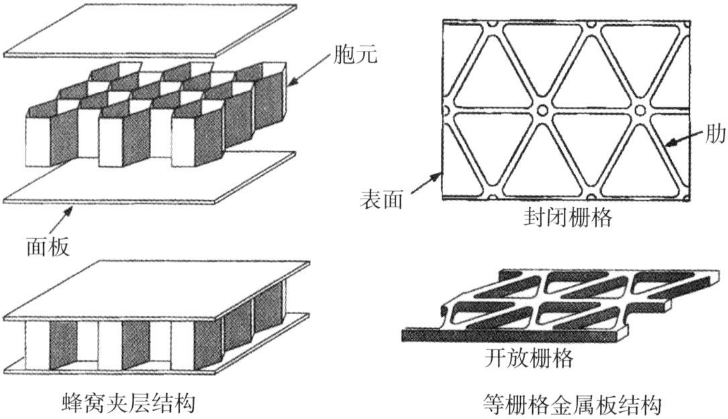

图 21－4　轻质板和壳的形状［Sarafin 1995］▲

▲：该构型方式使板或壳在弯曲和压缩时更加有效

三明治和等栅格结构的另一个用途是构造承压载荷壳。受压强度通常涉及稳定性问题：结构或蒙皮屈曲。三明治、各向同性栅格和各向异性栅格板的厚度要大于等质量的实体板（弯曲刚度更大），因此屈曲之前能够承受更大的压力。

观察窗通常安装在环形肋骨之间，由一个或多个玻璃或树脂玻璃板构成，固定在铝框之中。多数窗口是圆形或四边形的，内外两侧都有保护盖。为了密闭配合，需要柔性的压缩密封结构。

材料

选择材料最先要做的是找到满足特性、结构形式、构型和结构尺寸等要求的备选材料。表 21－8 列出和定义了一些重要的材料特性。图 21－5 给出了不同材料在轴向拉应力作用下的变形形式。轴向应力垂直作用于平面，是正交应力（或法向应力）的一种，而剪切应力则平行于（或沿着）平面。在单轴拉伸时，多数材料会在 45°方向剪切应力下失效，如图 21－5a 所示。对于各向同性材料，剪切强度通常是拉伸强度的 50%～60%，主要取决于剪切力的施加方式。

表 21－8　材料的重要特性▲

特性	定义
弹性模量(杨氏模量)	在材料线弹性变形范围内，单向拉伸正应力和正应变之比(应力-应变曲线斜率)；与刚度成正比(应变是材料单位长度的变形)
剪切模量	在材料线弹性变形范围内，剪切应力和剪切应变之比；与剪切刚度成正比
极限拉伸载荷	材料可以承受的最大单向拉伸应力；设计时通常以静力学许用应力的形式给出(见表 21－4)
屈服应力(拉和压)	材料产生不利的永久应变(通常为 0.002)时对应的单向拉伸应力，通常为静力学许用应力
比例极限	应力和应变成比例时对应的最大应力
伸长率	破坏时的最大塑性应变，延展性的度量
热膨胀系数	单位温度改变产生的热应变
断裂韧性	裂纹扩展不稳定时的应力强度(应力和裂纹尺寸的函数)，表征含裂纹材料的强度

▲：其他特征参数包括抗腐蚀性、硬度、实用性、连接方式的广泛性，以及原材料和加工的成本。

在工程应用中，通过使用非金属材料和金属材料（不常用）复合材料来获得一些单一材料不具备的特性。一个先进的复合材料由加强介质（通常是纤维）和基体材料构成。石墨/环氧树脂是最常见的聚合物基复合材料（PMC）。一个常用的构造 PMC 的方法是采用平板铺层，其中每个铺层的纤维沿同一个方向。另一个常用方法是采用缠线技术，主要用于轴对称壳结构。通过设计铺层或纤维角度来得到需要的材料特性。

由于材料特性可“设计”的能力，先进复合材料非常的通用。

其最大的优势在于，采用合适的纤维（如石墨）时能够设计出不随温度变化而发生扭曲变形的复合材料。鉴于此原因，通常采用石墨/聚合物杆支撑数据天线。也可以调整石墨/聚合物材料，使复合材料的结构在相同重量下，比其他材料的结构具备更高的强度或刚度。

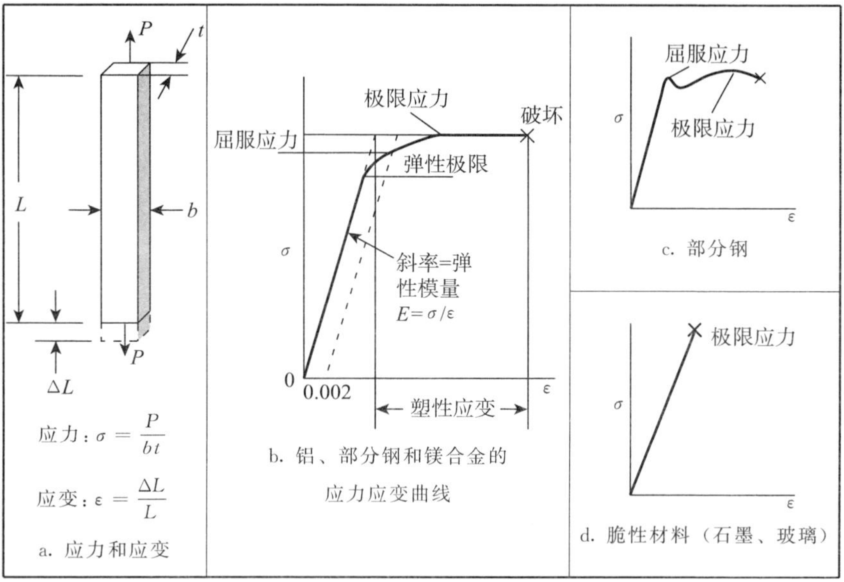

图 21－5　应力/应变曲线示例［Sarafin 1995］▲

▲：除局部效应外，材料使用范围内是线性的，其应力和应变是成比例的。塑性区域存在不可预测的失效和响应，因此是危险的。非线性结构分析是非常难的。另外，近似不连续的非弹性（延展性）的性质通常令人满意，因为这样有助于防止断裂。可测量的特性（延伸率）可以粗略估计材料发生断裂时的塑性应变，因此表征了延展性

合金材料成本低、易控制、延展性好，因此与先进复合材料一样，也是一个最好的选项。结构合金通常不需要过多的加工（一个特例是复合三明治壳取代了表面加强结构，从而节省了大量组装成本）。加工过程不仅增加了复合材料的人力成本，也引入了许多影响结构完整性的变量，尤其是许多复合材料常用的粘合连接。储存和

组合过程中的温度和湿度、材料份额、表面粗糙度、清洁度和厚度等因素都对粘结度和复合材料铺层有重要影响。即使权衡研究表明复合材料结构比金属结构成本更低，但事实常相反，因为复合材料增加了不可预料的成本。不过大规模使用时研发成本可以分摊，所以复合材料仍是最为经济的。最后，由于多数金属具有一定的延伸率，允许结构在连接处或其他不连续位置出现应变集中，而多数先进复合材料则是脆性的，更容易出现局部失效，进而扩展为整体失效。复合材料比金属材料的强度更难预测，因此对每一个制造的复合材料结构都要进行验证试验。

聚合物基的另一个缺点是在太空中漏气，还有就是吸水，如果一个复合材料结构吸水那么将多少会产生一些变形。对于精准度要求高的复合材料结构，这种变形必须提前预计并有应对措施。

一般情况下，当计划制作一个或两个特殊设计件时，如果能够满足要求多建议采用铝。绝大多数的铝合金都是廉价、强度大、轻质、耐腐蚀和可延展的。对于少量的制作，只有在要求热变形小、高刚度或重量严格限制等情况下才使用石墨/聚合物复合材料。当需要材料热变形小、延展性好和能够焊接时，可以选用殷瓦合金（一种低热变形的铁基合金）。采用钢和耐热合金制造固定件、齿轮和轴承等。表21－9对比了常用的结构材料。表21－10列出了部分常用材料的特征参数。

表21－9　常用结构材料对比（引自Sarafin［1995］）

材料	优点	缺点	典型应用
铝	高强度(相对重量)； 易于使用； 低成本； 可焊接； 可延展，易于加工； 高屈曲强度(相对重量)	较差的表面耐擦伤和磨损能力； 高热膨胀系数； 焊接热降低强度	桁架杆件，蒙皮，加强筋，配件、支架，壳； 三明治结构层板

续表

材料	优点	缺点	典型应用
钛	高强度(相对重量); 低热膨胀系数; 良好的中等温度特性	难以加工或成型; 相对昂贵; 表面易擦伤	先进复合材料的安装配件; 固定件(尤其是用于石墨/聚合物复合材料)
镁	高屈曲强度(相对重量); 高热容性和热传导性,良好的散热性; 易于浇铸	低耐腐蚀性; 高热膨胀系数; 低刚度	低载荷结构,尤其是屈曲; 轻质浇铸件
铍	非常高的强度(相对重量); 低热膨胀系数	价格昂贵,有毒; 低延展性和断裂韧性; 横纹特性差; 低比例极限	反光镜; 铰链; 光学仪器支撑结构; 平衡架和望远镜的精密外壳
钢	特性的范围宽; 高刚度和强度(相对体积); 高强度(相对重量); 耐磨损; 易延展性; 易加工; 可焊接,低成本; 高温性能良好	高密度,低屈曲强度(相对重量); 磁性; 耐腐蚀性变化	固定硬件(螺栓、螺母、垫圈、钉、销); 球形轴承、齿轮、移动部件
耐热合金(通常为镍合金)殷瓦合金	高刚度和强度(相对体积); 高温强度不变; 耐氧化; 低热膨胀系数; 可焊接	高密度,低屈曲强度(相对重量); 相对难以加工; 低强度(相对密度);	固定硬件; 高温或腐蚀环境(喷管、热防护); 光学支撑结构(望远镜)
石墨/聚合物复合材料	可以设计成高刚度、高强度和极低的热膨胀系数; 相对轻质; 高传导性;	脆性(无延展性); 吸水,太空中漏气; 研制加工成本高; 强度对加工过程参数敏感	桁架杆件; 天线吊杆; 三明治结构层板; 光学仪器工作台; 级间舱; 齿条

表 21-10 常用材料的设计特征参数▲

材料	材料型号和形式	密度 ρ / 10^3 kg/m^3 (lb/in^3)	许用拉伸极限应力 F_{tu}/MPa(ksi)	许用压缩屈服应力 F_{cy}/MPa(ksi)	弹性模量 E/10^3 MPa (10^3ksi)	伸长率 e %	热膨胀系数 a / 10^{-6}/℃ (10^{-6}/°F)
铝	2219-T851 1″板	2.85 (0.103)	420 (61)	320 (47)	72 (10.5)	7	22.1 (12.3)
	6061-T6 薄板	2.71 (0.098)	290 (42)	240 (35)	69 (10)	10	22.9 (12.7)
	7505-T73 薄板	2.80 (0.101)	460 (67)	380 (55)	71 (10.3)	8	22.1 (12.3)
钢	17-4PH H1150 杆	7.86 (0.284)	860 (125)	620 (90)	196 (28.5)	16	11.2 (6.2)
耐热合金	A-286STA 2″杆	7.94 (0.287)	970 (140)	660 (95)	201 (29.1)	12	16.2 (9.0)
	Inconel718 4″杆	8.22 (0.297)	1280 (185)	1080 (156)	203 (29.4)	12	12.2 (6.8)
镁	AZ31BH24 薄板	1.77 (0.064)	270 (39)	165 (24)	45 (6.5)	6	25.4 (14.1)
钛	Ti-6Al-4V Annealed 3″板	4.43 (0.160)	900 (130)	855 (124)	110 (16.0)	10	8.8 (4.9)
铍	AMS7906 杆	1.85 (0.067)	320 (47)	—	290 (42)	2	11.5 (6.4)

▲:强度适用于沿材料纵(旋转或突出)向(来源:DOD[1994a])。

连接方法

紧固、焊接和粘结是连接结构的常用方法,表 21-11 给出了对比。压力舱通过防漏试验后,焊接是最常用的维修方法,但是会减弱一些合金(如铝合金)的强度,导致结构发生翘曲。铆接和螺接是最为通用的连接方法,但是会增加重量并减小刚度。粘接是脆性材料最好的连接方法,较之紧固引入较小的应力集中,但是粘接强度对加工过程变量非常敏感。对于高效、组合成本低的结构,采用整体成型加工和熔模铸造的方法减少连接件。

表 21-11　连接选项对比（引自 Sarafin［1995］）

方法	优点	缺点	应用
机械固定	多种多样； 适用性强； 便宜； 尺寸和螺纹形状标准化； 几乎所有设备都能安装，并不需要昂贵的工具或过程控制； 适用不同材料； 多数易于拆卸； 连接强度可预测； 增加结构阻尼	增加重量； 装配时需要从结构向紧固件传递载荷； 可能较贵； 不可避免地损失刚度； 潜在的连接滑移； 安装需要时间； 产生应力集中，可能导致脆性材料的早期失效； 加压时需要密封	适用于大多数结构和可延展材料制造的机械
焊接	保持刚度； 有时是最简单的组合方法； 通常需要无端头装配； 使铝延展性更好（差劲的焊接导致脆性失效）； 压力密封	不能拆卸； 难以保持组合方向（残余应力导致翘曲）； 降低铝和其他合金的强度； 质量对过程和操作员变量敏感——必须对过程进行控制	用于相近、可焊接的金属； 注重刚度的铝桁架和支架结构； 地面支撑设备（钢）； 承压结构； 低成本箱体组装
粘合剂粘接	轻质； 增加结构阻尼	通常不可拆卸； 质量对过程、材料和操作员等变量非常敏感——必须对过程进行控制，需要鉴定级试验； 低拉伸强度； 粘合剂寿命较短； 部分粘合剂为脆性； 部分粘合剂有毒，应用过程中需要良好的通风设备； 温度限制	脆性材料组装，如先进复合材料在紧固时会因应力集中产生裂纹，可用粘接； 剪切连接，拉伸方向无效

21.5　结构初步布局和设计

结构设计起始于航天器构型设计。在最终确定结构要求之前，需要先给出适用于不同运载器的结构骨架，其中提供载荷路线是这一阶段的首要任务。有了基本的结构形式构思后，设计者需要给出支撑部件和结构振源（如火箭发动机或器箭连接面）之间的传力路线（事实上，设计中将每一个部件都视作内部载荷源，而将器箭连接面看作结构支撑）。

为了便于理解载荷路线，可以将其想象成一棵树。沿着载荷传递路线，从树的任何一片树叶，到末梢、再到枝杈、最后沿着主干到地面。如同树一般，器箭连接面的载荷最大，因此该处航天器结构组件最为刚硬。为了提高效率，刚硬结构的传力路线要尽可能直接。Sarafin [1995] 的 15.6 节给出了利用初始设计确定结构势能（应变能）最小的桁架杆件最优构型的算例。

在航天器结构初始设计中，要考虑刚度和强度，其中强度包括稳定性（不稳定是指承压或承剪结构在任一小扰动下都会发生屈曲，然后通常会破坏的一种状态；而稳定是与之相反的状态）。多数情况下，在细节设计的构型和结构类型最终确定之后再考虑结构寿命问题，因为结构寿命受细节设计的影响最大。局部不连续（如打孔）会导致应力集中，从而降低疲劳寿命。

为了根据强度条件设计给定构型的结构，必须确定截面面积和几何形状，从而保证在设计屈服或极限载荷下的预期应力峰值等于或小于许用应力。所选材料的特性决定了许用拉伸和剪切应力，许用压缩应力通常由稳定性决定，取决于结构几何形状和材料的弹性模量。初始设计的首要准则是设计极限载荷要等于或小于材料的比例极限，以保证能够采用稳定性分析方法预测失效。当然也有非弹性方法，但通常需要迭代从而妨碍初始设计进程。保持一定的设计裕量是明智的做法，以免在研制后期载荷有所增加。

有限元分析方法是预示结构刚度和固有频率最有效的方法之一，可以得到结构强度分析所需的内部载荷和应力。但特别是在概念设计阶段，可以采用更为快捷的方法预估结构特性和内部应力。这些技术需要将结构简化为理想化的形式，然后采用简单的理论或经验方法，可以将多数结构简化为梁来预估一些特性参数和性能，同时可以基于密封薄壁结构理论方程粗略设计许多承压结构的尺寸。设计有效结构的关键在于将局部效应最小化，这是由于局部效应不能满足分析方法的理想化假设条件。在下面的段落中，将给出梁、稳定性分析和薄壁承压舱的简要教程。21.6 节将应用此处的大部分方程。

理想梁结构

梁主要承受轴向和横向（剪切）载荷，以及弯矩和扭矩。轴向载荷和弯矩决定了结构的初始尺寸，因此重点讨论，而剪切和扭转可以在其他材料力学书中查阅。

正如 21.3 节所定义的，应力是力除以面积。因此，一个结构单元在分布轴向力作用下的法向应力是

$$f_x = \frac{P}{A} \tag{21-1}$$

其中 P 是轴向载荷，A 是横截面面积，f_x 是轴向应力。

图 21-6 给出了在纯弯矩作用下的梁。假设梁横截面关于弯矩向量和弯矩向量的垂线都是对称的，那么中性轴和弯矩向量重合，最大的弯曲应力为

$$f_{b_{\max}} = \frac{Mc}{I} \tag{21-2}$$

其中 M 是弯矩，I 是截面惯性矩，c 是中性轴到最远受拉边的距离。如果不是对称情况，那么横截面会沿着一条与弯矩向量斜交的轴，此时必须考虑非对称弯曲情况（Sarafin，[1995]）。图 21-7 给出了常见横截面的惯性矩方程。

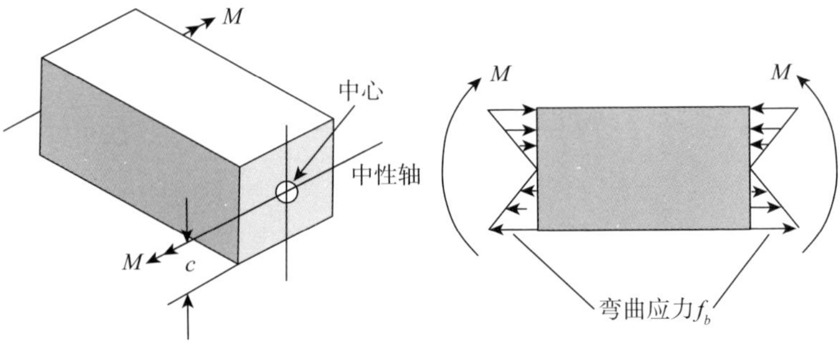

图 21-6　纯弯矩作用下的理想梁▲

▲：中性轴是通过横截面形心的直线，没有弯曲应力

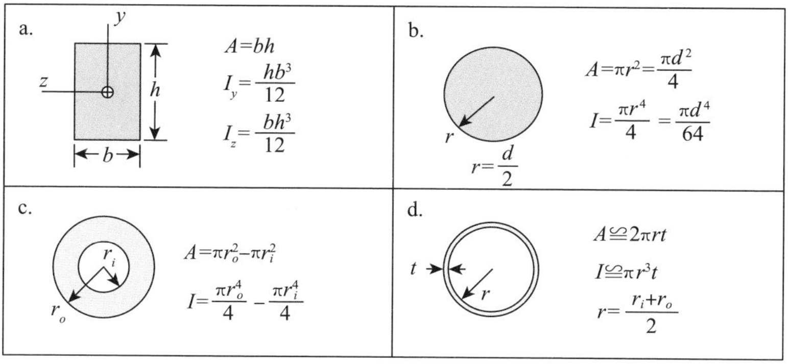

图 21－7 常见横截面的几何特性▲

▲：A 是面积，I_y 和 I_z 分别是 y 轴和 z 轴的惯性矩，I 是关于任意形心轴的惯性矩

由于轴向应力和弯曲应力都垂直于横截面，当横截面同时受到轴向力和弯矩时，可以进行相加

$$f_{t\max}=\frac{P}{A}+\frac{Mc}{I} \tag{21-3}$$

其中 $f_{t\max}$ 是最大拉伸应力。为了计算得到最大压缩应力，可以简单地改变方程中轴向分量的复合，并使 c 等于中性轴到压缩一侧最远点的距离。注意，轴向力 P 会影响弯矩 M 。由于产生了弯曲变形，轴向压力会增加弯矩，而拉力则减小弯矩。Sarafin [1995] 给出了计算此类影响的梁柱非线性方程。对于初始设计，当弯曲变形相对较小时，通常忽略这种影响，同时保持一些设计裕量。

当梁受到横向剪力时，所施加的弯矩沿梁长度变化

$$\Delta M=V\Delta x \tag{21-4}$$

其中 ΔM 是长度变量 Δx 上弯矩的改变量，V 是剪力。

在任何载荷作用下，全部的支反力（截面载荷和支撑载荷）和内部剪力及弯矩都可以通过静力学确定的梁即为静定梁。超静定梁需要再考虑梁的变形。对于一些常见载荷和支撑边界条件，表 21－12 给出了支反力、弯矩最大值和线弹性变形的方程。

表 21－12 梁的静力学方程▲

<table>
<tr><td>悬臂梁(一端自由)
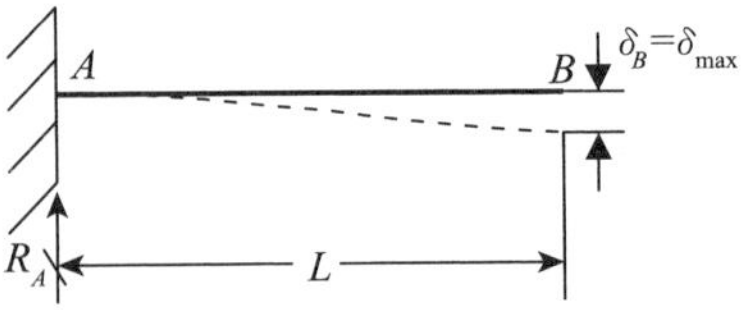
</td><td>简支梁(两端自由扭转)
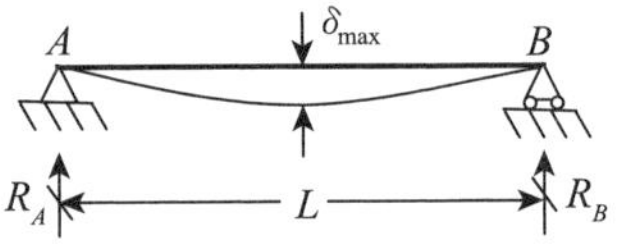
</td></tr>
<tr><td>a. 集中载荷
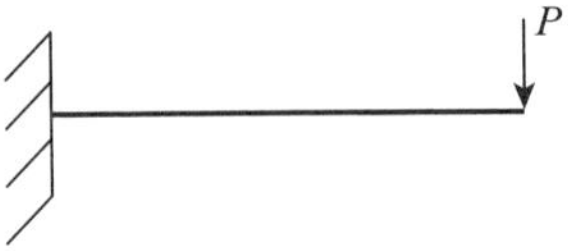

$R_A = P$
$M\ \max = PL$
$\delta = PL^3/3EI$</td><td>c. 集中载荷
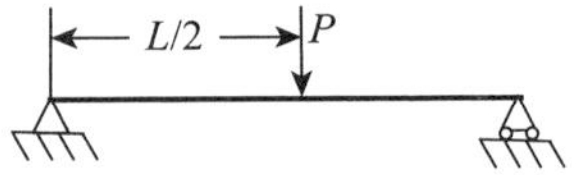

$R_A = R_B = P/2$
$M_{\max} = PL/4$
$\delta = PL^3/48EI$</td></tr>
<tr><td>b. 均布载荷
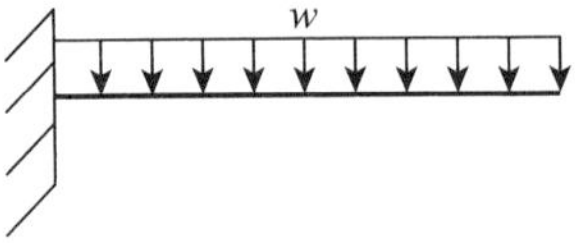

$R_A = wL$
$M_{\max} = wL^2/2$
$\delta = wL^4/8EI$</td><td>d. 均布载荷
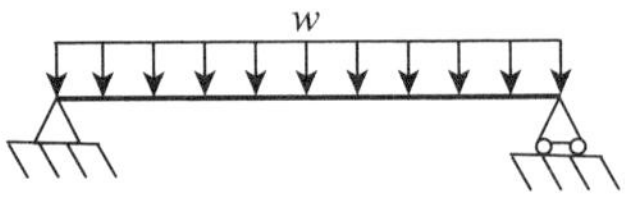

$R_A = R_B = wL/2$
$M_{\max} = wL^2/8$
$\delta = 5wL^4/384EI$</td></tr>
</table>

▲:方程的反力 R_A ,R_B 和弯曲力矩峰值 $M_{\max}$ 仅是基于静力学计算,变形峰值 $\delta_{\max}$ 仅适用于梁最大应力值小于材料比例极限,剪切变形可忽略,且变形较小的情况。P 是外力,w 是单位长度的外力。

将一个结构合理简化为一根梁,能够简便地预示它的基频。图 21－8 给出了不同边界条件下均质梁的基频方程(均质梁在长度方向上具有固定的物理特性)。

当一根梁或其他结构支撑一个部件时,如果部件的质量远大于支撑结构质量,那么就可以忽略支撑结构的质量。因此,可以通过单自由度系统方程来预估部件的基频(弹簧质量系统)

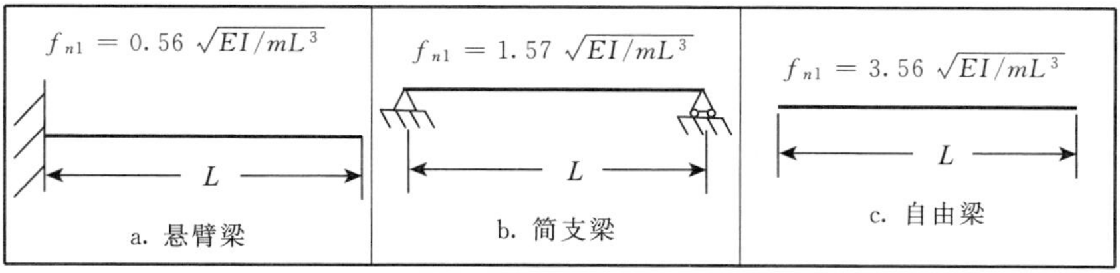

图 21－8　均质梁横向基频的公式▲

▲：f_{n1}是基频，单位 Hz，E 是弹性模量，I 是梁横截面的惯性矩，m 是总质量

$$f_n=\frac{1}{2\pi}\sqrt{\frac{k}{m}} \tag{21-5}$$

其中 f_n 是固有频率（系统基频），单位是 Hz，k 是刚度，m 是质量。例如，假设图 21－8a 中悬臂梁自由端支撑了一个部件，部件质量 m_c 是梁分布质量 m_b 的 10 倍。采用式（21－5）预估系统的基频时，首先计算支撑质量的“弹簧”刚度。从表 21－12 工况 a 中可知，在集中载荷 P 作用下悬臂梁受力点的挠度为

$$\delta=\frac{PL^3}{3EI} \tag{21-6}$$

其中 L 是梁的长度，E 为弹性模量，I 为梁横截面的惯性矩。由此可得刚度为

$$k=\frac{P}{\delta}=\frac{P}{PL^3/3EI}=\frac{3EI}{L^3} \tag{21-7}$$

代入到式（21－5）中可以预估结构的基频为

$$f_n=\frac{1}{2\pi}\sqrt{\frac{3EI}{m_cL^3}} \tag{21-8}$$

其中 m_c 为所支撑的质量。

进一步可以将支撑结构的基频写成更加简单、通用和有用的形式

$$f_n=\frac{1}{2\pi}\sqrt{\frac{g}{\Delta_c}} \tag{21-9}$$

其中 g 为重力加速度（9.81 m/s^2），Δ_c 为被支撑质量在 1g 作用下的

静变形。

稳定性设计

稳定性是许多航天器结构设计的首要考虑因素。结构失稳有多种途径：

1）整体结构像梁柱一样屈曲；

2）结构一个组件或一部分发生屈曲，导致整体结构屈曲和破坏；

3）结构组件的边缘或网格发生屈曲（局部屈曲），导致整体组件（进而整个结构）屈曲。

在初始设计中，首先考虑前两种可能，在确定结构组件所需的横截面面积和惯性矩后，选择和设计一个形状（如工字）来保持局部稳定性。

图 21－9 给出了弹性杆的屈曲方程。局部屈曲、板屈曲和曲面屈曲见 Sarafin [1995]。

屈曲应力，$F_{cr}=\dfrac{c\pi^2E}{(L/\rho)^2}$

c＝端面固定系数

E＝弹性模量

ρ＝截面旋转半径＝$\sqrt{I/A}$

I＝截面惯性矩；A＝面积

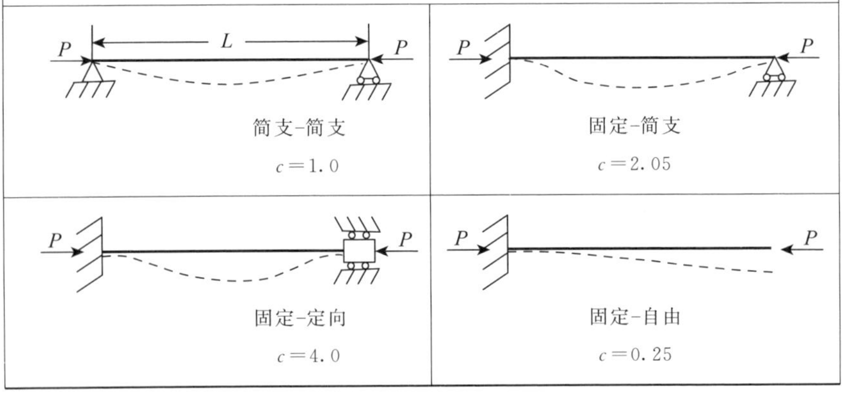

图 21－9　弹性杆的屈曲▲

▲：杆的屈曲应力是导致屈曲的均布压应力，取决于杆端的约束。此处的方程仅适用于材料线弹性范围内

不受压、各向同性的硬壳结构的屈曲应力为

$$F_{cr} = 0.6\eta\gamma \frac{Et}{r} \tag{21-10}$$

其中 E 为弹性模量，t 为壳的厚度，r 为壳半径，η 为塑性修正系数（应力在比例极限以下时取 1.0），γ 为匹配理论与试验结果的相关系数。

如前文所述，为了保证屈曲分析中的弹性分析方法是有效的，必须保证极限压缩应力等于或小于材料的比例极限。

承压的薄壁圆柱

图 21－10 给出了受内压的薄壁圆柱的应力方程。这些应力是不连续的，在与圆球顶连接的位置应力较高，因此需要增加厚度。其他不连续和载荷施加点同样需要加强措施。有限元分析是设计过程中最好的分析局部效应的工具。

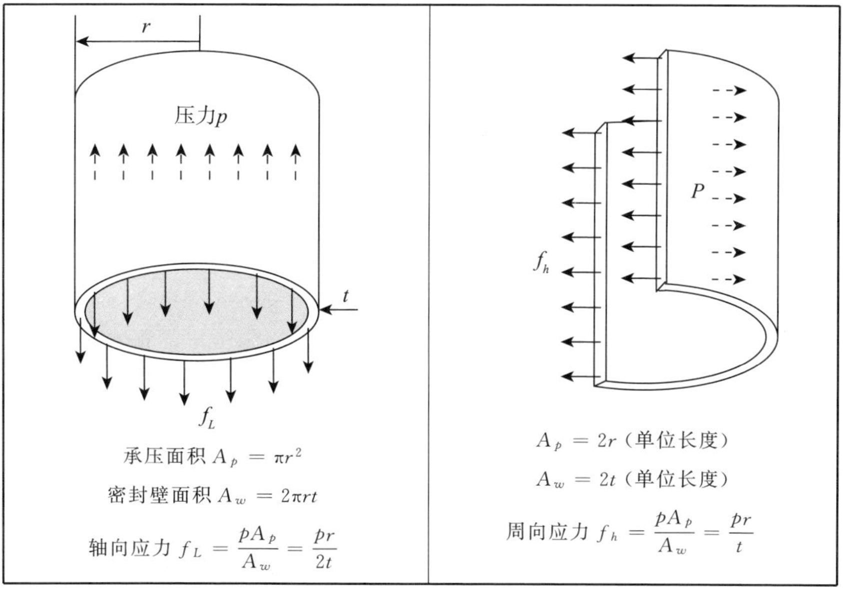

图 21－10　薄壁圆柱在内压作用下的应力▲

▲：方程适用于远离不连续区域的壳体，因此也不会受到局部约束的影响（引自 Sarafin［1995］）

21.6 案例：载人舱结构设计

本节将按照第 2 章的任务概念设计一个载人舱结构，能够完成将乘组从地球轨道转移到月球轨道的任务。该案例将按照表 21－1 的步骤进行，为了简洁忽略了一些步骤。

在案例中，假设初步研究中已经确定了载人舱的需求，其总体积为 85 m^3，由航天飞机运送到地球轨道。载人舱必须提供 3 名乘员的生存环境和支持系统。图 21－1 给出了航天舱的构型示意图。

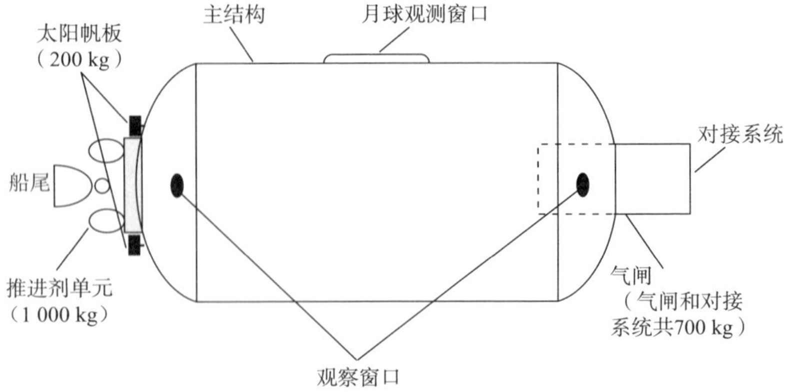

图 21－11 载人舱的概念结构▲

▲：载人舱每一端必须提供一个直径约 300 mm 的小型观察窗口以便乘员可以观察和拍摄在轨组装及停靠过程，以及一个直径 960 mm 的背侧窗口以观察月球。太阳帆板、推进器和气闸是估计的，这些面积的数值可能在后续分析中发生改变，需要进行迭代

表 21－13 给出了载人舱的结构要求。本案例中，需要设计主体结构的构型和圆柱壳的尺寸。虽然任务中包含了许多飞行工况和构型，但为了简化研究，壳体设计时只考虑飞行、着陆和最大内载等三个工况。载人舱飞行（和着陆）构型的总设计质量为 11000 kg（重量为 1079000 N），其中主体结构质量为 1300 kg。

表 21-13 载人舱结构要求

描述	设计考虑
主结构：	
圆柱壳和后盖端	密封和承受内压； 飞行过程中将支撑部件的内部载荷传递到耳轴支撑架； 需要在窗口、其他观察口和不连续位置的周围安装局部框架结构； 后盖端兼顾结构接合器功能，为推进单元和气闸提供连接面；尺寸设计由空间中的内压和推力所决定；前向接合器需要承受对接载荷
耳轴	在航天飞机内部用于支撑载人舱的圆柱轴，具有标准对接面
耳轴支撑架	环形支架，用于均匀分布耳轴作用于壳体的集中载荷； 可能也用于支撑内部结构
二级和三级结构：	
太阳帆板锁紧结构	铰链和锁紧结构； 锁紧和展开的机械装置
内部结构	用于支撑人员、供给和分系统； 固定于壳体或耳轴支撑架

航天飞机有效载荷的动力学包络直径为 4572 mm。为了预留一个后视窗口的突出框架和提供隔热层空间，圆柱壳的直径确定为 4270 mm。为了满足体积为 85 m^3 的要求，圆柱壳的长度必须是 5940 mm。但是这个长度是基于平底密封盖的，而平底密封盖不是承受压力载荷的有效方式。舱尾密封需要承受内部压力和轨道转移发动机产生的推力载荷，有效承载这些载荷的结构形状是圆锥截断面，如图 21-12 所示，可以使用相同的形状来设计与圆柱壳对接的气闸。为了承受径向载荷，需要在每个接合器端面安装环形框架，其中接合器是指用于连接两个或多个不同形状或尺寸设备的结构。

下面研究载人舱结构与航天飞机的对接面。NASA [1992] 给出了航天飞机有效载荷的标准对接口。这些对接口由固定在机身框架的耳轴轴承（如图 21-15 的耳轴图）构成。标准侧面轴承距底座约为 100 mm，轴中心比有效载荷中心线高约 356 mm，两个轴承距中心线分别约为 2388 mm。它们承受航天飞机轴向（x）和垂向

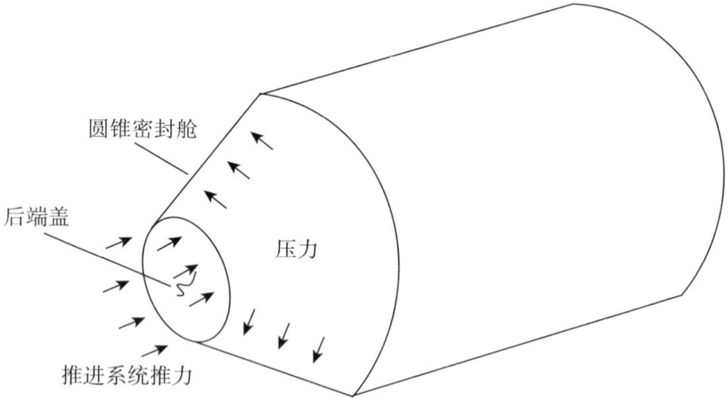

图 21－12　承受推力和内压载荷的圆锥密封舱▲

▲：对接口向主结构传递推力，为后端盖提供一个过渡

(z) 载荷。功能相近的底部轴承在中心线以下 2413 mm，处于有效载荷外壳的底部，主要承受横向 (y) 载荷，同时也约束部分轴向载荷。为了避免对接面过度约束，允许侧面轴承和底部轴承在轴向产生有限的滑移。同样，球形表面允许轴承产生有限的转动，载荷作用下允许耳轴出现不对准和变形的情况。

载人舱等有效载荷可以直接安装到耳轴上，或者安装到由耳轴支撑的支架上，本章选用第一种方式。下面最重要选择是载人舱对接面的位置，以及确定对接面的哪些轴向载荷方向是可以释放自由度的。为了做出最好的选择，需要得到飞行载荷。

表 21－14 总结了结构初始设计时飞行和着陆过程中的设计载荷。初始设计时对这些载荷进行凝练和简化，得到了需要重点考虑的载荷。对于本案例，假设载人舱在完成任务后是要回收的，因此用到了“正常着陆”的载荷系数。如果未计划回收载人舱，仍然需要设计“取消着陆”工况，以备出现故障或任务取消时回收载人舱。所有的航天飞机有效载荷都需要设计“紧急着陆”载荷，以备出现危及乘组安全的故障。这种问题将迫使乘组放弃正常着陆流程，而是尽可能快地让航天飞机返回。紧急着陆载荷将被视作极限载荷，

并且必须通过分析表明有效载荷结构在该载荷下不会断裂或破坏，以免危及乘组安全。此时，通常不会再去研究该载荷会不会导致屈服。

表 21－14　航天飞机有效载荷初始设计的极限载荷系数▲

飞行事件	载荷系数			压差/MPa	
	n_x	n_y	n_z		
飞行	－0.2，－3.2	±1.4	±2.5	0.00985，－0.00345	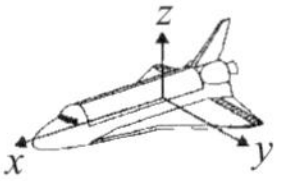
正常着陆	1.8，－2.0	±1.5	1.0，－4.2	0.02000，－0.00345	
取消着陆	1.5，－1.7	±1.0	0.3，－3.6	0.02000，－0.00345	
紧急着陆	4.5，－1.5	±1.5	2.0，－4.5	0.02000，－0.00345	

▲：载荷系数来自于 NASA［1989］，大量应用于载人舱算例的有效载荷。飞行和取消着陆的数值是同时采用的，均为极限载荷；紧急着陆载荷系数是单独使用的，为极限载荷。转动加速度也会施加，会大大改变载荷，尤其是长时间的载荷，这里为了简化算例而忽略掉。基于天空实验室需求，同时给出了不同飞行事件的压力差。正的压力表示内部净压力。

载荷系数和质量特性确定后，现在就需要对比航天飞机货舱内载人舱的支撑方式。图 21－13 给出了一种悬臂形式，包括三个耳轴和六个反作用自由度。它的优点是连接面是静定的，在飞行和着陆过程中任何在轨结构的推压都不会对载人舱产生多余的载荷。对于大型有效载荷，这种方法的问题在于耳轴对接面的载荷通常会超过运载器耳轴对接面的承载能力，并且是随位置变化的［NASA，1992］。事实是，从静力学平衡方程可知，对于重 107900 N 的载人舱和表 21－14 的载荷系数，图 21－13 中的底部对接面会超出负荷。

图 21－14 给出了四种载人舱的支撑可选方案。(a) 方案中，通过在舱段中部布置耳轴和环形框架结构构成了静定的安装方式，并减小了对接面载荷。但是，对于该方案航天器过长、过大，在起飞和着陆过程中产生的扭转加速度仍有可能使耳轴的轴承超载。

对于如此大型的载人舱，通常必须在每一端都增加支撑，如图 21－14 (b～d) 所示。其主要目的是反作用自由度的数量最小化，避免运载器变形过程时产生过大的载荷。方案 (b) 较好，它仅增加

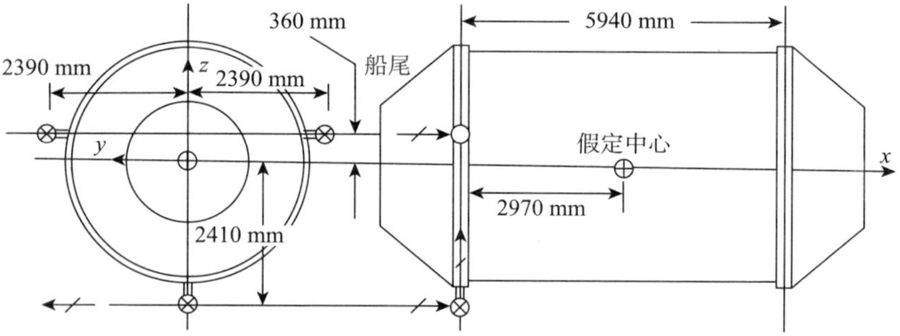

图 21－13　静定的载人舱与轨道转移器的连接装置▲

▲：反作用力的自由度用带斜划线的箭头表示，⊗代表指向平面外。初步分析表明这个选项将使航天飞机超载，因此不能作为载人舱方案。对于航天飞机的小型有效载荷，首先考虑这类静定的连接面，以便连接端面力更容易地预测

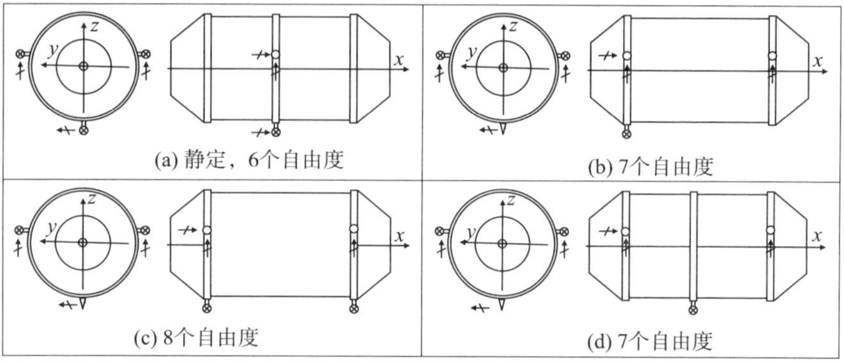

图 21－14　载人舱耳轴布局可选方案

了一个多余的自由度，并且不需要中间的加强环框架，但是仅有的一个底部轴承距离重心较远，会使侧面轴承 x 向的载荷过大，因此找到了两个备选方案（c）和（d）作进一步研究。如果忽略变形产生的载荷，这两个方案耳轴的载荷都在运载器可承受范围之内。本案例中，由于方案（c）少了一个中间加强环框架，因此选定方案（c）。需要注意的是，随着设计的发展，最后必须考虑耳轴在未约束

方向的摩擦力。

如图21-15所示，现在已经有了载人舱的初步构型。将主耳轴（承受x向载荷）放在舱体的尾部，这是由于运载器尾部可以承受更大的界面载荷。

在设计这个构型的结构尺寸前，必须确定结构的材料和构造形式，以及如何验证结构的强度，这关系到结构设计的安全系数，并且这些决定都是相互依赖的。

焊接是承压结构最好的密封方法，因此在舱壳设计时不采用复合材料和三明治结构。钢在焊接后仍能保持强度，但是在飞行压力载荷下的稳定性效果不好。铝在焊接后强度会有所降低，但是，如果需要，可以增加焊接处的厚度。焊接不能影响壳的稳定性。铝合金6061-T6和2219-T851都具有良好的焊接性，并且在空间—40℃到160℃的极限温度下都能够良好工作。T2219比6061更加刚硬，但它们有相同的弹性模量，这就确定了相同的屈曲应力。在初始设计时，由于6061—T6更加便宜和适用，故选用该材料。

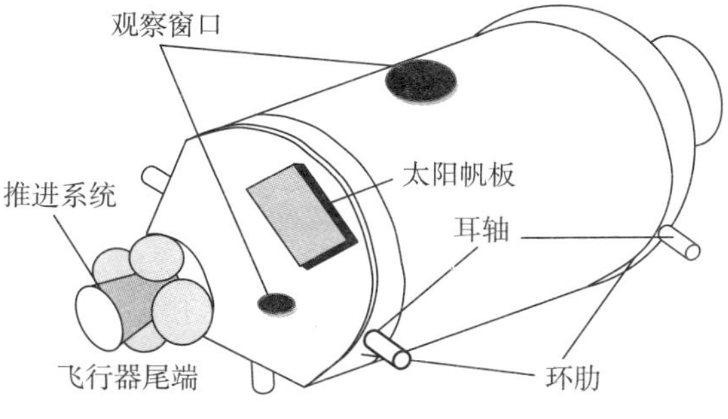

图21-15　载人舱初始构型设计图▲

▲：舱体首尾的耳轴与航天飞机的标准装配端面配合，环肋将耳轴的载荷分布到壳体结构上

从表21-10可知，6061-T6薄板的许用压缩极限应力和压缩屈服应力分别为290 MPa和240 MPa。焊接热会降低焊缝附近材料的特性。对于高级机械焊接，这两个参数预计分别降到106 MPa和

100 MPa。初始设计中可以应用这些特性，但是必须通过焊接样品试验进行确认。

对于那些失效后会危及乘员安全的飞行器结构，通常采用表 21－5 列出的安全系数和试验来验证强度。另外，对于用于居住的载人舱，必须满足 NASA ［1994］ 提出的要求。这些要求标明，必须做到：

1）设计结构能够承受两倍的最大设计压力载荷（MDP），而不发生破坏；

2）进行专用结构（非飞行结构）的 1.5 倍 MDP 组合压力试验和 1.4 倍过载试验；

3）每个飞行舱段进行 1.5 倍 MDP 的鉴定级试验。

工况（a）和（c）表明舱段受压时的极限和屈服安全系数分别为 2.0 和 1.5。对于起飞和着陆时的组合载荷，将采用（b）中定义的试验系数作为极限安全系数，并按照表 21－5 取屈服安全系数为 1.0。

在太空中，载人舱设计的最大内压为 0.1096 MPa，或者 0.1096 N/mm^2。这比大气压稍大，反映了假设泄压值的特性，用以避免空气压力振荡。

现在具备了圆柱壳设计的所有条件，开始设计时假设壳体是实心硬壳式结构。（后面将发现，在柱形成型之前，通过在厚板中机加工一个等栅格或矩形栅格结构，能够减小质量并提供压缩稳定性。）然后通过两种工况确定壳的厚度：单独压力，飞行或着陆时与压力同时存在的载荷。

对于单独考虑压力的情况，如上文所述，极限安全系数为 2.0，屈服安全系数为 1.5。由于安全系数之比（2.0/1.5＝1.33）超出了极限强度和屈服强度之比（290/240＝1.21，见表 21－10），对于极限压力而言，在焊接热影响的区域之外的面板是危险的。相反，由于极限与屈服强度之比高达（160/100＝1.6＞1.33），对于屈服压力焊缝附近的面板是危险的。

设计极限内压为 $p_{u'}$ 为 2.0（0.1096）=0.219 MPa。在远离焊缝位置，内压产生的拉伸应力不会超过许用极限拉伸应力 $F_{tu'}$（290 MPa，见表 21-10）

$$f_{hu}=\frac{p_u r}{t}\leqslant F_{tu} \tag{21-11}$$

其中 f_{hu} 是周向应力（沿着壳），r 是壳半径，t 是厚度。因此，最大压力下，焊缝之外壳的厚度为

$$t_1=\frac{p_u r}{F_{tu}}=\frac{0.219(2135)}{290}=1.61\ \text{mm} \tag{21-12}$$

对距焊缝中心约两厘米的范围，必须增加厚度以保证屈服应力小于许用应力 100 MPa

$$t_2=\frac{p_y r}{F_{ty}}=\frac{1.5(0.1096)(2135)}{100}=3.51\ \text{mm} \tag{21-13}$$

其中 t_2 是焊缝附近面板的厚度，p_y 为设计屈服载荷（1.5 倍屈服安全系数），r 是结构半径，F_{ty} 是焊接热影响区域的许用屈服应力。

对于起飞和着陆载荷，受压稳定性将决定壳的厚度。在初始设计时，仅考虑轴向力和弯矩产生的轴向压缩，忽略任何扭转和剪切应力。将圆柱看作一个简支梁，载人舱的质量均匀分布到支撑耳轴件之间的梁上（表 21-12，工况 d），通过内力可以计算得到最大弯矩

$$M_{\max}=\frac{wL^2}{8}=\frac{((W/L)\sqrt{n_y^2+n_z^2})L^2}{8}=\frac{WL\sqrt{n_y^2+n_z^2}}{8} \tag{21-14}$$

其中 w 是单位长度的力，W 是载人舱的总质量，L 是长度，n_y 和 n_z 分别是 y 和 z 向的载荷系数（见表 21-14）。假设在轴向同时存在压力，P_c，它等于总重量乘以轴向载荷系数的负数 $-n_x$

$$P_c=-Wn_x \tag{21-15}$$

基于式（21-3）梁的应力、图 21-7 截面特性和图 21-10 轴向压应力，可以计算得到极限压缩应力，f_{cu}，要求其小于或等于弹性屈曲应力（式（21-10），令 $\eta=1.0$）

$$f_{cu}=1.4\left(\frac{P_c}{2\pi rt}+\frac{M_{\max}r}{\pi r^3 t}\right)-1.5\frac{pr}{2t}\leqslant 0.6\gamma\frac{Et}{t} \quad (21-16)$$

其中 r 是直径（2135 mm），t 是厚度，p 是最小相对内压（负值），E 是弹性模量（69000 MPa，见表 21－10），1.4 和 1.5 分别为内载和压力的极限安全系数。设初始设计中 $\gamma=0.5$，可以重新整理这个不等式，计算得到稳定性要求的厚度为

$$t_3=\sqrt{\frac{r}{0.3E}\left[1.4\left(\frac{P_c}{2\pi r}+\frac{M_{\max}}{\pi r^2}\right)-1.5\frac{pr}{2}\right]} \quad (21-17)$$

表 21－15 给出了起飞和着陆载荷（表 21－14 定义）工况下的计算结果。基于弹性屈曲方程得到厚度 t_3 为 2.57 mm，需要保证对应的极限压缩应力不超出材料的比例极限。从 DOD［1994a］可知，6061－T6 薄板的极限压缩应力为 28 ksi，或 190 MPa。（焊接引起应力下降的特性是局部的，不足以影响屈曲应力。）由式（21－16）可知厚度 2.57 mm 得到的极限应力等于弹性屈曲应力，因此通过式（21－10）可以确定极限压缩应力，f_{cu}

$$f_{cu}=0.3\frac{Et_3}{r}=0.3\left(\frac{69000(2.57)}{2135}\right)=24.9\ \text{MPa}<190\ \text{MPa} \quad (21-18)$$

至此，采用弹性方程完成了计算。由于 $t_3>t_1$（2.57 mm>1.61 mm），可知壳的厚度从稳定性角度是危险的，远离焊缝处壳的厚度至少应为 2.57 mm，且在焊缝附近至少为 3.51 mm。

表 21－15　起飞和着陆载荷下防止载人舱受压屈曲的圆柱壳厚度▲

工况	极限载荷系数			最小压力/MPa	极限轴向压缩力 P_c/（N）	极限弯矩 $M_{\max}$/（10^6 mm·N）	所需厚度 t_3/（mm）
	n_x	n_y	n_z				
起飞	−3.2	1.4	2.5	−0.00345	345000	230	2.57
正常着陆	−2.0	1.5	−4.2	−0.00345	216000	357	2.55

▲：采用式（21－17）计算所需的厚度。

需要注意的是，本案例中仅仅设计了基本壳的尺寸，没有考虑

到工程中不连续处的细节设计，如观察窗和节点等载荷集中的地方。可以借助有限元分析在这些部位设计加强结构。

完成结构初始设计后，预估结构重量就不再是简单的用材料密度乘以体积，而必须考虑紧固件、焊缝、装配件和连接处的局部加厚等因素。在概念设计阶段，对比各种构型方案时，并未在连接设计上花费时间（即使必须设计出它们的方案）。取而代之的是，根据结构类型会在结构组件预估重量的基础上乘以一个 1.25～1.75 之间的系数。然后，再在总重量基础上乘以 1.25，以应对不可避免的重量增加（见图 21－1）。

结论

本章讨论了载人航天器结构的设计和验证。本章的开头，通过一个载人舱结构设计案例简要介绍了设计初期的选项及其要点。显然，主要目标并不是要涉及所有的设计细节，毕竟航天工程要成百上千的设计者和分析员参与。不过，读者现在应该能对载人航天结构的设计需求有个总体了解。

参考文献

[1] DOD. 1994a. Metallic Materials and Elements for Aerospace Vehicle Structures. MIL - HDBK - 5G. Washington, DC: Department of Defense.

[2] DOD. 1994b. Test Requirements for Booster, Upper Stage, and Space Vehicles. MIL - STD - 1540C. Washington, DC: Department of Defense.

[3] Hawkins, Keith. 1988. Space Vehicle and Associated Subsystem Weight Grouth. SAWE Paper No. 1816. Chula Vista, CA: Society of Allied Weight Engineers, Inc.

[4] Larson, Wiley J. , and James R. Wertz. eds. 1992. Space Mission Analysis and Design, 2nd ed. Torrance, CA: Microcosm, Inc. , and Dordrecht, The Netherlands: Kluwer Academic Publishers.

[5] NAS5 - 15208. 1970. Aerospace Systems Pyrotechnic Shock Data (Ground Test and Flight) . Vol. VI. Goddard Space Flight Center: National Aeronautics and Space Administration.

[6] NASA. 1966. Shell Analysis Manual. NASA SID 66 - 398. Houston, TX: NASA Manned Spacecraft Center (now JSC) .

[7] NASA. 1975. Astronautic Structures Manual. NASA TM - X - 73305. George C. Marshall Space Flight Center, Huntsville, AL: National Aeronautics and Space Administration.

[8] NASA. 1980. Safety Policy and Requirements for Payloads using the Space Transportation System (STS) . NSTS 1700. 7B Houston, TX: NASA Johnson Space Center.

[9] NASA. 1988. Fracture Control Requirements for Payloads Using the National Space Transportation System (NSTS) . NHB8071. 1. Houston, TX: NASA Johnson Space Center.

[10] NASA. 1989. Shuttle/Payload Interface Definition Document for Standard Accommodations. IDD21000 - STD. Houston, TX: NSTS Integration and

Operation Office，NASA Johnson Space Center.

[11] NASA. 1990. General Environmental Verification Specification for STS and ELV Payloads，Subsystems，and Components. GEVS – SE. Godard Space Flight Center：National Aeronautics and Space Administration.

[12] NASA. 1992. Shuttle Orbiter/Cargo Standard Interfaces. ICD – 2 – 19001，NSTS Volume 14，Attachment 1 Houston，TX：NASA Johnson Space Center.

[13] NASA. 1993a. Payload Structural Verification Requirements. NSTS 14046. Houston，TX：NASA Johnson Space Center.

[14] NASA. 1993b. Shuttle Orbiter/Spacelab Module Interface Control Document. NSTS 21000 – IDD – SL. Houston，TX：NSTS Integration and Operation Office，NASA Johnson Space Center.

[15] NASA. 1994. Payload Structural Verification Requirements. NSTS 14046，Rev. C. Houston，TX：NASA Johnson Space Center.

[16] NASA. 1996a. Fracture Control Requirements for Payloads Using the Space Shuttle. NASA – STD – 5003. Houston，TX：NASA Johnson Space Center.

[17] NASA. 1996b. Structural Design and Test Factors of safety for Spaceflight Hardware. NASA – STD – 5001. Huntsville，AL：National Aeronautics and Space Administration，Marshall Space Flight Center.

[18] Rolfe，S. T.，and J. M. Barsom. 1977. Fracture and Fatigue Control in Structures. Englewood Cliffs，NJ：Prentice – Hall.

[19] Sarafin，Thomas P. ed. 1995. Spacecraft Structures and Mechanisms：From Concept to Launch. Torrance，CA：Microcosms，Inc.，and Dordrecht，The Netherlands：Kluwer Academic Publishers.

[20] Trubert，Marc. 1989. Mass Acceleration Curve for Spacecraft Structural Design. Report No. JPLD – 5882. Pasadena，CA：Jet Propulsion Laboratory and National Aeronautics and Space Administration.

第 22 章　舱外活动系统

Brand N. Griffin，Griffin 设计公司
Phil Spampinato，ILC 多佛公司
Richard C. Wilde，Hamilton 标准公司，国际空间系统公司

为使航天员能够在航天器舱外或其他行星表面进行活动，需要研制舱外活动（extravehicular activity，EVA）系统。本章可以了解在失重、月球和火星环境下如何确定系统大小和设计系统。为了能够进行舱外活动，需要加压服，生命保障系统，检查和补充消耗品的设备，以及辅助工具。表 22-1 给出了研发 EVA 系统的步骤。

通过学习本章的内容，你将能够把 EVA 集成到一个任务中，且学会如何对 EVA 系统做初步设计。利用第 11、12、13 和 14 章的内容，只要确定 EVA 次数（表 22-1 中第 1 步）和应用表 22-2 的信息，就可以迅速地确定一个常规 EVA 系统的大小。设计者可以根据表 22-1 中的所有步骤以及本章末的案例提出初步设计概念。

在本章中，强调的是设计和集成 EVA 系统的流程，但是有些时候需要一个快速的答案。面对该情况，为了设计工作起步，需要建

立基本准则以替代详细分析。在对环境、系统（服装类型）、舱外活动航天员人数、任务需求和出舱活动次数做出某些假设之后，利用表 22－2 中的信息，就可以对系统的质量和体积进行粗略估计。

这些假设包括：

环境——月球，1/6g，长时间的白天和黑夜，有磨蚀作用的月尘；

系统——航天飞机航天服要针对在月尘中行走和工作进行改进；

乘员数量——2 人（至少）；

任务——登月舱，月球漫游车，月面勘探活动；

EVA 次数——6 次（约两周内每隔一天一次）。

具体设计方案随着详细设计的深入而进一步明确，设计结果的变化通常是很大的，如图 22－1 所示。

表 22－1　EVA 系统初步设计▲

步骤	说明	讨论章节
1. 确定 EVA 需求：任务、操作环境和人的能力	将任务目标转化为作业以确定乘员数量和 EVA 次数； 对控制重量，防护辐射、微流星体和粉尘，控制温度等的需求条件进行评估； 对新陈代谢率、R 因子（见第 5 章）、可见性、人体测量、可移动性、疲劳和管理信息的需求条件进行评估	22.1.1 节，第 1 章， 22.1.2 节，第 3、4 章， 22.1.2 节，第 5、6 章，图 5.1
2. 提出 EVA 系统和操作的设计概念	系统集成，确立 EVA 时间表和后勤支援	22.2 节
3. 选择 EVA 分系统	选择压力服、关节、生命保障设备和信息管理方式	22.3 节，第 17 章
4. 确定 EVA 接口	气闸舱，漫游车，着陆器，工作点条件	22.4 节
5. 开展概念设计	配置基线系统	22.5 节
6. 文件存档和迭代设计	与需求条件作对比，记录决策理由	

▲：这个分步流程有助于设计一个满足任务需求的系统。

表 22－2　EVA 系统设计速查表

EVA 条目	近地轨道	月球	火星
航天服质量，图 22－7（生保系统和服装组件）	119 kg（美）；105 kg（俄）； 90 kg 再生式生保系统（NASA 未来设计理念）	122 kg（短期任务）； 20～30 kg* （长期任务）； 22.1.2 节	20～30 kg，美职业安全和保健法案，最大程度； 22.1.2 节
任务中航天服总质量，图 22－8（2 个出舱乘员加备用）	357 kg； 270 kg 再生式	366 kg（短期任务）； 60～90 kg（长期任务）	60～90 kg
航天服体积，表 22－12（堆放时）	0.6 m^3～1.0 m^3	0.6 m^3～1.0 m^3	0.6 m^3～1.0 m^3
任务中航天服总体积，表 22－12（2 名乘员加备用）	1.7 m^3～2.9 m^3	1.7 m^3～2.9 m^3	1.7 m^3～2.9 m^3
每次出舱活动的消耗（每人）表 22－9	8 kg（美）； 无再生	8 kg（美）； 无再生	8 kg（美）； 无再生
机动单元，22.3 节	35 kg（美）用于舱外营救； 218 kg（俄）MMU		
出舱活动工具（美），22.2.1 节	123 kg		
出舱活动辅助工具（一般用在 LEO）（每人）22.2.1 节	40 kg	无	无
气闸舱质量	440 kg+，1591 kg** 6228 kg++	400 kg***	400 kg***
气闸舱体积	4.5 $m^{3(*+)}$	2.5 m^3***	2.5 m^3***

* 长期任务。包括消除预期的生理影响。

+航天飞机内部气闸舱。

** 航天飞机外部气闸舱和支撑结构。

++空间站设备和乘员气闸舱的发射质量。

*** 每个气闸舱。2 个气闸舱备用。

图 22-1　可选择的 EVA 系统▲

▲：EVA 系统设计包含从紧身衣到单人的航天器。每个系统下面的数字代表此系统的技术成熟度（TRL）。见第 2 章表 2-4 对 TRL 的定义

22.1　舱外活动系统需求

22.1.1　任务需求

我们分析任务的需求，以确定满足任务所需的乘员数以及 EVA 次数。首先，表 22-3 给出了一个设计参考任务，可以帮助我们通过考查 EVA 活动特殊需求，勾画任务场景和评估时间表对任务进行分析。其次，我们列出每个任务所需要的技能或特定的知识。通过对乘员所要完成的任务合理地分解，就能确定乘员数量。对于这一步，当然也需要考虑需要多少人来承担任务，团队是否能信任，如果某人不能工作时又该如何处理。最后，通过将任务时间表、乘员数量和操作与设备的限制进行匹配就可确定 EVA 次数。操作限制包括在轨的前 72 小时不能进行 EVA，两次 EVA 之间要休息一天，每周不能超过 3 次 EVA。任务约束限制了质量和体积，且间接地确定了生命保障系统可使用时间以及排热方式。这一步构成了在每次约 6 小时的一系列 EVA 中要完成的作业组（图 22-3）。

表 22-3 将任务目标转换为 EVA 乘员数量和 EVA 次数

步骤	任务	例子/min
1. 确定 EVA 作业任务	勾画作业场景和估计时间表	打开着陆器座舱（35）； 卸载设备（15）； 检查设备（10）； 驾驶漫游车（10-25）； 部署设备（20）
2. 确定所需技能	分配作业所需技能或专业知识	着陆器：驾驶，导航，通信； 卸载设备：着陆器系统； 检查设备：有效载荷系统； 驾驶漫游车：驾驶，导航； 部署设备：有效载荷系统
3. 确定 EVA 所需乘员数	评估作业复杂性、危险性、所需的技能、安全性和易致“疏忽”。考虑应急措施，合理安排每个乘员需掌握的技能	EVA 乘员 1 主岗：驾驶； 次岗：飞行器系统； 三岗：地质学家； EVA 乘员 2 主岗：地质学家； 次岗：驾驶； 三岗：导航/通信
4. 确定 EVA 次数（图 22-3）	每次 EVA 至少 2 人，每次 EVA 工作 6 小时。考虑负重、疲劳、每次 EVA 的乘员数，生命保障系统密封舱、乘员旋转等因素	首次 EVA：2 名 EVA 乘员，4.9 小时 检查着陆器； 卸载有效载荷设备； 检查漫游车； 第二次 EVA：2 个 EVA 乘员，5.5 小时 部署科学仪器； 收集样品

接下来，综合考虑出舱活动所需小时数以及决定要参加的乘员数量（大小，数量，备用）就能估算出航天服的数量。例如，航天飞机任务中多于 3 次的 EVA 需要两个小组。因此如果任务需要 40 小时的工作负荷，两个人一起工作，那么每个人大约需要工作 20 小时。假设每次 EVA 为 6 小时，这就意味着需要进行 4 次 EVA。

在确立了 EVA 的基本特征后，我们知道了系统的范围和复杂性，以及任务、技能和乘员完成出舱工作所需的时间。

22.1.2　操作环境

设计用于近地轨道（LEO）的航天服不太可能用于火星。重力、辐射、大气和尘埃是影响航天服设计的主要因素，如表 22-4 所示。

表 22-4　操作环境对 EVA 系统的影响▲

EVA 设计考虑因素			
环境因素	微重力	月球	火星
重力	乘员约束，中立体位，用手移动	可能的约束，体位和步法，携带重量，行走	携带重量，行走
辐射（电离和非电离）	在 LEO 上要防护太阳粒子事件，避免南大西洋辐射异常影响，防护紫外线（UV）和红外线（IR）的材料和涂层	半球形暴露——由星体（夜晚）、材料和涂层来防护紫外线和红外线	半球形暴露——由星体（夜晚）、材料和涂层来防护紫外线和红外线
微流星体/碎片	通过分层材料进行防护	通过分层材料进行防护	火星大气可以降低风险
尘埃	无	会污染轴承、密封、显示器和环境	与月球相同，但是情况要稍微好点
热	交替的太阳直射和阴影下，极端的热环境	EVA 时，太阳位置基本“固定”。月球正午最热，背离太阳的阴影区最冷	因为有火星的大气存在，不能使用传统的升华和多层隔热法
大气	真空	真空	有低压的 CO_2
光照	对于 LEO，考虑太阳直射和阴影区交替变化	15 天光照，15 天黑夜	与地球一天的情况类似
化学相容性	推进剂污染	推进剂和月球上处理的化学物	推进剂和火星上处理的化学物
锋利或粗糙的棱边以及物理损伤	航天器设备（损坏）	航天器，建筑材料和岩石	航天器，建筑材料和岩石

▲：总结了在不同空间环境中 EVA 设计需考虑的因素。

重力

重力是设计 EVA 的一个至关重要的因素，其决定了携带的重量、身体姿势和工作时的反作用方式［Kosmo，1990］。携带重量指的是服装、背包和工具的重量。它会间接地转换为自由落体运动的惯性，在 EVA 的移动动力学中会加以考虑。在微重力条件下，最大的不同就是移动是双手交替进行，意味着用手和前臂上很小的肌肉来完成通常用大腿肌肉完成的工作。对于在航天飞机上的太空行走，用手来开始、停止和稳定重达 330 kg 以上的物体，包括航天服、乘员、消耗品、EVA 工具和辅助工具。在微重力环境下移动大型物体的诀窍就是慢慢地移动。

阿波罗任务中航天服的最大重量是基于职业安全和健康管理法案的标准（Occupational Safety and Health Administration，OSHA）给出的，限重 20.3 kg（45 lb），人能持续携带 8 小时。这个标准相当于在月球上的 122 kg，在短期的月球任务中是可以接受的，比如两周的阿波罗飞行。阿波罗 EMU 在地球上重约 97 kg，在月球上重约 16.1 kg。但是，在失重环境下持续几个月或几年的负重对生理功能失调造成的影响到目前为止还不得而知。NASA 现在认为，对于未来的长期任务，考虑去适应作用，航天服的重量应控制在 20～30 kg（地面重量）。

在失重的环境中，乘员可以自由漂浮或将其脚部插入脚限制器中。自由漂浮需要用手来约束和稳定，而脚限制器对脚的固定作用可以让手自由工作。在设计 EVA 操作时，需要对任务和约束进行仔细考察，因为这会影响到扶手、拴系点和脚套的结构。另一个要点是手部很快就会疲劳，而对于 EVA，操作工具和关闭气闸舱门都必须用手来操作。

但是，在星球表面时，人们必须能够穿着航天服行走。行走的过程看似复杂，包括踝关节、膝盖和臀部，当然也需要控制重心、触感（较小重力下的反馈）和视觉。作为航天服设计者，必须将乘员包裹在加压航天服内，让其能够从事正常的运动［Newman and Barratt，1977］。

重力会极大地影响到我们工作时的体位和方式。例如，在地球上，利用重力来降低躯干，脚部就会在手臂的活动范围内，我们就可以轻易地摸到自己的足尖。在失重环境下，必须利用腹肌来同时驱动手臂和腿部才能做出那样的姿势，同时还要克服衣服的弯曲刚度，这个任务可能变得困难或者是不可能的。在失重环境中，航天服被设计成中立体位或在失重下身体呈现的体位。对于月球和火星上的体位虽然是猜想的，但是应该位于失重与 1g 之间（图 22-2）。

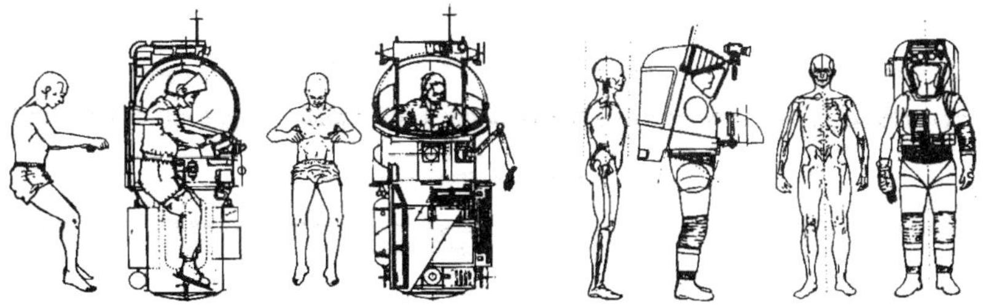

图 22-2 重力对体位和 EVA 系统设计的影响

理解体位的变化是设计 EVA 系统一个重要的出发点

辐射

除了穿越南大西洋辐射异常影响区外，在近地轨道上地球的地磁场对 EVA 具有保护作用（第 3 章）。当 EVA 位于地球磁场之外时，风险将增大，太阳粒子事件是电离辐射最大的危险源。航天飞机上用的航天服为躯干上部提供了 0.5 g/cm^2 等效铝防护，并计划为所有的金属制成的航天服提供约 1.5 g/cm^2 等效铝防护。但是一套航天服不具备完全应对太阳粒子事件的防护能力，因此最好的保护方法就是限制 EVA 时间，以及提供足够的预警时间以便进入庇护区躲避。在火星上的出舱活动，辐射也是需要关心的一个问题，不过火星的大气提供了等效于 27 g/cm^2 铝的防护（见 EVA 生理学）[Brown and Schentrup，1990]。

非电离辐射，比如紫外线和红外线，也会影响到 EVA 材料的热和结构特性。因此，要选择能够抗辐射退化的材料和涂层。

微流星体

微流星体对于进行 EVA 的乘员来说是真正的威胁，且因为航天器碎片不断累积，近地轨道情况最为恶劣。EVA 的两个防护措施就是限制暴露部位——特别是在碎片很多的轨道上——和采取多层航天服材料。通过了解碎片和微流星体环境（第 3 章和第 4 章），对 EVA 事先计划好，可以降低风险。

尘埃

月尘实际上是粗糙的沙粒，能够磨损服装涂层，刮伤头盔面罩，遮盖外部显示器，损害外层航天服的吸收率和发射率，污染密封件和轴承。在阿波罗 17 号上，月尘使得乘员 Jack Schmitt 在执行完 3 次 EVA 后就很难戴牢手套和穿上外套了。月尘的静电和力学特性使得它会粘附在航天服上，在进入气闸舱前很难被清除。

据我们对火星的认知来看，其尘埃就像滑石粉，没有月尘尖锐，但是仍然会污染轴承和密封件。而且，火星有全球的沙尘暴，会遮挡视线，影响所计划的旅程，增加应急补给数量。

为了控制星球尘埃的危害，航天服应该：

1）开口最小，例如，只有一个进出口；

2）手套和头盔与服装可拆卸；

3）设计和定位密封装置时要能防尘，且易于检查和清洁；

4）保护或重置显示器，控制其避免尘埃的污染；

5）控制尘埃，免得其进入内部。

热

热控是航天服最重要的功能之一。在太空极端温度下保持狭小的人体舒适空间确实是个挑战（第 3 章和第 4 章）。一个典型的 90 分钟周期近地轨道意味着有 55 分钟位于炽热的太阳照射下，有 35 分钟位于冰冷的地球阴影中。一个预计 6 小时的舱外活动将会绕地球转 4—5 圈。对于近地轨道上的外部热控制，美国航天飞机的航天服采用了白色的正色面料（吸收率＝0.18，发射率＝0.84），具有 5

层铝化聚酯层。在内部，通风系统和液冷服将新陈代谢的热量传递给便携式生命保障系统（portable life support system，PLSS）排出。手套中的电阻加热器提供局部所需热量，以应对特殊的寒冷环境。

月球上热环境变化较为缓慢，实际上在一个计划的 EVA 期间是保持恒定的。就像为特定的天气准备穿着一样，我们可以为已知的热环境准备好航天服，让乘员与外部隔离，可采用局部加热或特殊保护性的罩衣。月球的一天是 29.53 个地球日，月面温度的变化范围可从正午的 114 ℃到月夜的－183 ℃。

大气

火星上的温差很大，但由于大气的原因，并不能通过升华进行散热，多层隔热的效果也不好，因为大气会传热且重力会压缩材料层。目前正在考虑使用散热器，但很可能它并不能完全解决冷却的问题。

光照

良好的视线对于 EVA 来说是必要的。在近地轨道上，航天服有防护面罩和灯光，因此乘员可以在阳光直射和阴影区交替变化环境中工作。在月球上，太阳入射角能引发“白屏”，因此考虑到阴影能够增加观察维度，进行 EVA，包括驾驶漫游车，都最好能有周密的时间安排。因为地球上亮度为月球的 60 倍，地球反射的光线可以在月夜为近地侧的 EVA 照明。火星的白昼、黑夜情况与地球相似，光照条件也类似。

化学相容性

接着，我们考察暴露在危险化学物质条件下自然和人造环境。航天器推进剂和冷却系统采用的化学物质会损害航天服材料，或引入到气闸舱中造成危险。有害的化学物质同样可能存在于星球上的建筑物、科学实验和原位资源提取过程中。EVA 系统至少要能抵抗这些危害物的影响，诸如肼、四氧化氮和氨之类的化学物质。

尖锐或参差不齐的棱边

航天服应能承受尖锐或参差不齐的棱边的影响，因为被刺穿后将是致命的。靴子和手套应该能处理粗糙、尖锐的物体；整个外套也要能防护由于落体或由操作疏忽所致的刮擦伤害。诸如航天器、设备和月球漫游车上尖锐的棱边都存在着严重危险，认识这些风险有助于在航天服上选择和安装防护材料。

22.1.3　人的需求

EVA 生理学

第 5 章描述了太空中的人类生理学，本节将总结适用于 EVA 情况的特定条件，内容包括：操作压力，工作负载（新陈代谢率和 CO_2 产出），辐射，定向（太空运动病），视觉，卫生和废物处理。

选择航天服压力是设计中最重要的决策之一。最基本的权衡就是在减少减压病和增加手套灵活性之间进行选择。第 5 章给出了居住舱和航天服压力之间的关系图。当血液中的氮流向周围组织时就会出现减压病，随着气压下降病情会加重。该效应对 EVA 来说是重要的，因为航天服压力往往小于航天器的内部压力，而如今大多数航天器内部环境与地表相似，由氧气与氮气混合而成，约 1 个大气压（表 22－5）。

表 22－5　航天器和航天服内的大气环境▲

	阿波罗	天空实验室	航天飞机	和平号空间站	国际空间站
舱内气压/kPa	34.5	34.5	101.3	101.3	101.3
舱内气体/%（O_2/N_2）	100%O_2	72/28	21/79	21/79	21/79
航天服气压/kPa@100%O_2	26.9	26.9	29.6	39.2	29.6 EMU 39.2 奥兰服

▲：为满足人类生理学和动作灵巧性要求，对航天器和航天服内气体选择的历史情况。

从另一方面看，航天服压力范围从人能承受的生理下限 25.9 kPa到手套灵巧性性能要求的上限 57.2 kPa。注意：对于纯氧，连续暴露在氧气中避免中毒的最大压力为 41.3 kPa，而每 120 小时暴露不超过 18 小时的最大压力则为 68.9 kPa。从混合高压气体的舱内住所进入纯氧低压的航天服需要一段时间的预呼吸来清除血液中的氮和防止减压病。预呼吸保证了安全但也额外增加了 EVA 时间。当然，从含有两种气体的环境到单一气体环境需要清除时间，因此增加了计划程序。从 101.3 kPa 的国际空间站到美国29.6 kPa 的舱外活动单元（Extravehicular Mobility Unit，EMU），通常安排预呼吸约 4 小时。这样的要求妨碍了快速进行 EVA 或利用航天服进行紧急救助。将航天器舱内气压与航天服压力调成类似将减小预呼吸时间。例如，在 EVA 之前的 24 小时，将航天飞机舱内气压降到 70.3 kPa，在气压降低的过程中将预呼吸时间降低到 1 小时，在进行 EVA 之前只需再进行 40 分钟的预呼吸即可。俄罗斯方案中规定从 101.3 kPa 到 40 kPa 只需 30 分钟。

对于 EVA，新陈代谢率对工作负荷给出了很好的指引。比起穿着短袖来说，穿压力服做任何事情都需要付出更多的努力，航天服的质量和转动关节所需要的力矩会加重工作负荷。当然，保持稳定和反作用力通常需要有意识的努力。例如，在月球和火星上行走需要携带航天服这个附加质量，且需要保持对新重心的控制。新陈代谢率（第 5 章）是确定生命保障系统大小和如何控制温度的关键，可以采用 290 瓦作为平均新陈代谢率来确定近地轨道的生命保障系统，对于月球 EVA，其值则为 340 瓦。

高工作负荷将导致体液流失——据报道俄罗斯航天员在数小时的 EVA 中瘦了 3 kg。可以通过穿着带液体冷却外套的航天服来控制体温和减少出汗，补充体液流失的一个办法是携带饮品包，在头盔中装有配出器。

在高工作负荷下，人会吸收更多的氧气，产生更多的二氧化碳。由于航天服体积较小，因此二氧化碳浓度会快速累积升高。即使低浓度的二氧化碳都会造成诸如心率和呼吸加快，精神抑郁，头疼，眩晕，恶心等生理症状。浓缩的二氧化碳会导致精神恍惚，最后使人昏迷。生命保障系统排出二氧化碳，通风系统则避免二氧化碳堆积。二氧化碳的产生依赖于新陈代谢率和呼吸商。这个商——吸入的氧气与产生的二氧化碳的比率——很大程度上与日常饮食有关。高碳水化合物的食物会比高脂肪的食物产生更多的二氧化碳。

EVA 系统对电离辐射的防护非常有限。太阳粒子事件对人威胁最大，可能是致命的，因此必须假定它可能在任何时候发生。在近地轨道上进行防护的有效办法只有一个，那就是撤退到封闭的保护罩内。在月球上进行 EVA 的乘员也只有 30 分钟的预警时间。假设月面行走和月球漫游车的平均速度分别为 2 km/h 和8 km/h，那么他们离开保护罩的距离只能控制在 1～4 km 内。

EVA 代表了空间定向的一种特殊情形（第 5 章）。为了帮助乘员适应航天飞机上失重引起的变化，在发射后的前 72 小时内不安排 EVA 任务。这样的计划解决了乘员的适应问题，也避免了乘员可能在航天服中呕吐的问题。而且，如果不采用脚部固定装置，在自由落体条件下进行 EVA 是没有方向约束的。在月球和火星上，由于有参考的水平面，可借助当地重力矢量定向。

从最基本的移动到阅读航天服显示板，EVA 乘员为了生存必须能够看到东西和观察环境，因此航天服必须提供良好的视野。首先，必须满足出舱活动作业视场要求。例如，在失重条件下双手交叉移动需要头顶的视野（与爬梯子类似）。俄罗斯已经为其在国际空间站中的奥兰 M 型航天服增加了此功能。星球航天服则需要为行走和触摸星球表面上的物体提供下视能力。良好的可视性也包括面罩，可以减少刺眼的强光，避免太阳直射，还需要有良好的通风及较低的湿度来避免头盔内起雾，以保证最小的光学失真，显示器不会被阳光或尘埃所模糊，有划痕和附着尘埃的面罩可更换。表 22－6 给出了各种有代表性任务的光照等级。

由于在 EVA 过程中出汗会形成微生物污染源，我们确定了 EVA 系统再次使用的卫生要求。乘员必须在使用完航天服后采用生物灭杀剂对其干洗，因此也需要服装易于检查和清洗。俄罗斯航天服是一次性使用的天基系统，消耗品补给来自于地面。航天飞机的 EMU 是可重复使用的地基系统，补给从航天飞机/国际空间站上获取。

因为处于加压航天服内的总时间能多达 8 小时，我们结合了缓解技术和特殊服装来处理排泄问题。残余较少的膳食会减少废物的排放，但是一般情况下，乘员会穿带尿液收集器（男）或一次性收集排泄物的航天服。

表 22-6　适用于 EVA 的照度▲

活动类型	照度范围/lux
走廊移动	30～56
弱光工作区偶尔的简单视觉任务	55～110
大型或高对比度物体的视觉任务	215～325
小型或中对比度物体的视觉任务	325～750
微小型或低对比度物体的视觉任务	540～1080
微小型且低对比度的长期视觉任务	1080～2150

▲：能见度在 EVA 中必须得到保证，本表给出在阴影区工作场所的照度。

EVA 中人的因素

EVA 中人的因素是空间人因的一个子集（第 6 章）。设计人员考虑的主要因素包括：适应不同类型的乘员，加压航天服易于移动，可承受不同的强度和疲劳度以及管理信息。

因为 EVA 的效率很大程度上依赖于航天服的匹配性，在设计中选择乘员的体型是很重要的一步，设计人员必须予以权衡。是所有的乘员都能进行 EVA，还是只选择那些体型符合的？航天服应该是模块式的还是量身定做的？为配合 EVA 的乘员，需要准备一份什么样的适合空间使用的零件清单？一旦我们对这些问题作出了决策，就可以利用乘员的体型数据研发出大小合适的航天服。俄罗斯的航天服适合所有乘员，乘员体型数据控制在一定范围内（表 22-7），而美国采用了不同方法。因为任务目标单一，阿波罗航天服是量身定制的一次性服装，而航天飞机的航天服是模块式的、可重复使用的，适用于美国乘员中 95%的男性和 5%的女性。美国和俄罗斯的航天服在太空中一定程度上可进行适当调整。作为尺码策略的一部分，当然也需要考虑更换乘员和改变航天服的适用范围，比如在国际空间站或月球上使用。决定是否采用模块式的航天服的关键在于确定尺码范围，否则模块式航天服将会非常复杂且昂贵。

表 22－7 美俄航天服对应的乘员体型数据▲

乘员体型	美国航天飞机 EMU/cm	俄罗斯礼炮号/和平号/cm
身高	155～188	161～185
胸围	81～109	96～108
臂展	155～196	未定
腿长	69～91	72～91

▲：方案选择决定了适合 EVA 的乘员范围。适应性广意味着部件更多，耗费更大。

为了提供合身的航天服，必须考虑体型在空间中的变化。例如，在失重情况下脊柱会增加 3%，这也意味着在地面训练时用的航天服用于太空时要调整大小。在月球任务中也需要做些类似的调整，因为月球的重力要比地球小得多。

移动性、灵巧性、触知性和强度是航天服设计的核心，且需确定关节的扭矩和自由度。在勾画移动性概念之前必须分析 EVA 任务的生物力学，因为每个环境的重力都是不同的，约束、移动和体位也是不同的。失重下的移动是双手交叉使用，阿波罗乘员在月球上行走的方式就像在蹦床上一样，且我们只能用飞机作抛物线飞行来模拟 40 秒的失重时间，以预示在火星上的行走方式。对任务的分析和描述将会决定 EVA 系统的移动性要求。比如，在失重环境下，乘员会带上脚部固定装置，需要用腰部的转动来提供柔韧性，触及最远点。在月球或火星上，不需要转动腰部就能完成任务，因为可以通过脚的移动到达任务位置。

接下来，在确定 EVA 任务中所需的灵巧性和触知性之后，就可以研发手套或操纵工具了。一般而言，为满足灵巧性要求，手套必须确保手腕的自由移动和抓取动作，而触知性则要求透过手套的材料能感觉出物体的形状。手套设计是极具挑战性的工作，多层材料既能起到承压和热防护作用，也能满足灵巧性、触知性要求。对手套最期待的特征就是舒适，没有压迫点和不舒服的地方，低扭矩的手指、大拇指和腕关节则能允许长时间工作，疲劳度较低。增强手套的性能，与降低航天服内压，存在着很大的冲突。

对于 EVA，疲劳是影响工作质量和安全的关键因素。在月球和火星的重力环境中，乘员用腿来支撑其负载：便携式生命保障系统、装备和航天服；在失重时，他们用手来控制物体的移动。在任何条件下，关节力矩都是导致疲劳的重要原因之一，但通常的诱致疲劳的因素源自手套的压力。对于加压服的操作，利用手套进行重复抓取会非常疲劳且会疼痛，这就意味着我们必须围绕着肩部等其他航天服关节来设计任务。

一件舒适的航天服是能够提高工作效率的。对于典型的长达 6 小时的 EVA 来说，舒适并非奢侈性要求，而是航天服的潜在贡献。航天服要合适，达到舒适的效果，能对诸如温度、湿度、气流速度、噪音等进行良好控制。航天服的穿脱方法也是非常重要的。双子星飞船航天服基本上都是软的物品，堆放在一个狭小的空间内，穿航天服则常常让乘员精疲力竭。航天飞机上的航天服上身很硬，不易于堆放，穿脱要花将近 10 分钟。从后背进入的航天服，比如俄罗斯的奥兰 DMA 型或 NASA 的 MKIII 航天服，会花费更少的时间。几乎所有的任务都会用到手，因而舒适的手套是必不可少的。手变冷后容易使手指头受伤。合适的手套会最大限度的减少疲劳，而不合适的手套则会造成危险，有时还意味着无法完成任务。另一个影响设计的舒适因素就是柔软的航天服会使得连接处的部位不再疼痛。当然，也需要避免急停，且有关节弯曲的限制。

为了明确如何管理信息，我们首先评估乘员完成特定任务的自主权。例如，探测类任务与航天飞机外的 EVA 是不同的。从航天飞机上执行 EVA 通常有准确的规定，且事先训练过多次，而对月球或火星的探测则需要一个更为开放的计划，允许乘员迅速地做出决策。当然，我们也必须知道实际会受到的限制，比如从地球到火星存在通信迟延，因此在地面上为火星提供实时指导是不现实的，航天服必须更加自主——配备机载导航，查验参考、程序和系统状态情况。我们利用人因工程来确定显示能力和设计需求，以及信息管理系统的控制特征。为了控制头盔的噪音，我们只保留了语音通信和声音预警。乘员在执行 EVA 时需及时根据参考材料做出明智的决定，大部分情况采用内部视屏显示。

22.2 舱外活动系统和操作概念

22.2.1 EVA 操作

在载人航天任务中，人也是有效载荷，EVA 常常是一种方法，乘员通过 EVA 完成任务的主要目标。为了将 EVA 成功地集成到整个任务中，必须遵循合理的流程。任务目标设定了初始的性能参数，确定了质量、体积、消耗和花费的预算目标。我们必须将 EVA 系统和这些参数进行匹配，因为这会严重地影响到系统的后勤支持。例如，2 名乘员使用美国航天飞机 EMU 6 个月，每周 5 天就需要大约 2054kg 的消耗品。表 22-8 给出了其他需要集成的事项。

表 22-8 EVA 系统集成事项▲

事项条目	集成因素
安全性	航天服是否作为生命保障系统的备份（紧急情况，发射升空/着陆）
舱内压力	绝对压力，预呼吸时间，易燃性和材料都是什么
航天器设计	航天服是否可以用作着陆的座舱，是否与月球漫游车有接口
气闸舱	是否需要，位置以及数量

续表

事项条目	集成因素
工具和辅助工具	需要什么样的工具及辅助工具？在哪里存放以及如何使用
乘员训练	乘员在执行任务前是否经过训练，或在任务中可以做部分训练吗
工作点	工作点舱室的结构？航天服作用范围？作业位置
后勤	消耗品、备用品和维修有哪些
技术进展	为提高性能需要耗费多少？需要安排计划吗（比如可再生的 PLSS）
共性	部件清单，规模原则，以及不同系统之间的共性
设计寿命	系统是一次性的还是可重复使用的，材料的选择
可维护性	可达性如何？可替换单元设计？需要自检/诊断

▲：此表列出了人在太空任务中系统集成时需考虑的事项。

EVA 操作可以分为预先安排的、非预先安排的或偶然的。在一个任务中，可能出现非预期的事件，比如更换损坏的部件需要 EVA。偶然进行的 EVA 是启动紧急程序。EVA 由以下阶段构成：评估 EVA 目的和事先确定的步骤，在执行 EVA 之前做好准备和检查系统，准备出舱进入太空或行星环境，携带合适的工具或辅助工具，进入工作点，执行任务，返回舱内，补充消耗品。乘员们也必须定期对航天服进行清洁、维护和维修。

航天服数量、EVA 频率以及部件库存与 EVA 操作情况直接相关。航天飞机任务最多支持 8 次预先安排和偶然的 EVA，在国际空间站的 EMU 返回地面进行维护之前，每个 EMU 最多支持 25 次 EVA。俄罗斯的航天服并不返回地面，它可支持 10 次 EVA，如果能在轨替换航天服软的物品，则可支持多达 20 次 EVA。

为了提高安全性，在发射升空和再入大气层时均要穿着压力服。航天飞机采用了单独的航天服，而在阿波罗计划中则使用了 EVA 航天服。在这两种情况中，航天器设计和 EVA 操作都考虑了许多因素，包括体位、约束、到达范围、移动性、灵巧性、触知性、可视性和通信。EVA 采用了搭档系统，即让两个或更多的乘员执行每一次 EVA。这样的方针影响到气闸舱和月球漫游车的大小，决定了消耗品（水，氧气，二氧化碳洗涤器）的使用量，影响了 EVA 的程序和训练。

研发 EVA 工具是为了完成任务目标。在阿波罗计划中，为了将月球样本带回地球，研发的工具包括地质学家的锤子、耙子、铲子和岩心钻。后来，按照目标要求建立了在月球环境中能工作的工具，并用登月舱电池进行充电。航天飞机 EVA 工具包括用于应急关闭有效载荷舱门的特殊工具和用于组装载荷的改进型商用机械手。改进部分包括：提供把手垫供戴手套的手能舒适操作，以及为了防止飘走的系绳。采用了可充电的电动螺丝刀/扳手作为驱动带螺纹紧固件的工具，这样可以最大限度地降低手和手腕的疲劳度，这对于 EVA 中组装大型构件是必要的，比如国际空间站。

为了简化 EVA 所需的螺母和螺钉，国际空间站采用了一个标准的 SAE 螺纹紧固尺寸：7/16 英寸六角头螺钉。为减少圆角效应，螺栓头和螺母的高度均为标准的两倍。国际空间站组装时需要的手用工具统一存放于 EVA 工具箱内，位于联接处的气闸舱外，工具及工具箱重约 123 kg。

航天飞机的 EVA 辅助工具包括安全系绳、便携式脚部固定装置、头灯，以及 EMU 前部的一个可以用来向工作地点搬运工具的微型工作站（图 22 - 4）。这就是乘员的工具腰带，这些辅助工具重约 40 kg。

阿波罗飞船和航天飞机的任务时间都很短，持续时间从 1 周到 3 周不等。乘员在地面上就会按照所有计划好的 EVA 程序和预先设想的应急情况进行训练。乘员训练包括：上课，穿着航天服在水池中进行失重模拟训练，在抛物线飞行中训练（可产生短时间失重环境），以及利用 1g 下变重力模拟器及模型进行训练。训练一般要持续 1 年，训练设备在飞行的 9 个月前就要准备到位。在任务中，能得到时间表和程序备份，需要做的更改可以从地面传送上去。在 EVA 中，乘员可以查阅事先准备好的纸质清单，在航天服前臂印有 EVA 关键步骤的提示。任务控制中心指导乘员根据预先准备好的时间表进行 EVA。EVA 是由执行的乘员、航天器内的乘员及任务控制中心通力合作完成的。

对于持续数月的国际空间站考察任务，不可能对每个出舱的乘员所要完成的事项进行全面的地面训练，这在航天飞机飞行任务中也类似。某些独立的 EVA 计划是在轨道上才安排的，相应的针对性训练也只能在轨道上进行。为了完成这样的任务，NASA 现在正在研发虚拟现实地面训练系统，以增强训练能力，NASA 希望能应用在国际空间站上。对于持续数年的行星际任务，NASA 同样希望事先具备这样的训练能力，能完成主要部分的训练，并在飞行途中对训练的内容进行更新。NASA 还研发了一种袖口式电子检测清单，对 EVA 提供帮助。在任务中，它可以由地面人员进行数据更新。由于地球和火星之间的通信存在延迟，乘员相对于任务控制中心拥有更大的自主权，但 EVA 仍旧需要执行者与航天器内的乘员进行通力合作。

我们从心理、生理、人因和安全的角度制定了任务的操作限制条件和程序，也包括考虑环境的适应性，比如，入轨的前三天不安排 EVA，这是为了预防由于开始处于失重状态时前庭扰动会导致在航天服内出现呕吐的情况。当然也要考虑 EVA 的时长与频度，如果月球漫游车出现故障等待救援时，野营方案是什么？如果在火星上遇到沙尘暴或在月球上遇到太阳粒子事件时，生存的策略是什么？接着，利用任务的限制条件，我们制定了时间表（图 22 - 3），可用来规划 EVA 任务安排。

22.2.2　EVA 系统概念

航天服的生命保障和热控制功能要求对消耗品进行补给（表 22 - 9）。从后勤保障的角度来说，我们应与任务承担方以及航天器的设计者一起决定是否采用可以节约成本的可再生技术。从历史上来说，EVA 系统展现了主航天器的整体设计理念，并共享了适宜的分系统技术和消耗补给，如表 22 - 10 所示。

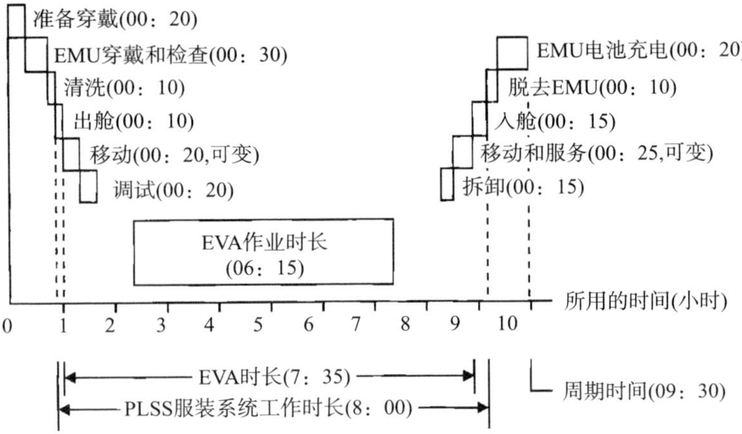

图 22－3　8 小时背包的工作时间▲

▲：由于 EVA 的特性，在航天服 8 小时有效工作时间内安排 6 小时作为工作时间［摘自 Furr，1986］

表 22－9　美国舱外活动单元（EMU）的消耗品补给▲

条目（美 EMU）	消耗率（每次 EVA）
LiOH（每人）	2.9 kg（包括容器）
氧气（每人）	0.63 kg
水（每人）	最少 3.5 kg　最多 5.4 kg
漏气（每次 EVA 气闸舱气体循环）	每次气闸舱气体循环漏气 10％
电力（每次 EMU）	26 A·h，16.8 V dc（预呼气中耗费 3.5 A·h）
电力（泵取 90％气闸舱）	0.133 kWh（8 分钟消耗 4.5 kW）

▲：对 EVA 的补给保障极大地影响任务的质量和体积。

表 22－10　EVA 系统如何与主航天器共享技术与消耗补给品▲

任务	主航天器 / EVA 系统	整体概念	共享技术
阿波罗	登月舱 / 阿波罗 EMU	一次性，1 个任务航天器； 一次性，1 到 3 次 EVA，航天服量身定做	空气环路：闭环； CO_2 的消除：一次性 LiOH； 动力：AgZn 电池； 散热：水升华器

续表

任务	主航天器 / EVA 系统	整体概念	共享技术
航天飞机	轨道器 / 航天飞机 EMU	可重复使用，100 次飞行，两次飞行之间要在地面进行维修； 每次任务最多 8 次 EVA，需要地面维修与调整，寿命 15 年	空气环路：闭环； CO_2 的消除：一次性 LiOH
国际空间站	美国在轨部分 / 国际空间站 EMU	在轨维修，寿命为 10 年 将航天飞机的 EMU 在轨 270 天内的 EVA 次数提高到 25 次，包括调整和维修。10 年寿命内最多完成 20 个任务	空气环路：闭环； CO_2 的消除：可再生的 MOL 过滤器 维修计划：轨道替换单元

▲：EVA 系统的技术——例如阿波罗飞船的 EMU，航天飞机和国际空间站——通常与主航天器是兼容的［Wilde，Abramov and McBarron，1993］。

压力密闭环境

人体需要处于合适的压力环境。有两种方法提供这种环境：一是采用一套紧身富有弹性的衣物向身体部分部位提供机械反压力，二是采用大气压力包围身体的传统方法。机械反压服有一个球形头盔，供乘员呼吸，使用一套紧身衣为身体其他部分提供压力。这种类型的样品已经证明可以提供良好的移动性，但是穿着不便。到目前为止，这种航天服还没有实用价值。

还可以采用全压力密闭的环境，提供呼吸的氧气，并控制湿度以及乘员体温。根据使用环境和应用场合不同，全压力密闭环境有多种形式。有些仿照人体结构，尺寸上比使用者稍微大些（见图22－4）。它们材料各异，从柔性材料，到刚性与柔性材料组合，再到全刚性材料。此外，适应人体的构型是可能的，并应优先去做。阿波罗计划的一个早期想法是允许手动操作，因此相应的航天服有一个罐状的躯干和灵活的腿部。当注意到在失重环境下人们并不会使用腿部行走后，一些设计概念得到了改变，将裤子形状的腿部替换成了包或者圆柱的形状。同时，设计中还包括一些坚硬的外包物，有时被称之为“罐中人”，省去了预呼吸过程，提供了穿着短袖工作的环境，使用遥控机械臂和末端执行器，一般都集成一套推进系统以提高移动性能（图 22-1）。

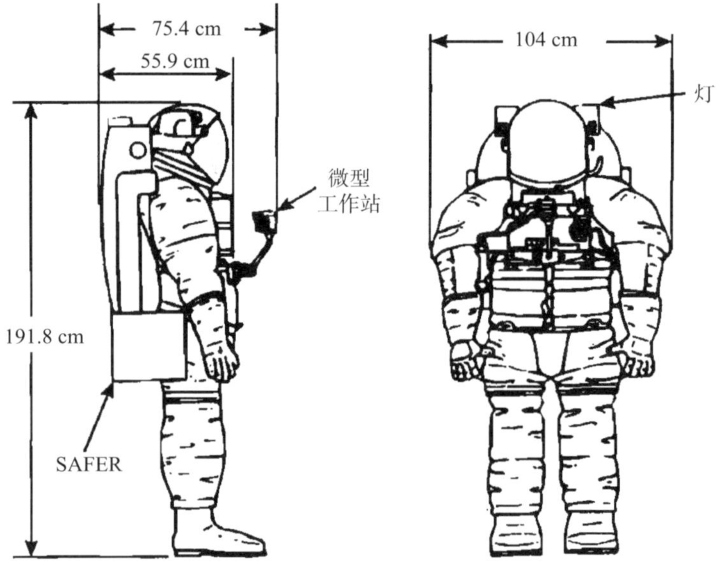

图 22-4　增强型 EMU 尺寸数据简图▲

▲：设计气闸舱和进出通道需要航天服尺寸数据

设计一套航天服的关键在于在做各种动作时保持恒定的体积。大多数使用织物材料平式联接，能实现二轴运动（弯曲/伸展或者内收/外展）。其他设计包括硬连接和混合方案，如滚动旋卷（铰链连接，交叉布线，折叠结构）和环面（甜甜圈形状）。沿轴方向的约束织物连接点承担了航天服的纵向载荷，避免了连接点处受压情况下轴向变化。

当连接点处弯曲时，约束线跟随连接点角度变化，使得内侧材料弯曲，外部材料伸展。这种变化可以使连接点的体积基本保持不变，因此减少了连接点处弯曲时压缩其内部气体的工作。它还提供了一个稳定的平衡点——连接点弯曲时只需要很小的外部作用力就可以保持在期望的位置。

阿波罗航天服基本上完全由柔性材料制成，航天飞机 EMU 同时使用了刚性和柔性材料，而现在研发了一种全刚性材料高压力航天服。

我们面临的挑战在于制造一种安全、灵活的压力手套，以最大限度地利用手的神奇能力。压力和材料厚度是造成手部疲劳的主要因素，这一点非常重要，因为对 EVA 来说，抓取动作至关重要。手套增强功能，如助力功能已经进行了研发，而可拆卸的末端执行器已经证明了其价值，非常适用于固定的抓取动作及操作动力工具，力量也更大。根据环境的不同，航天服鞋子可能会不同，因为乘员不会在失重环境下行走，此时鞋是刚性的（有限的关节活动），被设计成利用脚限位装置限位。为了太空行走设计了阿波罗航天鞋，并针对月面 EVA 制作了一个特殊的套靴。

便携式生命保障系统

第 17 章讨论了生命保障系统的基础知识，本章将把重点放在 EVA 独有的特征上。一般来说，航天服的生命保障系统具有空气控制、电力供应、通信和热控制等功能。我们可以使用脐带式或便携式的生命保障系统来提供上述功能。脐带式系统，在双子星座和天空实验室计划中成功应用，简化了结构，减少了质量，降低了成本（因为未使用背包）。便携式系统应用范围更广，机动性更好。有时，EVA 两者都用。脐带式可以在部分任务中或紧急情况下为便携式提供增强功能，或作为备份。与登陆器或星球车相连的脐带式系统，能在乘员转送过程中最小程度地使用背包内的补给品，在应急情况下提供“连体式呼吸”。

空气控制

航天飞机 EMU 使用瓶装压缩氧气来提供呼吸气体，通过一个双模、单级调压器，将压力降低到 29.6 kPa。应急供氧系统为乘员提供保护，免受最危险的故障威胁，如储存的氧气损失、航天服严重泄漏或者电机出现故障。这些操作是自主实现的。当泄漏速率达到 2.36 kg/h，压力降低至 27 kPa 时，系统自动运行。这个最低的航天服压力限值为保护乘员免受缺氧威胁提供了足够的余量。如果空气流通停止，头盔里的 CO_2 浓度急剧升高，乘员会激活排放阀门，排出废气［McBarron 等，1994］。

风扇让气体流经乘员的脸部，带走呼出的 CO_2 气体，而内部的 CO_2 气体压力保持在 7.6 mm 汞柱以下。CO_2 在排气通道处通过与 LiOH 发生化学反应产生 Li_2CO_3（国际空间站采用一种可重复使用的金属氧化物来代替 LiOH）。该反应产生热和水分，增加了便携式生命保障系统需要处理的代谢量。对于 EMU 来说，考虑平均活动水平为 293 W，呼吸商为 0.90，持续时间至少 7 h 的呼吸活动，1.1 kg 的 LiOH 可以将 CO_2 水平控制在 10.1 hPa（7.6 mm 汞柱）以内。

活性炭可以吸附污染物，特别是有机化合物。过滤器用来过滤微粒状物质。可替换的小罐用来收集污染物，并易于处理。

气体流动可以使头盔里的呼出气体的露点温度低于头盔壁的温度以避免结雾。升华器对排气通道气体除湿并降低排气和流经液体降温管道流体的温度（图 22－5）。升华器是一个三种流体的热交换器，通过将冰升华排到真空中从而将热排放到外部空间。制冰用的进水作为消耗品存储在便携式系统的水箱中。升华过程可以将孔状隔热板温度保持在 0°左右，将排气温度降到 18°C——这个温度可以凝结由呼吸、排汗和 LiOH 化学反应所产生的水汽。冷凝物组成了 0.9 千克或 18％用于冷却的进水。系统使用气体和液体为乘员身体降温。冷却气体占到了大约 25％，大部分是在头部。冷却液体应用于其他部位，如四肢和躯干。

18℃的水冷装置可以最大限度地减少出汗，让乘员不会失水。乘员可以选择从 16℃到 33℃不等的水冷温度。航天飞机 EMU 提供了 2.05 kWh 的冷却动力，平均功耗为 293 W，最高时的峰值可到达 586 W，持续约 15 分钟。

电气和电子分系统

电气和电子分系统包括电力、数据管理和通信（音频和视频）。

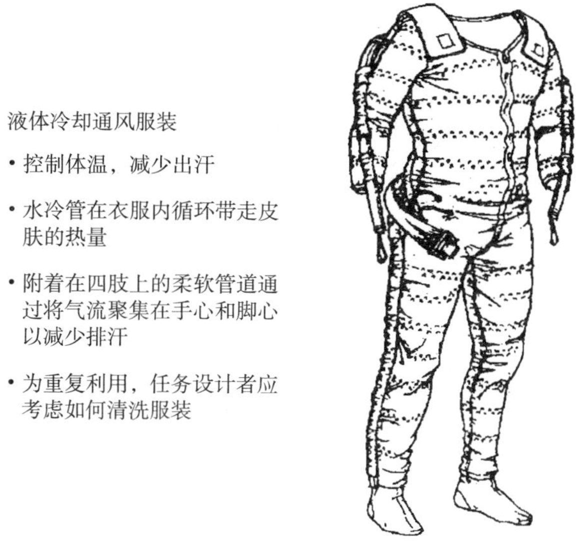

图 22－5 液体冷却通风服装▲

▲：美国和俄罗斯都已经采用了液体冷却服装来控制航天服内的体温

EMU 和俄罗斯的奥兰 DMA 型航天服都采用了银锌电池。俄罗斯系统采用的是可替换电池，参数为 19 A·h，27 Vdc。而 EMU 采用的是充电电池，参数为 26.6A·h，电压 16.8 Vdc。如果航天服内的纯氧着火，那将会是一场灾难，因此，美国 EMU 对 PLSS 和航天服设置了隔离包。

显示和控制

显示和控制部分必须为完成好任务、评估航天服的卫生情况（参阅 EVA 人员因素）提供必要的信息。EMU 在胸部安装有一个单排、20 字符的 LCD 显示器，用来显示其状态。对于月球和火星考察任务来说，系统的能力必须更加出色，具备如下功能：腕部的电子清单，EMU 头盔外部显示器，指令/控制舱压力服内一对集成式声控 LCD 监视器。

背包包装

EVA 背包的策略是确定管线可更换单元和安置分系统各部件。背包策略会直接影响体积、质量、备用品、重心、易用性和安全。表22-11给出了阿波罗和航天飞机PLSS背包的不同之处。这些因素决定了背包的大小，也是确定舱门大小和所有操作可行性的关键。

表22-11　阿波罗与航天飞机关于PLSS背包的差异比较▲

条目	阿波罗	航天飞机
体积（大小）	重要，但并不是关键因素； 由于发射存在振动，需要更大的空间	至关重要——要适合甲板之间舱口的尺寸
PLSS* +OPS体积	0.099 m^3，$PF^+=3.0$	0.084 m^3，PF=2.0
质量	至关重要，因为在有重力的环境下操作	重要，但并不关键，在失重环境中操作
PLSS+OPS重量	49.83 kg，PF=1.6	63.87 kg，PF=2.2

* PLSS=便携式生命保障系统（Portable Life Support System）；OPS=氧气净化系统（Oxygen Purge System）。

+ PF（Packaging Factor，包装因子）=总PLSS / 功能部件。

▲：行走的重心、可维护性和整体的大小都是PLSS硬件背包的关键[Thomas，1993]。

材料

材料的选择主要基于EVA系统结构的要求，这些要求包括压力和操作载荷（故障模式），在纯氧中的操作，移动性，重量，现场服务或维修，热力学特性，对微流星体和空间碎片的防护，设计寿命，可检验性，以及舒适度等。刚性航天服的部件，比如轴承和连接件，是由不锈钢或铝机加工而成，而躯干是由铸铝和玻璃纤维制成。由NASA艾姆斯研究中心研发的全铝AX—5航天服的动机之一就是可以精确制造且形成量产，而不是仅仅依靠量身定做。为避免冲击和出于承压考虑，透明圆罩状头盔是由聚碳酸酯材料做成的。

因大部分的压力负荷都是张力，故纺织品不仅能够满足结构的需求，还有舒适、重量轻、低生产成本和堆放便利等优点。为匹配满足特殊需求的不同种类纺织品的特性，采取多层材料结构。一个有氨基甲酸乙酯涂层的尼龙气囊布包括内压层和编织的涤纶布，涤纶布可以用来限制气囊布的鼓起，并控制关节活动时的形状。多层的织物层与层之间的隔离还可防护热辐射。此外，外层由特氟纶、芳纶和高熔点芳香族聚酰胺混合而成的织物层组成，还对穿刺、刮擦和撕扯有防护作用，且白色表面能反射太阳光。对于月球和火星上的 EVA，可以通过采用光洁度高的、或一次性的致密编织材料制成的外套，来控制尘埃和保持航天服的热特性。

在确定结构的尺寸时应留有安全余量：增压织物外壳需≥2.0 倍的法向操作压力，金属和其他刚性部件需≥1.5 倍的材料屈服强度，且≥2.0 倍的拉伸强度。

22.3　接口

气闸舱是连接两个不同压力区域的中间区域。对于航天飞机、和平号空间站和国际空间站，气闸舱还是穿脱及存放航天服之处。失重环境下航天服可处于不同指向状态，乘员通常会飘过直径为 1 米的开口。在有重力的环境下，乘员垂直站立，可以通过类似于潜艇里的舱门进行工作。航天器和星际基地都应设置一个以上入口，如果没有两个气闸舱，那么另一个加压部件将会被设置成为应急入口。对于在星球上执行 EVA，气闸舱应该有去尘功能。

EVA 乘员在时间、资源、移动性、可视性和灵巧性等方面均受到限制，因此在进行 EVA 相关硬件和航天服设计时应牢记这些特点。也就是说，通道越大，工具夹具、系留紧固件和拴系工具直径越大。在失重条件件下，NASA 标准 3000 为 EMU 的操作提出了详细要求。对于月球和火星上的 EVA，这些要求中的大部分会得到应用，但必须考虑尘埃对机械的影响以及重力的存在。

对于失重条件下的 EVA，约束装置为反作用力提供了承载路径。脚部约束装置最为常见，并在结构联接、设定和移位上事先做出安排。关于移动性和约束，可以在机械臂的末端采用脚部约束装置，比如航天飞机和空间站上的遥控操作系统。系绳也可以约束乘员和装备。作为移动性辅助装置，美国和俄罗斯已有机动单元的飞行版本（图 22-6），NASA 正在使用 36 kg 的机动装置，名为 EVA 救生简化辅助系统（Simplified Aid for EVA Rescue，SAFER），可供一个乘员在应急情况下安全返回。关于星球上的移动性，月球漫游车和卸货车都可以将乘员送到较远的工作地点。适用于俄罗斯奥兰航天服的 SAFER 也正在研制中。

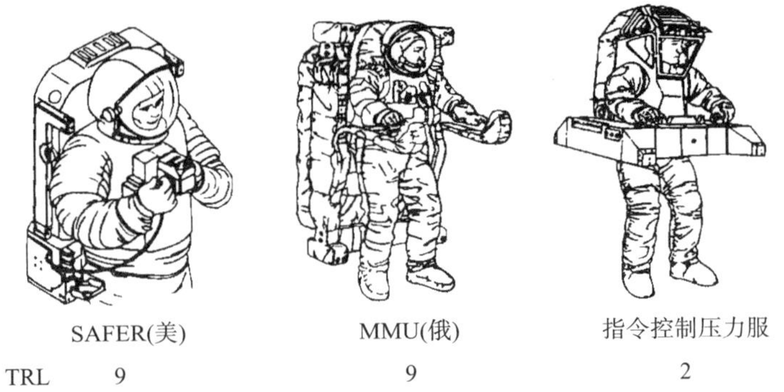

图 22-6　失重条件下移动系统选项▲

▲：在失重条件下，一个机动单元可以让乘员自由地从一点去往另一点。图下方的数字表示技术成熟度（第 2 章，表 2-4）

22.4　设计过程

完整的处理过程将所有设计整合到一起。从之前步骤 1～步骤 5 的分析中，我们为飞行任务选择 EVA 系统提出了概念选项。在这一点上有两种选择，一是用头脑风暴法产生新方法，二是为适应任务需求对现有的系统进行修改。首先，建立功能关系，比如用 PLSS 或脐带式生命保障系统；其次给出初始的设计原型，再迭代设计。这些设计反映了 EVA 系统的物理构型。图 22-1 提供了一些选项。

在早期的任务规划中确定 EVA 系统大致的质量是重要的。图 22-7 比较了不同航天服的质量，图 22-8 给出了包括消耗品在内的整个 EMU 的质量。

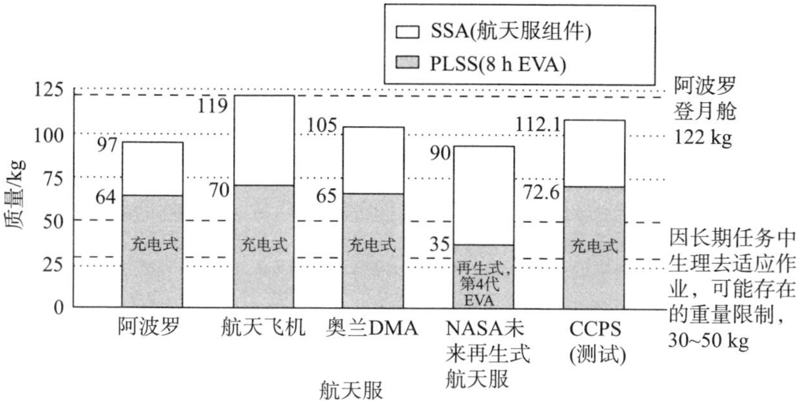

图 22－7　航天服质量的比较▲

▲：现有的再生式生命保障系统可能并没有考虑未来月球或火星长期任务中 EVA 重量限制，可充电设想也没有考虑火星上 EVA 的重量限制

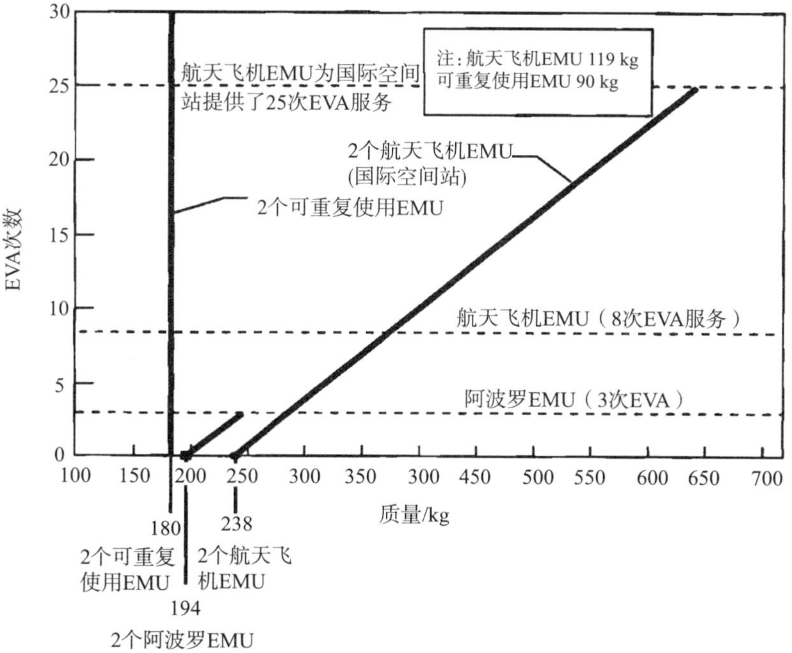

图 22－8　阿波罗、航天飞机和国际空间站任务的舱外移动单元的质量比较▲

▲：航天服、消耗品和备用品的质量对于整个任务的质量来说是非常重要的

如果修改现有的系统就能满足任务需求，或技术上有前景的，即使概念设计成熟度欠缺，但在可承受范围之内，这时候就能够决定项目计划和所需费用。一种新的方法可能在技术上很吸引人，但修改现有的设备会花费更少，会降低项目的时间和技术风险。表 2-4 列出了一些概念设计选项的技术成熟度评估结果。

22.5 案例研究：为月球基地提供舱外活动系统

为了确定月球 EVA 系统的质量和体积，我们确立了基本规则，并利用了表 22-2 中的信息。基本规则包括：

1）3 名 EVA 乘员（只有 2 名乘坐月球漫游车远足）；

2）生命保障系统采用现有的技术（非再生式）；

3）月球漫游车开到探测点；

4）在重力环境下使用气闸舱；

5）短期任务。

由此就可以勾画出任务规模，如表 22-12 所示。

表 22-12 月球基地 EVA 系统规模的快速设计（案例研究）

系统元件	单元	任务质量	任务体积
航天服质量	122 kg	—	—
任务用航天服质量（3 套航天服，加上 1 套作为备用）	—	488 kg	—
航天服体积	1.0 m^3	—	—
任务用航天服体积（2 套存放在气闸舱，0.5 套作为备用）	—	—	1.5 m^3
消耗品（6 次 EVA，2 次 3 人组，4 次 2 人组）	—	112 kg	—
气闸舱（2 个单人气闸舱）	—	800 kg	—
气闸舱体积（2 个气闸舱，不包括除尘工具和工具箱）	5.0 m^3	—	5.0 m^3
总计	—	1400 kg	6.5 m^3

对于系统的初步设计，从理解任务所需 EVA 要求开始。表 22-13 列出了在一个标准 6 小时的 EVA 中需完成的任务及估计用时。

表 22-13　确定 EVA 任务（案例研究）

任务	增压的时间		移动性，灵巧性，触知性需求
1. EVA 之前	0：45		查验航天服
2. 出气闸舱		0：05	潜艇式舱门
3. 收集工具和设备		0：15	收拾工具和设备
4. 装载和检查月球漫游车		0：20	安放及捆绑设备
5. 驶向工作点		0：25	手动操作月球漫游车
6. 收集样品		3：30	1/6 g 的行走，钻探，安置设备并取样
7. 返回基地		0：25	驾驶月球漫游车并导航
8. 卸载月球漫游车		0：15	收集设备与样品
9. 除尘		0：20	移除航天服表面附着的月尘
10. 进入气闸舱		0：05	通过舱门
11. EVA 之后	0：20		清洗航天服
	1：05 h	5：40 h	

接着确定 EVA 乘员人数，这需要考查所需的技能，研究是否最少需要 2 人就可完成所有操作，或者还需赋予 2 名乘员必要的技能。表 22-14 给出了两个乘员必须掌握的技能，EV1 充当地质学家和着陆器/有效载荷专家，EV2 充当驾驶员和原位资源探测专家。表中 1 表示主技能，2 表示副技能。表 22-15 给出了如何将任务环境转化为航天服的特征参数。

表 22-14　EVA 乘员人数（案例研究）

技能	EV1	EV2	
1. EVA 系统	1	1	
2. 失重 EVA 操作	1	1	
3. 着陆系统	1	2	EV1 充当地质学家，着陆器/有效载荷专家，备份驾驶员

续表

技能	EV1	EV2	
4. 驾驶，导航，通信	2	1	EV2 为驾驶员，原位资源专家
5. 月球 EVA（黑暗，寒冷）	1	1	
6. 有效载荷系统	1	2	
7. 月球地质	1	2	
8. 原位资源（ISRU）	2	1	

表 22-15　将任务环境转化为航天服的特征参数（案例研究）（基于表 22-4）

特征	操作环境	航天服特征参数
重力	轨道：失重，月面：1/6g	便携式生命保障系统（PLSS），重量少于 122 kg（270 lb）
辐射	半球暴露于太阳粒子事件（SPE）中	提供太阳粒子事件发生时的遮蔽处，1/2-1 h 的 SPE 预警
微流星体/碎片	微流星体	多层防护航天服
尘埃	月尘	最小的开口，高光洁度面料，除尘
热	冷	隔热和局部加热器（手套和靴子）
光照	永久黑暗	航天服灯光，场地灯光，作业灯光
大气	真空	最小压力 25.9 kPa
化学相容性	推进剂，原位资源（ISRU）化学成分	材料必须能经受暴露
锋利或粗糙边缘	岩石与冰	耐撕扯与穿刺类材料

我们当然也必须将 EVA 航天服与人的需求紧密结合起来。之前已经确定，航天服需要保证良好的移动性和灵巧性，因乘员将要行走、控制月球漫游车、弯腰和抓取物品。对于这个要求，我们将在生理条件允许的前提下选择最低的压力。当然，航天服也必须提供恰当的气流和温控以管控好身体承受的工作负荷。最后，乘员必须能在半小时内到达太阳风暴掩体内，因为对太阳粒子事件的预警时间只有这么长。

因为任务是一次性的，因此航天服只需要适合乘员即可，不需要适合不同的乘员。月球的南极处于恒久的黑暗之中，航天服上必须配备有供行走与样品检查用的照明设备。乘员可能不能与地球进行直接联系，故航天服上还需有航天服状态、注意事项和预警及任务要点等自主信息。表 22－16 给出了一些其他的特征。

表 22－16　人的需求与航天服规格参数之间的函数关系（案例研究）

人的需求	航天服特征参数
生命保障	
预呼吸	为保证移动性需要低压
新陈代谢率	航天服内 1013 kJ/h（242 kcal/h）
辐射限制	在基地为月球漫游车提供 SPE 躲避装置（第 5 章）
方向	补偿因低重力与黑暗可能造成的方向迷失
视觉	航天服灯光用于行走和作业照明
卫生和废物处理	大小便收集 DACT
人因	
人体测量	需要特定的乘员体型
移动性	适宜行走、弯腰、驾驶月球漫游车
灵巧性	5 个指分开的手套，可以用于驾驶、操作工具
触知性	低压以确保触感
疲劳	提供移动用的月球漫游车，低力矩操作
舒适性	合身，且温度、饮食都有控制
信息管理	声控视觉显示器

我们计划所有的乘员都可以在着陆器与月面基地之间进行 EVA，但是探测型的 EVA 至少 2 人参加。因为月球漫游车有可能出现故障，且没有备份，我们将会让其停放在安全的步行距离之内。为提高安全性，航天服互相之间有脐带式的接口，月球漫游车上也有，并能联通背包中的备用消耗品。表 22－17 给出了如何将这个案例的结果集成到整个任务中去。

表 22-17 将 EVA 集成到任务中（案例研究）

条目	集成因素
安全性	航天服作为生命保障系统的备用（应急情况，升空/着陆）
加压舱	假设加压舱压力为 70.3kPa，航天服压力为 29.6kPa，且医学定向 R 值为 1.4（5.1.1 节）
航天器设计	与月球漫游车的接口
气闸舱	为月球基地提供 EVA 气闸舱
工作地	确定与检测样品，驾驶到工作地收取原位资源（ISRU）
后勤	在月球制氧系统研发之前，均采用短期系统，从地面补给
技术发展的可能	为应对寒冷、黑暗和高低不平的地势要采取增强移动性的措施

表 22-18 给出了供航天服选择的分系统。因任务时间短，并没有太多的时间来研发和测试用于生命保障系统的新技术，故选择的系统与现有的设计相似。我们已经做出了适当的调整，以适应在冰冷、高低不平的月面行走要求。表 22-19 给出了用来进行航天服设计的 EVA 接口。

表 22-18 选择航天服分系统（案例研究）

分系统	定义
加压密闭室	坚硬的上躯干，背部进出，柔软的手臂，柔韧的下躯干（行走）
手套，靴子	手套和靴子都装有加热器，粗糙的月面上使用高筒靴
生命保障	现有的技术，包括与着陆器脐带式联接
热控制	涂层，隔热，手套内局部加热器，水升华系统
电气/电子	先进的信息管理，电力脐带和电池
显示和控制	声控内部显示

表 22-19 EVA 系统的接口（案例研究）

接口	释义
气闸舱	月球基地气闸舱作为进出口和控制尘埃使用
着陆器	上升与下降段提供生命保障功能的航天服

续表

接口	释义
月球漫游车	航天服/月球漫游车与控制、导航和 LSS 接口
工具和约束	EVA 工具（地质，原位资源）。着陆器和月球漫游车操作时的约束
通信	与同伴、轨道飞行器以及地球的音频和视频通信

基于本章所述流程，图 22－9 给出了满足任务要求的航天服初步设计。月球基地任务的 EVA 系统综合了阿波罗 EVA 系统设计中的经验和航天飞机 EMU 中的先进技术。该航天服有一个坚硬的上躯干，肩部的轴承可以保证上躯干在探测任务中的可移动性。臀部、膝盖和脚踝都有关节，可以保证行走和驾驶月球漫游车。由于 EVA 会

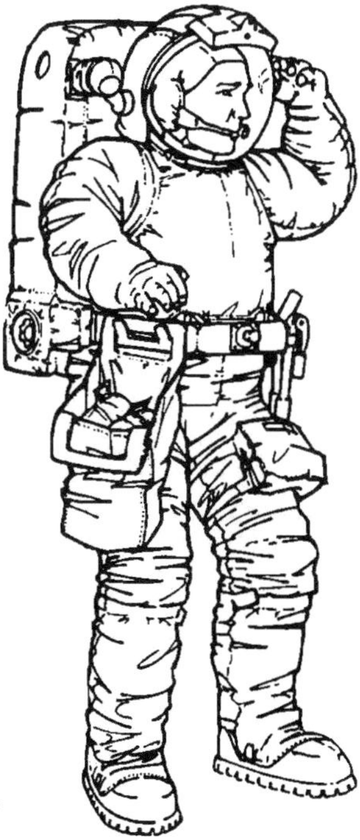

图 22－9　EVA 系统构型（案例研究）

在很低环境温度下展开，因此靴子和手套都装有加热器。背包上的泛光灯为在永久性黑暗坑洞区的工作提供了照明，特制的高筒靴还为在尖锐岩石上行走提供了保护。航天服的外套有助于控制体温，且能防护微流星体和尘埃的磨损。为了提供最好的可视性，以及两手操作，航天服控制和显示器均安置在头盔内，由声音进行控制。而任务近在眼前，不允许在技术上有重大的变动，生命保障系统是改进型舱外活动单元便携式生命保障系统，该系统适用的人群范围更广，且带有连体式呼吸系统。躯干中部安置的圆环可以为样品的采集和工具的使用提供便利。

参考文献

[1] Brown, Mariann F. and Susan M. Schentrup. 1990. Requirements for Extravehicular Activities on the Lunar and Martian Surfaces. SAE 901427. Warrendale, PA: Society of Automotive Engineers.

[2] Furr, Paul A., et. al. 1986. Physiological Aspects of EVA. SAE 860991. Warrendale, PA: Society of Automotive Engineers.

[3] Kosmo, Joseph J. 1990. Design Considerations for Future Planetary Space Suits. SAE 901428. Warrendale, PA: Society of Automotive Engineers.

[4] McBarron, James W., II, et. al. 1994. Space Biology and Medicine. Vol. 11. Life Support and Habitability, Chapter 14, "Individual Systems for Crewmember Life Support and Extravehicular Activity." A joint US/Russian publication. Washington DC: American Institute of Aeronautics and Astronautics.

[5] NASA. 1988. Advanced Extravehicular Activity Systems Requirements Definition Study. Extravehicular Activity at a Lunar Base. NAS9－17779. Houston, TX: NASA Johnson Space Center.

[6] NASA. 1989. Advanced Extravehicular Activity Systems Requirements Definition Study. Extravehicular Activity in Mars Surface Exploration. NAS9－17779. Houston, TX: NASA Johnson Space Center.

[7] Newman, Dava and Michael Barratt. 1997. "Life Support And Performance Issues for Extravehicular Activity" in Fundamentals of Space Life Sciences. Vol. 1. Churchill, S. E. ed. Melbourne, FL: Krieger Publishing Company.

[8] Thomas, G. Packaging Factors for Portable Life Support Subsystems Based on Apollo and Shuttle Systems. SAE 932182. Warrendale, PA: Society of Automotive Engineers.

[9] Wilde, R. C., I. P. Abramov, and J. W. McBarron II. 1993. Extravehicular Individual Life Support: A Comparison of American and Russian Systems.

SAE 932223. Warrendale, PA: Society of Automotive Engineers.

[10] Acknowledgement: The authors express their appreciation to Mr. Michael N. Rouen of the NASA Johnson Space Center, Crew and Thermal Systems Division, for his assistance in preparing and reviewing this chapter.

第 23 章　空间机器人

Christian Sallaberger，加拿大空间局

在介绍载人航天系统的书中出现了论述空间机器人的章节，初看时可能会感到惊讶，因为人们常常将二者视为彼此冲突的。某些任务需要人，其余的任务则需要机器人。

然而，对于现代太空任务而言，二者则是相辅相成的。事实上，大多数载人航天任务需要一些机器人的要素。例如，美国的航天飞机虽然搭载乘员，但其庞大的被称为遥控机械臂系统的机器人手臂对于航天飞机的运营却是不可或缺的。它被用于操纵和部署货舱中的高空设备。此外，机械臂能够提高乘员的出舱活动能力，如在哈勃维修任务过程中，它负责乘员的移动和定位。

目前，所有航天国家中规模最大的载人项目是国际空间站。在这里，很多空间机器人将为人类乘员提供支持和帮助，特别是那些需要超强力量和精准性的任务。它们还将接管众多长期的、繁琐的任务。

对于未来的星际项目来说，这种人类与机器人之间的协同作业将变得更加重要。机器人将在两个方面提高人类应对危险环境的能力，包括为人类后续任务准备一个远程基地选址，用于乘员抵达时

扩展人的能力。通常情况下，这种关系是共生的：机器人在恶劣的或未知的环境中需要人的控制（可能来自于一个安全的、可靠的基地），而人类则需要机器人在关键任务中发挥超人般的能力。

表 23－1 展示了设计空间机器人过程中的分析和设计步骤。本章的剩余部分将详述这些步骤。

表 23－1 空间机器人的分析与设计

步骤	注解	论述章节	输出
1、权衡人和机器人的任务	明确人与机器人各自的任务	23.2 节，表 23－2，第 6 章	明确对于机器人的需求
2、定义机器人系统的总体目标	清晰地定义机器人系统的高级目标以影响分析和设计	23.3 节	高级系统目标
3、分析功能性与操作性需求	采用功能性与操作性需求制定参考设计	23.3.1 节，23.3.2 节，23.3.3 节	对机器人的系统级需求
4、系统概念设计	包括机械臂的自由度、物理尺寸、分布式控制、人工交互的期望级别以及容错设计	图 23－8，23.1.2 节，23.3 节，23.5.1 节、23.5.7 节，表 23－1	机器人概念
5、初步设计	包括人机接口、控制模式、规划方法、运动方式、敏感器、通讯方式、能源、可能还包括重量和成本的估计值	23.4.1 节，23.4.2 节，23.5.2～23.5.9 节，表 23－3，表 23－5，表 23－6，表 23－7，表 23－8，表 23－9，表 23－10	机器人的详细设计
6、迭代	反复执行步骤 4 和 5 以优化改进设计		

23.1 机器人的基本概念

23.1.1 术语

机器人是一种复杂的机械装置，能够在其所处环境中执行任务。机器人可以由人工或计算机独立操控，或常由两者相结合控制。空间机器人被归为两大类机器人之一。

第一类是可移动的机器人，具有独立的运动能力。它们可以是在行星表面漫游的探测器，也可以是在微重力环境中活动的自由浮动机器人，如在轨道空间站的附近环境中。一个著名的例子是苏联早期的太空计划中的月球车 1 号。

机器手臂或机械臂组成了第二类通用机器人，它们包括许多由转动或移动关节连接而成的环节。一个转动关节所连的两个环节之间的角度可以变化，就像是人的肘关节允许上臂和前臂改变二者之间的角度一样。移动关节允许其所连的两个环节之间以固定的角度进行平移。通常一个环节滑入另一个的过程很像一个压缩或伸展中的望远镜。大部分空间机械臂只包括转动关节，并且与人类的手臂具有相似的结构。它们包括由肘关节接合的两个主要环节、至多为三个的腕关节，以及多达三个的肩关节。这些机械臂被称为拟人的或铰接的。一个空间机械臂的尺寸取决于其所服务的任务，其大小可以从几分之一到数倍于人的手臂。执行机构用来移动机器人的关节，尽管这类执行机构可以是液压、气动或电动的，但空间机器人只使用电动的。电发动机是高度可靠的，不像液压或气动系统那样泄漏或污染大气。

空间机械臂的肩部连接到一个航天器上（航天飞机、月球漫游车等），而另一端可以在周边环境中自由地活动。该自由端通常是一个夹紧装置的末端执行器，它所能触及的空间体积就是其工作区域。

23.1.2　机械臂的自由度和运动学特性

机器人机械臂的自由度（the degrees of freedom，DOF）等于其关节的数量，因此，具有 N 个关节的机器人是 N－dof 机器人。若要末端执行器能够到达工作区中的任意位置和方向，则机械臂至少需要 6 个自由度。对于 6 自由度机械臂来说，该执行器的位置和方位对应六个关节特定的关节值，从而对应于该机械臂的一个构型。

如果一个机器人具有超过六个自由度，则把它叫做冗余机械臂，因为它可以使用无限的构型以达到设定的末端执行器的位置和方向。

人的手臂可以被认为是一个显著冗余的 7－dof 臂（3－dof 肩，1－dof 肘和 3－dof 手腕），肩膀和手可能会被固定于空间中某个位置和方向，但仍然可以通过摆动肘部来移动手臂以完成多种构型。冗余机械臂能够避开障碍，并优化构型，因此是非常值得拥有的。但其在控制计算上的代价非常昂贵，所以在空间机器人中的应用不是非常普遍。

随着自由度的增加，机械臂控制所需的计算难度将更大。即使是通过操纵杆人工控制机器人，计算机也需要将操纵杆的位置转换成与系统各自由度相对应的关节值。表 23－2 列出了若干空间机械臂的自由度。

表 23－2　太空项目中机器人的自由度

空间机械臂	自由度
海盗号火星着陆器的机械臂－美国	4
航天飞机的遥控机械臂系统－加拿大	6
Rotex－德国 IVA 机器人	6
空间站的遥控机械臂系统－加拿大（国际空间站的主机器人）	7
特殊用途的灵巧机械臂－加拿大	8
欧洲机器手臂－欧洲空间局机械臂	6
日本实验模块机械臂－日本机械臂	6

机械臂的运动学特征赋予了关节转角与机械臂位置之间在物理空间中的几何关系。通常关节是转动的，所以关节转角就是连接角度。机械臂的正向运动通过其环节的长度和关节角度变化来确定末端执行器的位置和方向。

逆向运动则通过末端执行器的位置和方向来确定其关节的角度。若试图规划一个动作，需要知道所需关节的角度，以将末端执行器置于期望的位置和方向上，因而逆向运动更为有用。当航天员命令空间机械臂移动到特定位置时，逆向运动则是必需的。人们倾向于将末端执行器的笛卡尔位置和方向作为指令。连接手动控制器和机械臂之间的计算机必须将这些位置和方向转换为需要传递给机械臂的关节值。如果机械臂是冗余的，那么对于逆向运动来说，则将存在一个完整的解族，以及能被优化的组合动作等额外标准。

由于空间机械臂往往比其所负载的有效载荷质量更轻、更柔，因此必须避免振动和环节弯曲等动力学问题。该问题已被一个有效的机械臂动力学模型所解决。虽然主动的振动阻尼是可能发生的，但仍可以通过限制机械臂的操作速度来大大降低它们，从而避免了机器人内在的动应力累积（关于机器人基本概念过多的细节可参考两个优质的文献 Craig［1988］、Spong and Vidyasagar［1989］）。

23.2　人与机器人

为人类的太空任务设计机器人，首先需要研究何时使用航天员，以及何时使用机器人。需要回答以下问题：机器人是否必要，还是应该由航天员处理所有任务？如果两者都使用，那么机器人做什么，航天员做什么，以及他们一起做什么？［Alimov 等，1976］

表 23-3 总结了人与机器人的一些特征。需要注意的是，很多支持人的特征的成本（如生命保障等）要高于支持机器人特性的成本。

一个空间任务有许多子任务，这些子任务可由乘员直接完成，或者由机器人自动完成，以及由乘员远程操控机器人来完成。

直接由人执行的任务：如果空间任务要求更高的机械灵活性，如装配复杂的零件，那么应该由人来完成它们。对于某些任务，复杂性是不可预知的。通常情况下，维修操作就属于这一类，如操作老化的实验设备。甚至于如果某些可预测性任务包含了许多难以交由机器人完成的子任务，也可能要求乘员来完成。最后，一些任务需要人通过空间、色彩、强度和时间等变化来观察不可预测的模式或运动。月球地质特征的识别与分类就是这样的例子。有关人因的讨论参见第 6 章。

表 23-3　人与空间机器人的特征对比

优势	劣势
人： 智能的，能够应对意外情况； 能够推理，并产生创造性的解决方法； 灵活可变通的； 同时可做多件事情； 能够巧妙使用微小部件； 对于非结构化环境是理想的	人： 需要精细尖端的生命保障； 有限的体力和稳定性； 多种方式下完成工作； 易屈服于压力； 容易疲劳、生病以及精神空虚等； 难以快速或慢速工作； 执行大部分任务都需要视觉指示； 极端温度下无法工作
机器人： 能够高精度地完成重复性工作； 若价格足够低廉，则可以是一次性的； 能够辨别人所无法感知的微小动作和弱信号等； 能够比人更加强壮，尺寸亦可大可小； 从不疲劳、紧张以及恐惧； 可以被消毒，以防止生物污染； 能够快速或慢速地工作； 能够在无视觉指示条件下完成很多工作，能够使用超过人的视觉波谱范围的机器视觉	机器人： 无法从错误中自行恢复； 无法对当前形势进行分析以确定下一步骤； 从来不偏离既定计划（无法放弃或改变已经失去意义的既定步骤）

机器人执行的任务：某些任务集成了许多类似的、可预测的子任务，例如在一个实验中的常规操作。这些任务在可预见的时间或位置上是重复性的，因此对于机器人来说是理想的，例如在月球表面部署敏感器阵列。

机器人也应该执行那些需要极端活动能力的任务，因为这些任务对于人来说是无法执行的。如那些极其快速的、精确的、或稳定的动作，以及强力操作，如建立月球基地时移动大量的月球土壤。

由人远程遥控机器人执行的任务：有些任务要求将人的智慧、应变能力和机器人的物理性能相结合。对于这些任务，人们可以利用先进的人机界面遥控机器人来完成。

这样的一组任务处于危险环境中时需要人的智慧。在太阳耀斑发生时，外部操作或检查月球着陆器的过程就是一个例子。通常，如果环境仅是可能具有威胁的，那么这是执行任务的最理想模式。例如，一个地质调查任务，若远离具备太阳耀斑防护功能的月球着陆器所能提供的安全时，为保证意外太阳活动期间的航天员的生存与安全，最好通过远程操控来完成。如果不能将当前的耀斑预警时间提高 20 分钟左右，那么这可能就成为了在月球前哨基地远程遥控机器人的最大驱动因素。

第二组任务则需要人的智慧与极强的物理性能相结合。一个明显的例子是在月球或火星上的前哨站中修复受损的空间站或基础设施。

23.3　功能性与操作性需求分析

采用前面章节描述的权衡方法确定了机器人系统的需求后，下面采用该法定义整个机器人系统的目标。例如，这个目标可能是一个机器人月球车远程勘探月球南极陨石坑附近的地形。一旦定义了整个系统的目标，就可以对机器人系统的功能性和操作性需求进行分析。

23.3.1　机器人功能性任务需求分析

基于机器人系统的整体目标，定义了系统的所有任务需求。

对于行星探测器，这些需求可能包括：

1）科学仪器的部署（测震、热探测、大气监测等）。

2）基础设施的部署（天线、太阳能电池板等）。

3）表面成像和制图。

4）原位分析（钻孔、光谱测定等）。

5）样品采集、存储和返回。

6）基础设施检查。

7）基础设施维护。

8）建设（人类登陆点准备、挖掘等）。

9）舱外活动（EVA）支持。

对于空间站机器人，这些需求可能包括：

1）桁架组装。

2）更换轨道替换组件。

3）站外检查和维护。

4）舱外活动（EVA）支持。

5）再补给停泊的运载器（避免对接冲击和喷气污染）。

6）补给运载器卸载。

7）操控和支持外部实验。

8）IVA 支持（实验操作）。

23.3.2 机器人操控性需求分析

基于机器人系统的总体目标，定义了系统的操控性需求。对于任何行星或空间站场景，这些需求应至少包括：

1）任务持续时间。

2）容错和安全标准。

3）最大可用功率曲线。

4）质量限制（在运输和操控过程中）。

5）尺寸限制（可能是发射过程中的最大，或操作中的最小）。

6）有效载荷能力。

7）预期的占空比。

8）热负荷耐受。

9）操控范围（漫游探测器）。

23.3.3 基准任务设计

一旦对功能性和操作性需求进行了完整分析，就可以开发设计基准任务。这些都是典型的交由机器人来完成的任务。它们通常在数量上有所限制（典型的是介于 3 和 10 之间），并跨越所有的系统需求。

这些设计基准任务再引导机器人的设计过程。当定义机器人系统的概念时，设计基准任务将作为边界有助于形成和塑造概念。当产生了一个初步设计，通过对照基准任务和潜在需求来验证每个系统和分系统，并在必要时进行迭代和修改系统概念。

本章的第 23.6 节包括了关于月球前哨站机器人巡视器的基准任务设计。

23.4　规划与控制空间机器人

23.4.1　规划路径、轨迹、运动与任务

路径规划指定了机器人从初始位置抵达预期位置的路径。先进的规划方法寻求能够规避障碍的最佳路径。对于可移动的机器人巡视器，需要规划一条绕过障碍物的路径，使其能够抵达目标位置。对于机械臂，需要指定机器臂的构型次序，使其从初态到期望状态，同时也能够避开工作区域内的障碍。可以将上述两种情况简化为移动点规划问题。对于移动机器人，障碍不断增多，所以只需为控制点找到一条能够通过障碍到达目标位置的路径。对于具有 N 自由度的机械臂，可将其转换成 N 维关节空间问题，其中在关节空间的每个坐标（x_1，x_2，…，x_N）对应于 N 个关节中的每个关节值，进而对应于机械臂的一个构型。关节空间的障碍区域是指机械臂构型与工作区中障碍物相交叉的地方。进而，在关节空间的一条路径对应于机械臂的一系列构型。通常情况下，尽量减少路径的长度，但也可以优化其他特性。

轨迹规划具体指定了机器人将如何沿着实时生成的路径行进。它必须考虑到机器人的最高速度、最大马达力矩、车轮或关节速率以及加速度限制等。通常，这样的规划器是以时间最少为优化目标。

运动规划是指以串行或者并行的方式将路径规划与轨迹规划相结合。由于将时间纳入运动规划中，故可以生成如最小能耗的最佳路径。(参见 Latombe［1991］和 Sallaberger［1992］对于机器人运动规划算法的详细讨论。)

一些机器人所处的环境若是高度结构化的，例如在空间站上，就能够得到详细的障碍分布图，并做出最佳的运动规划。这些方法将路径的搜索空间划分为离散的点或区域，并在其中进行搜索计算，以指定具体的路径或运动。动态规划方法最适合这种方式。机器人将遵循计算所得的路径或运动方案。

对于非结构化的环境，例如行星探测，详细的路径说明没有多大用处，因为探测器会遇到意想不到的障碍，如岩石、火山口、阴影或悬崖等。这种情况下则需要实时规划。该机器人持续计算局部最优的、递增的路段。人工势场法用于解决此问题效果最好。机器人会将所有的障碍视为给它以人工势场的排斥力，并将目标位置视为施加的人为吸引力。这些力引导机器人抵达目标，同时避开障碍。

最高级别的规划是任务规划，其将一个面向高级目标的任务拆分成为若干个子任务，然后采用运动规划器生成所需的运动方案。任务规划是基于人工智能的概念。自主运动规划和任务规划技术正在成为空间机器人重要的研究领域。目前，任务规划仍然必须由航天员或地面控制人员完成，最终希望拥有一个完全自动化的规划系统，如图 23-1 所示。

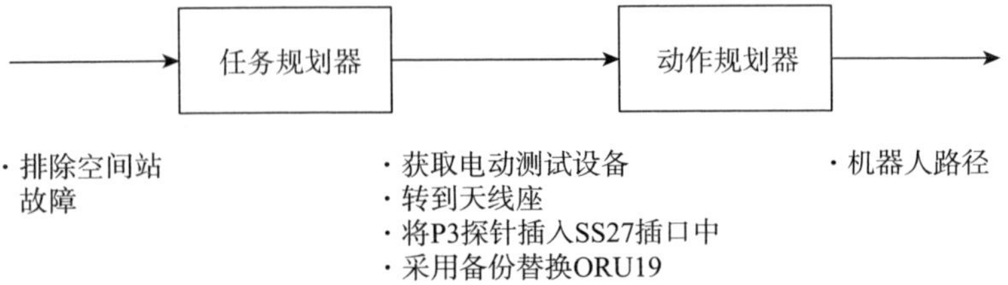

图 23-1　机器人完全自主规划系统示例

23.4.2　空间机械臂的控制模式

在全球范围内，新式空间机械臂正在设计中，并将用于载人空间站［Sallaberger，1997；Cox，1994；Trudel，Hunter and Stieber，1994］。表 23－4 详细列明了这类机器人系统的各种控制模式。大多数控制模式均涉及到了移动分辨点（point of resolution ，POR）。这个点可以是末端执行器、机械臂所持工具的末端、一个有效载荷的质心，或是任何其他的兴趣点。所有的机械臂控制模式在任何时候均应该运行防自撞算法。理论上，在工作区域内与障碍物的碰撞也该避免。

对于所有涉及航天员控制手臂的模式，有几个特点是非常可取的。从人因角度来看，轨迹的暂停/恢复功能使得操作员能够在继续某一动作之前检查出潜在的异常。该功能也可将操作员从无法转移注意力的紧张中解放出来，直至机器人完成整个动作。操作人员的手动控制器应该具备微调和粗调速率。此外，操作者应该能够选择手动控制器指令是以相对于操作人员固定的参考坐标系发出，还是以末端执行器固定参考坐标系发出。对于粗放的运动，前者相对于人工更容易控制，而对于某些诸如插轴入孔的任务，后者对于高效的人工操作总是必要的。

表 23－4　空间机械臂的控制模式

机械臂的控制模式	说明
增强的人工远程操控	航天员通过手动控制器发出平移与转动指令； 航天员接收关于 POR 数字的和图形的反馈，包括：位置、方向、速率、末端力量，以及多相机图像； 计算机自动计算期望运动的同时操作关节速率
单关节远程操控	运动由航天员逐个关节进行控制，同时其他关节均有效地保持当前位置

续表

机械臂的控制模式	说明
备份驱动远程操控	一个关节的一次运动使用备份驱动单元； 机械制动装置对于所有其他关节均有效； 用于在多次失败致使所有正常操作渠道失效的罕见情况发生后，将机械臂置于安全状态
操作员指挥的 POR	航天员指定 POR 或者终点的预期位置与方向； 计算机计算最好的路径和轨迹； 机械臂执行期望运动
操作员控制关节位置	航天员指定期望的关节角度； 自动计算轨迹并执行
完全自主模式	人工操作员可依然提供监管控制； 机械臂执行预先存储的运动（对于重复性任务是有用的）； 可将敏感器反馈用于机械臂，例如力输出、扭矩敏感器、或者一台机器的视觉系统

23.5 机器人系统关键项目设计

23.5.1 分布式控制功能

设计机器人系统时，必须确定如何控制机器人，将它的“大脑”置于何处？无论是巡视器还是机械臂，必须在机载计算机、远程计算机和人工操作员之间进行分布式控制。这对于机器人巡视器和机械臂来讲都是正确的。

机载计算机对于巡视器来说没有通信开销和时间延迟，这样它们就能够对意外情况做出即时反应。但同时，它们也具有质量和功率上的限制，并且难以访问以做出修改和纠正设计的错误。

远程计算机可被置于地球、空间站或行星基地上。由于它们承受的质量和功率的限制较小，因而可以做更为复杂的计算，但它们与机器人间的通信通常存在时延。

人们也可以从太空或地球上来控制机器人。人工控制最适应于突发情况，并能够通过视觉意象提供更好的信息。通信延迟大大妨碍人工操作，但预测显示能够部分地克服这个缺点（参见第 23.5.2 节）。

一般情况下，机器人的机载计算机处理低级别的控制，通常包括关节或车轮电机控制器和简单的错误检测。相对应的，人们近乎总是处理高层次的管控。

中间控制可存在于不同的位置。机器人是否应尽量避免自检测的危险，或者它只是等待从远程计算机或人的输入？机器人巡视器或机械臂是否使用一个简单的机载反应系统来规划路径？它是否需要接收由远程计算机预规划产生的复杂路径？还是由人一边操控机器人一边生成路径？设计师必须权衡系统的功能性和操作性需求，考虑对于控制来说每个潜在位置的优缺点，并分布式控制以求获得最佳性能。

23.5.2　时间延迟

不幸的是，延迟对于空间机器人来说是极为关键的，因为它们能够影响控制，特别是来自于地球的控制。如表 23－5 所示，即使位于近地轨道的空间站也会受到延迟的影响。数据传输协议以及通过卫星网络传输的路由信号往返通信延迟大约为 6 秒。

表 23－5　典型的空间机器人的地面控制往返时延

机器人位置	时延
国际空间站	最少为 0.25 秒，一般为 6 秒
月球表面	最少为 3 秒
火星表面	6～45 分钟

可以通过仿真推演和功能性预测显示，以及视频反馈，部分地克服这些时间延迟问题。因此，模拟器成为了关键因素。它必须包括机器人的精确模型和已知环境的最佳模型，并且能够驱动预览和预测显示。预览显示器能够为操作员在任务规划时提供一个图形可

视化操作工具。任务规划结果随后被发送至机器人来执行。预测性显示器向操作员展示机器人在其当前的远程状态下的模拟图形视图。它连续并自动地验证来自于机器人的状态数据以及重新校准要求。尽管存在通信延迟，操作员依然能够充满信心并高效率地完成远程操控机器人的任务。延迟的视频反馈可以被模拟图形所覆盖。

时间延迟下的远程操控是一个研究与开发的热点领域。模拟远程机器人系统动力学的有效方法，以及接触仿真方法应该很快可以应用。

最后，时间延迟的长度也会发生变化，这被称为通信抖动。对于一些控制机器人的方法，必须知道该时间延迟，并在控制数据包上使用时间戳。

23.5.3 通信带宽

第 27 章讨论了通信链路，其中之一被用于空间机器人与位于太空或地球上的远程操作员或计算机之间的通信。通信带宽通常是一种稀缺资源，所以必须有效地将其用于机器人操作。

以下功能需要带宽：将命令数据传送到机器人，传送机器人内部（感测）的状态信息，以及传送机器人外部环境中（感测）的数据。可用带宽必须在来自这三个功能的数据流之间进行分配。该数据可以以变化的或固定大小的数据包被发送。新的通信协议，例如被称为频带按需分配的异步传输模式（Asynchronous Transfer Mode，ATM）允许动态的分配带宽。由于各种数据流的通信需求可能变化，使得这类协议变得十分有用。同时，这也取决于机器人正在做什么，以及它如何被加以利用。

目前，带宽的最大部分通常用于传输环境中的视频数据，如由机器人的摄像头所观测到的数据等。在太空或地面的人工操作员使用该视频数据即可远程遥控或监控机器人。此视频组件通常是一个数量级或远大于所有剩余带宽所需。当计算视频传输所需的通信带宽时，应该考虑表 23－6 中所列的项目。该表还给出了一个用于实时视频数据传输最小带宽消耗的场景示例。更为典型的，灰度放缩可能使用 128 或 256 级。进一步，如果需要彩色图像，那么我们需要 3 倍的数据流，每个滤色器一倍。

表 23－6　如何计算用于视频信号传输的需求带宽▲

考虑项	最小带宽值	计算结果
图片大小	300×200 像素	＝60000 像素
灰度级	16 级＝4 比特/像素	× 4＝240 kb
更新速率	5 帧/秒	× 5＝1.2 Mb/s
数据压缩	6 倍	× 0.167＝200 kb/s
数据传输开销	10%	× 1.1＝220 kb/s
立体图片（如果需要）	2 张图	×2＝440 kb/s

▲：当估计操作视频反馈所需要的带宽时，要包括本表所列事项。表中给出的最小典型带宽将向操作者输出设备（例如一个头盔立体显示器）的最小可接受性能。

23.5.4　提供运动

当行星或月球载人航天任务需要巡视器的支持时，必须决定巡视器将如何移动［Stump 等，1988］。作为设计者，我们有几种选择。

设计者通常喜欢带轮子的巡视器。车轮可以是圆柱体或圆锥体。圆锥形轮子通常对于攀越岩石等障碍是比较稳定的。它们还可为在软土上行进提供更大的推力，因为下沉更深，而且不太可能打滑。然而，也正因如此，它们需要更多的能量。圆柱轮毂一般使用更少的能源。若在月球表面的环境中，上升的灰尘是一个问题，车轮可能需要带有金属丝网。一种具有更大数目车轮的系统在机械上更为复杂，但也使得车辆更为稳定，并增加了冗余。大多数行星巡视器设计有六个或更多的车轮。

履带式巡视器比轮子式机械效率要低，在行星表面弯道行驶时容易打滑，也更容易出现机械故障。由于这些原因，设计者没有将它们用于行星探测器。

双足式巡视器需要一张三维高程地图和非常复杂的计算，以确保巡视器在运动时保持在一个平稳的水平位置。双足式巡视器目前仍处在研究阶段，但它们适应地形的能力将使其在技术成熟时能够很好地应对未知行星的地形。对于沙质地形，腿的末端可能会配备滑板。

当巡视器运行到土质疏松、陡坡、或遇到类似的问题时，钩子和鱼叉能够为其增强主要运动能力，系绳可以帮助它下降到陨石坑，同时也可用于连接电源和数据。

灰尘污染也是行星巡视器所面临的一个问题。可以将轮式驱动发动机和相关驱动组件通过加压或真空密封来进行保护。如果这样不可行，可以使用密封效果较差的润滑油作为屏障。还需要使用挡泥板或防护罩，以免向车轮上其他机械装置抛掷灰尘。巡视器的太阳能电池板和辐射器应固定位置，以尽量减少运动引起灰尘污染的可能性。

23.5.5 供电

正如第 23.1.1 节所讨论的，空间机器人采用电动发动机。用来驱动这些发动机的电源可以来自太阳能电池、电化学反应、或核衰变。太阳能电池将为国际空间站的所有机器人供电。这是电能最廉价的来源，但它需要太阳能和大面积的太阳能电池板。在蓄电池或燃料电池内发生电化学反应以产生电能，这就是航天飞机上的远程机械臂获取电源的途径。核衰变通常通过放射性同位素热发生器为空间任务供电，如在火星上海盗号着陆器的机械臂［Holmberg, Faust and Holt, 1980］。核反应堆对于一个月球或火星上的大规模基地可能是明智的选择。它将允许使用燃料电池为机器人巡视器进行充电。

表 23－7 提供了一些典型的在微重力下空间机械臂操作的功率需求，考虑其所携带的有效载荷质量较小。注意到每个机械臂自身

质量相对于其所携带的有效载荷的最大质量来说是非常小的。

表 23 - 7　空间机械臂功率需求示例▲

机械臂	臂长	自重	有效载荷	平均功率	峰值功率
航天飞机遥控机械臂系统—加拿大	15.0 m	450 kg	0～30000 kg	700 W	1000 W
空间站的遥控机械臂（SSRMS）—加拿大	17.6 m	1770 kg	0～116000 kg	1360 W	2000 W
欧洲机械手臂（ERA）—欧洲	11.3 m	580 kg	0～8000 kg	475 W	800 W

▲：平均功率是相对于典型的操作场景，峰值功率是最恶劣情况的瞬时功率。

23.5.6　敏感器

空间机器人需要多种敏感器，并可分为两种类型。本体敏感器是报告机器人自身状态的内部设备，感知敏感器是在报告机器人所处的环境状态的装置。感知敏感器中，先进的视觉系统是新一代的空间机器人所采用的关键技术之一［Horn，1986；Sallaberger，1997］。表 23 - 8 列出了一些可供设计人员选择的常用的敏感器。

表 23 - 8　机器人的一般敏感器选择

敏感器类型	说明
本体敏感器	
编码器	精确地显示关节角度或车轮位置
电位计	更为廉价，但是精度比编码器低
测斜计	使用一个砝码来测量重力场中的倾角
转速计	测量旋转速度；赋予关节角速度或者轮子速度
扭矩敏感器	测量关节或轮子内部力矩，但为关节或主动链增加了不喜欢产生的挠性
加速计	空间机器人不常需要
电流敏感器	曾用于对发动机和电子器件低成本保护中
感知敏感器	

续表

敏感器类型	说明
简单视觉敏感器	采用相机（彩色或黑白），固态摄像机更小、更稳定、寿命更长，对于太空来说是最好的选择，需要一个专用光源来处理阴影
立体视觉敏感器	一般需要两个相机，图片中的对应点通过特征匹配来识别，三角法计算距离
激光距离探测器	采用带有飞行时间测量的脉冲光源（非常精准），能够在太空中不利光照条件下良好工作
电容式接近传感器	利用电容场内的变化来发现附近的液体和固体
接触开关	简单而廉价
触觉感受器	压力敏感的，可以阵列布置
滑觉敏感器	测量接触切向速度
腕力敏感器	常用于太空机械臂的末端装置

23.5.7 容错与安全考虑

对于载人航天任务而言，机器人的安全性和容错能力极为关键。机器人应该是自动防故障和可容错的。自动防故障系统，即使发生故障也能够保持在一个安全的状态。例如，制动会自动锁定故障的关节电机，保证关节不会失控，并避免不受控制的机械臂损坏其他设备。一个容错系统即使出现故障也能够保持运行。例如，机器人可以在每个关节上安装备用马达。如果一个马达发生故障，该系统将自动切换使用它的备份，这样机器人将继续保持运行。一个系统可以是双重冗余的，并且能够处理多个连续的故障。

为了使一个机器人系统具备自动防故障和可操作性，设计人员必须逐项列出潜在的故障，并包括安全或备份功能来处理每个故障。之前的空间机器人已经能够达到自动防故障。目前这一代的空间机器人，如国际空间站的遥控机械臂（源自航天飞机的机械臂）是容错的。事实上，在国际空间站的机械臂是双重容错，并且是自动防故障。一个独立故障发生后，备份系统能够保持所有功能继续运行。二次故障虽然降低了机械臂的能力，但仍允许其继续操作（例如，对于某些二次故障，机械臂可以一次只操作一个关节。它仍然能够执行大部分任务，但需要更长的时间）。第三次故障使得机械臂无法使用，但仍然是安全的。

在人员或居住设施附近工作的机器人系统对于安全性同样需要给予高度重视。再次，以航天飞机的机械臂为例。在设计硬件、软件和操作程序过程中须全部将安全纳入考虑。机械臂的最大末端速度随着有效载荷的质量上升而降低。因此，如果所有制动器应用于紧急情况，机械臂会停止在安全距离之内。如果机械臂不能够在货舱中正确地收好，爆炸螺栓也可以抛弃机械臂以确保货舱的门能够关闭，航天飞机方可安全地重新进入大气层。

23.5.8 遥现技术

如果一个机器人的接口足够好，操作员会将其视为自己的物理延伸。如果指令直观且沉浸感足够强烈时，控制模式将不是遥控操作，而是远距呈现，这将对航天员产生巨大的影响。在空间站或星球表面的栖息器相对舒适和安全的环境中，航天员可以执行危险外部环境中的勘探与操作任务。换言之，他们可以在一个行星的表面“遥现”。由于所涉及的距离较短，通信会变得更快，从而减少延迟以避免直接从地球进行这种勘探。

可以使用各种技术以增强人/机交互（human/machine interaction，HMI），例如在表23-9中所列的各种技术。

表23-9 用于空间机器人的人机交互技术▲

人机交互技术	注解
高质量图形图像生产	包括工作空间特效制作，其将视角的运动独立于摄像机实际的位置和方向
超灵敏力反映手动控制器	帮助航天员“感受”环境
数据手套	将扩展至全“数据衣服”
头戴式显示器	产生沉浸式感觉

续表

人机交互技术	注解
平视显示器能够将图像覆盖至真实场景	在允许持续的场景视觉监视的同时显示可视数据
立体成像	提供深度感知
实时仿真	预测和预览显示器需要
声控	应该包括自然语言识别，但是受限于安全考虑（一个紧张的声音会改变特征）；对于非关键任务最为合适，例如摄像机的调焦任务
语言反馈	计算机产生的声音向航天员说话，例如对于一个报警警告，如果发生的太过频繁就比较恼人，此时该技术就比较有用
其他虚拟现实技术	为满足娱乐市场需求，大量的虚拟现实技术研究正在进行中，这些技术最终能够应用于空间机器人控制

▲：这些人机交互技术能够增强航天员的远程操控，并有机器人的临场感。

23.5.9 估算空间机器人的质量和成本

在分析和设计周期的早期，采用类推法或者带有参数的成本或重量分析来估算质量和成本。一旦拥有了一个初步设计，我们就可以采用一个自下而上的估算方法。

通过与之前建立的相似系统在成本和质量上进行类比从而进行估算。希望得到一个同某公司或组织（如果可能）已生产的具有类似复杂性、功能与尺寸的机器人。类似的机器人为质量和成本的初步估算提供了良好的基础。

参数分析同样使用关键历史信息来估计质量和成本。重量估算的一个共同参数是系统必须携带或操纵的最大有效载荷质量。系统的复杂性强烈地影响着成本，经常通过估计质量和自由度数的参数来度量复杂性。表 23 - 10 和表 23 - 11 给出一些机器人巡视器和机械臂的历史数据，可以利用这些数据通过类比或参数分析来对质量和成本进行估算。

表 23-10　过去与现在的空间机械臂的质量与成本▲

机械臂	自由度	长度	有效载荷	质量（估计）	成本（估计）
海盗号手臂	4	3.0 m	几克	N/A	N/A
SRMS（第一单元）	6	15.0 m	0～30000 kg	450 kg	$100 M
SRMS（随后单元）	6	15.0 m	0～30000 kg	450 kg	$50 M
Rotex	6	1.4 m	0～2 kg	N/A	$20 M
SSRMS	7	17.6 m	0～116000 kg	1770 kg	$600 M
SPDM 手臂	8	2.8 m	0～600 kg	280 kg	$300 M
ERA	7	14.0 m	0～8000 kg	580 kg	$200 M
JEM 的小型手臂	6	1.6 m	0～300 kg	120 kg	$35 M
JEM 的主机械臂	6	9.7 m	0～7 000 kg	370 kg	$175 M

▲：SRMS：航天飞机远程机械臂系统；SSRMS：空间站远程机械臂系统；SPDM：特殊用途的灵巧性机械臂；ERA：欧洲机器人手臂；JEM：日本试验性模块。

表 23-11　机器人巡视器的质量与成本数据

机器人巡视器	轮子	长度	载荷	质量（估计）	成本（估计）
月球车	8	2.2 m	N/A	800 kg	N/A
火星探路者巡视器	6	0.63 m	0 kg	10.5 kg	$25 M
阿波罗月球车（载人）	4	3.1 m	490 kg	218 kg	$156 M

当初步设计在手，就可以采用一个自下而上的方法，常被称为质量和成本的工程分析。将分析每个组件，甚至子组件来估计重量，然后将它们加和以获取所估计的系统质量。为了分析工程成本，人们经常采用工作分解结构（参见第 29 章）。在设计和制造机器人过程中，设计师们为每个任务均进行人工和材料成本的估算。当然，一个更完整的设计将产生更加精确的工程分析，所以通常仅在设计后期采用这些估算技术。

最后，对于空间机器人，客户往往需要其全寿命周期费用。全寿命周期费用不仅考虑用于设计和制造的资金，而且还需考虑用于发射和在设计寿命内操作所需的资金。这一点是十分重要的，因为即使一个花费稍多的机器人设计和建造方案，也往往比我们考虑发射重量和寿命期间操作时所花费的成本要低得多。

23.6 案例研究：月球前哨站的机器人巡视器

为了帮助说明并强调这一章的关键概念，利用与本书其他章节同样的月球前哨站场景，来进行简单的分析和设计：勘探前哨站附近的几个陨石坑，来确定其所含水冰的数量和浓度。

23.6.1 案例研究：人与机器人的权衡

无论是人还是机器都可以勘探月球的陨石坑。人类具有智慧和灵活的优势，这对于勘探来说是非常有用的。人们可以动态地修正程序，并能够利用其分析能力来推断任何情况下的合乎逻辑的下一步骤。

尽管如此，搜索和辨识水冰的存储活动需要在永久阴影下的、极寒的陨石坑内进行。人们可能会因此冻死在这个极度寒冷之中。此外，深陨石坑可能没有足够的光线让人们察看，而机器人并不总是需要持续的光线就能够正常运行。人们还必须保证远离辐射掩蔽所不可超过 20 分钟（见第 23.2 节有关太阳耀斑的介绍），所以他们必须与前哨站掩蔽所保持较近的距离。最后，如果一个机器人在陨石坑边缘倒下，也只是一次性可被消耗的，而不会有人的死亡。

全面考虑后可以得出结论，机器人巡视器最能够胜任这些陨石坑的探索任务。人们可以在一个安全的月球前哨基地内遥控它，从而使得人类的智慧与灵活性纳入到我们的解决方案中。对于如此艰巨的任务，时延限制将不允许从地球上进行有效控制。

23.6.2 案例研究：目标与需求

现在，可以定义一个机器人巡视器的总体目标：探索那些月球前哨站附近一般地区的陨石坑，以确定坑内冰冻挥发物质的数量与浓度，这类任务对于人类直接勘探来说是极其危险的。

主要的功能性需求：

1）能够穿越月球表面的崎岖地形，包括陡峭的陨石坑壁；

2）为在月球前哨站的遥控操作员提供持续的视频反馈；

3）自动检索和分析风化层固体物质的样本，以确定其含水浓度；

4）将密封物质样本从陨石坑运回前哨站。

主要的操作性需求：

1）距离前哨站最大范围为 100 千米；

2）最大总行驶距离为 200 千米；

3）最大任务持续时间为 2 个月球日（1344 小时）；

4）没有阳光直射下的操作；

5）工作温度范围为 100 K 至 400 K ；

6）携带 15 千克的有效载荷（5 千克样品，10 千克的分析仪器）；

7）巡视器质量最大为 40 千克；

8）速度范围为 0 至 10 千米/小时。

依据上述需求，可以提出一小部分的设计基准任务：

1）短时任务：勘探距离前哨站 1 千米的陨石坑。广播连续的视频信号，允许前哨站的观察员进行远程目视检查。

2）长时任务：勘探距离前哨站 100 千米的陨石坑。通过前哨站的远程监控来控制巡视器。在陨石坑的不同地点自主开展原位月壤分析。将总重为 5 千克的密封样品运回前哨站。

可能需要添加设计基准任务，特别是如果巡视器必须满足另外的功能，如对前哨站的检查或维护。

23.6.3　案例研究：系统概念设计

一旦开发这些需求与设计基准任务，那么可以预见一个机器人巡视器的系统概念，它具有 40 千克的总质量，长度为 1 米，并且机械臂具有 4 个自由度，这种机器人可为我们采集样本并返回地球。位于月球前哨站的航天员将控制巡视器。月球巡视器对于驱动机构与热控系统等来说将采用低级别的控制，对于检测和避开危险情况也同样如此（巡视器即将翻倒，处在悬崖的边缘等）。前哨站用于通信的月球轨道卫星也将有助于传输巡视器与前哨站之间的数据和控制。人工操作员将能够通过使其沉浸在场景中的接口进行遥现控制。当我们在一个迭代过程中定义了初步设计要素时，将对系统概念进行修订。

23.6.4 案例研究：一些初步设计要素

规划与控制：远程操作员应对巡视器路径进行高级规划。然而，巡视器可以随时决定如何遵循路径，从而能够适应地形和可用能源。它也能够应对路径的不断变化以避开巨石和其他的局部障碍。操作员应该能使得巡视器独立取回样本，所以就必须能够做到完全的运动规划。如果不能取回或分析样本，一个备份模式能够允许航天员通过远程遥现技术来控制机械手。

遥现：当操作员需要一个完全沉浸的人机界面来接管巡视器或它的机械臂的控制时，人类的遥控站应当能够进行实时控制。由于存在三秒钟以上的往返延迟，这项需求排除了来自地球的地面控制。为了完成预期的任务，在月球前哨站的航天员采用的人机界面应包括带有立体成像功能的头戴式显示器来驱动巡视器，以及触觉（力反馈）手控制器来操控机械臂。

通信：通过表 23－6 可以看到，普通的立体视频传输最小需要 440 kb/s 的带宽。此外，远程操作员还可能需要目视检查样品，并因此需要发送更高分辨率的静止彩色图像，尽管这些图像不是连续的。一些数据和控制信号还必须在巡视器与控制站之间来回传送。至少，一个 T1 带宽（15 Mb/s 的）是必需的。大多数这种传输是由巡视器向航天员传输的，由图像传输所驱动。由于巡视器将进入深的陨石坑，视线的直接传输在位于月球前哨站的航天员与巡视器之间并不总是可行的。出于这个原因，月球前哨站所用的月球轨道卫星通信系统也可为巡视器通信系统服务。

运动：为了穿越崎岖的月面地形，并降入潜在陡峭的陨石坑，巡视器需要轮子。履带式机器人过于复杂和沉重。对于陡坡来说类人机器人可能是最合适不过的，但该技术对于本案例来讲尚不够成熟。可以采用六个锥形轮子以获得额外的稳定性，并添加一个可重复使用的带钩绳系叉子，可以帮助爬升或降入陡峭的陨石坑中。

动力：巡视器必须小而轻。它也必须能够在月夜进行操作。因此，放射性同位素热发电机是向巡视器提供动力的唯一现实的选择。太阳能电池不会直接工作，蓄电池和燃料电池（再生或以其他方式）将需要太多的质量来处理扩展的任务。取决于我们进行热控制所需功耗的多少，当巡视器在黑暗中工作时减小的功耗可被利用。

敏感器：巡视器的六个轮子均需要转速计，同时机械臂的每个关节均需要编码器。这些将为控制系统以及人的远程监控或操作员提供状态信息。一个测角器将帮助巡视器降入陡峭的陨石坑。这些都是本体敏感器，但还需要一些感知敏感器。两个小型 CCD 摄像机将为巡视器的本地导航提供立体图像。轻便型激光测距仪可以帮助巡视器导航和避开障碍物。在机械臂上的腕力/力矩敏感器在自主和遥控两种模式下为样本取回提供反馈。

参考文献

[1] Alimov, V. I. et al. 1976. Soviet Manned Spacecraft and Orbital Stations. Moscow: Mashinostroenie Publishing House. (especially discussion on Man vs. Robot in Chapter IV).

[2] Craig, J. J. 1988. Introduction to Robotics - Mechanics and Control. Massachusetts: Addison - Wesley Publishing Company.

[3] Cox, B. T. 1994. MSS On Orbit Operations Concept Document. Canadian Space Agency reference SPAR - SS - R - 0444. Toronto: Canadian Space Agency.

[4] Holmberg, N. A., R P. Faust, H. M. Holt. 1980. Viking '75 Spacecraft Design and Test Summary. NASA Reference Publication 1027. Washington, DC: National Aeronautics and Space Administration. (especially volumes 1 and 3).

[5] Horn, B. K. P. 1986. Robot Vision. Boston, MA: MIT Press.

[6] Latombe, J. C. 1991. Robot Motion Planning. Boston, MA: Kluwer Academic Publishers.

[7] Sallaberger, C. S. 1992. "Space Robotic Path Planning." Ph. D. Thesis. Toronto: University of Toronto.

[8] Sallaberger, C. S. 1997. Canadian Space Robotic Activities. IAF - 97 - U. 4. 02. Paper presented at the International Astronautical Congress, Turin, Italy.

[9] Spong, M. W., and M. Vidyasagar. 1989. Robot Dynamics and Control. New York, NY: John Wiley and Sons.

[10] Stump, W. R. et al 1988. Lunar Surface Transportation Systems Conceptual Design Report. prepared under NASA - JSC contract NAS9 - 17878 (Task 5. 2), by Eagle Engineering (Report 88 - 188), July.

[11] Trudel, C. P., D. G. Hunter, M. E. Stieber. 1994. "Control and Operation of Space Manipulator Systems." In AGARD Lecture Series on Advanced Guidance and Control Aspects of Robotics.

第 24 章　推进系统

Ronald W. Humble，美国空军学院

24.1　初步设计（步骤 1 和 2）

24.2　选择可能的技术（步骤 3，第 1 部分）

24.3　规划推进飞行器（步骤 3，第 2 部分）

24.4　规划推力产生系统（步骤 4）

24.5　规划推进剂管理系统（步骤 5）

24.6　总结设计实例

本书将推进系统的讨论分成两部分。本章讨论基于任务需求规划新推进系统的问题。下一章（第 25 章），讨论如何选择已有推进系统来满足新的任务需求。

本章讨论的推进系统初步设计将有助于估计尺寸、质量和推力需求。完成这第一步，下一步则转到各种硬件产品制造，以便从草案中发现哪些是可行的，以及哪些是必须从头开发的。这里不讨论第二步。

在航天飞行的多数阶段，例如发射、上升、在轨运行、下降甚至是着陆等，推进系统均是关键环节。大多数航天任务用到的推进系统均经过审慎设计，但对用于载人运载器和航天系统，还要特别注意以下问题：

1）确信无单点故障或单项操作错误导致关键性故障（关键性故障意味着任务失败）。

2）确保无两个故障或两项操作错误的组合导致灾难性故障（灾难性故障意味着人员丧生）。

3）提供足够的速度增量 Δv 用于预期的任务中止、返回及救生。

所有种类的推进系统都是动量交换设备。汽车依赖于地面和车

体间的动量交换，帆船改变风向，飞机在空气穿过发动机系统时改变动量—空气缓慢进入快速流出。火箭发动机靠储存的火箭推进剂改变动量；相对于发动机，火箭推进剂没有初速度，但却以很高的速度从火箭尾段喷射出去，这种动量交换就是推力来源。

火箭系统有两个主要分系统：推力产生硬件和推进剂管理硬件。尽管这两个分系统是相互耦合的，但是通常分别对它们进行规划。所需的推力大小决定了发动机系统的规模（推力室、喷管、核或电系统的动力源）。机动能力的大小决定了推进剂的多少，从而确定了推进剂管理系统（贮箱、供应组件）。不过，在详细讨论规划之前，首先看一下“蓝图”。

24.1　初步设计（步骤 1 和 2）

初步设计的目标是研究执行某个特定任务的可行性以及识别问题的范围。对推进系统而言，这通常意味着：

1）确定完成一系列给定机动所需的推进剂质量。

2）确定惰性质量（除推进剂之外的所有推进系统的质量）。

3）确定系统的近似规模以确保满足包络约束条件。

4）基于推力水平和性能定量评估推力产生分系统。

5）基于结构性能参数评估推进剂管理系统。

为了满足上述目标，本章提出一种“7 步法”设计流程，如表 24-1所示。当然，设计既不是唯一的也不是确定的。下面通过一个实例介绍该流程在初步设计过程中的应用，当然也存在无数个可能的设计结果。因为该流程在初始时无法保证一定可以得到结果，所以必须估计各种参数进行设计，然后返回并确认最初的估计值是正确的。如果估计值不正确，就需要去做新一轮估计并再次尝试：即反复迭代。

步骤 1：定义推进系统的需求

这些需求通常包括机动时推力或推重比（F/W）、Δv 或总冲量的值。推力水平或 F/W 通常来源于任务需求，运载火箭第一级的典型 F/W 经验值为 1.4 或更大，空间转移机动 F/W 为 0.1 到 0.3 之间，而电推进和姿控发动机的 F/W 值则非常小。可用电源功率限制了电推力的水平，姿态控制力矩的需求则限定了姿控推力的水平。

表 24－1　规划推进系统的流程▲

步骤	输出	注释
1. 定义推进系统的需求	推力水平或推重比（F/W）； 机动需求（Δv 或总冲量）	$F/W>1.4$　运载火箭； $0.1<F/W<0.3$　高推力转移级； F/W 非常低　电推进和姿态控制系统
2. 建立系统评估和选择的标准	可靠性与可用性标准； 定量描述指标； 定性描述指标	确定评估推进系统的标准； 本步有助于设计者确定关键因素
3. 规划含推进系统的推进飞行器，并选择可能的技术（第 24.2 节、24.3 节）	选择； 基于历史数据估计惰性质量； 推进剂质量； 推进系统的惰性质量	使用理想火箭分析； 可能性 —化学的； —核裂变的； —电的； —先进概念的
4. 规划推力产生系统（第 24.4 节）	推进剂选择； 比冲； 质量流量； 喷管构型； 功率需求（电的和核能的）； 推力室质量及构型	如果选择了特定的 F/W，本步与下一步之间进行迭代； 已知质量流量后可定义电或核能的功率需求； 基于经验数据设计推力室的尺寸
5. 规划推进剂管理系统（第 24.5 节）	推进剂贮箱质量、体积和构型	使用贮箱—质量系数； 使用贮箱尺寸的经验公式
6. 评估设计、对比选项并选择最好的设计方案（第 24.6 节）	可行性评估； 可行选项的排序； 最佳系统的基线	从步骤 2 开始使用可行性和排序标准
7. 迭代并记录选择的理由（第 24.6 节）	记录迭代的理由； 记录基线	所有的设计都需要一些迭代； 文档可使设计者解脱

▲：本表给出了可供遵循的初步设计和规划步骤。

本例中，假设任务层分析明确了月球任务中脱离地球轨道的推进级需求。有效载荷和推进级将由航天飞机发射至近地轨道。推进级的需求是

1）有效载荷质量＝5000 kg（包括除推进系统之外需要运往月球的全部物品；可能包含用于登陆月球、轨道机动、姿态控制的其他推进级）。

2）初始推重比最小值＝0.3（较高的推重比表明该任务方案不能采用转移时间较长的电推进系统，同时限定了化学或核能推进系统，航天飞机的安全性要求进一步限定了化学推进系统。）

3）速度增量 Δv ＝4000 m/s（从第 9 章可知，这是脱离地球并实现奔月的典型需求。假定航天器要脱离 30°倾角、500 km 高度的轨道并进入 100 km 高度的月球轨道，则完成脱离需要 3200 m/s 的速度增量，进入月球轨道则需要 800 m/s 的速度增量。）

步骤 2：建立系统评估和选择的标准

下一步是决定系统中哪些是重要的以及如何去评估或估计一个特定的系统。本步的重要性源于两方面的原因：

1）预先理解评估标准可使设计者做出优化设计的选择。

2）如果能够发现一种“有吸引力的技术”，那么就不应选择既定路线。

首先，必须决定什么是可行的或可接受的，通常直接基于任务的需求或约束条件来确定。例如，如果设计超过了任务规定的质量上限，那么该设计是不可接受的。假定存在多个可行的方案或设计，就需要进行排序并从中选择“最好”的一个。理想情况下，需要一些定量的参数，如费用或质量。但是实际设计很少能够得到较好的定量排序，因此通常必须使用一些定性标准，如最简单的或风险最小的。

对于本章的例子，使用如下的重要等级递减标准：

1）设计满足步骤 1 中列出的系统需求（可行性）。

2）力求简单化和低风险（可能限制了泵和低温推进剂的使用）。

3）使用无毒、安全的推进剂（限制了肼、N_2O_4、氟等的使用）。

4）惰性质量最小化，往往直接关系到费用。

5）需求裕量最大化（意味着最小化初始质量）。

余下的步骤（步骤 3 至 7）在本章中将独立成节进行讨论。每一节将首先讨论解决问题通常采用的手段，然后解决该节特定的设计问题。

24.2　选择可能的技术（步骤 3，第 1 部分）

推进系统以最简单的加速物质的方式获得推力，使飞行器移动或绕其质心转动。多年以来，推进系统的功能已经得到更为准确的定义和描述，主要包括：

1）发射——飞行器加速，从行星、月球、小行星或其他引力星体表面，穿过大气层到达预定轨道。

2）着陆——飞行器减速，从而能够安全地触及行星、月球或小行星表面。

3）轨道射入和轨道转移——飞行器从初始轨道转移至任务轨道，包括从一个引力星体（行星、月球、小行星）逃逸。

4）轨道维持和机动——保持空间飞行器在预定的任务轨道或转移至另一个预期轨道。

5）姿态控制——提供力矩以帮助保持航天器指向预期的方向。

前 4 项功能——发射、着陆、轨道射入和转移、轨道维持和机动——提供质心转移所需要的速度增量（Δv），最后一项功能——姿态控制——提供航天器绕其质心转动所需的力矩。

用于空间推进的主要系统是火箭——一种存储推进剂并通过喷射质量来获取推力的装置。图 24－1 给出了火箭系统的 6 个基本要素，讨论如下：

1）推进剂——推进剂可以为气态、液态或固态等形式。推进剂主要提供了动量交换的来源以产生推力。在很多系统中，推进剂同时是能量的来源。

2）推进剂的存储——该系统以气态、液态或固态的形式存储推进剂，直到推进剂被用来提供推力。在合适的条件下保存推进剂，在需要时可用。气体和液体推进剂通常需要保存在特定的压力下，后者还需要维持在特定的温度下，以备后用。固体火箭将推进剂存储、能量转换和加速硬件组合起来，因此不需要供应系统。

3）推进剂供应系统——该系统仅应用于液态和气态推进系统，因为需要通过某种方式将推进剂从存储贮箱输送到加速器。

4）能量源——最常用的能量源是（推进剂的）化学反应、气体压力、电和核裂变。

5）能量转化——能量源决定了能量如何转化为推力。化学系统依赖于化学反应以热量和压力的形式释放能量。压力通过气体膨胀和加速转化为推力，因而与“加速器”模块重叠。电能产生热能或电磁力场。核能转化成热能，从而产生推力。

6）加速器——加速器使推进剂质量颗粒达到期望的速度和方向，从而产生推力。加速器基本都是热动力的或电磁的，热动力加速器利用气体膨胀获得热能和压力，电磁加速器在电磁场中提高带电粒子或等离子体的速度。

需要改变速度或提供力矩的推力源于推进系统，该系统由表24－2所示的一种技术或多种技术组成。如下所述，这些技术以不同方式实现系统的基本性能（见图24－1）。

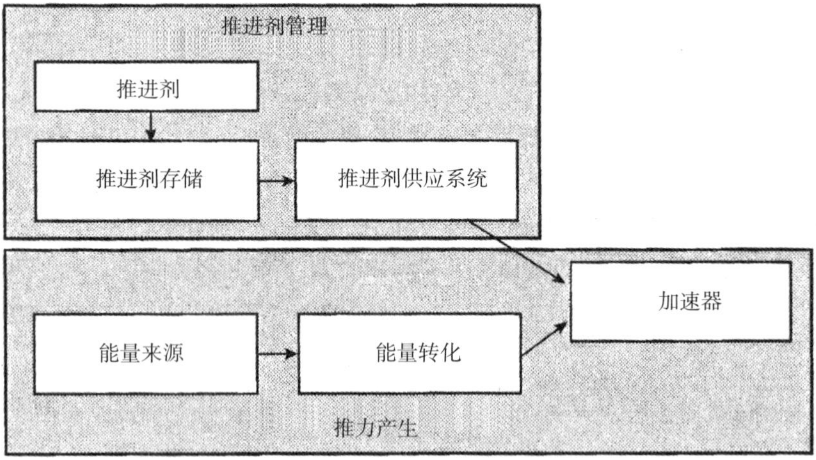

图24－1　火箭系统的通用模块图▲

▲：尽管可能存在组合或称谓不同，但现有的推进系统均包含了图中所有的要素

Motor 和 Engine 所代表的发动机是不同的。在一个典型的化学推进系统中，推进剂发生化学反应生成要喷出的质量。燃烧室是燃烧发生的区域，如果所有要喷出的推进剂都存于燃烧室内，那么此类发动机称为 Motor。如果推进剂存在于燃烧室之外，诸如储存在一个独立的贮箱中，那么此类发动机称为 Engine。

尽管火箭系统对于航天推进来说是常见的，但是一些推进方案并不需要减少质量，比如太阳能和电磁帆板、绳系、重力辅助和气动制动。正如第 24.4 节所讨论的，这些系统都含有动量交换，但通常不需要携带推进剂。这些推进方案，本章不予讨论。

表 24－2　关键推进技术及其功能▲

推进技术	功能				注释
	发射	轨道射入	轨道保持与机动	姿态控制	
低温气体			×	×	低推进性能和高系统质量使得低温气体不适合用于发射和轨道射入
N_2 H_2 He					
化学的					单组元推进剂推进性能较差，通常不用于发射和轨道射入； 固体发动机重新启动和调节困难，不用于轨道保持和机动以及姿态控制； 混合推进剂的精确推力调节困难，不用于姿态控制
液体					
单组元推进剂			×	×	
双组元推进剂	×	×	×	×	
固体推进剂	×	×			
混合推进剂	×	×	×		
核能的		×	×		固态核的反应堆代表了近期的可能性； 环境和政治因素使其不可能用于发射
固态核 液态核 气态核					

续表

推进技术	功能				注释
	发射	轨道射入	轨道保持与机动	姿态控制	
电能的		×	×	×	推力不足，实践中难以用于发射； 长时间的推力持续决定了任务特性
电热的					
电磁的					
静电的					
未来技术	×	×	×	×	

▲：“×”识别这些系统实现的或能实现的功能。这些技术可能能够完成其他功能，但这里主要指典型功能。

24.2.1　不同技术的性能

当选择一种特定的推进技术时，通常考虑两个关键方面：

1）该技术能够产生的推力大小。

2）推进剂如何实现有效存储并用于产生推力。

评估效率最常用和简单的方法是比冲

$$I_{sp}=\frac{F}{g_0\dot{m}} \tag{24-1}$$

式中　I_{sp}——比冲（s）；

F——推力（N）；

$\dot{m}$——推进剂质量流量（kg/s）；

g_0——引力常数＝9.81 m/s^2（应用于所有行星）。

式（24－1）给出了一种推进剂质量流量和推力产生的度量方式，该数值越高越好，意味着给定质量的推进剂能够产生更多的推力。表24－3列出了各种技术的典型推力值和比冲。第24.4节将更为详细地讨论如何确定比冲。

表 24-3　关键技术的性能▲

技术	比冲/s	推力/N	优点	缺点
低温气体		0.1～50	简单；	比冲低
N_2	60		安全；	
H_2	250		低污染	
化学		0.1～12000000	高推力	中等性能；
液体			技术成熟	燃烧复杂；
单组元推进剂	140～235			安全考虑
双组元推进剂	320～460			
固体	260～300			
混合	290～350			
核能的		最高至 12000000	高比冲	未经证实；
固态核	800～1100			政治上缺乏吸引力；
液态核	3000			昂贵；
气态核	6000			低推重比
电的		0.0001～20	更高的比冲	系统质量大；
电热能	500～1000			推力水平低；
电磁能	1000～7 000			技术成熟度的限制
静电的	2000～10000			

▲：表中列出了很多常用技术的性能和优点。期望获得更高的 I_{sp}（比冲）。

24.3　规划推进飞行器（步骤 3，第 2 部分）

24.3.1　理想火箭方程

为了规划火箭推进系统，必须将推进飞行器的有效载荷质量和推进系统惰性（除推进剂以外的其他物资）质量以及推进剂质量联系起来。可以用理想火箭方程（见 Humble［1995］）

$$\frac{m_f}{m_i}=e^{\frac{\Delta v}{I_{\mathrm{sp}}g_0}} \tag{24-2}$$

式中　m_f ——机动结束时的推进飞行器质量（kg）；

m_i ——机动开始时推进飞行器质量（kg）；

Δv ——机动所需的速度增量（m/s），见第 9 章；

I_{sp} ——机动期间推进器的平均比冲（s）；

g_0——引力常数为 $9.81 m/s^2$。

可以进一步分解这些参数

$$m_f = m_{pay} + m_{inert} \tag{24-3}$$

$$m_i = m_f + m_{prop} = m_{pay} + m_{inert} + m_{prop} \tag{24-4}$$

式中 m_{pay} ——推进飞行器发射的有效载荷质量（kg），包括除推进系统之外的所有物体的质量；

m_{inert} ——推进系统的惰性质量（kg），包括推进系统中除推进剂之外的所有其他物体的质量；

m_{prop} ——完成机动所需要的推进剂的质量（kg）。

上述方程的主要问题是并不需要知道推进系统的惰性质量，而往往将其描述为推进剂质量的函数形式。分析的关键是确定推进剂质量，因此必须找到它与惰性质量之间的某种关系。通常，这意味着要使用一个惰性质量系数，f_{inert}

$$f_{inert} = \frac{m_{inert}}{m_{inert} + m_{prop}} \tag{24-5}$$

该定义假设推进系统的惰性质量是推进剂质量的一部分。在第 24.4 节和 24.5 节，将发现并非完全如此，但这里提供了一个起点。从式（24-5）能够得到理想火箭方程的另一种形式（见 Humble [1995]）

$$m_{prop} = \frac{m_{pay}\left[e^{\frac{\Delta v}{I_{sp} g_0}} - 1\right](1 - f_{inert})}{1 - f_{inert} e^{\frac{\Delta v}{I_{sp} g_0}}} \tag{24-6}$$

$$m_{inert} = \frac{f_{inert}}{1 - f_{inert}} m_{prop} \tag{24-7}$$

24.3.2 总冲

对于小机动和姿态控制系统的规划，总冲是规划推进系统时更

为常用的方式

$$I=\int_0^{t_b} F\mathrm{d}t \tag{24-8}$$

式中　I ——总冲（N·s）；

F ——任意时刻的推力（N）；

t_b ——推力或燃烧持续时间（s）；

t ——时间（s）。

假设推力水平是常数

$$I=Ft_b \tag{24-9}$$

若已知所需的推力，则可以基于理想火箭方程，将总冲转化为 Δv

$$\Delta v=I_{sp}g_0\ln\left[\frac{I+I_{\mathrm{sp}}g_0 m_{\mathrm{pay}}(1-f_{\mathrm{inert}})}{If_{\mathrm{inert}}+I_{\mathrm{sp}}g_0 m_{\mathrm{pay}}(1-f_{\mathrm{inert}})}\right] \tag{24-10}$$

24.3.3　惰性质量

为了得到一些惰性质量系数的典型值，首先回顾历史数据，其中大部分数据来源于 Humble [1995]。

液体火箭

记录表明，必须考虑两种不同类型的液体推进系统：运载火箭（图 24-2）和空间推进系统（图 24-3）。

对于运载火箭，注意以下三个有趣现象：

1）当推进剂质量增加时惰性质量系数下降，因而经济规模可能成为一个问题；

2）当级数增加时惰性质量系数增加，这可能因为运载火箭一级以上的舱段通常会变小；

3）当级数增加时惰性质量系数中的离散度下降，这可能因为运载火箭一级以上舱段的设计选项和结构布局更少。

对于空间推进系统，注意到以下三个更有趣的现象：

1）离散度更大了；

2）液体推进系统平均惰性质量系数是 0.17；

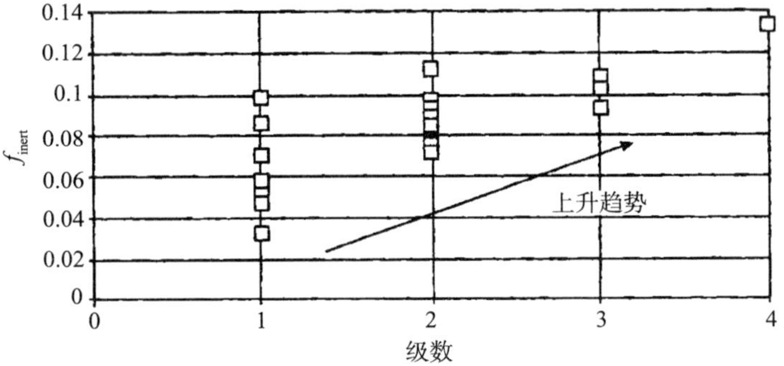

(a)

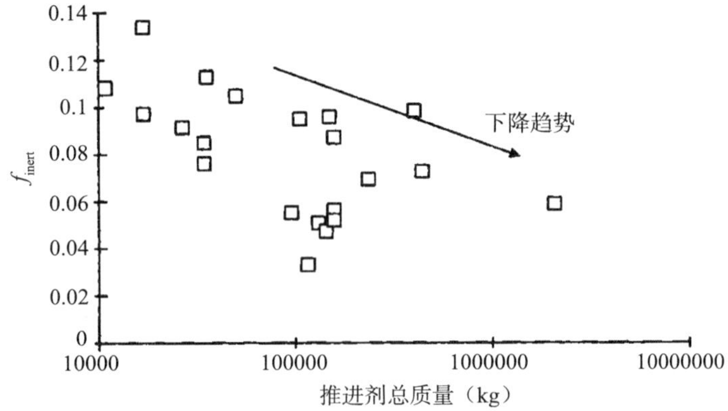

(b)

图 24－2　运载火箭惰性质量系数的趋势▲

▲：图（a）是质量系数随级数变化图。图（b）是与图（a）采用相同数据，但表示为推进剂质量的函数。上图表明当推进剂质量增加时，惰性质量系数下降，当级数上升时，质量系数随之增加。[Humble，1995]

3）采用气体推进剂的系统更重，典型惰性质量系数接近 0.7。

固体火箭

可以从现有的固体火箭获取数据，如图 24－4 所示［Humble，1995］。注意，这里出现了一种不同于液体火箭的趋势：当推进剂质量增加时，惰性质量系数增加。当然，这些系数值总体上比液体火箭的数值低一些。表 24－4 包含了图 24－4 所用的数据，并给出了各独立部件的质量分解。

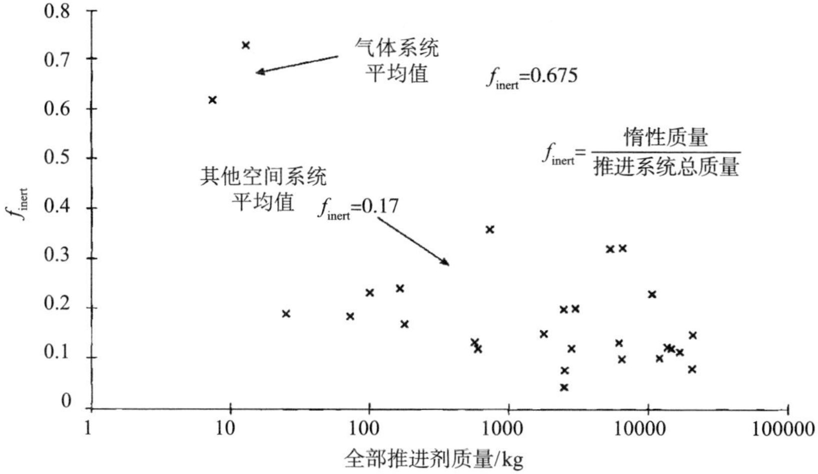

图 24－3　空间推进系统惰性质量系数的趋势▲

▲：没有明显的趋势出现，因此可以基于预期程度来选择质量系数值

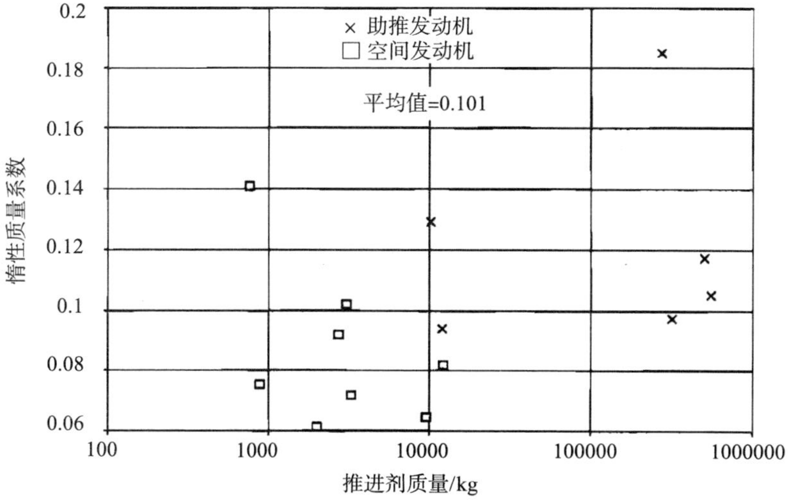

图 24－4　固体火箭惰性质量系数的趋势▲

▲：注意助推发动机（以“×”符号表示）比空间发动机（以方型符号表示）具有更高的惰性质量系数

表 24－4　固体火箭惰性质量系数▲

发动机	总和	惰性质量系数			
		壳体	绝缘层	喷管	其他
RSRM（可重复使用固体发动机）	0.119	0.079	0.020	0.019	0.002
ASRM（先进固体发动机）	0.105	0.074	0.014	0.014	0.004
Titan IV	0.185	0.083	0.062	0.013	0.027
SRMU	0.098	0.045	0.019	0.019	0.014
Castor IV－A	0.129	0.065	0.020	0.019	0.025
GEM	0.094	0.029	0.024	0.019	0.023
助推器平均值	0.122	0.062	0.026	0.017	0.016
ORBUS 21	0.064	0.034	0.014	0.014	0.002
ORBUS 6E	0.092	0.030	0.021	0.035	0.005
Star 48B	0.061	0.027	0.013	0.020	0.001
Star 37 XFP	0.075	0.028	0.013	0.033	0.001
Star 63D	0.072	0.030	0.020	0.017	0.004
Orion 50SAL	0.081	0.041	0.019	0.018	0.002
Orion 50SAL	0.102	0.040	0.022	0.035	0.005
Orion 38	0.141	0.044	0.024	0.059	0.013
空间发动机平均值	0.086	0.034	0.018	0.029	0.004
所有的平均值	0.099	0.039	0.022	0.032	0.006

▲：此表给出了多种助推和空间发动机的惰性质量系数，并将其分解成主要的系统组成（发动机壳体、绝缘层和喷管）。注意左边一列数值为右边 4 列数值之和。

混合推进剂火箭

混合推进剂火箭的惰性质量系数略高于液体或固体火箭，基于两方面的原因：

1）混合推进剂火箭的封装密度要小于液体和固体火箭，因为需要更多的空间来容纳颗粒结构。

2）由于燃烧机制，每次燃烧之后都会留下相当多的推进剂。最低的“剩余系数”达到约 17％，这意味着 17％的推进剂仍未燃烧。

核能火箭

核能火箭具有与液体火箭相近的惰性质量系数，只有一个较大的例外——核反应堆的质量将变得更加重要。图 24-5 给出了反应堆质量随需要的反应堆功率的变化［Humble，1995］。对于初步的设计，正常情况下反应堆质量约为 500 kg。

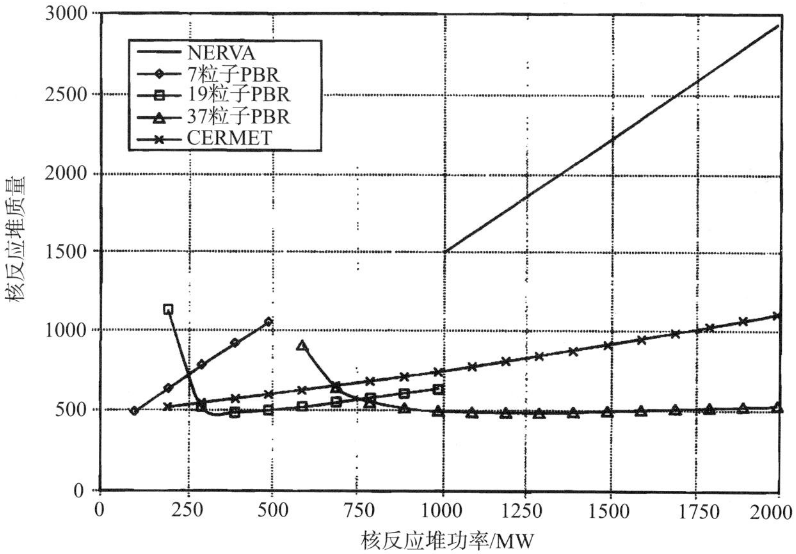

图 24-5　核反应堆质量随反应堆功率的变化▲

▲：除了低功率水平，粒子床反应堆（PSR）要好于 NERVA 和 CERMET 反应堆。对于初步设计，反应堆质量的合适估值为 500 kg

另一个主要的惰性质量是核辐射防护层。Humble［1995］指出，一般每平方米核辐射防护层的质量约为 3500 kg。核防护层需要足够大以避免反应堆直接辐射被屏蔽区域（阴影屏蔽）。可以将这些数值加入到有效载荷质量，然后使用给定形式的理想火箭方程。

电火箭

电火箭可获得较高的比冲，因此相对于电源生成系统，推进剂和贮箱的质量可以很小。电源生成系统质量是推力水平的函数。同样可以采用理想火箭方程来规划推进系统，但是必须将推力器/电源系统的质量加入有效载荷。对于电推进系统，可以使用两种略微不同的方法来规划系统。

1）固定功率：可用的能源是基于其他系统的需求给定的。这种情况下，可简单地使用前面描述的理想火箭方程。

2）自由功率：改变电源系统的规模至“最佳”情况，从而基于特定任务来优化有效载荷质量。

固定功率问题是相对容易处理的问题，但是对于自由功率问题，如何优化以及优化哪些内容呢？

首先持一种与理想火箭方程相反的观点：假设惰性质量是所需推力的函数，而忽略贮存质量。在这种情况下，发现

$$m_{\text{inert}}=\frac{v_e^2\dot{m}}{2\alpha\eta_T} \tag{24-11}$$

式中　m_{inert}——推进系统的惰性质量（kg）；

v_e——推进剂喷射速度（m/s）；

$\dot{m}$——推进剂质量流量（kg/s）；

α——推进系统的比质量（W/kg）（见表 24－10）；

η_T——电源产生系统和推进剂喷射之间转换的电能效率（见表 24－9）

记住

$$\dot{m}=\frac{m_{\text{prop}}}{t_b} \tag{24-12}$$

$$\frac{m_{\text{pay}}+m_{\text{inert}}}{m_i}=e^{\frac{-\Delta v}{ve}} \tag{24-13}$$

从而可得到如下结果

$$\frac{m_{\text{pay}}}{m_i}=e^{\frac{-\Delta v}{ve}}-[1-e^{\frac{-\Delta v}{ve}}]\left(\frac{v_e^2}{2\alpha\eta_T t_b}\right) \tag{24-14}$$

式中　m_{pay}——有效载荷质量（kg）；

Δv——机动速度增量（m/s）；

t_b——机动或推力持续时间（s）；

m_{prop} ——所需的推进剂质量（kg）；

$\frac{m_{pay}}{m_i}$ ——有效载荷系数。

对于典型的任务需求（Δv，t_b），可以画出有效载荷系数相对于技术参数（α，η_T，v_e）多种数值的曲线。图 24－6 给出了这样一条曲线，注意到有效载荷系数有一个特定的排气速度最优值。在流动中增加更多能量，高于最优的排气速度，功率转化的效率会更低。式（24－11）中的“平方项”导出了这种关系。注意，正如第 9 章所讨论的，对于低推力机动的 Δv 的需求通常比对于更高推力机动的 Δv 的需求要高一些。

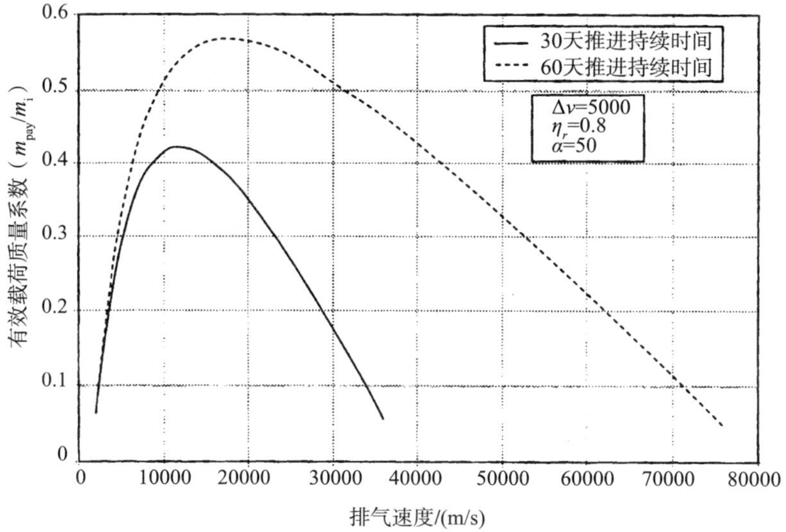

图 24－6　有效载荷质量系数随排气速度的变化曲线▲

▲：已知特定的任务参数和技术参数，可以找到一个排气速度（比冲）对初始质量已知的有效载荷进行优化

24.3.4　级间分离

在推进机动期间，当航天器消耗推进剂的同时，如果也能够抛掉不再需要的推进剂贮存硬件，那将是非常有益的。我们希望抛掉

贮箱的顶部，但已经证明这在技术上是非常困难的。针对此问题的一种解决办法是设计多个贮箱或多个用于不同机动段的推进系统。那么，当一个特定的机动完成后，可以扔掉空的贮箱或推进系统。这意味着不需要在整个机动期间加速航天器所有的惰性质量，这种技术被称为级间分离。图 24－7 基于第 24.1 节描述的示例和第 24.3.1 节的方程给出了一个级间分离的示例。

图 24－7 表明当增加级数时，推进飞行器的整体质量下降。不过，当级数增加时，级与级之间的质量变化下降。因此，通过增加级数可以获得质量优势，但是太多级数增加了复杂度，并且抵消了质量的获益。如何进行这些计算？简单地说就是规划最后一级，然后它的初始质量就变成次级到最后一级的有效载荷质量，依此类推。

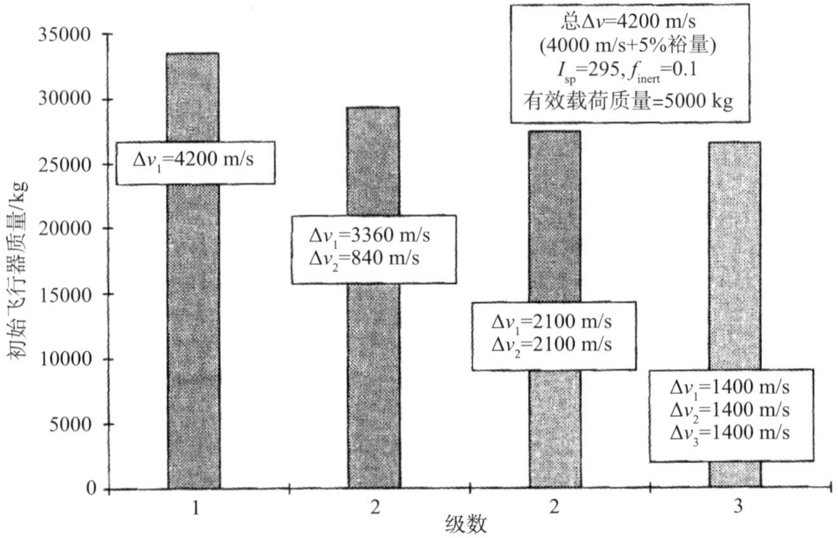

图 24－7 级间分离效应▲

▲：此图由第 24.1 节中的例子和第 24.3.1 节中的方程作出。当级数增加时，飞行器质量下降。然而，随着级数增加，级与级之间的质量变化会变得更小

24.3.5　应用步骤 3 到本章的设计实例

为了理解一个问题，对典型参数进行研究是非常重要的。通过该方法可以审视问题并理解如比冲和惰性质量系数等参数的设计敏感性。第 24.3.1 节讨论的方程和分析方法与使用理想火箭方程相关。

对于本章的示例，可以制作一幅“傻瓜式”的图表，该表展示了一系列惰性质量系数下的初始质量变化，初始质量表示为可达比冲的函数。简而言之，这三种参数的设置是依大小排列一个区域内的规划问题，图 24－8 给出了相互间的关系。

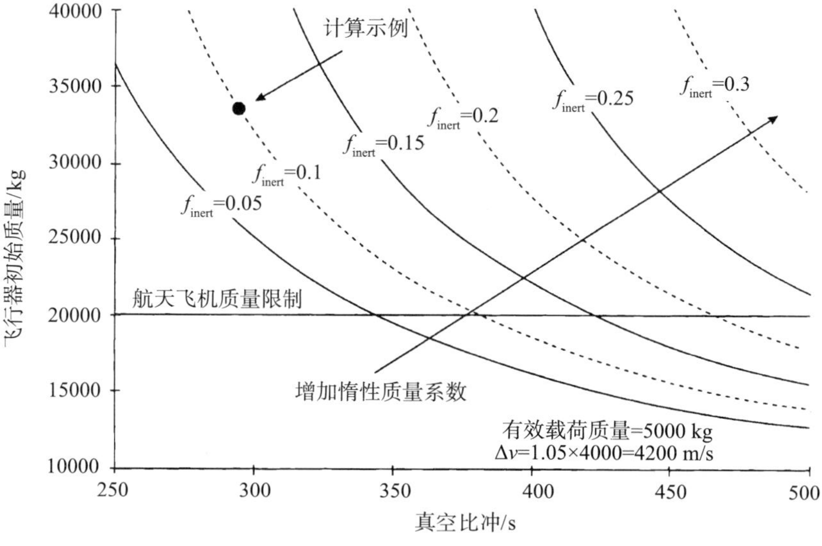

图 24－8　实例问题中初始质量、比冲和惰性质量系数之间的关系▲

▲：当所需比冲增加时，飞行器的初始质量下降。相反的，惰性质量系数增加时，飞行器的初始质量增加

为了展示图 24－8 中的曲线是如何绘制的，首先观察曲线中的一点，其中

$$I_{sp}=295\ \text{s}$$

$$f_{\text{inert}} = 0.1$$

对于固体火箭来说这是相当典型的数值。下面，确定系统质量：

$$m_{\text{prop}} = \frac{m_{\text{pay}}\left[e^{\frac{\Delta v}{I_{\text{sp}} g_0}} - 1\right](1 - f_{\text{inert}})}{1 - f_{\text{inert}} e^{\frac{\Delta v}{I_{\text{sp}} g_0}}} = \frac{5000\left[e^{\frac{4200}{(295)9.81}} - 1\right](1 - 0.1)}{1 - 0.1 e^{\frac{4200}{(295)9.81}}}$$

$$= 25664 \text{ kg}$$

$$m_{\text{inert}} = \frac{f_{\text{inert}}}{1 - f_{\text{inert}}} m_{\text{prop}} = \frac{0.1}{1 - 0.1}(25664) = 2852 \text{ kg}$$

$m_f = m_{\text{pay}} + m_{\text{inert}} = 5000 + 2852 = 7852$ kg(飞行器质量,机动结束)

$m_i = m_f + m_{\text{prop}} = 7852 + 25664 = 33516$ kg(飞行器质量,机动开始)

注意，这个结果与图 24－7 中单级的计算结果是相同的。

这种参数分析表明标准的化学推进技术对这项任务来说是合适的。为完成此项任务，二次点火是必要的（一次地球逃逸，一次月球捕获），这就产生了两个新的需求：

1）推进剂必须是容易贮存的：固体推进剂和非低温液体推进剂。

2）系统必须是可重新启动的。

存在两种标准的可能性：

1）使用两级火箭。

· 两级固体火箭或两级液体火箭。

· 固体和液体火箭的混合。

2）使用单级可重启动的可储存推进剂的液体火箭。

如果选择使用液体火箭，可以使用低温推进剂（诸如液氧和液氢）作第一次燃烧，但是需要可储存燃料（诸如 N_2O_4 和 N_2H_4）作第二次燃烧。采用两级火箭的主要问题是研发问题和成本远远超过两个单级火箭，必须研发两套完整的推进系统并设计级与级之间的接口。为了降低复杂性，减少选项似乎是合理的。重要的是要理解选择这两个方案是用来阐述设计过程，这些选项对于特定问题是否合适，主要依赖于特定的需求或约束：

1）两级固体火箭在第一级获得 3200 m/s 的速度而在第二级获

得 800 m/s 的速度。

2）一个液体火箭获得全部 4000 m/s 的速度。

表 24－5 给出了规划数值，假定四氧化二氮（N_2O_4）和肼（N_2H_4）作为液体推进剂，它们是适于贮存应用的标准推进剂。液体火箭比两级固体火箭系统重 50%，这种质量的节省可以与两级火箭推进系统增加的复杂性相当，因此选择这种方案用于进一步研究。

表 24－5　单点设计规划算例▲

		固体	液体
第 1 级	m_i（kg）	29318	44918
	m_f（kg）	9181	11786
	m_{stage}（kg）	22374	39918
	m_{inert}（kg）	2237	6 786
	m_{prop}（kg）	20137	33132
	m_{pay}（kg）	6944	5000
	I_{sp}（s）	295	320
	f_{inert}	0.1	0.17
	Δv（m/s，5%的裕量）	3360	4200
第 2 级	m_i（kg）	6944	
	m_f（kg）	5194	
	m_{stage}（kg）	1944	
	m_{inert}（kg）	194	
	m_{prop}（kg）	1749	
	m_{pay}（kg）	5000	
	I_{sp}（s）	295	
	f_{inert}	0.1	
	Δv（m/s，5%的裕量）	840	

▲：本表对比了推进系统两种选项的质量，假设一个两级固体火箭和一个单级液体火箭（使用 N_2O_4 和 N_2H_4）。液体火箭的惰性质量系数较高，因此更重一些。

24.4 规划推力产生系统（步骤 4）

正如前面提到的，将推进系统分离成两个部分：产生推力的系统和贮存推进剂的系统。本节讨论推力的产生。由推力和比冲方程（公式推导见 Humble [1995]）

$$F = \lambda\,[\dot{m}v_e + (p_e - p_a)A_e] \tag{24-15}$$

$$I_{sp} = \frac{F}{g_0\dot{m}} \tag{24-16}$$

式中 F ——推力（N）；

λ ——推力效率（典型取值范围（0.9～0.99）；作为默认值，选择 0.98）；

$\dot{m}$ ——推进剂质量流量（kg/s）；

v_e ——喷管出口处的推进剂速度（m/s）；

p_e ——喷管出口处的推进剂静压（Pa）；

p_a ——周围环境的压强（Pa）；

A_e ——火箭喷管出口处横截面积（m^2）；

I_{sp} ——比冲（s）；

g_0——引力常数=9.81 m/s^2。

通常想要得到给定质量流量（最高的比冲）下的最大推力，这种情况减少了特定任务所需的推进剂质量。

对于给定的质量流量，增加推力的最好方法是获得实际中尽可能高的出口速度。可以通过压力或电力（电磁或静电）来加速推进剂。加速推进剂所需能量与推进剂速度之间的关系是

$$\eta_T E_{\text{prop}} = \frac{1}{2} m_{\text{prop}} v_e^2 \tag{24-17}$$

式中 η_T ——将储存的能量转化为动能的效率（典型取值范围 0.3 至 0.9）；

E_{prop} ——施加到推进剂的总能量（J）；

m_{prop} ——推进剂的总质量（kg）。

等式两边同时除以推力持续时间，得到以功率表示的形式：

$$\eta_T P = \frac{1}{2}\dot{m}v_e^2 \tag{24-18}$$

式中 P 是施加到推进剂的功率或每秒的能量（W）。

对于化学系统（从化学反应中获取能量的系统），可从每千克推进剂中获得的能量数（以焦耳表示的每千克能量密度）落在一个相对小的范围内，典型数值如表 24－6 所示。另一方面，如果能量源能够从推进剂中分离出来，正如在电能或核能系统中那样，则能够施加到推进剂上的能量在理论上是没有限制的（但实际中有限制）。尽管如此，对于这些分离出的能量源，由式（24－17）和式（24－18）可知，能量设备的质量往往随速度的平方而增加，而当出口速度增加时只有很小的改善。

表 24－6　多种化学反应的能量密度▲

恒温反应	释放能量/J	能源质量/kg	能量密度/J/kg
$2H_2+O_2 \rightarrow 2H_2O$	460520	0.036	12792222
$CH_4+2O_2 \rightarrow CO_2+2H_2O$	783800	0.08	9797500
$2H_2+F_2 \rightarrow 2HF$	517750	0.04	12943750
$4Al+3O_2 \rightarrow 2Al_2O_3$	3312800	0.204	16239216
1 kg 镍镉电池	108000	1	108000

▲：如果假定在恒定的标准温度下进行简单的化学反应，那么可以得到这些结果，改变混合比（反应物的比率）并不会明显改变结果。

表 24－6 中的数字可能会产生一些误导，铝/氧似乎是最好的推进剂组合之一，但事实上并非如此。因为最终的燃烧产物（Al_2O_3 分子质量约 102 克）是非常大的分子，所以难以有效地加速。如果对任一分子施加体力（压力、电磁的，或静电的），这些分子将根据牛顿第二定律进行加速。较大的分子量比小分子（如分子质量为 18 克的 H_2O）加速慢，导致较重的分子难以获得更高的比冲。

24.4.1 通过压力产生推力

当希望获得稳定的推力时，必须创建一个高压区域，并允许高压气体或液体向低压区域扩散。图 24－9 给出了这种装置的示意图。

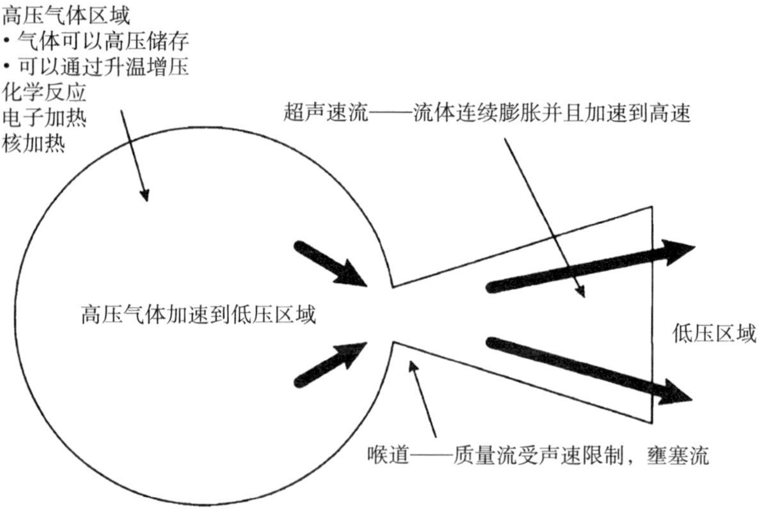

图 24－9 通过压力加速推进剂的装置示意图▲

▲：高压气体由高压区域向低压区域移动，气体特性、压力值和喷管的形状决定了流速和推力水平

在火箭系统中，依靠收缩/扩散喷管来加速流体。喷管可以使流体加速至超声速，这对于获得较高的流速和有效产生推力是必要的。压力信息仅以声速传播（记住，声音仅是一种压力波）。因而，沿喉道向下运动的任何物体（从超声速区域向右侧区域）与沿喉道向上运动的任何物体（从亚声速区域向左侧区域）不会相互影响。这意味着可以相对独立地设计亚声速和超声速的部分。通过喉道的质量流量由下式给出

$$\dot{m}=\frac{p_c A_t}{C^*} \tag{24-19}$$

式中 $\dot{m}$ ——从发动机出来的质量流量（kg/s）；

p_c ——在燃烧室或高压区域的静压（Pa）；

A_t ——喉道的横截面积（m^2）；

C^* ——推进剂特征速度，是进入喉道的分子和温度的函数，见表 24－7（m/s）。

这是一个重要的方程，表明作为推力方程中的关键参数，质量流量仅是燃烧室或贮存区域压力、出口最狭窄部分（喉道）尺寸以及推进剂特性的函数：

1）更高的压力允许采用更小的喉道，从而使得发动机更小。

2）更高的压力提供更多的推力。

3）更大的发动机提供更大的推力。

反应中的推进剂相对量是化学燃烧的关键因素之一（燃烧温度、分子量以及恒熵参数）。为了详述这种关系，一般使用氧化剂/燃料比（O/F）

$$O/F = \frac{氧化剂质量}{燃料质量} \tag{24-20}$$

这个参数不仅影响热化学，而且同样影响推进剂和氧化剂贮箱的相对尺寸。

表 24－7 几种推进剂组合的化学参数▲

推进剂	O/F	T_c / K	M_{mass} / (g/mol)	γ	R / (J/kg · K)	C^* / (m/s)	ρ / (kg/m^3)	I_{sp} / s
固体：18% Al，71% NH_4ClO_4，11%HTPB	n/a	3511	29.4	1.168	282.8	1551.5	1808	307
单组元推进剂：92% H_2O_2，8%H_2O	n/a	1079	22.2	1.261	374.5	963.0	1363	181
单组元推进剂：N_2H_4	n/a	890	10.8	1.368	769.8	1218.6	1004	218
一甲基肼/N_2O_4	1.6	3115	20.3	1.233	409.6	1724.8	1149	328
液 H_2/液 O_2	5	3241	11.8	1.209	704.6	2323.8	325	448
煤油/N_2O_4	3.5	3312	24.3	1.225	342.1	1629.3	1218	311
煤油/92%H_2O_2，8%H_2O	7	2805	21.7	1.182	383.1	1607.2	1252	315

续表

推进剂	O/F	T_c / K	M_{mass}/ (g/mol)	γ	R / (J/kg·K)	C^* / (m/s)	ρ / (kg/m³)	I_{sp} / s
煤油/液 O_2	2.3	3499	22.1	1.222	376.2	1757.6	1015	337
煤油/N_2O	6.5	3297	25.3	1.249	328.6	1582.2	429	299
核能/H_2 推进剂	n/a	3200	2.016	1.284	4124.0	5468.0	71	1013

▲:低温流体热化学[Humble,1995]可以确定评估推力室性能所需的重要化学参数。所有的数值是在推力室室压(p_c)为 3.45 MPa、扩张率为 50 的条件下计算得到的。I_{sp} 是在真空中的计算值,而密度是表中所列所有推进剂的平均值。

喷管出口处的速度和压力是由喉道到出口处的形状所决定的另外两个参数(当然出口处的面积亦是几何形状的函数),可以由下式确定

$$v_e = \sqrt{\frac{2\gamma R_u T_c}{(\gamma - 1) M_{mass}} \left\{1 - \frac{P_e}{P_c}\right\}^{\frac{\gamma-1}{\gamma}}} \tag{24-21}$$

$$P_e = P_c \left(1 + \frac{\gamma - 1}{2} M_e^2\right)^{\frac{\gamma}{1-\gamma}} \tag{24-22}$$

式中 v_e ——喷管出口处的推进剂速度(m/s);

R_u ——通用气体常数[8314J/(kg·K)];

T_c ——燃烧室内的温度,仅是推进剂的函数(K);有时称作火焰温度(T_f);

T_f ——燃烧火焰温度(K);

γ ——比热比,仅是推进剂的函数(见表 24-7);

M_{mass} ——燃烧产物的分子量(kg/ kmol)(见表 24-7);

P_c ——燃烧室压力(Pa);

P_e ——喷管出口处压力(Pa);

M_e ——喷管出口处马赫数。

出口处的面积(A_e)和出口处的马赫数之间的关系由下式给出

$$\varepsilon = \frac{A_e}{A_t} = \frac{1}{M_e} \sqrt{\left\{\frac{2}{\gamma + 1}\left(1 + \frac{\gamma - 1}{2} M_e^2\right)^{\frac{\gamma+1}{\gamma-1}}\right\}} \tag{24-23}$$

式中 ε 是喷管扩张比。前面提到，出口处的速度和压力依赖于从喉道到出口处的喷管形状。同时，在这些方程中可以看到室压和温度，这是因为喉道温度和压力是燃烧室压力和温度的函数，因此在燃烧室条件下更易于描述另外一部分参数。

所有的方程看起来非常复杂，不过，现在将其代入推力方程后，得到更为复杂的比冲表达式

$$I_{sp}=\lambda\left\{\frac{C^*\gamma}{g_0}\sqrt{\left(\frac{2}{\gamma-1}\right)\left(\frac{2}{\gamma+1}\right)^{\frac{\gamma+1}{\gamma-1}}\left[1-\left(\frac{p_e}{p_c}\right)^{\frac{\gamma-1}{\gamma}}\right]}+\frac{C^*\varepsilon}{g_0 p_c}(p_e-p_a)\right\} \tag{24-24}$$

在此方程中，一旦选定了推进剂，就可以知道 C^* 和 γ，但还需要选定出口压力、室压和扩张比等。这三个参数是相互耦合的，选择其中任意两个则决定了第三个参数。

当确定压力和扩张比的数值时，通常希望在不使用较大喷管的情况下提高比冲（低室压反映了大喉道，而大扩张比反映了大喷管）。评估此问题一种方式是绘制比冲随喷管扩张比的变化图。表 24－8 所示给出了基于推力方程解决上述问题的算法。

表 24－8　计算比冲的算法▲

步骤	参数	实例	来源
1. 选择一种推进剂 例子：固体——18% Al，11% HTPB，71% NH_4ClO_4	γ； M (kg/kmol)； T_f (K)； C^* (m/s)	1.168； 29.4； 3511； 1551.5	表 24－7； 表 24－7； 表 24－7； 表 24－7
2. 选择固定参数	p_c (Pa)； p_a (Pa)； λ	3500000； 0； 0.98	选择； 选择或给定； 默认选择
3. 选择喷管扩张比	ε	33.7	式(24－23)
4. 计算喷管参数	M_e； p_e (Pa)	3.955； 10256	式(24－22)； 选择，给出期望的 I_{sp}
5. 选择比冲	I_{sp} (s)	295	式(24－24)

▲：可以使用这种算法来计算一个火箭的比冲性能，计算实例基于固体火箭。

如果多次重复应用表 24 - 8 列出的算法，那么将得到一系列的数值点并可绘出如图 24 - 10 所示的曲线。该图绘制了两条不同的室压曲线，均将扩散至 45000 Pa 的环境压力。两曲线的峰值对应于环境压力等于喷管出口压力（理想扩散条件下）的特殊情况。另外，也绘制了扩散至真空时的比冲曲线。注意，这里只有一条"空间"曲线，意味着空间推进的比冲性能是独立于燃烧室室压的。

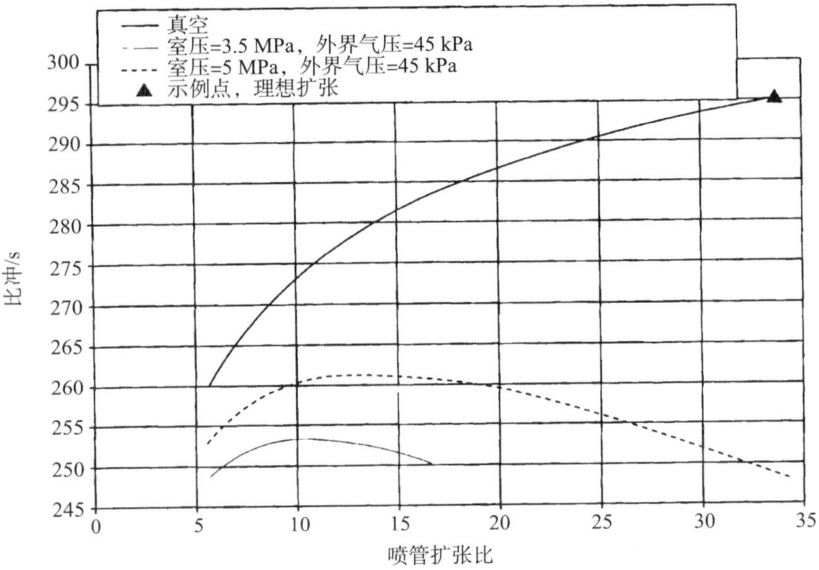

图 24 - 10　比冲作为喷管扩张比的函数▲

▲：表 24 - 8 给出了估计的实例，对于空间推进发动机，比冲（在给定的扩张比）是与室压相互独立的。对于在稀薄大气（周围压力大于 0）中的发动机点火，增加的压力提高了比冲值，正如图中下面两条曲线所示。I_{sp} 峰值位于喷管出口压力等于周围压力（理想扩张情况下）的点上

正如在第 24.3 节所提到的，假定产生推力的分系统质量是忽略不计的。尽管可以使用在 24.5 节中的信息来估计贮箱的质量，但最好还是能有一个简单的方法以估计推力分系统的质量。可以通过再次审视历史数据来完成此项任务。图 24 - 11、图 24 - 12、图 24 - 13

给出了发动机的推重比（F/W），而发动机推力和推重比之间有很好的相关性。如果能够估计出所需的推力水平，那么就可以使用这些图表来估计发动机的推重比，然后用推力除以推重比得到发动机的重量和质量。

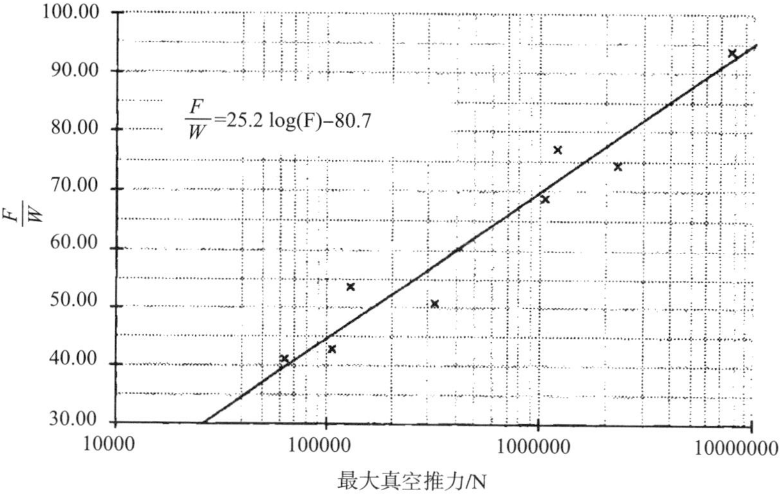

图 24－11　运载火箭一级发动机的推重比随推力的变化▲

▲：该图形表明当推力水平增加时，发动机推重比亦随之增加，给出了数据的最小二乘拟合曲线

对于固体火箭，推力室区域是一个整体，且结构相同，这使得难以估计产生推力硬件的质量贡献。基于这一原因，将固体火箭的全部质量数据放入第 24.3.2 节（表 24－4）进行分析。

24.4.2　通过电能产生推力

三项通过电能产生推力的必需操作：

1）产生电流（电池、光伏、核）。

2）产生带电粒子（离子）或带电粒子群（等离子体）。

3）形成静电的或电磁场来加速粒子或等离子体。

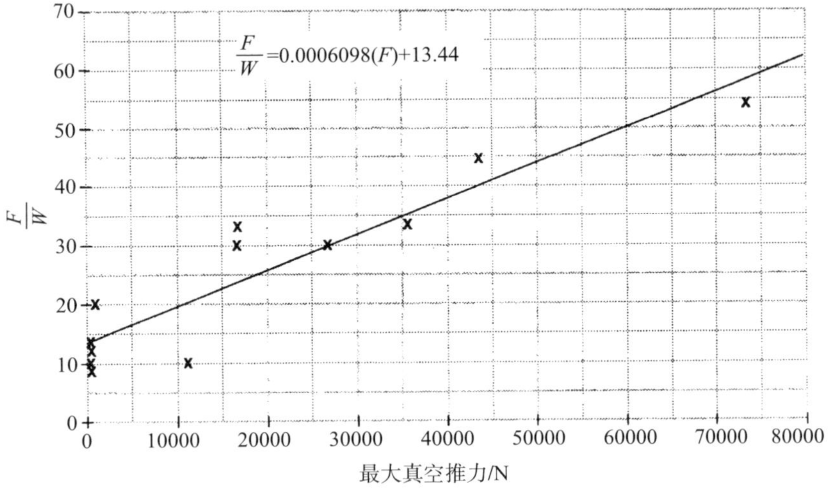

图 24－12　空间推进的双组元推进剂发动机推重比随推力的变化▲

▲：该图形表明当推力水平增加时，发动机推重比亦随之增加，给出了数据的最小二乘拟合曲线

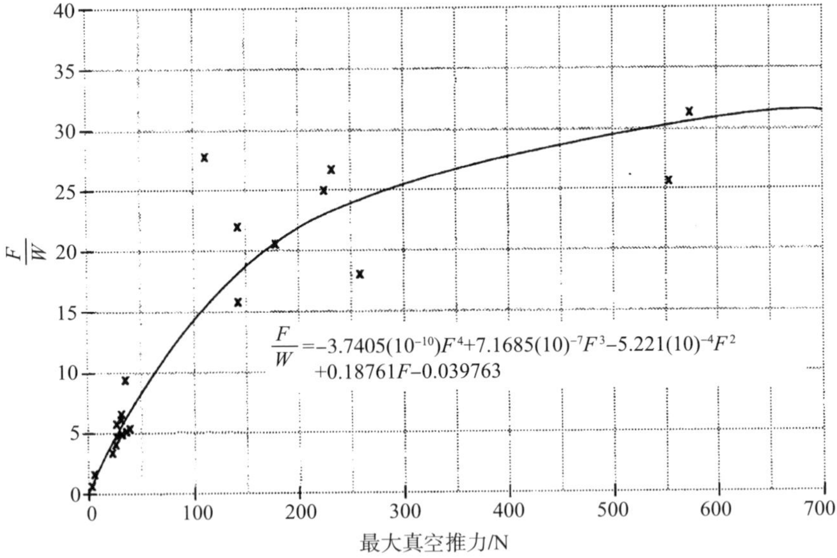

图 24－13　空间推进的单组元推进剂发动机推重比随推力的变化▲

▲：该图形表明当推力水平增加时，发动机推重比亦随之增加，给出了数据 4 阶多项式的最小二乘拟合曲线

这些过程的物理机制在 Humble [1995] 中讨论。对于初步设计，分析加速过程过于复杂。取而代之，简单地使用式（24－18）估计将带电粒子流加速到期望的排放速度时（排放速度＝比冲×9.81）所需功率（P）

$$P=\frac{\dot{m}\,(I_{sp}g_0)^2}{2\eta_T} \tag{24-25}$$

式中　P ——所需的电功率（W）；

$\dot{m}$ ——推进剂的质量流量（kg/s）；

I_{sp} ——比冲（s）；

g_0——引力常数＝9.81 m/s^2；

η_T ——推进器效率（见表 24－9）。

表 24－9　典型电推进器的参数▲

推进器类型	典型的 I_{sp} /s	典型的推力/N	效率
电阻式推进器	300	0.5	0.3
千瓦级电弧推进器	500	0.2	0.3
10～100 kW 电弧推进器	1000	5.0	0.3
微波推进器	600	0.3	0.5
脉冲电热推进器	1500	0.1	0.4
自身场磁等离子推进器(MPD)	5000	10～100	0.5
100 kW,稳态应用场(MPD)	1300	4.0	0.2
脉冲等离子体推进器(PPT)	1500	10^{-5}～10^{-3}	0.2
脉冲感应推进器(PIT)	4000	0.1～1.0	0.5
紧凑型电子回旋加速器	10000	10～100	0.3
稳态等离子体推进器(SPT)	2000	0.1～1.0	0.6
离子发动机	2000～10000	0.1～1.0	0.9

▲:此表列出了不同类型推进器的比冲、推力水平和推进器效率的期望值。

表 24－9 给出了典型电推进器的一些细节，包括推进器效率的估计数值。可以基于比质量 α 的历史数据来估计产生电功率的系统的质量（α，W/kg）

$$m_s = \frac{P}{\alpha} \tag{24-26}$$

典型的比质量值如表 24－10 所示。

表 24－10　功率产生系统的比质量范围▲

技术	比质量 α /(W/kg)
刚性太阳能电池阵	25～70
柔性太阳能电池阵	110～138
集光器阵列	50～100
放射性电同位素热能产生器(RTG)	6～8
核裂变	20～30

▲:如果知道功率产生系统的输出功率,能够利用式(24－26)来确定能源系统的质量。

为了确定推进器系统的质量，可以使用表 24－11 给出的算法。作为一个例子，假定航天器（有效载荷质量为 1000 kg）具有固定的太阳能电池阵提供连续的电能，同时假定这些电能可用于离子推进器，图 24－6 分析了实例任务。

表 24－11　电源系统设计算法和实例▲

步骤	例子	注释
1. 选择期望的比冲	$v_e/g_0 = I_{sp}$； 19000/9.81=1937 s	表 24－9 和图 24－6； 采用 24.3.3 节的功率自由设计:功率未知； 假定一个 60 天任务； $\Delta v = 5000$ m/s
2. 计算质量	$m_{pay}/m_i = 0.57$； $m_i = 1754$ kg； $m_{prop} = m_i\,[1 - e^{\frac{-\Delta v}{ve}}] = 406$ kg； $m_{inert} = 1754 - 1000 - 406 = 348$ kg； $\dot{m} = \frac{m_{prop}}{t_b} = 7.8 \times 10^{-5}$ kg/s	
3. 估计合适的推进器效率	0.8	表 24－9； 使用保守的数字

续表

步骤	例子	注释
4. 计算给定推进器的所需功率	17670 W	对于功率固定的问题是一种简便的计算；使用式(24-25)
5. 计算电源系统的质量	$\alpha = 50$ W/kg；$W_s = 348$ kg	使用式(24-26)；与惰性质量相同

▲：使用第 24.3.3 节的例子，该算法设计的系统，使得飞行器总的初始质量最小。

24.4.3　设计实例一步骤 4

表 24-8 评估了固体火箭的性能，进而确定了获得 295 秒比冲所需要做的事项，计算结果是喷管扩张比为 33.7。表 24-12 给出了固体火箭第一级和第二级固体发动机喷管的分析。基于表 24-4 的历史数据将组件质量进行了分解，如表 24-13 所示。

表 24-12　第一级和第二级固体火箭设计点的喷管设计▲

设计特征参数	第一级	第二级	备注
F/W_{intial}	0.3	0.3	在 24.1 节强调的需求
m_i /kg	29318	6944	表 24-5
F /N	86283	20436	$F/W_{\text{intial}} \times m_i \times 9.81$
I_{sp} /s	295	295	设计选择，见 24.3.5 节
质量流量/(kg/s)	29.81	7.06	$F/(I_{sp} \times 9.81)$
m_{prop} /kg	20137	1749	表 24-5
燃烧持续时间/ t_b ，s	675	248	m_{prop}/ 质量流量
p_c /Pa	3500000	3500000	燃烧室压力，从表 24-8 中选择
C^* /m/s	1551.5	1551.5	从表 24-7 得到的特征速度
喉道面积/m^2	0.013217	0.00313	质量流量 $\times C^*/p_c$
喷管扩张比	33.7	33.7	表 24-8
出口面积/m^2	0.445397	0.105493	喉道面积×扩张比

▲：选择能够提供设计所需比冲的特定点。

表 24-13　不同的第一级和第二级固体火箭组件的质量计算▲

组件	第一级	质量/kg	第二级	质量/kg
发动机壳体	0.04	895	0.04	78
绝缘层	0.022	492	0.022	43
喷管	0.032	716	0.032	62
其他	0.006	134	0.006	12
总计	0.1	2237	0.1	194

▲:已知多个组件的惰性质量系数,通过表 24-4 和表 24-5 计算不同的质量。

24.5　规划推进剂管理系统（步骤 5）

正如前面提到的，火箭的目的是贮存推进剂然后通过推进剂产生推力，本节讨论推进剂的贮存问题并使其进入推力产生器。

24.5.1　贮箱质量

常用于表征贮箱性能的是贮箱质量系数，φ_{tank}（m），或 pV/W

$$\varphi_{tank}=\frac{p_b V_{tank}}{g_0 m_{tank}} \tag{24-27}$$

式中　p_b——贮箱爆破压力（Pa）；

V_{tank}——贮箱容积（m^3）；

m_{tank}——贮箱质量（kg）；

g_0——引力常数＝9.81 m/s^2。

容积给定条件下，贮箱质量系数越大意味着贮箱越轻，数值越小表明贮箱贮存效率越低。

图 24-14 给出了美国两家较大的推进剂贮箱生产厂家的数据。这些数据是完整的贮箱数据，并且包含排放推进剂的设备。这些贮箱的贮箱质量系数似乎相对稳定于 7500 m 的点附近。过去，更为保守经验值取为 2500 m 的实际贮箱质量系数，较为适用于诸如铝之类较低强度的材料。NASA SP-8112 [1975] 建议通常使用的钛合金

贮箱的贮箱质量系数取为 6350 m，与这里的估算结果相当接近。

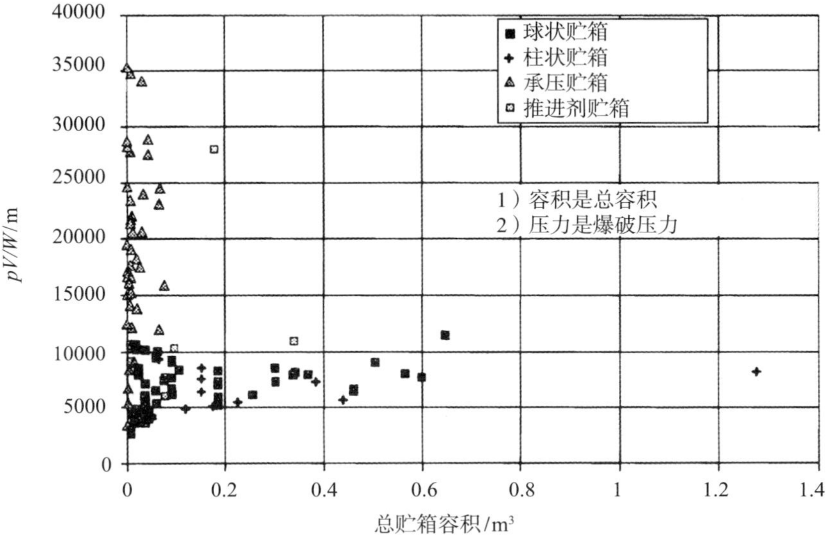

图 24－14　真实贮箱的典型贮箱质量系数（图中的数据来自真实贮箱）

正如图 24－14 所示，数据散布范围较广。无论何时比较多种贮箱，这种散布性都是无可避免的，每一个贮箱都有不同的设计需求和方法。事实上，实验室阶段贮箱的真实贮箱质量系数高达 50000 m，但尚未经历飞行验证。

运载火箭的细长圆柱型贮箱有些不同，Whitehead [1996] 指出现有运载火箭可贮存水的质量是其自身质量的 80 至 100 倍。定义该比率为

$$r_{\text{tank}} = \frac{m_{\text{water}}}{m_{\text{tank}}} \tag{24-28}$$

可以得到贮箱质量系数的另一种表达形式

$$\varphi_{\text{tank}} = \frac{p_b r_{\text{tank}}}{\rho_{\text{water}} g_0} \tag{24-29}$$

如果假定运载火箭贮箱压力的典型取值范围在 200 kPa 到 350 kPa，那么可以确定运载火箭的贮箱质量系数的范围

$$1630\ \text{m} \leqslant \varphi_{\text{tank}} \leqslant 3568\ \text{m} \tag{24-30}$$

现在需要讨论工作压力和设计压力的区别。通常将安全性系数 f_s 引入贮箱，典型的安全系数范围是 2 至 4，这就意味着用最大预期工作压力（maximum expected operating pressure，MEOP）乘以安全系数就可以确定破坏压力。那么设计贮箱时，只要低于该设计压力就不会发生失效或破坏。飞行器系统贮箱包含了大量贮存的能量或危险的推进剂（包含我们感兴趣的几乎所有系统），其最小的安全系数为 2，因此必须设计一种贮箱在 2 倍 MEOP 下破坏，并且更为重要的是，必须说服其他人（负责安全管理、运载火箭及航行安全性的人员）该贮箱在更高的压力下一定会破坏。为了达到此目的，必须经常协商并有一个全面的测试或验证程序。另一方面，如果安全系数设计为 4，那么测试和验证的成本将显著下降，因为每个人都会因有更大的裕量而感觉良好。当然，贮箱的重量至少是原来的 2 倍。

24.5.2 步骤 5 应用于设计实例

我们正在关注固体火箭，其推力室和推进剂贮箱是同一结构。第 24.4 节估计了两级发动机的质量，现在分析下质量数值的意义。表 24－14 表明两级固体发动机的贮箱系数都小于 5000 米，由表 24－14 可知 7500 米也是可能的，所以确信能够设计一个安全系数高的推进剂贮箱。

表 24－14 推进剂贮箱需求分析▲

	第一级	第二级	来源
m_{prop} /kg	20137	1749	表 24－5
m_{case} /kg	895	78	表 24－13 和表 24－14
推进剂密度(90%加载)	1627.2	1627.2	表 24－6
推进剂体积	12.375	1.075	m_{prop}/密度
φ_{tank} /m	4934	4942	$p_c V / m_{\text{case}} g_0$

▲：表明对于固体火箭推进剂贮箱和推力室，贮箱系数要小于 5000 米——可行的数值。

24.6　总结设计实例

本章开展并记录了一个推进系统的初步设计，该系统能够将 5000 kg 的有效载荷从近地轨道运送至月球轨道。设计的结果为一个两级固体火箭系统，该系统使用第一级完成地球轨道逃逸，然后使用第二级完成有效载荷捕获，并进入月球圆轨道。对应章节给出了设计细节，表 24 - 15 进行了总结并给出许多关键参数。

表 24 - 15　规划推进系统实例▲

步骤	结果
1. 定义推进系统的需求(24.1 节)	目标:设计一个能够将 5000 kg 的有效载荷从近地轨道运送至月球轨道的推进系统 有效载荷质量=5000 kg; 最小初始推重比=0.3; Δv =4000 m/s
2. 建立系统评估和选择的标准(24.1 节)	系统必须满足系统需求(可行性); 争取简单化和低成本; 使用无毒、安全的推进剂; 最小化惰性质量,因其与成本直接相关; 最大化需求的裕量
3. 规划含推进系统的推进飞行器,并选择可能的技术(24.3 节)	两级固体火箭(第一级 Δv 3600 m/s 用于地球逃逸,第二级 Δv 840 m/s 用于月球捕获) 第一级 —惰性质量=2237 kg; —推进剂质量=20137 kg; 第二级 —惰性质量=194 kg; —推进剂质量=1749 kg

续表

步骤	结果
4. 规划推力产生系统(24.4 节)	推进剂选择:固体,其中 C^* =1551.5 m/s; 比冲:295 s,室压 3.5 MPa; 质量流量:29.81 kg/s; 第一级喷管配置; —喉道面积:0.0132 m^2; —扩张比:33.7; —喷管效率:0.98; 第一级推力室质量 —发动机壳体:895 kg; —绝缘层:492 kg; —喷管:716 kg; —其他:134 kg 第二级喷管配置 —喉道面积:0.00313 m^2; —扩张比:33.7; —喷管效率:0.98; 第二级推力室质量 —发动机壳体:78 kg; —绝缘层:43 kg; —喷管:62 kg; —其他:12 kg
5. 规划推进剂管理系统(24.5 节)	步骤 1 —推进剂体积:12.375 m^3; —所需贮箱系数:4934 m; 步骤 2 —推进剂体积:1.075 m^3; —所需贮箱系数:4942 m
6. 评估设计、对比选项并选择最好的设计方案	可行性评估:所设计的两级固体火箭系统满足所有需求; 可行方案排序:尽管一级或两级液体火箭系统也可行,但两级固体火箭更小、更轻(见 24.3 节)
7. 迭代并记录选择的理由	24.1 节、24.3 节至 24.5 节记录了设计理由和决定

▲:此表给出了初步设计和规划可遵循的步骤,与表 24 - 1 中所列的步骤相同,但此处列出了设计实例的结果。

参考文献

[1] Humble，Ronald W. ，Gary N. Henry，Wiley J. Larson，eds. 1995. Space Propulsion Analysis and Design. New York，NY：McGraw－Hill，Inc.

[2] Larson. Wiley J. and James R. Wertz，eds. 1992. Space Mission Analysis and Design. Torrance CA：Microcosm Inc. and Dordrecht，The Netherlands：Kluwer Academic Publishers.

[3] NASA. 1975. Pressurization Systems for Liquid Rockets. SP－8112. Washington，DC：National Aeronautics and Space Administration.

[4] Whitehead，J. C. Single Stage to Orbit Mass Budget Derived from Propellant Density and Specific Impulse. AIAA－96－3108. Joint Propulsion Conference，July，1996.

第 25 章　运载火箭和转移飞行器的选择

Ronald W. Humble，美国空军学院

25.1　选择运载火箭或转移飞行器

25.2　运载火箭的性能

25.3　转移飞行器的性能

25.4　运载火箭或转移飞行器的环境

第 24 章研究了新推进系统和飞行器的设计及大小确定问题，所讨论的内容包括设计运载火箭和轨道转移飞行器。本章要讨论的问题是：给定一组已有的飞行器，如何针对特定任务选择一个合适的？实际上，当确定了运载火箭或转移飞行器时，在设计早期阶段，与制造商协商是很重要的，本章只是一个引导。

运载火箭携带有效载荷从行星表面起飞进入轨道，在行星的引力场中爬升，穿越任何可能存在的大气层，给有效载荷足够的速度，在预定的时间到达预定的轨道。由于现有的运载火箭都是在地面进行发射的，本章就集中讨论地面发射问题。

轨道转移飞行器，转移级或者转移推进系统带着给定的有效载荷从一个轨道进入另一个轨道。本章聚焦轨道转移飞行器，包括转移有效载荷必需的所有系统（通信、导航、制导等）。与此相对照的情况，例如，可以从众多的制造商那里订购一个现成的远地点发动机，而其他大部分系统需要由航天器来控制，这里不再考虑。

从不同的视角来看，“有效载荷”一词有不同的定义。对于航天器设计人员来说，有效载荷通常指实验设备，如望远镜、通信系统，或者其他任何完成任务目标的设备，对选择运载火箭和转移飞行器而言，有效载荷是与飞行器没有直接关系的所有设备，包括被发射

的飞船（包括其自身的有效载荷）以及航天器所需的连接结构、电子设备等其他支持硬件。在本章，有效载荷是指除了火箭和转移飞行器以外的所有设备。“飞行器”特指运载火箭或轨道转移飞行器。

25.1　选择运载火箭或者转移飞行器

表 25－1 描述了如何选择运载火箭或者转移飞行器，表中的前两步对任何工程任务都是很好的标准。为了充分理解这个问题，首先在这一步，我们归集所有的任务需求，包括应用到所选用的运载火箭或者转移飞行器所导出的需求。这样，每一个与项目有关的人，包括选择飞行器的那些人，都知道每一步应干什么。

表 25－1　选择运载火箭或转移飞行器▲

步骤	问题	备注
1. 定义需求和约束条件	有效载荷质量（航天器的数量和质量）； 任务轨道和时间节点； 航天器大小； 环境限制； 可靠性和安全性； 资金约束； 政治约束	这些信息来源于基本的任务设计
2. 选择备选的飞行器系统	列出可能的运载火箭； 列出可能的转移飞行器	运载火箭，25.2 节； 轨道转移飞行器，25.3 节
3. 基于性能评估并筛选飞行器	运载火箭能从它的常规发射地点将这些质量送入预定轨道吗？ 转移飞行器有足够的 Δv 完成所要求的机动吗？ 飞行器能精确地将有效载荷送入轨道吗？ 把不满足性能要求的飞行器从清单中划掉	运载火箭，表 25－2； 轨道转移飞行器，表 25－5； 轨道转移飞行器 ΔV 性能，图 25－4
4. 评估航天器和飞行器的整流罩尺寸	能将航天器放在运载火箭的标准整流罩内吗？ 转移飞行器与航天器相匹配吗？ 删除不匹配的飞行器	表 25－2

续表

步骤	问题	备注
5. 评估飞行器的环境	航天器能承受加速度诱导的准静态载荷吗？ 航天器的固有频率在运载火箭的固有振动或者声频之外吗？ 飞行器满足温度、压力、湿度和洁净度的要求吗？ 删除不满足要求的飞行器	见表 25-6
6. 评估政治约束	能订购到这种飞行器吗？或者会受到某种限制？ 能从所选择的场地发射吗？	定期阅读《航天新闻》和《航空周刊》； 典型的发射地点，表25-2
7. 从清单中所留下部分选择最佳的飞行器	如果清单中没有飞行器剩下，回到第 24 章； 如果清单中只留下一个飞行器，这就是解决方案； 如果清单中留下多个飞行器，从经济性和易行性入手选择一个	

▲：本表列出了选择合适飞行器必须遵循的步骤。我们按照顺序完成前两步，后续 5 步不分先后。

第二步是创立一个涵盖所有可能解决方案的清单，这个表应该包含 25.2 节和 25.3 节中所讨论的所有飞行器，以及本书出版以来的所有可能的飞行器。

余下的 5 步（3 到 7）帮助选择飞行器，排除一些不满足要求的选项，但顺序并不那么重要。在表 25-1 中，先从技术因素角度考虑，从大清单中去掉一些选项，称之为筛选法。然后考虑诸如政治因素这一类的问题。当然，某些任务从一开始就要将政治作为优先考虑的因素。例如，政府资助的发射计划一般要求使用自己的运载火箭。

25.2　运载火箭的性能

表 25-2 列出了大部分可用的运载火箭及其 7 个关键特征参数。对于具体任务，还需要更为详细的信息，但是本节仅给出这样一个粗略的想法：哪种飞行器是满足特定发射需求的。这里鼓励读者查

阅 Isakowitz [1995] 中的更多细节，或者直接联系制造商。

表 25-2　运载火箭的性能▲

系统	上面级	LEO/kg	极轨 LEO/kg	GTO/kg	发射地点	整流罩直径/m	整流罩长度/m
阿里安-4					D		
AR40	H10	4900	3900	2050		3.65	6.52 柱段
AR42P	H10	6100	4800	2840			4.52 头锥
AR44P	H10	6900	5500	3320			多个
AR42L	H10	7400	5900	3380			有效
AR44LP	H10	8300	6600	4060			载荷
AR44L	H10	9600	7700	4520			
阿里安-5	L9	18000	12000	6800		4.57	10.35
宇宙神 ll	Cent ll	6580	5510	2255	A&B	2.92	4.19 柱段
宇宙神 llA	Cent-llA	7316	6192	3180			5.55 锥段
宇宙神 llAS	Cent-llAS	8618	7212	3810			
中国长征							
CZ-1D		790	—	200	K	1.56	1.0 柱段 1.0 锥段
CZ-2C		3200	1750	1000	K	3.07	2.0 柱段 3.0 锥段
CZ-2E		8800	—	3370	L	3.8	6.0 柱段 4.0 锥段
CZ-3B		13600	—	4500	L	3.8	6.0 柱段 4.0 锥段
CZ-3		—	4800	1400	L	2.7	2.6 柱段 2.5 锥段
CZ-3A		—	7200	2500	L	3.0	4.0 柱段 1.25 锥段
CZ-4		4000	—	1100	M	3.0	3.9 柱段 2.6 锥段
德尔它 ll					A&B	2.79	3.7 柱段
6825	PAM	3990	2950	1450			2.4 锥段
7925	PAM	5089	3890	1840			
能源		88000	80000	22000 GEO	H	5.5	37

续表

系统	上面级	LEO/kg	极轨 LEO/kg	GTO/kg	发射地点	整流罩直径/m	整流罩长度/m
伊卡尔-1 (SS-18)	SS-18	4200	2800	N/A	H	2.7	1.88 柱段 2.78 锥段
伊卡尔-2 (SS-18)	S5M	4050	3600	N/A		2.38	3.84 柱段 2.5 锥段
印度					J	整体	整体
ASLV	Stage4	150	—	N/A		1.0	3.2
PSLV	Stage4	2900	1000	450		3.2	8.3
GSLA	Stage4	5000	—	2500		3.4	7.8
以色列 沙维特	Stage3	160 i=143°	N/A	N/A	S	—	整体 1.2
日本							
H-2	Stage2	10500	6600	4000	P	4.6	9.2 总长
M-3SII	Stage4	880	680	517	O	1.4	2.06 柱段 1.4 锥段
M-V	Stage4	1800	1300	1215	O	2.2	3.5 柱段 2.6 锥段
宇宙 基于 SS-5	Stage2	1400	1100	—	F	2.4	1.8 柱段 2.9 锥段
雅典娜-1	Orbus 21D	800	520	—	A&B	1.98	2.3 柱段 2.0 锥段
雅典娜-2	Orbus 21D	1900	1490	—		3.28	5.5 柱段 3.2 锥段
雅典娜-3	Orbus 21D	3655	2855	—			
飞马座	Stage3	375	N/A	N/A	空中	1.12	1.11 柱段
飞马座 XL	Stage3	460	345	N/A	空中		1.02 锥段
质子					H		
D-1	Stage3	20900	—	N/A		4.1	10.8 柱段 3.0 锥段
D-1e	Stage4	—	—	20900		4.35	3.5 柱段 4.3 锥段
呼啸号 基于 SS-19	Stage3	1850	—	—	H	2.5OD	—

续表

系统	上面级	LEO/kg	极轨LEO/kg	GTO/kg	发射地点	整流罩直径/m	整流罩长度/m
联盟	Stage2	7000	—	—	F&H	2.85	6.72 柱段 2.28 锥段
闪电	Stage3	—	—	Molniya 2000		2.65	1.65 柱段 2.05 锥段
航天飞机	 PAM-D PAM-D2 IUS 或 TOS	24400	N/A — — —	 1300 1800 5900	B	4.7	18.6 + 飞行甲板
Start-1 Start 基于 SS-25	Stage4 Stage5	— —	360 570	N/A N/A	F	1.45	2.2 柱段 0.62 锥段
金牛座	Stage3	1400	1060	450 star37	移动	1.37	2.8 柱段 0.51 锥段
大力神 ii	Stage2	N/A	1905	N/A	A	2.84	5.1 柱段 1.6 锥段
大力神 iii	Stage2 TOS	14515	N/A	N/A 5000	B	3.64	11 双锥
大力神 iV	Stage2 Centaur	21640	18600	N/A 5220	A&B	4.57	12.2 柱段 4.0 锥段
旋风 SL-11 SL-14	 Stage2 Stage3	 2800 3600	 — —	 — —	F&H	 2.13 2.42	 14.1 3.4 柱段 2.5 锥段
天顶-2	Stage2	13740	11380	N/A	H	3.3	8.4 柱段 3.8 锥段
天顶-3	Stage3	—	—	5180		3.7	6.0 柱段 5.0 锥段

▲：本表列出了运载火箭的性能，按有效载荷质量大小排列。大部分数据源自 Isakowitz [1995]，原书有更详细的内容。整流罩尺寸对应许可的动态载荷包络线，大多数整流罩都有一段等径部分和一段锥形部分，两个长度加起来就能得到总长度。发射地点列的索引字母含义见表 25-3。横线表示信息不完整。

表 25-2 试图给出了三种典型轨道中每个系统的发射能力和有效载荷包络。

1）对于近地轨道，从发射地点向正东方向飞。这通常指的是高度为几百千米的圆形轨道。

2）对于近地极轨道，同样是几百公里的圆形轨道，轨道倾角约 90°。

3）对于地球同步转移轨道，近地点高度是几百公里，远地点是圆形同步轨道的高度。轨道倾角与发射场维度相差几度左右。

整流罩的尺寸是很难量化的，因为构型可能相当复杂。大多数运载火箭有多个整流罩构型。表 25－2 列出了大部分现有整流罩的尺寸，对应航天器可承受的动态载荷包络线（飞行器和有效载荷许可的挠性裕度）。很多的运载火箭可以携带多个有效载荷，这就使得整流罩更加复杂。底线：如果从表 25－2 中发现某运载火箭符合要求，需联系制造商获取更多细节。作为一个例子，图 25－1 给出了联盟号飞船整流罩的细节。

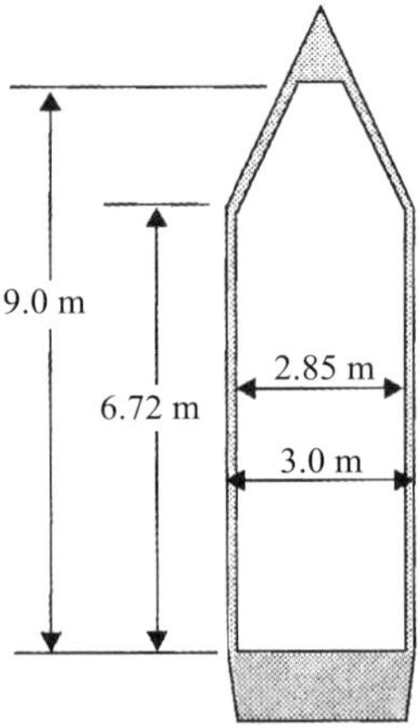

图 25－1　有效载荷整流罩例子▲

▲：本图给出了联盟号运载火箭有效载荷整流罩数据，阴影部分表示整流罩外壳，白色部分表示能供航天器使用的区域

表 25－2 分列了美国、苏联和欧洲所研发的运载火箭家簇系列，也包括了中国、印度、以色列和日本等各国所研发的产品。这里有

意略去了已成为历史的火箭（如土星系列）和没有足够型谱的火箭（如大篷车火箭）。

25.2.1　发射场

发射场相当重要，因为飞行器要进入某个轨道，受到发射场的限制，发射场还要为飞行器发射提供特殊的设备。虽然我们可以移动这些设备，但是费用是相当大的。表 25－3 列出了各个发射场的地址，图 25－2 在地图上进行了标示。

表 25－3　发射场▲

发射场	地图标示	国家	纬度	经度
A. 空军西部试验场	WTR	美国	34°36′N	120°36′W
B. 空军东靶场	ETR	美国	28°30′N	80°33′W
C. 瓦勒普斯岛	瓦勒普斯	美国	37°51′N	75°28′W
D. 库鲁发射中心	库鲁	CNES/阿里安空间公司	5°32′N	52°46′W
E. 圣马可发射平台	圣马可	意大利	2°56′S	40°12′S
F. 普列谢茨克	普列谢茨克	俄罗斯	6°48′N	40°24′S
G. 卡普斯京亚尔	卡普斯京亚尔	俄罗斯	48°24′N	45°48′S
H. 拜科努尔	秋拉塔姆	俄罗斯	45°54′N	63°18′S
I. 顿巴赤道发射场	顿巴	UN/印度	8°35′N	76°52′S
J. 斯里赫里戈达	斯里赫里戈达	印度	13°47′N	80°15′S
K. 酒泉卫星发射中心	东风	中国	40°25′N	99°50′S
L. 西昌卫星发射中心	西昌	中国	28°06′N	102°18′S
M. 太原卫星发射中心	太原	中国	37°46′N	112°30′S
N. 五寨发射基地	五寨	中国	38°35′N	111°27′S
O. 鹿儿岛航天中心	鹿儿岛	日本/ISAS	31°14′N	131°05′S
P. 大崎发射基地	大崎	日本/NASDA	30°24′N	130°59′S
Q. 竹崎发射基地	竹崎	日本/NASDA	30°23′N	130°58′S
R. 武麦拉发射基地	武麦拉	澳大利亚/US	31°07′N	136°32′S
S. 以色列发射综合设施	亚夫内	以色列	31°31′N	34°27′S

▲：本表给出了所选发射场的纬度和经度。

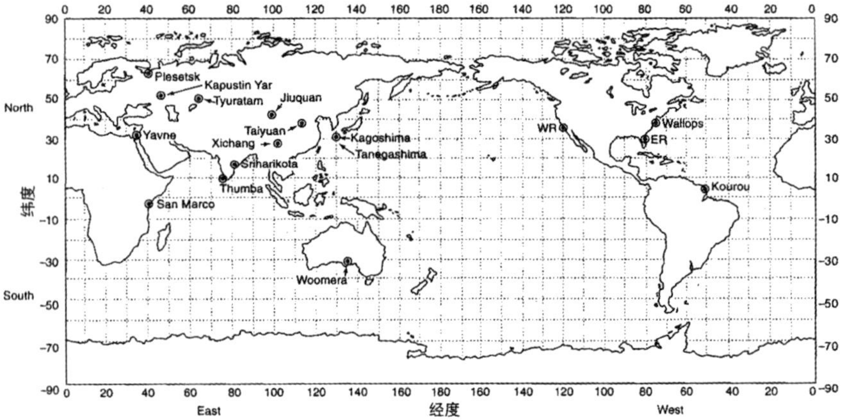

图 25－2　发射场▲

▲：本图中各发射场在地图上的位置与表 25－3 相对应

25.2.2　载人运载火箭

如果能保证足够高的安全性，理论上表 25－2 中所有的飞行器都可以将人类送入太空，但实际上并不是所有的飞行器都具有载人所需的设备。

为了保障航天员的生命安全，已经研发了几种载人飞行器：水星号、双子星号、阿波罗号、东方号和上升号。但是现在只有两种可以载人，并提供所需的生命保障系统：航天飞机和联盟号。航天飞机可以搭载 7 名乘员（紧急时候 10 名）进入近地轨道，并为他们长达几周的飞行提供保障。表 25－2 列出了航天飞机的特性。表25－4 列出了苏联或俄罗斯所发射飞船具有的 6 个关键特性，目前为止，联盟号系统的继承性最好。

表 25－4　苏联/俄罗斯飞船的性能▲

	东方号	上升 1 号	上升 2 号	联盟号	联盟－T	联盟－TM
返回舱质量/kg	2460	2900	3100	2800	3000	3000
总质量/kg	4725	5320	5682	6560	6850	7070

续表

	东方号	上升 1 号	上升 2 号	联盟号	联盟-T	联盟-TM
首次飞行及乘员	12/04/1961 Gagarin	12/10/1964 Komarov Feoktistov	18/03/1965 Belyaev Leonov	23/04/1967 Komarov	06/06/1980 Malyshev Axenov	06/02/1987 Romanenko Laveikin
乘员数	1	3	2	3（2）	3	3
飞行次数	6	1	1	38	16	317（至 1993 年末）
自主运行时间/h	10	3	3	30	3	4

▲：东方号和上升号飞船已退役。联盟号系列飞船舱段仍在服役。第一列中我们提到的“自主运行”指的是载人飞船在无人干预下能运行的时间。

航天飞机运送有效载荷的质量取决于乘组人数、舱外活动次数以及任务周期。搭载额外的乘员会增加在轨乘员可用时间，但是因为乘员自身的质量、所需的座椅、航天服、食物和相关的生活设施等会增加质量负荷，运载其他有效载荷的质量则会相应减小。增加任务持续时间则需要增加冷冻物质，为额外的天数提供电力，使航天员额外增加的吃用有保障。要提升 EVA 能力，也同样会以减少有效载荷质量为代价。通常情况下，为应对可能的故障，航天飞机会携带 2 套舱外服。如果为完成某些在轨应用任务，则还需要额外的装备，包括：第三套舱外服，以增加系统的冗余；舱外服消耗品；气闸舱补漏气体。图 25－3 给出了两种情况下，航天飞机向国际空间站可上行的载荷质量：一是人数最少的情况，5 人、0 EVA、7 天；二是人数最多的情况，7 人、4 EVAs、11 天。这个例子中，增加了所参与的乘员数，以减少其他有效载荷2160 kg为代价。

运载有效载荷能力 400 km 高度、51.6°轨道倾角； 5 人，0 次 EVA，7 天	16 650 kg
增加 2 名乘员 　2 人，座位，航天服，食物，生活用品	−464 kg
延长 4 天任务时间；	
食物和生活用品；	−170 kg
冷冻液体和储箱；	−1044 kg
加 4 次 EVA	
第三个 EMU	−150 kg
EMU 调整环加部分 EMU 装置	−64 kg
EMU 消耗品	−43 kg
3 个 EVA 背包	−109 kg
气闸舱补充气体（N_2）	−116 kg
运载有效载荷能力 400 km 高度　51.6°轨道倾角 7 人，4 次 EVA，11 天	14490 kg

图 25－3　航天飞机有效载荷运载能力▲

▲：2 次航天飞机飞行情况，增加乘员，则相应地增加附加质量，航天飞机运载其他有效载荷质量能力则相应减少，信息来源于 James R. Spencer，NASA/JSC

25.3　转移飞行器的性能

如前所述，很多推进系统都可以提供转移的功能，这里仅讨论不需要载荷提供额外帮助的轨道转移飞行器。如表 25－5 所示。

如何选择一个合适的轨道转移飞行器呢？基本过程与运载火箭的选择类似，见表 25－1，但需要考虑不同质量有效载荷变轨所需的速度增量，可参考 24 章的理想火箭运动方程（式 23－2）。

系统最终质量 m_f 是飞行器消耗完燃料的总质量 m_{b0} 和有效载荷质量 m_{pay} 的和

$$m_f = m_{b0} + m_{\text{pay}} \tag{25-1}$$

表 25 - 5　轨道转移飞行器▲

类型	PAM - D	PAM - DII	TOS	IUS	Atlas Centaur	H - 10	D - 1e
级：							
制造商	波音	波音	洛克希德马丁	波音	洛克希德马丁	法国宇航公司	科罗廖夫设计局
长度/m	2.06	1.98	3.05	5.00	8.9	9.9	5.5
直径/m	1.22	1.62	3.44	2.90	4.3	2.6	4.0
发动机：							
制造商	锡奥科尔	锡奥科尔	美联合工艺	美联合工艺	普惠	欧洲推进	伊沙耶夫设计局
类型	Star 48	ISTP	SRM - 1		RL 10A - 3 - 3A	HM7B	
数量	1	1	1	SRM - 1，SRM - 2	2	1	1
推进剂	固体	固体	固体	固体	LO_2LH_2	LO_2LH_2	液氧煤油
总推力/N	66300	78300	200000	200000　81200	147000	62700	85000
比冲/s	282	—	294	292.9　300.9	446	444.2	350
燃烧时间/s	85.0	121	150	153.0　104.8	609	725	590～600
级：							
壳体质量/kg	2189	3495	10790	10870　3890	19240	12849	19950
推进剂质量/kg	2000	3240	9700	9710　2750	15800	10780	17300
烧尽质量/kg	189	245	1080	1160　1140	3440	1069	2650
保障设备质量/kg	1140	1600	1450	3350	4310		

▲：有几种上面级能产生从近地轨道上逃逸所需增速，本表也给出了固体和液体火箭发动机数据以及适合的运载火箭数据。

初始质量 m_i 是最终质量 m_f 加推进剂质量 m_{prop}：

$$m_i = m_f + m_{prop} \tag{25-2}$$

从 24.4.1 节可知最初质量和最终质量之间的关系：

$$\frac{m_f}{m_i} = e^{\frac{-\Delta v}{I_{sp} g_0}} \tag{25-3}$$

式中　I_{sp} ——发动机比冲（s）；

$g_0 = 9.81 \mathrm{m/s^2}$；

Δv ——轨道机动速度增量（m/s）。

把这些方程结合起来，得到 Δv 与有效载荷质量关系的方程：

$$\Delta v = I_{sp} g_0 \ln \left[\frac{m_{b0} + m_{pay} + m_{prop}}{m_{b0} + m_{pay}} \right] \tag{25-4}$$

这个方程所需要的所有数据都在表 25-5 中。图 25-4 展示了一些轨道转移飞行器 Δv 与有效载荷质量关系图。

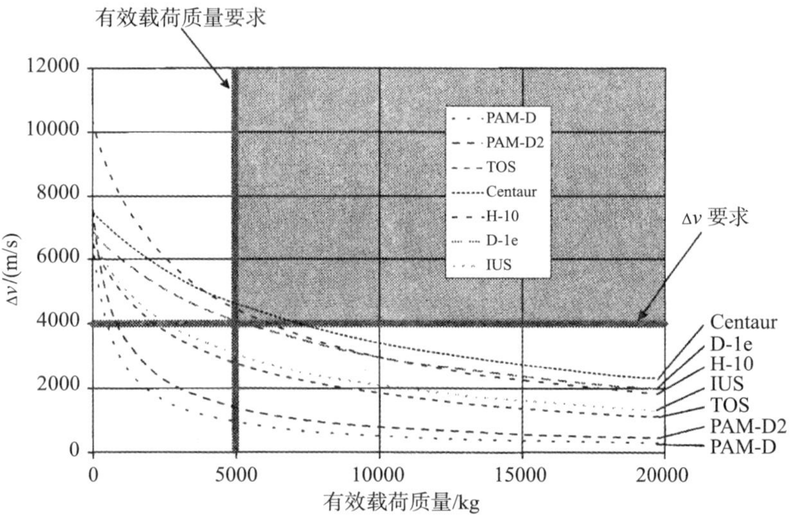

图 25-4　各种上面级 Δv 与有效载荷质量的关系▲

▲：图中数据源自表 25-5，曲线用方程 25-4 求得。第 24 章给出了一个任务例子，将 5000 kg 有效载荷从近地轨道送入绕月轨道，图中阴影区域示意完成此项任务的可选区，Centaur、D-1e、H-10 上面级基本上具备这种能力

25.4　运载火箭或转移飞行器的环境

一旦有了一个能把航天器送入任务轨道的运载火箭或轨道转移飞行器的清单，我们就必须去确认航天器能否适应运载火箭的环境。为了解决这个问题，可以有两项选择：

1）根据给定的运载火箭或者其相应系列型号的环境，设计航天器。

2）要求运载火箭满足航天器的设计约束条件。

从航天器设计人员的观点来看，喜欢选择第二项，但是通常需要从可选方案中选择一个最好的运载火箭，于是只好选择第一项。

当选择运载火箭或轨道转移飞行器时，必须搞清几个环境问题（详见表 25－6）。

准静态载荷——准静态载荷是有效载荷在特定的运载火箭上承受的相对低频载荷，它们来源于发动机加速、气动减速、机动加速、冲击载荷、开伞，等等。通常用轴向（飞行方向）和侧向（垂直于飞行方向）值表示。表 25－6 列出了各种运载火箭的相应数据。对于在 25.3 节中所列出的轨道转移飞行器而言，通过计算最大推力值与发动机熄火后的运载火箭或航天器质量之比，就能估算出纵向加速度。

振动——飞行器振动来源于发动机振动、气动抖振、设备运行和结构受激。解决这些问题的最好方法就是测定振动功率谱，并分析运载火箭和航天器振动耦合情况。然而，对于初选阶段而言，这并不现实。大多数运载火箭制造商会给出运载火箭的纵向和侧向最小振动频率。如果航天器的固有频率比这些值大，所经受的振动就会小。用这些最小值作为一种导向指标。

声波——当运载火箭在可感知大气层中飞行时，高频压力振荡会在空气中传递，并影响到航天器。一些表面积较大、质量较小的航天器部件，比如太阳能电池板或者天线，会受到这些声波的影响。

在选择飞行器时，要对这些声波的影响进行量化处理并不简单，表25-6列出了典型的声波功率值，至少可以比较不同飞行器声波影响的相对大小。

冲击载荷——冲击载荷是短暂的高频加速载荷，通常由点火装置和分离装置造成。跟振动一样，将冲击载荷用功率谱来表达。典型的冲击载荷值能达到9000g，但是常常是脉冲式的，不具有较大能量。表25-6列出了最大冲击载荷值，这些数据比较适宜于对各种运载火箭的性能进行比较。

表 25-6　运载火箭的环境▲

系统	准静态载荷轴向/纵向/(g)	最大振动频率侧向/纵向/Hz	声波最大级别/dB	最大冲击载荷/(g)	排气/(kPa/s)	洁净度
阿里安—4 阿里安-5	4.5/0.2 4.5/—	10/31 —/—	142 144	2000 —	3.2 —	10000 10000
宇宙神 llA 宇宙神 llAS	—/2.0 5.5/2/0	10/15 10/15	131 131	5000 5000	1.5 1.5	100000 100000
中国 长征	 6.1/0.8	 10/26	 142	 2000	 —	 10000
德尔它 ll	6.0/2.0	15/35	144.5	5000	3.45	10000+
伊卡尔	8.3/0.36	15/25	140	1000	—	100000
日本 H—2 M—3SII M—V	 —/2.0 —/5.0 5.0/7.0	 10/30 20/20 15/15	 141 143.8 148.8	 2000 7.32 10	 2.3 4.9 2.9	 10000 100000 100000
宇宙号	10/1.0	10/10	140	—	—	—
雅典娜—1 雅典娜—2 雅典娜—3	8/2.5 8/2.5 7/2.5	15/30 12/30 11/30	133.5 — —	1800 — —	2.7 — —	100000 100000 100000
飞马座	13/6	—/—	133.5	800	—	—
质子号	3.65/1.5	15/30	134	2500	1.5	100000
联盟号	4.8/1.2	15/25	142	350	2.0	—
航天飞机	3.2/2.5/4.2	15/35	140	5500	3.45	10000+

续表

系统	准静态载荷轴向/纵向/(g)	最大振动频率侧向/纵向/Hz	声波最大级别/dB	最大冲击载荷/(g)	排气/(kPa/s)	洁净度
金牛座	11/—	—/—	141	1100	—	—
大力神 II	10/2.5	10/24	139.6	200	3.5	10000
大力神 III	5/1.7	10/26	142	4100	6.9	10000
大力神 IV	6.5/1.5	10/24	139.3	2000	2.7	5000
旋风号	13.5/0.2	20/20	150	1000	2.0	100000
天顶号	6/0.6	15/25	140	500	5.0	100000

▲：表中所列的是能提供发射服务的运载火箭，以及与有效载荷相匹配时要关注的环境参数。虚线表示信息尚不完整。

压力——通常会考虑两种大气压力变化情况，即气动力引起的增压和通风率。如果整流罩设计得很好，舱内应该感觉不到外表蒙皮所承受的动压变化。这里，我们假定是这种情况。整流罩中气体的排出则是另外一个问题。表 25-6 中按照每秒最大压力下降值表示排气情况。这个或许会对航天器内的压力容器产生影响，或者会使电子电器易于产生电弧。

温度、湿度和污染——大多数运载火箭制造商能够为整流罩内的航天器提供某种程度的洁净度、温度和湿度环境。温度通常保持在 10～35 ℃之间；湿度保持在 30%～50%之间；洁净度要低于 10000（即每升空间内，直径小于 5 微米的颗粒不大于 10000 个）。这些数据在发射起飞后会有特别显著的变化。

电磁——制造商常常会对处于有效载荷整流罩内的通信设备的频率和功率加以限制。以某一频率操控飞行器，频率间产生干扰是很危险的，特别重要的是飞行器上总会带有自毁系统。为了运行安全，我们必须根据飞行器的飞行轨道，协调好控制运载火箭的通信频率。

参考文献

[1] Humble, Ronald W., Gary N. Henry, Wiley J. Larson. 1995. Space Propulsion Analysis and Design. New York, NY: McGraw-Hill, Inc.

[2] Isakowitz, Steven J. 1995. International Reference Guide to Space Launch Systems. 2nd ed. Washington, DC: American Institute of Aeronautics and Astronautics.

[3] Larson, Wiley J. and James R. Wertz. 1992. Space Mission Analysis and Design. 2nd ed. Torrance, CA: Microcosm, Inc. and Dordrecht, The Netherlands: Kluwer Academic Publishers.

第 26 章　载人航天飞行任务运营

E. L. Pavelka Jr.，NASA 约翰逊航天中心
Gael F. Squibb 改编自 Boden and Larson 所著《研发一种任务运营方案》
NASA 喷气推进实验室，加州理工学院

任务运营是什么？如何安排才能适合于载人航天飞行呢？不同的国家、甚至是一个国家里面的不同组织，会以不同的组织方式运营航天任务。例如美国，国防部（DOD）和 NASA 是以不同的方式来组织航天任务的，每个组织的不同人员在工作方案设计上也是有

差异的。本书中，任务运营包括在准备发射、发射前后、以及相关基础设施维护等过程中的一系列支持航天任务的活动。

航天系统的设计者和运营人员思考方式不同。设计者希望事情进展顺利，然而运营人员却预计事情会变糟，这两种观点都是必需的。任务运营人员通常帮助构思任务方案，但是他们常常介入得太晚，一般都到了任务初始设计阶段后期，而在任务初始设计阶段可能就存在费效比更优的选项。运营人员应尽早参与到任务的规划和设计中，以降低任务全周期成本。运营人员制定成功的任务运营概念，进而帮助开发飞行技术和制定飞行规则。飞行技术是任务控制中心飞控人员和在轨乘组程序的集成，飞行规则规定了对异常事件的处置方案，从而采取及时的反应措施确保乘组的安全和任务的成功。

我们必须区分任务方案和任务运营方案两个术语。前者是指任务的各个组成系统如何契合在一起的（第 1 章），后者则阐述了如何通过运营完成任务。在这一章中，我们定义了任务运营中的 14 项关键功能（图 26－1），并且讨论了如何将这些功能结合起来实现任务运营方案。我们可以通过硬件、软件以及人员的协同，以完成好这 14 项功能。针对载人飞行，无论是在地面上还是太空中，任务运营主管都必须仔细地权衡自动化与人工操作，因为其中一些功能的自动化能够降低运营成本，并且在大多数情况下，能降低全寿命周期的成本。各机构也许会将这些功能以不同方式归类或命名，但我们相信所列出的功能涵盖了对于任务运营来说最为关键的工作。

任务运营主管必须决定要开启哪项功能、它的范围以及如何去实现。根据任务的大小和复杂程度，管理人员可能还需要在我们的列表中增加更多的功能。运营主管也必须熟悉各级组织机构、硬件和各功能之间的软件接口。

图 26－1 概述了一个能够执行任务和任务运营方案的任务运营系统。该系统处理信息并控制地面及在轨资源，使得用户及运营人员能够获取所需的信息及服务。目前，大多数乘组任务都关注为用

户或消费者提供信息。

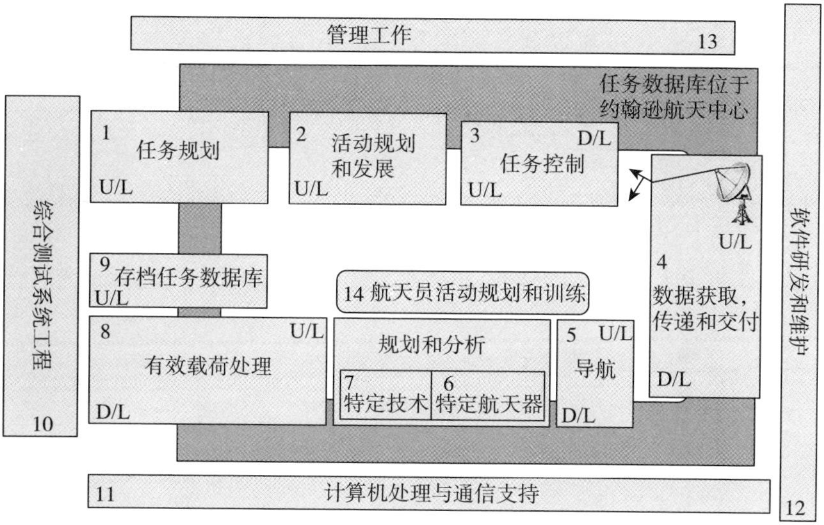

图 26-1　任务运营的 14 项功能▲

▲：这张图展示了这些功能是如何相互作用的，以及它们与下行链路（D/L）或上行链路（U/L）的关系。阴影区中的功能共享任务数据库中的数据。中间的白色方框代表了航天器电子设备。注意，许多功能通过地面系统、航天器电子设备或乘组来完成

可以合并或者去除图 26-1 中所列的功能以支持所需的任务运营方案。其中 9 个功能通过任务数据库和航天器电子设备共享信息。这些功能需要大量的数据处理：

1）任务规划（26.3 节）。

2）活动规划和发展（26.4 节）。

3）任务控制（26.5 节）。

4）数据传输（26.6 节）。

5）导航规划和分析（26.7 节）。

6）空间单元规划和分析（26.8 节）。

7）有效载荷规划和分析（26.9 节）。

8）有效载荷数据处理（26.10 节）。

9）任务数据库的归档与维护（26.11 节）。

从左上方（任务规划）顺时针到左下方的次序反映了在处理过程中通常强调的地方：从上行链路（U/L）到下行链路（D/L）分析，然后规划新的上行链路活动。另外 5 项功能给出了任务运营的基本能力，包括：

1）系统工程化、集成与测试（26.12 节）。

2）计算机处理和通信支持（26.13 节）。

3）软件开发与维护（26.14 节）。

4）任务运营管理（26.15 节）。

5）规划乘组的活动和训练（26.16 节）。

图 26－1 中所述的很多功能，需要地面与在轨协同实现。因此，任务运营必须尽早参与确定设计、开发、测试分工的决策，并投入运行。实际上，任务运营应分担对航天器电子设备设计的控制，以满足任务需求，降低全周期成本。对任务和任务运营方案来说，如何处理好空间与地面的关系也至为关键。

所有的 14 个功能都是重要的，完成任务目标取决于其中的各个部分。其中部分功能成本较高，所以必须在设计过程中加以重视以降低全周期成本。然而，在单独讨论这些功能之前，需要首先思考如何将 14 个功能集成到一个方案中。

26.1 制定基线运营规划

对于载人航天任务，基线运营规划（the baseline operations plan，BOP）以运营人员和用户的语言描述了飞行任务和地基各部分的运营特征。这项规划通常是各方面遵循若干规则的前提下协同工作的结果。它的制定过程与航天任务方案类似，但更为详细，更强调运营任务的方式以及如何使用飞行器（可操作部分）、乘组和地面运营团队的方法。该规划分阶段进行，随着任务设计的进展日趋精细。

BOP 产生于任务方案，且必须与任务方案保持一致。在运载火箭发射之前，这是由任务运营机构提交的最重要的文件，为确保系统成本降低提供帮助。同时，它也是任务运营机构和最高管理层对设计方案、任务及航天器可操作性施加影响的主要工具。BOP 的迭代发展往往能改变任务方案、航天器、以及软件（飞行和地面）的设计。通过将运营方案与运营复杂度评估相结合，可以在任务设计的早期阶段估计出运营的大致成本。表 26－1 给出了制定 BOP 的基本步骤。

表 26－1　制定基线运营规划▲

步骤	关键项
1.理清任务方案和支撑体系	任务范围、目标以及有效载荷需求； 任务描述； 任务宗旨、战略和策略； 程序约束； 端到端信息系统(EEIS)的特点和性能
2.确定任务运营所需的功能	确定在任务的每个阶段应该做什么； 关键功能通常会随着每个任务方案和相应体系的改变而改变。如果可能的话，应合并或减少某些功能
3.确定完成这些功能的方法，确定是否已具有能力或需要安排研发	必须完成事项的地点(太空或地面)； 乘组在太空的能力； 自动化程度； 航天器及乘组的自主性程度； 软件可重用性(太空、任务控制中心和地面)
4.对以上三步进行权衡	在生成运营场景前，通常需要做出选择。所权衡的因素包括运营各组成部分和飞行软件
5.构建运营场景和飞行技术	运营场景以及飞行技术是如何对活动进行集成的具体描述。识别关键事项和驱动运营系统； 根据步骤 2 中确定的功能以及步骤 4 中确定的选项，构建相应的场景和飞行技术
6.制定每个场景的时间线	时间线中明确事件、事件频率以及责任方，它们支配着每项任务运营功能的性能参数

续表

步骤	关键项
7.确定每个场景中每一步所需的资源类型	对硬件、软件以及人员做基础的功能委派，包括这些功能的目的、响应速度和执行时间
8.生成数据流程图	数据流程图支撑着地面和飞行数据系统以及指令、控制和通信体系
9.确定各参与单位职责	明确参与的组织以及他们的结构、产品责任、接口以及人员的数量。为改进运营费效比，尽量减少组织与接口数量； 制定地面团队和乘组的训练计划
10.评估任务的实用性和复杂性，以及影响成本的因素	包括研发和运营成本。每当你改进 BOP，再推敲一下
11.确定衍生需求	记录下层次需求并确保与顶层需求的一致性； 确定成本和复杂性的驱动因素； 必要时与负责任务方案和任务结构设计的部门协商
12.制定技术研发计划	支撑任务运营方案的技术可能存在也可能不存在； 如果该技术不存在，制定一项计划来研发相应的技术
13.迭代以上步骤并记录在案	你可能需要迭代每一步； 在整个过程中记录所做的决策对于以后的成功是很重要的。在任务方案和空间任务体系连续迭代的过程中，记录和约定好下一级次的新需求

▲：本表给出了创建 BOP 所需的步骤以及相应的关键点。

26.1.1 理清任务方案和支撑体系

制定 BOP 时首先要推敲任务方案以及支撑体系。在获得下表所列信息之后，就可以用用户和运营人员都能理解的语言来描述任务。不论信息可不可用，或该设计考虑是否长远或任务支撑体系中是否明确，你都应该对 BOP 作出假设并且记录在案，然后当自己的假设改变或无效时对 BOP 进行更新。接着，根据需求修改运营方案，再次对任务运营复杂度和成本进行评估，确定修改后的成本。

任务目标要理清飞行乘组、地面人员和航天器各部位必须承担的事项，以确保任务成功。可以用目标去阐明如何使用有效载荷数据及对终端用户的熟练程度有何要求。你需要去了解，人们会如何以及多快运用处理后的有效载荷数据，以及任务成功的总原则，例如返回数据的总量。

任务描述给出了轨道信息，例如发射日期、窗口、轨道曲线、满足任务目标所需机动方式、任务阶段以及每个阶段所需的活动事项描述等。观测方法阐明任务数据是如何搜集到的。必须在发射前定义并确定观测方法与任务描述，使它们与任务运营过程中所搜集到的数据相一致。

某些时候，运营组织为了成功的运营，需要提出原理、战略和策略，这可能与任务目标有关，也可能仅仅是根据任务设计者的背景和经验来设计的。为了合理规划，必须确定这些原理、战略和策略是否是根据指令强制性的、高度令人满意的，还是仅仅根据个人或组织的喜好来设定的。例如：

1）主要靠实时获得联系与指令，还是主要靠在轨自主和数据存储。

2）教育机构全程参与并教授学生懂得关键事项，例如空间操作或是空间物理。

3）确保权威部门批准所有的命令。

4）图像不多于 50000 张。

5）在任务早期发射一颗通信卫星。

任务发起者以及项目经理可能会施加一些非技术性的约束。运营人员通常按照这些约束工作，直到项目经理意识到他们正在增加任务的成本，或已经使得运营难以为继或不安全。项目约束的例子包括：

1）任务成本和成本曲线受到限制。

2）使用特定的跟踪网络（例如全球定位系统）。

3）使用已有的飞行硬件。

4）使用已有的地面系统设施并且按照地面设施能力设计航天器。

5）集中或分散式运营团队。

6）使用多任务项目团队，亦或致力于本项目的团队。

你必须尽早确定端对端信息系统（EEIS）的性能与特征，这样就能理解任务信息需求。系统层次的 EEIS 需求包括

1）使用信息标准。

2）定位能力和过程（在轨和地面）；

3）信息系统的输入输出特征。

用运营人员和用户理解的方式描述 EEIS 的需求，而不是用计算机专家和程序员理解的方式。

绝大多数任务是围绕着一个机构的地面系统来设计的，例如美国空军卫星控制网络（AFSCN）、美国国家航空航天局以及欧洲空间局所属的系统。只要任务满足特定的接口和标准要求，这些地面系统都有标准服务，能以较低的成本为任务提供支撑。一般情况下应遵循这些飞行系统的要求，除非这些要求有碍实现任务目标。尤其需要问的是：

1）地面系统需要航天器满足什么样的标准？

2）运营人员应该如何执行这些标准，以及它们对航天器有什么要求？

26.1.2　确定任务运营所需的功能

在确定任务所需功能之前，首先需要把任务分解成适当分立的、可实行的不同阶段，比如发射、早期入轨、常规运营、再入、下降、着陆等。这些阶段常各有独特的目标，因此它们需要有不同的功能。任务方案决定了顶层功能，而乘组、航天器和有效载荷的性能决定了运营人员需要进行处理的细节。完全自主的有效载荷几乎不需要航天员管控，然而对于不能计算或没有机载数据存储系统的有效载荷则需要地面人员或飞行乘组持续的管控，也可能需要由地面进行自动控制。因此，为了确定运营人员必须做的工作，必须掌握航天器、有效载荷和飞行乘组的特征。在概念设计的早期阶段，可能已经清晰地阐明了表征任务方案实质的各种特征，或者可以将其作为

BOP 的一部分开展研发工作。运营人员和开发人员通过反复的讨论来确定下列特性。

在一次载人航天飞行任务中，可能会搭配各种有效载荷。参与有效载荷的设计者和研发任务方案的任务规划者，需要及时地搞清有效载荷特性。对于一次搭载多个有效载荷的飞行任务，必须尽早了解每个有效载荷的约束条件是否会相互干扰，或者是否会影响其他有效载荷和飞行乘组的运营。

为了理解有效载荷是如何工作的，需要把握运营期间的情况。主要问题包括：

1）有效载荷的属性是什么？

2）通信机制是什么——使用缓冲区、微指令、表单？

3）在轨乘员可以得到的直接命令是什么？

4）有效载荷使用默认值么？乘组能更改么？

5）某些指令会损毁有效载荷、或会对乘组和航天器造成危险么？

6）某些机械装置是根据之前的指令工作么？

7）有效载荷是分别通过位置指令和增量指令，来控制旋转和步进机械装置么？

8）有效载荷用的是什么类型的指令——实时、存储、两级？

9）导航设备本身采用什么处理流程？

必须理解如何去描述有效载荷，按照：

1）CPU/存储器，闭环功能，预测指令或事件驱动指令。

2）对空间系统进行设备控制的需求。

3）机械能与热特性。

4）回避区域（太阳、地球、南大西洋辐射异常、金星和月球）。

5）控制空间各单元的需求。

6）禁止有效载荷运行的安全约束。

7）能驱动空间飞行器进行指向控制的任何有效载荷孔径。

8）运营时的用户标识参数，以及转换成设备指令。

9）导航设备方面可借鉴的知识。

10）用以支持仪表操作的地面分析与处理过程。

下面的例子告诉我们如何考虑有效载荷运营能更好地帮助我们定义任务方案，同时也告诉我们什么样的运营解决方法能使得任务成功。

某个设备的视场为10角秒，但航天器设计控制精度（在某个精确程度上的瞄准能力）为20角秒，在这种情况下，运营人员不能确保他们控制的设备能够瞄准目标，解决方法是：

调整航天器到指定姿态；

用宽视场设备观测，以确定航天器距离指定姿态还有多少误差；

微调航天器姿态（调整指令），直到实际姿态符合期望姿态为止；

确认姿态误差在可容忍范围内；

选择窄视场观测设备，开始观测特定目标

这个简单的示例需要实时的操作，会对地面的软件、控制以及人员训练带来额外的负担，是引起成本增加的主要因素。制定BOP的目标之一就是在软硬件设备设计或投产之前，能够识别出此类会引起成本增加的因素。

最好能够让有效载荷的设计者从方便操作的角度去设计有效载荷，但很多时候有效载荷是事前在实验室就设计好了，并不是针对某次载人航天任务的。

事实上，就有效载荷的性能和特点而言，只有航天器设计者和任务规划者共同制定任务方案才能及时确定航天器的性能。还有，致力于方案的人员不得不回答关于航天器和其分系统的各类问题：

1）航天器如何运营？

2）哪些指令和参数来自于地面？哪些来自于航天器上的乘组？哪些来自于行星表面？

3）这些指令的具体值是怎么确定的？

4）需要多少指令？

5）需要工程校准么？校准的目的是什么？校准频度是多少？校准的调度约束在哪？

6）有多少工程信道需要监控？

7）这些信道会给运营人员提供子系统级信息么，还是运营人员必须要获得子系统的信息？

对于姿态控制系统（如果适用），规划者和设计者需要问：

1）是否需要导航星？如何选择？

2）姿态精度如何与观测设备的需求相适应？

3）有效载荷、地面系统和航天器的裕度属于什么类型？运营人员必须实时监测与控制吗？

4）在飞行过程中，需要监控哪些消耗品？

5）航天器子系统使用器上闭环控制功能么？

6）航天器数据系统是如何工作的？

7）运营人员必须在地面进行哪些处理过程才能支撑航天器运营？

8）每个航天器子系统能为以后留下什么可继承的东西？

下面以伽利略卫星为例，说明高度耦合的设计会极大增加操作的复杂程度。

在伽利略卫星的设计中，放射性同位素热电发电机的热量用来加热推进系统，如此设计可以减轻重量，节省能源，降低成本。但卫星的操作需要把推进、热传输、以及电源等分系统绑定在一起。操作人员不得不检查每条上行的指令对电源和推进分系统的影响，即使仅载荷状态发生变化，工程师也不得不检查电源、热传输以及推进系统的状态。例如，关闭（打开）某设备会导致热电发电机输出的热量发生变化。这个例子表明，高度耦合的子系统会使得这个系统的运营更加复杂，成本更高

作为一个运营规划人员，必须经常与数据的终端用户一起工作，确定如何与多久从有效载荷处获得数据，确认成功的有效载荷运营所需要的、关键的航天员任务。在理解了这些数据产品和需要采取的行动之后，可以开始设计如何去操作轨道上的有效载荷，或地面上要做的工作，如何获取和加工处理数据。

只有对终端用户有深入的理解才能建立对产品的信心。常常，并不知道终端用户想要的东西，直到他们看到飞行仪表是如何工作的以及观测到了什么。在这些情况下，如有可能，应在发射之前制定好基线流程，在发射后再加以提炼。对于由载人航天器搭载的有

效载荷，必须足够成熟，以确保安全。若一个有效载荷存在安全风险，其他有效载荷也同样不安全。要尽早确定有效载荷在飞行中的可维护性，研制维护流程，这样可以在航天器闲置时段或航天员处于训练时段时进行有效载荷的维护。

确定产品与有效载荷数据的关系，要回答如下问题：

1）产品是基于有效载荷原始数据？或者，必须去除有效载荷的系统偏差？

2）数据必须要进行校准么？如何校准？它包括处理特定的校准验证值么？要形成校准好的文件，你希望要多快呢？

3）这些数据需要被转换成地球物理单位制么？如何转换？转换算法怎么得来的？这些项目必须产生这些数据么？当这些数据更精确时，需要更新任务数据库么？

4）有效载荷数据产品的格式和媒介形式是什么？相关部门是否对这些产品形成了标准格式？例如 NASA 天文物理任务中用的是天文物理学会所用的灵活图像传输系统？

5）你必须提供什么额外的数据才能使终端用户能理解这种有效载荷数据——航天器位置和姿态，地面真实数据，还是航天员的实况报导？

6）谁来处理有效载荷数据——项目管理者还是终端用户？

7）处理后的数据如何进行存档——通过项目管理者还是终端用户？产品的品质如何受控？

8）在飞行阶段结束后，项目档案应该记录些什么？这些信息要保存多长时间？

规划人员和载荷相关团队需要协同处理上述问题，最终确定飞行中如何对载荷进行操作。

26.2 完成任务运营功能

在此阶段，很多步骤和方法是显而易见的。例如，跟踪一个星际航天器，将会用到 NASA 的深空网络。对于其他的步骤，你必须确定可能的选项并进行描述，例如，为了确定航天器的轨道，你可能会用到全球定位系统和航天器上的自动化程序，或者你可能从地面上跟踪航天器并在地面上计算它的轨道。关于载人航天器，你必须做的主要决策在于谁（或什么）主要处理各项功能——航天员、航天器上的自动化设备、地面运营人员，还是其他的自动化系统。然后，对每一个选项逐一评估每一个决策，对每一项行动做苛刻的检查。有关飞行安全性的决策通常是由任务控制中心和航天员联合完成的，如有可能也应包括有效载荷用户。

为了掌握这些选项，可力求建立一个运营功能表，应用到任务数据库和空间各单元的综合电子系统中。然后，确定乘组、综合电子系统（自动化）和地面系统是否能运行各个功能。对于地面功能，进一步确定硬件、软件和运营人员是否必须要完成这些功能。如果某些事需要在更多的地方完成，明确由谁去做。表 26－2 是典型的例子。

表 26－2　确定在何处实施功能▲

任务运营系统功能	飞行乘组	航天器电子设备	地面
任务规划	乘组，备份		以运营人员为主，利用自动工具等辅助手段
活动计划			以运营人员为主，利用自动工具等辅助手段
任务控制	乘组，用自动化工具提供备份		运营人员是主要的
数据传输和交付			以地面软硬件为主
导航规划和分析	乘组，备份	在轨自动导航作为一个选项	以地面软硬件为主
航天器规划和分析	由乘组实时调整		由运营人员进行短期和长期规划，用自动化工具辅助

续表

任务运营系统功能	飞行乘组	航天器电子设备	地面
有效载荷规划和分析	由乘组实时调整		由运营人员设计短期和长期规划,用自动化工具辅助
有效载荷数据处理	乘组进行实时评估	硬件和软件是主要的	硬件和软件提供备份

▲:通过类似的表格,可以帮助任务运营主管确定运营任务的方式。如果有些功能不在这个表格里面,就假定它是在地面完成的。当你评估每项功能时,在表中做一标记,表示你应该去完成。

如果需要地面软件或硬件完成某些任务,需要权衡该项任务能否利用在轨设备完成或部分完成。例如,如果进行定轨,需要权衡是否能利用在轨设备完成,然后考虑GPS精度,评估GPS数据接收的成本,之后粗略计算使用GPS对寿命周期成本的影响。需谨记,地面追踪设备的成本是权衡时应考量的重要因素。任务时间越长,使用地面系统的成本愈大。

26.2.1　对上一步中确定的事项进行权衡

步骤3(表26-1)给出了对性能和成本起支配作用的选项,由运营人员、乘组和设计者组成的小组需要对此进行权衡并且决定如何去实施。在这一点上,这些权衡准会涉及到一些领域,比如费用过高、存在争议以及不太好理解,等等。在某些情况下,我们需要针对每种情况构建运营场景,以便详细地进行描述。权衡的结果,通常会给乘组、航天器电子设备和运营人员做首次功能分配。他们通常按照传统的方法处理这些功能,除非存在一种新的途径能够减少全寿命周期成本,且不影响安全性和任务与系统的可靠性。

26.2.2　构建运营场景和研发飞行技术

运营场景对于运营方案是很关键的。场景指的就是一系列的步骤,你通常可以用几十种顶层场景来描述任务运营方案。典型情况下，你能够在研究和设计的时候构建四种场景，即：

1）用户场景——用户如何与系统各单元相互影响，以及用户如何接收数据。

2）乘组场景——乘组如何与飞行系统和地面人员相互影响。

3）系统场景——系统和各单元的分系统如何协同工作。

4）单元场景——空间任务体系的各单元如何协同工作来完成任务。

这些场景中的每一个都有相应的时间线和数据流程图，在第 26.2.3 节和 26.2.5 节会进行具体讨论。

在任务早期研究阶段，用户可以构建一个场景来表明他们想如何从有效载荷处获取数据和产品。对于一项 NASA 任务，用户一定是主要的调查者，或科研团体，或航天器设施（比如哈勃太空望远镜，一个单一的观测者）。

乘组场景会确定他们什么时候需要参与活动，以及活动持续的时间，可能的话还需要确定做这些活动的方式。需谨记，乘组时间是非常珍贵的资源，因此必须将乘组时间尽量安排到事关任务成败的关键活动。

制定运营架构之后，需要创建一个系统级的场景，着重强调完成任务需要的步骤。最后，在单元设计时，需要对这些系统级场景进行扩充，以包含更多的详细信息和分系统。一旦为用户、乘组、系统和各单元构建了这些场景，就必须把它们整合起来，以准确把握贯穿任务始终正在做的事，确保考虑了所有的关键活动并除去了其中重复的活动。

任务方案、基线运营规划以及空间和地面单元的设计都是紧密相关的。随着设计的展开，应把成本因素放在心中，因为工程师们通常首先关注的是技术上的挑战，把成本放在了次要的地位。把成本作为一个设计变量来考虑，这样就能对体系中的各单元进行权衡，得到费效比最好的设计。预算通常都会成为约束，因此需要通过不断修改任务方案、需求、甚至总体目标，以降低成本。

26.2.3 为每个场景制定时间线

现在，你可以在每个设定的步骤中加上时间，并确定哪些步骤可以是并行的或串行的。这些信息将作为确定任务运营系统性能需求的基础。

各政府机构、大学和公司都拥有时间线工具。没有标准的工具，但许多工具都可以用商用的已有软件改进而来。关于运营场景和活动规划，大部分任务用的是相同的时间线工具。而对于那些较小的有效载荷用户，从任务控制中心寻求规划支持比起自己投资去做要省钱得多。这些需求必须与项目经理、运营人员和用户达成一致。在许多情况下，任务控制中心已经生成了所需的信息，能够获取和使用。在其他情况下，必须生成额外的数据或改变计划，以满足有效载荷的特定需求。如果这些改变范围比较广，那么单独开发一套规划系统可能会更为有效。

26.2.4 确定完成每个场景每一步所需的资源类型

场景确定后，就可以把设备或乘组分配到每个步骤上。在许多步骤中选择是显而易见的，但人们或机器可能会以其他的方式去完成，这取决于性能需求和可获得的技术。现在的趋势是地面日趋自动化，在空间和星球上日益自主管理。仔细确认乘组必须做的事。对于分配给人来做的步骤，需要选择已有的机构，或成立一个运营组织，把各个步骤和功能分配给各个团队。

在这一点上，考查你委派给运营人员的每个步骤，并问，“这个流程能够自动控制而不需要人工操作么?”如何实现？只有当任务的复杂度、灵活性和全寿命周期成本需要人工参与时，才允许让人去参与。不能接受这样一种观点，“我们以前是由人来做的，所以现在还由人来做。”技术发展是如此之快，在上个任务中还需要由人来完成的事现在可能用机器就能做得很好。通过此过程，将会发现哪些领域需要后续重点关注，并集中资金实现其自动化。

26.2.5　开发数据流程图

资源（软件、硬件、人）分配后，就可以使用计算机辅助系统工程工具（CASE）把每步操作转换成数据流程，用来显示数据的存储和相互关系。这些工具同时会生成数据词典，确保数据流程的每个过程都有唯一的标识。明确数据从哪里来到哪里去，是减少全寿命周期内成本的一个有效方法。

26.2.6　确定各参与单位职责

一旦定义了功能和流程，就要将那些和人相关联的步骤汇集在一起，并围绕他们建立相应机构，你可以委派团队参与到这些步骤中并决定谁去运营哪些事项。总的来说，你从不同的团队中得到的输入越多，运营组织就会越复杂、越昂贵并且会更慢。当你完成任务的时候，应知晓在任务整个范围运营中需要多少人员，这样就能估算成本。为了降低任务全寿命周期成本，应对各种方法及权衡取舍持开放的态度。

26.2.7　评估任务的效用、复杂度以及任务运营的成本动因

空间任务运营费效比分析［Boden and Larson，1995］对方法和方案进行了描述，辨识了任务复杂度和成本动因。对于运营方案而言，研发成本和给定输入条件下的运营成本（发射后）是至为关键的。

26.2.8　确定派生的需求

这些需求能帮助你降低成本和复杂度，并且让运营变得更加安全、可靠。需要在基线运营规划中记录好文档，仔细确认要做的事，不做的原因，以及为什么这些事很必要。然后，再与设计团队沟通协商，达成协议，在需求基线中得以体现。

26.2.9 生成一项技术开发计划

支撑任务运营方案的技术可能并不具备，或者不够集中，还不足以形成样机，这些技术应用在任务中还存在差距。随着基线运营规划的每次递进，都要确定所需的技术和存在的风险，这样人们就能够确认可行的技术，或者围绕技术难点组织攻关。

26.2.10 递进并记录存档

最后，也常常是最费事的一步，就是伴随着基线运营规划制定全过程，完整记录每一步递进的结果，由此你就从可以持续改进和降低全寿命周期成本之处着手制定基线。至少要包含以下主题：

1）需求和任务目标。

2）关键约束——成本、计划和技术性能。

3）设定的任务和飞行规则。

4）场景——按功能描述。

5）每个关键场景时间线。

6）地面人员和飞行乘组的任务。

7）组织和团队的责任和结构。

8）硬件和软件功能。

9）数据流程图。

10）乘组和有效载荷的需求和派生需求。

BOP是用户、运营人员和设计者进行沟通的基础，用的好的话能节省大量经费。我们强烈建议用电子表格的形式保存基线运营规划，让方案设计团队很容易获取和使用，这样他们就能在脑海中形成总体概念，有利于他们进一步研制设计方案、系统和路径。首次基线运营规划出现得越早，降低全寿命周期成本的效果就越好。

当我们已经懂得如何构建基线运营规划后，就可以加深对任务运营细节的理解（图26－1），就能够创建一个更好更详细的计划。

26.3　任务规划

任务规划就是组织和制定乘组、在轨和地面系统的长期和短期活动时间表，通常与任务和任务运营的方案相适应。在此过程中，制定飞行目标，并策划如何达到此目标。发射前，任务规划者在权衡任务功能时发挥着重要作用。无论何时，一旦有突发事件，规划者能够及时更新计划以满足任务指挥者的请求，并确保实现任务目标。

表 26－3 列出了任务规划所需信息。在规划制定早期，规划者只有任务目标、总体方案、运营方案，不得不依靠其他信息甚至假设，以便开始规划。一旦设计成熟，对任务需求、任务组成系统、任务运营有足够的了解后，便可以更新规划方案。表 26－4 列出了任务规划的步骤。

表 26－3　任务规划所需的信息▲

所需信息	注释	讨论章节
任务目标	按程序、学科或有效载荷返回叙述； 通常情况下，定性叙述	第 1 章，第 2 章
任务方案	描述任务单元如何协同工作	第 1 章，第 2 章
任务运营方案	强调任务运营；地面系统；以及指令、控制和通信系统； 聚焦目标、客户观点、项目管理以及有效载荷数据	第 26 章，第 27 章
任务需求	确保它们是定量的、可测的，并且与任务目标相符的	第 2 章
空间单元的性能	包括空间单元的性能； 反映了飞行器的操作约束； 注重简化运营的可变领域	第 11 章，第 16～24 章
任务操作系统的性能	确定已有的操作系统当前和计划开发的性能，包括跟踪站、地面站、任务控制中心、硬件和软件	第 26 章

续表

所需信息	注释	讨论章节
当前状态与预期状态对比(将开展的活动)	从其他的13项功能中获取报告; 确定因空间单元性能、客户需求和数据需求上的变化所引起的差异	第26章

▲:在发射前,我们知道了任务目标、方案、需求、空间单元(包括有效载荷)的性能和任务操作系统,然后将当前的状况与整个任务中的任务规划进行对比。更多的信息请参阅 Boden and Larson[1995]。

在任务规划过程中，需要按26.2.10节的要求制定文档基线。基线运营方案中关于飞行计划的部分内容描述了任务的流程。为确保实现目标，完成大部分活动或事件，飞行计划中制定了运营标准。规划的结果不仅仅是一系列文档，还有助于规划和运营人员加深对任务的理解，更好的在各项功能之间权衡，以获取最大收益。大部分工作需要在制定任务方案时开始。这个阶段，还需要制定综合训练或单项训练的方案，确保乘组和地面团队的资质满足任务要求。

表 26-4　任务规划▲

步骤	讨论章节
1. 量化任务的战术目标和战略目标,这样对于运营者就显得十分有意义	第2章
2. 确定轨道或轨迹,计算发射窗口以及机动的次数和频度、访问周期或部署时机	第9章,第7章,Larson and Wertz[1992]
3. 描述有效载荷并确定其运营特性,包括定义乘组程序,必须考虑有效载荷的故障处理程序和飞行中的维护	第2章,第9章,Larson and Wertz[1992]
4. 描述空间和地面单元并确定其操作特性	第11章,第16～24章
5. 确定任务阶段,将活动分配到每个阶段,并建立任务时间节点——作为首次高层次活动计划的基础	第2章,第10章
6. 评估运营需求,识别运营人员的控制程序,并协调训练计划	第6章,第26章
7. 确定乘组活动、训练以及团队的整体协同能力	第21～22章

续表

步骤	讨论章节
8. 识别与健康和安全无关的、而是由计划办公室、用户或操作者施加的任务规则；用软件或飞行乘组可以检查的有效方式表达任务规则。	第 6 章，第 26.16 节
9. 按规定记录文档和迭代以上各步骤；在技术状态控制下进行配置	第 26.2.10 节

▲：在任务研发阶段部署一项规划，在发射后仅当空间单元的性能或任务需求发生改变时才去调整这项规划。

发射之后，任务规划是由任务控制中心认证合格的运营人员完成的，他们能基于实际轨道、飞行系统可调整能力，或是源于从有效载荷上提取的数据改变任务规划。地面控制中心统筹考虑载荷操作，生成集成的实时计划。

26.3.1　任务规划的产品

通常，任务规划能够产生一份报告，确定如何去进行一次独立飞行，例如一次单独的航天飞机任务。经过多年的实践，规划人员意识到，识别出长期计划的关键里程碑并制定出与实际飞行接近的计划能有效降低成本。但是，长期计划总是会发生改变。

表 26－5　任务规划的产品▲

产品	制约因素
飞行规划	任务目标； 轨道或轨迹的描述以及在轨计划； 有效载荷的描述和操作； 空间单元的描述和操作； 任务阶段； 任务运营的描述和技术； 任务规则以及验证方法； 飞行安全事项

▲：飞行规划描述了任务规划、任务规则和轨道阶段。我们在任务研发阶段完成了相关文件，并在发射后根据需要进行更新。

任务规划随着发射日期的临近会变得成熟，并不断地反映了在各任务单元之间的权衡结果。通常，在项目需求首次评审之前，在技术状态控制下，飞行规划出笼了。要改变技术状态，只是发生在每一个参与的人员对方案和成本进行评审之后。飞行规划成为了乘组和地面控制中心人员培训方案制定的主要依据，这其中要包括有效载荷和航天器的故障模式。要委任适宜的权威去决定是否有必要改变计划。

任务规划者与设计人员协同工作，能够降低运营成本，采取的方式有：提供冗余设计，让空间和地面某些功能自动化，对任务数量或飞行规则加以限制，以及注重可操作性。

冗余设计。经验表明，我们必须确保空间单元和仪表设备具有冗余设计。资源足够多就不用实时监测或建模，这样可降低设计的复杂程度，降低成本。

例如电源系统。当空间站的可用电力少于所有仪表设备和子系统运行所需的电力时，我们必须非常小心地处理我们所做的事。想象一下你在家里时的情况，如果你在任何时候电量只能许可你打开一半的负载，用于照明、干衣机或是暖炉，以及垃圾处理器或冰箱，那么你就没法控制你的冰箱，这样你就不得不建立性能模型，预测一下它的开停时间。于是，你就不得不在冰箱关闭的时候才去使用垃圾处理器，或是每当你使用垃圾处理器时把冰箱关掉。如果留有冗余，我们就不必费神费钱去设计用于空间单元建模所需的工具。

设计阶段，在进行单元之间权衡时，有经验的运营人员通常会建议设计人员将空间单元的耦合程度降到最低。在决定某些功能由在轨或地面完成时，通常仅考虑设计和制造成本，之后的地面操作可能会因此花费巨大。所以，需要在二者之间进行合理的权衡，而任务周期是影响权衡过程的重要因素。

任务数量和飞行规则。指导方针是要抓住任务目标和飞行规则的实质，并尝试在满足这些条件的情况下尽量减少其数量。

26.4　活动规划和发展

在该功能模块，将任务每个阶段的规划转换为详细的时间线(以助记符的形式)，为任务规划提供支撑。在一些特定的情况下，需要有上行到空间单元的指令。通常，我们将乘组在每一时点的活动按任务或操作一一列示。在地面数据系统中有许多工具能够生成这些活动。参与飞行运营的 NASA 各个中心都有这些工具，例如，喷气推进实验室使用称作为 SEQGEN 软件；约翰逊航天中心使用飞行任务规划系统，即由经验丰富的运营人员将快速变化的约束条件插入到时间线中；商用软件包也适合于用在大多任务之中。

下一代的航天器可能采取自主规划方式。航天器上储存飞行规则，当某些事件满足这些规则时航天器会自主响应。这些基于规则的响应通常会受到故障保护规则的限制，这与航天员的健康和安全、航天器和有效载荷相关。随着技术的成熟，自主规划运行的航天器将会节省运营成本，增加有效载荷返回量。NASA 计划采取任务自主技术，例如小行星采样返回。由于远距离信号传输存在很大的时延，不能在地面对在轨事件进行规划与控制。

表 26－6 列出了需要任务规划人员为初始活动提供的信息。发射后，为了实现任务目标，任务运营人员的活动需求愈显重要。在发射前，在航天器的校检阶段，要对航天器的运行进行周密的计划，以确保航天器按预期运行。活动规划中的六步流程能让航天员更新——或者是语音上的更新，或者是准备传输到航天器的上行指令。在下文中，我们详细描述这些步骤并假设你正在做这些规划。

表 26－6　活动规划和发展所需信息▲

所需的信息	内容
任务规划，包括任务规则和飞行或在轨阶段的规划	由任务规划生成； 随着任务演变或载荷需求变化，规划方案可能会发生变化

续表

所需的信息	内容
测试需求和活动集成	用于支持空间单元集成和测试； 一些活动会发生在发射后； 与飞行数据相比较，可以快速判断空间单元的健康状况
发射后的活动——MCC 指令和控制	需求主要来源于任务控制； 一些活动，例如故障程序，可能制定于发射前，但大部分活动细节需要根据发射后的集成仿真的模块化数据进一步完善； 活动需求阐明了执行任务规划的具体细节

▲：任务规划（26.3 节）给出了本表大部分信息。

1. 定义活动

活动规划用来支持空间单元工程师开展飞行系统的早期设计。目的是识别出乘组、空间单元、地面测控人员和系统为获得返回数据必须完成的一项或多项活动。每项活动都与许多飞行计划活动或航天器指令直接相关。典型的情况是，飞行规划由一个半自动化系统生成。这种方法需要回路中的人员捕捉许多复杂、时变的约束条件，这些约束是载人航天器和运载火箭所固有的。在轨飞行器的构型变化会影响其载货单，并可能导致不同的乘组操作程序。这些变化对在轨软件的影响更为显著。

有效载荷规划工具允许有效载荷用户将仪表的视场叠加到感兴趣的目标体上。这些工具反映了空间单元的真实轨迹、目标体的旋转、仪表的位置、瞄准偏移、允许的扫描平台以及镜面运动。它们的真实结果能促使调查人员关注不同的搜集数据的方法，确定如何去建立观察模式，这样就能完全覆盖目标。于是，任务操作人员能在计划的时间内完成这些活动。

2. 活动生成并集成

在发射前，确定生成和完成一项活动所需的时间，对近地航天器以轨道圈次为单位。对于星际航天器以周或月为单位。作为活动的起点，任务规划给出了发射前给定时段内活动的优先级。为把多项活动集成到统一的时间线上，需对重要的操作进行集成。在此过程中，需要对航天器、乘组、轨迹和载荷的不同约束进行权衡。

例如，红外空间观察台（欧洲空间局的任务）产生了适用于 7 个圈次的某个命令，这项活动制定过程在 21 天前就已开启，并在活动开始前 3 天就已冻结。然而，对于载人航天飞行，你是 24 小时循环中的一部分。任务控制中心只对次日的活动做最终的调整，为飞行计划更新和指令载荷作好准备。其他类型的任务也会有与之相契合的计划。

通常，改变和新的需求都源于四项功能：任务控制，导航，以及空间单元、乘组和有效载荷的规划与分析。一些新的和非计划的需求也将成为任务的一部分，因为：

1）为了搞清某些意想不到的数据，要做一些非计划的校准（例如星体跟踪仪、姿控陀螺仪或是平台运动装置）。

2）在可用的跟踪设施中会发生非预期的变化。

3）空间单元（航天器和有效载荷）的构型和性能一旦发生改变，就必须在下次指令周期之前改变所有的标准活动。阿波罗 13 号飞船就是一个很好的案例。

4）基于最近的校正，需要向空间单元发送新的信息。

这些新的活动有时很简单，可能是在原来的基础上仅发生时间有变化。如果程序是全新的，则在将其纳入飞行计划或上行指令之前，进行重新规划和验证。

以已有的任务规划方案为基础，将新的需求集成到上行指令序列中。排除冲突主要依靠已有规则和优先级，或者对不同需求进行协商。首先，将活动时间集成到系统级层面，然后将每个活动扩展到程序或指令级。对活动进行集成和排解冲突时，必须考虑足够多的细节，确保单个的乘组活动程序或指令不会对飞行安全造成威胁。

确保共享的资源不会冲突。为了最大程度地使用好空间单元，通常需要把许多活动紧密地安排在一起。对活动的后期调整或是加入新的活动，可能会超出空间单元和乘组的资源能力，例如电力、乘组时间、数据存储、指令和通信链路，以及内存。乘组时间是最容易产生冲突、也是最难解决的资源。假设有5个乘员，任何一个乘员在任何时间都可能超前或落后于时间线上的标准时刻，对乘组活动进行编排是一项非常复杂、耗费精力的事情。

通常，必须分配好资源，在某一特定阶段，每个有效载荷仪表都能在给定资源条件下最大程度地使用预先分配的资源。然而，总会有意外事件发生，会产生额外的活动，可能会遇到特定的资源不再有足够的裕度，就得调整资源分配。为了避免这些矛盾和冲突，就要力求确保在任何时点都具有足够的资源裕度，因此，应确保这些裕度定义适当、应用适合、执行可持续。如果余量太小会导致资源的严重冲突，甚至活动计划的重新返工。航天器指令是少有的必须事先确定的活动，否则会产生大问题。因为指令序列的重新编排，会浪费乘组和空间单元的宝贵时间。

某些计划是在任务设计阶段集成的。由于某些信息（例如最终的跟踪计划）可能不能提前获取，或者必须集成新的活动，因此，常常在设计完成之后还要做更多的事。许多活动必须在特定的时点进行，而其他的活动，例如各种工程活动，能够安排在任何可能之处。因此，任务设计完成后，必须对新的活动进行集成，以期得到在活动序列上没有冲突的集成的飞行方案和指令上行计划。指令必须与其固有的参数保持一致。

3. 核查任务和飞行规则

必须用生成活动的相同工具去检查这些规则的一致性，但只有当已经完成最终计划或指令载荷后，才能核查其他的规则。尽量使用软件能让活动部署更快并花费更少。需要核查的任务和飞行规则越多，需要开发和维护的软件也就越多。

4. 生成时间线

对于近地载人任务，事件和程序的进程以地面时间进行描述，以发射时间为原点。对于深空任务，时间线可以展示航天器和地面的活动，并以地面收到数据的时间为计数起点。控制和分析人员可以利用时间线工具，在地面站接收数据时监视航天器的活动。两种任务的时间线在原点上的区别是必要的，以补偿时延的影响。

5. 评估和集成活动

验证所计划活动的相互影响，确保所有计划步骤和指令载荷满足期望的活动目标，并对飞行乘组、有效载荷或空间单元不产生任何风险。尽可能让这一步自动化，因为这是一项非常复杂而又很常规的工作。软件工具能够查看指令载荷是否危及空间单元，并常用可视化方式表示指令序列，以确保信息无遗漏。为了降低运营成本，就应尽早掌握验证方法。

由于可以用不同方法达到同一结果，所以难以定量评价一项活动或一组活动的风险。每种方法都有优秀的和未知的方面。熟悉地面和航天器之间相互影响的人，不用经过复杂的评估过程，也可以判断出某些活动的风险，但这些风险仍然必须要进行量化处理。以航天飞机为例，任务管理层通常会针对可能影响航天器安全或任务目标的新程序，召集会议进行讨论。在项目讨论准备过程中，通常用硬件或软件来评估活动的相互作用。评估工作可以自动或人工方式，借助硬件或软件仿真来实现，或综合运用这些方法。

对于所有的飞行和地面系统，操作都会受到约束。优秀的空间单元设计和自动化能让这项工作简化并减少人员的参与。超出硬件约束（有时被称作为有效载荷飞行规则）可能会损害部分飞行系统，或增大飞行系统的压力。这些例子中包括热、电或辐射方面的限制。有些约束是显见的，例如太阳辐射粒子对观测深空的传感器阵列的撞击；也有一些约束不那么明显，例如在某一辐射环境下航天器电源子系统的性能。其他的飞行规则指导着人们如何在可接受边界内操作飞行硬件和地面系统。违反飞行规则可能会超出管理策略或经费限制，也可能影响到任务目标。这些规则同样也限制着仪表的操作冗余，对测试、验证的模式也有相应的限制。

如果能正确地整理这些约束，一致性检验就较容易，并能使用自动化工具。对飞行规则进行评审能确保准确性，让各个机构形成共识。对规则的解释会拖延进程，尤其是存在不同的解释方案时，则更为费时。在评审中，要力求叙述清晰，评审人员无需特别专业的知识就能明白这些事项。对于在飞行规则评审前的电子表格式审查，要尽量足够准确、详细地描述约束，以便将其转换为计算机代码。

由于需要尽早掌握约束条件，并对其进行自动检查，需要经常利用模拟器模拟上行指令，以确保约束的正确性和匹配性。载人飞行任务需要进行全过程仿真，无人航天器和载荷可采用桌面联试的方法。混合式模拟器使用软件对部分组件进行仿真，例如姿态控制分系统。当然，也可以全部采用软件仿真的形式，例如可以对飞行计算机进行建模，并将其配置在某工作站或电脑上。NASA 的不同任务对仿真的需求相差很大。对于载人飞行任务，NASA 建立了高精度的航天器和地面系统相关模型，以及行星、大气层、追踪网络和其他相关因素的仿真模型。对于无人任务，可采用复杂程度和精度较低的模型，这是因为无人任务通常具有较高的能源和通信裕量，且通信时延很短。行星际任务需要对大多数活动进行仿真验证，这是因为此类任务很少有裕量，且通信时延需要数十分钟，甚至数十小时。

指令载荷的复杂性和可接受风险决定了评审和批准的快慢。设计每次评审，要考虑最少的参与人数、满足的技术指标和指令载荷的完整性。如果评审仅仅是针对项目经理在指令载荷上的签字，你就没有必要去做。

6. 指令活动转换

此时，上行指令是以参数或文字的形式存在，为了地面支持系统或上行系统能够识别，还需要利用指令词典，将每个指令转化为便于记忆的二进制模式，输送给空间单元。该过程是将活动转换成地面传输和上行链路系统（例如深空测控网或 TDRSS）以及空间单元可识别的格式。

表 26－7 描述了活动规划和开发的产品。你现在已经把任务规

划以一系列指令的方式描述出来，这样飞行乘组或空间单元能在下次活动期间执行。已经完成了上行指令检查，确保它是安全的、和系统相匹配的，或者返回了所期望的有效载荷数据。

表 26－7　活动规划开发的产品▲

发射后产品	说明
以便于记忆形式表达的上行指令	MCC 和有效载荷相关专家对其进行详细评估； 便于记忆的形式与与英语相似，这是因为指令的名称和参数与指令相关
时间线	时间线以图表的形式表征了计划的活动、程序和上行指令。X 轴是时间，乘员、空间单元、有效载荷和 MCC 的活动在时间线上并行排列； 不同的时间线侧重不同的任务层面，单位从分钟、小时、天到周不等
指令载荷	准备传送到空间单元上行指令，是一系列二进制码，在转换过程中生成

▲:这三个产品使得空间单元和地面单元能够在下次活动期间进行操作。

规划过程中最困难的是，在集成任务规划方案与当前需求时避免冲突。越来越复杂的航天器和规划工具，以及地面数据诸多自动化检测，增加了冲突排解的难度。

任务余量越大规划越容易，因为这样对资源进行仿真的精度要求可以降低。空间单元的自动化也是关键因素。事实上，要是能全自动化，就不需要任务控制中心安排地面活动，给载人航天飞行器进行规划和部署，因为乘组能够在舱上自主完成。最后，对于需要接受和分析数据后才能决定下一步方案的任务，规划起来更为困难。上述这些规划的困难在空间、地面控制中心、载荷控制中心都会存在。

为了降低活动设计成本，要遵循以下理念：

1）减少必须上行的指令数目。密集的指令和活动需要大量地面人员，将会大幅增加成本。上行指令尽量采用串行的方式，而不是并行。仅当某条指令生成时间大于执行时间时采用并行的方式。

2）尽可能地用电子化方式验证上行指令，自动检测。

3）在可接收的风险范围内尽量降低批准上行指令的级别。经常回顾，上行指令的评估和批准是否会增加成本。

4）尽可能减少上行指令的更改。如果需要更改，需明确定义何时更改，且尽量减少每次时间窗口更改的数量。将这些约束存档并纳入任务规则。

现代计算机的能力可支持将制定计划使用的工具集成起来使用，这也有助于不同工具之间的接口实现自动化，从而加快规划过程并减少人力资源成本。

26.5　任务控制

地面任务控制中心（MCC）的运营人员负责对任务进行控制管理。他们遵循任务计划和飞行规则，负责对航天飞行进行实时操作。任务控制在载人航天任务的所有阶段进行，需要确保飞行乘组的安全和任务成功。任务控制包括实施详细的活动计划，并保证航天系统正常运转、安全。对于通信中断，MCC 需要提供失去信号情况下的应急方案，确保重要活动能够实施。任务控制还需要设立和监视地面数据系统，在与空间单元联系之前告知所有相关的人。随后，任务控制使用更新的预定义格式下达指令和语音，以便乘组可以将之复制到飞行计划或检查清单的表格内。MCC 的控制人员监测运载器系统和地面数据系统的性能，并帮助乘组从非标准情况下恢复正常。

主要从下行的遥测装置（航天器和有效载荷）、任务规划、活动规划开发中获得所需的信息。其他的信息来自于导航和跟踪数据。

任务控制利用以下将要讨论的数据，根据飞行程序和规则，对任务进行实时操作。作为任务操作的计划制定者，要在地面与空间单元通信时，对发生的活动进行程序编排。在通信过程中，一个比较关键的因素是话音传输，它允许操作者对信息进行说明或添加。

这些程序在飞行前必须要进行联合仿真，仿真内容需包括乘组和地面控制人员必须要恢复的故障模式。任务控制团队人员的主要职责有：

1. 制定程序

地面控制中心利用事前被告知的基线程序对任务进行操作，负责对地面系统和空间单元进行控制或者重构，以及非正常情况下的应急反应方案。

2. 积极参与空间单元的集成测试

在发射前，通过参与综合集成和测试空间单元，任务控制人员学习了空间单元和地面系统工作原理，积累了实践经验。

综合集成仿真最接近实际飞行情况，任务控制中心的测控人员和飞行乘组能切身体验。这些训练十分严酷，因为它要求测控人员最逼真地模拟飞行规则和步骤，而且复现上次的最终飞行情况。这项活动在训练地面和飞行团队过程中也改进了飞行产品。

当地面单元与空间单元集成时，验证上行和下行链路，测控人员也进行了端对端的测试。这些测试验证了运营系统在指令发送、传输遥测以及监控报警方面的实时性能。

3. 配置地面系统使其满足传输需求

任务测控人员配置并控制地面系统的工具和步骤。就像管弦乐队的指挥者，他们确保了每件事都发生在正确的时间。作为实时操作的权威领导，飞行总指挥确保每个人在发射前都掌握了这些规则和步骤。

4. 给空间单元发送指令

在传输过程中，任务测控人员与飞行乘组进行通信交流，按要求发送预定的实时指令，空间单元接受上行指令。这些指令基本上都是事先计划好的，但是会授权任务测控人员在某一预定条件出现时实时发出口头指令，或启动某一步骤。这些事先确定的情况包括：空间单元已经背离了限制，或是处在非标准状态。

5. 验证空间单元指令接收情况

在这里，任务测控人员用空间单元的下行遥测数据和地面系统状态信息，来验证空间单元是否已经正确地接收到指令。通常，验证是自动进行的，并且检测到错误时会生成提示文件，发出警告。地面控制中心的定轨人员负责检验追踪信息和轨道机动信息的正确性。这些操作人员上行并监测飞行软件使用的所有转移矩阵，例如协方差矩阵，或者监测用于轨道机动的上行指令。

6. 监控空间单元的健康和安全

测控人员必须对遥测与报警、舱上存储器的读写和确认，以及空间单元的预测值和真实状态进行监控。

7. 监控地面系统的操作

在轨飞行期间，控制人员会监视地面系统的性能。地面控制中心的控制人员上行的指令中，可能会存在一些危险的操作，例如有些操作可能会导致航天器或载荷重构。

8. 协调任务控制功能

在航天器进入到地面站的视野前，你必须协调一些用来支持地面和空间单元进行实时联通的活动，例如，你应该

1） 制定短期跟踪支持计划；

2） 集成飞行计划和地面活动计划；

3） 对支持的机构进行规划并确保计划可行；

4） 编制日志和报告；

5） 对数据库或文件进行更新等。

有效的任务运营需要协调。它确保了地面系统能够传递计划好的飞行计划信息以及任何所需指令，或对空间单元进行语音更新，还有接收、加工和存储空间单元的遥测数据。

9. 制定非正常情况下的活动综合计划

此类活动计划与正常情况下的计划类似。如情况有变，控制人员必须制定应急计划，明确采取的措施及时间。通常情况下，控制人员用它来分析异常情况。

10. 为活动规划开发提供支持

任务测控人员尽早帮着生成和批准描述的活动。通常，要他们考虑任务过程中空间单元、有效载荷和地面之间的接口问题。

11. 为以后的信息传输制定计划

为了给以后的活动制定计划，我们必须为下一次与航天器联系做好准备，并仔细检查所需的信息和数据。如果活动开展时无需地面联络，那么测控人员必须确保飞行乘组与地面失去信号联络之前已经拥有了所有的执行数据。

12. 协调跟踪设备并制定计划

这些跟踪站的计划成为了这一章节中开始时描述的活动计划的一部分。

13. 为规划和分析团队提供支持

帮助团队分析在空间单元和有效载荷中存在的异常情况。实时测控人员的经验和信息对于那些了解空间单元及其分系统、有效载荷但又不参与实际操作的分析人员来说是十分有价值的。

每圈次的计划和报告、数据库文件、控制台操作日志以及警报都是发射后运营的即时产品。

无论何时，如果地面和飞行系统易于修改，以应对非预期的变化和环境，任务控制就会较简单。例如，工作站和网络比起中央系统更具鲁棒性。图像式人机交互界面比单纯的命令行模式更容易操作。

降低任务控制成本的方式有：共享不同任务的操作人员，增加地面和飞行系统的灵活性，尽量多的使用在轨软件或工具，增加地面的自动化程度。

如果同时执行具有相同特征的多个飞行任务，可以通过一人多岗的方式降低人力资源成本。例如，一个在轨飞行任务很可能与另一个任务的联合仿真同步开展。地面控制中心可以同时开展一个载人任务、一个联合仿真任务以及一个发射台测试任务。唯一的限制是，不能是动力段仿真，例如发射或回收。对单个任务而言，一人多岗的模式可以减少人员需求，且使工作变得更有趣。早期从事航天飞行的许多专家现在都在做相关的工作，但又不是全新的，降低了作业成本。

设计在轨单元时充分考虑灵活性，可实现以较少的资源对其进行更改。通过地面和空间单元性能的自动化分析，可以减少人员，并可能增强系统性能和可靠性。

26.6　数据传输

数据传输功能管理任务单元之间的数据流——将数据传送给空间单元、接收来自航天器的数据，并处理跟踪数据。该功能从任务控制中心接收指令文件，并处理成可传输的格式，最终调制成载波信号发送到在轨航天器或星际表面接收设施。该功能还负责捕获空间单元的信号，处理工程和任务的输出数据。最终，该功能收集并处理无线电通信数据，为任务规划和分析导航提供支持。

26.6.1　数据传输所需信息

任务控制、导航计划与分析等功能，为发射前系统功能确认提供信息，并为发射后的航天器双向实时数据传输提供支持。必要的信息包括：天线指向预测、二进制指令或指令文件、地面活动、通信频率、事前追踪准备数据。更多的细节，参见 Boden and Larson [1995]。

在发射前，必须对处理数据的方法进行测试和验证，确保任务单元是兼容的。在发射后，该功能发送指令，并传输往返于各任务单元之间的数据。这个过程有四个主要的步骤。

1. 确认每项功能的性能

该功能发射前的步骤类似任务控制过程，包括：对数据传输与递送设施进行测试和功能确认，参加任务单元终端到终端的测试以确认上下行链路，建立地面站设立、标准化和传递支持程序。

2. 向航天器发送指令

遥测指令设备将指令从地面发送到空间单元——航天器及其分系统、或者是科学仪器。为了完成遥测指令，需要首先将遥控数据调制成 RF 载波，再由航天器 RF 子系统接收遥控指令后转发到相应的设备，完成数据的开启、更改或终止行动。

任务控制提供遥控功能。具体过程是：一旦追踪网接收到遥控信息，判断遥控目标并将遥控信息转发到合适的追踪地面站或天基追踪卫星，接收到遥控信息的地面站检测信息的正确性，如果是不可接受的，遥控信息被退回到指控中心并与源指令逐位比较，如果是可接受的，按照以下方法之一进行处理：

转发。在该模式下，要马上确定将遥控指令发送到遥测站调制器的路径，并将其立即发送给空间单元。

存储后按时发送。确定带有释放时间的遥测指令发送给跟踪设施的路径。在指定的时刻，在射频载波器上调制遥控指令，并发送到空间单元。

上行注入。上述过程完成后，将遥控指令调制成正弦载波，再利用高频载波进行调相，经信号放大器放大后发送给在轨航天器接收装置。

3. 管理数据流

经此过程，在轨信息从空间单元返回到地面用户，这些信息包括科学测量数据或是空间单元及其分系统的状态数据。数据传输格式应与空间数据系统咨询委员会所推荐的格式一致。对数据进行加密（可选），在射频载波器上进行相位调制，并发送到接收数据的跟踪站或中继卫星。在跟踪站，系统或有关人员：

捕获数据。一旦跟踪站的接收器与航天器的射频载波器绑定，就能解调遥测数据并信号同步。

提取数据。提取数据的方式取决于数据加密的方法，具体可参考以下步骤进行。例如对卷积编码，首先利用最大似然算法进行解码，并识别与修正误差，之后将部分解码数据提供给时间同步人员。

时间同步人员在连续的间隔中间发现同步标识后，可确保收发双方的同步性。最后，在存档传输数据之前，对R—S码进行解码，并对错误信息进行纠正。对于系统无法纠正的信息，可以选择丢弃或在需要时传送到项目的数据接收设施。

在传送帧上打时间标记。一旦解码完成后，就可以考虑传送帧的有效性，对其打时间标记。对于NASA，该时间标签的精度为1.5微秒，相对于一个特定字节进入到天线馈源喇叭的时间。这个时间标签出现在标准格式数据单元（standard formatted data unit，SFDU）的次标题中。

为传送帧提供增值服务。提前规划好如何读取解密后的数据，合理利用不同的实际信道。例如，可以利用一条信道实时传送空间单元的工程数据，另外一条信道处理图像信息，第3条信道传送有效载荷应用信息。

数据交付。最终，需要按照约定将数据交付给项目组，其中也包括将源自跟踪设施的遥测数据传送到项目控制中心，并建立相应的数据库。如前所述，也可能需要将数据传送到有效载荷中心。

处理空间单元数据。如果航天器将数据传送到地面控制中心的速度，比跟踪设施传送到控制中心的速度还要快，则这个过程就是有必要的。

4. 确认数据的质量、连续性和完整性

如有可能，在传送数据后再进行此项工作，并获取跟踪站档案中保存的遗失数据。该项任务现在更加自动化了，但在1992年前大多数运营中心不得不手工进行。表26－8列出了数据传输的主要产品。

表26－8　数据传输的产品▲

产品	说明
遥测与跟踪数据	航天器过站期间实时生成
跟踪圈次报告	事后处理数据； 用于任务控制

续表

产品	说明
地面站 QQC 报告	事后处理数据

▲:在通过一个站点期间实时生成这些产品,并跟随下一个飞越站点。

在没有交会对接的情况下，减少数据传输成本的几个途径包括：

一是尽量保持最小的追踪范围。对航天器进行追踪非常消耗资源，且追踪网络负载过重容易导致资源分配时出现问题。

二是设计飞行数据格式时要与现有地面系统的格式匹配，使用标准的服务不仅能增强系统可靠性，还能有效降低成本。让工程师在航天器设计上提高性能，增强任务的能力，需要投入大量的研发开支和地面系统运营费用。

三是使用长度可更改的数据包。当今的标准和技术支持实现变字节长度的数据包，不必再使用低效率的固定长度数据包。

26.7　导航规划和分析

必须确定航天器的位置、预测其飞行轨迹以及如何修正，以完成任务目标，为完成这些任务需要进行如下工作：

1）获取无线电测量、跟踪或者光学测量数据。

2）基于上述测量数据完成飞行轨迹的最优估计。

3）计算轨道修正所需机动量（确定目标轨道或者目标轨道变化量）。

4）规划并分析执行操作，使其符合任务目标或者有效载荷目标。

由于确定与预测航天器轨道带有不确定性，因此需通过分析跟踪数据持续更新航天器轨道数据。对于轨道预报来说，地球重力场以及大气参数的建模尤为重要。同时还要知道其他天体的位置（如太阳、月球或者木星等），进而预测这些天体对航天器轨迹的影响。最后，在需要进行轨道机动时，还需要了解航天器推进系统的精确模型以及机载导航软件的相关信息。详细信息见第 9 章及 24 章。

利用原始测量跟踪数据完成对航天器当前及未来轨道的估计。同时还有必要计算轨道机动量以维持航天器轨道或调整至任务目标轨道。这一过程有 5 个主要步骤：

1. 为发射前任务规划提供支撑

利用预测工具以及其他测试工具检验地面及航天器上导航设备对任务需求的满足情况。如果可能并且对本次飞行任务做出安排的话，还包括交会对接雷达。

2. 轨道确定

从跟踪站提取无线电跟踪数据（包括多普勒、测距、距离变化率以及甚长基线干涉测量数据），通过高速数据链路发送至控制中心，并缓存于计算机存储设备。从不同测站获得的最新测量数据将被自动分类并整合为单一的、时序的数据。在剔除低质量数据后，便得到了目标航天器的轨道确定数据。

目前，正在进行地球轨道航天器测试实验，该试验中利用空间单元上全球定位系统（GPS）接收机辅助定轨，以减少或彻底消除对无线电跟踪测量数据的依赖。图 26－1 所示的任务运营流程图中，便是将轨道确定功能完全移入空间单元电子系统的一个例子。

3. 轨道机动的设计与分析

用推进系统进行机动控制可以维持或改变航天器轨道，给航天器飞往深空目标的任务进行导航。在发射前，为了实现任务目标需要确定如何安排这些轨道机动，包括每次机动的控制量、控后的跟踪测量，同时还要尽可能地降低推进剂的使用量。在任务期间，还要根据航天器的各项指标进行实际确定。为了使后续的轨道机动更加精确，还要分析每一次轨道机动，以提高轨道定位能力以及航天器的执行效果。第 9 章将详述航天器轨道机动的细节。

4. 姿态确定与规划

有些任务中还需要空间单元指向地球、空间、行星或小行星表面的某一个目标。在这些任务中，需要一个预测工具来辅助生成指令。虽然这些工具由控制这些空间单元或者有效载荷的人员使用，但是需要为其提供空间单元的姿态信息以及有效载荷的指向。有些情况下，这些指向功能是空间单元上实现的，乘组可以给出并实施这些指向指令。通过计算这些值，有效载荷用户将会得到新的输入数据，这些数据比生成这些指令时所使用的预测数据更精确。

5. 生成和重新生成轨道

每次对轨道进行更新时，必须进行新的轨道预报，任务操作中的每个人很快便会用到这些预报轨道。轨道预报精度对调整有效载荷设备、天线以及通信设备的指向至关重要。

发射后航天器精确的轨道预报需要知道历史上的轨道机动以及姿态机动情况（见表 26－9），这对其他任务操作程序是很重要的，对任务规划及数据处理来说尤其重要。

表 26－9 导航规划和分析的产品▲

产品	说明
轨道(历史、当前与未来)	作为数据处理、任务规划以及任务控制的输入
轨道机动设计	作为空间单元规划与分析以及任务规划的输入
姿态控制历史	作为数据处理的输入

▲:这些产品是在任务发射后产生并应用于其他任务操作程序。

精度水平直接影响轨道确定的成本，因此必须事先确定任务所需的精度水平，进而决定导航系统为满足该需求所需要的经费。由于每次轨道机动都要进行规划，并且在完成后要进行控后轨道的确定与分析，因此轨道机动控制越少，导航工作越简化。

在选择了测控跟踪网以后，必须要使任务需要与测控站的标准服务相匹配，以完成轨道确定与预报。有时可以通过改变任务需求，实现与测控网服务的一致性。随着空间单元上计算能力以及相关支持技术的发展，需要了解这些新技术的成本与所能提供的精度，并在地面轨道确定与在轨自主确定与预报之间进行权衡。在许多近地轨道任务中，空间单元上 GPS 系统的能力足可支持任务需求。

26.8 空间单元规划和分析

在此，我们分析一下为了维持航天器的健康与安全，同时为了获得任务及科学数据所要进行的规划以及所需完成的事件。地面控制中心的操作人员需要进行如下工作：

1）准备遥测数据以及轨道预报。

2）分析实时与已处理过的数据。

3）识别并处理异常数据。

4）设计轨道机动。

5）维护姿态控制与飞行软件。

6）开发、分析并测试用于上传的工程指令及实时指令。

地面控制中心的操作人员在地面也经常使用分析软件及硬件（测试平台）进行数据分析、准备预报并模拟仿真指令执行情况。利用逼真度很高的模拟器与训练器完全可以实现对异常情况的分析。通常，紧前任务的乘组操作模拟器会带来更多的当前经验与技术解决方案。最后，要维护并更新大量的文档或数据库，以及完成任务所需的报告。文档及数据库包括任务词典、地图、程序步骤、飞行准则与约束、计划等。报告包含任务消耗、趋势以及飞行性能。

为实现该功能，需要从前面讨论过的5个任务操作功能中获取输入信息：任务规划，活动规划与实施（指令文件），任务控制（告警及放行报告），传输并分发数据，以及导航规划与分析。这些信息描述了如何运行空间单元——空间单元的实际性能与即将实施的航天器轨道机动与所规划的活动。在发射前需要遥测数据、计划以及活动安排，用来验证航天器的能力，在发射后需要上述五个输入信息，用以规划航天器的实际活动并分析其性能。

为完成该功能，可以对比航天器的实际工作情况与预期工作情况，进而确定是否满足任务目标。下面所列的各步操作中，有些是需要在发射前就要开始启动的，除了第一步，其他步骤在发射后需要一直持续到任务结束。

1. 验证空间单元以及地面系统的数据处理能力

在发射前，需测试并验证地面处理系统，确认其与航天器的匹配性。匹配性测试主要通过端对端测试完成，测试由空间单元和地面站到地面控制中心的数据传输。通常，这些测试可以在综合仿真或整器测试期间进行。

你也能参与到空间单元系统的测试中，确保用于规划和分析空间单元的部分地面系统运转正常。这一步在发射前为负责空间单元特性的运营人员提供了最好的培训。

2. 生成报告与数据库

包括如下工作：

飞行规则与约束。列出所有飞行期间航天器软硬件的操作限制。预计航天器的故障模式，并在考虑安全及成功完成任务的前提下制定最佳恢复方案。

遥测信息还原图（遥测波道表）。列出波道表中所有遥测信道，该波道定义了遥测信息中的变化部分。现在，所有任务都采用了CCSDS 标准，该标准定义了信息包。每一包都是自定义的，取代了原有的遥测波道表。

遥测字典。详细描述了工程及科学遥测测量信息，以及与每个测量信息有关的操作限制与参数。

指令字典。描述了可能发往航天器的信息与指令的位格式；飞行准则与遥测字典交叉引用。

空间单元特性。包括罕见的或异常的性能特征。对于不影响发射的已知系统故障（不影响任务安全或任务成功），通过更新飞行数据文件中的乘组检查列表，将变化归档到程序中。

操作规程。定义如何规划并分析空间单元。

空间单元的应急规划。识别出潜在的异常情况，这些异常需要地面响应，并采取修正行动。

3. 规划调整

对影响航天器性能的相关子系统，给出其修正策略和措施。这些子系统通常在发射后调整（有时在任务期间），包括姿态控制系统、星敏感器以及可移动平台。

4. 报告航天器消耗、趋势及性能

定期识别空间单元的使用、时间和运营变化，以及性能。尽管这些大部分是在发射之后完成的，但是需要在系统测试时就开始报告，随后在任务期间保持并更新报告。

5. 制定空间单元上行

生成所有要输入的指令，评估所有要上行给航天器的系统指令。指令需求（计划中的实时和指令载荷）用来校准空间单元各子系统，确保处于良好运行状态。

利用导航规划与分析的数据作为输入，设计轨道机动策略，制定合适的上行指令。未来任务中，地面系统可能会上行新的状态变量来主导某次轨道机动。这样的话，就无需详细的地面机动指令。

6. 操作并维护飞行模拟器

飞行模拟器（例如测试平台、模拟器或测试实验室）经常用来检验指令的有效性。尤其是某次飞行任务中最新制定的有效载荷指令。

7. 维护空间单元的飞行软件

维护飞行软件，为飞行软件配置存储器，并严格控制飞行程序所有的变更，包括数据库。包含运营的详细程序和计划办公室主管，负责控制飞行软件的结构。在高精度的仿真过程中应使用真实的飞行软件。

8. 分析工程数据

分析航天器的工程数据（实时及非实时），判断其健康、安全和性能。建立发射前的性能评估模型。这些模型可以是软件或硬件模型，能够预测航天器的性能并分析其数据。监视空间单元及载荷的异常信息，并进行改正。为任务规划提供航天器状态与发射前预测值的偏差。

任务操作规划人员利用该项功能的产品，制定航天器未来的活动。与任务控制、任务规划以及活动规划与实施统筹协调，安排好所需的上行指令或语音。表 26 - 10 的产品也可用于支持有效载荷规划、分析与数据处理。

表 26 - 10　空间单元规划和分析的产品▲

产品	说明
空间飞行器状态与计划对比	发射后生成； 用以跟踪性能与任务计划调整
空间飞行器限制条件	发射前生成，发射后根据实际性能更新
空间飞行器活动需求	发射前生成，发射后更新； 作为任务控制的输入
来自空间单元的处理后数据	发射后生成； 作为有效载荷规划、分析与数据处理的输入
报告	参见步骤 2(重要报告列表)

▲：这些产品在发射后生成，并作为输入提供给其他任务运营功能。

决定运营复杂程度的关键因素是航天器的资源裕量。预留较大的电源裕量，可以减轻所规划活动的细节分析压力。如果所有空间单元和有效载荷的电源裕量很少，规划活动时必须考虑得非常细致，大大增加了规划的难度。如果分系统相互关联，规划的难度更大。

其他因素还包括：任务运营目标、所需要的分析要求、相互影响的分系统数量、空间系统的安全性、实时的工程分析需求以及自动化水平等。通过设计合适的遥测数据可以将航天器作为一个整体分析。对分系统的进一步分析就比较困难了。

需要尽量降低空间单元各个部件之间、航天器和有效载荷部件之间以及有效载荷各部件之间的耦合程度。耦合度越低，规划与分析起来越容易。出现错误后即进入安全模式的空间单元，比需要很多监测信息的空间单元更容易运营。

当今很多无人航天器可以在无人值守的情况下自主运行一周，甚至更长，但运营人员总是希望能够实时观测和监视航天器。最后，利用自动分析工具能够减少人员，降低操作成本。人工智能技术在任务运营中的应用会越来越广泛。

26.9 有效载荷规划和分析

为了设计有效载荷观测与活动，并正确地向航天器发送指令，必须识别有效载荷工作时机并进行分类与排序。分析有效载荷数据，评估有效载荷性能，并在需要获得更好数据时对已安排好的有效载荷观察计划进行调整。上述大部分工作都由有效载荷运营控制中心完成，随着自动化水平的不断提高，将来乘组可以在轨完成更多的分析工作。

为了规划与分析有效载荷，需要从任务规划、活动规划和开发、任务控制、数据传输等方面获取信息。在发射前应用这些信息就可以确认有效载荷的可操作性和数据系统的合理性，在发射后这些信息帮助你评估有效载荷的性能和计划观测活动。

26.9.1 如何进行有效载荷规划与分析

有效载荷规划与分析遵循以下 7 步。在发射前，监控设计与研发的各个阶段，以确认有效载荷运营方案能够与任务目标相一致。在发射后，监控有效载荷性能，帮助制定未来运营计划以及必要的有效载荷校准计划。

1. 确认有效载荷与地面系统的处理能力

在发射前，这些工作与空间单元的规划与分析相似。关键的不同点是，有些设备除了在热真空试验室中模拟空间环境外，其他情况下是不开机的。这种情况下有效载荷用户必须提供足够的数据以表明他们已验证了设备的处理能力。

2. 生成报告及数据库

这些文档与空间单元的文档类似。

3. 有效载荷观测规划

通过估计轨道信息以及研究星历表（地球或其他星球）来识别有效载荷的观测时机。对于其他的有效载荷，例如加热炉，所建立的操作次数要与主要的消耗需求相一致，与消耗品变化剖面相匹配。这些观测时机表示任务中为了达到任务目标所需进行的有效载荷操作次数。

一旦识别和确定了有效载荷观测时机，便可以设计、执行并整合这些观测计划，并生成指令，传送给航天器。根据不同的有效载荷，可以将观测任务分发给不同的学科组，由每个学科组分别识别满足任务目标的观测。如果有效载荷只有一个设备，与包含很多设备的情况相比将会比较简单。各个学科组对其所负责的观测与活动进行分类排序。

上述工作完成后，将各学科组对有效载荷以及空间单元的观测需求整合到一个文件中。该工作将协调各学科组间的冲突，生成时间线上无冲突的活动序列，并生成航天器及设备的控制指令。整个过程的自动化水平取决于任务与空间单元的设计水平。在 NASA，任务规划是高度自动化的，这是由于规划策略是自动的，观测过程不需要进行决策。天体物理组织用高度自动化的流程确定每一轨道上的观测活动。而在另一方面，行星际任务将需要较多的交互操作以及许多人的决策。来自行星及地球的观测比较分散，规划及交互操作要复杂得多，因此需要更多的协调。

在将最终指令发送到航天器上之前，常常已对有效载荷做了数月甚至数年的规划工作。同时，观测本身可能需要做些改变，以应对观测中的发现与新信息。因此，地面系统需要对资源进行配置（人员、硬件以及航天器），以完成对这些变化的规划与使用。对于关键的观测，还可能需要在飞行期间对在轨航天器指令进行适当修改。

有效载荷规划在完成对空间单元以及设备内部指令的确认后结束。这些指令基于科学需求、空间单元的能力、任务指针以及飞行规则。将这些指令提交至活动规划与部署中，对它们进行扩充、约束检查并编辑；然后，再次确认最终的指令对航天器没有危害，并且能够准确地反映观测需求。

4. 安排有效载荷数据校准计划

为正确地获取有效载荷数据，需要做校准工作。首先，在数据下行期间分析有效载荷遥测数据；其次，设计并调整校准计划，或者做更多的校准，以确保对接收数据的准确处理与解译。在有效载荷设计阶段尽早对数据处理过程进行定义，可以减少校准时间。

5. 分析有效载荷性能

操作并校准有效载荷硬件设备，同时分析其发展趋势。这一步主要是确认有效载荷设备达到了性能指标要求，且其发展趋势不会偏离目标要求。

有效载荷性能的分析工作包括：

1）快速分析。检查有效载荷设备数据的健康情况与质量。

2）校准分析。分析校准观测及已选择的观测，如果需要可以申请新的校准观测，或者调整发射前确定的基本校准规划。

3）趋势分析。在任务期间，关注设备的工程测量，这些能表明设备的性能以及运行状况变化。注意那些能给你提示的任何信息，由此及时调整设备的操作计划。

6. 评估并维护有效载荷飞行软件

现在大部分有效载荷的处理器都与航天器的处理器同样强大。对其软件的维护与对航天器软件的维护相同。需提供一个修改飞行软件的渠道，确保这些变化不会威胁到设备及乘组的安全。

7. 异常情况调查

根据需要尽可能地显示实时数据以及经验信息，以帮助航天器运营人员尽可能及时地发现空间单元出现的异常。

随着对空间单元规划与分析的进展，该流程所产生的产品将有助于任务规划、任务控制计划以及后续运营。表 26－11 列举了这些产品。

表 26－11　有效载荷规划和分析的产品▲

产品	说明
有效载荷状态与计划对比	作为任务规划的输入； 用于监控有效载荷性能
有效载荷限制	作为任务规划与任务控制的输入
有效载荷活动需求	作为活动计划和部署的输入
处理过的有效载荷数据	处理过的有效载荷数据作为输出提供给用户

▲:这些产品在发射后生成,作为任务规划、任务控制以及数据处理的输入。

航天器与数据管理系统可用于获取有效载荷数据，并将其提供给用户进行规划与分析。当这些系统引入了错误或者不能满足性能指标要求时，就必须重新评估有效载荷规划，且通常需要调整规划以解决这些问题。按照任务计划要求，通过分析接收数据生成有效载荷活动计划时，必须进行实时有效载荷规划（增加）。如果需要地面系统提供更多适应性，任务操作的成本将会增加。如果存在特殊的有效载荷需求，用户为了适应这些需求，需要为规划系统提供更多的投入。

降低成本的方法有：使用已有的规划工具，利用自动化方式获取有效载荷数据，设计时强化有效载荷的可操作性，减少对有效载荷操作方案的更改。目前已经具备很多可供使用或借鉴的规划工具，遗憾的是，运营人员倾向于重新开发，而不是发现已具有类似功能或者经过少量调整便可满足要求的工具。

其次，需要考虑有效载荷数据获取及校准的自动化。数据获取自动化可以缩减操作有效载荷所需资源，但是为了实现自动化本身的规划而言，开始投入的资源就会增加。一种选择是提供在轨操作能力，由乘组按照核检清单操作有效载荷，除了对性能以及环境条件作出响应外。

在设计阶段坚持强调有效载荷的可操作性。要向设备的建造者提出这些问题："设备的指令是如何确定的？有哪些信息需求？这些信息需求是如何转变为设备指令的？"要确认设计团队在完成有效载荷设计之前，已经明确了校准的次数以及复杂程度。

最后，尽量减少任务过程中的变量。如果在一个任务中，下一条指令的生成需要根据当前在轨信息才能确定，与通过事先定义的标准方式收集数据相比，这样的操作模式成本更大。适应性有时是必要的，但有时会阻碍有效载荷观测和指令上行。

26.10 有效载荷数据处理

首先，必须将设备数据包、工程数据以及辅助数据（如轨道及导航信息）整合到设备记录里。可能还需要进行更高层次的处理，支撑有效载荷数据分析，生成档案级质量的数字或图像产品。事实上，需要在控制中心、有效载荷数据专用场所或航天器上，按下文所述处理步骤展开有关工作。

一些科学数据处理过程在商业上的用户有限，有效载荷数据处理软件通常是专用的（没有商业版本）。例如：

1）地球以外天体的制图学投影。

2）来自多重图像（通过光谱滤波器得到）的彩色合成图像的辐射测量重构。

3）低于1个像素精度的图像配准。

对于NASA的任务来说，经过这些处理，或者甚至更多的特殊过程后，数据已经具备提供给科学家们使用的条件。

如前所述，处理后的有效载荷数据可能会改变任务规划方案，但在此处理阶段，运营人员通常会选择非常敏感的数据，而不是重要设备的特征。表26-12列出了处理有效载荷数据需要的输入。

表 26－12　有效载荷数据处理所需信息▲

所需信息	说明
有效载荷数据	以所要求的格式发送给空间单元电子系统的有效载荷数据(通常是数据包)被有效载荷数据处理系统接收； 设备级的测试、有效载荷综合测试、空间单元综合测试以及飞行数据，共同构成有效载荷数据
辅助数据	辅助数据是空间单元以及地面系统在进行有效载荷数据处理与分析时所需要的信息； 数据内容及其格式都是在发射前定义的，包括空间单元以及有效载荷的工程信息
轨道、导航、姿态预报数据	这些数据有时是辅助信息的一部分，但是由于其非常重要，因此单独分类； 大部分观测需要与有效载荷指向相关的信息，以便能够正确解释数据含义； 有时，由于轨道信息变化，关于轨道的信息可能包含多组，必须要能够分别识别。与低地球轨道相比，在月球轨道上的有效载荷可能需要更多的优化处理

▲：为了处理有效载荷数据，需要空间单元、空间环境条件(地球、月球或行星重力模型或者大气环境)以及地面系统。在发射后根据需求更新所有信息。

有时通过任务数据库获取由数据传输或分发收到的数据，并建立传感器信息，这些信息可能是图像、光谱或其他意义上的产品。这个处理过程将数据转换为各学科专家可用的形式，而不是传感器专家使用的形式。有效载荷数据的处理通常是在发射前开始，持续至任务结束。即使其他所有任务表现的都正常，但是为了有效载荷数据处理，仍需要检测有效载荷处理与原任务计划的偏差。例如在海盗探测器项目中，在抵达达火星时，不得不等待几周，直至沙尘暴消失，才得以绘制着陆点地形，并着陆到火星表面。此时，任务的所有工程方面都是正常的，只有有效载荷处理任务计划需要调整。

有效载荷数据处理工作通常与地面控制中心的工作区分开来，在科学家和专业人员的控制下完成。不同的任务中，这些产品是不同的，表 26－13 列举了最通用的一些产品。所有任务的目标都是获取传感器数据。对于生物学、医学或者材料加工等领域的实验以及有效载荷而言，其结果混合在多种媒体形式的数据中。例如可能必须将图形数据、遥测数据以及语音实况数据等组合起来才可以获取最终的结果，因此必须为这种情况作出规划。

表 26－13 有效载荷数据处理的产品▲

产品	说明
计划偏离	任务计划中描述了期望的条件，当这些条件无法满足，或者传感器数据没有意义时，用户要求对计划作出调整
有效载荷校准文件	使用专门文件说明数据的记录过程，方便日后使用者基于已有信息和理解，使用不同校准技术，对数据进行处理； 将此文件和数据进行归档，确保不会丢失任何信息
档案数据	此产品的主要功能是确保后来者能够使用这些信息。包括传感器的基本数据、辅助数据以及校正文件等
纸质产品	很多任务仍然使用纸质产品。电子版使用越来越广泛，但任务仍需要高品质的、专业化的、图像处理的产品
出版物（仅对科学任务）	NASA 的任务可利用出版物向公众传递有效载荷处理数据。军方任务一般不采用公开发行的方式，但也有类似的要求，只是简要地对外报道； 这些产品是面向专业用户的，因此相比有效载荷传感器的数据而言，需要不同的处理方法。需要在发射前掌握这些要求

▲：这些是在发射后针对科学任务典型的产品。商用和国防任务有类似的产品，只是发布的方式有所不同。

为了降低处理过程的成本，应在任务概念研究早期阶段就设定主题，并在任务运营方案开发阶段再加以强调。当进行任务运营方案设计时，有效载荷数据处理时应考虑如下因素：

1）所需的最终产品。

2）端到端数据流图。

3）用于有效载荷数据处理的附加信息及其来源。

4）针对数据丢失及溢出的有效载荷数据处理的鲁棒性。数据压缩以及格式化处理对于噪声环境的反应。

如果任务运营系统丢失或者未搜集到数据，分析过程将会变得非常困难。这意味着需要对地面系统的规模、质量以及完整性要特别关注，同时还要关注这些因素是如何影响有效载荷数据处理的。对于许多有效载荷，地面系统能够完成 95%的处理工作就很不错了，但仍取决于那 5%的数据丢失出现在何处。因阻塞导致的数据丢失可以接受，但如果丢失的数据是所有设备的压缩数据，恐怕就无法接受了。

在设计与实施有效载荷数据处理时：

1）利用已有工具。进行有效载荷规划与分析讨论时发现，利用现有工具能够显而易见地节省资源。在科学界，许多有效载荷用户现在都在使用标准的处理工具包。

2）熟悉辅助数据的需求。确认已经掌握和能够获取辅助数据，用来解译有效载荷数据。如果在发射后发现这些辅助数据不可用，要解决这个问题代价将会很大。

3）确保数据处理具有鲁棒性。尽早掌握如何才能处理好数据而不会丢失数据。在考虑数据压缩、数据格式化以及数据链路质量的情况下，确认数据传输的平稳性。目前，通常在早期设计阶段，就可以通过对这些性能进行仿真来确保数据处理系统的鲁棒性。

26.11　任务数据库的归档与维护

有效载荷处理后数据归档通常与任务数据库是分开的，任务数据库通常是支持任务控制以及获取任务数据。但是，作为一个整体，它们是密切相关的，可以将其视为任务运营系统中的一个单元。任务数据库接收、存储并在任务运营系统中的九个功能模块间分发。数据归档可以是集中式的，也可以是分布式的，获取数据可以是实时的，或有一定延时。对选定的用于永久性存储的数据归档，有的会实时使用，有的在以后的评估中使用。

NASA 的科学任务需要对有效载荷数据进行存档。存档后，除设计观测任务以及建造设备的人员外，科学家也可以使用这些数据。这些数据必须以一种约定的格式存储，以便其他人使用时不需要了解额外的有关设备本身的信息。NASA 归档的数据涵盖了很多科学领域。相比于将数据集中在任务控制中心，将有效载荷数据归档在 NASA 中心或者某学科内相对集中的有效载荷运营设施中心会比较高效。

国家科学院在 1986 年进行了关于数据归档的研究，并将其建议发表在 CODMAC 的报告中（国家研究理事会，1986）。NASA 在归档处理程序中采用了许多比较重要的建议。该报告强调科学数据归档应安排在科学家使用并改进数据的地方。加利福尼亚理工学院的数据处理与分析中心便是一个典型的例子。该档案包括红外天文卫星（IRAS）的所有数据，该任务结束于 1984 年。该档案目前仍在使用中。该档案存储了项目组收到的所有数据，包含用于处理数据的控制文件，以及所有空间单元的原始数据和处理后数据。数据库以近似实时的方式接收数据，但使用者可以在任何时刻使用这些数据。过去的任务数据库是集中式的，在当今科技的支持下，数据库可以是全球分布式的。

现行档案包含发射前的设备测试与标校过程产生的数据。将这些数据与实际飞行数据进行对比是比较有意义的。虽然不同任务的飞行前测试有所不同，但通常范围都很宽。发射后，这些数据存档包含有任务运营系统发给有效载荷分析系统的数据，同时还包含来自有效载荷分析系统的高质量数据。休眠存档用于存储历史任务数据，这些数据通常很少使用。

表 26－14 给出了设计数据归档结构所需信息，表 26－15 给出了如何归档并维护数据库。在顶层，需要有两类数据：有效载荷数据以及描述其属性的信息。原则上，应该在物理分开的设施上备份和存储数据。

表 26－14　数据存档所需信息以及任务数据库维护▲

所需信息	说明
遥测和跟踪数据	任务数据库接收到的数据通常被作为 0 级数据。处理后并存储的数据是 1 级，可以用于分析任务； 1 级数据也可以作为归档数据的一部分
来自任务运营系统中其他功能模块的数据	任务运营系统其他功能模块也会产生数据，并存储于任务数据库中。例如指令文件和以前的任务控制报告； 这些数据产品也将被打包归档。数据分析通常需要工程数据，以有效地历经有效载荷数据。可以将这些辅助数据与每一个有效载荷产品相关联
最终的有效载荷产品	任务运营系统生成的有效载荷分析产品（称为 3 级数据）存储在任务数据库里，并发送至项目档案中
来自有效载荷的高层次产品	由有效载荷中心处理的数据（4 级数据）也要发送至项目档案中，以便其他相关人员使用

▲：在任务结束很久以后，还能利用存档数据。详见 Boden and Larson[1995]的论述。

表 26－15　如何归档并维护任务数据库▲

步骤	备注
1. 数据管理与检索	获取或接收来自任务数据库或有效载荷用户的数据； 提供编目与检索，可用于数据集查阅，并允许根据不同需求类型进行检索； 确保所接收的数据符合所定义的、签发的、标准格式要求
2. 数据安全性	由于面对整个任务运营系统，所以必须确保数据是安全的； 对于科学任务，在该数据可以向其他研究者提供以前，必须确保某些数据对于用户的使用权限。这些数据在特定的时期内是属于科学家的，是具有知识产权的
3. 数据到达后通知用户	在数据产品归档之后，识别出哪些数据是新数据，并通知可获取这些档案的用户； 对产生大量数据的任务使用自动化处理

▲：数据归档使得用户可以获取前期任务的数据，可以进行对比分析以及更为详细的分析。

在任务运营方案中除了考虑技术因素外，还必须要考虑数据如何到达用户。是发送给用户还是用户申请获得？必须尽可能早地开发存档计划（包括辅助数据需求），以便地面团队以及空间单元的设计者们能够尽早地建立一个高效的存档系统。要牢记有些存档数据是用于航天器的飞行情况分析、异常情况处理以及有效载荷数据修正的。这些需求将影响存储系统和存储介质的位置与类型。

26.12 系统工程化、集成与测试

以下四个学科通常都是发射前后持续进行的功能。这些学科可能出现在许多领域，但这里仅讨论其在任务运营中的应用。

地面系统的工程化需要来自任务运营系统其他 9 个功能模块（前面讨论过）的支持。因此，系统工程师们掌握整个系统、接口以及每一个任务运营系统功能模块所提供的详细内容。记住在某一层级哪些才是一个子系统，例如任务运营系统功能，对于下一级的活动规划与开发而言是一个系统。因此，系统的工程处理可能发生在所有的层级，但是这里仅讨论任务运营系统的工程化处理。

表 26－16 描述了如何评估系统的工程化及测试；表 26－17 描述了这一过程的典型产品。通常系统工程化包含一个支持空间任务结构的端到端的透视图。系统工程化经常需要引入到任务软件详细开发设计中，并负责将系统与方法相关联。

表 26－16　系统工程化、集成与测试▲

步骤	说明
1. 考虑典型的系统工程化过程	开发系统架构； 生成、评估并控制需求； 定义、记录并控制接口； 检测标准的应用情况，例如项目所需的软件测试
2. 集成	通常（现在都是这样），由另外一个团队完成集成工作； 集成软件程序，将程序置入系统中； 根据待开发系统的复杂程度，或者为了适应新项目的多任务系统，软件集成工作可能是一个规模较大的任务； 验证接口； 确认系统已经具备运营测试、训练或使用的条件

续表

步骤	说明
3. 对任务进行仿真、测试以及训练人员	准备仿真和测试的工作量与执行任务本身相当； 制定训练计划； 开发仿真能力； 训练； 验证运营是否准备就绪
4. 评估系统	根据任务运营方案，开发与验证性能需求； 测试任务运营系统，确认系统工作满足需求
5. 确认网络安全性	随着任务运营系统的分布式发展趋势，且大量使用公共网络，网络的安全性变得日益重要； 编制并发布安全性计划，监控网络

▲：这些步骤对于大多数任务而言都是典型的。详见 Boden and Larson [1995]的论述。

尽管任务运营系统的工程化过程与任何大型软件系统没有什么特别的不同，但需求通常会模糊一些。随着有效载荷使用者对于其真正的需要不断更新，在开发环节也要进行相应调整。如果用户代表了七个学科领域，并开发了不同的计划，问题将会变得更加复杂。尤其是在科学任务中，有效载荷用户在较高层面的项目组织管理方面有着更多的权利。因此，必须尽早考虑有效载荷用户的需求，并快速开发完成原型机制造，而不是按照传统的流程（需求、设计、开发并投产）进行处理。原型机的开发可以让用户直观感受设备的能力。

表 26-17 系统工程化、集成以及测试的产品▲

产品	说明
系统构架	在系统架构中，描述项目发起者及管理者的构想。尽早完善这些任务构想并保持更新是非常重要的，这是因为这些构想为日常决策提供了一个工作框架
软件接口标准	标准是系统工程化过程中最为重要的产品，尤其是当项目需要进行分布式处理或者要将有效载荷用户软件集成到任务运营中时

续表

产品	说明
集成及测试计划	集成与测试计划描述了向系统中集成新部件时所需进行的工作。回归测试与自动化测试是非常重要的。当前的工具甚至可以提供图形化的用户交互界面以实现自动测试,不需要人坐在控制台前进行测试
训练计划	为任务运营人员开发的训练计划能够让任务运营人员以及乘组做好发射前准备
步骤	覆盖集成、测试以及训练,并且与任务目标直接相关
安全计划与测试	系统安全的重要性日益升高,因此需要很好的计划及规范的测试

▲:确保任务运营系统所有人员都评估和掌握了这些产品。

任务运营主管还应该:

1) 确保任务运营关键方案尽早有权衡结果,并考虑了所有有效载荷用户。

2) 掌控大局。

3) 只要可能就应快速开发,建立原型机。

26.13 计算机处理与通信支持

设计与建造任务运营的硬件系统需要项目内部的人员参与,也需要来自其他机构的人员参加。例如,如果项目使用的是一个已有的系统,那么硬件开发需要项目组与拥有该系统的机构共同努力。当然,项目经理必须监督由外部机构设计的硬件,以确保其运转正常。其他一些教科书中将设计建造硬件平台视为信息系统的一部分,因此本书不再详细讨论。表 26 – 18 描述了完成这一功能所需的信息。

表 26 – 18 支持计算及通信的信息▲

所需信息	说明
数据流图	在运营方案开发阶段首先要设计数据流图。同时将各功能分配给软件及硬件。这是设计硬件平台的起始点

续表

所需信息	说明
地面控制中心支持控制台运营人员的计算机及工作站需求	现在大部分任务运营都在使用分布式工作站，或者正在向这个方向发展； 工作站的数量以及位置取决于数据流、任务运营框架以及组织与人员水平； 在许多机器人科学任务中，其相关人员通常分布在世界各地，因此需要将工作站及计算机进行联网工作
网络及数据通信需求	控制中心、各国或者世界范围内的数据流标准和需求，需要更多的网络及通信设备； 商业的开放网络，例如互联网，不建议直接应用于载人任务运营。如用于有效载荷数据传输，需要加以重视，确保关键指令及控制有足够的安全性，避免被非授权用户干扰
语音通信需求	在任务早期阶段，语音通信以及视频会议对加强沟通是重要的。设计人员重视这些需求，随着从集中式向分布式控制发展，该需求变得更为重要了

▲:这些需求使工程师们能够开发任务所需的地面硬件系统。详细信息参见 Boden and Larson[1995]所述。

地面控制中心的支持计算机系统的冗余及可靠性非常重要。对于阿波罗计划而言，地面控制中心设备可靠性典型值是 0.9997。对于分布式计算工作站，其可靠性要求更高，因为在飞行运营期间，某个 CPU 相对容易发生改变。对于一些关键操作，必须制定故障应急计划，包括利用附近非关键用途的工作站代替工作。因为这些过程对于任何计算机硬件平台而言都是典型的操作，这里不再详细讨论。

在设计中尽量使用当前技术以获得最好的硬件性能。为了减少成本，还要关注其可维护性以及可替代性。计算机系统发展非常快，完全可以选用商业产品，允许的情况下可以考虑在开发期间对硬件设备进行升级。

26.14 软件开发与维护

在整个任务全寿命周期内开发和维护任务运营软件：

1）在发射前的地面系统。

2）在发射后故障检测与改正软件。

3）在发射后获取任务需求变化的软件。

现在许多任务，尤其是那些要耗时 10 多年的行星际探索任务，需要在发射后开发更多的软件，以确保任务成功。在有些情况下，任务运营者们在发射前后都要开发飞行软件。

只有事先掌握发射后需要做多少开发与维护工作，才能够组织并建立满足任务需求的相关规程和基础设施。为了完成这项功能，需要表 26－19 所示的信息。

表 26－19　软件开发维护所需信息▲

所需信息	说明
新需求	大部分任务运营系统都是在现有系统的基础上建造，任务需求通常强调系统的新增要素，即使没有也要写明。通常，可以在文档中写明参照现有系统能力，但如果有新需求，就必须明确最小需求。需要规定功能需求，不需明确具体执行方式，以便实际执行机构能够更加灵活地使用现有技术，并建造适合的系统和工具
故障报告	故障报告，启动维护
控制调整权限	为了控制成本，调整授权一定是高效的。在详细设计完成后才决定去调整，将会导致资源浪费
内置文档	软件维护所需的一项软件开发输出

▲:这些信息是所有软件开发项目所需的典型信息。

表 26－20 所列的步骤以及表 26－21 所列的输出项，是所有软件开发过程的典型内容，很多资料有详细讨论。对于空间科学任务而言，经常不能很明确地定义需求，并且终端用户（通常是开发空间单元上设备的科学家）不太关注任务运营系统，直到任务开发的后期才会重视。为了尽早与科学家进行沟通，同时明确需求事项，需尽快完成样机开发，或者以增量方式交付地面数据系统。火星探路者计划在概念研发阶段便开始对下行链路数据流进行演示验证。在概念研发阶段就构建了这种能力，在项目获批时，已经完成了基本

系统建设。航天飞机任务控制中心依靠基本的轨道器和有效载荷的数据处理，并使用美国最高水准的分布式工作站。在软硬件设备建造中使用商业化的货架产品，节省了大量经费。在每次飞行后，基于轨道器和有效载荷情况，重新布局任务控制中心设备，遵循标准模式，并且在整体上也包括飞控团队。

表 26－20　如何开发并维护软件▲

步骤	说明
管理软件开发	了解需求并确保其可测试性，且与任务运营方案相符合； 开发软件或者优先使用商用货架产品；采用速成原型法，使系统用户能够理解模糊的需求如何转换为硬件； 用增量方式交付地面数据系统； 计划并了解需要在任务运营过程中要做的软件开发与维护工作，且对后继的任务及将来的星际探索任务也是有效的； 确保软件开发维护计划与空间单元开发与测试计划相匹配； 测试软件——通常是通过多个增量式的过程完成； 向运营人员交付软件； 根据需求对新功能进行培训，全系统集成仿真是发现错误的最有效方法
维护软件	调整并修正错误； 因任务需求改变相应调整软件需求

▲：任务运营主管必须明白开发一个任务运营系统主要是利用现有软件开发一个高可靠性信息系统。

表 26－21　软件开发和维护的产品

产品	说明
开发和维护软件计划	项目发起人通常需要该计划，这些文档告诉任务运营者项目将如何开展
工作日程	工作日程是任何软件开发的一部分。确保软件开发工作日程与项目里程碑节点匹配： 发射日期； 任务运营系统已做好准备的时间； 开始任务运营系统训练以及综合仿真； 系统端到端测试； 空间单元的系统测试
测试计划与报告	这是所有软件开发所需要的，但要确保对某些空间单元或地面系统单元的接口及功能的测试，这些接口与功能是其他机构所必须支持的

续表

产品	说明
任务软件与最终程序说明书	计划、日程表以及测试结果； 维护所需文档； 文档等级取决于开发人员或不同的机构是否要进行维护；但是不管是哪种情况，文档必须能供软件升级使用，即使开发者离开了项目团队

软件领域变化非常快。上一次任务所开发的专业软件，也许现今已经实现商业化。掌握哪些东西能从商业渠道获取可以节省经费与时间。前瞻性（力求设计出能够满足未来任务的软件）是非常重要的。最后，开发者必须与系统的使用者与运营者沟通，搞清楚现有的以及计划实现的能力，寻求让用户参与技术讨论、评估、演示验证以及测试的方法，咨询他们的需求。用户参与越早、越多，所开发系统的可操作性就越强。

26.15　任务运营管理

任务运营管理功能在发射前后是不同的。在发射前，必须进行开发与训练，使得整个任务运营系统做好发射前准备。一个主管有时需要监督开发和训练两个部分，运营管理职责有时在形式上会由一个机构传递给另一个机构。名称同样会依据机构不同而有所变化，在发射前，任务运营主管可称为“地面系统”或“地面数据系统”经理。此时，任务运营主管与其他项目功能配合以确保操作与任务以及空间单元的设计相一致。该过程开始于研究阶段、任务方案及任务运营方案开发阶段，但是持续至整个开发阶段。在发射后，主管的名称可能会改称为“任务主管”、“任务运营经理”和“任务运营主任”。

本节主要关注任务运营管理功能，并讨论非传统的管理实践。表 26－22 列举了要取得成功的信息管理需求。利用前 3 个输入来指引开发任务运营系统。在发射前，当状态偏离计划时，他们用来指导针对任务活动应做的调整。

表 26－22　任务运营管理所需的信息▲

所需信息	说明
需求	包括赋予任务运营系统的需求,及其自身产生与衍生的需求。这些需求不仅对于开发任务运营系统重要,还有助于在任务期间做出运营决定。管理必须控制需求及其实施情况,以控制成本
运营方案	运营方案是在任务早期(研究阶段)构建的,并保持更新。方案代表了所有项目人员与发起者之间的共识。虽然任务运营主管是运营方案产生的关键,但是他们必须持续地权衡资源需求、预算以及计划安排等因素,以确保项目成功
发起人目标与意愿	必须理解项目发起人所期望的是什么。他(她)会如何看待计划安排、成本以及产品质量之间的关系?该项目是否是独立项目,或者是某个新计划的启动项目。发起人如何对待运营风险?需要补充完善任务运营主管的决策与行动,强化发起人的目标与意愿
状态与计划	在发射后,当与计划或预期发生偏离时,任务运营主管必须做出决策。充分理解当前状态与当前计划的关系对于及时做出决策尤为重要

▲:这个信息可以让任务运营主管在任务期间做出决策。详见第 1 章和第 2 章,以及 Boden and Larson[1995]的论述。

表 26－23 列举了管理步骤,所有步骤都发生在发射前后。在发射前,着重开发支持任务运营的能力。发射后,进行系统维护,根据需求及时调整任务状态,完成长期运营(例如长期行星际任务)所需的能力开发工作。

表 26－23　如何管理任务运营▲

活动	说明
确定和构建运营机构	生成并更新运营方案; 明确运营机构,该机构可减少各机构间的交叉,易于实施; 清晰定义每一个位置的职责,确保所有成员都能了解运营机构; 监控机构的成长,促其成熟; 及时调整以提高运营效率
商定并维护接口界面	为构建机构定义好接口界面; 对于每一领域的跨接口界面事项的交接约定好时间; 通过每周或每月更新交接计划,恰当地管理开发领域的性能
管理更改控制以及项目控制	标准管理文本描述这些过程; 确保在批准之前,地面系统已评估这些更改对空间单元的影响

续表

活动	说明
管理采购合同	标准管理文本描述这些过程
管理应急储备	发射前，包括工具与处理过程上的性能储备，还包括典型的资源开发储备； 发射后，管理不可预见经费，以确保额外的需求能够在预算、时间线以及能力范围内完成
管理任务运营系统的资源	在固定的预算或可接受的成本范围内，管理这些资源以满足任务目标
管理运营时间表	管理日常活动，在进行适当的、可接受的检查和平衡中，尽量减少人员配置； 尽量精简对计划内指令活动的评估与批准过程，将资源分配给计划内活动本身
管理各种活动	批准点对点的分析，并为这些活动分配资源； 管理运营期间所需的开发与维护活动； 向风险矩阵中引入决策因素，以确保与其对成本和性能的影响相比，风险不会太高； 管理任务控制中心的飞控操作团队，以维护一个稳定并且具体的知识结构，并确保团队的实际运营能力永远不会成为计划支持的问题。这便意味着团队精神

▲:这些步骤是任务运营主管典型的工作。每个任务强调特定步骤，详见 Boden and Larson[1995]的论述。

管理的产品不同于 9 个功能所给出的文档所述。表 26－24 所列的管理类产品使得任务操作聚集于主导任务。通常，不能耗费几个星期或几个月时间去分析解决问题，可能不得不在几个小时或者几天内就必须做出如何保持任务正常运行的决定。

表 26－24　管理任务运营的产品▲

产品	说明
项目政策与方针	管理团队在任务期间发布政策及指导方针； 这些声明涵盖了任务的所有方面，但关注的焦点是应对所规划的能力或性能变化的指导方针
决策与批准	决策与批准范围覆盖任务中的标准及非标准方面； 对于任务中出现的问题与状况做出及时的决策是至关重要的； 确保批准过程对于产品或被推荐的决策来说是加分项。批准事项的层级越低，对项目风险考虑越到位，组织效率越高

续表

产品	说明
提供给用户及发起人的报告与任务状态	任务运营主管对上、对外发布报告； 项目发起人与用户从第三方获知问题或成功消息，不必惊讶； 确保报告有意义并有用
项目的目标和愿景	任务运营经理的目标及愿景对于任务运营非常重要，与任务发起人的目标与愿景对任务运营方案的重要性相当

▲:运营主管最重要的产品是及时地作出正确的决策，并予以批准。

任务运营主管必须对任务运营的所有方面都非常了解，才能做出有效的决策。例如，自动化以及自主工作可以在运营期间节省大量经费，因此运营主管必须要了解如何使用它们。

几乎所有项目的工作人员都必须要负责多项任务。仅在最复杂的任务中保留着特定的运营岗位。扁平的组织管理模式更容易适应多任务并行，同时也可以节省经费。

一旦已经建立了最初的机构概念，就能定义机构间的接口，确定每个机构单元的输入输出，明确每个机构从哪里开始开展工作。如果组织结构图看上去像一个蜘蛛网，那这个运营模式不可能是高效的。

26.16　乘组活动及训练规划

表 26－25 列举了规划与分析乘组活动与训练所需的信息，表 26－26 列举了开发产品、训练乘组、确保设施准备就绪以及成功完成飞行任务的主要步骤。表 26－27 列举了经过这个流程所产生的产品。

表 26－25　规划与分析乘组活动与训练所需的信息

所需信息	说明
乘组约束条件列表	定义休息期、训练期、睡前/睡后的活动；乘组每天睡眠许可的轮换；确定可能被用于医学测试的乘组事项
训练目标	定义舱外活动、遥操作系统、医学、紧急出口、发射中止、有效载荷以及特殊训练等方面的需求

续表

所需信息	说明
任务与有效载荷目标	飞行周期,有效载荷确定及其所需数据,航天器的详细测试目标,飞行器确定
设施说明	任务控制中心软件版本,模拟器负荷与能力,网络能力,特殊需求(如能够同时保障双任务运行,同时仿真,以及飞行或发射台测试)

表 26-26 如何规划和分析乘组活动

步骤	说明
1. 确定在轨乘组任务	确定完全需要乘组完成的任务。考虑减少乘组任务量,或者尽量由机器人系统提供支撑,让乘组介入最小化
2. 列举乘组计划约束	利用实际约束进行任务时间线开发,这些约束包括乘组休息时间、训练时间、航天器例行维护时间、航天器和有效载荷故障程序
3. 确定训练目标	确定训练重点中的关键领域,这些领域存在特殊任务,如舱外活动与遥操作。在需要特殊训练设施时,如舱外活动的水下训练,将所需设施整合到微重力环境能力训练设施的整体安排中
4. 确定任务与有效载荷目标	乘组训练、任务时间线以及飞行准则的主要驱动,优先级仅次于安全性
5. 确定所需设施	这保证了综合训练的保真度以及实时任务支撑范围。除了需要明确对任务控制中心运营团队的要求,还要明确任务支撑的层次
6. 生成并确认飞行规则	飞行准则用于进行集成仿真,仿真过程覆盖最可能发生的故障,包括实际发生的多重故障。指导任务控制中心快速、准确、实时地作出决策,确保所有运营岗位对飞行中出现的问题做出一致反应
7. 创建飞行数据文件	编制清单,包括:实施活动计划的详细步骤,针对航天器异常情况的故障对策,有效载荷故障处置策略

表 26-27 针对乘组活动规划、分析和训练的产品

产品	说明
运营方案	需要给出详细的最终运营方案,并为方案实施制定相关文件
所需的乘组任务	该列表需给出为了实现运营方案所需进行的所有乘组任务
飞行计划	供飞行乘组使用的时间线,在飞行数据文件中有详细说明
飞行程序	在正常及故障情况下,乘组运营航天器及有效载荷所有系统的详细规程

续表

产品	说明
飞行规则	飞行准则是对飞行前来自管理及所有运营层面的可能故障的响应计划。这是飞行主管发现问题后的工作起点。MCC的运营人员(飞行主管)在每一次的技术规定中总结出这些详细的准则。任务控制中心的运营人员(飞行控制人员)在各项技术要求方面制定了详细的规则
支持计划的设施	维护与运营,工程支撑,应急预案。网络接口保障计划
地面控制中心飞行控制人员的认证	对任务控制中心的每一名操作人员进行资格认证,他们要经历完整的教学训练、综合仿真以及能力评估
飞行乘组训练	通过单项和综合的训练,培养响应严重故障的能力,以及针对飞行计划中正常活动进行训练

在训练乘组及地面控制中心飞控人员过程中，要仔细选取一些实际的故障场景。可能要投入大量的宝贵时间用在各种故障的测试上。这是构建高效训练系统面临的主要挑战。

操作说明书是推进训练、规划及飞行任务等工作的基础。在规划环节尽早开始仔细构建计划与实施步骤，才能为后续活动提供最大收益。时间基线不是建立的越早越好，此时的时间基线还没有将所有分单元（飞行乘组、航天器系统、有效载荷操作，以及网络支持等）间的关系协调一致。早期的飞行规则也可以加强对乘组以及地面控制中心运营人员的训练工作。

向地面控制中心飞行主管发放资格证书是非常重要的一步，能够确保地面控制中心在正常及应急情况下做出正确稳定的反应。这一过程的主要约束是能提供给运营人员进行新情况仿真训练的有效时间，新情况是指这些飞行活动对于运营人员来说没有先前的经验可以借鉴。对于新人来讲，必须要有实际操作时间，但操作时间必须要在指挥团队与新团队运营人员之间进行权衡。可以利用在某一领域内最有经验的飞行控制人员，以获得预期的较好效果，但是这一方法对于新运营人员的训练不一定有用。

地面控制中心的飞行控制人员承担任务的复杂度等级是逐步增加的。例如，轨道控制人员（地面控制中心飞行动力学人员）的第一个控制任务可能是对地球轨道进行轻微机动，逐步地可以承担更复杂的任务，如交会对接控制，最后可以承担发射阶段的动力飞行控制。由于这些活动风险越来越高，因此每一阶段的控制都是建立在前一阶段经验的基础上。资格认定过程一定是展示控制人员应对这些挑战的能力过程。

参考文献

[1] Boden, D. and W. J. Larson. 1996. Cost - Effectivt Space Mission Operations. New York, NY: McGraw Hill.

[2] Larson, W. J., and James R. Wertz. 1992. Space Mission Analysis and Design. 2nd ed. Dordrecht, The Netherlands: Kluwer Academic Publishers and Torranee, CA: Microcosm, Inc.

[3] National Research Council. 1986. Issues and Recommendations Associated with Distributed Computation and Data Management Systems for Space Sciences. Committee on Data Management and Computation, Space Sciences Board, Commission on Physical Sciences, Mathematics, and Resources. Washington, DC: National Academy Press.

第 27 章　指挥、控制和通信架构

Gray M. Comparetto，无线动力集团

图 27-1 涵盖了载人航天飞行的指挥、控制和通信系统（C^3）架构。如图所示，在典型的载人航天飞行任务中，需要许多通信系统来满足声音、视频和数据传输的各种要求。本章将有助于形成一些设计 C^3 架构的直观印象。

支持载人飞行所需的很多通信链路都具有自身独有的特性，这会增加设计的复杂性。例如，从一个航天器到另一个航天器的通信链路可以直接通过视距建立，这本是确定的，但是航天器之间的距离可能非常大，这样就会影响到无线电频率和功率设计的选择。一些通信链路可能不能通过视距建立，因此就需要一个中继平台来完成。出舱活动期间航天器和平台之间的通信联系可能需要小型化、低功耗的接收器。最后，在目的地行星上将需要各种链路来支持地—地和器—地通信，而移动通信的需求将产生复杂的多普勒效应和多路径现象。

本章仅探讨 C^3 架构的一些主要部件和关键权衡，并给出系统设计细节的参考。一些需要讨论的关键权衡也可见图 27-1，包括移动与固定通信，长距离与短距离通信，数据率的要求，点对点与中继辅助通信，射频（RF）、激光与微波通信，实时与储存—转发的数据传输，以及必要时支持语音、视频或其他数据通信等。

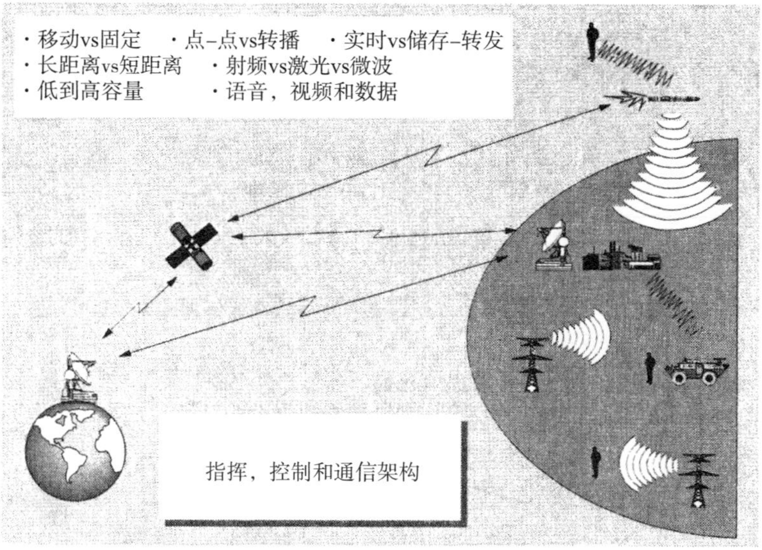

图 27-1　载人航天飞行的指挥、控制和通信架构▲

▲：必须考虑诸如行星—行星内通信（长距离 VS 短距离）、链路容量（射频从低 kbps 到高 Mbps）和信号源（声音、视频或数据）等问题

最后，本书其他一些章节是学习本章的基础，包括第 3 章和第 4 章，分别阐述了空间和表面环境；第 20 章讲述了电源分系统。另外，Boden [1996] 的第 12 章详述了遥测、遥控和控制（TT&C），也包含了本章 C^3 架构的部分“指挥和控制”内容。

27.1　C^3 架构设计

C^3 架构主要是安放并控制接收和传输语音、视频或数据的设备。它提供各种部件之间连续的和按需分配的通信。所有类型系统的 C^3 架构通常是脆弱的，这是由于它们的开发都是松散的。缺少严密组织总会导致某个文档不完整、最终产品被证明无效，或者产品老化后难以更换。

以往的经验表明，设计大型通信架构时必须记录架构选项，进行专业的验证，并且要定期复核，从而保证它们在满足规定的系统要求时能够保持好的费效比。表 27－1 给出了这种方法。它是一个自上而下的组织方法，包括两项主要任务：需求分析和在整个架构完成之前的研发与系统迭代设计。

表 27－1　C^3 架构设计过程总结▲

任务	组成	输入	输出	参考章节
1. 确定影响 C^3 架构设计的关键需求和约束	性能需求	信息速率，信息大小，编码类型，信号源到目标通道的距离，通道条件，几何可见性	数据率（R_d），误码率（BER），端到端（E/E）时延，链路有效性	27.2.1 节
	操作需求	由安全、标准和后向兼容性的程度所指导；通道类型需求，信号源或目标平台的几何特点，目标平台特性，信号源类型，通道条件	选用设备的约束类型，数据率工作周期，总计带宽，传输类型，大气和传播损耗	27.2.2 节
	系统约束	移动、飞行、尺寸、重量和体积约束	最大天线尺寸，部件重量和传输功率	27.2.3 节
	程序约束	成本、周期和任务寿命约束	将指导特殊设备的选择和系统集成技术	27.2.4 节
2. 考虑上面确定的关键设计需求和约束，开展 C^3 架构的初始设计并进行迭代直到得到最佳的结果	C^3 架构	上面确定的所有需求和约束	工作频率、调试和编码技术，传播媒介，转发器和卫星通信设计，连通性，天线类型和尺寸等	27.3.1 节～27.3.8 节

▲：两个关键任务——需求分析和研发与迭代设计——支持着这个过程。

需求分析的第一步是基于一个定义明确的任务来确定系统所有层次的需求。然后采用这些需求为通信系统进行各种设计，权衡分析复杂性、功率、尺寸、技术等，从而减少可行设计选项的数量。最终得到一组与需求分析结论保持一致的建造模块，这样就能够通过组合得到不同的 C^3 架构。系统工程设计和分析贯穿整个工作，帮助进行初始和细节计算、建模和仿真，从而说明系统设计（作为一个架构）能够满足所确定的需求。通常，单独的系统设计是允许的，但是在作为 C^3 架构的一部分时必须对其进行修改。系统要不断改变以满足成本约束或技术能力（或不足）要求，因此整个过程是迭代的。可以通过复核权衡分析来确定是否有其他更好的设计。最后，需要重复进行系统设计和分析，从而验证修正后的设计。

一些因素可能是不可控的。例如，现有资源、传统和政治等可能干扰这个组织方法。但是即便组织过程是不完美的，它仍然更易于形成一个记录规范、专业验证的架构，并且在满足要求时比当前的非组织方法费效比更好。

27.2 需求分析

由于需求分析对于 C^3 架构非常重要，下面段落将综述载人航天飞行中 C^3 架构的通用性能需求、操作需求、系统约束和程序约束。

27.2.1 性能需求

性能需求严重影响 C^3 架构的数据率、误码率（BER)、端到端(E/E) 延时和链路有效性。

数据率

数据率或 R_d 主要决定通信链路的两个重要特征——额定传输功率和发射/接收天线的设计。在地面终端，一个大功率的放大器能够提供足够的传输功率。在航天器中行波管放大器或固态放大器提供传输功率。数据率是单位时间内在发射源与目标器之间传输的信息量。数据率要求越高，传输功率或者天线尺寸越大，这样才能构成封闭的通信链路。

一般情况下，传输功率与数据率线性相关，而天线尺寸则与数据率的开方成正比。例如，如果某一空间—地面通信的数据率要翻倍，且不能改变天线尺寸，则传输功率就要在原有基础上翻倍。但是，假设条件相反，不能改变传输功率，这种情况下（发射与接收）天线的尺寸就需要是原来的1.414倍才能满足这个要求。

通常，对于某个特定系统是没有数据率要求的，因此必须通过其他系统的要求推导出。例如，一个系统需要支持以每秒 x 的速度传输消息，假设每个消息包括 y 个字节的信息，每个字节包括8个比特的数据，所需要的数据率是

$$\begin{aligned} R_d &= x(\text{messages/s}) \times y(\text{bytes/message}) \times 8(\text{bits/byte}) \\ &= 8xy \text{ bits/s or bps} \end{aligned} \tag{27-1}$$

因此，对于一个要求速率为25 messages/s、大小为80 bytes/message的消息，数据率必须是16000 bps或者16 kbps。

最后，链路的占空系数影响数据率。这个系数是通信链路处于支持数据率要求的时间比值。例如，地面终端的占空系数为20%意味着这个终端只有20%的时间在进行数据传输。占空系数小于100%，这是由于链路要支持多个用户，或者卫星位于轨道某一部分时视距被一些东西遮蔽了。无论何种原因，一个小于100%的链路占空系数意味着必须以更快的速率传输数据，以保持准确的流量。例如，如果要求数据率为200 kbps，链路占空系数为10%，那么有效数据传输速率在10%时间是200 kbps，90%时间是0 kbps，导致流量仅为20 kbps。

误码率（BER）

误码率（BER）是 C^3 架构的另一个重要性能需求。从某种程度它是一个误差，因为这个词表示编码错误概率，而不是速率。它是编码解码或译码的错误概率。因此，误码率为 10^{-5} 表示平均100000中会有1个字节会出现解码或译码错误。

误码率是接收信噪比（SNR）的函数。基于如何调制和编码，以及传播通道的特性，误码率和接收信噪比的关系是复杂的。第27.3.2节有许多关于调制和编码的信息。以下给出了误码率表达式，或者字节错误概率（P_b），它是信噪比的一个二元相移键控调制的函数，采

用不包括前向纠错修正的相干调节（包括相位信息）技术编码

$$P_b = \left(\frac{1}{2}\right) erfc\left(\sqrt{\frac{SNR}{2}}\right) \tag{27-2}$$

其中 $erfc(x)$ 是剩余误差函数，定义为

$$erfc(x) = \frac{2}{\pi}\int_x^{\infty} e^{t^2}\,dt \tag{27-3}$$

$$x = \sqrt{\frac{SNR}{2}}$$

一些很好的参考文献解决了这个问题，包括 Sklar［1988］，Ha［1986］，Gagliardi［1990］，Prcakis［1983］，Simon 等［1985］和 Spilker［1977］等。还可以在 Beyer［1981］中找到 erfc 函数的数据表格。误码率公式实际的推导是复杂的，涉及到概率、随机变量和随机过程。多年来 Papouiis［1965］在这些领域一直是一个参考标准。最后，图 27 - 2 给出了误码率的几率和每比特接收能量与噪声功率密度之比的关系，E_b/N_o（与信噪比相同）。它假定了使用/不使用前向纠错编码技术情况下的二元相移和频移键控。如图所示，接收到的 E_b/N_o 发生较小改变时，误码率都可能剧烈变化。

端到端延迟

在含有多个节点的 C^3 架构中，端到端延迟（E/E）可以认为是一个组件传输、传播、排队和处理的复合延迟。

传输延迟是传输数据块或数据包花费的时间，通过数据块大小除以传输数据率就可得到。例如，以 9.6 kbps 数据率传输一个 80 字节的数据块，传输延迟为

$$t_{\text{trans}} = (80\ \text{bytes})(8\ \text{bits/byte})/9.6\ \text{kbps} = 66.7\times 10^{-3}\ \text{s} = 66.7\ \text{ms} \tag{27-4}$$

传播延迟，也称为光速延迟，表示信号从发射源传输到目标接收器所需要的时间。在计算传播延迟时，假定传输信号（电磁波）以光速传播，c 为 3×10^8 米/秒。

例如，假设一个航天器在地球静止轨道，通信卫星常处于这种

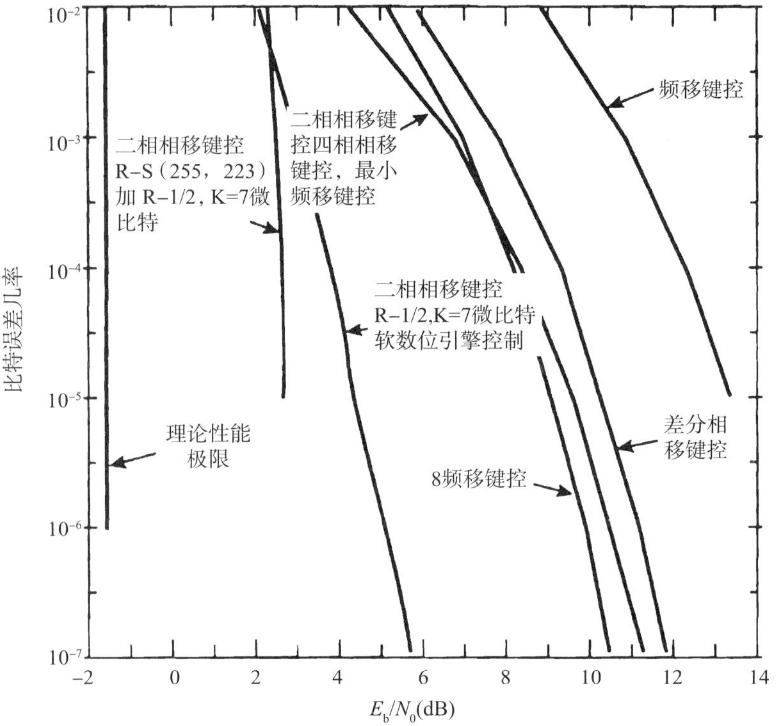

图 27-2　误码率作为噪声功率密度比的函数▲

* 非同调检波

▲：E_b/N_o 等同于信噪比。理论性能（Shannon）极限可以通过纠错编码得到［Larson and Wertz，1992］

轨道，因为航天器相对于地球是静止的。地球同步航天器的轨道高度约为 35785 km。对于地面终端直接位于航天器下方的情况，发射源和目标器之间的距离就等于航天器的高度。因此，计算上行的传播延迟如下

$$t_{\text{prop}}=\frac{(\text{发射源和目标器之间距离})}{c}=\frac{35785\times10^{3}\ \text{m}}{3\times10^{8}\ \text{m/s}}=0.12\ \text{s} \tag{27-5}$$

从发射源到目标器的传播延迟由上行和下行两部分构成，即为

0.24（或 0.12×2）秒。这就是为什么通常将地球同步航天器的传播延迟比作“一跳”，其中一跳代表了从源到目标的上行和下行路径。表 27－2 给出了一些常见的从发射源到目标的传播延迟，包括从地球到地球低轨卫星、地球同步卫星、月球和火星空间站等。如表 27－2 所示，传播延迟对于飞往其他行星的载人航天飞行是非常重要的。

表 27－2　从地球到一些常见目标的传播延迟▲

目标	距离/km	往返传播延迟/s
低地球轨道卫星	1.20×10^{3}	8×10^{-3}
地球同步轨道卫星	3.57×10^{4}	0.24
月球	3.84×10^{5}	1.28
火星	2.27×10^{8}	757

▲：对于行星目标而言，往返传播延迟是固有的，影响着 C^3 架构的设计。

使用分组交换的 C^3 架构也有排队延迟。当一个数据包到达某个过程节点（星基或地基），而这个节点正在处理其他包时，就会出现排队延迟。排队延迟是数据包被处理之前的时间总和，取决于几个参数，包括数据包的平均到达率，每个包的服务时间和使用时间——服务器正忙的部分时间。通常，对于大多数的排列因素，排队延迟相对平稳且较小（几毫秒）。Stallings［1985］全面讨论了当前排队延迟的常用转换方法——数据包、信息和电路交换。

处理延迟一词是指通信设备中的综合延迟。举个例子，对于一个典型的航天器，接收信号要进行频率转换、信号放大，以及传播之前的天线路由定位。处理延迟代表了信号经历航天器或地面终端的延迟总和。通常情况下，它是非常小的，所以可以忽略。但对于复杂的空间或地面终端，比如在航天器上进行舱内处理，这种延迟可能是重要的。在这些情况下，设计 C^3 架构时就应该考虑这种延迟。

链路有效性

C^3 架构的链路有效性取决于环境对传输通道的影响，以及信号源和目标之间的几何特性。要按照规范设计通信链路，这样在良好环境（在传输通道中没有雨或其他不良影响）下接收的信噪比才能得到额定的误码率。然后，增加链路裕量，以允许其他预期（和意外）的工作条件。例如，在给定的链接上，为可预计的最严重的雨致衰减增加一个链路裕量。

针对降雨的链路裕量可能是有意义的，主要取决于链路有效性的需求。基于地理位置和天线仰角，Crane 模型近似估计了雨致衰减［Crane,1980］。它试图根据多年经验建立平均天气状况的模型，但不考虑某一年过高或过低的降雨量。

雨致衰减对于空对地传输频率高于 10 GHz 和天线仰角低于 20°的情况会显著增加。在 10GHz 以上频率进行操作时，一个好的经验法则是约束航天器的最低仰角为 20°，尤其是在多雨地区。但是增加最低仰角会显著降低覆盖区域，这意味着通信体系结构可能会不满足其他的系统要求。因此必须平衡所有关键性能和操作需求，以到达 C^3 架构的一个最佳解决方案。

对于信号源到目标的几何关系，有时由于信号源到目的地没有视距，致使通信有时不能实现。这种情况会导致一个链路占空系数小于 1，因此可能要增加传输速率，以提供所需的平均数据速率。在第 27.2.2 节仅简单讨论这种几何情况，可通过阅读 Boden［1996］的第 5 章获得更多细节。

27.2.2 运行需求

一些关键的运行需求会影响 C^3 架构的设计，包括安全、标准化、后向兼容性、访问能力、源和目标平台之间的几何关系、目标平台的特性，信息源和通道特征。

安全

C^3 架构具有通信安全（COMSEC）和传输安全（TRANSEC）。通信安全为伪装实际传输数据，通常包括数据加密。传输安全为伪装传输信号，通常包括生成支持扩展频谱技术的安全密钥和变量。下文中针对传输安全的讨论，将重点放在扩展频谱技术，而不是如何生成安全密钥。下面简要概述用于通信安全和传输安全最常见的方法。

通信安全技术通常用于指挥和控制通道，这些通道来自和通向所需通信或控制的平台。原因是显而易见的——要防止未经授权用户访问 C^3 架构部分。如上所述，通信安全通常涉及加密或屏蔽数据。可以加密数据块（块加密）或数据流（流加密）。对于块加密，将纯文本块（加密数据）划分为固定大小的块，然后每个块分别加密。对于流加密，将每个纯文本字节分别加密。块加密更常见，最广泛使用的两个技术是数据标准加密（DES）和公共密钥加密。

数据标准加密使用 56 位密钥对 64 位数据块进行加密。使用相同的密钥来加密和解密数据。该算法使用了一种称为产品密码的技术，采用串联方式反复进行简单加密，从而生成比其他任何部分都更强大的密码系统。事实上，加密组件产品的复杂性比它们的总和更强。

公钥加密技术的区别在于使用两个不同的密钥，一个用于加密，另一个用于解密。这样就可以透露加密密钥，但不影响系统安全性。加密和解密密钥是成对开发的，只有解密密钥是保密的。派生这类密钥组合主要依靠复杂的函数，但有一个相对简单的前提，即某些数学程序从一个方向计算比从反方向更容易。例如，对于大多数人来说，计算 6 的立方比计算 216 的立方根更为容易。Young Rhee［1994］，Simmons［1992］，Sklar［1988］，Konheim［1981］是非常优质的数据加密和加密参考资源。

通信安全改变了通信终端的设计，因为需要添加加密设备。更多的设备使通信终端变得质量更大、更昂贵，处理延迟也会增加，从而使系统无法满足端到端延迟的规定要求。最后，如果必须在每个中间通信节点完全解密完整的数据包，那么可能需要限制数据的路由。

在军事系统中，传输安全减少了干扰的影响。对于载人航天飞行的 C^3 架构，传输安全是最有可能支持多址访问通信的设计选项。两个主要的扩展频谱技术是跳频和直接序列或伪随机噪声扩频。然而，只有直接序列扩频技术支持多址设计，称其为码分多址系统。因此，这里将只讨论这些技术，但是读者可以在 Sklar［1988］，Ha

[1986]，Dixon [1976]，Simon [1985]，Torrieri [1992] 中找到关于跳频的内容。

在使用直接序列或伪随机噪声（PRN）的系统时，我们采用伪随机噪声代码，以非常高的速率调制传输数据。因此，对于传输一定量的数据，传输信号占据了比需求更大的瞬时带宽，但在传播频率上的平均能量较低。在这种情况下，传输信号成为了信号接收器上的背景噪声。直接序列系统的扩展带宽大约是100～300MHz。对于多个访问，每个用户有一个唯一的伪随机噪声代码。用户信号在接收机解扩，其他用户的信号则降为背景噪音。上面所提到的大部分参考文献都很好地解释了针对多址访问的直接序列。Dixon [1976] 使用现有系统提供了几个例子。本章后面将进一步讨论解码和多址访问系统。

标准化

标准化的主要原因是：

1）以最低的寿命周期费用，使系统最高效地运行。

2）增强系统的性能、互操作性、可维护性、可移植性、可靠性和有效性。

另一个有时会讨论的“能力”是可扩展性，这是指在不放弃当前系统前提下，能够使系统的能力较容易地增强。标准化意味着必须：

1）限制对当前设计技术的偏离，如果需要改变时要给出详细的技术理由。

2）着重于现有标准（政府和商业）和过程。

3）着重于商用、货架（COTS）设备和不需要开发的物品。

在开发架构时应该考虑标准化，但必须确保它不会成为主要影响力，否则可能无法满足性能和操作的其他要求。

后向兼容性

在大多数情况下，通信架构不是从零开始；相反，是对现有的基础设施进行扩展。如果是这种情况，考虑到基础设施的规模，所有类型的地面和空间设施必须尚未达到使用寿命。如果需要用户购买与新的通信体系架构符合的新设备，那么将花费太多。因此，可能需要制定覆盖现有设备、能力和设施全寿命周期的使用计划。换句话说，必须关注后向兼容性。

后向兼容性可能是一个很大的负担，使得整个设计不能采用最好的整体方案。例如，如果在一张白纸上，几乎总是可以开发一个符合所有规定要求（也许除了成本）的新通信体系架构。但如果必须将旧设备集成到新的架构中，可能无法满足所有性能要求。实现后向兼容性的一个方法是开发一个可靠的计划，在项目进程中使用已有设施并逐步引入新的研发架构。

访问能力

大多数通信系统拥有比资产更多的用户，因此必须通过技术来协调需求和使用这些资产，比如按需求分配多址连接。顾名思义，该技术根据需求来分配访问通道。因此，不能保证用户可以使用一个给定的资源，但如果系统设计得当，他们很少会遇到资源忙音。从某种意义上说，标准的电话系统使用这些概念。通常情况下，只需拿起电话，然后拨一个号码就可以访问。但在需求非常高的时期，比如母亲节，可能会由于电话线路需求处理能力不足而难以接通。对于支持一个载人航天飞行的系统，可能不需要通过地址进行访问，可一旦在目标行星表面建立了基地，这可能会成为一个问题。

信号源和目标平台的几何特征

影响 C^3 架构设计的几何特征至少包括三个关键参数［Gagliardi，1990］：

1）覆盖区域，A_{cov}：能够接收源平台传输的目标表面的部分，对于定向链接，假设源平台以大于规定最小仰角值的角度进行操作（注意：地面终端的仰角定义是信号源行星地面终端位置的切线与指向目标平台方向的夹角）。

2）斜距，S：从源平台的固定点到目标平台的视距大小。

3）观测时间，t_{view}：从源平台规定的假设仰角看，目标平台可见的时间。

航天器轨道的特征也会直接影响 C^3 架构的设计。对于一个给定的最低仰角，可以选择更高的中继平台轨道高度，以增加每个航天器的覆盖区域和观测时间。然而，将航天器送入轨道的成本会随着轨道高度的提高而大幅增加，这个缺点可能要大于增加覆盖范围和观测时间的潜在好处。相反，可以选择使用更多的中继航天器，把它们放在较低的轨道，相对于地球静止航天器，每个平台都有一个小的覆盖范围和观测时间。综合起来，可以作为一个组合的星座系统，它们能以较低的成本满足整个系统的需求。

目标平台的特性

目标平台是可以是固定的、机动的或可移动的。固定平台通常使用大型、固定的地面终端。它们不轻易移动，占了通信系统总成本的很大一部分。然而，因为天线的增益很高，它们通常支持传输大量的数据。

机动平台通常使用小型终端，在移动过程中可以同时通信。载人航天飞行的 C^3 架构中，使用机动平台的例子包括：目标星球表面的车辆、某些类型的出舱活动平台、手持设备、着陆器在着陆或起飞过程中的通信等。

可移动式的平台介于两者之间，使用中等大小的终端——对于支持移动通信链路足够大，但又足够小到可以直接打包，并移动到另一个位置。当需要在目标星球的表面快速建立控制基地时，可移动终端可能是最好的。

每个平台的特性都会影响 C^3 架构的设计。例如，固定终端通常使用的大型天线能够支持高通信数量的要求（积极面），但追踪移动航天器的能力有限（消极面）。又如，机动平台通常使用小型的全向天线，设计和制造简单（积极面），但不能产生较大的信号增益（消极面）。对于地面终端的全向天线，航天器必须通过增加传输天线规模来弥补增益的不足，增加输出的传输功率，或减少其高度来降低它与移动用户之间的斜距。总之，在支持载人航天飞行时，我们必须根据各种目标平台的特点来生成 C^3 架构的选项。

信息源

如表 27－3 所示，模拟或数字源包括三种基本类型的信息：语音、视频（或移动图像）和数据。

表 27－3　语音、视频和数据信息的典型要求▲［Ramirez，1996］

	要求类			
源	数据率	延迟	延迟波动	误码率
语音（如乘组—乘组，航天器—舱外活动平台，航天器—地球）	低（10 kbps/s）	低（<0.1s）	低（<0.01s）	10^{-2}到 10^{-3}
视频（如移动图像，娱乐）	高（10 Mbps/s）	中等（0.5 到 1.5 s）	中等（0.15 到 0.5 s）	10^{-5}到 10^{-7}
数据（如试验数据，软件更新）	可变（kbps 到 Mbps）	可变（到分）	可变（到秒）	10^{-5}到 10^{-7}（和更高）

▲：注意，微小的需求种类差别可能会造成 C^3 构架最终设计的巨大差别。

1）语音通信。语音通信有相对较低的数据率（10 kbps/s）、严格的延迟和延迟波动要求，还有一个较宽裕的 10^{-3} 量级的误码率要求。

美国电话系统以每秒 8000 个样品的频率对语音信号进行采样，并将每个样本转化为一个 7 位的二进制数字。它添加了一个二进制数字作为信号位，基本的 7 位代表样本值，这个额外的数字用来建立和同步调用。每个样本值以 8 位进行传输，会产生 64000 bps 的传输速率［Ziemer，1995］。64000 bps 的声音信号中每 24 个采用分频多路传输技术进行多路复用传输，生成一个 T_1 载体，以 1.544 Mbps 的速度传输（帧结构增加了部分比特位）。

语音通信正在迅速发展，它不仅提供了优质的语言服务，而且传输速率低至 2.4 kbps。通过地面通信中继站，这些优点能够支持移动用户的语音通信。美国采用先进移动电话系统——一个模拟系统——提供这项服务。欧洲则使用全球移动通信系统。一些基于卫星的移动语音通信系统正在研发，预期语音传播速率会低至 2.4 kbps［Comparetto，1993 and 1993］。

设计语音通信的一个关键挑战是在传输线路中排除回声和振鸣[Freeman，1981]。声音系统中的回声是说话声音的返回或反射。返回的声音是原始信号的延迟形式，代表声音能量在电话链路中遇到障碍反射。这些障碍包括不规则的阻抗，更恰当地是称为阻抗不匹配。回声越大、延迟越多，用户体验越差。

持续振荡产生的振鸣取决于语音放大器或放大电路中的正反馈。振鸣的电路不可用，并可能使多路载波设备超载。正确语音通信的设计应当避免回声和振鸣。

2）视频通信。视频通信类似于语音通信——对声音延迟和延迟抖动都有严格的要求，且有一个宽裕的误码率要求，但通常需要更高的传输频带宽度（高达 10 MHz/s）。

视频传输系统在传输移动对象的图像时，必须处理四个感知：①分布式亮度的感知（光与影）；②深度的感知（三维）；③运动相关的光和维度的感知；④颜色传输时，颜色（包括色调和色彩）的感知[Freeman，1981]。视频传输系统必须将这四个因素转化为电子等价物。此外，视频通信通常包括音频副载波，因此必须面对上文语音通信提出的问题。

通常，我们通过扫描图像来得到传输信息。扫描器按照水平行扫过图像，从左到右扫描成离散的方格单元。当到达右端时，它探测另一个靠近下方的水平行，继续扫描，直到扫描完整个图像。在每个扫描间隔，亮度值转化为电压和电流变化值，然后传输给系统。在美国，电视图像通常分为 525 个水平扫描行。扫描行数决定了图片的分辨率。

图像分辨率的一个重要组成部分是长宽比，它是视频图像的宽度和高度之比。一个通用的长宽比为 4∶3。也就是说，12 英寸宽的电视图像应为 9 英寸高。因此，若一个图像分为 525 垂直单元，保持 4∶3 的长宽比，则需要划分 700 个水平单元。在标准的电视视频中，运动是通过以固定速度向观众传递静止图片实现的，这类似于电影中使用的方法。这一固定的显示率称为帧速率。在美国典型的帧速率是 60 帧/秒，而欧洲是 50 帧/秒。由此产生的传输速率要求基于分辨率（被扫描的垂直和水平单元数量）和帧速率传递图像。美国典型的电视传播速率大约为 6 Mbps。对于高分辨率的视频传输速率可达到百 Mbps，例如，远程医疗或卫星侦察。因此，必须仔细地建立一个系统图像分辨率的要求，因为这可以轻易地推动整个视频通信系统的设计。

3）数据通信。数据通信有一个很宽的数据速率，从极低到极高。它们也有严格的误码率、宽裕的延迟值要求。数据通信通常指的是数字传输。如果一个视频通信系统包括数字传输技术，可以把它包括到这一节中，因为无论来源如何，数据就是数据。唯一的差异在于延迟、延迟抖动和误码率的要求。如前所述，数据速率要求决定了传输功率和天线的设计。所以必须准确确定和验证数据速率的要求，因为它们直接影响载人航天飞行 C^3 架构的开发成本。

通道特性

通道特性直接影响 C^3 架构的各个方面——从调制格式，到天线设计，到地面终端和航天器的数量和位置。通道是通信的媒介。对于交谈，空气是通道；对于局域网，电缆是通道；对于卫星通信，大气和空间的组合是通道。通道特征可以是自然的或人为产生。通常，一个通道包含的自然现象被视为良性的（根据自然现象，即便一个良性的通道也是存在挑战的）。相反，一个包含人工干预的通道，如核爆炸和电子干扰，是恶劣的。对于载人航天飞行，将关注良性通道和它的自然现象，包括降雨、大气吸收、灰尘和树叶。要注意，除了灰尘，只有在从地球上开始或结束的通信链路才需考虑上述现象。

在工作频率为 3 GHz 到 300 GHz 的卫星通信系统中，雨致衰减一直被认为是一个关键的信号损耗原因。根据降雨的情况，信号可能衰减几十分贝。因此，必须考虑这种损耗以确保通信链路正常工作。更多关于雨致衰减的内容，见 27.2.1 节的链路有效性。

大气吸收的单向衰减取决于工作频率、地球表面的温度、湿度和地球基站的天线仰角。国际电信联盟的国际无线电咨询委员会计算了美国标准大气单向衰减的理论值。基于这个数据，Schwab [1980] 给出了可得到垂直（顶点）路径衰减的经验表达式（单位分贝）。表 27－4 给出了由这些公式得到的大气吸收值，给出了 20～50 GHz 频率的不同仰角对应的值。如表所示，在小天线仰角和高频率时大气吸收较大。

表 27－4　作为频率和天线仰角函数的大气吸收值（单位 dB）▲

	不同天线仰角(°)的大气吸收/dB			
f/GHz	90°	30°	20°	10°
20	0.25	0.50	0.73	1.44
30	0.20	0.40	0.58	1.15
40	0.30	0.60	0.88	1.73
44	0.60	1.20	1.75	3.46
50	1.79	3.58	5.23	10.31

▲:大气吸收一般随频率的增加和仰角的减小而增加。

在某些通信设计方案中，灰尘也可能会造成信号衰减。灰尘可能会影响某些行星上的地面通信，这取决于航天器移动的程度。射频信号在接触灰尘粒子时会被吸收和散射，程度取决于粒子的大小、形状和复杂的介电常数，以及信号的波长（或频率）。本书无法全面透彻地论述灰尘衰减，可以参考 Comparetto [1993 b] 以便有整体的了解。Comparetto 指出灰尘造成的信号衰减在 45 GHz 时为0.5 dB /km，20 GHz 时 为 0.2 dB/km。显然，基于不同的工作频率和路径长度，信号在良性通道中通过尘埃时，通信链路的性能会降低。因此，可能需要在通信系统设计时增加链路裕量来克服这种效应。

在良性通道所有的信号衰减影响中，叶簇衰减是最重要和最难以准确量化的，因为树叶的种类和密度各不相同（Tamir [1977]，Horwitz [1979]，Tewari、Swarup and Roy [1990] ）。正如读者可能想到的，研究得到的每一种树叶的特性各不相同，从而使各个经验模型不一致。

Comparetto［1993 b］概述了较宽频率范围内叶簇衰减的各种经验模型和数据。他指出不考虑链路裕量时，叶簇衰减可能会严重降低，甚至阻碍卫星通信。对于 44 GHz 以上或 20 GHz 以下的信号，叶簇的衰减为每米 3 ～4 dB，但对于 1 GHz 以下的信号，衰减会小得多。Comparetto 得出结论，应该避免频率在 1 GHz 以上的信号通过树叶。同时，运行调控和程序化，而不是链路裕量设计，将更有可能确保通信穿透树叶。

载人航天飞行系统的特定操作条件

载人航天飞行通常需要适用于源和目标相距甚远的通信系统。与自动飞行任务相比，这些距离会造成较大的传播损耗、传输延迟，以及更具挑战性的指向需求。接下来将以对比从地球到地球同步卫星与地球到月球表面基站链路的空间损耗为例，说明这些差异如何影响整体链路的设计。

信号在自由空间的传播损耗是一个距离的平方函数。可以得到如下表达式

$$L_{fs}=\left(\frac{4\pi S}{\lambda}\right)^2 \tag{26-7}$$

其中，S 是从源到目的地的距离，λ 是载波波长，两者均为长度单位。

需要注意的是，载波波长 λ 和载波频率 f 的乘积等于光速 c 。通过应用适当的常量，可以以 dB 为单位，将空间损耗表示如下

$$L_{fs}(\mathrm{dB})=\text{constant}+20\log(f)+20\log(s) \tag{26-8}$$

其中常数取决于载波频率和倾斜范围所使用的单位，如表 27－5 所示。

表 27－5　自由空间损耗与载波频率和倾斜范围所用单位的函数关系中的常数▲

常数/GHz	频率单位，f	倾斜量单位，S
96.58	GHz	英里
92.45	GHz	km
97.79	GHz	海里，nm
32.45	MHz	km

▲：自由空间损耗随频率和倾斜量的平方变化。

地球和地球静止卫星之间的通信链路从发射源到目的地的距离约为 35785 千米，地球到月球表面的链路距离约为 376285 千米。假设传输频率为 8 GHz，由表 27－5 的数据可知空间损耗分别为 201.6 dB 和 222.0 dB。因此，从地球到月球表面的通信系统设计时，必须使接收信号功率增加 20.4 dB（增加超过 100 倍的系数）。要做到这一点，必须提高传输功率，或增加发送或接收天线增益，或两者兼而有之。这些增长可能极大地影响载人航天飞行通信链路的设计。

27.2.3 系统约束

系统约束可以影响 C^3 架构设计的许多方面，包括：

1）信号源或目标天线平台的最大尺寸（基于移动和操纵的要求、成本、实际资产限制、运载火箭集成需求）。

2）最大传输功率（基于高功率放大器的冷却要求，可用的技术和环境限制）。

3）航天器的最大重量（基于发射成本和运载火箭的起飞能力）。

4）传播媒介限制（基于现有的基础设施使用特定的媒介）。

这些约束示例只是一个开始。在设计的早期阶段，必须确定所有系统约束来规划 C^3 架构的权衡空间。通过这样做，可以很快剔除一些行不通的备选方案，缩短设计过程，最后得到一个可行的、有效的 C^3 架构。

27.2.4 程序约束

影响 C^3 架构设计的主要程序约束是成本、进度、使用现有的基础设施和任务周期。

成本

成本影响所有设计的决策，并可以很容易地更改 C^3 架构的设计。从成本角度看，满足性能和操作要求的最好方法可能并不可行。例如，成本因素导致军事星（MilStar）系统——一种军事通信卫星——重新设计。设计军事星是用来抵抗严重的核能和电子干扰的，设计师强调满足这些和其他操作和性能要求，没有严格限制其成本。结果军事通信卫星非常好地满足了操作和性能要求，但成本较高。国防开支的削减导致军事星需要根据修改后的操作需求以较低的成本重新设计。由此可见，中途改变军事卫星的地面设计规则，主要是因为将重点从满足要求转移到减少成本上。

进度

进度也决定设计。例如，规定在一个特定的系统上短期或近期就能达到初始运行能力，决定了系统设计者要使用成熟的技术以降低风险。因此，系统可能无法满足一定的性能要求，且没有未来升级的计划。这种方法会导致长期问题只有一个短期解决方案，从而使得“逐段铺设”的方法普遍存在于 C^3 架构中。但必须明确的是，随着系统逐步成熟，短期解决方案不妨碍人们使用更先进的技术。

现有的基础设施

必须使用现有的基础设施，特别是大型基础设施，严重地限制了 C^3 架构的研发。一个例子是美国空军卫星控制网络（AFSCN）。国防部（DoD）正在努力开发一个卫星控制架构来响应空军、陆军和海军的要求。满足这些不同的需求本身就是挑战，更糟的是，每个服务都要做一些航天器控制，因此需要一些基础设施。在某些情况下，这是重要的。例如，美国空军卫星控制网络已经运营了近 30 年，成本约 500 美元一年。其常见的用户单元包括 9 个远程跟踪站，16 个空间/地面天线，2 个主要的操作控制节点，以及各种目标和支持设施和设备。显然，所有未来的控制军用航天器的架构必须使用美国空军卫星控制网络的基础设施来使自己财政合理和技术可行。尽管使用这些基础设施可能会省钱，但它也可以阻碍通信架构满足某些操作和性能要求。

任务寿命

C^3 架构的任务寿命决定了研发的成本和设计决策。例如，如果某一特定任务的额定寿命超过了通信系统组件的预计寿命，如电池，那么可能需要在任务后期使用冗余或其他技术来满足可靠性要求。

由于运送单元数量更多、质量更大和体积增加，导致成本上升。同时，指定的任务寿命周期会影响项目技术的选择。例如，如果任务寿命周期很长，且包括几代不同的通信体系结构的关键组件，如电脑，则必须升级架构，而不是重新设计。

27.3 通信系统设计

如表 27-1 所示，C^3 架构研制的第二个任务是通信系统每个组件的迭代设计。必须小心遵循一个通用的系统工程方法，以确保需要用到的组件同时满足任务的总体目标。

通信系统有很多设计选型，这些选项构成了载人航天飞行的 C^3 架构。本章不能逐一讨论每一个选项，所以只能给出一些在大多数通信链路设计都需要考虑的关键设计选项。

27.3.1 工作频率

工作频率影响通信终端天线的可实现尺寸和波束宽度。反过来，这些因素间接影响航天器与地面终端的大小、质量和复杂程度。鉴于雨水或其他良性和恶劣通道的特征，工作频率也会影响信号的衰减。

国家和国际监管机构，如国际电子通信联盟和全球无线电管理委员会，限制了可选的工作频率、可用的数据带宽和允许使用的功率通量密度等可能影响在地球表面传输的因素。频率管理规定是由美国联邦通信委员会针对商业用户，以及无线电顾问委员会针对军事用户设定执行的。系统设计者必须从适当的机构申请和领取许可，才能获得指定的频率、轨道和地面终端设备位置。这个过程往往是非常耗时的。对于这个很复杂的主题，Morgan and Gordon [1989] 有一个很好的总结可供参考。

一个分配频段的标准是通信链路之间潜在的信号干扰。在申请频段和轨道时，需要进行大量的分析，以避免与或被现有的服务干扰，比如微波链路和地面操作雷达。天线旁瓣电平和系统工作的功率动态范围尤其重要。例如，在近地相近轨道的两个同步航天器，且服务于相同地区，可能在两种情况下共用相同的频带。第一，它们可能会通过一些最小仰角（通常 2°）进行区分，从地面看要大于地面终端的波束宽度。第二，它们可能通过发射和接收器偏振，使其正交化。两个可能的选择是左旋和右旋圆偏振或水平和垂直线偏振。偏振能够使信号在相同的频率，但没有显著的相互干扰。

27.3.2　调制和编码

在调制过程中，一个输入信号会改变无线电的频率（通常是一个正弦波）特征或光学载波。这些特征包括振幅、相位和频率。在编码过程中，以牺牲带宽为代价在传输数据流上增加冗余以提高给定调制的功率效率。也就是说，接收器额定的信噪比要达到给定的误码率，这比采用前向修正编码（FECC）的系统获得的编码增益更低。

解调通过测量接收到的载波频率和相位来估计传输数据流。解码会消除接收信号的数据冗余，检测和纠正传输错误。前向修正编码最常见的形式是采用 Viterbi 译码进行卷积编码。前向修正编码技术的理论基础超出了本章的范围，本章将重点介绍卫星通信架构常用的调制技术。前向修正编码的详细讨论和相关支撑理论可参考 Lin and Costello [1983]，Proakis [1983]，Sklar [1988]。

大多数现代通信系统中，数字调制超过了模拟调制。它有三种主要形式：幅移键控（ASK）、频移键控（FSK）和相移键控（PSK）。振幅、频率或相位作为进入调制器的二进制序列的函数进行变化。幅移键控很少在航天器中出现，因为它们通常使用非线性转发器或放大器（非线性意味着它们不能使输入信号统一放大，这使得接收振幅映射到输入二进制序列过程中产生不确定性）。另外，幅移键控也会导致不必要的互调产物，“抢占”的一些转发器的可用功率（见 Comparetto [1989]，Comparetto Ayers [1989]，ComparettoFoose [1990]）。在空间应用中，频移键控和相移键控是常见的，因为它们会产生恒定的信号包络（传输功率的水平），允许卫星转发器在或接近饱和状态下工作，且不产生互调产物。因此，频移键控和相移键控对转发器功率的使用效率是最好的。

二进制相移键控由承载器的相位设置形成，相位为0°对应二进制的0，180°对应二进制的1。在正交相移键控中，从输入到调制时一次检测一个二位码，且辨识出为四种样本（00、01、10和11）中的哪一种。每个样本进而映射到载波的四个相位（0°、90°、180°和270°）中的一个。注意，对于正交相移键控，样本速率（调制器的输出）等于比特率的一半（调制器的输入）。因此，额定传输带宽会减少一半。*

在二进制频移键控系统中，两个不同的载波频率，F1和F2被分别分配了一个二进制0和一个二进制1。F1和F2之间的间隔必须至少等于数据率，以避免相互干涉导致的性能损耗。因此，要求的传输带宽至少是由二进制相移键控得到的频谱宽度的二倍（消极面），但可用于频移键控的解调技术没有二进制或正交相移键控复杂（积极面）。在M进制频移键控实现过程中，M个独立的频率映射到M个进入调制器的位流组合，一次携带$\log_2 M$位数据。例如，典型的，输入位流一次采样3位（$\log_2 8$），产生八种可能组合：000、001、010、011、100、101、110、011、100、101、110。基于以上3位的组合，我们为载波器制定8种可能频率（Fl、F2，…F8）。对于8进制频移键控，采样率（调制器的输出）是位率的三分之一（每三个输入位只有一个样本传输），且要求的传输带宽约为位率的8/3。因数8是由8个可能等于传输数据率的频率之间的间隔产生的。其他调制方案是由上述基本频移键控和相移键控演变而来，包括最小移键控、偏移式正交相移键控、连续相位频移键控和网格编码调制等等。详见Sklar［1988］针对这些调制方案的综合论述。

---

* 如今最常见的一种前向修正编码技术是1/2速率卷积码。1/2速率是指每进入编码器一个数据位会放出两个数据位。这导致系统获得了编码增益（正面），以增加所需要的传输带宽到原来的二倍（负面）为代价。

为了可靠地解调接收器的数字数据，接收到的能量值 E_b 必须比噪声功率谱密度 N_o 大一个指定的数量。换句话说，我们需要一个最低的 E_b/N_o 值以达到额定误码率。分析人员可以得到接收 E_b/N_o 与误码率的表达式，它是调制或解调类型和前向修正编码或解码技术的函数。这个领域对于多进制前向修正编码调制组合技术是相当复杂的，详细内容见 Sklar [1988]，Ha [1986]，Proakis [1983]，Ziemer [1985]。

27.3.3　专用式、广播式和交换式的通信方式

在 C^3 架构中存在三大类型的通信方式：专用式、广播式和交换式。在专用式通信网络中，基础设施由固定的点对点链路构成，这些链路无论是否在使用都是存在的。专用式通信网络是静态配置的，对非移动用户有固定的连接。它们可以涵盖源和目标终端之间的中间节点。

广播式通信网络没有中间交换节点。在每个节点，通信发射器/接收器与其他节点共享传输媒介。它广播任何一个节点的信息，传输到所有在传输轨迹上的其他节点的接收器。大多数卫星通信网络使用广播通信技术，因此在航天器轨迹下的任何地面终端都可以接收传输数据。但未来卫星通信系统将使用卫星之间的交叉链路，它允许使用能够提高架构网络性能的交换网络技术。在交换通信网络中，数据从发射源通过中间节点到目的地。这些节点不关心数据的内容，而是把数据从节点传输到节点，直到抵达目的地。

交换式通信网络的两种常见设计是线路交换和包交换。在线路交换网络中，发射源和目的地节点之间有一个专门的通信路径通过网络的中间节点。从本质上讲，路径就是节点之间物理链路的连接顺序。每个链接专用一个逻辑连接通道。由源节点生成的数据连续地沿着专用道路传输。因为路径是固定的，所以沿路径传输时没有路由延迟或减缓延迟产生（除了最初的线路设置延迟）。线路交换网络最常见的例子是电话网络。

在包交换网络中，不需要设置一个沿固定路径的专用传输功能。信息以一系列小束的方式传输，称为数据包。每个包独立的通过网络，从一个节点转发到另一个节点，直到从信号源移动到目的地。在每个节点上，整个数据包被接收、简易存储，然后传播到下一个节点。消息交换是一种包交换方式，在数据包中包含了整个消息内容。消息交换的一个好处是：接收到的数据包不需要重建，因为每个接收到的包都是完整的消息。消息交换的主要缺点是：对于较大的消息，传输延迟可能很大，而且如果消息大小不均匀，延迟可能会有所不同。

现有的卫星通信网络尚未使用数据包或信息交换技术，但是如IRIDIUM 和 Teledesic 的系统即将使用。它们包括在丰富的空间连接设备中的卫星的正交连接，所以需要某种类型的网络交换技术，确保端到端的连接。网络通信的更多细节请参见 Stallings [1985]。

27.3.4　转发器设计

转发放大器的三类是行波管放大器（TWTA）、固态放大器和速调管。其中，行波管放大器是发展最广泛的。它的理论也很好理解，已经成功地用于所有类型的太空任务。基于这些原因，行波管放大器已成为地球基站和卫星的 30 GHz 及以上功率放大器的普遍选择。

速调管主要用于地面终端设计，要求在高频率（>30 GHz）以高功率（千瓦）传播。速调管较大且通常需要冷却，以减少系统的噪声温度导致的随机电子运动。基于这些原因，它很少出现在卫星上。

近年来，固态放大器的研究和发展逐渐加速，尤其是两种最常见的类型：氮化场效应晶体管（GASFET）放大器和使用碰撞雪崩渡越时间的（IMPATT）二极管放大器。固态放大器不像行波管放大器或速调管那样高效，工作频率高达 44 GHz 时，通常需要功率组合技术来达到 10～20 W 的输出功率。但是，固态放大器确实比行波管放大器和速调管拥有显著优势，包括减小的尺寸和重量、紧凑、寿命长，这些均转化为节约成本。得益于输出功率、可靠性和有效性，它更易于成为空间应用放大器。

27.3.5　射频（RF）与激光通信（LASERCOM）

近年来，由于激光能在光学频段产生窄带能量，为微波频率传输提供了一个有吸引力的选项。不幸的是，云和雨严重地削弱了光学链路，所以光学链路在卫星和地球的通信中的应用有限。但是，光学链路非常适合地球大气层外通信卫星之间的交联，也适用于地球和其他行星之间在大气层外的中继站通信。已经有人提出，在卫星之间可以采用容量在 300 Mbps 以上的光学通信。

光学交联在高数据率方面要优于微波交联，因为它可以使用相对较小的天线直径（图 27－3）来支持高数据率。其结果是降低系统质量（图 27－4）。另一方面，激光通信通常使用窄光束（束宽与工作频率成反比）。因此，它们很难准确地获取和定向，需要复杂的、有时偏重的定位机构。图 27－3 对比了射频和激光交联，表明鉴于射频链接的低质量和功率，数据率在低于 100 Mbp 时更好。但研发更轻、更高效的激光通信可能会使光学链路在未来的低速率领域更具吸引力。

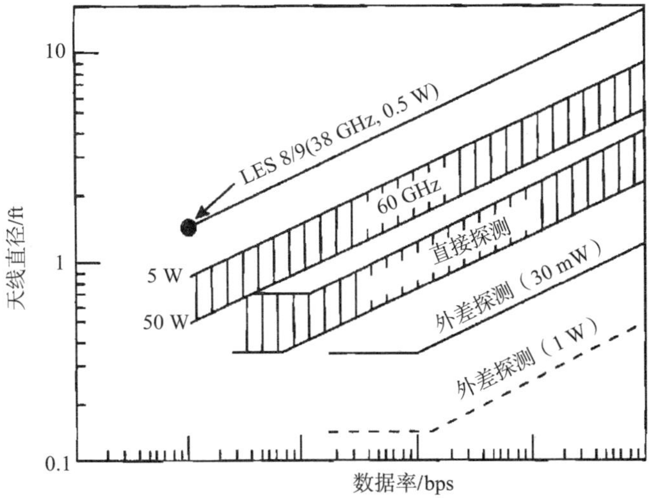

图 27－3　一些射频和激光通信系统的天线直径和数据率▲

▲：光学系统（直接探测和外差探测）相比射频链路系统需要较小的天线直径［Larson and Wertz，1992］

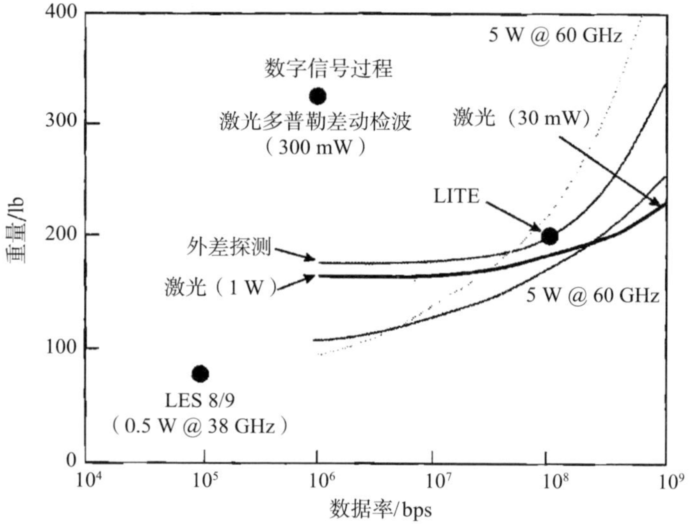

图 27－4　交联数据包的质量对比▲

▲：数据率大于 100 Mbps 时，光学系统提供最轻的数据包。［Larson and Wertz，1992］

27.3.6　弯管转发器与星上处理

当前，大多数通信卫星使用中继转发器（通常称为弯管转发器）。在弯管架构中，航天器接收上行信号，将接收到信号的频率转换成适当的下行频率并放大，然后重新发送下行信号。弯管转发器使用了经过验证的技术，具备高度可靠性和易操作性。然而，当航天器在同一时间收到几个信号时，弯管转发器确实存在几个关键缺点。

首先，弯管转发器本质上是非线性的。也就是说，放大量随输入信号的级别变化。通常情况下，我们希望在线性区域操作转发器，在此区域，输入信号的阶跃变化会产生输出信号相应的阶跃变化。这样做是为了避免产生互调产物，并减少信号抑制的影响。互调产物会干扰上行信号，实际上占用了转发器的部分可用传输功率。

此外，每当航天器的转发器在非线性规则下工作时，它放大强信号的程度要大于弱信号，在某种意义上就抑制了转发器中较弱信号的输出，即为信号抑制效应。为了确保转发器在线性区域工作，可以从最大输出功率减去 3 dB 到 6 dB 作为输出功率，从而使发射机的输出功率从最大功率（饱和功率）的一半降低为四分之一。Comparetto [1989]，Comparetto Ayers [1989]，ComparettoFoose [1990] 进一步讨论了非线性转发器的互调产物和信号抑制效应。

除弯管转发器外，另一种方式是使用再生转发器的星上处理。在这种情况下，信号在航天器上解调，然后通过路由传到适当的下行调制器/转发器机或天线波束。星上处理的两个缺点包括：由于每个平台做了更多的处理，从而增加了信号延迟处理；以及增加了航天器的复杂性。

27.3.7　单通道单用户与多用户访问

一些任务可能需要多个上行链路或下行链路，尤其将多个航天器和地面基站集成为一个网络的 C^3 架构。在这样的系统中，它通过用户共享有限的卫星链路容量使得花费更少。共享链路容量的三个基本技术分为：频分多址（FDMA）、时分多址（TDMA）和码分多址（CDMA）。

FDMA

在 FDMA 系统中，每个用户在工作带宽中得到一个唯一的中心频率。在使用弯管转发器的架构中，航天器的整个射频频谱转换成下行频率形式。目的地地面基站通过调整适当的下行谱带接收发射源地面基站的信号。FDMA 代表了最简单的实现多址访问的方法。在当今的通信市场，所需的系统技术和硬件是现成可用的 [Gagliardi，1990]。

TDMA

在 TDMA 系统中，每个用户在限制时间（在一个指定的时间间隙）内访问可用带宽。所有用户以同一频率发送。未使用的时隙分配区域称为保护时期，为相邻时隙信号的偶尔不确定性留有余地。因此，它们作为减少干扰的缓冲。在 TDMA 系统中，时间间隔被称为帧，每一帧进一步划分为用户的时隙分配。帧结构不断重复，因此固定的 TDMA 赋值都包含一个或多个间隙周期性出现在每一帧时间内。每个发射器以一个脉冲发送数据，通过计时以保证在时隙分配点到达卫星转发器［Sklar，1988］。这需要针对所有 TDMA 用户精确地计算时间，以及终端与卫星之间距离内的数据。此外，由于必须考虑占空比，脉冲率远高于所需的数据率，这意味着需要一个峰值功率高的发射器。与 FDMA 相比，TDMA 的优点是：在任何给定的时间内，只有一个载体到达卫星转发器。因此，可以持续操作转发器，且没有产生互调产物或信号抑制效应。因此，TDMA 系统可以在最大功率运行，而不需要降低功率水平。相对于 FDMA 系统，减轻了上行链路 3 dB 到 6 dB 的预算。

CDMA

在 CDMA 系统中，每个用户获得一个独特的伪随机噪声（PN）代码，所有用户在同一时间以相同的频率传输。首先，对载波器的数据进行相位调制（通常使用二进制相移键控 BPSK 或正交相移键控 QPSK 技术）。然后，采用伪随机噪声码对产生的载体进行双相调制，该代码以比数据率更高的速度传播。这样的结果是，一个扩展频谱信号以低能量在一个宽带宽中传播。每个用户都经历相同的过程，实际上在系统中，相对于其他用户它表现得更像一个小功率干扰。合并后的 CDMA 用户背景噪音水平限制了用户总数。接下来，采用相同的伪随机噪声码与接收到的数据流对接。因为 CDMA 的伪随机噪声码具有高自相关和低互相关特性，用户信号是可以恢复的，且其他用户的信号只作为较低的背景噪音。

CDMA 运营系统的一个很好的例子是 NASA 跟踪与数据中继卫星系统（TDRSS）。跟踪与数据中继卫星系统提供了一个基于 CDMA 通信服务的多址访问。它可以同时接收 20 个从近地轨道平台通过跟踪与数据中继卫星系统传到地面终端的返回信号。CDMA 系统要承受同步传输和接收伪随机噪声代码的复杂性。另一个缺点是给定分配带宽能够支持的用户数量是有限的。

27.3.8 链路预算分析

链路预算分析包括链路关键通信参数的量化分析，以帮助开发设计通信系统的备选方案。其中一个关键参数是链路接收信噪比的有效性。接收信噪比也通常表示为单位能量比噪声功率密度，或 E_b/N_o *。一旦确定接收信噪比，要与额定信噪比对比，得到额定的误码率和链路裕量误差。负的链路裕量表明，在额定误码率范围内所设计的通信链路不能支持规定的数据率，而正的链路裕量则意味着有足够的裕量满足接收信噪比。链接裕量为 0dB 的意思是，接收信噪比刚好满足链路，因此更多的或任何不可预见的链接衰减将降低链路性能。

链路预算方程的最一般的形式是

$$SNR_{\text{avail}}=(E_b/N_0)_{\text{avail}}=EIRP+G/T-L_{\text{fs}}-L_{\text{other}}-k-R_d \tag{27-8}$$

其中 $EIRP$ ——传输终端的有效的各向同性辐射功率；

G ——接收天线增益；

T ——接收终端的系统噪声温度†；

L_{fs} ——自由空间信号损耗；

L_{other} ——其他链路损耗（天线指向、雨、大气吸收和安装）；

k ——玻尔兹曼常数（−228.6 dBW/K · Hz）；

R_d ——数据率。

注意，式（27－8）中的每个术语是以 dB 为单位‡。表 27－6 总

---

* 在卫星通信中，“密度”描述了每 Hz 带宽的给定参数。例如，噪声功率密度指接受器带宽（单位 Hz）的每 Hz 噪声功率（单位 W），单位为 W/Hz，或更常见的 dBW/Hz。

†参数 G/T 一般指接收终端的品质因数，也是一个在描述接收终端时给定操作的特点。

‡可在 Gagliardi［1984］或 Sklar［1988］的书中找到更多关于链路方程是如何推导出的详细细节。

结了链路预算参数和关键公式的参考。

表 27-6 链路预算参数汇总▲

链路预算参数	描述	参考
SNR_{avail}	有效链路信噪比	式(27-8)
$(E_b/N_0)_{avail}$	有效位能比噪声功率谱密度；一种 SNR_{avail} 类似表示方法	式(27-8)
$EIRP$	有效全向辐射功率，取决于传输功率和传输增益	式(27-10)
G/T	接收增益与有效系统温度的比值，也称品质因数	式(27-12)～式(27-15)
L_{fs}	自由空间传输损耗	式(27-6)～式(27-7)
L_{other}	损耗，损耗现象包括雨、大气吸收、天线指向等	通常采用 3 dB，见 Boden[1996]的第 11 章或 Gagliadri [1996]
k	玻尔兹曼常数	−228.6 dBW/K · Hz
R_d	链路数据率	式(27-1)

▲：必须量化链路中的关键通信参数，并将其作为 C^3 架构设计时通信系统选择的一部分。

然后计算链路裕量，如下

$$M=(E_b/N_0)_{avail}-(E_b/N_0)_{req'd} \tag{27-9}$$

其中 $(E_b/N_0)_{avail}$ 是接收器的有效信噪比，$(E_b/N_0)_{req'd}$ 是达到规定误码率的额定信噪比。$(E_b/N_0)_{req'd}$ 是调制方式和前向纠错编码的函数。

一般来说，对于一个给定通信体系架构，我们可以改变 $EIRP$ 、G/T 和 R_d 以满足通信链路的所有性能和操作需求。L_{fs} 是一个可计算的参数，在 27.2.2 节进行了讨论。通常使用 L_{other} 来考虑链路中大多数的不确定因素。

可以通过在传输天线增益基础上增加发射功率，简单的计算出 $EIRP$ ，其中数值均以 dB 为单位。假设一个地面终端使用 1000 W 的大功率放大器（HPA），且天线提供 15 dB 的增益，$EIRP$ 为

$$EIRP=10\log(1000)+15=45\ \text{dBW} \tag{27-10}$$

注意，上式中天线增益的单位已经是 dB 了。

接收 G/T 可简单地用接收天线增益（dB）除以接收系统温度（不以 dB 为单位）而得到。一般知道现成的地面终端的接收 G/T ，然而，如果需要在给定地面终端设计过程中计算 G/T ，通常单独处理这个数值，且数值单位也是 dB。G/T 值是接收天线增益和接收系统温度的差值，写出 dB 的形式为

$$\text{品质因数} = G/T = G(\text{in dB}) - T(\text{in dB}) \tag{27-11}$$

定向天线的最大增益 G 为

$$G = \eta\left(\frac{4\pi A}{\lambda^2}\right) \tag{27-12}$$

其中 η 是天线的效率（抛物面天线通常为 0.55），λ 是一个载波波长，A 是天线的口径面积，对于口径为 D 的抛物面天线其面积为 $\pi D^2/4$。载波波长与载波频率关系为 $\lambda f = c$ ，其中 c 是光速或 3×10^8 m/s。如果采用载波频率来表示天线增益，将该式代入天线口径面积，则以 dB 为单位的天线增益，即式（27－11）变成

$$G = \text{常数} + 10\log(\eta) + 20\log(f) + 20\log(D) \tag{27-13}$$

其中常数是载波频率和天线直径的单位函数，如表 27－7 所示。

表 27－7　天线增益公式的常数，用于频率和天线直径单位的函数▲

常数/dB	频率单位，f	天线直径单位，D
−159.6	Hz	米，m
20.4	GHz	米，m
−169.9	Hz	英尺，ft
10.1	GHz	英尺，ft

▲:天线增益是频率和天线直径平方的函数。

正如式（27－12）和式（27－13）所示，天线增益与频率的平方成比例，意味着载波频率翻倍时结果增益变成 4 倍。天线增益也与天线直径成正比，同样天线尺寸翻倍时结果增益也变成 4 倍。这些关系严重影响 C^3 架构的通信系统设计选项。

作为式（27－13）的应用算例，假设天线的直径为 60 ft，载波频率为 7 GHz。由式（27－13）得到的天线增益和表 27－7 的数据可得

$$G = 10.1 + 10\log(0.55) + 20\log(7) + 20\log(60) = 60\ \text{dB} \tag{27-14}$$

品质因数表达式 G/T 的第二项 T 是系统的噪声温度。在实践中，系统噪声温度包括三个主要部分：天线噪声温度、线损噪声温度、接收器噪声温度。地面终端系统的典型噪声温度在 100 K 到 200 K 之间变化，而天基平台的噪声温度则在 450 K 到 700 K 变化。详情可参阅 Sklar［1988］给出的系统噪声温度和系统噪声的关系图。

作为一个算例，采用前面得到的地面终端天线增益为 60 dB，假设系统噪声温度 150 K，对应 21.8 dB·K，则计算 G/T 可得到

$$G/D = G(\text{dB}) - T(\text{dB}) = 60 - 21.8 = 38.2\ \text{dB/K} \tag{27-15}$$

如果上面的 G/T 值不足以支持我们计算得到的链路预算，另一个办法是冷却接收终端，从而降低系统噪声温度。结果将会得到一个较大的 G/T 值。这个大的 G/T 值将增加有效性或接收信噪比，见式（27-8），由式（27-9）可知最终能够增加链路的裕量。

L_{fs} 已经在第 27.2.2 节中进行了叙述，这里不再讨论。如前所述，雨致损耗、大气吸收、灰尘和叶簇可能严重影响链路，这主要取决于载波频率。天线指向损耗与发射器和接收天线调整时的定向不准确有关，它是 3 dB 波宽和天线指向误差的函数。天线指向损耗通常在几分之一 dB 到几 dB 之间变化。

最后，实现损耗考虑了大多数通信链路设备非理想的品质。这些通常包括上行波形失真、计时误差、频率误差、滤波器匹配损耗、非理想的有效载荷硬件（相位噪声和滤波）和相邻通道干涉。作为一个整体，实现损耗不适合分析计算。可以通过分析计算其中的部分参数，如相邻通道干涉，而其他大多数则需要测试。因此，通常预估实现损耗，然后手动测试通信链路设备，通过测试数据进行验证。

27.4　设计案例

在本节中，给出一个具有代表性的通信链路设计案例，它采用

射频方法设计地球和火星间的通信系统。迄今为止，大多数远程通信链路都是采用射频通信提供链接。未来的系统可能会采用激光通信设计来支持大范围的高数据率通信链接。下面表 27－8 提供了本案例用到的支撑数据、系统需求和链路预算数据。

对于地球和火星之间的通信链路，假设所有的支撑数据、系统需求和链路预算数据都是已知的、假定的或除了传输天线直径外都是计算得到的。也就是说，我们将计算需要的直径，从而支持表 27－8中确定的链路设计。链路分析需要的支撑包括工作频率、源和目的地之间的距离、L_{other} 值以及调制和编码方案。我们将选择二进制相移键，因为它的调制设计使用简单，且设备广泛应用。在第一次迭代设计中可以省去前向修正编码。

表 27－8　地球和火星之间通信链路的典型链路预算分析▲

参数		值	说明
支持数据	工作频率 f	8 GHz	
	地球/火星距离	2.27×10^{8} km	
	雨致损耗	2 dB	
	大气吸收损耗	0.5 dB	
	天线指向损耗	0.5 dB	
	调制	BPSK	简化设计
	编码	无	
系统要求	BER	1×10^{-5}	
	SNR，$(E_b/N_0)_{req'd}$，	9.6 dB	对于给定误码率的二进制相移键控
	裕量，M	2 dB	
	数据率，R_d	39 dB－bps	8 bps
	接收天线直径	3.05 m	最大可支持尺寸
链路预算数据	传输功率，P_t	30 dB	1 kW
	传输增益，G_t	?	未知变量
	接收增益，G_r	45.56 dB	采用式(27－13)计算

续表

参数		值	说明
链路预算数据	系统噪声温度，T	27 dB·K	500 K
	自由空间损耗，L_{fs}	277.63 dB	采用式(27-7)计算
	其他损耗，L_{other}	3 dB	假设只有雨、大气吸收和天线指向
	玻尔兹曼常数，k	−228.6 dBW/K·Hz	
	有效 SNR，$(E_b/N_o)_{avai}$	11.6 dB	额定信噪比乘以额定裕量
未知变量的解决	额定传输增益，G_t	54.1 dB	采用以上数据和式(27-8)计算
	额定传输天线直径，D	8.14 m	采用以上数值和式(27-13)计算

▲：可以将传播天线需要的直径作为一个链路预算和系统需求中待定变量的函数。

对于这个链路分析，需要误码率、信噪比、裕量、数据率和接收天线直径的约束。链路误码率取值为 1×10^{-5}，它是一个典型的数据通信链路选择，表示每传输 100000 位出现 1 位错误。语音通信链路对位错误更具鲁棒性，在背景噪声水平增加的情况下也不会影响有效通信。基于这个原因，典型的语音通信链路误码率将是 1×10^{-2} 到 1×10^{-3}。假设二进制相移键控调制未编码，要求误码率 1×10^{-5}，则需要的信噪比为 9.6 dB。我们可以采用式（27-2）计算或由图 27-2 估计这个值。对于所需的裕量，考虑链路设计的任何未知因素时，2 dB 是一个合理值。最后，限制接收天线的直径要不超过 10 英尺，也就是 3.05 m。这个约束考虑了运输困难，以及在火星表面短期任务时装配更大的结构。

使用上面的数据，现在可以采用式（27-8）分析链路预算，并求解发射天线所需的增益。一旦计算得到了天线增益，就可以使用式（27-13）来求解天线的直径。如表 27-8 所示，假设传输功率为 1 kW，就可以得到传输频率为 8 GHz。由式（27－13）计算得到接收天线的增益为 45.56 dB。假设系统噪声温度为 500 K，这与 27.3.8 节指导值是一致的。采用式（27－7）计算得到自由空间损耗为 277.63 dB。表 27－8 给出的支撑数据中，“其他”损耗由雨、大气吸收和天线指向，以及利用表 27－8 给出的数据得到的总的 3 dB 构成。最后，令有效信噪比等于额定信噪比（如 9.6 dB）加上与式（27－9）一致的额定裕量（如 2 dB）。现在采用式（27－8）计算得到额定传输天线的增益为 54.1 dB。使用式（27－13），得到提供 54.1 dB 增益的传输天线的直径是 8.14m。因此，算例中需要一个直径为 8.14m 的天线，才能支持从地球到火星以 8 kbps 数据率、1×10^{-5}误码率传输。

假设任务中可以买到的最合理的天线直径为 3.05 m，这就改变了通信链路的原始设计，正如前面表 27－1 给出的 C^3 架构设计。

从式（27－8）可知，天线增益与天线直径的平方成正比。因此，如果直径减少 2.67 倍（从 8.14 m 到 3.05 m），传输增益将减少 $(2.67)^2$ 或 7.13 倍，这意味着 8.5 dB。由式（27－8），接收信噪比减少 8.5 dB。现在，如何弥补 8.5 dB 损耗呢？一种选择是传输功率增加 8.5 dB 或 7.13 倍，导致传输功率为 7.13 kW。对于指定的 8 GHz，这是一个合理的数字，但采用组合选项时成本效益可能更高。例如，我们可以使用前向修正编码，根据类型和编码方案使额定接收信噪比减少 5 dB，剩余 3.5 dB（8.5 dB～5 dB）通过增加传输功率实现。因此，额定发射功率将会是 2.25 kW（3.5 dB 转化为 2.25 的功率比），这可能是一个更合理的传输功率值。因为我们使用前向修正编码，对于传输相同数据所需的带宽，其价格是增加的，但也可以考虑其他选择。链路设计的正确修改要取决于几个参数，包括成本、所需技术的可用性、尺寸和重量约束。

27.5　案例研究——月球任务

作为本章的总结，考虑设计从月球到地球的数字视频通信链路。

假设它是一个从月球基站直接到地面终端的单向链路，使用与 27.4 节中地球到火星数据通信相同的方法进行设计。同样假设所有支撑数据、系统需求和链路预算数据都是已知的、假设的或除了传输天线直径外都是计算的。再次，目标是计算月球基站所需的发射天线直径。下面将确定从地球到火星的数据通信链路与从月球到地球的视频通信链路之间每个关键区别的影响。

通过表 27－8 和表 27－9 的对比可知，链路的关键区别在于几方面。第一，从月球到地球的距离远小于火星到地球的距离，所以自由空间损耗 L_{fs} 要小的多。第二，视频通信链路误码率的要求更低，因为它提供了一个比数据通信更大的容许误差。注意，前面已经选择了 1×10^{-3} 的误码率，而不是 1×10^{-5}。这个误码率将导致一个较小的额定信噪比，同样也会影响有效信噪比，因为这里令它等于额定信噪比（6.75 dB）加上额定裕量（2 dB），与式（27－9）一致。第三，视频链路的额定数据率要远远大于上面的数据链路。在这里假设数据率为 10 Mbps，与 27.2.2 节一致。所有其他条件都相同的情况下，相对于从地球到火星的通信，前两个确定的改变将产生较大的接收信噪比，然而数据率的变化将导致较低的接收信噪比。最后，假设接收终端是一个 18.3 米的抛物线形天线。这个天线较大，但它对于地面终端是确实可行的，这种选择会提供一个更高的接收增益。

表 27－9　月球到地球的通信链路的链路预算分析▲

参数		值	说明
支持数据	工作频率 f	8 GHz	
	地球/月球距离	3.84×10^5 km	见表 27－2
	雨致损耗	2 dB	
	大气吸收损耗	0.5 dB	
	天线指向损耗	0.5 dB	
	调制	BPSK	简化设计
	编码	无	
系统要求	误码率	1×10^{-3}	视频比数据的误码率要求低

续表

参数		值	说明
系统要求	SNR，$(E_b/N_0)_{req'd}$，	6.75 dB	对于给定误码率的 BPSK
	裕量，M	2 dB	压缩视频 10 Mbps
	数据率，R_d	70 dB-bps	8 bps
	接收天线直径	18.3 m	大型地面终端
链路预算数据	传输功率，P_t	10 dB	从月球传输为 10 W
	传输增益，G_t	?	未知变量
	接收增益，G_r	61.13 dB	采用式(27-13)计算
	系统噪声温度，T	27.70 dB·K	地面终端 150 K
	自由空间损耗，L_{fs}	222.2 dB	采用式(27-7)计算
	其他损耗，L_{other}	3 dB	假设只有雨、大气吸收和天线指向
	玻尔兹曼常数，k	-228.6 dBW/K·Hz	
	有效 SNR，$(E_b/N_o)_{avail}$	8.75 dB	额定信噪比乘以额定裕量
处理未知变量	额定传输增益，G_t	25.98 dB	采用以上数据和式(27-8)计算
	额定传输天线直径，D	0.32 m	采用以上值和式(27-13)计算

▲：从月球基地到地采用 10 Mbps 的数字视频链路，下表给出了确定传播天线直径所需的关键参数和计算值。

使用上面和表 27-9 的数据，可以采用式（27-8）来分析链路预算和求解发射天线所需的增益。如表 27-9 所示，增益是 25.98 dB。使用式（27-13），求解天线所需的直径，最终值为 0.32 m（约 1 英尺）。对于月面基站的天线，这确实是一个合理的尺寸。曾有一些设计的天线额定直径要求大得让人无法接受，如超过 3 m，这就需要通过改变一个或多个链路参数来减少直径。最有可能的备选方法是考虑传输功率、接收天线的直径，或一个更高效的、低数据率的视频压缩技术。

正如一开始提到的，对于一个典型的载人航天飞行任务，需要大量的通信系统以满足不同的声音、视频和数据传输要求。本章的目的是令读者产生对设计各种不同的 C^3 架构的直观印象，只对部分主要的 C^3 架构部件和关键权衡进行了讨论，并提供了两个重要的设计案例，是关于解决了一系列数据和视频通信的操作要求的案例。读者可以通过翻阅一个或多个参考文献，以深入挖掘这个丰富的技术领域。

参考文献

[1] Beyer, W. H., ed. 1981. CRC Standard Mathematical Tables. Boca Raton, FL: CRC Press.

[2] Boden, D., and W. J. Larson., eds. 1996. Cost - Effective Space Mission Operations. New York, NY: McGraw - Hill.

[3] Comparetto, G. M. 1994. Global Mobile Satellite Communications: A Review of Three Contenders. Paper presented at the 1994 AIAA 15th International Communications Satellite Systems Conference. San Diego, CA., 27 Feb - 3 March.

[4] Comparetto, G., 1993a. A Technical Description of Several Global Mobile Satellite Communications Systems. J. of Space Comm. 11: 97 - 104.

[5] Comparetto, G., 1993b, The Impact of Dust and Foliage on Signal Attenuation in the Millimeter Wave Regime. J. of Space Comm. 11: 13 - 20.

[6] Comparetto, G., and W. Foose. 1990. An Evaluation of the Gaussian Approximation Technique Applied to the Multiple Input Signal Case of an Ideal Hard - Limiter. Paper # 26.4 presented at MILCOM′ 90, Monterey, CA., 30 September - 3 October.

[7] Comparetto, G. 1989. Signal Suppression Effects in an Ideal Hard - limiter for the Many - Carrier Case. Int. J. of Sat. Comm. 7: 395 - 398.

[8] Comparetto, G. and D. Ayers. 1989. An Analytic Expression for the Magnitudes of the Signal and IM Outputs of an Ideal Hard Limiter Assuming "n" Input Signals Plus Gaussian Noise. Int. J. of Sat. Comm. 7: 3 - 6.

[9] Crane, R. K. 1980. Prediction of Attenuation by Rain. IEEE Trans, on Commun., Com - 28 (9): 1717 - 1733.

[10] Freeman, R. L. 1981. Telecommunications Handbook. New York, NY:

John Wiley & Sons.

[11] Gagliardi, R. 1990. Satellite Communications. New York, NY: Van Nostrand Reinhold Co.

[12] Ha, T. 1986. Digital Satellite Communications. New York, NY: Macmillan Publishing Co.

[13] Horwitz, G. M. 1979. Optimization of Radio Tracking Frequencies. Trans. App. Phys., 27: 393 - 398.

[14] Konheim, A. G. 1981. Cryptography: A Primer. New York, NY: John Wiley & Sons.

[15] Larson, Wiley J. and James R. Wertz. eds. 1992. Space Mission Analysis and Design. 2nd ed. Netherlands: Kluwer Academic Publishing and Torrance, CA: Microcosm, Inc.

[16] Lin, S. and J. Costello. 1983. Error Control Coding: Fundamentals and Applications. Englewood Cliffs, NJ: Prentice - Hall, Inc.

[17] Morgan, Walter L. and Gary D. Gordon. 1989. Communications Satellite Handbook. New York, NY: John Wiley & Sons.

[18] Papoulis, A. 1965. Probability, Random Variables, and Stochastic Processes. New York, NY: McGraw - Hill, Inc.

[19] Proakis, J. 1983. Digital Communications. New York, NY: McGraw - Hill, Inc.

[20] Simmons, G. J., ed. 1992. Contemporary Cryptology: The Science of Information Integrity. New York, NY: IEEE.

[21] Simon, M., et. al. 1985. Spread Spectrum Communications Volumes I, II, and III. Rockville, MD: Computer Science Press, Inc.

[22] Sklar, B. 1988. Digital Communications Fundamentals and Applications. Englewood Cliffs, NJ: Prentice - Hall, Inc.

[23] Spilker, J. 1977. Digital Communications By Satellite. Englewood Cliffs, NJ: Prentice - Hall, Inc.

[24] Stallings, W. 1985. Data And Computer Communications. New York, NY: Macmillan Publishing Co.

[25] Tamir, T. 1977. Radio Wave Propagation Along Mixed Paths in Forest Environments. Trans. App. Phys. 25: 471 - 477.

[26]　Tewari，R. K.，S. Swarup，and M. N. Roy. 1990. Radio Wave Propagation Through Rain Forests of India. IEEE Trans. on Ant. and Prop. 38：433 - 449.

[27]　Torrieri，D. J. 1992. Principles of Secure Communications Systems. Norwood，MA：Artech House.

[28]　Young Rhee，M. 1994. Cryptography and Secure Communications. New York，NY：McGraw - Hill，Inc.

[29]　Ziemer，R. E.，and W. H. Trantor. 1995. Principles of Communications. Boston，MA：Houghton Mifflin.

第 28 章　空间后勤支持

Jean－Christophe Grenouilleau，国际空间大学

28.1　设计过程中的后勤支持

28.2　确定整体后勤支持方案

28.3　建立目标、需求和约束

28.4　初步后勤支持方案与场景设计

28.5　设计案例与早期支持评估

传统意义上讲，载人航天任务设计都在强调实现任务目标，而将系统全寿命周期运营支持视为事后需要考虑的内容。例如，航天飞机是地面和近地轨道之间唯一可重复使用的运载工具，但是它的很多隔热瓦在每次飞行之后都需要更换，费时又费钱。在航天飞机设计之初，隔热瓦是一项起辅助作用的技术，但是最终却带来高昂的维修费用。不幸的是，这并非个例，在过去和现在的载人航天项目中非常普遍。历史上，和平号空间站的多次故障、物资补给和维护维修的运营困难是有目共睹的。事实上，载人航天系统的大量全寿命周期费用是同运营和后勤联系在一起的——该费用在很大程度上受系统开发早期的决策影响，如图 28－1 所示。本章希望能有助于更好地认识设计和运营中的成本问题，如果这些问题能在初始设计阶段就得到解决，将会使所需费用降低。通过尽早调整任务方案或者任务运营方案，可减少补给飞行的总次数或者缩短所需维修时长，这将会极大地降低全寿命周期费用。

所谓后勤支持，是指“为支持目标、计划和运营，围绕需求、设计、供给和资源维护而开展的管理、工程和技术活动的艺术和科学”[Blanchard，1998]。支持活动试图确保有足够的资源和合理的

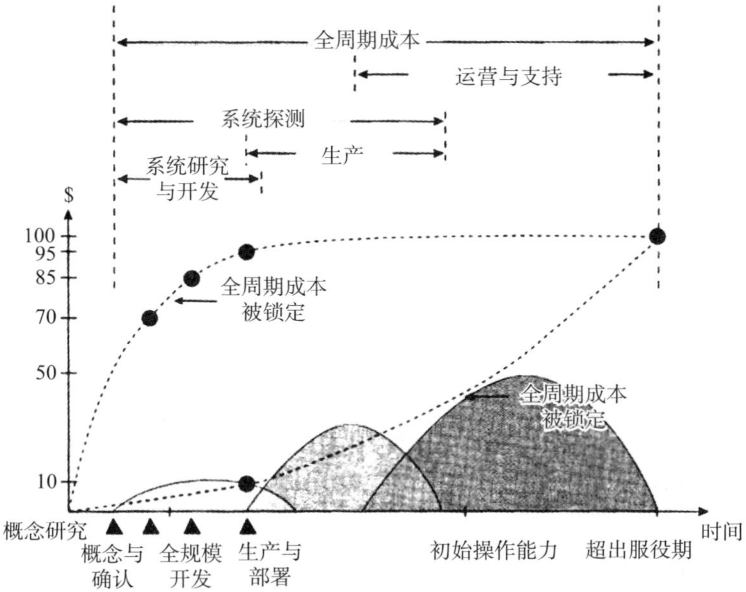

图 28－1　不同阶段投入的资金比例▲

▲：运营和支持占复杂系统全寿命周期费用的大部分（Larson and Wertz，1992）

进程来支持系统并以一种有效的、经济的、适时的方式贯穿全寿命周期：用一个特定的术语表达，即保障性。人类空间任务依赖于非常有限的资源，这又加大了提供这项支持的难度，需要经常寻求创新的解决方法而不是传统方法。

后勤支持与任务方案和所支持的系统紧密联系。载人航天系统通常在运营之前和运营期间经历几个阶段：组装、转运、在轨或者星球表面活动以及最终废弃。每个阶段都有不同的需求和资源，所以一个有限的 3 天登月任务与把人送上火星并安全返回地球所付出的代价不可同日而语！

乘组可以维护维修空间系统，进行定期检查、补充配件或者补给消耗品。因此，任务可以从延长运营寿命、提高系统可行性和可靠性中受益，由此实现任务目标的可能性就大大增加。例如，图

28－2给出了通过多次维修挽救苏联空间站的其中一个例子[Harland，1997]。为了开发一个可以适当平衡主要任务单元和相关支持的系统，必须有效地分析资源需求提高资源管理效率，并且尽早识别成本影响关键因素。

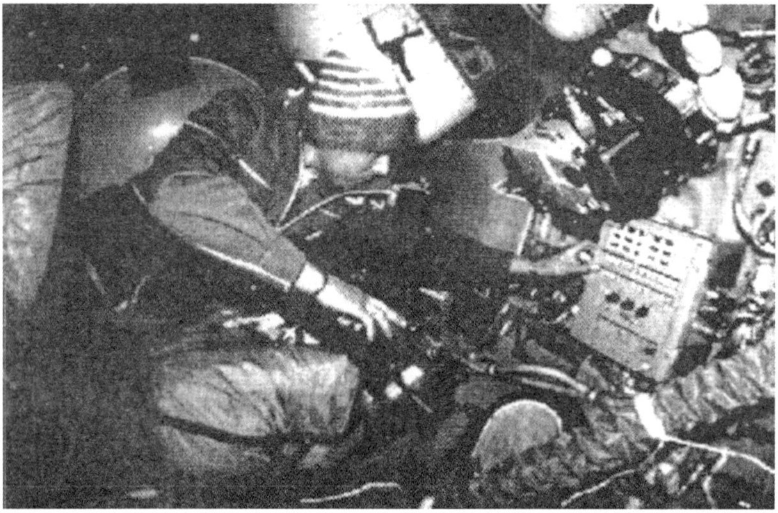

图 28－2　通过维护维修多次挽救航天任务▲

▲：1985 年航天员 Viktor Savinykh 在任务中挽救礼炮 7 号场景。空间站停止供电，失去姿态控制。航天员被派去寻找故障原因并试图修复空间站。发现故障的根源为开关失效。航天员的头部完全被包住以抵御极低温度环境

28.1　设计过程中的后勤支持

已投入生产制造的项目无法对后勤支持需求做出响应，因为任何改变都会大大增加费用，大体上，会尝试购买新资源或创建新进程来支持运营。必须从概念设计阶段就开始考虑后勤支持问题，后勤支持和设计之间的关系随着设计推进而变化。对于一个载人航天任务，可通过定义和设计支持乘组寿命、载荷用户和系统所需的单元来综合考虑后勤支持。同样要进行权衡研究，并评估设计以及设

计对全周期有效性和费用的支持。在后续的讨论中，将看到早期设计阶段对后勤支持进行规划的主要步骤。

我们的目的是将后勤支持与计划任务的主要因素整体考虑以获取和处理所需的支持资源。为达成此目的，必须在系统的全寿命周期中开展设计活动（诸如计划、投资和控制支持活动）的同时处理上述问题。一体化后勤支持的作用是通过为后勤支持和计划活动开展管理与工程分析来实现的。它包括制定一项计划，该计划含有表 28－1 所列的要素，并由一个称为后勤支持分析（Logistics－Support Analysis，LSA）的迭代过程所支撑。随着设计的推进，这些分析过程识别、记录并评估后勤支持整个系统的需求。主要目标[James，1996]是：

1）允许后勤支持影响设计。

2）尽早识别支持问题和成本影响因素。

3）在整个任务有效期内发掘后勤支持的资源需求。

4）为后勤支持开发单独的数据库。

表 28－1　一体化后勤支持的要素▲

一体化后勤支持要素	描述	载人航天系统概念设计过程中的问题
维修性	基于维修性方案，建立政策、引导和指挥行为，明确资源和过程，需要这些来研究和实现一种在轨道和地面上的全面的维修性项目	需要被维修的飞行任务设施；特别注意需借助出舱活动的（设施）维修项目
供给支持	提供、购买、编目、贮存和分发所有的设备、备用品、修复部件、消耗品、特别供应品和相关文档、计划或资源	包含备用品和消耗品在内的补给项目总质量；补给飞行的频率和能力
打包、处理、贮存和运输	包含备用品和维修备件在内的需要用于支持打包、贮存、处理和运输飞行硬件和支持设备的过程和特别供应品。	要如何装载和卸载；有效存储的设计选项
技术数据及文件	技术支撑数据以及文件，用于支持在轨和地面项目的系统	为在轨和地面乘组提供所需技术信息的途径

续表

一体化后勤支持要素	描述	载人航天系统概念设计过程中的问题
支持设备	用于确定、获取和使用所有地面、飞行和在轨设备的过程和资源	在轨所需的支持设备；例如，用于舱外航天服的部件测试工具或维修工具包
人员及训练	人员、训练、支持设备和数据	一定数量的人员和技能，包括乘员和地面人员
后勤设施	后勤支持设施及其使用、改变的影响，以及对地面设备需求的更新	明确对于后勤基础设施和设备的需求和限制；例如，空间对接的直径将限制通道尺寸
软件支持	需要的过程和资源，用于支持软件和数据来进行系统监控	保持研究和维护航天软件的能力，提供不影响硬件而简易的软件升级方法

▲：为做权衡分析，需要理解和明确每项要素是如何影响后勤的（改编自Boeing，[1994]）。

后勤支持并不是一个新问题。数百年前，军事领导者已认识到后勤支持的重要性，而在 20 世纪的后半叶，美国国防部将其归纳为一种降低武器系统成本的方法。今天，多数行业都需要处理后勤支持，而且已经形成利于该过程实现的标准。在空间领域，军事标准[MIL－STD 1388－1A/2B] 是被广泛使用的文件。尽管该标准没有对航天系统进行特别地扩展，但它是我们分析的起点。可以用它选择、裁剪任务，分析并确定完成任务的策略。这种标准聚焦于任务，但确定具体性能指标的新标准将逐步取代旧标准。无论如何，我们的目标仍是确定哪些问题是必须处理的。从过去的或实际的项目中源于系统工程师的输入和历史数据，能够得到可靠性和安全性分析，以帮助决定如何分析后勤支持。例如，国际空间站（International Space Station，ISS）项目使用了上文所描述的方法[Boeing，1994]。表 28－2 明确了一些条目，这些条目需要重要资源或发布需求来进行支持。

表 28－2　对于支持所考虑因素的备选项实例▲

备选项	案例
可能需要维修： 使用寿命有限； 低可靠性	通常有滤波器、风扇（发动机）、灯、航天服、数据记录仪、光电转换器、复杂系统
对任务成功起关键作用：（取决于任务的对象、阶段……）	热防护、供电、通信
具有特殊支持需求： 特殊设计； 需要升级软件的电子器件	航天飞机的可回收外部容器； EEPROM 内部软件，联接在局域网上的设备
可能在任务结束前就失效： 补给品、微芯片的特别来源； 成熟技术的重复使用	高可靠性部件； EEE 部件

▲：表中列举的项目是可能引起后勤支持工程师注意的领域。

设计中主要决策的更改，有时甚至只是一项牵涉备选因素的更改，都可能影响其他因素，甚至影响到整个系统。因此，必须不断评估任务的主要单元与支持之间是如何相互作用的。正因如此，支持活动是高度迭代的过程，从而计划参与者必须有效地沟通和交互数据。为改善数据交互，计算机辅助获取和后勤支持（Computer aided Acquisition & Logistics Support，CALS）的主动性对于构造成功的支持系统是必须的。本章后面讨论的建模技术也可帮助确定和预计所需的资源和计划，这些需求意味着后勤支持要消耗大量的计算资源。最终，必须汇总所有这些单元与其他操作信息来管理资源、计划后勤事件（如购买备用品或制定一次维修行为的计划）、提出备用方案并实施。

在设计的早期，应该聚焦于确定宽泛的后勤支持需求、方案和场景。这里，一体化后勤支持是一种构建顶层的但貌似合理的备选方案的方法，必要时可以对设计提出质疑。在初步设计中，仅考虑顶层的问题。一旦知道了关于已有设计的更多信息，就能够确定支持的更多具体细节。[Blanchard，1992]。本章后面几节强调了这种典型过程，如表 28－3 所示。

表 28-3 后勤支持设计过程▲

步骤	讨论的章节
确定整体后勤支持方案	第 1 章，第 2 章，第 26 章，第 28.2 节
确定初步的后勤支持影响因素、需求和约束	第 28.3 节
开发初步的后勤支持方案 维修性； 补给支持； 其他事项（非次要）	第 28.4 节； 第 28.4.1 节； 第 28.4.2 节； 第 28.4.3 节
进行保障性权衡分析（设计实例）	第 28.5 节

▲：浏览这一方案可帮助读者认识到影响任务大多数阶段的主要后勤问题。

28.2 确定整体后勤支持方案

正如在第 2 章和第 26 章探讨的那样，后勤支持依赖于任务概念的清晰定义。表 28-4 列出了建立支持方案的相关问题。首先，需要明确任务的目的以及预想中的系统如何完成任务，同样必须明确任务实施地点。正如在本章的设计实例中那样，任务可能在一系列的地点实施：任务始于地球，在进入月球轨道前先进入某个集结点，在月球表面（南极点）稍作停留后，通过直接返回的方式回到地球，最终将月球表面冰样回收至存储器。这个小的任务场景告诉读者，乘员、系统以及载荷将面临差异极大的支持情况，每种情况都有不同的资源需求。

表 28-4 任务设计与运行的需求构成了后勤支持方案

任务方案要素	需要考虑的问题	讨论的章节（章节号）	设计实例概念与问题
任务定义	任务是做什么的 任务是如何被期望完成的	第 2 章，第 26 章； 第 2 章，第 15 章，第 26 章	带回冰样本； 去月球南极的载人任务

续表

任务方案要素	需要考虑的问题	讨论的章节（章节号）	设计实例概念与问题
运行方案	系统是如何展开的 系统是在哪展开的 任务周期有多长 谁来运行任务 系统是如何运行的	第 2 章，第 9～14 章，第 25～26 章； 第 3 章，第 4 章； 第 2 章； 第 2 章，第 26～30 章； 第 2 章，第 26 章	去国际空间站阶段的单独任务； 月球南极点； 2005 年的 30 天，无重复利用； 在月球表面的 2 个航天员； 航天员加控制者（从美国）
性能与有效性目标	系统的关键特性是什么 所需的实用性是什么 系统需要维修么 对于支持，有预算限制么	第 10～23 章； 第 8 章，第 10～23 章，第 26 章，第 28 章； 第 8 章，第 10～23 章，第 28 章； 第 2 章，第 29 章	消耗品的供给需求； 动力水平、灰尘去除最大化； 环控生保系统预防性维护； 最小化

建立任务生命周期和场景是非常重要的。图 28－3 给出了由 Zubrin 提出的半直接去往火星任务的时序关系图，类似的时序关系图将成为维修和支持方案的基线。设计的周期将决定系统的性能和安全性，通常带有详细的有效性等级。有效性依赖于固有的设计特性及支持特性（见 28.4.1 节）。需要明确任务是否具有维修可能性，从而在可靠性和维修性之间作权衡。在本章的设计实例中，月球基地将在其整个寿命期内具有内在的冗余性，仅有一些有限的关键性修复。或者，由于可靠性有其代价，可维修性是保持任务可靠性、安全性和有效性的一种方式。

在这样高的层次上，能够确定仅须由支持方案考虑的事项。例如，如果在第一次探访月球基地时留下的设备经过一段时间无人照料，在第二次探访时是否重复使用这些设备，将是一个关键的问题。正如 28.4 节将提到的，需要考虑一些部件的维修性。中心问题是提供维修资源，例如备用的部件或工具，然而航天员的时间同样缺乏。一份分析报告让“自由号空间站”计划声名狼藉，由于它指出该计划的设计将需要乘组花费舱外活动的大部分时间去做维修工作！

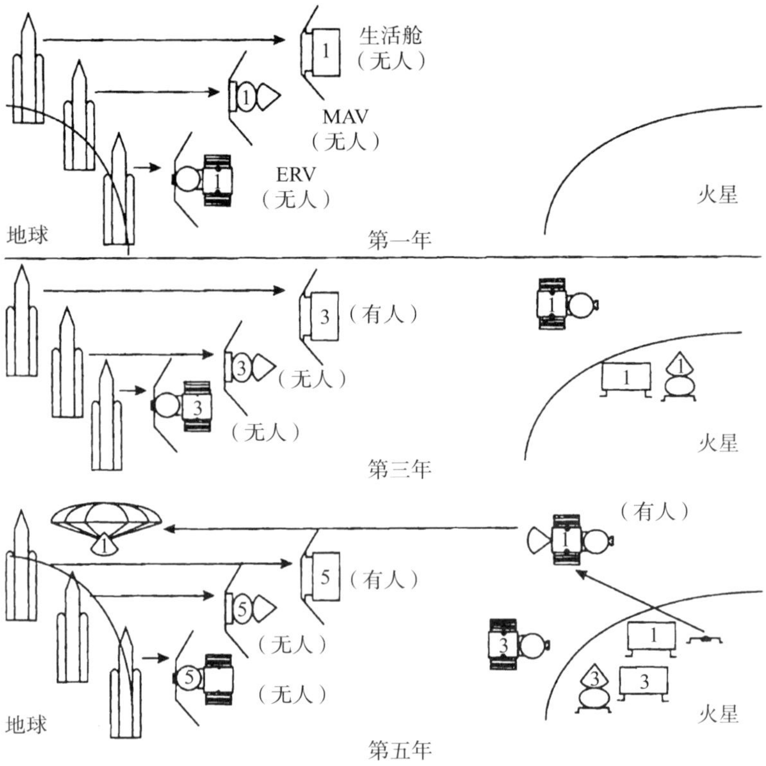

图 28-3　火星半直接任务时序图▲［Zubrin，1996］

▲：建立这样的一个场景，是在早期设计阶段，通过简化项目参与者之间的沟通以评估支持系统的关键。MAV（Mars Ascent Vehicle）是火星上升器，ERV（Earth Return Vehicle）是地球返回器

［Fisher and Price，1990］

任务的时间跨度、用途及乘员操作时间将决定用以支持乘组和某些系统——诸如环境控制和生命保障系统——的维修性和所需资源的可能性（见第 17 章）。类似地，科学需求将确定要提供何种资源来支持准备、执行和存储实验结果（见第 15 章）。在阿波罗任务期间，乘组带回了石头。在本章的设计实例中，若想要冰样，要求冷冻存储而不是溶解样品。

最终，发射和返回能力是非常重要的。货物补给飞行器是长期飞行的关键。资源、系统和人员必须抵达主要的任务站点（在本章的设计实例中是月球南极点）。正如质量预算所表明的（见 28.5 节），将需要多次飞行来部署任务组件、乘组和实验。在一个轨道点上装配登月舱，随后可在舱体送往月球之前开展测试和维修（如果需要），还可结合集结点的在轨活动，整合从地球入轨的航天器。带有集结点的这种备选方案须与直飞月球运输方案进行优劣权衡。相关内容参见第 28.4.2 节、第 28.5 节和第 9 章～第 12 章。

28.3　建立目标、需求和约束

设计与运营是后勤支持的主要影响因素。通过在概念设计期间考虑后勤支持，我们还可在相对低的成本上权衡各选项，见表 28－5 所示。

表 28－5　设计与运营方案对支持形成约束▲

任务参数	需要考虑的权衡要素示例	增加权衡要素对于后勤支持的影响	讨论的章节
持续时间	表面驻留时间	↑所需的全部资源	第 5 章,第 6 章,第 15 章,第 17 章,第 18 章
乘组规模及技术能力	乘员数量	↑所需的全部资源	第 5 章,第 6 章,第 15 章,第 17 章,第 18 章
环境	着陆区和基地间距离	↑操纵困难	第 3 章,第 4 章,第 11～14 章
目的地	易接近性和发射可能性	↑再供给的鲁棒性	第 9 章,第 10 章
飞行器和居住舱	区域和系统可用度	↓维护简易性(维修性)	第 7 章,第 18 章,第 28 章
环控生保系统策略	闭合度	↓所需的乘组资源 ↑所需的系统资源	第 17 章
运行方案	原位资源利用	↓所需的资源	第 15 章

▲:权衡这些要素有助于提出最好的备选方案。

载人航天系统后勤支持的两个主要影响因素是任务资源和补给能力（质量、体积、频率和模式）。表 28－6 开展了典型约束研究并将其与后勤支持将要面对的典型目标联系起来。举个例子，由于乘组的时间和供给品异常宝贵，因此将尽可能地减少需要舱外活动进行维修的操作，而这一目的是通过提升系统容错及故障下工作的能力，以及自动化操作能够替换掉故障单元来实现的（见第 8 章和第 23 章）。在阿波罗任务使用月球漫游车期间，当一个轮子上的发动机失灵时，航天员能够松开四轮驱动组装部件中的一个，利用其他三个继续行进。今天，准备一次舱外活动是非常耗时的，因此希望在实践中尽可能地避免舱外活动。一般说来，舱外操作的准备通常要占去 5 倍于舱外操作的时间来准备。还应通过使用嵌入式检测、自动化错误判读、隔离与恢复，以及在轨单元可更换（简单地移走和替换）等方法来尽可能地减少修复时间。（同样见于 28.4.1 节，Fisher 和 Price［1990］以及 NASA［1995］）

表 28－6　后勤支持目标▲

约束	目标	可能的解决方案	讨论的章节
乘组的可用时间	最小化舱外活动维修	最小化外部部件的维修； 设计有效的舱外活动； 预先在轨道上放置备件	第 8 章，第 26 章，第 28 章 第 22 章； 第 28.4.2 节
最小化维修任务与次数（维修性）	最小化关键的停工期	使用兼容自动化的设计； 使用容错的或故障下可运行的系统； 允许结构重组； 使用在轨可维修单元设计和通用性	第 23 章； 第 8 章，第 28 章； 第 8 章； 第 8 章，第 28 章
	使用有效的修复能力	改善并简化维修任务； 地面监控系统； 提供维修的可能性； 避免妨碍科学试验或操作	第 6 章，第 8 章，第 28 章； 第 6 章，第 26～28 章； 第 26 章，第 28 章； 第 2 章，第 26 章

续表

约束	目标	可能的解决方案	讨论的章节
补给与返回能力 质量 体积 频率 资源	最小化系统的补给与返回需求	使用标准化的设备与工具； 使用原位资源； 增加环控生保系统的闭合度	第 18 章，第 28 章； 第 3 章，第 4 章，第 15 章； 第 17 章
	最大化载货能力	最小化舱外活动时间； 最大化发射能力； 提供设计方面的适应性； 优化可靠性能	第 2 章，第 22 章，第 26 章； 第 24 章，第 25 章； 第 26 章； 第 8 章
装载/存储能力	最小化对于备件与维修部件的系统需求	平衡冗余度和维修性； 减少需要补给的次数	第 8 章，第 28 章； 第 9～12 章，第 25 章，第 28 章

▲:确定支持的约束及其相关目标是定义支持系统的关键。

新技术同样有助于降低后勤支持的负担。例如一种新的入轨方式，使用原位资源，或是利用快速制造技术制造符合产品功能的替代品。最后一个例子可能预示了什么才是乘组在遥远的星球上修复故障所需要的。利用一些原始材料（塑料、金属、组成部件），以及存储器中存储的计算机合成的设计数据，他们能够生产出所需的部件。这一想法仅仅证明后勤学家需要以一种新的方式去思考，并且可能根据科学和技术的进步，重新定义支持。目前为止，保守的方案经常忽略识别支持需求的步骤。然而，探索火星明显超出了当前能力范围（至少是在经济上），除非能在航天项目中研发出更精巧的方式来处理和使用资源。

28.4　初步后勤支持方案与场景设计

既然已经大体了解了需考虑的主要问题，就要将支持任务的一些可行策略整合起来。此阶段，将宽泛定义先前在表 28－1 中描述的每个要素的主要问题。拥有数个备选项将有助于筛选支持问题并评估主要的任务要素，以及对这些要素的支持。

28.4.1 开发一个维修方案

维修方案定义了计划在何种程度上实施维修，修复计划和责任，以及维修的环境特点。后勤支持的元素，如维修工具，主要取决于选择哪种维修方案，以及需要达到方案相关的哪种效果。如表 28－7 所示，我们需要和其他团队合作来定义方案，该方案将作为构建具体维修需求的基础，其本身可以视为支持活动的框架。

表 28－7　构建维修方案所需的初步信息▲

所需信息	设计实例 1	设计实例 2
需要保持的功能是什么	维修空气清洁器	提供动力
需要维修或替换的部件是什么	滤波器组装部件	太阳能驱动阵列
维修的基本原理是什么	周期限制	关键的操作事项
任务将在哪里实施	工作舱内部	工作舱外部
任务将被谁实施	乘员	乘员

▲:尽管本阶段维修方案尚未完成,但这些信息仍可提示须考虑的事项。

为构建维修方案，需要确定几个问题。首先，必须确定系统部件是否需要维修。各种设备都会自然地经历失效，当我们重视了设计和运行的约束，通过维修将有助于这些设备有效地满足需求并达到预期的设计寿命。维修同样能够确保系统工作于合理的安全性和可用性水平。在设计行为（可靠性、维修性和安全性，正如第 8 章所描述的）和操作规范（维修性）之间的恰当平衡，可确保以低费效比实现目标。第 8 章已经说明，通过使用失效模式和效果分析，能够突出系统的敏感部件，同时需要考虑容许性能的适当下降。这种方案的应用表明，并非所有部件都必须替换掉，而任务可在性能水平适当降低的情况下实施。

维修允许通过预防性工作（消耗性替换和检查）防止性能下降，通过修复性工作来排除故障。预防性维修主要需要合理的计划，而修复性维修则主要取决于后勤支持并强烈地影响资源。可进一步区分能积压的任务（能够等待）和关键的修复（不能等待）。系统所要求的设计寿命常常超过一些部件的有效寿命。为了阻止部件失效率的增加导致系统的可靠性降低，需要更换掉消耗性部件，由此可见仔细辨别设备运行状态的重要性（见第 8 章）。用更好的部件替换原有部件，才能使维修行为增加系统的可靠性，而不恰当地维修会彻底破坏系统的可靠度。另一个需要权衡的问题是任何时候因可靠性原因更换某些部件（见第 8 章），都必须制定预防性操作计划，这是以安全性和可靠性为中心的维修（Safety - and Reliability - Centered Maintenance，SRCM）的基础。我们的认识常局限于航天系统设备（虽然国际空间站可改变此种情况），因此更换时间的评估总是不确定的，必须依靠持续的改进——在必须更换部件时进行学习并积累经验。

面对故障，使用者更感兴趣的是某种功能而不是导致故障的设备。因此，当我们理解修复性维修是维护功能链的行为（例如，更换失效的备份），修复性维修就很有意义。载人航天以可用的乘组工作时间为初始约束，更加强了这种修复性维修的实用性。如今，地面控制者时常监控系统以确定何时具备进行某个必要的维修活动的条件，从而减少了非计划性事件并使维修计划更为灵活。将来，为探索遥远的行星，必须让自动化系统能够像地面控制者那样，可完成对任务的紧密监控，简单地说就是要剪断脐带。

在早期设计阶段，需要在没有更多关于分系统和设备信息的前提下构建维修方案，但仍可使用从专家和过去项目中获得的关于维修需求的顶层信息，如图 28 - 4 所示。

一旦识别出需要维修的分系统，就能够确定基本的维修策略，也就是其部件是无法维修、部分可维修或完全可维修。无法维修的设备意味着需要多余的设备去恢复功能，因为维修该设备是不划算的。资源取决于大致知道故障模式（或消耗品的大量耗尽），故障频度，需更换的部件，以及最为重要的——在哪里实施维修。这种知识形成了对系统支持的整体视图。在后续设计阶段，使用所谓的维修等级分析能够确定费效比最好的设备维修计划［Jones，1996］。表 28 - 8 描述了维修等级及其相关信息。

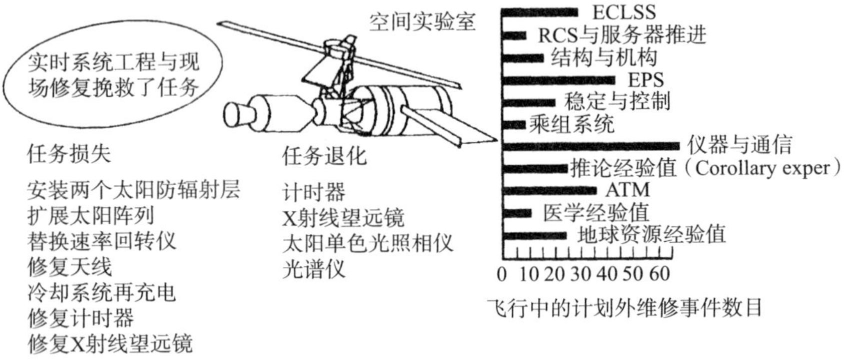

图 28-4　从空间实验室任务中获取的维修需求▲

▲：技术变革和经验的传递是困难的，但是我们能从过去学到很多。对于空间实验室，仪器和通信系统比乘员系统经历了更多的故障

表 28-8　维修等级▲

等级	维修发生地点	维修实施者	完成的工作类型	例子
有组织的	在硬件的安装位置处	系统操作者（需要较少的维修技巧）	目视检测、操作性检测、小型维护、外部调整、移除和更换	更换系统在轨可更换单元（例如，环控生保系统过滤器）
中等的	故障硬件的维修从其安装位置处移除；典型例子是一个小修理店	派遣至修理店的人员（需要中等维修技巧）	详细检测、主要维护、主要设备维修和改进、复杂的调试、有限校正	更换连接器
仓库	对于硬件的维修在将其从安装位置移除并将其转运至地面以后进行	专家（需要高级维修技巧）	复杂的工厂调试、复杂设备维修和改进、彻底检修和重建、详细地校正	在失效的在轨维修单元、主要的大修部件上实施的维修（例如，穿梭仓库设施）

▲：维修的不同等级需要不同的乘组技巧、设施和工具。改编自 Blanchard [1992]。

接下来，要确定需何种支持响应来覆盖诸如一次故障迅速修复的事件。将系统的运行和维修方案转化为定性和定量的设计需求常常要与任务可靠性和安全性小组联合工作。要明确系统必须做什么。一个例子可能是“为乘组提供适宜居住的空气”。定义这些功能时，可分配更准确的优势图给这些部件。一般地，对于支持的性能需求，在平均可用性和可维修性上应提出稳态目标。

恢复一个部件需要的所有时间是在一次维修活动中所需的各种时间的总和。首先，我们需要检测和识别出故障。当维修资源（也就是说备件、乘员）可用时，实施维修任务并检验维修质量。最后，必须让系统恢复在线运行。因此，如果不进行系统的维修性设计，很可能造成停机时间较长。维修性是在维修方面关于简易性、准确性、安全性和经济性设计的内在特性。存在这样一种可能性，即在给定时间内，假设全部所需资源均可用，运营状态也可以接受（例如工作站的准备），系统会恢复到最初始的状态。平均修复时间（The Mean Time To Repair，MTTR）是维修性的一个有用的衡量标准，可以用式（28－1）和式（28－2）来评估维修工作量并权衡多种选项。首先，用式（28－1）评估在给定时间内（例如，任务持续时间）的故障数量［Blanchard，1991］，随后确定相关的维修时间将是什么（再次假定所有资源均可用）

$$\text{部件类型的期望故障数量 } i = n_i \lambda_i T_i \tag{28-1}$$

$$MTTR_{\text{function}} = \sum_{i=1}^{n} \{(n_i \lambda_i T_i) MTTR_i\} \tag{28-2}$$

式中　n_i——设计中部件类型 i 的数量；

λ_i——以故障数量/小时表示的部件类型 i 的估计故障率；

T_i——分系统 i 的任务持续时间（将工作周期考虑在内）；

$MTTR_i$——部件 i 的平均修复时间。

应用这些公式，就有了一种区分工作优先次序的方法。作为第一级，可以假定在航天器内或工作舱内完成基本的维修任务，MTTR 在 1～3 个小时，而当任务通过舱外活动来实现时这一时间将增长至 6～8 小时。通过应用特殊的设计技术，可以减少维修系统所需的时间，例如采用模块化设计、快速的设备关机技术以及自动故障检测工具［AIAA，1991］。

下一阶段是考虑在整个维修期间资源可用性和维修运营费用的

影响。这是一个困难的任务，因为它取决于很多参数，而建模技术是有效和有助于分析的［NASA，1995］。可用性描述了系统能够在指定时刻或整个指定时间内完成其计划功能的可能性。因此，系统和功能的可用性依赖于对系统不工作时间（停工期）有影响的任何因素。可靠性、维修性、灵活性（用于重新配置）以及提供所需资源的后勤支持的响应能力将支撑系统的可用性，这可以用式（28-3）来表示

$$\text{可用性}=\frac{MTBMA}{MTBMA+MTTR+MLDT} \tag{28-3}$$

式中　$MTBMA$ ——维修行为之间的平均时间（若仅考虑正确维修，则 $MTBMA$ 等于平均故障时间（$MTTF$），见第 8 章）；

$MLDT$ ——平均后勤延迟时间。

通常我们需区分关键的和非关键的功能。明确特定功能失效时的可等待时间是设定维修需求的关键。例如，关键功能的平均停机时间可被设置成仅占全部运行时间的 1%，而非关键功能的这一指标可提升至 5%或 10%。上述结论有助于区分不同的目标，正如设计过程，使权衡（各种因素）成为可能。关于可用性措施的更详细讨论能在 Blanchard［1992］中找到。

通过迭代评估多种备选方案，可确定可能的维修方案并绘制出初步的维修流程，如图 28-5 所示的实例。

为了提供有意义的需求，必须考虑支持系统本身的所有特性。如果月球基地的各个部件都无从获得，或者不得不携带大量维修备件，那么月球基地的每一个部件的可维修性就变得没有意义。这里，更换策略变得很关键。如图 28-7 所示，在单元级实施维修意味着比在亚单元级实施维修需要更大的物资补给质量需求。由此看来，较低维修级别意味着更大的补给需求。系统的完好仅与其最薄弱的环节相关联。很多情况下，这种薄弱环节构成了供应保证链，供应保证链的能力可表示为在既定的负载特性（质量/体积/频率）下的

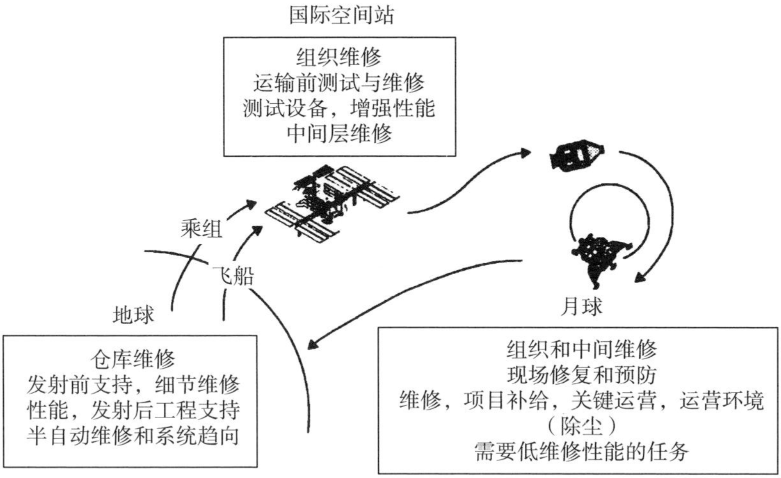

图 28-5　后勤支持操作流程▲

▲：基于前面的讨论，能够得到（后勤）支持操作的图形化评述，将有助于评估多种备选方案

最大周转时间。必须评估功能有效性的特定等级，同时将补给能力考虑在内。例如，将在下一次（可能的维修工作）仅替换掉失效的备件。以需求约束分析将有助于确定后勤支持系统的效力，这在设计的早期阶段将是困难的。现在，必须考虑对于停机时间的主要影响：供应保证链。

28.4.2　开发一个供应补给支持方案

创建供应支持方案包括定义工作方式，该方式将提供、获取、储存、跟踪、分发和回收所需的资源，如供给品、备用品、维修部件以及特殊供应品和相关文档。这种功能管理和控制了存货总量以及用于补给和返回的操作。供应补给对于支持乘组、系统和使用者都是必要的，如图 28-6 所示。

乘组支持包含可直接支持乘组的选项，诸如液体消耗品、食品、衣物以及私人用品。第 5、6、17 和 18 章给出了典型的输入。一般

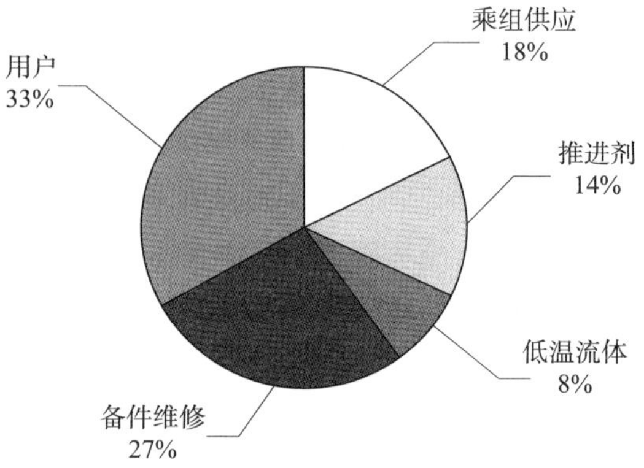

图 28-6　自由号空间站全年补给需求▲

▲：这种对类别的分析清楚地表明哪里需要改进

来说，假定在一个开环系统中每一个乘组人员平均需要消耗品为30 kg/d，因此当任务持续进行时资源提供将是一个挑战。事实上，这些资源占据了任务支持总量的大部分，因此任何能够在实质上降低这些资源量的办法都是好办法。为实现此目的，将使用设计技术（例如，闭环和回收资源）以及支持策略，如表 28-9 所示。这些策略影响操作并能够显著降低（或提高）物品负担和成本。如果策略增加了成本，那么某个特定的任务将变得无法实施。一个良好的案例可以参见《美国的航天探索首创精神》附带的所谓“90 天报告”。成本与航天飞机的质量成正比，这些航天飞机事实上携带着所有物品上天（因此他们赢得绰号“太空堡垒卡拉迪加”）。不应忽略废物处置，因为这同样是一个严重的问题。对于空间站，可使用毁坏式再入货运飞船（这是俄罗斯进步号飞船实施的方式）来处理部分废物。在行星上，可能要使用多种不同的技术，但这个问题仍需解决。

过去在地球上的探索任务表明，改造环境带有风险且有时是不可能的，但适应环境被证明是可能的和有价值的。使用原位资源（见第 15 章）取决于所生存的地点，该方案使得载人登火星任务更具有现实可能性，否则成本过高。未来的任务将可能是如表 28-9

讨论的各种策略的最优组合。毫无疑问，扩展的载人探索行星任务将需要很大程度上自给自足。

系统支持包括备用品、维修部件、消耗品、技术数据和文档资料、工具和支持设备。两个主要的问题与火箭燃料和维修资源需求有关。燃料和燃料补给在本书的其他地方讨论（见第 11、15、24 和 25 章），因此这里集中讨论维修。航天设备是独特的，因为特定种类的硬件和技术须经过长期的生产过程。例如，研发一套载人航天系统平均消耗 10 到 20 年时间。因此，部件的制造和装配可能在系统进入运营阶段之前就已经停产。高可靠性要求的电子器件和商业化的现货设备是尤其易受影响的。所以，必须尽早识别出这些（几乎过时的、耗费长周期的）事项以确保权衡研究和备用解决方案的可行性。一种备选方案可能是购买整个研发和任务阶段所需的所有部件，但这需要大量的初期投资。另一种备选方案是升级成为新的设备（当前或在以后）。成本约束提高了人们对于合理化部件管理的兴趣，诸如使用合适功能的更换部件。Sherbrooke [1992] 详细讨论了库存管理。

表 28－9　选择提供资源的策略▲

策略	描述	举例
伴随运输	对于任务期间所有所需的补给由航天器携带	阿波罗类型的任务
预先放置	资源被储存于指定时间段内并定期再补给	空间站
计划汇合	补给在乘组抵达前被送到任务地点	对于月球或火星前哨的货物飞船(见图 28－3)
离岸生存	补给使用原位可用资源生成	使用“原位资源利用”(ISRU)技术、“航天农场”任务

▲:任务概念和需求对操作和成本产生巨大的影响。

预算和进度约束使得备件构成后勤支持最为关键和最为显著的部分，并且伴随着失效的备件或备件标准，上述因素可显著影响项目的投资和效果。因此，必须尽早建立备件策略。然而，创建备件策略是非常困难的，所以人们倾向于推迟决定和分配资金直到他们更为确信的时候。推迟并不明智，因为推迟的仅是问题本身，而没有解决它。备件在生产和运行期间均是需要的。若没有对操作的危险程度提出任何意见，则仅仅是基于最有可能的或最有希望的失效事项进行分析是不够的。主要问题是能够容忍的故障持续时间有多长。为回答此问题，必须在可靠性和安全性、后勤支持和操作灵活性（允许重新配置）之间取得最佳平衡。这种平衡应该考虑成本、质量和存储能力。正如一些例子表明，做出正确的选择是困难的：缺乏备件限制了航天飞机的发射频率；哈勃太空望远镜暴露出不可预料的故障，需要比计划提前的备件；近期，和平号空间站的维持依赖于替换数个关键部件。教训很明显：备件是关键的、难以管理的，以及最主要的是，价格高昂的——这也是需要良好管理的三个极好的理由。

很明显，备件的数量影响可用性。选择比所需数量更多或更少的备件（在地面或在轨道上）将削弱可用性、威胁任务甚至会导致航天员处于危险境地。从每一个项目中总结的经验表明必须全面地评估可靠性预期。我们使用建模技术来提供估计结果，但是这依赖于概率和假设。由于在设计阶段的有限数据，不能选择备件但是能够选择策略。例如，可以假设需要提供用于处理故障的备件。我们已经指出如何得到预期故障数量的初步估计[见式(28-1)]。另一方面，备件常常不是防备故障的首要选择。一旦拥有给各功能创建的可靠性流程图和可用性目标，可以使用数学建模来估计所需备件[Shishko，1995]。作为保守的经验，备件按每年大约系统总质量5%左右增长（见图28-7），但是这要严重依赖于维修的层次（等级）。选择低等级的维修（也就是说小部件）需要更多的部件、更多的技能但是更少的补给质量。正如图28-7所示，备件强烈地影响补给需求。我们必须尽早选择备件以确保准时得到长周期部件。这些部件需要较长的生产时间，常常是一年或者两年。由于所有这些原因，项目通常在生产航天单元的同时生产备件，也允许在测试或委托加工过程中出现早期故障时便使用或生产备件。我们需要如此早地准备备件的事实表明在任务周期中相当短暂的时段内集中了投资的风险。

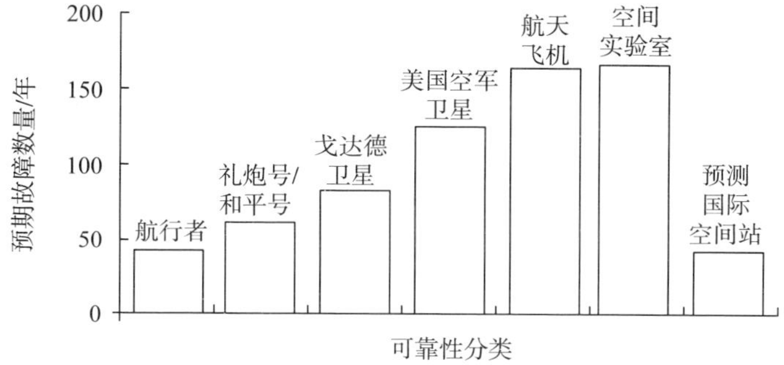

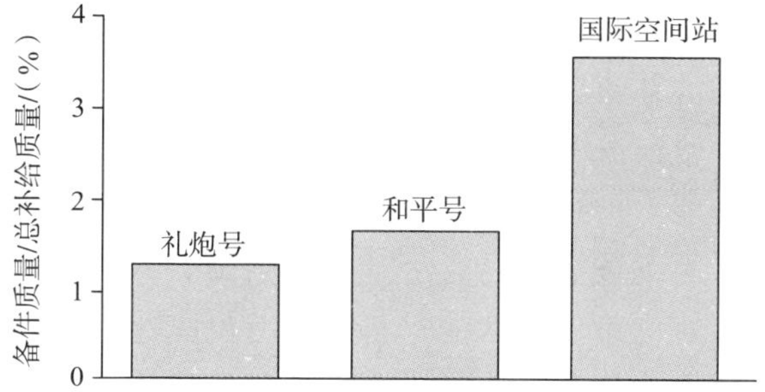

图 28－7　多个项目的预期故障数量和备件质量补给估计▲

▲：注意（且审视）在 1993 年对于国际空间站的非常低的预期故障数。质量表清楚地表明备件质量对于维修等级的依赖性。如国际空间站是组件自由更换（例如电脑），而和平号是亚单元级维修（例如电路板）[Leath and Green，1993]

用户支持包括支持顾客或用户需求的事项。这方面的实例是实验负重以及相关支持物资和消耗品（包括液体和气体）。用户支持还包括实验中返回产品或样品以及废物材料的回收。通过一个简要的案例显示这一问题是多么复杂：对于阿波罗任务，航天员需要带回月球上的岩石。当然，他们需要工具去实现，包括存储和运输岩石的容器。但是他们同样需要知道岩石的质量，这对航天器的再入返回会有影响。岩石具有良好的特性：在环境温度下不会融化。在本章的设计案例中，我们想要带回一些月球上的水冰样品，其需要一种新的方式去保存。即使基于非维修性方案（高可靠性），在火星任务期间潜在的实验故障将导致无法开展科学实验的风险［ISU，1989］。这一问题将引导规划者考虑有限的维护和维修。

补给和返回的能力，正如前面讨论所强调的，是有效支持航天系统的关键。必须从系统传输的相关数据帮助我们建立到达、预先定位以及返回的质量、体积、动力和温度需求。我们同样使用这些数据去定义和验证前面讨论过的后勤储备，同时定义和评估对于项目所创建资源的备选方案的风险。［ISU，1988］列举了一个良好的案例，表明再入和返回的计划能够使概念生效或失效。

为了建立一个初步的概念计划场景，在某种程度上提出了备选设计方案所需的补给和返回需求之后，要挑选出对项目可用的多个发射地点、补给或服务方式设计（在第 25 章讨论）。注意如果没有对接的设计和能力，航天器只能在轨运行数周，而不是数月。然后，鉴别出它们各自的能力与特性、计划发射窗口的可用性，最后（如果可能的话）对已设计的功能进行资源分配。这些任务的结果是综合货运分析能力的输入，从而确定飞船的机械特性及其安全运行的能力。

俄罗斯的进步号货运飞船（如图 28－8 所示）有助于理解航天运营计划的一个典型问题：资源获取的早晚问题。由于运载器的地面操作时间是漫长的，在某个重要节点（被称为货物清单终止）以后获得货物补给将不可能。连续性的操作，如对于空间站，可以预见的是将处理一些必须紧急处理的问题，如一些必须的补给（因为故障可在任何时间出现）。通常，来不及对货运飞船进行仔细分析（例如，分析内部的力矩或重心），因此假如不能推迟发射，那么就需要考虑能把备用品安放在可能安放的所有位置。此时可看出交会对接软件的价值，在标称距离之外，自动交会对接变得不可能。这个例子表明除非利用人工对接，否则货舱及贵重的货物将丢失。

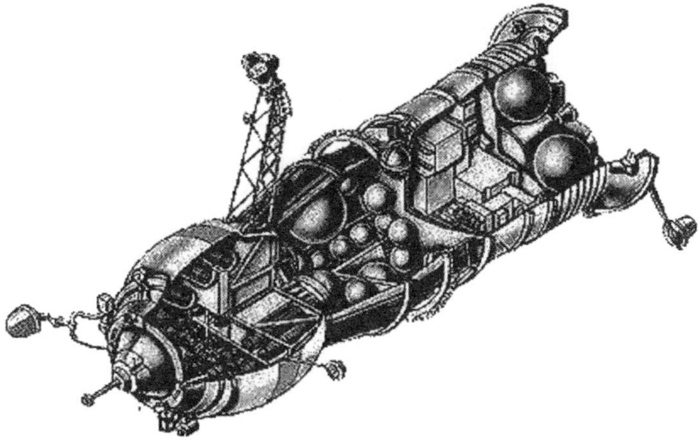

图 28－8　俄罗斯进步号货运飞船▲

▲：该飞船在 1978 年首次飞行，开展长期任务。T 型飞船能够再补给 1.2 t的燃料和 1.3 t、4 m^3 的货物。飞船在轨运行数周，其后满载废物并在返回期间坠毁

28.4.3　打包、装卸、存储和运输

这些任务考虑的是物品在航天器中怎样被打包、存储和装卸搬运（如图 28－9 所示），以及如何被消耗使用掉。例如，考虑一个火星着陆器。取决于货物装载到着陆器上的方式，卸载的过程（例如，通过漫游车）可能容易也可能困难。装载方式甚至在飞行任务异常中止时也扮演一个重要角色。必要时，实施引力辅助可以节省资源，并使风险最小化。另一个典型的例子是着陆架的位置，把着陆架放置得距离主基地过远，也会带来装卸搬运问题。

在做这个评估时，必须在任务的所有阶段都考虑打包、清查精确编目、存储需求（和平号空间站在这方面是一个明显的教训），装卸及运输所需设备的方式（例如海上回收），以及有关危险物资、海关和法规的问题。根据经验，可以假设打包后的重量等于货物的重

图 28－9 卸载货物▲

▲：航天员在航天器上如何进行装载/卸载工作很大程度上决定于设计的方式（图片由 NASA 提供）

量。更多细节详见 NASA［1990］。

在本章的设计实例里，已经对发射和回收的地点、需要取回水冰样品以及本次任务是否运输增压或者不增压货物进行了预设。所有这些任务极大地影响了能否运营以及运营成本，但是规划者倾向于认为在这个阶段没有足够的信息来明确这些问题。记住，在这个阶段，将关键的、顶层的问题提出来并给予突出重视比精确考量更重要，因为这将会对大部分费用产生影响。

28.4.4 其他问题

表 28－1 列出的其他要素（例如支持设施、训练和技术文件）同样重要，但是需要讨论的内容很多，限于篇幅，本章就不再一一详述，具体请参考 Blanchard［1991］或 Boeing report［1994］。但是，我们可以举例说明其中的部分要点。

在阿波罗任务中，修建了一个地窖专门用来储存航天员从月球带回来的岩石样本，并且开展了污染问题测量。这些需求使后勤设施和支持设备成为必须。另一个例子是航天飞机的运营。它们占据了很多专用建筑，其中的一些完全用于修复设备。处理货物同样需要专用设备，例如工具或者测试设备。每次航天任务中都会用到实体模型（具有不同的保真度等级）来重现任务并协助运营，例如进行故障诊断与维修（令人联想到阿波罗 13 号飞船）。新建造的国际空间站也同样如此，世界各国的设计者已经兴建起新的建筑大楼和支持设备。显然，我们必须在早期概念设计阶段就考虑这些问题。无疑，可重复使用和通用性应当作为根本出发点。

载人航天独特之处在于需要利用飞行乘组来维持实验和系统。尽管他们是高度称职的科学家或飞行员，通常却并没有被训练成为技术维护维修人员。虽然意识到他们并不能被培训成精通每一件事情的专家，但还是要将其培训成为能够担当起维护维修任务的工作人员（见第 6 章）。相应的，必须利用在职培训、进修课程以及其他相似办法。一个新的乘组，当已经完成后续维护维修过程的培训时，就前往维修 Spektr 舱。在一个漫长的、远距离探测任务中，例如火星任务，这肯定会成为一个问题，正如技术数据和文档所面临的问题那样。

开发和探索阶段的时间很长，以及经常性地重新调整规划，提高了收集和建立好的支撑文档的难度。不要忘记一旦一个航天系统建立起来，它可能永远不会消失，所以必须用文档记录下来。如果要维护维修、训练以及做很多其他活动，文档是关键参考因素，而且应当从运营的第一天起就以一种可用的形式存在。否则，乘组的生活会很艰难。例如，早期乘组飞行时，如果使用电报交换机就无法接收画面。今天的技术可以避免这类问题，但是所得的经验教训是必须要从运营角度进行思考。从一个任务运营者的角度考虑问题不能保证一定成功，但是可以避免很多后续问题。

28.5 设计案例与早期支持评估

现在将上述讨论结果整理归纳，可以形成后勤支持的一个初步概念。在早期设计阶段，必须描述整个运营支持。迄今为止，工程学科、产品保证和安全性应当已经在各自系统的关键项目中进行了确认。上面已经讨论了维护维修和补给支持的概念，并且简要涉及了一些其他重要方面。既然已经判断出哪些项目更有可能影响任务的后勤支持而且已经知道任务方案，那么就可以开始整理归纳了。

如前所述（见 28.3 节），会试图缩减维护维修任务。在本章设计实例中的短期任务，除了环控生保分系统（见第 17 章）外，乘组不需要进行预防性维修，除非正在筹划一个基地的后继访问。然后，再生策略可能是需要的，这意味着在休眠模式下更换一些设备或做一些低层次的地面监控。这里不得不面对的最可能的维护维修模式是消除故障。从第 3 章和第 4 章可知，25%的故障是由空间环境造成的，而如果正确处理的话空间环境中灰尘是可控的（例如清扫和运营策略，见第 18、22 章）。在前面的章节，系统和安全专家已经帮助建立了一个候选项目的列表，例如表 28 - 2 中列出的条目。对于本章设计实例，首先排除仓库层次的维修。该任务没有时间和能力去做这些事，因为最近的制造厂也远在飞行器的 350000 千米以外。这样就只剩下更换单元或子单元（组织维护，见表 28 - 8），以及乘组可以完成的低层次维修（中期维护）。记住，乘组只有在拥有资源的时候才可以做这些维修。例如，如果他们不能对平台上的一个故障进行隔离，是否值得去尝试修复平台或者必须直接改变平台呢？这个复杂的决策在后续将会进一步完善，但是必须理解一点：需要乘组修复任何部件都将产生影响。

通过前面章节，已经看到通过国际空间站任务将达到新的阶段。因此，如果飞船有与空间站相同的设备，那么将可能更好地处理故障。例如，使得环控生保分系统作为非可维护的部件表明需要标准的阀门和传感器。然后需要通过对之前讨论过的三类系统（乘组、系统及用户）建立一种平衡来识别所需资源。这种平衡依赖于如何提供资源（见表 28－9）。在设计案例中，将随舱携带几乎所有物品。因为在更久地停留过程中可以使用水冰，这些额外的需求能够直接显示出本地资源利用的益处。表 28－10 概括了对于整个任务来说所需要的资源，并确信提供资源的方式或策略是始终如一的。对于运载器能力的比较将能够估计创建和维持基地所需的发射次数。这些信息能够添加到表 28－5 中讨论的后勤支持操作流程中。可以得到一些初步结论：除了飞船本身的质量，需要考虑具备携带 70 t 物品的能力，这些物品多数（以降序排列）是推进剂（93%）和废水。这些将是首先要缩减的东西。表中有一些灰色的区域是正常的，随着设计的进展，表格将逐步完善。重要的一点是要重视敏感事项。在第 31 章将看到火星任务再补给和返回的另一个评估实例。

表 28－10　为每一个设计选项建立补给和返回预算▲

再补给和返回部件（随舱携带策略）	质量估计/kg		体积估计/m^3		讨论章节
	地球—月球—地球传输（6 天）	月球及其表面操作（21 天）	地球—月球—地球传输（6 天）	月球及其表面操作（21 天）	
乘组支持					
食宿	601.2	2236.9	4.7	15.4	表 18－6
消耗品					第 5 章，第 6 章，第 17 章
大气					
O_2	15.1	52.9			表 5－16
N_2					第 5 章，第 17 章
食品	11.2	39.1			表 5－16
水					
饮用水	63.4	221.8	—	—	表 5－16
非饮用水	457	1600.2	—	—	表 5－18

续表

再补给和返回部件(随舱携带策略)	质量估计/kg		体积估计/m^3		讨论章节
	地球—月球—地球传输(6天)	月球及其表面操作(21天)	地球—月球—地球传输(6天)	月球及其表面操作(21天)	
废弃物					
固体	1.98	6.9	—	—	
液体	69.7+457	243.8+1600.2	—	—	
舱外服(有1个备用)	—	488	—	2.5	表22-12
舱外活动消耗品	—	48(6个舱外活动者)	—	—	表22-2
推进剂	53680	9582	87	4.1	表12-10
系统支持					
备用品和维修部件	70		0.5		第28.4节
工具和支持设备	50		0.2		第18章
用户支持					
科学仪器	500～1000				第15章
返回样品	50				
总计	约56000 kg	约14300 kg			

▲:对每个任务方案和相关体系结构的补给和返回平衡的理解有助于我们选择费效比最低的方案。这里仅描述了一种选择方案。

当这些信息可用时，可用于估计故障的数量、维修故障所需的时间以及相关的再补给质量，能够评估每一个备选方案的费效比。诸如多变量分析等方法可被用来做权衡研究，这些研究反过来可引导提出可接受的、费效比低的设计方案［Shishko，1995］。

参考文献

[1] AIAA. 1991. Guide to Design for On - Orbit Servicing. AIAA Standard. Washington, DC: American Institute of Aeronautics and Astronautics.

[2] Blanchard, B. S. 1992. Logistics Engineering and Management. 4th ed. Englewood Cliffs, NJ: Prentice Hall, Inc.

[3] Fisher, W. F. and C. R. Price. 1990. Space Station Freedom External Maintenance TaskTeam . Vol. 1, Parts 1 and 2. NASA TM - 111428. Houston, TX: NASA Johnson Space Center.

[4] Harland, D. M. 1997. The Mir Space Station, A Precursor to Space Colonization. Wiley - Praxis series in Space Science and Technology. New York, NY: J. Wiley & Sons.

[5] ISU. 1989. International Mars Mission. Summer Session Program report. Toulouse, France: International Space University.

[6] ISU. 1988. International Lunar Initiative Organization. Summer Session Program report, Cambridge, MA: International Space University.

[7] Jones, J. V. 1996. Integrated Logistics Support Handbook. New York, NY: McGraw - Hill, Inc.

[8] Larson, Wiley J. and James R. Wertz, eds. 1992. Space Mission Analysis and Design. 2nd ed. Dordrecht, The Netherlands: Kluwer Academic Publishers, and Torrance, CA: Microcosm, Inc.

[9] Leath, K. , and J. L. Green. 1993. "A comparison of space station utilization and operations planning to historical experience." In Proceedings of the IAF' 93 conference.

[10] Lewis, E. E. 1994. Introduction to Reliability. 2nd ed. New York, NY: John Wiley and Sons, Inc.

[11] Mil - Std 1388 - 1. Logistics Support Analysis and Mil - Std 1388 - 2 Department of Defense Requirements for a logistics Support Analysis

Record. Washington，DC：US Department of Defense.

[12] NASA. 1995. Man - System Integration Standards. NASA - STD - 3000，Vol. 1，rev. B. Washington，DC：National Aeronautics and Space Administration.

[13] NASA. 1990. Requirements for Packaging，Handling，and Transportation. NHB 6000. 1D. Washington，DC：National Aeronautics and Space Administration.

[14] Sherbrooke C. C. 1992. Optimal Inventory of Systems. New York，NY：John Wiley and Sons，Inc.

[15] Shishko，R. 1995. NASA Systems Engineering Handbook. SP - 6105. Washington，DC：National Aeronautics and Space Administration.

[16] The Boeing Company. 1994. Integrated Logistics Support Plan. International Space Station Program，D684 - 10041，Vols. 1 - 9. Houston，TX：The Boeing Company.

[17] Zubrin，R. 1996. The Case for Mars：the Plan to Settle the Red Planet and Why We Must. New York，NY：Free Press.

第 29 章　载人航天系统的成本估算

Lisa Guerra，NASA 戈达德航天飞行中心
Robert Shishko，NASA 喷气推进实验室，加州理工学院

29.1　成本估算概述

由于国际航天机构正在努力减少预算，航天计划和项目的成本已经变得越来越重要。* 概念设计必须考虑成本，特别是大型项目。早期的成本评估，需要帮助确定项目或项目的目标是否值得提供其所需要的资源。在后续的设计和开发过程中，有助于在众多的竞争性选项中做出理性选择。本章将成本信息作为一个设计因素提供给任务设计者，并展示了如何估算载人航天系统的成本。

表 29－1 总结了成本估算的步骤，但是如果要做一个快速估计，可以略去其中多个步骤。在同一项目中不同人进行成本分析得到的结果可以略有不同，因为这是一个主观过程。为使成本估算更一致，应尽可能使方法和流程标准化。

---

* 在 NASA 的定义中，计划由一个或多个相关项目组成，需要长期的努力。

表 29－1 成本评估步骤

步骤	任务	讨论章节	注释
1 输入	开发任务工作分解结构	29.1.1 节	至少需要一个概念性的任务体系架构
	定义费用估算的层级	29.1.1 节	任务、系统、分系统或组件
	定义费用估算的范围	29.1.2 节	全任务周期或者特殊的开发阶段
	从设计工程师处收集任务基线信息	29.4 节（案例）	
	收集各种方案的输入数据，进行权衡研究		
	建立评估的基本规则和假设	29.2.1 节	
2 执行	选择费用评估的方法	29.1.4 节	
	选择合适的费用建模工具，进行参数估计	29.2.3 节	
	进行费用评估	29.4 节（案例）	
	应用费用调整模型，进行适当调整	29.2.4 节	
	评估任务的成本风险，并计算项目的储备金	29.2.4 节	
	在项目寿命周期内拓展任务费用评估，并计及当年美元的通货膨胀	29.3.1 节，附录	
3 评估	比较各种方案的成本		
	确定潜在的降低任务成本的主要驱动力		
	测定寿命周期关键设想和需求的成本敏感度		

29.1.1 工作分解结构

分析一个项目或工程的成本要从了解它的要素开始，这些要素通常是在工作分解结构（WBS）中获得。简而言之，工作分解结构是完成一个项目或工程所必需的分级分解工作（通常由项目经理和系统工程师进行开发）。一个好的工作分解结构包含一个产品分解结构（在美国国防部的术语也被称为系统分解结构）。产品分解结构包含居于顶层的项目或工程，以及系统、组成部分、分系统等，逐层向下到较低层次。最终显示所有需要的硬件、软件、信息项目和设施，表明彼此之间的关系，以及与项目或工程的关系。通过将项目元素集成为更高层级的工作（例如管理、系统建造、组装和测试），扩充产品分解结构来形成工作分解结构。图 29－1 显示两种结构之间的关系。图 29－2 给出了一个基于产品的工作分解结构实例——登陆月球南极任务，将在第 29.4 节讨论。

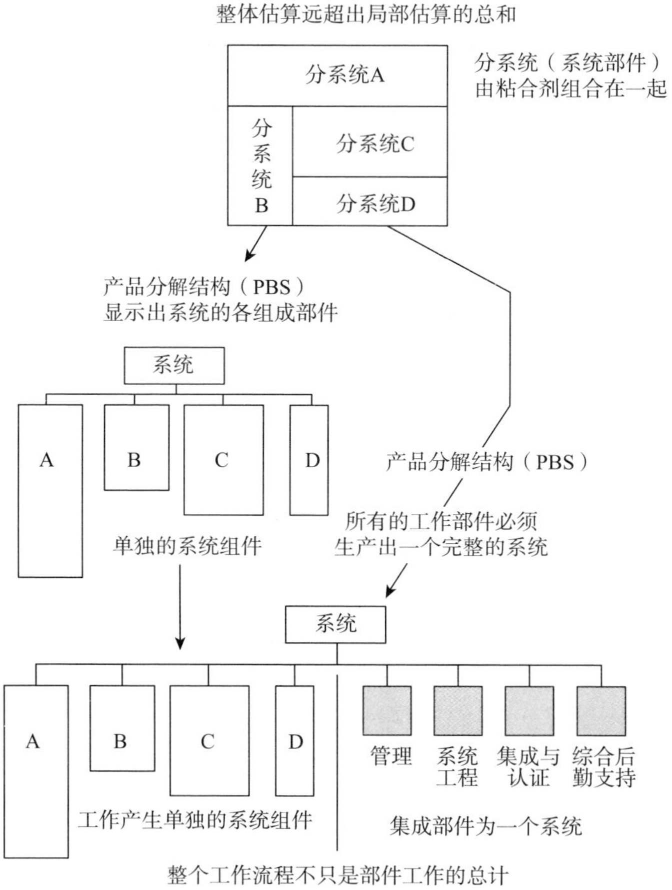

图 29－1　系统、产品分解结构和工作分解结构之间的关系▲

▲：成本估算基于基础的产品分解结构，但是无论何时开展寿命周期费用估算，必须将工作分解结构中影响其他要素成本的某个要素的设计更改考虑在内

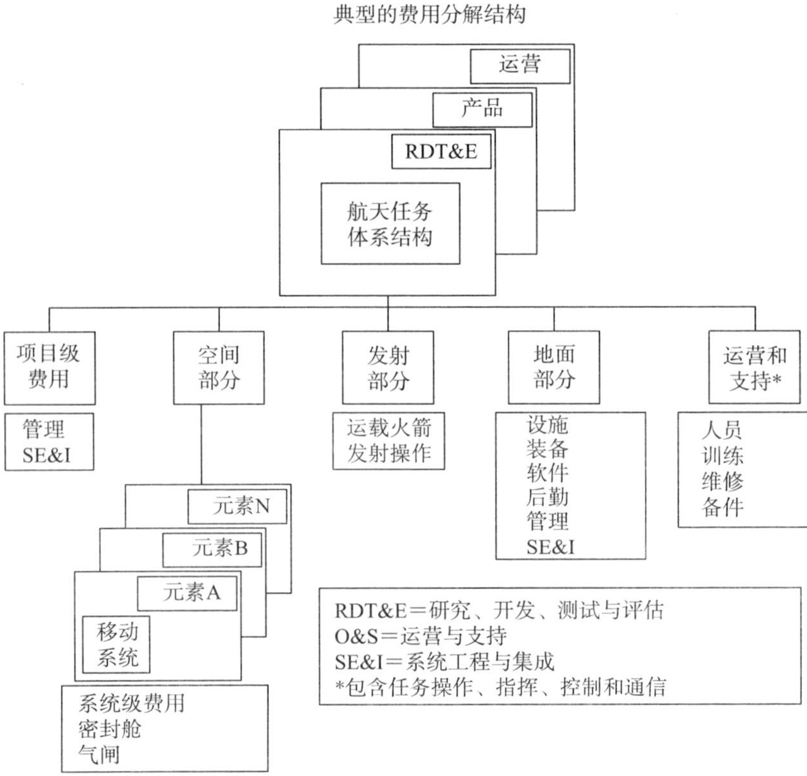

图 29－2　月球移动系统的产品分解结构示例

必须有一个成熟的工作分解结构和相应的规范，用来正确地进行项目管理和成本估算。根据工作分解结构进行成本估算，可以：

1）帮助识别需估算的成本并核实估算的完整性。

2）允许将备选架构和系统设计进行反复比较。

3）提供计划或项目与组成部分之间的逻辑连接。

分解一个计划或项目，以及估算工作分解结构每个单元的成本已成为普遍的做法，因为它往往更容易把历史和工程知识应用到工作分解结构的一部分，而不是全部。工作分解结构的详细程度取决于对任务的熟知程度。成本模型是一种使用历史和工程知识的成本计算方式，通常用于某一特定层面的细节问题上效果最好，比如用在航天器的电源分系统上。

29.1.2　项目或者工程的寿命周期阶段划分

通常情况下，一个项目有不同的阶段，覆盖从方案到结果的整个寿命周期。每个阶段都包含对系统的迭代设计活动，以及完成项目所需的资源和时间。下文定义了传统的阶段，要注意，NASA 在 1998 年发布的管理指南中指出一个项目统一划分阶段如下：概念阶段包括 A 前阶段，A 阶段和 B 阶段；实施阶段包括 C/D 阶段和 E 阶段。

1）A 前阶段，是研究新思路的非结构化的时期，主要面向小规模的研究。在此阶段，对系统的主要目标进行定义、评估和改进等内容。用概念设计评估设定的目标是否可行。

2）A 阶段，有时也被称为初步分析阶段，是前一个阶段的结构化版本。通常是一个专门小组或项目办公室通过大范围的可行性研究后，决定新项目的目标和内容。这一阶段通常是小于项目成本的百分之一，但包含了设定剩余所有项目阶段的系统工程工作。

3）B 阶段，也被称为定义阶段，最重要的是建立项目的基本参数：其理论基础、成本、进度、管理方式、最有可能的技术解决方案。该阶段涉及签署多个合同，以及评估满足基本需求的设计方案。研究表明，一个项目或工程的 B 阶段要花费总预算的 5％到 10％，从而对 C/D 阶段的成本进行控制。

4）C/D 阶段是设计、开发、测试、评估阶段。它包括准备详细设计、制造系统原理样机以及测试系统如何运行。对于许多系统来说，C/D 阶段可能持续到第一次实际飞行试验。因为航天器通常不会大批量制造，这个阶段通常包括飞行硬件的生产。如果某项目是生产更多的航天器，就需要分别评估研发和生产成本。

5）E 阶段，运行阶段，包括发射准备、发射和在轨运行。载人探索任务的运行阶段直到乘员安全返回地球才是完整的。在航天飞机之前的载人项目，这些相对短期的项目有一个明确的结束节点，所以运营成本低于总额的 20％。但航天飞机和国际空间站的载人探索计划是一个很长的阶段，所以必须从一开始考虑运营成本。

每个阶段的成本比例依赖于项目不同而不同，见图 29－3，但合理的初步设计是十分重要的。在工程寿命周期早期（A 和 B 阶段）努力获取寿命周期不同阶段更多的准确成本信息，其成本估算将会更准确。当然，在这些阶段一些信息是不确定的。为了确定寿命周期费用，必须提出一些关键的问题：不同设计有多少是选择依靠现有技术？是使用常规的，还是需要更高精度的生产流程来实现？必须通过哪些测试验证各个不同的设计，以及它们的成本如何？每个不同设计需要什么样的可靠性水平？设计中必须满足什么样的环境和安全要求？任务需要什么样的后勤保障？

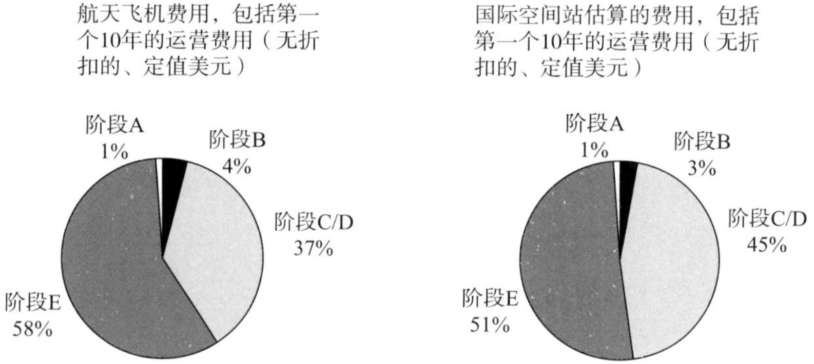

图 29－3　项目或工程的成本分布

（左边：航天飞机；右边：国际空间站）

29.1.3　开发类型

如上所述，开发和生产的主要活动是在 C/D 阶段。因为开发工作支配着航天器的成本，所以必须了解可以利用的不同开发方法，三种最常见的是：传统的（或样机），原型飞行，竞标飞行。

传统的方法包括：制造一个或多个样机，这些样机将在模拟硬件可能遇到的操作条件下进行测试。可以不断改进原型样机，直到满足性能特性。此方法需要制造和测试的样机和实际飞行硬件即使不完全相同也应该非常接近，因此这种开发方法的成本最高。该方法的优点是降低了设计缺陷或缺乏全面测试而导致的任务失败风险。

现在航天工业通常使用相同的硬件用于测试和任务，称之为原型飞行方法。当生产成本相对较高，同时试验对硬件的破坏并不严重时，使用这种方法反而可以节省资金。可能需要在测试后及任务前对原型飞行系统进行返工或修理。

第三种开发类型是竞标飞行，在原型开发阶段存在两个相互竞争的设计理念，然后，通过竞争性测试，以确定最佳的设计方案。当开发和测试的成本在系统寿命周期成本占比较低时，竞标飞行方法是最有效的。当系统性能至关重要且仅通过分析不能轻易辨别不同备选系统方案的水平高低时，竞标飞行方法是可行的。国际空间站使用了原型飞行方法，可重复使用运载火箭（航天飞机替代品）使用了竞标飞行方法。

29.1.4　成本估算的方法

随着项目的进展，各阶段的成本估算方法会发生变化，在 A 阶段用于支持概算和设计的技术和工具可能不够详细，无法用以支持 C/D 阶段过程中的活动。随着项目和系统的设计和成熟，需要更详细的工作分解结构和更准确的成本估算。最常用的方法是成本参数估算模型、类比法和层叠法。表 29－2 展示了工程不同阶段使用的成本估算方法。

表 29－2　工程阶段使用的估算方法

估算方法	A 前阶段和 A 阶段	B 阶段	C/D 阶段
成本参数估算模型	主要	适用	可以适用
类比法	适用	适用	可以适用
层叠法	可以适用	适用	主要

层叠法（也被称为工程法或自下而上法），需要很多的细节和对系统组成单元的理解。该方法涉及到开发和生产每一个单元所需原材料和劳动力成本的估算，使用如下步骤：

1）按照人员当量，工作分类（工程、制造等）估计承包商的数量。

2）确定每个人员当量的年度成本“负担”——每一类都要单独识别——以得出人工费率。年度成本“负担”包括承包商直接或间接费率，常规行政部门、日常开销和津贴等。

3）人工成本的计算是将人工费率乘以从事直接劳动的人员当量。

4）识别（采购）工作分解结构的要素的每一部分。

5）识别每部分的推荐来源（供应商）。

6）确定此部分供应商的单位成本（每平方米或每千克原材料的成本，装配部件的项目成本）。

7）确定此部分要求的总数（量）。

8）通过单价乘以数量计算材料成本。

9）应用采购因素分类汇总材料成本以计算总的材料成本。这些因素包括采购组织的装载费用、物流费用或其他费用，它也占运输、处理和储存成本。例如，通过肯尼迪航天中心的物流系统购买轨道部件要比在供应商那儿多出50％～100％的费用。

由于构建层叠的预算一般非常耗时，所以不可能在进一步的系统方案权衡研究中重复太多次。

类比是另一种估算成本的方法，基于一个功能特性相似且成本已知的组件来估算。可以调整已知的成本以反映对工程差异的判断。在工作分解结构中的每个要素，通过类比来估算，步骤如下：

1）确定最适用的类比对象。

2）获取类比对象的成本，并转化为年度的美元支出标准。

3）阐明类比对象的技术细节，比如数量、工程参数（重量、功耗、性能规格等）、计划、任务约束、分析和测试水平。

4）确定得到评估新要素的相同技术细节。

5）比较新要素和所选择的类比对象的技术细节，基于要素的相似度，确定对历史成本进行适当的调整。

可以对系统中的任何细节运用类比，但对贸易研究来说，类比往往被证明是行不通的和不灵活的。类比方法常用于对其他两种方法的结果做一个“复核”。

当了解或评估有限的几个关键变量时，成本参数模型是主要的评估方法。参数模型最常见的例子是成本估算关系（CER）的统计。通过统计回归计算，可以得到一个或多个参数与成本的关系式。用于估计空间飞行器硬件成本的典型关系是依靠质量作为关键影响因素。然而，考虑到技术的进展，最近的一些案例中开始强调多变量方程，使用如数据率等性能参数。虽然这些关系易于使用，但也存在着反对的理由，包括：输入的准确性、在有限数据点中的低统计意义、忽略统计的置信区间，还有基础数据的偏差等问题。

成本参数估算模型通常是早期贸易研究最合适的工具。主要优点是估算前后一致，文档简单，并减小所需的时间和精力。由于大多数读者会选择这些模型，下面将继续讨论和演示。

29.2　成本参数估算

29.2.1　建立基本规则和假设

如上节所述中，成本估算的第一步是了解计划或项目。这一步是系统工程的核心，包括理解和记录任务需求，开发新架构和运行方案，定义系统的技术和性能特点并制定计划或项目的工作分解结构。第二步是建立基本规则和假设，表 29-3 的清单可以帮助记录每个成本估算的基本规则和假设。

基本的规则和假设，也包括成本估算方法。如果选择一个参数模型，就必须了解模型的基本假设。所有模型都假定一个确定年份的美元值、技术输入的有效范围和技术水平（基于当前数据库）。当评估含有多系统的项目时，可采用组合方法——比如运载火箭用层叠法，地面运营用类比法，而飞船用成本参数模型法。在任何情况下，都要记录在基本规则和假设下的技术选项。

表 29-3　成本估算基本规则和假设清单

需要的信息	基本规则和假设
将用什么形式的美元比价	实时年(当前或额定财年美元)； 定年(调整到一些特定年份的价格水平)
计划信息：开发和生产的起始日期	阶段 B 授权进行； 阶段 C/D 授权进行； 首次飞行； 最初运转性能； 寿命周期成本计算的时间框架
数量	开发(包括工程模型)； 产品； 备件
寿命周期成本	任务寿命； 硬件更换的假设； 发射率； 每年飞行的次数
重量减少是否对成本产生影响	Yes/No，减少百分比
采用备选方案或者先进的管理能降低成本吗	Yes/No，减少百分比
该项目是否将承担一定的风险(及随后逐步减少)	原型飞行； 对技术进步的依赖； 单/串设计
共性和设计继承假设	指定的继承声明
是否由一个主承包商开发、集成和测试项目/系统	如果是，费用比例是多少
在开发、集成、测试硬件，生产飞行器等过程中政府的角色	政府核算所有成本的假设
此项目是否需要新的基建和设备，或者维修现有的设备	发射台； 操作中心； 测试厂房等
经营理念	运载火箭的选择； 任务控制中心的位置； 使用跟踪与数据中继卫星系统、深空网络或者其他通信系统
此项目是否打算使用已有的运载火箭	如果是，供应商的等级

续表

需要的信息	基本规则和假设
此项目是否包含国际合作、或者其他政府机构分担成本和联合资助	如果有,什么程度
成本估算外的特殊项目	

成本分析应使用市值稳定的美元（本章后面将讨论的估算案例假设是基于 1996 财年）。这一惯例使成本评估和备选方案的比较讨论更容易进行。如果需要逐年分配项目的投资，首先应逐年按不变美元值分配项目费，然后将每年的经费乘以适当的通胀系数。本章的附录包括一个年度美元市值的通胀系数转化表。

29.2.2　了解成本动因和定义数据需求

每一个参数模型都含有自己的一组成本动因，在选择候选的成本动因时，遵循以下标准：

1）每一个动因都应该对工程参数产生成本影响；

2）每一个动因都应该对设计决策有用；

3）每一个动因都应该能够随时获取，或者能够被已知的置信度所预测；

4）每一个动因必须对成本有统计学意义的影响。

最常用和传统的两个成本动因是质量和数量。

质量

由于质量通常反映尺寸特征，有时可以也反映硬件性能，因此，通过质量进行成本估算比较便利，且这么多年以来，质量一直影响着航天系统的成本估算。质量也是工程的一个关键参数，即使在项目早期也会对质量进行估算。在成本估算中，质量一般指单个设备的干重。

数量

产品数量和成本之间的关系有多种形式。最简单的一种是使用一个固定不变的平均成本，即无论数量多少平均成本都是相同的。

因此，平均成本等于边际成本。这种方法最适用于少量的采购。

另一种方法是（适用于大规模产品数量）调用经验或者学习曲线。学习曲线方法源于观察，由于劳动力通过“学习”会使生产变得高效，因此每一个新单元的生产都要比前一个花费略少的时间。学习曲线可以包含通过购买大量原材料来降低成本的内涵。从 Wright 开发的学习曲线关系，可以表述 N 个单元总生产成本 $C(N)$ 如下

$$C(N)=C(1)N^{1+B} \tag{29-1}$$

其中

$$B=\ln(LR/100)/\ln 2 \tag{29-2}$$

$C(1)$ 是生产第一个产品的成本，LR 是学习因子。当产品数量加倍增加时，学习因子反映了单位成本降低的百分比。学习因子适用于每一个生产环节。95％的学习因子是指第二个产品的成本是第一个产品的 95％。10 个产品以内，推荐 95％的学习因子；10～50 个产品的学习因子为 90％；超过 50 个产品的学习因子为 85％。

另一个版本的数量关系是在前几个单元的边际成本上增加，然后开始沿着一个学习曲线随数量的增加逐步下降。这个例子展示了这种情况，即首先第一批单元是部分运行或者是低成本原型，而后逐步建立全面的生产。一旦生产形成可重复的架构，就可以根据学习曲线降低边际成本。这种方法最适合于 5 个以上成品的购买，以及开发原型、生产单元和通用部件等情况。

29.2.3　选择成本模型：载人航天系统的典型参数模型

航天产业有许多成本参数模型，但仅有很少的模型能用于载人航天工程成本估算。NASA 基于自己的数据开发和维护了两个模型：高级任务成本模型（AMCM）和 NASA－空军成本模型（NAFCOM）。第三个模型“PRICE”是一个商业工具，需要用户许可证，由 PRICE 系统公司 LLC 维护。对于特定的寿命周期单元，可以获得许多专业模型，如任务操作、运载火箭和软件。例如：

NASA 的 MESSOC 模型用于处理空间站成熟运行的成本；另外一个模型，TRANSCOST 是一款商业化的用于进行航天运输的成本估算模型。对于成本分析，必须基于项目目标和设计细节来选择成本模型。应用最广泛的成本模型是 COCOMO。

通过网址 http：//www.jsc.nasa.gov/bu2/models.htm，访问 NASA 的成本模型；该网站由约翰逊航天中心维护，同时也链接了有价值可替换的模型。可以通过网址 www.pricesysytems.com，获取 PRICE 方面更多信息。

PRICE 成本参数模型

PRICE 成本参数模型是一组在航天领域常用的成本估算关系式（CER）。PRICE 系列模型解决了硬件和软件的估算和采购安排。PRICE - H 模型（H 表示硬件）主要用于组件及更高级别项目的开发和生产的成本估算。估算系统的输入很多，从任务分类（包括载人航天）到设计数量以及现货供应程度。质量精确度是精确输出的关键，质量一定要体现在两个领域：电子器件质量和机械/结构质量。PRICE - H 也很大程度上依赖于制造和工程的复杂程度。用户通常在每一个层级的工作分解结构中标识硬件项目，基于相关用户项目的数据，通过“校准”PRICE - H 模型来进行更复杂的推导。NASA 每年重新校准 PRICE - H，使其能够更好地估算民用航天任务。

NASA -空军成本模型（NAFCOM）

NASA 马歇尔航天飞行中心开发了空军成本模型（NAFCOM），涉及载人航天器成本估算关系式的数据库来源于 6 个项目：水星、双子星、阿波罗、天空实验室、航天飞机轨道器和空间实验室。每个成本估算关系式涉及一个参数，如质量、功率、或设备的数量，成本固定在 1987 财年的美元值。在分系统应用中，该模型提供 C/D 阶段一次性设计、开发、测试和评估的成本，以及反复出现的单元生产成本。载人航天器成本模型中含有一次性和重复计算的部分，分系统包括：结构、热控、姿控、反馈控制、能源、环控生保、乘员居住、推进及指令数据处理。例如，一个具有 400 磅推力的肼发动机，包括一次性和重复出现的成本估算关系式为：

$$一次性成本 = 0.08(推力)^{0.53} = 190\ 万美元$$

$$重复单元成本 = 0.002(推力)^{0.84} = 30\ 万美元$$

（以 87 财年美元值为恒定值）

各个分系统成本合计仍不能得到系统设计、开发、测试和评估的成本（DDT&E）。必须加上一些系统级的成本，如分系统组装工作成本、系统认证成本，包括系统测试硬件和操作成本，集成、组装和试验时间成本，地面支持设备成本，系统工程和集成以及项目管理成本等。这些成本很难分配给各个分系统，所以 NASA -空军成本模型通过一系列算法分别进行计算。该模型完成系统设计、开发、测试和评估的成本估算，包括主承包商的成本，但不包括咨询费、政府机构、政府提供的设备和操作等成本。

高级任务成本模型（AMCM）

约翰逊航天中心开发的高级任务成本模型，是仅基于质量的单变量模型，可作为一种替代品用来估计系统级的硬件成本，如乘员舱的成本。该模型提供了一种相当快速的评估方法，用以评估在整体任务中或者自顶向下设计中的变量。它使用一个超过 260 个项目的数据库，大部分项目由政府出资，包括顶层成本、系统质量、项目进度日期、开发机构和技术数据。

这个模型包括一个独立的成本估算关系式，由一组独立的相关变量得到系统百万量级的总成本（1999 财年美元值计算）。使用回归分析方程，导出

$$系统成本 = \alpha Q^{\beta} M^{\Xi} \delta \varepsilon^{(1/(IOC-1900))} B^{\phi} \gamma^{D} \qquad (29-3)$$

其中

$\alpha = 5.65 \times 10^{-4}$

$\beta = 0.5941$

$\Xi = 0.6604$

$\delta = 80.599$

$\varepsilon = 3.8085 \times 10^{-55}$

$\phi = -0.3553$

$\gamma = 1.5691$

输入参数定义如下：

Q，数量——以当量表示开发和生产的数量。开发数量基于工程的开发单元、实物模型、模拟器、地面测试物品和飞行测试物品；生产数量是基于生产单元、初始备件和运营备件，所有这一切都取决于飞行单元的任务数量的要求。

M，质量——以磅来计算的系统干重。

S，指标——该值指定任务类型（如行星、物理学和天文学、地球观测）。载人航天系统的指标值包括 2.46（行星着陆器），2.39（行星），2.27（载人再入），2.14（巡视器），和 2.13（载人居住舱）。

IOC（初始运营能力）——系统运营的第一年，年份是一个独立变量。

B，块——该系统的块数，代表了设计的继承性水平。如果系统是新设计的，则块数为 1；如果系统是通过修订现有设计实现的，则块数可以是 2 或更多。例如，块 5 是指对现有系统的第五次修订。

D，难度——定性评估开发和生产该元件对应的方案和技术难度。难度值范围 −2.5～2.5，增量为 0.5。2.5 是指非常困难，−2.5指非常容易，0 则是指平均难度。

我们使用高级的任务成本模型研究本章的案例。

29.2.4　应用成本调整因子

复杂因子

当一个系统的某一特征未包含在成本估算关系式数据库中时，为弥补该缺陷，引入复杂因子来进行调整。复杂因子可能会考虑到技术差异、材料类型、生产过程、部件数量，以及团队经验、计划安排、组织间的接口，如承包商和政府机构的数量等。也可能包括新的设计水平，描述系统的继承程度，本质上取决于这个系统从已有基础到全新设计的规模。相比普通的新设计，表 29 - 4 给出了一种分配系统复杂因子的方式。可将复杂因子应用到 NASA 空军成本模型中，但是高级任务成本模型已经做过困难度调整，因此不再适应加入复杂因子。

表 29－4　参考条件和复杂因子值

条件	复杂因子值
现有的，最少改动	0～0.2
基本设计已存在，少部分技术问题，20%新问题	0.3～0.5
简单设计已存在，部分技术问题，80%新问题	0.6～0.9
需要新的设计和验证，需要一定的技术开发	1.0
需要新的设计和验证，需要一定的技术开发，多个承包商	1.1～1.5
需要新的设计和验证，大量的技术开发	1.6～1.9
需要新的设计和验证，大量的技术开发，突击进度安排	2.0+

隐含因子

隐含因子表示方案级的额外成本，通常计算到 C/D 阶段设计、开发、测试、评估和生产硬件的主合同成本中，占一定的百分比。表 29－5 列出了 NASA 近期两个正在开发的项目（航天飞机和自由号空间站）典型的隐含因子，以及载人任务的通用值；最后一列指定了需应用隐含因子进行成本估算的部分（环节）。

表 29－5　某些项目各阶段的隐含因子参考

隐含因子用于	航天飞机	自由号空间站	载人任务通用值	应用环节
二次开发	3.6%	3.3%	3.5%	DDT&E&Production
阶段 A 的概念研究	0.3%	?%	0.3%	DDT&E&Production
阶段 B 的定义研究	2.2%	3.0%	3.5%	DDT&E&Production
项目支持	14.0%	25.5%	15.0%	DDT&E&Production
运营能力开发	5.6%	13.1%	15.0%	DDT&E&Production
发射和着陆	11.7%	6.6%	8.0%	DDT&E&Production
项目管理和集成	6.5%	22.0%	10.0%	All
专用费用	—	—	8%～10%	DDT&E&Production

这些隐含因子的类别在载人项目成本估算中是最常见的。二次开发包括了通过研究来验证已经明确的技术在任务约束下能否起作用。项目支持是指 NASA 项目能够获得“包罗万象”的资金来源，用于工程项目的分析、管理和监督，增加测试和验证、支持软件以及政府提供的设备、仿真等——亦即所有超出主承包商责任范围的事件。运营能力开发包括运营前的准备工作，为乘员训练的设施和训练指南、任务控制装备、运营分析、任务规划及飞行程序提供资金支持。发射和着陆是指计划项目完成发射和回收所需的准备工作。该隐含类别适应于发射或过程中的装备、地面支持设备和发射控制中心的改造。然而，如果项目需要一个新的发射基础设施，将把它作为单独的设施成本来估计和预算。

项目管理和集成包含管理支持和集成，再加上政府管理机构的税费。这一类主要依赖项目管理的结构和策略，如管理机构所在位置的数量。为了估计总成本，项目往往关注于降低隐含因子成本，比如考虑“新的业务方式”的减免。例如，管理者们会声称他们能够压缩项目的隐含因子，因为在阶段 C/D 开始后的设计改变量会比前一个阶段少很多。作为成本分析，因为在过去没有证据来支持，所以应当对这些声明保持怀疑态度。

储备因子

储备是项目资源预留在不可控异常事件管理中的量。由于承包商的预算超支，当一个系统未能达到安全标准、或者技术的开发不能符合交货日期的要求时，则可以动用储备。项目的总成本应不包含储备，计算储备的方法取决于任务风险。

表 29－6 描述了 NASA 总部通过审查批准适用于基准设计的储备模型。为了使用模型，在每一个任务类中使用一个风险因子。例如，如果评定设计的独立性为 100%，则加入一个高风险因子 15。一旦已选择风险因子，则与权重相乘产生得到风险值，在参考表中找到风险值，得到一个储备因子，范围从 20%至 70%。储备是应用在项目成本中最后一个隐含因子，载人任务必须考虑一个30%～

40%的储备因子。

表 29-6　(a) NASA 总部的储备模型：风险因子×权重=产品风险

(斜体表示案例)

风险因子项	风险因子	权重	产品风险
1. 投资规划的定义：%	@7%　8	0.3	2.4
2. 设计上的独特性(平均=70%)	5	0.2	1.0
3. 软硬件的复杂度	15	0.1	1.5
4. 系统工程或者集成测试的困难程度	5	0.2	1
5. 组织结构的复杂性	5	0.1	0.5
6. 并行开发的需求	10	0.05	0.5
7. 经验参考(政府和承包商)	3	0.05	0.15
		风险总和：	7.05

(b) 风险因子　((a)表中的一列)				(c)储备因子	
项目	高	中等	低	风险分值	储备因子
1	2% = 20	7% = 8	10% = 3		
2	15	5	3	0～5	20%～25%
3	15	5	3	5～6	25%～30%
4	15	5	3	6～8	30%～40%
5	10	5	3	8～10	40%～50%
6	10	5	3	10～13	50%～60%
7	3	5	10	13～16	60%～70%

另外一种得到任务储备因子的方法是计算成本的分布概率，通过计算可以得到的平均值、标准偏差、百分比以及其他统计量。为了得到成本的概率分布，输入大量数值（考虑研发风险）到成本模型。例如，如果使用高级任务成本模型，需要确定一定的质量参数范围和复杂度因子，然后为每一个超出范围的值分配一个概率分布。如果能够确定三个点（积极、最佳猜测、消极），则可以使用三角形分布。然后使用蒙特卡洛方法对任务总成本进行仿真，得到一个成

本概率分布。

为了在层叠法估计中应用相同的技术，每一个工程师应提供工作分解结构中每一个要素的成本范围，及在范围内的概率分布。然后采用蒙特卡洛方法仿真计算总成本。各种电子表格的软件可用来进行这种类型的成本/风险分析。

图 29－4 描绘了累计成本分布的样本曲线，也被称为 S 曲线，包括初始估计值、随机估计均值（预期值）和 90％置信度估计值。随机成本分析可以让管理者讨论成本估计的置信水平，以及理性地选择实施项目所需的余量。曲线分布可以告诉管理者设计概念成熟度，不成熟的设计将得到一个平坦的 S 形曲线或更广泛的分布。从图中知，一个保守的 90％置信水平上的成本估算会得到一个在估计点上大约 60％的储备因子。这种类型的成本/风险分析适用于阶段 A 的研究，此时系统设计不成熟，规模的估计差异很大，且项目性质还不是很清楚。

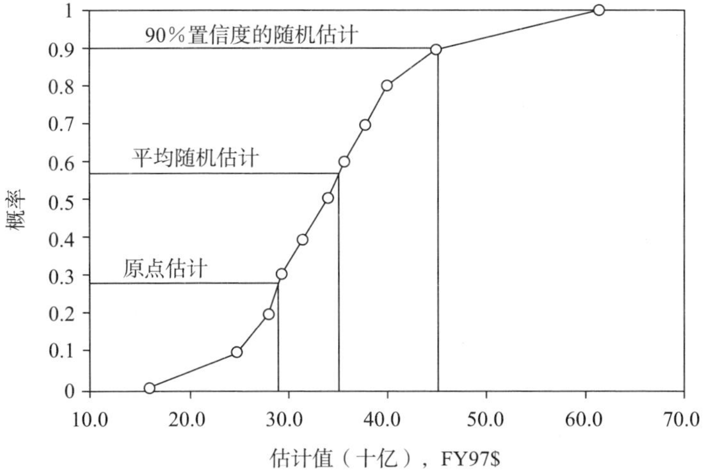

图 29－4　一个项目总成本的样本累积分布曲线▲

▲：通常采用蒙特卡洛分析法来构建这条曲线，图示了项目成本估计的不确定性。随着项目的推进，不确定性在降低，均值会发生变化，但是曲线通常变得更陡峭，表明估计的方差在降低

29.3 其他成本问题

29.3.1 β曲线描述成本–进度关系

通常只在C/D阶段使用成本模型基于定值美元来估算总成本。然而，从预算的角度，要求在项目寿命周期开始阶段进行成本估算时，就应考虑通货膨胀的因素以获得真实的年度成本。为了确定价差，使用一个与发生成本相关的β曲线来反应时间变化的影响。β曲线是一个关于时间微元（F）的五阶多项式

$$\text{累积成本比例} = A(10F^2 - 20F^3 + 10F^4) + B(10F^3 - 20F^4 + 10F^5) + 5F^4 - 4F^5 \tag{29-4}$$

图29－5给出了样品的成本分摊。在曲线（1）中，A=1且B=0，即50%的时间分摊了82%的成本。在曲线（2）中，A=0且B=1，即50%的时间分摊了50%的成本。在曲线（3）中，A=0且B=0，即50%的时间分摊了18%的成本。基于以前的工程数据，载人项目使用50%分布曲线，取A=0且B=1，或者60%分布曲线，取A=0.32其B=0.68。通常得到的曲线是机构的拨款预算结果，与预期或最好的预算结果存在差异。必须要注意那些能在整个项目生命周期对成本分摊起决定作用的外部约束。

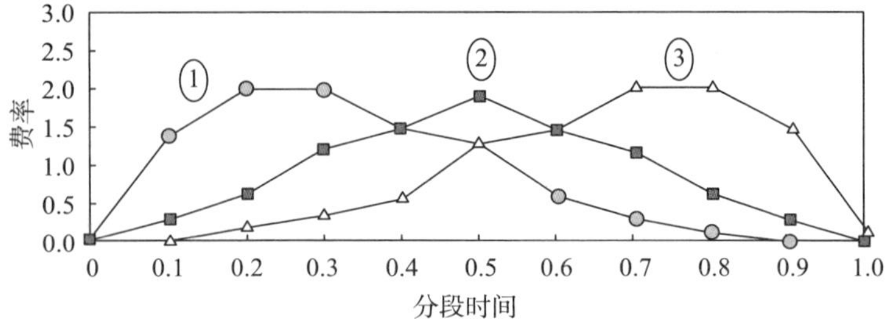

图29－5 三种不同β曲线▲

▲：分析时可以使用这些曲线从成本模型中得出整个项目或工程成本进度分摊，从而计算得出年度实际的资金（当年美元值）需求

29.3.2　将空间系统认定为载人任务的成本

1988，NASA 总部的审计办公室基于航天飞机和伽玛射线天文台项目对载人和无人航天器的成本进行了比较。成本比较仅限于类似的分系统：二级结构、热控、指令和数据处理、姿态控制和电源系统。该研究得出以下规律：

1）载人航天器比无人航天器多出两倍以上的分系统（与硬件的冗余数量相关）。

2）载人航天器需要更多的测试硬件，如样机和飞行物品。

3）载人航天器硬件每磅设计和开发成本大约比无人航天器上同类硬件多三倍。

4）飞行和样机硬件每磅成本是一样的。

5）载人航天器支持成本（非主承包商成本）与主承包商成本之间的比例约是无人的三倍。

很难精确估计载人任务中空间系统的改造和设计成本。然而，研究表明，相比无人空间系统，设计和建设一个载人空间系统无疑是更昂贵的。成本差异取决于几个特定的设计领域：故障报告、可维护性、安全性、配套项目、构型控制、可跟踪性和环境测试。表 29 - 7 提供历史上的载人航天任务开发成本，以 1996 年美元值计。可以使用这些值为设想中的任务成本提供数量级的参考，也可以使用这个表和成本评估模型得到的每千克美元成本进行对比（见 29.2 节）。

表 29 - 7　载人探索项目的成本/质量比

项目	每千克的美元值
阿波罗	154000
空间站*	60000
轨道	45000
双子星座	4500
天空实验室	3000
水星	1100

* 包括自由号空间站和国际空间站的设计和开发成本。

29.3.3　国际合作的成本

国际合作是许多大型航天工程在经济上唯一可行的方式。虽然合作伙伴会有政治动机和影响，但主要目的是分担成本和共享利益。但是，由于项目规模、复杂度和开发独立性等原因，国际项目存在着管理挑战。此外，广泛的政府介入，有时意味着政治上的考虑超过了良性管理的要求。没有一个明确的公式来确定国际合作成本的增加（或减少），但欧洲空间局的一项研究明确了关键的成本影响因素和准则包括［Greves，1996］：

1）参与者数量。

2）合理分配技术或合同相关工作，避免不必要的或低效的工作。

3）明确的协议或合同关系管理，以及约定的订立（进度，性能，质量，支付等）

4）如实报告工期延误。

5）尽可能多的通用标准（测量单位、工程习惯等）。

6）尽可能统一的项目过程。

7）良好的沟通：

—承认并接受语言障碍；

—理解并允许文化差异；

—采用最新的通信技术。

8）恰当而有效的国内代表。

9）远程工作时定期开会，并对讨论和决定做出记录。

10）保持开放的态度，从别人的成功和失败中学习。

参与国之间的正式协议是成功合作最重要的保证。跨国转运空间硬件产品之前必须签署谅解备忘录，备忘录通常涉及到相关利益机构和美国政府。涉外机构的数量随国家不同而不同，例如，日本的备忘录可能涉及宇宙开发事业团（NASDA）、财政部和国会。项目经理必须清楚与国外合作伙伴的正式规章及限制条件。特殊的关注领域包括制定和执行预算、出口结算和海关办理、调控技术转移、价格数据、货币兑换和提供实物等服务。如果这些关注点没有得到及时的解决，项目经理可能会对项目进度失去控制，进而对成本失去控制。

29.3.4　研发文化可以改变吗？

在成本分析中，基于运营环境和任务类型确定了不同类型的习惯。运营环境是指硬件执行任务的媒介，如陆地或海洋、天空和太空。航天任务类型包括行星际、地球轨道和发射系统。通常也将载人任务和无人任务区分开来。

图 29－6 显示了文化如何影响硬件分系统的成本。过去和当前的任务都清晰地表明载人航天任务成本更高。航天任务的运营环境要求分系统在极限条件下（真空、巨大的温差、辐射等）工作。同样，把人放在回路中意味着必须增加安全性设计，因此增加昂贵的冗余备件、容错和系统级测试。

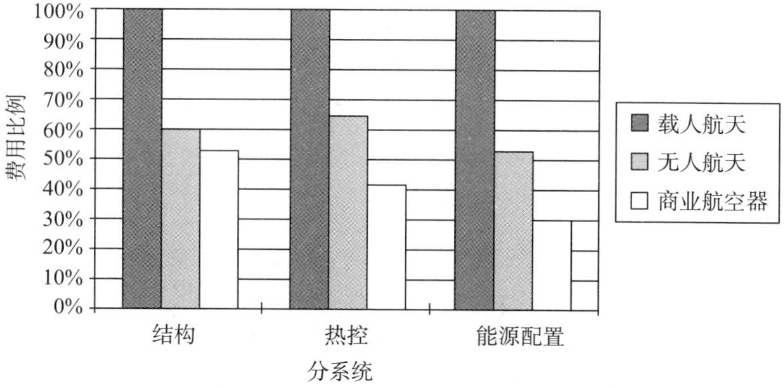

图 29－6　研发文化对分系统开发成本的影响

空间系统的整个研发文化正在快速改变。冷战结束后，民用航天探索的预算已经减少，而且“更快、更廉价、更好”的口号驱使开展新的范式研究。航天项目和工程，包括载人项目，现在必须降低成本、收获更多并且风险可控。新研发文化的一些可见的标志包括使用：

1）并行工程团队。这些团队包含项目或工程所需的所有学科。通过所有学科专家在各个设计领域的早期介入，包括可生产性、可论证性、可支持性、人类因素以及成本估计等方面，并行工程旨在通过避免在后续的开发阶段出现的错误以降低成本。在这些环节中，恢复成本要比在设计任务或系统时高出几个数量级。

2）集成设计环境（IDEs)。这些环境拥有现代计算机网络、先进的信息技术、优越的多媒体可视化和通信能力，以及可供并行开发团队更快速工作的设计工具。在一些现存的集成设计环境中，如喷气推进实验室项目设计中心，以前需要 6 个月的工作，而现在只需要几个星期。进一步，集成设计环境允许并行工程团队虚拟操作，即不用在同一地点工作。借助恰当的工具，会使团队工作更快，并且可以让他们在寻求最佳设计时作出更多尝试。

3）基于仿真设计。它是先进设计仿真和使工程师能够在实际任务飞行前对其进行全方位模拟的工具集合。这些仿真通常与虚拟现实可视化技术相结合，能够给并行工程团队在进行任务/系统设计时提供一种更为接近实际的经验反馈。基于仿真的设计可以降低任务成本和风险，其方法包括通过在时域模型上计算和记录分系统性能“设计—实现”的需求；通过在模拟器上的飞行对观测序列进行验证，以及分析各种模拟环境条件下的任务效果。

4）关注技术发展。包括一种建立技术进展与科学探索的长期目标之间平衡的先进方法。这些方法将使技术投资作为一个整体，通过节约成本和增强任务性能来获得更高的收益，而且任务将面临较低的技术风险。

5）新技术的空间验证。NASA 利用新千年计划为那些在地面不能验证的技术提供飞行验证。这个方法能使新技术在未来任务应用中风险更低。

6）先进的风险管理技术。这些技术包括早期的风险识别、定量和定性的评估、降低风险的规划及跟踪研究。通过这些技术，工程可以确定更切合实际的余量储备。当出现问题时，还可以避免产生成本高昂的延误和额外资源的浪费。

7）商业行为和要素。商业卫星产业已经非常成熟：商业设计和生产流程，以及低成本商业配件（和航天器总线）等均在寻找参与政府航天项目的方式。一个典型的例子是，火星探路者号所携带的旅居者号火星车和着陆器之间的通信连接使用了商业调制解调器。如果任一个调制解调器坏了，因为没有冗余链路，所有连接都将断掉。

文化变革在成本估算中意味着什么？其中一个是一些较老的统计成本模型将不再有效。一般认为成本模型中拥有较多的数据点是模型有效性的有力证明。但是，当数据点基于 20 世纪 60、70 年代的技术、设计和生产质量管理规范时，模型的可用性就会受到质疑。随着时间的推移，不得不重新评价某些变量如何影响成本，以及如何从最近的数据建立成本模型。基于质量的旧成本模型的结构也有问题，许多分系统拥有很先进的技术，因此质量将不再是成本“最好”的预测者。

第二种结果就是对于所有空间任务来说，良好的成本估计会比以前变得更重要。系统和设计工程师们会借助常用技术特征更适时地提出成本信息。没有哪个项目会再把成本分析作为一种事后处理事项留给单独的成本分析团队。

对于前所未有的系统（我们期望看到载人航天探索的那种类型），新的太空文化可能需要新的成本模型。不需要太多推测，可以给出一些未来的方向建议：

1）关于硬件的大量对象或者关系数据库（包含成本），在 A 前阶段和 A 阶段的研究中是可用的。一个“智能代理”可用于数据库查询，并为层叠法估算提供一些输入。在这种情况下，在寿命周期早期阶段，层叠法和参数法可同样用于估算。

2）流程驱动的成本模型。这些模型通过流程仿真（包含设计、构建、集成和检验）进行成本估算，是迄今为止最精确的模型。

29.4 案例——月球基地的月球车设计

这里将使用第 14 章设计的月球车对本章所讨论的方法进行验证。月球车是一个密闭的自由移动系统，能够运送 3 名航天员长达数百小时。月球车的例子包含了小型可移动空间站相关的大部分分系统，第 14 章中描述的月球车包括生命保障系统、能源系统、热控系统、结构、移动组件和气闸。

将使用 29.3 节描述的先进的任务成本模型估算月球车的成本。这个问题的输入条件定义如下：

1）1 个产品单元。

2）规格是 2.14 的行星际探索系统。

3）批次为 1，假设这是该设计的第一个产品。

4）初始运行能力的年份定在 2003 年。

5）困难因子是 1（低难度），即设计不需要有风险的技术和有突破性的技术。

6）部件的干重是 3730 kg（8223 磅（lb））（源于表 14－6，排除水、燃料电池反应物、个人工具和外部装备）。

使用上面的输入信息，以 1999 财年的美元值计算，一个密封月球车的设计、开发和生产的总成本大约是 5.04 亿美元。使用数量作为任务相关的变量，导致成本变化如下。

数量	成本（百万美元）
1	504
2	761
3	969
4	1149

要注意先进任务成本模型中内置学习曲线，即单个产品的成本是随着产品数量增加而减少。

为了展示月球车实际年度的成本（美元值），参考 29.3.1 节使用β曲线来将成本沿时间分摊。实际初始运行是 2003 年，可以使用公式（29－4）确定成本分摊，可以将单件产品的研发和生产成本分摊到 1999 年到 2003 年。基于 50%曲线得到了分摊结果。

年份	时间系数	成本系数	年度成本	累计成本
1999	0.2	0.058	29.2	29.2
2000	0.4	0.317	130.5	159.7
2001	0.6	0.683	184.4	344.2
2002	0.8	0.942	130.5	474.7
2003	1.0	1.0	29.2	504.0

一旦年度成本分摊到适当的财政年之后，成本估计可以使用通胀指数（表 29－8）来计算月球车的实际财年的成本。由此产生的实际年度成本分布在项目预算中具有典型性，影响着需要完成针对工程进度的硬件开发的投资。结果如下。

1999	2000	2001	2002	2003
$29.2M	$135.5M	$198.6M	$145.9M	$33.9M

像前面讨论的那样，隐含因子需要在开发和产品成本之外额外计算。虽然隐含因子一般被用于项目级（这个月球基地项目），但一些也可以用到产品中，如月球车。产品级的隐含因子包括概念研究占 0.3%，定义研究占 3.5%，承包商的报酬占 8%。一个考虑隐含因子的生产单元成本大约为 5900 万美元。注意到，如果启用奖励机制，承包商的报酬可能很少，尤其是在任务期间论证了硬件之后需要的绩效发放费。

参 考 文 献

[1] American Institute of Aeronautics and Astronautics. 1993. Introduction and Methodology of Space Cost Engineering. Washington，DC：American Institute of Aeronautics and Astronautics.

[2] Asher，Harold. 1956. Cost - Quantity Relationships in the Airframe Industry. R - 291. Santa Monica，CA：The Rand Corporation.

[3] Cyr，Kelley. 1990. The Role of Cost Analysis in Manned Spacecraft Development. Paper presented at the SAE Aerospace and Technology Conference and Exposition.

[4] Department of Defense. 1995. Parametric Cost Estimating Handbook - Joint Government/Industry Initiative. Washington，DC：Department of Defense.

[5] Greves，David. 1996. The Cost of International Collaboration on Major Projects. Paper presented at the annual conference of the Society for Cost Analysts and Forecasters.

[6] NASA. 1996. NASA New Start Inflation Index Update. Washington，DC：NASA Headquarters.

[7] NASA. 1995. NASA Systems Engineering Handbook. SP - 6105. Washington，DC：NASA Headquarters，Office of Human Resources and Education.

[8] NASA. 1994. Program Control overview Course，Module 8 - Cost Estimating. Washington，DC：NASA Headquarters，Office of the Comptroller.

[9] NASA. 1994. Program Control overview Course，Module 12 - The Acquisition Process. Washington，DC：NASA Headquarters，Office of the Comptroller.

[10] NASA. 1991. Advanced Missions Cost Model User's Guide. Houston，TX：NASA Johnson Space Center.

[11] NASA. 1988. Impact of Changing or Designing a Space System to Permit Operations in a Manned Space Environment. Washington，DC：NASA Headquarters，Office of the Comptroller.

[12] Wright，T. P. 1936. Factors Affecting the Cost of Airplanes. Journal of the Aeronautical Sciences. pp. 122 - 128.

附　录

表 29－8 提供基于 NASA 新通胀指数的 1996～2010 年的通胀因子。NASA 的通胀指数由人工费率和常用于开发和生产飞行器的材料费合成的。

表 29－8　NASA 新起点的通货索引

（备注：超出年份以 3.9%计）

至财政年度 通胀指数	FY97 1.033	FY98 1.037	FY 99 1.039	FY 00 1.038	FY 01 1.038	FY 02 1.038	FY 03 1.038	FY 04 1.039	FY 05 1.039
从财政年度 80	2.164	2.244	2.332	2.420	2.512	2.608	2.707	2.812	2.922
FY 81	1.965	2.038	2.118	2.198	2.282	2.368	2.458	2.554	2.654
FY 82	1.823	1.891	1.964	2.039	2.117	2.197	2.280	2.369	2.462
FY 83	1.714	1.777	1.846	1.916	1.989	2.065	2.143	2.227	2.314
FY 84	1.626	1.686	1.752	1.818	1.887	1.959	2.034	2.113	2.195
FY 85	1.572	1.631	1.694	1.758	1.825	1.895	1.967	2.043	2.123
FY 86	1.527	1.583	1.645	1.707	1.772	1.839	1.909	1.984	2.061
FY 87	1.466	1.521	1.580	1.640	1.702	1.767	1.834	1.906	1.980
FY 88	1.393	1.444	1.500	1.557	1.617	1.678	1.742	1.810	1.880
FY 89	1.329	1.378	1.432	1.486	1.543	1.601	1.662	1.727	1.794
FY 90	1.272	1.319	1.370	1.422	1.476	1.532	1.590	1.653	1.717
FY 91	1.227	1.273	1.322	1.373	1.425	1.479	1.535	1.595	1.657
FY 92	1.167	1.210	1.257	1.305	1.354	1.406	1.459	1.516	1.575
FY 93	1.120	1.161	1.207	1.253	1.300	1.350	1.401	1.456	1.512
FY 94	1.086	1.127	1.170	1.215	1.261	1.309	1.359	1.412	1.467
FY 95	1.059	1.098	1.141	1.184	1.229	1.276	1.324	1.376	1.430
FY 96	1.033	1.071	1.113	1.155	1.199	1.245	1.292	1.342	1.395
FY 97	1	1.037	1.077	1.118	1.161	1.205	1.251	1.300	1.350
FY 98		1	1.309	1.078	1.119	1.162	1.206	1.253	1.302

续表

至财政年度 通胀指数	FY97 1.033	FY98 1.037	FY 99 1.039	FY 00 1.038	FY 01 1.038	FY 02 1.038	FY 03 1.038	FY 04 1.039	FY 05 1.039
FY 99			1	1.038	1.077	1.118	1.161	1.206	1.253
FY 00				1	1.038	1.077	1.118	1.161	1.207
FY 01					1	1.038	1.077	1.119	1.163
FY 02						1	1.038	1.078	1.121
FY 03							1	1.039	1.080
FY 04								1	1.039
FY 05									1

第 30 章　国际载人航天任务

Valery I. Altunin，NASA 喷气推进实验室，加州理工学院
Karen R. Altunin，AR 空间公司

30.1　国际合作的需要

除了军事项目和某些专有的合资研究，国际合作已经成为现代航天工程的主要部分*，主要原因是需要一些参与国来分担巨额的成本。由于宇航局预算下降和载人任务成本过高，导致未来的更多载人航天任务需要合作完成。

航天领域的合作不仅带来成本的分享，还带来了技术交流、改善了国际关系，以及通过经验和观点共享促进创新。从人类第一次脱离地球引力到本书出版近四十年期间，主要有两个国家开展载人航天任务——美国和苏联，西方和东方均有相关国家支持。这些任务起源于有远见的思维，以及每个国家向其公民和世界展示技术优

---

* 在 NASA 的战略计划（1996 年 2 月）中，将“国际合作在完成 NASA 任务过程中将会越来越重要，国际承诺所带来的荣誉会使 NASA 在所有项目区域被视为一个可行的，可靠的伙伴。”作为一项重要的设想。

越性的渴望。每个国家都建立起自己的航天基础设施，且在独特领域获得了专门技术。多年来，冷战抑制了航天技术研究和发展的信息交换。但是，现在美国和俄罗斯已经联合力量（连同欧洲、日本和加拿大一起）把第一个全功能的国际空间站送入轨道。航天合作关系已经代替了竞争，而且改善了美国和俄罗斯的关系。

本章将定义参与国际合作任务的结构要素，确定未来载人航天任务的最佳合作方式。首先从阐明“国际任务”这个词开始，该词意味着某个任务需要多国贡献力量，但不必是国际化的乘组。一个国家可以在工程上是合作伙伴，如提供硬件产品或者支持在轨运营。其次，国际载人航天任务不必从国际任务开始，可以从某个国家项目开始，后续增加国外合作者。本章所描述的国际载人航天任务包含这些特征。

本章叙述的每一个合作任务均包含必须考虑的若干方面（见图30－1），另外，为了讨论这些方面，后文将基于表30－1总结的流程来描述如何开发和构建国际任务。

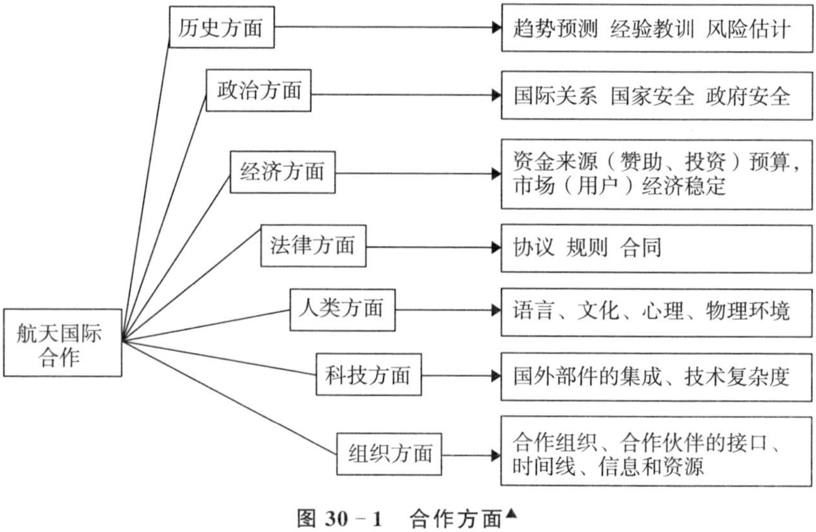

图30－1 合作方面▲

▲：在太空探索时必须考虑这些方面才能更好地进行国际合作。参考Altunin［1996］如何应用无人的合作任务

表 30-1　开展合作任务的过程▲

步骤	关键问题	讨论章节
1. 确定合作任务的航天任务框架	明确合作要素； 明确合作层次； 明确合作类型	30.2 节； 30.2 节； 30.2 节
2. 确定国际合作的开发流程	开发一个任务方案； 开发接口； 集成国外部件； 开发任务运营方案	30.3.1 节； 30.3.2 节； 30.3.2 节； 30.3.3 节
3. 明确国际载人航天任务的需求和约束	识别不相容的技术； 准备意外计划和响应； 准备训练项目； 识别国家安全关注点； 识别可以改进乘员舒适度的方法； 确认语言限制； 处理政府和预算的不确定因素	30.4 节； 30.4 节； 30.4 节； 30.4 节； 30.4 节； 30.4 节； 30.4 节
4. 确定协议要素和国际管理结构	协议相关的法律和政治问题； 在合作伙伴中分配资源和责任； 专家合作伙伴； 商业方面； 损害赔偿； 早期退出和中止协议； 管理国际任务	30.5.1 节； 30.5.1 节； 30.5.1 节； 30.5.1 节； 30.5.1 节； 30.5.1 节； 30.5.2 节

▲：执行这个过程将帮助揭示国际任务的关键问题。

30.1.1　过去和当前的国际载人航天任务

美国和苏联在 1975 年完成了第一次国际载人航天飞行，截至 1998 年中期，共有 59 支国际航天员队伍代表了 20 个国家完成了飞行。如图 30-2 和图 30-3 所示，国际乘组飞行的数量和持续时间比早些年明显有所增加。一些国际飞行，尤其是 20 世纪 80 年代的早、中期飞行，都带有政治色彩。例如，苏联为每一个前社会主义国家发射了一个航天员，又如美国的航天飞机承载了沙特阿拉伯的王子。但是，从 20 世纪 80 年代中期开始，美国和苏联/俄罗斯的宇宙飞船开始搭载更多国外的载荷专家及其实验。除了美国和苏联/俄罗斯之外，更多的国家和相应机构开展了最大规模的航天员联合任务：ESA－9、法国－9、德国－7、加拿大－5和日本－4。

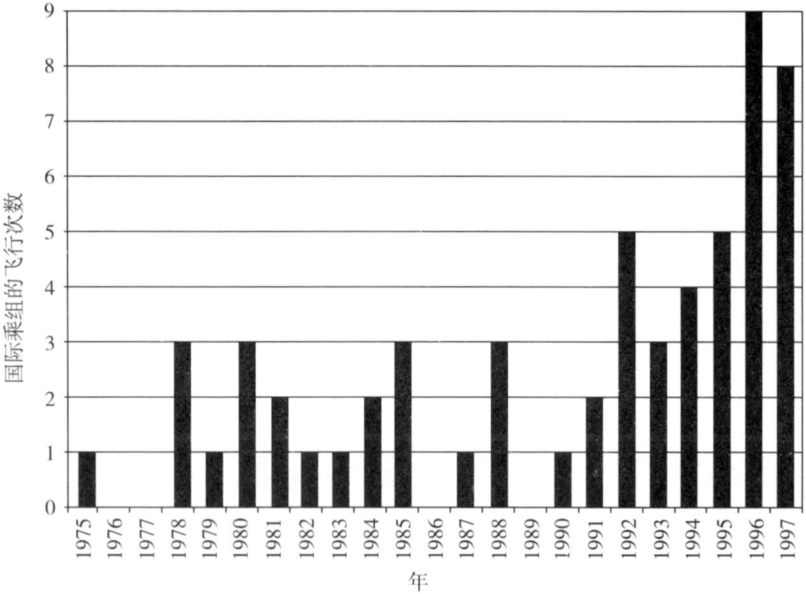

图 30－2　1975－1997 年每年飞行的国际乘员

1）ESA 参与的载人航天任务——20 世纪 80 年代早期，从 ESA－NASA 空间实验室项目开始，ESA 就参与合作任务，空间实验室项目 ESA 的航天员飞行了五次。ESA 投资了 10 亿美元建立和运营由美国航天飞机运送入轨的空间实验室居住舱。1985 年，ESA 接受美国邀请参与自由号空间站项目。在 20 世纪 90 年代，ESA 同俄罗斯签订 ESA 航天员飞往和平号空间站的协议，两次 EuroMir 任务：EuroMir－94、EuroMir－95 已经发射升空。为了进一步深化载人活动，ESA 建立了载人航天飞行任务运营和航天员训练中心。ESA 的一些成员国，如法国和德国，也已经通过俄罗斯的空间站和美国的航天飞机开始了自己的载人航天项目。

2）日本参与的载人航天任务——日本在 20 世纪 80 年代末开始参与载人航天飞行，1992 年日本的太空实验舱由美国的航天飞机送

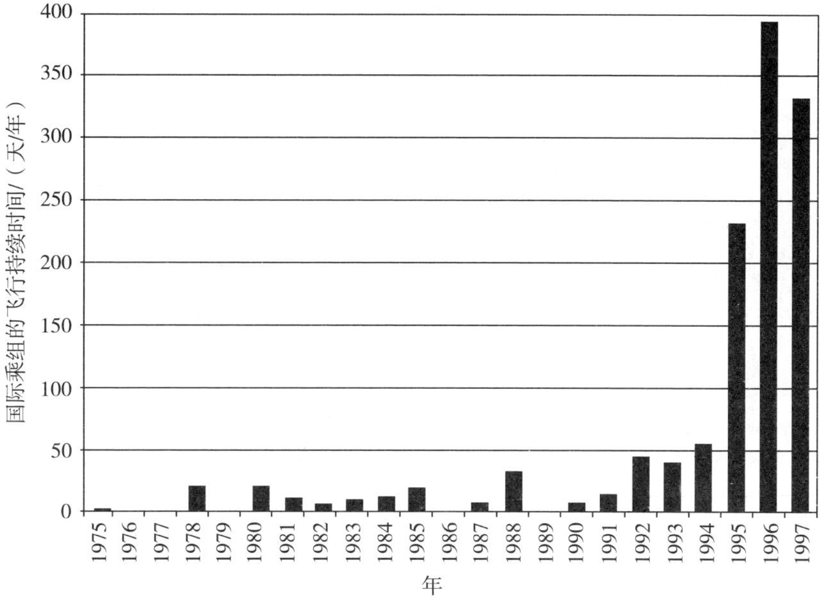

图 30－3　1975－1997 年每年国际乘员飞行时间

入太空，并参与了接下来的太空实验室任务。日本负责载人航天的机构 NASDA，花费了约日本 1996 财政年度航天预算的 20%（包括参与 ISS 任务）。

3）加拿大参与的载人航天任务——在 1984 年至 1992 年期间，加拿大通过航天飞机先后搭载了 5 名航天员以支持加拿大的实验。加拿大作为合作伙伴之一将参与国际空间站，主要提供移动服务系统（机械臂）。

在国际空间站项目之前，国际合作载人航天任务主要集中在整合乘组和实验上，在这些合作任务中已获得的经验将对未来任务合作的成功提供很大帮助。下面简短回顾下这些奠基性的任务。

阿波罗-联盟号（1975）——美国和苏联第一次联合载人航天任务

阿波罗—联盟号任务设想于 20 世纪 70 年代初。1975 年美国的阿波罗载人飞船和苏联的联盟号飞船连接在一起持续飞行了两天。

航天员开展了许多实验和联合飞行，但是发射、地面支持和运营都是各自独立的。

这次任务面临着许多技术挑战，如：

1）制造对接兼容的无线导航系统。

2）在两个太空飞船上设计一个新的对接设备，代替原来不合适的对接设备。

3）开发一个大气适配器，使两个在轨航天器的不同大气环境相协调。

4）克服文化差异。

5）沟通运营障碍——被许多参与者认为是最困难的挑战。

6）允许工程文化和标准的不同，如公制度量标准 VS 英国测量标准，以及坐标系之间的不同［Froelich，1976］。

俄罗斯的和平号空间站——一个集结国外航天员和实验的在轨空间站（1989－1998）

俄罗斯的和平号空间站在 1986 年发射升空，取代了第二代空间站——礼炮 6 号和礼炮 7 号，其中礼炮 6 号于 1977 年首次发射。在 1987 年至 1998 年 5 月期间，23 名国外航天员在和平号空间站上开展了实验。和平号的最终形态由 6 个专用舱对接到核心控制舱组成，有一个对接口用来对接货运飞船，一个用于载人返回飞船。核心舱于 1986 年发射。一年后，第一个科学舱——量子 1 号舱发射并用于天文物理观察。最后一个舱——自然号资源舱于 1996 年发射。包括联盟号飞船在内的整个空间站质量接近 120 吨。

向和平号空间站运送乘组的联盟号—TM 飞船每次可运送 3 人，在轨停留 6 个月，并能作为载人返回飞船。进步号货运飞船将物资运送入轨，包括和平号空间站所需的科学设备、食物和推进剂等。

和平号任务控制中心位于加里宁格勒（莫斯科附近）。（基站操作和地面支持的简要描述见 Altunin［1996］）通过俄罗斯本土地面测量站的专用网络和中继卫星（牛郎星/luch），运控人员与和平号进行通信交流。

苏联的各个航天公司立刻意识到和平号的商业前景——遥感测量、药物和材料加工、技术开发和训练国外航天员等机会。在 20 世纪 80 年代末，国外机构开始购买和平号服务。NASA 租用和平号为未来的国际空间站开展常规在轨操作实验。私人公司租用空间站为他们的产品在太空中打广告*。最近，和平号的航天员甚至出现在家庭购物网站上卖太空钢笔。

俄罗斯航天局的文档建议只为国外顾客提供商业销售。显然，他们没有考虑到把由政府资金支持开发的技术卖到工业部门，主要因为政府自己拥有部分工业部门。从 20 世纪 80 年代初期，当我们还在为苏联科研单位工作时，这些商业销售开始发生很大的改变。那时，“暴风雪”号（俄罗斯航天飞机）还是最高机密，即使在同事交流时也不能提及。在一个被定义为最高机密的文档中，建议无线电天文望远镜-30 随早期的暴风雪号发射，只是因为文中提及了暴风雪号任务的成本。几年前，一家美国的新闻报纸上竟然刊登了售卖暴风雪号的广告。

空间实验室——美国航天飞机运送的一个欧洲空间实验室

空间实验室项目开始于 1977 年欧洲的第一个载荷空间实验室（FSLP），它是欧洲版的 NASA 天空实验室任务。空间实验室的设计、生产和运营由欧洲人完成，主要专注于材料科学、生命科学、地球观测、等离子体和太阳物理学等方面研究。

美国负责发射、系统运营、生命保障和返回。通过 NASA 和 ESA 的空间实验室协议，来自各自国家的任务专家联合使用实验室。欧洲的在轨载荷专家、ESA 运营中心的专家和德国空间运营中心的专家共同操作科学载荷。由于一些空间实验室飞行任务没有搭载 ESA 的航天员，所以 NASA 的任务专家偶尔也代表 ESA 的主要研究者完成实验。运营人员通过跟踪与数据中继卫星系统（TDRSS）

---

* 苏联航天局（RSA）1995 年的预算约为 6 亿美元，同年，该机构从商业运营（发射、外国航天员、建造硬件）中获得 3.2 亿美元。在 1995—2000 年，RSA 希望在与外国公司的商业运营中获得 15 亿美元。[Space News，1996 年 4 月 8～14 日]

的跟踪设备和网络链路实现与空间实验室的通信。欧洲空间运营中心与 ESA 的五个成员国：法国、荷兰、意大利、德国和比利时提供远程通信。这些国家的科学家通过语音、视频和遥测数据现场访问在轨活动 [Christ，Schulz and Incollingo，1994]。

航天飞机-和平号——美俄联合任务准备建立国际空间站

航天飞机-和平号项目是目前正在开发的国际空间站的第一个阶段，主要目标是实现指挥和飞行控制的程序联合，测试硬件，为和平号提供水、气体和食物再补给，将实验结果送回地球，以及运送航天员至和平号空间站。

1995 年 3～6 月期间美国航天员开始了在和平号的第一次尝试飞行。在 1996 年 3 月，美国航天员开启了连续 6 次和平号飞行中的第一次，直至 1998 年中期和平号上都有美国人。他们在联合任务期间开展了大量的实验，主要是生命科学实验和降低国际空间站设计风险的设计方法实验。

航天飞机与和平号空间站分别由位于休斯敦和加林格勒的飞行控制中心控制，各自使用 TDRSS 和 Altair 系统来通信。此任务最复杂的方面之一是航天飞机与和平号的对接。航天飞机自行移动到和平号正下方的一个点上，而此时航天飞机上的乘员只能与和平号上的乘员通信。当两个控制中心确认航天飞机在正确的位置上，航天飞机的驾驶员接收到来自休斯敦的指令，开始它的最终靠近。莫斯科和休斯敦的控制者通过 NASA 提供的特殊通信网络快速地共享任务数据。

国际空间站

当国际空间站于 2004 年完成时，它将是第一个被共同拥有和永久在近地轨道联合运营的空间飞行器。它的目标与和平号、空间实验室类似：材料加工、科学实验、观测地球和技术发展。但是它的设计、硬件和任务周期将会有更广阔的活动范围。

1985 年春天，NASA 与加拿大、ESA 和日本签署了双边备忘录来开发 ISS，1993 年俄罗斯加入其中。每一个参与方的项目管理者将组成一个任务管理团队。在第一阶段，国际空间站将从航天飞机-和平号项目中获取经验。第二阶段是 1998 年后期由质子火箭发射俄罗斯的核心舱（FGB）。几个月后，美国第一个组装飞行器发射把密封节点舱对接在 FGB 上，用以连接未来舱段。第三阶段于 2000 年开始，发射俄罗斯的实验舱，随后是日本和 ESA 实验舱以及美国居住舱。在这个阶段，乘员将增加至 6 人，他们将在 2004 年开始使用组装完整的空间站。为了对每一个合作者的贡献（见表 30－2）给予反馈，保证维护各自提供的硬件产品，并且分担空间站运营的成本，每一个合作方都将能够使用、交换和售卖可用的乘员时间和空间站资源。（RSA 准备计划向国外空间机构出售一些自己的空间资源[Space News，1992.1.20]）。

表 30－2 国际空间站参与者的贡献▲

机构（国家）	硬件	组装飞行的次数	组装成本估算（94 年财政年，$10 亿）
NASA（美国）	桁架，主要分系统包括能源、通信、热控、和居住舱、ACRV 和实验室	36 架航天飞机	17.4
RSA（俄罗斯）	核心舱（FGB）和服务舱——推进系统和发电系统、两个联盟号飞行器用于乘员应急返回，以及实验舱	9 个质子号火箭和联盟号飞船	~1.0
ESA（欧洲国家）	带有平台对接的密封实验舱（哥伦布轨道设施）和运送补给的自动转移飞行器，俄罗斯实验舱上的机械臂和 FGB 舱的管理系统	无	1.68
NASDA（日本）	带有服务于载荷的暴露平台和机械臂的密封实验舱	无	~1.0
CSA（加拿大）	用于构建和维护空间站的远程操作臂（移动服务系统）	无	0.95

▲：国际空间站的所有参与者正在为工程贡献硬件，不同的飞行器将在组装建造期间发射。

30.1.2 未来的联合载人航天工程

经过认真考虑后未来的载人航天任务包括：载人登火星任务与

月球前哨站和观测——全部假定为国际参与。

访问火星

最近就如 20 世纪 80 年代中期一样，人们猜测不论美国还是俄罗斯都将发起火星任务，因为他们相信两个国家未来四五十年的航天预算将继续增加 [Reiber，1986]。即使如此，促进空间国际合作仍是载人火星任务的主要目标之一。现在，在有限的预算下，复杂宏大工程的基础任务将是国际性的。运送乘组前往火星的星际飞行器设计，将主要依靠国际空间站的长期载人飞行研究。可以从航天飞机-和平号空间站项目中提取国际乘组经验，为乘组选择和分配工作。国际空间站的乘组可以建造火星转移飞行器。最终，研发者将使用广泛的无人任务来探索火星环境，并改进任务设计。深空探测通信所用的国际天线网络将支持这些探索任务。

月球探索

美国和苏联之间的“月球竞赛”证明在无国际参与的情况下航天员能够到达月球。但是与只是把航天员送往月球附近进行短期访问相比，在月球上驻留将会更加复杂和昂贵。因此，大部分国家将载人登月任务纳入国际合作范畴。1994 年，ESA 发起了一个国际研究会 [ESA，1994] 来考虑月球探测任务的国际合作。在这个研究会上，ESA 描述了两个探索阶段：第一个阶段，由各自机构发起的自动飞行器和登陆器进行探索；第二个阶段，人类探索的国际任务。在国际空间站研发之后，下一步合理的行星任务是在月球上开发和建立永久的前哨站。

30.1.3 合作任务中潜在的复杂度

合作任务本身就更为复杂，主要是因为在工程、管理、政治和文化等方面的不同。尽管每一个参与者应当支付更少的成本，但这些额外的复杂度将增加工程的开发时间和总体成本。

工程实践不同的复杂度包括：

1）更多的实物模型（俄罗斯）对计算机模型（美国）。

2）文档——俄罗斯打算产出更少的文档，因为纸和复印机已不再足够且不易获得。

3）度量标准（俄罗斯）对英国（美国）标准。

4）不同的时间线，尤其是开发时间线——长时间（俄罗斯）对短时间（美国）。

5）安全需求——如果一个严重的事故引起了某个国家对它的关注，那么这个国家将比其他国家更加强调确定所关注的事。

有时，使用现存的硬件产品将会影响工程的复杂度。例如，当参与者邀请俄罗斯参与国际空间站时，他们期望得到一个联盟号飞船用于救生和返回。但是 45％的美国航天员不能适应联盟号飞船，所以俄罗斯不得不为他们设计一个新的载人救生飞船。同样，联盟号只能在轨停靠 6 个月，所以为了国际空间站长时间任务，他们必须研究如何延长停靠时间。

管理差异的复杂度包括：（a）管理结构的不同；（b）跨组织间的交流——科学团队与工程师多久讨论一次？（c）习惯的合作关系——在过去，每一个国家都有自己的航天产业团队。不仅如此，合作任务需要更多层次的管理来监控联合活动和处理问题。

政治差异带来的复杂度包括：

1）航天的资金水平。

2）政府预算的交付周期——某个国家将收到整个工程的资金，而另一个国家将逐年收到资金，将导致工程每年存在不确定性。

3）国家航天策略——国家选举出的管理者的改变可能会中断航天工程，主要是因为新人对航天探索和需要合作持有不同的态度。

4）外交政策。

举一个外交政策如何影响航天任务的例子：由于 1978 年至 1980 年间美国和苏联之间关系紧张，决定取消已计划好的阿波罗-联盟号的后续任务。关系紧张主要是因为美国断言苏联侵犯了持不同政见者的权利［Shayler，1991］。

文化复杂度包括语言和观点不同——这一点尤其重要，需要努力克服，因为国际乘员必须在一起生活很长一段时间。一些在和平号空间站上的美国航天员认为适应和平号的生活是最大的困难。

30.2 任务合作的一般原则

联合任务的过往经验引导规划者在航天任务体系结构（见第1章）中强调确定的要素或组件。对于载人航天任务来说，主要包括任务目标，轨道和轨迹，任务运营，空间、发射和行星段，指挥、控制和通信体系以及乘组。对于无人任务，组件是一样的，只是缺少了乘组。乘组强调任务安全的需求，这要求更长的交货时间和成本。这些都是国际合作的代表要素，主要取决于任务全周期所处的阶段。表30－3列出了阶段和要素，另加上了合作类型和层次。

表30－3 国际合作任务体系架构要素和任务阶段▲

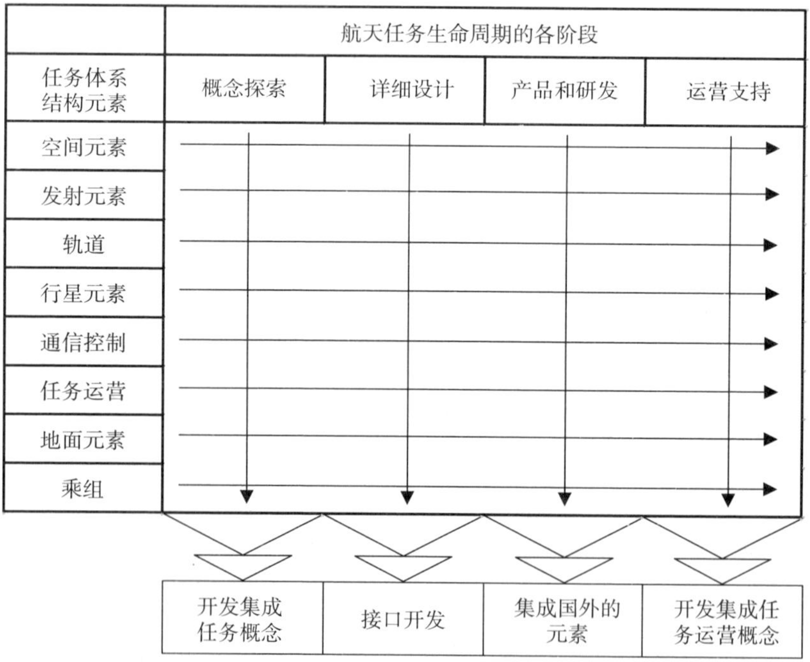

▲：允许国际合作的任务体系结构要素依赖于任务生命周期的阶段

国际合作可以在三个层次开展（见图 30－4）：

1）分系统——将一个合作伙伴提供的工具集成到另一个合作伙伴的航天器上（如在和平号空间站或航天飞机上开展外国访客的实验）。

2）系统——一个合作伙伴提供一个航天器，由另外一个合作伙伴的地面设备跟踪控制（如俄罗斯为国际空间站提供一个载人救援飞船）。

3）任务——每一个合作伙伴提供自己的飞船或者空间舱和地面单元，但与其他国家共享任务目标（如阿波罗-联盟号，航天飞机-和平号，国际空间站）。

航天任务的国际合作分成三类：（1）贡献——每一个或者部分合作伙伴贡献一个主要组件（像国际空间站那样）；（2）交换材料、资源和服务——一个或更多的合作伙伴之间交换有价值的东西；例如，使用美国的基站跟踪俄罗斯的飞船提供交叉支持跟踪，反之亦然。又例如，ESA 和俄罗斯协议中指出 ESA 将为俄罗斯的国际空间站舱段提供一个机械臂，且俄罗斯将为 ESA 在国际空间站上提供一些服务；（3）经费补偿——如俄罗斯为国际空间站提供的曙光号功能货舱（FGB）将获得现金补偿。

30.3　国际合作的发展过程

一个载人航天任务的合作需要四个主要发展过程：

1）开发一个集成任务方案；

2）开发接口；

3）集成国外组件，包括科学载荷、组成模块和乘组；

4）开发任务运营方案。

表 30－3 中展示了这四个过程与任务生命周期各阶段的关系。

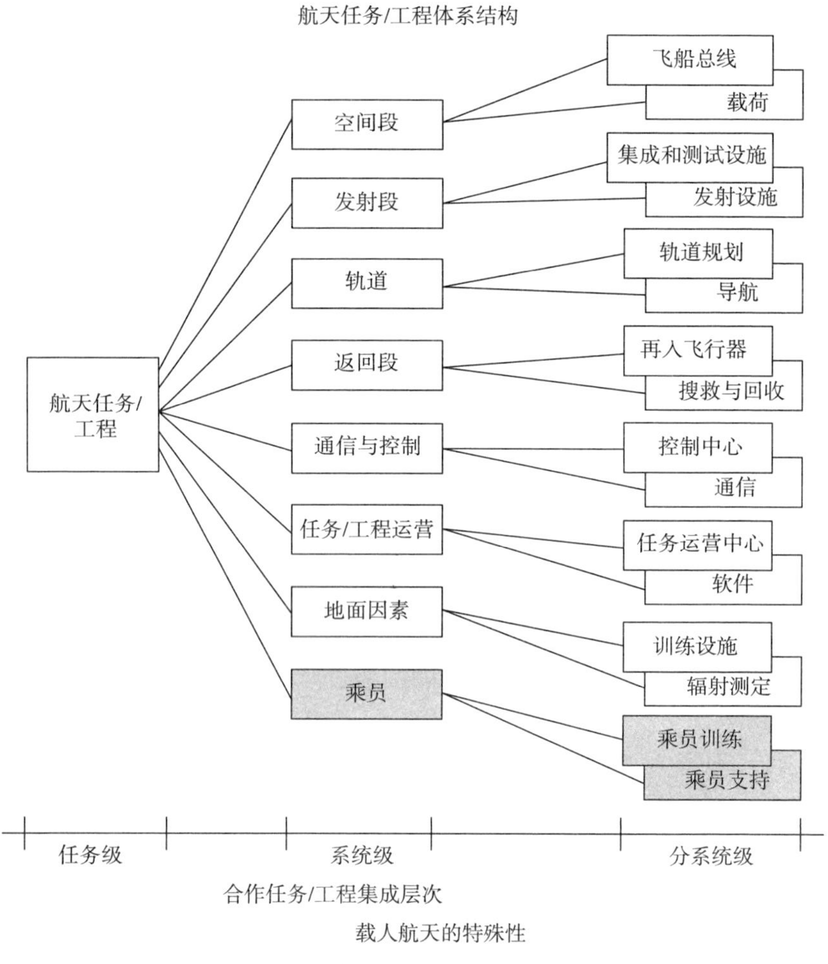

图 30－4　载人航天任务的体系结构▲

▲：参与者可以在三个集成层次开展各式各样的合作

30.3.1　任务方案的开发

任务方案描述的是一个任务为了完成目标是如何工作的。如图 30－5 所示，一个完整的任务方案结合了每一个合作伙伴为任务提供的组件。

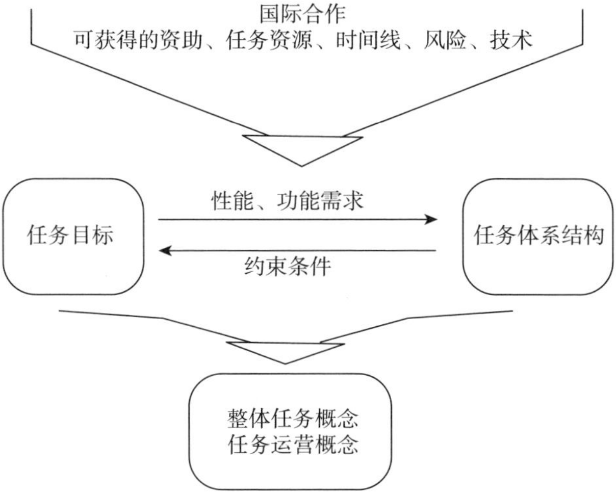

图 30－5　任务概念开发▲

▲：权衡任务目标和任务体系结构来理解一个完整的任务概念

对于合作任务，必须基于任务可获得的资金、任务资源、风险、文化限制和时间线来评估技术限制下的性能要求。例如，国际空间站上决定把使用俄罗斯推进系统和动力的飞行实验技术作为一种节约时间和资金的方法，这对任务方案影响很大。另外一个例子是，规划者如何选择国际空间站的轨道来适应俄罗斯的发射需求，并为远程控制提供更大的地面覆盖。

随着任务方案的推进，国际合作者必须满足性能需求，或者满足基于自身能力和已知约束的预期；包括那些推动任务的资源和用户需求。该合作者可以权衡任务方案的任何方面。同样，如果合作者退出、更改它的贡献或者有新合作者参与，任务方案必须进行一些更改。

30.3.2　开发接口协议和集成国外组件

实现概念集成之后，合作伙伴必须准备接口协议和集成、测试计划，进一步定义他们所使用的太空和地面资源、科学载荷、不同国家的组件、地面支持人员和乘组。接口包含硬件接口，如ISS上能把俄罗斯27V的组件匹配到美国的20V组件上。另外一个接口是ISS上连接航天飞机与和平号空间站的锁紧装置。信息接口建立一个规则或者格式用来进行网络上的信息交换。组织管理接口，例如，飞行控制中心的人员如何与国外代表进行交流。

集成和测试应用在硬件产品和乘组上的计划。例如，ESA将为俄罗斯制造机械臂和数据管理系统，并安装在ISS上使用，所以，在发射前两个系统必须集成到俄罗斯的硬件上，并进行测试。类似的，在训练期间，飞行乘组必须生活、工作在一起。在入住和平号空间站之前，美国和欧洲的航天员和他们的俄罗斯同事居住在俄罗斯的星港城（集成期）。如果出现不兼容（测试期），乘组轮换可以解决这些问题。

30.3.3 国际载人航天任务运营

任务运营方案描述的是任务参与者如何运营和控制任务。图30-5描述了任务运营方案是如何从任务目标和架构之间权衡功能要求和技术约束。对于合作任务，权衡主要依赖于任务可获得的资金、任务资源、风险、文化限制和时间线。

国际载人航天任务运营包含如下功能：任务规划、规划管理活动、控制、通信和指挥、共同确定的轨道、交换和归档数据、操作科学载荷、管理结构和流程。可以在分系统、系统和任务等级别上开展国际合作，一般不包含飞行器规划和分析，以及计算机和通信支持，但是任务规划和管理均能体现在三个级别的合作中（见表30-4）。

表30-4 国际任务的管理、规划和调度操作

合作级别	合作机构	合作方任务
任务	参与机构的国际指导委员会和项目办公室	合作任务目标(实验选择等)； 解决冲突； 分配资源

续表

合作级别	合作机构	合作方任务
系统	运营任务、科学载荷和地面站的国际组织	长期规划； 支持用户
分系统	运营分组（指挥、日常工作、遥测、导航、载荷遥测、通信等）	活动调度； 活动排序； 乘组活动规划

ISS 的任务运营方案如下：约翰逊空间中心和加里宁格勒的飞行控制中心负责 ISS 的系统（载荷舱除外）和消耗性物资运送的运营和支持；休斯敦的飞行控制中心负责航天飞机的运营，监督组装活动，以及管理系统的操作和安全；加里宁格勒的飞行控制中心负责俄罗斯的发射和相关的组装活动。如果 ESA 发射自己的自动转移飞行器，他们将自己运营。

每一个合作者都为自己管理的有效载荷准备了按部就班的活动规划，包括对飞行乘组和地面乘组的活动以及航天员操作有效载荷的命令和时间线的规划。在马歇尔航天中心有效载荷操作集成中心分配到了八个时间周期和指导活动规划的站上资源。此中心集成合作方的规划到一个单一的载荷操作规划中，提供给约翰逊航天中心的飞行控制中心，被合并到站上所有操作中。这种被称为“分布式运营”的情况在自动化任务中正变得越来越司空见惯。目前的趋势是让载荷集成者可以在自己的研究机构操作自己的载荷实验，而 NASA 提供全面支持。集成中心与每一个载荷操作中心通信，通信用户能够监控自己的载荷并获得数据，同时通过共享位置与美国的载荷操作中心对话。所有的参与者都将通过 NASA 的通信系统（TDRSS）接入自己的科学实验载荷。俄罗斯、ESA 和日本使用自己的数据中继卫星与自己的载荷通信，如俄罗斯的 Luch 中继卫星和日本的 JDRS。NASA、ESA、RSA 和 NASDA 也在考虑他们的数据中继卫星的国际合作，因此当合作方自己的卫星不工作时，可以使用其他的卫星。要做到这一点，就必须为波段和数据传输选择通用的标准。NASA、ESA 和 NASDA 已经同意使用 Ka 波段（32 GHz）。RSA 正在考虑其后面的 Luch 卫星遵照这个标准。

30.4 国际载人航天任务的要求和约束

技术不兼容——国家之间的工程标准不兼容，如常见的计量单位使用米和克还是英尺和磅、能源供应标准（电压）不同等。其他的不兼容就没有那么明显，如和平号空间站配套的联盟救生飞船所设计的乘员数量比 NASA 选送到和平号空间站的航天员要少。如果合作方使用现存的硬件，则必须审查规格的不兼容性（例如 22 章的出舱活动）。

应急计划和响应——不要求所有的合作方同等强调应急计划。俄罗斯比美国研发无人任务的应急计划晚，这可能是因为俄罗斯传统上倾向于研发一个备份航天器，而美国则在同一航天器上增加更多的安全备件。由于“所有鸡蛋都放入一个篮子里”，美国不得不强调应急计划在载人任务中的重要性。为了更好的理解流程以及使所有的系统兼容，所有合作方应当同意在早期阶段为各自的人、硬件和系统制定应急计划。

训练——在发射之前应该完成乘员和地面支持人员的训练，确保接口可行且流程清晰。国际乘组在进入要求的空间环境之前必须在一起生活和训练，帮助沟通他们之间的文化和语言隔阂。在训练过程中，为了防止主操作员不能操作，乘组必须学习彼此的硬件和系统。例如，在航天飞机-和平号合作项目中，美国航天员学习如何操作联盟号飞船飞行，且俄罗斯航天员学习如何降落航天飞机。

国家安全——国家安全问题被提出，主要是因为飞行乘组和支持人员离其他国家的航天科技（可能会用于军事）很近。同时，用于民用的遥感技术也可以用于军事应用。在航天领域的军事活动和民用活动的界限不是那么的明显。

乘组舒适性——考虑到国际任务中在轨乘组来自不同的几个国

家，食物需要匹配不同乘员的口味（俄罗斯的饮食相对与美国的要咸些，美国的比日本的要甜很多），以及书籍、视频或者个人环境等其他必须考虑到文化差异的部分。

语言限制——大多数的合作任务将在不同的国家使用运营支持中心，所以乘组必须精通多国语言，认同一个共同的语言，或者每种语言有一个乘员。在莫斯科美国和俄罗斯的会议上有这样一个幽默的语言插曲，俄罗斯发言人打算用英语说“发射之前测试（test before launch）”，却听着像“午饭之前品尝（taste before lunch）”（他说刚好在午饭之前，所以美国的听众将选择性的听下）。不幸的是，不是所有的误解都有这样幽默的效果。

政府或预算的不确定性——由于当前汇率的变化、国家或科技优先级的改变以及国外关系的改变等原因而导致的资金问题，将可能导致所有的国际任务被取消。不幸的是，没有一个国家可以担保项目持续存在，但是由于多国支持，国际任务持续存在的可能性更大。例如，俄罗斯挫败了取消 SPECTR 系列任务的企图，美国也破坏了妄图对国际空间站做同样事情的企图。合作伙伴也应制定一个富有魅力的公关活动，以赢得公民的喜爱。

30.5　协议和国际管理要素

30.5.1　关于协议的法律和政治问题

这里不能完全讨论合作方必须处理的法律问题（见 Wirin [1992]），但政府会提出一些法律需求，并且工程必须考虑国际协定和联合国通用组装决议。以下列出一些法律和政治问题：

1）在合作方之间分配资源和责任——主要依靠合作关系的形式来分配联合资金：此任务是从开始就有国际合作（原始合作），还是起初是国家任务在后期有国外合作方参与（进化的合作关系）？对于原始合作，分配将依赖于任务最关键的要素和将来能够获得资金的多少。一旦合作关系满足了它的需求，就可以为所要支持的要素设置优先级，并分配剩余的资金。进化的合作关系的分配主要依赖于国外合作方何时参与到项目中。如果初始任务发起者已经设计和开发了关键要素或者支持要素，那么合作方则只须设置优先级和分配剩余的要素。

进化的合作关系有几个独特的问题：由于大多数初始任务发起者不会在任务变成合作之前取回开发资金，所以公平分配将变得困难；初始任务发起者在责任委派上有难题，且合作方可能会回避限制条件，比如他们没有计划过的不一致的标准。

任务资源，例如能源供给或舱段空间，将更多的按照合作方的贡献来分配。

2）合作方使用资源——一个合作方是否可以向其他国家售卖部分分配的资源，就像俄罗斯正在售卖国际空间站的资源？如果售卖资源，那么合作方必须明确买卖双方承担的责任。

3）增加新的合作方——新合作者是否可以加入？如何加入？主要的规则是什么？在美国邀请俄罗斯加入国际空间站任务合作时，他们必须得到其他合作方的允许。

4）商业方面——合作方私自同意在航天器上为他们的产品打广告是否被允许？如何在为合作生产的产品、及通过任务新技术研发的航天装备和商业衍生品等方面上行使分配权利？由于外太空协议不允许国家独占太空，合作方如何制定理智应用太空权利的规则？所有签署国际空间站协议的国家提出一个可能的解决方案：合作方注册自己为国际空间站提供的每一个要素，建立其所有权并控制这些要素。

5）损坏处理——如果一方的硬件产品合作实验发生了故障且损坏了另一方的硬件会怎样？NASA 通过发射条约上的“免受损坏协定”——所有的发射部件相互之间是可靠的——来处理此问题。

6）解决冲突——在 1993 年，由于财政原因加拿大和欧洲政客们决定从国际空间站项目中撤出。为了将两个国家仍留在项目中，NASA 同意减少加拿大的财政贡献以及为 ESA 的载荷提供更多的航天飞机使用权。管理团队必须随时准备创造性的解决冲突。

7）早期退出或者终止协议——合作方必须规划好一个或多个合作方退出的过程，预想好可能会产生的影响。

30.5.2　管理国际任务

合作任务将会由不同层次的合作管理团队来起草和签署协议，起草管理计划、日程和预算，开展系统设计和安全评估，研发意外性计划，以及协调和实施任务。分散的科学家董事会将形成任务的科学目标和飞行策略。

决策和动态运营部分取决于文化，所以差异大的管理类型经常导致误解和低效。例如，如果一个国家的工程师团队经常控制航天工程的决策，把他们放在科学团队主控的组织里将不会达到预期目的。通常，国际任务需要一个新的管理类型，能够影响每一个合作方的传统、敏感度和属性。另外，每一个合作方需要知道决策者和所有参与方的组织结构树。合作方应当使用大家理解的标题和角色，从起跑线上发展这些结构树。

30.6　案例研究

为了方便讨论，本节将设定一个需要国际合作的到月球南极的任务，合作方是现在参与国际空间站的成员，包括美国、俄罗斯、欧洲、日本和加拿大。这个合作将应用已经讨论的国际载人航天任务的所有方面。合作方需要同意任务目标、轨道、硬件、责任和成本划分、以及指导和监督项目活动的管理结构。在早期，合作方应当同意使用国际空间站作为一个中转站用来组装硬件，及选择火箭发射工程部件到空间站上。合作方的贡献将和空间站的贡献类似（见表 30－2）。月球转移飞行器必须包含各国不同工程文化的部件，所以合作方必须提前制定接口和测试计划。国际空间站 1 阶段含有航天飞机-和平号任务和欧洲-和平号任务，同样含有日本飞往和平号的任务，所以规划人员可以提早处理许多潜在的问题。

月球任务的任务运营将使用跟踪站来控制和通信。为了地面站的持续跟踪，任务将更多需要各国跟踪支持合作（“交叉跟踪”）。可预料的大量数据的传送将需要 32～34 m 直径的天线和数据中继卫星。运营支持要能做到在运营中心之间，例如 JSC、加里宁格勒和达姆施塔特，进行实时协调和提供通信卫星支持。

30.5 节所述的所有国际协定和管理的各个方面适用于探月任务。此任务将在月面放置一个公共前哨站，消耗那里的不可再生资源。因此，合作伙伴将像在使用“全人类的共同遗产”，如国际水域和南极洲，那样规范使用。

参考文献

[1] Altunin, K. R , V. I. Altunin, et al. 1996. "International Space Mission Operations" in Cost - Effective Space Mission Operations. New York, NY: McGraw - Hill, Inc.

[2] Balsano, A. M. 1993. "intellectual Property Rights and Space Activities" in The First ECSL/Spanish NPOC Workshop on IPRs in Outer Space. Madrid, Spain.

[3] Boden, D. G. , and W. J. Larson. 1996. "Space Mission operations" in Cost - Effective Space Mission Operations. New York, NY: McGraw - Hill, Inc.

[4] Christ, U. K. , J. Schulz, and Marco Incollingo. 1994. Communication Network for Decentralized Remote Telescience during the Spacelab Mission IML - 2. Paper presented at the Third International Symposium on Space Mission Operations and Ground Data Systems, Greenbelt, MA.

[5] ESA Bulletin. 1994. 79: 1 - 3.

[6] Froehlich, W. 1976. The Flight of Apollo - Soyuz. Washington, DC: Office of Spaceflight, NASA Headquarters.

[7] Reiber, D. B. , ed. 1986. NASA Mars Conference. AAS Publications v. 71.

[8] Shayler, D. J. 1991. The Proposed USSR Salyut and US Shuttle Docking Mission. Journal of the British Interplanetary Society. 44: 553 - 562.

[9] Space News, May 20 - 26, 1996.

[10] Wickler, M. 1994. A Mission Planning Concept and Mission Planning System for Future Manned Space Mission. Paper presented at the Third International Symposium on Space Mission Operations and Ground Data Systems, Greenbelt, MA.

[11] Wirin, W. B. , 1992. "Limits on Mission Design," in Space Mission Analysis and Design, Dordrecht, the Netherlands: Kluwer Academic Publishers and Torrance, CA: Microcosm, Inc.

第 31 章　火星任务设计案例

John F. Connolly，NASA 约翰逊航天中心

前面各章结尾给出的月球基地的详细设计案例很好地诠释了各章节的设计流程和数据的用途。本章将展示如何使用整本书的材料进行载人登火星方案设计：首先介绍如何通过系统的迭代需求、方案和任务架构来满足任务清单，然后提供了一个该任务可居住单元的详细设计。载人火星任务设计是一个系统集成的问题——任务的所有部分必须结合并构成一个复杂而协调的整体。从做出计划到发射，直到通过狭窄的返回窗口返回地球，系统都必须全程为乘组提供支持。

第一章中的任务描述“将科学工作者送到火星，并使其安全返回地球”，确定了载人火星任务的需求和约束。科学的、计划的或者政治的压力通常决定了任务的基本需求和约束。人类生理和心理增加了一些额外需求，这在后文会提到。对于这个任务案例，假设学术、科学和政府等方面的专家都一致认同了首次载人火星任务的需求。在研究了从冯·布劳恩到当前的众多火星任务方案并论证了任务目标后，他们认为任务应当：

1）采用国际化的任务单元和乘组。

2）限制乘组在零重力*和深空辐射环境中的暴露。

3）具备双重容错的生命应急保障系统。

4）通过使系统简单、冗余、可更改和可维修等方式，使其保持可靠性。

5）允许乘组在生还可能性最大的情况下中止任务。

6）采用封闭、高可靠性的系统。

7）限制新型运载火箭的 LEO 运载能力小于 100 t。

8）在 LEO 轨道不配置核能系统。

9）成本低于国际空间站项目的成本。

10）落点控制在火星北纬 45°到南纬 45°之间。

11）在至少 50%的覆盖范围内，保持 1 Mb/s 的信息传输速度。

12）采用火星资源供给生命保障系统，减少地球材料的供应。

13）为了长期驻留应建造火星基地，以便能够进行持续研究和探索。

备选任务方案：回顾许多火星任务研究后，我们发现这些任务可以分为两类：短期火星驻留 10～40 天和长期火星驻留 300～500 天。由于驻留时间的长短决定了火星基地、运输乃至整个任务的设计，因此采用“短期火星驻留”和“长期火星驻留”来定义两种任务方案。

在两个宽泛的任务方案中增加组成单元，就可以对很容易变得太大而不好管理的任务构架制作出相关选项的权衡树。基于过往研究成果和本书的专业知识，下面列出了一些可供研究的单元变量，重点研究一些标（*）的单元。图 31－1 给出了权衡树。

如第二章所解释的那样，权衡树是一种使航天任务设计等复杂问题形象化的非常好的方法。采用权衡树，可以像分析师和专业人士那样从逻辑上删除一些分枝或者一般意义上不适当的选项组合。需要注意，即便限制了变量，仍然有 1300 多个设计选项需要分析。

---

* 由于本章讨论的航天器主要在重力接近零的星际间旅行，因此采用“零重力”来描述，即使从严格意义上说重力的一些影响大部分时候都是存在的。

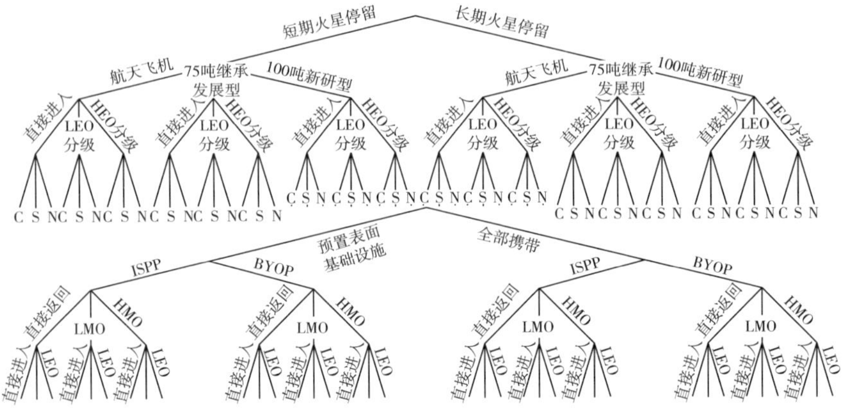

图 31-1　方案架构选项的权衡树▲

▲：即使我们限制方案架构所考虑的要素，仍然有许多满足任务目标、需求和约束的关键选项，因此需要付出更多的努力来寻找最佳的任务选项。TMI＝地火转移射入，ETO＝地球转移轨道，EDL＝进入、下降、着陆，TEI＝火地转移射入，LMO＝低火星轨道，HMO＝高火星轨道，LEO＝低地球轨道，HEO＝高地球轨道，ISSP＝原位推进剂产品，BYOP＝携带自身的推进剂，C＝化学推进，S＝太阳能推进，N＝核能推进。

任务方案区别：短期火星停留（冲点类）
　　　　　　　长期火星停留（合点类）

方案架构单元和选项：＊ETO 运输 航天飞机/75 吨继承发展型/100 吨新研型
＊TMI 停泊点 无/LEO（如 ISS）/（HEO）
＊TMI 推进类型 传统（化学）/太阳能/核能
TMIT 推进类型 霍曼/快速转移/拼接
Mars EDL 火星推进 捕获/气动捕获/直接下降
＊表面基础设施 预置/全部携带（阿波罗模式）
表面能源 太阳能/核能
表面可达范围＜10 km/10～50 km/50 km 以上
＊火星上升段推进 原位资源/地球供应
＊TEI 位置 直接从火星表面/LMO/HMO
TEI 转移 霍曼/快速转移
＊地球 EDL 直接进入/LEO 捕获（ISS）
（＊表示“决定性”选项）

为了削减这一数字，首先看任务目标、需求和约束，来找出哪些分枝与之不符。例如，要求在 LEO 轨道不使用核能，这就可以取消包含核能特征的选项。另外，也可以取消一些不切实际的选项，如在短期火星停留方案中采用火星到地球往返的“快速运输”。第 9 章表明，对于冲点类任务，BOTH 的快速运输所需燃料的重量是不可能达到的。然后通过分析方法，来辨别剩余任务选项。在本例中，将对每一层次的选项进行迭代。

31.1　火星任务设计

这个设计练习将重点关注一些关键需求和几个决定整个任务的系统。首先确定需要怎样的转移轨道到达火星，这个决定会影响很多问题，比如飞行时间和需要的推进剂。从地球发射的飞行器是关键的约束之一，推进系统也强烈地影响着任务和系统。接着，将研究利用火星原位资源替代地球供应链。最后，将建立任务单元之间，以及地球与火星之间相互通信的设施。

乘组规模是任务设计的关键因素，这是由于许多基础分系统的规模都与乘员数量有关。NASA 的研究和其他专业文献论述均表明，初期火星任务的载人数目为 4～6 名。乘组应该是多种专业人才的组合，包括飞行员、医务人员、飞行系统工程师和各种领域的科学家（地质学家、生物学家、古生物学家和其他）。实际人员数量是某一特殊任务所需技能数量的函数，以及某个特定的乘员可掌握的技能数量，或通过训练所具备的技能数量的函数。对本设计案例，乘员数量为 6 名。

选择转移轨道：选择轨道和航线是任务设计的一个好的开始——因为大自然通常会设定选项的范围，帮助确定一些变量。为了限制乘组暴露在“零重力环境”，可以选择带有人工重力的长时间的转运段，或零重力下较短时间的转运段。第 9.3 节给出了每个方案可采用的轨道：合点类轨道（长期火星驻留——见图 9 - 31）和冲点类轨道（短期火星驻留——见图 9－33）。其中合点类轨道降低了整体的能量要求（表 9－12 和表 9－14 中的 Δv 相比），并减小了整体推进剂和任务的质量。从第 9 章可以发现，合点类轨道也存在快速转移选项（见图 9－32 和表 9－13）。快速转移能进一步减小乘组的零重力旅行时间，而且避免了制造人工重力的复杂性，但是 Δv 的要求会加倍。因此，下面采用合点类轨道，同时研究飞行时间从 200 天减至 120 天是否会导致所需推进能量翻倍。

决定 1：合点类轨道（长期驻留火星）任务

选择运载火箭：任务需求允许我们利用现有运载火箭，或决定开发新的 LEO 运载能力为 100 吨的运载火箭（稍小于土星五号）。通常认为研发新的运载火箭是非常昂贵的，但是可以通过使用现有飞行系统的部件来避免一些花费，比如选用一次性运载火箭或航天飞机的部件。火箭的运载能力决定了飞往火星飞船在轨组装的次数。

表 31－1 给出了运载火箭的三个选项，以及支持和反对因素。一个漫长的载人火星任务需要巨大的质量（百吨量级），采用航天飞机以每次 24.4 吨的增量运输这些质量需要复杂的轨道控制。这种方法存在一个问题，即不能采用航天飞机货舱来运输大多数的推进剂。如果用货舱取代 75000 kg 的航天飞机轨道飞行器，可以采用一个 75 吨的带货舱的发射器，因此最终飞行器将是一个航天飞机部件的混合体。如果需求大于 75 吨，就要重新进行选择，关注大型、昂贵的运载器，如 85 吨量级的运载器。

表 31－1　运载火箭的选择矩阵▲

运载器	支持	反对
航天飞机	无新增研发经费，已知系统，为人类量身定制	有效载荷限于 24.4 t，有效载荷直径限于 4.7 m，不能运送低温推进剂
75 吨量级，航天飞机衍生	新增研发成本有限，可以采用已有发射和加工设备，航天飞机起飞质量的 3.5 倍，无航天飞机货舱的尺寸限制	研制新载人飞行器增加成本

续表

运载器	支持	反对
大于 85 吨，新研“Magnum”类型运载器	有效载荷运输到 LEO 轨道只需一次，在轨组装次数最少，有效载荷轮廓可变	研制新载人飞行器增加成本，需要改变已有发射和加工设备

▲：本任务有三个基本选项。

决定 2：75 吨级航天运载器

结合总任务需求质量和选定的运载火箭可以进一步选择地火转移射入（TMI）的停泊点。如果整个任务的进入质量为 85 t，那么可以像阿波罗计划那样忽略停泊点，而采用一次性火箭直接飞向火星。但是，任务质量通常会超过一个运载火箭的运载能力，因此需要考虑在哪里进行任务模块组装。同样需要决定在火星轨道到行星表面之间预置物资，或者在地球轨道组装成一个大的航天器进而再整体飞向火星。一些任务设计者提出采用“星际飞船”的方式，即用一个飞行器携带往返任务所需的所有设备。

在进入火星任务单元组装位置时（LEO，HEO，火星轨道，火星表面），需要考虑安全因素，比如中止选项。第 8 章涵盖了很多安全性的细节，但是在任务早期，一些基本的安全准则就可以作为指导了。比如，一旦完成了地火转移射入，并进入地球逃逸轨道，快速返回地球需要大量推进剂。不像月球航行，一旦派遣乘组进行载人星际旅行，在 6～10 个月之后才能到达火星。一个可能的中止任务的解决方案是给乘组配备足够的推进剂以备随时返回。表9－12和表 9－14 表明这种方法会使任务的 Δv 高达 2 倍以上——让乘组在 450 天（而非 900 天）内返回地球，需要付出巨大代价。另一个选项是在火星表面预置设备，这样所有的任务中止（除了返回地球途中）都可在火星实现。科学的预置货仓和供给能够使火星表面成为除地球外的第二个安全港湾。预置设备也可以是建造小型、多样的航天器，在载人飞行数年之前就送抵火星。在乘组发射前，可了解这些货舱运转情况和位置。在设计案例中，采用载人舱和货舱分离运输，在载人飞行之前就将货舱运送到火星。这种预置方案提供了足够的时间，以便基地单元（如动力系统）在火星表面自动运行，但要求乘组着陆时准确无误，尽量靠近预置舱。第13章继续讨论了火星表面单元和基础设施。

决定3：预置表面基础设施（分阶段任务）

火星入轨推力：一旦航天器入轨，就必须考虑如何增加 Δv 使任务单元能够进入所选择的合点类轨道。与运载火箭一样，选项从熟知的现有推进系统（化学舱段，如表25－5所示）到新型技术（离子或等离子发动机，24.3节已进行了讨论）。我们必须为电能和热能推进系统提供一个能量来源。由于任务需求规定近地轨道不能使用核能，因此表31－2给出了其余选项。

表31－2　TMI级选择矩阵

TME级	支持	反对
全化学推进剂（如低温 H_2/O_2）	成熟技术； 现有发动机和组件； 无毒	在轨贮存液氢困难； 需要大型储箱； 性能低，质量大
太阳能发电/离子推进器	高效； 推进剂质量最小	新研发； 飞行时间长； 遭遇多种辐射带
太阳能发电/离子推进和化学能推进组合（人货分离）	大部分TMI的 Δv 源于高比冲推进系统； 小部分 Δv 源于低效的化学推进系统； 低轨-高轨系统可重复使用	硬件设备昂贵； 遭遇多种辐射带； 载人快车研发要求高轨交会对接； 新研发

表31－2给出了一个采用太阳能电推进和化学推进组合方式的选项，表明在解决飞行器问题时，将看起来并不相似的系统结合起来可能是最好的办法。这个组合选项采用一个大型的太阳能电推进器使大型舱体单元从地球低轨转移到高轨。如果使用离子推进器以合理的推力行进，需要几个月的时间，但只能在不载人情况下进行。太阳能发电推进系统可以提供高达90%的 Δv 以达到逃逸速度。由此可见，可以采用小型“快车”（如X－38或者简易太空舱）运送乘

组到预定地点交会对接，然后采用化学推进器进行最后的点火推进，使飞行器整体达到所需要的速度。

太阳能电推进（SEP：solar - electric propulsion）等低推力系统的轨道分析不在本书研究范围之内。但是，NASA 中心的一些研究已得出可以将 170 吨有效载荷从 407 km 的圆形轨道运送到椭圆轨道（高度 800 km×70761 km）的方案。选择这个轨道是因为它每天飞过肯尼迪航天中心，并且逃逸速度 Δv 比低轨圆轨道要小很多。这种太阳能电推进级，包括满载推进剂（45589 kg）的初始质量（不包括有效载荷）为 80 吨。

与其他任务的有效载荷单元相同，载人快车级将会从 407 km 的圆形轨道离开，但它必须从该轨道攀升到 SEP 所在的高轨椭圆轨道，以便其有效载荷与 SEP 交会。可以通过 9.2.2 节的面内霍曼转移公式计算出运送载人快车的化学推进舱的 Δv ，最后得到离开低轨圆轨道的 Δv 为 2.727 km/s，完成椭圆轨道远拱点交会的速度增量为 0.024 km/s。

一旦乘组和转移飞行器或载货舱准备好从椭圆轨道离开，只需要一个相对较小的速度增量 Δv 。尽管第 9 章已经讨论了这种情况，也可采用此处的方法得到该结果。表 31 - 3 列出了与第 9 章数据表相同的数据，该数据满足案例的约束条件：飞往火星或从火星返回地球的时间均为 180 天左右，最大火星进入速度为 7.36 km/s，最大地球进入速度为13.0 km/s，满足热防护系统（TPS）的热约束条件。

表 31 - 3　180 天运送轨道参数▲

发射时间	Δv TMI	出航时间/天	Δv MOI	火星驻留时间/天	Δv TEI	归航时间/天	总任务持续时间/天	总速度增量 Δv
2011.12.13	3970	192	3865	528	2739	186	906	10575
2014.1.25	3970	172	2993	565	2751	156	893	9714

假设：分离位置为 407 km 的地球圆轨道和 500 km 的火星圆轨道

▲：本表完善了表 9 - 12 和表 9 - 13 的内容，提供了 180 天地球往返火星航行段的 Δv 和飞行时间等关键数据，不同的是降低了到达火星和地球的速度。TMI＝地火转移射入，MOI＝进入火星轨道，TEI＝火地转移射入。

表 31－3 得到了用于从一个相对较低的圆形地球轨道离开的 Δv 的值（对于本案例，选择 2014 年的发射机会——3970 km/s）。也可以采用公式（9－5）计算得到圆形轨道速度（本算例 407 km 轨道速度值为 7.665 km/s）。知道了特定年份、特定轨道的 Δv 和停泊轨道速度，就可以采用公式（9－34）计算双曲逃逸转移轨道的近拱点速度。对于本案例，7.665 km/s＋3.970 km/s＝11.636 km/s，即为公式（9－34）中的 v_{b0}，但它是 407 km 轨道的近拱点速度，而我们需要 800 km SEP 停泊轨道的速度。使用 v_{b0} 和 r_{b0}（407 km＋6378 km）可以由式（9－33）得到 ε_H。然后采用转移轨道的值 ε_H，并用 800 km＋6378 km 代替式（9－33）的 r_{b0}，从而得到新的 v_{b0}。本案例中，得到该值为 11.355 km/s。现在，采用第 9.2.2 节的技术计算停泊轨道（对于 800 km 停泊轨道的近地点，速度为 10.080 km/s）的近拱点速度。如式（9－34），采用停泊轨道的近拱点速度 v_{b0} 减去双曲线近拱点速度 v_{parking}，能够计算出停留轨道所需的 Δv，即 11.355 km/s －10.080 km/s ＝1.275 km/s。

小推力、螺旋轨道需要采用特殊的计算工具才能准确计算出飞行时间和推进剂质量。但是基于 24 章的两节内容可以进行第一阶段的估算。首先采用式（24－14）绘制与图 24－6 相似的曲线。通过试验多个变量，发现推力持续时间（螺旋时间）长则有效载荷质量比例大。假设等效 Δv 约为 3000 m/s（3970－1275，加上 10％的有限损失），对于螺旋时间为 250 天，以速度 v_e ＝ 30 km/s 飞行时有效载荷质量的比例为 85％，这相当于离子推进比冲 I_{sp} 为 3000 s。采用表 24－10 进行以下计算，发现采用效率为 90％的电推进器，如霍尔效应推进器，需要 5602 kg 的推进剂。这些推进剂可以是氙气、氪气或其他容易电离的气体。该推进剂大概需要 117 kW的输入功率。

通过采用高效电推进器，可以给飞往火星的飞行器提供地火转移射入速度增量 Δv 的 70％。最后的 1275 m/s 需要高比冲推力，可以采用 24.3 节的公式设计新型的化学推进器，或者采用已有的上面级（如表 25－5）。假设飞行器质量约为 50 吨，燃烧质量等于阿特拉斯-半人马座 G 火箭（3.44 吨）。基于理想火箭方程式（24－2）计算得到液氢-液氧推进剂质量为 18080 kg——比半人马座多了 14%。因此可以合理假设，加长的半人马座火箭级能够胜任最后火星进入的推进任务。图 31－2 给出了火星任务的轨道时序。

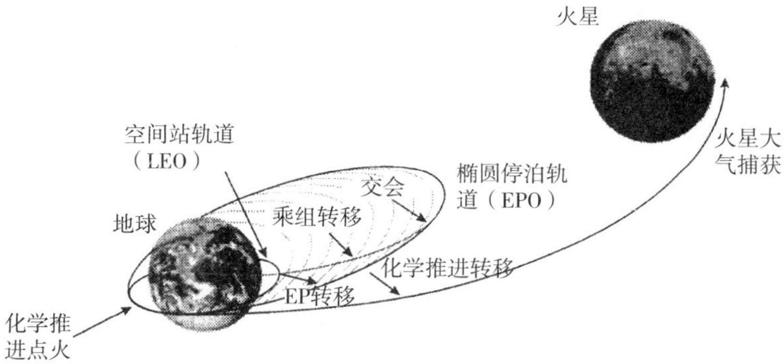

图 31－2　地球-火星转移▲

▲：运送乘组之前，需要将其乘坐的转移飞行器送入近地轨道，并通过太阳能电推进器缓慢地转移到椭圆停泊轨道。航天飞机将乘组送到 LEO，然后采用化学推进器与转移飞行器进行交会对接。乘组和转移飞行器利用小型化学推进级点火离开，飞往火星。180 天后，飞行器通过大气捕获进入火星轨道

决定 4：地球高轨（HEO）分段运输

决定 5：太阳能发电（离子）/化学推进器 TMI 组合

决定 6：快速（180 天量级）运输

利用原位资源：一旦乘组开启了飞往火星的航程，就需要开始考虑他们返回地球的问题。大部分任务是基于火箭方程的一系列混合相乘问题。大型发动机消耗大量推进剂推动相对较小的贮箱和发动机达到一定的速度。然后，小发动机消耗更多的推进剂推动更小的贮箱和发动机组合，直到航天器或有效载荷到达目的地。为了避免携带任务所需的所有推进剂，必须就地寻找推进能源。例如无人航天器飞往外界行星时经常采用的行星引力——航天器经过行星时增加

动量，从而在不消耗地球供给的推进剂情况下增加了自身的能量。可以采用类似的技术寻找行星能源，比如土壤和空气中的化学物质。

火星大气的95%是二氧化碳，压力较低，但如果将二氧化碳作为化学反应试验的输入，那么它仍是一个有价值资源。第15章详细介绍了采用少量地球供给物（如氢）与二氧化碳进行化学反应的方法，以此得到多种产物，包括从液氧到火箭燃料甲烷、水和大气缓冲气体。其中，火星大气产生的氧化物和燃料提供了最大的杠杆作用——在火星加工生产载人航天器返回地球所需的所有或部分燃料，显著削减了整体任务质量（以及相关费用）。当然，如果在火星生产返回所需的推进剂，乘组着陆时的航天器贮箱是“空”的，他们必须重新加注推进剂，或采用另一个单独的飞行器离开火星。“星际飞船”任务的提倡者认为依赖火星“加气站”的方式难以接受，但是可以在任务设计中降低这种风险。我们早期就决定在火星表面选择一个安全场所布置装备，并至少在一个载人飞行机会之前就布置妥当。同时，预置一个化学工厂来生产乘组返回所需的推进剂，并完成化学反应，在乘组离开地球之前就将这些推进剂贮存和监控起来。

原位产品也可以用来补给生命保障系统，为乘员提供水、氧气和缓冲气体的储备。当主系统失效时可以采用这些储备，从而降低火星表面停留的危险。甚至火星表面机器如漫游车也可以从当地的产物中获取好处。第14.2.4节表明，从产出单位能量的质量看，甲烷仅次于氢，因此甲烷可以和氧组合——它们既可以在一个燃料电池内，也可以在发动机内混合——为漫游车提供动力。

决定7：原位生产火星上升段的推进剂

通信设施：第6章和第7章表明乘组在火星表面时需要经常与地球的家人联系以保持心理健康。因此，对于数据率的需求是至少50%覆盖面积的通信传输速度达到1 Mbps。在地球轨道，航天飞机通信能力覆盖了100%，但数据率比火星需求稍低，因此建设指挥、控制和通信设施是具有挑战性的。如果假设1 Mbps包括了音频、视频、数据、命令和控制等所有数据需求，那么设计通信设施时就要研究达到有效数据率需求的选项。

由于火星绕轴自转一周约为 24.6 小时，因此火星表面基地在地球视线范围的时间只有约为 50%。当考虑擦边或与高度角干扰时，覆盖率还要小于 50%。表面基础设施同样有一些决定通信设施建设的需求；乘员将冒险穿着舱外服从基地出来乘漫游车进行科学探索，压力漫游车会带着乘员到距离基地 10 或 100 公里之外的地方，因此需要和地球、基地保持联系。这里有许多解决办法，比如低轨通信卫星组成星座和布置通信气球等。作为第一种途径，首先考虑在火星赤道上方、基地经度附近布置一颗静止通信卫星。从这个位置，通信航天器可以看到近半的行星表面。这样，在基地和返回途中的乘员传递信息是非常容易的。静止通信卫星能够满足观测南纬 45°和北纬 45°范围的要求，但是只能覆盖一个半球。单颗通信卫星能够以额定的兆比特率发送和接收信息，并且处于静止高轨道，利于它每天除部分时段外始终与地球保持通信。

静止通信卫星也会受到火星表面单元传输能量的限制。第 28.4 节给出了从地球到火星进行通信的计算示例，类似的，可以计算航天器与地球和航天器与火星表面的通信。计算结果将确定传输功率、天线尺寸和最佳频率。

31.2　转移飞行器——“居住舱-着陆器”组合体设计

前述任务设计的核心是一个载人火星飞行器，它从地球高轨进入火星大气、着陆，最后作为火星表面居住舱。这个飞行器被称为“居住舱-着陆器”组合体。如上所述，完成载人火星任务需要很多单元：货物着陆器、火星上升运载器、地球转移飞行器和地球再入舱等等。我们已经选择了“居住舱-着陆器”组合体，这是由于它涉及的许多工程学科在本书中都进行了讨论。第 12 章提供了一个优秀的“居住舱-着陆器”组合体结构设计，12.4 节给出了设计的 10 个步骤。

下面基于乘员数量、任务持续时间和飞行器主要功能进行“居住舱-着陆器”组合体的初始尺寸和形状设计。6 名乘员将经历 6 个月的旅行到达火星，如图 6－2 所示，每名乘员在 6 个月任务周期所需的最佳生活空间为 20 m^3。图 12－5 表明，历史数据显示 180 天任务中每名乘员的全部压力空间将近 100 m^3，但是这个数据是基于大型、地球轨道空间任务的数据。对于本章案例，采用每名航天员空间 20 m^3（×6 名）得到居住舱的参考容积。进一步假设乘员居住空间只占总压力舱的三分之一（换言之货物占了三分之二），可得到总容积为 360 m^3，可以被 7.5 米直径和 8 米高的圆柱包络。采用式（12－1）估算该飞行器的初始质量约为 50858 kg（180 天任务）或 80554 kg（680 天任务）。显然，乘组在火星表面长期驻留比航行需要更多的压力空间。通常，在零重力环境生活时需要更少的空间，并且航行时不需要那些航天员到达火星后才开始操作的基础科学实验室设备。

为了提供乘组航行时所需的 360 m^3 和火星表面操控所需的 600 m^3 空间，图 31－3 的右图介绍可充气膨胀的火星实验室。它可以通过货运飞船先于载人飞行送达火星，然后拖曳到载人着陆器，在出舱活动过程中实现对接。膨胀结构的诱人之处在于它们能够将很大体积的结构压缩成较小的体积以便于运送。“居住舱-着陆器”组合体的膨胀附件可以提供火星表面实验室所需的空间，着陆器内部的备份系统对膨胀结构充气，甚至提供植物生长的空间。

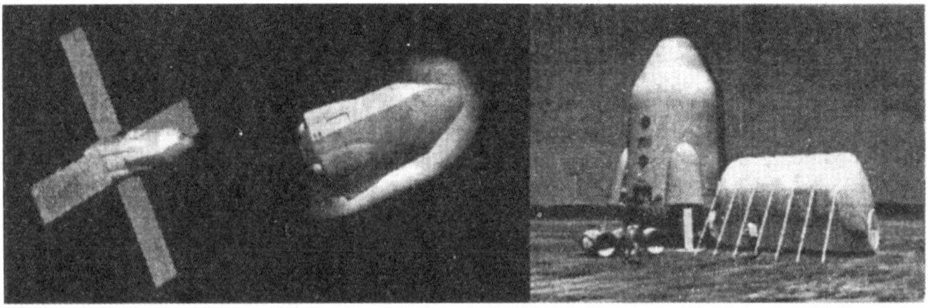

图 31－3　巡航、再入和表面居住舱的构型图

结构：过去的一些研究建议采用压力容器，如上文提到的圆柱形，蜷曲在二级结构中，并与进入热防护罩连接。然后，组合体结构在一个三级结构——整流罩中飞离地球，以保护结构免受飞行动力和气动加速度的影响。但是以上每一个结构都具有质量，因此要继续整合相似功能的结构以尽可能地减少质量。基于以上原因，需要研究将压力容器、进入/着陆结构和整流罩三个独立结构合一（或至少两个）的整合方法。图 31－4 给出了这种方法。

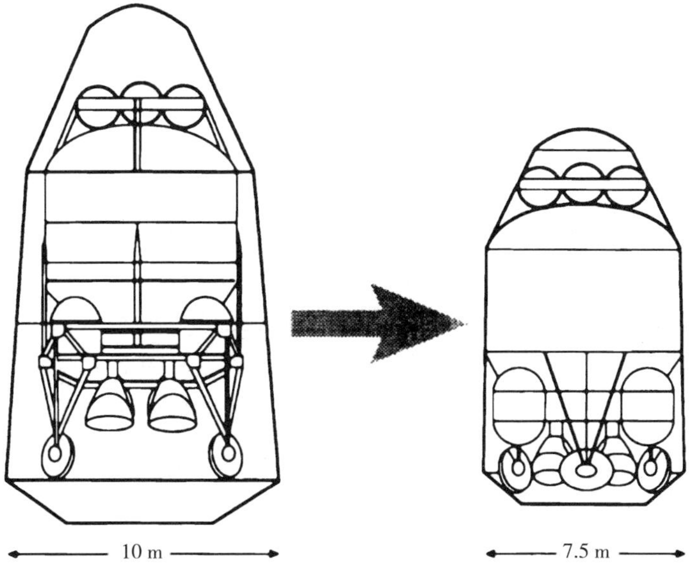

图 31－4　飞行保护罩/再入结构和压力舱的组合设计图

飞行器要在火星大气中“飞起来”，就需要选择一种气动进入形状来满足所需的升阻比（L/D）。平顶锥形截面能够提供准确的 L/D，但是在进入火星大气层时会产生较大的过载。另一方面，细长回转体形状如二维和三维圆锥截面，甚至子弹形状，都可以在飞行中产生所需要的升力，并将加速度限制在人类能够承受的加速度范围之内（3～5g）。以表 12－4 作为指导，可以选择圆柱承压结构，其尺寸已在前面初步确定，形状只需稍作改变即可适应细长体形状，如图 31－4 所示。毫不奇怪，该形状与许多火箭整流罩非常相近，因此可以像火箭那样进行验证。

最终结构必须保证具有飞行、着陆和空间推进所需的轴向刚度，也必须具有足够的横向刚度，以承受气动再入过程中以某一攻角飞行时所产生的弯矩。它必须同时具有“环向”和“顶向”强度来承受 81 kPa 的内部压力。首先研究结构的两种载荷工况：发射载荷（典型的设计极限工况）和大角度气动进入工况，在后一工况中飞行器在速度方向上承受高达 $5g$ 的加速度。因为运载火箭的首选是基于航天飞机技术，所以可以很自信地通过审核航天飞机的发射载荷工况给出结构需求的第一级评估。

基于表 21－7，首选项是硬壳式、二维锥形的石墨/环氧树脂复合材料圆柱壳。由于这个结构是轴对称的，因此是一个理想的压力舱，并且复合材料/蜂窝结构（图 21－4）具有理想的特性以承受预期的载荷工况。

进入、下降和着陆：任务设计者通常将抵达火星大气层到着陆之间的事件归为一个阶段，即“进入、下降和着陆”（EDL）。在接触火星大气层上层到着陆的短暂时间内，“居住舱-着陆器”组合体可能做一些或所有的下列事情：调整气动进入姿态、通过大气时进行主动控制、将飞行器导航至火星表面的预定地点、释放降落伞、发动机点火、释放着陆支腿以及火箭反推使其缓慢降落到火星表面。

普遍认可的观点是，如果着陆点选择在火星平均海拔的 2.5 km 以下，那么采用火星大气进行气动减速可以大幅降低飞行器的质量。海盗号和探路者号任务已经综合使用气动减速和超音速降落伞（在 2 至3 马赫之间）技术将飞行器速度降到 500 m/s 以下。如果增加 25％的安全系数，那么最后推进系统的速度约为 625 m/s。由式（24－2）得到最后推进机动所需的推进剂质量为 10 t，并可以根据第 24 章内容计算贮箱和发动机的尺寸，然后将其添加到本章末的设备质量列表中。

能源系统：能源是操作所有航天器系统的核心，一个能源充足的基础设施更易于处理一些突发情况。设计能源系统时，通常始于预估所有航天器的能源需求。对于“居住舱-着陆器”组合体，表 31－7 给出了设计案例中各设备的能源需求。由于这只是一个初步设计，表中给出的仅有一个能源数值——以 kW 为单位的峰值。随着分析的继续，将精炼这些数据，按照时间和任务阶段给出每个系统的能源需求（例如着陆后，姿态确定和控制系统将不再需要任何能源）。逐一查看了这些能源数值后可以假设：

1）巡航段的功率可以是 20 kW 或更少，在飞行过程中预期没有日蚀。

2）巡航段的能源收集在火星大气捕获一小时前停止。（例如航天器抛掉巡航推进段。）

3）着陆器在进入着陆阶段一个小时之前和着陆后的四天内都要采用内部能源。这段时间内，航天器应当使用最少的能量。

4）着陆后的第一个关键操作是给“居住舱-着陆器”组合体提供能源。

以上第一点针对航行推进级的能源系统，第二和第三点针对“居住舱-着陆器”组合体的能源储存系统。基于任务设计，在乘组抵达之前会在预定着陆点布置一个反应堆，这样 EVA 或机器人将把“居住舱-着陆器”组合体和地面能源系统连接起来。着陆器也会自带一个能源备用系统用以从火星表面获取能量（可能是一个简单的太阳能电池阵），它可以在连接火星表面能源出现延迟时提供维持乘组生存和飞行器运行的最少能量。表 20－3 和图 20－2 能够指导表 31－4 中初始能源系统的选择。

表 31－4　“居住舱-着陆器”组合体的能源系统选择

任务阶段	能源要求	初始能源系统选项
地球-火星巡航	平均功率 20.0 kW	固定的，由航天器控制指向的太阳能帆板
火星 EDL（着陆＋4 天）	平均功率 10.0 kW	燃料单元，持续 120 小时能源供应
火星表面运行	平均功率 25.0 kW； 峰值功率 40.0 kW	居住舱-着陆器与火星表面组成能源系统，以 5kW 的功率储存太阳能以备突发事件

环境控制和生命保障系统（ECLSS）：在“居住舱-着陆器”组合体的所有系统中，ECLSS是乘组舒适、生产力和生存的关键。它必须从乘组登上航天器（初始任务设计中为在HEO交会对接之后）就开始工作，直到完成6个月的零重力飞行和500天以上的火星表面驻留（可能在返回任务中仍然要使用）。人类必需固定数量的水、氧气和食物，并必须有严格的温度和压力限制。选择一个ECLSS事实上意味着选择了系统的闭合水平和一个冗余或可维护的策略以保证系统达到100％适用。

回顾任务设计可知，对于ECLSS而言从地球到火星间的180天航行将是整个任务中最关键的阶段。一旦在火星着陆，乘组将有很多选择余地，包括从预先布置的备用物品到在火星上原位生产并储存的水和氧气。但是，在航行中则没有这些选项，因此设计ECLSS时必须保证在该阶段不出现任何失效的可能。鉴于火星航行质量和“居住舱-着陆器”组合体体积的限制，必须选择在实际操作中接近100％可用的ECLSS。

对于第一次迭代，ECLSS使用物理-化学（P/C）分系统，并且后续将从质量、功耗和可靠性方面与生物再生系统进行权衡对比。管理6人乘组所用空气的P/C系统选自表18－9，由一个4床二氧化碳分子过滤筛、一个污染物跟踪控制系统和生产氧气的水解系统构成。考虑将乘员食物中的水份回收作为产生氧气的来源，以填补系统损失。管理水和废物的P/C系统选自表18－10，由乘组食物中的水、呼吸回收和压缩水蒸气等构成。航行中产生的固体废物会被丢弃掉，而抵达火星基地后的固体废物将储存下来，并用于植物生长系统。

最后，必须制定ECLSS分系统的冗余。每一个功能可能都需要两个，但是可以借助“居住舱-着陆器”组合体其他系统的选择策略来增加冗余。比如，在航行段食物选为富含水份的，这样可以直接提供足够的水份用以电解产生氧气。一些系统，如4床分子筛，如果不能进行功能冗余时可以要求第三级备份。

热：“居住舱-着陆器”组合体需要两套热控制系统。首先，需要一套与 ECLSS 同时工作的主动系统，以保证乘组舒适和航天器电子设备在额定温度范围内工作。其次，需要一套外部热防护系统，在太空冷环境和进入火星大气时的热环境中保护航天器。

“居住舱--着陆器”组合体的主动热控制系统是复杂的，必须在零重力（地球-火星航行期间）和火星表面的 0.38g 重力环境中正常工作。散热系统在两种环境下都能工作是非常困难的，如表 16 – 4 所示。图16 – 2给出了航天器功率为 25 kW 的 900 天任务，需要考虑单相、泵入流体散热器。一个泵循环系统看上去是合理的，这是因为需要在重力和零重力环境下工作。同样，由于要在进入火星之前扔掉航行阶段的太阳能电池阵，因此可以考虑航行阶段的散热器与火星表面散热器相互独立，这样可以与巡航级一起扔掉。着陆散热器可以由巡航级分离后仍固定连接在主体上的单元和火星表面预置操控单元组合而成。

热防护系统（TPS）必须在进入火星大气层时保护“居住舱-着陆器”组合体。从海盗号火星任务起，就开始使用烧蚀材料，它从开始进入热环境时就能够很好的工作。TPS 材料选择的关键是进行大气捕获还是直接气动进入。前者要求为两个气动热事件进行设计，其中大气捕获会导致大量热辐射从热防护层传回“居住舱-着陆器”组合体结构。第一次迭代将气动捕获组合为一个在 24.6 小时轨道上、并以较低的速度进行的气动进入，这种组合方式将使 TPS 材料的选择更加复杂。我们希望这种材料从发射（作为整流罩）到飞行直至着陆都覆盖航天器表面，因此，首选一种可以喷涂足够的厚度的高弹性硅树脂，但同时也要承受飞行动压和 6 个月深空飞行产生的各种影响（表 16 – 9）。

姿态确定和控制系统（ADCS）：“居住舱-着陆器”组合体的 ADCS 必须向航天器提供导航数据，在地球-火星航行和进入火星大气层的过程中导引航天器。首先假设需要三轴控制，且根据热分析采用低速旋转方式以一体化考虑飞行中的热载荷。进入带来新的挑战，因为任务设计需要直接进入火星大气，采用气动机动直抵着陆位置，并在最后降落阶段综合使用降落伞和推力控制技术。ADCS系统最为重要的是要求着陆时距预置着陆舱（包括永久表面能源系统）地点在一公里范围内。

在飞行器的航行阶段，要求采用太阳能为“居住舱-着陆器”组合体系统提供能源，因此需要对日定向，除非采用万向节控制太阳能电池阵。航天器必须做一些中途修正，包括进入火星大气层前24小时之内点火修正轨道定位。进入走廊在着陆前的最后24小时，“居住舱-着陆器”组合体将从惯性空间的零重力航天器转变为中等升阻比大气飞行器，最后转变为带推力的行星着陆器。

ADCS规模估计包括反应控制系统（RCS）推进器，控制力矩陀螺，惯性测量单元和其他导航和制导硬件，如星追踪器（用于航行）和雷达（用于着陆）。为了估算RCS系统，尤其是在气动进入时控制自转，必须计算飞行器绕升力矢量自转所需的力。这个机动允许“居住舱-着陆器”组合体“飞”到降落伞打开地点，或者反推系统点火。最后降落所需要的反力决定了系统最后阶段的推进器规模。对于初始估计，假设每个轴向需要的角加速度为1 $(°)/s^2$，采用第19章给出的表格，可以计算出所需的转动推力为10000 N（基于航天器转动惯性矩为400000 $kg \cdot m^2$）。然后，类似地可以估计出最后阶段俯仰和偏航的推力要求均为6000 N。为了估计RCS系统的质量，首先决定如何将推力分成多个四分之一的推力，然后设计合适的推力硬件。另外，可以运用表12－7，估算RCS的干重为航天器干重的2％，或者920 kg。

乘员系统：所选任务需要6人度过180天的零重力星际航行，以及500天的火星表面生存。乘组将以“居住舱-着陆器”组合体为主“家”，度过所有的时间。只有到了火星表面后，才能使用提前26个月送到火星的货舱模块扩展生活空间。采用资源模块作为乘组住所（表18－3），6名乘员在680天都要呆在“居住舱-着陆器”组合体，其质量、体积和功耗如表31－5所示。

表 31－5　“居住舱-着陆器”组合体的载人系统特性参数

内容	质量/kg	体积/m^3	功率/(峰值 kW)	能量/天/(kW·h)
厨房和食物系统	10159	36.74	6.90	45.70
废物回收系统	1232	12.93	0.09	0.05
个人卫生	400	7.30	0.09	1.92
衣物	754	3.52	4.00	7.68
娱乐设施	300	4.50	0.70	0.67
家务供应	367	4.45	1.25	0.30
操作供应	220	0.78	0.00	0.00
维修供应	1800	7.50	2.00	0.05
摄影设备	120	0.50	0.40	0.77
睡眠住所	54	0.60	0.00	0.00
乘员健康	1645	6.69	1.65	2.10
乘员居住总和	17051	85.51	17.08	59.24
平均功率				2.47 kW

需要说明的是，选择的食物系统中，每个人每天的食物中储存1 kg的水份，然后该水份将返回到 ECLSS 系统中。在 680 天里，食物中储存的水份将为系统增加 4000 kg 以上的可用水，进而可以补充次要系统损失、氧气供给，或维持植物生长所需。

EVA：“居住舱-着陆器”组合体要求有一个气闸，以便乘员走出航天器到火星表面活动。同时需要一个可连接装置，在到达火星表面后与充气实验舱模块进行连接。气闸应该包括至少两个对接口，或出口，且必须置于适当的位置，这样乘员可以轻松地走出着陆器，到火星表面并进入充气实验舱模块。表 22－2 给出了可供两名乘员进出的 2.5 m^3 体积的气闸。6 名乘员也需要同等数量的舱外航天服，当然也可以共用。

31.3 质量和能量预估

在 31.2 节之初，估算“居住舱-着陆器”组合体的干重在 50～80 吨之间。表 31-6 采用本书数据总结了计算得到的“居住舱-着陆器”组合体各个系统的质量。

表 31-6 “居住舱-着陆器”组合体质量预估

系统	描述	质量/kg	出处,说明
结构-压力壳	硬壳,石墨铝	11188	21.5 节或式(13-1)的 22%
结构-气闸舱段	2 人,双通道	1250	表 22-2
机械		4068	表 12-6,式(12-1)的 8%
ADCS	基础结构	356	
ECLSS-空气	4BMS,TCCS,OGA,3 冗余	1230	表 17-9
ECLSS-水	VCD,2 冗余	300	表 17-10
热-主动	主动热控制系统	754	表 16-7
热-表面散热	表面可展开	1334	表 16-4,表 16-7
热-TPS		4577	表 12-6 或式(21-1)的 9%
人员系统	6 人,680 天	17051	表 18-3
EVA	6 套服装,3 套备用	477	表 22-2
后勤	备用,维修项目	2154	29.4.3 节,干重的 5%
能源-电池	50 kWh 锂离子电池	300	表 20-10
能源-PVA	75 m^2,5 kW 应急 PVA	65	表 20-5,表 20-6
能源-PMAD	11.1 kg/kW_e 的 25 kW_e	180	20.5 节
干重总和		45284	
着陆推进剂		10000	
着陆发动机/贮箱		2470	
降落伞悬吊质量		57754	
降落伞		600	3×图 12-7 渐近线值
总进入质量		58354	

续表

系统	描述	质量/kg	出处,说明
巡航级散热装置		535	表 16－4,表 16－7
巡航级能源系统	150 m^2 可展开电池阵列	445	表 20－5,表 20－6
巡航级推进剂		1200	
巡航级发动机/贮箱		355	
巡航级结构		145	
总射入质量		61034	

类似的，我们必须关注能源的动向。在目前的定义层面，设计时采用“平均功率”作为度量标准可能是合适的，但是随着进入到更高层次的细节设计，需要基于航天器的运行模式跟踪能源。在“居住舱-着陆器”组合体的案例中，能源的使用将很大程度上依赖于航天器所做的事情。地火转移阶段像是一个稳定的能源剖面（但是随着与太阳距离的加大可用能源会减少），但是由于进入阶段航天器采用储备能源，因此进入阶段都处于低能耗状态。一旦着陆后连接到火星表面的持续能源供应，航天器能源使用将几乎达到峰值。对于第一次设计迭代，表31－7所示的平均功率要小于初始估计（表31－4 的 25 kW)。记住，随着对航天器分系统了解的深入，乘员系统、生命保障系统、空气循环、通信和电力系统的能源需求也会改进（通常都会增加)。最后，需要画出产出和储存能源需求随时间变化的曲线。

表 31－7 “居住舱-着陆器”组合体能源预估

系统	描述	平均功率/kW_e	出处,说明
结构	壳体,石墨铝	0	20.5 节
机械			
推进剂			
ADCS	电子设备,导航设备	0.3	表 19－15
ECLSS－空气	4BMS,TCCS,OGA,3×冗余	4.2	表 18－9

续表

系统	描述	平均功率/kW_e	出处，说明
ECLSS-水	VCD，2×冗余	0.18	表 18-10
热	主动热控制系统	0.575	表 16-7
乘员系统	6 人，680 天	2.47	表 18-3
EVA			
后勤			
总平均功率		9.225 kW_e	

31.4 下一次迭代

正如本书一直强调的，设计过程是迭代的。火星任务设计案例仅仅代表了“第一次迭代”，其中给出了需要深入研究（权衡研究）的技术选项，区分了决定设计的关键参数，知道了任务需求和约束条件是如何推动我们得到特定解决方案的。在所有情况下，作为负责的工程师和任务设计者，必须继续分析初始设计结果的其他选项。

重新进入设计的第一点是对任何清晰指向某一或某一组解决方案的需求和约束条件提出质疑，这些方案曾排除了一些任务选项。这些选项可能成本更低、质量更小，或者任务风险更低。将这些需求与放宽或删除要求时可能采用的解决方案区别开，把数据交给项目赞助商（需求的提出者）。很多时候，需求牵制了技术和项目内容，即使提供了极具说服力的技术证明，或许政治或官方的理由都可以改变它。表 31-8 给出了火星任务的需求和约束条件，如果放宽需求可以增加任务可能性。

表 31-8　重要需求与约束，以及其他任务选项

驱动性要求	注释
LEO 中不允许配置核能系统	限制了 LEO 可用的推进和能源系统选项，决定了任务设计趋向于长期的太阳能-电推进旅行，从 LEO 到 HEO 的大部分 Δv 都将由此获得

续表

驱动性要求	注释
限制乘组暴露在零重力和深空辐射当中	决定了航行不采用高效的霍曼转移轨道，而选择较高能量的选项
在 50% 以上的覆盖范围能以 1 Mb/s 的速度传输信息	要求重大的通信设施建设，发射技术和设备研发
在火星北纬 45°到南纬 45°之间运行	大的纬度区域要求能够在所有极限环境下生存的鲁棒设计
所有生命相关的关键系统应当具备双重容错能力	许多系统需要冗余设计
新型运载火箭的 LEO 运载能力限制小于 100 t	限制一个任务通过运载火箭一次性发射的能力，需要交会对接或者在轨组装
任务成本必须小于国际空间站的成本	成本是最大的约束条件。国际空间站成本较大，但也仅是阿波罗计划成本的一部分
采用火星资源辅助生命保障系统，减少地球材料的供应	要求任务开始进行“地外生存”
为了长期驻留建造火星基地，以便能够进行持续研究和探索	不是单次探索，而是持续探索，需要一些或所有火星表面设备可供未来的航天员使用

重新进入循环设计的第二点是辨别系统的影响要素。可以将任务设计过程想象为一个多点控制，每一个点代表了设计过程的一个变量。第一个切入点是可以将任务结构树的每一个变量看作一个可控的点。通过操作这个控制，可以迅速看到这些变量以公制单位表示的结果，如质量或成本。一些变量可能影响很小，且其他变量具有动态影响——这些变量是将要进一步研究的系统影响因素。

采用计算工具解决上述任务设计的多点控制问题是非常方便的，并且同时尝试多种方法将大量的数据表格、轨道程序和系统规模算法整合为一个整体，每一个迭代过程都涉及了很多人员和时间。毫无疑问，在未来的某一天将能够坐在办公室，调取任务设计数据库（或许基于本书），采用任务设计变量的实时变化分析任务。

目前，已经有了本书所需的数据和在每一章后面列出的参考文献，我们仅仅采用一个计算器，就已经完成了火星任务设计案例，计算了任务每一阶段的 Δv 预算，设计了“居住舱-着陆器”组合体的尺寸及其众多分系统。但是，其中的工程实际和图片并不总是符合完整的设计构思。如果采取草图、绘图或 CAD 图形式，人们能够从中得到大量信息。因此，以图 31－5 总结这个案例，它是前面所设计的任务的示意图。

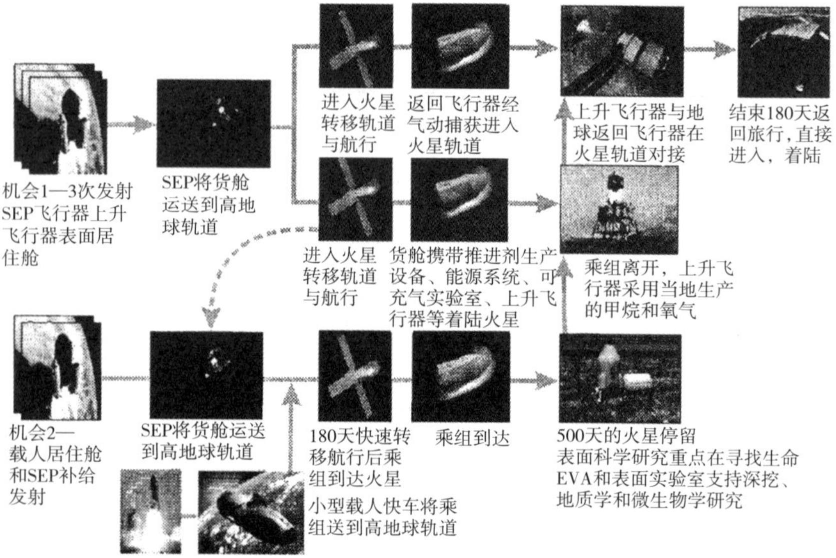

图 31－5　最终火星任务设计：拼接/直接/MOR

参考文献

[1] Drake, Bret G., ed. 1998. Reference Mission Version 3.0. Addendum to the Human Exploration of Mars: The Reference Mission of the NASA Mars Exploration Study Team. Publication EX13-98-036. Houston, TX: NASA Johnson Space Center, Exploration Office.

[2] Hoffman, Stephen J. and David I. Kaplan, eds. 1997. Human Exploration of Mars: The reference Mission of the NASA Mars Exploration Study Team. NASA Special Publication 6107. Washington, DC: National Aeronautics and Space Administration.

[3] Larson, Wiley J. and Wertz, James R., eds. 1992. Space Mission Analysis and Design. 2nd ed. Torrance, CA: Microcosm, Inc. and Dordrecht, Holland: Kluwer Academic Publishers.

[4] National Aeronautics and Space Administration. 1995. NASA systems Engineering Handbook. NASA SP-6105. Washington, DC: National Aeronautics and Space Administration.

附录 A　几何体惯量

<table>
<tr>
<td>
细长杆：

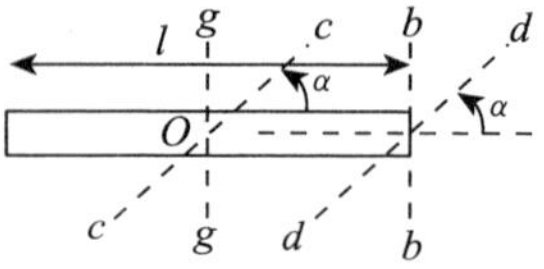

</td>
<td>
C. G 在几何中心（O）

$I_g = \dfrac{ml^2}{12}$；$I_b = \dfrac{ml^2}{3}$；$I_c = \dfrac{ml^2 \sin^2\alpha}{12}$；

$I_d = \dfrac{ml^2 \sin^2\alpha}{3}$

$k_g = \dfrac{l}{\sqrt{12}}$；$k_b = \dfrac{l}{\sqrt{3}}$；$k_c = \dfrac{l\sin\alpha}{\sqrt{12}}$；$k_d = \dfrac{l\sin\alpha}{\sqrt{3}}$
</td>
</tr>
<tr>
<td>
平行六面体（或正方体）

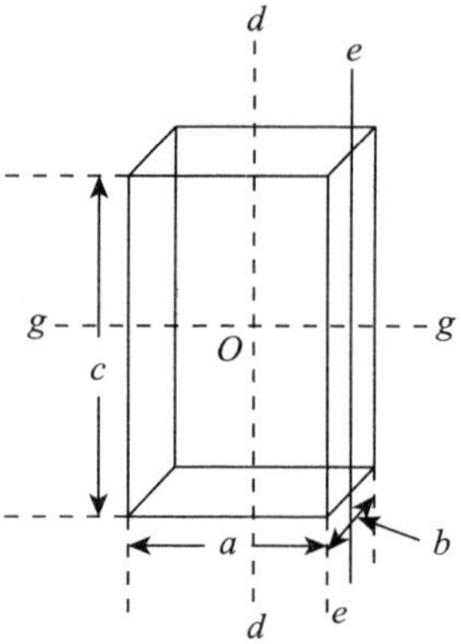

</td>
<td>
C. G 在几何中心（O）

平行六面体：

$I_g = \dfrac{m(b^2 + c^2)}{12}$；$I_d = \dfrac{m(a^2 + b^2)}{12}$；

$I_e = \dfrac{m(4a^2 + b^2)}{12}$

$k_g = \sqrt{\dfrac{b^2 + c^2}{12}}$；$k_d = \sqrt{\dfrac{a^2 + b^2}{12}}$；

$k_e = \sqrt{\dfrac{4a^2 + b^2}{12}}$

正方体（$a = b = c = s$）

$I_g = I_d = \dfrac{ms^2}{6}$；$I_e = \dfrac{5ms^2}{12}$；

$k_g = k_d = \dfrac{s}{\sqrt{6}}$；$k_e = s\sqrt{\dfrac{5}{12}}$；
</td>
</tr>
</table>

续表

正椭圆柱（或圆柱） 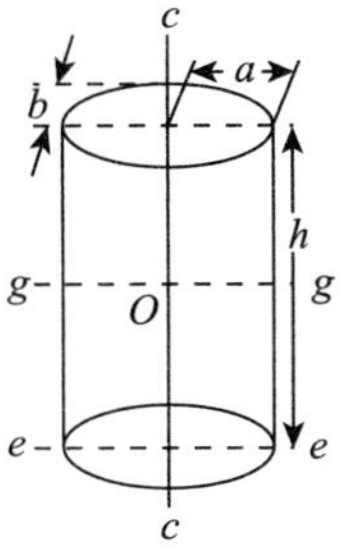	C. G 在几何中心（O） 正椭圆柱 $I_g=\frac{m(3b^2+h^2)}{12}$；$I_c=\frac{m(a^2+b^2)}{4}$； $I_e=\frac{m(3r^2+4h^2)}{12}$ $k_g=\sqrt{\frac{3b^2+h^2}{12}}$；$k_c=\frac{\sqrt{a^2+b^2}}{2}$； $k_e=\sqrt{\frac{3r^2+4h^2}{12}}$ 圆柱（令 $a=b=r$） $I_g=\frac{m(3r^2+h^2)}{12}$；$I_c=\frac{mr^2}{2}$ $k_g=\sqrt{\frac{3r^2+h^2}{12}}$；$k_c=\frac{r}{\sqrt{2}}$
空心正圆柱 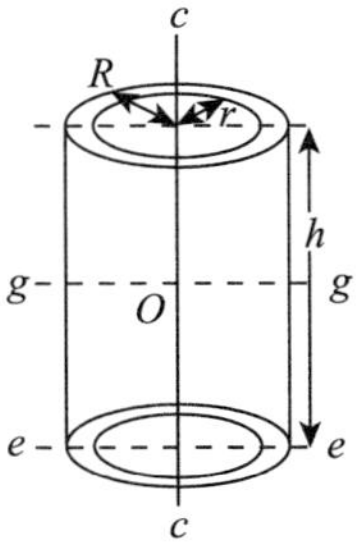	C. G 在几何中心（O） $I_g=\frac{m(3R^2+3r^2+h^2)}{12}$；$I_c=\frac{m(R^2+r^2)}{2}$； $I_e=\frac{m(3R^2+3r^2+4h^2)}{12}$ $k_g=\sqrt{\frac{3R^2+3r^2+h^2}{12}}$；$k_c=\frac{\sqrt{R^2+r^2}}{2}$； $k_e=\sqrt{\frac{3R^2+3r^2+4h^2}{12}}$ 薄壳体（半径为 R） $I_g=\frac{m(6R^2+h^2)}{12}$；$I_c=mR^2$；$I_e=\frac{m(3R^2+2h^2)}{6}$ $k_g=\sqrt{\frac{6R^2+h^2}{12}}$；$k_c=R$；$k_e=\sqrt{\frac{3R^2+2h^2}{12}}$

续表

正圆锥 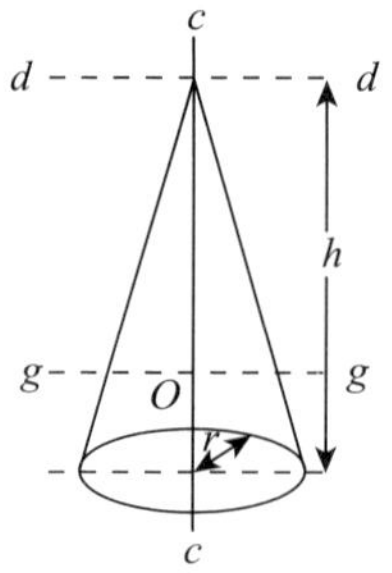 	C. G 在位于对称轴的 O 点，距底面 $h/4$ 处，$g-g$ 轴通过 O 点，$d-d$ 轴通过顶点，都与底面平行。 $I_g = \frac{3m\left(r^2 + \frac{h^2}{4}\right)}{20}$; $I_b = \frac{3mr^2}{10}$; $I_d = \frac{3m(r^2 + 4h^2)}{20}$ $k_g = \sqrt{\frac{3}{80}(4r^2 + 4h^2)}$; $k_c = \frac{3r}{\sqrt{30}}$; $k_d = \sqrt{\frac{3}{20}(r^2 + 4h^2)}$
正圆台 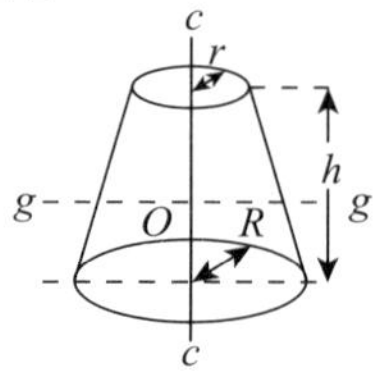 	C. G 在对称轴的 O 点 离基底的距离 $= \frac{h(R^2 + 2Rr + 3r^2)}{4(R^2 + Rr + r^2)}$ $I_c = \frac{3m(R^5 - r^5)}{10(R^3 - r^3)}$; $k_c = \sqrt{\frac{3(R^5 - r^5)}{10(R^3 - r^3)}}$
球体 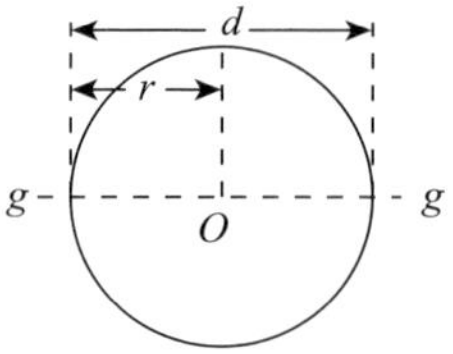 	C. G 在几何中心（O） $I_g = \frac{2mr^2}{5}$; $k_g = \frac{2r}{\sqrt{10}}$
空心球体 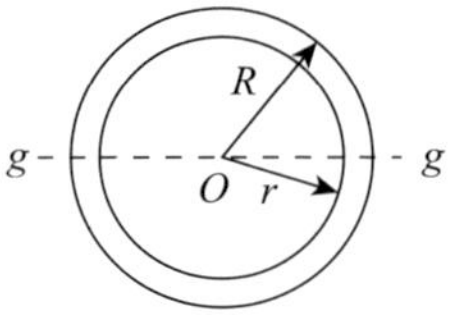 	C. G 在几何中心（O） $I_g = \frac{2m}{5}\left(\frac{R^5 - r^5}{R^3 - r^3}\right)$; $k_g = \sqrt{\frac{2}{5}\left(\frac{R^5 - r^5}{R^3 - r^3}\right)}$ 薄球壳（半径为 R） $I_g = \frac{2mR^2}{3}$; $k_g = \frac{2R}{\sqrt{6}}$

续表

半球 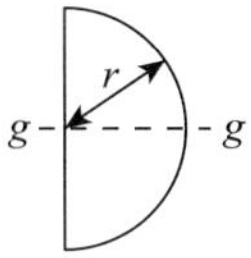	对于表面： C. G 位于对称轴，距离球体中心 $r/2$ 处 对于本体： C. G 位于对称轴，距离球体中心 $3r/8$ 处 $I_g = \frac{2mr^2}{5}$；$k_g = \frac{2r}{\sqrt{10}}$

附件 B　地球卫星参数说明

（根据《空间任务分析与设计》（Larson and Wertz）第二版修改）

下面两表提供了大量关于地球轨道卫星的定量数据，并列出了限制条件、原则及参考文本。公式中的独立参数是距离 r，为到地心的距离，单位 km。每个表格的最左一列为高度，$h = r - R_E$ ，$R_E =$ 6378.14 km ，为地球的平均半径。

1. 均质大气高度（km），$= RT/Mg$，其中 R 为摩尔气体常数，T 为温度，M 为平均分子量，g 为重力加速度；来源于 MSIS 大气模型数据［Hedin，1986］*。

2. 平均大气密度（kg/m^3），参见 MSIS 大气模型数据［Hedin，1986］，F10.7 指数为 120（太阳活动均年）。

3. 最大大气密度（kg/m^3），参见 MSIS 大气模型数据［Hedin，1986］，F10.7 指数为 220（太阳活动高年）。

4. 平均轨道衰减率（km/yr）$= -2\pi(C_D A/m)\rho r^2/P$ ，其中 ρ 参见第 2 列，P 参见 31 列（以年表示），弹道系数 $m/C_D A$ ，假设为 100 kg/m^2 。

5. 最大轨道衰减率（km/yr）= 同第 4 列，大气密度取第 3 列中的最大值。

6. 轨道维持的平均 Δv（m/s 每年）$= -2\pi(C_D A/m)\rho r^2/P$ ，其中 ρ 参见 2 列，v 参见 22 列，P 参见第 31 列（以年表示），弹道系数 $m/C_D A$ ，假设为 100 kg/m^2 。

7. 轨道维持的最大 Δv（m/s 每年）=同第 6 列，大气密度取第 3 列中的最大值。

8. 地面跟踪速度（km/s）$= 2\pi R_E/P = 2.416096 \times 10^8 r^{-2/3}$，

---

* Hedin，A. E. 1986. MSIS-86 热层模型. J. Geophys. R. 92：4649-4662。

P 参见 31 列；这里忽略地球自转速度，其最大值为 0.464 m/s× cos$L$，L 为卫星高度。

9. 0°仰角的最长可见时间＝ $P\lambda_{max}/180°$，P 参见第 31 列，λ_{max} 参见第 12 列，假设位地球静止的圆轨道。

10. 5°仰角的最长可见时间＝第 9 列，λ_{max} 取 5°参见 13 列。

11. 10°仰角的最长可见时间＝第 9 列，λ_{max} 取 10°参见 14 列。

12. 卫星 0°仰角时对应的地球中心角（°）＝地球最大中心角＝ acos（R_E/r），其中 $R_{E=}$ 6378.14 km 为平均地球半径。另外最大地球中心角＝90－ρ，ρ 参见第 29 列。

13. 卫星 5°仰角时对应的地球中心角＝90－ε－η，其中 η＝asin（cosεsinρ），ρ 参见第 29 列，ε＝5°。

14. 卫星 10°仰角时对应的地球中心角＝同第 13 列，ε＝10°。

15. 从地面站看的最大角变化率［（°）/s］＝ $2\pi r/hP$，$h \equiv r - R_E$ 为高度，P 参见第 31 列。这是从地球表面上看圆轨道卫星通过过顶点时的角变化率，此时忽略地球自转速度。（参见第 23 列，由地球中心看的角速率）。

16. 卫星 0°仰角时对应的距离（km）＝沿地平线的最大距离（km）＝ $(r^2 - R_E{}^2)^{1/2}$，其中 R_E ＝6378.14 km，为地球平均半径。

17. 卫星 5°仰角时对应的距离（km）＝卫星最小仰角 5°时对应的最大距离＝ $R_E(sin\lambda/\sin\eta)$，其中 R_E ＝6378.14 km 为地球平均半径，λ 为地球中心角，参见第 13 列，η 为最低点角，参见第 20 列。

18. 卫星 10°仰角时对应的距离（km）＝卫星最小仰角 10°时对应的最大距离＝与 17 相同，ε＝10°。

19. 卫星 0°仰角时对应的天底角（°）＝地球上任意点对应的最大天底角＝地球角半径＝ $a\sin(R_E/r)$，其中 R_E ＝6378.14 km 为平均地球半径。

20. 卫星 5°仰角时对应的天底角（°）＝最小仰角为 5°的所有地面点所对应的最大天底角＝85－ λ，λ 为地球中心角，参见第 13 列。

21. 卫星 10°仰角时对应的天底角（°）＝最小仰角为 10°的所有地面点所对应的最大天底角＝与第 20 列相同，ε＝10°。

22. 圆周速度（km/s）＝（μ/r）$^{1/2}$＝631.348$r^{-1/2}$［式（9－5）］。

23. 角速度[(°)/min]＝360/P＝2.170415×10^6 $r^{-1/2}$，P 参见第31列。该速度是圆轨道相对于地球中心的角速度。（参见第15列中相对于地面站的角速度）。

24. 逃逸速度（km/s）＝（2μ/r）$^{1/2}$＝892.8611$r^{-1/2}$。

25. 离轨 Δv（m/s）；假设霍曼转移从圆轨道转移到150 km高度。

26. 高度变化 Δv（（m/s）/km）；假设霍曼转移轨道高度差为1 km。

27. 轨道面变化 Δv((m/s)/(°))＝2$V_c$sin0.5°，V_c 参见第22列。假设为圆轨道、线性正弦方程。

28. 太阳同步轨道倾角（°）＝$a$cos（4.77348×10^{-15} $r^{7/2}$）；轨道交点旋转率为0.9856（°）/天，与平均太阳转动角一致。

29. 地球角半径（°）＝$a$sin（R_E/r），其中 R_E＝6378.14 km为平均地球半径。

30. 地平线高度（km）＝（$r^2-R_E{}^2$）$^{1/2}$，其中 R_E＝6378.14 km为平均地球半径。

31. 周期（min）＝1.658669×10^{-4} $r^{2/3}$；假设为圆轨道，周期与半长轴为 r 的偏心轨道相同。

32. 每日旋转周数（＃）＝1436.07/P，其中 P 参见第31条，此处为每个恒星日的旋转周数，其中恒星日指相对于固定恒星的时间，比太阳日（1440分）短约4分钟。

33. 最大日影时间（min）＝（r/180°）P，其中 r 参见第29条，P 参见第31条。此处是指圆轨道的最大日影时间，同样轨道高度的偏心轨道的日影时间会更长些。

34. 交点间隔（min）＝360°（P/1436.07），P 参见第31条，此处的间隔是指沿经度方向圆轨道卫星连续两个升交点或降交点间的间隔。

35. 交点岁差变化率［（°）/天］＝－2.06474×10^{14} $r^{-7/2}$cos$i$，其中 i 为轨道倾角。这是轨道在惯性空间中的转动速率。假设为圆轨道。

低轨卫星参数

大气相关							
	1	2	3	4	5	6	7
高度(km)	均质大气高度(km)	大气密度		轨道衰减率*		维持高度的 Δv*	
		均值(kg/m³)	最大值(kg/m³)	均值(km/yr)	最大值(km/yr)	均值[(m/s)/yr]	最大值[(m/s)/yr]
0	8.4	1.2×10^{0}	1.2×10^{0}	-1.95×10^{13}	-1.95×10^{13}	1.21×10^{13}	1.21×10^{13}
100	5.9	5.25×10^{-7}	5.75×10^{-7}	-8.41×10^{6}	-9.22×10^{6}	5.09×10^{6}	5.58×10^{6}
150	25.5	1.73×10^{-9}	1.99×10^{-9}	-2.78×10^{4}	-3.20×10^{4}	1.66×10^{4}	1.91×10^{4}
200	37.5	2.41×10^{-10}	3.65×10^{-10}	-3.89×10^{3}	-5.90×10^{3}	2.30×10^{3}	3.49×10^{3}
250	44.8	5.97×10^{-11}	1.20×10^{-10}	-9.68×10^{2}	-1.95×10^{3}	5.66×10^{2}	1.14×10^{3}
300	50.3	1.87×10^{-11}	4.84×10^{-11}	-3.03×10^{2}	-7.88×10^{2}	1.76×10^{2}	4.56×10^{2}
350	54.8	6.66×10^{-12}	2.18×10^{-11}	-1.09×10^{2}	-3.56×10^{2}	6.22×10^{1}	2.04×10^{2}
400	58.2	2.62×10^{-12}	1.05×10^{-11}	-4.30×10^{1}	-1.73×10^{2}	2.43×10^{1}	9.76×10^{1}

地面站观测							
	8	9	10	11	12	13	14
高度(km)	地面跟踪速度(km/s)	最长可见时间			最大地球中心角		
		0°仰角(min)	5°仰角(min)	10°仰角(min)	0°仰角(°)	5°仰角(°)	10°仰角(°)
0	7.905	0.00	0.00	0.00	0.00	0.00	0.00
100	7.723	4.84	3.00	2.00	10.08	6.24	4.16

续表

150	7.634	5.98	4.02	2.82	12.31	8.27	5.81
200	7.548	6.69	4.92	3.58	14.16	10.00	7.28
250	7.462	7.85	5.74	4.29	15.79	11.54	8.62
300	7.379	8.67	6.50	4.95	17.24	12.93	9.85
350	7.279	9.44	7.22	5.59	18.56	14.20	11.00
400	7.216	10.17	7.91	6.21	19.78	15.38	12.08
地面站观测							
	15	16	17	18	19	20	21
高度(km)	最大角速率[(°)/s]	最大径向距离			最大天底角		
		0°仰角(km)	5°仰角(km)	10°仰角(km)	0°仰角(°)	5°仰角(°)	10°仰角(°)
0	—	0	0	0	90.00	85.00	80.00
100	4.494	1134	707	477	79.92	78.76	75.84
150	2.985	1391	942	671	77.69	76.73	74.19
200	2.230	1610	1147	846	75.84	75.00	72.72
250	1.777	1803	1331	1009	74.21	73.46	71.38
300	1.476	1979	1500	1160	72.76	72.07	70.15
350	1.260	2142	1657	1304	71.44	70.80	69.00
400	1.098	2294	1805	1440	70.22	69.62	67.92

续表

速度相关							
	22	23	24	25	26	27	28
高度(km)	圆周速度(km/s)	角速度[(°)/min]	逃逸速度(km/s)	离轨速度增量(m/s)	高度调整速度增量[(m/s)/km]	变平面速度增量[(m/s)/°]	太阳同步轨道倾角(°)
0	7.905	4.261	11.180	—	0.6197	137.9	95.68
100	7.844	4.163	11.093	—	0.6054	136.9	96.00
150	7.841	4.115	11.051	0	0.5984	136.4	96.16
200	7.784	4.068	11.009	30	0.5916	135.8	96.33
250	7.755	4.022	10.967	59	0.5849	135.3	96.50
300	7.726	3.977	10.926	88	0.5784	134.8	96.67
350	7.697	3.933	10.885	117	0.5719	134.3	96.85
400	7.669	3.889	10.845	145	0.5656	133.8	97.03
通用参数							
	29	30	31	32	33	34	35
高度(km)	地球角半径(°)	地平线径向距离(km)	周期(min)	每日周数(#)	最大日影时长(min)	交点间隔(°)	交点岁差变化率[(°)/天]
0	90.00	0	84.49	17.04	42.2	21.18	$-9.96\cos i$
100	79.92	1134	86.48	16.65	38.4	21.68	$-9.44\cos i$

续表

150	77.69	1391	87.49	16.46	37.8	21.93	$-9.19\cos i$
200	75.84	1610	88.49	16.27	37.3	22.18	$-8.94\cos i$
250	74.21	1803	89.50	16.09	36.9	22.44	$-8.71\cos i$
300	72.76	1979	90.52	15.91	36.6	22.69	$-8.48\cos i$
350	71.44	2142	91.54	15.73	36.3	22.95	$-8.26\cos i$
400	70.22	2294	92.56	15.56	36.1	23.20	$-8.05\cos i$

* 表中列出的轨道衰减率(第 4、5 列)和维持高度的 Δv(第 6、7 列)的值均假设了一个弹道系数,$B_0 = m/C_D A = 100\ \mathrm{kg/m^2}$。对于从第 4 列到第 7 列的其他弹道系数的值,B,应该除以一个因子,$B/B_0 = B/100$。可以从本表前面的解释中找到相关的公式和参考文献。